열전달과 응용

KIRK D. HAGEN 원 저
김우식 · 박동화 · 박정극 · 배효광
양재호 · 이은규 · 임교빈 공 역

東 明 社

Heat Transfer with Applications

by

KIRK D. HAGEN

This Korean language edition is published by
arrangement with Prentice-Hall, Inc.

Translation copyright © 1999 by
Dong Myung Sa Publishers
Printed in Korea

저자 머리말

이 책은 한 학기 과정의 열전달 입문서로 그리고 열전달 관련분야 종사자의 참고서로 쓰여졌다. 이 책의 1차 목적은 열전달의 기본원리가 실제로 어떻게 응용되는가를 보여 주는데 있다. 열전달의 기본개념이 실제 열전달 시스템과 어떤 관계가 있는지 보여 줌으로써 이 책은 최소 두 가지 필요성을 만족시킨다. 첫째, 열전달 공정에서 가장 널리 접하게 되는 매우 중요한 응용 중 몇 가지를 소개하였다. 이 책에 소개된 예들은 학생들에게 현대 과학기술과 일상생활에서 열전달의 중요성을 인식하게 할 것이다. 둘째, 열전달 과목의 주목적이 학생들로 하여금 산업체 현장에서의 활동을 준비하는 것이라면, 이제까지 전통적으로 이론 및 수학적 측면만 강조해 온 것은 자가당착이라 볼 수 있다. 따라서, 이 책에서는 기본이론과 응용을 균형 있게 제시하여 열전달 이론과 실제를 융합시키는 능력을 제고하는 데 도움을 주고자 하였다.

물리적 개념, 문제풀이(컴퓨터 이용을 포함) 그리고 산업적인 응용을 강조하였다. 따라서, 직접적이고 실제적인 접근을 위해 복잡한 수학적이며 이론적인 것은 피하였다. 새로운 열전달 주제를 소개할 때, 주제를 둘러싼 물리적 개념을 보통 수준의 학생들이 이해하기 쉬운 일상언어를 사용하여 단순하게 설명하였다. 열역학과 유체역학의 기초과정을 수료한 학생들은 열전달의 개념을 더 쉽게 이해할 수 있을 것이다. 핵심어, 정의, 관용구는 쉽게 알아볼 수 있도록 고딕체를 사용하였다. 물리적 개념을 설명하거나 문제풀이에 꼭 필요한 경우에만 수학식을 이용하였다. 학생들에게 요구되는 수학수준은 미 · 적분학 수준을 넘지 않는다. 미분 방정식은 수학적으로 표기하기 위한 경우에만 사용하였다.

열전달 공정은 일상생활과 현대 기계장치의 효율적인 작동에 없어서는 안될 부분이고 응용분야는 셀 수 없이 많다. 각 장의 뒷부분에는 그 장에서 배운 개념을 적용해 보는 응용부분을 포함시켰다. 응용분야를 간단히 설명한 후에 예제를 자세한 풀이와 함께 제시하였다. 응용부분은 가열과 공조, 항공우주산업, 전자부품

/장치의 냉각, 열차단, 제조 및 소재가공, 발전, 에너지 회수, 자동차, 식품가공과 제약산업을 포함하는 다양한 분야에서 선택하였다.

내 용

이 책의 열전달 주제들은 전통적인 순서에 따른 것이다. 1장은 전도, 대류, 복사 열전달 양식의 기본개념을 소개하였다. 복합 열전달은 뒷부분에서 자세히 다루기 때문에 이 장에서는 기초부분만 취급하였다. 2장은 전기적 유사성을 이용한 1차원 정상상태 전도를 다루었으며 열저항, 총 열전달 계수, 단열재 R값과 임계 단열재 반지름이 논의되었다. 내부 열생성과 접촉저항도 포함시켰다. 이 책의 독특한 특징은 전자부품/장치의 냉각분야에서 중요한 주제인 확장표면을 위해 하나의 장 전체를 할애하였다는 것이다. 단일 휜(fin)에 대한 논의에 이어, 3장에서는 히트싱크 분석과 설계를 소개하였다. 3장은 생략해도 전체내용을 이해하는데 문제가 없을 것이다. 4장은 2차원 전도를 다루었다. 전도형상 인자와 몇 가지 분석적 방법을 다루었으나 유한 차분법과 PC를 사용하는 방법을 특히 강조하였다. 5장에서는 총질량(lumped mass), 반무한 영역, 판, 실린더와 구에서의 비정상 상태 전도현상을 온도반응 차트를 이용하여 분석하였다. 4장처럼 유한 차분법에 상당한 배려를 하였다. 4장과 5장의 특징은 직각 유한차분 영역 안에 있는 마디(node)에 적용할 수 있는 단일 마스터 유한차분 공식을 이용한 것이다.

6장에서부터 9장까지는 대류에 대해 설명하였다. 6장은 간단하게 대류의 물리적 개념을 소개하였고 7장, 8장과 9장은 다양한 기하학적 구조와 유체조건에서의 열전달 계수를 찾는 데 필요한 방정식과 관계식에 초점을 맞췄다. 7장과 8장에서는 각각 외부와 내부의 강제대류를 다루었고, 9장에서는 자연대류를 다루었다. 10장에서는 열교환기를 설명하였다. 로그평균 온도차와 유효성－NTU 방법을 모두 나타냈지만 후자를 강조하였다. 열전달을 증강시키는 다양한 방법에 대해서도 논의하였다. 11장에서 취급한 복사에서는 흑체복사, 특성, 형태계수, 표면 대 표면 복사 그리고 환경복사가 주요한 주제들로 토의되어 있다. 12장은 비등과 응축 현상의 기초를 논의한 후에 열관과 그 응용을 소개하였다. 13장은 열전달 교재만이 갖는 고유한 분야로서 온도 및 열전달을 결정하는 물성을 측정하는 방법에 대한 설명을 곁들였다. 마지막으로 제조공정과 소재가공 분야가 있는 열전달 인용문헌을 제공하여 현대 열전달에서 가장 도전적인 응용분야를 연구하는 기초를 제공하였다.

문 제

각 장에는 많은 예제가 단위를 포함하여 자세히 설명되어 있다. 각 장의 마지막

부분에 있는 문제들은 그 장의 본문 나오는 순서대로 구성하였다. 이 부분의 주목적은 학생들의 문제인식 및 문제해결 능력을 제고하는 것이다. 핵심적인 문제를 풀어본 후 학생들이 배운 내용을 실제 열전달 시스템에 응용하는 훈련을 할 수 있도록 응용문제들을 제시하였다. 연습문제 옆의 문자 E는 영국식 단위를 나타내는 것으로 영국식 단위로 풀도록 한 것이다. 그 외의 문제는 SI 단위를 사용하였다.

단 위

이 책에 있는 예제와 연습문제 대부분은 SI 단위를 사용하였다. 부분적이긴 하지만 미국에서 영국식 단위대신 SI 단위의 사용이 점점 늘어나고 있다. 영국식 단위의 문제풀이를 쉽게 할 수 있게 환산인자 목록을 부록 B에 실었다.

컴 퓨 터

컴퓨터는 공학계산에 꼭 필요한 도구이다. 최근에는 공학계산, 데이터 처리와 영상화 등을 위한 PC 응용 패키지의 개발이 한창이다. 이 교재 전반에 걸쳐 제시된 예제와 연습문제는 컴퓨터를 이용하여 풀 수 있도록 하였다. 예를 들어 4장과 5장에 있는 정상상태와 비정상 상태의 2차원 전도문제는 스프레드시트(spread-sheet)에서 유한 차분법을 이용하여 푸는 방법을 강조하였다. 게다가 반복성이 강한 복합 열전달 문제나 다른 열전달 문제는 스프레드시트나 방정식 해법기(equation solver)를 이용하여 풀도록 유도하였다. 학생들은 열전달 문제해결을 위하여 스프레드시트를 능숙하게 다루게 될 것이고, 적어도 하나 이상의 방정식 해법기 응용 패키지를 쓸 수 있게 될 것이다.

부 록

이 책의 부록은 열전달 관련 교과서 중 아마 가장 광범위한 열특성 및 이에 관련된 데이터베이스를 포함하고 있을 것이다. 이 데이터는 열전달을 배우는 학생뿐 아니라 열전달 특성에 관한 자료를 필요로 하는 열전달 관련 산업체에서 근무하는 분들에게도 유용할 것이다. 대류문제를 컴퓨터로 쉽게 풀기 위하여 액체와 기체의 주요 열특성 값을 구하기 위한 다항식 곡선을 제공하였다. 예를 들어 방정식 해법기에서 이 곡선 맞춤을 이용하면 미지수가 있는 문제의 열특성 값이 자동적으로 계산되기 때문에 손으로 계산하여 값을 수정할 필요가 없게 된다.

풀 이 집

강사를 위한 풀이집에는 이 책의 모든 연습문제에 대한 풀이가 있다. 대부분의 문제는 Universal Technical System사의 TK 해법기를 사용하여 풀이하였고

TK 해법기의 양식대로 표기하였다. 각 문제풀이에는 모든 수의 입력과 출력, 상응하는 단위를 포함한 가변시트(variable sheet)와 해를 구하는 데 필요한 방정식으로 이루어진 룰 시트(rule sheet)로 구성되어 있다. TK 해법기에 나타나지 않는 해는 스프레드시트나 서술형식으로 나타내었다.

감사의 글

이 책의 제작에 귀중한 정보를 제공해 주었던 수많은 사람들과 관계기관에 감사드린다. 이 책의 유용성을 높여 준 그림과 자료들을 제공하기 위해 시간을 내주신 많은 분들에게도 감사드린다. LeTourneau 대학의 Richard C. Berry, New Jersey 기술협회의 Pasquale J. Florio, Old Dominion 대학의 Robert Michel, Texas A&M 대학의 G. P. Peterson, ITT 기술협회(Seattle)의 Daud Syed, Dayton 대학의 Joseph A. Untener와 Purdue 대학의 Nuri Zeytinoglu 박사의 조언에 감사드리고 싶다. 이러한 작업의 준비에 끈기와 성실을 보여 준 Prentice Hall의 편집부와 제작 관계자들에게 많은 감사를 드린다.

끝으로 열전달 공부에 이 책을 이용할 학생들에게 감사한다. 여러분들에게 열전달이 재미있고 흥미있는 것이며, 이 책이 이해하기 쉽고 유용하다면 이 책을 쓴 보람을 느낄 것이다.

Kirk D. Hagen (khagen@weber.edu)

역자 머리말

화학공학 학부과정에서의 열전달 과목은 주로 이론적, 수학적으로 접근된 교재들을 사용하여 왔고, 따라서 학생들은 강의평가 등을 통해 '이 열전달 과목에서 배운 내용이 실제로 어떻게 응용되고 있는가'에 대한 의문을 꾸준히 제기해 왔다. 열전달 현상에 대한 기초이론뿐만 아니라 응용분야 및 응용방법 등을 비중있게 다룬 교과서의 필요성을 느끼고 있던 중, 역자들은 Prentice Hall에서 1999년도에 발간한 Kirk D. Hagen의 저서 「Heat Transfer with Applications」을 접하게 되었다.

이 책은 제목에서 알 수 있듯이, 열전달 현상은 응용한 실질적인 사례들이 여러 산업분야에 걸쳐 체계적으로 제시되어 있어서 학생들로 하여금 열전달의 기초원리를 이해한 후, 이들 이론이 실제로 어떻게 응용되는가에 대해 예제 및 연습문제를 통해 학습할 수 있도록 구성되어 있다. 이러한 관점에서 볼 때, 이 책은 열전달을 전달현상 측면에서보다는 단위공정 측면에서 접근한 교재라 할 수 있다. 수학적인 내용을 최소화하여 쉽게 씌어져 있을 뿐만 아니라, 예제 및 연습문제 풀이에 방정식 해법기(equation solver) 등의 응용 패키지(package)를 이용하도록 유도하고 있어, 컴퓨터를 이용한 문제해결 능력을 향상시키는데에도 도움이 될 것이다. 이러한 이유로 역자들은 대학교재 전문 출판사인 동명사를 통해 이 책을 번역하기로 하였다.

역자들은 번역과정에서 한국화학공학회에서 1998년 출간한 '화학공학술어집'에서 채택하고 있는 학술용어를 사용하여 가능하면 원본에 충실하도록 번역하였다. 그러나 뜻밖의 오류가 있을 수 있으므로 독자들, 특히 학생들의 건설적인 지적과 질책을 바란다(지적사항은 eklee@mail.hanyang.ac.kr로 연락바람).

끝으로 이번 번역을 위해 수고하신 여러분들, 특히 한양대학교 서경림, 임민경에게 감사드리며, 또한 동명사 관계자들에게 감사드린다.

이 책을 통해 학생들이 열전달 현상을 보다 쉽게 이해하고 향후 실무에서 보다 넓게 응용할 수 있으면 하는 바램이다.

1999년 8월 역자 씀

◈ 역자소개 (가나다順)

- 김우식 : 연세대학교 공과대학 화공생명공학부 교수
- 박동화 : 인하대학교 공과대학 화공고분자생물공학부 교수
- 박정극 : 동국대학교 공과대학 기계식품화학공학부 교수
- 배효광 : 영남대학교 공과대학 응용화학공학부 교수
- 양재호 : 전남대학교 공과대학 화학공학부 교수
- 이은규 : 한양대학교 공학대학 재료화학공학부 교수
- 임교빈 : 수원대학교 공과대학 화학공학부 교수

차 례

1. 기 본 개 념

1.1 서 론

열전달(heat transfer)은 한 지점에서 다른 곳으로 열에너지가 이동하는 것이다. 열전달이 일어나기 위해서는 두 지점 사이에 온도차가 있어야만 한다. 열은 항상 따뜻한 곳에서 차가운 곳으로 이동된다. 열의 흐름은 공기나 물과 같은 유체흐름의 경우와 같이 물질의 흐름은 아니다. 오히려 전자기파나 원자 또는 분자 운동에 의해 한 지점에서 다른 곳으로 내부 에너지가 교화되는 것이다. 예를 들면 두 물체가 접촉되어 있을 때, 뜨거운 물체는 열에너지를 잃고 찬 물체는 열에너지를 얻는다. 열역학 제 1 법칙에서 "뜨거운 물체에서 버려진 에너지는 찬 물체가 얻은 에너지와 똑같아야 한다". 열역학 제 2 법칙은 "자연적인 열이동의 방향은 뜨거운 물체에서 차가운 물체로여야 한다". 이것을 다른 말로 하면 열은 온도가 감소하는 방향으로 이동한다는 것이다.

열전달과 열역학을 구분한다는 것은 중요하다. 열역학은 평형상태의 환경을 다루며 어떤 평형상태에서 다른 평형상태로 환경이 바뀔 때 필요한 에너지를 결정하는 데 사용된다. 하지만 변화가 일어날 때의 속도(rate)를 열역학적으로 구할 수는 없다. 예를 들면 열역학은 우리에게 소량의 물이 전기난로에서 끓는점의 온도로 올라갈 때까지 얼마나 많은 양의 에너지가 필요한가는 말해 주지만, 그 온도까지 도달하는 데 얼마의 시간이 걸리는지 또는 물 안에 존재하는 온도차에 대해서는 알려 주지 않는다. 열전달 분석은 끓는점까지 다다르는데 얼마나 오랜 시간이 걸리는지를 말해 줄 뿐만 아니라, 그 과정에서 어느 온도에 도달하는 데 얼마간의 시간이 걸리는지도 알게 해 준다. 물이 일단 끓는점에 도달하면, 열전달은 정상조건으로 일어나고, 이것은 물의 온도가 더 이상 시간에 따라 변화하지 않는다는 것을 의미한다. 이런 열전달을 정상상태의 열전달(steady heat transfer)이라고 말한다. 끓는 상태가 되기 전에는 물의 온도는 시간에 따라 변화한다.

이런 열전달을 시간 의존성(time dependent) 또는 비정상 상태(unsteady state) 열전달 현상이라고 말한다.

열전달은 3가지 특이한 방법에 의해 일어날 수 있다. 전도(conduction)는 고체 또는 정지된 유체 안에서 열에너지가 이동되는 것이다. 전도의 실제 메커니즘은 접촉시 분자 사이에서 또는 금속의 경우, 자유전자의 사이에서 교환되는 운동 에너지를 포함한다. 예를 들면 금속 그릇의 손잡이 다른 쪽 끝을 끓는 물에 놓으면 짧은 시간 안에 뜨거워지게 된다. 대류(convection)는 고체표면 주위에 있는 유체로 또는 유체로부터 열에너지가 전달되는 방법이다. 엄격히 말하면, 대류는 기본적으로 전도에 움직이는 유체분자에 의해 열에너지가 전달된다는 개념을 더한 것이다. 만약 유체가 고체표면 위를 휜이나 펌프같은 기계적인 장치에 의해 강제적으로 흐른다면, 이 열전달은 강제대류(forced convection)라고 말한다. 뜨겁게 익힌 감자를 식히기 위해 입김을 부는 것은 강제대류의 좋은 예이다. 만약 유체의 움직임이 유체들의 밀도차에 의한 부력에 의해 야기되었다면 이 열전달은 자연대류(natural convection)이다. 만약 익힌 감자 위로 입김을 불지 않는다면 자연대류에 의해 식게 될 것이다. 복사(radiation)는 전자기 파동에 의해 열에너지가 이동되는 양식이다. 전도나 대류와는 다르게 복사는 매개체가 필요하지 않다. 복사의 친숙한 예로는 태양으로부터 진공공간을 가로질러 오는 열에너지가 있다. 절대영

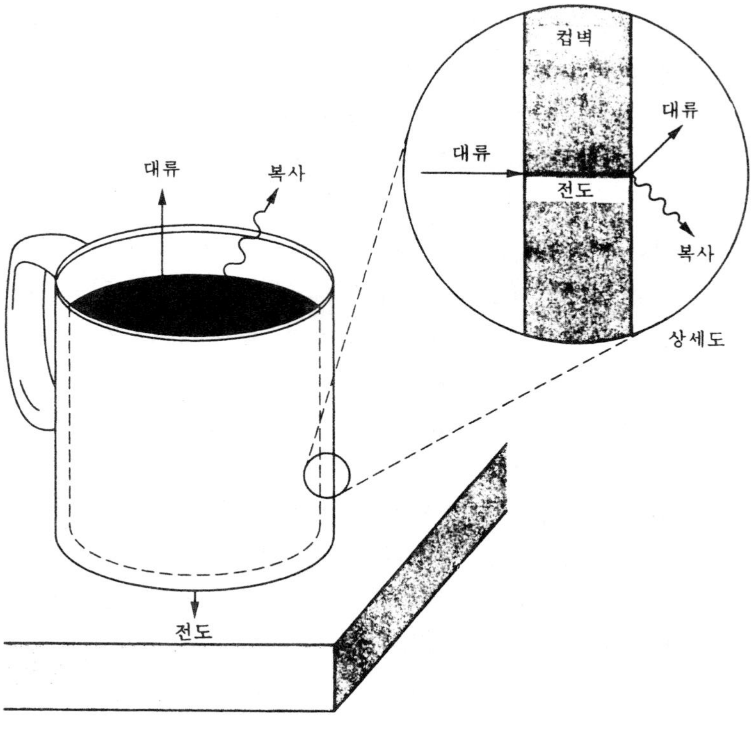

그림 1·1 테이블 위의 따뜻한 음료는 전도, 대류, 복사에 의해 주위로 열에너지를 전달한다.

그림 1·2 현대의 발전소는 가동에는 많은 열전달 공정이 이용된다. (Courtesy of Pacificorp Hunter Plant, Central Utah)

도 이상의 온도를 갖는 모든 물체는 주위에 유체나 진공, 어느 것에 둘러싸여 있든 간에 열에너지를 복사한다.

열전달 공정은 우리 주위의 모든 곳에서 일어난다. 그림 1·1에 나타낸 뜨거운 음료를 생각해보자. 음료수는 3가지 열전달 방법에 의해 주위로 열에너지를 잃게 된다. 열에너지는 액체로부터 고체 컵으로 전도되며, 따라서 컵의 온도는 상승된다. 따뜻한 컵은 주위공기로 열에너지를 대류하고 복사하며, 나머지는 컵이 놓여진 탁자로 전도된다. 그 음료수 또한 표면을 통해 주위로 직접 열에너지를 대류, 복사한다. 우리의 몸은 우리가 먹는 음식의 신진대사 과정을 통해 열에너지를 생성한다. 신체의 평균온도인 98.6°F는 신체로부터 주위로 대류와 복사를 통해 이 에너지를 이동시켜 유지된다. 음식을 조리하는 것은 음식물 내부에서의 전도와 음식과 주위 사이의 대류와 복사를 포함하는 시간 의존성 열전달 과정이다. 빌딩 내부는 노, 보일러, 그리고 열펌프와 같은 여러 기계장치에 의해 안락한 온도가 유지된다. 빌딩은 벽, 지붕, 창문과 문을 통해 외부와 열에너지를 교환한다. 냉동공조 시스템은 사용되는 유체와 그 주위 사이에서 열에너지를 전달시켜 주는 응축기와 증발기라 불리는 열교환기를 가진다. 전기장치는 열에너지를 생성하게 되는데, 이 열에너지는 과열과 그로 인해 수반되는 장치의 파손을 막기 위하여 주위로 제거되어야 한다. 모든 일상생활과 기술에서 열전달은 매우 중요하다. 그림 1·2에서 그림 1·6은 열전달 공정이 중요시되는 현대 엔지니어링 시스템들을 보여 준다.

1.2 전 도

전도 열전달을 제어하는 기본법칙이 그림 1·7에 나타낸 간단한 상황을 통해 소개되어 있다. 어떤 슬래브가 두께 Δx와 표면적 A를 갖고 있다. 슬래브의 한

그림 1·3 보일러에서는 물에 열이 전달되어 수증기로 변화시킨다. (Courtesy of Sussman-Automatic Corporation, Long Island City, N. Y.)

그림 1·4 다양한 열전달 공정은 현대 터빈엔진에서 볼 수 있다.(Courtesy of Pratt and Whitney, Easy Hartford, Conn.)

쪽 면면은 일정한 온도 T_1, 다른 쪽 면은 더 낮은 온도 T_2로 일정하게 유지되어 있다. 평형상태에서 이 슬래브 사이에는 일정한 온도차가 존재하며, 그래서

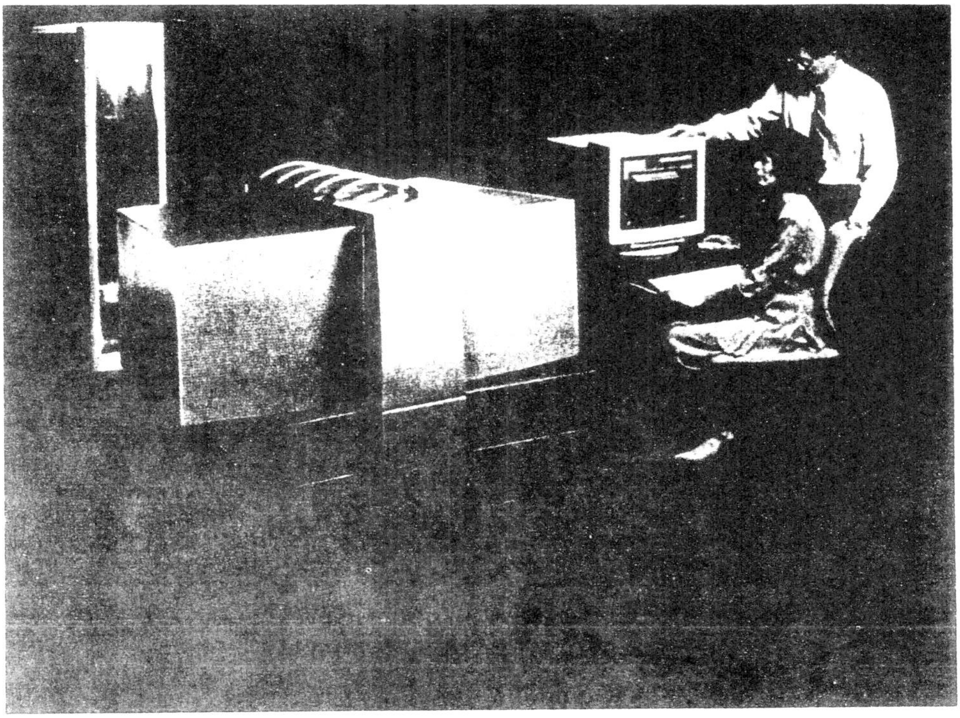

그림 1·5 슈퍼컴퓨터 내부의 전자부품을 냉각시키는 데 특별한 열전달 방법들이 이용되고 있다.(Courtesy of Cray Research, Egan, Minn.)

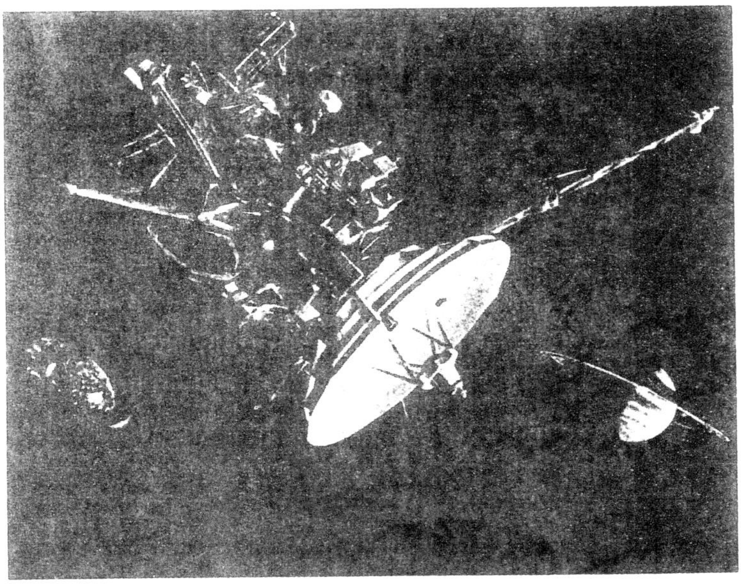

그림 1·6 우주선은 전도와 복사 열전달에 의해 주요부품의 온도를 유지한다.(Courtesy of Jet Propulsion Laboratory, Pasadena, Calif.)

열은 뜨거운 쪽에서 찬 쪽으로 슬래브를 통해 전도에 의해 정상적으로 전달된다. 그림 1·7에서 화살표 방향으로 표시된 열전달의 방향은 (+)의 x축 방향이다.

전도 열전달이 온도구배와 표면적에 비례한다는 것은 경험적으로 관찰되어 왔

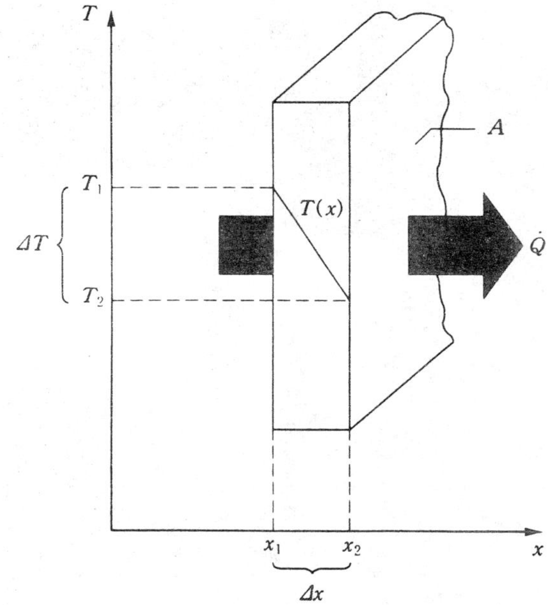

그림 1·7 고체물질 내부에서의 정상전도는 선형의 온도구배를 초래한다.

다. 관계식을 수학적으로 표현하면 다음과 같다.

$$\dot{Q} \propto -A\frac{\Delta T}{\Delta x} \tag{1·1}$$

여기서 $\dot{Q}$는 열전달, A는 표면적, 그리고 $\Delta T/\Delta x$는 슬래브 내부에서의 온도구배(temperature gradient)이다. SI 단위에서 $\dot{Q}$의 단위는 와트(W)이다. 1 W는 1 J/s이다. 영국식 단위에서 $\dot{Q}$의 단위는 시간당 영국식 열단위(British thermal units : Btu/h)이다. 단위와 단위환산에 관한 내용은 1.6절에서 언급된다. 열전달 $\dot{Q}$는 일정시간(t) 동안 한 지역에서 다른 지역으로 이동된 열에너지(Q)의 이동속도, 즉 $\dot{Q} = Q/t$로 나타난다는 것을 주목해야 한다. 이 정의는 열전달의 단위를 알게 해 준다. 1 W는 1초 동안 1 J이 이동한 것이다. 표면적 A는 열전달 방향에 항상 직각(normal)이라는 것이 중요하다. 다시 말하면, 이것은 열흐름이 통과하는 면적이다.

식 (1·1)로는 전도에 대한 열전달을 직접 계산할 수 없으므로 비례기호 대신에 등호를 사용해야 한다. 비례상수 k를 도입하고 식 (1·1)을 다시 쓰면 다음과 같다.

$$\dot{Q} = -kA\frac{\Delta T}{\Delta x} \tag{1·2}$$

식 (1·2)에 주어진 관계식을 프랑스의 물리학자 조셉 푸리에(Joseph Fourier)가 발견한 뒤에 푸리에 열전도 법칙이라고 부른다. 식 (1·1)과 식 (1·2)에 있는

(−) 기호는 그림 1·7에 주어진 대로 축방향에 따라서 열의 흐름에 관한 방향을 설정하는 데 필요한 것이다. 그림 1·7에 따르면, 슬래브의 온도는 x의 함수이고 $T(x)$로 나타낸다. 함수 $T(x)$는 온도 T_1과 T_2 사이에서 직선이다. 온도구배 $\Delta T/\Delta x$, 즉 $T(x)$ 직선의 구배는 음수이다. 그러므로 음수의 온도구배 앞에 있는 (−) 기호는 열전달을 양수로 만들어 준다. 비례상수 k는 물질의 열전도도(thermal conductivity)라 부른다. 열전도도는 열전달에서 사용되는 여러 열특성 중 하나이다. 열전도도의 단위는 SI 단위에서는 W/m·℃이다. 영국식 단위에서 k의 단위는 Btu/h·ft·°F이다. 열전도도는 W/m·K와 Btu/h·ft·°R과 같이 절대온도의 항으로 표시되며, 이들은 각각 W/m·℃와 Btu/h·ft·°F와 같다. 잠시 후 열전도도에 대해 다시 토의하겠으며, 그 단위는 1.6절에서 거론될 것이다.

가끔은 푸리에 법칙을 식 (1·2)의 형태로 쓸 수 있다. 식 (1·2)의 양변을 표면적 A로 나누면 다음이 얻어진다.

$$q=\frac{\dot{Q}}{A}=-k\frac{\Delta T}{\Delta x} \tag{1·3}$$

여기서 q는 열플럭스(heat flux)를 말한다. 열플럭스는 단위면적당 일어난 열전달이다. 열플럭스의 단위는 SI 단위와 영국식 단위에서 각각 W/m^2 와 $Btu/h\cdot ft^2$ 이다. 열플럭스의 개념은 어떤 크기의 표면적을 통한 열이동을 일반화시키기 위해 열전달을 사용한다. 열전달 $\dot{Q}$를 얻기 위한 간단한 방법은 열플럭스 q에 표면적 A를 곱하는 것이다.

예제 1.1 표면적이 0.12 m^2인 4.0 cm 두께의 강판이 있다. 한쪽 면은 50℃로 다른 쪽 면은 20℃로 유지된다. 이 판의 열플럭스와 열전달을 구하라. 강(steel)의 열전도도 k는 64 W/m·℃(64 W/m·K)를 사용하라.

풀이 열전달은 식 (1·2)에 주어진 대로 푸리에 법칙을 통해 구할 수 있다.

$$\dot{Q}=-kA\frac{\Delta T}{\Delta x}=-kA\frac{T_2-T_1}{\Delta x}$$

$$=\frac{-(64\ \mathrm{W/m\cdot K})(0.12\ \mathrm{m^2})[(20-50)\mathrm{K}]}{0.040\,\mathrm{m}}=5760\ \mathrm{W}$$

먼저 두께의 단위를 열전도도의 단위인 m로 변환시켜야 한다. 푸리에 법칙에 의해 구한 온도차는 음수가 되므로, 마이너스 기호를 붙임으로써 열전달을 양수로 만든다. 온도차 (20−50)은 ℃보다 K로 표현하는 것이 낫다. 정확하게 말하면, 각각의 온도눈금에서 온도차가 같기 때문에 k나 ΔT에서 온도단위로서 ℃ 또는 K 중 어느 것을 사용하든 상관없다. 열플럭스는 열전달을 표면적으로 나눈 값이다.

$$q = \frac{\dot{Q}}{A} = \frac{5760\ \text{W}}{0.12\ \text{m}^2} = 4.8 \times 10^4\ \text{W/m}^2 = 48.0\ \text{kW/m}^2$$

만약 열전달 방향을 알고 $\dot{Q}$가 양수로 표현되기를 원한다면 ΔT의 값으로 양수를 쓰고 푸리에 법칙의 우변 (−) 기호를 일상적으로 떼어낸다. 이것은 $\dot{Q}$의 정확한 값을 얻는 데 있어 가장 중요한 점이며, 음수의 열전달이 나올 수 있는 어떤 가능성도 배제해 준다.

예제 1.2 1.91 cm 두께의 소나무 보드($k = 0.153$ W/m · K)를 통과하는 열플럭스는 125 W/m²이다. 이 보드표면 사이의 온도차를 구하라.

풀이 푸리에 열전도 방정식을 사용하자. 그러나 알지 못하는 온도차 ΔT를 구하기 위해서 식 (1 · 3)을 다시 정리하면,

$$\Delta T = \frac{q\Delta x}{k}$$

$$= \frac{(125\ \text{W/m}^2)(0.0191\ \text{m})}{0.153\ \text{W/m} \cdot \text{K}} = 15.6\ \text{K} = 15.6\ ℃$$

(−)기호를 떼어낸 것에 주의하라.

열전도도

푸리에 열전도 법칙은 열전도도를 정의하는 관계식이다. 열전도도(thermal conductivity)는 어떤 물체가 열에너지를 얼마나 잘 전도시키는가를 나타내는 인자이다. 금속과 같이 높은 열전도도를 가진 재질은 플라스틱과 같은 낮은 열전도도를 갖는 물체보다 더 쉽게 열을 전도한다. 낮은 열전도도를 가지고 열의 전도를 방해하는 물질을 단열재(insulator)라고 부른다. 섬유유리(fiberglass), 암면(rock wool), 그리고 우레탄 폼(urethane foam)은 빌딩 건축물과 산업용 열전달 장치에 많이 사용된다.

모든 열특성처럼 열전도도도 대부분의 재질에 대해 실험적으로 결정된다. 알고 있는 두께의 재질 사이로 알고 있는 양의 열을 통과시키는 장치를 사용하고, 이 재질의 양쪽 표면의 온도를 측정함으로써 푸리에의 법칙을 이용하여 열전도도를 계산할 수 있다. 열전도도 측정의 세부적인 내용은 13장에 나와 있다.

열전도도가 전도에 미치는 영향이 그림 1 · 8에 나타나 있다. 어떤 재질의 슬래브의 한쪽 면은 일정한 온도 T_0로 유지되고 있는 동안 다른 한쪽 면은 일정한 열플럭스에 노출되어 있다. 열전도도가 다른 재질이면 정상상태 온도구배도 달라

그림 1·8 열전도도는 물체에서 정상온도 구배의 크기를 결정한다.

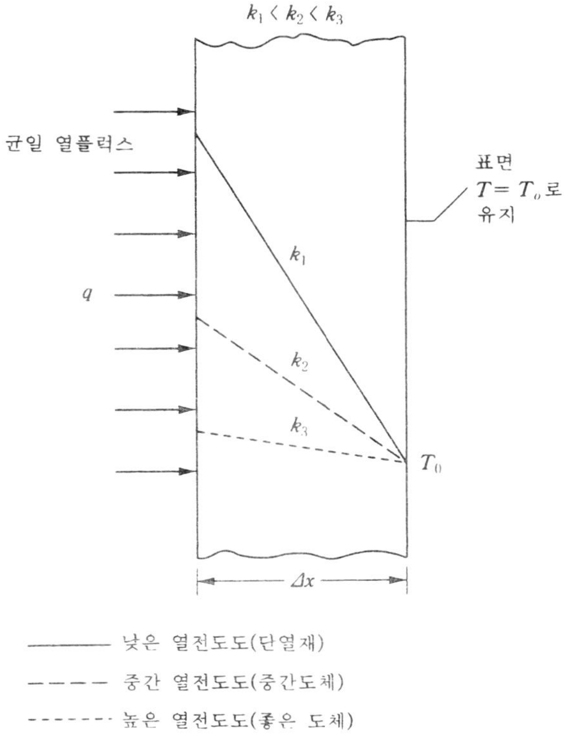

진다. 만약 열전도도가 낮다면 온도구배는 크며, 반면에 열전도도가 크다면 온도구배는 작다. 이 양극 사이에서 열전도도에 의해 온도구배가 조절된다.

전도에 의한 열전달은 기체, 액체, 고체 내에서 일어날 수 있다. 일반적으로 액체는 기체보다 높은 열전도도를 갖고, 고체는 액체보다 높은 열전도도를 갖는다. 기체에서 분자는 불규칙하게 움직이면서 다른 분자와 충돌하며 운동 에너지와 운동량(momentum)을 교환한다. 만약 분자가 높은 온도지역에서 낮은 온도지역으로 움직인다면 낮은 온도지역 안의 다른 분자와 충돌하면서 에너지가 전달된다. 액체에서 열전도의 메커니즘은 분자가 공간 안에 촘촘히 있다는 것을 제외하고는 기체와 거의 같고, 따라서 분자의 힘은 충돌이 일어날 때 에너지의 교환에 영향을 미친다.

고체에서의 열전도는 고체의 종류에 따라 여러 메커니즘 중 하나로 일어난다. 금속에서 열전도의 주요한 방법은 원자의 원자가 띠(valence band) 내에서 자유전자의 이동에 의한 것이다. 이것은 전기전도와 같은 메커니즘이며, 따라서 좋은 전기 전도체와 좋은 열전도체는 무관하지 않다. 비록 정도는 약하지만 열은 금속 안에 있는 원자의 격자구조의 진동 움직임에 의해 전도된다. 수정과 같이 크리스털 구조를 가진 비금속성 고체는 격자구조의 진동흐름이 전도의 주 메커니즘이다. 무정형(無定形) 고체, 즉 플라스틱, 고무 그리고 벽돌과 같이 크리스털 구조

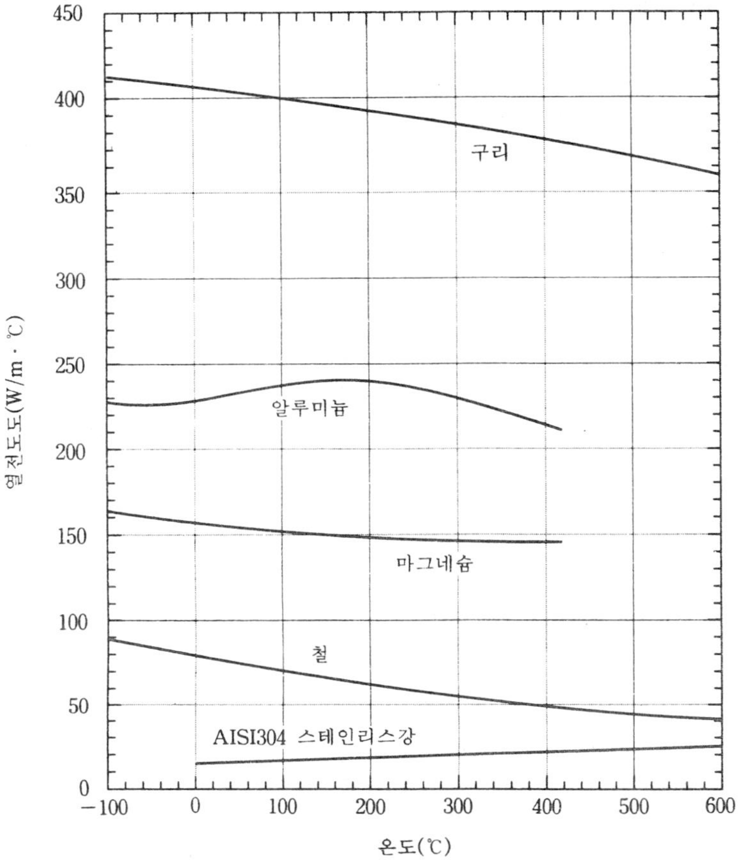

그림 1·9 고체의 열전도도는 온도의 함수이다.

가 아닌 고체에서 열전도는 분자 사이의 일정하지 않은 충돌에 의해 일어난다.

열전도 과정에서 열전도도는 푸리에 법칙에서 상수(constant)로서 소개되었다. 그러나 모든 기계학적 그리고 열역학적 특성처럼 열전도도도 온도에 따라 변화한다. 그림 1·9는 여러 금속들의 열전도도를 온도함수로서 보여 준다. 그림 1·10과 그림 1·11은 각각 몇몇 액체와 기체의 열전도도를 온도함수로서 보여 준다. 재질에 따라 열전도도는 큰 폭의 온도범위에 따라서 크게 변화할 수 있다. 부록 C는 300 K에서의 여러 금속성 고체의 열전도도 및 온도의 함수로서의 열전도도를 나타내었다. 부록 D는 비금속성 고체의 열전도도를 보여 준다. 열역학이나 유체역학에서 친숙한 밀도와 비열도 함께 나와 있다.

열전달 분석이나 설계에 직면했을 때 열전도도와 다른 열특성들이 온도 의존성(temperature dependence)을 나타내는지 아닌지 결정해야 한다. 만약 온도범위가 좁다면 그 온도범위 내의 한 값을 사용해도 무난하다. 만약 온도범위가 넓다면 주어진 온도 의존성을 반영하는 방법을 사용하는 것이 필요하다. 일반적으로 사용하는 방법은 단순히 시스템 내의 평균온도에서의 열특성값을 이용하는 것이다.

1.3 대　　류

대류(convection)는 고체표면과 표면 위를 흐르는 유체 사이에서 열에너지가 전달되는 메커니즘이다. 대류공정은 우리 주위에서 많이 일어나고 어떤 현상은 매우 친숙하다. 어린 시절에 뜨거운 음식을 그 위에 바람을 불어 식힐 수 있다는 것을 배웠다. 이미 배운 것처럼 탁자 위에 놓여진 뜨거운 음료는 전도, 대류 그리고 복사에 의해 주위로 열에너지가 이동됨으로써 차가워질 것이다. 더운 여름날 실외에 있을 때 우리의 몸은 바람이 불 때 시원해진다. 이와 유사하며 때때로는 위험하기도 한 상황으로 겨울에 바람이 심하게 불어 더욱 추워질 수도 있다. 이런 경우를 한랭바람(wind chill)이라고 한다.

대류는 다양한 열전달 응용에서 볼 수 있다. 열교환기에서는 열에너지가 튜브나 통로(channel) 안으로 흐르는 각기 다른 두 유체 사이에서 대류에 의해 전달된다. 자동차 라디에이터(radiator)는 열교환기로 잘 알려진 예이다. 산업공정에서 사용되는 오븐(재료를 건조하고 고형화하는 데 쓰이는 것 같은)은 강제대류와 자

그림 1·10 액체의 열전도도는 온도함수이다.

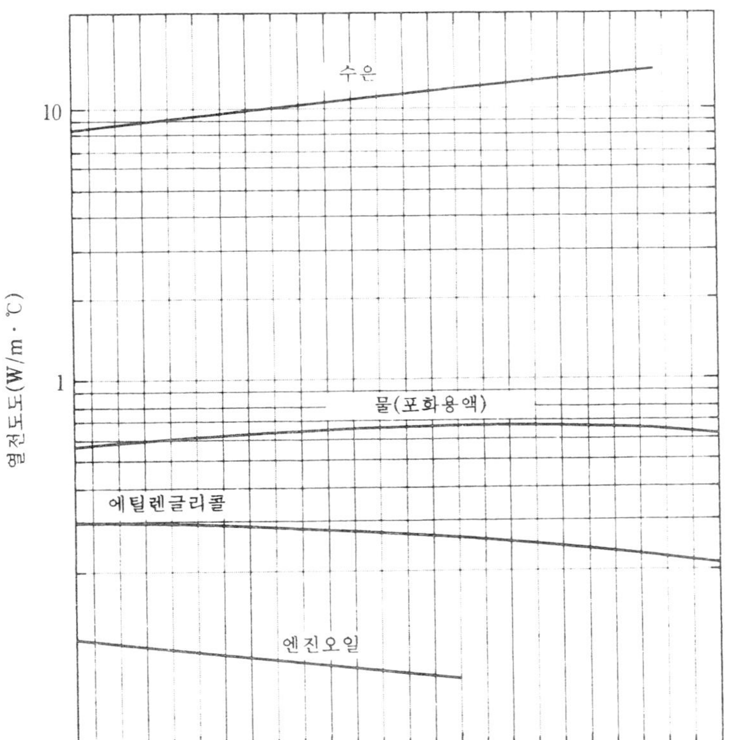

그림 1·11 기체의 열전도도는 온도의 함수이다.

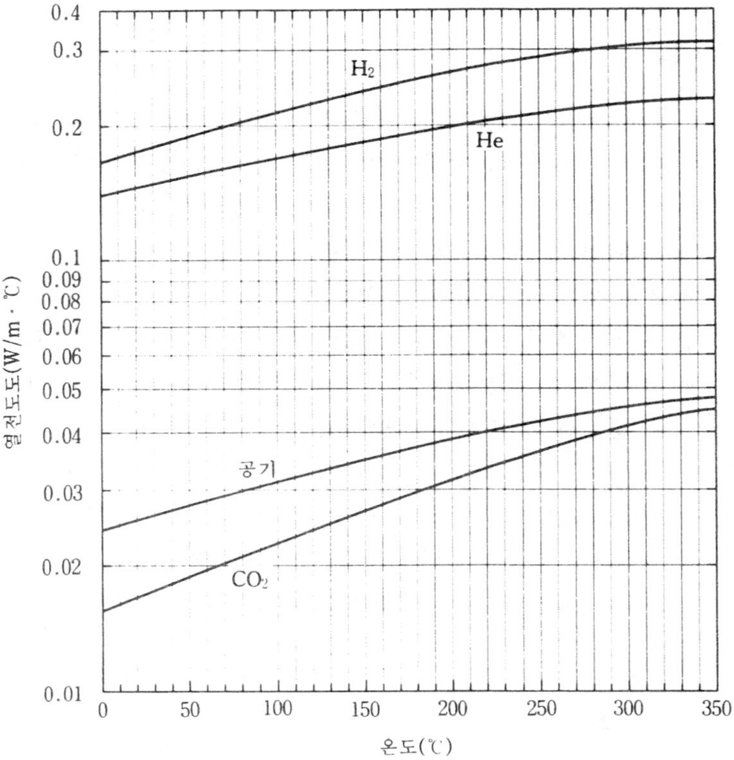

연대류 둘 다 사용한다. 열처리 공정 중 금속을 담금질(quench)시키는 것은 주로 대류를 이용한 공정이다. 보일러 안의 전기가열 장치는 에너지를 대류에 의해 물로 전달시켜 증기로 만들어지게 한다. 전자장치 안에서의 팬(fan)과 송풍기는 발열부품 위로 공기를 이동시켜 이들을 냉각시킨다. 실생활에서 경험할 수 있는 대류현상 때문에 어떻게 대류가 일어날 것인가에 대해 직관적인 생각을 하게 된다. 만약 뜨겁게 익혀진 감자 위로 입김을 분다면 좀더 빨리 식게 될 것이다. 그러나 감자 위로 바람을 두 배의 속도로 분다면 대류 열전달도 두 배가 될 것인가? 대장장이는 뜨거운 금속을 식히기 위해 물항아리에 넣는다. 이것이 바람을 불어 식히는 것보다 더 효과적이다. 그러나 왜 그럴까?

이 질문에 대한 완벽한 답변은 2장에서 설명하겠지만 우선 그림 1·2에 나타낸 것처럼 가열된 표면 위의 유체의 흐름에 의한 대류의 물리적 메커니즘은 간략하게 짚고 넘어가야 한다. 유체역학 기초로부터 고체표면에서는 점도 때문에 유체의 속도가 0이 된다. 표면으로부터 거리가 점점 증가되면 속도는 점점 증가하여 표면으로부터 일정한 거리에 도달하면 자유 선속도(free stream velocity)라 불리는 일정한 값의 U_∞에 다다른다. 표면으로부터 가까운 영역으로서 속도가 0에서부터 자유 선속도 값까지 속도가 변하는 영역을 속도 경계층(velocity boun-

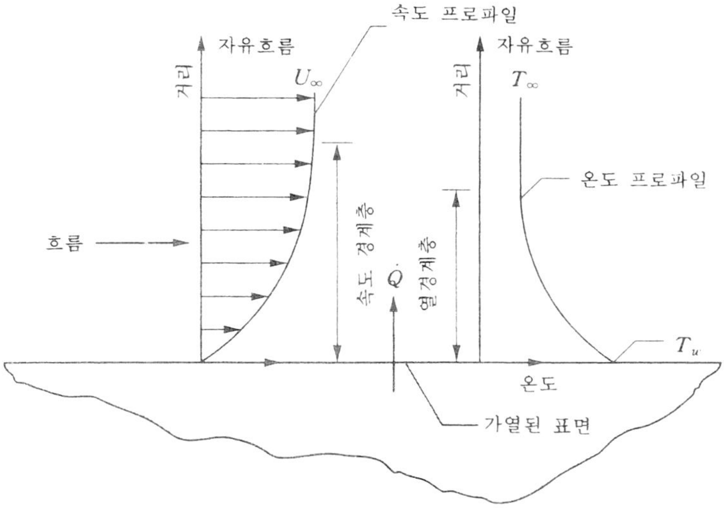

그림 1·12 가열된 표면 위로 흐르는 유체는 속도 경계층과 대류 열전달을 나타내는 열경계층을 형성한다.

dary layer)이라 부른다. 속도 경계층 안에서의 흐름은 층류이거나 또는 난류이다. 층류에서 유체의 인접층(adjacent layer) 또는 얇은 층(laminae)은 유체흐름 방향으로 표면에 평행하게 서로 미끄러진다. 난류에서는 주흐름에 속도변동(velocity fluctuation)이 불규칙하게 겹쳐진다. 그림 1·12에 나타낸 가열된 표면은 T_w로 유지되어 있다. 아래첨자 w는 표면을 포함한 고체 내부의 온도가 아니라 정확하게 벽(wall) 또는 표면에서의 온도를 나타내는 것이다. 속도 경계층 외에 유체의 온도가 T_w에서 T_∞로 변하는 벽으로부터 가까운 영역이 존재한다. 이 영역을 열경계층(thermal boundary layer)이라 부른다. 열경계층 바깥부분에서 유체의 온도는 일정한 자유 선속도 값 T_∞를 갖는다. 속도 경계층과 열경계층은 일반적으로 일치하진 않지만 두 경계층은 서로 연관되어 있고 대류 열전달에 중요한 영향을 미친다.

층류 경계층 안에 유체의 인접층이 흐름방향에 대해 직각방향으로 섞이지 않기 때문에 대류 열전달은 난류에서보다 층류에서 더 약하다. 난류 경계층에서는 일정하지 않은 속도변동에 의해 흐름방향에 대해 수직으로, 즉 벽에서 직각방향으로, 유체가 섞이게 해 줌으로써 벽에서 자유 선속도 방향으로 열에너지의 이동을 향상시킨다. 그러므로 난류는 일반적으로 대류 열전달의 관점에서 바람직한 것이다

대류에 의한 열전달은 온도차와 표면적에 비례한다. 이 경우를 수학적으로 나타내면 다음과 같다.

$$\dot{Q} \propto A(T_w - T_\infty) \qquad (1 \cdot 4)$$

식 (1·4)는 대류에 의한 열전달을 직접 계산하는 데 사용할 수 없으므로, 비례

상수 h를 붙임으로써 등호를 붙일 수 있다.

$$\dot{Q} = hA(T_w - T_\infty) \tag{1 · 5}$$

식 (1 · 5)는 뉴턴의 냉각법칙(Newton's law of cooling)이다. 비례상수 h는 열전달 계수(heat transfer coefficient)라 불린다. SI 단위에서 h는 W/m^2 · ℃ (W/m^2 · K)의 단위를 갖고, 영국식 단위에서는 Btu/h · ft^2 · °F(Btu/h · ft^2 · °R)의 단위를 갖는다. 대부분의 경우 유체의 온도 T_∞는 벽의 온도 T_w보다 높고 이 경우의 뉴턴의 냉각법칙을 다음과 같이 나타냄으로써

$$\dot{Q} = hA(T_\infty - T_w) \tag{1 · 6}$$

열전달이 양수로 유지된다.

열전달 계수

열전달 계수는 열전도도와 같은 열특성은 아니므로 특성값의 표로부터 h의 값을 간단하게 찾을 수가 없다. 열전달 계수는 여러 인자를 고려하여 결정해야 한다.

유체의 상태(액체 또는 기체)
유체조건(층류 또는 난류)
강제 또는 자연대류 또는 상변화
자유 선속도
표면의 기하학적 구조와 거칠기
표면에서의 위치
유체성질의 온도 의존성

주어진 유체에 대해 열전달 계수는 자연대류일 때보다 강제대류에서 더 크다. 비등, 응축 같은 상변화 과정에서 열전달 계수는 매우 크다. 간단한 기하학적 구조와 층류조건일 때 열전달 계수는 해석적으로 결정할 수 있다. 그러나 대부분 실제적인 경우 h는 실험적으로 결정되어야 한다. 많은 실험이 이 분야에서 이루어졌고 h를 구하기 위해 실험적으로 파생된 식들이 다양한 상황에서 이용되고 있다. 위에서 열거된 영향을 고려하여 열전달 계수를 구하는 방법은 7장, 8장, 9장 그리고 12장에서 설명되어 있다.

다양한 경우에 대한 열전달 계수의 전형적인 값이 표 1 · 1에 주어졌다. 이 값은 실제문제를 풀기 위해서 사용해서는 안 된다. 단지 계산된 값을 비교할 수 있는 근사값으로서 이용할 수 있다. 표 1 · 1에 주어진 경우가 관 내에서 흐름인지 물

표 1·1 열전달 계수의 전형적인 값

상 태	h(W/m² · K)	h(Btu/h · ft² · °R)
자연대류, $T_w - T_\infty = 30$℃		
수직판, 0.25 m 높이, 대기 속	5.0	0.88
수평 실린더, 5 cm 바깥지름, 대기 속	8.0	1.40
수평 실린더, 2 cm 바깥지름, 물 속	800	141
구, 2 cm 지름, 엔진오일 속	60	10.6
강제대류		
25℃ 대기가 판 위로 10 m/s로 흐를 때:		
판의 길이:		
L=10 cm	40	7.0
L=50 cm	17	3.0
1 cm 바깥지름 실린더 표면 위로 5 m/s로 지날 때:		
대기가	85	15.0
엔진오일이	1800	317
2.5 cm 안지름의 관에 물이 흐를 때:		
0.5 kg/s	3500	616
1.0 kg/s	11 000	1937
상변화를 수반한 대류		
끓는 물		
그릇이나 용기	2500 ~ 35 000	440 ~ 6200
튜브흐름	5000 ~ 100 000	880 ~ 16 600
수증기의 응축		
수직면	4000 ~ 11 000	700 ~ 1940
외부 수평튜브	9500 ~ 25 000	1700 ~ 4400

체를 통과하거나 위로 흐르는 것인지를 주의해야 한다. 물체(body)의 바깥 표면적에서 일어난 대류는 외부대류(external convection)라 부르고, 튜브나 도관(duct)의 내면에서 일어난 대류는 내부대류(internal convection)라 부른다.

예제 1.3 5℃의 공기가 표면적이 2.5 m²인 평면을 가로질러 흐르고 있다. 이 판의 표면은 45℃로 유지되고, 열전달 계수는 18 W/m² · K이다. 열전달을 구하라.

풀이 뉴턴의 냉각법칙, 식 (1 · 5)을 이용하여 열전달을 구하면

$$\dot{Q} = hA(T_w - T_\infty)$$

$$= (18\ \mathrm{W/m^2 \cdot K})(2.5\ \mathrm{m^2})[(45-5)\ \mathrm{K}] = 1800\ \mathrm{W}$$

예제 1.4 20°F의 물이 지름이 2.5 in인 긴 실린더 안으로 흐르고 있다. 실린더의 표면이 32 °F로 유지되고 열전달 계수는 1200 Btu/h · ft^2 · °R이다. 실린더 길이의 단위길이(ft)당 열전달을 계산하라.

풀이 뉴턴의 냉각법칙을 사용하라. 이 문제는 영국식 단위를 선택한다. 그러나 실린더의 지름은 in로 주어졌으므로 ft로 변환하여야 한다.

$$2.5\,\text{in} \times \frac{1\,\text{ft}}{12\,\text{in}} = 0.208\,\text{ft}$$

이 실린더의 표면적은 다음의 공식에 의해 구해진다.

$$A = \pi DL$$

여기서 D는 지름, L은 길이이다. 그러므로 뉴턴의 냉각법칙은 다음과 같이 나타난다.

$$\dot{Q} = h\pi DL(T_w - T_\infty)$$

그러나 실린더의 단위길이당 열전달을 구해야 하므로 L로 나눠야 한다.

$$\frac{\dot{Q}}{L} = h\pi D(T_w - T_\infty)$$

$$= (1200\,\text{Btu/h} \cdot \text{ft}^2 \cdot {}^\circ\text{R})\pi(0.208\,\text{ft})(32-20)^\circ\text{R} = 9410\,\text{Btu/h} \cdot \text{ft}$$

그러므로 열에너지 9410 Btu/h는 실린더의 단위길이(ft)당 대류될 것이다. 단위길이당 열전달을 구하기 위해 실린더의 실제길이를 알 필요가 없다는 것을 주목하자. 만약 실린더로부터의 총 열전달을 구하길 원한다면 단위길이당 열전달의 값에 실린더의 총 길이를 곱함으로써 간단하게 구할 수 있다. 예를 들어 실린더의 길이가 5 ft라면 이 실린더의 총 열전달은

$$\dot{Q} = \left(\frac{\dot{Q}}{L}\right)L = (9410\,\text{Btu/h} \cdot \text{ft})(5\,\text{ft}) = 4.71 \times 10^4\,\text{Btu/h}$$

긴 실린더의 단위길이당 열전달을 구하는 것은 단위면적당 열전달인 열플럭스를 구하는 것과 유사하지만 열전달은 단위면적 대신 단위길이에 기초한다.

1.4 복 사

전도와 대류와는 달리 복사(radiation)는 매개체를 필요로 하지 않는다. 복사는 전자기파(electromagnetic waves)에 의해서도 열에너지를 이동하기 때문에 진공을 통해서도 이동될 수 있다. 이것은 뜨거운 물체를 차가운 밀폐공간(enclosure) 안에 놓음으로써 실험적으로 증명할 수 있다. 대류는 밀폐공간 내부를 진공상태로 함으로써 제거할 수 있다. 전도는 열전도도가 낮은 얇은 가닥으로 뜨거운 물체를 매달음으로써 없앨 수 있다. 그러면 열전달 현상을 제거했음에도 불구하고 뜨거운 물체는 밀폐공간 내부표면으로 열에너지를 복사하는 것을 발견할 것이다. 실제로 물체와 밀폐공간 내부표면 모두 복사를 한다. 절대영도 이상의 온도를 가지는 모든 물체는 열에너지를 복사한다. 열복사는 물체의 표면 가까이에서 하전

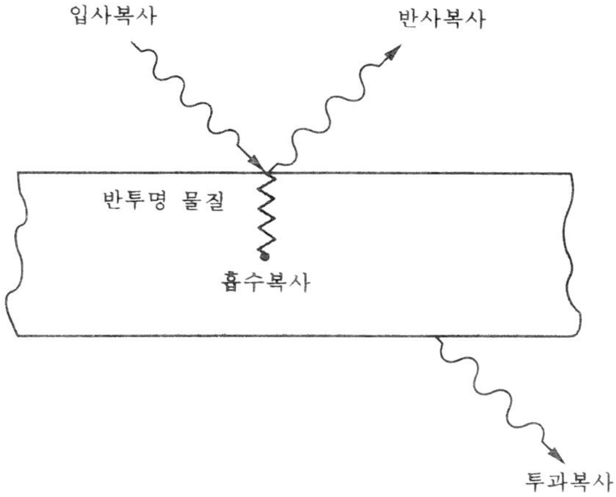

그림 1·13 표면에 입사되는 복사는 반사, 흡수 그리고 투과될 수 있다.

입자가 가속되면서 일어난다. 열적으로 뒤섞인 전하는 방출되는 복사의 연속 스펙트럼을 만들면서 분산된 가속도를 갖고 있다. 다시 말하면, 열복사는 물체로부터 여러 다른 파장에서 방출된다. 저온에서의 파장은 주로 적외선 영역이며, 따라서 눈에는 보이지 않는다. 고온에서는 불 속에서의 뜨거운 장작의 경우처럼 물체가 붉어지기 시작한다. 계속되는 고온에서 물체는 전등의 필라멘트처럼 흰색으로 되어간다.

차가운 밀폐공간 내부의 뜨거운 물체에 관한 실험에서 물체와 밀폐공간 모두 복사를 하고 있지만, 물체의 온도가 밀폐공간 표면의 온도보다 높기 때문에 순복(net)복사 열전달은 물체로부터 내부표면으로 이루어진다. 열은 온도가 높은 곳에서 낮은 쪽으로 흐른다는 것을 기억하자. 이것은 열전달 메커니즘이 전도, 대류이거나 복사라는 것에 상관없이 항상 그렇다.

복사 열전달 현상은 우리 주위에서 항상 일어난다. 당신이 캠프파이어 옆에서 따뜻하게 머물고 있을 때 주요한 열전달 기능은 복사이다. 복사는 음식을 조리할 때 사용하는 오븐에서도 중요한 역할을 담당한다. 어느 뜨거운 여름날 시원하기 위해서 그늘진 곳을 찾는 것도 그렇다. 심지어 바깥 공기의 온도는 100°F 또는 그 이상일 때에도 그늘에서는 빌딩이나 나무 같은 물체가 우리에게 직접 다가오는 태양의 복사를 막아 주기 때문에 시원하게 느껴진다. 어느 추운 겨울 집안의 큰 창문 곁에 서 있다면 우리 몸으로부터 창문으로 복사되는 것을 느끼게 된다. 현대기술에서 복사는 용광로, 보일러, 오븐, 전자부품 그리고 우주선과 같은 장치의 전체 열성능(overall thermal performance)을 결정하는 중요한 역할을 한다.

복사는 11장에서 세부적으로 다루며, 이 장에서는 기본적인 개념을 소개하는 것으로 한다. 열복사는 근본적으로 표면(surface)현상이다. 열복사가 표면에 작용할 때, 그림 1·13에서처럼 입사(入射)되는 복사의 일부분은 반사되고, 일부분은 흡수되고 일부분은 투과된다. 대부분의 공학재료는 열복사에 대해 불투명

(opaque)하다. 즉, 투과가 되지 않는다. 이 범주에 속하는 재질은 금속, 나무, 벽돌, 그리고 대부분의 플라스틱 등이다. 입사되는 복사가 투과되는 재질을 반투명(semi−transparent)이라고 부르고 유리와 석영이 일반적인 예이다. 일반적으로 열복사를 완전히 투과시키는 고체, 액체 또는 기체는 없다. 오직 진공만이 복사를 완전히 투과시키는 것으로 간주된다.

표면온도가 절대영도 이상인 모든 물체는 열복사를 방출한다. 어떤 물체가 방출할 수 있는 최대 복사량(maximum radiation)은 다음과 같다.

$$E_b = \sigma T^4 \qquad (1 \cdot 7)$$

여기서 E_b : 흑체 복사력(W/m² 또는 Btu/h · ft²)

σ : 스테판−볼츠만 상수

$(=5.669 \times 10^{-8}\ \mathrm{W/m^2 \cdot K^4} = 0.1714 \times 10^{-8}\ \mathrm{Btu/h \cdot ft^2 \cdot {}^\circ R^4})$

T : 온도(K 또는 °R)

식 (1 · 7)은 스테판-볼츠만 법칙(Stefan−Boltzmann law)이다. 이 법칙에 따라서 표면으로부터 복사열을 방출하는 물체를 흑체(black body)라 부른다. 흑체는 열에너지의 이상적인 복사체(radiator)이다. 복사력은 열플럭스와 같은 단위를 갖는 것에 주목하자. 또한, 온도가 4제곱으로 되어 있음에 주목하자. 온도에 대해 선형함수인 대류나 전도와는 달리, 복사는 온도의 4제곱 함수이며, 이것은 만약 고온이거나 자연대류가 존재할 경우 복사가 열전달 방식 중에 매우 중요한 것이 될 수 있음을 의미한다. 식 (1 · 7)이나 다른 복사공식을 사용할 때는 꼭 절대온도 단위를 사용해야만 한다. 그러므로 켈빈(K)은 SI 단위에서 사용되어야 하고, 랭킨(°R)은 영국식 단위에서 사용되어야 한다.

흑체는 이상적인 것으로 실제표면을 비교하는 기준으로 작용한다. 실제표면은 스테판−볼츠만 법칙에 의하여 복사를 방출하지 않는다. 실제표면의 복사력(emissive power) E는 다음 관계식에 의해 구해진다.

$$E = \varepsilon \sigma T^4 \qquad (1 \cdot 8)$$

여기서 ε은 복사능(emissivity)이다. 복사능은 어떤 고체물체의 표면특성으로서 같은 온도에서 흑체와 실제표면에서의 복사력을 비교하는 데 사용된다. 복사능은 0에서 1 사이의 값을 갖는 무차원 수이다. 그러므로 실제표면은 같은 온도에서 흑체보다 에너지를 적게 방출한다. 복사능 값의 목록이 부록 G에 나와 있다.

복사는 통상 두 개 또는 그 이상의 실제표면 사이에서 일어난다. 때때로 이들 표면 사이에는 수증기나 먼지로 오염된 기체와 같은 방해 매개체가 있어 복사를 감소시킨다. 게다가 표면의 특성은 파장과 방향에 의존한다. 일반적으로 표면 사

그림 1·14 뜨거운 물체는 차가운 주위로 복사된다.

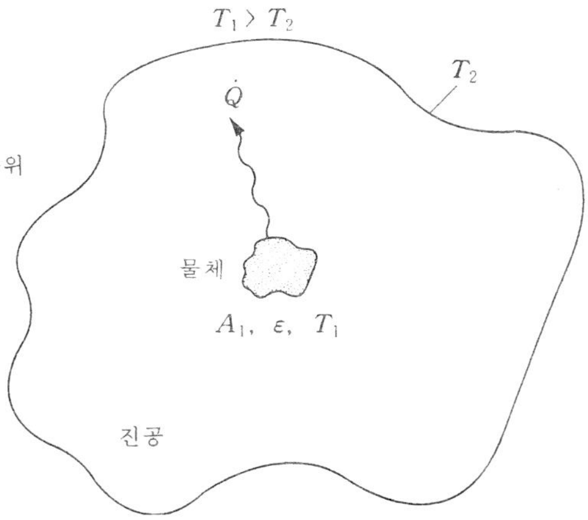

이의 복사현상은 복잡한 일이다. 여기에서는 단순하지만 실제적인 경우에 대해 토론하기로 하자.

그림 1·14는 표면적 A_1인 물체가 우리가 주위(surrounding)라고 부르는 큰 표면으로 둘러싸여 있는 것을 보여 준다. 물체의 표면온도와 복사능의 값은 각각 T_1, ε이고, 주위의 온도는 T_2이다. 물체의 온도가 주위의 온도보다 높다고 가정할 때, 순복사 열전달은 다음과 같다.

$$\dot{Q} = A_1 \varepsilon \sigma (T_1^4 - T_2^4) \qquad (1 \cdot 9)$$

11장에서 다시 설명하겠지만, 식 (1·9)는 주위가 흑체든 아니든 성립되며, 따라서 표면의 복사능은 중요하지가 않다.

식 (1·9)는 어떤 물체가 모양에 상관없이 큰 표면으로 둘러싸여 있을 때, 이 물체로부터의 순복사 열전달을 구하고 싶을 때 사용된다. 실질적으로 우주선의 일부분을 물체라고 한다면, 이 물체로부터 주위대기나 우주공간으로 복사가 일어나고 있다는 것을 의미하는 것이다. 또 다른 물체로는 발전소 내에서 수증기를 수송하는 관이나 밀폐된 전자장치 내의 집적회로를 꼽을 수 있다. 식 (1·9)는 복사 열전달을 구하는 데 있어 매우 유용한 식이다.

예제 1.5 열처리(heat treating) 공정 직후 쇠막대의 표면온도가 900℃가 되었다. 이 막대가 25℃로 유지되고 있는 넓은 방안에서 냉각되고 있다. 이 막대의 복사능이 0.3일 때 복사 열전달을 구하라. 이 막대의 표면적은 0.17 m²이다.

풀이 쇠막대는 방에 비하면 매우 작은 크기이므로 식 (1·9)를 통해 복사 열전달을 구할 수 있다. 식 (1·9)를 사용하기 전에 반드시 온도단위를 K로 변환시켜야 한다. 온도 단위환산 공식은

$$T(\text{K}) = T(℃) + 273.15$$

그러므로

$$T_1 = 20℃ + 273.15 = 293.15\,\mathrm{K}$$

$$T_2 = 900℃ + 273.15 = 1173.15\,\mathrm{K}$$

대부분의 열전달 경우 온도를 소숫점 이하 2자리까지 표기하지 않고 정수로 표현한다. 그러므로 열전달은

$$\dot{Q} = A_1 \varepsilon \sigma (T_1^4 - T_2^4)$$

$$= (0.17\ \mathrm{m^2})(0.3)(5.669 \times 10^{-8}\,\mathrm{W/m^2 \cdot K^4})[1173^4 - 293^4)\mathrm{K^4}] = 5452\ \mathrm{W}$$

실제로 열처리 공정에서 대류에 의한 열전달이 주요역할을 차지한다. 이 예제는 이런 종류의 복사문제를 풀 수 있는 기본적인 접근방법을 예시한다. 대류와 복사가 동시에 일어나는 경우를 복합 열전달 방법이라 하는데, 다음 절에서 다루게 된다.

1.5 복합 열전달 방법

앞절에서는 각각 별도의 열전달 공정으로서의 전도, 대류 그리고 복사를 설명했다. 거의 모든 경우 이 열전달 방법 중 2개 또는 3개 모두의 방법이 동시에 일어난다. 전도는 특별한 온도조건에 의해 고체내부에서의 온도구배가 배제된 특별한 경우를 제외한 모든 경우에 일어난다. 결과적으로 복합방법(combined mode)은 고체표면에서 대류와 복사가 동시에 일어나는 상황을 뜻한다. 통상적으로 이들 방법 중 하나가 다른 방법에 비하여 지배적으로 작용하여 표면에서의 총 열전달의 대부분을 차지하게 된다. 예를 들면 유체의 온도에 가까운 온도를 가진 표면을 액체가 가로지르고 있을 때는 대류가 지배적인 열전달 방법이다. 반면에 차가운 정체가스 내에 고온의 표면이 있을 때는 복사가 지배적인 열전달 방법이 된다. 대류나 복사 중 어느 하나도 지배적인 방법이 아닌 경우에는 두 가지 방법 모두 총 열전달의 상당한 비율을 차지하기 때문에 두 가지 열전달 방법을 모두 고려해야만 한다.

그림 1·15에 나타낸 경우를 보자. 열은 고체 슬래브를 통해 전도되어 슬래브 내에서 선형 온도구배 $(T_0 - T_w)/\Delta x$를 가지게 된다. 이 슬래브를 통해 전달되는 열전달을 푸리에 법칙을 통해 구하면

$$\dot{Q} = kA\frac{(T_0 - T_w)}{\Delta x} \tag{1·10}$$

열은 슬래브의 오른쪽 표면으로부터 대류와 복사에 의해 온도가 T_∞인 주위로 전달된다. 정상상태 조건에서 열역학 제 1 법칙에 의하면 이 슬래브를 통해 전도된 열은 오른쪽 표면에서의 대류와 복사를 통한 에너지와 같아야만 한다. 따라

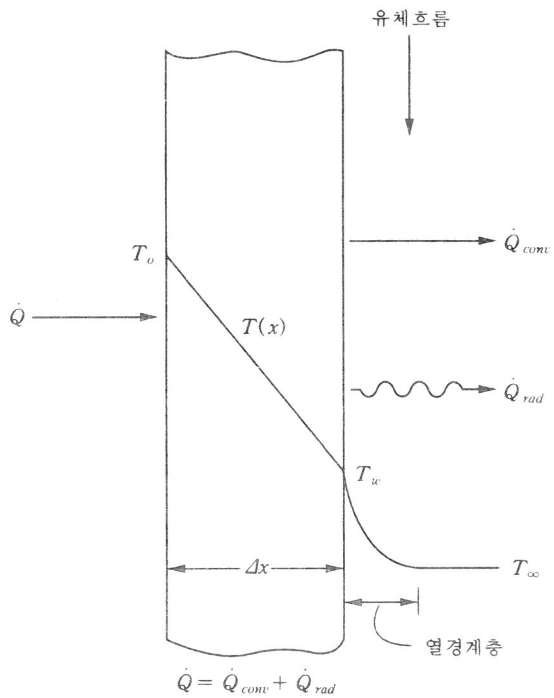

그림 1·15 정상상태 조건에서 전도에 의해 슬래브를 통과하는 열전달은 표면으로부터 대류와 복사되는 열전달과 같다.

서, 다음과 같이 쓸 수 있다.

$$\dot{Q} = \dot{Q}_{cond} = \dot{Q}_{conv} + \dot{Q}_{rad} \tag{1·11}$$

여기서 $\dot{Q}_{cond}$: 전도에 의한 열전달

$\dot{Q}_{conv}$: 대류에 의한 열전달

$\dot{Q}_{rad}$: 복사에 의한 열전달

만약 대류가 일어나지 않는다면 $\dot{Q}_{conv} = 0$ 이 되고, 반면에 복사가 $\dot{Q}_{rad} = 0$ 이 된다. 무시할 만 하면 대류는 진공상태에서는 존재하지 않고 방출되는 복사는 표면이 절대영도의 온도를 갖는 경우를 제외하고는 항상 존재한다.

예제 1.6 그림 1·16과 같은 화강암 벽이 있다. 왼쪽 면의 온도는 50℃로 일정하게 유지되고, 오른쪽 면은 22℃의 흐르는 공기에 노출되어 있다. 이 공기의 열전달 계수가 18 W/m^2·℃이다. 복사를 무시할 경우 열플럭스를 구하라.

풀이 열역학 제1법칙에 의하면 정상상태에서 벽을 통해 전도되는 열에너지는 표면으로부터 대류되는 열에너지와 같다. 그러므로 식 (1·11)로부터

$$\dot{Q}_{cond} = \dot{Q}_{conv}$$

그림 1·16 화강암 벽

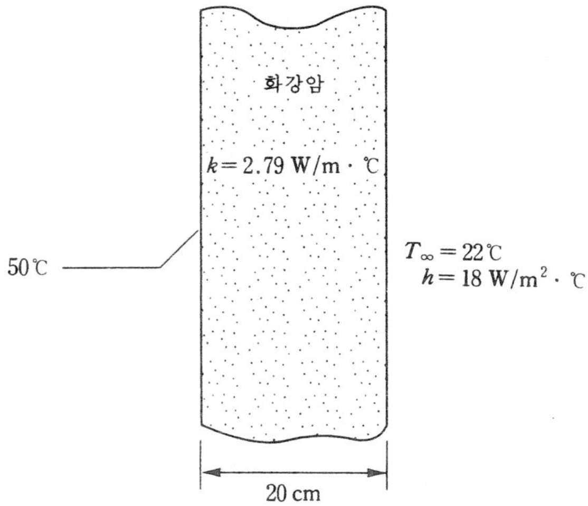

$\dot{Q}_{cond}$에 관한 푸리에 법칙과 $\dot{Q}_{conv}$에 관한 뉴턴의 냉각법칙으로부터 다음과 같은 식을 얻을 수 있다.

$$kA\frac{(T_1 - T_2)}{\Delta x} = hA(T_2 - T_\infty)$$

열플럭스를 구하기 전에 오른쪽 표면의 온도인 T_2를 계산해야만 한다. 위의 식을 대수적으로 재정렬하여 T_2에 대해 풀면

$$T_2 = \frac{kT_1/\Delta x + hT_\infty}{k/\Delta x + h}$$

$$= \frac{(2.79\ \text{W/m}\cdot℃)(50℃)/(0.20\ \text{m}) + 18\ \text{W/m}^2\cdot℃)(22℃)}{(2.79\ \text{W/m}\cdot℃)/(0.20\ \text{m}) + 18\ \text{W/m}^2\cdot℃} = 34.2℃$$

T_2를 알고 있으므로 열플럭스를 구할 수 있다. 벽을 통해 흐르는 열은 경계층을 통해 흐르는 열과 같으므로 열플럭스 q를 구하기 위해 뉴턴의 냉각법칙이나 푸리에 법칙을 사용할 수 있다.

$$q = \frac{k(T_1 - T_2)}{\Delta x}$$

$$= \frac{(2.79\ \text{W/m}\cdot℃)(50 - 34.2)℃}{0.20\ \text{m}} = 220\ \text{W/m}^2$$

뉴턴의 냉각법칙을 이용하면

$$q = h(T_2 - T_\infty)$$

$$= (18\ \text{W/m}^2\cdot℃)(34.2 - 22)℃ = 220\ \text{W/m}^2$$

예제 1.7

가로, 세로 각각 0.3 m의 수직판이 30℃의 온도로 유지되어 있다. 한쪽 면은 단열되어 있고, 다른 쪽 면은 0℃의 저밀도 정체가스에 노출되어 있다. 이 판의 복사능은 0.95이며, 열전달 계수는 $5.0\ \text{W/m}^2\cdot\text{K}$이다. 판으로부터 가스로 전달되

는 총 열전달을 계산하라.

풀이 이 판은 대류와 복사에 의해 가스로 열을 전달하고 있다. 뉴턴의 냉각법칙에 의한 대류 열전달은 다음과 같다.

$$\dot{Q}_{conv} = hA(T_w - T_\infty)$$
$$= (5.0\ \mathrm{W/m^2 \cdot K})(0.09\ \mathrm{m^2})[(30-0)\mathrm{K}] = 13.5\ \mathrm{W}$$

그리고 복사에 의한 열전달은 다음과 같다.

$$\dot{Q}_{rad} = A\varepsilon\sigma(T_w^4 - T_\infty^4)$$
$$= (0.09\ \mathrm{m^2})(0.95)(5.669\times10^{-8}\ \mathrm{W/m^2\cdot K^4})[(303^4 - 273^4)\mathrm{K}^4] = 13.9\ \mathrm{W}$$

그러므로 식 (1 · 11)을 이용하여 판으로부터의 총 열전달은 대류와 복사 각각을 합한 값과 같다.

$$\dot{Q} = \dot{Q}_{conv} + \dot{Q}_{rad}$$
$$= 13.5\ \mathrm{W} + 13.9\ \mathrm{W} = 27.4\ \mathrm{W}$$

이 예제에서 대류와 복사 열전달은 거의 같다. 만약 복사능이 0.95에서 0.10으로 바뀐다면 복사 열전달은 1.5 W로 감소한다. 만약 강제대류가 일어나서 열전달 계수가 높아진다면 대류 열전달은 훨씬 더 커지게 된다.

예제 1.8 예제 1.7에서 열전달이 주어졌고, 평판의 표면온도를 구하려고 한다고 가정하자. 총 열전달이 50 W라면, 이 판의 표면온도는 얼마인가?

풀이 판에서 이 주위로 전달되는 총 열전달은 대류와 복사에 의한 열전달의 합이다. 그러므로 다음과 같이 쓸 수 있다.

$$\dot{Q} = hA(T_w - T_\infty) + A\varepsilon\sigma(T_w^4 - T_\infty^4)$$

표면온도 T_w를 제외한 이 방정식의 모든 항은 알고 있다. T_w항은 일반적인 수학계산법으로는 한쪽으로 정리할 수 없다. 그래서 수치해석(numerical approach)을 사용해야만 한다. 수치해석은 해석적으로 풀릴 수 없는 방정식을 풀기 위한 특별한 방법이다. 수치해석의 한 방법으로 비논리적인 시행오차법(trial and error)을 사용한다. T_w의 값을 가정하여 대입한 후 방정식이 성립하는가를 점검한다. 그 때 요구하는 답과 차이가 크면 적당한 T_w값을 다시 방정식에 대입하여 반복한다. 허용하는 작은 오차 내에서 이 방정식을 만족시키는 T_w값이 나올 때까지 이 과정을 계속한다.

다소 비논리적인 시행오차법은 그다지 효과적이지는 않다. 더 좋은 방법은 복사부분의 T_w항을 대수학적으로 푸는 것이다. 이는

$$T_w = \left[\frac{\dot{Q} - hA(T_w - T_\infty)}{A\varepsilon\sigma} + T_\infty^4\right]^{1/4} \qquad (1 \cdot 12)$$

이 때 반복법(iteration)이라 불리는 방법을 사용한다. T_w값을 가정하여 식 (1 · 12)에서 우변에 대입한 후 좌변의 T_w에 대해 푼다. 주위기체의 온도가 273 K이기 때문에 판의 온도는 330 K로 측정한다. 이 값을 우변에 대입하고 새로운 T_w를 구한다. 새로운 값으로

320.9 K를 얻는다. 이제 우변에 다시 이 값을 대입하여 T_w의 새로운 값을 찾는다. 이번에는 327.1 K를 얻는다. 더 이상 T_w의 값이 크게 변하지 않을 때까지 반복법을 계속한다. 이런 경우를 수렴(convergence)이라 한다. 이 문제에 대한 반복법은 표 1·2에 요약되어 있다. 7회 또는 8회 반복한 후에 T_w의 값은 단지 1 K 미만에서 조금 변화하므로 반복을 멈춘다. 판의 온도는 약 325 K이다. 이 반복법은 프로그램이 가능한 휴대용 계산기에서 진행될 수 있다.
앞의 문제를 풀기 위한 더 좋은 방법은 개인 컴퓨터상에서 구동되는 방정식 해법기(equation solver) 루틴을 사용하는 것이다. 몇몇 방정식 해법기 적용 패키지가 시중에 나와 있는데, 이들은 해석학적으로 풀기가 어려운 방정식을 푸는 데 수치해석을 이용한다. 이 방정식 해법기는 효과적인 수치계산 방법으로 사용하여 손으로 계산하면 여러 시간이 걸려 얻는 문제에 대한 해답을 단 몇 초에 얻는다. 공학용 계산기에서 루트 파인더(root finder) 루틴을 이용해도 이 일을 할 수 있을 것이다. 방정식 해법기와 루트 파인더는 복잡한 열전달 문제를 해결하는 데 있어 필수적인 도구이다.

표 1·2 반복법 표

반복횟수	이전값 T_w(K)	새로운 값 T_w(K)
1	330.0	320.9
2	320.9	327.1
3	327.1	322.9
4	322.9	325.8
5	325.8	323.8
6	323.8	325.1
7	325.1	324.3
8	324.3	324.9

1.6 차원과 단위

열전달 문제에서 정확한 답을 얻기 위해서는 차원과 단위에 세심한 주의가 필요하다. 차원(dimension)은 측정할 수 있는 매개변수의 성질을 표현하거나 상술하는 데 사용되는 물리적인 변수이다. 예를 들면 금속판의 질량은 판의 차원이다. 유사한 경우로, 콘테이너에 담겨 있는 액체의 온도는 액체의 열역학적 차원이다. 자연과학과 공학에서는 7개의 기본차원(base dimension)이 있다. 이들은 길이·질량·시간·온도·전류·물질량·광도이다. 파생차원(derived dimension)은 7개의 기본차원의 조합으로부터 유래된 차원이다. 예를 들면 속도는 길이를 시간에 의해 나눔으로써 얻어진 파생차원이다. 밀도는 질량을 길이의 세제곱인 부피로 나눈 것이다. 자연과학과 공학에서 사용되는 파생차원 모두는 7개의 기본차원의 조합인 것이다.

단위(unit)는 인위적으로 정한 크기를 나타내는 세분법으로서 차원의 크기를 나타내는 데 사용되고 있다. 예를 들면 길이는 미터(m)나 피트(ft)의 단위로 나타낼 수 있다. 온도는 섭씨(℃), 화씨(°F), 절대온도(K), 랭킨(°R)의 단위로 나타낸다(관행에 의하면, 온도기호(°)는 켈빈 절대온도에서는 사용하지 않는다). 일반적으로 사용되는 두 개의 단위가 있는데, SI(Système International d'Unités) 단위와 영국식 단위(English Unites)이며, 때때로 USCS(U. S. Customary System)이라고도 한다. 미국을 제외하고는 대부분의 선진국에서 SI 단위를 사용한다. SI 단위는 국제적으로 공인되어 있고 간단한 10진법에 기초하고 있기 때문에 영국식 단위보다 더욱 널리 사용되고 있다. 표 1·3에는 7개의 기본차원과 그들의 SI 단위와 영국식 단위가 나와 있다. 괄호 안에 표기된 것은 각 단위의 약자이다. 예를 들어 ft는 foot의 약자이고, s는 second의 약자이다. 표 1·4는 열전달과 열유체 과학분야에서 일반적으로 사용되고 통용되는 파생차원을 요약한 것이다.

방정식의 차원은 일관성(dimensionally consistent)이 있어야만 한다. 이것은 등호의 좌변과 우변에서의 차원이 같아야 한다는 것을 의미한다. 푸리에 전도법칙은 이 개념을 설명하는 데 사용될 수 있다. 다시 써보면

$$\dot{Q} = kA\frac{\Delta T}{\Delta x}$$

푸리에 법칙을 단위로만 나타내면 다음과 같다.

$$(\mathrm{W}) = (\mathrm{W/m \cdot K})(\mathrm{m}^2)\frac{(\mathrm{K})}{(\mathrm{m})}$$

좌변의 차원은 열전달이다. 즉, 전력으로서 (W) 단위를 갖는다. 우변의 (m)와 (K) 단위를 상쇄하면 (W)만 남는다. 그러므로 푸리에 법칙이 일관된 차원을 갖

표 1·3 7개의 SI 단위와 영국식 단위의 기본차원

차 원	SI 단위	영국식 단위
길이	미터(m)	피트(ft)
질량	킬로그램(kg)	파운드 질량(lb_m)*
시간	초(s)	초(s)
온도	켈빈(K)	랭킨(°R)
전류	암페어(A)	암페어(A)
물질량	몰(mol)	몰(mol)
광도	칸델라(cd)	칸델라(cd)

* 슬러그는 영국식 단위에서 공인된 질량단위이나 파운드 질량이 열유체 과학분야에서 일반적으로 이용된다.

표 1·4

차　원	SI 단위	영국식 단위
면적	m^2	ft^2
부피	m^3	ft^3
속도	m/s	ft/s
밀도	kg/m^3	lb_m/ft^3
힘	N	lb_f
비중	N/m^3	lb_f/ft^3
압력	Pa	lb_f/ft^2
비열	J/kg · K	$Btu/lb_m \cdot {}^\circ R$
동역학 점도	kg/m · s	$lb_m/h \cdot ft$
에너지	J	Btu
열전달	W	Btu/h
열플럭스	W/m^2	$Btu/h \cdot ft^2$
열전도도	W/m · K	$Btu/h \cdot ft \cdot {}^\circ R$
열전달 계수	$W/m^2 \cdot K$	$Btu/h \cdot ft^2 \cdot {}^\circ R$
부피발열	W/m^3	$Btu/h \cdot ft^3$
열확산도	m^2/s	ft^2/h

고 있음을 알 수 있다.

식의 단위는 일관성이 있어야 한다. 푸리에 전도법칙에서, 만약 표면적 A를 in^2로 하고 두께를 m로 나타낸다면, 열전달은 틀린 답이 나올 것이다. 문제를 풀기 전에 사용할 단위가 SI 단위인지 또는 영국식 단위인지 결정하고, 같은 문제에서 단위가 서로 섞여 있지 않게 하는 것은 좋은 문제 해결법이다. 문제의 초반에 모든 주어진 값은 SI 단위이건 영국식 단위이건 간에 한 단위로 변환해야만(각 방정식에 값을 대입하기 전에) 계산오류를 최소화시키고 식에서 단위환산 과정을 최소화할 수도 있다.

단위환산(unit conversion)은 차원해석(dimensional analysis)이라 불리는 방법을 통해 다른 단위로 환산하는 것을 가능하게 한다. 차원해석은 한 개 또는 그 이상의 환산인자(conversion factor)를 곱함으로써 행해진다. 환산인자는 단위값 1을 갖는 동일비율이라 할 수 있다. 그러므로 환산인자를 주어진 차원에 곱하면 차원이 아니라 숫자들의 값만 변화시키는 것이다. 환산인자 목록은 부록 B에 있다.

예제 1.9 20 mi/h의 속도를 in/s로 환산하라.

풀이 20 mi/h에 여러 개의 환산인자를 차례로 곱하여 원하는 단위인 in/s로 답을 얻을 수 있다.

$$\frac{20\ \text{mi}}{\text{h}} \times \frac{1\ \text{h}}{3600\ \text{s}} \times \frac{5280\ \text{ft}}{1\ \text{mi}} \times \frac{12\ \text{in}}{1\ \text{ft}} = \frac{352\ \text{in}}{\text{s}}$$

mi, h와 ft의 단위를 상쇄시켜 in와 s의 단위만 남겨 놓는다. 만약 mi/h와 in/s 사이의 직접적인 환산인자가 있다면 20 mi/h에 그 환산인자만을 곱할 수도 있다. 그러나 이 예제에서는 몇 가지 기본 환산인자를 이용해 봄으로써 차원해석 방법을 설명하였다.

다른 예제를 하기 전에 열전달에서 사용하는 몇 가지 일반적인 환산인자를 검토하자. SI 단위에서 에너지는 줄(J)로 나타낸다. 영국식 단위에서 에너지는 Btu (British Thermal Unit)로 나타낸다. J과 Btu 사이의 환산을 위해서는 다음을 이용한다.

$$1\,\text{Btu} = 1055.06\,\text{J} = 778.17\,\text{ft} \cdot \text{lb}_f$$

동력은 사용한 에너지에 대한 시간의 비율이다. 동력은 열전달과 같은 단위이고, 일반적으로 W나 Btu/h로 표시한다.

$$1\,\text{W} = 1\,\text{J/s}$$

$$1\,\text{kW} = 1000\,\text{W}, \quad 1\,\text{MW} = 10^6\,\text{W}, \quad 1\,\text{mW} = 0.001\,\text{W}$$

$$1\,\text{kW} = 3412\,\text{Btu/h}$$

열플럭스 q는 단위면적당 열전달이다.

$$1\,\text{W/m}^2 = 0.3171\,\text{Btu/h} \cdot \text{ft}^2$$

열전도도 k의 유용한 환산인자는

$$1\,\text{W/m} \cdot \text{K} = 0.5778\,\text{Btu/h} \cdot \text{ft} \cdot {}^\circ\text{R}$$

그리고 열전달 계수 h에 대해서는

$$1\,\text{W/m}^2 \cdot \text{K} = 0.1761\,\text{Btu/h} \cdot \text{ft}^2 \cdot {}^\circ\text{R}$$

열전도도와 열전달 계수에서의 온도의 단위로는, SI 단위에서는 ℃, K, 영국식 단위에서는 °F, °R 중 하나를 사용할 수 있다. 왜냐하면

$$\Delta T(℃) = \Delta T(\text{K})$$

$$\Delta T({}^\circ\text{F}) = \Delta T({}^\circ\text{R})$$

이기 때문이다. 따라서, 다음과 같이 결론 지을 수 있다.

$$1\,\text{W/m} \cdot ℃ = 1\,\text{W/m} \cdot \text{K}$$

$$1\,\text{Btu/h} \cdot \text{ft} \cdot {}^\circ\text{F} = 1\,\text{Btu/h} \cdot \text{ft} \cdot {}^\circ\text{R}$$

그리고

$$1\,W/m^2 \cdot ℃ = 1\,W/m^2 \cdot K$$

$$1\,Btu/h \cdot ft^2 \cdot °F = 1\,Btu/h \cdot ft^2 \cdot °R$$

이 된다.

예제 1.10 온도 180°F를 °R, ℃ 그리고 K로 환산시켜라.

풀이 온도 °F를 °R로 환산시키기 위하여 단순히 459.67을 더한다. 즉

$$180°F = (180 + 459.67)°R = 639.67°R$$

180°F를 ℃로 환산시키기 위하여, 먼저 32를 뺀 후 1.8로 나누면

$$180°F = \left(\frac{180-32}{1.8}\right)℃ = 82.22℃$$

180°F를 K로 환산시키기 위하여 ℃로 나타낸 결과에 273.15를 더한다. 즉

$$180°F = (82.22 + 273.15)\,K = 355.37\,K$$

예제 1.11 순수한 니켈은 상온에서 약 91 W/m · K의 열전도도를 갖는다. 이 값을 Btu/h · ft · °F의 단위로 환산하라.

풀이 다시 차원해석을 적용하되, 이번에는 한 개의 환산인자를 직접 곱한다.

$$91\,W/m \cdot K \times \frac{0.5778\,Btu/h \cdot ft \cdot °F}{1\,W/m \cdot K} = 52.6\,Btu/h \cdot ft \cdot °F$$

영국식 단위에서 주의할 점

영국식 단위에 관하여 특히 혼동하는 것은 무게와 질량을 구별하는 것과 파운드 포스(lb_f)나 파운드 매스(lb_m), 또는 슬러그(slug)를 어떻게 사용하는 가를 아는 것이다. 물리학에서 뉴턴의 운동 제 2 법칙을 보면

$$F = ma \qquad (1 \cdot 13)$$

여기서 F는 힘, m은 질량, 그리고 a는 가속도이다. 이 세 가지에 대하여 식 (1 · 13)을 SI 단위로 정리하면 다음을 얻는다.

$$N = (kg)(m/s^2)$$

여기서 뉴턴(N)은 1 kg의 질량이 1 m/s² 가속도를 가질 때의 힘으로서 정의되기 때문에 윗식은 차원적으로 일관성이 있다. 식 (1 · 13)에 m 대신 slug와 F 대신 lb_f의 영국식 단위를 대입하면 다음을 얻는다.

$$lb_f = (slug)(ft/s^2)$$

여기서 파운드 포스(lb_f)는 질량 1 slug가 1 ft/s^2의 속도를 가질 때의 힘으로써 정의되기 때문에 역시 차원적으로 일관성이 있다. 그러나 표 1·3에 나온 것처럼 열전달과 유체역학의 열유체 과학분야에서 주로 사용되는 영국식 질량단위는 slug가 아니라 lb_m(pound mass)이다. 산업현장에서 관이나 도관 안을 흐르는 유체의 질량유속을 표현하는 데 1초당 파운드로 표시하는 것이 일반적이고, 1초당 슬러그로 표현하는 것은 드물다. 뉴턴의 운동 제2법칙에 lb_m를 대입하면 다음을 얻는다.

$$lb_f = (lb_m)(ft/s^2)$$

이것은 차원적으로 일관성이 없다. 이 문제를 해결하기 위하여 g_c라고 불리는 불리는 변환인자를 도입함으로써 뉴턴의 운동 제2법칙을 재정립할 수 있고, g_c는 다음과 같이 정의된다.

$$g_c = 32.17\ lb_m \cdot ft/lb_f \cdot s^2$$

그러면 뉴턴의 제2법칙은 다음과 같이 쓸 수 있다.

$$F = \frac{1}{g_c} ma \tag{1·14}$$

식 (1·14)에 m 대신 lb_m를 대입하면 다음을 얻는다.

$$lb_f = \frac{1}{(32.17\ lb_m \cdot ft/lb_f \cdot s^2)}(lb_m)(ft/s^2)$$

이것은 차원적으로 일관성이 있는 식이다. g_c의 값은 표준 중력가속도 g와 같다는 것을 주의하자. 식 (1·14)에 주어진 뉴턴의 제2법칙은 lb_f로 표시되는 물체의 무게는 g가 표준값을 갖는 경우 lb_m로 표시되는 질량과 수적으로 같다는 것을 보여 준다. 예를 들면 100 lb_m의 질량을 가진 물체의 무게는

$$W = F = \frac{1}{g_c} mg$$

$$= \frac{1}{(32.17\ lb_m \cdot ft/lb_f \cdot s^2)}(100\ lb_m)(32.17\ ft/s^2) = 100\ lb_f$$

정리하면, 영국식 단위로 질량이 들어 있는 계산을 할 때는 우선 slug 또는 lb_m 중 어느 것을 사용할 것인지 결정해야만 한다. 만약 덜 사용되는 단위인 slug를 사용한다면 g_c는 기본적으로 무시한다. 만약 열유체 과학분야에서 자주 사용되는 단위인 lb_m를 사용한다면, 올바른 수학적인 답을 얻기 위해서, 또 차원의 일관

성을 유지하기 위해서 변환인자 g_c가 사용되어야만 한다.

1.7 응 용

이 책의 의도와 주장을 살리기 위해 각 장의 끝은 각 장에서 토의된 열전달 원리를 이용한 응용문제들로 구성된 절로 마무리되어 있다. 마찬가지로 우리가 실생활에서 경험할 수 있는 상황에 대하여 알고 있는 열전달 개념을 적용시키는 것을 돕고자 여러 응용문제를 각 장의 끝에 일반적인 문제 뒤에 실었다. 응용문제는 난방과 공조, 전자냉각, 우주, 제조공업, 전력생산, 화학공정, 환경과학, 자동차, 식품공정, 의학 등 여러 분야에 선택되었다. 각 장의 개념을 이해한 후 응용부분을 공부함으로써 개념을 적용시켜 실제적인 문제를 해결하는 방법을 배울 수 있다.

전자부품은 전류가 흐르면서 열에너지를 내부에 생성한다. 이 열에너지는 효율적으로 제거되어야만 그 부품의 적절한 온도가 유지되어 전기적 기능을 계속 발휘할 수 있다. 전자부품의 온도를 유지하는 일반적인 방법은 강제공냉(forced air cooling)이다. 공기를 부품 위로 팬을 통해 직접 불어 줌으로써 강제대류에 의해 열이 외부로 이동되도록 한다. 예제 1.12는 전형적인 공냉 전자부품의 온도를 계산하는 것이다.

예제 1.12 공기는 그림 1·17에 나타낸 실린더 모양의 전기장치 위를 강제순환한다. 공기의 온도는 25℃이고, 부품 케이스를 가로지르는 공기의 열전달 계수는 30 W/m^2·K 이다. 부품은 1.25 W를 분산시키고 3개의 20 gage의 구리선에 의해 인쇄회로 기판(Printed Circuit Board : PCB) 위에 설치되어 있다. PCB의 온도가 35℃로 유지될 때 케이스의 온도를 구하라. 케이스는 등온이며 복사는 무시한다고 가정한다.

풀이 부품내부에서 생성되는 열에너지는 두 개의 다른 경로를 따라 두 개의 다른 열전달 과정에 의해 이동된다. 에너지 한 부분은 케이스에서 외부공기로 직접 대류되고, 또 한 부분은 구리선을 통해 PCB로 전도된다. 즉

$$\dot{Q} = \dot{Q}_{conv} + \dot{Q}_{cond} \qquad \text{(a)}$$

대류항은 다음과 같다.

$$\dot{Q}_{conv} = hA_c(T_c - T_\infty) \qquad \text{(b)}$$

그리고 전도항은 다음과 같다.

$$\dot{Q}_{cond} = \frac{kA_l(T_c - T_{PCB})}{l} \qquad \text{(c)}$$

다음은 이 문제에서 주어진 것이다.

그림 1·17 전자부품

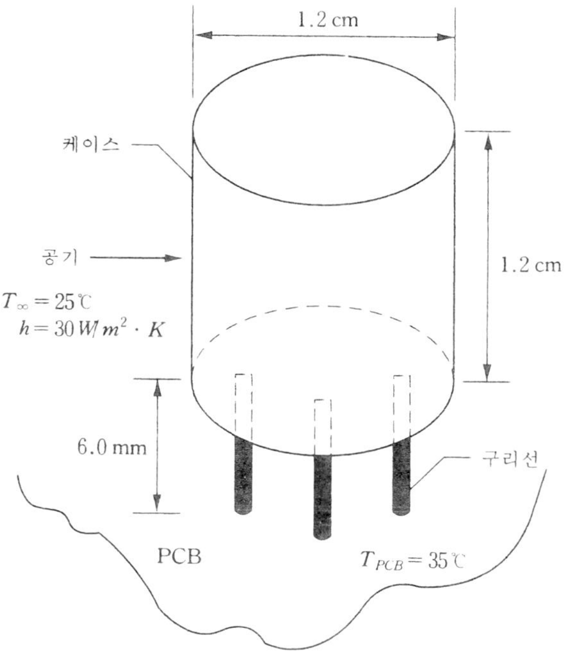

$\dot{Q} = 1.25\,\text{W}$ (부품에서 분산된 동력)

$h = 30\,\text{W/m}^2 \cdot \text{K}$ (열전달 계수)

$T_\infty = 25$℃ (외부공기 온도)

$T_{PCB} = 35$℃ (PCB 온도)

$l = 6.0\,\text{mm} = 0.006\,\text{m}$ (막대길이)

압연한 구리선의 열전도도는 부록 C에서 보면

$k = 287\,\text{W/m} \cdot \text{K}$

대류는 케이스의 옆, 위, 바닥 면에서 일어난다고 가정하고, 케이스의 표면적 A_c는

$$A_c = \pi DL + 2\left(\frac{\pi D^2}{4}\right)$$

$$= \pi(0.012\,\text{m})(0.012\,\text{m}) + \frac{2\pi(0.012)^2}{4} = 6.79 \times 10^{-4}\,\text{m}^2$$

여기서 케이스 밑바닥의 구리선에 의한 작은 표면적은 무시한다. 전도는 3개의 똑같은 구리선을 통해 일어나므로 구리선의 전체 단면적 A_l은

$$A_l = 3\left(\frac{\pi d^2}{4}\right)$$

$$= \frac{3\pi(8.118 \times 10^{-4}\,\text{m})^2}{4} = 1.55 \times 10^{-6}\,\text{m}^2$$

여기서 20 gage 전선의 지름 d의 값은 부록 I에서 얻었다. 식 (b)와 식 (c)를 식 (a)에 대입하면,

$$\dot{Q} = hA_c(T_c - T_\infty) + \frac{kA_l(T_c - T_{PCB})}{l}$$

이 방정식에서 케이스 온도 T_c에 대하여 풀면 다음과 같다.

$$T_c = \frac{\dot{Q} + hA_c T_\infty + \dfrac{kA_l T_{PCB}}{l}}{hA_c + \dfrac{kA_l}{l}}$$

$$= \frac{1.25 + (30)(6.79\times10^{-4})(25) + (287)(1.55\times10^{-6})(35)/(0.006)}{(30)(6.79\times10^{-4}) + (287)(1.55\times10^{-6})/(0.006)} = 46.1℃$$

그러므로 주어진 온도조건과 가정하에서 케이스의 온도는 공기와 PCB의 온도보다 각각 21℃와 11℃ 높다. 이제 케이스 온도를 알게 되었으므로 전도와 대류에 의한 열손실을 구할 수 있다.

$$\dot{Q}_{cond} = 0.821\text{ W}$$

$$\dot{Q}_{conv} = 0.429\text{ W}$$

그러므로 동력의 대부분은 구리선을 통해 PCB로 전도된다. 만약 복사항이 고려되었다면 케이스 온도는 46.1℃보다 낮을 것이다. 이 문제에서 복사를 고려하는 것은 연습문제(문제 1.39)에 나온다.

열전달은 주요 가전제품의 설계시 중요하게 고려해야 한다. 부엌오븐의 설계시 중요한 점은 안정성이다. 재래식 부엌오븐은 음식을 효율적으로 조리하기 위해 몇 백 도의 내부온도로 작동되어야 한다. 오븐의 벽은 오븐외부의 표면온도를 일정온도 이하로 유지하기 위해 단열시켜야만 한다. 예제 1.13은 오븐벽에 필요한 단열재의 두께를 구하는 것이다.

예제 1.13 부엌오븐의 벽은 광물질 섬유(mineral fiber) 단열재(k= 0.04 W/m · K)로 단열되어 있다. 오븐을 최고온도에 설정할 때 오븐내벽의 온도는 260℃이다. 부엌공기의 최고온도는 30℃이고, 오븐의 외벽에서의 열전달 계수가 13 W/m² · K이다. 오븐외벽 온도를 45℃ 이하로 유지하는 데 필요한 단열재의 두께를 구하라.

풀이 오븐벽은 단지 단열재 재질로만 만든다는 가정하에 문제를 단순화시킨다. 열역학적 관점에서 볼 때, 이것은 오븐벽은 통상 벽을 통한 열전도에 별로 영향을 미치지 않는 두 개의 얇은 금속판 사이에 단열재를 넣어 만들기 때문에 이 가정은 옳다고 볼 수 있다.

$$k = 0.04\text{ W/m}\cdot\text{K},\quad T_i = 260℃,\quad T_o = 45℃,\quad T_\infty = 30℃,\quad h = 13\text{ W/m}^2\cdot\text{K}$$

열역학 제 1 법칙에 의해 단위면적의 오븐벽을 통해 전도된 열은 단위면적의 외벽으로부터 대류된 열과 같다. 그러므로 열플럭스 q는

$$q = \frac{k(T_i - T_o)}{\Delta x} = h(T_o - T_\infty)$$

이 식을 재배열하고 단열재 두께 Δx에 대하여 풀면 다음을 얻는다.

$$\Delta x = \frac{k(T_i - T_o)}{h(T_o - T_\infty)}$$

$$= \frac{(0.04\ \mathrm{W/m \cdot K})[(260-45)\mathrm{K}]}{(13\ \mathrm{W/m^2 \cdot K})[(45-30)\mathrm{K}]} = 0.044\ \mathrm{m} = 4.4\ \mathrm{cm}(1.7\ \mathrm{in})$$

오븐벽의 표면적을 알 필요가 없다는 것에 주목하자. 계산과정에서 열플럭스를 이용함으로써 표면적은 필요하지 않게 된다.

◇◇◇◇◇◇◇◇◇◇ 참 고 문 헌 ◇◇◇◇◇◇◇◇◇◇

1. Fourier, J. B. 1822. *Theorie Analytique de la Chaleur*, Paris (English translation by A. Freeman, 1955, New York: Dover Publications, Inc.)
2. Klemens, P. G. 1969. "Theory of the Thermal Conductivity of Solids." In R. P. Tyre, ed. *Thermal Conductivity*, vol. 1. London: Academic Press.
3. Brown, S. C. 1947. "The Discovery of Convection Currents by Benjamin Thompson, Count of Rumford." *Am. J. Physics* 15: pp. 273~274.
4. Planck, M. 1959. *The Theory of Heat Radiation*. New York: Dover Publications.
5. Cheremisnoff, N. P. 1993. *Heat Transfer Equipment*. Englewood Cliffs, N. J.: Prentice Hall.
6. Kitto, J. B., W. A. Fiveland, C. E. Latham, and G. P. Peterson. 1995. "Advances in Thermal Engineering." *Mechanical Engineering* (March): pp. 88~92.
7. Layton, E. T., and J. H. Lienhard, eds. 1988. *History of Heat Transfer*. New York: American Society of Mechanical Engineers.

◇◇◇◇◇◇◇◇◇◇ 연 습 문 제 ◇◇◇◇◇◇◇◇◇◇

◈ 전 도

1.1 열전도도가 25 W/m · K이고 표면적이 1 $\mathrm{m^2}$인 10 cm 두께의 슬래브 양쪽 면의 온도차가 50℃이다. 이 슬래브를 통한 열전달을 구하라.

1.2 만약 1.5 cm 두께의 순수한 철(iron)판을 통해 24 $\mathrm{kW/m^2}$이 전도되었다면, 이 판 사이의 온도차는 얼마인가?

1.3E 열전도도가 0.03 Btu/h · ft · °R이고 표면적이 10 000 $\mathrm{ft^2}$인 3.5 in 두께의 단열재의 열전달이 40 000 Btu/h라면 이 판 사이의 온도차는 얼마인가?

1.4 1 mm 두께의 순수한 구리(copper)원판을 통해 5 kW가 전도되었다. 원판 사이의 온도차가 3℃일 때 이 원판의 지름은 얼마인가?

1.5 연구소 기술자가 그림 1·18에 나타낸 측정장치를 사용하여 미지의 고체시료의 열전도도를 추정하였다. 전기히터로부터 1.2 kW가 전달되고 시료의 뒷면과 모서리가 완전히 단열되었다고 가정하고 온도차가 50℃로 일정하게 유지된다고 할 때, 이 시료의 열전도도를 구하라. 단, 이 시료의 두께와 지름은 각각 0.5 cm와 12 cm인 원판이다.

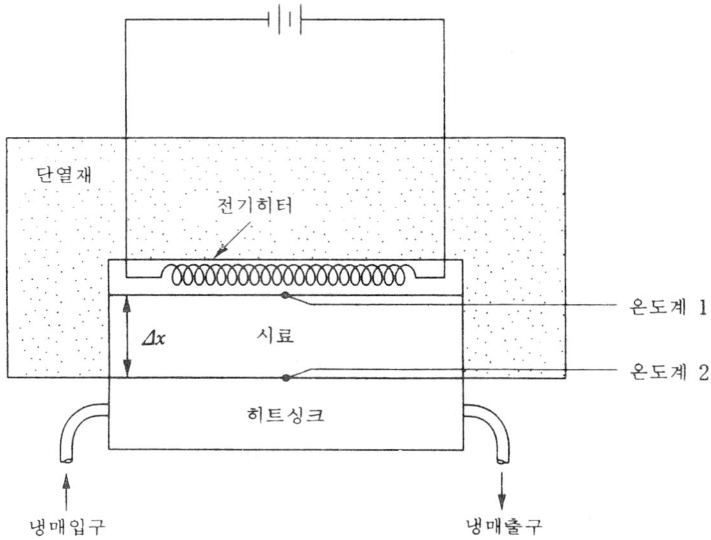

그림 1·18 재질의 열전도도 측정장치

1.6E 0.125 in 두께의 창문유리(window glass)가 13°F의 온도차를 가지고 있다. 이 유리를 통과하는 열플럭스를 계산하라.

◈ 대　류

1.7 열전달 계수가 15 W/m^2·K이고 인접한 유체의 온도가 80℃일 때, 표면온도가 −10℃인 벽의 열플럭스를 구하라.

1.8E 자연대류에 의해 벽이 40°F의 주위공기로 열에너지를 잃고 있다. 만약 열전달 계수가 1.5 Btu/h·ft^2·°R이고 열손실이 22 Btu/h·ft^{2}라면 벽의 표면온도는 얼마인가?

1.9 2.5 cm 두께의 순수한 철(iron)판의 한쪽 면이 17 kW/m^{2}의 일정한 열플럭스에 노출되어 있다. 열에너지가 판의 다른 면으로부터 30℃의 유체로 대류된다. 만약 열플럭스에 노출되어 있는 면의 온도가 350℃로 일정하게 유지된다면 열전달 계수는 얼마인가?

1.10 550 W/m^{2}의 태양 열플럭스가 15℃의 공기에 노출되어 있는 표면의 벽에 흡수된다. 열전달 계수가 22 W/m^2·K라면 벽의 표면온도는 얼마인가? 이 벽의 뒷면은 단열되었고 복

사는 무시한다고 가정하자.

1.11 1 기압에서 뜨거운 금속판이 담겨 있는 물이 끓고 있다. 만약 이 판의 표면온도가 125℃이고 표면에서의 열플럭스가 500 kW/m^{2}라면 열전달 계수는 얼마인가?

◈ 복 사

1.12 2000℃ 흑체의 복사력(emissive power)은 얼마인가? 3000℃에서는 얼마인가?

1.13 흑체의 복사력을 온도의 함수로 나타내라. 300 K에서 3000 K의 온도범위에서 최소한 5개의 데이터 점을 표시하라.

1.14 복사능이 0.8이고 온도가 1300℃인 표면으로부터 복사되는 열전달을 계산하라.

1.15 지름이 15 cm인 구의 표면온도가 85℃로 유지되고 있다. 만약 구가 20℃의 큰 밀폐된 방안에 있다면, 구로부터 방출되는 복사 열전달은 얼마인가? 구의 복사능은 0.45이다.

1.16 우주공간에 지름이 40 cm인 구가 있다. 만약 구의 표면의 복사능이 0.2이고, 표면온도가 −60℃일 때 이 구로부터의 열전달을 구하라. 우주온도는 0 K라 하자.

1.17E 큰 방을 가로질러 스팀이 흐르는 2 in, schedule 40 강관이 있다. 이 관으로부터 복사되는 열전달이 단위길이(ft)당 200 Btu/h이다. 방안의 온도가 70°F이고, 이 관의 복사능이 0.6일 때 이 관의 표면온도는 얼마인가?

◈ 혼합 열전달 방법

1.18 문제 1.15에서 대류를 포함하고 있을 때 구로부터의 열전달을 구하라. 열전달 계수는 29 W/m^2 · K로 가정하자.

1.19 40 W의 전등이 20℃ 온도의 큰 방안에 있다. 전등을 지름이 7 cm인 구형이라고 생각하고 복사도가 0.9, 열전달 계수가 22 W/m^2 · K라면, 전등의 표면온도를 계산하라.

◈ 차원과 단위

1.20 20℃를 °F로 환산하라.

1.21 110°F를 ℃로 환산하라.

1.22 70°F를 K로 환산하라.

1.23 150 W를 Btu/h로 환산하라.

1.24 40 000 Btu/h를 kW로 환산하라.

1.25 300 K에서 열전도도가 35.3 W/m · K인 납(lead)이 있다. 300 K에서 납의 열전도도를 Btu/h · ft · °R로 구하라.

1.26 상온에서 순수한 알루미늄(aluminum)은 237 W/m · K의 열전도도를 가진다. 상온에서 순수한 알루미늄의 열전도도가 Btu/h · ft · °R로는 얼마인가?

1.27 20 W/m^2 · K의 열전달 계수를 Btu/h · ft^2 · °R으로 환산하라.

1.28 지구 대기권 밖에서 태양 열플럭스는 약 1350 W/m^2이다. 열플럭스를 Btu/h · ft^2로 나타내라.

1.29 지름 0.9 mm의 전선에 단위길이(m)당 12 W의 전류가 흐른다면, 전선표면에서의 열플럭스를 Btu/h · ft^2로 구하라.

1.30 300 K에서 순수한 은(silver)의 열전도도를 cal/s · cm · K로 구하라.

1.31 로키산맥 지역에 사는 귀뚜라미들은 간이 온도계 역할을 한다고 한다. 24초마다 우는 울음소리에 35를 더한 것으로 외부의 공기온도를 °F로 나타낼 수 있다고 한다. 이 "귀뚜라미 공식"을 사용하면 24초 동안 31번 울 때 외부의 공기온도는 °F와 ℃와 K로 각각 얼마인가?

◈ 응 용

1.32E 어떤 집에서의 유리창의 크기가 2.2 ft와 4.0 ft로 측정되었다. 전형적인 겨울날씨에서 창문의 내벽과 외벽의 온도는 각각 52°F와 30°F이다. 만약 유리의 열전도도가 0.4 Btu/h · ft · °R이고 유리창의 두께가 0.125 in라면 이 유리창을 통한 열손실은 얼마인가?

1.33 오븐의 내벽온도가 550℃이다. 오븐의 두께가 10 cm이고 내화점토 벽돌(fire clay brick)로 되어 있다. 만약 오븐의 총 외부 표면적이 7.5 m^2이고, 외부공기의 온도가 30℃이고 외벽표면에서의 열전달 계수가 14 W/m^2 · K라면 오븐으로부터 대류로 인한 열손실을 계산하라. 단, 열전도의 평균면적은 6 m^2라고 가정한다.

1.34 복사에 대한 열손실을 포함하여 문제 1.33을 다시 계산하라. 외벽표면의 복사능은 0.75라고 가정한다.

1.35 전자부품의 밀폐공간(enclosure)은 두께 1.6 mm로서 저밀도 폴리에틸렌 5052로 만들어졌다. 이 밀폐공간은 표면적이 0.24 m^2이고 주위공기의 온도는 25℃이며, 외부표면에서의 열전달 계수는 16 W/m^2 · K이다. 만약 전자부품에서 145 W의 전력이 발생된다면, 이 밀폐공간의 내부와 외부의 표면온도는 얼마인가?

1.36 빌딩의 벽은 450 W/m^2의 일정한 태양 열플럭스를 받고 있다. 내부의 공기온도는 21℃이고 내벽에서의 열전달 계수는 11 W/m^2 · K이다. 만약 태양 복사의 20%가 벽에 의해 흡수된다면, 벽의 내부의 표면온도를 구하라. 이 빌딩의 내부와 외부의 공기온도는 같다고 가정한다.

1.37 60 W 전등 안의 필라멘트는 5 cm 길이의 30 gage 텅스텐(tungsten)선으로 만들어져 있다. 이 전등내부의 가스는 제거되어서 필라멘트로부터의 대류현상은 무시할 수 있다. 만약 필라멘트 주변의 전구온도가 65℃이고, 텅스텐선의 복사능이 0.4라면, 필라멘트의 온도를 추정하라. 60W 모두가 열에너지로 방출된다고 가정한다.

1.38 일반적으로 성인은 활기차게 걸을 때 약 65 Btu/h · ft^2를 소모한다. 주위의 공기온도가

70°F이고 열전달 계수는 3.5 Btu/h · ft^2 · °R이라면 이 성인에 대한 외부의 표면온도를 추정하라. 단, 복사는 무시한다.

1.39 복사에 대한 열전달을 고려하여 예제 1.12를 다시 풀어라. ε=0.9라고 가정한다.

1.40 전형적인 여름날 싱글(shingle)의 표면온도는 55℃ 정도가 된다. 만약 외부공기의 온도가 34℃이고 싱글표면에서의 열전달 계수가 12 W/m^2 · K이고 싱글의 복사능이 0.9라면 싱글 1 m^{2}당 열손실은 얼마인가? 대류와 복사에 의한 열손실 비율은 각각 얼마인가?

1.41E 아직 미완성인 주거용 지하실의 콘크리트 기초벽은 8 in의 두께와 0.19 Btu/h · ft · °R의 열전도도를 갖고 있다. 만약 지하실의 공기온도가 65°F로 유지되고 벽에 접촉하고 있는 흙의 평균온도가 52°F이고 벽의 내부표면에서의 열전달 계수가 2 Btu/h · ft^2 · °R일 때 지하실 1 ft^{2}당 열손실은 얼마인가?

1.42 그릴 위의 2 cm 두께의 스테이크의 바닥표면이 뜨거운 석탄으로부터 8000 W/m^{2}의 복사열플럭스를 받고, 윗부분은 40℃의 공기에 노출되어 있다. 스테이크의 열전도도는 0.48 W/m · K이고, 스테이크 윗표면에서 열전달 계수는 15 W/m^2 · K이다. 만약 스테이크가 복사 에너지의 20%를 흡수한다면 스테이크의 윗표면과 아랫표면의 온도를 구하라.

2 1차원 정상상태 전도

2.1 서 론

이 장에서는 1차원 정상상태에서의 열전도를 배운다. 1장에서의 내용을 복습하면 정상상태(steady state) 흐름의 열전달이란 시스템 내에서 온도가 일정하다는 것을 의미한다. 다시 말하면 시간에 따라서 변하지 않는다는 것이다. 시스템 내 공간에 따라 온도(온도구배)의 차이는 있으나 그 구배는 일정하다는 것이다. 1차원(one-dimensional)이라는 것은 단지 한 방향으로만 열에너지가 이동하는 것을 의미한다. 일반적으로 전도는 3개의 좌표축에 해당하는 방향인 3방향으로 모두 동시에 진행된다. 직교 좌표계(rectangular coordinates)에서 1차원 전도는 x, y, z방향 중 한 방향으로 일어난다. 통상 직각 좌표계를 적용하는 물체의 형태는 평판벽, 판 그리고 슬래브(slab)이다. 원통 좌표계(cylindrical coordinate)로 표현하는 경우 1차원 전도는 r(radial), z (axial), θ(circumferential) 방향 중 한 방향으로 일어난다. 우리는 실린더 내의 1차원 전도는 단지 반지름(radial) 방향에만 국한시킬 것이다. 통상 원통 좌표계가 적용되는 물체의 형태는 원형막대(rod), 관(pipe) 그리고 선(wire)이다.

열의 흐름을 1차원으로 간주하는 경우가 실제로 많이 있다. 벽, 창문, 문과 지붕과 같은 물체를 통과하는 전도는 기본적으로 1차원이다. 보일러, 관, 열교환기 등을 둘러싸는 단열재 층을 통한 전도도 1차원이라 할 수 있다. 3장에서 자세히 다룰 휜(fin)은 바닥에서 꼭대기로 열에너지를 전도시키면서 그 과정에 대류에 의해 에너지를 잃는다. 휜의 표면에서의 전도는 2차원이라 할 수 있지만, 그럼에도 불구하고 1차원 전도방식으로 접근하여 성공적으로 분석 설계될 수 있다.

이제 열전달에서 가장 많이 사용되는 원리의 하나인 전기적 유사성에 대해 소개할 것이다. 이 전기적 유사성은 옴의 법칙을 상기시켜 몇몇 열전달 매개변수를 이에 상응하는 전기적 매개변수로 취급할 수 있게 해 준다. 전기적 유사성을 복합 평판벽과 실린더에 적용시키는 것을 배운다. 전기적 유사성을 연장시켜 총 열전달 계수를 도입하여 대류효과에도 적용한다. 총 열전달 계수에 관계된 인자인 R값을 도입하여 단열재의 성능을 결정한다. 또, 임계 단열재 반지름과 내부 열생성과 접촉 열저항을 취급한다.

2.2 내열성과 전기 유사성

평 판 벽

1장에 나온 푸리에 열전도 법칙을 보면,

$$\dot{Q} = kA\frac{\Delta T}{\Delta x} \tag{2·1}$$

재정렬하면 푸리에 법칙은 다음과 같이 나타낼 수 있다.

$$\dot{Q} = \frac{\Delta T}{\frac{\Delta x}{kA}} \tag{2·2}$$

식 (2 · 2)는 전기전도에 관한 옴(ohm)의 법칙과 유사하다.

$$I = \frac{\Delta V}{R} \tag{2·3}$$

여기서 I : 전류(A)

ΔV : 전압차(V)

R : 저항(Ω)

열전도(푸리에 법칙)와 전기전도(옴의 법칙) 사이에 직접적인 수학적 유사성이 있다는 것을 알 수 있다. 푸리에 법칙에서는 '저항'과 유사한 것을 내열성(thermal resistance) R_{th}이라 부르고 다음과 같이 정의한다.

$$R_{th} = \frac{\Delta x}{kA} \tag{2·4}$$

R_{th}의 단위는 SI와 영국식 단위에서 각각 K/W(℃/W)와 °R · h/Btu(°F · h/Btu)이다. 내열성은 전기용어에서 사용되는 것과 같은 의미의 '레지스터(resistor)'로 생각할 수 있다. 그림 2 · 1은 두 개의 레지스터로 각각 전기저항과 열저항에 관한 것이다. 전류(current)는 전기 레지스터를 통해 흐르고, 열(heat)은 열레지스터를 통해 흐른다. 각 레지스터의 전후에는 전위차(potential difference)가 있다. 전기 레지스터에서의 전위차는 전압차(voltage difference)이고, 열레지스터에서의 전위차는 온도차(temperature difference)이다. 각각의 경

그림 2·1 열전도와 전기 전도는 유사하다.

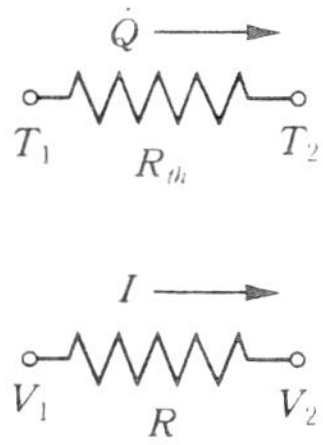

$$\dot{Q} = \frac{\Delta T}{R_{th}} = \frac{T_1 - T_2}{R_{th}}$$

$$I = \frac{\Delta V}{R} = \frac{V_1 - V_2}{R}$$

우에서 전위차는 전류나 열을 흐르게 하는 원동력이 된다. 전압차가 없다면 전류는 흐르지 않는다. 온도차가 없다면 열도 흐르지 않는다.

1) 저항의 직렬연결

전기회로에서 두 개 또는 그 이상의 저항이 직렬로 연결되어 있을 때 전체저항은 각각의 저항들의 산술적인 합이다. 또한, 그림 2·2에 나타낸 것처럼 서로 다른 두 개 또는 그 이상의 재질로 구성된 복합벽의 경우, 전체 내열성도 각 저항의 합이다. 그러므로 그림 2·2에 나타낸 복합벽에서의 내열성은 다음과 같다.

$$R_{th,total} = R_{th,1} + R_{th,2} + R_{th,3} \tag{2·5}$$

여기서 각 경계층 내부에서 각각 두께와 열전도도가 다르기 때문에 온도구배가 달라지는 것을 주목하자. 그림 2·2에 나타낸 것처럼 1차원 직렬 열회로도에서 전도가 일어나는 표면적 A는 각 층마다 모두 같다고 가정한다. 단지 변하는 값은 열전도도와 두께이다. 또한, 복합벽의 각 층은 옆 층들과 밀착되어 있다고 가정한다. 이는 계면에서의 접촉저항(contact resistance)이 없다는 것을 의미한다. 접촉저항은 이 장 뒷부분에 언급된다.

그림 2·2에 나타낸 경우는 여러 개의 층으로 구성된 복합벽으로 연장시킬 수 있다. 복합벽 내에 N개의 층이 직렬로 있을 때, 전체 내열성(total thermal resistance)은

$$R_{th,total} = R_{th,1} + R_{th,2} + R_{th,3} + \cdots + R_{th,N} = \sum R_{th} \tag{2·6}$$

그림 2·2에서의 열의 흐름은 정상상태이고 1차원이다. 각 층에서의 열전달은 같다고 결론지을 수 있다. 이것은 유체역학에서 연속성(continuity) 원리와 유사하다. 직렬연결된 각기 크기가 다른 관을 통한 유체의 정상흐름일 경우, 질량유속은 질량보존의 법칙을 만족시키기 위하여 각 관마다 같아야 한다. 직렬연결된 각기 다른 층의 열의 정상 흐름도 에너지 보존법칙을 만족시키기 위하여 각 층의 열흐름이 같아야 한다. 그러므로 다음과 같이 쓸 수 있다.

$$\dot{Q} = \frac{T_1 - T_2}{\Delta x_1 / k_1 A} = \frac{T_2 - T_3}{\Delta x_2 / k_2 A} = \frac{T_3 - T_4}{\Delta x_3 / k_3 A} \tag{2·7}$$

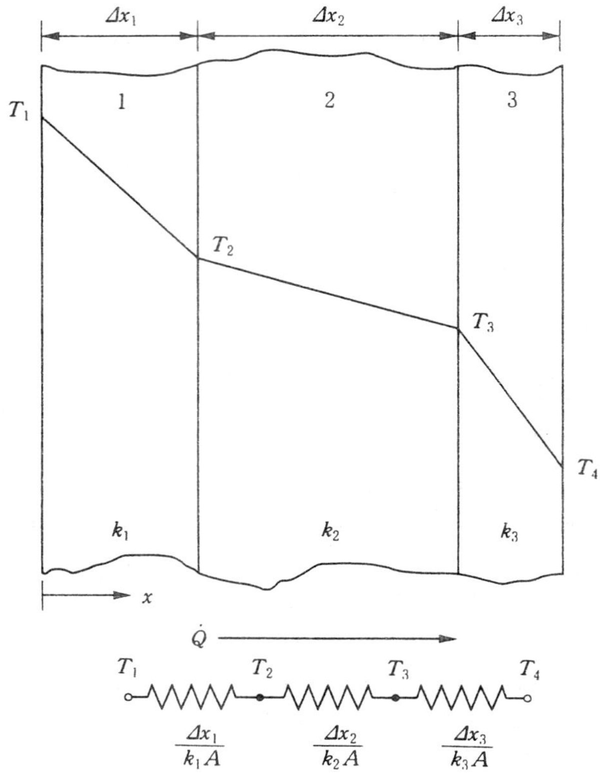

그림 2·2 직렬연결된 전기 레지스터를 이용하여 복합벽을 통한 1차원 정상전도를 표현할 수 있다.

여기서 표면적 A 는 각 층마다 같기 때문에 식 (2·7)은 열플럭스에 관하여 다음과 같이 변형될 수 있다.

$$q=\frac{T_1-T_2}{\Delta x_1/k_1}=\frac{T_2-T_3}{\Delta x_2/k_2}=\frac{T_3-T_4}{\Delta x_3/k_3} \qquad (2\cdot 8)$$

식 (2·7)은 실상 3개의 별도의 식이다. 이 세 식에서 온도차에 관한 항을 모두 더하여 전체적인 온도차로 쓰면, 총 온도차(overall temperature difference) (T_1-T_4) 의 함수로 이 복합벽을 통과하는 열전달을 얻게 된다.

$$\dot{Q}=\frac{T_1-T_4}{\Delta x_1/k_1A+\Delta x_2/k_2A+\Delta x_3/k_3A} \qquad (2\cdot 9)$$

여기서 벽내부의 층의 수가 몇 개이든 간에 열전달을 총 내열성과 총 온도차에 관한 일반식으로 쓸 수 있게 된다.

$$\dot{Q}=\frac{\Delta T_{overall}}{\sum R_{th}} \qquad (2\cdot 10)$$

식 (2·10)은 이 장에서 사용할 중요한 공식이다. 또다시 이 관계식이 옴의 법칙과 유사하다는 것을 알 수 있다. 열전달 $\dot{Q}$는 전류의 흐름과 유사하며, 총 온도차 $\Delta T_{overall}$는 총 전압차와 총 내열성 $\sum R_{th}$는 총 전기저항과 유사하다.

예제 2.1

그림 2·3에서 나타낸 복합벽을 살펴보자. 각 4개의 층이 다음과 같은 차원을 갖는다.

$$\Delta x_1 = 0.03\,\text{m}, \quad k_1 = 6.5\,\text{W/m}\cdot\text{K}$$
$$\Delta x_2 = 0.06\,\text{m}, \quad k_2 = 0.8\,\text{W/m}\cdot\text{K}$$
$$\Delta x_3 = 0.02\,\text{m}, \quad k_3 = 12\,\text{W/m}\cdot\text{K}$$
$$\Delta x_4 = 0.01\,\text{m}, \quad k_4 = 20\,\text{W/m}\cdot\text{K}$$

계산을 간단히 하기 위하여 표면적 A를 $1\,\text{m}^2$라 하자. 알고 있는 온도는 단지 왼쪽 면과 오른쪽 면의 온도이다.

$$T_1 = 80℃, \quad T_5 = 10℃$$

이 때 (a) 총 내열성, (b) 열전달, (c) 계면온도 T_2, T_3, T_4를 계산하라.

그림 2·3 복합벽

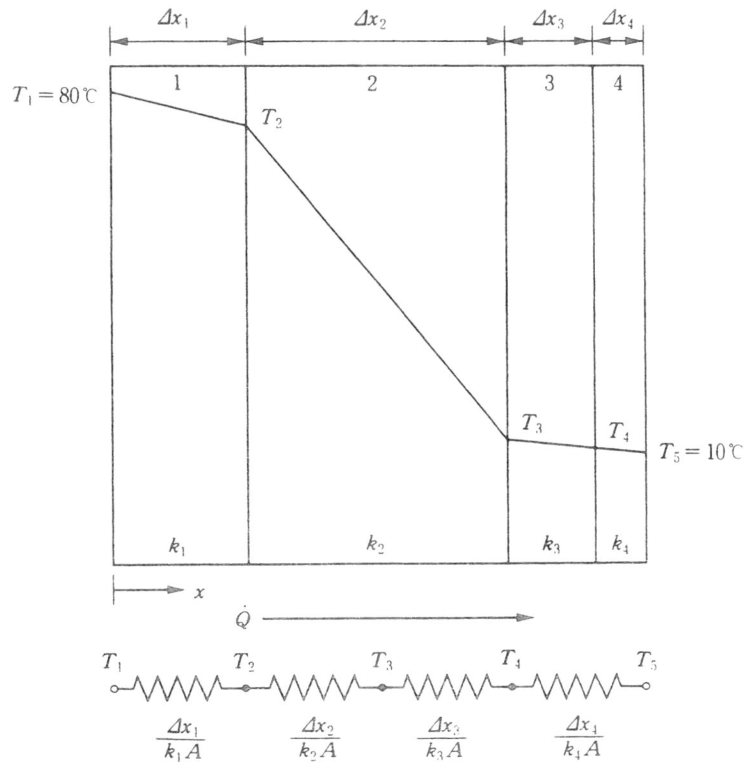

풀이 (a) 총 내열성을 구하기 위하여, 먼저 각 층의 내열성을 계산한다.

$$R_{th,1}=\frac{\Delta x_1}{k_1A}=\frac{(0.03\ \text{m})}{(6.5\ \text{W/m}\cdot\text{K})(1\ \text{m}^2)}=0.004\ 62\ \text{K/W}$$

$$R_{th,2}=\frac{\Delta x_2}{k_2A}=\frac{(0.06\ \text{m})}{(0.8\ \text{W/m}\cdot\text{K})(1\ \text{m}^2)}=0.0750\ \text{K/W}$$

$$R_{th,3}=\frac{\Delta x_3}{k_3A}=\frac{(0.02\ \text{m})}{(12\ \text{W/m}\cdot\text{K})(1\ \text{m}^2)}=0.001\ 67\ \text{K/W}$$

$$R_{th,4}=\frac{\Delta x_4}{k_4A}=\frac{(0.01\ \text{m})}{(20\ \text{W/m}\cdot\text{K})(1\ \text{m}^2)}=5.0\times10^{-4}\ \text{K/W}$$

총 내열성은 각 층에서의 내열성의 합이다.

$$\sum R_{th}=R_{th,1}+R_{th,2}+R_{th,3}+R_{th,4}$$

$$=(0.004\ 62+0.0750+0.001\ 67+5.0\times10^{-4})\ \text{K/W}=0.0818\ \text{K/W}$$

(b) 열전달은 식 (2 · 10)을 사용하여 계산한다.

$$\dot{Q}=\frac{\Delta T_{overall}}{\sum R_{th}}=\frac{(T_1-T_5)}{\sum R_{th}}=\frac{(80-10)\ \text{K}}{0.0818\ \text{K/W}}=856\ \text{W}$$

(c) 열전달이나 열플럭스가 결정되면 경계면에서의 온도는 식 (2 · 7)이나 식 (2 · 8)을 사용하여 계산할 수 있다. 그러므로 층 1과 2 사이의 계면온도 T_2는 이 관계식을 사용하여 구한다.

$$q=\frac{\dot{Q}}{A}=\frac{(T_1-T_2)}{\Delta x_1/k_1}=856\ \text{W/m}^2$$

T_2에 대해 풀면

$$T_2=T_1-\frac{q\Delta x_1}{k_1}=80℃-\frac{(856\ \text{W/m}^2)(0.03\ \text{m})}{6.5\ \text{W/m}\cdot℃}=76.0℃$$

층 2와 3 사이의 계면온도를 이 관계식으로 구하면

$$q=\frac{(T_2-T_3)}{\Delta x_2/k_2}=856\ \text{W/m}^2$$

T_3에 대해 풀면

$$T_3=11.8℃$$

층 3과 4 사이의 계면온도를 이 관계식으로 구하면

$$q=\frac{(T_3-T_4)}{\Delta x_3/k_3}=856\ \text{W/m}^2$$

또는

$$q=\frac{(T_4-T_5)}{\Delta x_4/k_4}=856\ \text{W/m}^2$$

어떤 경우이든 T_4를 구하면 다음과 같다.

$$T_4=10.4℃$$

계면온도에 대한 답이 논리적인지 체크를 해봐야 한다. 그림 2 · 3에서 열이 흐르는 방향은 왼쪽에서 오른쪽이기 때문에, 복합벽에서의 온도는 이 방향으로 감소한다. 바깥 면의 온도를 포함한 온도값은 다음과 같다.

$$T_1 = 80℃, \quad T_2 = 76.0℃, \quad T_3 = 11.8℃, \quad T_4 = 10.4℃, \quad T_5 = 10℃$$

온도는 왼쪽에서 오른쪽으로 가면서 감소되어야 한다. 각 층을 통할 때 온도차를 확인해 본다.

$$\Delta T_1 = T_1 - T_2 = 80℃ - 76.0℃ = 4.0℃$$

$$\Delta T_2 = T_2 - T_3 = 76.0℃ - 11.8℃ = 64.2℃$$

$$\Delta T_3 = T_3 - T_4 = 11.8℃ - 10.4℃ = 1.4℃$$

$$\Delta T_4 = T_4 - T_5 = 10.4℃ - 10℃ = 0.4℃$$

층 2에서 온도차가 가장 크다는 것을 주목하자. 이는 층 2가 모든 층들 중에서 내열성이 가장 높기 때문이다. 온도차가 가장 작은 층 4는 가장 낮은 내열성을 가진다. 이 경우는 4개의 다른 레지스터가 직렬연결된 전기 회로도가 주어진 경우와 똑같다. 일정한 전류가 흐른다고 할 때 최대의 전압차는 가장 큰 저항을 갖는 레지스터를 지날 때 나타날 것이다. 반면에 최저의 전압차는 가장 작은 저항을 갖는 레지스터를 지날 때 나타난다.

2) 저항의 병렬연결

전기적 유사성은 직렬연결뿐만 아니라 병렬연결된 레지스터에서의 열전도 문제를 풀기 위해서도 사용될 수 있다. 그림 2·4는 7개의 다른 재질의 직·병렬 연결로 구성되어 있는 복합벽을 나타낸다. 그림 2·4는 또한 이와 상응한 전기 회로도도 보여 준다. 이 경우의 총 내열성은 직·병렬연결된 전기 회로도의 총 전기적 저항과 같은 방법으로 계산할 수 있다. 저항의 병렬연결 회로에서 총 내열성도 같은 방법으로 계산된다. 그러므로 N개의 저항이 병렬연결된 열회로도의 경우, 총 저항은

$$R_{th,total} = \frac{1}{\dfrac{1}{R_{th,1}} + \dfrac{1}{R_{th,2}} + \dfrac{1}{R_{th,3}} + \cdots + \dfrac{1}{R_{th,N}}} \qquad (2 \cdot 11)$$

그림 2·4에 나타낸 열회로도는 레지스터의 직렬연결과 병렬연결로 이루어져 있다. 그것의 총 내열성은 다음과 같이 나타낸다.

$$R_{th,total} = R_{th,1} + \frac{1}{\dfrac{1}{R_{th,2}} + \dfrac{1}{R_{th,3}} + \dfrac{1}{R_{th,4}}} + R_{th,5} + \frac{1}{\dfrac{1}{R_{th,6}} + \dfrac{1}{R_{th,7}}} \qquad (2 \cdot 12)$$

직·병렬회로의 총 내열성을 구하는 데 적당한 접근방법은 먼저 병렬연결된 레지스터의 총 저항을 구하는 것이다. 그런 다음 병렬연결된 레지스터들을 새로운 레지스터로 간주하여, 식 (2·6)에 따라서 다른 레지스터와 함께 직렬로 연결된

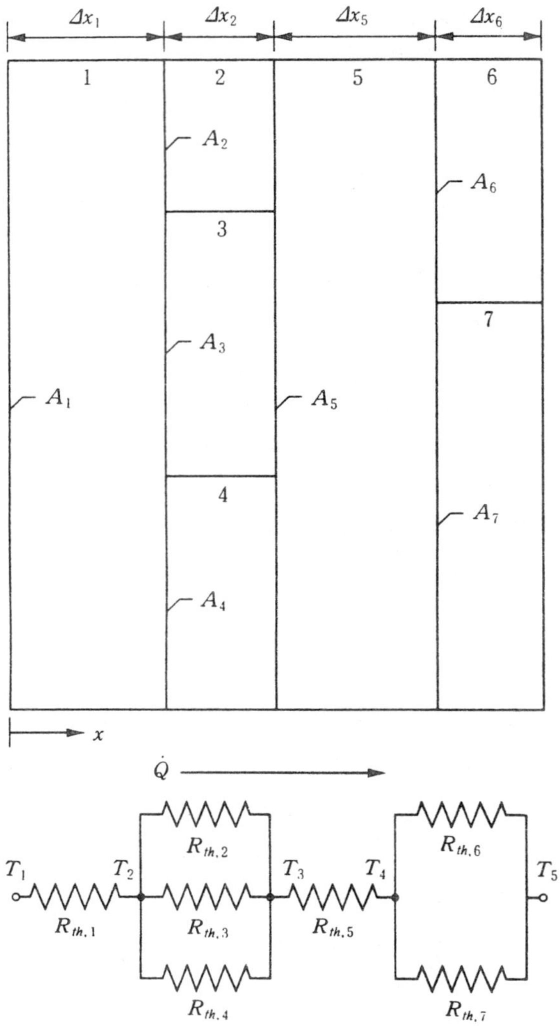

그림 2 · 4 직렬 · 병렬연결된 레지스터 회로는 복합벽에서 1차원 전도로 표현될 수 있다.

새로운 레지스터를 더한다. 그림 2 · 4에서 병렬연결되어 있는 층들은 두께가 같다는 것에 주목하자. 그러므로 $\Delta x_2 = \Delta x_3 = \Delta x_4$ 이고 $\Delta x_6 = \Delta x_7$ 이다. 또한, 직 · 병렬연결에서 각 층은 서로 다른 표면적을 가질 수 있음을 주목하자. 병렬의 표면적의 합은 복합벽의 전체 단면적을 펼친 것과 같을 것이다. 그러므로 그림 2 · 4에 나타낸 복합벽에 대해서 $A_1 = (A_2 + A_3 + A_4 = A_5 = (A_6 + A_7)$ 이다.

모든 직 · 병렬 복합벽에 대해 1차원 열전도를 가정하는 것에는 신중해야 한다. 만약 병렬층들의 열전도도가 크게 다르다면 2차원(two-dimensional) 전도가 일어난다. 예를 들어 그림 2 · 4에 나온 복합벽의 경우, 만약 층 6과 7이 각각 구리와 나무라면 층 5에서 나오는 열에너지의 양이 불균등하게 층 6을 통하여 전도된다. 구리가 이웃하는 나무보다 열전도도가 훨씬 크기 때문이다. 열에너지는 저항이 최소인 경로로 이동하는 데, 즉 왼쪽에서 오른쪽으로의 1차원 경로로부터 윗쪽으로 전환되어이동한다. 직·병렬연결된 복합벽에서 1차원 흐름이라는 가정은 인접한 병렬층의 열전도도가 비슷한 경우에만 정확하다. 이런 가정이 적용되는 대표적인 경우는 외장재(sheathing), 간주(studs), 단열재와 플라스틱 보드 등으로 이루어진 구조벽을 통한 정상상태의 전도이다. 나무와 단열재의 열전도도는 서로 비슷하여 1차원 가정을 적용할 수 있다. 병렬층의 열전도도가 크게 다른 경우에는 수치적(컴퓨터에 기초한) 방법을 이용하여 열전달과 복합벽 구조물의 온도를 구해야 한다.

예제 2.2 총 온도차가 30℃일 경우 그림 2·4에 나타낸 복합벽의 열전달을 구하라. 각 층의 차원은 다음과 같다.

$$\Delta x_1 = 0.015\ \text{m} \quad k_1 = 0.20\ \text{W/m}\cdot\text{K} \quad A_1 = 1.0\ \text{m}^2$$
$$\Delta x_2 = 0.010\ \text{m} \quad k_1 = 0.12\ \text{W/m}\cdot\text{K} \quad A_2 = 0.25\ \text{m}^2$$
$$\Delta x_3 = \Delta x_2 \quad k_3 = 0.08\ \text{W/m}\cdot\text{K} \quad A_3 = 0.45\ \text{m}^2$$
$$\Delta x_4 = \Delta x_2 \quad k_4 = 0.17\ \text{W/m}\cdot\text{K} \quad A_4 = 0.30\ \text{m}^2$$
$$\Delta x_5 = 0.019\ \text{m} \quad k_5 = 0.11\ \text{W/m}\cdot\text{K} \quad A_5 = A_1$$
$$\Delta x_6 = 0.012\ \text{m} \quad k_6 = 0.10\ \text{W/m}\cdot\text{K} \quad A_6 = 0.40\ \text{m}^2$$
$$\Delta x_7 = \Delta x_6 \quad k_7 = 0.18\ \text{W/m}\cdot\text{K} \quad A_7 = 0.60\ \text{m}^2$$

풀이 첫단계는 복합벽 내에서 각 층의 내열성을 계산하는 것이다.

$$R_{th,1} = \frac{\Delta x_1}{k_1 A_1} = \frac{0.015\,\text{m}}{(0.20\ \text{W/m}\cdot\text{K})(1.0\,\text{m}^2)} = 0.075\ \text{K/W}$$

$$R_{th,2} = \frac{\Delta x_2}{k_2 A_2} = \frac{0.010\,\text{m}}{(0.12\ \text{W/m}\cdot\text{K})(0.25\,\text{m}^2)} = 0.333\ \text{K/W}$$

$$R_{th,3} = \frac{\Delta x_3}{k_3 A_3} = \frac{0.010\,\text{m}}{(0.08\ \text{W/m}\cdot\text{K})(0.45\,\text{m}^2)} = 0.278\ \text{K/W}$$

$$R_{th,4} = \frac{\Delta x_4}{k_4 A_4} = \frac{0.010\,\text{m}}{(0.17\ \text{W/m}\cdot\text{K})(0.30\,\text{m}^2)} = 0.196\ \text{K/W}$$

$$R_{th,5} = \frac{\Delta x_5}{k_5 A_5} = \frac{0.019\,\text{m}}{(0.11\ \text{W/m}\cdot\text{K})(1.0\,\text{m}^2)} = 0.173\ \text{K/W}$$

$$R_{th,6} = \frac{\Delta x_6}{k_6 A_6} = \frac{0.012\,\text{m}}{(0.10\ \text{W/m}\cdot\text{K})(0.40\,\text{m}^2)} = 0.300\ \text{K/W}$$

$$R_{th,7} = \frac{\Delta x_7}{k_7 A_7} = \frac{0.012\,\text{m}}{(0.18\ \text{W/m}\cdot\text{K})(0.60\,\text{m}^2)} = 0.111\ \text{K/W}$$

다음에 식 (2·11)에 따라서 각 병렬층들의 저항값을 합한 것이다. 층 2, 3 그리고 4의 저항합은 다음 식으로 주어진다.

$$R_{th,2-4}=\frac{1}{\dfrac{1}{R_{th,2}}+\dfrac{1}{R_{th,3}}+\dfrac{1}{R_{th,4}}}$$

그리고 층 6과 7의 결합된 저항합은 다음 식으로 구할 수 있다.

$$R_{th,6-7}=\frac{1}{\dfrac{1}{R_{th,6}}+\dfrac{1}{R_{th,7}}}$$

이 관계식에 값을 대입하면 다음을 얻는다.

$$R_{th,2-4}=\frac{1}{\dfrac{1}{0.333\ \text{K/W}}+\dfrac{1}{0.278\ \text{K/W}}+\dfrac{1}{0.196\ \text{K/W}}}=0.086\ \text{K/W}$$

그리고

$$R_{th,6-7}=\frac{1}{\dfrac{1}{0.300\ \text{K/W}}+\dfrac{1}{0.111\ \text{K/W}}}=0.081\ \text{K/W}$$

이제 두 개의 병렬구조의 내열성을 알고 있으므로 복합벽의 총 내열성을 구하기 위해 다른 저항값을 직렬로 더한다.

$$\begin{aligned}\sum R_{th}&=R_{th,1}+R_{th,2-4}+R_{th,5}+R_{th,6-7}\\&=(0.075+0.086+0.173+0.081)\ \text{K/W}=0.415\ \text{K/W}\end{aligned}$$

마지막 단계는 식 (2·10)을 사용하여 열전달을 구하는 것이다.

$$\dot{Q}=\frac{\Delta T_{overall}}{\sum R_{th}}=\frac{30\ \text{K}}{0.415\ \text{K/W}}=72.3\ \text{W}$$

실린더

이제까지 전기 유사성을 벽과 판과 같은 기하학적 구조에서의 1차원 정상상태 전도에 적용했다. 전기 유사성은 그림 2·5에 나타낸 중공 실린더 같은 원통의 기하학적 구조에도 적용된다. 안지름과 바깥지름을 각각 r_i와 r_o라 한다. 만약 실린더 벽을 가로질러 일정한 온도차가 유지된다면 내부의 온도가 외부표면의 온도보다 더 높을 때 열은 반지름 방향(radially)으로 r_i에서 r_o로 정상상태로 전도될 것이다. 반지름 방향으로의 푸리에 전도 방정식은

$$\dot{Q}=kA_r\frac{\Delta T}{\Delta r} \tag{2·13}$$

이것은 평면에서의 푸리에 공식인 식 (2·1)과 같은 모양이다. 평면과는 다르게 실린더는 열이 흐르는 방향으로의 면적이 일정하지 않다. 반지름이 커질수록 실린더의 면적은 분명히 증가한다. 식 (2·13)에서의 면적 A_r는 반지름에 따라 변한다는 것을 보여 준다. 면적 A_r는 다음의 관계식에 의해 결정된다.

그림 2·5 전기 유사성은 실린더에서의 1차원 정상전도를 표현하는 데에도 적용할 수 있다.

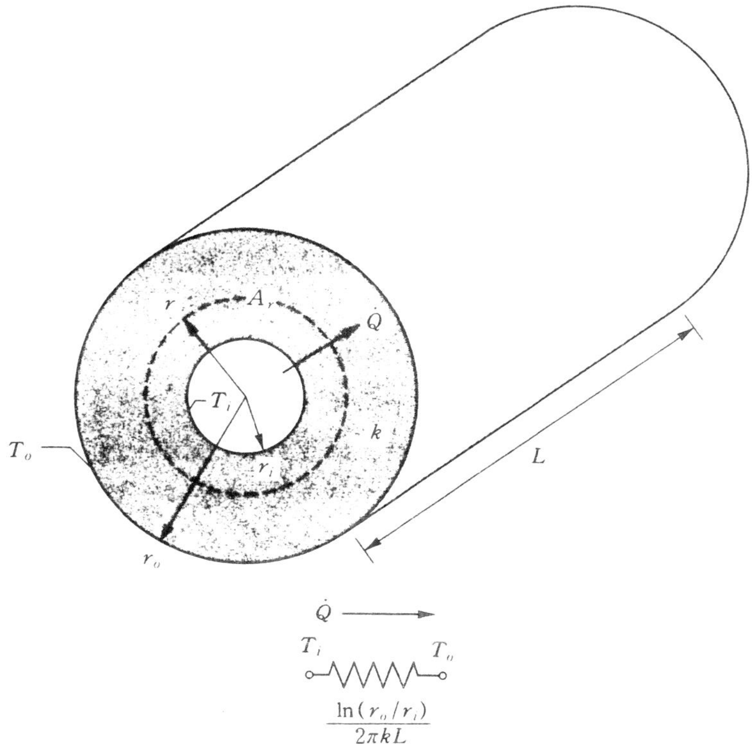

$$A_r = 2\pi rL \tag{2·14}$$

여기서 r는 반지름이고 L은 실린더의 길이이다. 그러므로 식 (2·13)을 정리하면

$$\dot{Q} = 2\pi kLr\frac{\Delta T}{\Delta r} \tag{2·15}$$

식 (2·15)를 옴의 법칙과의 유사성한 형태로 나타내기 위하여 식 (2·15)의 온도구배를 미분값으로 나타내면

$$\dot{Q} = -2\pi kLr\frac{dT}{dr} \tag{2·16}$$

여기서 (−) 기호는 열전달이 온도가 감소하는 방향으로 일어난다는 것을 확인하기 위해 도입된다. 중공 실린더에서 열흐름의 방향은 r_i에서 r_o로 내부표면과 외부의 표면온도는 각각 T_i와 T_o이다. 식 (2·16)을 적분하여 정리하면 다음을 얻을 수 있다.

$$-\int_{T_i}^{T_o} dT = \frac{\dot{Q}}{2\pi kL}\int_{r_i}^{r_o}\frac{dr}{r} \tag{2·17}$$

식 (2 · 17)을 적분하여 정리하면 다음 식을 얻는다.

$$\dot{Q}=\frac{(T_i-T_o)}{\dfrac{\ln(r_o/r_i)}{2\pi kL}} \tag{2 · 18}$$

이것은 옴의 법칙과 유사한 형태이다. 이 실린더 벽 사이의 온도차는 (T_i-T_o)이고, 벽의 내열성은 다음과 같다.

$$R_{th}=\frac{\ln(r_o/r_i)}{2\pi kL} \tag{2 · 19}$$

평판 복합벽에서와 같이 전기 유사성을 이용하여 그림 2 · 6에 나타낸 것과 같은 복합 실린더에서의 열전달을 구할 수 있다. 그림 2 · 6의 복합 실린더는 3개의 저항이 직렬로 연결된 회로로 생각할 수 있다. 각 층의 내열성은 식 (2 · 19)를 사용하여 계산할 수 있다. 복합 실린더의 총 내열성은 식 (2 · 6)을 사용하여 각 경계층에 대한 저항값을 더함으로써 얻어진다. 다시 한번 계면에서의 어떤 접촉저항도 없다는 것을 가정한다.

복합 실린더에서의 열전달은 정상상태이므로 각 경계층 내에서의 열전달은 같다고 할 수 있다. 이것은 평판 복합벽에서처럼 열역학 제 1 법칙을 만족시키기 위

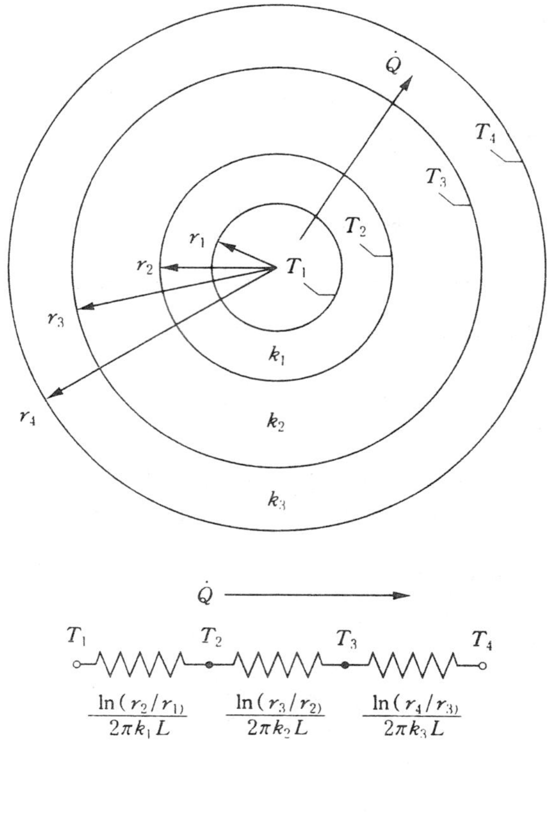

그림 2 · 6 직렬연결된 전기 레지스터를 이용하여 복합 실린더에서 1차원 정상전도를 표현할 수 있다.

해 필요하다. 그러므로 다음과 같이 쓸 수 있다.

$$\dot{Q}=\frac{2\pi k_1 L(T_1-T_2)}{\ln(r_2/r_1)}=\frac{2\pi k_2 L(T_2-T_3)}{\ln(r_3/r_2)}=\frac{2\pi k_3 L(T_3-T_4)}{\ln(r_4/r_3)} \quad (2\cdot 20)$$

한편, 식 (2 · 20)을 L로 나누어서 실린더의 단위길이당 열전달의 식으로 나타낼 수가 있다.

$$\frac{\dot{Q}}{L}=\frac{2\pi k_1(T_1-T_2)}{\ln(r_2/r_1)}=\frac{2\pi k_3(T_2-T_3)}{\ln(r_3/r_2)}=\frac{2\pi k_3(T_3-T_4)}{\ln(r_4/r_3)} \quad (2\cdot 21)$$

식 (2 · 20)은 실제로 3개의 별도의 식이다. 이 3개의 식을 각각의 온도차의 항으로 표현한 후 합하면 복합 실린더를 통한 열전달을 총 온도차인 (T_1-T_4)의 함수로 얻게 된다.

$$\dot{Q}=\frac{2\pi L(T_1-T_4)}{\dfrac{\ln(r_2/r_1)}{k_1}+\dfrac{\ln(r_3/r_2)}{k_2}+\dfrac{\ln(r_4/r_3)}{k_3}} \quad (2\cdot 22)$$

복합 실린더 내의 층의 개수가 몇 개이든 식 (2 · 10)을 이용하여 열전달을 총 온도차와 총 내열성의 항으로 나타낼 수 있다. 평판 복합벽과 복합 실린더 사이의 유일한 차이는 평면벽의 내열성은 식 (2 · 4)를, 실린더는 식 (2 · 19)를 사용한다는 것이다.

예제 2.3 2 in, schedule 40 강관($k=36$ W/m · K)이 그림 2 · 7에서 나타낸 것과 같이 2 cm 두께의 단열재($k=0.02$ W/m · K)로 단열되어 있다. 관의 내부면은 60℃로 유지되고 단열재의 외부면은 20℃로 유지된다. 관과 단열재 계면의 온도와 관의 단위길이(m)당 열전달을 구하라.

풀이 부록 H로부터 2 in, schedule 40 강관은 안지름이 0.0525 m이고 바깥지름이 0.0603 m라는 것을 알 수 있다. 그러므로 반지름은

$$r_1=0.5(0.0525)\text{ m}=0.0263\text{ m},\quad r_2=0.5(0.0603)\text{ m}=0.0302\text{ m}$$

단열재의 두께가 0.020 m이기 때문에 단열재의 바깥쪽 반지름은

$$r_3=r_2+0.020=0.0302+0.020=0.0502\text{ m}$$

내부와 외부표면의 온도는

$$T_1=60℃,\quad T_3=20℃$$

이제 강관벽과 단열재의 내열성을 구해 보자. 그것들의 내열성은 식 (2 · 19)를 사용하여 계산한다. 실린더 길이(m)당 열전달을 구해야 하므로 $L=1$이라 놓자. 관벽의 내열성은

$$R_{th,1}=\frac{\ln(r_2/r_1)}{2\pi k_1 L}=\frac{\ln(0.0302\text{ m}/0.0263\text{ m})}{2\pi(36\text{ W/m}\cdot\text{K})(1\text{ m})}=6.11\times10^{-4}\text{ K/W}$$

그림 2·7 단열된 관

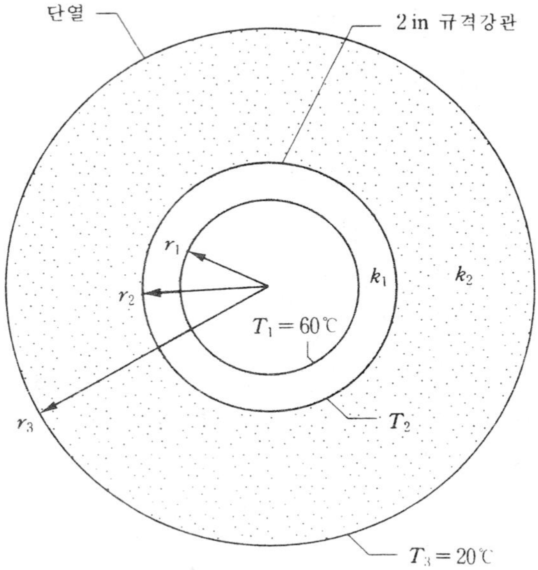

그리고 단열재의 내열성은

$$R_{th,2} = \frac{\ln(r_3/r_2)}{2\pi k_2 L} = \frac{\ln(0.0502\ \mathrm{m}/0.0302\ \mathrm{m})}{2\pi(0.02\ \mathrm{W/m\cdot K})(1\ \mathrm{m})} = 4.04\ \mathrm{K/W}$$

관벽과 단열재를 나타내는 레지스터는 직렬연결되어 있으므로 총 내열성을 찾기 위해 각 값을 더한다.

$$R_{th,total} = R_{th,1} + R_{th,2}$$

$$= (6.11 \times 10^{-4} + 4.04)\ \mathrm{K/W} \approx 4.04\ \mathrm{K/W}$$

총 온도차는

$$\Delta T_{overall} = T_1 - T_3 = (60 - 20)\ \mathrm{K} = 40\ \mathrm{K}$$

그러므로 열전달은

$$\dot{Q} = \frac{\Delta T_{overall}}{\sum R_{th}} = \frac{40\ \mathrm{K}}{4.04\ \mathrm{K/W}} = 9.90\ \mathrm{W}$$

관과 단열재 계면온도를 구하기 위해서 각 층에서의 열전달은 같아야 한다는 열역학 제1법칙을 사용한다. 열전달을 이미 구했으므로, 미지의 계면온도 T_2를 구하기 위하여 다음 식 중 어느 것을 이용해도 된다.

$$\dot{Q} = \frac{2\pi k_1 L(T_1 - T_2)}{\ln(r_2/r_1)}$$

또는

$$\dot{Q} = \frac{2\pi k_2 L(T_2 - T_3)}{\ln(r_3/r_2)}$$

같은 답을 얻는다는 것을 증명하기 위해 두 식을 모두 사용해 보자. 첫번째 식으로부터 T_2를 구하면

$$T_2 = T_1 - \frac{\dot{Q}\ln(r_2/r_1)}{2\pi k_1 L}$$

$$= 60℃ - \frac{(9.90\ \mathrm{W})\ln(0.0302\ \mathrm{m}/0.0263\ \mathrm{m})}{2\pi(36\ \mathrm{W/m\cdot ℃})(1\ \mathrm{m})} = 59.99℃$$

두 번째 식으로부터 T_2를 풀면

$$T_2 = \frac{\dot{Q}\ln(r_3/r_2)}{2\pi k_2 L} + T_3$$

$$= \frac{(9.90\ \mathrm{W})\ln(0.0502\ \mathrm{m}/0.0302\ \mathrm{m})}{2\pi(0.02\ \mathrm{W/m\cdot ℃})(1\ \mathrm{m})} + 20℃ = 59.99℃$$

두 개의 식으로부터 같은 계면온도가 얻어진다. 관과 단열재 사이의 계면온도와 관내부의 표면온도가 거의 같다는 사실에 주목하자. 이것은 관벽의 내열성 (6.11×10^{-4} K/W)이 단열재의 내열성(4.04 K/W)에 비해 매우 작기 때문이다. 이 예제는 만약 금속관이 단열재에 의해 단열되어 있는 경우 금속관의 내열성은 무시할 수 있다는 것을 보여 준다.

2.3 총 열전달 계수

이제까지 평판벽과 실린더에서의 1차원 정상상태 전도에 관해 설명했다. 이제까지의 예제에서는 물체의 표면온도가 주어졌다. 여러 열전달 시스템에서 고체의 표면에 접해 있는 유체의 온도는 알지만, 표면온도는 모르는 경우가 많다. 1장에서 나온 것처럼 표면과 유체의 온도가 다른 경우 표면 위로 유체가 흐를 때 열경계층이 표면 위에 생성된다. 고체재질이 내열성에 의해 전도에 의한 열전달을 방해하는 것처럼 열경계층은 대류에 의한 열전달을 방해하는 내열성을 가진다. 그러므로 전기적 유사성은 그 개념을 연장시켜 대류에도 적용시킬 수 있다.

평 판 벽

그림 2·8은 한쪽은 뜨거운 유체에 다른 한쪽은 차가운 유체에 노출되어 있는 평판 복합벽을 보여 준다. 열은 왼쪽에서 오른쪽으로 열경계층, 두 고체물질 층, 그리고 두 번째 열경계층을 통해 전달된다. 이와 유사한 전기회로는 총 4개의 레지스터, 즉 고체층을 나타내는 두 개와 열경계층을 나타내는 또 다른 두 개의 레지스터로 구성되어 있다. 1장에서 배운대로 대류에 의한 열전달은 뉴턴의 냉각법칙으로 표현할 수 있다.

$$\dot{Q} = hA(T_w - T_\infty) \tag{2·23}$$

다시 쓰면 뉴턴의 냉각법칙은 다음과 같다.

그림 2·8 직렬연결된 전기 레지스터를 이용하여 복합벽에서의 1차원 정상전도와 대류를 표현할 수 있다.

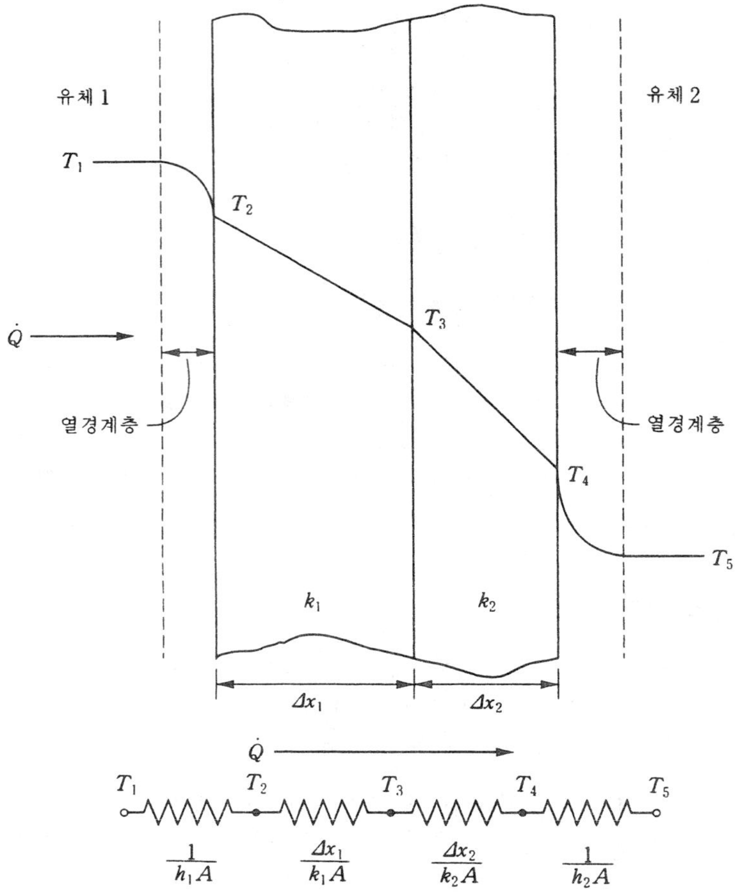

$$\dot{Q}=\frac{T_w-T_\infty}{\frac{1}{hA}} \tag{2·24}$$

이 식은 푸리에 법칙처럼 옴의 법칙과 유사하다. 온도차 (T_w-T_∞)는 전압차와 유사하고 $1/hA$항은 저항과 유사하다. 그러므로 열경계층의 내열성은 다음과 같다.

$$R_{th}=\frac{1}{hA} \tag{2·25}$$

지금 두 개의 대류 레지스터와 두 개의 전도 레지스터가 직렬연결된 형태의 열회로도를 생각할 수 있다. 열경계층을 포함한 상태의 평판 복합벽을 통한 열전달을 총 온도차와 총 내열성의 항으로 표시할 수 있다. 전에 검토한 복합벽의 경우에는 총 온도차가 양쪽 표면 사이에 존재했지만, 이 경우에는 양쪽 유체 사이에 존재한다. 열전달은 다음과 같이 쓸 수 있다.

$$\dot{Q} = \frac{T_1 - T_5}{\dfrac{1}{h_1 A} + \dfrac{\Delta x_1}{k_1 A} + \dfrac{\Delta x_2}{k_2 A} + \dfrac{1}{h_2 A}} \qquad (2 \cdot 26)$$

이 관계식은 분모에 더 많은 전도저항을 더함으로써 많은 개수의 고체층을 갖는 경우로 연장할 수 있다. 그러므로 양쪽 면에 유체가 흐르는 평판 복합벽을 통한 1차원 정상상태의 열전달에 관한 일반식은

$$\dot{Q} = \frac{\Delta T_{overall}}{\dfrac{1}{h_1 A} + \dfrac{1}{A}\sum \dfrac{\Delta x}{k} + \dfrac{1}{h_2 A}} \qquad (2 \cdot 27)$$

면적 A는 식 (2 · 27)의 분모의 모든 항에 나타나므로 앞으로 뽑아내어 분자에 쓸 수 있다. 식 (2 · 27)을 짧게 쓰면 다음과 같다.

$$\dot{Q} = UA\Delta T_{overall} \qquad (2 \cdot 28)$$

여기서

$$U = \frac{1}{\dfrac{1}{h_1} + \sum \dfrac{\Delta x}{k} + \dfrac{1}{h_2}} \qquad (2 \cdot 29)$$

변수 U를 총 열전달 계수(overall heat transfer coefficient) 또는 U값(U value)이라 한다. 총 열전달 계수의 단위는 SI 단위에서는 $W/m^2 \cdot K$($W/m^2 \cdot ℃$)이고, 영국식 단위에서는 $Btu/h \cdot ft^2 \cdot °R$($Btu/h \cdot ft^2 \cdot °F$)이다. 이것은 열전달 계수 h와 같다. 총 열전달 계수는 고체와 열경계층의 내열성의 합을 나타내는 유용한 매개변수이다. 물론 U값은 단지 고체만의 내열성을 표시하는 데에도 사용된다. 총 열전달 계수는 표면적 A만이 빠진 형태의 총 내열성의 역수이므로 열전도도(conductance)라고 간주할 수 있다.

예제 2.4 그림 2 · 9에 나타낸 평판 복합벽은 일반적인 빌딩벽돌(k=0.72 W/m · K)과 섬유보드(fiberboard) 외장재(k= 0.06 W/m · K)로 구성되어 있다. 이 때 (a) 총 내열성, (b) 총 열전달 계수, (c) 열플럭스, (d) 벽돌과 섬유보드의 외부온도를 구하라.

풀이 (a) 벽의 총 내열성은 다음 식에 의해 구한다.

$$R_{th} = \frac{1}{h_1 A} + \frac{\Delta x_1}{k_1 A} + \frac{\Delta x_2}{k_2 A} + \frac{1}{h_2 A}$$

복합벽의 표면적은 문제에서 주어지지 않았으므로 단위 표면적을 기준으로 계산한다. $A = 1\ m^2$이라 놓자.

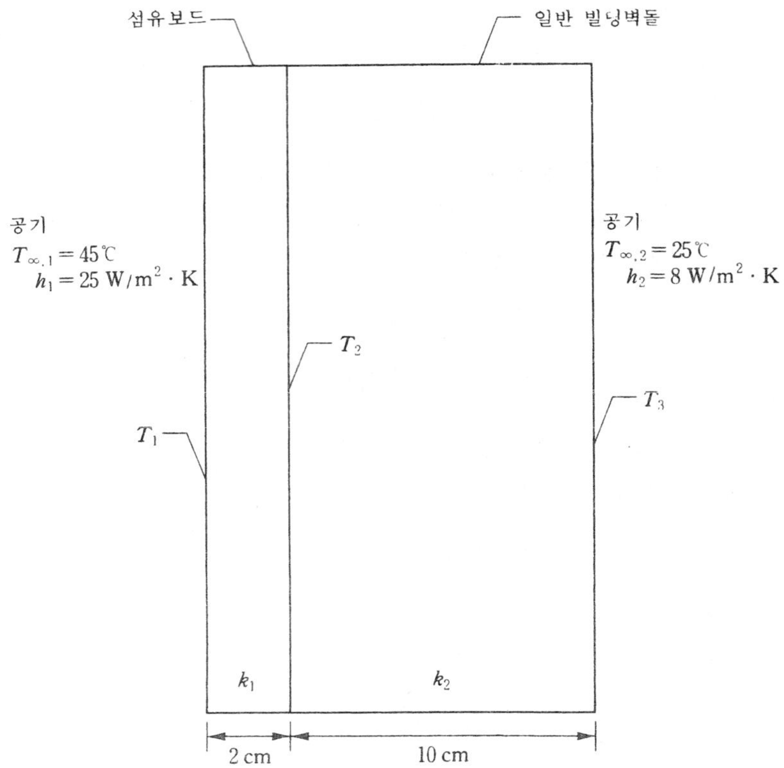

그림 2·9 복합벽

$$R_{th} = \frac{1}{(25\ W/m^2 \cdot K)(1\ m^2)} + \frac{0.020\,m}{(0.06\ W/m \cdot K)(1\,m^2)} + \frac{0.10\,m}{(0.72\ W/m \cdot K)(1\ m^2)} + \frac{1}{(8\ W/m^2 \cdot K)(1\ m^2)} = 0.637\,K/W$$

(b) 총 열전달 계수는 식 (2·29)에 의해 정의되어 있다. 그러므로

$$U = \frac{1}{\frac{1}{25\,W/m^2 \cdot K} + \frac{0.020\,m}{0.06\,W/m \cdot K} + \frac{0.10\,m}{0.72\,W/m \cdot K} + \frac{1}{8\,W/m^2 \cdot K}}$$
$$= 1.57\,W/m^2 \cdot K$$

단순히 내열성의 역수를 취하여 답을 얻은 후 표면적을 나중에 대입할 수도 있었다는 것을 알자.

(c) 열플럭스는 식 (2·28)의 양변을 표면적 A로 나누어 구한다.

$$q = \frac{\dot{Q}}{A} = U\Delta T_{overall}$$
$$= (1.57\ W/m^2 \cdot K)(45-25)\ K = 31.4\ W/m^2$$

(d) 직렬연결된 층들로 구성된 복합구조물의 각 층에서의 열전달은 같다는 것을 기억하자. 그러므로 섬유보드의 외부표면 온도는 뉴턴의 냉각법칙으로 구할 수 있다.

$$q = h_1(T_{\infty,1} - T_1)$$

T_1에 대해 풀면 다음과 같다.

$$T_1 = T_{\infty,1} - \frac{q}{h_1}$$

$$= 45℃ - \frac{31.4\,\mathrm{W/m^2}}{25\,\mathrm{W/m^2 \cdot ℃}} = 43.7℃$$

또, 벽돌의 외부표면 온도도 뉴턴의 냉각법칙을 사용하여 찾을 수 있다.

$$q = h_2(T_3 - T_{\infty,2})$$

T_3에 대해 풀면 다음과 같다.

$$T_3 = \frac{q}{h_2} + T_{\infty,2}$$

$$= \frac{31.4\,\mathrm{W/m^2}}{8\,\mathrm{W/m^2 \cdot ℃}} + 25℃ = 28.9℃$$

실 린 더

총 열전달 계수의 개념은 실린더에도 적용할 수 있다. 그림 2·10에 나타낸 중공 복합 실린더를 보자. 온도 T_i인 유체가 실린더의 내벽을 흐르고, 열전달 계수가 h_i로 주어졌다. 온도 T_o인 두 번째 유체는 실린더의 외벽을 흐르고, 열전달 계수가 h_o로 주어졌다. 내부의 유체는 외부유체보다 뜨거우므로 열은 실린더의 내부에서 외부로 반지름 방향으로 이동한다. 이에 상응한 전기회로가 그림 2·10에 주어졌는데, 이는 두 개의 고체층과 두 개의 열경계층의 저항을 나타내고 있다. 이 경우의 열전달은 다음과 같다.

$$\dot{Q} = \frac{(T_i - T_o)}{\dfrac{1}{h_iA_i} + \dfrac{\ln(r_2/r_1)}{2\pi k_1 L} + \dfrac{\ln(r_3/r_2)}{2\pi k_2 L} + \dfrac{1}{h_oA_o}} \qquad (2 \cdot 30)$$

여기서 A_i와 A_o는 각각 실린더의 내부 표면적과 외부 표면적이다. 식 (2·27)과는 다르게 식 (2·30)은 분모에 앞으로 뽑아낼 수 있는 공통의 표면적이 없다. 따라서, 실린더에 대하여 식 (2·28)을 쓸 때는 총 열전달 계수는 내부 또는 외부 표면적 중 하나에 기초하여야 한다. 그러므로 다음과 같이 쓸 수 있다.

$$U_i = \frac{1}{\dfrac{1}{h_i} + \dfrac{A_i\ln(r_2/r_1)}{2\pi k_1 L} + \dfrac{A_i\ln(r_3/r_2)}{2\pi k_2 L} + \dfrac{A_i}{A_o}\dfrac{1}{h_o}} \qquad (2 \cdot 31)$$

여기서 U값은 내부 표면적에 기초한 것이다. 만약 U값을 구하는 데 식 (2·31)을 사용한다면 열전달을 구하기 위해서는 반드시 다음 관계식을 사용해야만

그림 2·10 직렬연결된 전기 레지스터를 이용하여 복합 실린더에서의 1차원 정상상태의 전도와 대류를 표현할 수 있다.

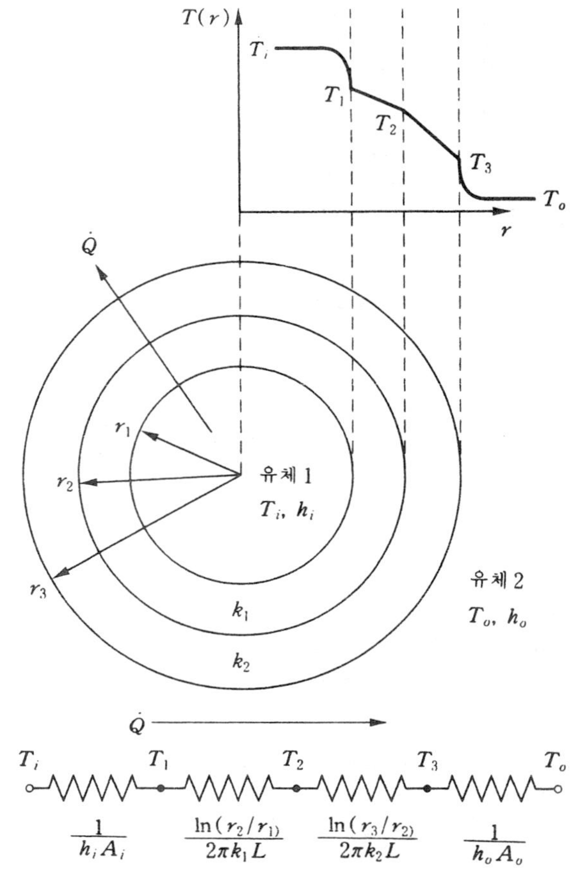

한다.

$$\dot{Q} = U_i A_i \Delta T_{overall} \quad (2 \cdot 32)$$

외부 표면적에 기초한 U값은

$$U_o = \frac{1}{\dfrac{A_o}{A_i}\dfrac{1}{h_i} + \dfrac{A_o \ln(r_2/r_1)}{2\pi k_1 L} + \dfrac{A_o \ln(r_3/r_2)}{2\pi k_2 L} + \dfrac{1}{h_o}} \quad (2 \cdot 33)$$

만약 U값을 구하기 위해 식 (2·33)을 사용한다면 열전달을 구하기 위해서는 반드시 다음 식을 사용해야만 한다.

$$\dot{Q} = U_o A_o \Delta T_{overall} \quad (2 \cdot 34)$$

열전달은 U값을 내부 또는 외부의 표면적 중 어느 것에 기초한 값을 사용하든지 같기 때문에, 식 (2·32)와 식 (2·34)를 비교하면, $U_i A_i = U_o A_o$라는 것을 알 수 있다. 평판벽에서처럼 실린더의 U값의 관계식도 식 (2·31)과 식(2·33)

의 분모에 더 많은 전도 저항값을 더함으로써 고체층의 수를 늘릴 수 있다. 그러므로

$$U_i = \frac{1}{\dfrac{1}{h_i}\dfrac{A_i}{2\pi L}\sum\dfrac{\ln(r_o/r_i)}{k}+\dfrac{A_i}{A_o}\dfrac{1}{h_o}} \tag{2·35}$$

와

$$U_o = \frac{1}{\dfrac{A_o}{A_i}\dfrac{1}{h_i}+\dfrac{A_o}{2\pi L}\sum\dfrac{\ln(r_o/r_i)}{k}+\dfrac{1}{h_o}} \tag{2·36}$$

식 (2·35)와 식 (2·36)의 반지름의 비율 (r_o/r_i)는 항상 복합 실린더의 각 층에 대해 바깥쪽 반지름을 안쪽 반지름으로 나눈 값으로 표현한다는 것이 중요하다.

예제 2.5 공기온도가 25℃인 방안에 180℃의 증기를 통과시키는 강관이 단열되어 있다. 실린더 단위길이(m)당 열손실을 계산하라. 그림 2·11에 필요한 정보가 나타나 있다.

그림 2·11 단열관

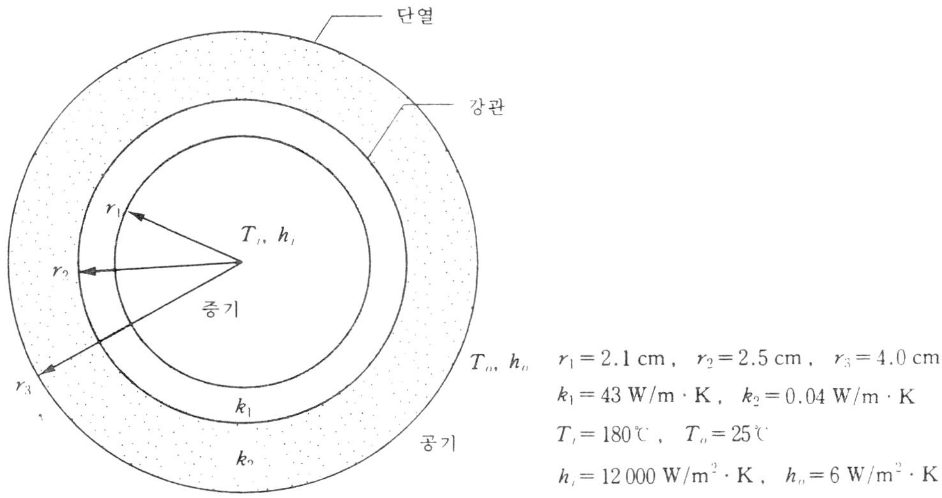

풀이 실린더 길이 1 m당 강관의 내부 표면적은

$$A_i = 2\pi r_1 L = 2\pi(0.021\ \text{m})(1\ \text{m}) = 0.132\ \text{m}^2$$

관길이 1 m당 단열재 외부 표면적은

$$A_o = 2\pi r_3 L = 2\pi(0.040\ \text{m})(1\ \text{m}) = 0.251\ \text{m}^2$$

이제 내부 표면적이나 외부 표면적 중 어느 것에 기초하여 U값을 구할 것인지 정해야 한다. 같은 값의 열전달을 얻는다는 것을 증명하기 위하여 두 가지 방법 모두 사용해 보자.

내부 표면적에 기초한 U값은 식 (2 · 35)에 주어져 있다. 식 (2 · 35)에 값을 대입하면

$$U_i = \frac{1}{\frac{1}{12\,000} + \frac{0.132}{2\pi(1)}\left[\frac{\ln(0.025/0.021)}{43} + \frac{\ln(0.040/0.025)}{0.040}\right] + \frac{0.132}{(0.251)(6)}}$$

$$= 2.99\ \mathrm{W/m^2 \cdot K}$$

단위길이(m)당 열전달을 구하기 위해서는 식 (2 · 32)를 L로 나눈다.

$$\frac{\dot{Q}}{L} = 2\pi r_1 U_i \Delta T_{overall}$$

$$= 2\pi(0.021\ \mathrm{m})(2.99\ \mathrm{W/m^2 \cdot K})[(180-25)\ \mathrm{K}] = 61.2\ \mathrm{W/m}$$

외부 표면적에 기초한 U값은 식 (2 · 36)으로 계산한다. 식 (2 · 36)에 값을 대입하면

$$U_o = \frac{1}{\frac{(0.251)}{(0.132)(12\,000)} + \frac{0.251}{2\pi(1)}\left[\frac{\ln(0.025/0.021)}{43} + \frac{\ln(0.040/0.025)}{0.040}\right] + \frac{1}{6.0}}$$

$$= 1.57\ \mathrm{W/m^2 \cdot K}$$

단위길이(m)당 열전달을 구하기 위해서는 식 (2 · 34)를 L로 나눈다.

$$\frac{\dot{Q}}{L} = 2\pi r_3 U_o \Delta T_{overall}$$

$$= 2\pi(0.040\ \mathrm{m})(1.57\ \mathrm{W/m^2 \cdot K})[(180-25)\ \mathrm{K}] = 61.2\ \mathrm{W/m}$$

이것은 내부 표면적에 기초한 U값을 사용했을 때의 열전달과 같다. 이 예제는 U_i와 U_o는 같진 않지만 각각의 경우에 해당하는 표면적으로 곱하면, 똑같은 열전달이 구해진다는 점을 예시한다.

2.4 단열재와 R값

1장에서 낮은 열전도도를 갖는 물질을 단열재라고 정의했다. 이것은 비단열재와 단열재를 구분하는 열전도도의 값이 정해져 있지 않기 때문에 다소 임의적인 정의라고 할 수 있다. 단열재 또는 단열(insulation)의 좀더 나은 정의는 열전달을 방해하는 재질이다. 일반적으로 단열재는 전도에 의한 열전달만을 방해하는 것이라고 생각하지만, 어떤 단열재는 대류나 복사에 의한 열전달을 방해하기 위해 설계되기도 한다. 예를 들면 다락방 공간은 종종 복사를 차단하기 위하여 알루미늄박으로 단열한다. 단열재 층 사이의 공기공간에서의 대류효과는 어떤 재질의 총 단열효과를 결정하는 주요한 역할을 할 수 있다.

단열의 적용 경우는 수없이 많다. 상업용, 주거용 빌딩은 쾌적한 실내온도를 유지하기 위하여 단열재를 사용한다. 산업용 파이핑 시스템은 액체나 기체의 온도를 제어하기 위하여 단열된다. 보일러의 표면도 주위로의 열손실을 감소시키기 위하여 단열시키며 덕분에 보일러의 효율은 증가된다. 단열재는 난방이나 공조설

그림 2 · 12 단열재는 쓰이는 용도에 따라 여러 형태로 제조된다.(Courtesy of Pittsburgh Corning, Pittsburgh, Penn.)

비의 도관 피막재로 공기온도를 제어하는 데 사용되기도 한다. 냉장고 라인은 주위환경으로부터 열을 얻거나 또는 열을 잃는 것을 감소시키고자 단열되어 있고, 따라서 냉동 사이클의 효율도 증가된다. 식품저장 용기도 식품의 손상을 억제시키기 위하여 단열되어 있다. 단열재는 심지어 소음방지를 위해서도 사용되기도 한다. 단열재는 그림 2 · 12에 나타낸 것처럼 얇은 판(sheet), 관 및 응용하기에 적당한 다른 여러 형태로도 제조될 수 있다. 일상생활과 산업분야에서 단열재는 매우 중요한 것이다. 이제 건축자재에서 널리 사용되는 중요한 단열재의 인자를 정의하자.

R 값

단열재의 단열성능은 *R* 값(R value)이라고 불리는 인자에 의해 결정된다. 높은 *R* 값을 가진 단열재 재질은 낮은 *R* 값을 가진 단열재 재질보다 열전달을 차단하는 데 있어 더욱 효과적이다. *R* 값은 단열재 사이의 온도차를 열플럭스로 나눈 값으로 정의된다.

$$R=\frac{\Delta T}{q} \qquad (2 \cdot 37)$$

푸리에 전도법칙을 사용하면 고체재질에 대한 *R* 값은 두께와 열전도도로 표현할 수 있다.

$$R = \frac{\Delta x}{k} \tag{2 · 38}$$

식 (2 · 28)로부터 열전도도가 낮고 두께가 두꺼울 때 R값이 커진다는 것을 알 수 있다. R값은 SI 단위에서는 $K \cdot m^2/W$, 영국식 단위에서는 $°R \cdot ft^2 \cdot h/Btu$ 단위를 갖는다. 식 (2 · 38)과 식 (2 · 4)를 비교하면 R값의 단위는 내열성 R_{th}의 단위와 표면적 A가 빠진 것이 다르다는 것을 알 수 있다.

R값은 열경계층의 내열성을 나타내는 데 쓰일 수도 있다. 총 열전달 계수 U는 SI 단위에서는 $W/m^2 \cdot K$와 영국식 단위에서는 $Btu/h \cdot ft^2 \cdot °R$의 단위를 갖는다. 이 단위는 R값의 단위의 역이므로 총 열전달 계수와 R값은 서로 역수관계라는 것을 알 수 있다. 실제로 U값과 R값의 관계는

$$R = \frac{1}{U} \tag{2 · 39}$$

HVAC(Heating, Venting, Air Conditioning, 난방, 환기, 공조) 산업에서는 U값을 때때로 전도도(conductance)라고, R값을 저항(resistance)이라고 부른다. 저항 항을 사용할 때는 내열성(R_{th})과 R값 중 어느 것을 의미하는지 단위로부터 결정해야 한다. 미국의 건축조합은 R값으로 표현하는 데 거의 전적으로 영국식 단위로부터 사용한다. 섬유유리, 울펠트, 셀룰로오스는 상업용 주거용 건축물 자재이다. 예를 들면 섬유유리로 된 석면은 벽, 천장, 다락 등을 단열하는 데 사용된다. 이 석면은 벽과 천장, 다락공간의 내부에 딱 맞는 두께로 제조된다. 푸석푸석한(loose fill) 단열재는 일반적으로 공간 안으로 불어 넣어진다.

예제 2.6 2×4 크기로 만들어진 전형적인 주거용 벽면의 내부두께는 3.5 in이다. 3.5 in 두께의 석면에 대한 R값을 구하라.

풀이 R값을 구하기 위해서 영국식 단위로 두께와 열전도도를 나타낸다. 단열재의 두께는

$$3.5\,\text{in} \times \frac{1\,\text{ft}}{12\,\text{in}} = 0.292\,\text{ft}$$

석면형태로 된 섬유유리 단열재의 열전도도의 대표적인 값은

$$k = 0.046\,W/m \cdot K \times \frac{0.5778\,Btu/h \cdot ft \cdot °R}{1\,W/m \cdot K} = 0.027\,Btu/h \cdot ft \cdot °R$$

그러므로 R값은

$$R = \frac{\Delta x}{k} = \frac{0.292\,ft}{0.027\,Btu/h \cdot ft \cdot °R} = 10.8\,°R \cdot ft^2 \cdot h/Btu$$

이것은 약 $11\,°R \cdot ft^2 \cdot h/Btu$이다. 그러므로 이 단열재는 R−11의 내열성을 갖는다고 한다.

표 2·1은 몇몇 일반적인 단열들의 전형적인 열전도도와 적용분야를 보여 준다. 같은 단열재라도 제조회사에 따라 열전도도 값이 크게 다를 수 있기 때문에 특정한 단열재에 대해서는 그 단열재 제조회사가 제공하는 열전도도 데이터를 사용해야만 한다. 어떤 단열재는 압축하거나 팽창하는 동안 열전도도가 많이 영향을 받으며, 따라서 R값도 변화할 수 있다. 그러므로 특정한 적용분야에 알맞는 단열재를 선택할 때 밀도와 압축도를 고려해야 한다.

표 2·1 대표적인 단열재와 그들의 열전도도 및 적용분야

단열재 형태	열전도도 k*		적 용
	(W/m · K)	(Btu/h · ft · °R)	
섬유유리, 솜	0.046	0.027	건물 구조재
섬유유리, 보드	0.036	0.021	공기 도관
폴리에틸렌 발포체	0.025	0.014	관, 탱크
발포유리, 보드	0.051	0.029	관, 탱크
폴리스티렌	0.029	0.017	건물 구조재
섬유소, loose fill	0.039	0.023	보일러, 굴뚝내면
칼슘 규산염, 판	0.055	0.032	관
울펠트	0.045	0.026	우주선 부품
탄성체	0.25	0.144	우주선 부품
코르크, 보드	0.039	0.023	

2.5 임계 단열재 반지름

단열재의 목적은 열전달을 방해하는 것이다. 예를 들어 증기를 운반하는 관을 단열하였면 관으로부터 주위로의 열전달은 감소될 것이다. 놀랍게도 어떤 조건에서는 단열재가 추가됨에 따라 관의 열전달은 증가되게 된다. 이 개념은 일반적인 상식과는 거리가 멀기 때문에 이런 현상의 메커니즘에 대한 조사가 필요하다. 그림 2·13에 나타낸 것처럼 하나의 단열재층으로 둘러싸인 관을 생각해 보자. 그림 2·13에는 나타내지 않았지만, 분석과정을 단순화하고 단열재 자체에 초점을 맞추기 위하여 관벽은 고려하지 않는다. 단열재 내벽의 온도는 T_i이고 외벽은 온도 T_∞인 유체에 노출되어 있고, 이 때의 열전달 계수는 h이다. 단열재의 열전도도는 k이다. 만약 단열재의 안지름(관의 바깥지름) r_i는 정해져 있고 바깥지름 r_o는 변한다면, 전도 내열성과 대류 내열성 모두가 변하기 때문에 열전달도 변한다. 전도 내열성은 r_o가 증가하면서 단열재의 두께가 커지므로 증가한다. 그러나 대류 내열성은 r_o가 증가함에 따라 단열재의 외부 표면적이 증가하기 때문에 감소한다. 그러면 이 두 가지 반대효과가 있을 때 단열재 반지름이 증가함에

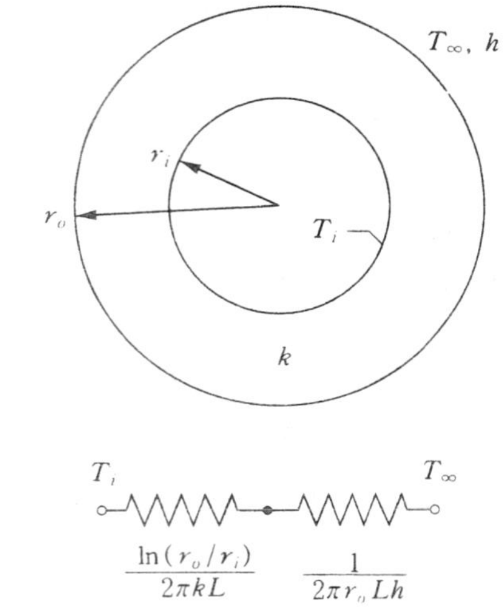

그림 2·13 임계 단열재 반지름을 유도하기 위한 1차원 전기회로

따라 열전달이 증가할 것인가 또는 감소할 것인가?

이 질문에 대해 완벽한 답을 위해 실린더로부터의 열전달에 대한 관계식을 수학적으로 정리한다. 그림 2·13에 나타낸 실린더형 단열재에 대한 열전달을 나타내면 다음과 같다.

$$\dot{Q} = \frac{2\pi L(T_i - T_\infty)}{\dfrac{\ln(r_o/r_i)}{k} + \dfrac{1}{r_o h}} \tag{2·40}$$

열전달에 대한 두 가지 반대효과 때문에 열전달이 최대일 때의 단열재의 두께가 존재한다고 생각할 수 있다. 이것은 식 (2·40)을 r_o에 관하여 미분하고 그 결과를 0으로 놓음으로써 확인할 수 있다.

$$\frac{d\dot{Q}}{dr_o} = \frac{-2\pi L(T_i - T_\infty)\left(\dfrac{1}{kr_o} - \dfrac{1}{hr_o^2}\right)}{\dfrac{\ln(r_o/r_i)}{k} + \dfrac{1}{r_o h}} = 0 \tag{2·41}$$

결과를 보면

$$r_o = r_c = \frac{k}{h} \tag{2·42}$$

그러므로 열전달이 최대일 때 r_o의 값이 있고, 이는 식 (2·42)에서 구할 수 있다. 이 최대값에 관한 반지름 r_c는 임계 단열재 반지름(critical insulation radius)이라 부른다. 만약 바깥쪽 반지름이 임계 반지름보다 작다면, 임계 반지름에 이를 때까지 단열재를 추가시킴에 따라 열전달은 증가될 것이다. 단열재를 임계 반지름 이상 추가시키면 열전달은 계속 감소한다. 이 두 경우는 그림 2·14에 설명

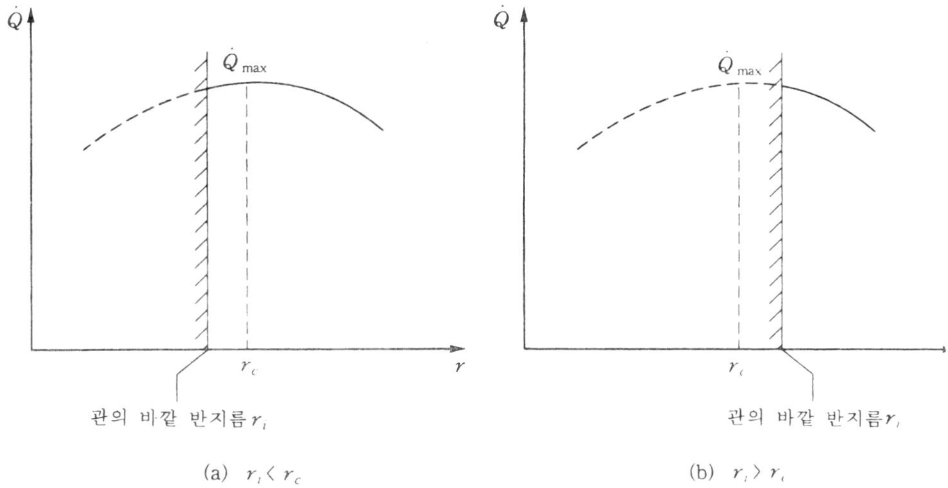

그림 2·14 관에 단열재를 추가하면 열전달량이 (a) 증가한다 (b) 감소한다.

되어 있다. 그림 2·14(a)에 나타낸 것처럼 바깥지름이 임계 반지름보다 작은 나관(bare pipe)은 단열재가 임계 반지름 r_c까지 추가될 때까지 열전달은 증가한다. 모든 단열재는 임계 반지름보다 크게 추가하면 열전달은 계속 감소한다. 임계 반지름보다 큰 어떤 반지름에서는 열전달이 나관의 열전달과 같게 된다는 것을 주목해야 한다. 그림 2·14(b)에 나타낸 것처럼 바깥쪽 반지름이 임계 반지름보다 큰 나관은 단열재가 추가됨에 따라 열전달이 계속 감소하는 것을 알 수 있다. 식 (2·42)로부터 임계 반지름은 단열재의 열전도도와 단열재 외벽의 열전달 계수 두 인자만에 의해 결정된다는 것을 알 수 있다.

예제 2.7 열전달 계수가 3 W/m^2·K일 때, 발포유리(cellular glass) 단열재($k=0.051$ W/m·K)에 대한 임계 단열재 반지름을 구하라. 만약 관의 외벽온도가 350℃이고 주위공기의 온도가 30℃라면, 3/8 in, schedule 80 강관의 단위길이(m)당 열손실을 계산하라. 단열재가 없는 관과 발포유리 단열재가 임계 반지름까지 단열된 관에 대하여 각각의 열손실도 계산해 보자.

풀이 임계 단열재 반지름은 식 (2·42)를 사용하여 구한다.

$$r_c = \frac{k}{h}$$

$$= \frac{0.051\ \mathrm{W/m\cdot K}}{3\ \mathrm{W/m^2\cdot K}} = 0.017\ \mathrm{m} = 1.7\ \mathrm{cm}$$

부록 H로부터 3/8 in, schedule 80 강관의 바깥지름은 0.008 55 m이다. 단열재가 없는 관에 대한 열손실을 계산하기 위하여는 외벽의 열경계층의 대류 내열성만을 고려해야 한다. 관의 단위길이(m)당 열전달은 다음과 같다.

$$\frac{\dot{Q}}{L} = 2\pi r_i h(T_i - T_\infty)$$

여기서 $r_i = 0.008\,55\text{ m}$, $T_i = 350℃$, $T_\infty = 30℃$이고 $h = 3\text{ W/m}^2 \cdot \text{K}$이다. 반지름 r_i와 온도 T_i는 단열재의 내벽(관의 외벽)에서의 값이다. 그러므로 단열재가 없는 관의 단위길이(m)당 열손실은

$$\frac{\dot{Q}}{L} = 2\pi(0.008\ 55\text{ m})(3\text{ W/m}^2 \cdot \text{K})[(350-30)\text{ K}] = 51.6\text{ W/m}$$

단열된 관의 열손실을 구하기 위해서는 단열재의 내열성과 단열재 외벽에서의 열경계층을 생각해야 한다. 단열된 관의 단위길이(m)당 열손실은 다음과 같다.

$$\frac{\dot{Q}}{L} = \frac{2\pi(T_o - T_\infty)}{\dfrac{\ln(r_o/r_i)}{k} + \dfrac{1}{r_o h}}$$

임계 단열재 반지름에서 관으로부터의 열손실을 구해야 하므로 $r_o = r_c = 0.017\text{ m}$라 놓는다. 그러므로 다음을 얻는다.

$$\frac{\dot{Q}}{L} = \frac{2\pi(350-30)\text{ K}}{\dfrac{\ln(0.017\text{ m}/0.008\,55\text{ m})}{0.051\text{ W/m}\cdot\text{K}} + \dfrac{1}{(0.017\text{ m})(3\text{ W/m}^2\cdot\text{K})}}$$

$$= 60.8\text{ W/m}$$

이 관에 발포유리 단열재를 추가함에 따라 열손실은 51.6 W/m에서 60.8 W/m로 17.8% 증가했다.

단열재를 추가함에 따라 관의 열전달이 증가하는 것은 열전달 계수가 낮은 자연대류 환경에 노출된 작은 관에서 일반적으로 더 문제가 된다. 이것은 그림 2·14와 r_c의 정의를 검토함으로써 알 수 있다. 열전도도 k가 일정하게 유지되는 경우 임계 단열재 반지름 r_c는 열전달 계수 h가 감소함에 따라 증가한다. 따라서, 그림 2·14에 있는 임계 단열재 반지름이 관의 바깥 반지름보다 커지게 된다. 또한, 관의 바깥 반지름이 작다면 임계 단열재 반지름이 관의 바깥 반지름보다 더 커지는 경향이 있다.

임계 단열재 반지름은 단열재의 열전도도의 함수이다. 만약 단열재가 압축되었다면 열전도도는 증가하고, 따라서 임계 단열재 반지름도 증가한다. 또한, 수증기관 표면에서 볼 수 있듯이 단열재가 젖었다면 열전도도는 상당히 증가하게 되고, 따라서 임계 단열재 반지름도 증가한다. 임계 단열재 반지름의 개념은 단열재가 관의 외벽에 있을 때에만 적용된다. 만약 관의 내벽에 단열재가 설치된다면 전도와 대류 내열성이 둘 다 증가되며, 반면에 외벽이 단열될 때는 전도 내열성이 증가하고 대류 내열성은 감소하여 반대효과 및 최대화의 조건을 초래한다.

임계 단열재 반지름 원리의 흥미로운 적용은 전선을 단열시키는 것이다. 전선에 전류가 흐를 때 전선의 저항은 전선을 따라 전압차를 야기시키며, 이 결과 전

기 에너지의 손실을 가져온다. 이 전기 에너지 손실은 열에너지로 전환되는데, 이를 줄(Joule)가열 또는 I^2R 가열이라고 부르며, 이것은 전선으로부터 열전달에 의해 입증된다. 전력의 손실은 열전달과 같기 때문에 다음과 같이 쓸 수 있다.

$$P = I^2 R = \dot{Q} \tag{2 · 43}$$

여기서 P =전력(W), I =전류(A) 그리고 R =저항(Ω)이다. 전선의 길이가 주어지면 단열되었건 그렇지 않건 간에 열손실은 같다. 왜냐하면 열전달은 단지 전류와 저항의 함수이고 전선의 온도는 전선이 어떻게 단열되었는가에 따라 달라지기 때문이다. 전선은 전기쇼크를 막는 것을 주목적으로 코팅되거나 피복이 입혀지지만, 좋은 전기적 절연재는 일반적으로 좋은 열단열재이다. 그러므로 전선의 온도는 전선을 단열함에 따라 조절될 수 있다. 임계 단열재 반지름까지 전선을 단열함으로써 전선의 온도는 최소화된다. 그러나 실제로는 제조공정, 가격 그리고 다른 인자 때문에 전선온도를 최소화하지는 못한다.

2.6 내부 열생성

1차원 정상상태 전도의 특별한 경우에 열에너지가 내부적으로 생성되는 시스템이 있다. 전기 전도체의 줄가열 공정과 고체상태의 전자장치에서 내부가열이 일반적인 예이다. 다른 예로는 핵반응기의 핵연료봉 내의 핵분열 반응, 음식 내에서의 마이크로파의 복사 흡수, 그리고 경화(curing)과정 중인 재료의 화학반응이 있다. 각각의 경우 열에너지가 재질 안에서 체적적으로(volumetrically) 생성된다. 즉, 열생성은 재질 안의 모든 지점으로부터 시작된다. 내부 열생성의 분석에서 열에너지는 재질 내에서 균일하게 생성된다는 것을 가정한다. 이 절에서는 평판벽과 고체 실린더 내에서의 열생성을 포함하는 1차원 정상상태 전도를 생각해 보자.

평 판 벽

그림 2 · 15에서 나타낸 평판벽을 생각해 보자. 벽은 열전도도 k를 갖고 체적 열생성(volumetric heat generation) $\dot{q}$를 갖는다. 열전달은 단지 x축 방향으로만 일어난다고 가정하며, y축과 z축 방향의 차원은 무시한다. $\dot{q}$에 대한 단위는 SI 단위와 영국식 단위에서 각각 W/m^3과 $Btu/h \cdot ft^3$이다. 수학적인 편리를 위해 벽의 두께를 $2L$로 놓고 원점을 벽의 중앙에 위치하게 한다.

이 문제를 풀기 위하여 전도 열전달의 수학적 기초에 대해 간단히 알아보자.

앞에서 열에너지는 3차원 공간으로 전도된다고 배웠다. 이것은 직각 좌표계에서 열전달이 3개의 축방향, 즉 x, y, z축으로 나타내는 것을 의미한다. 만약 전

그림 2 · 15 평판벽 내부에서 생성된 열은 포물선 모양의 온도분포를 초래한다.

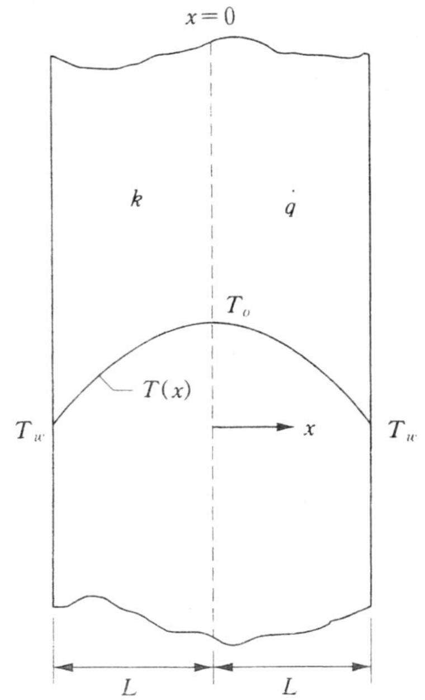

도가 비정상 상태라면 온도는 항상 시간의 함수이고, 만약 열에너지가 내부적으로 생성된 이것의 영향도 고려되어야 한다. 그러므로 일반적인 경우, 온도는 3개의 축방향 x, y, z 그리고 시간 t, 그리고 내부 열생성 $\dot{q}$의 함수이다. 이 모든 인자는 열전도에 대한 일반적인 미분 방정식(general differential equation)에 나타나 있다.

$$\frac{\partial^2 T}{\partial x^2}+\frac{\partial^2 T}{\partial y^2}+\frac{\partial^2 T}{\partial z^2}+\frac{\dot{q}}{k}=\frac{1}{\alpha}\frac{\partial T}{\partial t} \qquad (2 \cdot 44)$$

이 식은 미세부피 인자에 대해 열역학 제 1 법칙을 적용시키고 푸리에 전도법칙을 적용시켜 유도되었다. 식 (2 · 44)의 좌변의 처음 세 항은 방향축에 대한 온도의 변화량을 표현하였다. 좌변의 네 번째 항은 내부 열생성 항이고, 우변의 항은 시간에 따른 온도변화이다. α는 열확산도(thermal diffusivity)라고 불리고 5장에 정의되어 있다.

x방향으로의 정상상태 전도에서 식 (2 · 44)의 둘째와 셋째 항은 0이 된다. 왜냐하면 y나 z방향으로의 온도변화가 없기 때문이다. 정상상태 전도이기 때문에 식 (2 · 44)의 우변의 항은 0이다. 그러므로 다음 미분 방정식이 유도된다.

$$\frac{d^2 T}{dx^2}+\frac{\dot{q}}{k}=0 \qquad (2 \cdot 45)$$

식 (2 · 44)는 편미분 방정식(partial differential equation)이다. 편미분은 종속

변수 T가 한 개 이상의 독립변수의 함수일 때 사용된다. 식 (2·45)는 전미분 방정식(ordinary differential equation)이다. 전미분은 종속변수 T가 한 개의 독립변수 x만의 함수일 때 사용된다.

식 (2·45)는 내부 열생성이 있는 평판벽에서의 1차원 전도에 대해 주어진 미분 방정식이다. 이 식은 다음과 같이 쓸 수 있다.

$$\frac{d}{dx}\left(\frac{dT}{dx}\right)+\frac{\dot{q}}{k}=0 \tag{2·46}$$

양변으로부터 $\dot{q}/k$를 빼고, dx를 곱한 후 적분하면 다음을 얻는다.

$$\int d\left(\frac{dT}{dx}\right)=-\frac{\dot{q}}{k}\int dx \tag{2·47}$$

그러면 다음과 같다.

$$\frac{dT}{dx}=-\frac{\dot{q}}{k}x+C_1 \tag{2·48}$$

여기서 C_1은 첫번째 적분상수이다. 다시 dx를 곱하고 적분하면 다음을 얻을 수 있다.

$$\int dT=-\frac{\dot{q}}{k}\int x\,dx+\int C_1\,dx \tag{2·49}$$

그러면 다음과 같다.

$$T(x)=-\frac{\dot{q}}{2k}x^2+C_1x+C_2 \tag{2·50}$$

여기서 C_2는 두 번째 적분상수이다. 식 (2·50)은 식 (2·45)의 일반해(general solution)이다. 식 (2·45)의 부분해를 구하기 위해서는 평판벽 문제에 대한 경계조건(boundary condition)을 적용함으로써 두 개의 적분상수 C_1과 C_2의 값을 결정해야만 한다. 경계조건은 어떤 물체(이 경우는 평판벽이다)의 경계면에서의 온도조건을 수학적으로 표현한 것이다. 두 개의 적분상수가 있기 때문에 두 개의 경계조건을 설정해야만 한다. 그림 2·15에 나타낸 것처럼, 만약 벽의 표면이 T_w의 온도로 유지된다면, 벽내부의 온도 프로파일 $T(x)$는 $x=0$인 중심선에 대하여 대칭(symmetrical)이 되고, $x=0$에서 온도구배 dT/dx, 즉 $T(x)$의 구배가 0이 된다. 그러므로 두 경계조건은

B.C. 1 : $x=0$에서 $dT/dx=0$

B.C. 2 : $x=\pm L$에서 $T=T_w$

벽두께 $2L$의 중심선은 벽의 내부에 놓여 있기 때문에 실제 경계는 아니다. 그러나 열대칭성이라는 점을 고려하면 벽의 절반을 제거할 수 있고, 이 경우 중심선이 실제 경계선이 된다. $x=0$에서 $dT/dx=0$이기 때문에 완전단열(perfectly insulated)되어 있다고 하고 푸리에 법칙에 따라서 $Q=kA(dT/dx)=kA(0)=0$이 된다.

식 (2·48)에 첫번째 경계조건을 대입하면 다음을 얻는다.

$$C_1=0$$

그리고 식 (2·50)에 두 번째 경계조건을 대입하면 다음을 얻는다.

$$C_2=\frac{\dot{q}L^2}{2k}+T_w$$

식 (2·50)에 이 결과를 대입하고 대수적으로 정리하면 벽내부의 온도분포는 다음과 같이 된다.

$$T(x)-T_w=\frac{\dot{q}L^2}{2k}\left[1-\left(\frac{x}{L}\right)^2\right] \qquad (2\cdot51)$$

이것은 x의 포물선 형태의 함수이다. 벽의 중앙에서의 온도를 구하는 것이 필요할 때가 종종 있다. 왜냐하면 온도가 최대값이 되기 때문이다. 식 (2·51)에 $x=0$을 대입하면 벽의 중심에서의 온도인 T_0를 구할 수 있다.

$$T_0=\frac{\dot{q}L^2}{2k}+T_w \qquad (2\cdot52)$$

온도분포에 대한 또 다른 관계식은 식 (2·52)를 식 (2·51)에 대입하여 얻게 된다.

$$\frac{T(x)-T_w}{T_0-T_w}=1-\left(\frac{x}{L}\right)^2 \qquad (2\cdot53)$$

식 (2·53)은 무차원(dimensionless) 형태로 쓰여진 것이다. 분모와 분자의 차원에 대한 단위는 서로 약분되고 식의 양변에 숫자만 남게 된다. 이것은 열전달을 도식적으로 나타내는 데 쓰이고 매개변수를 편리한 값으로 정규화(normalize)하는 데 쓰이는 방법이다. 예를 들면 식 (2·53)의 무차원 좌표축인 (x/L)의 함수로 나타낸 무차원 온도인 $(T(x)-T_w)/(T_0-T_w)$를 도시한다면, 무차원 인자가 0에서 1까지의 숫자로 포물선으로 표현된다는 것을 알 수 있다. 게다가, 무차원 형태의 열전달 인자를 표현하면 열전달 공정이나 열특성의 어떤 물리적인 성질을 알 수 있게 된다. 이 책에서는 다른 많은 열전달 매개변수들이 무차원 형태로 표현되어 있다.

예제 2.8 4 cm 두께의 판은 4.2 MW/m^{3}의 속도로 열에너지를 생성한다. 이 판의 한쪽 면은 완전히 단열되어 있고, 다른 쪽 면은 50℃로 유지되어 있다. 만약 이 판의 열전도도가 73 W/m · K라면, (a) 이 판의 최대온도, (b) 50℃ 표면으로부터 1.5 cm 깊이의 온도를 구하라.

풀이 (a) 그림 2 · 15로부터 $x=0$에서 중심선에서 내부적으로 열이 생성될 때 평판벽의 최대온도를 안다. 그림 2 · 15에서 벽의 중심선은 열적으로 판의 단열된 표면과 똑같다. 이 표면에서 일어나는 최대온도는 식 (2 · 52)에 주어져 있다.

$$T_0 = \frac{\dot{q}L^2}{2k} + T_w$$

$$= \frac{(4.2\times 10^6 \text{ W/m}^3)(0.04 \text{ m})^2}{2(73 \text{ W/m}\cdot ℃)} + 50℃ = 96.0℃$$

(b) 판의 어떤 위치에서의 온도는 식 (2 · 53)에 주어져 있다. x축은 단열된 표면으로부터 측정되고, 따라서 $x=4.0-1.5=2.5$ cm이다. 그러므로

$$T(x) = \left[1-\left(\frac{x}{L}\right)^2\right](T_0 - T_\infty) + T_w$$

$$= \left[1-\left(\frac{0.025 \text{ m}}{0.04 \text{ m}}\right)^2\right](96-50)℃ + 50℃ = 78.0℃$$

실린더

그림 2 · 16에 나타낸 것처럼 고체 실린더 내에서 내부 열생성을 고려해 보자. 평판벽에서와 같이 $\dot{q}$는 내부 열생성이고, k는 열전도도이다. 실린더의 반지름은 R이다. 실린더 내에서의 전도에 대한 편미분 방정식은

$$\frac{\partial^2 T}{\partial r^2} + \frac{1}{r}\frac{\partial T}{\partial r} + \frac{1}{r^2}\frac{\partial^2 T}{\partial \phi^2} + \frac{\partial^2 T}{\partial z^2} + \frac{\dot{q}}{k} = \frac{1}{\alpha}\frac{\partial T}{\partial t} \qquad (2 \cdot 54)$$

식 (2 · 54)의 좌변의 처음 두 항은 반지름 방향 r축에 대한 온도 T의 변화를, 세 번째 항은 방위각 축 ϕ에 대한 T의 변화, 그리고 네 번째 항은 축방향 z에 대한 T의 변화를 표현한 것이다. 나머지 항은 식 (2 · 44)의 항과 동일하다.

실린더 내의 내부 열생성을 수반하는 여러 열전달 응용의 경우 전도는 주로 반지름 방향으로 일어난다. 따라서, 단지 반지름 방향으로의 1차원 정상상태 전도에 대해서만 생각해 보자. 주어진 미분 방정식을 정리하면

$$\frac{d^2 T}{dr^2} + \frac{1}{r}\frac{dT}{dr} + \frac{\dot{q}}{k} = 0 \qquad (2 \cdot 55)$$

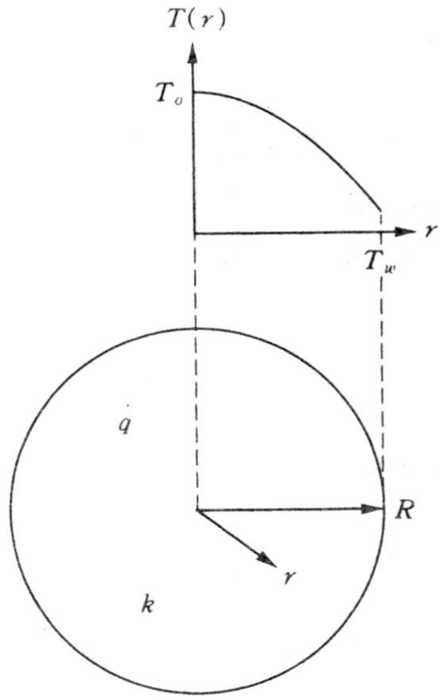

그림 2·16 고체 실린더 내부에 생성된 열은 포물선 모양의 온도분포를 초래한다.

이 문제에 대한 경계조건은 평판벽에 대한 것과 같다.

B.C. 1 : $r=0$에서 $dT/dr=0$

B.C. 2 : $r=R$에서 $T=T_w$

식 (2·25)를 두 번 적분하여 일반해를 얻는다.

$$T(r)=\frac{-\dot{q}r^2}{4k}+C_1\ln r+C_2 \tag{2·56}$$

윗식에 경계조건을 대입하여 부분해를 얻는다.

$$T(r)-T_w=\frac{\dot{q}R^2}{4k}\left[1-\left(\frac{r}{R}\right)^2\right] \tag{2·57}$$

또는 무차원 형태로

$$\frac{T(r)-T_w}{T_0-T_w}=1-\left(\frac{r}{R}\right)^2 \tag{2·58}$$

여기서 T_0는 실린더 중앙에서의 온도이다. 실린더 중앙에서의 온도는 다음 관계식에 의해 주어진다.

$$T_0=\frac{\dot{q}R^2}{4k}+T_w \tag{2·59}$$

예제 2.9 14 gage의 단열되지 않은 구리선의 온도가 60℃를 넘지 않을 때, 선에 흐를 수 있는 최대전류를 계산하라. 선은 25℃ 공기에 노출되어 있고 열전달 계수는 20 $W/m^2 \cdot K$이다.

풀이 계산하기 전에 구리선에 대한 물성값이 필요하다. 부록 C에서 구리선의 열전도도가 287 W/m · K로써 주어졌다. 부록 I로부터 14 gage 구리선의 지름은 1.628 mm이고, 전기저항은 8.285 Ω/Km이다. 선의 길이는 문제에서 주어지지 않았으므로 계산에서는 단위길이(m)에 기초해야 한다. 그러므로 선길이 1 m에 대해 전기저항 $R=8.285\times10^{-3}\,\Omega$이다. 14 gage 구리선의 반지름 $R_o=8.14\times10^{-4}$ m이다.

선에서 생성된 열 I^2R는 대류에 의해 주위로 손실된다. 그러므로 I^2R는 대류에 의한 열전달과 같다.

$$\dot{Q}=I^2R=hA(T_w-T_\infty) \tag{2·60}$$

최대온도는 T_o이고, 이것은 선의 중앙에서의 온도이다. 벽의 온도 T_w를 식 (2 · 59)로부터 구해서 식 (2 · 60)에 대입하면 다음을 얻는다.

$$I^2R=hA\left(T_0-T_\infty-\frac{\dot{q}R_o^2}{4k}\right)$$

체적 열생성 $\dot{q}$는 열전달을 선의 단위길이의 부피 V로 나눈 것이다.

$$\dot{q}=\frac{\dot{Q}}{V}=\frac{I^2R}{\pi R_o^2L}$$

윗식에 선의 표면적 $A=2\pi R_oL$을 대입하면 다음을 얻는다.

$$I^2R=2\pi R_oLh\left(T_0-T_\infty-\frac{I^2R}{4\pi kL}\right)$$

미지의 전류 I를 구하기 위해 윗식을 풀면 다음을 얻는다.

$$I=\sqrt{\frac{2\pi R_oLh(T_0-T_\infty)}{R(1+R_oh/2k)}} \tag{2·61}$$

선의 단위길이에 기초하였으므로 $L=1$ m이다. 이 값을 식 (2 · 61)에 대입하면 최대전류를 얻는다.

$$I=\left\{\frac{2\pi(8.14\times10^{-4}\text{ m})(1\text{ m})(20\text{ W/m}^2\cdot\text{K})(60-25)\text{ K}}{(8.285\times10^{-3}\,\Omega)[1+(8.14\times10^{-4}\text{ m})(20\text{ W/m}^2\cdot\text{K})/2(287\text{ W/m}\cdot\text{K})]}\right\}^{1/2}$$
$$=20.8\text{ A}$$

만약, 구리선의 반지름 방향으로의 온도구배가 무시할만 하다면, 즉 선의 중앙온도와 벽온도가 거의 같다면, 위의 문제를 훨씬 간단히 풀 수 있다. 그러면 식 (2 · 60)을 전류 I에 대하여 풀면 된다. 그러므로

$$I=\sqrt{\frac{2\pi R_oLh(T_w-T_\infty)}{R}} \tag{2·62}$$

이 식으로부터 전과 같은 결과인 $I=20.8$ A를 얻게 된다. 식 (2 · 61)에서 $R_oh/2K$항의 값을 체크해 보면 그 값이 1보다 훨씬 작다는 것을 알게 되고, 따라서 식 (2 · 61)은 식 (2 · 62)로 줄여진다. 이 예제를 통해 선과 같이 높은 열전도도를 갖는 반지름이 작은 실

린더의 경우 체적 열생성을 무시하고 I^2R와 대류 열전달을 같다고 놓고 온도들을 구할 수 있다는 것을 배웠다. 그러나 낮은 열전도도를 가진 실린더나 큰 실린더에서도 반지름 방향으로의 온도구배가 크므로 내부 열생성을 고려해야만 한다.

2.7 열접촉 저항

2.2절에서 다룬 복합 평판벽과 실린더에서는 이웃하는 경계층 사이의 열접촉의 계면에서의 열전달에 대한 저항이 없다는 것을 가정했다. 이 가정은 어떤 열전달 시스템에서는 심각한 오차를 가져올 수도 있다. 열접촉 저항(thermal contact resistance)은 두 표면이 물리적으로 접촉할 때 계면에 존재한다. 열저항의 기본을 이해하기 위해서는 그림 2·17에서와 같이 두 고체막대가 서로 붙어 있는 경우를 생각해 보자. 계면을 자세히 살펴보면 두 재질의 표면이 거칠다는 것을 알 수 있다. 두 표면은 몇몇 점에서는 직접 접촉되어 있으나 나머지 부분은 틈새가 있으며, 이 틈새는 통상 주위의 유체로 채워져 있다. 틈새가 매우 작기 때문에 대류의 영향을 무시할 수 있으며, 따라서 열에너지는 주로 전도에 의하여 틈새를 거쳐 이동된다. 대부분 유체의 열전도도는 고체보다 낮기 때문에 유체로 채워진 틈새는 계면을 가로지르는 전도에 대해 열저항으로 작용한다.

접촉하고 있는 두 표면을 가로지르는 열전달은 많은 매개변수들의 함수로서 매우 복잡한 현상이다. 일반적으로 다음의 인자들이 매우 중요하다.

그림 2·17 접해 있는 두 면을 확대하면 밀착되어 있는 부분과 틈새를 볼 수 있다.

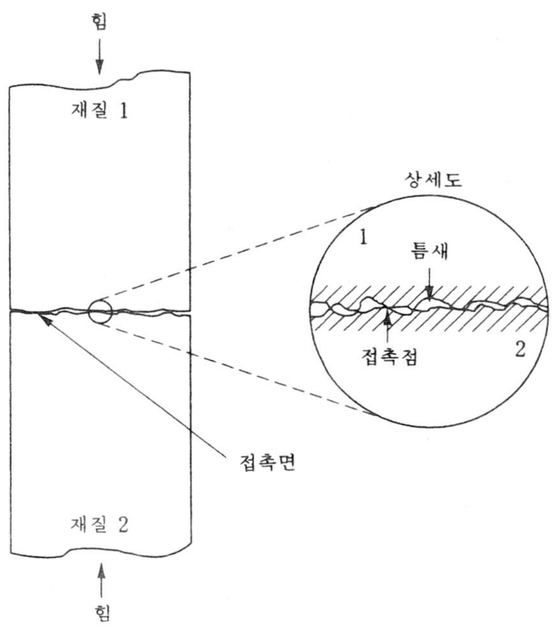

① 접촉압력
② 접촉점의 수
③ 접촉점의 모양과 크기
④ 틈새의 크기
⑤ 틈새 안의 유체의 종류
⑥ 틈새 안의 유체의 압력
⑦ 접촉면의 강도
⑧ 접촉면의 평편도(flatness)
⑨ 접촉면의 신축성의 정도
⑩ 접촉면의 평균온도
⑪ 표면의 청결도

열접촉 저항에 영향을 미치는 인자들이 많기 때문에 분석적인 모사는 어렵다. 열접촉 저항은 실제상황과 가능한 한 비슷한 조건에서의 실험을 통해 분석할 수 있는 열전달 현상이다. 실험이 수행되고 계면의 특성이 결정되면, 그 계면의 내열성은 접촉저항(contact resistance)이라고 불리는 인자의 항으로 표현할 수 있다. 그림 2·18에 나타낸 것처럼 두 개의 재질이 함께 눌려 있고 열에너지가 접촉 표면을 통해 흐르고 있을 때, 계면에서 급격하게 온도가 떨어지게 된다. 이 온도 하강의 폭은 접촉저항의 크기에 직접 비례한다. 고체층과 열경계층을 이와 상응한 전기회로의 열저항으로 취급했다. 유사한 개념으로 다른 저항과 직렬로 연결된 열저항으로서의 열접촉 저항을 다룰 수도 있다. 접촉저항은 다음과 같은 관계식으로 정의된다.

$$R_{th,\ contact} = \frac{1}{h_c A} \qquad (2 \cdot 63)$$

여기서 h_c는 접촉계수(contact coefficient)라고 한다. 식 (2·63)은 열경계층의 내열성인 식 (2·25)와 같은 형태를 갖는다. 따라서, h_c는 열전달 계수 h와 같은 단위를 갖는다. 그림 2·18에 나타낸 계면을 가로지르는 열전달은 다음과 같이 쓸 수 있다.

$$\dot{Q} = \frac{T_2 - T_3}{\dfrac{1}{h_c A}} \qquad (2 \cdot 64)$$

2.2절에서는 직렬로 연결된 복합층에서의 열전달은 모든 층에서 같다고 하였으므로 열전달은 총 내열성과 총 온도차로 표현할 수 있었다. 같은 이유로 그림 2·18에서의 평판 복합벽을 통한 열전달도 다음과 같이 쓸 수 있다.

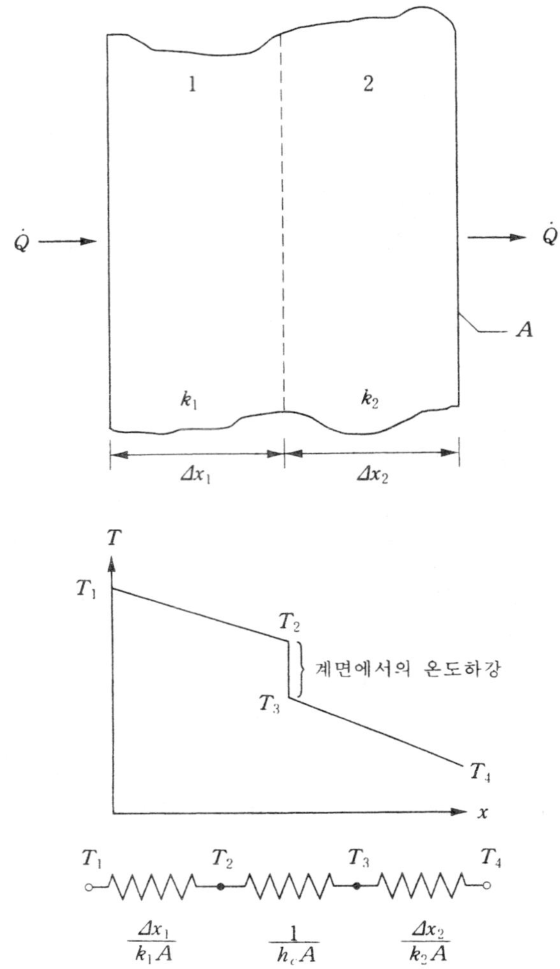

그림 2·18 계면에서의 접촉저항을 가진 복합벽에서의 1차원 정상상태 전도는 직렬의 전기 레지스터로 묘사할 수 있다.

$$\dot{Q} = \frac{\Delta T_{overall}}{\dfrac{\Delta x_1}{k_1 A} + \dfrac{1}{h_c A} + \dfrac{\Delta x_2}{k_2 A}} \tag{2·65}$$

또한, 접촉저항이 있는 두 층의 복합 실린더를 통한 열전달은 다음과 같이 표현할 수 있다.

$$\dot{Q} = \frac{\Delta T_{overall}}{\dfrac{\ln(r_2/r_1)}{2\pi k_1 L} + \dfrac{1}{2\pi r_2 L h_c} + \dfrac{\ln(r_3/r_2)}{2\pi k_2 L}} \tag{2·66}$$

여기서 계면의 표면적은 $A = 2\pi r_2 L$로서 내부층의 바깥지름의 항으로 나타낼 수 있다. 더 일반적인 경우로는, 복합 구조물은 몇몇의 고체층으로 구성되어 있는데, 각기 다른 층끼리 열접촉이 긴밀하지가 않다. 게다가 복합 구조물의 경계면은 각 면의 열경계층이 다른 유체와 접촉하고 있다. 이런 경우의 총 내열성은 고체층 및 이들의 계면 그리고 열경계층으로부터 결정된다.

표 2·2는 표면 거칠기와 접촉압력이 다른 여러 종류의 금속에 대한 접촉계수를 나타내었다. 매끄러운 표면을 가진 금속은, 즉 표면 거칠기가 낮은 금속은 다음 모든 인자가 같을 때 거친 표면보다 접촉계수가 높다는 것을 발견할 수 있다. 또한, 접촉압력을 증가시키면 접촉계수가 증가함을 알 수 있다. 접촉압력이 증가되는 것은 접촉점의 변형을 야기하게 되고, 따라서 표면적을 증가시키며 틈새의 크기를 감소시킨다.

몇몇 열전달 시스템에서는 열접촉 저항을 조절하는 것이 필요하다. 한 예로서 전자부품의 온도조절이다. 전자산업은 집적회로, 회로기판, 인덕터, 동력튜브 그

표 2·2 금속표면의 대표적인 접촉계수

금 속	유 체	표면경도 (μin)	접촉압력 (atm)	접촉계수 h_c(W/m^2·K)
2024 알루미늄/	진공	8~18	0.7	340
2024 알루미늄			1.4	510
	진공	48~65	0.7	260
			1.4	370
7075 알루미늄/	공기	10	0.7	8500
7075 알루미늄			27	20 000
	공기	65	0.7	5100
			27	15 000
	공기	120	0.7	2500
			27	11 300
304 스테인리스/	진공	10~15	0.7	340
304 스테인리스			27	4000
			68	9600
	진공	42~60	0.7	200
			27	800
			68	2000
구리/구리	진공	7~9	0.7	6300
			27	11 200
			68	14 000
스테인리스/알루미늄	공기	30~65	0.7	3200
			27	5100
철/알루미늄	공기	—	3.4	4500
			27	22 700
			68	45 400

리고 다른 발열부품을 이용한다. 이들 부품 사이의 여러 계면을 통해 열전도가 일어나게 된다. 만약 계면이 높은 열접촉 저항을 가지고 있다면, 계면과 발열부품 사이에서는 높은 온도상승이 있게 되고, 그 결과로 구성부품의 온도가 상승하여 파열을 일으킨다. 열접촉 저항을 감소시키기 위한 방법의 하나로 접촉표면 사이에 부드러운 도체를 사용하여 틈새공간을 줄일 수 있다. 전자산업에서는 이 목적으로 전도체인 열수지나 실리콘이 종종 사용된다. 실리콘이나 수지를 사용하지 않을 때에는 알루미늄, 구리, 납, 인듐 등의 부드러운 금속으로 만들어진 얇은 포일(foil)을 사용하기도 한다.

2.8 응 용

난방 및 공조산업에서는 벽, 지붕, 그 밖의 건축물 자재의 열성능을 결정하기 위하여 총 열전달 계수의 개념과 전기적 유사성을 많이 사용하고 있다. 미국의 난방·냉동·공조 학회인 ASHRAE(American Society of Heating, Refrigerating, and Air conditioning Engineer)에서는 주거용 및 상업용 건축물에 사용되는 몇몇 벽과 지붕에 대한 총 열전달 계수를 발표한다. 그림 2·19에는 대표적인 석조 건축물 벽의 단면이 그려져 있다. 이 벽은 일반벽돌, 전나무 총재(縱材) 그리고 석고보드로 구성되어 있다. 벽돌과 석고보드 사이에 공기층(air space)이 존재한다. 공기층과 내벽과 외벽에서의 열경계층의 대류저항을 고려하여 이 복합벽의 총 열전달 계수를 구해 보자. 그후 실내와 실외의 공기온도는 주어졌으므로 벽을 통과하는 열전달을 구할 수 있다.

예제 2.10 그림 2·19에 나타낸 석조 건축물 벽에 대해 총 내열성, R값, 그리고 총 열전달 계수를 구하라. 만약 실내와 실외의 공기온도가 각각 70°F와 45°F라면, 벽의 표면적 1 ft²당 열전달은 얼마인가?

풀이 이 석조 건축물의 벽은 2.2절과 2.3절에서 주어진 방법을 사용하여 분석할 수 있는 복합구조물이다. 이 예제에서는 영국식 단위를 사용할 것이며, 그 단위는 일반적으로 미국의 건설산업에서 통용되고 있다. 높이를 1 ft라고 임의로 생각하면 벽의 각각의 구성물의 표면적을 결정할 수 있다. 그러므로 표면적은 다음과 같다.

석고보드 $A_1 = (16\ \text{in})(12\ \text{in}) = 192\ \text{in}^2 = 1.333\ \text{ft}^2$

전나무 총재 $A_2 = (3\ \text{in})(12\ \text{in}) = 36\ \text{in}^2 = 0.250\ \text{ft}^2$

공기층 $A_3 = (13\ \text{in})(12\ \text{in}) = 156\ \text{in}^2 = 1.083\ \text{ft}^2$

벽돌 $A_4 = (16\ \text{in})(12\ \text{in}) = 192\ \text{in}^2 = 1.333\ \text{ft}^2$

내벽과 외벽의 표면적을 A라고 하면

$$A = A_1 = A_4 = 1.333\ \text{ft}^2$$

그림 2·19 석조 건축물 벽

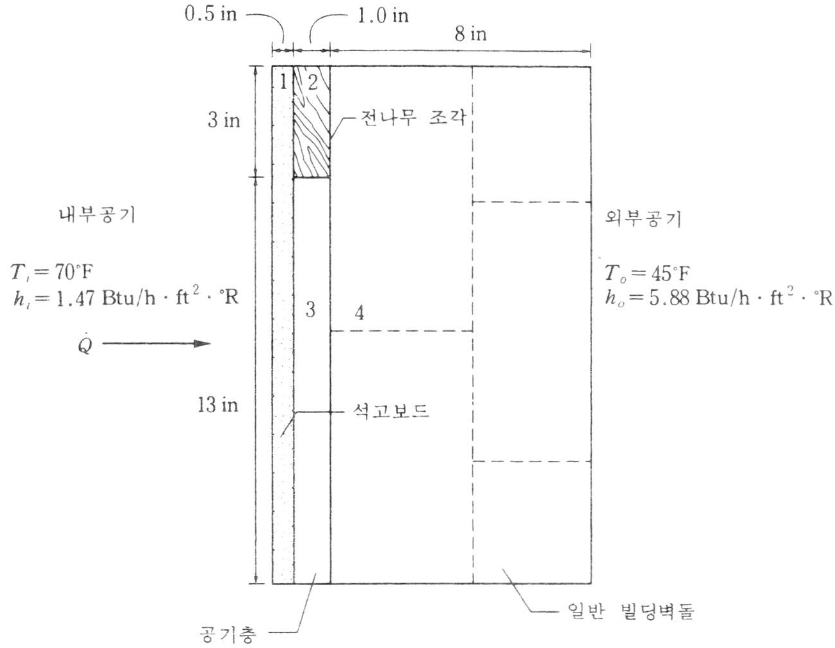

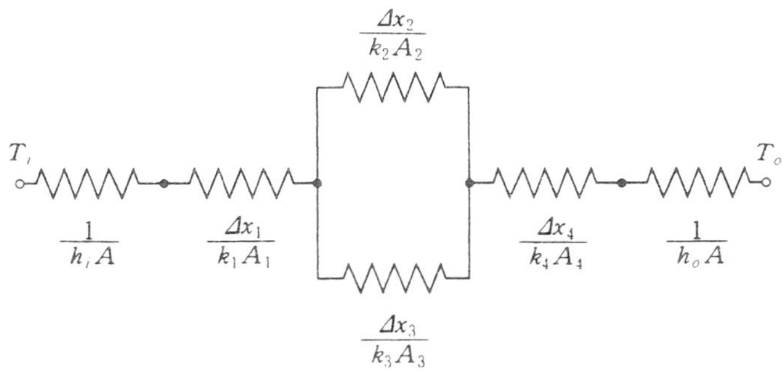

각 벽의 두께는 그림 2·19에 주어져 있다.

석고보드 $\Delta x_1 = 0.50 \text{ in} = 0.042 \text{ ft}$

전나무 충재 $\Delta x_2 = 1.00 \text{ in} = 0.083 \text{ ft}$

공기층 $\Delta x_3 = 1.00 \text{ in} = 0.083 \text{ ft}$

벽돌 $\Delta x_4 = 8.00 \text{ in} = 0.667 \text{ ft}$

석고보드(plaster board), 전나무(fir), 빌딩벽돌(building brick)의 열전도도는 SI 단위로 부록 D에 주어져 있다. 이 값을 영국식 단위로 환산하면

석고보드 $k_1 = 0.16 \text{ W/m} \cdot \text{K} = 0.092 \text{ Btu/h} \cdot \text{ft} \cdot °\text{R}$

전나무 $k_2 = 0.141 \text{ W/m} \cdot \text{K} = 0.082 \text{ Btu/h} \cdot \text{ft} \cdot °\text{R}$

벽돌 $k_4 = 0.72 \text{ W/m} \cdot \text{K} = 0.416 \text{ Btu/h} \cdot \text{ft} \cdot °\text{R}$

빌딩의 내부표면에서의 열전달 계수 h_i는 ASHRAE에 의해 제시된 표준값을 이용한다.

$$h_i = 1.47\,\text{Btu/h}\cdot\text{ft}^2\cdot{}^\circ\text{R}$$

벽의 외벽에서의 열전달 계수 h_o는 ASHRAE에서 제시한 것처럼 15 mi/h의 바람이 불 때의 값을 사용한다.

$$h_o = 5.88\,\text{Btu/h}\cdot\text{ft}^2\cdot{}^\circ\text{R}$$

공기층에 대하여는 1 in 폭의 공간에 대해 ASHRAE에서 제시한 $R = 1.01\,{}^\circ\text{R}\cdot\text{ft}^2\cdot\text{h/Btu}$를 사용한다. 다음 단계는 복합벽의 각 구성층의 내열성을 구하는 것이다. 식 (2·4)와 식 (2·25)를 이용하여 내열성을 구한다.

$$\text{내부표면}\quad R_{th,1} = \frac{1}{h_i A} = \frac{1}{(1.47\ \text{Btu/h}\cdot\text{ft}^2\cdot{}^\circ\text{R})(1.333\,\text{ft}^2)} = 0.510\,{}^\circ\text{R}\cdot\text{h/Btu}$$

$$\text{석고보드}\quad R_{th,2} = \frac{\Delta x_1}{k_1 A_1} = \frac{0.042\ \text{ft}}{(0.092\ \text{Btu/h}\cdot\text{ft}\cdot{}^\circ\text{R})(1.333\,\text{ft}^2)} = 0.343\,{}^\circ\text{R}\cdot\text{h/Btu}$$

$$\text{전나무}\quad R_{th,3} = \frac{\Delta x_2}{k_2 A_2} = \frac{0.083\ \text{ft}}{(0.082\ \text{Btu/h}\cdot\text{ft}\cdot{}^\circ\text{R})(0.250\,\text{ft}^2)} = 4.05\,{}^\circ\text{R}\cdot\text{h/Btu}$$

이제 공기층의 R값을 알고 있으므로 그 값을 면적으로 나누어 내열성을 구한다.

$$\text{공기층}\quad R_{th,4} = \frac{R}{A_3} = \frac{1.01\,{}^\circ\text{R}\cdot\text{ft}^2\cdot\text{h/Btu}}{1.083\,\text{ft}^2} = 0.933\,{}^\circ\text{R}\cdot\text{h/Btu}$$

$$\text{벽돌}\quad R_{th,5} = \frac{\Delta x_4}{k_4 A_4} = \frac{0.667\ \text{ft}}{(0.416\ \text{Btu/h}\cdot\text{ft}\cdot{}^\circ\text{R})(1.333\,\text{ft}^2)} = 1.203\,{}^\circ\text{R}\cdot\text{h/Btu}$$

$$\text{외부표면}\quad R_{th,6} = \frac{1}{h_o A} = \frac{1}{(5.88\ \text{Btu/h}\cdot\text{ft}^2\cdot{}^\circ\text{R})(1.333\,\text{ft}^2)} = 0.128\,{}^\circ\text{R}\cdot\text{h/Btu}$$

만약 직렬로 연결되어 있다면 식 (2·5)를 사용하고, 병렬이라면 식 (2·11)을 사용하여 각 저항값을 더함으로써 총 내열성을 구한다. 전나무 총재와 공기층이 열회로도에서 유일하게 병렬연결되어 있으므로 다음을 구할 수 있다.

$$R_{th,total} = R_{th,1} + R_{th,2} + \frac{1}{1/R_{th,3} + 1/R_{th,4}} + R_{th,5} + R_{th,6}$$

$$= 0.510 + 0.343 + \frac{1}{1/4.05 + 1/0.933} + 1.203 + 0.128 = 2.94\,{}^\circ\text{R}\cdot\text{h/Btu}$$

이 벽에 대한 R값은 총 내열성과 총 표면적 $A = 1.333\,\text{ft}^2$를 곱해서 구한다.

$$R = R_{th,total}A$$

$$= (2.94\,{}^\circ\text{R}\cdot\text{h/Btu})(1.333\,\text{ft}^2) = 3.92\,{}^\circ\text{R}\cdot\text{ft}^2\cdot\text{h/Btu}$$

U값은 R값의 역수를 취한다.

$$U = \frac{1}{R} = \frac{1}{3.92\,{}^\circ\text{R}\cdot\text{ft}^2\cdot\text{h/Btu}} = 0.255\,\text{Btu/h}\cdot\text{ft}^2\cdot{}^\circ\text{R}$$

마지막으로 벽표면적 $1\,\text{ft}^2$당 열전달인 열플럭스에 대하여 다음 관계식이 주어진다.

$$q = U\Delta T_{overall}$$

$$= (0.255\ \text{Btu/h}\cdot\text{ft}^2\cdot{}^\circ\text{R})[(70-45)\,{}^\circ\text{R}] = 6.38\,\text{Btu/h}\cdot\text{ft}^2$$

석조 건축물의 벽을 통한 열전달을 열플럭스와 표면적의 곱으로 구할 수 있다. 또한, 같은 과정으로 벽, 지붕, 창문, 문 등에서의 열손실(공기가 들어오는 것을 제외하고)을 구하여 전체건물에서의 총 열손실을 계산할 수 있다.

2.6절에서는 핵반응기 안의 연료봉 내부에서 핵분열 반응 때문에 열에너지가 생성된다고 하였다. 자연광 또는 농축된 형태의 우라늄은 핵반응에서 사용되는 가장 일반적인 연료이다. 이것은 금속이나, 합금, 산화물, 또 다른 화합물의 형태로 이용된다. 연료봉은 냉각수에 의한 화학적인 변화를 막고, 핵분열로 인한 방사능 생성물을 차단하고, 연료봉의 완전한 보존을 위해 피복재로 둘러싸여 케이스 안에 놓여 있다. 일반적으로 끓는 물중탕 반응기에서 피복재료로는 중간온도에서 알루미늄, 고온에서는 스테인리스강이나 지르코늄 합금을 사용한다.

그림 2·20에 나타낸 것은 연료봉의 단면이다. 연료물질로는 우라늄산화물, 피복재은 지르코늄 합금인 zircaloy 4를 이용했다. 연료봉과 피복재 계면에 접촉저항이 있고 피복된 연료봉은 냉각수 안에 위치한다. 예제 2.11에서는 연료봉 온도를 일정하게 유지하기 위해 허용할 수 있는 내부 열생성의 최대값을 결정한다.

예제 2.11 그림 2·20의 연료봉에서 연료봉의 온도는 1600℃를 넘을 수 없다. 이 때 가능한 최대의 체적 열생성을 구하라. 단, 냉각수의 온도는 110℃이고, 열전달 계수 $h_o = 12\ \text{kW/m}^2\cdot\text{K}$이다. 연료봉과 피복재 계면의 접촉계수 $h_c = 4500\ \text{W/m}^2\cdot\text{K}$이다.

풀이 피복재의 안쪽 반지름과 바깥쪽 반지름은

$$r_1 = 0.61\ \text{cm} = 0.0061\ \text{m}, \quad r_2 = 0.65\ \text{cm} = 0.0065\ \text{m}$$

300 K에서 우라늄산화물과 zircaloy 4의 열전도도는 부록 D와 C에 각각 주어져 있다.

$$k_1 = 7.9\ \text{W/m}\cdot\text{K}, \quad k_2 = 14.2\ \text{W/m}\cdot\text{K}$$

가능한 최대의 내부 열생성을 구하기 위하여 $\dot{q}$에 관한 식 (2·59)을 풀어야 하는데, 아직 연료봉의 표면온도인 T_w를 알지 못한다. 피복재의 내부 표면적에 기초한 총 열전달계수를 구함으로써 연료봉의 표면온도를 계산할 수 있다. U값에 열접촉 저항을 포함시켜야 한다는 것을 기억하자. 그러므로

$$U_i = \frac{1}{\dfrac{1}{h_c} + \dfrac{A_i \ln(r_2/r_1)}{2\pi k_2 L} + \dfrac{A_i}{A_o}\dfrac{1}{h_o}}$$

여기서

$$A_i = 2\pi r_1 L = 2\pi(0.0061\ \text{m})(1\ \text{m}) = 0.038\ \text{m}^2$$

$$A_o = 2\pi r_2 L = 2\pi(0.0065\ \text{m})(1\ \text{m}) = 0.041\ \text{m}^2$$

$$h_o = 12\ \text{kW/m}^2\cdot\text{K}$$

$$h_c = 4500\ \text{W/m}^2\cdot\text{K}$$

그림 2·20 핵연료봉

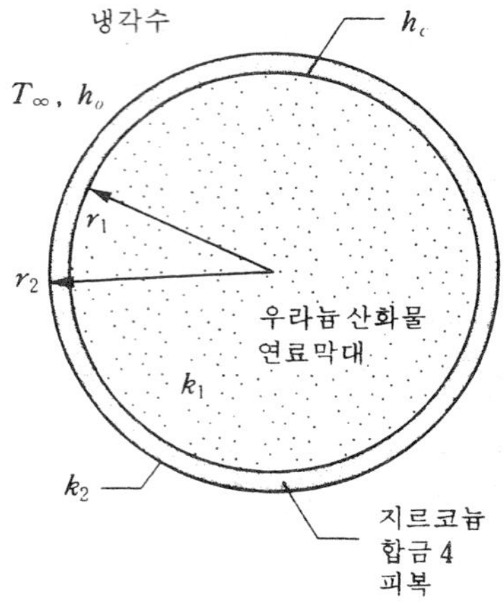

U_i 관계식에 이 값을 대입하면,

$$U_i = \frac{1}{\dfrac{1}{4500} + \dfrac{(0.038)\ln(0.0065/0.0061)}{2\pi(14.2)(1)} + \dfrac{(0.038)}{(0.041)(12\,000)}}$$

$$= 3063\ \mathrm{W/m^2 \cdot K}$$

피복재를 통한 열전달은 다음과 같이 쓸 수 있다.

$$\dot{Q} = U_i A_i (T_w - T_\infty) = \dot{q}\pi r_1^2 L$$

여기서 $\dot{q}$는 미지의 체적 열생성, T_w는 연료봉의 표면온도, 냉각수 온도 $T_\infty = 110$℃이다. T_w에 대해 풀면

$$T_w = \frac{\dot{q}\pi r_1^2 L}{U_i A_i} + T_\infty$$

식 (2·59)에 T_w의 결과식을 대입하고, 미지의 내부 열생성 $\dot{q}$를 구하는 관계식으로 정리한다. 그 결과는

$$\dot{q} = \frac{(T_0 - T_w)}{\dfrac{r_1^2}{4k_1} + \dfrac{\pi r_1^2 L}{U_i A_i}}$$

여기서 최대 가능한 연료봉 온도 $T_0 = 1600$℃이다. 이 식에 값을 대입하면 다음을 얻을 수 있다.

$$\dot{q} = \frac{(1600 - 110)\ \mathrm{K}}{\dfrac{(0.0061\ \mathrm{m})^2}{4(7.9\ \mathrm{W/m \cdot K})} + \dfrac{\pi(0.0061\ \mathrm{m})^2(1\ \mathrm{m})}{(3063\ \mathrm{W/m^2 \cdot K})(0.038\ \mathrm{m^2})}}$$

$$= 683\ \mathrm{MW/m^3}$$

이제 내부 열생성을 알았으므로 식 (2·59)를 사용하여 연료봉의 표면온도를 계산할 수 있다. 구하면,

$$T_w = T_0 - \frac{\dot{q} r_1^2}{4k_1}$$

$$= 1600\,℃ - \frac{(6.83\times10^{8}\ \mathrm{W/m^3})(0.0061\ \mathrm{m})^2}{4(7.9\ \mathrm{W/m\cdot℃})} = 796\,℃$$

중요한 것은 이 문제에서는 상온에서의 열전도도를 사용한 것이다. 온도는 연료봉 중앙의 1600℃에서부터 표면의 796℃로 변한다. 또한, 피복재 사이의 온도차도 클 것이며, 이것을 계산하는 것은 연습문제 2.53에 나와 있다. 1장에서 설명한 바와 같이 열전도도는 온도의 함수이고, 온도변화의 폭이 크다면 그것의 온도 의존성을 고려하여야 할 것이다.

◇◇◇◇◇◇◇◇◇◇ 참 고 문 헌 ◇◇◇◇◇◇◇◇◇◇

1. Arpaci, V. S. 1966. *Conduction Heat Transfer*. Reading, Mass.: Addison–Wesley Publishing Co.
2. Carslaw, H. S., and J. C. Jaeger. 1959. *Conduction of Heat in Solids*, 2d ed. Oxford: Oxford University Press.
3. Ozisik, M. N. 1980. *Heat Conduction*. New York: John Wiley & Sons.
4. Schneider, P. J. 1955. *Conduction Heat Transfer*. Reading, Mass.: Addison–Wesley Publishing Co.
5. Hess, L. Y., ed. 1979. *Insulation Guide for Buildings and Industrial Processes*. Park Ridge, NJ : Noyes Data Corporation.
6. *1997. ASHRAE Handbook Fundamentals SI Edition*. 1997. Atlanta, GA: American Society of Heating, Refrigerating and Air–Conditioning Engineers.
7. Schneider, P. J. 1985. *Conduction*. In W. M. Rohsenow, J. P. Hartnett, and E. N. Ganic, edd. *Handbook of Heat Transfer Fundamentals*, 2d ed. New York: McGraw–Hill Book Company, pp. 4~17 to 4~22.
8. Majumdar, A., and C. L. Tien. 1991. "Fractal Network Model for Contact Conductance Heat Transfer." *J. Heat Transfer* 113: pp. 516~525.
9. Fletcher, L. S. 1988. "Recent Developments in Contact Conductance Heat Transfer." *J. Heat Transfer* 110: pp. 1059~1070.
10. Barzelay, M. E., K. N. Tong, and G. F. Holloway. 1955. "Effect of Pressure on Thermal Conductance of Contact Joints." *NACA Tech. Note* 3295.
11. Madhusudana, C. V. 1996. *Thermal Contact Conductance*. New York: Springer–Verlag.

◇◇◇◇◇◇◇◇◇◇ 연 습 문 제 ◇◇◇◇◇◇◇◇◇◇

◈ 내열성과 전기적 유사성

2.1 표면적이 1 m^2이고 두께가 2.54 cm인 AISI 1010 강판의 내열성을 구하라.

2.2E 표면적 24 in^2이고 두께가 4 in인 일반 빌딩벽돌의 내열성을 구하라.

2.3 0.3 cm 두께의 유리창의 표면적이 2.5 m^2일 때 내열성을 구하라. 그리고 온도차가 15℃라면 이 창을 통한 열전달을 계산하라.

2.4 가로 20 cm, 세로 40 cm의 두께 6 mm인 EPDM 고무판이 있다. 이 판의 내열성은 얼마인가? 만약 양 표면이 각각 275℃와 90℃로 유지된다면 이 판을 통한 열전달은 얼마인가?

2.5 표면적이 20 m^2이고 두께가 18 in인 사암(sandstone) 슬래브의 내열성을 구하라.

2.6E 0.75 in 두께의 표면적이 1 ft^2인 소나무(pine) 판의 내열성을 계산하라. 온도차가 45°F일 때 판을 통한 열전달을 구하라.

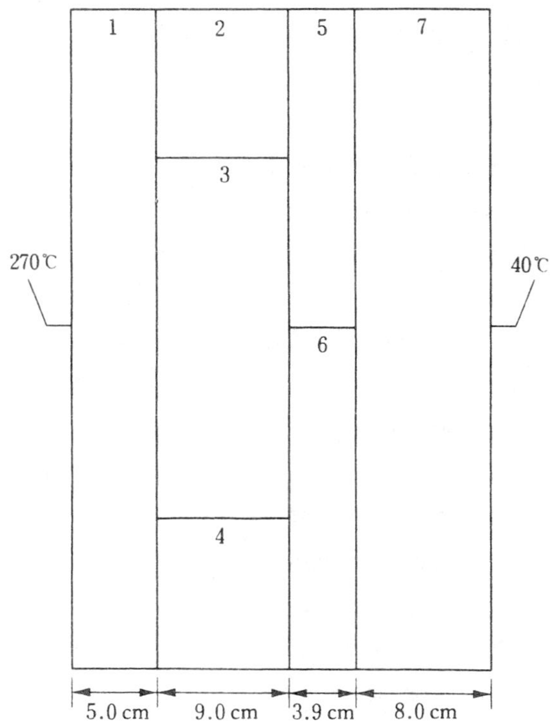

$A_1 = A_7 = 1\ m^2$, $A_2 = A_4 = 0.25\ m^2$, $A_3 = A_5 = A_6 = 0.5\ m^2$

$k_1 = 6.0$ W/m · K, $k_2 = k_6 = 0.5$ W/m · K, $k_3 = 1.4$ W/m · K,

$k_4 = 0.9$ W/m · K, $k_5 = 1.0$ W/m · K, $k_7 = k_7 = 3.0$ W/m · K

그림 2 · 21

2.7 그림 2·21의 복합벽에 대한 열전달과 총 내열성을 구하라.

2.8 그림 2·22의 복합 실린더를 통한 단위길이당 열전달을 구하라.

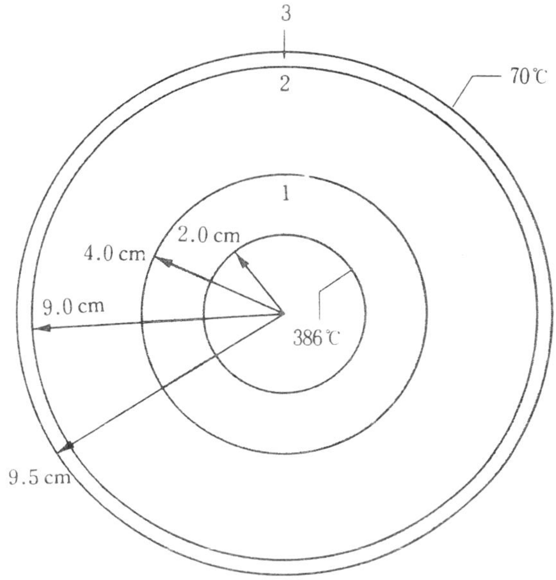

$k_1 = 18$ W/m·K, $k_2 = 0.06$ W/m·K, $k_3 = 0.17$ W/m·K

그림 2·22

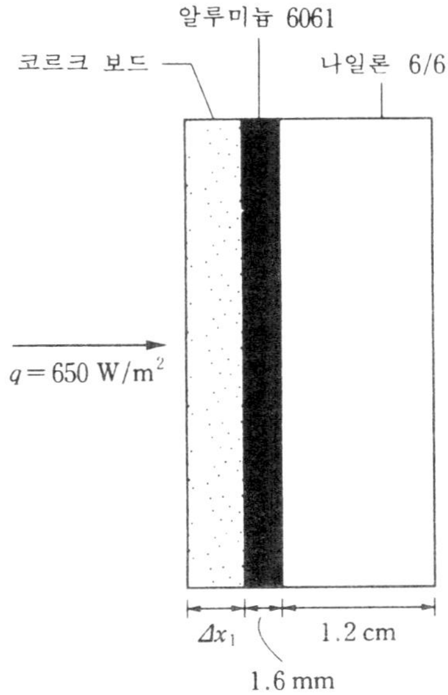

그림 2·23

2.9 그림 2·23의 복합벽의 경우, 벽 사이의 총 온도차가 80℃라고 하면 코르크 경계층의 두께는 얼마여야 하는가?

2.10E 2 in, schedule 40 강관 1 ft당 내열성을 구하라. 강에 대한 k값은 25 Btu/h·ft·°R이다. 이 강관의 저항과 관 위로 설치된 1 in 두께의 섬유유리 단열재의 저항을 비교해 보아라.

2.11 2 cm 두께의 폴리우레탄 발포체의 단열재로 덮여 있는 4 in, schedule 40 강관의 1 m당 열전달을 구하라. 이 관내벽의 온도는 75℃이고 단열재 외벽의 온도는 25℃이다. 이 때 계면의 온도를 구하라. 강의 k값은 36 W/m·K이고, 폴리우레탄의 k값은 0.025 W/m·K이다.

◇ 총 열전달 계수

2.12 그림 2·24의 복합판의 내부는 20℃의 정체공기에 노출되어 있고 외벽은 −5℃ 유동공기에 노출되어 있다. 내벽과 외벽의 표면에서의 열전달 계수는 각각 9 W/m^2·K와 15 W/m^2·K이다. 이 평판 사이의 총 열전달 계수와 열전달을 계산하라.

2.13 물을 운반하는 2 in, K형의 구리튜브가 2.0 cm의 울펠트(wool felt)로 단열되어 있다.

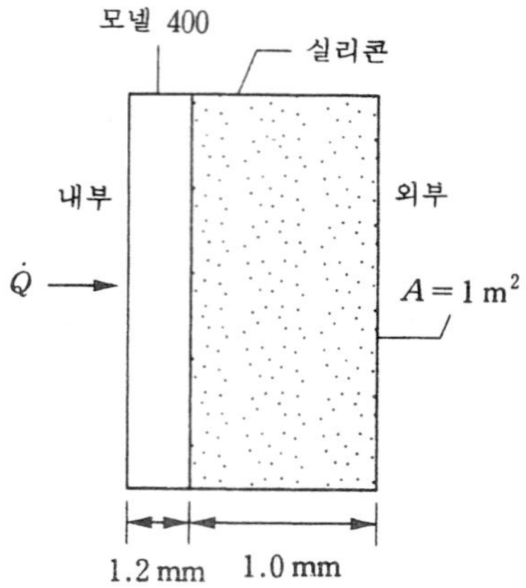

그림 2 · 24

이 튜브의 내벽과 단열재 외벽의 열전달 계수가 각각 3000 $W/m^2 \cdot K$와 30 $W/m^2 \cdot K$이다. 이 튜브의 1 m당 총 내열성과 총 열전달 계수를 구하라.

2.14 5 cm 두께의 순동(pure copper)층이 4.0 mm 두께의 순수한 니켈과 밀착되어 복합판을 구성한다. 이 복합판의 외벽은 공기에 노출되어 있고, 이 때의 열전달 계수는 25 $W/m^2 \cdot K$이다. 총 열전달 계수를 구하라.

2.15 그림 2 · 25의 복합벽에 대한 총 열전달 계수를 구하라. 이 벽을 통한 열플럭스는 얼마인가?

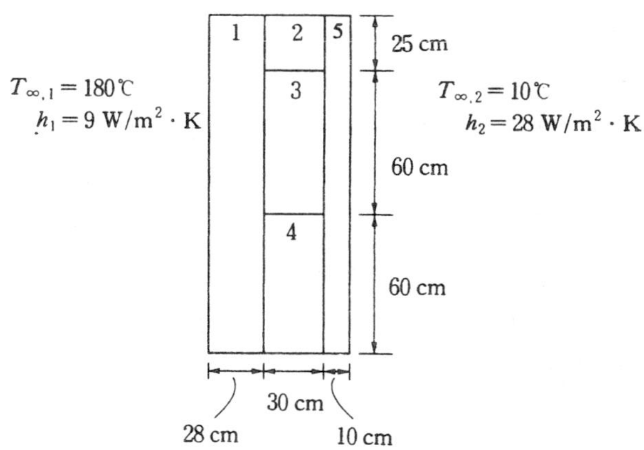

$k_1 = 36\ W/m \cdot K$, $k_2 = 4\ W/m \cdot K$, $k_3 = 7.5\ W/m \cdot K$
$k_4 = 6\ W/m \cdot K$, $k_5 = 0.8\ W/m \cdot K$

그림 2 · 25

2.16E 일반 빌딩벽돌로 건축된 4 in 두께의 벽이 80 $Btu/h \cdot ft^2$의 속도로 열을 전달한다. 이 벽의 양쪽 면의 열전달 계수는 2 $Btu/h \cdot ft^2 \cdot °R$이다. 이 벽 양쪽 면의 온도차는 얼마인가?

2.17 서로 다른 재질의 두 슬래브(slab)가 합쳐진 복합벽이 있다. 첫번째 슬래브는 40 cm 두께와 1.2 W/m · K의 열전도도를 갖는다. 두 번째 슬래브는 18 cm 두께와 0.35 W/m · K의 열전도도를 갖는다. 만약 열플럭스가 750 W/m^{2}이라면 복합벽 사이의 총 온도차를 구하라.

2.18 그림 2 · 26의 복합벽을 통한 열플럭스를 구하라.

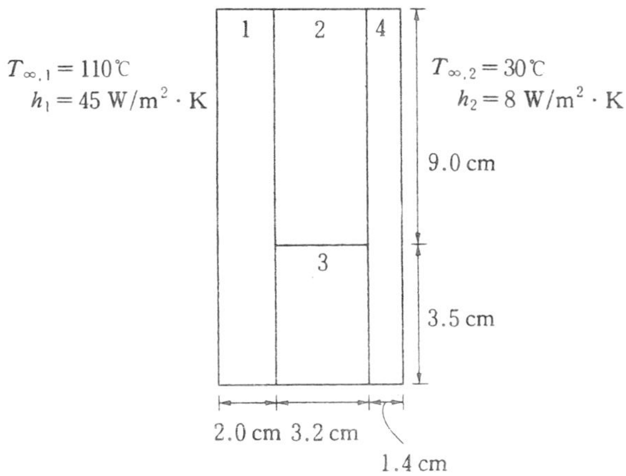

$k_1 = 15$ W/m · K, $k_2 = 2.7$ W/m · K

$k_3 = 1.8$ W/m · K, $k_4 = 0.8$ W/m · K

그림 2 · 26

2.19 2 in, schedule 40 강관은 실온 25℃의 방을 가로질러 160℃의 수증기를 운반한다. 이 관은 4 cm 두께의 마그네시아(magnesia) 단열재로 단열되어 있다. 만약 내벽과 외벽에 대한 열전달 계수가 각각 5000 W/m^2 · K와 9 W/m^2 · K라면 1 m당 관으로부터의 열손실을 구하라. 단, 강관의 k값은 43 W/m · K이다.

2.20E 60 W 형광등이 70°F의 실내를 밝히고 있다. 만약 외부표면의 열전달 계수가 4.5 Btu/h · ft^2 · °R이라면 등의 내부표면의 온도는 얼마인가? 등은 바깥지름이 1.50 in이고 0.020 in의 벽의 두께를 가진 4 ft 길이의 중공 실린더로 취급한다. 단, 전등벽에 대한 k값은 0.6 Btu/h · ft · °R이고, 60 W 전체가 실린더형 표면으로부터 열손실 된다고 가정한다.

◈ 단열재와 R값

2.21E 다음 단열재들의 R값을 °R · ft^2 · h/Btu의 단위로 구하라.

(a) 두께 3.5 in, Fiberglass batt

(b) 두께 5.5 in, Fiberglass batt

(c) 두께 0.75 in, rigid, phenolic

(d) 두께 0.75 in extruded expanded polystyrene
(e) 두께 12 in, loose-fill cellulose
(f) 두께 0.75 in, polyurethane foam

2.22 문제 2.21에서 주어진 단열재에 대해 R값을 K · m²/W의 단위로 구하라.

2.23E 다음 건축재료의 R값을 °R · ft² · h/Btu의 단위로 구하라.
(a) 두께 0.5 in, plaster board
(b) 두께 0.125 in, window glass
(c) 두께 0.75 in, plywood
(d) 두께 4 in, common brick
(e) 두께 8 in, low-density, concrete, aggregate

2.24E 다음 건축재료의 R값을 °R · ft² · h/Btu의 단위로 구하라.
(a) 두께 0.25 in, low-density, stucco
(b) 두께 3.5 in, fir
(c) 두께 0.25 in, asphalt shingle
(d) 두께 18 in, granite
(e) 두께 0.75 in, cedar

◈ 임계 단열재 반지름

2.25 $h=8$ W/m² · K인 20℃의 방안 공기에 노출되어 있는 튜브 주위의 울펠트(wool felt) 단열재에 대한 임계 단열재 반지름을 구하라. 만약 구리튜브 벽의 온도가 65℃라면 2 cm 두께의 이 단열재가 있는 경우와 없는 경우에 1 in, K형 구리튜브로부터 1 m당 열손실은 얼마인가?

2.26 1/2 in, schedule 40 강관이 $h=2.5$ W/m² · K인 30℃의 환경에서 175℃ 수증기를 운반한다. 미네랄 섬유(mineral fiber) 단열재의 두께의 함수로 관의 단위길이(m)당 열손실을 계산하라. 관표면과 2 cm 단열재 표면 사이에 적어도 4개 이상의 데이터점을 찍어 보아라. 강관벽의 온도는 수증기와 같다고 가정한다.

2.27 문제 2.26을 $h=6$ W/m² · K라 하고 다시 계산하라. 열전달의 최대값이 있는가? 이유는?

2.28 12 gage 구리선이 $h=21$ W/m² · K의 40℃의 공기에 노출되어 있다. 단열재 두께가 0.08 mm이고 이를 임계 단열재 반지름으로 할 때, 단열재의 열전도도를 구하고, 선의 온도가 125℃라면 1 m당 열전달을 계산하라.

◈ 내부 열생성

2.29 6 cm 두께의 판은 0.28 MW/m³의 속도로 열에너지를 생성한다. 판의 한쪽 면은 단열

되었고, 다른 쪽 면은 0℃로 유지되었다. 이 판의 열전도도가 18 W/m · K라면 이 판의 최대온도를 구하라.

2.30E 0.5 in 두께의 벽내부에서의 화학반응은 3×10^6 Btu/h · ft^{3}의 속도로 열에너지를 생성한다. 벽의 열전도도가 5.7 Btu/h · ft · °R이고 양 표면이 100°F로 유지된다면 벽의 중앙 온도를 구하라.

2.31 16 gage 니크롬선이 열전도도가 0.15 W/m · K인 단열재로 0.02 mm 두께로 단열되어 있다. 만약 이 선에 흐르는 전류가 16 A라면, 단열재 사이의 온도차는 얼마인가?

2.32 만약 전선이 열전달 계수가 60 W/m^2 · K인 25℃ 공기로 대류에 의해 열을 잃는다면 문제 2.31에서의 단열재의 표면온도는 얼마인가?

2.33 중심온도가 1200℃를 넘지 않는 순수한 텅스텐의 고체 실린더의 최대 외벽온도를 구하라. 실린더의 반지름은 6 cm이고, 체적 열생성은 100 MW/m^{3}이다.

2.34 14 gage의 단열되지 않은 구리선의 온도가 60℃를 넘지 않는다면, 이 전선을 통해 흐르는 최대전류를 계산하라. 단, 선이 25℃인 공기에 의해 둘러싸여 있고, 이 때 h=17 W/m^2 · K라고 가정한다.

2.35 22 gage의 단열되지 않은 니크롬선의 온도가 180℃를 넘지 않는다면, 이 선을 통해 흐르는 최대전류를 계산하라. 단, 선이 10℃, h는 32 W/m^2 · K인 공기에 의해 둘러싸여 있다고 가정한다.

2.36 그림 2 · 27에서처럼 순동의 고체막대가 딱딱한 페놀 단열재에 의해 둘러싸여 있다. 구리 원형막대 안에서 전류가 0.039 MW/m^{3}를 생성한다. 주위의 공기온도가 40℃이며 h가 12 W/m^2 · K라면, 페놀 단열재의 외벽온도를 계산하라.

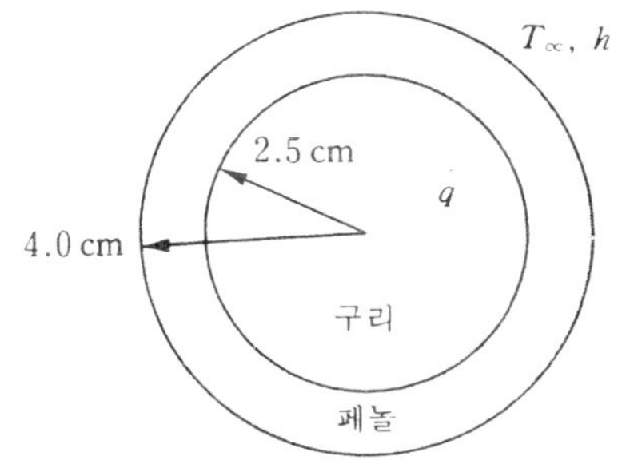

그림 2 · 27

◈ 열접촉 저항

2.37 두께가 3.2 cm와 표면 거칠기가 120 μin인 두 장의 7075 알루미늄판이 27기압의 압력에 의해 눌려 있다. 판 사이의 총 온도차가 45℃이고 틈새에 공기가 차 있다. 계면 사이의 온도차는 얼마인가?

2.38 지름이 3.6 cm이고 길이가 12 cm인 동일한 두 구리막대의 끝이 진공 내에서 68기압의

압력으로 함께 눌려 있다. 막대의 표면은 8 μin 표면으로 마무리되었다. 만약 이 막대의 끝과 끝 사이의 총 온도차가 175℃라면 계면 사이의 온도차와 이들 막대를 통한 열전달은 얼마인가?

2.39 구리 원형막대와 페놀 단열재 사이의 접촉저항이 있다면, 문제 2.36에서의 막대의 표면온도를 구하라. 접촉계수 h_c가 1620 W/m^2 · K라고 가정한다.

2.40 문제 2.37에서의 판 사이에 0.04 mm 두께의 열수지(k= 0.21 W/m^2 · K)를 사용한다면, 열수지층 사이의 온도차는 얼마인가?

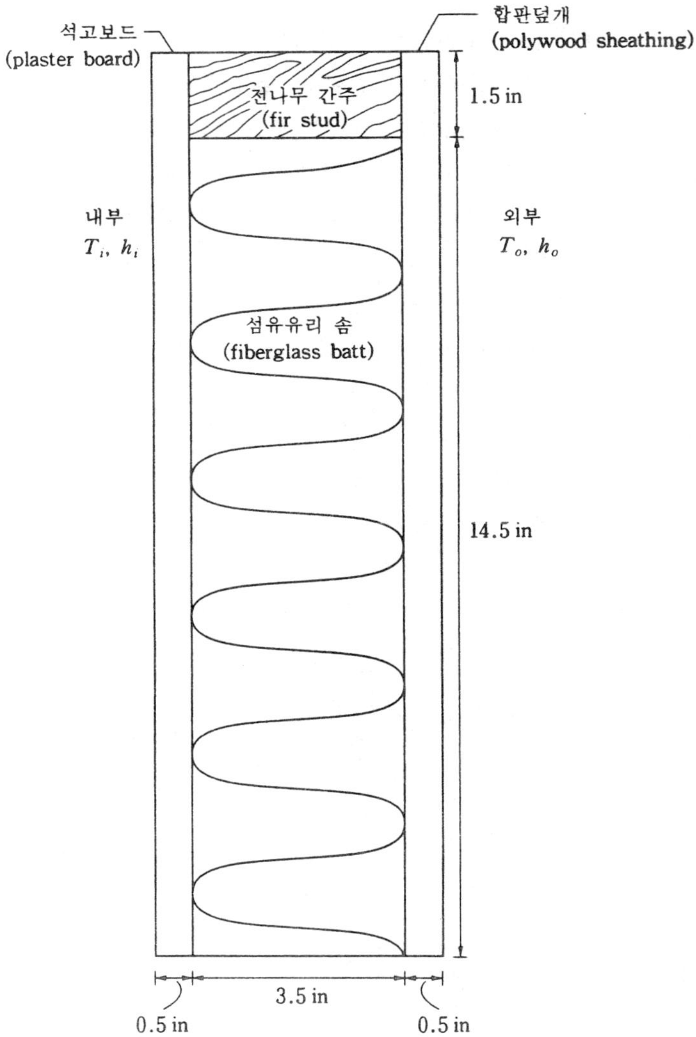

그림 2·28

◈ 응 용

2.41E 그림 2·28에서 나타낸 것은 주거용 구조물에서 볼 수 있는 일반적인 벽의 단면이다. 내부와 외부의 공기온도는 각각 70°F와 35°F이다. 내부와 외부의 열전달 계수는 각각 1.5 Btu/h·ft^2·°R과 6 Btu/h·ft^2·°R이다. 이 벽의 R값과 U값과 벽표면 1 ft^{2}당 열전달을 구하라.

2.42 가로 32 in, 세로 48 in이고 1/8 in 두께인 창문이 있다. 내부와 외부의 공기온도는 각각 70°F와 25°F이고, 내부와 외부의 열전달 계수는 1.5 Btu/h·ft^2·°R과 7 Btu/h·ft^2·°R이다. 이 때 창문의 U값과 R값 그리고 열전달을 구하라.

2.43E 주거용 구조물에서의 일반적인 천장의 한 부분이 그림 2·29에 나타나 있다. 방안과 다락 공간의 공기온도는 각각 70°F와 40°F이다. 방안과 천장공간의 열전달 계수는 각각 1.5 Btu/h·ft·°R와 3 Btu/h·ft·°R이다. 이 천장에 대한 R값과 U값을 구하고 천장의 1 ft^{2}당 열전달을 구하라.

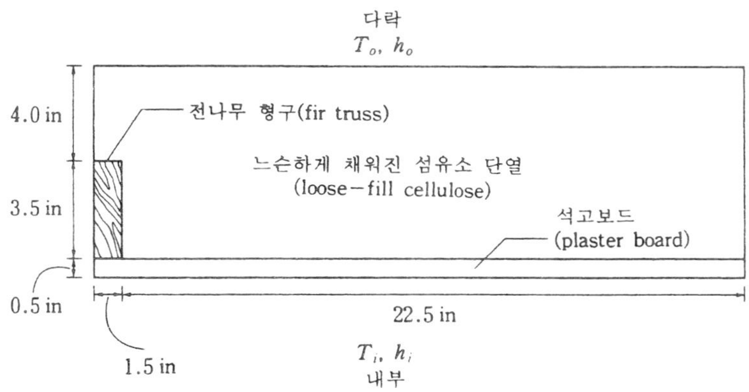

그림 2·29

2.44 동력 트랜지스터가 그림 2·30에서처럼 5052 알루미늄으로 만들어진 4 cm 넓이의 선반 위에 설치되어 있다. 트랜지스터가 12 W를 발산하고 선반이 40℃을 유지하는 히트싱크(heat sink) 위에 설치되어 있다면, 트랜지스터 바닥의 중앙온도는 얼마인가? 선반내부에서의 열전달은 1차원 정상상태라 가정하고 선반과 트랜지스터에서 일어나는 복사와 대류현상은 없다고 가정한다. 또한, 트랜지스터와 선반, 선반과 히트싱크 사이의 접촉은 긴밀하다고 가정한다.

2.45 문제 2.44에서 선반과 히트싱크 사이의 접촉저항을 포함해서 풀어라. 접촉계수 h_c를 6489 W/m^2·K라 놓자.

2.46 보일러로부터 180℃의 수증기를 운반하는 4 in, schedule 40 강관이 6 cm 두께의 미네랄 섬유(mineral fiber) 단열재로 단열되었다. 이 관 내부의 열전달 계수는 25 kW/m^2·K

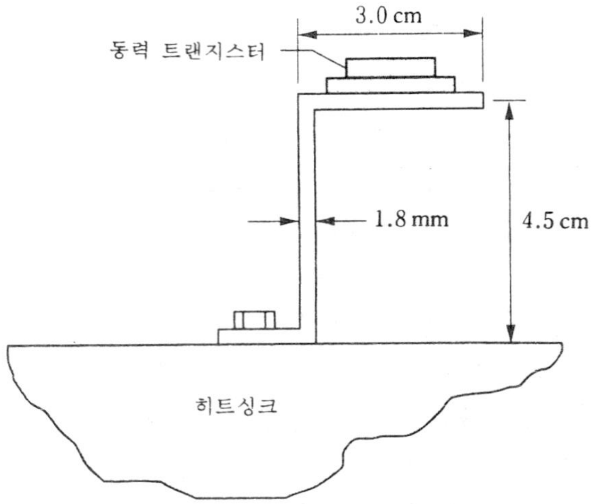

그림 2 · 30

이고 단열재 외부의 열전달 계수는 19 W/m^2 · K이다. 주위공기 온도가 30℃라면, 이 관 1 m당 열손실은 얼마인가?

2.47 고압의 용기 안에서 180℃로 물을 끓이는 데 18 gage 니크롬선의 긴 코일로 된 가열기를 사용한다. 이 선은 열전도도가 0.16 W/m · K인 0.2 mm 두께의 단열재로 덮여 있다. 이 단열재 외부의 열전달 계수가 12 kW/m^2 · K라면, 단열재 온도를 300℃ 이하로 유지하면서 허용할 수 있는 최대 전류는 얼마인가?

2.48E 주거용 실내 수도관은 일반적으로 3/4 in의 구리관을 사용한다. 집주인이 지하실에 노출된 온수관을 0.7 in 두께의 폴리우레탄 발포체 단열재로 감싼다. 임계 단열재 반지름을 사용하여 이것이 바람직한지 여부를 결정하라. 구리관의 r_0를 0.44 in라 놓고 h를 2 Btu/h · ft · °R라 하라.

2.49 2 Ω의 동력 레지스터는 650 mA의 전류가 흐르는 증폭기 회로에서 사용된다. 이 레지스터는 길이가 2.27 cm이고 지름이 0.77 cm인 실린더 모양이고, 주위에 h가 17 W/m^2 · K, 30℃인 공기가 있다. 모든 I^2R로 손실이 레지스터의 실린더 표면으로부터 대류된다고 가정할 때 레지스터의 표면온도를 구하라. 복사를 포함한 경우를 다시 계산하라. 레지스터 표면의 $\varepsilon = 0.8$이라 놓는다.

2.50E 1/8 in 두께의 유리 두 장으로 이루어진 이중창이 3/4 in 공기층으로 분리되어 있다. 내부와 외부의 공기온도는 각각 70°F와 15°F이다. 내부와 외부의 열전달 계수는 각각 1.5 Btu/h · ft^2 · °R이고 8 Btu/h · ft^2 · °R이다. 유리창 사이의 공기가 정체되어 있어 열전달은 순수한 전도현상만 일어난다고 가정할 때, 창에 대한 R값과 U값을 구하고 창표면 1 ft^{2}당 열전달을 구하라.

2.51E 난방과 공조에서 사용되는 도관은 때때로 섬유유리(fiberglass) 보드로 가공된다. 외부단면이 세로 18 in와 가로 24 in이고 두께가 1 in인 직사각형의 도관이 60°F인 공기를 운

반한다고 하자. 이 도관의 내부와 외부의 열전달 계수는 각각 12 Btu/h · ft^2 · °R와 1.5 Btu /h · ft^2 · °R이다. 만약 도관주위의 공기온도가 72°F라면 도관의 1 ft당 얻는 열전달은 얼마인가? 코너에서의 열전달은 무시한다.

2.52 항공전자공학 부분에 이용되는 어떤 인쇄회로 기판(PCB)은 두 개의 섬유유리 에폭시 층으로 겹쳐진 금속심(metal core)으로 이루어져 있다. 이 금속심의 주목적은 PCB의 가장자리로 열을 전도하여 궁극적으로는 공냉식 히트싱크를 이용하여 주변으로 발산시키는 것이다. 그림 2 · 31은 기판의 양면에 집적회로(integrated circuit)가 있는 PCB를 나타낸다. 각 IC는 450 mW를 발산한다. 금속심은 1.5 mm의 두께와 165 W/m · K의 열전도도를 갖는다. 심의 두 가장자리는 나타낸 것처럼 40℃로 유지되고, 다른 양끝은 완전히 단열되어 있다고 가정한다. 전도는 단지 금속심 내부에서만 일어나고 회로기판으로부터의 대류에 의한 열손실은 없다고 가정한다. 발산되는 모든 동력이 금속심 내부에서 균일하게 발생한다고 할 때 금속심의 최대온도를 구하라.

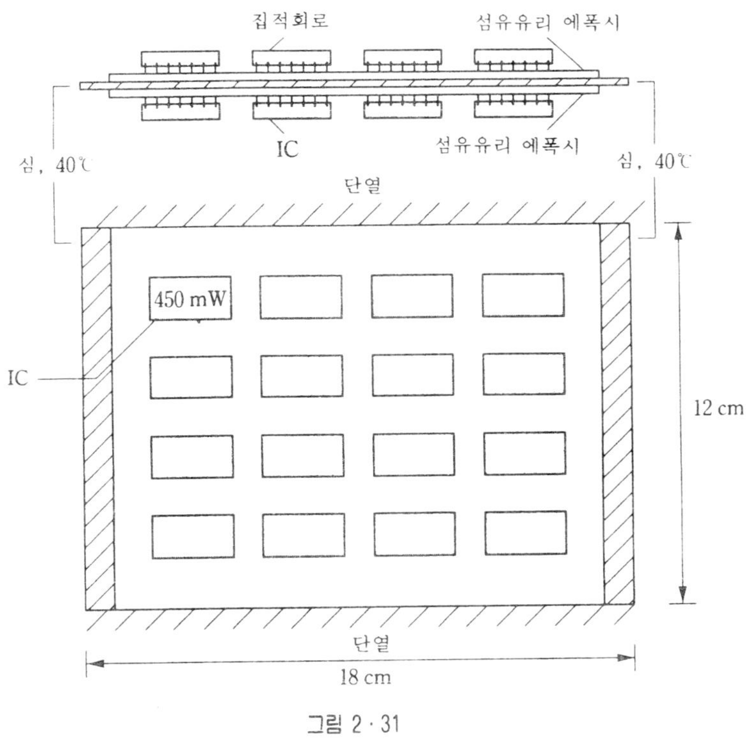

그림 2 · 31

2.53 예제 2.11에서의 핵연료봉 피막의 바깥 표면온도를 구하라. 또한, 피막재 사이에서의 온도변화와 연료봉과 피막 사이의 계면에서의 온도변화를 구하라.

3. 확장 표면적

3.1 서　론

1장에서는 뉴턴의 냉각법칙을 소개하였다.

$$\dot{Q} = hA(T_w - T_\infty) \qquad (3 \cdot 1)$$

이러한 관계식은 고정된 표면과 유체 사이의 온도차 $(T_w - T_\infty)$에 대하여 열전달 $\dot{Q}$를 증가시키는 유일한 방법은 열전달 계수 h, 표면적 A 혹은 두 개 모두를 증가시켜야 한다는 것을 나타낸다. 또, 더 좋은 열전달 특성을 보유한 유체를 사용함으로써 열전달 계수 h를 증가시킬 수 있다. 그러나 유체의 선택은 지정된 계의 요구사항에 의하여 제한적일 수 있다. 예를 들면 기체보다 액체를 사용할 수 있으나 시스템 무게와 비용을 증가시키는 펌프, 관, 밸브, 저장탱크 및 이외의 다른 장치가 필요해질 것이다. 또한, 유체의 속도를 증가시킴으로써 h를 증가시킬 수 있다. 불행히도 유체속도를 증가시키는 것은 역시 시스템의 무게와 비용을 증가시키는 더 크고, 더 용량이 큰 선풍기나 펌프가 요구된다. 열전달을 증가시키는 가장 용이한 방법은 열전달 면에 휜(fin)이라 불리는 고체로 된 돌출부분을 부착하여 표면적 A를 증대시키는 것이다. 주위유체에 노출된 휜의 표면은 확장표면(extended surface)으로 불린다. 이와 같이 표면을 확장시킴으로써 대류성 열전달 저항을 감소시킨다.

열전달 표면을 확장시키는 장점은 다른 관점으로도 볼 수 있다. 많은 열전달 응용의 경우 열전달 $\dot{Q}$ 그리고 주위유체의 온도 T_∞는 고정되고, 이들 매개변수는 열전달이 일어나는 열전달 시스템의 특성과 주위환경에 의하여 결정된다. 예를 들면 전기부품은 궁극적으로 대류나 복사에 의하여 주위환경으로 방출되는 I^2R의 에너지를 발생시킨다. 만약 전기부품의 온도가 특정값 이하로 유지되지 못하면 장치의 신뢰성이 감소하거나 부품작동이 실패할 수 있다. 뉴턴의 냉각법칙에 의하여 표면온도 T_w는 다음과 같이 주어질 수 있다.

$$T_w = \frac{\dot{Q}}{hA} + T_\infty \tag{3·2}$$

온도가 T_∞인 유체에 둘러싸여 있으며 $\dot{Q}$의 열을 방출하는 전기장치는 특정한 열전달 계수 h에 대하여 표면온도 T_w를 가진다. 만약 확장표면을 이용하여 표면적 A를 더 크게 하면 장치의 표면온도를 최소화시켜 장치의 내구연한을 증가시킬 수 있다. 이론적으로 표면적 A를 무한대로 크게 하여 장치의 표면온도 T_w를 유체온도 T_∞에 접근하게 할 수 있다. 그러나 실제적인 시스템에 사용될 수 있는 휜의 크기는 실제적으로 제한되어 있으므로 표면온도와 유체온도는 결코 같아질 수 없다.

이 장에서의 목표는 확장표면의 근본적인 원리를 제시하는 것이다. 기본적인 휜의 형태가 소개되고 각 형태에 대한 해석법이 제시되었다. 휜을 사용하는 데 대한 개념이 정성적으로 정의되고 휜을 최적화하는 방법이 주어진다. 이 장에서는 히트싱크(heat sink) 분석과 설계에 대한 내용에 이어 응용에 관한 내용으로 결론지어진다.

3.2 휜분류 및 분석을 위한 가정

휜은 그들의 기하학적 구조에 따라 분류되며 가장 보편적인 형태는 그림 3·1에 나타내었다. 세로 휜은 평면이나 실린더형의 표면으로부터 돌출되어 나온 평평한 판이다. 때때로 스핀(spine)으로 불리는 핀 휜(pin fin)은 그 끝이 표면에 부

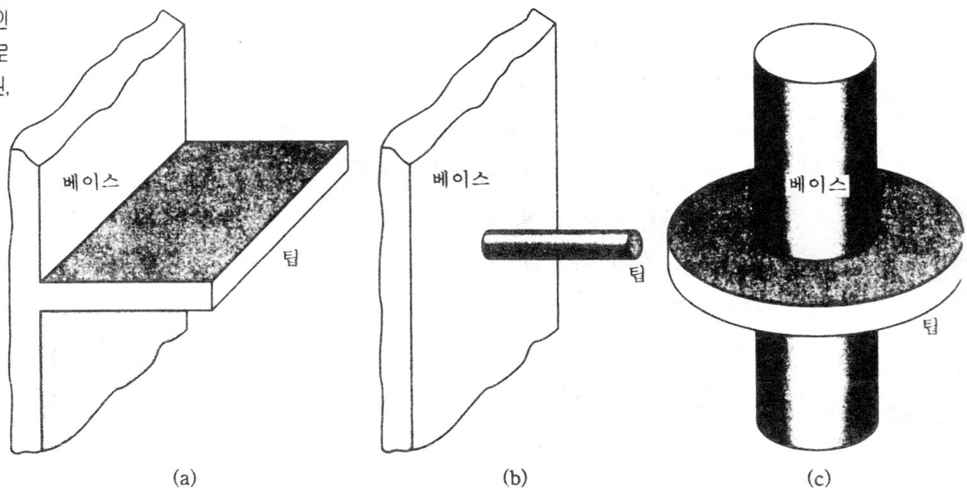

그림 3·1 가장 보편적인 3개의 휜형태는 (a) 세로 휜, (b) 핀 휜 혹은 스핀, (c) 방사상 휜

그림 3·2 주된 휜형태들을 통합시킨 히트싱크는 전자장치를 냉각시키기 위하여 사용된다.(Wakefield Engineering Inc., Wakefield, Mass., USA.)

착된 원형, 정사각형 혹은 직사각형의 단면적을 가지는 원형막대이다. 방사상 휜(radial fin)은 환상판(annular disk)이며, 그 안쪽 모서리는 관이나 원형막대 같은 실린더형 물체에 부착되어 있다. 휜이 부착된 표면은 베이스(base) 혹은 주표면(prime surface)이라 불리며, 반면에 베이스의 반대편 끝은 휜 팁(fin tip)이라 불린다. 휜과 이것 이 부착된 주표면은 보통 같은 물질로 이루어진 하나의 통합된 부분이다. 그림 3·2는 전기부품을 냉각시키기 위한 히트싱크(heat sink)에 통합된 세로 휜 그리고 방사상 휜의 예를 나타내고 있다. 가장 보편적으로 사용된 휜의 재질은 알루미늄, 구리 그리고 스테인리스강이다. 전기장치를 냉각시키기 위하여 사용되는 것에 추가하여 휜은 소형의 공기냉각형 엔진의 실린더와 열교환기에 사용된다. 실질적으로 열교환기인 자동차 라디에이터는 매우 큰 표면적을 만들기 위하여 휜을 사용한다. 휜은 심지어 생물학적 시스템에서도 발견된다. 다이메트로돈(dimetrodon) 공룡의 등에 돌출되어 나온 돛모양의 조직은 파충류의 체온을 조절하기 위한 대형의 휜으로 작용하는 것으로 생각된다.

세로 휜, 핀 휜 및 방사상 휜의 열전달 특성을 세부적으로 서술하기 전에 모든 세 가지 휜형태의 분석에 기반이 되는 다음과 같은 가정과 단순화 내용을 언급하고자 한다.

1 열전달은 정상상태이며 열흐름 방향은 휜 베이스에서 휜 팁으로의 한 방향이다.

② 휜 팁은 완벽하게 단열처리되어 있다. 이 가정은 타당하다. 왜냐하면 휜 팁의 표면적은 다른 넓은 면의 표면적보다 전형적으로 매우 작다.
③ 휜의 열전도도는 일정하다.
④ 주변유체의 온도는 일정하다.
⑤ 열전달 계수는 전체 휜 표면적에 걸쳐 동일하다.
⑥ 휜과 베이스 사이에는 접촉저항이 없다.
⑦ 휜자체에서는 열발생이 없다.
⑧ 휜으로부터의 복사열은 무시된다.

모두 세 가지 휜형태의 기본적인 열적거동은 그림 3·3에 나타나 있다. 전기장치 같은 히트소스(heat source)는 열에너지를 휜 베이스에 전달한다. 이 에너지가 열전도에 의하여 휜을 통하여 흘러감에 따라 이 에너지는 대류에 의하여 주변유체에 제공된다. 대류에 의하여 제공되는 열에너지의 양은 휜 베이스 부근에서 가장 크고 휜 팁 쪽으로 갈수록 점차 감소하며 이의 결과로 그림 3·3에 나타낸 것처럼 휜에 온도구배가 생긴다. 전도에 의하여 베이스를 통하여 지나가는 모든 열에너지는 휜표면으로부터 대류된다.

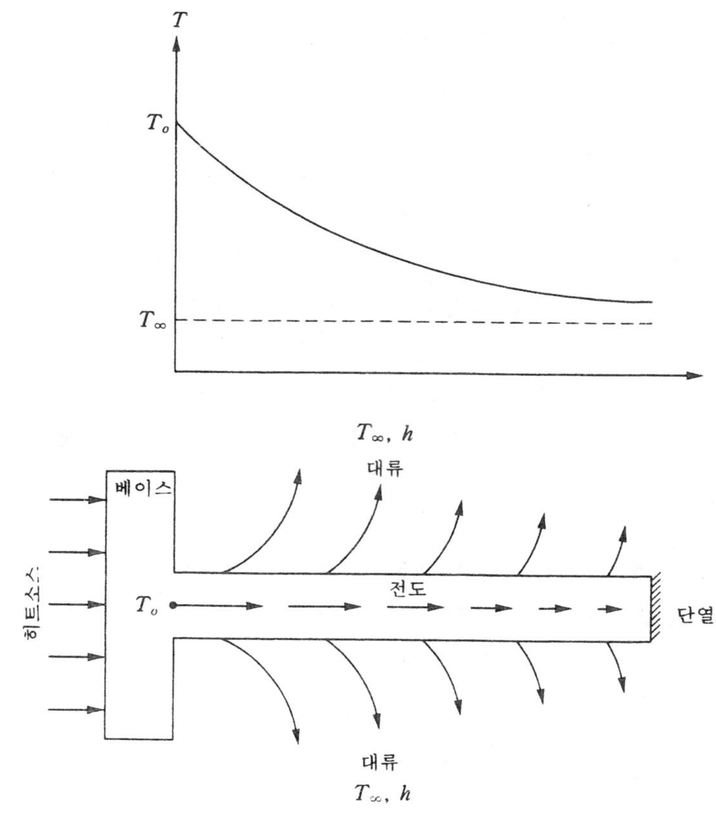

그림 3·3 휜을 따라 전도된 열에너지는 휜표면에서 대류됨으로써 휜에 온도분포를 만든다.

3.3 세로 휜

세로 휜(longitudinal fin)에 대한 열전달을 분석하기 위하여 먼저 관계되는 치수와 매개변수를 정의해야 한다. 그림 3·4는 치수의 높이 b, 길이 L 그리고 두께 t를 나타내는 전형적인 세로 휜을 묘사하고 있다. 대부분의 세로 휜에서 길이 L은 높이 b보다 매우 크고 두께 t는 높이 b보다 매우 작다. 휜의 단면적 A는 휜을 따라서 전도가 일어나는 면적이며, $A=Lt$에 의하여 주어진다. 베이스에서 팁까지 휜을 따라서 열이 전도됨에 따라 열은 휜의 양쪽 면으로부터 주위로 대류에 의하여 손실된다. 휜의 두 끝에서부터의 대류는 무시된다. 왜냐하면 이들의 표면적은 넓은 표면의 면적에 비교하여 매우 작기 때문이다.

그림 3·4에 나타낸 것처럼 휜 베이스에 원점을 정의함으로써 세로 휜의 분석을 시작한다. 휜의 미분요소(differential element)에 대하여 열역학 제 1 법칙을 쓰고 푸리에 법칙(Fourier's law)을 적용함으로써 휜에서의 열전달에 관한 미분식은 다음과 같이 얻어진다.

$$\frac{d^2\theta}{dx^2}-\frac{hP}{kA}\theta=0 \qquad (3\cdot3)$$

그림 3·4 높이 b, 길이 L 그리고 두께 t의 세로 휜

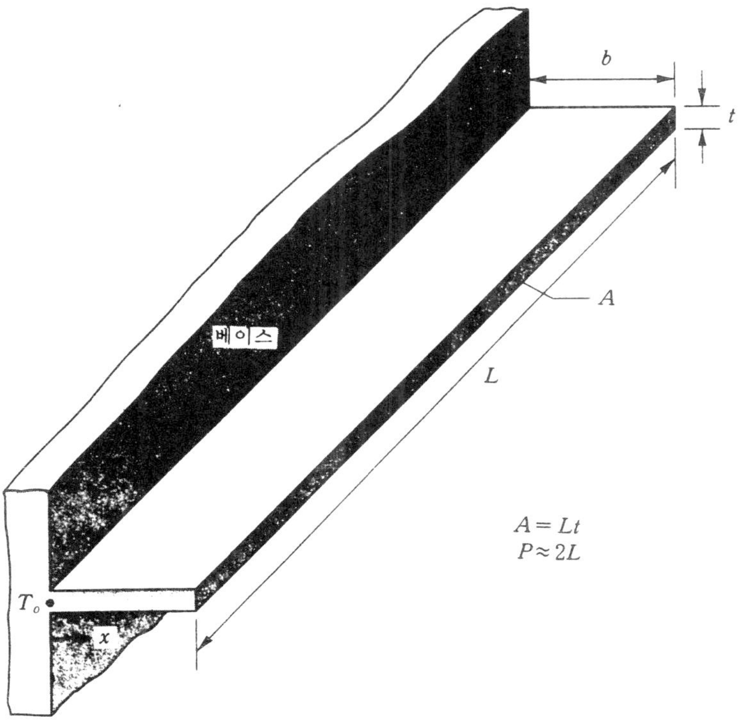

여기서 θ는 다음과 같이 휜을 따라서 존재하는 어떠한 점과 주위유체 사이의 온도차로서 정의된다.

$$\theta = T(x) - T_{\infty} \tag{3·4}$$

P는 휜의 둘레(perimeter)이며 다음 식으로 주어진다.

$$P = 2(L+t) \approx 2L \tag{3·5}$$

여기서 근사법은 대부분의 경우에 $t \ll L$이기 때문에 적용된다. 일반적인 식 (3·3)의 해는

$$\theta = C_1 e^{-mx} + C_2 e^{mx} \tag{3·6}$$

여기서 역길이(inverse length)의 단위를 가지는 m은 다음 식에 의하여 정의된다.

$$m = \sqrt{\frac{hP}{kA}} \tag{3·7}$$

여기서 k는 휜의 열전도도이다. $P=2L$이고 $A=Lt$이므로 매개변수 m은 더욱 편리하게 다음과 같이 표시된다.

$$m = \sqrt{\frac{2h}{kt}} \tag{3·8}$$

정한 가정에 따라 휜 베이스의 온도는 일정하며 휜 팁은 단열되어 있다. 이와 같이 이 문제에 대한 경계조건은

B. C. 1 : $T = T_0 \ (x=0)$

B. C. 2 : $dT/dx = 0 \ (x=b)$

이들 경계조건을 사용하면 식 (3·3)의 특정해는

$$\frac{\theta}{\theta_0} = \frac{\cosh[m(b-x)]}{\cosh(mb)} \tag{3·9}$$

여기서

$$\theta_0 = T_0 - T_{\infty} \tag{3·10}$$

이다. 식 (3·9)에서의 cosh는 쌍곡선 코사인 함수(hyperbolic cosine function)이다. 쌍곡선 함수는 부록 A에 정의되어 있다.

휜 베이스를 통하여 전도된 모든 열은 대류에 의하여 주변유체로 손실된다. 휜으로부터의 열전달에 대한 관계식을 얻기 위하여 식 (3·9)를 x에 대하여 미분하

고 휜 베이스인 $x=0$에서의 결과를 평가한다. 다음 식을 얻으며

$$\dot{Q}=\sqrt{hPkA}\,\theta_0 \tanh(mb) \tag{3·11}$$

휜으로부터의 열전달을 밝혀내는 다른 방법은 **휜효율**이라 불리는 매개변수를 정의하는 것이다. **휜효율** η는 최대 가능한 열전달에 대한 실제적인 열전달의 비율로서 정의된다. 이와 같이

$$\eta=\frac{\dot{Q}_{actual}}{\dot{Q}_{\max}} \tag{3·12}$$

세로 휜에 대한 실제적인 열전달은 식 (3·11)에 의하여 제시된다. 식 (3·12)는 형태에 관계없이 모든 휜에 적용된다. 최대 열전달은 전체 휜의 온도가 베이스 온도와 같으면 전달되는 열이다. 뉴턴의 냉각법칙을 이용하면, 최대 열전달은 다음과 같이 표시된다.

$$\dot{Q}_{\max}=hPb\theta_0 \tag{3·13}$$

여기서 Pb는 휜의 표면적이다. 그러므로 식 (3·12)와 식 (3·13)을 결합시킴으로써 다음에 간단하게 $\dot{Q}$로 표기되는 휜으로부터의 실제적 열전달은 다음 식으로 표시될 수 있다.

$$\dot{Q}=\eta hPb\theta_0 \tag{3·14}$$

식 (3·11)을 식 (3·13)으로 나누고 간편화시킴으로써 세로 휜의 효율은 다음과 같이 쓸 수 있다.

$$\eta=\frac{\tanh(mb)}{mb} \tag{3·15}$$

식 (3·14)로부터 휜효율은 오직 무차원 매개변수 mb만의 함수임을 알 수 있다. 그림 3·5는 mb의 함수로써의 휜효율의 도면을 나타낸다. 열엔진의 열효율의 경우에서처럼 휜효율은 0부터 1까지 변하는 무차원이다.

예제 3.1 6061 알루미늄의 세로 휜은 높이, 길이와 두께를 각각 3 cm, 20 cm 그리고 2.5 mm을 가진다. 25℃의 공기가 휜주위에 있으며, 그 곳에서의 열전달 계수는 36 W/m^2·K이다. 휜 베이스의 온도가 60℃이면 (a) 휜으로부터의 열전달, (b) 휜효율, (c) 휜의 팁에서의 온도를 구하라.

풀이 첫째, 이 문제를 풀기 위하여 필요한 차원을 계산한다. 휜둘레는

$$P=2L=2(0.20\text{ m})=0.40\text{ m}$$

그림 3·5 세로 휜의 효율

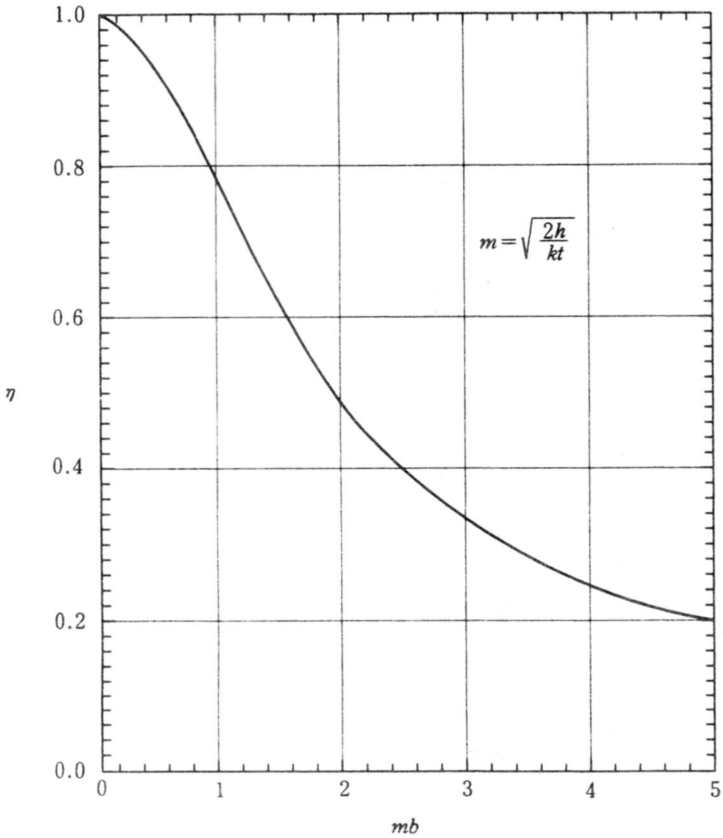

단면적은

$$A = Lt = (0.20\ \text{m})(0.0025\ \text{m}) = 5.0\times10^{-4}\ \text{m}^2$$

휜 베이스와 유체 사이의 온도차는

$$\theta_0 = T_0 - T_\infty = (60-25)℃ = 35℃ = 35\,\text{K}$$

이다. 부록 C에 주어진 것처럼 300 K에서의 6061 알루미늄의 열전도도는 180 W/m · K이다. 매개변수 m은 식 (3 · 8)을 이용하여 다음과 같이 구할 수 있다.

$$m = \sqrt{\frac{2h}{kt}} = \left[\frac{2(36\ \text{W/m}^2\cdot\text{K})}{(180\ \text{W/m}\cdot\text{K})(0.0025\ \text{m})}\right]^{1/2} = 12.6\,\text{m}^{-1}$$

곱한 결과 mb를 계산 중에 여러 번 만나기 때문에 그 값을 지금 계산하면 다음과 같다.

$$mb = (12.6\ \text{m}^{-1})(0.030\ \text{m}) = 0.378$$

(a) 지금 식 (3 · 11)을 이용하여 휜으로부터의 열전달을 구한다.

$$\dot{Q} = \sqrt{hPkA}\,\theta_0 \tanh(mb)$$
$$= [(36\ \text{W/m}^2\cdot\text{K})(0.40\ \text{m})(180\ \text{W/m}\cdot\text{K})(5.0\times10^{-4}\ \text{m}^2)]^{1/2}(35\ \text{K})\tanh(0.378)$$
$$= 14.4\ \text{W}$$

(b) 식 (3 · 15)를 이용하여 구한 휜효율은

$$\eta=\frac{\tanh(mb)}{mb}=\frac{\tanh(0.378)}{(0.378)}=\frac{0.361}{0.378}=0.955$$

즉, 휜은 95.5% 효율적이다. 식 (3·12)에 기초하여 이 휜으로부터의 최대 열전달은

$$\dot{Q}_{\max}=\frac{\dot{Q}}{\eta}=\frac{14.4\,\mathrm{W}}{0.955}=15.1\,\mathrm{W}$$

그리고 이는 오직 전체 휜의 온도가 베이스 온도와 같을 때만 얻어질 수 있다.

(c) 휜 팁에서의 온도는 식 (3·9)를 이용하여 구한다. 팁의 좌표는 $x=b$이고, 이는 분자에 있는 cosh 함수의 인수를 0으로 만든다. cosh(0)=1이므로 식 (3·9)를 다음과 같이 쓸 수 있다.

$$\theta=\frac{\theta_0}{\cosh(mb)}=T-T_\infty$$

팁 온도 T에 대하여 풀면 다음과 같이 된다.

$$T=\frac{\theta_0}{\cosh(mb)}+T_\infty=\frac{35℃}{\cosh(0.378)}+25℃=57.6℃$$

팁 온도는 휜 베이스의 온도보다 오직 2.4℃ 낮으며, 이는 휜효율이 높기 때문에 예상된 것이다.

세로 휜은 가장 널리 사용되는 휜이다. 왜냐하면 휜의 간단한 형태는 제작하기 쉽기 때문이다. 세로 휜을 부착시킨 대형 히트싱크는 압출공정에 의하여 제작된다. 세로 휜을 갖고 있는 소형 히트싱크는 보통 주물, 굽힘이나 기계공작 공정에 의하여 만들어진다. 세로 휜을 갖고 있는 히트싱크는 그림 3·6에 나타낸 것과

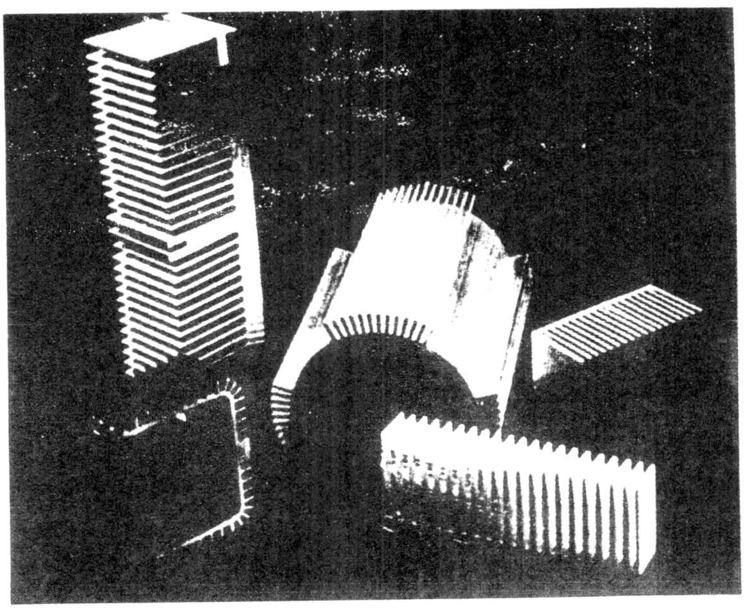

그림 3·6 세로 휜을 갖고 있는 히트싱크는 다양한 배열을 갖는다.(Futura Industries, clearfield, Utah)

과 같이 여러 형태로 상품화되어 있다. 몇몇 압출로 만들어진 히트싱크의 경우 휜은 약간 끝이 뾰족하여 휜에 사다리꼴 구배를 갖게 한다. 이와 같이 끝이 뾰족한 휜의 완전한 수학적 해석은 매우 복잡하기 때문에 베이스와 팁 사이의 평균두께가 대부분의 경우에 근사값으로써 사용될 수 있다.

3.4 핀 휜

대부분의 핀 휜(pin fin)은 그림 3·7에 나타낸 것처럼 원형이나 정사각형의 단면적을 가진다. 핀 휜의 해석은 세로 휜의 해석과 거의 동일하다. 미분 방정식은 식 (3·3)에 의하여 주어지고 특수해는 식 (3·9)에 의하여 주어진다. 그리고 열전달과 효율은 식 (3·11)과 식 (3·15)에 각각 주어진다. 핀 휜과 세로 휜의 유일한 차이점은 휜 둘레와 단면적에 관한 공식이다. 세로 휜과는 달리 핀 휜은 둘레계산에서 무시할 수 있는 모서리가 없다. 그러므로 $P=\pi d$와 $A=\pi d^2/4$를 식 (3·7)에서 대체 한 후에 원형의 단면을 가지는 핀 휜에 대한 매개변수 m은 다음과 같다.

$$m=\sqrt{\frac{4h}{kd}} \tag{3·16}$$

$P=4a$와 $A=a^2$을 식 (3·7)에 대체시키면 정사각형의 단면을 가지는 핀 휜에 대한 매개변수 m을 다음과 같이 구할 수 있다.

$$m=\sqrt{\frac{4h}{ka}} \tag{3·17}$$

때때로 핀 휜은 직사각형의 단면을 가지며, 이 경우에

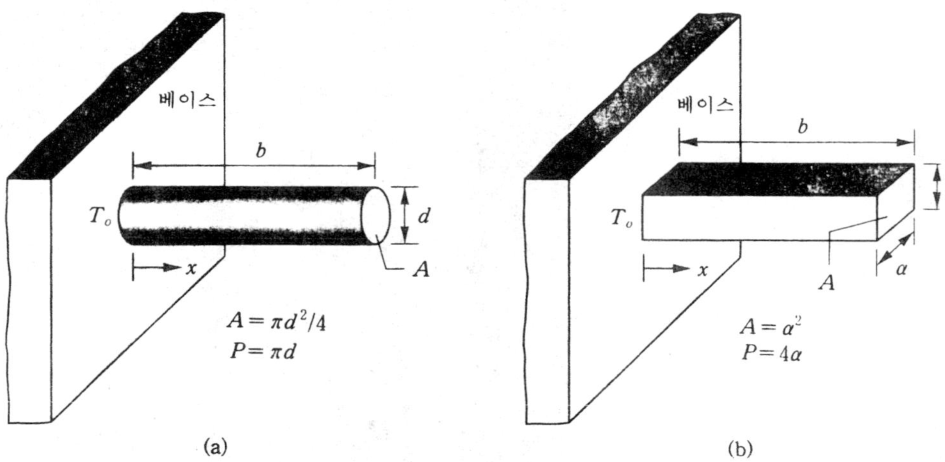

그림 3·7 (a) 원형 핀 휜, (b) 정사각형 핀 휜

$$m = \sqrt{\frac{2h(a+b)}{kab}} \tag{3 · 18}$$

여기서 a와 b는 핀 휜 모서리의 차원이다.

예제 3.2 AISI 302 스테인리스강의 핀 휜이 표면온도가 160℃인 면에 부착되어 있다. 핀 휜의 지름은 3.4 mm이고 30℃ 공기가 휜주위에 있으며, 이곳에서의 열전달 계수는 20 W/m^2 · K이다. 휜이 0.7 W를 전달한다면 요구되는 휜높이를 구하라.

풀이 예제 3.1과는 달리 열전달이 이 문제에서는 주어지고 알려지지 않은 것은 휜높이이다. 휜 둘레는

$$P = \pi d = \pi(0.0034\text{ m}) = 0.0107\text{ m}$$

단면적은

$$A = \frac{\pi d^2}{4} = \frac{\pi(0.0034\text{ m})^2}{4} = 9.08 \times 10^{-6}\text{ m}^2$$

300 K에서 AISI 302 스테인리스강의 열전도도는 부록 C에 k=15.1 W/m · K로서 제시되어 있다. 핀 휜에 대한 매개변수 m은

$$m = \sqrt{\frac{4h}{kd}} = \left[\frac{4(20\text{ W/m}^2 \cdot \text{K})}{(15.1\text{ W/m} \cdot \text{K})(0.0034\text{m})}\right]^{1/2} = 39.5\text{ m}^{-1}$$

휜 베이스와 유체 사이의 온도차는

$$\theta_0 = T_0 - T_\infty = (160 - 30)℃ = 130℃$$

휜 높이 b에 대한 식 (3 · 11)을 이용함으로써 다음과 같이 b를 구한다.

$$b = \frac{1}{m}\tanh^{-1}\left(\frac{\dot{Q}}{\theta_0\sqrt{hPkA}}\right)$$

$$= \frac{1}{39.5}\tanh^{-1}\left[\frac{0.7}{(130)[(20)(0.0107)(15.1)(9.08\times10^{-6})]^{1/2}}\right]$$

$$= \frac{\tanh^{-1}(0.994)}{39.5} = 0.073\text{ m} = 7.3\text{ cm}$$

역쌍곡선 함수(inverse hyperbolic function)에 대한 기능이 있는 공학용 계산기가 없을 경우, 다음의 항등식을 이용할 수 있다.

$$\tanh^{-1}(z) = \frac{1}{2}\ln\left(\frac{1+z}{1-z}\right) \quad (-1 < z < 1) \tag{3 · 19}$$

제시된 대로 이는 $(-1 < z < 1)$의 범위에 있는 z값에 대해서만 정의된다. 0.7 W를 전달하는 이 핀 휜에 대하여 휜은 최소한 7.3 cm의 높이를 가져야 한다. 만약 핀 휜이 높이가 이 값보다 작으면 특정된 조건에 대하여 요구된 열량을 전달하지 않을 것이다.

예제 3.2에서의 휜이 0.7 W 대신 1 W를 전달하기를 원한다고 가정하자. 수정된 계산은 다음과 같다.

$$b = \frac{1}{39.5} \tanh^{-1}\left[\frac{1}{(130)[(20)(0.0107)(15.1)(9.08\times 10^{-6})]^{1/2}}\right]$$
$$= \frac{\tanh^{-1}(1.42)}{39.5}$$

$\tanh^{-1}$ 함수는 식 (3 · 19)에 제시된 범위의 바깥에 있는 인수값에 대하여 정의되지 않는다. 그러므로 $\tanh^{-1}(1.42)$를 구하려 한다면 오답이 얻어진다. 물리학에서의 중요한 교훈이 수학에 의하여 가르쳐진다. 0.7 W로부터 1.0 W로 열전달을 증가시킴으로써 물리학적으로 불가능한 상황을 정의하려 시도했다. 어느 높이의 특정한 핀 휜이 1 W를 전달하는 것은 불가능하다. 이는 무한히 큰 휜높이 b를 가정함으로써 즉시 입증될 수 있다. 식 (3 · 11)을 이용하고 $z \to \infty$임에 따라 $\tanh(z) = 1$이라는 것을 알면 열전달은

$$\dot{Q} = \sqrt{hPkA}\,\theta_0$$
$$= [(20)(0.0107)(15.1)(9.08\times 10^{-6})]^{1/2}(130) = 0.704\ \mathrm{W}$$

이다. 이 핀 휜이 1 W를 전달하기 위해서는 하나의 매개변수 혹은 매개변수들의 조합이 변화되어야 한다. 1 W의 열전달은 지름 d, 열전도도 k, 열전달 계수 h 혹은 베이스와 유체 사이의 온도차 θ_0를 증가시킴으로써 성취될 수 있다.

예제 3.2는 히트싱크의 열설계(thermal design)에서의 중요한 사항인 휜설계에 대한 첫번째 경험을 제공한다. 만약 소비자 주문품의 히트싱크가 필요하거나 혹은 미리 제작해 놓은 히트싱크가 필요할지라도 다른 수치 중에서 요구된 히트싱크 치수를 알 수 있어야 한다. 실질적으로 몇 개의 히트싱크 치수는 열전달 성능이 관계되는 한 종종 수용 가능하다. 그래서 무게, 비용 및 이용 가능성 등과 같은 것이 중요한 고려사항이 될 수 있다.

3.5 방사상 휜

방사상 휜(radial fin)은 안쪽 모서리가 뜨거운 관이나 원형막대 같은 실린더형의 히트소스에 부착된 환상판(annular disk)이다. 전형적인 방사상 휜을 그림 3 · 8에 나타내었다. 안지름과 바깥지름은 각각 R_i와 R_0이고 휜은 균일한 두께 t를 가졌다. $r = R_0$인 휜의 바깥쪽 모서리는 휜 팁으로 정의된다. 비록 휜자체는 $R = R_i$에서 시작한다 할지라도 원점은 $r = 0$에서 실린더의 중앙에 위치한다. 세로 휜과 핀 휜과는 달리 방사상 휜의 단면적은 일정하지 않고 반지름 r와 함께 증가한다.

그림 3·8 방사상 휜

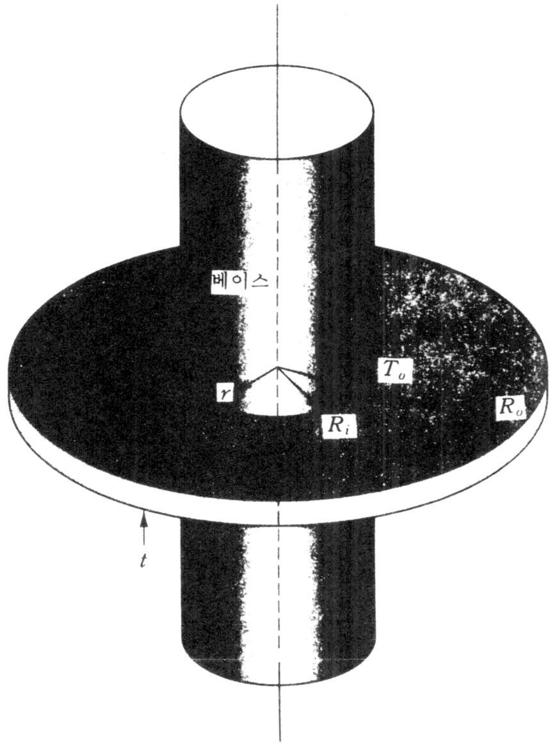

방사상 휜에서의 열전달에 관한 미분 방정식은

$$r^2\frac{d^2\theta}{dr^2}+r\frac{d\theta}{dr}-m^2r^2\theta=0 \tag{3·20}$$

여기서

$$\theta=T(r)-T_\infty \tag{3·21}$$

그리고 m은 식 (3·8)에 의하여 주어진다. 세로 휜과 핀 휜에 대하여 도입한 것과 같이 방사상 휜에 대해서도 동일한 경계조건을 도입한다. 일정한 베이스 온도를 지정하고 팁은 단열되어 있다고 가정한다. 그러므로 경계조건은 다음과 같이 쓰여진다.

$$\text{B.C. 1}: \quad T=T_0 \ (r=R_i)$$

$$\text{B.C. 2}: \quad \frac{dT}{dr}=0 \ (r=R_o)$$

위의 경계조건을 이용한 식 (3·20)의 해는 원형이나 실린더형의 대칭을 가진 문제에 관여되는 특수함수인 베셀함수(Bessel function)를 포함한다. 베셀함수의 취급은 이 책의 범위를 벗어나기 때문에, 그림 3·9에 그래프로써 방사상 휜의

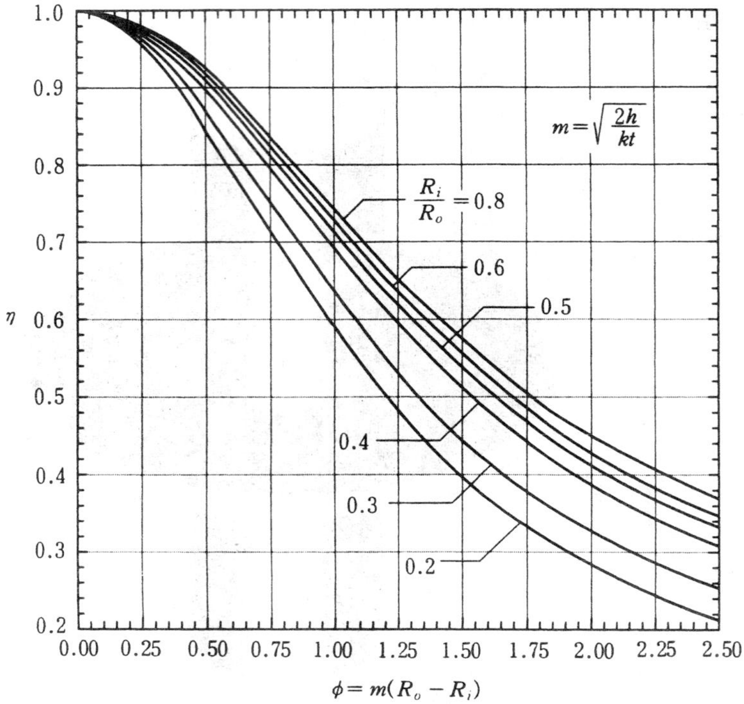

그림 3·9 방사상 휜의 효율

효율을 나타낸다. 방사상 휜에 대한 최대 열전달은 다음의 관계식으로 주어지며

$$\dot{Q}_{\max} = 2\pi(R_o^2 - R_i^2)h\theta_0 \qquad (3 \cdot 22)$$

여기서 θ_0는 식 (3 · 10)으로 정의된다. 식 (3 · 12)에 의하여 주어진 휜효율의 정의를 도입함으로써 방사상 휜에 대한 실제적인 열전달은 다음과 같이 표시될 수 있다.

$$\dot{Q} = \eta 2\pi(R_o^2 - R_i^2)h\theta_0 \qquad (3 \cdot 23)$$

예제 3.3 1100 알루미늄의 방사상 휜의 안쪽 반지름과 바깥쪽 반지름은 각각 2 cm와 4 cm이고 두께는 0.85 mm이다. 휜주위는 20℃의 공기가 흐르고 있으며 열전달 계수는 80 W/m^2 · K이다. 휜 베이스의 온도가 160℃로 유지된다면 휜으로부터 열전달은 얼마인가?

풀이 부록 C는 300 K에서 1100 알루미늄의 열전도도가 222 W/m · K임을 나타내고 있다. 방사상 휜에 대한 m의 정의는 식 (3 · 8)에 주어진 세로 휜의 내용과 동일하다. 그러므로 다음을 구할 수 있다.

$$m = \sqrt{\frac{2h}{kt}} = \left[\frac{2(80\ \mathrm{W/m^2 \cdot K})}{(222\ \mathrm{W/m \cdot K})(8.5 \times 10^{-4}\ \mathrm{m})}\right]^{1/2} = 29.1\ \mathrm{m^{-1}}$$

그림 3·9로부터 휜효율을 구하기 위하여 필요한 무차원은

$$\phi = m(R_o - R_i) = (29.1\ \text{m}^{-1})(0.04 - 0.02)\text{m} = 0.582$$

$$\frac{R_i}{R_o} = \frac{2\,\text{cm}}{4\,\text{cm}} = 0.50$$

그러므로 휜효율은

$$\eta \approx 0.86$$

베이스와 휜 사이의 온도차는

$$\theta_0 = T_0 - T_\infty = (160 - 20)℃ = 140℃$$

식 (3·2)로부터 열전달은

$$\dot{Q} = \eta 2\pi (R_o^2 - R_i^2) h \theta_0$$

$$= (0.86) 2\pi (0.04^2 - 0.02^2)(80)(140) = 72.6\,\text{W}$$

3.6 휜이 사용되어야 할 때

휜의 목적은 대류성 열전달을 강화시키는 것이다. 만약 휜을 열을 발생시키는 부품, 예를 들면 전기장치에 부착시키면 장치의 온도는 감소할 것이라는 것을 예측할 수 있다. 놀랍게도 어떤 조건하에서는 열전달이 휜에 의하여 방해된다. 이러한 현상은 임계 단열재 반지름(critical insulation radius) 개념과 유사하며, 이는 관에 단열을 하였을 때 열전달을 증가시킨다는 개념이다. 표면이 휜에 의하여 확장되었을 때 표면적이 증가하기 때문에 대류저항(convective resistance)은 감소한다. 그러나 열은 휜의 표면에서 대류되어 방출되기 전에 고체휜을 통하여 흘러야 하기 때문에 전도저항은 증가한다. 그러므로 단열된 관에서의 경우처럼 이곳에도 두 개의 반대로 작용하는 효과가 있다.

그림 3·10에 나타낸 바와 같은 상황을 고려하자. 휜이 없는 표면〔그림 3·10(a)〕은 뉴턴의 냉각법칙에 따른 대류에 의하여 주위유체에 열을 빼앗긴다.

$$\dot{Q}_{no\,fin} = hA\theta_0 \tag{3·24}$$

여기서

$$\theta_0 = T_0 - T_\infty = T_w - T_\infty \tag{3·25}$$

지금 세로 휜이 추가되면〔그림 3·10(b)〕 열전달은

$$\dot{Q}_{fin} = \sqrt{hPkA}\,\theta_0 \tanh(mb) \tag{3·26}$$

휜이 없는 표면으로부터의 열전달에 대한 휜으로부터의 열전달의 비율은 식 (3·26)을 식 (3·24)에 의하여 나누어 줌으로써 얻어질 수 있다. 간략화시킨 후

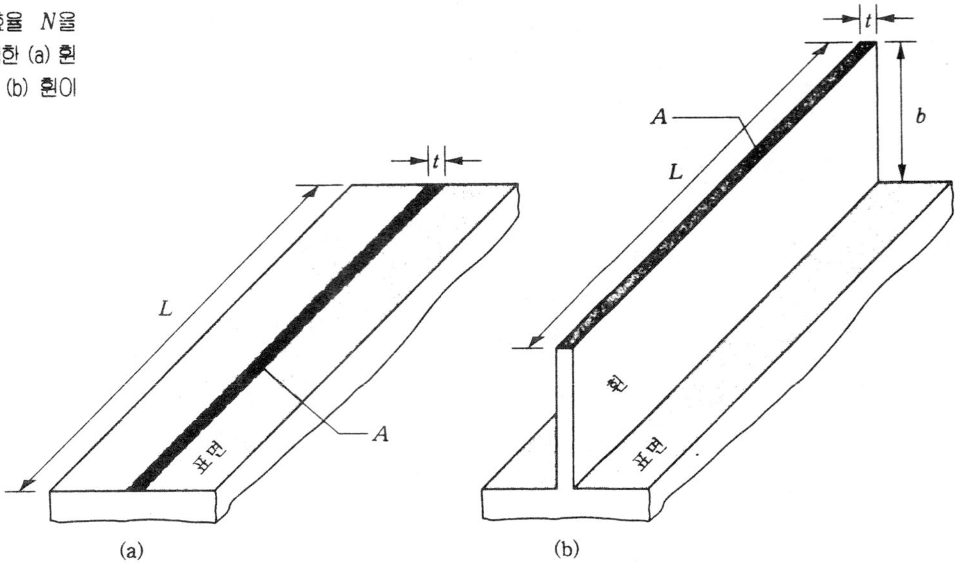

그림 3·10 휜효율 N을 정의하는 데 대한 (a) 휜이 없는 표면, (b) 휜이 있는 표면

결과는 다음과 같다.

$$\frac{\dot{Q}_{fin}}{\dot{Q}_{nofin}} = N = \sqrt{\frac{Pk}{hA}}\tanh(mb) \tag{3·27}$$

매개변수 N은 휜효율(fin effectiveness)로써 정의된다. 휜이 있거나 없는 표면 두 경우에 대하여 동일한 열전달 계수 h를 이용함으로써 대략적인 가정을 만들었다는 사실을 지적하는 것은 중요하다. h가 표면의 기하학적 구조의 함수이므로 휜이 있거나 없는 표면에 대한 열전달 계수는 일반적으로 같지 않다. 휜이 표면에 추가되었을 때 그들은 정렬된 통로를 형성하고 열전달 계수는 평평한 표면에 대한 것과 통로가 있는 것에 대하여 다르다. 열전달 계수를 구하는 방법은 다음의 장들에서 다루어진다.

휜효율 N의 크기는 휜이 사용되어야 하는지 아닌지를 결정하는데 중요한 사항이다. N이 1보다 크면 휜으로부터의 열전달은 휜이 없는 표면으로부터의 열전달보다 더 크므로 휜을 추가하는 것이 도움이 된다. 그러나 N이 1보다 작으면 휜으로부터의 열전달은 휜이 없는 표면으로부터의 열전달보다 작으므로 휜을 추가하는 것은이롭지 못하다. $N=1$ 이면 휜을 추가하는 것에 대한 효과는 없다. 이 법칙은 다음과 같이 요약된다.

$N>1$: 추가 휜은 열전달을 강화한다.

$N=1$: 추가 휜은 효과가 없다.

$N<1$: 추가 휜은 열전달을 방해한다.

대부분의 응용의 경우 $N>1$, 그러므로 휜을 추가하는 것은 일반적으로 좋은 효과를 보인다. 그러나 끓이거나 액체의 강한 강제대류를 포함하는 경우처럼 열전달 계수 h가 매우 크면 휜을 추가하는 것은 열전달을 감소시킬 수 있다. 예제 3.4는 이러한 점을 예시한다.

예제 3.4 높이, 길이 및 두께가 각각 8 cm, 17 cm 및 6 mm인 세로 휜을 고려하자. 휜은 AISI 316 스테인리스강으로 만들어져 있다. 열전달 계수가 8000 W/m^2 · K이면 이 휜이 사용되어야 하는가?

풀이 휜의 치수는 다음과 같다.

$$b=0.08\,\text{m}, \quad L=0.17\,\text{m}, \quad t=0.006\,\text{m}$$

$$P=2L=2(0.17\text{ m})=0.34\,\text{m}$$

$$A=Lt=(0.17\text{ m})(0.006\,\text{m})=0.0010\,\text{m}^2$$

부록 C는 300 K에서 AISI 316 스테인리스강의 열전도도 $k=13.4$ W/m · K임을 제시한다. 세로 휜에 대한 매개변수 m은

$$m=\sqrt{\frac{2h}{kt}}=\left[\frac{2(8000\text{ W/m}^2\cdot\text{K})}{(13.4\text{ W/m}\cdot\text{K})(0.006\,\text{m})}\right]^{1/2}=446\,\text{m}^{-1}$$

휜효율 N은

$$N=\sqrt{\frac{kP}{hA}}\tanh(mb)$$

$$=\left[\frac{(13.4\text{ W/m}\cdot\text{K})(0.34\text{ m})}{(8000\text{ W/m}^2\cdot\text{K})(0.001\text{ m}^2)}\right]^{1/2}\tanh[(446\,\text{m}^{-1})(0.08\text{ m})]=0.755$$

이와 같이 휜을 추가함으로써 열전달을 24.5% 감소시켰다. 질문에 대한 대답은 아니다 'no'이다. 그러므로 이 휜을 추가하면 안 된다. 왜냐하면 추가함으로써 열전달이 감소하기 때문이다.

식 (3 · 27)은 m에 대한 적당한 관계식을 이용함으로써 핀 휜에 대한 휜효율을 구하는 데도 사용될 수 있다. 방사상 휜에 대한 휜효율은 식 (3 · 23)을 $A=2\pi R_i t$인 식 (3 · 24)로 나누어 줌으로써 얻을 수 있다. 그 결과는 다음과 같다.

$$N=\frac{\eta(R_o^2-R_i^2)}{R_i t} \tag{3 · 28}$$

3.7 휜 최적화

확장된 표면을 사용하는 많은 현대의 열전달 시스템은 휜이 최소량의 휜재료를

사용하면서 최대의 열에너지를 전달하기를 요구한다. 이러한 요구사항을 만족시키는 휜은 최적휜(optimum fin)이라 불린다. 최적휜은, 예를 들면 무게감소가 증가된 성능과 범위에 직접적으로 연결되는 항공산업에서 명확한 장점을 보여 준다. 휜 최적화는 역시 엄격한 무게와 공간요구가 종종 부가되는 자동차 산업에서도 중요하다.

세로 휜은 가장 널리 사용되는 휜이므로 세로 휜에 대한 최적화 절차를 개략적으로 소개하고자 한다. 휜의 크기를 최소화하면서 휜으로부터의 열전달을 최대화하고자 한다. 휜크기는 $A_p = bt$에 의하여 주어진 프로파일 면적(profile area) A_p에 의하여 정의될 수 있다. 식 (3·8)을 식(3·11)에 대입하고 휜두께 t를 A_p/b로 대체함으로써 단위길이당 열전달을 다음과 같이 구할 수 있다.

$$\frac{\dot{Q}}{L} = \sqrt{\frac{2hkA_p}{b}}\ \theta_0 \tanh\sqrt{\frac{2hb^3}{kA_p}} \qquad (3 \cdot 29)$$

다음, 식 (3·29)를 휜높이 b에 대하여 미분하고 그 결과를 0으로 놓는다. 여러 번의 미분 후에 다음을 얻는다.

$$\tanh\beta - 3\beta^2 \operatorname{sech}^2\beta = 0 \qquad (3 \cdot 30)$$

여기서 $\beta = mb$이고 sech는 쌍곡선 세컨트 함수(hyperbolic secant function) $\operatorname{sech}(z) = 1/\cosh(z)$이다. 식 (3·30)에는 오직 한 개의 근이 있으며, 즉 $\beta = 1.4192$이다. 그러므로 $\beta = mb$이기 때문에 다음과 같이 최적 휜높이 b_{opt}를 최적 휜두께 t_{opt}로 나타낼 수 있다.

$$b_{opt} = 1.0035\sqrt{\frac{kt_{opt}}{h}} \qquad (3 \cdot 31)$$

또는, 다음과 같이 최적 휜두께 t_{opt}를 최적 휜높이 b_{opt}로 나타낼 수 있다.

$$t_{opt} = 0.9930\frac{hb_{opt}^2}{k} \qquad (3 \cdot 32)$$

식 (3·31)이나 식 (3·32)를 이용하면 최소량의 휜재료에 대하여 최대한의 열전달을 할 수 있는 휜높이와 두께의 조합을 구할 수 있다. 세로 휜은 보통 합금 6061 알루미늄으로 만들어진다. 상온에서 6061 알루미늄은 열전도도 $k = 180$ W/m·K를 가진다. 그림 3·11은 몇 개의 열전달 계수 h의 값에 따른 6061 알루미늄의 세로 휜에 대한 최적 휜높이와 두께를 보여 주고 있다. 최적 휜높이 b_{opt}의 주어진 범위에 대하여 낮은 열전달 계수는 낮은 휜두께를 제시한다. 또한, 주어진 열전달 계수에 대하여 최적 휜두께는 최적 휜높이와 같이 증가한다. 그림 3·11

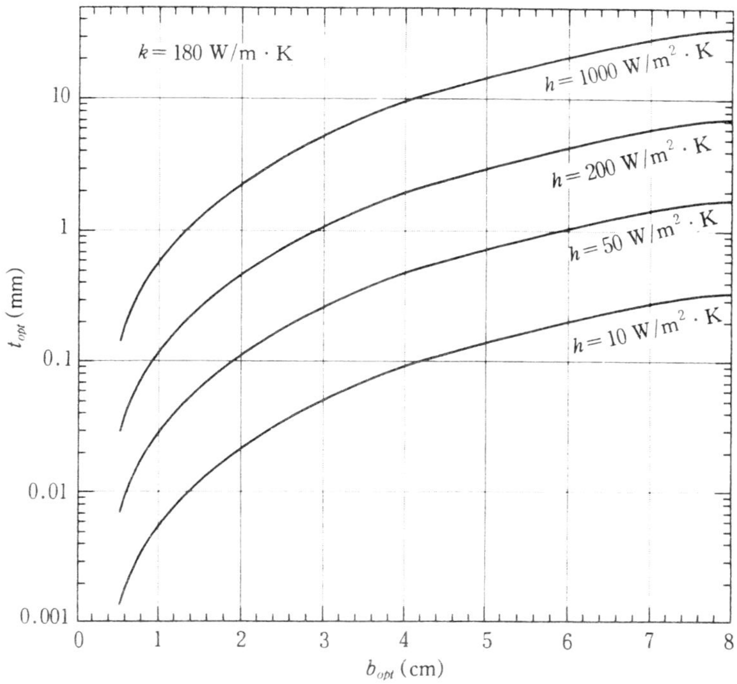

그림 3 · 11 6061 알루미늄의 세로 휜에 대한 최적 두께와 높이

에 있는 곡선에 의하여 제시되는 몇몇 최적휜은 매우 얇아서 기존방법으로는 쉽게 제작할 수 없다는 것은 확실하다. 알루미늄 합금의 세로 휜을 부착시켜서 만드는 대부분의 히트싱크는 압출공정을 이용하여 만들어진다. 만약 열전달 계수 50 W/m^2 · K인 경우에 높이가 2 cm인 최적 알루미늄 휜을 원한다면, 두께는 매우 얇은 0.11 mm이어야 할 것이다. 그러나 이 상황은 휜높이가 증가함에 따라 개선될 수 있다. 예를 들면 동일한 적용의 경우 7 cm 높이의 휜은 더 합리적인 1.35 mm를 요구한다. 제작 가능성 여부가 최적휜을 사용할 가능성에 크게 영향을 미친다는 사실을 즉시 알 수 있다. 최적휜에 의하여 제공될 열적인 장점을 제작요인에 의하여 부과될 수 있는 단점과 교환해야 한다.

예제 3.5 열전달 계수가 25 W/m^2 · K인 AISI 302 스테인리스강의 세로 휜이 강제순환되는 공기에 노출되어 있다. 공간적으로 휜높이는 4.5 cm로 제한되어 있다. 휜 베이스와 공기온도가 각각 220℃와 45℃일 때 최적 휜두께와 휜길이의 단위길이(m)당 열전달을 구하라.

풀이 300 K에서 302 스테인리스강의 열전도도 k=15.1 W/m · K로써 부록 C에 제시되어 있다. 식 (3 · 32)를 이용하면 최적휜 두께는

$$t_{opt} = 0.9930\frac{hb_{opt}^2}{k}$$

$$= \frac{(0.9930)(25\ \text{W/m}^2 \cdot \text{K})(0.045\ \text{m})^2}{15.1\ \text{W/m} \cdot \text{K}} = 0.003\,33\,\text{m} = 3.33\ \text{mm}$$

매개변수 m은

$$m = \sqrt{\frac{2h}{kt}} = \left[\frac{2(25\ \text{W/m}^2 \cdot \text{K})}{(15.1\ \text{W/m} \cdot \text{K})(0.003\,33\ \text{m})}\right]^{1/2} = 31.5\ \text{m}^{-1}$$

휜 베이스와 유체 사이의 온도차는

$$\theta_0 = (220 - 45)℃ = 175℃$$

단위길이당 열전달은 식 (3 · 11)을 이용하면서 구할 수 있다. $P = 2L$이고 $A = Lt$라는 사실을 앎으로써, 휜길이 L은 근(radical)의 바깥으로 나오고, 식의 양쪽에서 나눌 수 있으며, 그 결과는

$$\frac{\dot{Q}}{L} = \sqrt{2hkt}\,\theta_0 \tanh(mb)$$

$$= [2(25)(15.1)(0.003\,33)]^{1/2}(175)\tanh[(31.5)(0.045)] = 247\ \text{W/m}$$

3.8 히트싱크

지금까지는 오직 단일휜의 열전달 특성을 고려하였다. 단일휜은 열전달 표면을 확장하기 위하여 드물게 사용한다. 왜냐하면 단일휜은 보통 요구된 열전달을 성취하기 위한 충분히 큰 표면적을 가지고 있지 않기 때문이다. 공통의 베이스를 공유하는 정렬된 일련의 휜이 열전달면에 부착된다. 공통의 베이스를 가지는 그러한 정렬된 휜은 히트싱크(heat sink)라고 불린다. 몇 개의 보편적인 형태의 히트싱크는 그림 3 · 2와 그림 3 · 6에 나타나 있다.

단일휜의 분석을 히트싱크에 확장시켜 적용하는 간단한 방법은 단일휜의 특성을 밝히고, 그 때 히트싱크에 있는 휜 수에 단일휜에 대한 열전달을 곱하는 것이다. 예를 들면 18 W를 방출하는 전력공급 장치를 냉각할 히트싱크를 설계하거나 이미 제작된 히트싱크를 선택하기를 원하다면, 단일휜은 1.5 W를 전달하고, 그래서 히트싱크는 다음과 같은 숫자의 휜을 가져야 한다는 것을 알 수 있다.

$$\frac{18\ \text{W}}{1.5\ \text{W/fin}} = 12\ \text{fin}$$

이러한 간략화된 접근방법은 휜간(interfin) 면적, 즉 휜 사이의 노출된 주표면(prime surface)으로부터의 열전달을 무시한다. 비록 간략화된 방법은 받아들일 수 있는 히트싱크 설계를 제공할 수 있다 할지라도 더 최적화된 히트싱크는 휜간 면적으로부터의 열전달을 고려함으로써 얻을 수 있다. 그림 3 · 12에 나타낸 바와 같이 세로 휜을 가지는 히트싱크를 고려하자. 식 (3 · 14)를 다시 쓰고 Pb를

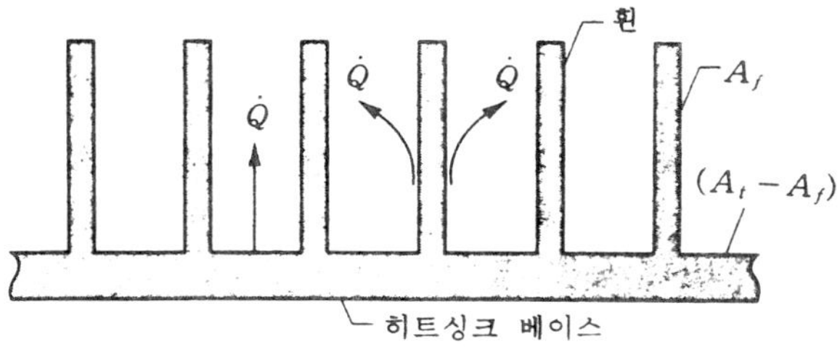

그림 3·12 히트싱크로부터의 열전달은 휜과 휜 사이의 면적으로부터 일어난다.

A_f, 히트싱크에 있는 모든 휜의 전체 표면적으로 표시하면 다음을 얻을 수 있다.

$$\dot{Q}_{fins} = \eta h A_f \theta_0 \tag{3·33}$$

뉴턴의 냉각법칙을 적용하면 히트싱크의 휜간 표면적으로부터의 열전달은 다음과 같이 쓰여질 수 있다.

$$\dot{Q}_{interfin} = h(A_t - A_f)\theta_0 \tag{3·34}$$

여기서 A_t는 전체 히트싱크 표면적, 즉 휜과 휜간 표면적의 합이다. 이와 같이 히트싱크로부터의 전체 열전달은

$$\dot{Q} = \eta h A_f \theta_0 + h(A_t - A_f)\theta_0 \tag{3·35}$$

$h\theta_0$를 공통인수로 하고 식 (3·35)의 오른쪽을 A_t로 나누고 곱하면 다음 식을 얻는다.

$$\dot{Q} = hA_t\theta_0\left[1 - \frac{A_f}{A_t}(1-\eta)\right] \tag{3·36}$$

네모 괄호 안의 항을 일종의 효율로 정의하면 식 (3·36)은 식 (3·33)과 유사하다. 그러므로 히트싱크 표면효율(surface efficiency)을 다음과 같이 정의한다.

$$\chi = 1 - \frac{A_f}{A_t}(1-\eta) \tag{3·37}$$

표면효율 χ는 전체 히트싱크 표면의 열효율이고 이는 항상 휜효율 η보다 더 높다. 이와 같이 식 (3·36)과 식 (3·37)을 결합시킴으로써 히트싱크로부터의 전체열전달은 다음의 간단한 형태로 나타낼 수 있다.

$$\dot{Q} = \chi h A_t \theta_0 \tag{3·38}$$

앞의 분석에서 히트싱크의 전체 베이스는 균일한 온도 T_0로 유지된다고 가정하였다.

예제 3.6 그림 3·13에 나타낸 히트싱크에 대하여 (a) 휜효율, (b) 표면효율, (c) 히트싱크로부터의 열전달을 구하라. 히트싱크는 6061 알루미늄으로 제작되었고 휜 베이스 온도는 75℃이다. 휜주위의 유체온도는 25℃이고 대응되는 열전달 계수는 20 W/m²·K이다. 휜은 히트싱크 베이스의 전체길이에 걸쳐 있다.

그림 3·13 히트싱크

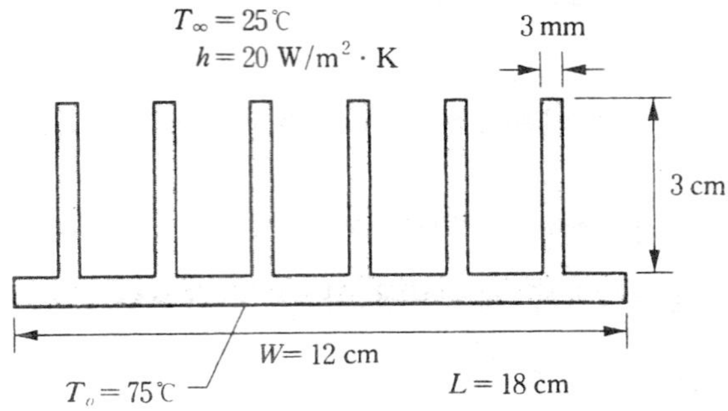

풀이 (a) 그림 3·13으로부터 휜치수는

$$b = 0.03\,\text{m}, \quad L = 0.18\,\text{m}, \quad t = 0.003\,\text{m}$$

휜 매개변수 m은

$$m = \sqrt{\frac{2h}{kt}} = \left[\frac{2(20\ \text{W/m}^2\cdot\text{K})}{(180\ \text{W/m}\cdot\text{K})(0.003\,\text{m})}\right]^{1/2} = 8.61\,\text{m}^{-1}$$

그러므로 휜효율은

$$\eta = \frac{\tanh(mb)}{mb} = \frac{\tanh[(8.61\ \text{m}^{-1})(0.03\ \text{m})]}{(8.61\ \text{m}^{-1})(0.03\ \text{m})} = 0.978$$

(b) 단일휜의 표면적은 $2Lb$이므로 모든 6개의 휜에 대한 표면적은

$$A_f = 6(2Lb) = 6(2)(0.18\ \text{m})(0.03\ \text{m}) = 0.0648\ \text{m}^2$$

전체 히트싱크 표면적은 전체휜의 표면적에 히트싱크 베이스의 면적을 더하고, 각 휜 베이스에 의하여 차지하는 면적을 빼줌으로써 얻을 수 있다. 이와 같이

$$A_t = A_f + LW - 6Lt$$

$$= 0.0648 + (0.18)(0.12) - 6(0.18)(0.003) = 0.0832\ \text{m}^2$$

히트싱크 표면효율은

$$\chi = 1 - \frac{A_f}{A_t}(1-\eta)$$

$$= 1 - \left(\frac{0.0648\ \text{m}^2}{0.0832\ \text{m}^2}\right)(1 - 0.978) = 0.983$$

표면 열효율은 휜효율보다 약간 더 높다.

(c) 휜 베이스와 유체 사이의 온도차는

$$\theta_0 = T_0 - T_\infty = (75 - 25)℃ = 50℃ = 50\ \text{K}$$

히트싱크로부터의 열전달은 다음과 같다.

$$\dot{Q} = \chi h A_t \theta_0$$
$$= (0.983)(20\ \text{W/m}^2 \cdot \text{K})(0.0832\ \text{m}^2)(50\ \text{K}) = 81.8\ \text{W}$$

다음 예제는 히트싱크가 주어진 열전달과 베이스 온도에 대하여 가져야 하는 최소휜의 수를 어떻게 구하는지를 보여 줄 것이다.

예제 3.7 원형의 핀 휜을 가진 히트싱크는 10 cm×16 cm 표면적을 56℃로 유지하기 위하여 사용된다. 핀 휜의 높이와 지름은 각각 3 cm와 4.2 mm이고 히트싱크는 AISI 302 스테인리스강으로 만들어져 있다. 주위유체의 온도와 열전달 계수가 각각 10℃와 71 W/m^2 · K라고 하면, 75 W의 열전달을 하기 위하여 얼마나 많은 휜이 요구되는가?

풀이 식 (3 · 36)을 쓰면서 이 예제를 시작한다.

$$\dot{Q} = h A_t \theta_0 \left[1 - \frac{A_f}{A_t}(1-\eta) \right]$$

모든 휜의 전체 표면적은

$$A_f = N_f \pi d b$$

이고 전체 히트싱크 표면적은

$$A_t = A_f + LW - \frac{N_f \pi d^2}{4}$$

여기서 L : 히트싱크 베이스의 길이(0.16 m)
W : 히트싱크 베이스의 폭(0.10 m)
d : 핀 휜의 지름(0.0042 m)
b : 핀 휜의 높이(0.03 m)
N_f : 히트싱크 안의 휜 수

A_f와 A_t에 대한 식은 식 (3 · 36)에 삽입할 수 있다. 약간의 간략화 과정을 거친 후, 요구된 휜의 수에 대한 관계식을 다음과 같이 얻을 수 있다.

$$N_f = \frac{\dot{Q}/h\theta_0 - LW}{\pi d b \eta - \pi d^2/4} \tag{3 · 39}$$

식 (3 · 39)의 유도에 관한 세부내용은 연습을 위하여 남겨둔다(문제 3.31).
매개변수 θ_0와 η를 계산할 때까지 N_f를 구할 수 없다. 휜 베이스와 유체 사이의 온도차는

$$\theta_0 = T_0 - T_\infty = (56 - 10)℃ = 46℃$$

원형의 핀 휜에 대한 매개변수 m은

$$m=\sqrt{\frac{4h}{kd}}=\left[\frac{4(71\ \mathrm{W/m^2\cdot K})}{(15.1\ \mathrm{W/m\cdot K})(0.0042\ \mathrm{m})}\right]^{1/2}=66.9\ \mathrm{m}^{-1}$$

이와 같이 휜효율은

$$\eta=\frac{\tanh(mb)}{mb}=\frac{\tanh[(66.9\ \mathrm{m}^{-1})(0.03\ \mathrm{m})]}{(66.9\ \mathrm{m}^{-1})(0.03\ \mathrm{m})}=0.481$$

식 (3·39)를 이용하면 요구된 휜의 수는 다음과 같다.

$$N_f=\frac{\dot{Q}/h\theta_0-LW}{\pi db\eta-\pi d^2/4}$$

$$=\frac{75/[(71)(46)-(0.16)(0.10)]}{\pi(0.0042)(0.03)(0.481)-\pi(0.0042)^2/4}=39.4\ \mathrm{fin}$$

휜의 분할은 실제적이지 못하므로 다음 정수까지 숫자를 올리게 되어 히트싱크에 필요한 휜의 수는 40개이다. 40개의 휜은 10 cm×16 cm인 히트싱크 베이스에 잘 맞는다. 베이스의 가로세로 비는 5/8이므로 5×8로 정렬된 핀 휜은 잘 작동된다.

이 문제에 대하여 식 (3·39)를 이용하는 데 주의해야 할 점이 있다. 히트싱크가 74 W 대신 오직 45 W를 전달하기를 요구한다고 가정하자. 다른 매개변수의 값은 변하지 않고 45 W를 식 (3·39)에 대입시키면 음수인 휜의 수를 얻는다. 이는 문제가 실제적으로 현실적이지 못함을 뜻한다. 만약 히트싱크가 오직 45 W만을 처리하기를 요구하면, 그 표면은 전혀 휜을 요구하지 않는다. 식 (3·39)에서 $N_f=0$으로 만들면, 그 식은 면적이 LW인 휜이 없는 표면에 대한 뉴턴의 냉각법칙으로 간단하게 된다. 이 문제가 45 W의 열전달에 논리적으로 적합하게 만들기 위하여 대응하는 베이스 온도는 낮아지거나 혹은 몇몇 다른 매개변수의 값이 변화되어야 한다.

앞의 히트싱크에 관한 서술내용에서 열전달 계수가 문제에서 주어지는 것으로 취급하였다. 히트싱크 설계는 휜의 크기와 개수를 구하는 것뿐만 아니라 열전달 계수를 구하는 것도 포함한다. 사실 열전달 계수는 휜의 간격과 크기뿐만 아니라 히트싱크에 사용된 휜의 형태(세로, 핀 혹은 방사상)에 크게 좌우된다. 좋은 히트싱크 설계는 치수 매개변수(dimensional parameter)와 열전달 계수 사이의 상호관계를 반영한다. 히트싱크에 대한 열전달 계수를 구하는 방법은 7, 8장과 9장에 제시되어 있다.

전기장치의 열제어는 아마도 히트싱크의 가장 보편적인 적용분야이다. 전자공학 및 전기산업에서 사용되는 히트싱크의 크기는 지름이 1 in보다 작은 것(집적회로와 같은 작은 장치를 냉각하기 위하여)에서부터 지름이 수 피트인 것까지(변압기 같은 대형 전력분배 장치를 냉각하기 위하여) 있다. 효과적으로 기능 하는 히트싱크를 위하여 대부분의 경우에 공기인 유체는 히트싱크의 휜에 의하여 만들어진 통로를 통하여 흘러야 한다. 히트싱크 통로들의 크기와 주변 기계적 설비들의 위치에 따라서 공기는 완전히 히트싱크 모서리를 지나가거나 휜 팁의 끝부분 위

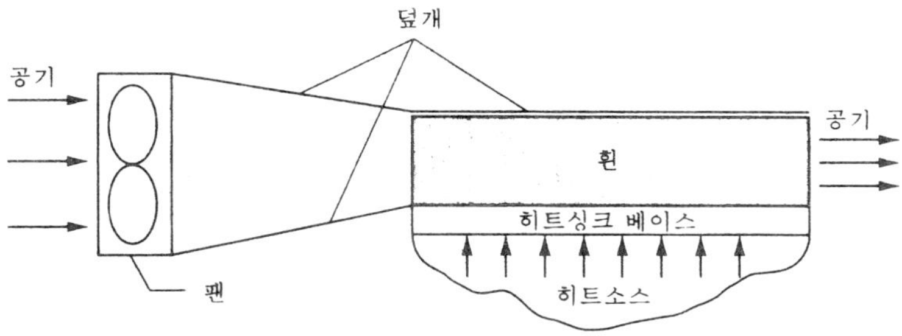

그림 3·14 덮개는 공기가 히트싱크 통로를 통하여 흐르게 한다.

로 흘러감으로써 히트싱크가 비효율적이게 한다. 전류와 같이 흐르는 유체는 자연적으로 가장 저항이 작은 통로로 흐르므로 더 저항이 큰 히트싱크 통로보다는 히트싱크 주위를 흘러간다. 이러한 현상이 생기는 것을 막기 위하여 공기발생 장치로부터 히트싱크까지의 덮개가 그림 3·14에 나타낸 것처럼 공기를 강제로 히트싱크 통로로 흘러가게 하기 위하여 사용될 수 있다.

히트싱크 배향은 자연대류가 우선적인 열전달 방식일 때 중요한 고려사항이다. 따뜻한 유체는 중력에 반하여 수직방향의 위로 자연적으로 흐르기 때문에 히트싱크 통로는 유체가 가장 작은 저항으로 흐를 수 있도록 수직으로 놓여져야 한다. 통로폭은 역시 자연대류가 적용되는 히트싱크의 열적성능에 매우 중요한 역할을 한다. 통로가 너무 좁으면 마주보는 휜표면 위의 경계층이 충분히 발달될 수 없으므로 유체의 흐름을 방해하는 초킹(choking)효과가 발생한다. 수직통로에서의 자연대류 경계층 전개에 관한 내용은 9장에서 설명한다.

히트싱크는 여러 방법으로 열발생 기계장치에 부착될 수 있다. 기계적 조임장치나 접착제는 히트싱크를 부착시키는 데 널리 쓰이는 방법이다. 이러한 기술이 사용되었을 때 열접촉 저항이 히트싱크와 열발생 기계장치 사이에 발생된다. 우수한 열적설계는 이러한 접촉저항을 고려한다. 히트싱크는 때때로 용접이나 납땜으로 부착될 수 있다. 이러한 방법은 표면이 용접되거나 납땜되는 부분에서의 열접촉 저항을 실질적으로 제거하는 장점을 가지고 있다. 몇몇 방사상 휜은 간섭(interference)이나 수축 접합부(shrink fit)를 이용하여 부착되며, 이 경우 열접촉 저항이 고려되어야 한다.

3.9 응 용

전자 집적회로(IC)는 단일칩(single chip) 위에 서로 연결된 활성적(active)이고 부동적(passive)인 전자부품의 조합이다. 집적회로는 요업재료나 플라스틱 물질로 둘러싸여 있다. 케이스와 케이스에서 튀어나와 있는 도선의 연합된 배열의 형태는 패키지(package)라고 불린다. 전자 패키지는 여러 형태로 되어 있다. 가장 보편적인 패키지의 하나는 듀얼 인라인(dual in-line, DIP) 패키지라 불린다.

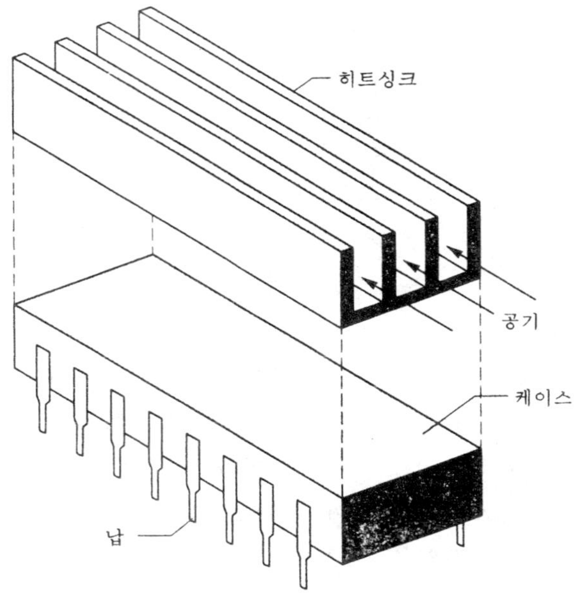

그림 3·15 16도선 DIP 패키지와 소형 히트싱크

16도선 DIP는 그림 3·15에 나타내었다. 전류가 IC를 통하여 흐를 때 일부 전기에너지는 열에너지로 변하며, 이는 IC의 온도를 허용치 이하로 유지하기 위하여 주위에 효과적으로 전달되어야 한다. 이러한 목표를 달성하기 위하여 DIP나 다른 패키지 형태를 위하여 특수설계된 소형 히트싱크가 때때로 이용된다. 예제 3.8에서 어떻게 히트싱크가 16도선 DIP의 온도를 감소시키는가를 보여 준다.

예제 3.8 공기냉각된 전자샤시 안의 인쇄회로 기판 위에 있는 6도선 DIP가 0.5 W를 방출하고 있다. DIP의 길이, 폭 및 높이는 각각 21.3 mm, 7.87 mm 및 5.08 mm이다. 20℃의 공기가 그 길이에 평행인 방향으로 1.6 m/s의 속도로 DIP를 가로질러 흐르고 있다. DIP 케이스의 표면온도는 90℃를 넘지 말아야 한다. 만약 높이, 길이 및 두께가 각각 3.8 mm, 21.3 mm 및 0.25 mm인 4개의 세로 휜을 가진 1100 알루미늄 히트싱크가 DIP에 부착되었을 때 DIP의 케이스 온도를 구하라.

풀이 첫째, 히트싱크가 없는 DIP 케이스 온도를 계산한다. 오직 DIP의 위쪽 표면이 공기흐름에 의하여 효과적으로 씻겨진다고 가정한다. 따라서, 역시 전체 0.5 W가 DIP의 위쪽 표면에서 대류된다고 가정한다. DIP 케이스의 위쪽 표면적은

$$A = LW$$
$$= (21.3\ \text{mm})(7.87\ \text{mm}) = 167.6\ \text{mm}^2 = 1.676 \times 10^{-1}\ \text{m}^2$$

7장에서 논의할 방법을 이용하면 휜이 없는 DIP에 대한 약 34 W/m²·K이다. 이와 같이 뉴턴의 냉각법칙을 이용하면, DIP 케이스 온도는

$$T_w = \frac{\dot{Q}}{hA} + T_\infty$$

$$= \frac{0.5\ \mathrm{W}}{(34\ \mathrm{W/m^2 \cdot ℃})(1.676 \times 10^{-4}\ \mathrm{m^2})} + 20℃ = 107.7℃$$

이다. 허용가능한 표면온도는 90℃이므로 온도는 허용값을 17.7℃ 초과한다. 공기속도를 증가시키는 것과 같이 DIP 온도를 낮추는 다른 방법을 사용하지 않는다고 가정하면 히트싱크가 요구된다.

분석할 다음 단계는 히트싱크에서의 휜효율을 구하는 것이다. 비교하고자 하는 목적을 위하여 휜이 없는 DIP에 사용하였던 것과 동일한 히트싱크에 대한 열전달 계수를 사용한다. 실제적으로 열전달 계수는 평평한 표면을 가로질러 흐르는 공기흐름에 대한 것과 통로를 통하여 흐르는 공기흐름에 대한 것은 다르다. 300 K에서 1100 알루미늄의 열전도도 $k = 222\ \mathrm{W/m \cdot K}$이므로 세로 휜에 대한 매개변수 m은

$$m = \sqrt{\frac{2h}{kt}} = \left[\frac{2(34\ \mathrm{W/m^2 \cdot K})}{(222\ \mathrm{W/m \cdot K})(2.5 \times 10^{-4}\ \mathrm{m})}\right]^{1/2} = 35.0\ m^{-1}$$

휜효율은

$$\eta = \frac{\tanh(mb)}{mb} = \frac{\tanh[(35.0\ \mathrm{m^{-1}})(0.0038\ \mathrm{m})}{(35.0\ \mathrm{m^{-1}})(0.0038\ \mathrm{m})} = 0.994$$

히트싱크는 DIP의 길이방향에 평행하고 놓여 있는 4개의 휜을 가졌으므로 전체 휜 표면적 A_f와 전체 히트싱크 표면적 A_t는

$$A_f = N_f 2Lb$$

$$= 4(2)(0.0213\ \mathrm{m})(0.0038\ \mathrm{m}) = 6.475 \times 10^{-4}\ \mathrm{m^2}$$

그리고

$$A_t = A_f + LW - N_f Lt$$

$$= 6.475 \times 10^{-4} + (0.0213)(0.00787) - 4(0.0213)(2.5 \times 10^{-4})$$

$$= 7.938 \times 10^{-4}\ \mathrm{m^2}$$

표면효율은

$$\chi = 1 - \frac{A_f}{A_t}(1 - \eta)$$

$$= 1 - \frac{6.475 \times 10^{-4}}{7.938 \times 10^{-4}}(1 - 0.994) = 0.995$$

DIP의 표면온도는 식 (3 · 38)에 있는 θ_0에 대하여 풀면 구할 수 있다.

$$\theta_0 = \frac{\dot{Q}}{\chi h A_t}$$

$$= \frac{0.5\ \mathrm{W}}{(0.995)(34\ \mathrm{W/m^2 \cdot ℃})(7.938 \times 10^{-4}\ \mathrm{m^2})} = 18.6℃$$

한편

$$\theta_0 = T_0 - T_\infty$$

이기 때문에 다음과 같이 쓸 수 있다.

$$T_0 = \theta_0 + T_\infty = (18.6 + 20)℃ = 38.6℃$$

히트싱크를 추가함으로써 극적으로 DIP의 표면온도를 감소시킬 수 있었다. 히트싱크와 DIP 사이의 열접촉 저항을 무시했다는 사실을 알아야 한다. 만약 얇은 막의 열전도성 에폭시나 실리콘 접착제가 히트싱크를 DIP에 붙이기 위하여 사용되었다면 경계면을 가로질러 약 2℃보다 크지 않은 온도상승이 예측될 것이다.

생활용 난로는 1차적인 가열 시스템을 증대시키기 위하여 부분적으로 따뜻한 공기가 필요한 상업적이나 산업적 용도에 사용된다. 세 가지 주된 형태의 생활용 난로는 각각의 가열방식, 즉 복사, 자연대류 및 강제대류에 의하여 특성화되어 있다. 강제대류 가열기는 송풍기의 앞에 직접 전기가열 전극의 코일을 사용한다. 전류가 가열전극에 흐를 때, I^2R 손실은 전극의 표면에서 대류되고 공기흐름에 의하여 주위로 이동되는 열에너지를 방출한다. 방사상 휜은 때때로 온도를 감소시키기 위하여 가열전극의 표면에 부착되며, 이는 전극의 수명을 증가시킨다. 예제 3.9에서 어떻게 방사상 휜을 추가함으로써 가열기에 사용된 전기가열 전극의 표면온도를 낮추는가를 보여 준다.

예제 3.9 가열기는 니크롬 전선으로 만들어진 긴 전기가열 전극을 사용하는데, 이는 바깥지름이 1.21 cm인 모넬(monel) 400 튜브 안에 촘촘히 채워진 마그네슘 산화물 안에 묻혀 있다. 가열기가 작동될 때 전기가열 전극은 전극길이에 대하여 2 kW/m의 열을 발생한다. 송풍기는 25℃의 공기를 가열전극 위로 3.5 m/s의 속도로 보낸다고 한다. 다음을 구하라. (a) 튜브만 있을 때의 표면온도, (b) 바깥지름과 두께가 각각 2.9 cm와 0.76 mm인 모넬 400 방사상 휜이 부착되었을 때의 튜브의 온도, 튜브길이 1 m당 160개 휜이 있다.

풀이 (a) 튜브만 있을 때의 표면온도는 뉴턴의 냉각법칙을 바로 적용함으로써 얻을 수 있다. 7장에서 논의된 방법을 이용하면 모넬튜브 넘어 흐르는 공기흐름에 대한 열전달 계수는 약 52 W/m^2 · K이다. 실린더로부터 단위길이당 대류성 열전달은 다음 관계식에 의하여 구한다.

$$\frac{\dot{Q}}{L} = \pi Dh(T_w - T_\infty)$$

표면온도 T_w에 대하여 풀면 다음을 얻는다.

$$T_w = \frac{\dot{Q}}{\pi DhL} + T_\infty$$

$$= \frac{2000\ \text{W}}{\pi(0.0121\ \text{m})(52\ \text{W/m}^2\cdot ℃)(1\ \text{m})} + 25℃ = 1037℃ = 1310\ \text{K}$$

(b) 지금 방사상 휜을 추가하면 튜브의 표면에 어떤 일이 일어나는가 알아보자. 튜브 위에 정렬된 방사상 휜은 히트싱크를 구성하므로 표면효율 χ을 계산할 필요가 있다. 부록 C는

300 K에서 모넬 400의 열전도도 $k=21.5\ \mathrm{W/m\cdot K}$임을 제시하고 있다. 다시 한번 열전달 계수가 휜이 없는 표면에 대한 것과 동일하다고 가정한다. 방사상 휜에 대하여 매개변수 m은

$$m=\sqrt{\frac{2h}{kt}}=\left[\frac{2(52\ \mathrm{W/m^2\cdot K})}{(21.5\ \mathrm{W/m\cdot K})(7.6\times10^{-4}\ \mathrm{m})}\right]^{1/2}=79.8\ \mathrm{m^{-1}}$$

방사상 휜의 안쪽와 바깥쪽 반지름은

$$R_i=0.006\,05\ \mathrm{m},\quad R_o=0.0145\ \mathrm{m}$$

그림 3·9로부터 휜효율을 구하기 위하여 무차원 값을 계산한다.

$$\theta=m(R_o-R_i)=(79.8\ \mathrm{m^{-1}})(0.0145-0.006\,05)\ \mathrm{m}=0.674$$

$$\frac{R_i}{R_o}=\frac{(0.605\ \mathrm{cm})}{(1.45\ \mathrm{cm})}=0.417$$

그림 3·9로부터 휜효율은

$$\eta\approx0.82$$

방사상 휜의 전체 표면적은

$$A_f=2\pi(R_o^2-R_i^2)N_f$$

여기서 N_f는 단위길이(m)당 휜의 수이다. 인수 2는 포함되어야 한다. 왜냐하면 각 휜에는 두 면이 있기 때문이다. 이와 같이

$$A_f=2\pi(0.0145^2-0.006\,05^2)(160)=0.175\ \mathrm{m^2}$$

전체 히트싱크 표면적은

$$\begin{aligned}A_t&=A_f+2\pi R_iL-N_f2\pi R_it\\&=A_f+2\pi R_i(L-N_ft)\\&=0.175+2\pi(0.00605)[1-(160)(7.6\times10^{-4})]=0.208\ \mathrm{m^2}\end{aligned}$$

그러므로 표면효율은

$$\chi=1-\frac{A_f}{A_t}(1-\eta)=1-\frac{0.175}{0.208}(1-0.82)=0.849$$

휜 베이스와 공기 사이의 온도차는

$$\theta_0=\frac{\dot{Q}}{\chi hA_t}=\frac{2000\ \mathrm{W}}{(0.849)(52\ \mathrm{W/m^2\cdot ℃})(0.208\ \mathrm{m^2})}=218℃$$

마지막으로 표면온도는 공기온도를 θ_0에 더해줌으로써 얻어진다. 이와 같이

$$T_0=\theta_0+T_\infty=(218+25)℃=243℃$$

방사상 휜을 가열전극에 추가함으로써 표면온도를 1037℃에서 243℃로 감소시켰다. 이 예제에 의하여 예시된 중요한 개념은 가열전극이 휜을 가지고 있거나 없거나 동일한 양의 열을 주위에 방출하지만, 휜은 가열전극의 온도를 감소시키고, 이에 의하여 가열기의 수명을 연장시킨다.

마지막 예제는 확장된 표면은 무의식적으로 사용했을 때 원하지 않는 효과를 나타낼 수 있다는 사실을 보여 준다. 관에 흐르는 유체의 온도는 열전쌍(thermocouple)이나 서미스터(thermistor)와 같은 온도 감지기를 흐름 안에 삽입함으로써 측정된다. 어떤 경우에는 온도탐침이 열우물(thermowell)이라 불리는 열전도성이 있는 칼집(sheath) 안에 놓여지며, 이는 온도탐침을 강한 유체의 부식성이나 높은 속도에 의한 기계적 손상으로부터 보호한다. 주위의 온도는 일반적으로 관 안에 있는 유체의 온도와 다르므로, 유체와 관벽 사이에는 온도차가 있다. 그림 3·16에 나타낸 것처럼 관벽에 장착되어 관내부로 튀어나와 있는 열우물을 열전도를 위한 통로를 제공한다. 이와 같이 열우물은 핀 휜처럼 작용한다. 온도탐침은 열우물 끝에서의 온도 T_t를 측정하나 이는 유체온도 T_∞와 동일하지 않다. 왜냐하면 온도구배가 열우물에 존재하고 온도 감지기 측정값의 오차가 결과로써 발생한다. 예제 3.10에서 전형적인 열우물 장치에 대한 측정오차를 밝혀낸다.

그림 3·16 열우물 설치

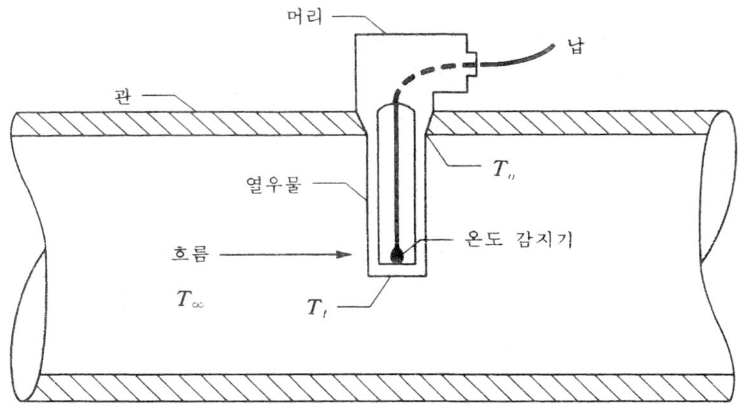

예제 3.10 22 gage 구리－콘스탄탄(copper－constantan) 열전쌍이 단열된 강관 안에 흐르는 오일의 온도를 측정하기 위하여 사용된다. 열전쌍을 보호하기 위하여 AISI 316 스테인리스강의 열우물이 사용된다. 열우물의 바깥지름과 안지름은 각각 1.945 cm와 0.978 cm이다. 유체에 노출된 열우물의 길이로써 정의되는 삽입길이는 6.35 cm이다. 오일의 온도는 120℃이고 관벽의 온도는 105℃이다. 열전쌍에 의하여 측정된 온도를 구하라.

풀이 스테인리스강의 열우물은 베이스가 관벽에 부착된 핀 휜으로 작용한다. 열우물의 안쪽과 바깥쪽 반지름은

$$R_i = 0.489\text{ cm} = 0.004\,89\text{ m}, \quad R_o = 0.973\text{ cm} = 0.009\,73\text{ m}$$

이므로 핀 휜의 단면적은 다음과 같다.

$$A = \pi(R_o^2 - R_i^2)$$
$$= \pi(0.009\,73^2 - 0.004\,89^2)\ \mathrm{m}^2 = 2.223 \times 10^{-4}\ \mathrm{m}^2$$

열우물의 단면적은 22 gage 열전쌍 전선의 단면적보다 훨씬 더 크므로 열전쌍 전선에서의 열전도는 무시한다. 핀 휜의 둘레와 높이는

$$P = 2\pi R_o = 2\pi(0.009\,73\ \mathrm{m}) = 0.0611\ \mathrm{m}$$
$$b = 6.35\ \mathrm{cm} = 0.0635\ \mathrm{m}$$

이다. 부록 C는 300 K에서 AISI 스테인리스강의 열전도도 $k = 13.4\ \mathrm{W/m \cdot K}$임을 제시한다. 7장에서 논의될 방법을 이용하여 얻어진 열전달 계수는 $37\ \mathrm{W/m^2 \cdot K}$이다. 그러므로 휜 매개변수 m은

$$m = \sqrt{\frac{hP}{kA}} = \left[\frac{(37\ \mathrm{W/m^2 \cdot K})(0.0611\ \mathrm{m})}{(13.4\ \mathrm{W/m \cdot K})(2.223 \times 10^{-4}\ \mathrm{m^2})}\right]^{1/2} = 27.5\ m^{-1}$$

$x = b$인 휜 팁에서의 온도를 알고자 한다. $\cosh(0) = 1$이고 휜 팁 온도는 T_t이므로 식 (3 · 9)는 다음과 같이 된다.

$$\frac{\theta}{\theta_0} = \frac{1}{\cosh(mb)} = \frac{T_t - T_\infty}{T_0 - T_\infty}$$

T_t에 대하여 풀면

$$T_t = \frac{T_0 - T_\infty}{\cosh(mb)} + T_\infty$$
$$= \frac{(105 - 120)\,℃}{\cosh[(27.5\ \mathrm{m}^{-1})(0.0635\ \mathrm{m})]} + 120℃ = -5.1℃ + 120℃ = 114.9℃$$

이다. 오일의 실제온도는 120℃이므로 열우물 핀 휜은 다음과 같은 측정오차를 야기시키며

$$\%\ 오차 = \frac{114.9 - 120}{120} \times 100\% = -4.3\%$$

이런 오차는 몇몇 응용분야에서 큰 영향을 미칠 수 있다. 이러한 오차는 온도차 $T_0 - T_\infty$를 줄이기 위하여 관을 단열시킴으로써 감소될 수 있다. 다른 해결방법은 핀 휜의 높이 b를 증가시키는 것이다. 즉, 열우물 삽입길이를 증가시키는 것이다. 관의 크기는 온도 감지기를 관의 중앙에 장착하려 한다면 삽입길이는 관의 반지름으로 제한된다. 삽입길이는 열우물을 관의 축에 대하여 각도를 이루며 장착되게 함으로써 관의 반지름보다 길게 커질 수 있다.

참 고 문 헌

1. Kraus, A. D. 1964. *Extended Surfaces*. Baltimore: Spartan Books.
2. Kern, D. Q., and A. D. Kraus. 1972. *Extended Surface Heat Transfer*. New York: McGraw–Hill Book Co.

3. Harper, W. B., and D. R. Brown. 1922. "Mathematical Equations for Heat Conduction in the Fins of Air-cooled Engines." *NACA Report* No. 158.
4. Gardner, K. A. 1945. "Efficiency of Extended Surfaces." *Trans. ASME* 67: pp. 621~631.
5. Snider, A. D., and A. D. Kraus. 1983. "Recent Developments in the Analysis and Design of Extended Surface." *J. Heat Transfer* 105: pp. 302~306.
6. Bar-Cohen, A., and M. Jelinek. 1985. "Optimum Arrays of Longitudinal, Rectangular Fins in Convective Heat Transfer." *Heat Transfer Engineering* 6, no. 3: pp. 68~78.
7. Kraus, A. D., and A. Bar-Cohen. 1995. *Design and Analysis of Heat Sinks*. New York: John Wiley & Sons.
8. Moore, M. 1988. "Heat Sinks for Gate Arrays." *Electronic Packaging and Production* (January): pp. 96~99.
9. Joshi, H. M., and R. L. Webb. 1987. "Heat Transfer and Friction in the Offset Strip-fin Heat Exchanger." *Int. J. Heat Mass Transfer* 30, no. 1: pp. 69~83.
10. Berardinis, L. A. 1991. "The Packaging Hurdle." *Machine Design* (April 25): pp. 55~65.
11. Bar-Cohen, A. 1986. "High Heat from a Small Package." *Mechanical Engineering* (March): pp. 36~42.
12. Kraus, A. D., and A. Bar-Cohen. 1983. *Thermal Analysis and Control of Electronic Equipment*. New York: Hemisphere Publishing Corp.
13. Steinberg, D. S. 1980. *Cooling Techniques for Electronic Equipment*. New York: John Wiley & Sons.
14. Tuckerman, D. B., and R. F. W. Pease. 1981. "High-Performance Heat Sinking for VLSI." *IEEE Electron Device Letters* EDL-2, no. 5 (May): pp. 126~129.

연 습 문 제

세로 휜

3.1 6061 알루미늄 세로 휜의 높이, 길이 및 두께는 각각 3.2 cm, 15 cm 및 2 mm이다. 휜 베이스의 온도가 55℃로 유지되고 주위공기 온도가 20℃이며, 여기서의 열전달 계수가 34 $W/m^2 \cdot K$라면 휜으로부터의 열전달은 얼마인가?

3.2 문제 3.1에서 휜에 대한 온도분포를 나타내는 그림을 그려라.

3.3E 높이, 길이 및 두께가 각각 0.85 in, 7 in 및 0.09 in인 휜 베이스는 일정하게 120°F로 유지된다. 80°F의 물이 휜을 가로질러 흐르며 이곳에서의 열전달 계수는 42 Btu/h · ft^2 · °R이다.

3.4 AISI 302 스테인리스강의 세로 휜의 길이와 두께는 각각 8 cm와 1.2 mm이다. 휜 베이스는 85℃로 유지되고 22℃의 실내공기는 휜을 가로질러 흐르며, 열전달 계수는 18 W/m^2 · K이다. 휜으로부터 2.5 W를 전달하기 위하여 요구된 휜높이는 얼마인가?

3.5 세로 휜은 각각 5 cm, 20 cm 및 2.4 mm의 높이, 길이 및 두께를 가졌다. 13 W/m^2 · K의 열전달 계수가 주어진다면 휜이 (a) 순수구리, (b) 순수 알루미늄, (c) 6063 알루미늄, (d) 모넬 400으로 만들어졌을 때 각각의 휜효율을 구하라.

3.6 6061 알루미늄의 세로 휜이 30℃ 공기에 7 W를 전달하는 데 열전달 계수는 12 W/m^2 · K이다. 휜높이와 두께는 각각 4.5 cm와 2.1 mm이다. 휜 베이스 온도가 85℃로 유지된다면 휜길이는 얼마이어야 하는가?

핀 휜

3.7 3003 알루미늄으로 만들어진 핀 휜의 높이 및 지름은 각각 2.3 cm와 0.35 cm이다. 65℃의 휜 베이스 온도는 유지되면서 10℃ 공기가 핀 휜 주위를 흘러가며, 이 때 열전달 계수는 35 W/m^2 · K이다. 휜으로부터의 열전달을 구하라.

3.8E 0.14 in 지름의 핀 휜이 75°F의 대기중 공기에 0.5 Btu/h를 전달하며, 이 때 열전달 계수는 2 Btu/h · ft^2 · °R이다. 휜 베이스 온도는 185°F로 유지된다. 휜이 적놋쇠(red brass)로 만들어졌다면 요구되는 휜높이는 얼마인가?

3.9 그림 3 · 17에 나타낸 구리 핀 휜의 베이스와 팁에서의 온도를 계산하라.

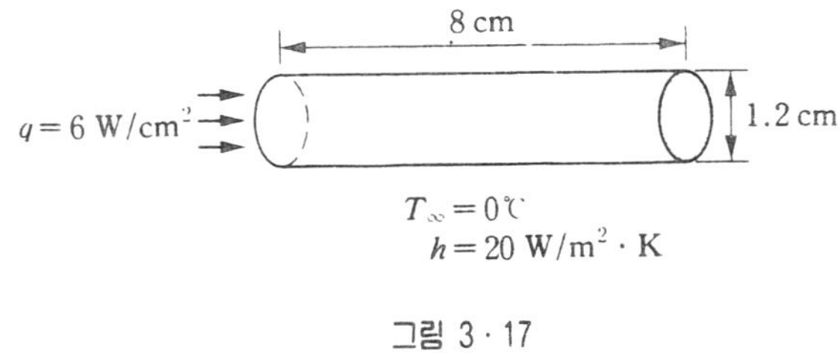

그림 3 · 17

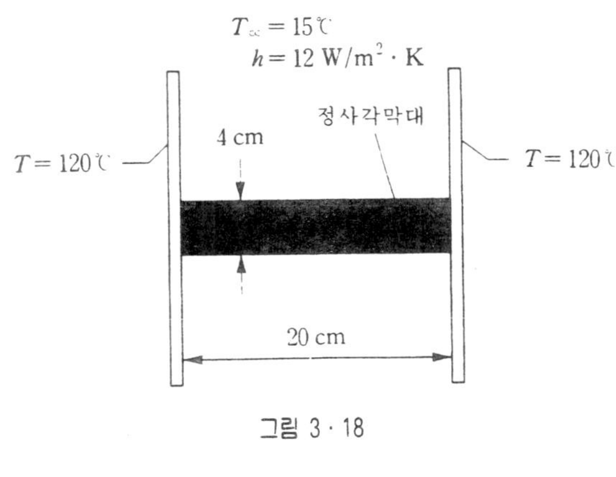

그림 3 · 18

3.10 AISI 4130 쇠막대가 온도가 350℃인 가열로 벽의 옆에서 튀어나와 있다. 쇠막대의 길이와 지름은 각각 28 cm와 6.5 cm이다. 막대주변의 공기온도는 35℃이고 열전달 계수는 15 W/m^2 · K이다. 막대로부터의 열전달은 얼마인가?

3.11 지름 3 mm의 4개의 핀 휜을 고려하자. 각 휜은 25℃ 공기에 0.69 W를 전달하고 열전달 계수는 60 W/m^2 · K이다. 각 휜의 베이스 온도는 105℃이다. 4개의 휜이 (a) 순수구리, (b) 7075 알루미늄, (c) 순수니켈, (d) AISI 410 스테인리스강으로 만들어졌을 때 각각의 경우 요구되는 휜높이를 구하라.

3.12 AISI 316 스테인리스강의 사각막대가 그림 3 · 18과 같이 두 개의 뜨거운 판 사이에 걸쳐 있다. 각 판은 120℃로 유지된다. 판 사이의 간격은 15℃의 공기로 채워져 있고 열전달 계수는 12 W/m^2 · K이다. 막대로부터의 열전달과 판 사이 막대의 중심온도를 구하라.

◈ 방사상 휜

3.13 순수구리 방사상 휜의 안쪽 및 바깥쪽 반지름이 각각 1.7 cm와 5 cm이다. 휜두께는 1.9 mm이고 휜주위는 60℃ 물이며 열전달 계수는 340 W/m^2 · K이다. 휜 베이스가 175 ℃로 유지될 때 휜으로부터의 열전달을 구하라.

3.14 바깥쪽 및 안쪽 반지름 및 두께가 각각 1 cm, 4 cm 및 2 mm인 방사상 휜이 30℃ 공기에 노출되어 있다. 휜 베이스는 145℃로 유지된다. 열전달 계수가 32 W/m^2 · K이고 휜이 (a) 순수구리, (b) 순수 알루미늄, (c) 황놋쇠(yellow brass), (d) 모넬 400으로 만들어졌을 때 각각의 경우 열전달을 구하라.

3.15 안쪽 및 바깥쪽 반지름이 각각 2.5 cm 및 7 cm인 모넬 400 방사상 휜의 효율을 구하라. 휜두께는 3 mm이고 열전달 계수는 60 W/m^2 · K이다.

3.16E 1100 알루미늄 방사상 휜이 18 Btu/h를 80°F인 공기에 전달하고 있고, 열전달 계수는 4 Btu/h · ft^2 · °R이다. 휜의 안쪽 및 바깥쪽 반지름은 각각 0.80 in 및 2.2 in이다. 휜두께가 0.020 in라면 휜 베이스의 온도는 얼마인가?

3.17 순수니켈 방사상 휜이 각각 1.6 mm 및 2.17 cm의 두께 및 안쪽 반지름을 가졌다. 휜주위는 15℃의 공기가 있으며 열전달 계수는 18 W/m^2 · K이다. 휜 베이스의 온도가 80℃일 때 26 W를 전달한다면 요구되는 휜의 바깥쪽 반지름은 얼마인가?

◈ 휜이 사용되어야 할 때

3.18E AISI 302 스테인리스강의 세로 휜의 효율을 구하라. 휜의 높이와 두께는 각각 1.3 in, 0.125 in이고 열전달 계수는 3500 Btu/h · ft^2 · °R이다. 이 때 이 휜이 사용되어야 하는가?

3.19 AZ31B 마그네슘으로 만들어진 핀 휜의 효율을 구하라. 핀 휜의 높이와 지름은 각각 3 cm와 4 mm이다. 열전달 계수가 7500 W/m^2 · K일 때 이 휜이 사용되어야 하는가?

3.20 1.5 in, schedule 40의 강관에 장착된 AISI 316 스테인리스강의 방사상 휜을 지니는 히트싱크가 있다. 휜의 바깥지름과 두께는 각각 7.5 cm와 2.8 mm이다. 만일 열전달 계수가 29 W/m^2 · K이면 이 히트싱크는 장착되어야 하는가?

◈ 휜 최적화

3.21 휜높이가 12 cm이고 열전달 계수가 175 W/m^2 · K일 때 195 주물 알루미늄 세로 휜의 최적두께를 구하라.

3.22 휜두께가 1.2 mm이고 열전달 계수가 476 W/m^2 · K일 때 순수니켈 세로 휜의 최적높이를 구하라.

3.23 최적 세로 휜의 휜효율은 무엇인가?

3.24 세로 휜의 높이와 두께가 각각 9 cm와 3.6 mm로 고정된 약간의 한정된 경우를 가정하자. 만일, 열전달 계수가 79 W/m^2 · K이면 휜 최적화를 위한 휜의 열전도도는 얼마여야 하는가?

◈ 히트싱크

3.25 히트싱크가 그림 3 · 19와 같을 때 (a) 휜효율, (b) 표면적 효율, (c) 히트싱크로부터의 열전달을 구하라.

3.26 12 세로 휜을 갖는 히트싱크가 40℃ 공기에 47 W를 전달하는 데 열전달 계수는 16 W/m^2 · K이다. 휜높이, 길이, 두께는 각각 2.6 cm, 30 cm, 2.8 mm이다. 히트싱크의 베이스는 30 cm × 24 cm이다. 히트싱크가 6063 알루미늄으로 만들어져 있다면 휜 베이스의 온도를 구하라.

3.27 40개의 핀 휜을 갖는 히트싱크가 16 cm × 10 cm의 베이스를 지니고 있다. 핀 휜의 높이와 지름은 각각 3 cm와 4.0 mm이다. 15℃ 공기가 휜을 가로질러 통과하고 형성된 열전달 계수는 55 W/m^2 · K이다. 만일 히트싱크가 195 주조 알루미늄으로 만들어졌고 히트싱크로부터의 열전달이 29 W일 때 히트싱크 베이스의 온도는 얼마인가?

3.28 6061 알루미늄 핀 휜 히트싱크의 부착으로 전력 공급기의 온도가 유지되고 있다. 히트

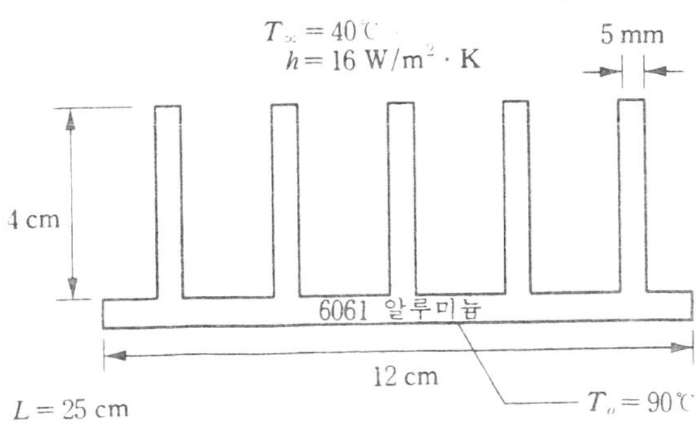

그림 3 · 19

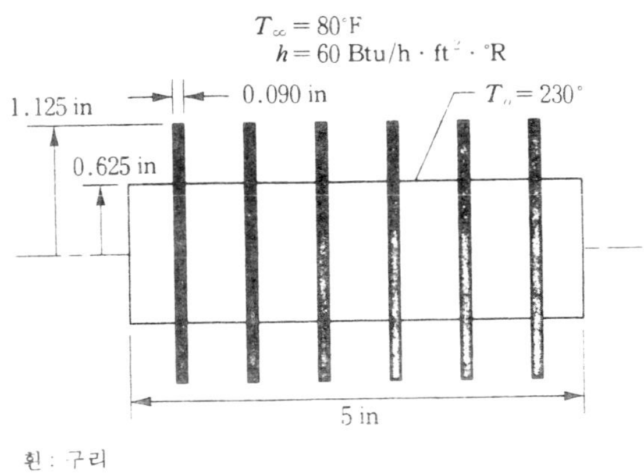

그림 3 · 20

싱크 부착을 위한 전력 공급기의 베이스는 12 cm×19 cm로 측정되었다. 공간의 한계는 핀 휜의 높이 4 cm와 휜의 지름 3.5 mm로 제한되어 있다. 전력 공급기는 385 W를 방출하고 베이스의 온도는 85℃를 넘지 않았다. 만일 주변공기의 온도가 20℃이고 열전달 계수가 69 W/m^2·K일 때 이 히트싱크가 필요로 하는 핀 휜은 몇 개인가?

3.29E 그림 3·20에 나타낸 방사상 휜을 지니는 히트싱크의 (a) 휜효율, (b) 표면적 효율, (c) 히트싱크로부터의 열전달을 각각 구하라.

3.30 집적회로(IC)의 온도가 집적회로에 부착된 5개의 세로 휜으로 구성된 작은 히트싱크에 의해 125℃로 유지되고 있다. 히트싱크의 베이스는 집적회로 패키지와 같은 크기인 1.8 cm×5 cm이다. 주변공기의 온도와 열전달 계수는 각각 55℃와 25 W/m^2·K이다. 휜의 높이, 길이, 두께는 각각 6 cm, 5 cm와 1 mm이다. 만일 히트싱크가 3003 알루미늄으로 만들어져 있고 집적회로가 650 mW를 방출할 때 집적회로(IC)의 표면온도는 얼마인가?

3.31 식 (3·39)를 유도하라.

3.32 다른 모든 매개변수가 특정지어졌을 때 히트싱크의 필요한 세로 휜의 수를 구하는 식이 다음과 같음을 보여라.

$$N_f = \frac{\dot{Q}/Lh\theta_0 - W}{2b\eta - t}$$

3.33 세로 휜을 갖는 6063 알루미늄 히트싱크에 의하여 변압기의 표면이 50℃로 유지된다. 변압기의 표면은 0.75 m×1.2 m로 측정되었고, 휜의 높이, 길이, 두께는 각각 10 cm, 1.2 m, 9 mm이다. 주변온도는 20℃이고 열전달 계수는 13 W/m^2·K이다. 만일 열전달이 1.2 kW로 방출된다면 히트싱크는 얼마나 많은 휜을 가져야 하는가?(문제 3.32)

◈ 응 용

3.34 30℃의 주변공기에 전력 공급기가 32 W의 열을 방출한다. 전력 공급기의 바닥면적은 12 cm×9 cm이다. 방출되는 모든 열이 베이스 바닥을 통해 전달된다면 베이스 바닥의 온도를 히트싱크가 부착된 경우와 부착되지 않은 경우에 대하여 각각 구하라. 히트싱크의 재질은 6063 알루미늄이고 높이, 길이, 두께는 각각 1.8 cm, 12 cm, 0.7 mm인 동일공간을 갖는 10개의 휜을 갖는다 두 가지 경우에 대해 열전달 계수는 42 W/m^2·K를 사용하고 접촉저항은 무시하라.

3.35 작은 접합물은 구리로 되어 있고 길이가 2 cm, 지름이 3.18 mm이다. 접합물을 효율적으로 녹이기 위해 팁의 끝부분의 온도는 200℃가 되어야 한다. 주위의 공기온도가 22℃이고 열전달 계수가 12 W/m^2·K일 때 팁의 열전달 계수와 상응되는 온도를 구하라.

3.36E 한 건물의 외벽으로부터 창문 사이에 48개의 큰 직사각형의 화강암으로 돌출되어 있다. 돌출된 화강암은 건물의 표면으로부터 2.5 ft 나와 있고 8 in의 두께를 지니고 있으며

지면으로부터 건물 윗부분으로 140 ft 높이로 세워져 있다. 밖의 온도가 45°F를 기준으로 할 때 이 화강암 구조에서의 총 열손실을 구하라. 벽의 온도는 60°F이고, 밖의 열전달 계수는 4 Btu/h · ft^2 · °R로 가정하라.

3.37 이행정(two stroke) 오토바이 엔진은 엔진을 냉각시키기 위한 24개의 같은 방사상 휜이 부착된 길이 16 cm, 지름 12 cm의 실린더를 지니고 있다. 휜의 높이는 2.6 cm이고, 두께는 3 mm이다. 25℃의 날에 표준주행 시험 동안 실린더의 표면은 195℃에 이른다. 열전도도가 170 W/m · K인 알루미늄 주물로 실린더가 구성되어 있다면, 실린더로부터의 열전달은 얼마나 되겠는가? 열전달 계수는 55 W/m^2 · K로 가정하라.

3.38 그림 3 · 21에 보인 트랜지스터는 TO−5 캔 패키지 위에 있고 320 mW의 열을 발산한다. 그림에서와 같이 휜 튜브형 히트싱크가 트랜지스터 케이스 위에 장착되어 있어서 55 ℃ 공기의 자연적인 대류에 의한 열전달을 증가시킨다. 열전달 계수가 13 W/m^2 · K이고 히트싱크가 1100 알루미늄으로 되어 있을 때 트랜지스터의 케이스 온도는 얼마인가? 트랜지스터 위로부터의 대류를 포함하고 h의 값은 동일하다. 트랜지스터 케이스와 히트싱크와의 접촉저항은 무시한다.

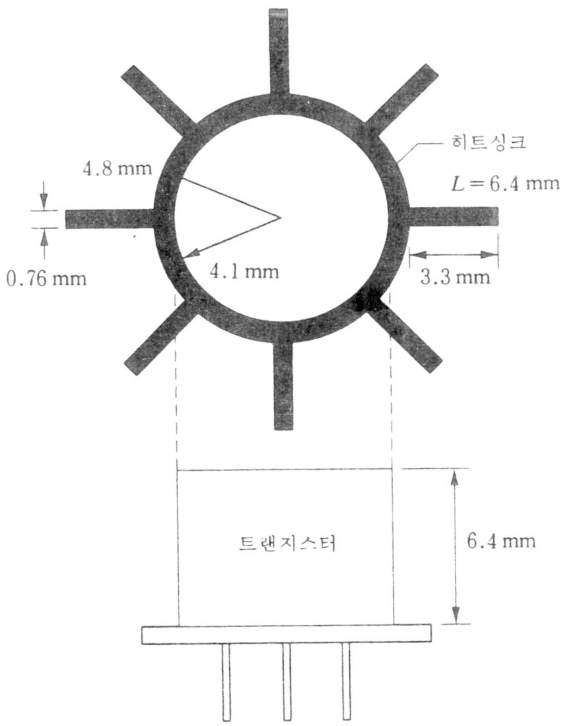

그림 3 · 21

3.39 보이스카우트가 캠프파이어 위에 구리선으로 만들어진 0 gage를 만듦으로써 위너

(wiener) 소시지를 담는 장치를 제작하였다. 열전달에 능통한 소년단 대장이 소년단원에게 뜨거운 소시지에서 40 cm 이내의 와이어를 만지면 화상을 입을 것이라고 가르쳐 주었다. 소시지가 있는 와이어의 온도가 150℃일 때 소년단원의 손에 접촉된 와이어의 온도는 얼마인가? 열전달 계수는 15 $W/m^2 \cdot K$이고 공기의 온도는 10℃이다. 소년단 대장의 지적이 옳은가?

3.40E 일반적으로 머리카락은 머리를 보호한다고 생각한다. 평균적으로 성인의 머리에는 1 in^2당 1500개의 머리카락이 있다. 두피 · 머리카락 시스템(skin hair system)을 열전달 표면으로 다룬다고 가정을 하면 히트싱크인 머리와 주변의 공기와의 대류에 의한 열전달로 볼 수 있다. 피부(두피)와 주위의 공기와의 온도차가 17°F일 때 피부 1 in^2 면적의 열전달을 계산하라. 머리카락의 높이와 지름을 각각 1.5 in, 0.003 in인 작은 핀 휜으로 적용하고 열전달 계수가 12 $Btu/h \cdot ft^2 \cdot °R$이다. 머리카락의 열전도도는 약 0.2 $Btu/h \cdot ft^2 \cdot °R$이다. 이 열전달을 머리카락이 없는 경우와 비교하라.

4. 2차원적 정상전도

4.1 서 론

2장과 3장에서 전도가 한 방향이고 정상상태인 열전달 시스템을 다루었다. 1D 정상전도(steady conduction)는 3차원 공간에서 시간에 따라 변하는 전도의 일반적인 상황 중에서 특수한 경우이다. 이 장에서 2차 공간좌표를 추가함으로써 1D 정상전도에 관한 연구를 2D 정상전도까지 확장한다. 예를 들면 직각 좌표계에서 전도는 면영역에서 일어나므로 온도는 x와 y좌표의 함수이다.

어떻게 전도가 2차원적일 수 있는지를 알기 위하여 휜에서의 열전달을 재검토해보자. 3장에서 휜에서의 전도는 1차원적인 것으로 가정하였다. 이 가정은 베이스에서 팁까지 휜의 축을 따라 간단한 온도변화를 나타내게 한다. 그림 4·1에 나타낸 것처럼 휜의 온도는 오직 베이스로부터의 축방향 길이의 함수만이 아니다. 주어진 좌표 x에서 휜온도는 휜의 축에서 가장 크지만 대류가 일어나는 더 차가운 휜표면을 향하여 가면서 대칭적으로 작아진다. 열은 높은 온도영역에서 낮은 온도영역으로 흐르므로 열흐름 경로는 더 차가운 휜표면을 향하여 휜의 축

그림 4·1 휜에서의 2D 전도

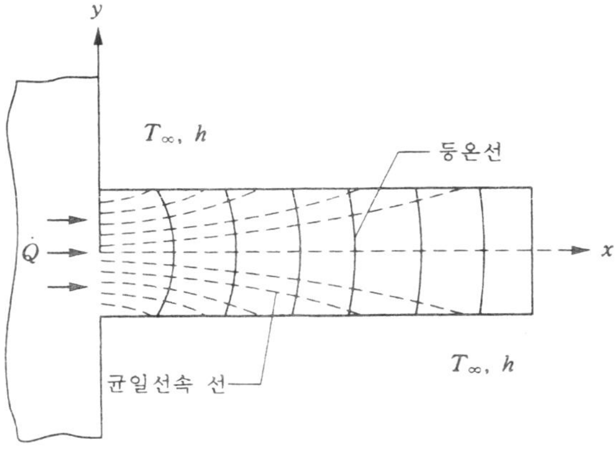

으로부터 벗어난다. 그림 4·1에 점선으로 그려진 열흐름 경로는 **등플럭스선**(isoflux line)이라고 불린다. 왜냐하면 이들은 동일한 열플럭스의 선이기 때문이다. 그림 4·1에 실선으로 그려진 동일한 온도의 선은 **등온선**(isotherm)이라 불린다. 등온선과 등플럭스선은 2차원 영역이 고려되는 모든 곳에서 서로 수직이며 망(mesh)을 형성한다. 망은 2차원 영역의 열전달과 온도분포의 도식적 표현방법이다.

2차원 전도는 다양한 환경에서 일어난다. 2차원 전도는 특히 복합구조에서 널리 행해진다. 2장에서 논의된 것처럼 평행하게 놓여진 구성물들로 이루어진 복합벽에서의 전도는 구성물들의 열전도도가 다르면 2차원적이다. 섬유가 감겨진 복합물에서의 전도는 섬유에 수직이고 평행인 방향으로의 열전도도의 차이 때문에 강력하게 2차원적이다. 히트소스(heat source)가 역시 2D 전도에 영향을 미칠 수 있다. 예를 들면 2D 전도는 열발생 장치로 채워져 있는 인쇄회로 기판에서 일어난다. 뜨거운 유체를 나르면서 묻혀 있는 관주위의 온도분포는 2차원적이다. 긴 사각 쇠막대를 담금질하는 것은 2차원적 온도분포를 만들어 낸다. 전도가 2차원적인 상황은 수없이 많다.

이 장에서 2D 정상전도 문제를 풀기 위하여 3가지 다른 방법을 조사한다. 첫번째 방법은 전도형상 인자(conduction shape factor)를 사용하는 것으로 이는 수정된 푸리에 법칙을 이용하여 2D 문제를 1D 문제로 만들 수 있게 한다. 두 번째 방법은 미분 방정식의 직접적인 해석해(analytical solution)로 구성되어 있다. 이 접근방법에 포함된 수학적 복잡성 때문에, 이 풀이절차 자체는 주어지지 않지만, 몇몇 대표적 경우에 대한 해는 제시될 것이다. 세 번째 접근방법은 컴퓨터 해에 바로 적합한 수치해법(numerical method)이다. 앞의 처음 두 방법은 간단한 기하학적 특성이나 정규적인 경계조건을 포함하는 문제에 제한되어 있다. 그러나 수치해법은 기하학적 특성이 복잡하고 경계조건이 비정규적인 2D 전도문제를 풀기 위하여 사용될 수 있다. 전도형상 인자와 해석해의 대략적인 내용을 제시하는 것에 이어서, 이 장의 나머지는 수치해법을 이용하는 2D 전도문제의 풀이에 집중되어 있다.

4.2 전도형상 인자

많은 2차원 전도문제는 두 개의 등온표면 사이의 열전달을 포함한다. 전도형상 인자는 푸리에 법칙에 유사한 형태로 2D 전도문제에 해를 제공하는 매개변수이다. 두 개의 등온표면을, 온도가 하나는 T_1, 다른 하나는 T_2라고 가정하자. 표면 사이에서 전도에 의한 열전달은 다음 관계식에 의하여 정의될 수 있다.

$$\dot{Q} = kS\Delta T \tag{4 · 1}$$

여기서 $\dot{Q}$: 열전달(W)

k : 표면 사이 물질의 열전도도(W/m · K)

S : 전도형상 인자(m)

ΔT : 온도차 $T_1 - T_2$(K)

전도형상 인자 S에 대한 관계식은 수많은 기하학적 특성에 대하여 연구되었으며, 이들 중 일부는 표 4 · 1에 나타내었다. 표 4 · 1의 처음 두 형상인자는 식 (4 ·

표 4 · 1 보편적인 기하학적 구조에 대한 전도형상 인자

배 열	구 조	형성인자 S	제 한
평판벽	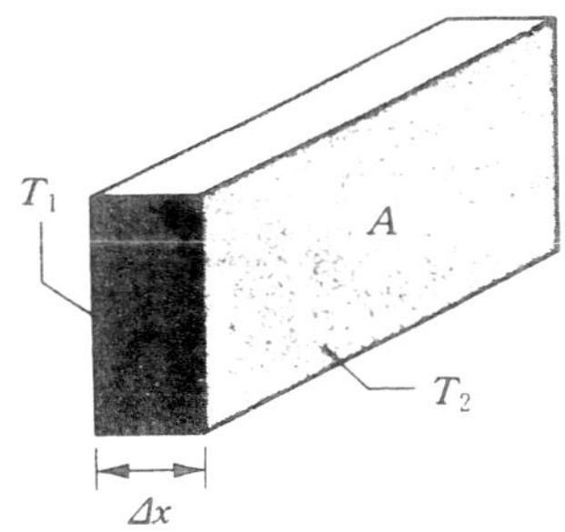	$\dfrac{A}{\Delta x}$	1차원 전도
중공 실린더, 길이 L	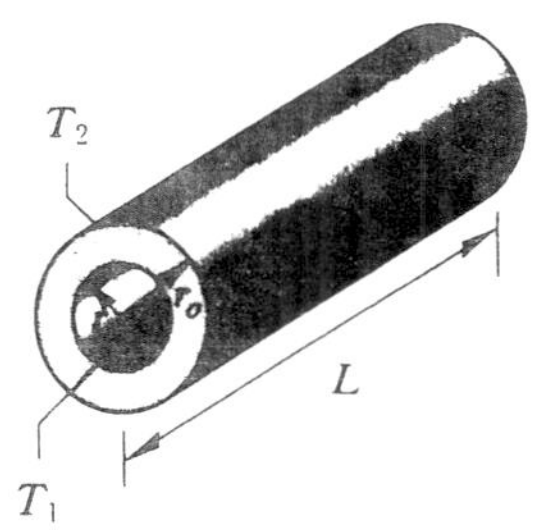	$\dfrac{2\pi L}{\ln(r_o/r_i)}$	$L \gg r_o$
반무한 영역에 묻힌 수평 실린더, 길이 L	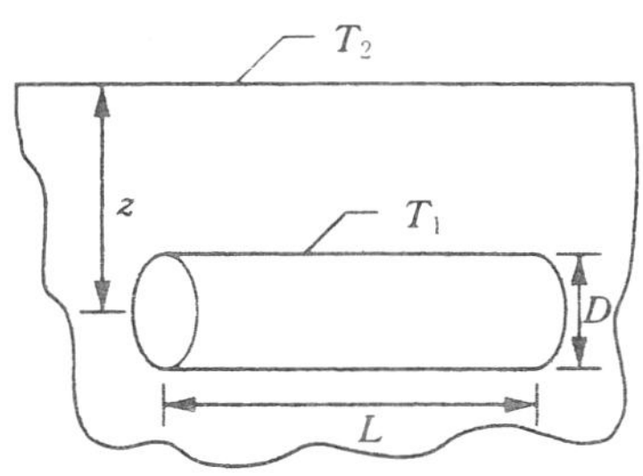	$\dfrac{2\pi L}{\cosh^{-1}(2z/D)}$ $\dfrac{2\pi L}{\ln(4z/D)}$	$L \gg z$, $L \gg D$ $L \gg D$, $z > 3D/2$

표 4·1 (계　속)

반무한 영역에 묻힌 수직 실린더, 길이 L	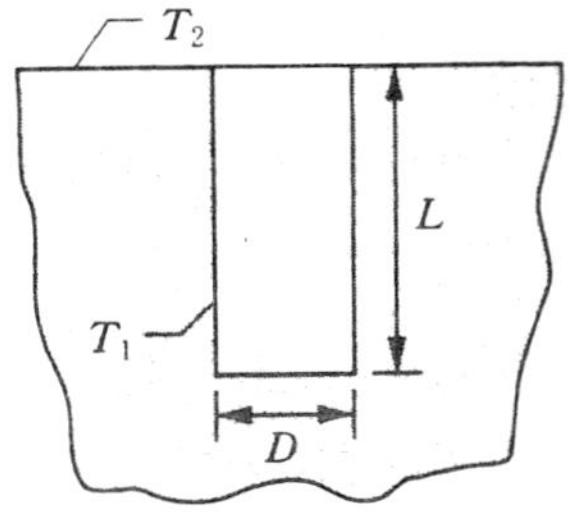	$\dfrac{2\pi L}{\ln(4L/D)}$	$L \gg D$
반무한 영역에 묻힌 구, 지름 D	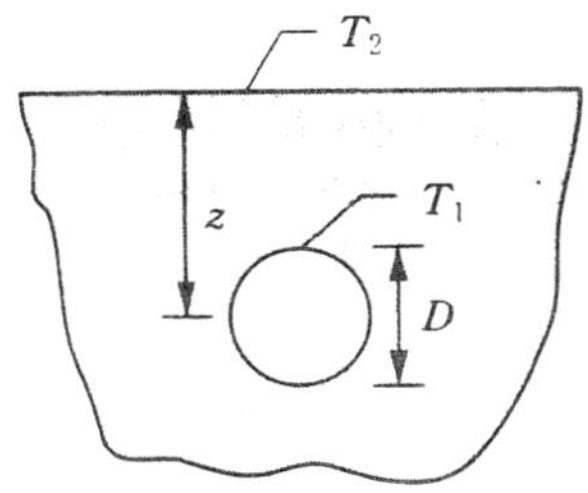	$\dfrac{2\pi D}{1-D/4z}$ $2\pi D$	$z > D/2$ $z \gg D$
반무한 영역에 묻힌 일련의 수평무한 실린더	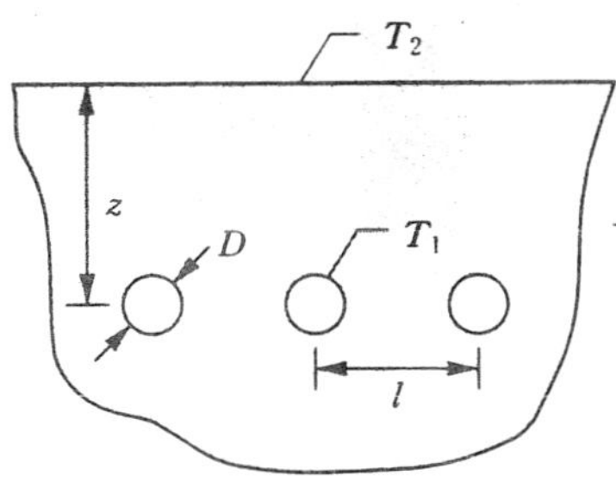	$\dfrac{2\pi L}{\ln\left[\left(\dfrac{2l}{\pi D}\right)\sinh(2\pi z/l)\right]}$	$z > D$
반무한 영역에 묻힌 얇은 수평원반	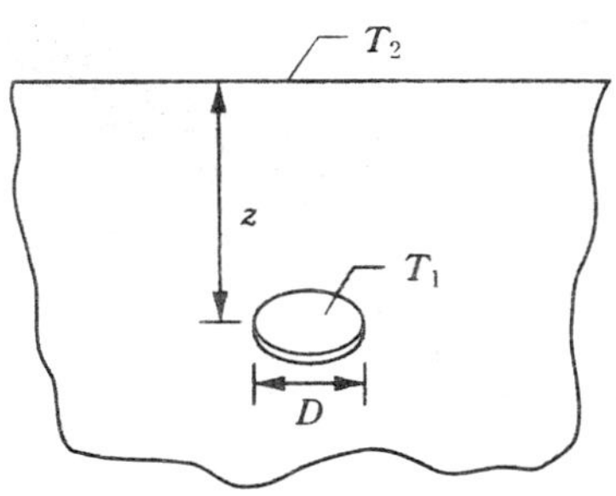	$4D$ $\dfrac{2\pi D}{\pi/2-\tan^{-1}(D/4z)}$ $2D$	$z \gg D$ $z > D$ $z = 0$
길이 L 이고 무한폭을 갖는 판 사이 중앙에 묻힌 실린더	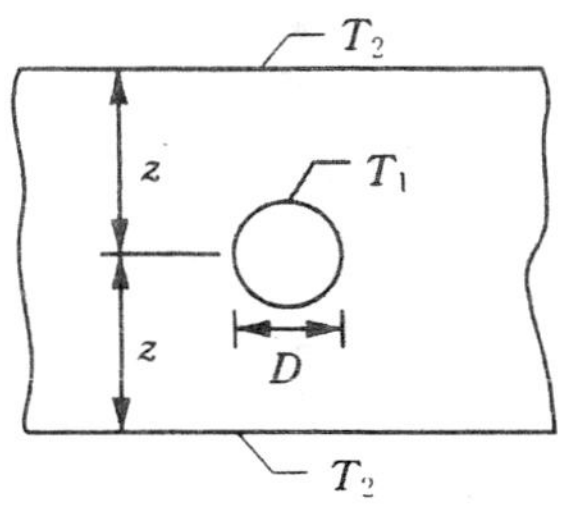	$\dfrac{2\pi L}{\ln(8z/D)}$	$z > D/2$, $L \gg z$

표 4·1 (계 속)

무한영역에 묻힌 두 개의 평행한 실린더, 길이 L	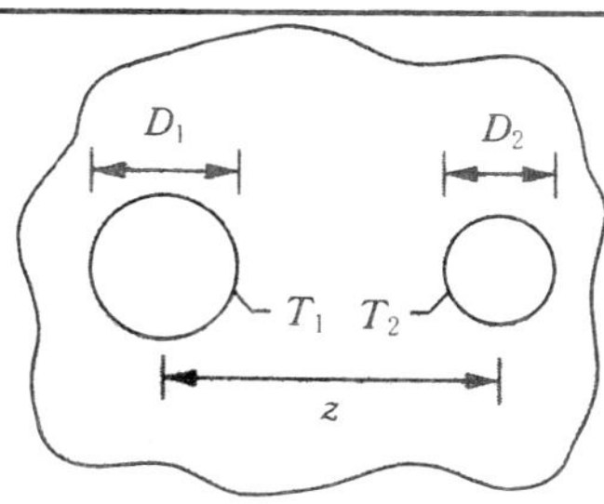	$\dfrac{2\pi L}{\cosh^{-1}\left[\dfrac{4z^2 - D_1^2 - D_2^2}{2D_1 D_2}\right]}$	$L \gg D_1$, $L \gg D_2$, $L \gg z$
동일한 길이의 정사각형 고체 안의 중앙에 위치한 원형 실린더, 길이 L	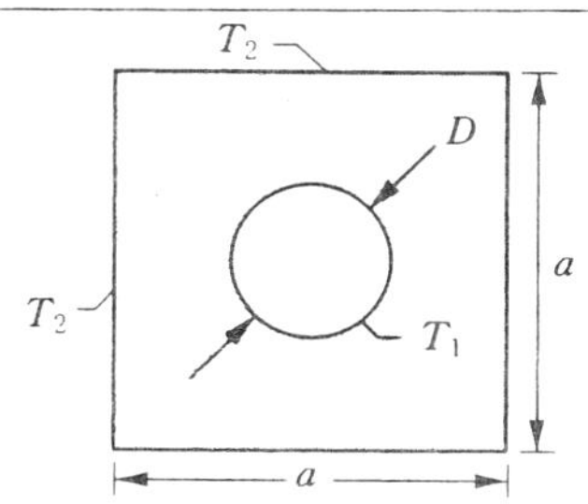	$\dfrac{2\pi L}{\ln(1.08\,a/D)}$	$a > D$, $L \gg a$
정사각형 고체 안의 정사각형 구멍, 길이 L	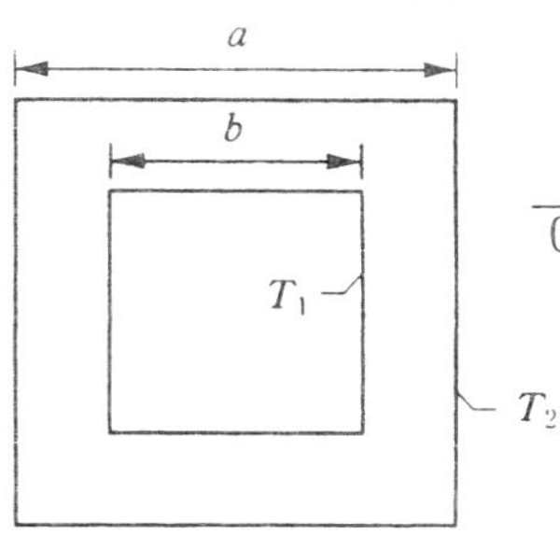	$\dfrac{2\pi L}{0.93\ln(a/b) - 0.0502}$ $\dfrac{2\pi L}{0.785\ln(a/b)}$	$a/b > 1.41$ $a/b < 1.41$
두 개의 인접한 벽의 모서리	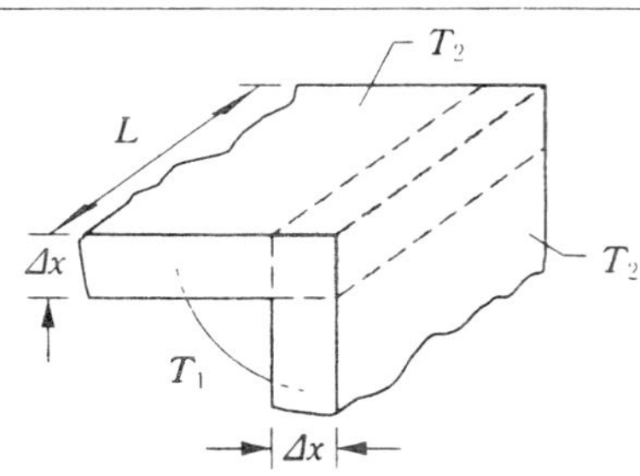	$0.54L$	$L > \Delta x/5$
세 개의 인접한 벽의 코너	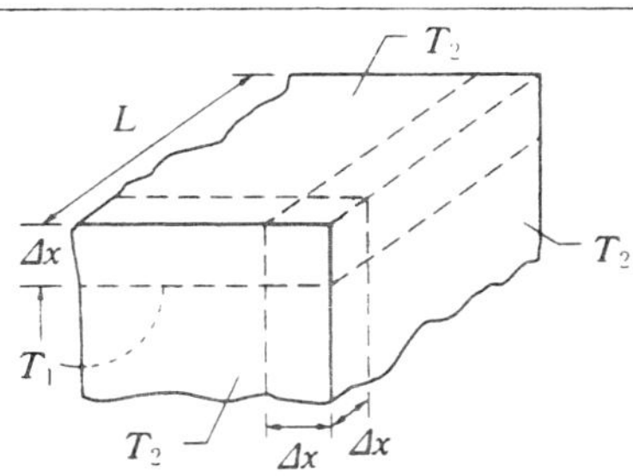	$0.15\Delta x$	$L > \Delta x/5$

* 주 : $\cosh^{-1}(z) = \ln(z \pm \sqrt{z^2 - 1})$, $z \geq 11$

1)에 대입되었을 때 우리에게 이미 낯익은 관계식을 제공한다. 각각 식 (2 · 1)과 식 (2 · 18)에 의하여 주어진 평평한 벽과 긴 중공 실린더(long hollow cylinder)에 대한 푸리에 법칙이다.

예제 4.1 뜨거운 유체를 나르는 긴 관의 중앙선이 지하 40 cm가 되도록 묻혀 있다. 관의 표면온도는 80℃이고 지구의 표면온도는 17℃이다. 관의 바깥지름은 32.4 cm이다. 흙의 열전도도가 2 W/m · K라고 가정하여 관의 단위길이(m)당 열전달을 구하라.

풀이 묻혀 있는 긴 관은 반무한대 영역에 묻혀 있는 수평 실린더에 해당된다. 반무한대라는 말은 한쪽에는 정의된 경계가 있고 다른 방향으로는 무한대로 확장되어 있는 영역을 뜻한다. 그러므로 땅은 반무한대 영역으로 생각될 수 있다. 입력 매개변수의 값은

$$D=0.324\ \text{m},\quad z=0.40\ \text{m},\quad T_1=80℃,\quad T_2=17℃,\quad k=2\ \text{W/m}\cdot\text{K}$$

표 4 · 1에 있는 두 번째 제한사항은 이 문제에 해당되지 않으므로 전도형상 인자는

$$S=\frac{2\pi L}{\cosh^{-1}(2z/D)}$$

전도형상 인자를 식 (4 · 1)에 대입하면 관의 단위길이당 열전달은 다음과 같다.

$$\frac{\dot{Q}}{L}=\frac{2\pi k(T_1-T_2)}{\cosh^{-1}(2z/D)}$$

$$=\frac{2\pi(2\ \text{W/m}\cdot\text{K})(80-17)\ \text{K}}{\cosh^{-1}[2(0.40\ \text{m})/(0.324\ \text{m})]}=510\ \text{W/m}$$

예제 4.2 내부치수가 60 cm×60 cm×60 cm인 작은 입방체의 노(furnace)는 열처리된 점토 벽돌로 이루어진 12 cm 두께의 벽을 가졌다 ($k=0.9$ W/m · K). 노의 외부표면 온도가 350℃일 때 정상상태의 내면온도를 800℃로 조작하기 위하여 요구되는 전력을 구하라.

풀이 이 문제에 대하여 세 가지의 다른 전도형상 인자를 계산해야 한다.

벽 $$S_w=\frac{A}{\Delta x}=\frac{(0.60\ \text{m})^2}{0.12\ \text{m}}=3.00\ \text{m}$$

모서리 $$S_e=0.54L=0.54(0.60\ \text{m})=0.324\ \text{m}$$

코너 $$S_c=0.15\Delta x=0.15(0.12\ \text{m})=0.018\ \text{m}$$

입방체의 노는 6개의 벽, 12개의 모서리 및 8개의 코너를 가졌다. 이와 같이 전체형상 인자는

$$S=6S_w+12S_e+8S_c$$

$$=6(3.00\ \text{m})+12(0.324\ \text{m})+8(0.018\ \text{m})=22.03\ \text{m}$$

그러므로 노를 조작하기 위하여 요구되는 전력과 동일한 열전달은 다음과 같다.

$$\dot{Q} = Sk\Delta T$$
$$= (22.03\ \text{m})(0.9\ \text{W/m}\cdot\text{K})[(800-350)\ \text{K}] = 8922\ \text{W}$$

4.3 해 석 법

해석법(analytical method)을 이용한 2D 정상상태의 전도문제에 대한 풀이방법은 푸리에(J. Fourier)에 의하여 19세기 초에 개발되었다. 그는 열전도를 나타내는 편미분 방정식을 풀기 위하여 변수 분리법(separation of variables technique)을 개척하였다. 해석법은 보통 영역의 기하학적 구조가 간단하기를, 즉 경계조건이 간단한 수학적 형태이고 열특성이 일정하기를 요구한다. 수치해법과는 달리 해석법은 완전해(exact solution)를 제공한다. 결론적으로 해석해는 종종 수치해에 대한 기준(benchmark)으로 사용된다. 이 장의 후반부에 수치해를 검토하기 위하여 몇몇 간단한 문제에 대하여 해석해를 사용할 것이다.

직사각형 영역 안에서의 2D 정상상태의 전도에 대하여 편미분 방정식은

$$\frac{\partial^2 T}{\partial x^2} + \frac{\partial^2 T}{\partial y^2} + \frac{\dot{q}}{k} = 0 \qquad (4\cdot 2)$$

여기서 $\dot{q}$는 내부 열발생이고 k는 열전도도이다. 변수 분리법은 무한수열(infinite series)의 형태로 식 (4 · 2)에 대한 해를 제공한다. 모든 표준 수학적 함수는 무한수열로 표시될 수 있다. 예를 들면 지수함수는 다음과 같이 나타낼 수 있다.

$$e^x = 1 + x + \frac{x^2}{2!} + \frac{x^3}{3!} + \cdots = \sum_{n=0}^{\infty} \frac{x^n}{n!} \qquad (4\cdot 3)$$

$e^{0.5}$를 계산하기 위하여 식 (4 · 3)을 사용하고 4개 항에서 수열을 잘라 줄이면 다음을 얻는다.

$$e^{0.5} = 1 + \frac{0.5}{1} + \frac{0.25}{2\cdot 1} + \frac{0.125}{3\cdot 2\cdot 1} = 1.6458$$

전자 계산기 위의 e^x 누름단추를 사용하여 $e^{0.5}$를 계산하면 다음을 얻는다.

$$e^{0.5} = 1.6487$$

두 결과가 정확하게 일치하지 않는 이유는 수열에서 앞에서부터 4개 항만을 택했기 때문이다. 어떤 정도의 정확도도 충분한 수의 항을 합함으로써 무한수열을 이용하여 얻을 수 있다. 무한수열을 평가 할 때 허용값(tolerance), 즉 0.0001과

같은 임의의 작은 수를 정하는 것은 관례이다. 연속적인 두 항의 차이가 특정 허용값과 같거나 작으면 수렴이 이루어지고 항을 합하는 것은 종결된다. 무한수열은 컴퓨터 프로그램에 조건적인 루프를 사용하면서 효과적으로 평가될 수 있다.

직사각형 영역에서의 2D 정상상태 전도에 대한 해석해는 3가지 다른 경우에 대하여 제시될 것이다. 각각의 경우 전도가 x와 y방향으로만 일어난다는 것을 강조하는 것은 중요하다. 그러므로 2D 영역의 '두께'를 통하여 온도구배가 존재하지 않는다. 예를 들어 고려대상의 영역이 두꺼운 판이라면 특정점 (x, y)에서의 판의 모든 깊이에서의 온도는 동일하다. 더욱이 영역의 면까지나 면으로부터의 열전도가 없다.

경우 1 : 반무한대 직사각형, 내부 무(無)발열

그림 4 · 2에 나타낸 직사각형 영역을 고려하라. 직사각형은 폭이 $2a$인 반무한대 영역이다. 이 형태는 매우 긴 휜이나 판을 대표할 수 있다. 영역의 왼쪽은 온도 T_0에 유지되는 한편, 위쪽과 아래쪽은 온도 T_∞로 유지된다. T_∞는 역시 $x=\infty$에서 지정된다. 열대칭(thermal symmetry), 즉 아래쪽과 위쪽의 온도가 동일하기 때문에 원점은 중앙선에 위치한다. 수학적 편리성을 위하여 새로운 온도를 다음과 같이 정의한다.

$$\theta(x, y) = T(x, y) - T_\infty \tag{4 · 4}$$

여기서 $T(x, y)$는 한 점 (x, y)에서의 온도이고 T_∞는 특정의 경계온도이다. $\theta(0, y) = \theta_0 = T_0 - T_\infty$임을 안다면 경우 1에 대한 경계조건은

B. C. 1 : $\theta(0, y) = \theta_0$

B. C. 2 : $\theta(\infty, y) = 0$

B. C. 3 : $\theta(x, a) = 0$

B. C. 4 : $\theta(x, -a) = 0$

앞의 경계조건에 따른 식 (4 · 2)의 해는 변수 분리법을 이용하여 얻을 수 있고

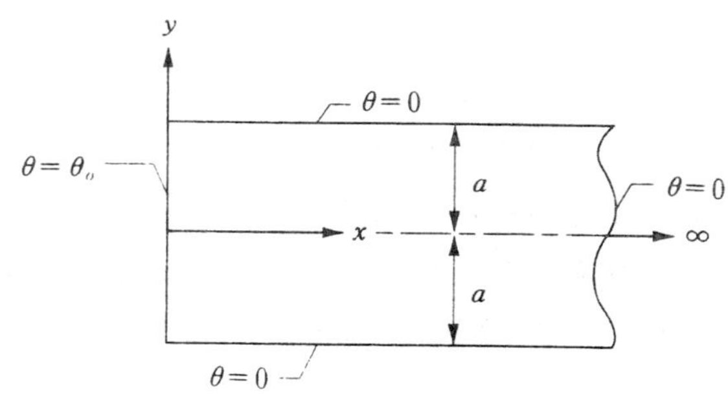

그림 4 · 2 경우 1에 대한 반무한대 직사각형 영역

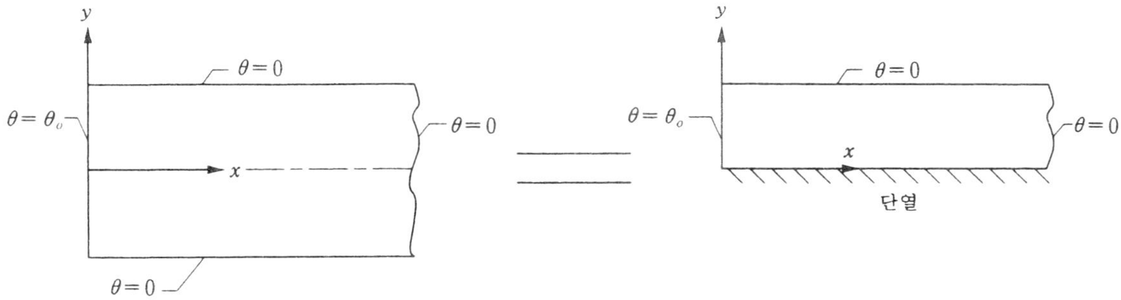

그림 4·3 열대칭이 축주위에 존재할 때 반무한대 영역은 제거되고 단열경계 조건이 적용될 수 있다.

무차원 형태로 다음과 같이 표현될 수 있다.

$$\frac{\theta(x,\ y)}{\theta_0}=\frac{2}{a}\sum_{n=0}^{\infty}\frac{(-1)^n e^{-\lambda_n x}\cos(\lambda_n y)}{\lambda_n} \tag{4·5}$$

여기서

$$\lambda_n=\frac{(2n+1)\pi}{2a} \qquad n=0,1,2,\cdots \tag{4·6}$$

열전도도 같은 열특성이 해 안에 나타나지 않는다는 것은 흥미롭다. 이는 내부 열발생이 없는 정상상태 전도문제에 대하여 항상 같은 경우이다. 여기서 수열이 수렴한다는 것을 알 수 있다. 왜냐하면 n이 증가함에 따라 λ_n이 증가하고 수열 안의 각 순차적인 항은 더 작아지기 때문이다.

예제를 다루기 전에 이 문제의 중요한 특징이 강조되어야 한다. 열대칭이 존재하는데, 이는 위쪽과 아래쪽의 온도가 같기 때문이며, 이는 영역 내의 온도가 x축에 대하여 대칭임을 의미한다. 거울상(mirror image)과 같이 한 점 $(x,\ b)$에서의 온도는 점 $(x,\ -b)$에서의 온도와 같다. 이는 $y=0$에서 등온선은 x축에 직각임을 뜻한다. 그러므로 각 등온선의 구배는 x축 위에서 0이다. 수학적으로 이 조건은 $\partial\theta(x,\ 0)/\partial y=0$으로써 나타낼 수 있다. 온도의 도함수는 0이므로 열전달은 푸리에 법칙에 따라 0이어야 한다. x축을 가로질러 열전달이 없으므로 영역의 아래쪽 반을 제거할 수 있고 단열된 경계조건 $\partial\theta(x,\ 0)/\partial y=0$을 그림 4·3에서처럼 영역의 위쪽 반의 아래쪽에 적용할 수 있다. 문제에서 열대칭을 인식함으로써 영역의 반을 분석할 수 있고, 그 결과는 단열경계 조건을 대칭이 존재하는 쪽에 적용하는 한 자동적으로 다른 반쪽에 적용된다.

예제 4.3 폭이 70 cm인 매우 긴 판의 긴 쪽과 짧은 한쪽이 15℃로 유지되는 반면에, 판의 다른 짧은 쪽은 160℃로 유지된다. 그림 4·2에 나타낸 좌표계를 이용하면 판의 $x=9$ cm, $y=12$ cm인 곳에서의 온도는 얼마인가?

풀이 판의 폭은 70 cm이다. 여기서

$$a = 35\text{ cm} = 0.35\text{ m}, \quad T_0 = 160℃, \quad T_\infty = 15℃$$

이와 같이

$$\lambda_n = \frac{(2n+1)\pi}{2a} = \frac{(2n+1)\pi}{0.70\text{ m}} = 4.488(2n+1)\text{ m}^{-1}$$

관심 있는 점의 좌표는

$$x = 0.09\text{ m}, \quad y = 0.12\text{ m}$$

판의 이 점에서의 정상온도를 얻기 위하여 식 (4·9)를 사용한다. 코사인 함수의 인수는 도(degree)가 아니라 라디안(radians)으로 표시되어야 한다. 무한수열이 어떻게 값이 변하는가를 아는 데 도움이 되게 하기 위하여 표 4·2에 한 항 별로 계산값을 보여 주었다. 첫 번째 열은 합계지수(summation index)이고 두 번째 열은 매개변수 λ_n, 세 번째 열은 n의 각각의 값에 대응하는 합계항이고 , 네 번째 열은 곱수 2/a를 제외시킨 누적합이다. 예상대로 순열의 각 순차적인 항은 증가하는 n에 따라 작아지며, 이에 의하여 순열을 수렴시킨다. 순열은 0.1248값으로 수렴한다. 오직 7개항이 0.0001 m의 허용값 내로 수렴시키기 위하여 필요하다. 이 때 무차원 온도는

$$\frac{\theta}{\theta_0} = \frac{2}{0.35\text{ m}}(0.1248\text{ m}) = 0.7131$$

그러므로 관심 있는 점에서의 온도는

$$T(x, y) = 0.7131\,\theta_0 + T_\infty$$
$$= 0.7131(160 - 15)℃ + 15℃ = 118.4℃$$

표 4·2 무한수열 항의 요약

n	$\lambda_n(m^{-1})$	항 목 (m)	합 계 (m)
0	4.4480	0.1277	0.1277
1	13.4640	0.0010	0.1287
2	22.4400	−0.0053	0.1234
3	31.4160	0.0015	0.1249
4	40.3920	0.0001	0.1250
5	49.3680	−0.0002	0.1248
6	58.3440	0.0001	0.1248

경우 2 : 유한 직사각형, 내부 무(無)발열

경우 1의 변화된 형태를 고려한다. 그림 4·4는 이전처럼 폭 $2a$의 사각형 영역을 보여 주지만 길이는 유한하다. 이 영역은 짧은 휜이나 판을 대표할 수 있다. 이전처럼 영역의 한쪽은 온도 θ_0으로 유지되는 한편, 다른 세 쪽은 $\theta = 0$으로 유지된다. 경우 2에 대한 경계조건은 다음과 같다.

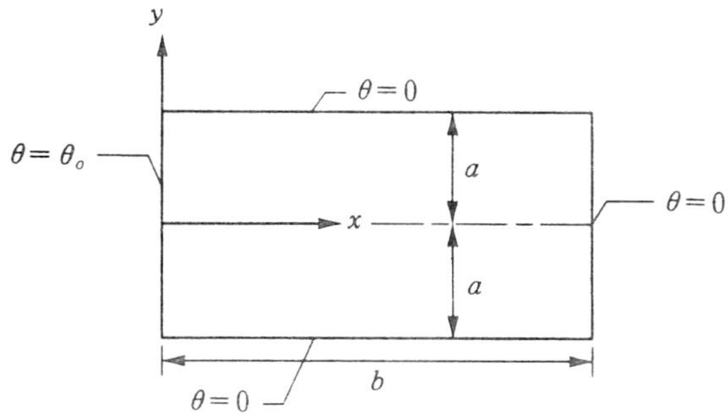

그림 4·4 유한 직사각형 영역

$$\text{B.C. 1}: \quad \theta(0,\ y) = \theta_0$$

$$\text{B.C. 2}: \quad \theta(b,\ y) = 0$$

$$\text{B.C. 3}: \quad \theta(x,\ a) = 0$$

$$\text{B.C. 4}: \quad \theta(x,\ -a) = 0$$

경우 2에 대한 해는 무차원 형태로 표현되어 다음과 같다.

$$\frac{\theta(x,\ y)}{\theta_0} = 2\sum_{n=0}^{\infty} \frac{(-1)^n}{\lambda_n a} \frac{\sinh[\lambda_n(b-x)]}{\sinh(\lambda_n b)} \cos(\lambda_n y) \quad (4\cdot 7)$$

여기서 λ_n은 식 (4·6)에 의하여 주어진다.

예제 4.4 10 cm×5 cm 판의 한쪽은 100℃로 유지되는 한편, 다른 세 쪽은 그림 4·5에 나타낸 것처럼 20℃로 유지된다. 한 점 $x = y = 1.25$ cm에서의 정상온도를 구하라.

풀이 판의 치수는

$$a = 2.5\ \text{cm} = 0.025\ \text{m}, \quad b = 10\ \text{cm} = 0.10\ \text{m}$$

그리고

$$T_0 = 100℃, \quad T_\infty = 20℃$$

이와 같이

$$\lambda_n = \frac{(2n+1)\pi}{2a} = \frac{(2n+1)\pi}{0.05\ \text{m}} = 62.83(2n+1)\ \text{m}^{-1}$$

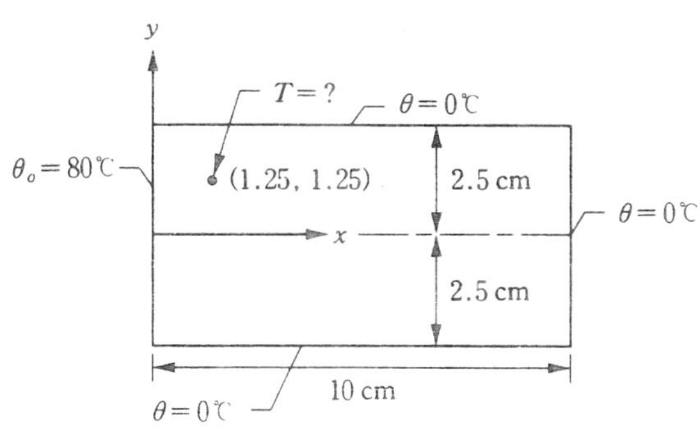

그림 4·5 직사각형판

관심 있는 점의 좌표는

$$x=y=1.25\text{ cm}=0.0125\text{ m}$$

판의 이 점에서의 정상온도를 구하기 위하여 식 (4·7)을 사용한다. 표 4·3은 오직 5개 항을 사용하여 어떻게 무한수열이 허용값 내로 수렴하는가를 보여 준다. 무차원 온도는

$$\frac{\theta}{\theta_0}=2(0.2175)=0.4350$$

그러므로 $x=y=1.25$ cm에서의 온도는

$$T(x,\ y)=0.4350\,\theta_0+T_\infty$$

$$=0.4350(100-20)℃+20℃=54.8℃$$

표 4·3 무한수열 항의 요약

n	$\lambda_n(m^{-1})$	항 목 (m)	합 계 (m)
0	62.8318	0.2052	0.2052
1	188.4954	1.4222×10^{-2}	0.2195
2	314.1590	-1.7739×10^{-3}	0.2177
3	439.8226	-2.6340×10^{-4}	0.2174
4	565.4862	4.2587×10^{-5}	0.2175

경우 3 : 내부열 발생이 있는 유한 사각형

경우 3은 그림 4·6에 나타낸 것과 같다. 길이 $2b$, 폭 $2a$의 사각형 영역은 모든 네 쪽에서 $\theta=0$의 온도를 갖는다. 열은 $\dot{q}$의 속도로 자체 내에서 균일하게 발생되고 그 물질은 열전도도 k를 갖는다. x와 y축 주위의 열대칭이 이 문제에 존재하므로 원점은 영역의 중앙으로 정의된다. 열대칭이 양축 주위에 존재하므로, 이 문제를 위-오른쪽 사분지역(quadrant)의 항으로 정의하고 단열경계 조건을 왼쪽과 아래쪽에 적용한다. 그러므로 경우 3에 대한 경계조건은 다음과 같이 쓰여질 수 있다.

$$\text{B.C. 1}:\quad \frac{\partial\theta(0,\ y)}{\partial x}=0$$

$$\text{B.C. 2}:\quad \partial(b,\ y)=0$$

$$\text{B.C. 3}:\quad \frac{\partial\theta(x,\ 0)}{\partial y}=0$$

$$\text{B.C. 4}:\quad \theta(x,\ a)=0$$

경우 3에 대한 해는 무차원 형태로 표시되어

$$\frac{\theta(x,\ y)}{\dot{q}b^2/k}=\frac{1}{2}\left[1-\left(\frac{x}{b}\right)^2\right]-2\sum_{n=0}^{\infty}\frac{(-1)^n\cosh(\lambda_n y)}{(\lambda_n b)^3\cosh(\lambda_n a)}\cos(\lambda_n x) \qquad (4\cdot8)$$

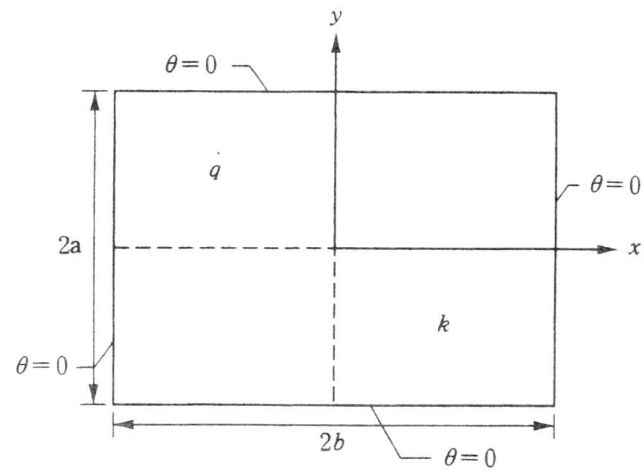

그림 4·6 경우 3에 대한 유한 직사각형 영역

여기서

$$\lambda_n = \frac{(2n+1)\pi}{2b} \qquad n = 0, 1, 2, \cdots \tag{4·9}$$

2장에서는 내부 열발생을 설명하였다. 식 (4·8)에 의하여 주어진 해는 열을 내부적으로 전기적, 화학적 혹은 핵을 이용한 방법에 의하여 발생하는 직사각형 형태의 물체에 적용된다.

예제 4.5 12 cm×8 cm 크기의 AISI 302 스테인리스 강관 안에 삽입되어 있는 전기발열 전극은 판전체에 균일하게 4.2 MW/m^{3}의 열을 발생한다. 판의 모든 네 쪽이 60℃로 유지된다면 판의 최대온도를 구하라.

풀이 판의 치수는

$$a = 4\text{ cm} = 0.04\text{ m}, \quad b = 6\text{ cm} = 0.06\text{ m}$$

그리고 내부 열발생 속도, 열전도 및 경계온도는

$$\dot{q} = 4.2\times 10^6\text{ W/m}^3, \quad k = 15.1\text{ W/m}\cdot\text{K}, \quad T_\infty = 60℃$$

2장에서는 내부적으로 열을 발생하는 몸체에서의 최대온도는 몸체의 중앙에서 생긴다. 이와 같이 판의 최대온도는 원점인 $x = y = 0$에서 생긴다. 이는 식 (4·8)을 다음과 같이 간략하게 만든다.

$$\frac{\theta(0,\ 0)}{\dot{q}b^2/k} = \frac{1}{2} - 2\sum_{n=0}^{\infty} \frac{(-1)^n}{(\lambda_n b)^3} \frac{1}{\cosh(\lambda_n a)} \tag{4·10}$$

표 4·4는 계산내용을 요약한다. 다시 한번 오직 몇 개의 항만이 수렴을 위하여 요구된다. 무차원 온도는

$$\frac{\theta}{\dot{q}b^2/k} = 0.5 - 2(0.1604)$$

그리고 판중앙에서의 온도는

$$T(x,\ y) = \frac{(4.2\times 10^6\text{ W/m}^3)(0.06\text{ m})^2}{15.1\text{ W/m}\cdot℃}[0.5 - 2(0.1604)] + 60℃ = 239℃$$

표 4·4 무한수열 항의 요약

n	$\lambda_n(m^{-1})$	항 목 (m)	합 계 (m)
0	26.1799	0.1612	0.1612
1	78.5398	-8.2437×10^{-4}	0.1604
2	130.8997	2.1968×10^{-5}	0.1604

이 부문의 내용을 결론짓기 전에 해석해는 간단한 기하학적 구조와 정규적 경계조건을 포함하는 문제에 제한되어 있다는 사실을 다시 한번 강조해야 한다. 해석법은 지금 논의된 수치해법에 의하여 얻어진 해의 정확도를 확인하는 데 가장 유용하다.

4.4 수치해법

수치해법(numerical method)은 해석해가 어렵거나 구하기 불가능한 다차원 전도문제를 푸는 특수기술이다. 완전한 온도를 제공하는 해석법과는 달리 수치해법은 관심 있는 영역 안의 별개의 점에서의 근접한(approximate) 온도를 제공한다. 유한 차분법(finite difference method)은 열전달 문제를 풀기 위해 개발된 첫번째 방법이었다. 이는 공식화하기에 간단하고, 즉시 컴퓨터에 적용될 수 있다. 유한 요소법(finite element method)은 유한 차분법보다 더 강력하나 공식화하기에 더 어렵다. 두 방법은 열전달, 응력과 다른 공학적 문제를 위하여 특별히 설계된 여러 컴퓨터 소프트웨어 패키지에 포함되어 있다. 이의 간단성과 상대적으로 명확한 공식화 때문에 유한 차분법이 이 부문에서 제시된다.

유한 차분법은 영역을 정렬된 마디(node)로 구성된 망(mesh)으로 영역을 나눈다. 그림 4·7은 유한 차분망으로 나누어진 2D 영역의 내부부분을 나타낸다. 각 마디는 아래첨자 i와 j를 사용하여 마디열에서의 주소(address)가 주어진다. 아래첨자 i는 x좌표 주소를 나타내고 아래첨자 j는 y좌표 주소를 나타낸다. 첫번째 목표는 내부마디의 온도에 대한 유한차분 공식을 세우는 것이다. 임의적으로 마디를 선택하고 이에 주소(i, j)를 지정해 준다. 이 마디의 바로 주위에 있는 마디는 i나 j부터 1을 더하거나 빼줌으로서 주소가 주어진다. 그래서 예를 들면 마디 (i, j)의 바로 왼쪽에 있는 마디는 주소 $(i-1, j)$를 가진다. 마디 (i, j)의 바로 위에 있는 마디의 주소는 $(i, j+1)$ 등과 같다.

우리는 마디 (i, j)의 온도에 관한 유한차분 공식을 얻기를 원한다. 이것은 키르히호프(Kirchhoff)의 전류법칙에 상당하는 열에 관한 법칙을 마디(i, j)에 적용함으로써 이룰 수 있다. 2장에서 배운 것처럼 열흐름은 전류흐름과 유사하므

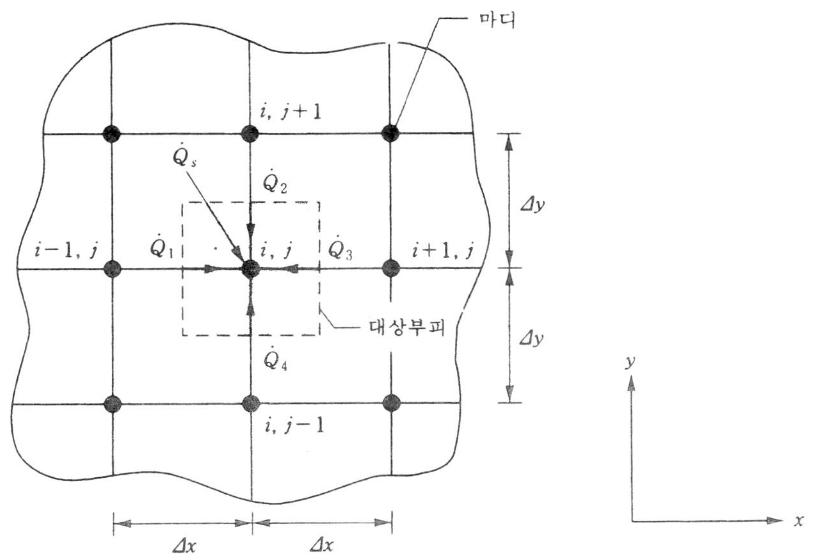

그림 4·7 내부영역의 2차원 유한 차분망

로 키르히호프의 법칙을 다음과 같이 말할 수 있다. 마디로 들어가는 열흐름의 대수학적 합은 0이다. 이러한 말은 열역학 제1법칙에 상당하는 것이다. 그림 4·7에서 중앙마디 (i, j)에 4개의 다른 전도성 열흐름이 있으며, 각 열흐름은 x나 y 방향으로 인접한 마디로부터 나오는 흐름이다. 열 $\dot{Q}_s$의 점원(point source)은 마디자체에서 발생될 수 있다. 이와 같이 키르히호프의 법칙에 따라 다음을 얻는다.

$$\dot{Q}_1+\dot{Q}_2+\dot{Q}_3+\dot{Q}_4+\dot{Q}_s=0 \tag{4·11}$$

중앙마디와 각각의 4개의 주위마디 사이에 존재하는 1D 열도체를 고려하자. 점선 내의 면적 $\Delta x\Delta y$의 음영처리된 영역은 중앙마디에 대한 대상부피(control volume)를 정의한다. 대상부피의 깊이가 δ라면 흐름 $\dot{Q}_1$과 $\dot{Q}_3$에 대한 도체는 표면적 $\Delta y\delta$를 가졌고, 흐름 $\dot{Q}_2$와 $\dot{Q}_4$에 대한 도체는 표면적 $\Delta x\delta$를 가졌다. 이 때 푸리에 법칙은 4개의 주위마디로부터 중앙마디까지의 전도를 표현하기 위하여 다음과 같이 사용될 수 있다.

$$\dot{Q}_1=k\Delta y\delta\frac{T_{i-1,j}-T_{i,j}}{\Delta x} \tag{4·12a}$$

$$\dot{Q}_2=k\Delta x\delta\frac{T_{i,j+1}-T_{i,j}}{\Delta y} \tag{4·12b}$$

$$\dot{Q}_3=k\Delta y\delta\frac{T_{i+1,j}-T_{i,j}}{\Delta x} \tag{4·12c}$$

$$\dot{Q}_4=k\Delta x\delta\frac{T_{i,j-1}-T_{i,j}}{\Delta y} \tag{4·12d}$$

x와 y방향으로 동일한 간격, 즉 $\Delta x = \Delta y$로 마디를 정하면 식 (4·12a)로부터 식 (4·12d)를 더하고 식 (4·11)에 따라 그 결과를 0으로 정함으로써 4개의 주위마디의 항으로 중앙마디의 온도를 얻는다. 다음과 같다.

$$T_{i,j} = \frac{1}{4}\left(T_{i-1,j} + T_{i,j+1} + T_{i+1,j} + T_{i,j-1} + \frac{\dot{Q}_s}{k\delta} \right) \qquad (4 \cdot 13)$$

여기서 δ는 영역의 두께이다. 식 (4·13)은 내부마디의 온도가 4개의 주위마디의 평균온도 더하기 점열원(point heat source)항이라는 것을 나타낸다. 점열원이 없으면 $\dot{Q}_s = 0$이고 온도 $T_{i,j}$는 실질적인 4개 주위마디의 평균온도이다.

그림 4·7의 중앙마디 주위의 대상부피가 내부 열발생 $\dot{q}$를 가졌다고 가정하자. 추가적인 열흐름은 전도항과 점열원항과 함께 포함되어야 한다. 결과로서 얻어지는 유한차분 공식은 다음과 같다.

$$T_{i,j} = \frac{1}{4}\left(T_{i-1,j} + T_{i,j+1} + T_{i-1,j} + T_{i,j-1} + \frac{\dot{q}\Delta^2}{k} + \frac{\dot{Q}_s}{k\delta} \right) \quad (4 \cdot 14)$$

여기서 $\Delta = \Delta x = \Delta y$이다. 식 (4·14)는 내부마디에 대한 일반적인 유한차분 공식이다. 내부 열발생이 없다면 $\dot{q} = 0$이고 공식은 식 (4·13)으로 간단해진다.

바로 전에 분석한 내부마디는 2D 영역에 존재하는 수많은 마디 중의 하나이다. 영역 안의 모든 마디의 온도를 구하기 위하여 분리된 유한차분 공식이 각각의 모든 마디에 대하여 쓰여져야 한다. 그 결과는 식과 같은 숫자의 알려지지 않는 온도를 포함하는 일련의 식이다. 그러나 이러한 일련의 식을 어떻게 푸는가를 논의

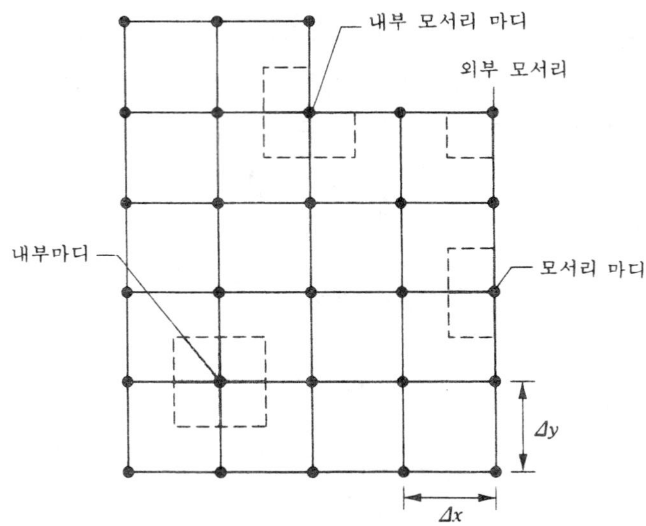

그림 4·8 내부, 모서리, 외부코너 및 내부코너 마디를 보여 주는 2D 영역

그림 4 · 9 (a) 모서리, (b) 외부코너, (c) 내부코너 마디에 대한 주소용어

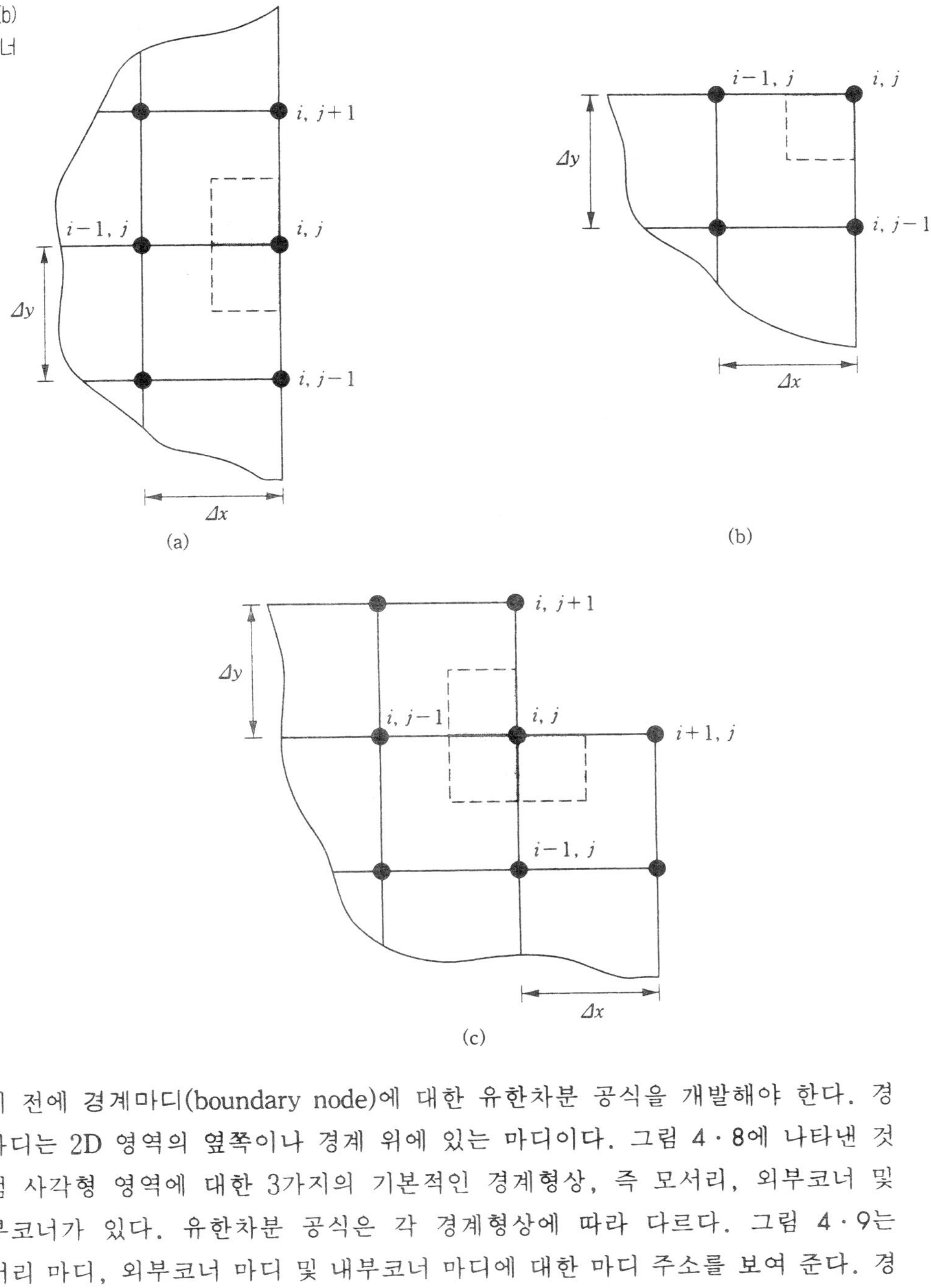

하기 전에 경계마디(boundary node)에 대한 유한차분 공식을 개발해야 한다. 경계마디는 2D 영역의 옆쪽이나 경계 위에 있는 마디이다. 그림 4 · 8에 나타낸 것처럼 사각형 영역에 대한 3가지의 기본적인 경계형상, 즉 모서리, 외부코너 및 내부코너가 있다. 유한차분 공식은 각 경계형상에 따라 다르다. 그림 4 · 9는 모서리 마디, 외부코너 마디 및 내부코너 마디에 대한 마디 주소를 보여 준다. 경계가 특정온도, 즉 T_0로 유지된다면 경계마디는 그 온도와 동일하다고 지정되며 간단히 다음과 같이 쓴다.

$$T_{i,j} = T_0 \tag{4 · 15}$$

특정온도 이외에 다른 경계조건들도 가능하다. 경계가 단열되어 대류에 의하여 유체와 에너지를 교환하거나 열플럭스에 노출되었을 때 특정경계 조건에 대응하는 독특한 유한차분 공식이 사용되어야 한다. 모든 가능한 경계형상과 경계조건에 대하여 독립된 유한차분 공식을 쓰기보다 하나로써 종합적으로 이용 가능한 종합적 유한차분 공식이 지금 주어지며, 이는 표 4·5와 함께 사용되었을 때 모든 상황에 적용된다. 이러한 종합적 유한차분 공식은

$$T_{i,j}=\frac{AT_{i-1,j}+BT_{i,j+1}+CT_{i+1,j}+DT_{i,j-1}+BiT_\infty+(E\dot{q}\Delta^2+q\Delta+\dot{Q}_s/\delta)/k}{F+Bi} \quad (4\cdot16)$$

여기서 계수 A, B, C, D, E와 F는 표 4·5로부터 얻어지고 다른 매개변수는 다음과 같이 정의된다.

$Bi=\dfrac{h\Delta}{k}$: 바이오트 수(무차원)

T_∞ : 유체온도(℃)

Δ : 마디간격(m)

$\dot{q}$: 내부 열발생(W/m^3)

q : 열플럭스(W/m^2)

$\dot{Q}_s$: 점열원(W)

h : 열전달 계수($W/m^2\cdot K$)

k : 열전도도($W/m\cdot K$)

2D 영역의 두께 δ는 오직 점열원이 존재할 때 의미가 있다는 것을 아는 것이 중요하다. 점열원이 없을 경우 2D 영역의 두께가 얼마인지는 상관없다. 왜냐하면 두께는 온도에 영향을 미치지 않기 때문이다. 예를 들면 내부 열발생, 대류에 더하여 열플럭스 경계조건을 갖고 있는 금속판의 2D 정상온도 분포는 판두께의 함수가 아니다. 그러나 점열원이 존재하면 판두께 δ는 지정되어야 한다.

내부마디에 대한 유한차분 공식은 간단하다. z방향으로 2D 영역으로부터의 열전달을 고려하지 않기 때문에, 바이오트 수 Bi와 열플럭스 q는 내부마디에 대

표 4·5 식 (4·16)에 사용될 계수들, 사각형 영역 안의 2D 정상전도에 대한 종합적 유한차분 공식

마디위치	A	B	C	D	E	F	비 고
내부	1	1	1	1	1	4	$Bi=0$, $q=0$*
모서리	1	1/2	0	1/2	1/2	2	
외부코너	1/2	0	0	1/2	1/4	1	
내부코너	1	1/2	1/2	1	3/4	3	

* 바이오트 수와 열플럭스는 정의에 의하여 0이다. 왜냐하면 마디는 경계마디가 아니기 때문이다.

한 정의에 의하여 0이다. 단열된 경계조건은 바이오트 수를 0으로 지정함으로써 정의된다. 마디에서의 내부 열발생이 없으면 $\dot{q}$를 0으로 지정한다. 경계마디가 열플럭스에 노출되어 있지 않으면, q를 0으로 지정하고 마디가 점열원이 아니면 $\dot{Q}_s$를 0으로 지정한다. 요약하면

내부마디	$Bi=0$, $q=0$
내부열 무(無)발생	$\dot{q}=0$
단열경계 마디	$Bi=0$
경계마디에서의 무(無)열플럭스	$q=0$
마디가 점열원이 아님	$\dot{Q}_s=0$

경계가 대류와 열플럭스 경계조건을 동시에 갖는 것은 가능하다. 보편적인 예는 태양 열플럭스(태양 열복사)에 노출되고 대기로의 대류에 의하여 냉각되는 표면이다. 그러나 경계가 단열되면 작용하는 다른 경계조건이 없다. 왜냐하면 단열된 경계는 경계까지나 경계로부터의 열전달이 없음을 뜻하기 때문이다. 이와 같이 경계가 단열되면 $Bi=0$이고 $q=0$이다. 그러나 내부 열발생과 점열원은 경계마디를 포함하여 어떠한 마디에서도 존재 가능하다.

2D 영역 내의 모든 마디에서의 온도를 발견하기 위하여 영역 내의 모든 마디에 대하여 유한차분 공식을 써야 한다고 앞에서 서술하였다. 이 결과는 알려지지 않은 온도의 항으로 이루어진 일련의 직선 관계식이다. 이 식은 가우시안 제거법(Gaussian elimination)이나 행렬 도치법(matrix inversion)과 같은 고전적인 방법에 의하여 모르는 온도에 대하여 풀 수 있다. 오직 몇 개만의 마디를 가지는 문제에 대하여 이 방법은 직접 손으로 이용하는 데 적용될 수 있다. 그러나 4개나 5개 이상의 마디가 있는 문제에 대하여 손으로 직접 풀어 해를 구하는 것은 많은 시간을 요구한다. 이러한 고전적인 풀이법은 컴퓨터에서 잘 수행될 수 있다. 일단 유한차분 공식이 쓰여지고 일련의 식이 세워지면 일련의 직선 관계식을 풀기 위하여 만들어진 컴퓨터 소프트웨어가 적용되어 미지의 온도가 얻어진다. 다른 방법으로는 일련의 식을 풀 수 있는 컴퓨터 프로그램이 만들어질 수 있다. 어떤 경우든 컴퓨터는 유한 차분법을 효과적으로 실행하는 데 없어서는 안 될 도구이다.

4.5 컴퓨터 실행

컴퓨터는 사람들이 상대적으로 짧은 시간에 다양한 복잡한 문제를 풀 수 있게 함으로써 기술적 직업에 대변혁을 일으켰다. 개인 컴퓨터의 계산능력과 광범위한 소프트웨어 목록이 꾸준히 증가하여 개인 컴퓨터는 계산수행 장소로 선호되고 있

다. 열전달 문제를 풀기 위하여 유한요소나 혹은 유한 차분법을 이용하는 몇 가지의 개인 컴퓨터용 소프트웨어 패키지가 상용화되어 있으나 고가이다. 이에 대한 대안으로 자기 자신의 열전달 문제를 풀기 위한 일반용 컴퓨터 프로그램을 짤 수 있으나 매우 힘든 작업이 될 수 있다. 다른 매력적인 대안은 광범위한 문제풀이 특성을 가졌으며 널리 이용되고 저렴한 컴퓨터 소프트웨어를 이용하는 것이다. 이러한 목적에 부합되는 소프트웨어는 스프레드시트(spreadsheet)이며, 이는 사무나 회계에 넓게 사용된다. 공학적 응용을 실행하는 데 유사한 성능을 가진 몇몇 사용 가능한 스프레드시트 소프트웨어 패키지가 있다. 이 부문의 목적은 2D 정상 열전도 문제를 풀기 위한 유한 차분법을 실행하기 위하여 어떻게 스프레드시트를 사용하는가를 보여 주는 것이다. 만약 스프레드시트 소프트웨어의 기초적인 작동에 익숙하지 못한 사람은 열전달 문제의 풀이를 시도하기 전에 기본적인 스프레드시트 명령어를 익히는 데 시간을 투자하라. 특히, 어떻게 스프레드시트의 안에 공식을 입력하고 어떻게 재계산과 반복기능을 사용하는가에 익숙해야 한다.

스프레드시트 양식은 유한 차분법에 이상적으로 적합하다. 스프레드시트는 시트를 가로질러 행과 열로 정렬된 일련의 셀(cell)로 구성되어 있다. 각 셀은 주소를 가지고 있는데, 열은 문자로 행은 숫자로 표기되어 있다. 표 4·6에서처럼 열 주소는 A로 시작되고 행은 1로 시작한다. 유한차분 일람표에서 각 셀은 2D 영역의 마디를 나타낸다. 문자로 지명한 열은 온도에서 아래첨자 i에 대응하고, 숫자로 지명된 행은 온도에서 아래첨자 j에 대응한다.

스프레드시트는 셀 안에 들어온 수학적 공식의 값을 구하는 기능을 갖고 있다. 유한 차분법은 2D 영역 안의 각 마디와 연합되어 있다. 스프레드시트의 각 셀은 마디를 나타내기 때문에 주어진 마디에 대한 유한차분 공식은 대응하는 스프레드시트 셀에 도입된다. 주어진 유한차분 공식은 주위마디를 참조한다. 그림 4·9

표 4·6 음영처리된 셀 C4를 포함하는 일련의 셀로 구성되어 있는 스프레드시트

	A	B	C	D	E	F
1						
2						
3						
4						
5						
6						
7						

에 나타낸 것처럼 내부마디와 내부코너 마디는 4개의 다른 마디를, 모서리 마디는 3개의 다른 마디를, 그리고 외부코너 마디는 2개의 다른 마디를 참조한다. 궁극적으로 이는 모든 마디의 온도는 동시에 결정되어야 한다는 것을 뜻한다. 이를 이루기 위하여 스프레드시트는 반복적인(iterative) 접근방법을 사용한다. 반복적 방법은 대류와 복사가 포함된 문제를 풀기 위하여 예제 1.8에서 사용되었다. 스프레드시트는 온도에 대한 초기값을 가지고 계산을 시작한다. 이 때 스프레드시트는 모든 온도가 특정 허용값 내로 수렴할 때까지 셀 안의 공식 위에서 반복된다. 마디온도는 검토와 출력을 위하여 대응하는 셀 안에 표기된다.

예제 4.6 그림 4·10에 나타낸 정사각형 영역을 고려하라. 영역의 왼쪽, 위쪽, 오른쪽 및 아래쪽은 각각 500℃, 300℃, 150℃ 및 100℃로 유지된다. 유한 차분법과 스프레드시트 소프트웨어를 이용하여 지명된 4개의 내부마디에서의 온도를 구하라.

그림 4·10 유한차분 모델

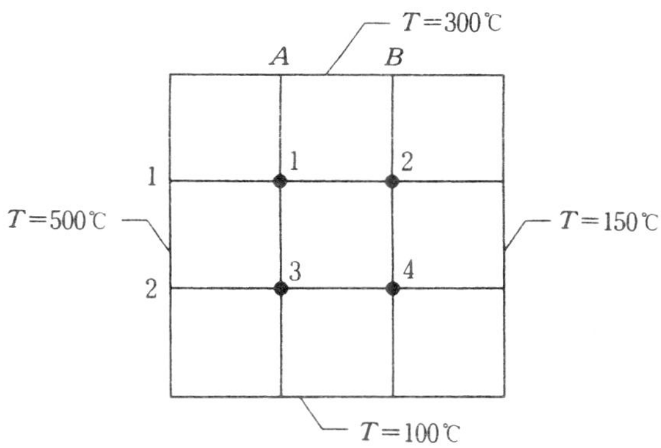

풀이 2D 영역은 스프레드시트에 관계시키기 위하여 열과 행의 부호를 그림 4·10에 나타내었다. 마디 1, 2, 3과 4는 각각 셀 A1, B1, A2와 B2에 대응한다. 영역 내에서는 내부 열발생이 없고 어떠한 마디도 점열원이 아니다. 표 4·5로부터 올바른 계수가 사용되었을 때 식 (4·6)에 의한 종합적 유한차분 공식은 셀 안으로의 입력을 위하여 다음의 공식을 제공한다.

$$T_1 = \frac{500 + 300 + T_2 + T_3}{4}$$

$$T_2 = \frac{T_1 + 300 + 150 + T_4}{4}$$

$$T_3 = \frac{500 + T_1 + T_4 + 10}{4}$$

$$T_4 = \frac{T_3 + T_2 + 150 + 100}{4}$$

유한차분 공식은 올바른 통어법(syntax)과 대수학의 연산자(operator)를 이용하여 셀 안에 도입되어야 한다. 유한차분 공식은 표 4·7에 요약되어 있다.

표 4·7 유한차분 공식

마 디	셀	유한차분 공식
1	A1	+(500+300+B1+A2)/4
2	B1	+(A1+300+150+B2)/4
3	A2	+(500+A1+B2+100)/4
4	B2	+(A2+B1+150+100)/4

셀 A1 안에 첫번째 유한차분 공식을 도입할 때, 스프레드시트는 셀 안에 값 200을 보인다. 이 숫자는 주위셀 4개의 평균값이다. 셀 A1과 A2는 아직 비어 있기 때문에 (500+300+0+0)/4=200이 얻어진다. 두 번째 유한차분 공식에 들어간 후에 소프트웨어는 아마도 원형(circular)공식을 풀려고 시도하였다는 메시지가 나타날 것이다. 이는 직접적 혹은 간접적으로 셀 자신을 참조하는 셀 안의 공식에 들어갔다는 것을 의미한다. 이것을 염려할 필요는 없다. 왜냐하면 앞에서 언급한대로 모든 마디의 온도는 궁극적으로 영역 안의 모든 다른 마디의 온도에 의존하기 때문이다. 셀 안의 남아 있는 공식에 들어간 후에, 다음 단계는 원하는 반복횟수를 지정하는 것이다. 반복횟수는 모든 온도가 수용 가능한 허용값 내에 수렴하도록 할 수 있도록 충분히 커야 한다. 반복횟수로 숫자 2를 입력시키고 작업표의 재계산을 하게 하면, 각 셀 안의 숫자는 상당히 크게 변한다. 이제 반복횟수를 2로 그대로 두면서 작업표의 재계산을 다시 실행시킨다. 다시 한번 각 셀 안의 숫자는 변하나, 이번에는 이전만큼 크게 변하지 않는다. 반복횟수를 5로 변화시키고 재계산시키면 각 셀 안의 숫자가 오직 약간만 변하는 것을 알 수 있으며 이는 수렴이 이루어졌음을 나타내는 것이다. 약 10회의 반복 후에 4개의 내부마디에서의 온도는

$$T_1 = 331.25℃\,,\quad T_2 = 243.75℃$$

$$T_3 = 281.25℃\,,\quad T_4 = 193.75℃$$

이 문제를 조각조각의 형식으로 풀었기 때문에 반복횟수가 수렴에 미치는 영향을 관찰할 수 있었다. 보통 일단 반복횟수를 정하고 스프레드시트가 수렴이 이루어질 때까지 유한차분 공식을 재계산하게 한다. 수렴을 위하여 요구되는 반복횟수는 문제의 크기에 의존한다. 오직 몇 번의 반복만이 이와 같이 간단한 문제에는 필요하지만 마디가 많은 문제에는 더 많은 반복이 필요할 것이다. 스프레드시트 소프트웨어는 한번에 취할 수 있는 반복횟수를 제한할 수 있다. 반복횟수가 처리할 문제에 대하여 충분히 크지 못하면, 간단히 모든 마디의 온도가 커다란 차이로 변하는 것을 멈출 때까지 스프레드시트를 재계산하라.

이 예제를 마치기 전에 풀이에 대한 몇 가지 언급내용이 정당화된다. 가장 높은 온도의 마디는 마디 1이고, 가장 낮은 온도의 마디는 마디 4임을 알 수 있다. 그림 4·10을 대략적으로 훑어보면 이 온도는 문제의 경계조건과 모순되지 않는다는 것을 알 수 있다. 일반적으로 해석적 혹은 수치적 접근방법이 사용되었는지에 열전달 해석의 결과를 항상 검토해야 한다. 그 결과가 경계조건, 물질특성 및 다른 사용 가능한 정보와 모순되지 않는다는 것을 확인해야 한다. 열역학 제1법칙에 어긋나는지를 확인하는 것은 좋은 생각이다. 명확하게 말하면, 만약 예제 4.6에서 어떤 마디의 계산된 온도도 500℃보다 높거나 100℃보다 낮으면 유한차분 공식을 쓰는 데 실수가 있었던 것이다. 유한차분 공식에서의 잘못은

제 1 법칙과는 모순되지 않지만 여전히 틀린 온도를 제공할 수 있다. 마지막으로 모델 안의 모든 마디에서의 온도는 서로 서로의 함수이기 때문에 어떠한 셀 안의 유한차분 공식에서의 잘못은 모든 셀 안에서의 온도오차를 야기할 것이다.

예제 4.7 그림 4·11에 나타낸 직사각형판은 왼쪽에 125℃의 특정온도를 가진다. 다른 세 쪽은 열전달 계수가 30 W/m^2·K이며 20℃ 유체에 노출되어 있다. 판이 열전도도 6 W/m·K를 가졌다면 유한 차분법과 스프레드시트 소프트웨어를 이용하여 판에서의 2D 정상온도 분포를 구하라.

그림 4·11 2차원 영역

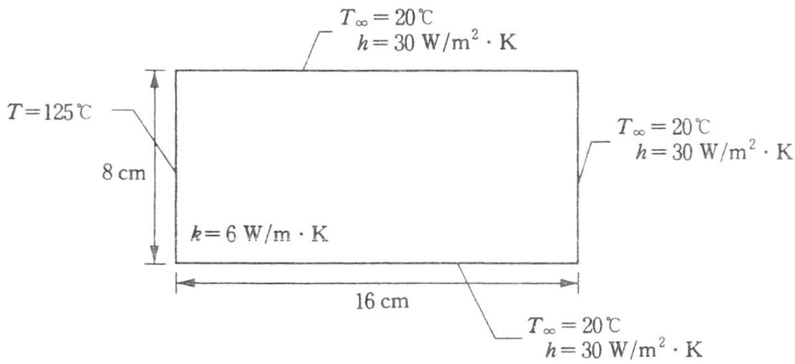

풀이 그림 4·12에 나타낸 다소 거친 유한 차분망을 이용하여 이 문제를 풀 것이다. 마디 1, 6과 11은 125℃로 유지된다. 마디 7, 8과 9는 내부마디, 마디 2, 3, 4, 10, 12, 13과 14는

표 4·8 유한차분 공식

마 디	셀	유한차분 공식
1	A1	125
2	B1	+(A1/2+B2+C1/2+A6*20)/(2+A6)
3	C1	+(B1/2+C2+D1/2+A6*20)/(2+A6)
4	D1	+(C1/2+D2+E1/2+A6*20)/(2+A6)
5	E1	+(D1/2+E2/2+A6*20)/(1+A6)
6	A2	125
7	B2	+(A2+B1+C2+B3)/4
8	C2	+(B2+C1+D2+C3)/4
9	D2	+(C2+D1_E2+D3)/4
10	E2	+(D2+E1/2+E3/2+A6*20)/(2+A6)
11	A3	125
12	B3	+(A3/2+B2+C3/2+A6*20)/(2+A6)
13	C3	+(B3/2+C2+D3/2+A6*20)/(2+A6)
14	D3	+(C3/2+D2+E3/2+A6*20)/(2+A6)
15	E3	+(D3/2+E2/2+A6*20)/(1+A6)

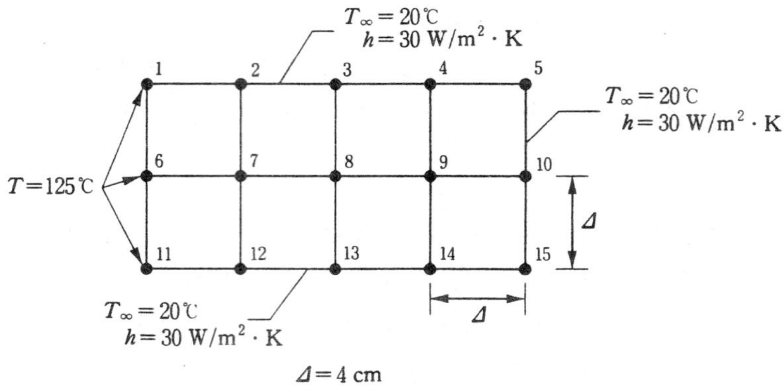

그림 4·12 유한차분 모델

표 4·9 스프레드시트 해

	A	B	C	D	E
1	125.00	86.53	64.35	51.20	44.08
2	125.00	91.69	68.70	54.42	46.59
3	125.00	86.53	64.35	51.20	44.08
4					
5	*Bi*				
6	0.20				

모서리 마디, 그리고 마디 5와 15는 외부코너 마디이다. 판 안에는 내부 열발생이나 점열원이 없으므로 $\dot{q} = \dot{Q}_s = 0$ 이다. 이들 마디에 대한 유한차분 공식은 표 4·8에 요약된다.

다음의 값을 가지는 바이오트 수로써 셀 A6을 지정한다.

$$Bi = h\Delta/k$$

$$= (30\ \text{W/m}^2\cdot\text{K})(0.04\ \text{m})/(6\ \text{W/m}\cdot\text{K}) = 0.20$$

약 30번의 반복 후에, 온도는 약 0.01℃의 허용값 내에서 수렴한다.

예상대로 온도는 판의 긴 축 주위에서 대칭이다. 영역의 아래와 위쪽 부분을 제거하고 판의 이전의 축이었던 쪽에 단열경계 조건을 적용하였으나, 대류와 단열경계 조건이 만나는 코너에서는 경계조건의 문제점에 마주친다. 식 (4·16)에 의하여 주어진 종합 유한차분 공식은 바이오트 수 Bi를 $Bi/2$로 대체시킴으로써 약간 수정되어야 한다. 왜냐하면 오직 코너표면의 반만이 유체에 노출된 반면 다른 반은 단열되었기 때문이다. 유사하게 열플럭스 경계조건이 코너에서 단열경계 조건을 만나면 식 (4·16)에서 q는 $q/2$로 대체되어야 한다. 만약 대류경계 조건이 코너에서 열플럭스 경계조건과 만나면 Bi와 q는 각각 $Bi/2$와 $q/2$로 대체되어야 한다.

다음 예제는 코너에서 만나는 서로 다른 경계조건을 어떻게 다루는 가를 나타낸다.

예제 4.8 그림 4·13의 두꺼운 휜 베이스는 90℃로 유지된다. 휜주위는 25℃ 공기가 있으며 열전달 계수는 32 W/m²·K이다. 휜 팁이 단열되었다면 휜에서의 온도분포를 구하라. 휜의 열전도도 $k=16$ W/m·K이다. 유한 차분법에 의하여 주어진 휜의 축온도를 휜에서 1D 전도를 가정하는 식 (3·9)를 사용하여 계산한 온도와 비교하는 도표를 그려라.

그림 4·13 휜

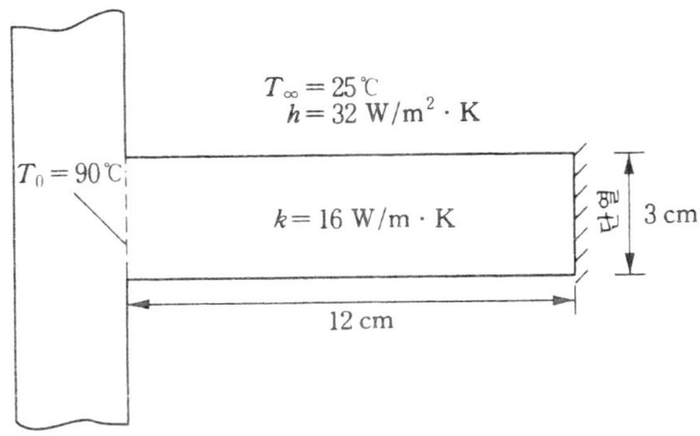

풀이 휜은 열대칭이므로 그림 4·14에 나타낸 것처럼 아래쪽 반을 제거하고 아래쪽에 단열경계조건을 취하였다. 팁은 단열되어 있고 마디 1과 10은 휜 베이스의 온도 90℃로 유지된다. 영역을 양방향으로 마디간격이 1.5 cm인 유한 차분망으로 나눈다.

바이오트 수는

$$Bi = h\Delta/k$$

$$= (32 \text{ W/m}^2 \cdot \text{K})(0.015 \text{ m})/(16 \text{ W/m} \cdot \text{K}) = 0.03$$

마디 9에 대한 유한차분 공식은 코너 대상부피의 표면의 반이 단열되고, 나머지만은 대류에 의하여 열이 손실되는 경우에 대하여 세워져야 한다. 이와 같이 스프레드시트 공식으로써 표시된 마디 9에 대한 유한차분 공식은

(0.5*H1+0.5*I2+0.03*25/2)/(1+0.03/2)

다른 마디에 대한 유한차분 공식은 이전 예제의 경우와 유사하다. 온도에 대한 스프레드시트 풀이는 표 4·10에 주어진다.

휜의 축으로부터 휜표면까지의 온도차가 1℃보다 작다는 사실을 인식하라. 즉, 이는 이 휜에 대한 1D 전도의 가정은 적합하다는 것을 나타내는 것이다. 이러한 사실은 휜의 축을

그림 4·14 유한차분 모델

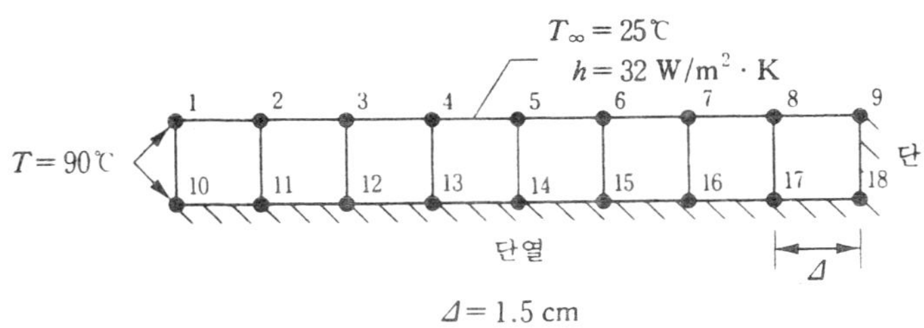

그림 4 · 15 휜에 대한 축 온도

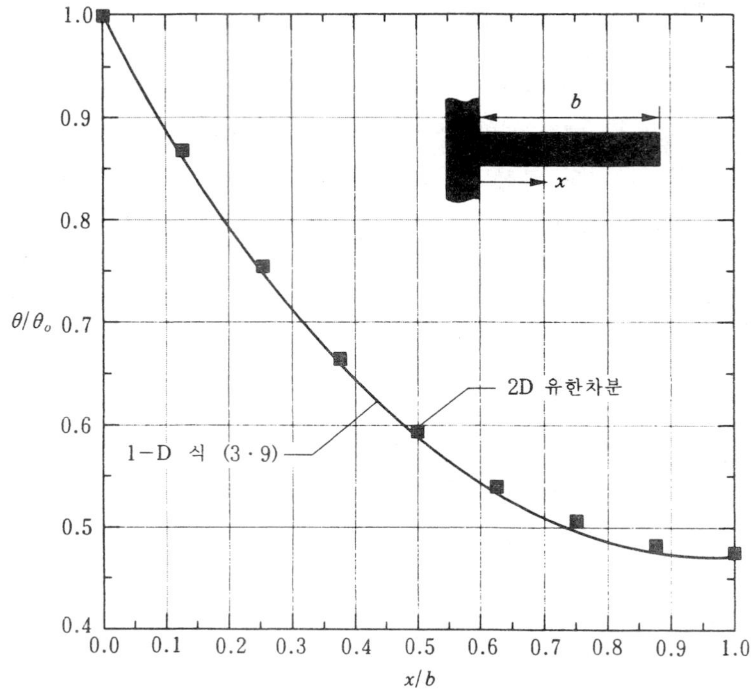

표 4 · 10 스프레드시트 풀이

	A	B	C	D	E	F	G	H	I
1	90.00	80.71	73.42	67.63	63.11	59.74	57.39	56.02	55.56
2	90.00	81.39	74.12	68.27	63.69	60.26	57.88	56.48	56.02

따라 분포된 온도를 휜 베이스로부터의 거리의 함수로 나타내는 도표를 그림으로써 설명된다. 그림 4 · 15는 유한 차분법에 의하여 예측된 휜의 축온도를 식 (3 · 9)를 이용한 온도와 비교한다. 이들 두 계산값은 매우 잘 일치한다. 두 곡선 사이의 최대 온도차는 약 1.4%이다.

예제 4.9 그림 4 · 16에 나타낸 2D 영역을 고려하라. 왼쪽의 온도는 120℃로 유지된다. 더 큰 오른쪽은 단열되고, 위쪽의 일부는 4000 W/m^2의 열플럭스에 노출되어 있다. 다른 위쪽 나머지와 위 오른쪽은 10℃ 유체에 노출되어 있고 열전달 계수는 25 $W/m^2 \cdot K$이다. 아래쪽은 50℃ 유체에 노출되어 있고 열전달 계수는 40 $W/m^2 \cdot K$이다. 유한 차분망을 이용하여 마디의 정상온도를 구하라. 각 방향으로 마디간격은 5 cm이고, 이 물질의 열전도도는 5 $W/m \cdot K$이다.

풀이 이 예제는 유한 차분법에 대하여 고려한 모든 경계조건과 경계형상을 포함한다. 이 문제에 포함되지 않는 특성은 내부발열과 점열원이다. 이 매개변수는 4.6절에서 다룬다. 표 4·11은 영역 내의 모든 마디에 대하여 스프레드시트 공식으로 표시된 유한차분 공식을 보여 준다. 편리성을 위하여 공식에 참조될 수 있도록 바이오트 수, 열전달 계수, 유체온도, 열플럭스, 마디간격 및 열전도도는 별개의 셀에 놓여져 있다. 바이오트 수는 스프레드시트에서 계산된다. 종합적 유한차분 공식 내의 바이오트 수와 열플럭스 항은 코너마디 6, 8과 28의 각각의 한쪽에 존재하는 상이한 경계조건을 고려하기 위하여 이들 코너마디에 대하여 수정된다. 스프레드시트 풀이는 표 4·12에 주어진다.

표 4·11 유한차분 공식

마 디	셀	유한차분 공식
1	A1	120
2	B1	+(A1/2+C1/2+B2+A10*B13)/(2+A10)
3	C1	+(B1/2+C2/2+A10*B13)/(1+A10)
4	A2	120
5	B2	+(A2+B1+C2+B3)/4
6	C2	+(B2+(C1+D2)/2+C3+A10*B13/2+E13*F13/(2*G13))/(3+A10/2)
7	D2	+(C2/2+E2/2+D3+E13*F13/G13)/2
8	E2	+D2/2+E3/2+E13*F13/(2*G13)
9	A3	120
10	B3	+(A3+B2+C3+B4)/4
11	C3	+(B3+C2+D3+C4)/4
12	D3	+(C3+D2+E3+D4)/4
13	E3	+(D3+E2/2+E4/2)/2
14	A4	120
15	B4	+(A4+B3+C4+B5)/4
16	C4	+(B4+C3+D4+C5)/4
17	D4	+(C4+D3+E4+D5)/4
18	E4	+(D4+E3/2+E5/2)/2
19	A5	120
20	B5	+(A5+B4+C5+B6)/4
21	C5	+(B5+C4+D5+C6)/4
22	D5	+(C5+D4+E5+D6)/4
23	E5	+(D5+E4/2+E6/2)/2
24	A6	120
25	B6	+(A6/2+B5+C6/2+B10*D13)/(2+B10)
26	C6	+(B6/2+C5+D6/2+B10*D13)/(2+B10)
27	D6	+(C6/2+D5+E6/2+B10*D13)/(2+B10)
28	E6	+(D6/2+E5/2+B10*D13/2)/(2+B10/2)

표 4·12 스프레드시트 풀이

	A	B	C	D	E	F	G
1	120.00	99.75	91.84				
2	120.00	116.02	124.84	163.80	173.59		
3	120.00	119.48	125.04	138.39	143.38		
4	120.00	116.87	117.46	121.33	123.15		
5	120.00	110.52	106.62	106.30	106.57		
6	120.00	98.59	92.19	90.69	90.53		
7							
8							
9	Bi_1	Bi_2					
10	0.25	0.40					
11							
12	h_1	$T_{\infty,1}$	h_2	$T_{\infty,2}$	q	Δ	k
13	25	10	40	50	4000	0.05	5

그림 4·16 유한차분 모델

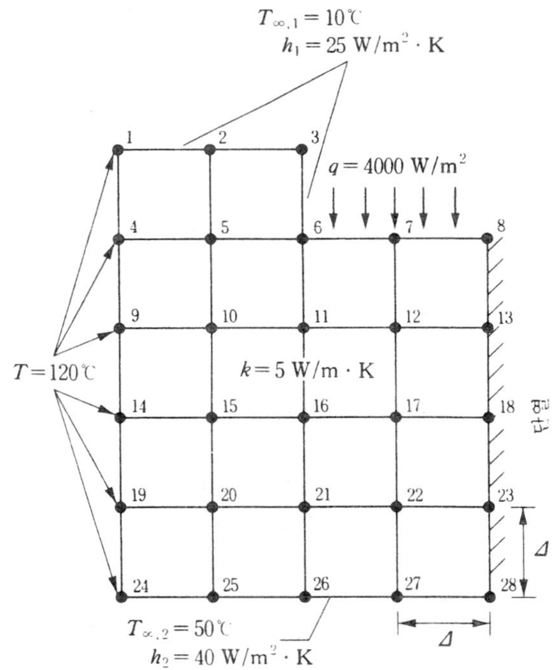

$\Delta=5$ cm

유한 차분법은 2D 정상 열전도 문제를 푸는 데 성능이 우수하면서도 간단한 기술이다. 특히, 스프레드시트는 셀구조와 광범위한 계산능력 때문에 유한 차분법을 실행하는 데 매우 적합하다. 또 다른 스프레드시트의 매력적인 특성은 일종의 2D 영역의 수치지도를 제공하는 것이며, 이는 바로 온도와 이들 온도의 마디위치를 보여 준다.

오직 정사각형 유한 차분망이 고려되었으며, 이는 양방향으로의 동일한 마디간격은 유한차분 공식을 간략하게 하기 때문이다. 그러나 이는 정사각형 유한 차분망이 반드시 쓰여져야 한다는 것을 의미하지는 않는다. 동일하지 않은 마디간격은 문제의 기하학적 구조에 따라 언제든지 사용될 수 있다. 예를 들어 좁은 영역을 가로질러 존재하는 온도구배에 비교하여 온도구배가 작은 좁은 영역과 병행하는 방향으로는 마디간격이 보통 증가되어야 한다. 반면에 매우 큰 온도구배가 존재하는 어떤 영역에서는 매우 작은 마디간격이 요구될 수 있다. 동일하지 않은 마디간격을 사용하는 경우 유한차분 문제에서 요구되는 마디의 수를 크게 줄일 수 있으며, 이로 인하여 요구된 전체 계산의 수를 줄일 수 있다. 실질적으로 모든 유한차분과 유한요소 소프트웨어 패키지는 요구된 어떠한 마디간격이라도 가질 수 있는 망을 세울 수 있는 성능을 가지고 있다.

유한 차분법의 정확도는 마디간격이 작아질수록 증가한다. 그러나 마디간격의 감소는 계산될 공식의 수의 증가를 뜻하며, 수치적 반올림 오차가 증가하여 더 많은 마디를 추가함으로써 얻어지는 정확도를 상쇄시키는 상태에 도달할 수도 있다. 높은 정확도를 원하나 어떠한 마디간격을 사용해야 될지에 대하여 불확실하다면 거친 망으로 시작하여 온도를 구한다. 이 때 마디간격을 감소시켜 망을 세밀하게 하고 온도가 얼마나 변하는지를 알기 위하여 다시 문제를 실행시킨다. 하나의 망에서 다음 망으로 바꾸면서 온도가 크게 변하지 않으면 더 이상의 세밀한 망은 필요치 않다. 예를 들면 2D 영역이 휜이면 휜 베이스를 통한 열전달을 휜표면으로부터의 열전달과 비교할 수 있다. 두 값이 일치하면 온도는 정확한 것이다. 어떠한 면에서는 열전달 계산이 얼마나 정확한지에 대하여 너무 초조해하면 안 된다. ±10%의 열특성의 불확실성은 특이한 것이 아니며, 열전달 계수와 같은 경계조건 매개변수는 ±20%의 불확실성을 갖고 있다. 그러므로 수치적으로 정확한 유한차분 풀이는 실제적인 열전달 문제에 대한 정확한 풀이를 보장하지는 않는다.

복사(radiation) 경계조건은 이 장에서 고려하지 않았다. 복사의 비선형 특성은 이런 형태의 경계조건을 분석적으로 거의 다룰 수 없게 한다. 그러나 복사경계조건은 올바른 유한차분 공식이 유도되는 한 유한 차분법으로 다루는 데 특별한 어려움이 없다. 학생들이 1.4절을 재검토한 후에 연습문제 4.22를 풀기 위한 준비로써 경계복사 마디에 대한 유한차분 공식을 유도하기를 권장한다.

실린더 좌표계의 문제를 푸는 데 유한 차분법을 적용하는 것은 의식적으로 이 장에서 무시되었다. 이는 실린더형 기하학적 구조가 중요하지 않기 때문이 아니라 일반적인 접근방법은 직사각형 좌표계에 대한 것과 동일하기 때문이다. 온도가 반지름과 축방향 좌표의 함수인 실린더형 기하학적 구조에 대하여 유한차분 공식을 이용한 접근방법은 직사각형 기하학적 구조에 대한 것과 동일하다. 그러나 온도가 반지름과 극성각(polar angle)의 함수인 실린더형 기하학적 구조에 대하여 유한 차분망은 극성방향으로 동일한 마디간격을 가지지 않으며, 이는 유한 차분 공식을 복잡하게 한다.

열전달 문제를 푸는 데 유한 차분법 또는 유한 요소법을 사용하는 많은 소프트웨어 패키지가 상업화되어 있다. 학생들이 수치해법과 함께 포함되어 있는 기본적인 내용을 이해하여 미리 짜여진 소프트웨어가 실질적으로 도움을 주도록 하는 것은 중요하다. 이에는 상업적 소프트웨어의 사용자가 수치해법의 이론적 기초에 익숙하지 못함으로 인하여 발생되는 전체적인 모델링 실수 때문에 전혀 답을 얻지 못하거나, 심지어 틀렸으나 올바른 것으로 믿는 답을 얻을 위험이 있다. 스프레드시트 위에 유한 차분법을 사용하여 열전달 문제를 어떻게 풀 것인가를 배우는 데 덧붙여 학생은 마디간격, 반복횟수, 수렴 및 정확도와 같은 더 일반적인 유한 차분법의 주요내용을 이해해야 할 것이다.

4.6 응 용

몇몇 회로기판, 특히 항공 전자공학에의 응용을 위하여 설계된 것은 2개 층의 섬유유리 에폭시 혹은 비전도성 물질에 의하여 가운데 끼워진 금속심(metal core)으로 구성되어 있다. 금속심은 회로기판 위에 세워진 장치에 의하여 발산되는 열에 대한 전도체로서 기능 한다. 전형적으로 금속심의 한쪽 혹은 두 쪽 모서리는 공기 혹은 액체에 의하여 냉각되는 냉각판에 고정되어 있으며, 냉각판에서 열은 대류에 의하여 주위로 방출된다. 예제 4.10에서 이런 형태의 회로기판의 2D 정상 온도 분포를 구하기 위하여 유한 차분법에서 내부 열발생과 점열원을 어떻게 이용하는지를 보여 준다.

예제 4.10 그림 4 · 17에 나타낸 15 cm×9 cm 회로기판은 한쪽 위에 5개의 집적회로(ICs), 3개의 트랜지스터, 3개의 저항 그리고 1개의 코일로 장착되어 있다. 각 구성물의 전력소비는 그림 4 · 17에 나타내었다. 금속심은 회로기판 전체의 길이와 폭에 걸쳐 있으며, 두께는 0.8 mm이며 165 W/m · K의 열전도도를 가지고 있다. 액체로 냉각된 냉각판은 금속심의 아래쪽 모서리를 40℃로 유지시킨다. 금속심의 다른 3쪽 모서리는 고정되어 있지 않다. 유한 차분법을 이용하여 금속심의 온도분포를 구하라. 대류나 복사에 의하여 구성물이나 섬유유리 에폭시의 표면에서 주변으로 손실되는 열이 없다는 것을 가정하라. 회로기판의 고정되지 않은 3개의 모서리는

그림 4 · 17 인쇄회로 기판

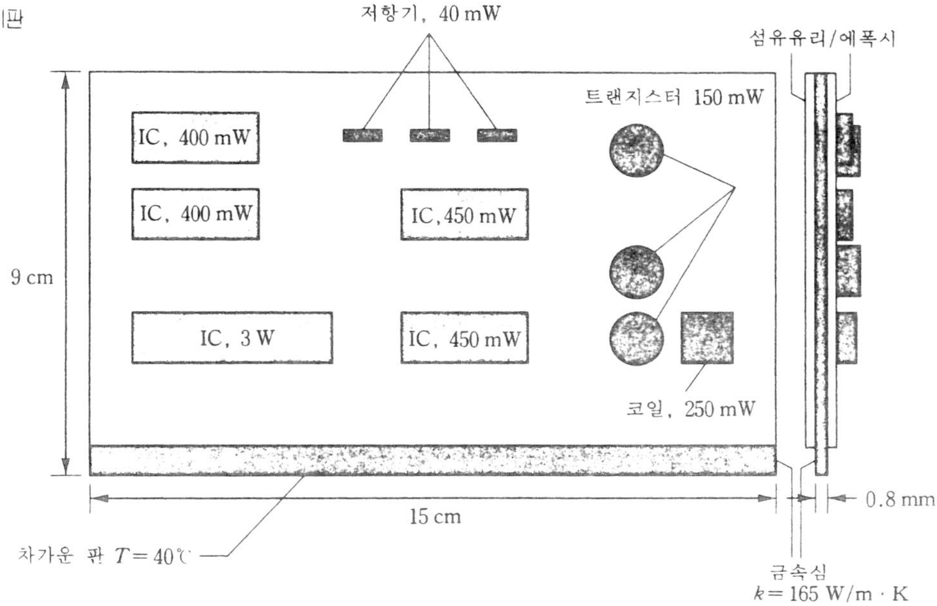

단열되어 있다고 가정하라.

풀이 회로기판의 정사각형 유한 차분망은 그림 4 · 18에 나타내었다. 마디간격은 1.5 cm이다. 구성물의 대략적인 위치는 점선으로 둘러싸인 음영처리된 면적으로 나타내었다. 이들 구성물의 위치표시는 유한차분 모델에서 내부 열발생과 점열원에 의한 구성물의 열방출을 모델화하기 위하여 사용된다. IC 위치표시는 대략적으로 마디를 둘러싸고 있는 정수(integral number)의 대상부피 수에 대응하므로 IC 열방출을 내부 열발생으로 모델화한다. 다른 구성물의 위치표시는 훨씬 더 작으므로, 그들의 열방출은 구성물의 중앙에 가장 가까운 단일마디에 적용된 점열원으로 취급된다.

위의 왼쪽 코너에 있는 2개의 ICs 각각은 400 mW를 방출하고 2개의 대상부피를 차지한다. 금속심의 두께가 0.8 mm임을 상기하면, 하나의 대상부피는

$$V=(1.5\ \text{cm})^2(0.08\ \text{cm})=0.18\ \text{cm}^3=1.8\times10^{-7}\ \text{m}^3$$

그래서 마디 13, 14, 24와 25에 대한 내부 열발생은

$$\dot{q}=\frac{(0.400\ \text{W})/2}{1.8\times10^{-7}\ \text{m}^3}=1.111\times10^6\ \text{W/m}^3$$

또한, 마디 46, 47과 48에 대한 내부 열발생은

$$\dot{q}=\frac{(3.0\ \text{W})/3}{1.8\times10^{-7}\ \text{m}^3}=5.556\times10^6\ \text{W/m}^3$$

그리고 마디 28, 29, 50과 51에 대한 내부 열발생은

$$\dot{q}=\frac{(0.450\ \text{W})/2}{1.8\times10^{-7}\ \text{m}^3}=1.250\times10^6\ \text{W/m}^3$$

마디 16, 17, 18, 20, 42, 53과 54는 다음과 같은 점열원을 갖는다.

$$\dot{Q}_{16}=\dot{Q}_{17}=\dot{Q}_{18}=0.040\ \text{W}$$

그림 4 · 18 유한차분 모델

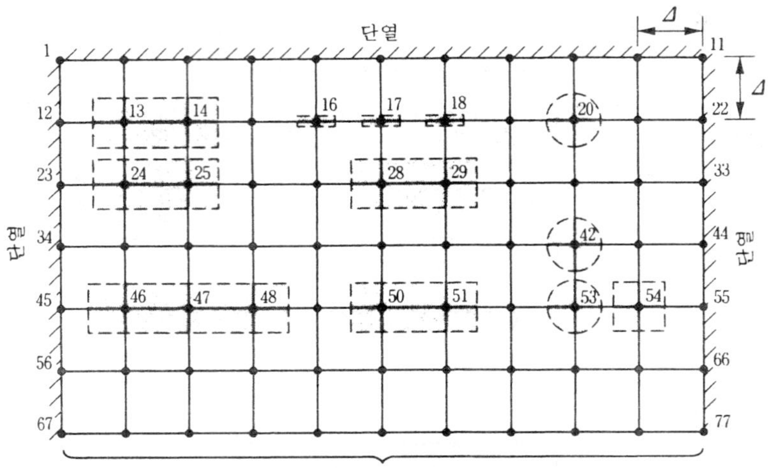

$$\dot{Q}_{20}=\dot{Q}_{42}=\dot{Q}_{53}=0.150\ \text{W}$$

$$\dot{Q}_{54}=0.250\ \text{W}$$

내부 열발생과 점열원을 가진 모든 마디는 내부마디이므로 식 (4 · 16)에 의하여 주어진 종합적 유한차분 공식에서 $E=1$이고 $F=4$이다. 여기에는 대류와 열플럭스 경계조건이 없으므로 $Bi=0$이고 $q=0$이다. 마디 67~77은 냉각판의 온도인 40℃로 고정되어 있다. 표 4 · 13은 스프레드시트 풀이를 나타낸다. 100 이상의 반복횟수가 온도가 0.1℃의 허용값 내로 수렴하도록 하기 위하여 요구된다. 몇몇 스프레드시트 소프트웨어 패키지는 작업표로부터 직접 등고도표(contour plot)를 만드는 성능을 가졌다. 등고도표는 지형학적 지도와 매우 유사한 등온선을 이용하는 온도분포의 지도이다. 예제 4.10에 대한 금속심 온도의 등고도표는 그림 4 · 19에 나타내었다. 등고도표는 위쪽 중앙곡선이 금속심의 가장 뜨

표 4 · 13 스프레드시트 풀이

	A	B	C	D	E	F	G	H	I	J	K
1	68.3	68.7	69.4	70.3	71.8	73.1	72.6	70.2	67.9	66.1	65.4
2	67.9	68.6	69.3	70.0	71.9	74.0	73.5	70.2	67.6	65.5	64.8
3	66.1	66.9	67.7	68.6	71.3	77.4	76.8	69.5	65.7	63.5	62.8
4	62.9	63.6	64.5	65.5	67.3	70.4	69.7	65.3	62.2	60.1	59.3
5	58.2	60.1	61.1	61.8	61.9	67.1	66.5	59.7	56.7	55.2	54.3
6	49.6	50.1	50.5	50.9	51.4	52.7	52.3	50.2	48.7	47.9	47.5
7	40.0	40.0	40.0	40.0	40.0	40.0	40.0	40.0	40.0	40.0	40.0
8											
9	Δ	k	δ								
10	0.015	165	8E−4								

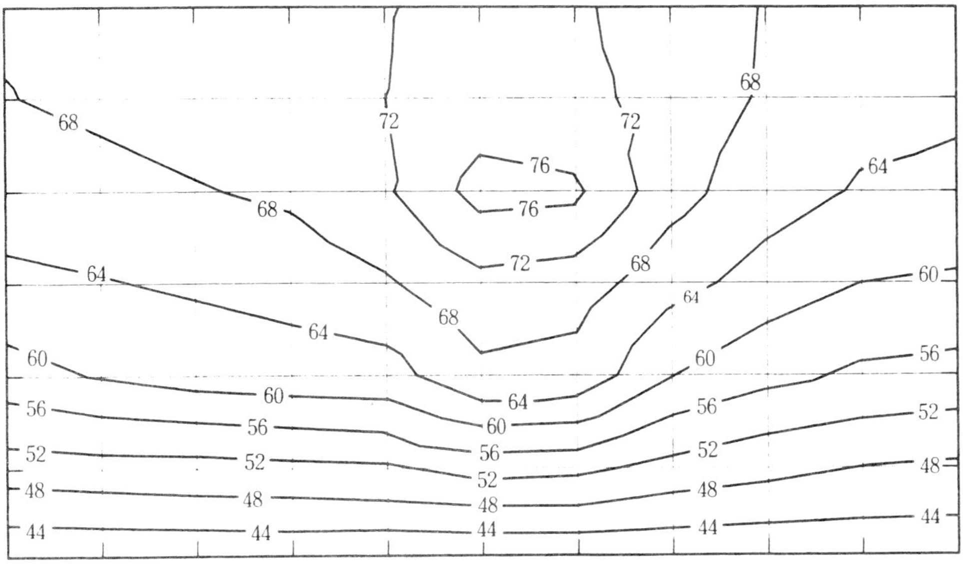

그림 4·19 온도의 등고도표

거운 영역이라는 것을 바로 보여 준다. 등고도표는 열전달 시스템에서 문제가 되는 과열된 장소를 빨리 찾아내는 데 유용하다.

HVAC 산업에서의 보편적인 업무는 열손실을 줄이고 주위에서 열을 얻기 위하여 도관을 단열시키는 것이다. 도관은 단열층으로 둘러싸여 있는 얇은 금속판으로 만들어지거나 전체도관이 얇은 딱딱한 단열재를 상자 안에 접어넣고 모서리를 연결함으로써 만들어진 단열재만으로 구성될 수 있다. 예 4.11에서 유한 차분법을 이용하여 단열된 도관 내의 온도분포를 구한다. 우리는 유한 차분해로부터 유도된 온도분포를 이용한 도관으로부터의 열손실을 전도형상 인자법을 이용하여 계산된 도관으로부터의 계산된 열손실을 비교한다.

예제 4.11 섬유유리판($k=0.021$ Btu/h · ft · °R)으로 만들어진 정사각형 도관이 강제공기 가열 시스템에서의 따뜻한 공기를 나른다. 그림 4·20에 나타낸 것처럼 12 in의 외부치수와 2 in의 벽두께를 가졌다. 도관의 내부와 외부표면이 각각 95°F와 75°F로 유지되는 것을 가정하면서, 유한 차분법을 이용하여 도관벽에서의 온도분포를 구하라. 유한차분 풀이로부터의 온도를 이용하여 단위길이(ft)당 도관으로부터의 열손실을 구하고 그 열손실을 전도형상 인자법을 이용한 열손실과 비교하라.

풀이 도관의 온도를 구하는 첫번째 단계는 문제의 열대칭을 인식하는 것이다. 전체 내부표면은 하나의 온도에 유지되고, 전체 외부표면은 다른 온도에 유지된다. 그러므로 양 x와 y축 주위에 열대칭이 존재하므로 도관의 1/4 부문에 대한 분석을 수행할 수 있다. 도관의 1/4 부문의 유한 차분망은 그림 4·21에 나타내었다. 1 in의 마디간격을 가진 정사각형망을 선

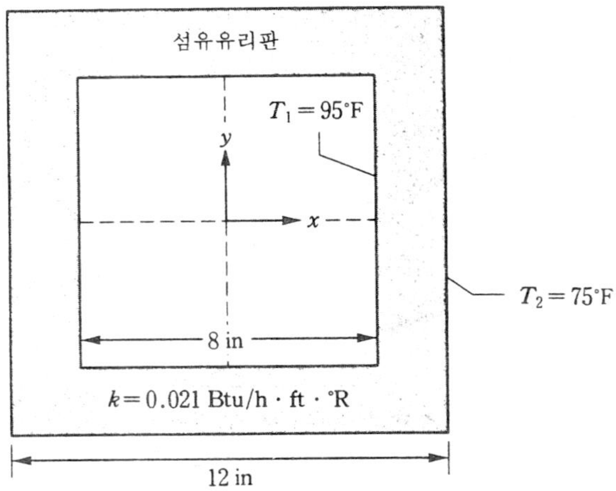

그림 4 · 20 정사각형 도관

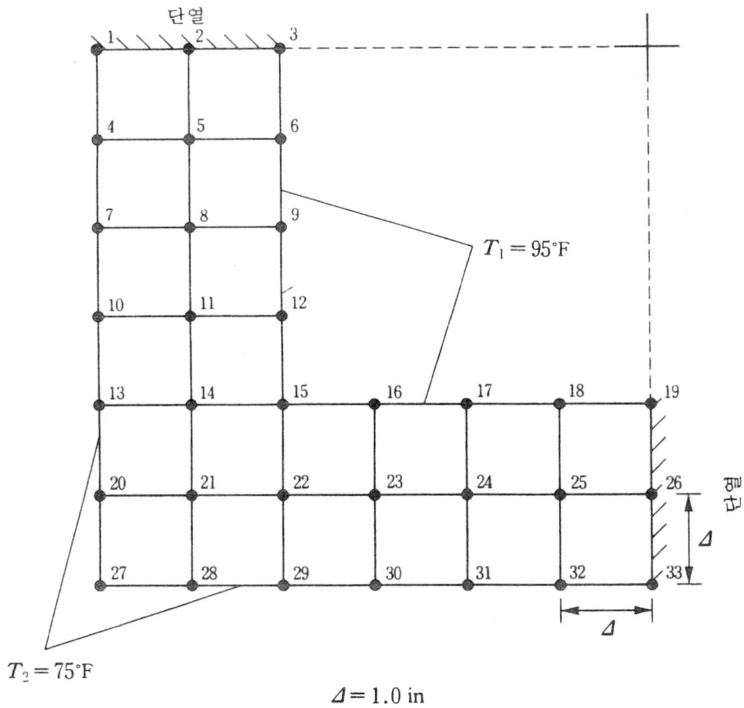

그림 4 · 21 유한차분 모델

택한다. 대칭축에 대응하는 두 표면은 단열되어 있다. 마디 3, 6, 9, 12와 15~19는 95°F로 유지된다. 마디 1, 4, 7, 10, 13, 20과 27 ~33은 75°F로 유지된다. 도관 안에는 대류 경계 조건과 열원이 없으므로, 온도는 섬유유리판의 열전도도에 의존한다.

이 문제에 대한 유한차분 공식은 앞의 문제에서 충분히 설명되었으므로, 오직 스프레드시트 풀이(표 4 · 14)만을 제시한다. 도관의 코너를 통과하는 대각선에 대하여 열대칭이 존재한다는 것을 알 수 있다. 도관으로부터의 열손실은 푸리에 법칙을 이용하여 얻을 수 있다. 내부마디와 도관의 외부표면에 있는 75°F 마디에 대하여 별개의 온도차를 사용한다. 이와

표 4 · 14 스프레드시트 풀이

	A	B	C	D	E	F	G
1	75.00	84.98	95.00				
2	75.00	84.97	95.00				
3	75.0	84.89	95.00				
4	75.00	84.59	95.00				
5	75.00	83.45	95.00	95.00	95.00	95.00	95.00
6	75.00	79.23	83.45	84.59	84.89	84.97	84.98
7	75.00	75.00	75.00	75.00	75.00	75.00	75.00

같이 푸리에 법칙을 다음과 같이 쓸 수 있다.

$$\dot{Q}=\frac{kA}{\varDelta}\sum_i \varDelta T_i$$

여기서 A : 전도면적($1\ \text{ft}\times 0.0833\ \text{ft}=0.0833\ \text{ft}^2$)

$\varDelta$: 전도길이(0.0833 ft)

k : 0.021 Btu/h · ft · °R

그리고 $\varDelta T_i$는 내부마디와 도관의 외부 표면적 위의 마디 사이의 온도차이다. $A=\varDelta L$임을 알면 단위길이(ft)당 열손실은

$$\frac{\dot{Q}}{L}=k\sum_i \varDelta T_i$$

그러므로 도관 1/4 부문의 반(half)을 통한 열손실은

$$\frac{\dot{Q}}{L}=(\sigma 0.021)\Big[(79.23-75)+(83.45-75)+(84.59-75)+(84.89-75)+(84.97-75)+\frac{(84.98-75)}{2}\Big]$$

$$=0.99\ \text{Btu/h}\cdot\text{ft}$$

합산의 마지막 항은 2로 나눠진다. 왜냐하면 마디 26은 끝에 있으므로 마디 26에 대한 전도면적은 내부마디에 대한 전도면적의 반이다. 더욱이 마디 27에 속하는 코너면적을 통한 열손실은 고려될 수 없으며, 이는 전도길이와 전도면적이 코너에서 명확하게 정의되어 있지 않기 때문이다. 도관에 대한 전체 열손실은 관의 1/4 부문의 반에 대한 열손실의 8배이므로 다음을 얻을 수 있다.

$$\frac{\dot{Q}}{L}=8(0.99\ \text{Btu/h}\cdot\text{ft})=7.92\ \text{Btu/h}\cdot\text{ft}$$

전도형상 인자법을 이용하여 도관으로부터의 열손실을 구한다. 표 4 · 1로부터, $a/b>1.4$인 사각 고체물질 안에 있는 사각구멍에 대한

$$S=\frac{2\pi L}{0.93\ln(a/b)-0.0502}$$

매개변수 a와 b는 각각 사각도관의 외부와 내부치수이다. 이 문제에 대하여, $a/b=(12\ \text{in}/8\ \text{in})=1.5$이다. 이 값을 형상인자 공식에 대입하여 다음을 구한다.

$$S = \frac{2\pi(1\ \text{ft})}{0.93\ln(12\ \text{in}/8\ \text{in}) - 0.0502} = 19.22\ \text{ft}$$

형상인자를 이용한 열전달은 식 (4·1)에 주어졌다. 그러므로 단위길이(ft)당 도관으로부터의 열손실은

$$\frac{\dot{Q}}{L} = kS(T_1 - T_2)$$

$$= (0.021\ \text{Btu/h}\cdot\text{ft}\cdot{}^\circ\text{R})(19.22)(95-75)^\circ\text{R} = 8.07\ \text{Btu/h}\cdot\text{ft}$$

두 가지 방법을 이용하여 계산된 열손실에서의 차이는 2%보다 작다. 열전달을 구하기 위하여 전도형상 인자방법을 이용할 때 확실히 더 작은 노력이 요구되지만, 유한 차분법은 관벽 안의 온도를 구할 때, 특히 코너지역에서의 온도를 구할 때 매우 유용하다.

◇◇◇◇◇◇◇◇◇◇ 참 고 문 헌 ◇◇◇◇◇◇◇◇◇◇

1. Hahne, E., and U. Grigull. 1975. "Shape Factor and Shape Resistance for Steady Multidimensional Heat Conduction"(in German). *Int. J. Heat Mass Transfer* 18: pp. 751~767.
2. Andrews, R. V. 1955. "Solving Conductive Heat Transfer Problems with Electrical-Analogue Shape Factors." *Chem. Eng. Progress* 51, no. 2: pp. 67~71.
3. Arpaci, V. S. 1966. *Conduction Heat Transfer*. Reading, Mass.: Addison-Wesley Publishing Co.
4. Hoffman, J. D. 1992. *Numerical Methods for Engineers and Scientists*. New York: McGraw-Hill Book Co.
5. Patandar, S. V. 1980. *Numerical Heat Transfer and Fluid Flow*. New York: McGraw-Hill/Hemisphere.
6. Minkowycz, W. J., E. M. Sparrow, G. E. Schneider, and R. H. Pletcher 1988. *Handbook of Numerical Heat Transfer*. New York: John Wiley & Sons.
7. Dusinberre, G. M. 1961. *Heat Transfer Calculations by Finite Differences*. Scranton. Pa.: International Textbook.
8. Desai, C. S. 1979. *Elementary Finite Element Method*. Englewood Cliffs, N. J.: Prentice Hall Inc.
9. Segerlind, L. J. 1976. *Applied Finite Element Analysis*. New York: John Wiley & Sons.
10. Dobson, W. G., and A. K. Wolf. 1984. *Engineering Problem Solving with Spreadsheet Programs*. Metals Park, Ohio: American Society for Metals.
11. Dobson, W. G., and A. K. Wolf. 1996. *Excel for Engineers*. Mission, Kan.:

Schroff Development Corp.
12. Gillett, J. E. 1989. "Better Heat Flow Analysis on Spreadsheets." *Machine Design* (January 12): pp. 127~132.
13. Eid, J. C. 1986. "Spreadsheets for Thermal Analysis." *Machine Design* (October 23): pp. 121~125.
14. Palmer Ⅲ, M. E., M. G. Pecht, and J. V. Horan. 1985. "Adapting the Spread-sheet to Engineering Problems." *Computers in Mechanical Engineering* (September): pp. 49~56.

◇◇◇◇◇◇◇◇◇◇ 연 습 문 제 ◇◇◇◇◇◇◇◇◇◇

◈ 전도형상 인자

4.1 가열된 유체를 나르는 긴 10 in, schedule 40 강관이 지하에 수평으로 묻혀 있는데, 그 중앙선이 지하 40 cm에 위치하고 있다. 관의 표면온도는 80℃이고 대지의 표면온도는 15℃이다. 대지의 열전도도가 2 W/m · K일 때 관의 단위길이(m)당 열손실을 구하라.

4.2 두 개의 10 m 길이의 관이 평행이면서 중앙－중앙간격이 30 cm가 되도록 땅속 깊이 묻혀 있다. 이 중 큰 관은 바깥지름이 4.8 cm이며 110℃로 유지된다. 작은 관은 바깥지름이 2.7 cm이며 40℃이다. 흙의 열전도도가 1.6 W/m · K일 때 관 사이의 열전달을 구하라.

4.3 긴 14 gage 니크롬선이 정사각형 단면적을 가지는 세라믹 물질의 중앙에 그림 4 · 22와 같이 삽입되어 있다. 전선 내에는 전류가 흘러 열을 발생하며, 이는 전선의 온도를 160℃로 일정하게 유지시킨다. 세라믹 상자의 외부표면 온도가 15℃로 유지된다면 전선의 단위

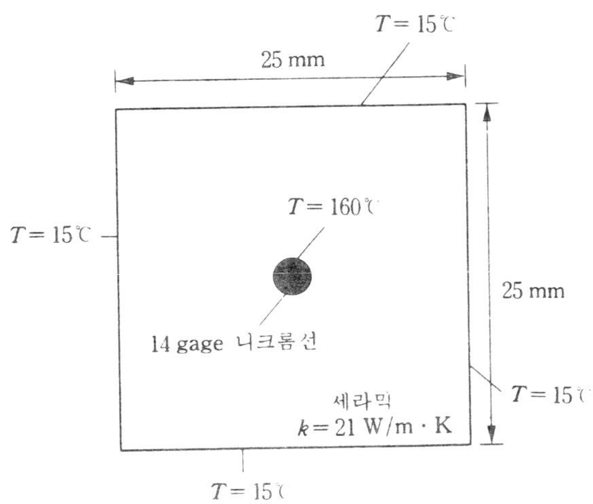

그림 4 · 22

길이(m)당 열전달은 얼마인가? 여기서 세라믹 물질에 대한 k=21 W/m · K이다.

4.4 방사능 폐기물을 담고 있는 실린더형의 탱크가 한쪽이 땅표면과 높이가 같도록 지하에 수직으로 묻혀 있다. 탱크의 길이와 지름이 각각 2.5 m와 0.80 m이다. 탱크 내의 방사능 폐기물은 내부적으로 열을 발생하여 탱크표면을 35℃로 일정하게 유지시킨다. 땅표면의 온도가 18℃일 때 열전달을 구하라. 주위 흙의 k=1 W/m · K이다.

4.5E 내부치수가 8 ft×8 ft×8 ft인 입방체가 10 in 두께의 콘크리트로 만들어져 있다. 내부 및 외부의 표면온도가 각각 65°F이고 50°F일 때 열전달을 구하라. 콘크리트의 k=0.8 Btu/ h · ft · °R이다. 모서리와 코너가 무시된다면 입방체를 통한 열전달은 얼마인가?

◈ 해 석 법

4.6 매우 긴 판의 3쪽 면이 60℃로 유지된다. 판의 폭은 50 cm이다. 판의 짧은 쪽 중의 하나가 400℃로 일정하게 유지된다. 400℃인 쪽으로부터 8 cm인 판의 중앙에서의 정상온도는 얼마인가?

4.7 두께가 1.5 cm인 긴 휜이 휜표면을 110℃로 유지시키는 끓는 유체에 노출되어 있다. 휜 베이스가 250℃로 유지될 때 베이스에서 1 cm 떨어진 휜의 축 위의 한 점에서의 정상온도를 구하라.

4.8 20 cm×20 cm 크기의 정사각 판의 3개 측면은 이 측면을 95℃로 유지시키는 유체에 노출되어 있다. 네 번째 측면은 −10℃이다. 판의 중앙에서의 정상온도를 구하라.

4.9 그림 4 · 23에 나타낸 바와 같이 사각형 영역을 고려하라. x=5 cm이고 y=1 cm인 곳에

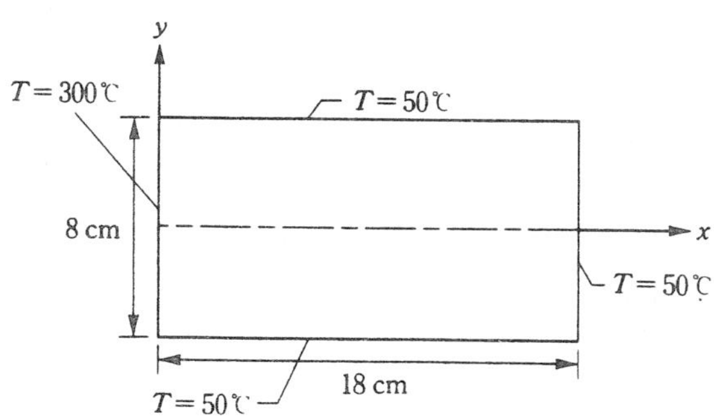

그림 4 · 23

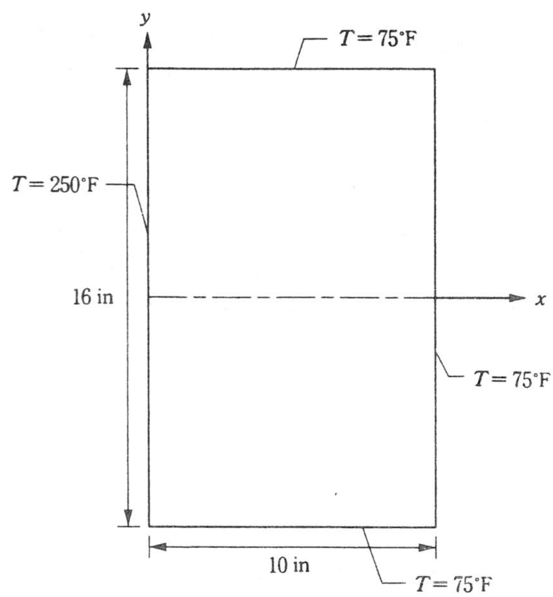

그림 4 · 24

서의 정상온도를 구하라.

4.10E 그림 4·24에 주어진 직사각형 영역에 대하여 $x=2$ in이고 $y=5$ in인 곳에서의 정상온도를 구하라.

4.11 6061 알루미늄 세로 휜의 높이와 두께는 각각 8 cm와 4 mm이다. 휜은 105℃의 끓는 유체에 노출되어 있고 열전달 계수는 9000 W/m^2·K이다. 휜 베이스의 온도가 170℃로 유지될 때 (a) 식 (4·7)과, (b) 식 (3·9)를 이용하여 휜 팁으로부터 3 cm 떨어진 휜의 축에서의 온도를 구하라. 단, 큰 열전달 계수는 표면온도가 대략적으로 유체온도와 일치한다.

◈ 유한 차분법

4.12 유한 차분법을 이용하여 예제 4.4를 풀고 그 결과를 분석법에 의하여 구한 것과 비교하라.

4.13 2 cm×2 cm 크기의 단면적을 가진 긴 팔라디움(palladium) 원형막대가 내부에서 균일하게 100 W/cm^{3}의 열을 발생시킨다. 원형막대의 표면은 10℃로 유지된다. 유한 차분법을 이용하여 원형막대의 중앙에서의 온도를 구하라. 오직 원형막대의 1/4 부문을 모델화하고 2.5 mm의 마디간격을 이용하라.

4.14 유한 차분법을 이용하여 문제 4.10을 풀어라. $\Delta=1$ in이다.

4.15 그림 4·25에 나타낸 영역에 대하여 마디 6, 10과 18에서의 온도를 구하라.

4.16 그림 4·26에 주어진 영역에 대하여 마디 7, 8, 12와 15에서의 온도를 구하라.

4.17 마디간격 1 cm를 이용하여 문제 4.15를 풀어라. 더 세밀한 망에 의하여 발생되는 차이점은 무엇인가?

4.18 50 cm×50 cm의 순수 니켈판이 판 내에서 3.9 MW/m^{3}의 에너지를 균일하게 발생시킨

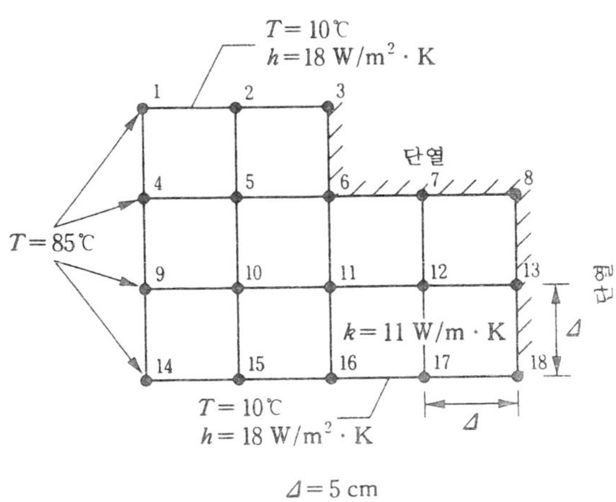

그림 4·25

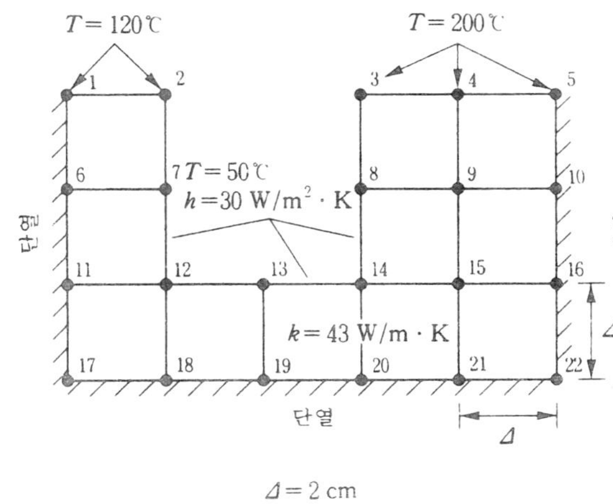

그림 4·26

다. 판의 모든 4개 측면은 20℃로 유지된다. 유한 차분법을 이용하여 판의 최대온도를 구하라. 이 결과를 식 (4·8)을 이용한 결과와 비교하라.

4.19 직사각 브래킷(bracket)의 한쪽 측면은 1200 W/m^{2}의 정상 열플럭스를 흡수한다. 동일한 측면은 30℃인 주위로 대류에 의한 열손실이 있으며 열전달 계수는 20 W/m^2·K이다. 브래킷의 다른 3개 측면은 단열되어 있다. 그림 4·27에 나타낸 유한 차분망을 이용하여 브래킷의 정상온도를 구하라.

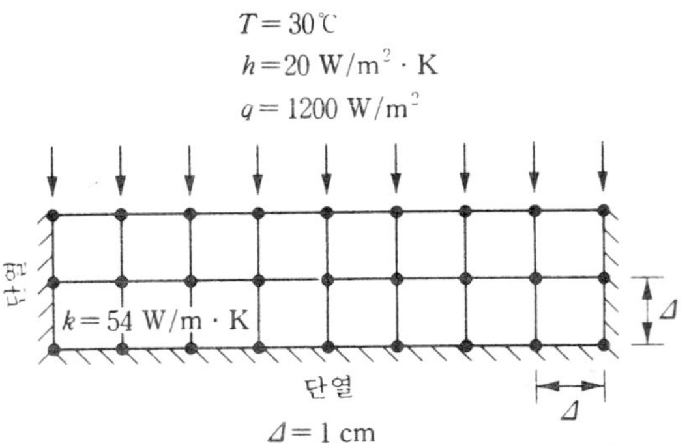

그림 4·27

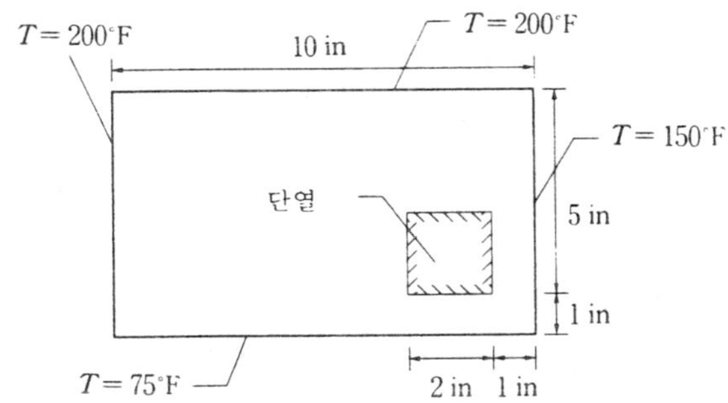

그림 4·28

4.20E 그림 4·28에 나타낸 정사각형 구멍을 가진 직사각판을 고려하라. 판의 둘레가 제시된 온도를 유지되고 정사각형 구멍의 측면이 단열되었을 때 판의 정상온도를 구하라. 1 cm의 마디간격을 가지는 정사각형 유한 차분망을 이용하라.

4.21 그림 4·29에 주어진 2D 영역을 고려하라. 영역의 음영처리된 부분은 2 MW/m^{3}의 내부 열발생을 가지고 있다. 유한 차분법을 이용하여 아래 오른쪽 코너의 온도를 구하라. 단, 2 cm 마디간격을 가지는 정사각형 망을 이용하라.

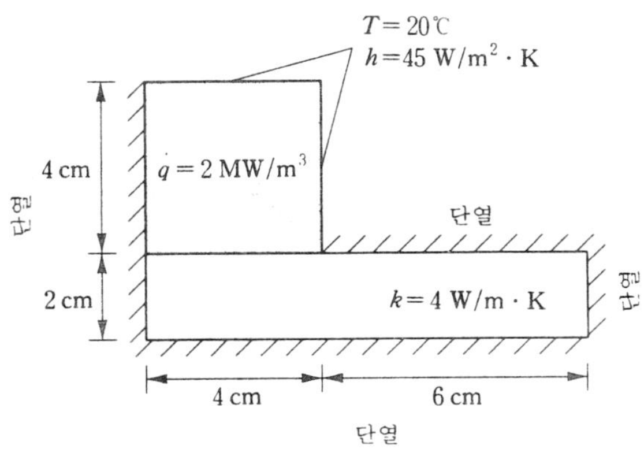

그림 4·29

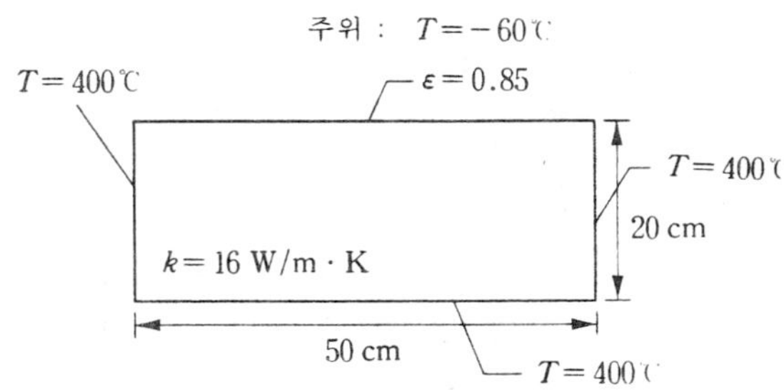

그림 4·30

4.22 그림 4·30을 주어진 직사각형 영역의 왼쪽, 아래쪽 및 오른쪽 측면은 400℃로 유지되고 있다. 위쪽은 −60℃의 정상온도로 유지되는 표면에 의하여 밀폐된 진공상태에 노출되

어 있다. 영역 위쪽의 복사능(emissivity)이 0.85일 때 유한 차분법을 이용하여 이 영역의 2D 정상온도 분포를 구하라. 단, 10 cm의 마디간격을 가지는 정사각형 망을 이용하라.

◈ 응 용

4.23E 버려진 수도관이 임시적으로 호수바닥을 가로질러 원유를 먼 곳으로 이송하기 위하여 사용된다. 이 관은 12 in, schedule 40 강관이며 22 in×22 in인 입방체의 단면적을 가지는 콘크리트 구조물의 중앙에 삽입되어 있다. 원유의 온도와 콘크리트 구조물의 외부표면 온도가 각각 110°F와 50°F일 때, 열전달을 구하라. 콘크리트의 $k=0.8$ Btu/h · ft · °R이다.

4.24 폐기되는 핵연료봉이 표면에서 2 m 깊이의 모래땅에 수평으로 묻혀 있다. 잔여 방사능 때문에 연료봉은 내부적으로 열을 발생시켜 막대의 표면온도를 40℃로 유지한다. 연료봉의 길이와 지름이 각각 3 m와 1.31 cm이고, 대지의 표면온도가 15℃일 때 연료봉으로부터 대지표면까지의 열전달을 구하라.

4.25 실험실에서 금속조각을 열처리할 수 있는 작은 입방체의 오븐을 설계하려고 한다. 오븐에 사용 가능한 최대전력은 14 kW이고 공간을 고려하여 오븐의 외부크기를 40 cm로 제한해야 한다. 만약 내부와 외부 노(furnace)표면 사이의 원하는 온도차가 1000℃라면 요구되는 최소 벽두께는 얼마인가? 오븐벽은 불에 구어진 흙벽돌로 만들어졌다.

4.26 그림 4 · 31에서처럼 5052 알루미늄으로 만들어진 1.5 mm 두께의 브래킷에 한 쌍의 동력 트랜지스터가 장착되어 있다. 이 브래킷은 15℃로 유지되는 냉각판에 부착되어 있다. 각 트랜지스터는 2.5 W를 방출한다. 유한 차분법을 이용하여 각 트랜지스터 중앙의 밑부분 브래킷의 정상온도를 구하라. 트랜지스터의 열발생을 점열원으로 취급하고, 대류나 복사에 의한 브래킷이나 트랜지스터로부터의 열전달이 없다고 가정하라.

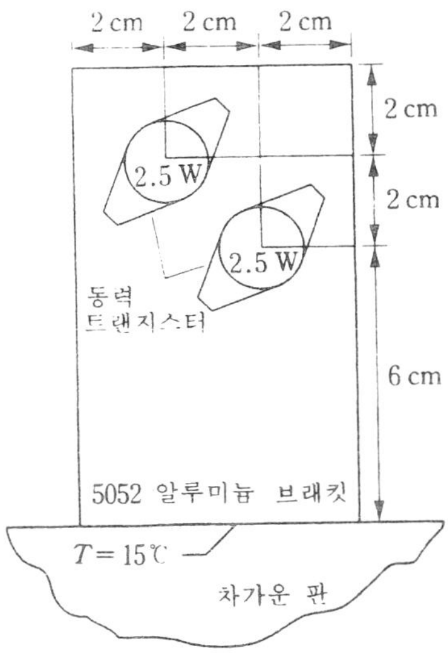

그림 4 · 31

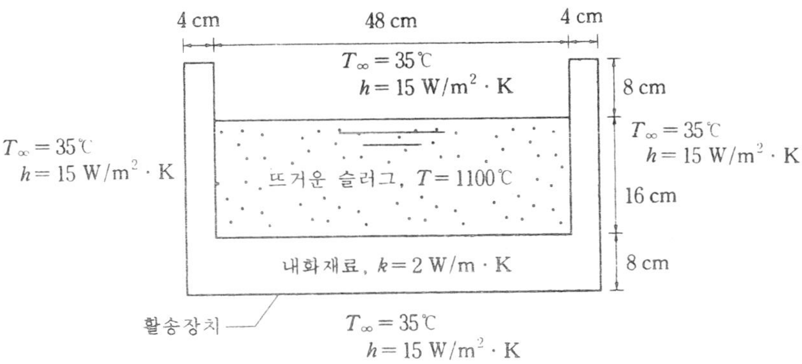

그림 4 · 32

4.27 구리제련 조작에서 가열된 슬러그가 특수한 노 안으로 흘러 들어가 연소된다. 이 슬러그는 내열재로 만들어진 활송장치(chute) 안으로 흘러들어 간다. 가열된 슬러그를 담고 있는 활송장치의 단면적은 그림 4·32에 주어졌다. 활송장치 중 어느 위치에서 슬러그의 온도는 1100℃이다. 슬러그와 직접 접촉하지 않는 활송장치의 모든 측면은 대류에 의하여 주위의 35℃ 공기에 열을 빼앗기며, 열전달 계수는 15 W/m^2·K이다. 유한 차분법을 이용하여 활송장치 내의 온도분포를 구하라. 전도는 정상상태이고 슬러그와 활송장치 사이의 열전달 계수는 매우 크다고 가정하라.

4.28 그림 4·33에 주어진 회로기판은 두개의 동일한 구리층 사이에 삽입된 얇은 층의 강과 니켈의 합금(invar)으로 구성된 복합 금속심을 가지고 있다. 금속 결합물의 내부평면 판 내에서의 열전도도는 165 W/m·K이다. 긴 금속심의 모서리는 액체로 냉각되는 냉각판에 의하여 25℃로 유지되고 다른 2개의 모서리는 노출되어 있다. 각 집적회로가 1.6 W를 방출할 때 유한 차분법을 이용하여 금속심에서의 정상온도 분포를 구하라. 열방출을 단일 마디에 적용된 점열원으로 취급하고 노출된 모서리는 단열되어 있는 것으로 취급한다.

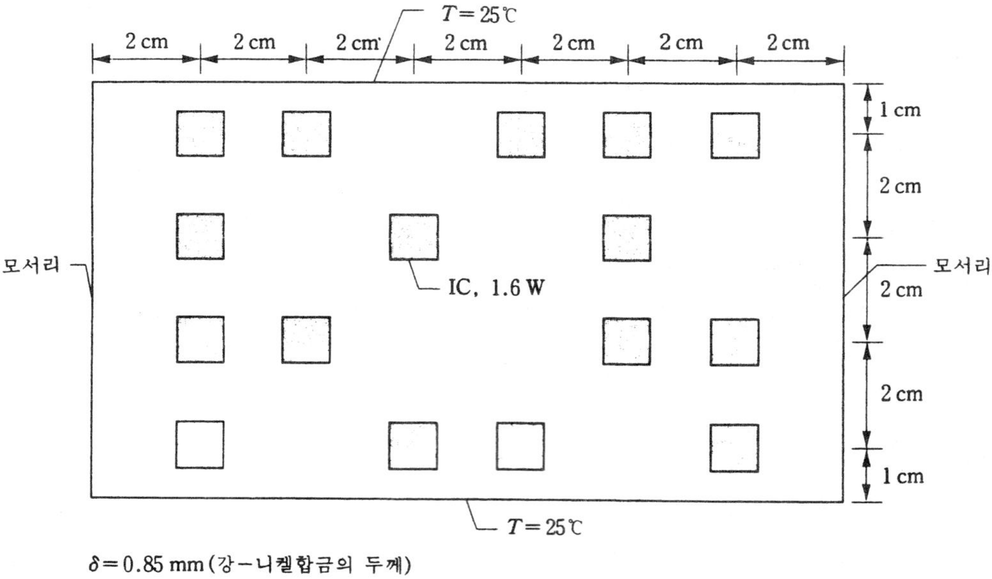

그림 4·33

4.29 알려지지 않은 금속합금의 열전도도를 측정하는 방법이 제안되었다. 금속합금은 2 cm ×2 cm 크기의 단면을 가지는 길고 좁은 막대형태로 만들어지며 막대 끝에서 끝으로 정상전류가 흐르는 반면 CO_2로 채워진 일정온도의 용기 안에 담겨져 있다. 전류는 막대 내에서 2.4 MW/m^{3}의 열에너지를 균일하게 발생시킨다. 정밀온도 감지기를 이용하여 막대 축과 표면 사이의 정상온도 차이가 4.2℃임을 측정하였다. 2D 정상전도에 대한 분석적 풀이를 이용하면 금속합금의 열전도도는 얼마인가?

4.30E 추운 기후지역에 위치한 전문적인 미식축구 운동장을 위한 잔디조절 시스템은 운동장 지표면 아래에 따뜻한 물을 순환시키는 일련의 폴리에틸렌 튜브로 구성되어 있다. 이 시스템은 잔디의 성장기간을 연장시키며 이는 1년을 통하여 경기를 진행시킬 수 있는 상태를 크게 향상시킬 수 있게 한다. 이와 같은 시스템의 단면은 그림 4·34에 나타나 있다. 나타낸 배열에 대하여 잔디표면에서의 튜브의 단위길이당 열전달과 온도를 각각 40 Btu/h·ft와 65°F로 유지하기 위하여 요구되는 튜브의 평균온도는 얼마인가?

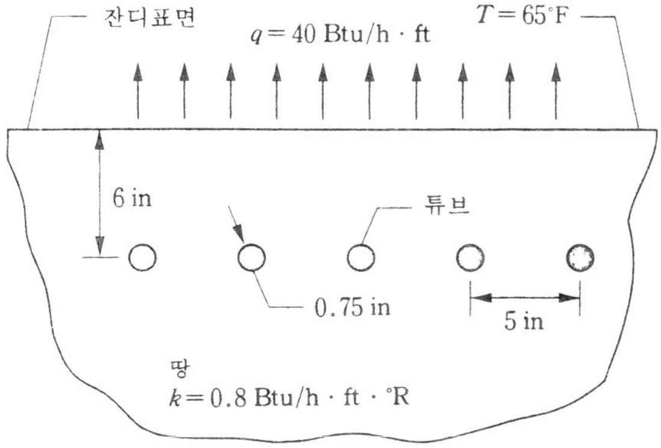

그림 4·34

5. 비정상 상태 전도

5.1 서 론

1장에서 정상상태와 비정상 상태 또는 시간 의존성 열전달을 구별하였다. 만약 어떤 시스템의 온도가 시간에 따라 변하지 않는다면 그 시스템에서의 전도는 정상상태(steady state)라고 정의된다. 이 때 그 시스템에서 전도가 일어나기 위해서는 온도의 공간적인 변화, 즉 온도구배(temperature gradient)가 있어야 한다. 그러나 각 위치에서의 온도는 모두 일정하다. 반대로, 만약 어떤 시스템의 온도가 시간에 따라 변화한다면 그 시스템에서 전도는 비정상 상태(unsteady state)에 있다고 정의하는데, 그 시스템 안에서의 온도구배는 있을 수도 있고 없을 수도 있다. 보통 물체의 온도변화를 가열 또는 냉각이라고 부르는데, 각각 시간에 따라 온도가 증가하거나 감소하는 것을 말한다. 비정상 상태의 열전도 과정은 우리 주변에서 흔히 볼 수 있다. 음식물의 요리, 태양이 뜨면서 지구표면이 점차로 따뜻해지는 현상, 물이 얼어서 얼음이 되는 현상, 우리 가정에서의 난방이나 냉방 등이 우리에게 친숙한 비정상 상태 전도의 예이다.

일반적으로 비정상 상태 전도는 그 시스템 표면에서의 열적조건, 즉 경계조건의 변화에 의해 일어난다. 예를 들어 우리가 달걀을 삶으려고 5℃ 정도의 냉장고에서 차가운 달걀을 꺼내 100℃의 끓는 물에 달걀을 갑자기 집어넣을 때 달걀을 둘러싼 유체(물)의 온도가 변화될 뿐만 아니라 열전달 계수의 크기도 증가시킨다. 달걀이 끓는 물에 닿는 순간, 달걀의 온도는 표면으로부터 시작해서 중앙 쪽으로 달걀이 익을 때까지 몇 분 동안 증가한다. 비정상 상태 열전달은 또한 내부 열생성 변화에 의해서도 일어난다. 예를 들어 전기히터는 열의 요구에 대응해서 그 장치를 켜고 끔에 따라서 온도를 변화시킨다. 비슷하게 전자장치는 전원을 공급하거나 차단함으로써 자신의 온도를 증가시키거나 감소시키어 정상상태에 도달하도록 한다.

비정상 상태 전도에 대한 문제는 온도가 1차원 또는 그 이상의 공간좌표의 함수일 뿐만 아니라 시간의 함수이기도 한 복잡성을 추가로 갖고 있다. 가장 일반적인 경우, 온도는 3차원 공간좌표와 시간의 함수이다. 그 편미분 방정식은 식 (2·44)와 식 (2·54)에 의해 주어져 있다. 이 식은 각각 직교와 원통 좌표계에서 열전도를 나타낸다. 이 식의 해는 경계조건뿐만 아니라 초기조건(initial condition)을 포함한다. 초기조건은 새로운 경계조건이 적용되는 순간에 그 시스템의 온도를 제공한다. 따라서, 달걀의 예로 돌아가 보면, 만약 달걀이 끓는 물 속에 들어가기 전에 냉장고 안에서 5℃의 열적평형 상태에 있다면, 초기조건은

$$T = 5℃ \; (t = 0 \text{ s 에서})$$

물론, 문제를 풀기 위해서, 그리고 달걀의 비정상 상태의 온도를 알기 위해서는 끓는 물에 대한 대류경계 조건도 필요할 것이다.

비정상 상태 전도를 다룸에 있어서, 먼저 시스템의 온도가 시간에 따라 변화하지만 공간에 따라서는 변화하지 않는 시스템부터 고려한다. 이것이 해를 구할 수 있는 가장 간단한 비정상 상태 전도의 문제이다. 다음에 반무한대 영역(semi-infinite region)에서의 1차원 비정상 상태 전도에 대해 생각한다. 이 문제에서 온도는 1차원 공간과 시간의 함수이다. 온도응답 차트는 대류경계 조건에 노출된 판, 실린더 및 구에서 1차원, 2차원 그리고 3차원 비정상 온도를 풀기 위해 이용된다. 2차원 비정상 문제를 위한 수치해법(numerical method)을 나타내었으며, 유한 차분법(finite difference method)을 이용하여 얻어진 해가 예시되어 있다.

5.2 총 열용량 시스템

총 열용량 시스템(lumped heat capacity system)은 온도가 전체적으로 균일한 시스템이다. 계의 온도는 시간에 따라 변화하지만, 주어진 시간에 그 시스템의 모든 위치에서의 온도는 같다. 총 열용량 모델은 이상적인 모델이다. 이는 전도가 일어나기 위해서는 그 물체에 온도구배가 있어야만 하기 때문이다. 그럼에도 불구하고 총 열용량 모델은 다양한 실제상황에서 상당히 정확하다. 예를 들어 그림 5·1에 나타낸 금속로의 급냉을 고려해 보자. 만약 노가 작고 매우 전도도가 높은 금속으로 만들어져 있다면 급냉을 진행하는 동안 노의 온도는 거의 일정하다고 직관적으로 예상할 수 있다. 만약 노의 온도구배를 무시할 수 있다고 가정하면 노 자체의 전도도 무실할 수 있다. 따라서, 오직 중요한 온도구배는 그 표면에서의 경계층을 통한 온도구배이다.

우선, 임의의 총 열용량 시스템의 비정상 상태 온도에 대한 관계를 얻기 위해 열역학 제 1 법칙을 금속로에 적용하자. 첫째로 몇 가지 용어를 정의하자. 노의

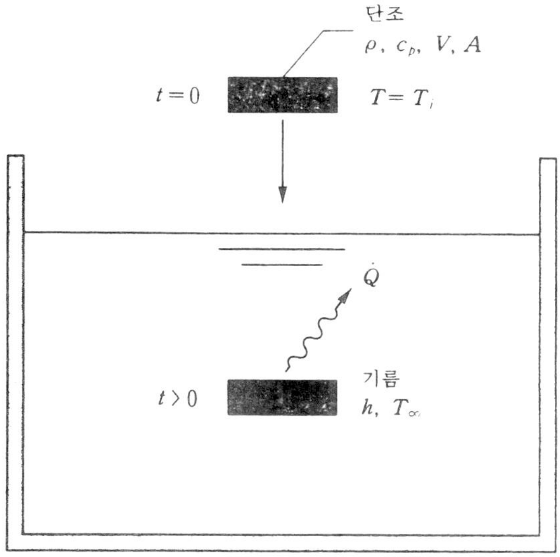

그림 5·1 수조 속에서 급냉된 작은 금속의 단조는 총 열용량 시스템으로 간주될 수 있다.

전체질량에 대해서, 노의 초기온도는 T_i, 부피와 표면적은 각각 V, A이다. 또한, 노의 밀도와 열용량을 각각 ρ와 c_p로 표시되며, SI 단위로는 각각 kg/m^3와 $J/kg \cdot K$, 영국식 단위로는 각각 lb_m/ft^3와 $Btu/lb_m \cdot °R$이다. 금속로를 급냉시키는 유체로 기름을 생각하고 기름의 질량이 노의 전체 몸체의 질량과 비교해서 훨씬 크다고 가정하면, 유체의 온도는 노로부터 기름으로의 열전달에 의해 영향을 받지 않을 것이다. 따라서, 유체의 온도는 T_∞로 일정할 것이다. 문제의 형태를 간단히 하기 위해서 금속로로부터 유체로의 열전달은 오직 대류에 의해 일어난다고 하자. 열전달 계수는 일정하다고 가정하고 h로 나타낸다.

열역학 제1법칙으로 이런 문제를 설명하자면 임의의 시간 t에서 유체에 의해 흡수된 열에너지는 금속로의 내부 에너지 시간 변화율과 같아야만 한다. 이런 설명은 다음과 같은 식으로 나타낼 수 있다.

$$-\rho c_p V \frac{dT}{dt} = hA(T - T_\infty) \tag{5·1}$$

여기서 T는 금속로의 비정상 상태 온도이다. 식 (5·1)은 1차 편미분 방정식이다. 초기조건은

$$T(0) = T_i \tag{5·2}$$

이다.

식 (5·1)의 해는 무차원 형태로 다음과 같이 표현된다.

$$\frac{T - T_\infty}{T_i - T_\infty} = \exp\left[-\left(\frac{hA}{\rho c_p V}\right)t\right] \tag{5·3}$$

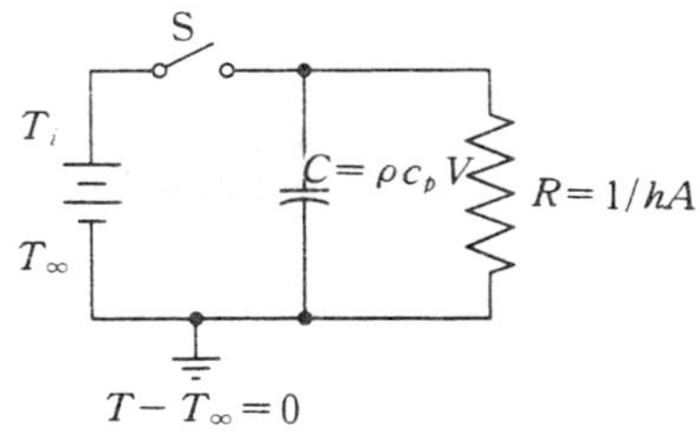

그림 5·2 *RC* 회로의 열적대응

식 (5·3)은 금속로의 온도는 시간에 따라 지수적으로 변하고, 열전달 계수, 표면적, 밀도, 비열 그리고 금속로의 부피의 함수임을 나타낸다.

총 열용량 시스템의 열적거동은 그림 5·2에 나타낸 것과 같이 *RC* 회로의 전기적거동과 유사하다. 그 시스템의 열용량은 스위치 S에 의해 닫혀짐으로써 $(T_i - T_\infty)$의 차이로 초기부하가 걸려 있다. 스위치가 열리면 캐패시터에 저장된 에너지는 저항을 통해 사라진다. 열적용어에 상당하는 것으로 용량은 $C=\rho c_p V$, 그리고 저항은 $R=1/hA$이다. 이 열적회로에서 시간상수(time constant) t_c는 용량과 저항의 산물이다. 따라서

$$t_c = \frac{\rho c_p V}{hA} \tag{5·4}$$

전기회로 이론에서 시간상수는 전위차가 초기 전위차의 36.8%까지 떨어지는 데 걸리는 시간이다. 따라서, 총 열용량 시스템에서 시간상수는 시간차 $(T-T_\infty)$가 초기 온도차 $(T_i - T_\infty)$의 36.8%까지 떨어지는 데 걸리는 시간이다.

앞에서 총 열용량의 개념은 이상적인 것이라고 설명했다. 만약 어떤 물체의 내부의 열적저항이 외부의 열적저항보다 훨씬 작은 경우 그 물체는 총 열용량 시스템이라고 여겨질 수 있다. 이것은 어떤 물체의 전도에 대한 저항이 물체를 둘러싸고 있는 유체의 열경계층의 저항보다 훨씬 작은 경우와 같다. 총 열용량 모델은 다음의 조건을 만족시키는 경우에 높은 정확도로 사용될 수 있다.

$$\frac{h(V/A)}{k} < 0.1 \tag{5·5}$$

여기서 k는 그 물체의 열전도이다. 만약 $V/A = s$의 비가 물체의 특성길이(characteristic length)라고 하면 바이오트 수(Biot number)라고 부르는 무차원 매개변수가 나타난다. 바이오트 수 Bi는 다음과 같이 정의된다.

$$Bi = \frac{hs}{k} \tag{5·6}$$

4장에서 바이오트 수를 살펴보았는데, 그 때 특성길이는 유한 차분망의 마디(node)간격이었다. 비정상 상태의 열전달 문제에서 특성길이 s는 판이나 실린더

또는 구와 같은 경우에 규칙적인 기하학적 구조를 가진 물체의 두께 또는 반지름이다. 이런 기하학적 구조에서 특성길이는 다음과 같이 요약된다.

두께 $2L$인 판 $s=\dfrac{V}{A}=\dfrac{HWL}{HW}=L$

반지름 R인 실린더 $s=\dfrac{V}{A}=\dfrac{\pi R^2 L}{2\pi RL}=\dfrac{R}{2}$

반지름 R인 구 $s=\dfrac{V}{A}=\dfrac{4}{3}\dfrac{\pi R^3}{4\pi r^2}=\dfrac{R}{3}$

바이오트 수가 0.1보다 작다면 어떤 형태의 기하학적 구조에 대해서도 총 열용량 모델은 정확하다. 바이오트 수의 값이 0.1보다 커지면 총 열용량 시스템의 정확도는 떨어지고, 그 물체에서 공간적 온도의 변화를 설명하기 위한 다른 모델이 도입되어야 한다. 그런 방법은 이 장 후반부에서 다룬다.

예제 5.1 초기온도가 800℃로 일정하게 유지되고 있는 지름 5 cm의 순수 구리로 만든 구가 갑자기 20℃의 유체에 노출되었다. 열전달 계수의 값이 450 W/m² · K라면 45초 후의 구의 온도는 어떻게 되는가?

풀이 총 열용량 분석에 있어서 첫번째 단계는 바이오트 수를 구하는 것이다. 만약 식 (5 · 5)의 범위를 만족한다면 총 열용량 방법이 사용될 수 있다. 구에서 특성길이는

$$s=\frac{R}{3}=\frac{0.025\text{ m}}{3}=0.0083\text{ m}$$

부록 C로부터 300 K에서 순수구리의 열전도는 401 W/m · K이다. 따라서, 바이오트 수는

$$Bi=\frac{hs}{k}$$

$$=\frac{(450\text{ W/m}^2\cdot\text{K})(0.0083\text{ m})}{(401\text{ W/m}\cdot\text{K})}=0.0093 < 0.1$$

따라서, 총 열용량 방법을 이 문제에 적용할 수 있다. 이 구의 부피와 표면적은

$$V=4/3\pi R^3=4/3\,\pi(0.025\text{ m})^3=6.545\times10^{-5}\text{ m}^3$$

$$A=4\pi R^2=4\,\pi(0.025\text{ m})^2=7.854\times10^{-3}\text{ m}^2$$

또한, 순수구리의 밀도 ρ와 비열 c_p도 필요하다. 이런 특성값도 부록 C에 있다. 300 K에서 다음과 같은 값을 갖는다.

$$\rho=8933\text{ kg/m}^3,\quad c_p=385\text{ J/kg}\cdot\text{K}$$

초기온도와 유체의 온도 그리고 시간은 다음과 같다.

$$T_i=800℃,\quad T_\infty=20℃,\quad t=45\text{ s}$$

식 (5 · 3)을 사용하기 전에 $(hA/\rho c_p V)$를 계산하면

$$\frac{hA}{\rho c_p V}=\frac{(450\text{ W/m}^2\cdot\text{K})(7.854\times10^{-3}\text{ m}^2)}{(8933\text{ kg/m}^3)(385\text{ J/kg}\cdot\text{K})(6.545\times10^{-5}\text{ m}^3)}=0.0157s^{-1}$$

이 값을 식 (5 · 3)에 대입하면 다음과 같은 결과를 얻는다.

$$\frac{T-T_\infty}{T_i-T_\infty}=\exp[-(0.0157\ \mathrm{s}^{-1})(45\mathrm{s})]=0.4934$$

그러므로 45초 후의 구의 온도는

$$T=0.4934(800-20)℃+20℃=405℃$$

예제 5.2 400℃의 일정한 온도로 유지된 AISI 4130 강(steel)의 긴 원형막대(rod)가 20℃의 공기에 갑자기 노출되었다. 열전달 계수는 15 W/m^2 · K이고, 원형막대의 지름은 4.8 cm이다. 20℃의 공기에 노출되었을 때 이 원형 쇠막대가 60℃까지 냉각되려면 얼마나 걸리는가?

풀이 예제 5.1에서처럼 총 열용량의 가정이 타당한지를 결정하기 위해 먼저 바이오트 수를 확인한다. 이 원형막대에서 특성길이는

$$s=\frac{R}{2}=\frac{0.024\ \mathrm{m}}{2}=0.012\ \mathrm{m}$$

부록 C로부터 300 K에서의 AISI 4130 강의 열특성은

$$\rho=7840\ \mathrm{kg/m^3},\quad c_p=460\ \mathrm{J/kg\cdot K},\quad k=43\ \mathrm{W/m\cdot K}$$

그러므로 바이오트 수는

$$Bi=\frac{hs}{k}=\frac{(15\ \mathrm{W/m^2\cdot K})(0.012\ \mathrm{m})}{(43\ \mathrm{W/m\cdot K})}=0.0042<0.1$$

따라서, 총 열용량을 이용한 풀이가 가능하다. 주어진 온도는

$$T_i=400℃,\quad T_\infty=20℃$$

예제 5.1과 달리 물체의 온도는 주어졌지만, 물체가 주어진 온도까지 도달하기 위한 시간은 주어지지 않았다. 그러므로

$$T=60℃$$

쇠막대가 60℃까지 도달하기 위한 시간을 알아내기 위해 t시간에 대해 식 (5 · 3)을 풀면,

$$t=-\left(\frac{\rho c_p V}{hA}\right)\ln\left(\frac{T-T_\infty}{T_i-T_\infty}\right)\qquad(5\cdot 7)$$

표면적과 원형 쇠막대의 부피를 단위길이로 계산하면

$$A=2\pi RL=2\pi(0.024\ \mathrm{m})(1\ \mathrm{m})=0.1508\ \mathrm{m^2}$$

$$V=\pi R^2L=\pi(0.024\ \mathrm{m})^2(1\ \mathrm{m})=1.8096\times10^{-3}\ \mathrm{m^3}$$

$(\rho c_p V/hA)$의 값은

$$\frac{\rho C_p V}{hA}=\frac{(7840\ \mathrm{kg/m^3})(460\ \mathrm{J/kg\cdot K})(1.8096\times10^{-3}\ \mathrm{m^3})}{(15\ \mathrm{W/m^2\cdot K})(0.1508\ \mathrm{m^2})}=2885\ \mathrm{s}$$

무차원 온도는

$$\frac{T-T_\infty}{T_i-T_\infty}=\frac{(60-20)℃}{(400-20)℃}=0.1053$$

따라서, 시간 t는

$$t = -(2885\,\mathrm{s})\ln(0.1053) = -(2885\,\mathrm{s})(-2.2509) = 6494\,\mathrm{s} = 1.80\,\mathrm{h}$$

총 열용량 모델의 특성은 물체의 총 온도가 식 (5·3)에 의해 주위의 유체온도에 점근적으로 접근한다는 것이다. 긴 시간이 지난 후에 전체물체의 온도가 주위의 유체온도에 충분히 근접하게 될 때 물체가 유체와 열적평형을 가진다고 말할 수 있다. 전체물체의 온도차가 초기 온도차의 1%까지 떨어지기 위해서는 약 5개의 시간상수가 필요하다.

5.3 반무한대 영역

이번에는 반무한대 영역(semi-infinite regions)에서 1차원의 비정상 상태 열전도에 대해 생각해 보자. 반무한대 영역은 한 면이 제한되어 있지만 다른 방향으로는 제한되어 있지 않은 영역을 말한다. 반무한대 영역에 대한 전도형상 인자(shape factor)는 4장에서 확인하라. 여기서는 4가지의 다른 경우를 알아보고자 한다. 각각은 같은 반무한대 구조를 사용하지만 다른 경계조건을 가진다. 반무한대 구조를 그림 5·3에 나타내었다. 원점은 표면에서 정의되고 변수 x는 관심 있는 지점의 깊이를 나타낸다. 각각의 경우에 있어 그 영역에서의 초기온도는 T_i이다. 각각의 경우에 대해, 주어진 경계조건에 노출되는 경우 깊이 x와 시간 t에서 이 반무한대 영역의 온도에 대한 식을 제시한다.

그림 5·3 반무한대 영역은 한 면에 의해 제한되어 있고 다른 모든 방향으로는 무한히 확장된다.

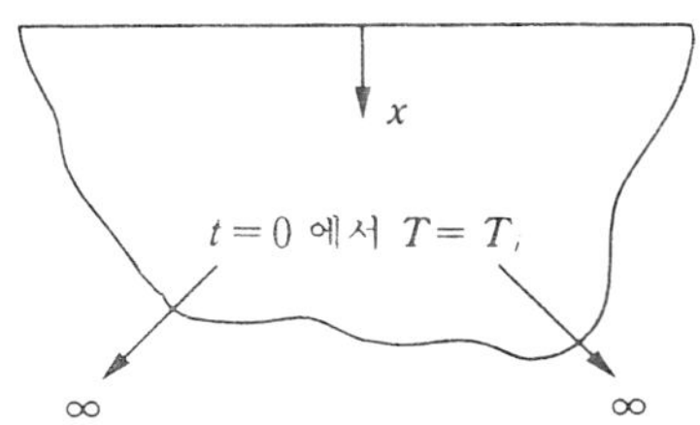

경우 1 : 일정표면 온도

첫번째 경우는 반무한대 영역의 표면이 갑자기 새로운 온도 T_0로 바뀌는 경우이다. 이러한 경우의 식은 무차원 형태로 나타나는데,

$$\frac{T-T_0}{T_i-T_0} = \mathrm{erf}\left(\frac{x}{2\sqrt{\alpha t}}\right) \tag{5·8}$$

α는 물질의 열확산도(thermal diffusivity)이다. 열확산도는 열에너지를 저장

하는 능력과 비교하여 열에너지를 전도하는 능력을 보여 주는 물질의 특성이다. 큰 열확산도를 가지는 물질은 주어진 열적환경에 빨리 변화하지만, 그 반대인 경우는 늦게 반응한다. 열확산도는 다음의 관계로 정의한다.

$$\alpha = \frac{k}{\rho c_p} \qquad (5 \cdot 9)$$

여기서 k, ρ 그리고 c_p는 각각 열전도도, 밀도, 및 물질의 비열이다. 열확산도의 단위는 SI 단위에서는 m^2/s이고, 영국식 단위에서는 ft^2/h이다. erf 함수를 에러함수(error function)라 하고 이 함수는 확률이론에서 나타나는 특수적분에 의해 정의된다. 에러함수의 표는 부록 A에 제공되었다. 에러함수는 많은 방정식 해법기(equation solver) 소프트웨어 패키지의 함수 라이브러리와 고급 프로그램 언어 컴파일러에 있다.

예제 5.3 두꺼운 순철조각이 0℃에 있다. 이 조각의 표면온도가 갑자기 60℃로 변하였다. 1분 후 이 조각의 3 cm 깊이에서의 온도는?

풀이 먼저 철의 열적특성에 관한 정보가 필요하다. 부록 C를 보면

$$\rho = 7870\ \mathrm{kg/m^3}, \quad c_p = 447\ \mathrm{J/kg \cdot K}, \quad k = 80.3\ \mathrm{W/m \cdot K}$$

따라서, 철의 열확산도는

$$\alpha = \frac{k}{\rho c_p} = \frac{80.3\ \mathrm{W/m \cdot K}}{(7870\ \mathrm{kg/m^3})(447\ \mathrm{J/kg \cdot K})}$$

$$= 2.28 \times 10^{-5}\ \mathrm{m^2/s}$$

실제로 열확산도를 계산할 필요가 없는데, 그 이유는 열확산도가 다른 열적특성과 함께 부록 C에 명시되어 있기 때문이다. 깊이와 시간은

$$x = 3\ \mathrm{cm} = 0.03\ \mathrm{m}, \quad t = 1\ \mathrm{min} = 60\ \mathrm{s}$$

그리고 초기온도와 표면온도는

$$T_i = 0℃, \quad T_0 = 60℃$$

부록 A에서 에러함수의 표를 사용해야 하므로 독립변수 $x/2\sqrt{\alpha t}$를 계산해 보자.

$$\frac{x}{2\sqrt{\alpha t}} = \frac{0.03\ \mathrm{m}}{2[(2.28 \times 10^{-5}\ \mathrm{m^2/s})(60\ \mathrm{s})]^{1/2}} = 0.4056$$

0.4056은 에러함수의 표에서 존재하는 두 수 사이에 있으므로 선형 보간법(linear interpolation)을 이용하여 구하면

$$\mathrm{erf}(0.4056) = 0.4337$$

그러므로 무차원군 온도는

$$\frac{T - T_0}{T_i - T_0} = 0.4337$$

그리고 1분 후 3 cm 깊이에서의 철조각의 온도는

$$T = 0.4337(0-60)℃ + 60℃ = 33.98℃$$

경우 2 : 일정 열플럭스

두 번째의 경우, 반무한대 영역의 표면이 일정 열플럭스 q, 환경에 노출이 되었다. 표면은 대류 또는 복사를 통해 외부와 단열되어 있다. 이러한 경우, 식을 무차원 형태로 표시하면

$$\frac{T-T_i}{qx/k} = \frac{2\sqrt{\alpha t/\pi}}{x}\exp\left(\frac{-x^2}{4\alpha t}\right) - \left[1-\mathrm{erf}\left(\frac{x}{2\sqrt{\alpha t}}\right)\right] \quad (5 \cdot 10)$$

다시 한번 에러함수가 이 식에 나타난다.

예제 5.4 두꺼운 화강암 조각이 10℃의 일정한 온도로 있다. 조각의 표면이 900 W/m^{2}의 태양 열플럭스에 노출되었다. 3시간 후 5 cm 깊이에서 조각의 온도는?

풀이 부록 D로부터 300 K에서 화강암의 열전도도와 열확산도를 구하면

$$k = 2.79 \text{ W/m} \cdot \text{K}, \quad \alpha = 13.7 \times 10^{-7} \text{ m}^2/\text{s}$$

깊이와 시간은

$$x = 5 \text{ cm} = 0.05 \text{ m}, \quad t = 3 \text{ h} = 10\,800 \text{ s}$$

그리고 조각의 초기온도와 열플럭스는

$$T_i = 10℃, \quad q = 900 \text{ W/m}^2$$

다시 한번 독립변수 $x/2\sqrt{\alpha t}$를 계산하면 에러함수를 알 수 있다.

$$\frac{x}{2\sqrt{\alpha t}} = \frac{0.05 \text{ m}}{2[(13.7\times10^{-7}\text{ m}^2/\text{s})(10\,800\text{ s})]^{1/2}} = 0.2055$$

0.2055의 에러함수는

$$\mathrm{erf}(0.2055) = 0.2286$$

식 (5 · 10)에 대입하여 무차원 온도를 얻는다.

$$\frac{T-T_i}{qx/k} = \frac{2[(13.7\times10^{-7})(10\,800)/\pi]^{1/2}}{0.05}\exp\left(\frac{-(0.05)^2}{4(13.7\times10^{-7})(10\,800)}\right)$$
$$-(1-0.2286) = 1.8602$$

그러므로 3시간 후 깊이 5 cm에서의 온도는

$$T = 1.8602\left(\frac{qx}{k}\right) + T_i$$
$$= \frac{1.8602(900\text{ W/m}^2)(0.05\text{ m})}{2.79\text{ W/m}\cdot\text{K}} + 10℃ = 40.0℃$$

경우 3 : 대 류

세 번째 경우는 실제적인 열전달 응용에 있어서 아마도 가장 보편적인 용어일 것이다. 이 경우, 반무한대 영역의 표면이 열전달 계수가 h인 온도 T_∞의 유체에 갑자기 노출된다. 이 경우 무차원 형태로 나타낸 식은

$$\frac{T-T_\infty}{T_i-T_\infty}=\operatorname{erf}(X)+\left[\exp\left(\frac{hx}{k}+\frac{h^2\alpha t}{k^2}\right)\right]\left[1-\operatorname{erf}\left(X+\frac{h\sqrt{\alpha t}}{k}\right)\right] \quad (5\cdot 11)$$

이고 여기서 매개변수 X는 다음과 같이 정의된다.

$$X=\frac{x}{2\sqrt{\alpha t}} \quad (5\cdot 12)$$

예제 5.5 돌로 이루어진 두꺼운 콘크리트 슬래브(slab)가 초기온도 30℃로 균일하게 유지되어 있다. 갑자기 판의 표면을 온도가 10℃로 일정하게 유지된 물로 씻는다. 열전달 계수가 400 W/m^2 · K라고 한다면 20분 후 콘크리트 슬래브의 깊이 1 cm 위치에서의 온도는 얼마인가?

풀이 온도 300 K에서 이 콘크리트의 열전도도와 열확산도는

$$k=1.9\ \text{W/m}\cdot\text{K}, \quad \alpha=9.42\times10^{-7}\ \text{m}^2/\text{s}$$

깊이와 시간은

$$x=1\ \text{cm}=0.01\ \text{m}, \quad t=20\ \text{min}=1200\ \text{s}$$

이다. 초기 콘크리트의 온도, 물의 온도 그리고 열전달 계수는

$$T_i=30℃, \quad T_\infty=10℃, \quad h=400\ \text{W/m}^2\cdot\text{K}$$

이다. 식 (5 · 11)에 X항이 두 번 있으므로 먼저 계산을 한다.

$$X=\frac{x}{2\sqrt{\alpha t}}=\frac{0.01\ \text{m}}{2[(9.42\times10^{-7}\ \text{m}^2/\text{s})(1200\ \text{s})]^{1/2}}=0.1487$$

식 (5 · 11)에 대입하기 전에 다른 무차원 항의 그룹을 계산한다.

$$\frac{hx}{k}=\frac{(400\ \text{W/m}^2\cdot\text{K})(0.01\ \text{m})}{1.9\ \text{W/m}\cdot\text{K}}=2.11$$

$$\frac{h\sqrt{\alpha t}}{k}=\frac{(400\ \text{W/m}^2\cdot\text{K})\sqrt{(9.42\times10^{-7}\ \text{m}^2/\text{s})(1200\ \text{s})}}{1.9\ \text{W/m}\cdot\text{K}}=7.08$$

그러므로

$$\frac{h^2\alpha t}{k^2}=7.08^2=50.1$$

이 값을 식 (5 · 11)에 대입해 보자.

$$\frac{T-T_\infty}{T_i-T_\infty}=\operatorname{erf}(0.1487)+[\exp(2.11+50.1)][1-\operatorname{erf}(0.1487+7.08)]$$

$$= \text{erf}(0.1487) + [\exp(52.2)][1 - \text{erf}(7.23)]$$
$$= \text{erf}(0.1487) + 0$$
$$= 0.1665$$

그러므로 20분 후 깊이 1 cm에서 콘크리트 판의 온도는

$$T = 0.1665(T_i - T_\infty) + T_\infty$$
$$= 0.1665(10 - 30)℃ + 30℃ = 26.7℃$$

경우 4 : 표면 에너지 펄스

네 번째와 마지막의 경우는 반무한대 범위의 표면이 단위면적당 순간 에너지(instantaneous energy)인 E에 노출되는 경우이다. 이 경우는 매우 짧은 레이저 펄스의 결과로 인한 열전달을 표현한다. 표면으로부터 대류 또는 복사로 인한 열 손실은 없다고 가정한다. 이 경우의 식은 무차원식이며

$$\frac{T - T_i}{E/\rho c_p \sqrt{\pi \alpha t}} = \exp\left(\frac{-x^2}{4\alpha t}\right) \qquad (5 \cdot 13)$$

E의 단위는 SI 단위로 J/m^2이고, 영국식 단위로 Btu/ft^2이다.

예제 5.6 두꺼운 순수 니켈판의 초기온도가 20℃이다. 그 판은 12 MJ/m^2로 순간 에너지 펄스에 노출되었다. 5초 후 판의 표면온도는 얼마인가?

풀이 300 K에서 순수니켈의 열적특성은 다음과 같다.

$$\rho = 8900\ kg/m^3, \quad c_p = 444\ J/kg \cdot K, \quad \alpha = 2.30 \times 10^{-5}\ m^2/s$$

깊이와 시간은

$$x = 0\ m, \quad t = 5\ s$$

이고 초기온도 및 에너지 펄스는

$$T_i = 20℃, \quad E = 12 \times 10^6\ J/m^2$$

$x = 0$이기 때문에 식 (5 · 13)의 오른쪽 지수로 표현된 식은 1이 된다. 따라서

$$T - T_i = \frac{E}{\rho c_p \sqrt{\pi \alpha t}}$$
$$= \frac{12 \times 10^6\ J/m^2}{(8900\ kg/m^3)(444\ J/kg \cdot K)[\pi(2.30 \times 10^{-5}\ m^2/s)(5\ s)]^{1/2}} = 159.8℃$$

5초 후 니켈판의 표면온도는

$$T = 159.8℃ + T_i$$
$$= 159.8℃ + 20℃ = 179.8℃$$

반무한대 기하학적 구조의 응용성

엄밀한 의미의 반무한대 기하학적 구조를 접하는 경우는 거의 없다. 지구의 표면은 실제로 반무한대 범위에 가장 근접한 것이나, 대부분의 열전달 시스템의 차원은 지구보다 현저히 작다. 이러한 경우에 있어 반무한대 범위에서 비정상 상태 전도에 대한 앞의 식은 어떤 용도일까? 이 질문에 대한 답은 어느 정도의 두께를 갖은 영역이라도 경계조건의 갑작스런 적용에 의해 표면에서 야기된 온도변화가 영역의 반대쪽 표면에까지 관통되지 않는 한 반무한대 영역으로서 취급될 수 있다는 사실에 있다. 그림 5·4에 나타낸 두꺼운 판을 고려하라. 만약 다음의 기준을 만족한다면 반무한대 영역에 대한 공식을 적용할 수 있다.

$$L \gg \sqrt{\alpha t} \qquad (5 \cdot 14)$$

여기서 L은 범위의 두께이다. 매개변수 $\sqrt{\alpha t}$ 는 열침투 깊이(thermal penetration depth)라 불린다. 열침투 깊이는 시간 t 후에 경험적인 열적변화가 시작되는 범위의 대략적인 깊이이다. 만약 범위의 두께 L이 열침투 깊이보다 크다면 그 범위는 반무한대 범위로 취급될 것이다. 철 슬래브의 표면온도가 갑자기 변화하는 예제 5.3을 다시 보자. 이 문제의 열침투 깊이는

$$\sqrt{\alpha t} = [(2.28 \times 10^{-5}\,\mathrm{m^2/s})(60\,\mathrm{s})]^{1/2}$$
$$= 0.037\,\mathrm{m} = 3.7\,\mathrm{cm}$$

이다. 그러므로 식 (5·14)에 의하여 철 슬래브의 두께는 반무한대 가정에 적용하기 위하여 3.7 cm보다 커야만 한다. 두께는 시간의 관점에서 슬래브의 뒷면, 즉 $x = L$에서 온도변화에 따라 계산에 의해 결정된 열침투 깊이보다 커야 한다.

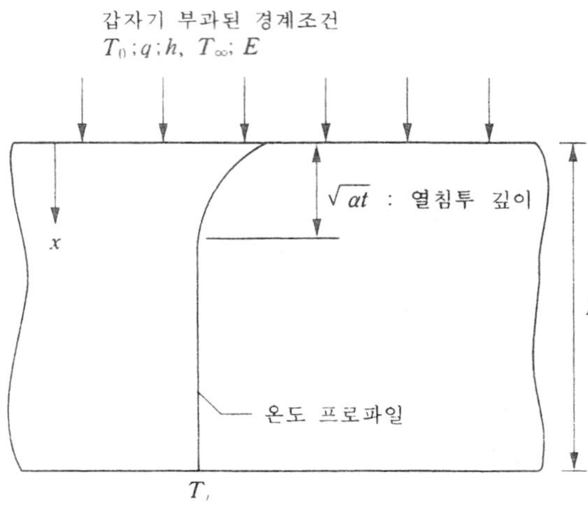

그림 5·4 슬래브의 두께 L이 열침투 깊이 $\sqrt{\alpha t}$ 에 비해 매우 큰 경우 반무한대 영역을 이용하여 이 유한 슬래브를 모델링할 수 있다.

예를 들면 만약 예제 5.3의 철슬래브 두께가 12 cm라면 뒷표면의 온도는 60초 후 단지 1.3℃만 변화한다. 1.3℃ 온도변화는 문제에서 주어진 60℃ 온도변화의 2.2%이며, 이는 대부분의 경우 반무한대 모델을 사용하기에 충분히 작은 값이다.

5.4 판, 실린더 및 구

앞의 5.3절에서 대부분의 일반적인 경계조건은 대류경계 조건이라는 것을 언급했다. 이번 부분의 목적은 표면이 온도 T_∞의 유체에 갑자기 노출된 판, 실린더 및 구의 비정상 상태 온도를 계산하기 위한 방법을 표현하는 것이다. 판은 무한대 넓이와 길이, 그리고 유한한 두께 $2L$을 갖는 것으로 가정한다. L 대신 $2L$로 정의하는 이유는 열적 대칭성 때문이다. 판의 두 표면 모두 전도성 경계면 상태에 노출되어 있어 효과적으로 두 개의 똑같은 판으로 나누어 분석할 수 있는 것이다. 실린더는 반지름 R를 가지고 있으나 무한길이를 가진 것으로 가정한다. 구는 반지름 R를 가지고 있다. 이들 세 개의 기하학적 구조는 그림 5·5에 나타내었다. 판과 실린더에 부여된 무한 크기의 가정 때문에, 이들은 1차원 전도로 생각할 수 있다. 판의 모서리나 실린더 끝의 경계조건은 생각할 필요가 없는데, 이는 이들이 모서리나 끝을 가지지 않기 때문이다. 그러므로 판 내의 전도는 단지 판의 두께를 따르며 실린더 내의 전도는 단지 반지름의 방향을 따른다. 구는 무한 기하학적 구조는 아니지만 반지름 방향에서 전도가 제한되어 있다.

판, 실린더 및 구의 대략적인 분석결과는 Heisler[2]에 의하여 그래프 형태로 표현되어 있고, Heisler 차트(Heisler chart) 또는 온도응답 차트(temperature response chart)로 알려지게 되었다. 그러한 차트들의 더욱 광대한 수집은 후에 Schneider[3]에 의해 정립되었다. 온도응답 차트는 판, 실린더 및 구 내에서 1차원의 비정상 상태 전도에 대한 편미분 방정식에 대한 분석해의 그래프적 표현이다. 이들 차트를 읽기 위해서는 먼저 몇 개의 무차원 매개변수를 찾아야 한다. 필요한 첫번째 무차원 매개변수는 친근한 바이오트 수이다. 실린더나 구의 차트 내에서 사용된 바이오트 수는 전처럼 반지름이 $R/2$ 또는 $R/3$ 대신 반지름 R에 기초한 것이다. 판에 대한 바이오트 수는 판두께의 반인 L에 근거한다. 그러므로

$$Bi = \frac{hL}{k} \text{ (판)} \qquad (5 \cdot 15a)$$

$$Bi = \frac{hR}{k} \text{ (실린더, 구)} \qquad (5 \cdot 15b)$$

이다. 두 번째 무차원 매개변수는 푸리에 수라 불린다. 푸리에 수 Fo는 다음과

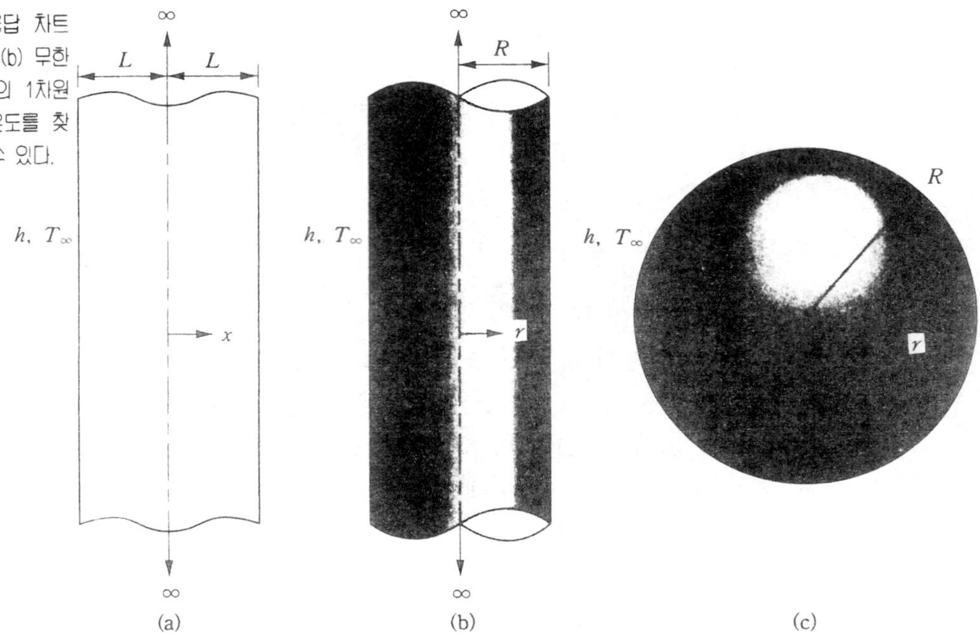

그림 5·5 온도응답 차트는 (a) 무한판, (b) 무한 실린더, (c) 구의 1차원 비정상 상태 온도를 찾는 데 사용될 수 있다.

같이 정의된다.

$$Fo = \frac{\alpha t}{L^2} \text{ (판)} \tag{5·16a}$$

$$Fo = \frac{\alpha t}{R^2} \text{ (실린더, 구)} \tag{5·16b}$$

푸리에 수는 물리적으로 무차원 시간으로 해석된다. Heisler 차트가 분석해의 한 가지 표의 근사로부터 도출되었기 때문에 단지 $Fo \geq 0.2$에 대해서만 정확하다. 몸체와 주변유체 내의 어느 지점 사이에서의 온도변화는

$$\theta = T(x,\ t) - T_\infty \text{(판)} \tag{5·17a}$$

$$\theta = T(r,\ t) - T_\infty \text{(실린더, 구)} \tag{5·17b}$$

로 표현된다. 몸체의 초기온도 T_i와 주위유체의 온도 T_∞ 사이의 차이는

$$\theta_i = T_i - T_\infty \tag{5·18}$$

로, 몸체의 중심부 온도 T_0와 주위유체의 온도 T_∞ 사이의 차이는

$$\theta_0 = T_0 - T_\infty \tag{5·19}$$

로 표현된다. 몸체의 중심부 온도 T_0는 판에서는 $x=0$, 실린더와 구에서는 $r=0$인 온도이다. 이제 판, 실린더 및 구에 대한 온도응답 차트로 표현해보자.

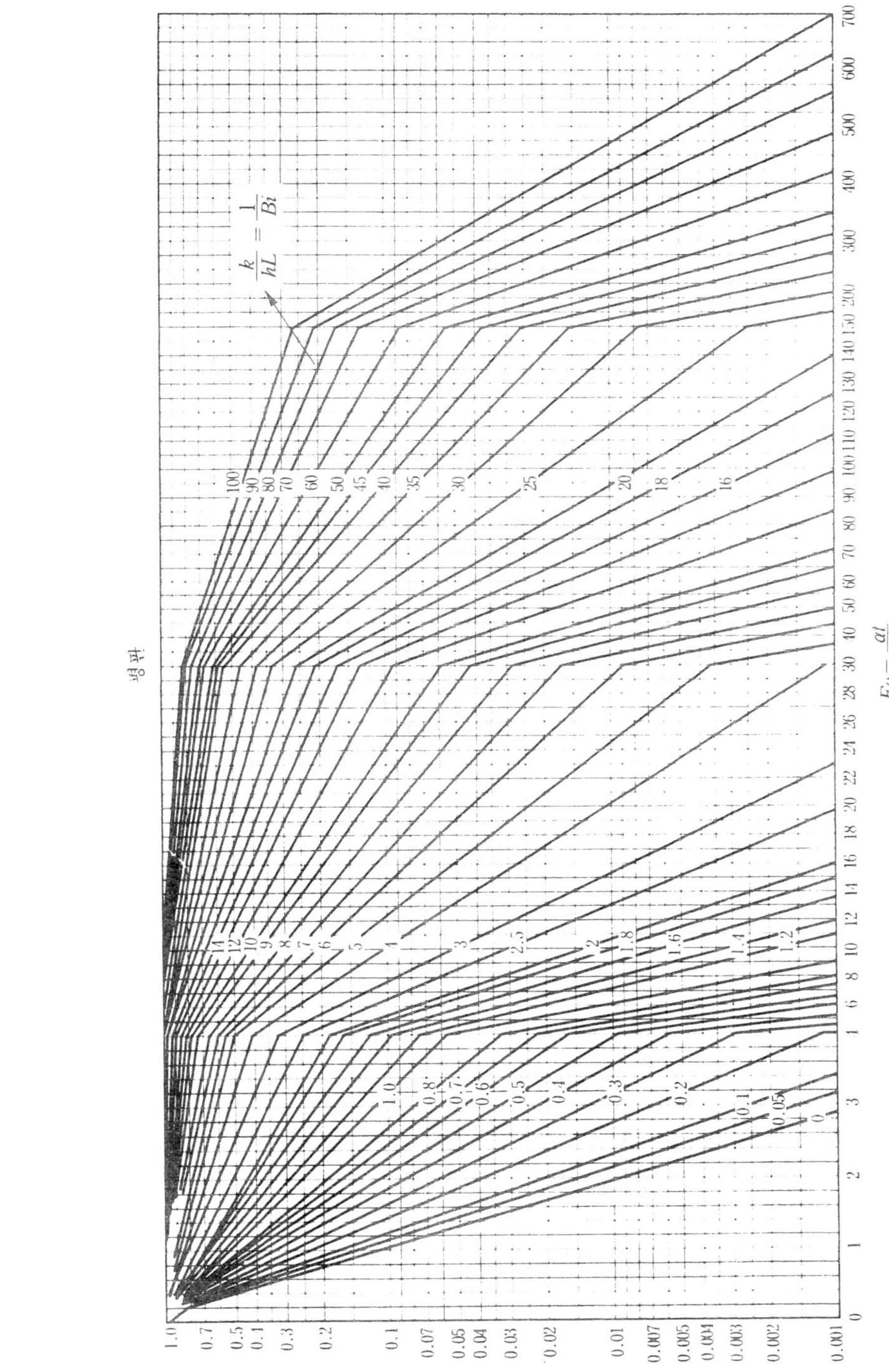

그림 5·6(a) 무한판의 중심온도에 대한 온도응답 차트(Drawn from [2] with permission.)

그림 5·6(b) $Fo<1$인 경우 무한판의 중심온도에 대한 온도응답 차트

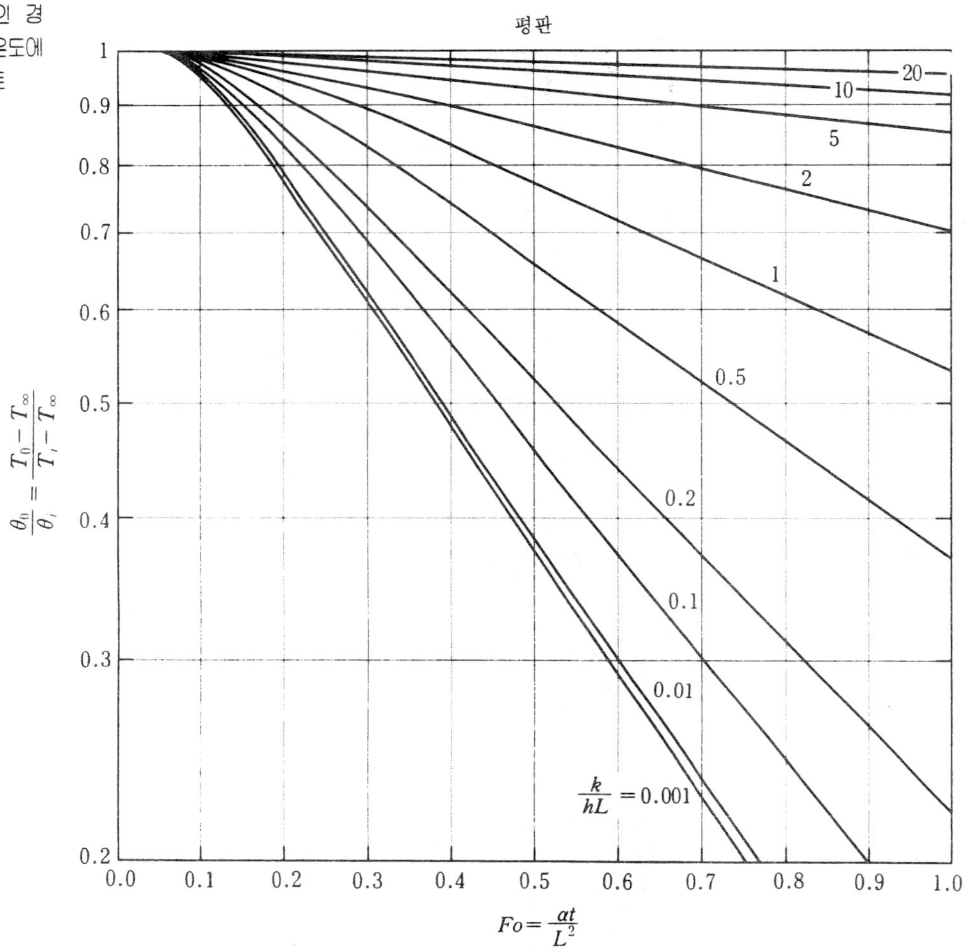

무 한 판

그림 5·6(a)는 몇몇 바이오트 수의 역수 k/hL에 대한 푸리에 수 Fo의 함수로서 무차원 온도 θ_0/θ_i를 나타낸 차트이다. 이 차트는 판의 중심온도를 구하는데 사용된다. k/hL선의 급격한 구배변화는 수평축의 눈금크기 변화에 의한 것이다. 그림 5·6(a)는 $Fo<1.0$에서 읽기가 어려워 그림의 왼쪽부분을 확장하여 그림 5·6(b)에 나타내었다. 그림 5·7은 무차원 좌표 x/L의 몇몇 값에 대한 $1/Bi$의 함수로서의 무차원 온도 θ/θ_0를 나타내었다. 만약 판의 편심온도(off center temperature, 중심에서 벗어난 온도)를 계산하려면 그림 5·6과 그림 5·7을 둘 다 사용해야 한다. 이것은 그림 5·6을 이용하여 무차원 온도 θ_0/θ_i를 먼저 구하고 그림 5·7로부터 무차원 온도 θ/θ_0를 구한 후 곱한다.

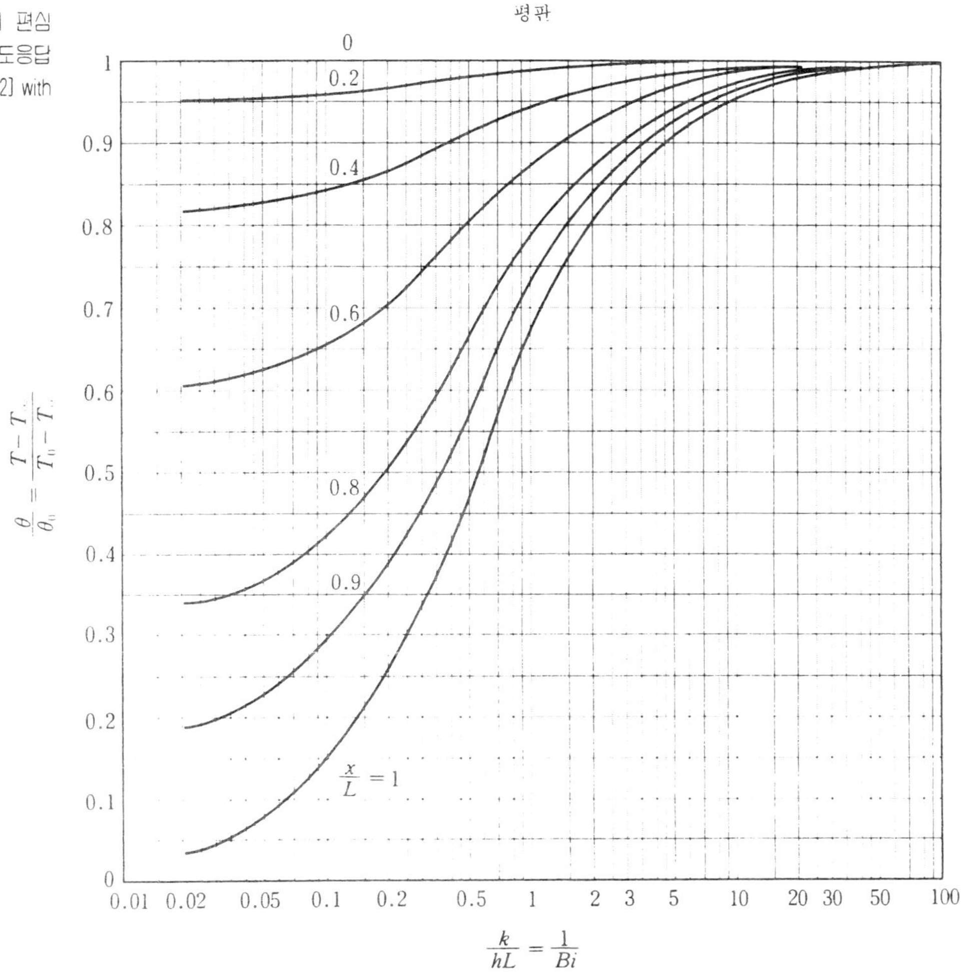

그림 5·7 무한판의 편심 온도에 대한 온도응답 차트(Drawn from [2] with permission.)

$$\frac{\theta}{\theta_i}=\frac{\theta_0}{\theta_i}\frac{\theta}{\theta_0} \tag{5·20}$$

노출시간 t 동안에 주위유체로 전달된 판의 열손실 또는 열수득량은 그림 5·8을 이용하여 계산하는데, 그림 5·8은 Bi에 몇몇 값에 대해 $Bi^2 Fo$의 함수로서의 무차원 열량 Q/Q_{max}를 보여 주고 있다. Q_{max}의 양은 판이 주위의 유체로부터 잃거나 얻을 수 있는 최대열량(J)이며 다음의 관계에 의해 정의된다.

$$Q_{max}=\rho c_p V(T_i-T_\infty)=\rho c_p A^2 L(T_i-T_\infty)\text{(냉각)} \tag{5·21a}$$

$$Q_{max}=\rho c_p V(T_\infty-T_i)=\rho c_p A^2 L(T_\infty-T_i)\text{(가열)} \tag{5·21b}$$

여기서 V와 A는 각각 판의 부피와 표면적이다. Q의 양은 가열 또는 냉각시간 t 동안에 판에 의해 잃거나 얻어진 실제열량(J)이다.

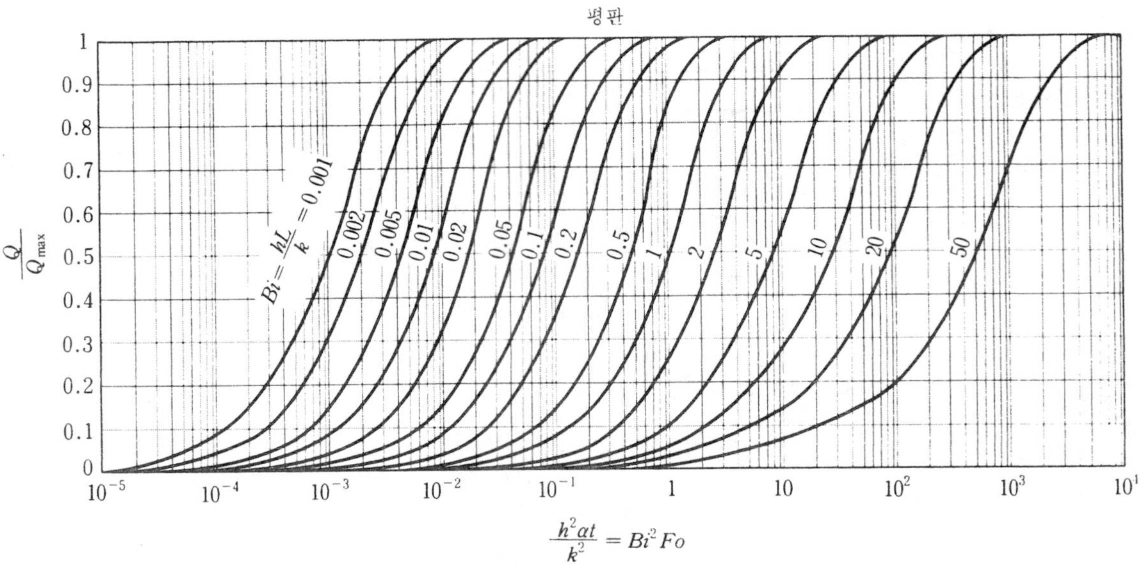

그림 5·8 무한판과 주위 유체 사이의 총 열전달(Drawn from [4] with permission.)

예제 5.7 온도가 200℃로 일정하게 유지되고 있는 5 cm 두께의 순수한 알루미늄 판이 갑자기 유체의 온도가 50℃이고 열전달 계수가 500 W/m²·K인 대류환경에 노출되었다. 3분 후에 표면들 중 하나로부터 1.5 cm의 깊이에서 판의 온도를 계산하라. 이 시간 동안 판은 얼마의 열을 잃었는가?

풀이 부록 C로부터 300 K에서 순수한 알루미늄의 열적성질은

$$\rho = 2702\ \mathrm{kg/m^3}, \quad c_p = 903\ \mathrm{J/kg \cdot K},$$

$$k = 237\ \mathrm{W/m \cdot K}, \quad \alpha = 9.71 \times 10^{-5}\ \mathrm{m^2/s}$$

초기에서 유체의 온도는

$$T_i = 200℃, \quad T_\infty = 50℃$$

열전달 계수, 시간 그리고 판의 절반 두께는

$$h = 500\ \mathrm{W/m^2 \cdot K}, \quad t = 180\ \mathrm{s}, \quad L = \frac{0.05\ \mathrm{m}}{2} = 0.025\ \mathrm{m}$$

이제 온도응답 차트를 읽는 데 필요한 무차원 매개변수를 계산하자.

$$Bi = \frac{hL}{k} = \frac{(500\ \mathrm{W/m^2 \cdot K})(0.025\ \mathrm{m})}{(237\ \mathrm{W/m \cdot K})} = 0.053$$

바이오트 수의 역수는

$$\frac{1}{Bi} = \frac{1}{0.053} = 19.0$$

푸리에 수는

$$Fo = \frac{\alpha t}{L^2} = \frac{(9.71 \times 10^{-5}\ \mathrm{m^2/s})(180\ \mathrm{s})}{(0.025\ \mathrm{m})^2} = 28.0$$

표면으로부터 1.5 cm의 깊이에서의 온도를 구하고자 한다. 즉

$$x = L - 0.015\text{ m} = 0.025\text{ m} - 0.015\text{ m} = 0.01\text{ m}$$

그리고 무차원 좌표는

$$\frac{x}{L} = \frac{0.01\text{ m}}{0.025\text{ m}} = 0.40$$

계산한 $1/Bi$과 Fo값을 사용하여, 그림 5·6(a)에서 무차원 중심온도를 읽으면

$$\frac{\theta_0}{\theta_i} = \frac{T_0 - T_\infty}{T_i - T_\infty} \approx 0.25$$

중심온도는

$$T_0 = 0.25(T_i - T_\infty) + T_\infty$$
$$= 0.25(200 - 50)℃ + 50℃ = 87.5℃$$

다음, $x/L = 0.4$에서 온도를 구하기 위해 그림 5·7을 사용한다. 차트에서 $1/Bi = 19.0$이면서 $x/L = 0.4$인 점을 읽기 어렵지만, 대략적인 무차원 온도는

$$\frac{\theta}{\theta_0} \approx 0.98$$

식 (5·20)을 사용하여 다음 값을 얻는다.

$$\frac{\theta}{\theta_i} = \frac{\theta_0}{\theta_i}\frac{\theta}{\theta_0} = (0.25)(0.98) = 0.245$$

그러므로 3분 후 1.5 cm의 깊이에서의 온도는

$$T = 0.245(T_i - T_\infty) + T_\infty$$
$$= 0.245(200 - 50)℃ + 50℃ = 86.8℃$$

판의 최대 열용량은 식 (5·21)에 의해 주어진다. 따라서

$$Q_{max} = \rho c_p A^2 L(T_i - T_\infty)$$

그러나 판이 크기가 무한히 크다고 가정하였기 때문에 단위 표면적을 기준으로 계산한다. 즉

$$\frac{Q_{max}}{A} = (2702\text{ kg/m}^3)(903\text{ J/kg}\cdot\text{K})(0.05\text{ m})[(200-50)\text{ K}] = 18.3\text{ MJ/m}^2$$

매개변수 $Bi^2 Fo$는 다음과 같은 값을 갖는다.

$$Bi^2 Fo = (0.053)^2(28.0) = 0.079$$

즉, 무차원 열량 Q/Q_{max}은 그림 5·8에서 대략적인 값을 보인다.

$$\frac{Q}{Q_{max}} \approx 0.7$$

따라서, 3분 동안 판에서 단위면적당 소모된 된 열은

$$\frac{Q}{A} = \frac{0.7Q_{max}}{A} = 0.7(18.3\text{ MJ/m}^2) = 12.8\text{ MJ/m}^2$$

이 문제에서 최고온도 범위는 50℃에서 200℃(323 K에서 473K)이다. 그러나 부록 C의 C.2와 C.3의 표에서 보듯이, 이 범위에서의 순수한 알루미늄의 열전도성과 비열변화는 각각 1%와 7% 이내이다. 이 문제에서는 상온에서의 열적물성을 기준으로 하였으나, 큰

온도차가 존재할 때에는 온도에 의존하는 열적물성의 영향이 고려되어야 한다.

무한 실린더

무한하게 긴 실린더의 1차원 비정상 상태 온도를 구하기 위한 과정은 본질적으로 무한판에서의 경우와 같다. 긴 실린더의 중심온도에 대한 온도응답 차트가 그림 5 · 9에 주어졌다. 그림 5 · 9(a)는 $Fo<1.0$에 대해서는 읽기 어려워 차트의 왼쪽 부분을 확장하여 그림 5 · 9(b)에 나타내었다. 그림 5 · 10은 편심온도에 대한 온도응답 차트이다. 편심온도를 찾기 위해서는 그림 5 · 6과 그림 5 · 7이 판의 편심온도를 찾기 위해 사용되었던 것과 같은 방법으로 두 그림 5 · 9와 그림 5 · 10을 사용하여야 한다. 실린더에 의해 잃거나 얻은 열은 그림 5 · 11을 사용하여 계산할 수 있는데, 이 때 최고열량 $Q_{\max}$는 다음의 관계식에 의해 주어진다.

$$Q_{\max}=\rho c_p V(T_i-T_\infty)=\rho c_p \pi R^2 L(T_i-T_\infty) \text{ (냉각)} \quad (5 \cdot 22a)$$

$$Q_{\max}=\rho c_p V(T_\infty-T_i)=\rho c_p \pi R^2 L(T_\infty-T_i) \text{ (가열)} \quad (5 \cdot 22b)$$

예제 5.8 4 cm의 반지름을 가지고 있는 AISI 4130 강의 긴 실린더형의 축이 100℃의 일정한 초기온도를 가지고 있다. 그 축이 유체의 온도가 0℃이고 열전달 계수가 360 $W/m^2 \cdot K$인 대류환경에 갑자기 노출되었다. 축의 표면으로부터 밑으로 8 mm 되는 지점의 온도가 18℃로 도달하기 위한 시간은 얼마인가?

풀이 부록 C에 있는 AISI 4130 강의 열적성질은

$$\rho=7840\ \text{kg/m}^3, \quad c_p=460\ \text{J/kg}\cdot\text{K},$$

$$k=43\ \text{W/m}\cdot\text{K}, \quad \alpha=1.19\times10^{-5}\ \text{m}^2/\text{s}$$

초기온도와 유체의 온도는

$$T_i=100℃, \quad T_\infty=0℃$$

그리고 반지름과 열전달 계수는

$$R=0.04\ \text{m}, \quad h=360\ \text{W/m}^2\cdot\text{K}$$

예제 5.7과 달리 이 문제에서는 온도는 알려져 있으나 시간이 알려져 있지 않다. 즉

$$T=18℃$$

8 mm의 깊이에서 무차원 좌표 r/R는

$$\frac{r}{R}=\frac{0.04\ \text{m}-0.008\ \text{m}}{0.04\ \text{m}}=0.8$$

바이오트 수의 역수는

$$\frac{1}{Bi}=\frac{k}{hR}=\frac{43\ \text{W/m}\cdot\text{K}}{(360\ \text{W/m}^2\cdot\text{K})(0.04\ \text{m})}=2.99$$

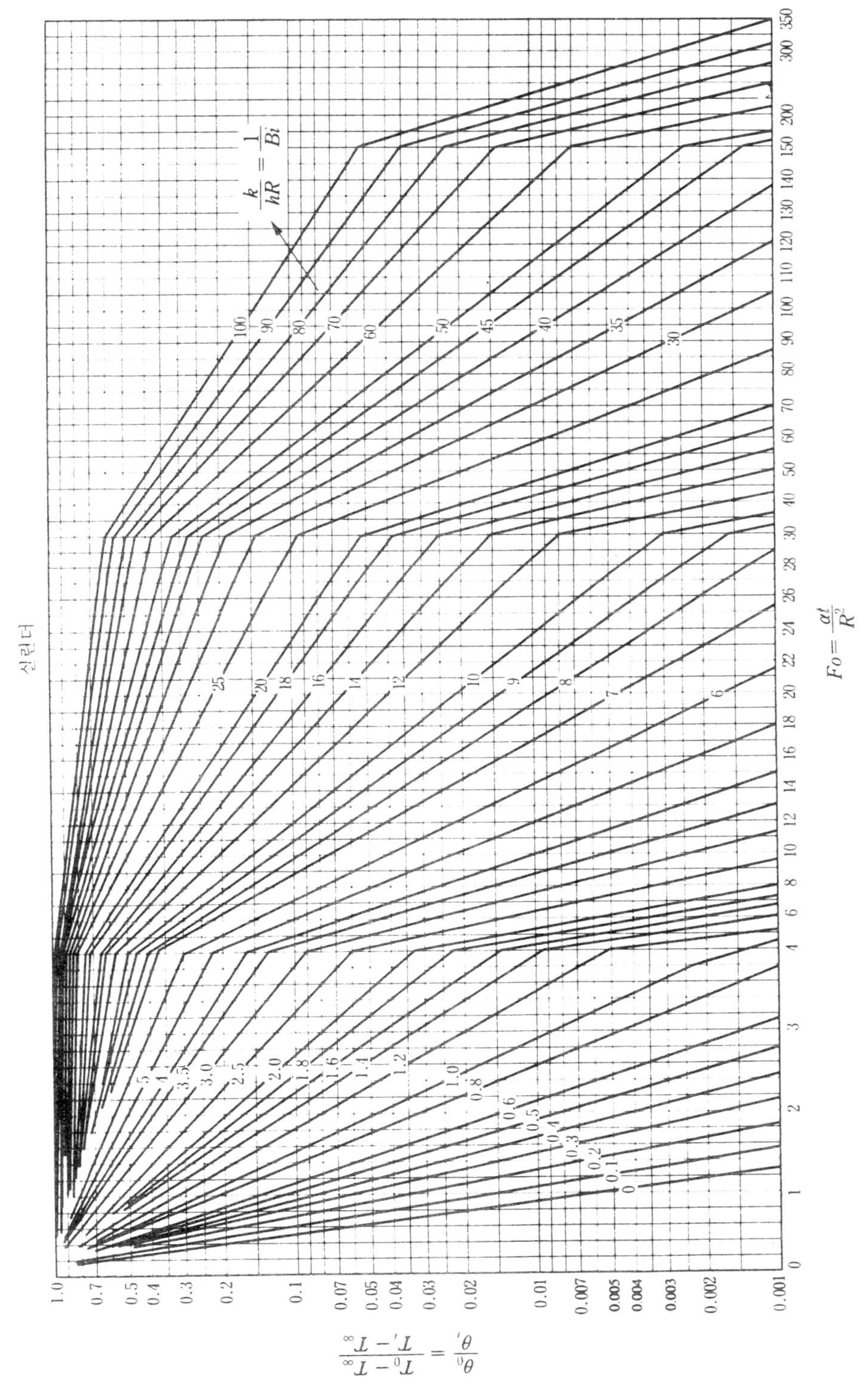

그림 5 · 9(a) 무한 실린더의 중심온도에 대한 온도응답 차트(Drawn from [2] with permission.)

그림 5·9(b) $Fo<1$인 경우 무한 실린더의 중심 온도에 대한 온도응답 차트

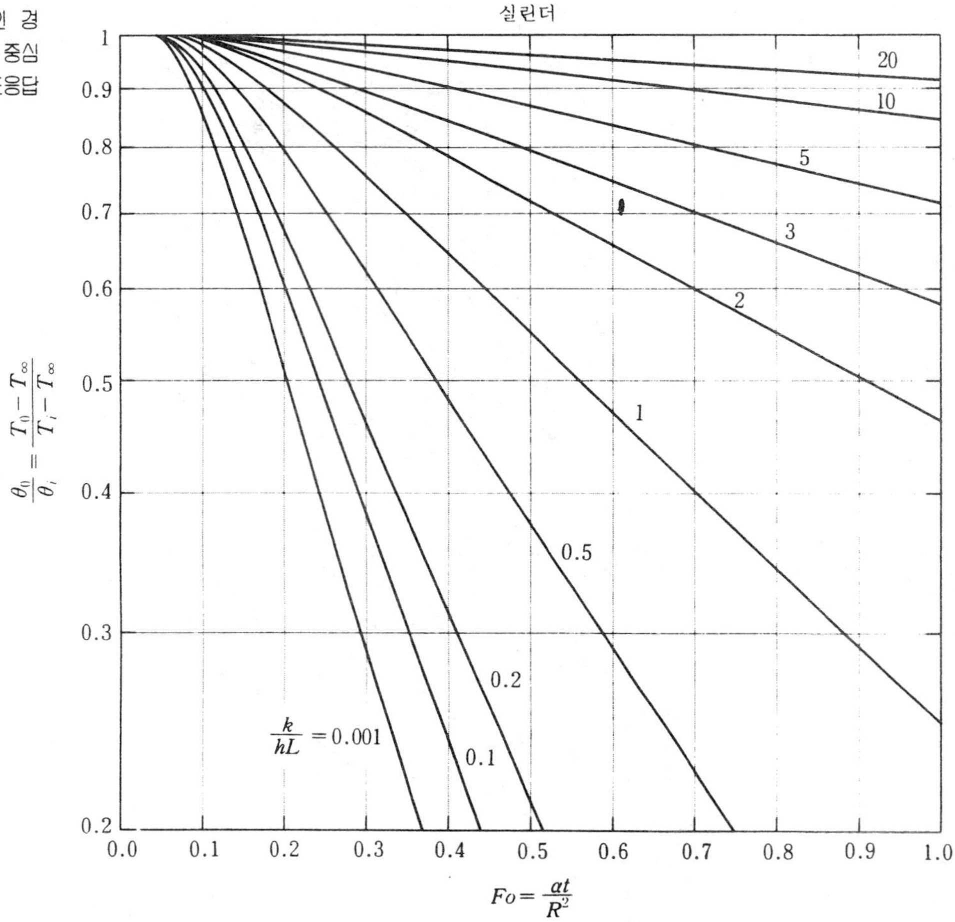

실린더의 중심부 온도를 알지 못하기 때문에 그림 5·9를 아직 사용할 수가 없다. 그러나 $1/Bi$와 r/R를 알기 때문에 그림 5·10을 사용할 수 있다. 그림 5·10으로부터

$$\frac{\theta}{\theta_0}\approx 0.90$$

$T=18$℃ 이므로 무차원 온도 θ/θ_i는

$$\frac{\theta}{\theta_i}=\frac{T-T_\infty}{T_i-T_\infty}=\frac{18-0}{100-0}=0.18$$

그러므로 식 (5·20)의 무차원 온도의 곱은

$$\frac{\theta}{\theta_i}=\frac{\theta_0}{\theta_i}\frac{\theta}{\theta_0}=\frac{\theta_0}{\theta_i}0.90=0.18$$

이고 θ_0/θ_i에 대해 풀 수 있다.

$$\frac{\theta_0}{\theta_i}=\frac{0.18}{0.90}=0.20$$

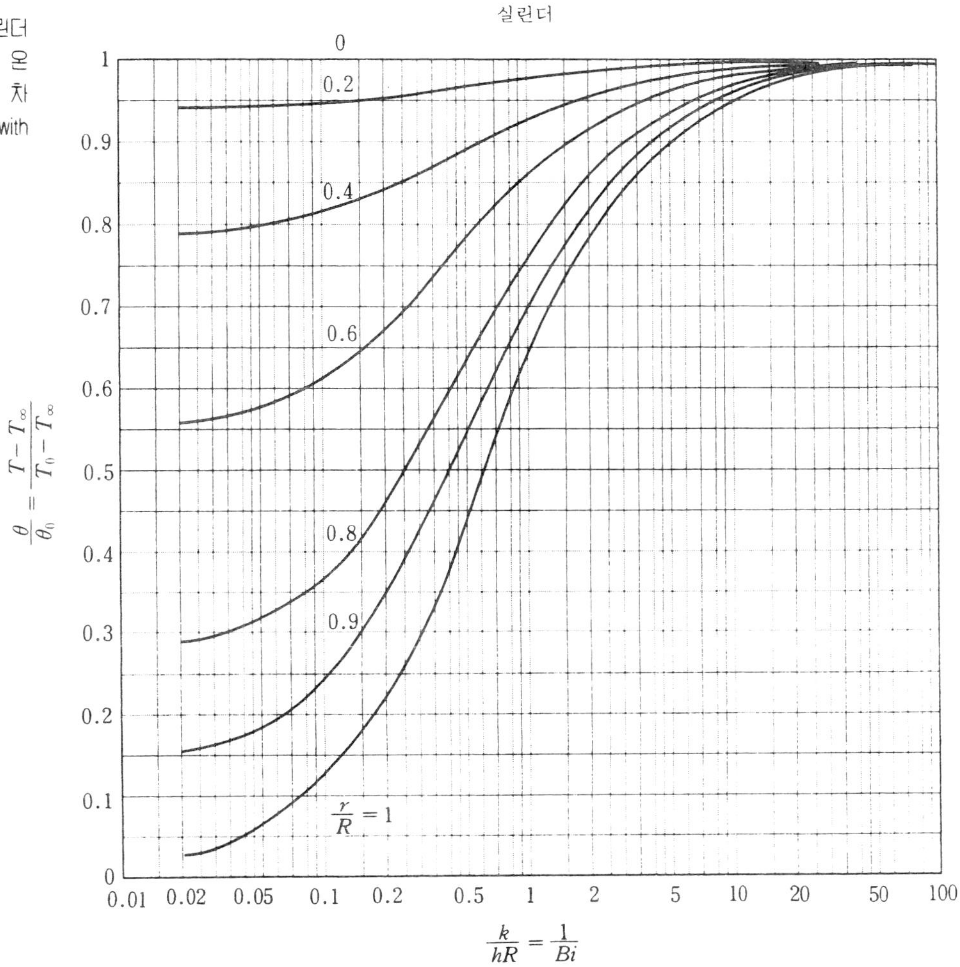

그림 5·10 무한 실린더의 중심에서 벗어난 온도에 대한 온도응답 차트(Drawn from [2] with per- mission.)

무차원 온도 θ_0/θ_i가 결정되면 그림 5·9(a)를 사용할 수 있다. 푸리에 수는

$$Fo \approx 2.6$$

결국, 이 푸리에 수로부터 시간 t를 계산할 수 있다.

$$t = \frac{FoR^2}{\alpha} = \frac{(2.6)(0.04\text{ m})^2}{1.19\times 10^{-5}\text{ m}^2/\text{s}} = 350\text{ s} = 5.83\text{ min}$$

구에서 1차원 비정상 상태의 온도를 구하는 절차는 무한판이나 실린더의 경우와 같다. 그림 5·12(a)는 구의 중심온도에 대한 온도응답 차트이다. 그림 5·12(a)는 $Fo < 1.0$의 경우 읽기 어렵기 때문에 그래프의 왼쪽 부분을 확장하여 그림 5·12(b)에 나타내었다.

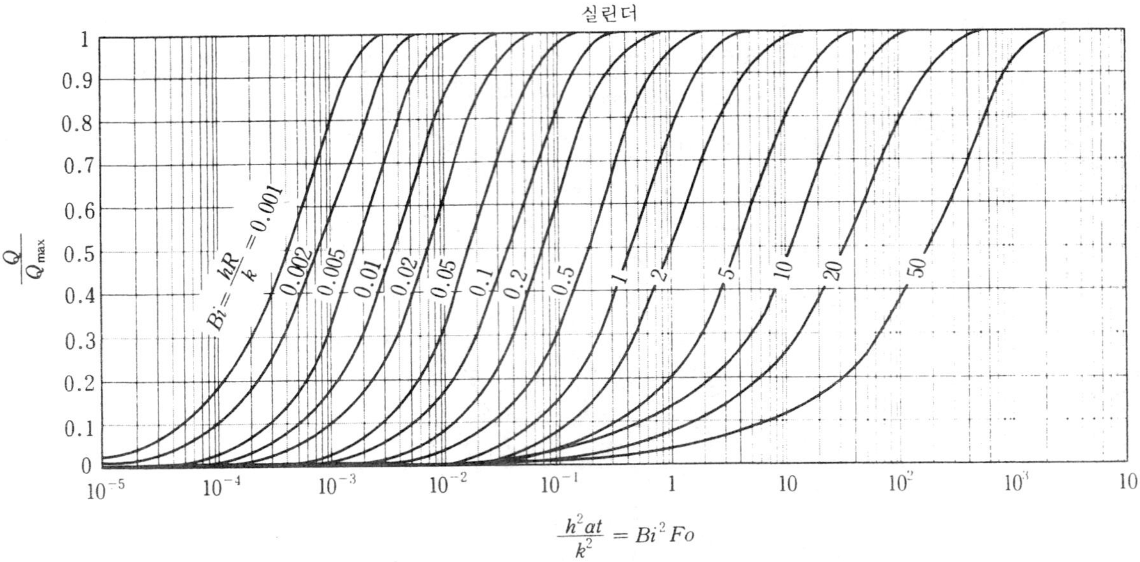

그림 5 · 11 무한 실린더와 주위유체 사이의 총 열전달(Drawn from [4] with permission.)

그림 5 · 13은 편심온도에 대한 온도응답 차트이다. 편심온도를 구하기 위해서는 그림 5 · 12와 그림 5 · 13을 함께 이용해야만 한다. 구에 의해 얻거나 잃은 열은 그림 5 · 14를 이용하여 계산 가능하며, 최대열량 Q_{max}는 다음 식에 의해서 주어진다.

$$Q_{max} = \rho c_p V(T_i - T_\infty) = \rho c_p (4/3)\pi R^3 (T_i - T_\infty) \text{ (냉각)} \quad (5 \cdot 23a)$$

$$Q_{max} = \rho c_p V(T_\infty - T_i) = \rho c_p (4/3)\pi R^3 (T_\infty - T_i) \text{ (가열)} \quad (5 \cdot 23b)$$

문제풀이 접근법

이 장을 끝내기 전에 대류에 의해 냉각 또는 가열되는 계에 대한 문제풀이 접근법에 대해서 요약해 놓았다. 1차원 비정상 상태 온도를 찾아내기 위한 방법은 바이오트 수 Bi와 푸리에 수 Fo에 의존한다. 절차는 다음과 같다.

① 총 열용량 모델(lumped heat capacity model)이 유용하다면 바이오트 수를 계산하라. $Bi < 0.1$이라면 계를 총 열용량 시스템으로 생각하고 식 (5 · 3)을 적용한다.

② $Bi > 0.1$, $Fo < 0.2$라면, 그 시스템은 총 열용량 시스템이 아니며, 온도응답도 정확하지 않다. Fo가 작다는 것은 시스템이 식 (5 · 11)을 이용한 반무한대 영역으로 모델링될 수 있다는 것을 의미한다.

③ $Bi > 0.1$, $Fo \geq 0.2$라면, 그림 5 · 6부터 그림 5 · 14에 주어진 온도응답 차트를 이용하라.

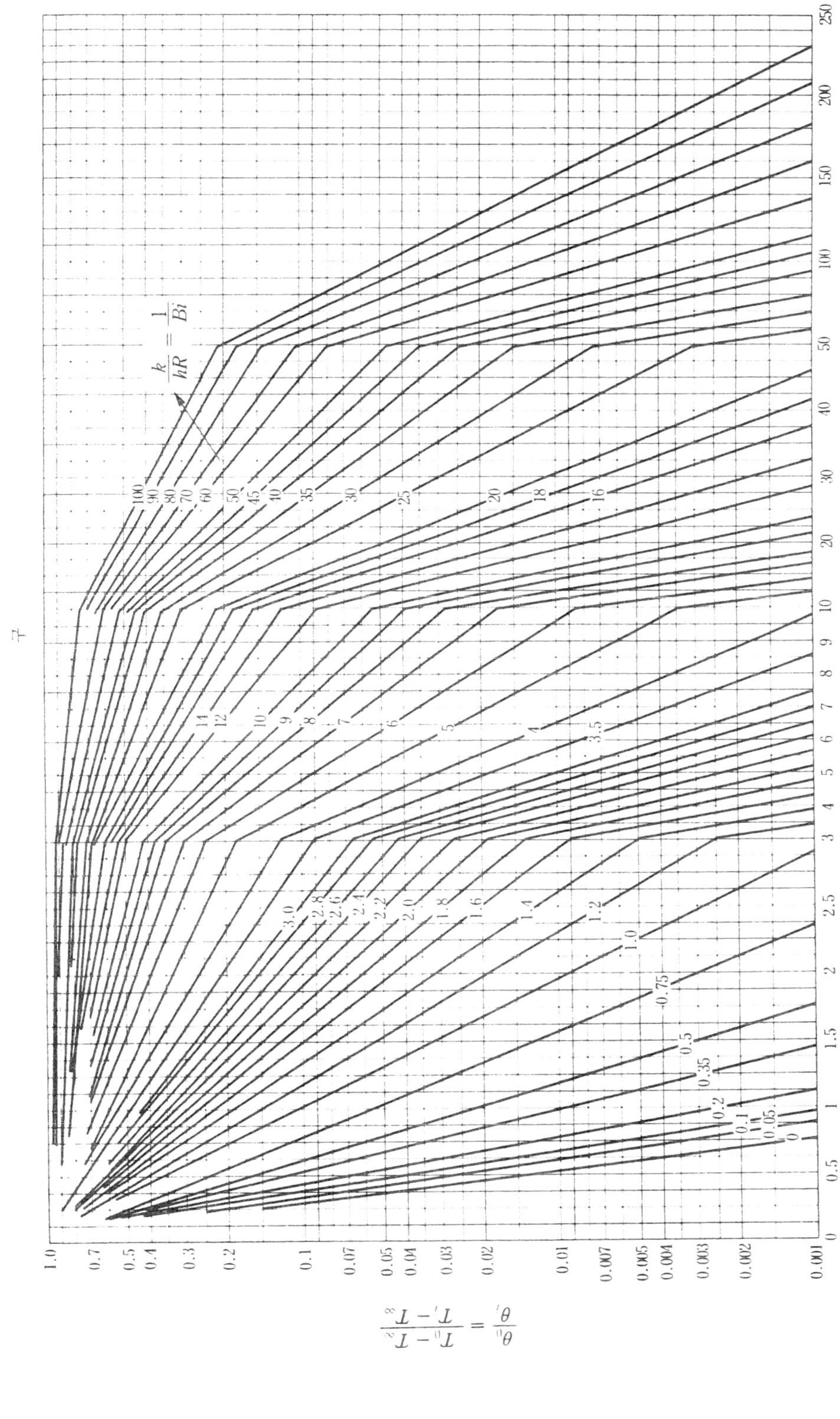

그림 5·12(a) 구의 중심온도에 대한 온도응답 차트(Drawn from [2] with permission.)

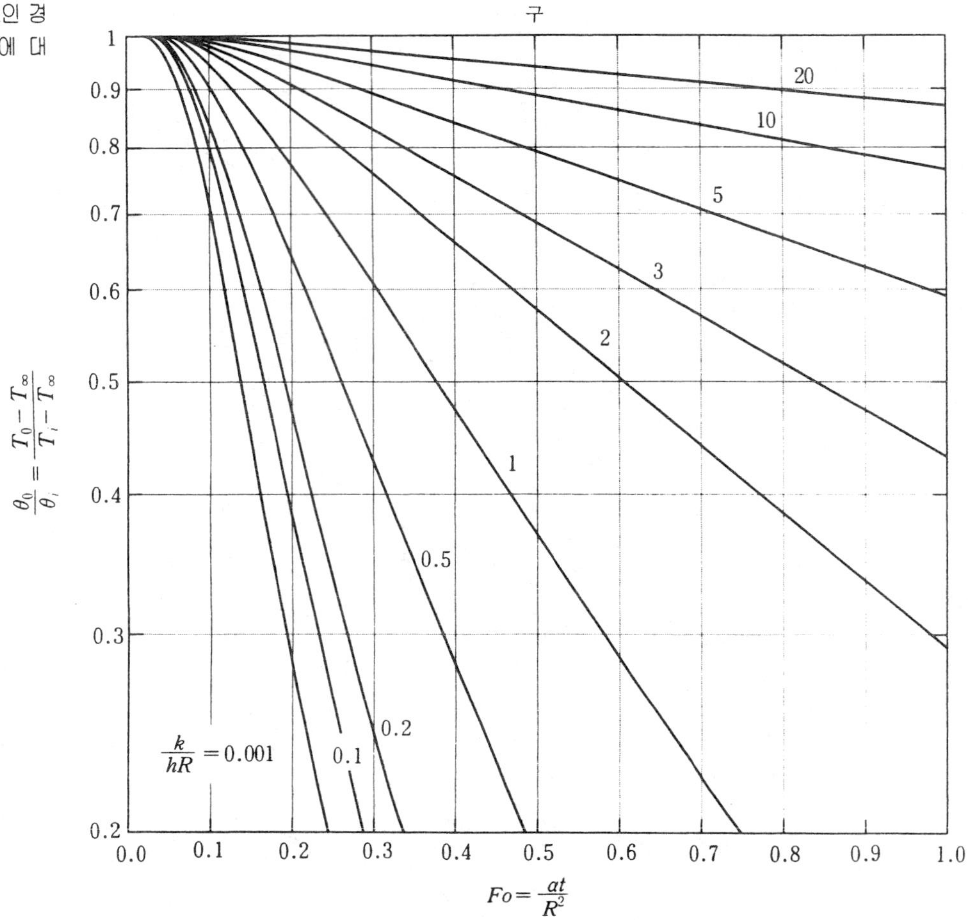

그림 5·12(b) $Fo<1$인 경우 구의 중심온도에 대한 온도응답 차트

5.5 다차원 시스템

마지막 부분에서 논의된 온도응답 차트는 무한판, 무한 실린더와 구의 온도를 계산하는 데 이용할 수 있다. 분석하고자 하는 특정한 고체의 차원이 무한적이라고 생각할 수 없는 경우도 간혹 있다. 예를 들어 반지름과 거의 비슷한 길이를 가진 실린더의 온도를 구하려고 하는 경우이다. 실린더의 길이가 반지름보다 많이 크지 않기 때문에 그림 5·9와 그림 5·10에 주어진 온도응답 차트를 이용할 수 없다. 즉, 실린더 끝에서 일어나는 대류가 실린더 곡면표면에서 일어나는 대류와 마찬가지로 중요하기 때문이다. 이 경우에 전도(conduction)는 완전히 반지름 방향으로 이루어지는 것은 아니며, 축방향도 중요하므로 2차원 전도를 이루게 된다. 마찬가지로 4각이나 6각 모양의 고체도 역시 세 방향으로 전도가 된다. 다행히 무한이나 반무한대 고체에 대한 1차원 전도의 해는 다양한 구조를 가진 고체

그림 5·13 구의 편심온도에 대한 온도응답 차트 (Drawn from [2] with permission.)

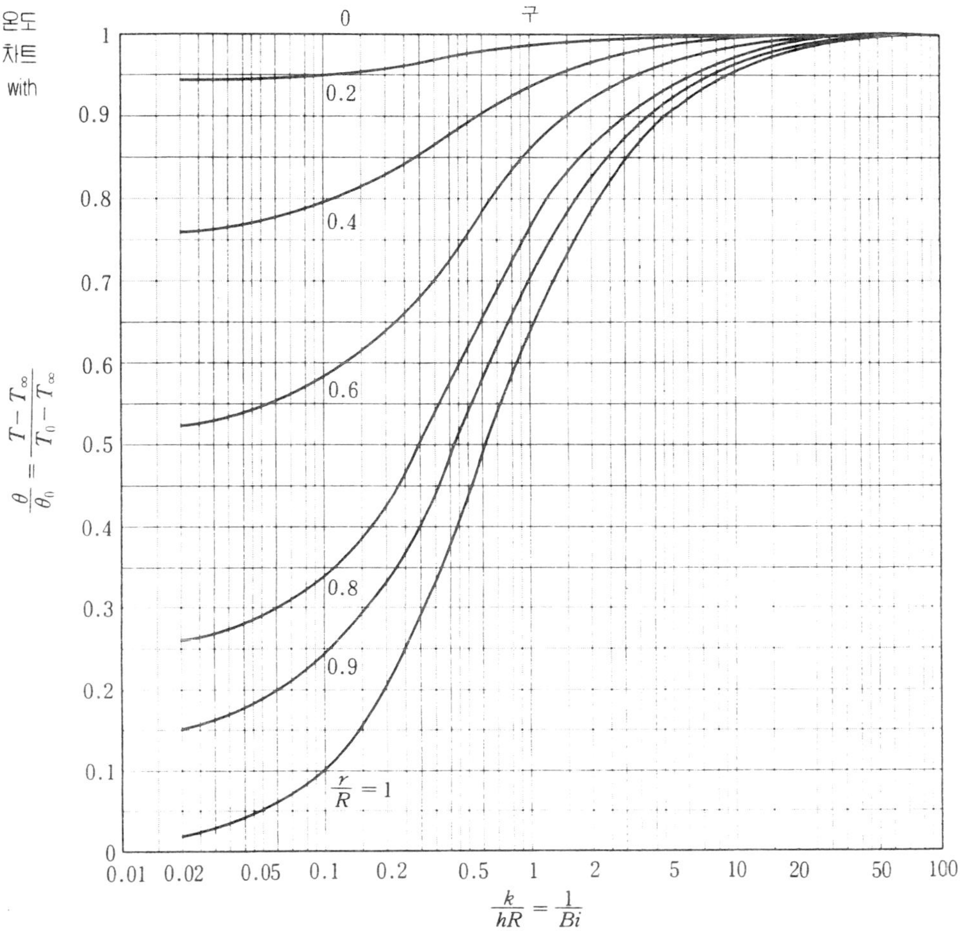

의 2차, 3차원 전도에 대한 해를 구하는 데 적용할 수 있다. 길이 $2L$, 반지름 R 로 한정된 실린더는 두께 $2L$의 무한판과 반지름 R인 무한 실린더의 교차(intersection)로 그림 5·15에 나타낸 것처럼 생각할 수 있다. 다른 무한 또는 반무한대의 기하학적 구조는 둘 또는 그 이상의 무한이나 반무한대의 기하학적 구조가 교차된 것으로 생각할 수 있다. 무한히 긴 4각 막대는 두께 $2L_1$와 $2L_2$를 각각 가지는 무한판의 교차로 생각할 수 있다. 정육면체는 두께 $2L$을 가지는 세 개의 무한판의 교차로 생각할 수 있다. 반무한대 실린더는 반무한대 고체와 무한 실린더의 교차로 생각될 수 있다. 가능한 교차를 그림 5·16에 요약해 놓았다.

두 개나 세 개의 무한 반무한대 기하학적 구조의 교차로 2차나 3차원의 전도해를 얻을 수 있는 수학적 배경은 4장에서 논의된 것처럼 편미분 방정식을 변수 분리법에 의해 구할 수 있다는 사실에서 온 것이다. 변수 분리법은 각 1차원의 경우에 대한 해의 곱의 형태가 구하고자 하는 해의 형태와 같다는 것을 가정한다. 특

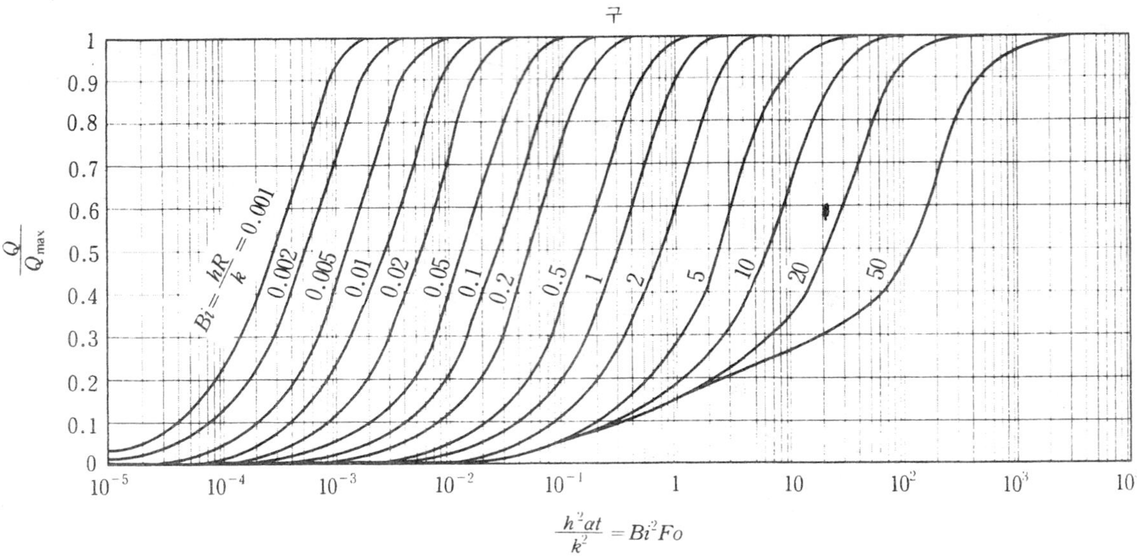

그림 5 · 14 구와 주위유체 사이의 총 열전달(Drawn from [4] with permission.)

그림 5 · 15 유한 실린더는 무한 실린더와 무한판의 교차로부터 형성된다.

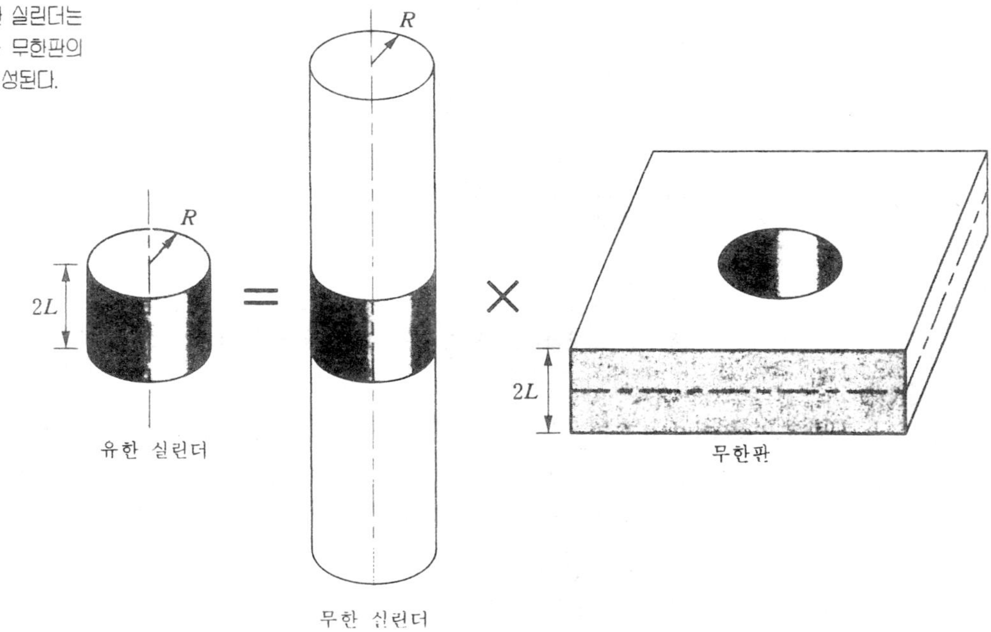

정한 기하학적 구조의 해는 결합된 고체를 이루기 위해 이용된 무한이나 반무한대 기하학적 구조 각각의 무차원 온도의 곱의 형태로 표현된다. 따라서

$$\left(\frac{\theta}{\theta_i}\right)_{combined\ solid}=\left(\frac{\theta}{\theta_i}\right)_{solid,1}\left(\frac{\theta}{\theta_i}\right)_{solid,2}\left(\frac{\theta}{\theta_i}\right)_{solid,3} \qquad (5 \cdot 24)$$

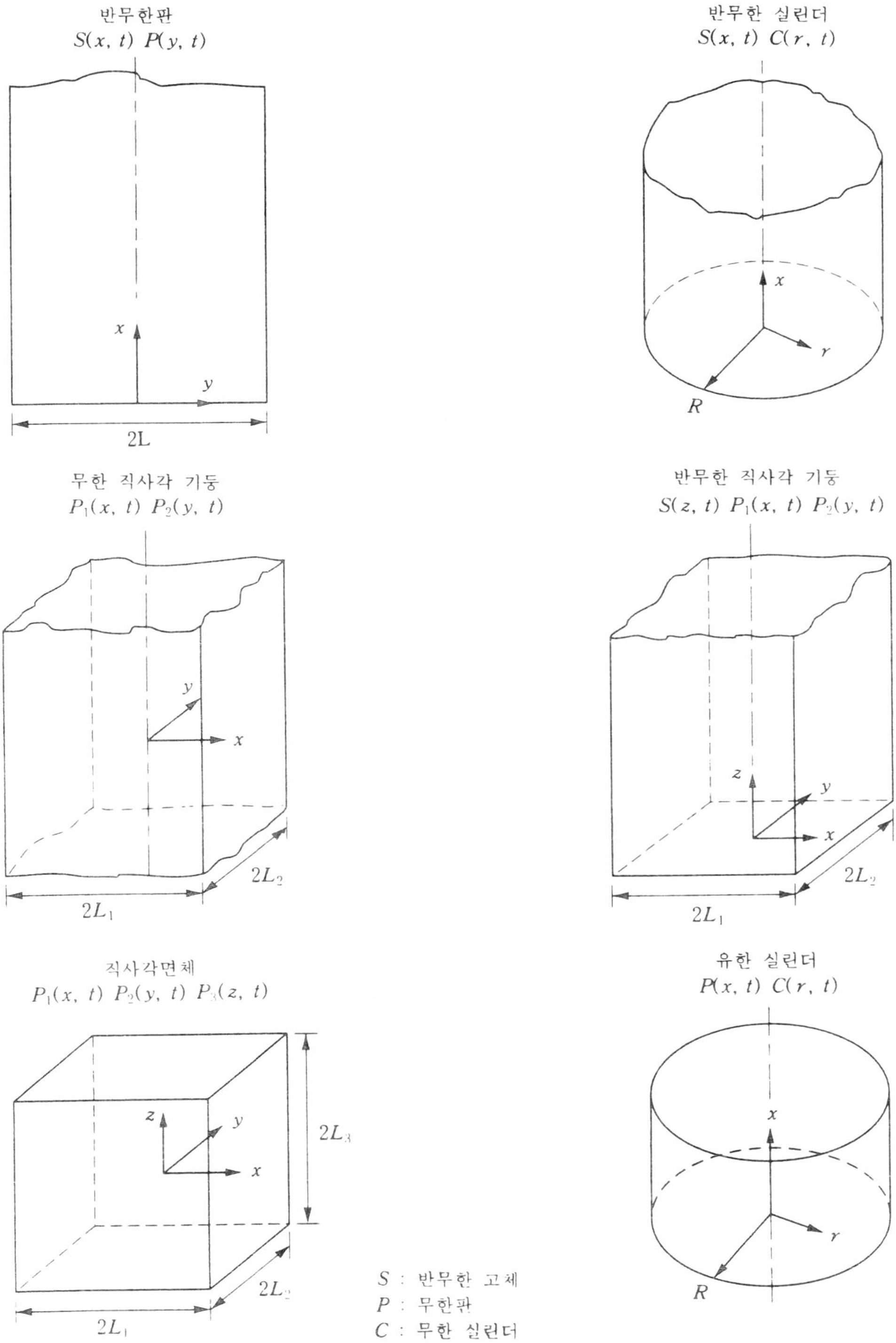

그림 5·16 여러 가지 유한 또는 반무한대 형태는 2개 또는 3개의 반무한대 또는 무한형태의 교차로 형성될 수 있다.

결합된 입체에 대한 해는 대응하는 온도응답으로부터 무차원 온도를 구한 후 식 (5 · 24)의 식과 같이 그것을 곱함으로써 구할 수 있다. 온도응답 차트가 일정한 초기온도에서 갑자기 대류환경으로 노출된 특정한 기하학적 구조를 가진 고체에 대한 도식적인 해라는 사실은 중요하다.

1차원 시스템에 대한 열손실과 열수득량의 해를 조합하여 다차원 시스템으로 만드는 것도 가능하다. 두 개의 무한 또는 반무한대 고체가 조합되어 다차원 고체가 된다면, 잃거나 얻은 총 열은 다음과 같이 계산될 수 있다.

$$\left(\frac{Q}{Q_{\max}}\right)_{total,2}=\left(\frac{Q}{Q_{\max}}\right)_1+\left(\frac{Q}{Q_{\max}}\right)_2\left[1-\left(\frac{Q}{Q_{\max}}\right)_1\right] \qquad (5 \cdot 25)$$

여기서 아래첨자 1과 2는 두 개의 교차되는 고체를 나타낸다. 만약 세 개의 무한 또는 반무한대 고체가 조합되어 다차원 고체를 형성한다면, 전체 열손실 또는 열수득량은 식 (5 · 26)과 같이 주어진다.

$$\left(\frac{Q}{Q_{\max}}\right)_{total,3}=\left(\frac{Q}{Q_{\max}}\right)_{total,2}+\left(\frac{Q}{Q_{\max}}\right)_3\left[1-\left(\frac{Q}{Q_{\max}}\right)_1\right]\left[1-\left(\frac{Q}{Q_{\max}}\right)_2\right] \qquad (5 \cdot 26)$$

여기서 아래첨자 1, 2, 3은 3개의 교차되는 고체를 나타낸다.

예제 5.9 단면이 10 cm×10 cm이고 재질이 AISI 302 스테인리스강으로 된 긴 막대(bar)의 온도가 10℃로 균일하게 유지되고 있다. 이 막대가 갑자기 80℃의 공기에 노출되었을 때, 6분 후 이 막대의 중심온도는? 여기서 열전달 계수는 64 W/m^2 · K이다.

풀이 300 K에서 AISI 302 스테인리스강의 열적성질은 부록 C에 따르면 다음과 같다.

$$k=15.1\ \text{W/m}\cdot\text{K}, \quad \alpha=0.391\times10^{-5}\ \text{m}^2/\text{s}$$

막대의 초기온도와 유체의 온도는

$$T_i=10\ ℃, \quad T_\infty=80℃$$

그리고 열전달 계수와 노출시간은

$$h=64\ \text{W/m}^2\cdot\text{K}, \quad t=6\ \text{min}=360\ \text{s}$$

사각막대가 같은 두께를 갖는 2개의 무한판이 교차된 형태로 이루어졌다고 보면, 사각막대의 한쪽 면이 10 cm이므로

$$L=5\ \text{cm}=0.05\ \text{m}$$

바이오트 수의 역수를 취하면

$$\frac{1}{Bi}=\frac{k}{hL}=\frac{(15.1\ \text{W/m}\cdot\text{K})}{(64\ \text{W/m}^2\cdot\text{K})(0.05\ \text{m})}=4.72$$

푸리에 수 Fo는

$$Fo = \frac{\alpha t}{L^2} = \frac{(0.391 \times 10^{-5}\ \mathrm{m^2/s})(360\ \mathrm{s})}{(0.05\ \mathrm{m})^2} = 0.563$$

그림 5·6(b)에서 판중앙에서의 무차원 온도를 읽으면

$$\frac{\theta_0}{\theta_i} \approx 0.92$$

막대의 중심온도는 각 판의 두께가 일정하므로 위의 결과를 제곱하여 구할 수 있다.

$$\left(\frac{\theta_0}{\theta_i}\right)_{square\ bar} = \left(\frac{\theta_0}{\theta_i}\right)_{plate}\left(\frac{\theta_0}{\theta_i}\right)_{plate} = (0.92)(0.92) = 0.846$$

그러므로

$$\frac{\theta_0}{\theta_i} = \frac{T_0 - T_\infty}{T_i - T_\infty} = 0.846$$

따라서, 6분 뒤 막대의 중심온도는

$$T_0 = 0.846(T_i - T_\infty) + T_\infty = 0.846(10-80)℃ + 80℃ = 20.8℃$$

예제 5.10 길이 2 cm, 지름 3 cm인 아크릴 플라스틱으로 된 실린더가 균일하게 25℃로 유지되고 있다. 이 실린더가 갑자기 110℃의 가스에 노출되었다면 10분 후 실린더의 중심온도는? 여기서 열전달 계수는 20 W/m^2·K이다.

풀이 부록 D에 따르면 300 K에서 아크릴 플라스틱의 열적성질은

$$k = 0.208\ \mathrm{W/m \cdot K}, \quad \alpha = 1.20 \times 10^{-7}\ \mathrm{m^2/s}$$

막대의 초기온도와 유체의 온도는

$$T_i = 25℃, \quad T_\infty = 110℃$$

그리고 열전달 계수와 노출시간은

$$h = 20\ \mathrm{W/m^2 \cdot K}, \quad t = 600\ \mathrm{s}$$

유한 실린더가 무한판과 무한 실린더의 교차된 형태로 이루어졌다고 보면, 문제에서 판두께가 2 cm이므로 절반을 취하면

$$L = 1\ \mathrm{cm} = 0.01\ \mathrm{m}$$

실린더의 반지름은

$$R = 1.5\ \mathrm{cm} = 0.015\ \mathrm{m}$$

이 문제를 풀기 위해서는 두 개의 바이오트 수의 역수와 두 개의 푸리에 수를 필요로 한다. 따라서, 이것을 구하기 위해 무한판과 무한 실린더에 관한 두 개의 온도응답 차트를 사용한다. 우선 판에 관한 매개변수를 알아보면,

무한판

$$\frac{1}{Bi} = \frac{k}{hL} = \frac{(0.208\ \mathrm{W/m \cdot K})}{(20\ \mathrm{W/m^2 \cdot K})(0.01\ \mathrm{m})} = 1.04$$

$$Fo = \frac{\alpha t}{L^2} = \frac{(1.20 \times 10^{-7}\ \mathrm{m^2/s})(600\ \mathrm{s})}{(0.01\ \mathrm{m})^2} = 0.720$$

그림 5 · 6(b)에서 판중앙에서의 무차원 온도를 읽으면

$$\left(\frac{\theta_0}{\theta_i}\right)_{infinite\ plate} \approx 0.66$$

무한 실린더

$$\frac{1}{\mathrm{Bi}} = \frac{k}{hR} = \frac{(0.208\ \mathrm{W/m \cdot K})}{(20\ \mathrm{W/m^2 \cdot K})(0.015\ \mathrm{m})} = 0.693$$

$$Fo = \frac{\alpha t}{R^2} = \frac{(1.20 \times 10^{-7}\ \mathrm{m^2/s})(600\ \mathrm{s})}{(0.015\ \mathrm{m})^2} = 0.320$$

그림 5 · 9(b)에서 무한 실린더에서의 무차원 온도를 읽으면

$$\left(\frac{\theta_0}{\theta_i}\right)_{infinite\ cylinder} \approx 0.64$$

유한 실린더 중심부의 무차원 온도는 무한판에서의 값과 무한 실린더에서의 값의 곱으로 구할 수 있다.

$$\left(\frac{\theta_0}{\theta_i}\right)_{finite\ cylinder} = \left(\frac{\theta_0}{\theta_i}\right)_{infinite\ plate}\left(\frac{\theta_0}{\theta_i}\right)_{infinite\ cylinder} = (0.66)(0.64) = 0.422$$

그러므로

$$\frac{\theta_0}{\theta_i} = \frac{T_0 - T_\infty}{T_i - T_\infty} = 0.422$$

따라서, 10분 뒤 실린더의 중심온도는

$$T_0 = 0.422(T_i - T_\infty) + T_\infty$$
$$= 0.422(25 - 110)℃ + 110℃ = 74.1℃$$

예제 5.11 길이 8 cm, 지름 4 cm인 AISI 4130 강으로 된 실린더가 균일하게 20℃로 유지되고 있다. 이 실린더가 갑자기 135℃의 유체에 노출되었다. 여기서 열전달 계수는 1075 $\mathrm{W/m^2 \cdot K}$. x 좌표는 실린더의 중심으로부터 세로축을 따라 측정되고 r 값은 반지름 좌표라고 한다면, 50초 후에 점 $x = 2.4$ cm, $r = 2$ cm에서의 온도는?

풀이 300 K에서 AISI 4130 강의 열적성질은

$$k = 43\ \mathrm{W/m \cdot K}, \quad \alpha = 1.19 \times 10^{-5}\ \mathrm{m^2/s}$$

초기온도와 유체의 온도는

$$T_i = 20℃, \quad T_\infty = 135℃$$

그리고 열전달 계수와 노출시간은

$$h = 1075\ \mathrm{W/m^2 \cdot K}, \quad t = 50\ \mathrm{s}$$

앞에서처럼 유한 실린더가 무한판과 무한 실린더의 교차된 형태로 이루어졌다고 보면, 문제에서 판두께가 8 cm이므로 절반을 취하면

$$L = 4\ \mathrm{cm} = 0.04\ \mathrm{m}$$

실린더의 반지름은

$R = 2\ \text{cm} = 0.02\ \text{m}$

다시 한번, 이 문제를 풀기 위해서는 무한판과 무한 실린더에 관한, 두 개의 바이오트 수의 역수와 두 개의 푸리에 수를 필요로 한다.

무한판

$$\frac{1}{Bi} = \frac{k}{hL} = \frac{(43\ \text{W/m}\cdot\text{K})}{(1075\ \text{W/m}^2\cdot\text{K})(0.04\ \text{m})} = 1.00$$

$$Fo = \frac{\alpha t}{L^2} = \frac{(1.19\times10^{-5}\ \text{m}^2/\text{s})(50\ \text{s})}{(0.04\ \text{m})^2} = 0.372$$

그림 5·6(b)에서 판중앙에서의 무차원 온도를 읽으면

$$\left(\frac{\theta_0}{\theta_i}\right)_{infinite\ plate} \approx 0.86$$

$x = 2.4\ \text{cm}$에서의 온도를 알아야 하므로, 무차원 좌표를 계산하면

$$\frac{x}{L} = \frac{2.4\ \text{cm}}{4.0\ \text{cm}} = 0.6$$

편심온도에 대한 온도응답 차트가 그림 5·7에 주어져 있다. 여기서 무차원 온도를 읽으면,

$$\left(\frac{\theta}{\theta_0}\right)_{infinite\ plate} \approx 0.87$$

그러므로 식 (5·20)에 따르면, 무한판에서 온도에 대한 해는

$$\left(\frac{\theta}{\theta_i}\right) = \left(\frac{\theta_0}{\theta_i}\right)\left(\frac{\theta}{\theta_0}\right) = (0.86)(0.87) = 0.748$$

무한 실린더

$$\frac{1}{Bi} = \frac{k}{hR} = \frac{(43\ \text{W/m}\cdot\text{K})}{(1075\ \text{W/m}^2\cdot\text{K})(0.04\ \text{m})} = 2.00$$

$$Fo = \frac{\alpha t}{R^2} = \frac{(1.19\times10^{-5}\ \text{m}^2/\text{s})(50\ \text{s})}{(0.02\ \text{m})^2} = 1.49$$

먼저, 그림 5·9(a)에서 무한 실린더 중앙부의 무차원 온도를 읽으면

$$\left(\frac{\theta_0}{\theta_i}\right)_{infinite\ cylinder} \approx 0.28$$

실린더 표면에서 점이 $r = 2\ \text{cm}$에 있으므로, 무차원 반지름 방향 좌표는

$$\frac{r}{R} = \frac{2\ \text{cm}}{2\ \text{cm}} = 1.00$$

그림 5·10에서 편심온도를 읽으면

$$\left(\frac{\theta}{\theta_i}\right)_{infinite\ cylinder} \approx 0.78$$

식 (5·20)을 이용하여 무한 실린더에서 온도해를 구하면

$$\left(\frac{\theta}{\theta_i}\right) = \left(\frac{\theta_0}{\theta_i}\right)\left(\frac{\theta}{\theta_0}\right) = (0.28)(0.78) = 0.218$$

점 $x = 2.4\ \text{cm}$, $r = 2\ \text{cm}$에서의 온도는 무한판에서의 값과 무한 실린더에서의 값의 곱으

로 구할 수 있다.

$$\left(\frac{\theta}{\theta_i}\right)_{finite\ cylinder} = \left(\frac{\theta}{\theta_i}\right)_{infinite\ plate}\left(\frac{\theta}{\theta_i}\right)_{infinite\ cylinder} = (0.748)(0.218) = 0.163$$

그러므로

$$\frac{\theta}{\theta_i} = \frac{T - T_\infty}{T_i - T_\infty} = 0.163$$

따라서

$$T_0 = 0.163(T_i - T_\infty) + T_\infty = 0.163(20 - 135)℃ + 135℃ = 116.3℃$$

예제 5.12 예제 5.9에서의 긴 스테인리스강 막대(bar)가 10℃로 균일하게 유지되고 있다. 이 막대가 갑자기 80℃의 공기에 노출되었다. 이 때 열전달 계수는 64 W/m² · K이다. 막대의 중심온도가 70℃에 도달하려면 얼마의 시간이 필요한가? 또, 계산된 시간 동안 이 막대 1 m가 얻은 열량을 구하라.

풀이 앞의 예제와는 달리 이 문제에서는 노출시간을 모르고 막대 중심부의 최종온도를 알고 있다. 이 예제에서 주어진 막대의 중심온도는

$$T_0 = 70℃$$

바이오트 수의 역수는 예제 5.9에서와 같으므로

$$\frac{1}{Bi} = \frac{k}{hL} = 4.72$$

시간을 알지 못하므로 푸리에 수를 알 수가 없다. 그러나 막대의 무차원 중심온도를 알고 있으므로

$$\left(\frac{\theta_0}{\theta_i}\right)_{bar} = \frac{70 - 80}{10 - 80} = 0.143$$

그리고 식 (5 · 24)에 의해서

$$\left(\frac{\theta_0}{\theta_i}\right)_{bar} = \left(\frac{\theta_0}{\theta_i}\right)_{plate}\left(\frac{\theta_0}{\theta_i}\right)_{plate}$$

무한판에서의 무차원 중심온도는

$$\left(\frac{\theta_0}{\theta_i}\right)_{plate} = \sqrt{0.143} = 0.378$$

바이오트 수의 역수와 판에서의 무차원 중심온도를 가지고 푸리에 수를 얻을 수 있다.

$$Fo \approx 5.0$$

그러므로 그림 5 · 6(a)의 온도응답 차트로부터

$$Fo = \frac{\alpha t}{L^2} = \frac{(0.391 \times 10^{-5}\ \mathrm{m^2})t}{(0.05\ \mathrm{m})^2} = (1.56 \times 10^{-3})t = 5.0$$

시간에 대해서 풀면 다음과 같다.

$$t = 3205\ \mathrm{s} = 53.4\ \mathrm{min}$$

이 결과는 예제 5.9의 결과와 일치한다. 즉, 막대의 중심이 6분 후에 20.8℃에 다다른다. 53.4분 동안의 막대가 얻은 총열량은 식 (5·25)와 그림 5·8에 의해 계산될 수 있다. 매개변수 $Bi^2 Fo$는 다음과 같다.

$$Bi^2 Fo = (0.212)^2 (5.0) = 0.224$$

그림 5·8에서 무한판에 대한 무차원 열전달값을 읽으면

$$\frac{Q}{Q_{\max}} \approx 0.60$$

이 값을 식 (5·25)에 대입하면

$$\left(\frac{Q}{Q_{\max}}\right)_{total} = 0.60 + 0.60[1 - 0.60] = 0.84$$

막대의 단위길이당 얻은 최대열량은

$$\frac{Q_{\max}}{L} = \rho c_p (2L)^2 (T_\infty - T_i)$$

$$= (8055\ \mathrm{kg/m^3})(480\ \mathrm{J/kg\cdot K})(4)(0.05\ \mathrm{m})^2[(80-10)\ \mathrm{K}] = 2.71\ \mathrm{MJ/m}$$

따라서, 막대의 실제로 얻은 열량은 다음과 같다.

$$Q = 0.84(2.71\ \mathrm{MJ/m}) = 2.28\ \mathrm{MJ/m}$$

5.6 수치해법

2차원 정상상태 열전도 문제에 대한 수치해법(numerical method)은 4장에서 이미 소개가 되었다. 단순하고 간단한 수식전개의 이점 때문에 이런 형태의 전도 문제를 푸는 데 있어서는 유한 차분법이 주로 이용된다. 이 절의 목적은 유한 차분법을 시간독립 변수가 포함된 식에까지 확장하는 것이다. 또한, 유한 차분법을 이용하여 1차원과 2차원 비정상 상태 문제들도 조사한다. 만약 4.4절을 공부하지 않았다면 이 절을 읽기 전에 먼저 4.4절을 참조하라.

2차원 영역

4.4절에서 마디(node)에 열역학 제1법칙을 적용함으로써 2차원 영역(two dimensional region) 내부의 마디에 대한 온도에 대해 정상상태인 유한차분 공식을 유도하였으며 그 식이 바로 식 (4·14)이다. 비정상 상태에 대해서는 그림 5·17의 내부 마디 i, j로 흐르는 열의 총합은 0이 아니라 마디를 둘러싸고 있는 대상부피(control volume)의 내부 에너지의 시간에 대한 변화율이다. 이것을 수학적으로 표현하면

$$\dot{Q}_1 + \dot{Q}_2 + \dot{Q}_3 + \dot{Q}_4 + \dot{Q}_s = \rho c_p V \frac{dT}{dt} \qquad (5\cdot 27)$$

그림 5 · 17 내부영역 2차원 유한 차분망

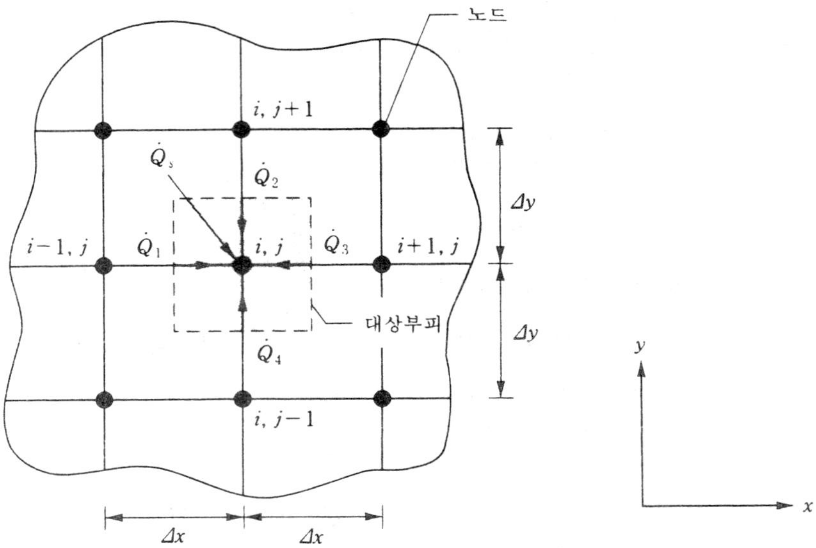

여기서 ρ와 c_p는 각각 밀도와 비열이며 V는 대상부피이다. $\dot{Q}_s$가 마디에서 발생된 열의 근원점이다. 유도된 dT/dt는 마디온도의 시간에 대한 변화율이다. 식 (5 · 27)에 대한 유한차분 공식은 전에 했던 것과 같은 절차로 얻을 수 있으며, 여기에다 마디 증가값과 함께 시간 증가값까지 고려해서 계산해야 한다. 시간 증가량은 유한차분 공식에서 첨자에 의해 표시된다. 식 (5 · 27)에서 시간에 대한 미분식은 마디 i, j에 대해 다음과 같이 표현된다.

$$\frac{dT}{dt} = \frac{T_{i,j}^{p+1} - T_{i,j}^{p}}{\Delta t} \qquad (5 \cdot 28)$$

여기서 첨자 p와 $p+1$은 각각 현재와 미래시간을 나타낸다. Δt는 시간단계(time step)를 나타낸다. 이 시간단계는 마디온도가 T^p에서 T^{p+1}까지 변화하는 데 걸리는 시간간격을 의미한다. 이 마디간격을 x와 y방향으로 하여 $\Delta x = \Delta y = \Delta$라고 하고 4개의 전도항을 푸리에 법칙에 적용하면 식 (5 · 27)에 상응하는 유한차분 공식은 다음과 같다.

$$\begin{aligned} T_{i,j}^{p+1} &= Fo(T_{i-1}^{p} + T_{i,j+1}^{p} + T_{i+1,j}^{p} + T_{i,j-1}^{p}) \\ &\quad + \frac{Fo\dot{Q}_s}{k\delta} + (1-4Fo)T_{i,j}^{p} \end{aligned} \qquad (5 \cdot 29)$$

여기서 매개변수 Fo는 푸리에 수이다.

$$Fo = \frac{\alpha \Delta t}{\Delta^2} \qquad (5 \cdot 30)$$

그림 5 · 18 내부, 모서리, 외부코너 그리고 내부코너 마디를 보여 주는 2차원 영역

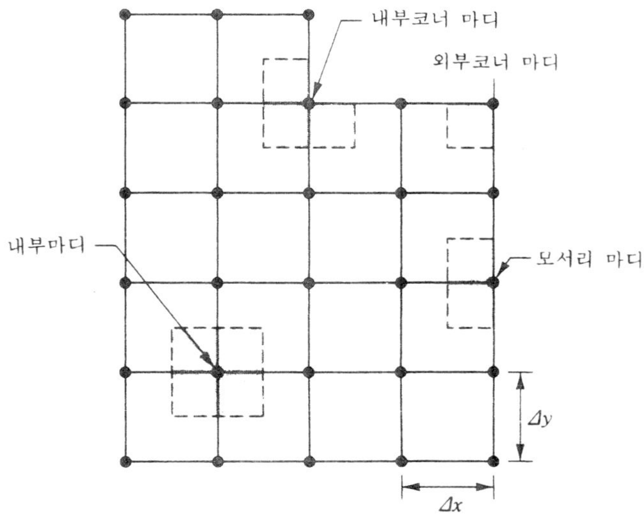

Δ는 마디간격이고 α는 식 (5 · 9)에 의해 정의된 열확산도이다. 식 (5 · 29)에 의해 주변을 둘러싼 네 개의 마디와 중앙 마디의 과거 온도값을 이용하여 중앙 마디의 미래의 온도를 구한다.

방금 분석한 안쪽의 마디는 영역 안에 존재할 수 있는 많은 마디 중의 하나이다. 영역 안의 모든 마디의 온도에 대해 풀기 위해서 분리된 유한차분 공식이 각 마디에 대해 표현되어서 미지수 온도의 개수와 같은 수의 방정식이 나와야 한다. 이 방정식을 풀기 위해서는 먼저 유한차분 공식을 경계 마디에 대해 발전시켜야 한다. 경계마디는 관심영역의 변이나 경계에 존재하는 마디이다. 그림 5 · 18에 나타낸 바와 같이 경계 마디는 2차원 직사각형 영역의 끝부분이나 외부 또는 내부코너에 위치할 수 있다. 유한차분 공식은 각각의 경계형태에 따라서 다르게 나타난다. 그림 5 · 19는 모서리 마디, 외부코너 마디, 내부코너 마디에 있어서 마디의 위치배열을 보여 준다. 4장에서 설명한 바와 같이 경계 마디는 단열될 수도 있고 대류에 의해 유체와 열교환할 수도 있고 열플럭스에 노출될 수도 있다. 사실 경계 마디는 이런 경계조건들의 조합을 가질 수도 있다.

경계의 모양과 경계조건의 모든 가능한 조합의 각각에 대해서 분리된 유한차분 공식을 쓰는 것을 대신하여 하나의 주(master) 유한차분 공식이 제시되었다. 이 공식은 표 5 · 1과 연결시켜 사용될 경우 모든 상황에 적용할 수 있다. 2차원 비정상 상태 열전도에 대한 주 유한차분 공식은

$$T_{i,j}^{p+1} = Fo(A\,T_{i-1,j}^{p} + BT_{i,j+1}^{p} + CT_{i+1,j}^{p} + DT_{i,j-1}^{p} + 2EBi\,T_{\infty}) + (1 - 4Fo - FBiFo)\,T_{i,j}^{p} + \frac{Fo}{k}\left(\frac{G\dot{Q}_s}{\delta} + \dot{q}\Delta^2 + Hq\Delta\right) \quad (5 \cdot 31)$$

그림 5·19 (a) 모서리, (b) 외부코너, (c) 내부코너에 대한 주소명칭

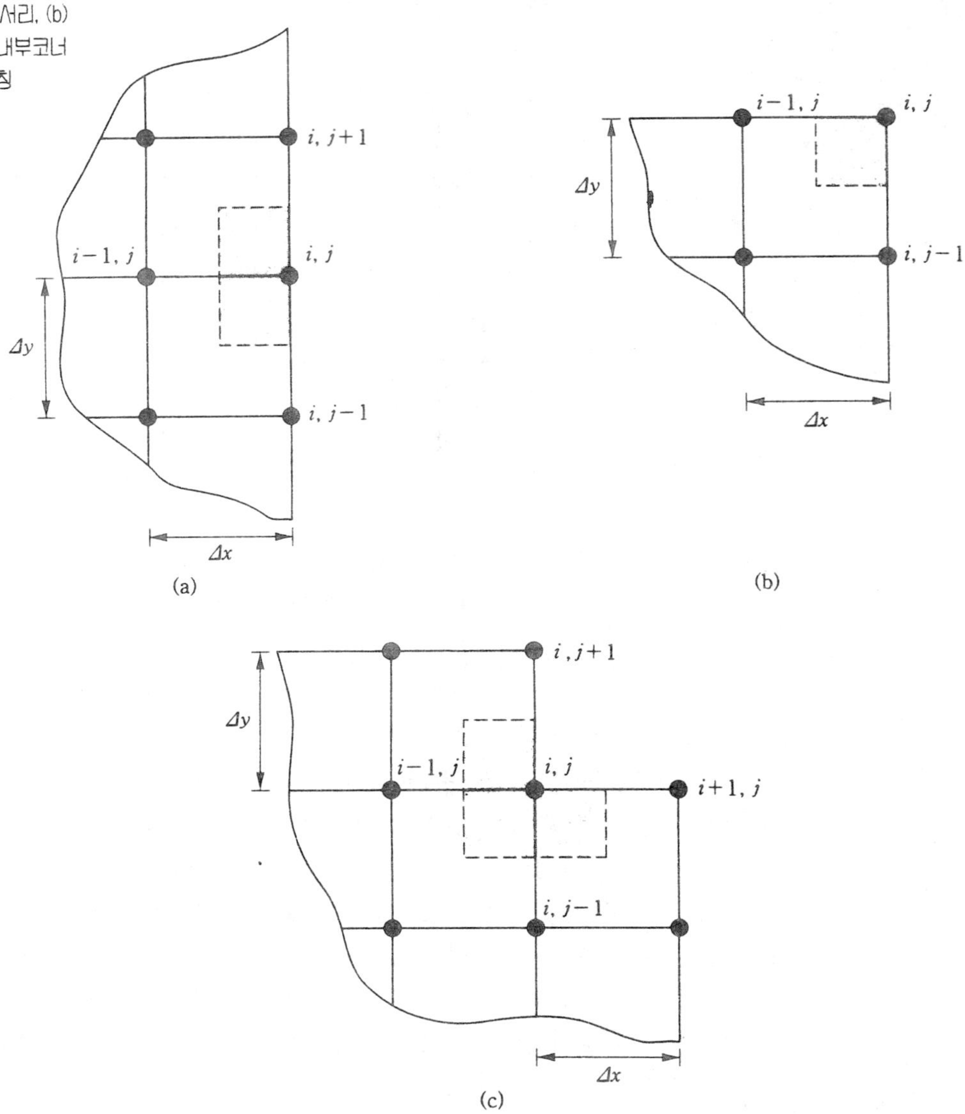

표 5·1 직사각형 영역의 2차원 비정상 상태 전도에 대한 주 유한차분 공식인 식 (5·31)에서 사용되는 계수들

마디위치	A	B	C	D	E	F	G	H	
마 디	1	1	1	1	0	0	1	0	
모서리	2	1	0	1	1	2	2	2	$Bi=0$, $q=0$*
외부코너	2	0	0	2	2	4	4	4	
내부코너	4/3	2/3	2/3	4/3	2/3	4/3	4/3	4/3	

$Bi = h\Delta/k$, $\dot{q}$는 내부 생성열이고, q는 열플럭스이다. 계수 A, B, C, D, E, F, G, H는 표 5·1로부터 얻어진다. 내부와 단열된 경계마디에 있어서, 정의에 의하면 $Bi=0$, $q=0$이다. 2차원 전도에 있어서, 만약 점열원이 존재한다면, 두께 δ는 중요하다.

시간의 단계 끝에서 마디의 온도가 첫시간 단계에서의 주위 마디온도의 항으로 표현되기 때문에 식 (5·31)에 의해서 주어진 유한차분 공식은 선행차분 공식(forward difference formula)으로 불린다. 이 식에서 계산은 임의의 시간의 단계로부터 시작하여 원하는 마지막 시간에서 영역의 모든 온도가 계산될 때까지 진행된다.

온도 $T_{i,j}^p$에 의해서 곱해진 계수 $(1-4Fo-FBi\,Fo)$에 특별한 주의가 요구된다. 만약 이 계수가 음수이면, 식은 마디로의 열흐름의 합이 그것의 내부 에너지를 감소시킴으로써 열역학 제2법칙에 어긋나게 됨을 나타낸다. 이 물리적인 제약은 사용될 수 있는 푸리에 수 Fo의 크기에 제한을 가한다. 그래서 Fo는 식 (5·32)를 만족시키는 값들로 제한된다.

$$Fo(4+FBi) \le 1 \tag{5·32}$$

물리적인 기반 위에 가해진 이러한 제한은 수학적인 기반 또한 가지고 있다. 만약 푸리에 수가 식 (5·32)를 만족시키지 않는다면, 유한차분 공식인 식 (5·31)은 안정하지 않다. 즉, 수렴하지 않게 된다. 식 (5·32)에 따른 Fo의 제한에 의하면, 한번 마디공간이 선택되면 시간단계의 크기 Δt는 자동적으로 주어진 열확산도 α로 제약된다. 이 제약은 5.7절에서 다룰 것이다.

1차원 영역

1차원 영역(one dimensional region)의 유한 차분망의 한 부분을 그림 5·20에 나타내었다. 앞에서처럼 i는 x축 위치를 나타내지만, 영역이 1차원이기 때문에 y축 위치는 요구되지 않는다. 마디 i에 대한 열역학 제1법칙은 마디로의 열흐름의 합이 시간에 따른 대상부피의 내부 에너지 변화속도와 동일함을 나타낸다. 따라서

$$\dot{Q}_1 + \dot{Q}_2 + \dot{Q}_s = \rho c_p V \frac{dT}{dt} \tag{5·33}$$

대상부피는 넓이 Δ, 단위 1의 높이, 그리고 두께 δ를 가진다. 그래서, 열흐름 $\dot{Q}_1$과 $\dot{Q}_2$에 대한 전도체는 전도면적 (1)δ를 가진다. 푸리에 법칙은 두 주위마디에서 중앙 마디 i로의 전도를 표현하는 데 사용될 수 있다.

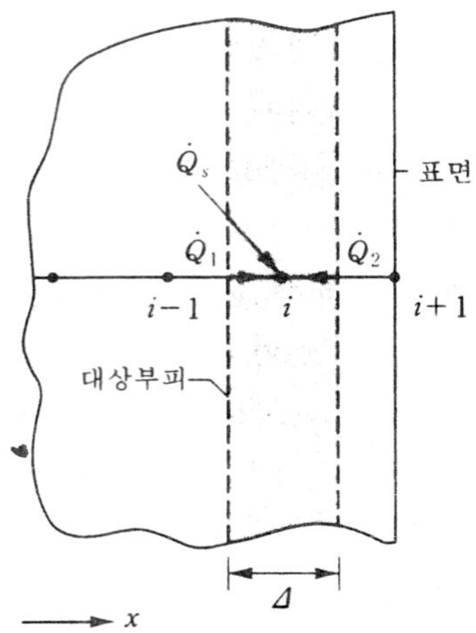

그림 5·20 내부영역의 1차원 유한 차분망

$$\dot{Q}_1 = k(1)\delta\frac{T_{i-1}^p - T_i^p}{\Delta} \tag{5·34a}$$

$$\dot{Q}_2 = k(1)\delta\frac{T_{i+1}^p - T_i^p}{\Delta} \tag{5·34b}$$

식 (5·33)의 오른쪽 항에 상당하는 유한차분 공식은 식 (5·33)이다.

$$\rho c_p V\frac{dT}{dt} = \rho c_p \Delta(1)\delta\frac{T_i^{p+1} - T_i^p}{\Delta t} \tag{5·35}$$

식 (5·34)와 식 (5·35)를 식 (5·33)에 대입하면, 식 (5·36)을 얻는다.

$$T_i^{p+1} = Fo(T_{i-1}^p + T_{i+1}^p + 2Bi\,T_\infty) + (1 - 2Fo - 2FoBi)T_i^p + \frac{Fo\Delta\dot{Q}_s}{k\delta} \tag{5·36}$$

표면(경계)마디에 관한 식은 유사한 과정을 따르지만, 열플럭스 또는 대류의 가능성을 포함한다. 2차원 정상상태 전도문제에 대한 경우처럼 내부 열생성 $\dot{q}$는 내부마디 또는 경계마디에 존재할 수도 있다. 1차원 비정상 상태 전도에 관한 주 유한차분 공식은 식 (5·37)과 같다.

$$T_i^{p+1} = Fo(A\,T_{i-1}^p + BT_{i+1}^p + 2Bi\,T_\infty) + (1 - 2Fo - 2FoBi)T_i^p + \frac{Fo}{k}\left(\frac{C\dot{Q}_s\Delta}{\delta} + 2q\Delta + \dot{q}\Delta^2\right) \tag{5·37}$$

여기서 계수 A, B 및 C는 표 5·2로부터 얻어진다. 1차원 영역에는 코너마디가 없음을 주목하라.

식 (5·31)에서 그랬던 것처럼 식 (5·37)에서도 똑같은 안정성 문제에 직면하

표 5·2 직사각형 영역에서 1차원 비정상 상태 전도에 대한 주 유한차분 공식인 식 (5·37)에서 사용되는 계수들

마디위치	A	B	C	비 고
내부	1	1	1	$Bi=0$, $q=0^*$
표면	2	0	2	

* 마디가 표면에 있지 않으므로 바이오트 수 Bi와 열플럭스 q는 0이다.

게 된다. 수렴하기 위해서는 온도 T_i^p에 의해서 곱해진 계수 $(1-2Fo-2FoBi)$는 양수이어야만 한다. 따라서, 푸리에 수 Fo에 대한 제한은 식 (5·38)으로 나타낸다.

$$Fo(1+Bi) \leq 1/2 \qquad (5\cdot38)$$

앞에서 설명한 2차원 안정, 불안정 전도의 경우처럼 모든 마디에 대한 분리 유한차분 공식은 1차원 비정상 상태 전도문제로 씌어져야 한다. 가우스 소거법 또는 역행렬과 같은 풀이방법이 시스템의 결과 방정식을 풀이하는 데 쓰인다. 하지만, 컴퓨터에 근거한 스프레드시트가 좀더 선호되는 풀이도구이다.

5.7 컴퓨터 실행

유한 차분법을 실행하기 위한 스프레드시트 소프트웨어의 특성과 능력은 4.5절에서 설명하였다. 만약 여러분이 스프레드시트 소프트웨어 기본작동에 익숙하지

그림 5·21 두 개의 스프레드시트 영역이 2차원 비정상 상태 전도문제를 모델링하기 위해 사용된다.

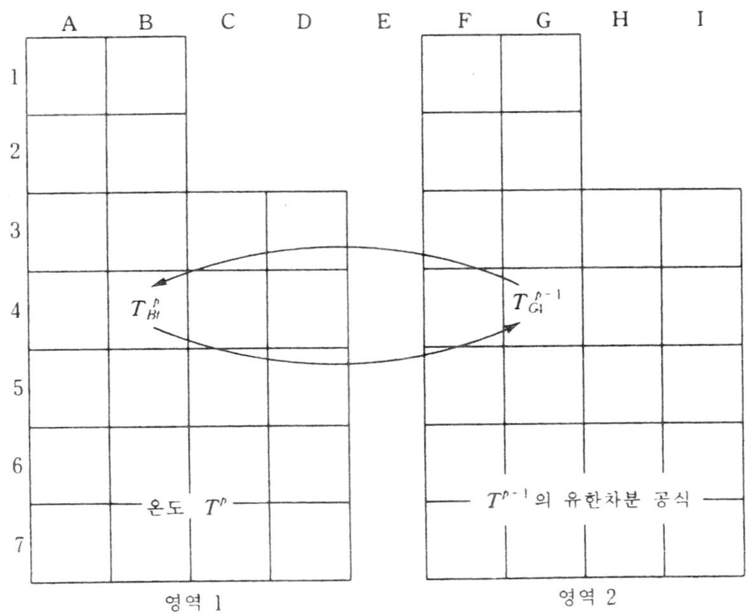

않다면, 열전달 문제를 해결하려 하기 전에 기본적인 스프레드시트 명령을 배우는 데 시간을 투자하라. 특히, 여러분은 식을 스프레드시트 셀에 입력하는 법과 함수를 재계산(recalculation)하는 방법을 배워야만 한다.

스프레드시트에서 비정상 상태 전도문제에 대한 유한 차분법을 실행하기 위해서 그림 5·21에 나타낸 모델에 2개의 분리된 스프레드시트 영역을 정의한다. 첫 번째 영역의 셀은 시간단계의 시작에서 마디온도 T^p를 포함한다. 두 번째 영역의 셀은 시간단계의 마지막에서 온도 T^{p+1}에 있는 마디에 대한 유한차분 공식을 포함한다. 반복계산을 하기 전에, 첫번째 스프레드시트 영역의 셀은 문제의 초기조건(initial condition)에 의해 정의된 온도에 맞춰진다. 첫번째 반복계산의 마지막에 두 번째 스프레드시트 영역의 모든 셀은 첫번째 스프레드시트 영역에 대응하는 초기값에 근거한 새로운 온도로 개정된다. 그리고 온도 T^p는 T^{p+1}로 대체되게 되고, 이 과정은 시간적인 단계를 거치면서 특정종료 시간에 원하는 풀이를 얻을 때까지 진행한다.

예제 5.13 유한 차분법을 사용하여 예제 5.3을 풀어라.

풀이 부록 C로부터 300 K에서 철의 열확산도는

$$\alpha = 2.28 \times 10^{-5}\ \mathrm{m^2/s}$$

이고 깊이 3 cm에서 얻기를 원하는 온도에서의 시간은

$$t = 1\ \mathrm{min} = 60\ \mathrm{s}$$

이다. 문제에서 철슬래브가 두껍다고 하였으므로, 슬래브를 반무한대 고체로 다룬다. 이 슬래브의 유한차분 모델의 두께는 식 (5·14)에 의해서 정의된 열침투 깊이보다 더 클 것이다. 열침투 깊이는

$$\sqrt{\alpha t} = [(2.28 \times 10^{-5}\ \mathrm{m^2/s})(60\ \mathrm{s})]^{1/2} = 0.037\ \mathrm{m} = 3.7\ \mathrm{cm}$$

이다. 따라서, 1차원 유한차분 영역은 3.7 cm 보다 더 두꺼워야 한다. 3 cm의 공간을 가진 6개의 마디를 사용하여 총 15 cm의 두께가 되도록 하자. 유한차분 모델은 그림 5·22에 나타내었다.

대류가 존재하지 않기 때문에, 바이오트 수 Bi는 0이다. 식 (5·38)에 의해서 주어진 안정성 판단기준에 따르면, 푸리에 수는 $Fo < 1/2$의 관계를 만족시켜야 한다

마디간격 0.03 m와 시간단계 Δt는 다음의 관계를 만족시켜야 한다.

$$\Delta t \le \frac{\Delta^2}{2\alpha}$$

그러므로 시간간격은 다음을 만족시키는 값으로 제한된다.

$$\Delta t \le 19.74\ \mathrm{s}$$

19.74초보다 큰 시간간격은 유한차분 공식을 발산으로 이르게 하여 답을 얻지 못하게 된다. 이 문제에 대한 스프레드시트는 입력 데이터, 첫시간 간격의 마디온도, 시간간격의 끝에

그림 5·22 1차원 유한차분 모델

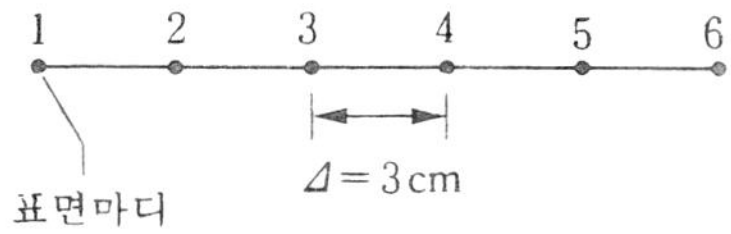

서의 마디온도 그리고 반복계산을 제어하는 상수 등으로 이루어져 있다. 표 5·3은 스프레드시트의 구성내용을 나타낸다. 1열과 2열은 입력 데이터와 그 문자 레이블로 이루어져 있다. 시간간격을 2초로 선택하여 0.051의 푸리에 수가 되도록 한다. 4열은 시간간격의 처음에서의 마디온도를 나타낸다. 6열의 셀주소에는 마지막 시간간격에서 마디온도에 해당한다. 셀A6을 제외한 6열의 셀은 식 (5·37)에 의해 주어진 유한차분 공식을 포함한다. 셀 F6의 유한차분 공식은 단열된 표면 마디에 해당한다. 모델의 뒷면의 단열에 대한 결정은

표 5·3 스프레드시트 구성

	A	B	C	D	E	F
1	α	Δ	Δt	Fo	T_i	T_0
2	2.28E−0.5	0.03	2	0.051	0	60
3						
4	60.00	0.00	0.00	0.00	0.00	0.00
5						
6	60.00	0.00	0.00	0.00	0.00	0.00
7						
8	상수 1	상수 2	반복계산횟수	이전 시간	새 시간	
9	0	1	1	0	0	

셀	형 식
D2	+A2*C2/B2^2
A4	+F2
B4	+B6
C4	+C6
D4	+D6
E4	+E6
F4	+F6
A6	+A4
B6	+A9*(D2*(A4+C4)+(1−2*D2)*B4)*B9*E2
C6	+A9*(D2*(B4+D4)+(1−2*D2)*C4)*B9*E2
D6	+A9*(D2*(C4+E4)+(1−2*D2)*D4)*B9*E2
E6	+A9*(D2*(D4+F4)+(1−2*D2)*E4)*B9*E2
F6	+A9*(D2*2*E4+(1−2*D2)*F4)*B9*E2
D9	+E9
E9	+A9*(D9+C2)

다소 임의적인데, 이는 F6 마디의 온도는 60초의 일정시간 동안 변하면 안 되기 때문이다. 셀 A9와 B9는 상수이며 모델을 초기화시킴에 있어 편리한 방법을 제공한다. 셀 A9와 B9의 수가 각각 0과 1일 경우, 모든 마디온도가 0℃으로 초기화된다. 반복계산이 시작되면서 이 셀 안의 숫자가 치환된다. 셀 C9의 숫자는 전체 재계산 메뉴로부터의 반복계산 횟수이다. 셀 D9와 E9는 이전 및 새 시간 값의 카운터(counter)를 포함한다. 셀 D9는 단순히 셀 E9를 지적하는 반면 셀 E9는 선택한 시간간격에 따라 시간증분에 대한 수식을 포함한다는 것에 주목한다. 8열의 기입사항은 문자 레이블이다. 전체 재계산 메뉴에서 반복계산 횟수를 1로 정한다. 모든 온도를 0으로 초기화시키는 초기에 셀 A9와 B9의 숫자는 각각 0과 1이다. 그리고 셀 A9에 1을, B9에 0을 넣는다. 첫 반복계산을 실행시키면 2초일 때 마디 2의 온도는 3.04℃로 변한다. 그러나 슬래브의 더 깊숙한 곳에 위치한 마디는 0℃로 남아 있다. 두 번째 반복계산 후에 마디 2의 온도는 5.77℃로 증가하고 마디 3의 온도는 0.15℃로 증가한다. 그러나 나머지 마디는 여전히 0℃이다. 2초가 증가함에 따라 현재와 이전의 시간값을 주목한다. 반복계산을 진행함에 따라 60초 후 마디 2의 온도는 표 5·4에 나타낸 바와 같이 34.02℃가 된다. 60초 후 마디 6의 온도는 0.82℃인데 이는 판깊이의 선택이 다소 임의적이라는 것을 표시한다. 이상적으로는 반무한대 모델이 정확히 적용된다면 마디 6의 온도는 60초 후에 전혀 변하지 않아야 한다. 그러나 예제 5.3에 나타낸 해석해는 33.97℃이다. 그러므로 산술적 모델이 반무한대 고체를 정확히 표현하지는 않지만 훌륭히 일치한다. 시간간격을 더 크게 한다면 정확도는 감소한다는 것을 염두에 두어야 한다. 예를 들어 시간간격을 10초로 한다면 60초 후의 마디 2의 온도는 35.02℃가 된다. 일반적으로 유한 차분법에서 시간간격을 줄이면 정확도는 증가한다. 그러나 해를 구하기 위해 필요한 계산시간 역시 증가한다. 작은 수의 마디를 포함하고 있는 예제에 대해서는 이것은 문제가 되지 않는다. 물론, 시간간격은 어느 경우에나 충분히 작아서 안정성 기준을 만족시켜야 한다. 이 예제에 대한 해는 시간간격이 19.74초보다 작다면 불안정해진다는 것을 쉽게 알 수 있다. 만약 20초의 시간간격을 사용한다면 온도는 단일값에 수렴하기보다는 진동하게 되거나 고체내부 온도가 표면온도보다도 높아지게 되는데, 이는 물리적으로 불가능한 것이다. 수백 번의 반복계산 후에 몇몇 온도는 음의 값이 되는데, 이는 해

표 5·4 스프레드시트 해

	A	B	C	D	E	F
1	α	Δ	Δt	Fo	T_i	T_0
2	2.28E−0.5	0.03	2	0.051	0	60
3						
4	60.00	33.63	14.99	5.35	1.62	0.73
5						
6	60.00	34.02	15.44	5.65	1.76	0.82
7						
8	상수 1	상수 2	반복계산횟수	이전 시간	새 시간	
9	0	0	1	50	60	

가 발산하고 있다는 분명한 신호인 것이다.

예제 5.14 그림 5·23에 나타낸 유한차분 모델에 의해 표시된 직사각형 판이 35℃의 균일한 초기온도를 갖고 있다. 판의 왼쪽 면이 갑자기 온도 125℃로 변하고 나머지 세 표면은 열전달 계수가 30 W/m^2·K인 20℃ 유체에 노출되었다. 열전도도, 밀도 그리고 판의 열용량은 각각 6 W/m·K, 3000 kg/m^3 그리고 400 J/kg·K이다. 유한 차분법을 이용하여 5분 후 판의 중심온도를 구하라. 또한, 반복계산을 수행하여 안정된 해를 4.7절에 주어진 판의 온도분포와 비교하라.

그림 5·23 유한차분 모델

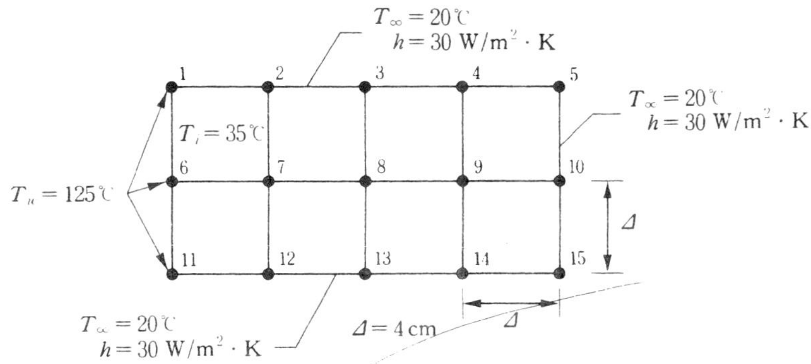

풀이 먼저 주어진 정보를 써본다. 그림 5·23에 나타낸 바와 같이 유한차분 모델에서 마디간격은

$$\Delta = 4\text{ cm} = 0.04\text{ m}$$

이다. 열전달 계수와 초기온도 그리고 유체의 온도는

$$h = 30\text{ W/m}^2\cdot\text{K}, \quad T_i = 35℃, \quad T_\infty = 20℃$$

이다. 그리고 판재료에 대한 열전도도는 다음과 같다.

$$\alpha = \frac{k}{\rho c_p} = \frac{6\text{ W/m}\cdot\text{K}}{(3000\text{ kg/m}^3)(400\text{ J/kg}\cdot\text{K})} = 5.00\times10^{-6}\text{ m}^2/\text{s}$$

바이오트 수는

$$Bi = \frac{h\Delta}{k} = \frac{(30\text{ W/m}^2\cdot\text{K})(0.04\text{ m})}{6\text{ W/m}\cdot\text{K}} = 0.20$$

이다.

시간간격은 식 (5·32)의 안정도 기준을 만족시키도록 선택되어야 한다. 그러나 표 5·1에 나타낸 것과 같이 계수 F의 값은 마디위치에 의해 결정된다. 모델은 내부, 모서리 그리고 외부코너 마디를 갖고 있다. 그러므로 세 가지 다른 시간간격 조건을 갖는다.

내부마디	$\Delta t \le 79.87$ s
모서리 마디	$\Delta t \le 72.61$ s
코너마디	$\Delta t \le 66.56$ s

표 5·5 스프레드시트 구성

	A	B	C	D	E	F	G	H
1	α	Δ	Δt	Fo	Bi	T_∞	T_i	T_w
2	5.E−0.6	0.04	50	0.15625	0.20	20	35	125
3								
4	35.00	35.00	35.00	35.00	35.00			
5	35.00	35.00	35.00	35.00	35.00			
6	35.00	35.00	35.00	35.00	35.00			
7								
8	35.00	35.00	35.00	35.00	35.00			
9	35.00	35.00	35.00	35.00	35.00			
10	35.00	35.00	35.00	35.00	35.00			
11								
12	상수 1	상수 2	반복계산 횟수	이전 시간	새 시간			
13	0	1	1	0	60			

위의 세 가지로부터 가장 작은 시간간격을 선택하여 모든 마디에 대해서 안정도 기준을 만족시키도록 한다. 그러므로 구석의 마디가 이 문제를 지배하게 되어 시간간격은 다음을 만족시켜야 한다.

$$\Delta t \leq 66.56 \text{ s}$$

표 5·5는 스프레드시트 초기값을 나타낸다. 2열의 셀에 물성, 마디간격, 시간간격 그리고 푸리에 수와 바이오트 수 그리고 온도가 있으며 4, 5 그리고 6열에 시간간격의 초기의 마디온도가 들어 있다. 그리고 8, 9 그리고 10열은 시간간격의 마지막에서의 마디온도이다. 예제 5.13에서와 같이 셀의 첫번째 그룹은 이와 대응하는 두 번째 그룹의 셀을 참조한다. 예를 들어 셀 B5의 식은 단순히 +B9이다. 셀 B9의 식은

표 5·6 300초 후의 스프레드시트 해

	A	B	C	D	E	F	G	H
1	α	Δ	Δt	Fo	Bi	T_∞	T_i	T_w
2	5.E−0.6	0.04	50	0.156 25	0.20	20	35	125
3								
4	125.00	69.56	42.60	33.48	30.52			
5	125.00	72.94	44.67	34.84	31.60			
6	125.00	69.56	42.60	33.48	30.52			
7								
8	125.00	71.97	44.62	34.03	30.47			
9	125.00	75.60	46.90	35.45	31.45			
10	125.00	71.97	44.62	34.03	30.47			
11								
12	상수 1	상수 2	반복계산횟수	이전 시간	새 시간			
13	1	0	1	250	300			

표 5·7 스프레드시트 해

	A	B	C	D	E	F	G	H
1	α	Δ	Δt	Fo	Bi	T_∞	T_i	T_w
2	5.E−0.6	0.04	50	0.156 25	0.20	20	35	125
3								
4	125.00	86.53	64.35	51.20	44.08			
5	125.00	91.69	68.70	54.42	46.59			
6	125.00	86.53	64.35	51.20	44.08			
7								
8	125.00	86.53	64.35	51.20	44.08			
9	125.00	91.69	68.70	54.42	46.59			
10	125.00	86.53	64.35	51.20	44.08			
11								
12	상수 1	상수 2	반복계산횟수	이전 시간	새 시간			
13	1	0	1	6550	6600			

+A13*(D2*(A5+B4+C5+B6)+(1−4*D2)*B5)+B13*G2

이다. 표 5·5에 나타낸 바와 같이 시간간격은 50초이다. 0과 1로 각각 고정된 셀 A13과 B13의 상수를 이용하여 모델의 온도는 판의 초기온도인 35℃로 초기화된다. 전체 재계산 메뉴에서의 반복계산 횟수는 1로 한다. 시간간격은 50초이다. 그러므로 300초 후의 마디 온도를 구하고자 하므로 스프레드시트의 여섯 번의 재계산만이 필요하다. 시간간격이 50초인 단순계산의 여섯 번의 반복 또는 다른 시간간격과 반복횟수의 조합을 통해서 300초 이후의 값을 쉽게 결정할 수 있다. 300초에서의 마디온도를 표 5·6에 나타내었다. 300초 후 중앙 마디인 마디 8에서의 온도는 46.90℃이다. 기대했던 바와 같이 온도는 판의 긴 축에 대해서 대칭인데, 이는 대칭적인 경계조건에 기인한 것이다.

충분히 긴 시간 후에 판은 정상상태, 예를 들어 온도는 일정값에 도달할 것이다. 반복계산을 계속함으로써 마디의 온도변화는 계산이 반복됨에 따라 급격히 감소하게 되는데, 이는 온도가 일정한 값으로 수렴한다는 것을 의미한다. 결국 6600초(110분) 후에는 모든 격자점에 대해 온도가 소수점 둘째 자리까지 변하지 않는다. 안정된 온도분포는 표 5·7에 나타내었듯이 예제 4.7에서 계산된 표 4·9의 결과와 일치한다.

이 예제를 끝내기 전에 시간간격을 50초에서 1초로 변화시켜 결과에 어떤 영향을 미치는지 확인해 보자. 1초의 시간간격을 이용한 결과 5분 후 마디 8의 온도는 46.28℃로 겨우 0.62℃ 밖에 차이가 나지 않는다. 1초의 시간간격에 의한 해가 좀더 정확한 것으로 간주되나 이 문제에 있어서는 그 차이는 중요치 않다. 안정도 기준에 부합하는 한 어떤 시간간격에 의한 결과도 같은 안정된 해를 나타내게 될 것이다.

5.8 응 용

열처리(heat treatment)는 금속의 성질을 바꾸는 것을 목적으로 한 금속의 제어된 가열과 냉각이다. 응력경감(stress relieving) 열처리는 냉각작업, 기계가공,

용접, 압출성형, 또는 다른 공정에 의해 금속에 도입된 응력을 줄이고자 사용된다. 강의 응력경감은 강의 용융온도인 705℃ 이하의 일정한 온도로 부분을 가열하는 것을 포함한다. 그 가열된 부분은 실온에서 천천히 냉각된다. 예제 5.15에서는 응력경감 열처리를 한 강판의 온도반응을 알아보기 위해 총 열용량 모델을 사용한다.

예제 5.15 응력경감 열처리를 AISI 1042 강의 12 gage 판에서 행한다. 판은 575℃의 균일한 온도가 될 때까지 오븐에서 가열된다. 그런 다음 오븐에서 꺼내 22℃ 공기에서 냉각시킨다. 이 때 열전달 계수는 14 W/m^2·K이다. 시간의 함수로서 판의 온도를 나타내는 곡선을 그려라. 만약 최대취급 온도가 55℃라면 조작자가 판을 조절할 수 있을 정도로 판을 냉각시키는 데 필요한 시간은 얼마인가?

풀이 다음은 문제에 주어져 있다.

$$T_i = 575℃, \quad h = 14\ \mathrm{W/m^2 \cdot K}$$

$$T_\infty = 22℃, \quad T = 55℃\ (\text{조작온도})$$

300 K에서 AISI 1042 강의 열적물성은 다음과 같다.

$$\rho = 7840\ \mathrm{kg/m^3}, \quad c_p = 460\ \mathrm{J/kg \cdot K}, \quad k = 52\ \mathrm{W/m \cdot K}$$

12 gage 판은 약 2.66 mm의 두께를 가진다. 총 열용량 모델이 유효한지 의심스러우므로 이를 확인하기 위해 바이오트 수를 구해야 한다. 5.2절에서 설명한 바와 같이 두께가 $2L$인 판의 바이오트 수는

$$Bi = \frac{hL}{k}$$

판두께의 절반은

$$L = \frac{0.00266\ \mathrm{m}}{2} = 0.00133\ \mathrm{m}$$

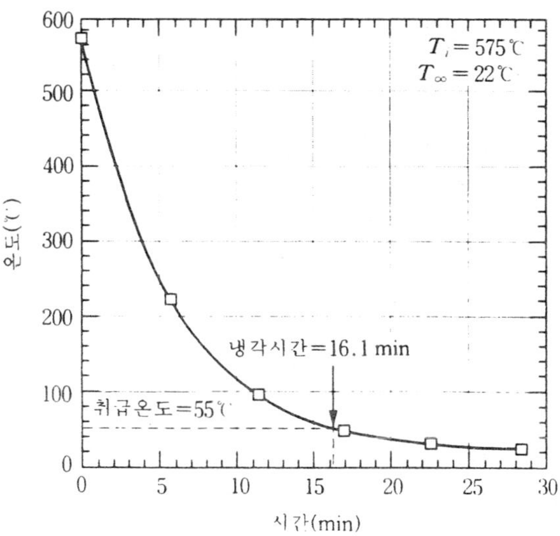

그림 5·24 판에 대한 온도이력

그래서 바이오트 수는

$$Bi = \frac{(14\ \mathrm{W/m^2 \cdot K})(0.00133\ \mathrm{m})}{(52\ \mathrm{W/m \cdot K})} = 3.58 \times 10^{-4}$$

바이오트 수는 0.1보다 훨씬 작으므로 총 열용량 모델은 유효하다. 식 (5·4)에서 정의된 것처럼 판의 시간상수는

$$t_c = \frac{\rho c_p V}{hA} = \frac{\rho c_p L}{h} = \frac{(7840\ \mathrm{kg/m^3})(460\ \mathrm{J/kg \cdot K})(0.00133\ \mathrm{m})}{14\ \mathrm{W/m^2 \cdot K}} = 343\ \mathrm{s}$$

이 값을 식 (5·3)에 대입해서 판의 온도에 대해서 풀면 다음을 얻을 수 있다.

$$T = (T_i - T_\infty)\exp(-t/t_c) = (575 - 22)\exp(-0.00292\,t) + 22$$

판의 온도이력을 알아보기 위해 다섯 개의 점을 찍는다. 각 점은 시간상수의 적분곱을 나타낸다. 판의 온도이력은 그림 5·24와 같다.

판을 575℃에서 55℃까지 냉각시키는 데 필요한 시간을 구하기 위해 식 (5·3)을 재배열하여 시간 t에 대해 푼다.

$$t = -t_c \ln\left(\frac{T - T_\infty}{T_i - T_\infty}\right) = -(343\ \mathrm{s})\ln\left(\frac{55-22}{575-22}\right) = 967\ \mathrm{s} = 16.1\ \mathrm{m}$$

■

우리는 종종 음식에 대한 열전달 특성을 당연시한다. 가열, 냉각, 결빙 그리고 해동은 적절한 음식준비와 저장에서 이해되어야 하는 열전달 과정이다. 예제 5.16에서, 우리는 온도응답 차트를 사용하여 감자의 굽는 시간을 계산해보자.

예제 5.16

감자를 온도 350°F인 오븐에서 굽고자 한다. 감자의 초기온도는 65°F이고, 감자가 오븐에 있을 때 열전달 계수는 $2.3\ \mathrm{Btu/h \cdot ft^2 \cdot {}^\circ F}$이다. 감자의 중심온도가 235°F에 다다랐을 때 감자가 완전히 구워진 것으로 가정할 때, 굽는 데 필요한 시간은 얼마인가? 감자는 반지름이 1.50 in인 구로 가정하고 복사를 무시하라.

풀이

몇몇 음식들의 열적성질은 부록 D에 수록되어 있다. 감자의 열전도도와 열확산도는 다음과 같다.

$$k = 0.51\ \mathrm{W/m \cdot K}, \quad \alpha = 1.33 \times 10^{-7}\ \mathrm{m^2/s}$$

주어진 정보는 영국식 단위로 되어 있어 열적물성 단위를 바꾸면

$$k = 0.29\ \mathrm{Btu/h \cdot ft \cdot {}^\circ R}, \quad \alpha = 0.005\,15\ \mathrm{ft^2/h}$$

감자의 초기, 중심온도와 반지름은

$$T_i = 65^\circ\mathrm{F}, \quad T_0 = 235^\circ\mathrm{F}, \quad R = 0.125\ \mathrm{ft}$$

그리고 열전달 계수와 오븐의 공기온도는

$$h = 2.3\ \mathrm{Btu/h \cdot ft^2 \cdot {}^\circ R}, \quad T_\infty = 350^\circ\mathrm{F}$$

구의 중심온도는 알려져 있기 때문에 무차원의 온도를 계산할 수 있다.

$$\frac{T_0 - T_\infty}{T_i - T_\infty} = \frac{(235-350)^\circ\mathrm{F}}{(65-350)^\circ\mathrm{F}} = 0.404$$

바이오트 수의 역수는

$$\frac{1}{Bi}=\frac{k}{hR}=\frac{0.29\ \text{Btu/h}\cdot\text{ft}\cdot{}^{\circ}\text{R}}{(2.3\ \text{Btu/h}\cdot\text{ft}^2\cdot{}^{\circ}\text{R})(0.125\ \text{ft})}=1.01$$

그림 5·12(b)에서 구에 대한 온도응답 차트를 이용하여 무차원 온도에 해당하는 푸리에 수를 구한다. 바이오트 수는 이미 구하였다.

$$Fo\approx 0.46=\frac{\alpha t}{R^2}$$

이 관계로부터 시간에 대해서 풀면, 굽는 시간은

$$t=\frac{FoR^2}{\alpha}=\frac{(0.46)(0.125\ \text{ft})^2}{0.00515\ \text{ft}^2/\text{h}}=13.9\ \text{h}$$

이 결과는 왜 전자레인지가 감자를 굽는 데 그렇게 유용한지 알려 준다.

Jominy 막대(bar)는 열처리에서 식히는 동안 변화하는 냉각속도에 대한 강의 반응을 구하기 위해 야금가들에 의해 사용되는 표본이다. 표준 Jominy 테스트를 그림 5·25에 나타내었다. Jominy 막대의 표준길이와 지름은 각각 4 in와 1 in이다. 단일표본에서 전체범위의 냉각속도를 얻고자 하는 목적으로 막대의 한끝만이 급냉시켜져 있다. 표준 담금질은 막대의 끝으로부터 1/2 in 지점에 위치한 노즐에서 75°F 물분사로 행해진다. 담금질 후에 평평한 면은 바의 한쪽을 따라 연마되고, 매 1/16 in마다 경도를 읽는다. 예제 5.17에서 유한 차분법을 이용하여 Jominy 막대에서 비정상 열전달 모델을 만든다.

예제 5.17 AISI 1010 강의 표준 Jominy 막대는 1550°F의 동일한 초기온도를 가진다. 바는 75°F 물분사에 의해 한쪽에서 급냉된다. 유한 차분법을 이용하여 막대가 강의 용융온도인 1300°F를 지날 때 급냉된 끝에서 가장 가까운 막대의 처음 2 in 위로 1/16 in 간격으로 냉각속도를 계산하라. 물분사는 막대의 급냉된 끝에서 450 $\text{Btu/h}\cdot\text{ft}^2\cdot{}^{\circ}\text{F}$의 열전달 계수를 갖는다고 가정하라.

풀이 실제 Jominy 테스트에서 막대의 급냉된 끝으로부터 대류는 옆면에서의 자연대류와 막대의 플랜지 끝의 전도를 지배한다. 그래서 Jominy 표본의 축을 따라 1차원 전도를 가정한다. 급냉된 끝에서 가장 가까운 막대의 처음 2 in 위로 1/16 in 간격으로 냉각속도를 계산하고자 한다. 따라서, 그림 5·26에 나타낸 것과 같이 마디간격은 1/16 in이다. 부록 C로부터, 300 K에서 AISI 1010 강의 열전도도와 열확산도는

$$k=64\ \text{W/m}\cdot\text{K}=37\ \text{Btu/h}\cdot\text{ft}\cdot{}^{\circ}\text{R}$$

$$\alpha=1.88\times10^{-5}\ \text{m}^2/\text{s}=0.7285\ \text{ft}^2/\text{h}$$

그리고 1차원 유한차분 모델에서 마디간격은

$$\Delta=0.0625\ \text{in}=0.00521\ \text{ft}$$

바이오트 수는

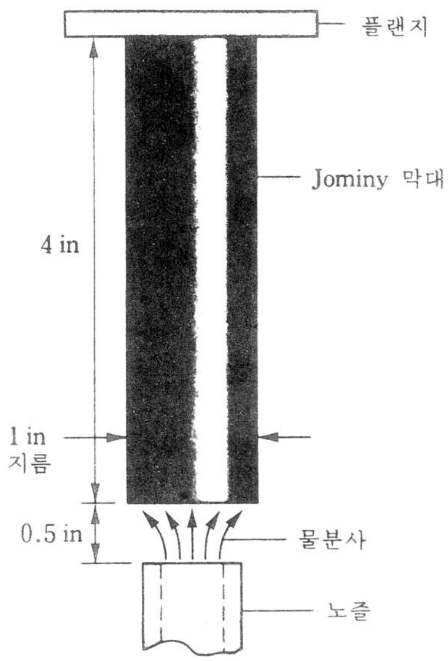

그림 5·25 Jominy 막대

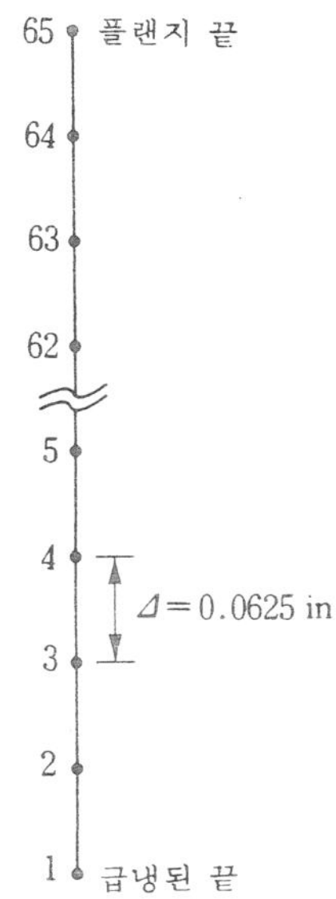

그림 5·26 1차원 유한차분 모델

$$Bi = \frac{h\Delta}{k} = \frac{(450\ \text{Btu/h} \cdot \text{ft}^2 \cdot {}^\circ\text{R})(0.00521\ \text{ft})}{(37\ \text{Btu/h} \cdot \text{ft} \cdot {}^\circ\text{R})} = 0.063$$

1차원 비정상 상태 전도문제에 있어서 안정성 기준은

$$Fo(1 + Bi) \le 1/2$$

그러므로 모델에서 표면 마디에서 시간간격은 다음을 만족시켜야 한다.

$$1.063Fo \le 1/2$$

따라서

$$\Delta t \le \frac{\Delta^2}{2(1.063\alpha)} \le 1.75 \times 10^{-5}\ \text{h}$$

내부 마디에 대한 시간간격은 이 값보다 좀 더 크다. 따라서, 표면 마디에 대한 시간간격이 문제를 지배한다. 여기서 1.5×10^{-5} h의 시간간격을 사용할 것이다.

표 5·8 선택된 셀의 공식

셀	형 식
A4	+A13
A13	+A32*(D2*(2*A5+2*E2*G2)+(1-2*D2-2*D2*E2)*A4)+B32*F2
A16	+A32*(D2*(A6+A8)+(1-2*D2)*A7)+B32*F2
B13	+A32*(D2*(A11+B5)+(1-2*D2)*B4)+B32*F2
E13	+A32*(D2*(D11+E5)+(1-2*D2)*D4)+B32*F2
H21	+A32*(D2*2*H11+(1-2*D2)*H12)+B32*F2
A22	+(A13-A4)/C2/3600
C25	+(C17-C8)/C2/3600

표 5·9 스프레드시트 해

	A	B	C	D	E	F	G	H
1	α	Δ	Δt	Fo	Bi	T_i	T_∞	
2	0.7285	0.005 21	1.5E−5	0.402 57	0.0634	1550	75	
3								
4	577	818	1023	1189	1314	1402	1458	1488
5	609	845	1046	1207	1327	1410	1463	1490
6	640	873	1068	1224	1339	1419	1468	1492
7	671	899	1090	1240	1351	1426	1472	1494
8	701	925	1111	1256	1362	1433	1476	1495
9	731	951	1131	1271	1373	1440	1480	1496
10	760	975	1151	1286	1383	1447	1483	1496
11	789	1000	1170	1300	1393	1453	1486	1496
12								1496
13	577	817	1023	1188	1314	1402	1458	1488
14	609	845	1046	1206	1326	1410	1463	1490
15	640	872	1068	1223	1339	1418	1468	1492
16	671	899	1090	1240	1351	1426	1472	1494
17	701	925	1111	1256	1362	1433	1476	1495
18	731	950	1131	1271	1373	1440	1480	1496
19	760	975	1151	1286	1383	1446	1483	1496
20	789	999	1170	1300	1392	1452	1486	1496
21								1496
22	−2.89	−4.10	−4.72	−4.75				
23	−3.07	−4.21	−4.76	−4.72				
24	−3.24	−4.31	−4.78	−4.68				
25	−3.41	−4.41	−4.80	−4.64				
26	−3.56	−4.49	−4.81	−4.59				
27	−3.71	−4.56	−4.81	−4.53				
29	−3.85	−4.62	−4.80	−4.47				
29	−3.98	−4.68	−4.78	−4.40				
30								
31	상수 1	상수 2	반복계산횟수	이전 시간	새 시간			
32	1	0	5	0.017 910	0.017 925			

비정상 상태 전도문제에서 사용된 유한차분 모델에서처럼 스프레드시트를 두 개의 영역으로 나눈다. 첫번째 영역은 시간간격 초기에서 마디온도용이며 두 번째 영역은 시간간격 마지막에서 마디온도에 대한 영역이다. 이 예제에 있어서, 4열에서 12열까지와 칼럼 A부터 H까지는 첫번째 영역이고, 13열에서 21열까지와 칼럼 A부터 H까지는 두 번째 영역이다. 모델에는 65개의 마디가 있다. 세 번째 스프레드시트 영역은 냉각속도 공식에 대한 영역이다. 22열에서 29열까지와 칼럼 A에서 D는 급냉된 끝에서 가장 가까운 Jominy 막대의 반쪽에 대한 냉각속도를 포함한다. 냉각속도는 단순히 시간간격으로 나누어진 연속적인 반

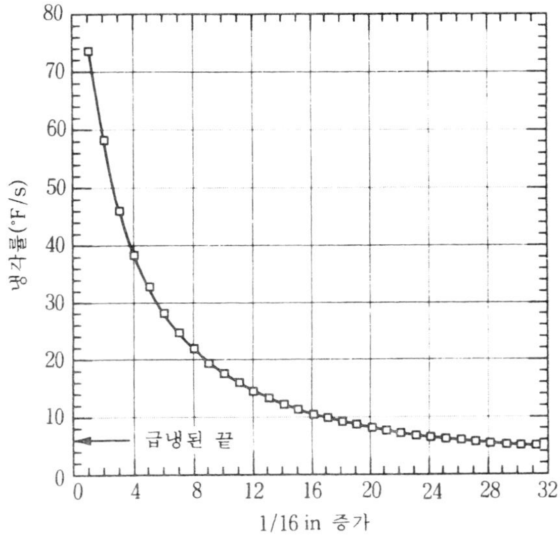

그림 5·27 Jominy 막대의 냉각속도

복계산 사이의 온도차이다. 표 5·8은 스프레드시트에서 몇몇 선택된 셀에서의 공식을 나타낸다. 모델의 65개의 마디는 셀 A4와 A13의 마디 1과 셀 H12와 H21의 마디 65로 이루어진 칼럼에 의해 배열된다. 표 5·9에 나타낸 냉각속도는 각각 1/16 in 증분이 1300°F를 지날 때 반복계산과 관찰을 통해 수동적으로 증가시킴으로써 얻어진다. 표 5·9는 Jominy 막대의 반이 1300°F 이하로 냉각된 0.017 925 h(64.5 s) 후 결과를 나타내고 있다. 그림 5·27에 냉각속도를 급냉된 끝으로부터의 거리함수로서 나타내었다.

이 분석에 의해 예측된 냉각속도는 경도읽기와 관련될 수 있다. 만약 AISI 1010 강으로 만들어진 막대 내에 주어진 위치에 대해 냉각속도가 알려져 있다면 그 위치에서의 물성은 이에 대응하는 냉각속도를 갖는 Jominy 막대에서 위치의 물성으로 예측될 수 있다. 반대로 정해진 야금성질을 얻기 위해서 필요한 냉각속도를 결정할 수도 있다. ∎

참 고 문 헌

1. Abromowits, M., and I. Stegun, eds. 1964. *Handbook of Mathematical Functions*. National Bureau of Standards AMS 55, U.S. Government Pringting Office.
2. Heisler, M. P. 1947. "Temperature Response Charts for Induction and Constant Temperature Heating." *Trans. ASME* 69: pp. 227~236.
3. Schneider, P. J. 1963, *Temperature Response Charts*. New York: John Wiley & Sons.
4. Grober, H., S. Erk, and U. Grigull. 1961. *Fundamentals of Heat Transfer*, 3d ed. New York: McGraw-Hill Book Co.

5. Alak, S. M., and T. Obaid. 1988. "Spreadsheet Solution of Time−Dependent Heat Transfer Problems." *Journal of Engineering Computing and Applications* (Summer): pp. 35~39.

6. Hoffman, J. D. 1992. *Numerical Methods for Engineer and Scientists*. New York: McGraw−Hill Book Co.

7. Patankar, S. V. 1980. *Numerical Heat Transfer and Fluid Flow*. New York: McGraw−Hill/Hemisphere.

8. Minkowycz, W. J., E. M. Sparrow, G. E. Schneider, and R. H. Pletcher. 1988. *Handbook of Numerical Heat Transfer*. New York: John Wiley & Sons.

9. Dusinberre, G. M. 1961. *Heat Transfer Calculations by Finite Differences*. Scrantom, Pa.: International Textbook.

10. Desai, C. S. 1979. *Elementary Finite Element Method*. Englewood Cliffs, N. J.: Prentice Hall Inc.

11. Segerlind, L. J. 1976. *Applied Finite Element Analysis*. New York: John Wiley & Sons.

12. Dobson, W. G., and A. K. Wolf. 1984. *Engineering Problem Solving with Spreadsheet Programs*. Metals Park, Ohio: American Society for Metals.

13. Dobson, W. G., and A. K. Wolf. 1996. *Excel for Engineers*. Mission, Kans.: Schroff Development Corp.

연 습 문 제

총 열용량 시스템

5.1 20℃의 균일한 초기온도를 갖는 2 cm 두께의 순수 알루미늄 판이 있다. 판이 갑자기 250℃의 유체 속에 잠겼다. 이 때 열전달 계수가 7 W/m^2 · K라 한다. 4분 후 판의 온도는 얼마인가?

5.2 지름 5.5 cm의 황동 원형막대(rod)가 갑자기 −55℃의 공기흐름에 노출되었다. 이 때의 열전달 계수는 120 W/m^2 · K이다. 만일 원형막대의 초기온도가 15℃라면 공기에 노출된 지 2분 경과 후 원형막대의 온도는 얼마인가?

5.3E 지름이 4 in인 순수구리로 만들어진 구가 230°F의 균일한 초기온도를 갖는다. 이 구가 갑자기 60°F의 액체에 잠겼다고 한다. 이 때의 열전달 계수가 270 Btu/h · ft^2 · °R라면 구가 85°F의 온도가 되기까지 소요되는 시간은 얼마인가?

5.4 초기 온도차 $(T_i - T_\infty)$의 1%로 감소하기 위해 총 열용량 시스템의 온도차 $(T - T_\infty)$에 대해 요구되는 시간상수는 몇 개인가?

5.5 22℃의 균일한 초기온도를 갖는 6.5 mm 두께의 AISI 316 스테인리스강이 있다. 판이 갑자기 60℃의 정체공기에 노출되었다면 55℃의 온도에 도달하기 위해 소요되는 시간을 구하라. 단, 열전달 계수는 14.5 W/m^2 · K이다.

5.6 650℃의 균일한 초기온도를 갖는 3 mm 지름의 AISI 4130 쇠막대가 있다. 원형막대가 갑자기 25℃의 거대한 수조에 잠겼다고 하자. 뜨거운 원형막대는 즉각적으로 원형막대 주위의 물을 끓어오르게 한다. 이 때의 열전달 계수는 5600 W/m^2 · K로 상승하며 원형막대의 온도가 100℃에 도달하면 더 이상 끓지 않고, 이 때의 열전달 계수는 750 W/m^2 · K가 된다. 끓는 동안 소요되는 시간과 원형막대가 40℃의 온도에 도달하기까지 걸리는 전체시간을 구하라.

5.7 16 gage 구리선이 10℃의 외부와 열평형을 이룬 후 215℃ 공기흐름에 노출되었다. 만약 열전달 계수가 47 W/m^2 · K라면 구리선이 120℃의 온도에 도달하기까지 소요되는 시간은 얼마인가?

◈ 반무한대 영역

5.8E 80°F의 균일한 초기온도를 갖는 납으로 된 두꺼운 슬래브가 있다. 슬래브의 표면이 갑자기 295°F의 온도로 변화하였다면 10분 후 5 in의 깊이에 있어서의 온도는 얼마인가?

5.9 900 W/m^{2}의 태양 열플럭스가 갑자기 초기온도가 8℃인 두꺼운 화강암 슬래브에 가해졌다. 슬래브 표면으로부터 외부로의 대류와 복사를 무시하고 2시간이 경과한 후 슬래브의 5 cm 깊이에 있어서의 온도를 추정하라.

5.10 30℃의 균일한 초기온도를 갖는 두꺼운 7075 알루미늄판이 있다. 판의 표면이 갑자기 450℃로 변화하였다. 3 cm 깊이의 지점에서 325℃의 온도에 도달하기까지 소요되는 시간은 얼마인가?

5.11E 50°F의 균일한 초기온도를 갖는 두꺼운 콘크리트 슬래브(k=1.1 Btu/h · ft^2 · °R, α = 0.037 ft^2/h)가 갑자기 130°F의 액체에 노출되었다. 이 때의 열전달 계수는 260 Btu/h · ft^2 · °R이다. 1시간이 경과한 후 3 in 깊이에서의 콘크리트 온도는 얼마인가?

5.12 20℃의 균일한 초기온도를 갖는 미지의 물질로 이루어진 두꺼운 슬래브가 있다. 슬래브의 표면이 갑자기 400℃로 변화하였다. 만일 2분 후 슬래브의 1 cm 깊이에서의 온도가 225℃였다면 이 물질의 열확산도는 얼마인가?

5.13 두꺼운 세라믹판의 표면온도가 갑자기 −60℃로 변화하였다($\alpha = 1.3 \times 10^{-6}$ m^2/s). 만일 판의 초기온도가 10℃이었다면 20분이 경과한 후 1.75 cm 깊이에서의 온도는 얼마인가?

5.14 5.6 MJ/m^{2}의 순간적인 에너지 펄스가 초기온도가 30℃인 두꺼운 monel 400판의 표면에 가해졌다. 10초 경과 후 0.85 mm 깊이에서의 온도를 추정하라.

5.15 두꺼운 팔라듐판에서 순간적인 에너지 펄스로 인하여 8초 후 표면상 60℃의 온도상승이 발생하였다. 에너지 펄스의 총량을 계산하라.

5.16 20℃의 균일한 초기온도를 갖는 12 cm 두께의 6061 알루미늄판이 있다. 판의 한 면은 단열되어 있고, 다른 한 면은 갑자기 340℃로 변화하였다. 판이 반무한대 영역이라고 가정할 때 30초가 경과한 후 가열된 표면으로부터 2.5 cm 깊이에서의 온도를 추정하라. 30초가 지난 후 판의 단열된 면의 온도는 얼마인가? 이 문제에 있어서 반무한대 영역모델은 유효한가?

◈ 판, 실린더 및 구

5.17 10℃의 균일한 초기온도를 갖는 거대한 Inconel X−750 판이 있다. 판이 갑자기 690 ℃의 고속으로 흐르는 기체에 노출되었다. 이 때의 열전달 계수는 125 W/m^2 · K이고 판두께는 5 cm이다. 12분이 경과한 후 판의 중심부와 표면에서의 온도를 구하라.

5.18E 거대한 0.80 in 두께의 AISI 302 스테인리스강이 있다. 판의 초기온도는 80°F이고, 이 판이 갑자기 200°F의 액체에 잠겼다고 한다(열전달 계수는 1215 W/m^2 · K). 판의 중심온도가 185°F에 도달하기까지 소요되는 시간을 구하라. 이 시간동안 판이 얻는 열량은 얼마인가?

5.19 초기온도가 0℃인 AISI 316 스테인리스강의 긴 원형막대가 있다. 이 원형막대가 갑자기 485℃의 외부공기에 노출되었다고 한다. 이 때의 열전달 계수는 1620 W/m^2 · K이다. 만일 원형막대의 지름이 2.6 mm라면 5초가 경과한 후 원형막대의 중심부와 표면의 온도는 각각 얼마이겠는가?

5.20E 90°F의 균일한 초기온도를 갖는 돌을 응집시켜 제조한 긴 콘크리트 관이 있다. 이 관이 갑자기 60°F의 공기의 교차흐름에 노출되었다. 만약 열전달 계수가 15 Btu/h · ft^2 · °R이고 관의 지름이 8 in라면 45분이 경과한 후 관의 중심온도는 얼마인가?

5.21 850℃의 균일한 초기온도를 갖는 5.2 cm 두께의 순수니켈 판이 있다. 판이 갑자기 50 ℃의 유체흐름에 노출되었다. 이 때의 열전달 계수가 1066 W/m^2 · K라고 한다. 흐름에 노출된지 3분이 경과한 후 판에서 1.8 cm 깊이에서의 온도는 얼마인가?

5.22 260℃의 균일한 초기온도를 갖는 15 cm 지름의 고체납으로 된 구가 있다. 이러한 구가 갑자기 25℃의 기체흐름에 노출되었다. 구의 중심이 115℃에 도달하기까지 소요되는 시간과 이 시간 동안 구의 열손실을 구하라. 단, 이 때의 열전달 계수는 59 W/m^2 · K이다.

5.23 10℃의 균일한 초기온도를 갖는 6.8 mm 지름의 구리 구가 있다. 이 구가 갑자기 120℃의 끓는 액체에 노출되었고, 이 때의 열전달 계수는 18 kW/m^2 · K였다. 구의 중심이 95℃에 도달하기까지 소요되는 시간을 계산하라. 이 시간 동안 구가 얻은 열량은 얼마인가?

◈ 다차원 시스템

5.24 단면의 한 길이가 8 cm이고 이 단면이 30℃의 균일한 초기온도를 지니는 순수한 철 입방체가 있다. 이 입방체가 갑자기 560℃의 유체에 노출되었다. 열전달 계수가 960 W/m^2

·K일 때 3분이 경과한 후 입방체의 중심온도를 추정하라.

5.25 1.2 cm×4 cm인 수직단면을 가진 AISI 302 스테인리스강의 막대(bar)가 있다. 20℃의 외부와 열평형을 이룬 뒤 이 막대는 660℃의 액체흐름에 노출되었다. 이 때의 열전달 계수는 1200 W/m^2·K라 할 때 35초가 지난 후 막대의 중심온도와 이 막대에서 넓은 쪽 표면에서의 중심온도를 구하라.

5.26E 길이 4 in, 지름 1.8 in인 황동 실린더가 −10°F의 균일한 초기온도를 지닌다. 이 실린더가 갑자기 어떤 액체에 노출되었다고 한다. 열전달 계수는 200 Btu/h·ft^2·°R라면 액체의 온도가 210°F일 때 실린더가 170°F에 도달하기까지 소요되는 시간을 추정하라.

5.27 0℃의 균일한 초기온도를 가지는 10 cm×8 cm×5 cm의 납 직육면체가 있다. 이러한 블록이 갑자기 280℃, 열전달 계수 275 W/m^2·K인 대류하는 유체에 노출되었다. 블록의 중심온도가 190℃에 도달하기까지 소요되는 시간을 구하라.

5.28 문제 5.27에서의 블록에 대하여 한 코너가 190℃에 도달하기까지 걸리는 시간은 얼마인가?

5.29 3.2 mm의 두께와 4 cm의 지름을 가지는 비스무스 원판이 −20℃의 균일한 초기온도를 지닌다. 이 원판이 갑자기 140℃ 공기의 교차흐름에 놓였다고 한다. 이 때의 열전달 계수가 75 W/m^2·K라면 40초 경과 후 원판의 중심온도는 얼마인가? 총 열용량 시스템에 대하여 반복계산하라.

5.30 8 cm 지름의 반무한대 2024 알루미늄 실린더가 있다. 실린더의 초기온도가 5℃였고 이 실린더가 갑자기 550℃ 유체가 대류하는 외계에 노출되었다. 이 때의 열전달 계수는 800 W/m^2·K라고 한다. 80초 경과 후 실린더 축으로부터 12 cm 떨어진 지점의 온도를 계산하라.

5.31 10 cm 길이, 2 cm 지름의 인바르(invar) 실린더가 30℃의 균일한 초기온도를 가진다. 갑자기 이 실린더가 320℃의 유체에 노출되었고 열전달 계수는 175 W/m^2·K라고 한다. 실린더를 (a) 다차원 시스템, (b) 무한히 긴 실린더라고 분석하여 30초 경과 후 실린더의 중심온도를 계산하라.

◈ 유한 차분법

5.32E 60°F의 균일한 초기온도를 갖는 두꺼운 순철 슬래브가 있다. 이것이 갑자기 280°F로 변화하였다. 1차원 유한차분 모델을 이용하여 45초 경과 후 1.5 in 깊이의 온도를 추정하라. 단, 0.5 in 마디를 사용하라.

5.33 10℃의 균일한 초기온도를 갖는 그림 5·28과 같은 수직판이 있다. 왼쪽과 윗부분이 갑자기 130℃로 변화하였다. 만일 다른 두면은 단열되었다고 한다면 150초가 지난 후 판의 중심온도는 얼마인가? 300 K에서 알루미늄의 열적성질을 사용하라.

5.34 문제 5.33에서 표면온도의 경계조건을 $T_\infty = 130$℃의 대류경계 조건과 (a) $h = 50$ W/

$m^2 \cdot K$, (b) $h = 5000\ W/m^2 \cdot K$로 대치하라. 열전달 계수는 판의 온도에 얼만큼의 영향을 미치는가? $h = 5000\ W/m^2 \cdot K$일 때가 $h = 50\ W/m^2 \cdot K$보다 문제 5.33에서 얻어진 값에 더 가까운가?

5.35 5℃의 균일한 초기온도를 갖는 두꺼운 사암 슬래브이 있다. 이 슬래브의 표면이 갑자기 850 W/m^2의 태양 열플럭스에 노출되었다고 한다. 1차원 유한차분 모델을 사용하여 1.5시간이 경과한 후 슬래브 조각의 표면온도를 계산하라. 슬래브로부터 외부로의 대류와 복사는 없다고 가정하라.

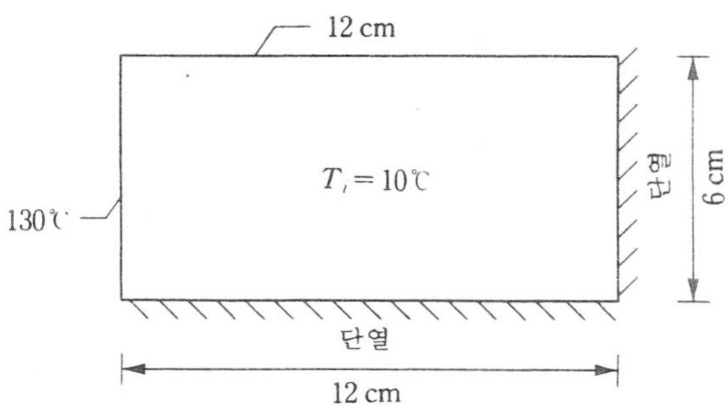

그림 5·28

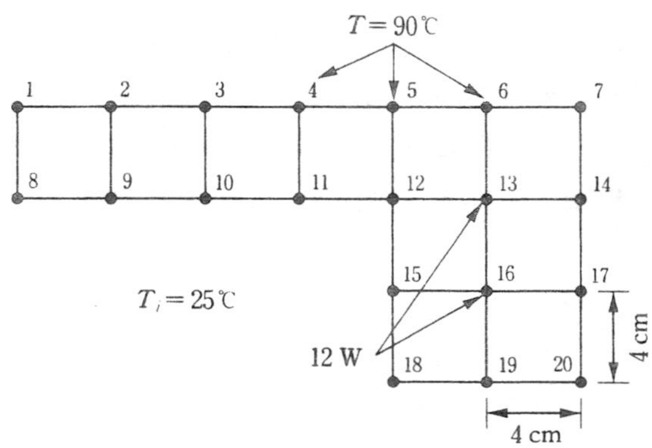

그림 5·29

5.36 2 mm 두께의 판에 대한 유한차분 모델이 그림 5·29와 같다. 초기온도는 25℃이다. 마디 4, 5, 6의 온도가 갑자기 90℃로 변화하였다. 12 W 지점에서의 열은 마디 13, 16에서 생성되었다. 그러나 경계상에 있는 모든 다른 마디는 초기온도를 그대로 유지하고 있다. 300 K에서 황동의 열적특성을 사용하여 50초 경과 후 모든 마디에서의 온도를 구하라.

5.37 220℃의 균일한 초기온도를 갖는 한쪽의 길이가 8 cm인 장방형 영역이 있다. 두 반대편의 온도가 갑자기 40℃로 감소하고 다른 두 편은 단열되었다고 한다. 이 영역의 중심을 통과하는 한 쌍의 수직축에 대하여 열적대칭을 고려하여 이 영역의 4분의 1에 해당하는 2차원 유한 차분망을 구성하여 보아라. 또한, 한 쌍의 축에 의해 생성되는 4분의 1 영역의 두 측면은 단열경계 조건으로 두어라. 열확산도 $\alpha = 2.0 \times 10^{-5}\ m^2/s$를 이용하여 2분 경과 후 이 영역의 중심온도를 계산하라. 1 cm 마디를 사용하라.

5.38 그림 5·30과 같은 유한차분 모델을 고려하여 보자. 이 영역의 초기온도는 5℃이고 열전도도는 130 $W/m \cdot K$, 열확산도는 $6.5 \times 10^{-5}\ m^2/s$이다. 갑자기 이 영역의 한쪽 면이 250℃의 유체에 노출되었다. 이 때의 열전달 계수가 70 $W/m^2 \cdot K$이고 다른 한쪽 면은 단열되었다고 한다면 85초 경과 후 모든 마디에서의 온도를 구하라.

5.39 560℃의 초기온도를 갖는 12 cm × 12 cm의 장방형 수직단면의 AISI 1042 강으로 된 긴 축이 있다. 이 축이 갑자기 35℃의 공기흐름에 노출되었고 열전달 계수는 110 $W/m^2 \cdot K$

이다. 축의 중심이 85℃에 도달하기까지 소요되는 시간을 다음의 조건을 고려하여 (a) 유한 차분법, (b) 온도응답 차트, (c) 총 열용량 모델을 구하라.

◈ 응 용

5.40 열처리 조작에 있어서 AISI 1010 강으로 된 긴 원형막대를 30℃의 물에 담가 식혔다. 이 원형막대는 600℃의 균일한 초기온도와 1.45 cm의 지름을 가진다. 이 막대가 초기에 물 속에 잠겼을 때, 막대주위에서는 국부적인 온도상승에 대하여 물이 끓어오르는 온도인 95℃ 아래로 떨어질 때까지 막대주위에서 비등(boiling)이 발생하였다. 물이 끓는 동안의 열전달 계수는 1630 W/m^2 · K로 추정된다. 비등이 정지된 후 열전달 계수는 갑자기 170 W/m^2 · K로 감소하였다. 총 열전달 모델을 사용하여 비등이 일어나는 동안 시간간격을 계산하고, 이 막대가 50℃에 도달하기까지 소요되는 시간을 구하라.

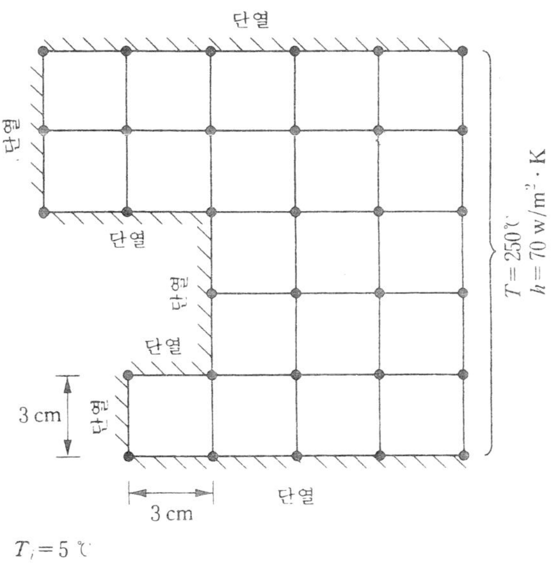

그림 5 · 30

5.41E 고체로켓 모터의 연소에 대한 정지 테스트에 앞서 모터를 79°F 환경조건에 장시간 방치해 두었다. 이는 고체 추진체가 이 테스트 동안에 79°F의 거의 균일한 온도를 유지하도록 하기 위해서이다. 무한 실린더의 온도응답 차트를 사용하여 지름 46 in인 모터의 중심이 78.5°F의 온도를 획득하기까지 요구되는 시간을 추정하라. 이 때 초기온도는 65°F로 열전달 계수는 2.5 Btu/h · ft^2 · °R라고 한다. 고체 실린더의 모터에 대하여 밀도는 112 lb$_m$/ft^3, c_p=0.21 Btu/lb$_m$ · °R, k=1.3 Btu/h · ft^2 · °R로 하자.

5.42 지구의 그림자로부터 낮은 지구궤도를 도는 위성이 출현하였다. 이 위성의 표면이 갑자기 1353 W/m^{2}의 태양 열플럭스에 노출되었다고 한다. 이 표면이 2.7 mm 두께의 흑연섬

유로 구성되어 있을 때($k=1\,W/m\cdot K$, $\alpha=6\times10^{-7}\,m^2/s$) 위성이 그림자로부터 나타난지 20초가 경과한 후 온도는 얼마인가? 그림자로부터 나타나기 앞서 이 표면은 −20℃의 균일한 온도를 가지고 있었다. 표면에서의 재복사 현상은 없다고 가정하자. 이 문제에 대하여 반무한대 영역모델은 적합한가?

5.43 한 기술자가 100℃의 균일한 온도로 미지의 알루미늄 샘플을 가열하여 그 비열을 알아내고자 한다. 이 때 $h=32\,W/m^2\cdot K$인 20℃의 공기흐름에 금속을 냉각시켰다. 이 기술자는 작은 열전쌍을 가지고 냉각과정 동안 샘플의 온도를 측정하였고, 그 대응시간을 기록하였다. 알려진 표면적, 부피와 알려지지 않은 밀도를 통하여 이 기술자는 총 열용량 모델을 사용하여 샘플의 비열을 계산하였다. 만약 이것이 길이 5 cm, 지름 1 cm의 실린더였다면 120초에서 온도가 63℃일 때 이 물질의 비열은 얼마인가? 단, 알루미늄의 밀도는 $2750\,kg/m^3$이다.

5.44 외과용 레이저는 박리된 망막의 치료에 사용되어 왔다. 망막이 박리된 부분에 직접 초점을 맞추어 펄스를 방출하면 그 부위의 세포와 함께 용화되는 연소반응이 발생하게 된다. 만약 레이저 펄스의 양이 $0.8\,MJ/m^2$라면 1초 후 눈의 표면온도를 계산하라. 눈의 초기온도는 30℃이고 눈세포의 열역학적 성질은 물의 그것과 동일하다고 가정하라.

5.45 커다란 전자샤시의 예열시간을 알고자 한다. 샤시가 5052 알루미늄으로 구성된다고 한다. 만약 총 열용량 모델을 사용하고 5 시간상수로써 워밍업 시간을 정의하면 이 샤시의 워밍업 시간은 얼마인지 계산하라. 부피는 $0.04\,m^3$, 표면적은 $8.5\,m^2$로 가정하고 열전달계수는 $12\,W/m^2\cdot K$로 하라.

5.46 납탄알이 물 속에 용융상태의 납방울을 떨어뜨림으로써 제조된다고 한다. 만일 이 방울이 1.0 mm의 평균지름과 350℃의 초기온도를 가진다고 하면 방울이 21℃에 도달하기까지 소요되는 시간은 얼마인가? 물의 온도는 20℃이고 $h=1250\,W/m^2\cdot K$이며 200℃의 순수납의 물성을 사용하라.

5.47E 채소를 처리하는 공장이 있다. 큰 압력의 조리기에서 작은 입방체 모양의 당근이 담긴 깡통 통조림이 생산된다고 한다. 이 깡통의 길이는 4.25 in이고 지름은 3.0 in이다. 당근의 초기온도는 75°F이고 압축 조리기의 온도는 275°F, 열전달 계수는 $1200\,Btu/h\cdot ft^2\cdot {}^\circ R$이다. 깡통의 중심온도인 205°F를 기본으로 할 때 소요되는 조리시간을 구하라. 깡통내부에는 물 안에 당근이 담겨지기 때문에 열적물성은 각각 같은 무게로 가정하여 당근과 물의 평균으로 한다. 깡통 자체의 열적영향은 무시한다.

5.48E 그림 5·31에 나타내었듯이 고체로켓이 발화되는 동안 노즐로부터 뿜어져 나오는 연기로부터의 복사에 의해 후미 돔(dome)이 가열된다. 발화되는 동안 속에 있는 모터 케이스가 최대허용 온도를 넘어서지 않도록 후미 돔은 단열재로 쌓여 있다. 단열, 모터 케이스, 그리고 추진재의 반무한대 영역모델을 사용하여 발화 80초 후 모터 케이스의 온도가 200°F를 넘지 않도록 하기 위한 후단열재의 두께를 계산하라. 모터 케이스와 고체 추진제

는 코크 단열재와 같은 열적물성을 갖고 있다고 가정하라. 연기로부터의 복사에 의한 열플럭스는 2200 Btu/h · ft^{2}이고 모터의 초기온도는 65°F이다.

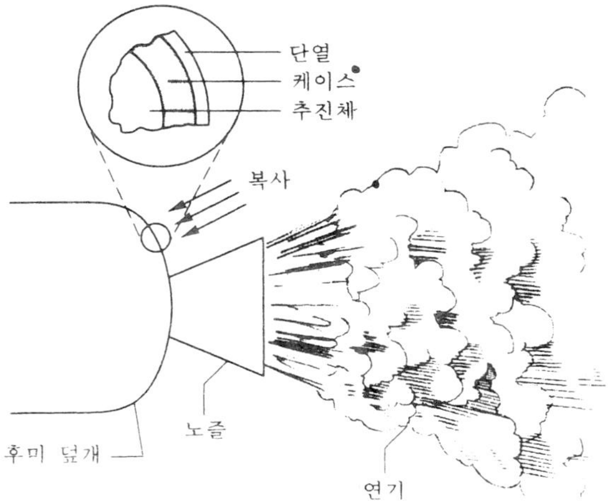

그림 5 · 31

5.49 문제 4.28의 회로기판이 전원을 올리기 전에 25℃의 균일한 온도를 갖고 있다면 2분 후에 집적회로 바로 밑의 기판온도를 구하라. 기판의 열전도도와 열확산도는 각각 165 W/m · K와 6.0×10^{-5} m^2/s이다.

5.50 시체의 사망시간을 예측하기 위해 법의학 전문가가 이 장에서 다루었던 비정상 상태 전도개념이 기본이 되는 방법을 채택하였다. 성인을 길이와 지름이 각각 6 ft와 1 ft인 실린더로서 가정한다. 죽음에 이르는 시간의 체온은 98.6°F이다. 주위공기의 온도는 70°F이고 열전달 계수는 2.0 Btu/h · ft^2 · °R이다. 몸의 중심온도가 82°F였다면 이 사람이 죽은지 얼마나 흘렀겠는가? 몸의 열적물성은 70°F의 물과 같다고 가정하라.

6 대류의 원리

6.1 서 론

대류의 간단한 개요는 1장에 나타내었다. 그 후에는 어떻게 열전달 계수가 결정되었는가에 대한 언급 없이 대류가 전도문제의 경계조건으로 사용되었다. 이 장의 목적은 기초가 되는 대류의 기본이 되는 이론적인 원리를 제시하고자 하는 것이다. 여기서 다루어진 것은 7, 8 그리고 9장에서 다루어질 좀더 실제적인 대류에 대한 서론이 된다. 다음 세 장의 목적은 여러 가지 다양한 상황에 대한 열전달 계수를 계산하는 방법을 제시하는 것이다.

1장에서 설명한 바와 같이 대류는 고체표면과 그 위를 흐르는 유체 사이에 전달되는 열에너지의 메커니즘이다. 대류에 의한 열전달은 뉴턴의 냉각법칙을 이용하여 결정된다.

$$\dot{Q} = hA(T_w - T_\infty) \tag{6·1}$$

뉴턴의 냉각법칙은 열전달 계수 h가 알려져 있는 경우 바로 적용할 수 있다. 어려운 점은 열전달 계수는 여러 인자, 즉 유체의 형태, 흐름조건(층류 혹은 난류), 유속 그리고 표면의 기하학적 구조 등의 함수란 점이다. 다음에 살펴보겠지만 대류의 기본은 유체역학과 긴밀히 관련되어 있다.

대류는 기본적으로 강제대류(forced convection)와 자연대류(natural convection)로 구분이 된다. 강제대류는 유체가 팬(fan)이나 펌프와 같은 기계적인 장치를 통하여 고체표면을 흐르는 경우이다. 일반적으로 강제대류는 자연대류에 비해 더 높은 열전달 계수를 나타낸다. 대류는 유체가 고체 위를 흐르느냐 또는 관이나 도관 속을 흐르느냐에 따라 좀더 세분할 수 있다. 이러한 두 가지 경우는 각각 외부(external) 또는 내부(internal)대류에 해당한다. 외부대류는 7장, 내부대류는 8장에서 다루며, 자연대류는 9장에서 다룬다.

6.2 유체점도

대류와 유체역학 사이의 긴밀한 관계가 있으므로 먼저 유체의 중요한 물성인 점도에 대해 간략하게 설명한다. 점도(viscosity)는 흐름에 대한 유체저항의 척도이다. 일반적으로 물은 쉽게 저장조에서 쏟아지는 반면, 점도가 큰 유체인 자동차용 기름은 좀더 천천히 흐르는 것을 알고 있다. 글리세린이나 기어오일과 같은 액체는 매우 큰 점도를 갖고 있어 자동차용 기름보다 더욱 천천히 흐른다. 기체를 포함한 모든 유체는 점도를 가지고 있으며 기체의 점도는 액체보다 매우 낮다.

점도의 수학적인 설명은 그림 6·1에 나타낸 상태를 고려함으로써 얻을 수 있다. 유체가 고정된 판과 일정한 속도 u로 움직이는 두 평행한 판 속에 있다. 표면과 직접 접촉하고 있는 유체는 판에 고정되어 있으므로, 바닥판과 접촉하고 있는 유체는 속도가 0이며, 위판과 접촉하고 있는 유체의 유속은 u이다. 유체의 유속은 바닥판의 유속 0과 위판의 유속 u 사이에서 선형적으로 변하며, 속도구배(velocity gradient)가 생긴다. 속도구배는 높은 유속영역에서 낮은 유속영역으로, 이 경우는 위판에서 밑의 판으로, 모멘텀(momentum)의 교환을 유발시킨다. 이 모멘텀 전달은 유체 내에서 유체의 흐름방향과 평행하게 작용하는 전단응력(shear stress)으로서 나타나게 된다. 전단응력는 비행기 날개, 선체 또는 터빈의 날개와 같은 표면에서 마찰항력(frictional drag forces)을 유발한다. 유체 내의 전단응력 τ는 속도구배에 직접적으로 비례하며, 수학적으로 뉴턴의 점도법칙으로 나타낼 수 있다.

$$\tau = \mu \frac{du}{dy} \tag{6 · 2}$$

여기서 μ는 유체의 동력학 점도(dynamic viscosity)이며 du/dy는 속도구배

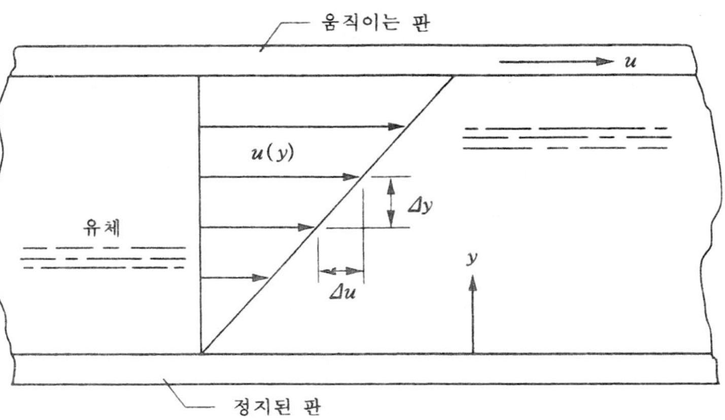

그림 6·1 정지된 판과 움직이고 있는 판 사이의 유체에서 생성된 속도구배

이다. 그림 6·1에 나타낸 특정상태에 대한 속도구배 du/dy는 차이의 비, $\Delta u/\Delta y$로 대치할 수 있다.

전단응력은 압력과 같은 단위를 갖는다. SI 단위로 표현된 전단응력 단위는 N/m^2로서 파스칼(Pa)로 정의되며 동력학 점도는 kg/m·s로 표현되고, 이는 $N \cdot s/m^2$ 또는 Pa·s와 같다. 영국식 단위에서의 전단응력 단위는 lb/ft^2이며 동력학 점도는 $lb_m/ft \cdot h$이다. 뉴턴의 점도법칙은 유체의 작은 요소(element)의 각도변형 비율에 선형적으로 비례한다. 따라서, 이러한 선형관계에 따르는 유체를 뉴턴유체(Newtonian fluid)라 한다.

점도에 의한 전단응력은 유체 내의 관성력(inertia force)에 의해 저항을 받는다. 관성력에 대한 점성력(viscosity force)의 비율로 정의되는 중요한 유체의 물성이 동점도(kinematic viscosity)이다. 동점도 ν는 다음과 같이 정의된다.

$$\nu = \frac{\mu}{\rho} \tag{6·3}$$

여기서 ρ는 유체의 밀도이다. SI 단위로 나타낸 동점도 단위는 m^2/s이고 영국식 단위로는 ft^2/h이다.

동력학 점도가 온도의 함수라는 것을 인지하는 것이 매우 중요하다. 액체에 있어서 동력학 점도는 온도가 상승함에 따라 매우 크게 감소한다. 그러나 기체의 경우는 온도상승에 따라 조금씩 증가한다. 액체의 동점도는 근본적으로 동력학 점도와 같이 거동하게 되는데, 이는 액체의 밀도가 온도에 따라서 거의 변화하지 않기 때문이다. 그러나 기체의 동점도는 온도가 증가함에 따라 매우 크게 증가하는데, 이는 기체의 밀도가 온도가 증가함에 따라 급격히 감소하기 때문이다. 일반적인 액체와 기체의 동력학 점도와 동점도를 부록 E와 F에 각각 나타내었다. 점도에 대한 좀더 자세한 정보를 위해서는 참고문헌 [1]과 [2]를 참조하라.

예제 6.1 1.4 mm의 간격을 두고 평행하게 놓여져 있는 두 개의 큰 판 사이에 글리세린이 채워져 있다. 한쪽 판은 정지되어 있으며 다른 한쪽은 첫번째 판과 평행하게 2 m/s의 속도로 움직인다. 만약 글리세린의 동력학 점도가 1.49 kg/m·s라면 전단응력은 얼마인가?

풀이 한쪽 판이 정지되어 있으며 나머지 한 판은 2 m/s의 속도로 움직인다. 판 사이의 거리는 1.4 mm이다. 그러므로 속도구배는

$$\frac{du}{dy} = \frac{\Delta u}{\Delta y} = \frac{2\ \text{m/s}}{0.0014\ \text{m}} = 1429\ \text{s}^{-1}$$

뉴턴의 점도법칙, 식 (6·2)를 사용하면 전단응력은

$$\tau = \mu\left(\frac{\Delta u}{\Delta y}\right) = (1.49\ \text{kg/m·s})(1429\ \text{s}^{-1}) = 2129\ \text{kg/m·s}^2$$

$= 2129\ \mathrm{N/m^2} = 2.129\ \mathrm{kPa}$

6.3 속도 경계층

그림 6·2에 나타낸 것과 같은 평행한 표면 위를 흐르는 유체를 고려해 보자. 속도에 대해 고찰했던 바로부터 표면과 접해 있는 유체입자는 표면에 붙어 있어 표면에 대한 상대속도는 0이다. 이 유체입자는 인접해 있는 유체층의 입자흐름을 방해하며 이런 식으로 표면과의 일정거리에 이른다. 인접한 유체층의 감소효과는 점점 상실되어 무시할 수 있을 정도가 된다. 이러한 점에서 유속은 일정한 값에 도달하게 되며, 이를 자유흐름 속도(free stream velocity) U_∞라 한다. 속도가 0으로부터 자유흐름 속도로 증가하게 되는 표면근처의 영역을 속도 경계층(velocity boundary layer) 또는 경계층(boundary layer)이라고 부른다. 속도는 경계층의 바깥 끝에서 매우 조금씩 자유흐름 값에 접근하게 되기 때문에 다소 임의적인 수학적 정의가 경계층에 대해 주어진다. 이러한 정의에 의해서 경계층은 다음의 관계를 만족시키는 유속 u에 의해 정의된다.

$$\frac{u}{U_\infty} < 0.99 \tag{6·4}$$

그러므로 경계층은 유속이 0부터 자유흐름 유속의 99%에 이르는 표면근처의 영역이다. 경계층 바깥에서의 흐름은 일정한 유속 U_∞을 갖는다고 생각한다.

경계층 두께와 흐름의 조건은 흐름방향으로의 거리에 따라 변한다. 이러한 사실을 그림으로 나타낸 것이 그림 6·3이다. 평평한 표면의 선단(leading edge)에 원점, 즉 $x=0$이 되는 점을 정한다. 경계층 두께는 이 원점에서 0이며 x가

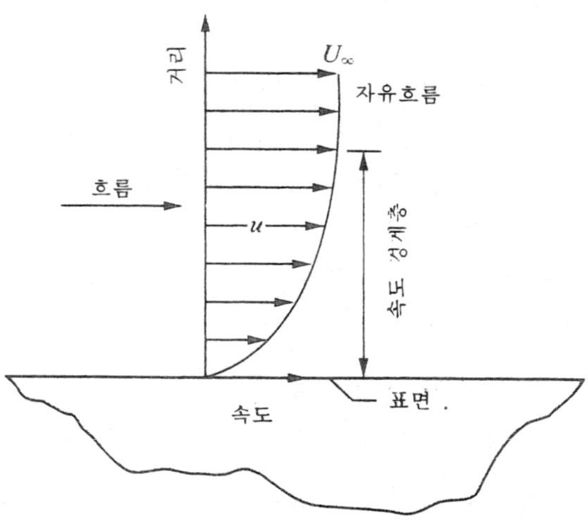

그림 6·2 유체가 표면 위를 흐를 때 대류에 의한 열전달에 영향을 미치는 속도 경계층이 만들어진다.

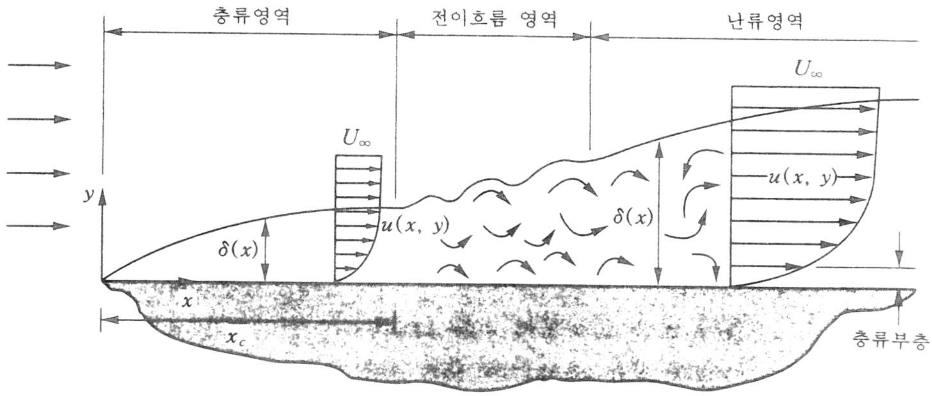

그림 6·3 평평한 판 위를 흐르는 유체의 흐름은 층류조건에서 난류조건으로 전개된다.

증가함에 따라 점차 증가한다. 선단, 인접층 또는 층류의 유체는 부드럽고 순차적인 순서로 흐름방향으로 미끄러져 간다. 이러한 흐름형태를 층류(laminar flow)라 한다. 층류영역에서는 속도 프로파일이 명확한 형태를 갖으며 경계층 두께 $\delta(x)$는 예측 가능한 비율로 증가한다. 표면을 따라 임계거리 x_c에 도달하면 유체 내에서 층류를 파괴하는 작은 불안정이 시작되어 전이흐름(transitional flow) 형태가 된다. 전이흐름 영역은 작고 층류에 덧붙여진 작고 불규칙한 유속의 변동으로 특징지을 수 있다. 표면을 따라 더 흘러감에 따라 작고 불규칙한 속도의 변동이 점점 더 중요하게 되어 난류(turbulent flow)가 시작된다. 난류는 상대적으로 큰 불규칙한 유속의 변동으로 특징지워지는데, 이 때 경계층 두께 $\delta(x)$는 매우 크게 증가한다. 그림 6·3에 나타내었듯이 난류에 대한 속도 프로파일은 층류에 대한 속도 프로파일과 다른 형태를 나타낸다. 그러나 표면근처에는 근본적으로 층류의 특성을 나타내는 **층류부층**(laminar sublayer)이라는 매우 얇은 층이 형성된다.

그림 6·1에 나타낸 바와 같이 속도구배가 경계층 내에서 존재하게 되며 높은 유속의 영역에서 낮은 유속의 영역으로 모멘텀의 교환이 발생한다. 그러므로 표면에서 전단응력이 생성된다. 경계층의 바깥, 즉 자유흐름에서는 속도구배가 없으며 전단응력 또한 존재하지 않는다. 경계층 두께 δ가 x에 따라 증가함에 따라 경계층은 표면으로부터 바깥쪽으로 확대되어 표면에 수직방향으로 작은 속도요소(velocity component), $\nu = u(y)$가 생겨난다. 이로부터 경계층 내에서 속도는 x와 y의 두 방향의 함수가 되는데, 그림 6·3에 $u(x, y)$로 표현되어 있다.

레이놀즈 수

경계층 내에서의 유체의 거동은 레이놀즈 수(Reynolds number)라 불리는 무차원 매개변수를 이용해 적절히 나타낼 수 있다. 평평한 표면 위의 흐름에 대한 레이놀즈 수 Re_x는 다음과 같이 정의된다.

$$Re_x = \frac{U_\infty x}{\nu} \tag{6 · 5}$$

여기서 U_∞는 자유흐름 속도이며, x는 표면의 선단으로부터의 거리이고, $\nu = \mu/\rho$는 유체의 동점도이다. 레이놀즈 수는 유체역학과 열전달에서 사용되는 여러 무차원 매개변수 중의 하나이다. 물리적으로 레이놀즈 수는 경계층 내에서 점성력에 대한 관성력의 비를 나타낸다. 레이놀즈 수가 크다는 것은 관성력이 지배적이라는 것을 의미하며 작은 레이놀즈 수는 점성력이 우세하다는 것을 의미한다. 식 (6 · 5)의 Re_x 중 아래첨자 x는 특성길이(characteristic length)를 의미하는데, 평평한 표면 위의 흐름에 대한 레이놀즈 수가 선단으로부터 거리에 근거하고 있음을 상기시켜 준다.

레이놀즈 수가 약 5×10^5일 때 전이흐름이 일어나게 된다는 것이 실험적으로 결정되었다. 완전발달 난류는 레이놀즈 수가 이 값의 두 배 정도일 때 관측된다. 그러므로 평평한 표면 위의 흐름에 대한 레이놀즈 수는 다음과 같이 요약된다.

흐름	
층류	$Re_x \leq 5 \times 10^5$
전이흐름	$5 \times 10^5 < Re_x < 10^6$
난류	$Re_x \geq 10^6$

이 레이놀즈 수의 범위는 대략적이다. 이 값은 표면의 조건이나 자유흐름 유속의 변동크기에 의해 같은 크기 정도로 바뀔 수 있다. 게다가 이러한 범위는 평평한 표면에서만 적용된다. 여러 다른 형태의 표면에 대한 층류와 난류에 레이놀즈 수는 다음에 정의한다.

층류 경계층

그림 6 · 3에 나타낸 바와 같이 경계층의 두께는 표면 위의 선단으로부터 거리 x의 함수이다. 경계층 두께 δ는 무차원 형태로 표현되는데, 평평한 표면 위의 층류에 대해서는 다음과 같은 관계식으로 나타난다.

$$\frac{\delta}{x} = \frac{5.0}{\sqrt{Re_x}} \tag{6 · 6}$$

여기서 레이놀즈 수 Re_x는 식 (6 · 5)에 의해 주어진다. 이전에도 나타내었듯이 경계층 두께 δ가 x에 비례하여 증가한다는 것이 식 (6 · 6)에서 분명히 나타

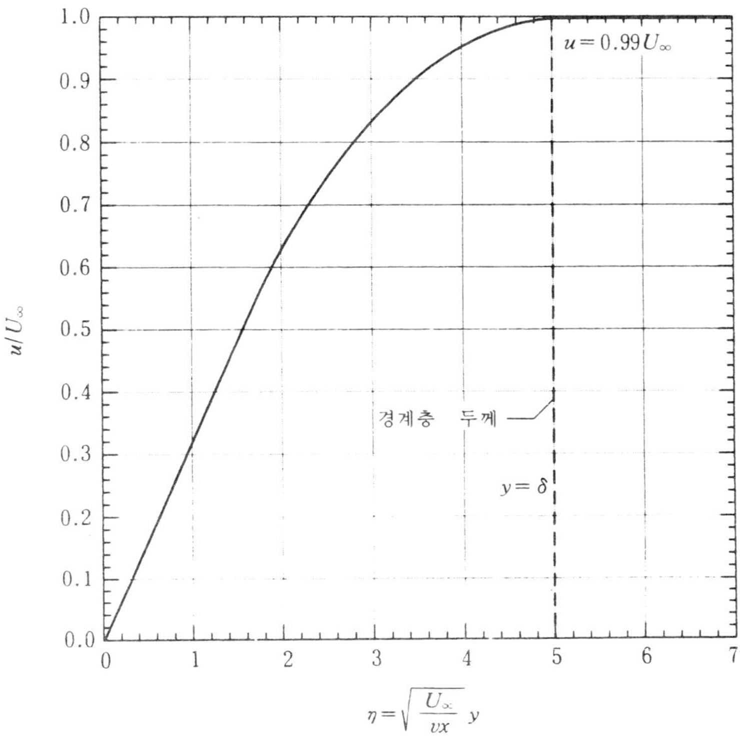

그림 6 · 4 층류 경계층 두께는 자유흐름 속도 U_∞의 99%보다 적은 속도로 정의된다.

난다. 또한, 주어진 x에서 경계층은 유체의 동점도가 큰 경우 두꺼워진다. 한편, 경계층은 자유흐름 유속에서 더 얇아진다.

식 (6 · 6)은 층류 경계층에 대한 모멘텀 방정식을 풀어 얻어진다.

$$u\frac{\partial u}{\partial x} + \nu\frac{\partial u}{\partial y} = \nu\frac{\partial^2 u}{\partial y^2} \qquad (6 \cdot 7)$$

여기서 경계층 조건은

$$u(x,\ 0) = 0, \quad u(x,\ \infty) = U_\infty, \quad \nu(x,\ 0) = 0 \qquad (6 \cdot 8)$$

Blasius[3]에 의해 처음으로 구해진 식 (6 · 7)과 식 (6 · 8)의 해는 무차원 속도 변수 u/U_∞를 무차원 변수 η에 대한 함수로서 구해져 그림 6 · 4에 그래프 형태로 나타내었다. 주목할 점은 식 (6 · 6)에서 나타난 상수와 같은 값인 $\eta=5.0$에서 속도 u가 자유흐름 속도의 99%에 도달한다는 것이다. 경계층 이론에 대한 완전한 내용은 Schlichting[4]를 참조하라.

예제 6.2 27℃, 1기압 상태의 공기가 평평한 표면 위를 1.2 m/s의 유속으로 흐르고 있다. 선단으로부터 30 cm와 60 cm의 거리에서 (a) 레이놀즈 수, (b) 경계층 두께, (c)

경계층 두께의 절반인 $y=\delta/2$ 에서의 유속 u를 구하라.

풀이 (a) 레이놀즈 수를 계산하기 위하여 식 (6 · 5)를 이용한다. 27℃, 1기압에서 공기의 동점도는 부록 F에 주어져 있다.

$$\nu=15.89\times10^{-6}\ \mathrm{m^2/s}$$

이는 $\nu\times10^{-6}=15.89$ 로 나타난 값을 풀이하여 나타낸 것임을 유의하라. 그러므로 10^{-6}을 곱하여 $\nu=15.89\times10^{-6}\ \mathrm{m^2/s}$가 얻어진다.

레이놀즈 수는 다음과 같이 계산된다.

$$x=30\ \mathrm{cm}: \qquad Re_x=\frac{U_\infty x}{\nu}=\frac{(1.2\ \mathrm{m/s})(0.30\ \mathrm{m})}{15.89\times10^{-6}\ \mathrm{m^2/s}}=22\,656$$

$$x=60\ \mathrm{cm}: \qquad Re_x=\frac{(1.2\ \mathrm{m/s})(0.60\ \mathrm{m})}{15.89\times10^{-6}\ \mathrm{m^2/s}}=45\,312$$

두 경우 모두 레이놀즈 수는 5×10^5보다 작다. 그러므로 $x=30$ cm와 $x=60$ cm에서의 흐름은 층류라는 결론이 얻어진다.

(b) 경계층 두께 δ는 식 (6 · 6)을 이용하여 계산된다.

$$x=30\ \mathrm{cm}: \qquad \delta=\frac{5.0x}{\sqrt{Re_x}}=\frac{5.0(0.30\ \mathrm{m})}{\sqrt{22\,656}}=0.009\,97\ \mathrm{m}=9.97\ \mathrm{mm}$$

$$x=60\ \mathrm{cm}: \qquad \delta=\frac{5.0(0.60\ \mathrm{m})}{\sqrt{45\,312}}=0.014\,09\ \mathrm{m}=14.09\ \mathrm{mm}$$

(c) 경계층 두께의 반인 $y=\delta/2$ 에서의 유속 u는 그림 6 · 4를 이용하여 얻어진다.

$$\eta=\sqrt{\frac{U_\infty}{\nu x}}\,y=\sqrt{\frac{U_\infty}{\nu x}}\,\frac{\delta}{2}$$

$$x=30\ \mathrm{cm}: \qquad \eta=\left[\frac{1.2\ \mathrm{m/s}}{(15.89\times10^{-6}\ \mathrm{m^2/s}(0.30\ \mathrm{m})}\right]^{1/2}\frac{0.009\,97\ \mathrm{m}}{2}=2.50$$

그러므로 그림 6 · 4로부터

$$\frac{u}{U_\infty}\approx0.75$$

그러므로

$$u=0.75U_\infty=0.75(1.2\ \mathrm{m/s})=0.90\ \mathrm{m/s}$$

$$x=60\ \mathrm{cm}: \qquad \eta=\left[\frac{1.2\ \mathrm{m/s}}{(15.89\times10^{-6}\ \mathrm{m^2/s}(0.60\ \mathrm{m})}\right]^{1/2}\frac{0.014\,09\ \mathrm{m}}{2}=2.50$$

그림 6 · 4로부터 같은 유속

$$u=0.90\ \mathrm{m/s}$$

가 얻어진다.

무차원 변수 η의 정의에 의해 두 지점에서의 $y=\delta/2$ 에서의 유속 u는 같다. 매개변수 η는 유사변수(similarity variable)로 불리며, 층류유속 프로파일이 표면의 선단으로부터 거리 x인 모든 지점에서 같은 형태를 갖는다는 것을 반영한다.

그러므로 속도 u는 경계층 두께 δ의 주어진 분율값을 갖는 모든 하류지점에서 같다. ■

6.4 열경계층

마지막 절에서 속도 경계층을 점도가 속도구배를 유도시키는 표면근처의 영역으로서 정의했다. 이와 유사하게, 열경계층(thermal boundary layer)은 온도구배가 존재하는 표면근처의 영역으로서 정의된다. 그림 6·5와 같이 평평한 표면 위의 유체흐름을 고려해 보자. 선단에서 유체의 온도는 T_∞이며 유체입자가 온도 T_w인 벽과 접촉함으로써 표면과 열적평형에 도달한다. 이러한 유체입자는 근접하는 유체층 내의 유체입자와 열에너지를 나누게 되며 표면으로부터의 거리가 증가하며 같은 형상이 나타난다. 연속된 유체층 사이의 열에너지 전달은 표면으로부터의 거리가 증가할수록 점차 감소하여 결국은 무시할 수 있을 정도가 된다. 이 지점에서 유체의 온도는 자유흐름 온도 T_∞와 같게 된다. 유체의 온도가 열경계층의 바깥 경계에서 자유흐름 값에 아주 천천히 근접하기 때문에 속도 경계층에 대해서 주어졌던 똑같은 수학적 정의가 열경계층에서도 얻어진다. 열경계층은 다음의 조건을 만족시키는 유체의 온도 T로 정의된다.

$$\frac{T_w - T}{T_w - T_\infty} < 0.99 \tag{6·9}$$

속도 경계층 두께 δ가 x에 비례하여 증가하는 것과 같이 δ_t로 나타낸 열경계층 두께도 x에 비례하여 증가한다. 이는 표면의 선단으로부터 거리가 증가함에 따라 대류효과가 자유흐름 속으로 더 멀리 침투하는 것을 의미한다.

표면에서, 표면으로부터 유체로의 열에너지 전달은 단순히 전도에 의한 것이다. 이 때 $y=0$에서 $u=0$이기 때문이다. 그러므로 유체입자의 벌크(bulk)유동에 의한 열전달은 제외된다. 표면에서 국부 열플럭스(local heat flux) q_x는 푸리에 법칙으로 표현될 수 있다.

$$q_x = -k_f \left.\frac{dT}{dy}\right|_{y=0} \tag{6·10}$$

여기서 k_f는 유체의 열전도도이다. 표면에서 전도에 의해 전달되는 열에너지는 대류에 의한 자유흐름으로의 전달되는 열에너지와 같아야 한다. 그러므로 열플럭스 q_x는 다음과 같은 뉴턴의 냉각법칙을 이용하여 표현될 수 있다.

$$q_x = h_x(T_w - T_\infty) \tag{6·11}$$

여기서 h_x는 국부 열전달 계수이다. 식 (6·10)과 식 (6·11) 그리고 열전달 계수 h_x를 조합하면

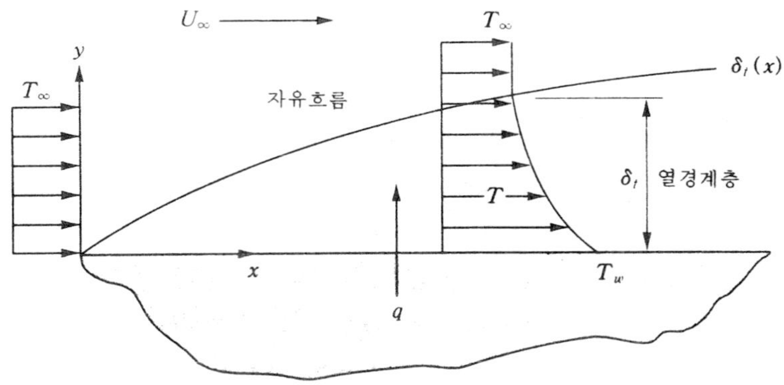

그림 6·5 차가운 유체가 뜨거운 표면 위를 흐를 때 열경계층이 만들어진다.

$$h_x = \frac{-k_f \left.\dfrac{dT}{dy}\right|_{y=0}}{T_w - T_\infty} \tag{6·12}$$

식 (6·12)는 열전달 계수에 대해 정의된 관계식이다. 국부 열플럭스와 국부 열전달 계수가 여기에 쓰인 이유는 이들 변수가 표면의 선단으로부터의 거리 x의 함수이기 때문이다. 주어진 유체의 열전도도 k_f와 표면에서 자유흐름의 온도구배 $(T_w - T_\infty)$에 대해 열전달 계수는 오직 표면에서의 온도구배에 의존한다는 것을 알 수 있다. k_f와 $(T_w - T_\infty)$는 상수이며 δ_t는 x에 비례하여 증가하기 때문에 온도구배 $dT/dy|_{y=0}$는 x에 따라 감소해야만 한다. 결국 열전달 계수 x가 증가함에 따라서 감소한다(단, 열플럭스도 마찬가지이다). 평평한 판에서의 외부강제 대류에 대한 특정수식은 7장에 나타낸다.

누셀트 수

속도 경계층의 특성을 기술함에 있어 레이놀즈 수의 중요성에 대해 검토해 보았다. 누셀트 수(Nusselt number)라 불리는 또 다른 무차원 매개변수는 열경계층에서 이와 똑같은 중요성을 갖는데, 이는 표면에서 대류에 의한 열전달의 척도이기 때문이다. 평탄한 표면 위의 흐름에 대한 국부 누셀트 수 Nu_x는 다음과 같이 정의된다.

$$Nu_x = \frac{h_x x}{k_f} \tag{6·13}$$

누셀트 수의 물리적인 의미는 표면에서의 무차원 온도구배이다. 누셀트 수가 크다는 것은 표면에서 온도구배가 크다는 것이며, 이에 따라 대류에 의한 열전달이 크다는 것을 의미한다. 레이놀즈 수 Re_x에 따라 식 (6·13)의 Nu_x에서 아래첨자 x는 평평한 표면에 대한 특성길이를 의미한다.

유체의 모든 열적물성은 온도의 함수임을 생각해보자. 그러나 속도와 열경계층의 해석은 일정한 유체물성을 가정하고 있다. 만약 표면과 자유흐름 온도 사이의 차이가 중요하다면 유체의 물성은 표면과 자유흐름 온도의 산술적인 평균으로 정의되는 경막온도(film temperature) T_f에서 평가되어야 한다.

$$T_f = \frac{T_w + T_\infty}{2} \tag{6 · 14}$$

이 간편한 평균적 방법을 이용하여 대부분의 대류문제에 대해 충분히 정확한 해를 얻을 수 있다.

누셀트 수 Nu_x는 4장과 5장에서 설명한 바이오트 수 Bi와 매우 유사한 형태임을 알 수 있을 것이다. 이 두 무차원 매개변수의 차이는 바이오트 수에서 사용된 열전도도는 고체에 대한 것인 반면 누셀트 수에서는 유체에 대한 열전도도를 사용한다. 바이오트 수는 경계층에서 제공된 대류저항에 대한 고체의 전도저항의 비이다. 반면 누셀트 수는 고체 자체와는 관계없이 고체의 표면에서 온도구배의 크기를 반영한다.

예제 6.3 온도 40℃인 물이 표면의 온도가 115℃로 고정된 고체의 표면 위를 흐르고 있다. 만약 주어진 x에 대해 고체표면에서의 온도구배가 30℃/mm라면 국부 열전달 계수와 열플럭스는 얼마인가?

풀이 국부 열전달 계수는 식 (6 · 12)에 의해서 다음과 같이 정의된다.

$$h_x = \frac{-k_f \left.\dfrac{dT}{dy}\right|_{y=0}}{T_w - T_\infty}$$

여기서 h_x의 아래첨자 x는 판의 선단으로부터의 거리 x에서의 국부적인 값임을 나타낸다. 벽과 자유흐름 온도는

$$T_w = 115℃, \quad T_\infty = 40℃$$

이고 표면에서 온도구배는

$$\left.\frac{dT}{dy}\right|_{y=0} = -30℃/\text{mm} = -3\times 10^{-4}\ ℃/\text{m} = -3\times 10^{4}\ \text{K/m}$$

이다. dT/dy가 음수인 것은 그림 6 · 5에 나타낸 바와 같이 온도구배가 뜨거운 표면이 차가운 유체에 노출되어 음수임을 나타낸다. 음수인 h는 무의미하기 때문에 h가 양수값이 되기 위해서 음의 온도구배가 필요함을 인식하여야 한다. 경막온도는 다음과 같다.

$$T_f = \frac{T_w + T_\infty}{2} = \frac{(115+40)℃}{2} = 77.5℃ = 351\ \text{K}$$

부록 E로부터 경막온도에서 물의 열전도도는

$$k_f = 0.668\ \text{W/m}\cdot\text{K}$$

이다. 그러므로 국부 열전달 계수 h_x는

$$h_x = \frac{-(0.668\ \mathrm{W/m\cdot K})(-3\times10^4\ \mathrm{K/m})}{(115-40)\ \mathrm{K}} = 267\ \mathrm{W/m^2\cdot K}$$

이다. 이 열전달 계수를 뉴턴의 냉각법칙에 대입하면 국부 열플럭스는 다음과 같다.

$$q_x = h_x(T_w - T_\infty)$$

$$= (267\ \mathrm{W/m^2\cdot K})(115-40)\ \mathrm{K} = 2.03\times10^4\ \mathrm{W/m^2} = 20.3\ \mathrm{kW/m^2}$$

프란틀 수

모멘텀 식과 식 (6·7)과 식 (6·8)에 제시된 이와 관련된 경계층 조건은 층류 경계층 내에서 모멘텀의 전달에 대한 지배적인 관계식이다. 이와 유사하게 층류 경계층 내에 대한 에너지식(energy equation)은

$$u\frac{\partial T}{\partial x} + \nu\frac{\partial T}{\partial y} = \alpha\frac{\partial^2 T}{\partial y^2} \tag{6·15}$$

이며, 이와 관련된 경계조건인

$$T(x,\ 0) = T_w, \quad T(x,\ \infty) = T_\infty \tag{6·16}$$

는 층류 경계층 내에서 열에너지의 전달을 지배하는 관계식이다. 식 (6·7)과 식 (6·15)에 제시된 모멘텀과 열에너지 식간에 유사성에 대해 주목하자. 사실 이 두 식에 대한 해는 $\alpha = \nu$일 때, 즉 열확산도 α가 동점도 ν와 같을 때 같은 형태를 갖고 있다. 이 두 물성의 비를 프란틀 수(Prandtl number) Pr로 정의한다.

$$Pr = \frac{\nu}{\alpha} \tag{6·17}$$

프란틀 수의 물리적 의미는 층류 경계층에서 모멘텀이 전달되는 비율에 대해 열에너지가 전달되는 비율이다. 그러므로 프란틀 수의 크기는 유속과 열경계층이 성장하는 상대적인 비율을 나타낸다. 그림 6·6에 나타낸 바와 같이 프란틀 수가 1보다 크다는 것은 속도 경계층 성장비율이 열경계층의 그것을 능가하는 것을 의미하며 1보다 작다는 것은 열경계층이 속도 경계층보다 더 빠른 속도로 증가하는 것을 의미한다. 식 (5·9)의 α와 식 (6·3)의 ν의 정의에서 프란틀 수는 다음과 같이 나타낼 수도 있다.

$$Pr = \frac{\mu c_p}{k} \tag{6·18}$$

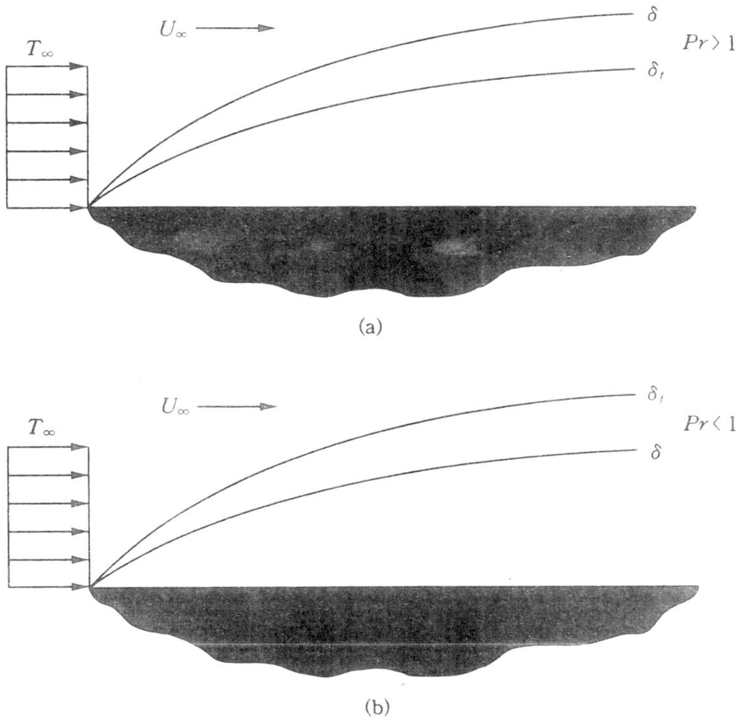

그림 6·6 (a) $Pr > 1$일 때는 속도 경계층이 빨리 성장하나 (b) $Pr < 1$일 때는 열경계층이 더 빨리 성장한다.

여기서 μ, c_p 그리고 k는 각각 동력학 점도, 정압에서 비열용량 그리고 유체의 열전도도를 의미한다.

기체에 대한 프란틀 수는 대략 1이다. 일반적인 액체에 대한 프란틀 수는 일반적으로 1보다 크며 온도에 따라 상당히 크게 변화한다. 이는 동점도가 온도에 상 상당히 크게 의존하기 때문이다. 수은과 같은 액체금속은 높은 열전도도로 인해 낮은 프란틀 수를 갖는다. 몇몇 액체와 기체에 대한 프란틀 수를 온도의 함수로서 부록 E와 F에 나타내었다.

6.5 유체마찰과 열전달 유사성

모멘텀과 에너지식의 유사성은 표면근처에서의 속도과 온도구배는 관련이 있다는 것을 증명한다. 표면에서의 전단응력과 대류에 의한 열전달은 각각 속도와 온도구배의 함수이기 때문에 유체마찰과 대류에 의한 열전달 사이에는 관계가 있다고 추측한다. 그러한 관계는 전단응력로부터 대류에 의한 열전달 속도를 결정하거나 혹은 그와 반대의 경우에 적용할 수 있다는 점에서 도움이 된다.

표면에서의 전단응력은 마찰계수(friction coefficient) C_f라 불리는 무차원 매개변수에 의해 정의될 수 있다.

$$C_f = \frac{\tau_w}{\rho U_\infty^2/2} \tag{6·19}$$

여기서 표면에서의 전단응력 τ_w는 다음과 같이 나타낼 수 있다.

$$\tau_w = \mu \frac{du}{dy}\bigg|_{y=0} \tag{6·20}$$

식 (6·19)와 식 (6·20)을 조합하면 다음 식이 얻어진다.

$$\frac{C_f}{2}\frac{\rho U_\infty^2}{\mu} = \frac{du}{dy}\bigg|_{y=0} \tag{6·21}$$

무차원 길이와 무차원 속도를 다음과 같이 정의한다.

$$y^* = \frac{y}{x}, \qquad u^* = \frac{u}{U_\infty}$$

무차원 매개변수를 식 (6·21)에 대입하면 식 (6·22)가 얻어진다.

$$\frac{C_{f_x}}{2} Re_x = \frac{du^*}{dy^*}\bigg|_{y^*=0} \tag{6·22}$$

여기서 국부 레이놀즈 수 Re_x는 식 (6·5)에 주어져 있다. 아래첨자 x는 C_f에 더해져 국부 레이놀즈 수에 대응하는 국부 마찰계수를 나타낸다. 식 (6·22)의 유도는 문제 6.27에 남겨놓았다. 경계층에 대한 모멘텀과 에너지식에 대한 해는 $\alpha = \nu$일 때, 즉 $Pr = 1$일 때 같은 형태를 갖는다. 그러므로 식 (6·22)의 무차원 속도구배 du^*/dy^*는 무차원 온도구배로 대치할 수 있으며, 앞에서 누셀트 수로서 정의된 바 있다.

$$\frac{C_{f_x}}{2} Re_x = Nu_x \tag{6·23}$$

관습적으로 다음과 같이 정의된 스텐톤 수(Stanton number)라 불리는 수정된 누셀트 수에 의해 누셀트 수를 대치하기도 한다.

$$St_x = \frac{h_x}{\rho U_\infty c_p} = \frac{Nu_x}{Re_x Pr} \tag{6·24}$$

그리하여 식 (6·23)은 다음과 같은 형태를 갖는다.

$$\frac{C_{f_x}}{2} = St_x \tag{6·25}$$

식 (6·25)는 레이놀즈 유사성이라 알려져 있다. 이 관계는 속도와 열경계층의 유사성을 연상시킴으로써 유도되기 때문에, 레이놀즈 유사성은 $Pr=1$일 경우에만 정확하다. 이 유사성은 스텐톤 수에 보정인자 $Pr^{2/3}$을 곱하여 확대 적용시킬 수 있다.

$$\frac{C_{f_x}}{2} = St_x Pr^{2/3} = j_H \quad (0.6 < Pr < 60) \qquad (6 \cdot 26)$$

여기서 j_H는 콜번인자(Colburn factor)로 알려져 있다. 식 (6 · 26)은 창시자 콜번(A. P. Colburn)을 기념하여 콜번 유사성이라 불린다. 콜번 유사성은 대류에 의한 열전달이 존재하지 않을 때, 평평한 표면 위에서 마찰에 의한 전단응력을 측정함으로써 열전달 계수를 결정하는 데 사용될 수 있다. 콜번 유사성이 평평한 표면 위의 층류에 대해 유도되었으나 평평한 표면 위의 난류에도 적용이 가능하다.

Kays과 Crawford[6] 그리고 Kakac와 Yener[7]에 대류의 원리에 대해서 포괄적으로 다루어져 있다.

예제 6.4 가로 30 cm, 세로 30 cm인 판 위로 27℃의 물이 판과 평행하게 2.4 m/s로 흐르고 있다. 판의 온도는 80℃로 유지되고 있다. 판에 작용하는 전단력이 0.10 N이라고 할 때 판의 후단(trailing edge)에서 국부 열플럭스를 계산하라.

풀이 먼저 주어진 정보를 써보자. 표면과 자유흐름 온도는

$$T_w = 80℃, \quad T_\infty = 27℃$$

그리고 자유흐름 속도, 전단력 그리고 판의 면적은

$$U_\infty = 2.4\,\text{m/s}, \quad F = 0.10\,\text{N}, \quad A = 0.09\,\text{m}^2$$

이다. 식 (6 · 25)로부터

$$\frac{C_{f_x}}{2} = St_x Pr^{2/3} = \frac{h_x}{\rho U_\infty c_p} Pr^{2/3}$$

그리고 식 (6 · 19)로부터

$$\frac{C_{f_x}}{2} = \frac{\tau_w}{\rho U_\infty^2} = \frac{F}{A \rho U_\infty^2}$$

이 관계식의 오른쪽을 계산하여 h_x에 대해 풀면

$$h_x = \frac{F c_p}{A U_\infty Pr^{2/3}}$$

경막온도는

$$T_f = \frac{T_w + T_\infty}{2} = \frac{(80+27)℃}{2} = 53.5℃ = 327\,\text{K}$$

부록 E로부터 경막온도에서 물에 대한 열용량과 프란틀 수는

$$c_p = 4183\,\text{J/kg} \cdot \text{K}, \quad Pr = 3.31$$

이 값을 식 (a)에 대입하면

$$h_x = \frac{(0.10\ \text{N})(4183\ \text{J/kg}\cdot\text{K})}{(0.09\ \text{m}^2)(2.4\ \text{m/s})(3.31)^{2/3}} = 872\ \text{W/m}^2\cdot\text{K}$$

를 얻는다. 국부 열플럭스는 뉴턴의 냉각법칙을 사용하여 구한다.

$$q_x = h_x(T_w - T_\infty)$$

$$= (872\ \text{W/m}^2\cdot\text{K})[(80-27)\ \text{K}] = 4.62\times 10^4\ \text{W/m}^2 = 46.2\ \text{kW/m}^2$$

6.6 응 용

전자적인 요소를 적절한 온도로 유지하기 위한 가장 보편적인 방법은 공기를 이용하여 냉각하는 것이다. 공기를 이용한 강제냉각은 집적회로와 다른 열을 발산하는 요소를 갖고 있는 인쇄기판 위로 팬이나 송풍기를 이용하여 주위의 공기를 직접 공급하는 것이다. 전형적인 집적회로는 이중정렬 패키지(Dual In-line package : DIP)로 알려져 있다. 예제 3.9를 참조하라. 예제 6.5에서 16 lead DIP에 대한 몇몇 경계층 매개변수를 결정하였다.

예제 6.5 온도 27℃의 대기가 16 lead DIP 위를 2.6 m/s의 속도로 흐른다. DIP 패키지의 길이와 폭은 각각 2.134 cm와 0.787 cm이고 DIP의 표면온도는 45℃이다. 공기가 (a) 평행하게, (b) DIP 길이에 대해 수직방향으로 흐를 때 DIP의 표면 후단에서 레이놀즈 수와 경계층 두께를 계산하라. DIP의 선단으로 도입되는 흐름은 층류라 가정한다. 어느 방향이 DIP를 냉각하는 데 유리할 것인가?

풀이 자유흐름 속도는

$$U_\infty = 2.6\ \text{m/s}$$

그리고 경막온도와 이 때의 공기의 동점도는

$$T_f = \frac{T_w + T_\infty}{2} = \frac{(27+45)}{2}\ ℃ = 36℃ = 309\ \text{K}$$

이다.

$$\nu = 16.80\times 10^{-6}\ \text{m}^2/\text{s}$$

(a) DIP의 길이와 평행한 공기흐름에 대해서는

$$x = 2.134\ \text{cm} = 0.021\,34\ \text{m}$$

따라서, 레이놀즈 수는

$$Re_x = \frac{U_\infty x}{\nu} = \frac{(2.6\ \text{m/s})(0.021\,34\ \text{m})}{16.80\times 10^{-6}\ \text{m}^2/\text{s}} = 3303$$

레이놀즈 수는 5×10^5보다 작으므로 층류이다. DIP의 후단 $x = 2.134$ cm에서 경계층 두께는

$$\delta = \frac{5.0x}{\sqrt{Re_x}} = \frac{5.0(0.021\,34\ \text{m})}{\sqrt{3303}} = 0.001\,86\ \text{m} = 1.86\ \text{mm}$$

(b) DIP의 길이에 수직방향으로의 공기흐름에 대해서는

$$x = 0.787\ \text{cm} = 0.007\,87\ \text{m}$$

따라서, 레이놀즈 수는

$$Re_x = \frac{U_\infty x}{\nu} = \frac{(2.6\ \text{m/s})(0.007\,87\ \text{m})}{16.80 \times 10^{-6}\ \text{m}^2/\text{s}} = 1218$$

다시 레이놀즈 수는 5×10^5보다 작으므로 층류이다.

$x = 0.787$ cm에서 경계층 두께는

$$\delta = \frac{5.0x}{\sqrt{Re_x}} = \frac{5.0(0.007\,87\ \text{m})}{\sqrt{1218}} = 0.001\,13\ \text{m} = 1.13\ \text{mm}$$

선단으로부터의 길이 x에 따라 온도구배가 감소한다는, 즉 열전달 계수 h가 x에 따라 감소한다는 열경계층에 대한 설명을 기억하자. 그러므로 대류에 의한 열전달의 관점으로부터 판단해 보면 공기의 공급방향은 DIP 길이에 수직방향이 유리하다. 왜냐하면 열전달 계수가 더 크기 때문이다. 경계층이 열전달을 방해하는 열저항을 나타내는 것이라는 것 (2.3절)을 기억한다면 같은 결론에 도달하게 된다. 그림 6·7에 나타낸 바와 같이 경계층은 DIP 길이의 수직방향으로 공기가 흐를 때 더 얇다. 그러므로 주어진 힘 손실에 대해서 구성요소의 온도는 더 낮아지게 되며, 따라서 신뢰성은 증가하게 된다. 이 보기를 통해서 공기흐름에 대한 회로기판 위의 구성요소 방향이 전자장치의 열적설계와 관련이 있음을 알 수 있다.

그림 6·7 이중정렬 패키지상의 속도 경계층

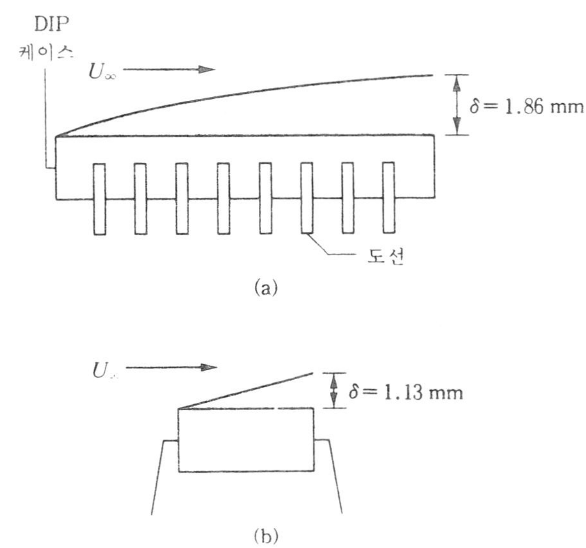

신형어뢰는 항공기, 배 그리고 잠수함으로부터 발사될 수 있도록 시가(cigar)형태를 하고 있으며 자가 추진력을 가진 물 속 발사체이다. 그림 6·8에 나타낸 바와 같이 어뢰는 4가지 주요장치로 구성되어 있으며, 앞부분으로부터 탄두, 연료부분, 후부동체 그리고 꼬리부분의 순서로 구성되어 있다. 전기적 어뢰의 연료부분은 전지를 포함하고 있어 추진과 항법 시스템 등의 탑제된 전기장치를 위한 전기적 힘을 제공한다. 조준된 목표물로 항해를 하는 동안 어뢰는 어뢰표면으로부터 대류에 의해 주위의 바다로 배제되는 전기 에너지를 잃게 된다. 어뢰의 표면온도는 총 전기적 손실 및 이 장에서 다루었던 경계층 매개변수의 함수이다. 예제 6. 6에 마찰 전단력 자료를 이용하여 어뢰의 표면온도를 예측하였다.

예제 6.6 그림 6·8과 같은 어뢰가 온도 10℃의 바닷물 속에서 30노트의 속력을 낼 때 45 N의 마찰 전단력을 나타내었다. 어뢰 내에 전기적 구성요소가 10 kW의 전력을 소모한다고 할 때 어뢰의 표면온도를 구하라.

그림 6·8 어뢰

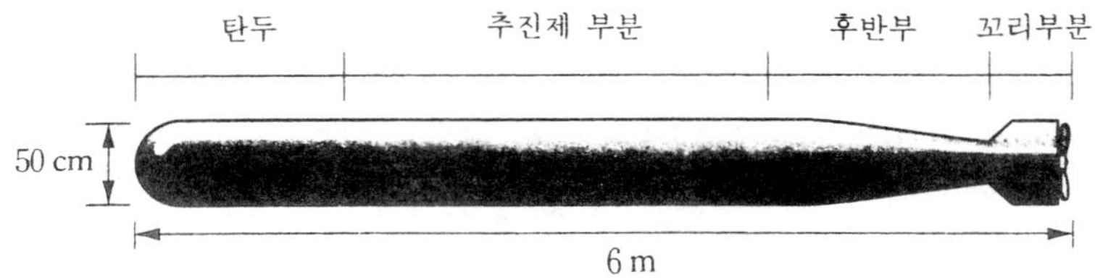

풀이 계산을 하기 전에, 먼저 몇몇 가정을 취해야 한다. 우선 어뢰의 모양이 이제까지 고려했던 경계층 분석에서 고려했던 평평한 표면의 형태와 일치하지 않음을 알 수 있다. 그러나 어뢰에 대한 흐름방향이 길이방향으로 되어 있어 경계층의 거동이 고려되는 범위 내에서의 표면은 가로의 방향으로 곡선이 되어 있을 경우라도 평평한 표면으로 간주할 수 있다. 둘째, 어뢰의 주요부분에 따라 생기는 경계층만을 고려하여 특별한 흐름의 영향과 그와 관련된 어뢰 앞과 뒷부분의 항력(drag force)은 무시한다. 표면의 선단은 코(nose)부분으로부터 실린더 부분으로 바뀌는 지점으로 결정한다고 가정한다. 또한, 10 kW의 전력소모는 어뢰의 실린더 표면전체에 균일하게 분산되어 생긴다고 가정한다.

이와 같은 가정하에서 분석에 있어 어뢰의 코부분과 꼬리부분은 무시한다. 총 길이 6 m에서 이러한 부분을 제외한 후에 얻어진 대략적인 길이는

$$L = 5\ \text{m}$$

이다. 가정에 따라 마찰 전단력은 어뢰의 주요몸체를 따라 작용하며 이 길이는 5 m로 예상하였다. 그러므로 어뢰에 작용하는 전단력은

$$\tau_w = \frac{F}{A}$$

여기서 F는 전단력이며, A는 어뢰의 표면적이다.

$$A = \pi DL = \pi(0.50\ \text{m})(5\ \text{m}) = 7.854\ \text{m}^2$$

그러므로 전단응력은

$$\tau_w = \frac{45\ \text{N}}{7.854\ \text{m}^2} = 5.730\ \text{N/m}^2 = 5.730\ \text{Pa}$$

어뢰의 속도는 어뢰표면 위의 물의 자유유속이다.

$$U_\infty = 30\ \text{knots} \times \frac{0.5145\ \text{m/s}}{\text{knot}} = 15.4\ \text{m/s}$$

바닷물의 열적물성은 순수한 물과는 다소 차이가 있다. 그러나 그리 큰 차이는 아니므로 부록 E에 있는 순수한 물에 대한 물성을 사용한다. 어뢰의 표면온도 T_w는 알려져 있지 않으므로 경막온도를 계산할 수 없다. 그러므로 자유흐름 온도에서 물의 물성을 기초로 해야 한다. 10℃(283 K)의 물에 대한 비열과 프란틀 수는

$$c_p = 4193\ \text{J/kg}\cdot\text{K}, \quad Pr = 9.30$$

콜번 유사성, 식 (6 · 26)을 식 (6 · 19)와 조합하면 다음과 같은 관계식을 얻는다.

$$h_x = \frac{\tau_w c_p}{U_\infty Pr^{2/3}} = \frac{(5.730\ \text{Pa})(4193\ \text{J/kg}\cdot\text{K})}{(15.4\ \text{m/s})(9.30)^{2/3}} = 353\ \text{W/m}^2\cdot\text{K}$$

열전달 계수는 선단으로부터 5 m 흐른 지점에서의 국부적인 값이다. 여기서 필요한 것은 어뢰 전체에 대한 평균 열전달 계수이다. 평평한 표면이나 다른 형태의 표면에 대한 평균 열전달 계수를 구하는 방법은 다음 장으로 미루기로 한다. 그러나 이 예제에 대해 계산된 국부적인 값을 이용하여 대략적인 표면온도를 유도할 수 있다는 것은 확신할 수 있다. 예를 들어 평균 열전달 계수를 이용하여 얻어진 표면온도는 이 예제에서 예상한 값보다 낮을 것이다. 이는 이미 설명한 바와 같이 열전달 계수는 선단으로부터의 거리에 따라 감소하기 때문이다. 어뢰의 표면온도는 뉴턴의 냉각법칙을 이용하여 예측할 수 있다.

$$\dot{Q} = h_x A (T_w - T_\infty)$$

표면온도 T_w에 대해서 풀면 다음과 같은 값을 얻는다.

$$T_w = \frac{\dot{Q}}{h_x A} + T_\infty = \frac{10\,000\ \text{W}}{(353\ \text{W/m}^2\cdot\text{K})(7.854\ \text{m}^2)} + 10℃ = 13.6℃$$

경막온도 정의에 일부 사용된 벽온도 T_w가 알려지지 않았기 때문에 경막온도를 이용한 물의 물성을 이용할 수 없었다. 벽온도가 알려지지 않은 대류문제에서는 유체의 물성은 자유흐름 온도나 벽온도의 가정값에 기초한 경막온도에 근거되어서는 안 된다. 따라서 문제의 마지막에 벽온도가 구해지면 유체의 물성은 계산된 벽온도에 기초하여 보정되어야만 한다. 만약 계산된 벽온도가 가정값과 크게 다르지 않다면 더 이상의 계산은 필요하지 않다. 그러나 두 벽온도가 크게 차이가 난다면 어떤 값에 수렴할 때까지 추가적인 물성의 보정이 수행되어야만 한다. 물성의 보정은 분명히 본 문제에 대해 필요한 것은 아니다. 자유흐름과 벽온도의 차이는 4℃를 넘지 않기 때문이다.

참 고 문 헌

1. Mott, R. L. 1994. *Applied Fluid Mechanics*, 4th ed. New York: MacMillan

Publishing Company.

2. Street, R. L., G. Z. Watters, and J. K. Vennard. 1996. *Elementary Fluid Mechanics*, 7th ed. New York: John Wiley & Sons.
3. Blasius, H. Z. 1908. Z. *Math. Phys.* 56: pp. 1~37. English translation in *NACA Technical Memo* 1256.
4. Schlichting, H. 1979. *Boundary Layer Theory*, 7th ed. New York: McGraw−Hill Book Company.
5. Colburn, A. P. 1933. "A Method of Correlating Forced Convection Heat Transfer Data and a Comparison with Fluid Friction Data." *Trans. AIChE* 29: pp. 174~210.
6. Kays, W. M., and M. E. Crawford. 1980. *Convective Heat and Mass Transfer*, 2nd ed. New York: McGraw−Hill Book Company.
7. Kakac, S., and Y. Yener. 1995. *Convective Heat Transfer*, 2nd ed. Boca Raton, Fla.: CRC Press, Inc.

◇◇◇◇◇◇◇◇◇◇ 연 습 문 제 ◇◇◇◇◇◇◇◇◇◇

◈ 유체점도

6.1 300 K와 350 K에서 공기과 물의 동력학 점도와 동점도를 비교하라.

6.2 300 K와 350 K에서 물과 SAE10W−30 엔진오일의 동력학 점도와 동점도를 비교하라.

6.3 온도 300 K와 2000 K 범위에 대해서 동력학 점도를 온도의 함수로 그려라. 데이터 점을 $\mu(T) = a + bT$ 형태의 선형 방정식에 대입하라. 여기서 a와 b는 각각 상수이며 T는 K로 표현한다.

6.4 40℃의 물이 4.2 mm 떨어진 평행한 두 판 사이에 채워져 있다. 한쪽 판은 고정되어 있고 다른 판이 12 m/s의 속도로 움직인다. 전단응력을 계산하라.

6.5 문제 6.4를 글리세린에 대해 계산하라.

6.6 문제 6.4를 공기에 대해 계산하라.

6.7 두 개의 판이 1.7 mm의 사이를 두고 평행하게 놓여져 있다. 그 판 사이가 60℃의 물로 채워져 있다면, 한쪽 판은 고정된 채로 가로와 세로가 각각 5 m인 나머지 판이 4 m/s의 속도로 계속 움직이기 위해 필요한 힘을 계산하라.

6.8 평평한 표면에 대해서 층류 경계층의 속도 프로파일이 다음과 같은 다항식으로 표현될 수 있다고 가정한다.

$$u(y) = a + by + cy^2 + dy^3$$

여기서 a, b, c 및 d는 상수이며 y는 표면으로부터의 거리이다. 벽에서의 전단응력 τ_w에 대한 관계식을 구하라.

◈ 속도 경계층

6.9 1.6 m/s의 속도로 대기가 평평한 판 위를 흐르고 있다. 선단에서 0.75 m의 지점에서 레이놀즈 수를 계산하라. 공기의 온도는 0℃이다.

6.10E 5 ft/s의 속도로 100°F 물이 평평한 판 위를 흐르고 있다. 선단에서 1.8 ft의 지점에서 레이놀즈 수를 계산하라.

6.11 60℃의 평평한 판과 열적평형에 있는 물이 0.75 m/s의 속도로 흐르고 있다. 판의 끝 지점에 도달하였을 때 임계 레이놀즈 수가 되기 위해 필요한 판의 길이를 구하라.

6.12 100℃, 1기압의 공기가 길이 8 m의 평평한 판 위를 흐르고 있다. 판의 후단에서의 레이놀즈 수가 10^7이 되도록 하고 싶다면 자유흐름 속도는 얼마가 되어야 하는가?

6.13E 90°F의 글리세린이 평평한 판 위를 흐르고 있다. 선단으로부터 1.5 m의 지점에서 레이놀즈 수가 3000이 되도록 하고 싶다면 자유흐름 속도는 얼마가 되어야 하는가?

6.14 20℃, 1기압의 공기가 47 m/s의 속도로 평평한 판 위를 흐르고 있다. 선단으로부터 16 cm의 지점에서 (a) 레이놀즈 수, (b) 속도 경계층 두께 δ, (c) 판의 표면으로부터 $y=$ 0.5mm의 거리에서 공기의 속도 u를 계산하라.

6.15 10℃의 물이 판 위를 흐르고 있다. 판의 선단으로부터 0.65 m 지점에서 레이놀즈 수를 계산하라. 이 지점에서 층류 경계층 두께가 7 mm가 되기 위한 자유흐름 속도는 얼마인가?

6.16 60℃의 SAE20W−20 엔진오일이 0.4 m의 속도로 평평한 판 위를 흐르고 있다. 층류 경계층 두께가 2.6 cm가 되는 선단으로부터의 거리를 계산하라. 이 지점에서의 흐름이 층류임을 증명하라.

6.17 1기압의 질소가 20 m/s의 속도로 평평한 판 위를 흐르고 있다. 선단으로부터 55 cm 떨어진 지점에서 임계 레이놀즈 수가 되기 위해 필요한 질소의 온도를 구하라.

6.18 20℃의 유체가 일정한 속도로 평평한 표면 위를 흐르고 있다. 다음과 같은 유체와 자유흐름 속도에 대해 임계점에 도달하기 위한 선단으로부터의 거리를 계산하라. (a) 공기 15 m/s, (b) 물 3 m/s, (c) 수은 1 m/s일 때 계산하라.

6.19 500 K, 1기압의 헬륨이 18 m/s의 속도로 온도 350 K의 평평한 판 위를 흐르고 있다. 층류 경계층 두께를 선단으로부터의 거리의 함수로 나타내라.

◈ 열경계층

6.20 80℃로 유지된 판 위로 0℃의 대기가 흐른다. 주어진 지점에서의 판의 표면에 온도구배가 43℃/mm라면 국부 열전달 계수는 얼마인가?

6.21E 250°F와 1기압의 수소가 온도 50°F의 판 위를 흐른다. 선단으로부터 $x=1.75$ ft에서

판표면의 온도구배가 390°F/in일 때 국부 열전달 계수를 Btu/h · ft^2 · °R의 단위로 나타내라.

6.22 15℃로 유지된 판 위로 90℃의 유체가 2 m/s의 속도로 흐르고 있다. 흐름방향으로의 판길이는 1.3 m이다. 후단에서 열전달 계수가 79 W/m^2 · K일 때 수소, 물 그리고 에틸렌 글리콜에 대한 무차원 매개변수 Re_x와 Nu_x를 구하라.

6.23 두께 2.5 mm의 폴리카보네이트 플라스틱 위로 30℃의 물이 흐른다. 물과 접하고 있는 표면의 온도가 52℃이고 다른 표면의 온도는 85℃일 때 다음을 구하라. (a) 물흐름에 대한 열전달 계수, (b) 경계층 내에서의 온도구배, (c) 열플럭스를 구하라.

6.24 평평한 표면 위를 흐르는 층류에 대해서 국부 열전달 계수는 $h(x) = Cx^{-1/2}$와 같은 형태의 관계식을 따른다는 것이 7장에 나온다. 여기서 C는 상수이며 x는 선단으로부터의 거리이다. 다음과 같이 정의되는 평균 열전달 계수 $\bar{h}_x$는 선단으로부터 $x = L$까지 길이에 이르는 전체표면에 대한 평균 열전달 계수이다.

$$\bar{h}_x = \frac{1}{L}\int_0^L h(x)dx$$

이 정의를 이용하여 평평한 표면 위를 흐르는 층류에 대하여 국부 열전달 계수 h_x에 대한 평균 열전달 계수 $\bar{h}_x$의 비를 구하라.

6.25 평평한 표면에 대한 열경계층의 온도 프로파일이 다음과 같은 다항식으로 표현될 수 있다고 가정한다.

$$T(y) = a + by + cy^2 + dy^3$$

여기서 a, b, c 그리고 d는 상수이며, y는 표면으로부터의 거리이다. 국부 열전달 계수 h_x를 구하라.

◈ 유체마찰과 열전달 유사성

6.26 127℃로 유지된 판 위로 27℃의 대기가 2.2 m/s의 속도로 흐른다. 판의 선단으로부터 2.9 m의 거리에서 표면의 전단응력은 얼마인가? 국부 마찰계수는 얼마인가? 단, 그림 6 · 4를 사용하라.

6.27 식 (6 · 22)를 유도하라.

6.28 판 위로 흐르는 물의 국부 전단응력을 측정한 결과 1.5 Pa를 나타내었다. 물의 자유흐름 속도는 4 m/s이다. 자유흐름 유체와 판의 온도가 각각 15℃ 및 60℃라면 국부 열플럭스는 얼마인가?

6.29 15℃의 판 위로 165℃의 유체가 자유흐름 유속 4.7 m/s로 흐르고 있다. 흐름방향으로의 판의 길이는 2 m이다. 후단에서 열전달 계수가 130 W/m^2 · K라면 공기와 물에 대한 무차원 매개변수 Re_x, Nu_x, St_x, Pr, j_H 그리고 C_f를 구하라.

6.30 40℃의 판 위로 5℃의 물이 3.2 m/s의 속도로 흐르고 있다. 후단에서의 국부 열전달 계수가 400 W/m^2 · K라면 국부 전단응력은 얼마인가?

6.31 30℃, 1기압의 공기가 1.6 m/s의 속도로 평평한 히터 위를 흐르고 있다. 히터의 후단에서의 전단응력은 0.025 Pa라고 알려져 있다. 히터의 표면온도가 140℃로 유지된다면 히터 후단에서의 국부 열플럭스는 얼마인가?

6.32 40℃의 물이 −15℃로 유지된 판 위를 흐르고 있다. 선단으로부터 일정한 거리에서 전단응력은 1.25 Pa이고 열전달 계수가 230 W/m^2 · K이다. 물의 자유흐름 유속은 얼마인가?

◈ 응 용

6.33E 고도 10 000 ft를 날고 있는 비행기는 속도 200 mi/h의 공기흐름을 갖고 있다. 그림 6 · 9에 나타낸 비행기의 날개를 판으로 가정한다면 날개의 선단으로부터 얼마의 거리에서 흐름이 완전난류가 되겠는가?

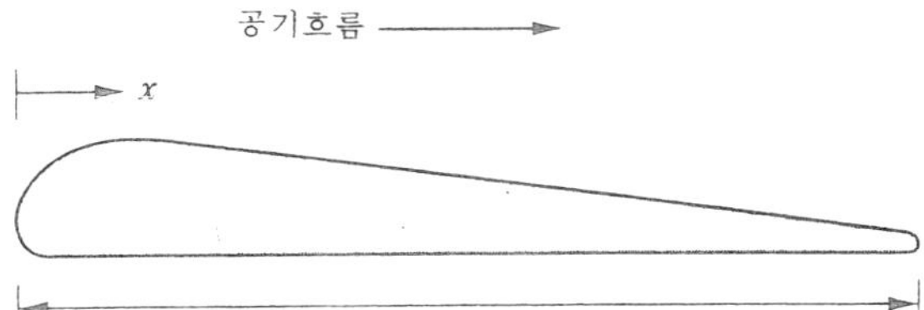

그림 6 · 9

6.34 열처리 과정 중에 가로와 세로가 각각 70 cm인 금속판의 일부가 1.2 m/s의 유속을 갖는 30℃의 대기에 양쪽 면이 노출되어 있다. 판의 한쪽에 작용하는 전단응력은 0.15 N이다. 금속판이 220℃의 온도과정을 통과할 때 금속판으로부터 근사정상 상태의 대류에 의한 열전달을 구하라.

6.35E 그림 6 · 10에 나타낸 바와 같은 건물의 면을 통하여 15 mi/h의 바람이 불고 있다. 폭 40 ft와 높이 70 ft의 건물 한쪽 면으로 외부공기가 30°F일 때 대류에 의한 열손실은 300 000 Btu/h이다. 건물의 한 면에 작용하는 전단력이 10 lb$_f$일 때 건물 밖 표면의 온도는 얼마인가?

6.36 25 m/s의 속도로 움직이는 기차의 마찰 전단력은 140 N이다. 기차는 한 개의 엔진과 12개의 냉동칸으로 구성되어 있으며 길이는 9 m, 높이는 3 m, 그리고 폭은 2.5 m이다. 기차의 4면 모두를 평평한 표면으로 가정하고 엔진칸과 냉동칸 사이에 공간이 없다고 가정하여 온도 15℃일 때 기차 바깥쪽 표면에 대한 평균 열전달 계수를 계산하라. 바깥쪽 표면의 온도가 19℃이고 주위의 공기가 35℃라면 기차에 대한 총 냉동량은 얼마인가?

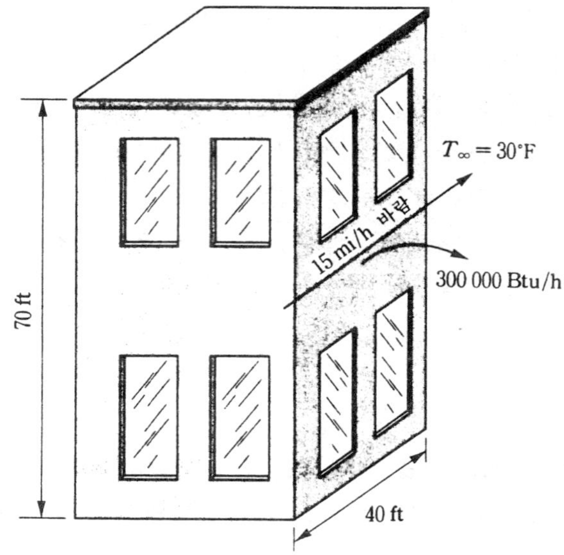

그림 6·10

6.37 가로와 세로의 크기가 각각 9.7 cm와 11.4 cm인 전력공급 장치의 바닥판이 있다. 그림 6·11에 나타낸 바와 같이 바닥판으로 25℃의 공기가 1.2 m/s의 속도로 흐른다. 비정상 상태에서 온도는 65℃로 유지되는 바닥판을 통해 손실되는 전력이 30 W이다. 이 때 (a) 레이놀즈 수와 판의 후단에서 경계층 두께, (b) 열전달 계수와 누셀트 수, (c) 바닥판에 작용하는 전단력을 계산하라.

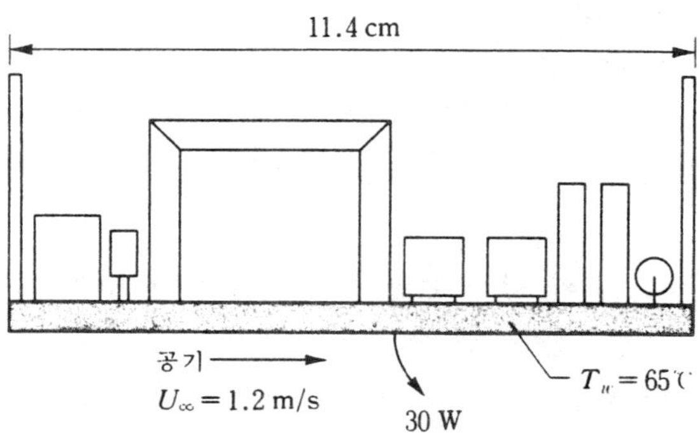

그림 6·11

6.38 바퀴가 29 m/s의 속도로 굴러가는 동안 자동차의 천장이 작용하는 마찰에 의한 전단력은 1.9 N이다. 천장의 길이(흐름방향)와 폭은 각각 1.8 m와 1.4 m이며 천장의 표면온도는 35℃이다. 외부공기의 온도가 15℃라면 천장으로부터의 대략적인 열손실은 얼마인가?

6.39 물을 함유한 재생종이가 0.6 m/s의 속도로 두 개의 롤러(roller) 사이를 통과하며 건조된다. 종이와 주위공기의 온도는 각각 25℃와 50℃이고 롤러 사이의 종이길이는 8 m이

다. 종이에 작용하는 마찰에 의한 전단력이 0.06 N이라면 공기로부터 종이로 전달되는 대류에 의한 열전달은 얼마인가? 종이의 폭은 1 m로 가정한다.

6.40 한쪽 면에 회로기판이 촘촘하게 채워져 있는 12 cm×20 cm 크기의 기판에 30℃의 공기를 2 m/s의 속도로 강제공급하여 IC에 직접 접촉시킨다. IC의 총 전력 소비량은 40 W이다. 공기가 기판의 짧은 쪽과 평행하게 공급되어 기판의 후단에서 국부 전단응력이 0.06 Pa가 생기게 된다. 기판의 후단에 대해 (a) 레이놀즈 수, (b) 경계층 두께, (c) 열전달 계수, (d) IC의 표면온도를 계산하라. 모든 가정을 기술하라.

7. 외부강제 대류

7.1 서 론

열전달 응용의 대부분은 고체표면과 그 표면 위를 강제로 흐르는 유체 사이의 열에너지 전달, 즉 외부강제 대류를 수반한다. 유체의 흐름은 일반적으로 펌프(pump)나 팬(fan)에 의해 일어나지만, 대기의 바람이나 유체를 흐르는 고체의 추진력에 의해서도 일어난다. 외부강제 대류는 다양한 시스템과 공정에서 일어난다. 예를 들면 자동차의 라디에이터(radiator)에서는 자동차의 운동에 의해 강제로 공기가 고온의 냉매가 흐르는 작은 관으로 흘러 냉각된다. 전자부품은 종종 팬(fan)이나 송풍기(blower)를 사용하여 직접 공기를 회로기판 위로 흘려 냉각시킨다. 열처리된 금속장치는 액체, 기체 급냉제에 그것을 담가 냉각시킨다. 건물에서는 벽, 천장, 창문의 표면에서 발생되는 강제대류와 자연대류에 의해 열에너지를 얻거나 잃는다. 절단기의 고속운전 중에는 종종 액체냉매를 넘쳐 흘린다. 이 밖에도 강제대류의 중요한 응용분야는 대단히 많다.

대류의 문제에 있어서 핵심은 그때그때 상황에 맞는 열전달 계수를 찾아내는 것이다. 열전달 계수는 주어진 기하학적 구조와 흐름조건에 따라 두 가지 방법으로 구할 수 있다. 첫번째는 해석적 접근으로, 경계층에 대한 미분 방정식을 푸는 것이다. 그러나 이 방법은 일반적으로 해석적인 해에 적합한 비교적 간단한 문제에 한정된다. 예를 들면 판 위에서의 층류에 대한 열전달 계수는 층류 경계층에 대한 식을 풀어 해석적으로 결정된다. 또한, 관이나 도관내부의 완전발달 층류에 대한 열전달 계수도 해석적인 방법으로 확인된다. 그러나 대류문제의 대부분은 실험적인 접근에 의존하는 두 번째 방법이 사용되어야만 한다. 실험적인 접근에서는 통제된 실험실에서의 실험이 수행되며, 데이터는 적절한 무차원 변수들의 식으로 상관된다. 예를 들면 다음과 같은 상관관계가 된다.

$$Nu_x = C Re_x^m Pr^n \tag{7·1}$$

Nu_x, Re_x, Pr은 각각 누셀트 수, 레이놀즈 수, 프란틀 수이며, 상수 C, m, n은 표면 기하학적 구조와 흐름조건에 의존하는 실험값이다. 상관관계의 무차원 변수와 상수에는 표면 기하학적 구조, 층류 또는 난류의 흐름조건, 유체의 물성 등 모든 적절한 정보가 포함된다. 그러므로 식 (7·1)은 지름 12 cm의 실린더 위를 0.2 m/s로 흐르는 물에서와, 지름 5 cm의 실린더 위를 10 m/s로 흐르는 공기에 대하여 동등하게 잘 적용된다. 대부분의 상관관계에 있어서, 유체의 물성은 이 책의 마지막 장에 나오는 경막온도(film temperature)에 근거한다.

$$T_f = \frac{T_w + T_\infty}{2} \tag{7·2}$$

6장의 대류에 대한 기본적인 이론체계를 바탕으로, 계속해서 외부강제 흐름에 대하여 열전달 계수를 찾는 방법을 제시한다. 열전달 계수는 유체가 흐르는 표면의 유형에 따르는 함수이기 때문에 표면 기하학적 구조에 따라 체계화된다. 앞장에서 대류에 대한 이론적 전개가 전적으로 판 위의 흐름에 기초했던 것을 상기하면서, 그리고 이러한 형상이 열전달 응용에서 보편적이기 때문에, 판 위를 교차하는 흐름을 설명하는 것으로 시작한다[판(plate)이라는 용어는 이 장의 나중에 나오는 다른 기하학적 구조와 구별하기 위하여 사용된다. 판의 기하학적 구조는 실제로 그 표면이 판이든 아니든 어떤 평평한 면에 적용된다]. 원형 실린더 위를 흐르는 교차흐름(cross flow)에 대한 강제대류는 열전달의 응용에 있어서 대표적으로 나타나며, 따라서 이 기하학적 구조는 어느 정도 상세하게 설명된다. 장방형이나 육각형과 같이 비원형의 단면을 가진 실린더도 다루어진다. 교차흐름에서의 구(sphere)는 다음에 튜브군(tube bank)으로 언급되는 실린더의 배열로 다루어진다.

7.2 판

판은 외부강제 대류에서 가장 흔히 볼 수 있는 기하학적 구조이다. 판의 기하학적 구조에 해당되는 수많은 응용들 중에는 터빈 블레이드를 흐르는 가스흐름, 비행기 표면으로의 공기흐름, 배의 선체를 가로지르는 물의 흐름, 회로기판을 흐르는 공기흐름, 건물을 가로지르는 공기흐름 등이 있다. 그러면 판에서의 강제대류에 대한 연구를 앞에서 배운 평면에 대한 층류 경계층의 해석을 확장하는 것으로부터 시작한다.

등온표면

여기서는 표면온도가 일정한 판 위의 강제대류를 설명한다.

1) 층 류

벽의 전단응력(shear stress) τ_w는 뉴턴의 점성법칙(Newton's law of viscosity)을 이용하면 다음과 같이 결정된다.

$$\tau_w = \mu \frac{du}{dy}\bigg|_{y=0} \tag{7·3}$$

연쇄법칙을 이용하면, 미분계수는 다음과 같이 된다.

$$\frac{du}{dy}\bigg|_{y=0} = \frac{d\eta}{dy}\frac{du}{d\eta}\bigg|_{y=0} \tag{7·4}$$

여기서 η는 6장에서 배운 무차원 유사변수(similarity variable)에 해당된다. 층류 경계층 안에서의 속도변위에 대한 모멘텀 방정식의 해는 그림 6·4에 나타내었다. 표면에서 곡선의 구배는 $y=0$에서의 미분계수 $du/d\eta$으로 0.332이다. 그러므로 표면에서의 전단응력은

$$\tau_w = 0.332 U_\infty \mu \sqrt{\frac{U_\infty}{\nu x}} \tag{7·5}$$

로 나타난다. 식 (7·5)를 마찰계수 C_f의 정의식

$$C_f = \frac{\tau_w}{\rho U_\infty^2/2} \tag{7·6}$$

에 대입하면

$$\frac{C_{f_x}}{2} = 0.332 Re_x^{-1/2} \tag{7·7}$$

최종적으로 콜번 유사성(Colburn analogy)인 다음 식과

$$\frac{C_{f_x}}{2} = St_x Pr^{2/3} \tag{7·8}$$

식 (7·7)을 합하면, 등온판 위를 흐르는 층류에 대한 국부 누셀트 수를 다음과 같이 나타낼 수 있다.

$$Nu_x = \frac{h_x x}{k} = 0.332 Re_x^{1/2} Pr^{1/3} \quad (0.6 < Pr < 60) \tag{7·9}$$

식 (7·9)의 프란틀 수에 대한 제한은 콜번 유사성에서 보정인자(correction factor)의 범위에 의해 결정된다.

식 (7·9)는 등온판 위를 흐르는 층류에 대한 국부 열전달 계수를 얻기 위하여 사용된다. 따라서, 이러한 상관관계는 전이흐름이 시작되는 점인 임계값 x_c보다

작은 x값까지 제한적으로 사용된다. 그러므로 식 (7·9)는 $Re_x < 5\times10^5$에서만 사용될 수 있다. 6장에서 열전달 계수가 선단(leading edge)으로부터의 거리에 따라 감소됨을 증명 없이 서술했다. 식 (7·9)를 살펴보면, h_x가 흐름방향에서 $x^{-1/2}$만큼 감소하는 것을 알 수 있다. 흥미롭게도 이것은 h_x가 판의 선단인 $x=0$에서 무한함을 내포한다. 이것은 이 점에서 벽의 온도와 자유흐름(free stream) 온도가 동등함을 추정하면 선단에서 온도구배가 무한함을 의미한다.

등온판의 대부분의 경우에 판으로의 또는 판으로부터의 총 대류 열전달 계수를 계산하기 위하여 평균 열전달 계수가 요구된다. 평균 열전달 계수 $\overline{h}_x$는 판의 선단으로부터 특정한 지점까지 적분하여 얻어진다. 따라서

$$\overline{h}_x=\frac{1}{x}\int_0^x h_x(x)\,dx \qquad (7\cdot10)$$

여기서 x는 선단으로부터의 거리이고, 임계거리(critical distance) x_c를 초과하지 않는다. 식 (7·9)를 식 (7·10)으로 치환하면 다음과 같다.

$$\overline{h}_x=2h_x \qquad (7\cdot11)$$

따라서, 판의 선단으로부터 x지점까지의 평균 열전달 계수는 그 지점에서의 국부 열전달 계수의 2배이다. 그러므로 평균 누셀트 수(average Nusselt number)는 다음과 같다.

$$\overline{Nu}_x=\frac{\overline{h}_x x}{k}\,0.664Re_x^{1/2}Pr^{1/3} \quad (0.6<Pr<60) \qquad (7\cdot12)$$

만약 판전체에 대해 흐름이 층류이면, 첨자 x는 보통 L로 표현되고, 판전체에 대해 층류가 존재함을 의미한다. 식 (7·12)의 유도는 연습문제 7.7에 남겨둔다.

식 (7·9)는 프란틀 수가 주어진 범위 내에 들어가는 유체에 대해 국부 열전달 계수를 알기 위해 사용된다. 수은, 나트륨화합물 등의 액체금속은 프란틀 수의 범위가 0.001~0.1인 유체이므로 식 (7·9)가 적용되지 않는다. 이들 유체의 높은 열전도도는 저프란틀 수(low Plandtl number)를 나타낸다. 액체금속에 있어서 열경계층은 속도 경계층(velocity boundary layer)보다 훨씬 빠른 속도로 발달한다. 이러한 경계층 성장의 차이는 열경계층에서의 속도 u가 자유흐름 속도 U_∞와 궁극적으로 같음을 의미한다. 저프란틀 수의 경우, 열에너지 방정식의 해는 국부 누셀트 수에 대해서 다음의 관계식을 만든다.

$$Nu_x=0.565Re_x^{1/2}Pr^{1/2} \quad (Pr\ll1) \qquad (7\cdot13)$$

액체금속은 매우 높은 열전달 속도를 필요로 하는 원자력 시스템과 같은 분야

에서 냉각제로서 사용된다.

액체금속과는 달리, 오일(oil), 글리세린(glycerin), 에틸렌글리콜(ethylene-glycol)과 같이 고점도의 액체는 매우 큰 프란틀 수를 갖고, 상술한 상황이 적용되지 않는다. 다음 상관관계는 Churchill과 Ozoe[1]에 의해 액체금속, 가스, 무거운 액체에 대한 광범위한 프란틀 수에 대해서 권장되고 있다.

$$Nu_x = \frac{0.3387 Re_x^{1/2} Pr^{1/3}}{[1+(0.0468/Pr)^{2/3}]^{1/4}} \quad (Re_x Pr > 100) \qquad (7 \cdot 14)$$

여기서 $Re_x Pr$는 페클렛 수(Peclet number) Pe_x라고 한다.

예제 7.1 0℃, 1 atm의 공기가 6 m/s의 속도로 그림 7·1에서와 같이 120℃의 균일한 온도로 유지된 장방형 판 위를 흐른다. 흐름에 직각인 판의 한 변이 2.5 m이면, (a) 후단(後端; trailing edge)에서의 국부 열전달 계수, (b) 판전체를 통한 평균 열전달 계수, (c) 판으로부터의 대류 열전달 계수를 찾아라.

그림 7·1 평판

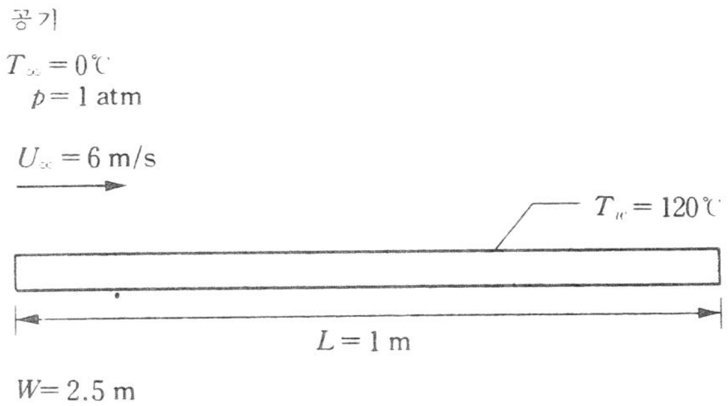

풀이 우선 경막온도에서 공기의 물성을 보면

$$T_f = \frac{(T_w + T_\infty)}{2} = \frac{(120+0)\text{℃}}{2} = 60\text{℃} = 333\text{ K}$$

이 문제를 풀기 위하여 필요한 공기의 물성은 열전도도, 동점도, 프란틀 수이다. 경막온도에서 이러한 물성값은

$$\nu = 19.21 \times 10^{-6}\text{ m}^2/\text{s}, \quad k = 0.0287\text{ W/m}\cdot\text{K}, \quad Pr = 0.702$$

자유흐름 속도는

$$U_\infty = 6\text{ m/s}$$

따라서, 판의 길이 $x = L = 1$ m에서 레이놀즈 수는

$$Re_L = \frac{U_\infty L}{\nu} = \frac{(6\text{ m/s})(1\text{ m})}{19.21 \times 10^{-6}\text{ m}^2/\text{s}} = 3.12 \times 10^5$$

레이놀즈 수는 판의 후단에서 5×10^5보다 적고, 따라서 흐름은 판전체에 대해 층류이다.

(a) 국부 누셀트 수는 식 (7·9)에 의해 주어진다

$$Nu_x = 0.332 Re_x^{1/2} Pr^{1/3} = (0.332)(3.12\times10^5)^{1/2}(0.702)^{1/3} = 164.8$$

그러므로 국부 열전달 계수는

$$h_x = \frac{Nu_x k}{x} = \frac{(164.8\ \mathrm{W/m^2\cdot K})(0.0287\ \mathrm{W/m\cdot K})}{1\ \mathrm{m}} = 4.73\ \mathrm{W/m^2\cdot K}$$

(b) 판에 대한 평균 열전달 계수는 후단에서의 국부값을 단순히 2배 한 것이다.

$$\overline{h}_L = 2h_x = (2)(4.73\ \mathrm{W/m^2\cdot K}) = 9.46\ \mathrm{W/m^2\cdot K}$$

(c) 판으로부터의 대류 열전달은 뉴턴의 냉각법칙을 이용하여 결정한다.

$$\dot{Q} = \overline{h}_L A(T_w - T_\infty) = (9.46\ \mathrm{W/m^2\cdot K})(2.5\ \mathrm{m})(1\ \mathrm{m})[(120-0)\ \mathrm{K}] = 2838\ \mathrm{W}$$

2) 난 류

층류(laminar flow)와 달리 난류(turbulent flow)는 변칙적인 성질 때문에 해석적으로 모델링하는 것이 어렵다. 그러므로 실험적인 방법은 난류에서 열전달 계수를 결정하기 위해 꼭 필요하다. 등온판 위를 흐르는 난류의 국부마찰 계수에 대한 실험적인 상관관계는 Schlichting[2]에 의해 주어졌다.

$$C_{f_x} = 0.0592 Re_x^{-1/5} \quad (Re_x < 10^8) \tag{7·15}$$

식 (7 · 15)에서 레이놀즈 수의 상한을 주의하여 보자. 콜번 유사성을 인용하여 난류에 있어서 국부 누셀트 수에 대한 상관관계를 얻는다.

$$Nu_x = 0.0296 Re_x^{4/5} Pr^{1/3} \quad (0.6 < Pr < 60) \tag{7·16}$$

난류에 있어서 평균 누셀트 수에 대한 상관관계는 식 (7 · 10)을 사용하여 국부 열전달 계수를 적분함으로써 얻을 수 있다. 결과는

$$\overline{Nu}_x = 0.0370 Re_x^{4/5} Pr^{1/3} \ (0.6 < Pr < 60),\ \ (Re_x < 10^8) \tag{7·17}$$

이러한 상관관계는 흐름이 판전체를 통해 난류인 상태에서만 적합하다. 이러한 상태는 조그만 돌출물이나 난류 발생기(turbulator)로 불리는 장애물이 판의 선단에 위치해 있을 때, 층류 경계층으로 접근하는 것을 차단하면서 일어난다. 층류가 난류로 발달하는 또 다른 경우는 다음에 고려한다.

3) 혼합흐름

이제까지 논의된 상관관계는 흐름이 층류이거나 난류만의 흐름인 상태에 적합하다. 판 위를 흐르는 층류 경계층이 궁극적으로 전이흐름을 거쳐 난류 경계층으로 간다는 것은 알고 있다. 전이흐름 영역이 판의 선단부근이면, 동일한 판 위에 층류와 난류가 둘 다 존재하고, 층류와 난류영역을 모두 포함하는 다른 상관관계

가 사용되어야만 한다.

혼합흐름(mixed flow)에 대한 평균 열전달 계수는 층류와 난류영역 각각에 대한 국부 열전달 계수 상관식을 적분하여 얻어진다. 층류영역은 판의 선단로부터 전이점까지 적분되고, 난류영역은 전이점으로부터 보통 판의 길이 L로 주어지는 적당한 지점까지 적분한다. 적분은

$$\overline{h}_L = \frac{1}{L}\left(\int_0^{x_c} h_{lam}\,dx + \int_{x_c}^{L} h_{turb}\,dx\right) \tag{7 · 18}$$

식 (7 · 18)에서 근본적인 가정은 전이흐름이 $x = x_c$인 점에서 급격히 일어나며, 즉 전이흐름 영역 없이 난류영역이 바로 층류영역을 뒤따르는 것으로 추정한다. 임계 레이놀즈 수를 5×10^5으로 하여 식 (7 · 9)와 식 (7 · 16)을 식 (7 · 18)로 치환하여 적분을 하면, 관에서의 혼합흐름에 대한 평균 누셀트 수를 다음과 같이 얻을 수 있다.

$$\overline{Nu}_L = (0.037\,Re_L^{4/5} - 871)Pr^{1/3} \tag{7 · 19}$$

$$(0.6 < Pr < 60)\ ,\quad (5 \times 10^5 < Re_L < 10^8)$$

식 (7 · 19)는 지시된 레이놀즈 수의 범위에 국한됨을 주의하라. 레이놀즈 수가 임계값 이하이면, 층류에 대한 상관관계를 사용해야 한다.

식 (7 · 9)와 식 (7 · 16)으로 각각 주어지는 층류와 난류에 대한 국부 열전달 계수 h_x의 거동을 비교하는 것은 유용하다. 그림 7 · 2와 같이 층류의 국부 열전달 계수는 $x^{-1/2}$에 비례하여 변하며, 난류의 국부 열전달 계수는 $x^{-1/5}$에 따라 변한다. 층류와 난류에 대한 h_x의 상대적인 크기를 비교하는 것도 중요하다. 난류에서 h_x가 크기 때문에, 난류는 층류보다 높은 대류 열전달 속도를 갖는다. 이러한 차이의 원인이 되는 난류에서 물리적인 기구는 경계층 내 유체입자의 불규칙적인 운동이며, 이것은 표면에서 열에너지의 전달을 한층 강화한다.

그림 7 · 2 국부 열전달 계수 h_x는 층류와 난류영역에서 각각 다른 함수를 따른다.

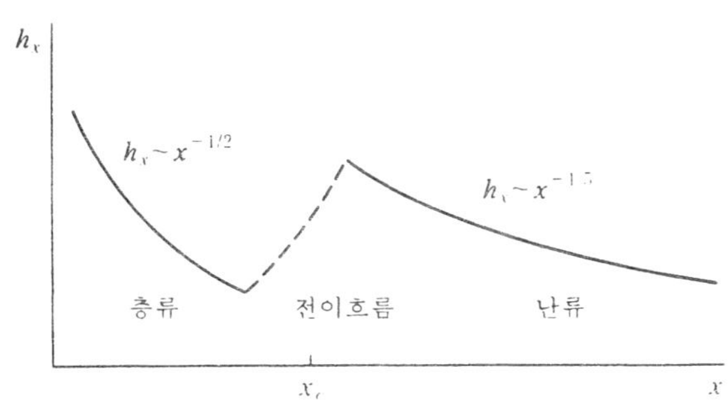

비가열 시동길이

판 위의 강제대류를 수반하는 응용에서, 표면의 일부는 판으로부터 또는 판으로의 대류 열전달에 관여하지 않는다. 예를 들면 회로기판의 한 부분만이 열을 발생하는 성분에 접할 수 있다. 그림 7·3에 나타낸 비가열 시동길이(unheated starting length) x_0를 갖는 판을 생각해 보자. 속도 경계층은 판의 선단인 $x=0$에서 시작되지만, 비가열 시동부(unheated starting section) 위에서는 온도구배가 없기 때문에 열경계층은 $x=x_0$까지 흐름이 발달되지 않는다. 층류의 경우 그림 7·3과 같은 상황에 대한 Kays와 Crawford[3]의 분석은 국부 누셀트 수에 대한 다음의 식을 만든다.

$$Nu_x = 0.332\,Re_x^{1/2} Pr^{1/3}\left[1-\left(\frac{x_0}{x}\right)^{3/4}\right]^{-1/3} \quad (x \geq x_0) \qquad (7\cdot 20)$$

지적한 바와 같이 식 (7·20)은 $x \geq x_0$인 경우에만 중요하다. 만약 $x_0=0$이면, 식 (7·20)은 식 (7·9)로 단순화된다. $x=x_0$인 경우, 모든 괄호 안의 양이 0으로 되어 이론적으로 가열영역의 선단에서 열전달 계수를 무한대로 만드는데, 이것은 앞의 고찰결과와도 일치한다. 난류에 대한 누셀트 수는 다음의 관계로 주어진다.

$$Nu_x = 0.0296\,Re_x^{4/5} Pr^{3/5}\left[1-\left(\frac{x_0}{x}\right)^{9/10}\right]^{-1/9} \quad (x \geq x_0) \qquad (7\cdot 21)$$

비가열 시동길이가 존재하는 판 위를 흐르는 층류와 난류에 대한 평균 누셀트 수는 각각 식 (7·20)과 식 (7·21)을 적분하여 얻을 수 있다. 층류에 대한 결과는 Thomas[4]에 의해 다음과 같이 나타내며

$$\overline{Nu}_x = \frac{2[1-(x_0/x)^{3/4}]}{1-x_0/x}\,Nu_x \qquad (7\cdot 22)$$

Nu_x는 식 (7·9)에 의해 주어진다. 난류에 대한 결과는

$$\overline{Nu}_x = \frac{5[1-(x_0/x)^{9/10}]}{4(1-x_0/x)}\,Nu_x \qquad (7\cdot 23)$$

Nu_x는 식 (7·16)으로 주어진다. 이전의 설명은 '냉각되지 않은' 시동길이를 갖는 판에도 적용됨을 알 수 있었다. 게다가, 어떤 대류문제에 있어서 열전달 방향이 표면으로부터 유체로 뿐만 아니라 유체로부터 표면으로 될 수 있다는 것을 기억해야 한다.

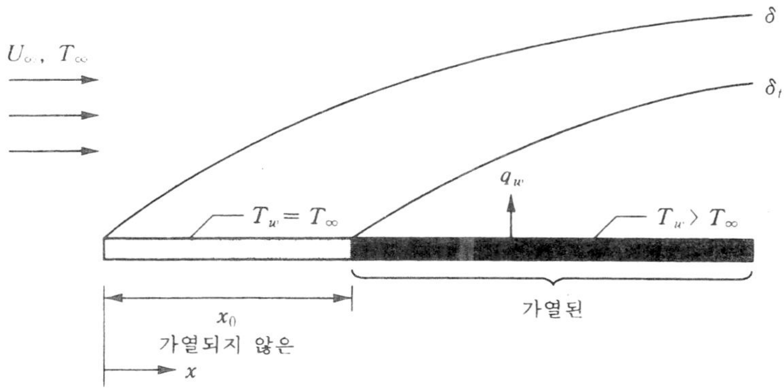

그림 7·3 비가열 시동길이가 존재하는 평판 위의 열경계층은 속도 경계층보다 하류에서 시작된다.

균일한 열플럭스 표면

지금까지 상관관계는 강제대류를 등온표면에 적용시키는 것까지 포함했다. 실제로는 많은 응용에서 표면온도가 균일하지 않지만, 판은 균일한 열플럭스(heat flux)에 노출된다. 예를 들면 전기 가열성분은 판의 표면온도에서 균일한 열플럭스를 만들지만, 유체가 판 위를 흐름에 따라 표면온도는 흐름방향으로 증가한다. 층류에 대한 국부 누셀트 수는

$$Nu_x = 0.453 Re_x^{1/2} Pr^{1/3} \quad (Pr > 0.6) \tag{7·24}$$

반면, 난류에 대한 국부 누셀트 수는

$$Nu_x = 0.030 Re_x^{4/5} Pr^{3/5} \quad (0.6 < Pr < 60) \tag{7·25}$$

균일한 열플럭스 표면에 대한 표면온도 변이 $T_w(x)$는 뉴턴의 냉각법칙으로 결정된다.

$$T_w(x) = T_\infty + \frac{q_w}{h_x} \tag{7·26}$$

여기서 q_w는 표면에서의 열플럭스이다. 한편, 평균표면 온도는 다음의 적분에 의해 결정될 수 있다.

$$(\overline{T_w - T_\infty}) = \frac{1}{L}\int_0^L (T_w - T_\infty)dx = \frac{q_w}{L}\int_0^L \frac{x}{kNu_x}dx \tag{7·27}$$

평균 온도차는 평균 누셀트 수를 이용하여 쓸 수 있다.

$$(\overline{T_w - T_\infty}) = \frac{q_w L}{k\overline{Nu_L}} \tag{7·28}$$

충류인 경우

$$\overline{Nu_L} = 0.680 Re_L^{1/2} Pr^{1/3} \tag{7·29}$$

난류인 경우

$$\overline{Nu_L} = 0.036 Re_L^{4/5} Pr^{1/3} \tag{7·30}$$

식 (7·29), 식 (7·30)을 각각 식 (7·12), 식 (7·17)과 비교해 보면, 등온표면과 균일한 열플럭스 표면에 대한 평균 누셀트 수의 차이는 3%보다 적다는 것을 알 수 있다. 이것은 식 (7·28)로부터 주어진 평균 온도차가 등온표면이나 또는 균일한 열플럭스 표면에 대한 상관관계를 사용하여 결정될 수 있음을 나타낸다. 표면이 등온(isothermal)인지 등플럭스(isoflux)인지를 결정하는 것은 간단하지 않으므로, 때때로 표면의 온도측정이 필요하다.

예제 7.2 10℃의 물이 70℃의 균일한 온도로 유지된 판을 3 m/s의 속도로 가로질러 흐른다. 판의 길이와 폭이 각각 1.2 m와 1 m이면 (a) 전이(transition)가 발생되는지, 발생되면 x_c, (b) 판에서의 평균 열전달 계수, (c) 판으로부터의 대류 열전달을 구하라.

풀이 이 문제에서, 경막온도는

$$T_f = \frac{T_w + T_\infty}{2} = \frac{(70+10)℃}{2} = 40℃ = 313\ \mathrm{K}$$

경막온도에서의 물의 물성은

$$\nu = 65.64 \times 10^{-8}\ \mathrm{m^2/s}, \quad k = 0.630\ \mathrm{W/m \cdot K}, \quad Pr = 4.32$$

자유흐름 속도는

$$U_\infty = 3\ \mathrm{m/s}$$

(a) 먼저 판의 길이로부터 레이놀즈 수를 검토한다. 레이놀즈 수가 5×10^5보다 큰 값을 얻는다면, 전이가 발생됨을 알 수 있다. 판의 길이 L=1.2 m로부터 레이놀즈 수는

$$Re_L = \frac{U_\infty L}{\nu} = \frac{(3\ \mathrm{m/s})(1.2\ \mathrm{m})}{65.64\times10^{-8}\ \mathrm{m^2/s}} = 5.48\times10^6$$

이것은 전이값보다 훨씬 크다. 전이점을 찾기 위하여 레이놀즈 수를 단순히 전이값과 같게 놓고 특정차원을 제거하여 x_c를 미지수로 하면,

$$\frac{U_\infty x_c}{\nu} = 5\times10^5$$

U_∞, ν에 대해 알려진 값을 대입하여 x_c를 풀면,

$$x_c = 0.1097\ \mathrm{m} = 10.97\ \mathrm{cm}$$

그러므로 1.2 m의 판 중에서 10.97 cm만이 층류로 된다.

(b) 판에 대한 평균 열전달 계수를 구하기 위하여, 혼합흐름에 대한 식 (7·9)를 이용한다.

$$\overline{Nu}_L = (0.037Re_L^{4/5} - 871)Pr^{1/3}$$
$$= [0.037(5.48\times10^6)^{4/5} - 871](4.32)^{1/3} = 13\,410$$

그러므로 평균 열전달 계수

$$\bar{h}_L = \frac{\overline{Nu}_L k}{x} = \frac{(13\,410)(0.630\ \text{W/m}\cdot\text{K})}{1.2\ \text{m}} = 7040\ \text{W/m}^2\cdot\text{K}$$

(c) 판으로부터의 대류 열전달은 뉴턴의 냉각법칙으로부터 구해진다.

$$\dot{Q} = \bar{h}_L A(T_w - T_\infty)$$
$$= (7040\ \text{W/m}^2\cdot\text{K})(1.2\ \text{m})(1\ \text{m})(70-10)\ \text{K} = 5.07\times10^5\ \text{W} = 507\ \text{kW}$$

참고로, 흐름이 판전체를 통해 난류로 가정하여 평균 누셀트 수를 구해보자. 결국, 판의 9%만이 층류임을 알았다. 식 (7 · 17)을 사용하면,

$$\overline{Nu}_L = 0.0370Re_L^{4/5}Pr^{1/3}$$
$$= 0.0370(5.48\times10^6)^{4/5}(4.32)^{1/3} = 14\,830$$

이것은 혼합흐름의 상관관계를 사용하여 얻은 값보다 단지 11% 정도 크다.

예제 7.3 42 cm×42 cm 판이 1953W의 균일한 표면 열플럭스에 노출되어 있다. 27℃의 대기중의 공기가 12 m/s의 속도로 판을 가로질러 흐른다. 판의 평균표면 온도는?

풀이 여기에서는 판의 표면온도를 모르기 때문에 경막온도를 구할 수 없다. 따라서, 공기의 물성을 자유흐름 온도인 27℃(300 K)에 기초한다.

$$\nu = 15.89\times10^{-6}\ \text{m}^2/\text{s}, \quad k = 0.0263\ \text{W/m}\cdot\text{K}, \quad Pr = 0.707$$

레이놀즈 수는

$$Re_L = \frac{U_\infty L}{\nu} = \frac{(12\ \text{m/s})(0.42\ \text{m})}{15.89\times10^{-6}\ \text{m}^2/\text{s}} = 3.17\times10^5$$

레이놀즈 수가 임계값인 5×10^5보다 적으므로, 흐름은 판전체를 통해 층류이다. 일정 열플럭스 표면 위의 층류에 대한 평균 누셀트 수는 식 (7 · 29)에 의해 주어진다.

$$\overline{Nu}_L = 0.680Re_L^{1/2}Pr^{1/3}$$
$$= (0.680)(3.17\times10^5)^{1/2}(0.707)^{1/3} = 341$$

이 결과를 식 (7 · 28)에 대입하면

$$(\overline{T_w - T_\infty}) = \frac{q_w L}{k\overline{Nu}_L} = \frac{(1953\ \text{W/m}^2)(0.42\ \text{m})}{(0.0263\ \text{W/m}\cdot\text{K})(341)} = 91.4\ \text{K} = 91.4℃$$

이제, 임시의 평균 온도차에 기초한 공기물성을 고친다. 경막온도는

$$T_f = \frac{T_w + T_\infty}{2} = \frac{(91.4+27)℃ + 27℃}{2} = 72.7℃ = 346\ \text{K}$$

수정된 물성값은

$$\nu = 20.52\times10^{-6}\ \text{m}^2/\text{s}, \quad k = 0.0297\ \text{W/m}\cdot\text{K}, \quad Pr = 0.701$$

수정된 레이놀즈 수는

$$Re_L = \frac{(12\ \mathrm{m/s})(0.42\ \mathrm{m})}{20.52 \times 10^{-6}\ \mathrm{m^2/s}} = 2.46 \times 10^5$$

따라서, 수정된 평균 누셀트 수는,

$$\overline{Nu}_L = 0.680(2.46 \times 10^5)^{1/2}(0.701)^{1/3} = 300$$

그러므로 평균 온도차는

$$(\overline{T_w - T_\infty}) = \frac{q_w L}{k\overline{Nu}_L} = \frac{(1953\ \mathrm{W/m^2})(0.42\ \mathrm{m})}{(0.0297\ \mathrm{W/m \cdot K})(300)} = 92.1\ \mathrm{K} = 92.1℃$$

이것으로부터 물성보정은 온도차에 거의 영향이 없음을 알 수 있다. 판의 평균표면온도는

$$\overline{T}_w = (\overline{T_w - T_\infty}) + T_\infty = 92.1℃ + 27℃ = 119.1℃$$

가 된다.

7.3 실 린 더

판 위의 자유흐름 다음으로, 실린더를 가로지르는 흐름은 자유흐름의 가장 보편적인 유형이다. 교차흐름 중의 실린더는 교차흐름 열교환기에서 관을 가로지르는 유체흐름과 실린더형의 핀 휜을 가로지르는 공기흐름, 보일러의 전기가열 부분을 가로지르는 증기흐름 또는 고층건물 주위의 공기흐름 등을 포함한 많은 응용에서 나타난다. 많은 실제상황에서 원형의 단면을 갖는 실린더를 대하게 되지만, 장방형이나 다른 형태의 단면으로 된 실린더를 대하기도 한다. 이 장에 제시된 내용은 긴 실린더에 관계된다(예를 들면 길이가 지름보다 훨씬 큰 실린더). 이 제한은 실린더에 대한 실험적인 상관관계가 적용되지 않는 실린더 끝부근에서의 특별한 흐름효과를 제외하기 위해 필요하다.

원형 실린더

그림 7·4에 나타낸 것처럼 교차흐름 중의 원형 실린더를 고려한다. 실린더로부터 멀리 떨어진 속도 U_∞는 균일하고 실린더의 축에 대해 수직이다. 자유흐름 유체가 실린더에 접근함에 따라 멀리 상류의 평행한 유선(streamline)은 실린더 주위에서 나누어진다. 하나의 유선은 유압증가를 수반하면서 실린더의 축에 결부된 앞정체점(forward stagnation point)으로 불리는 한 점으로 남게 된다. 앞정체점은 판에서의 선단과 유사하며, 따라서 실린더에서의 경계층은 여기에서부터 발달된다. 압력은 앞정체점으로부터 감소하며 예상할만한 경계층 성장을 일으킨다. 그러나 실린더의 꼭대기 부근에서 압력은 최소로 되고 실린더의 후면주위에서 증가하기 시작한다. 이 실린더의 후면주위에서의 압력의 증가는 표면부근에서 흐름역전 영역을 발생시키면서 경계층의 유속을 감소시킨다. 이러한 흐름역전이 시작

그림 7·4 교차흐름에서 실린더는 앞표면 위의 경계층과 분리점에 뒤따르는 후방난류를 나타낸다.

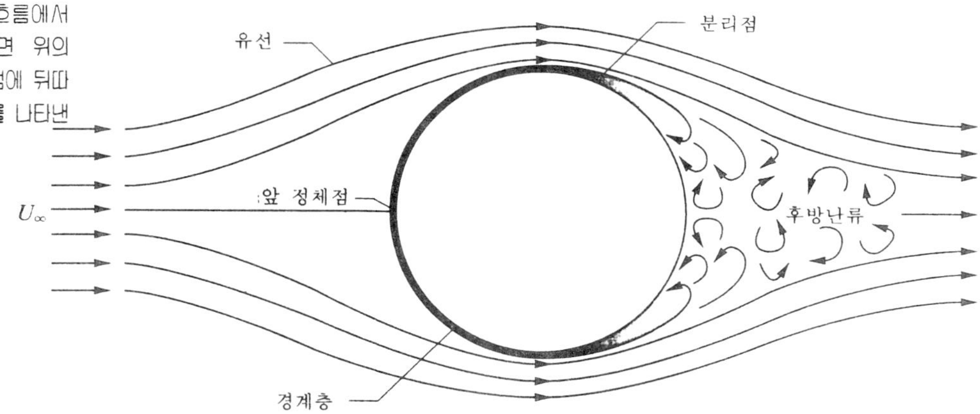

되는 점은 표면으로부터 경계층이 분리되기 때문에 분리점(separation point)으로 불린다. 경계층 분리의 결과는 소용돌이(vortices)로 불리는 회전하는 흐름형태이고, 이것은 실린더로부터 떨어져서 후방난류 흐름(turbulent wake down stream)을 만든다.

분리점의 위치는 레이놀즈 수의 함수이며, 교차흐름 중의 실린더에 대하여 다음과 같이 정의된다.

$$Re_D = \frac{U_\infty D}{\nu} \qquad (7 \cdot 31)$$

여기서 특성길이는 실린더의 지름 D이다. 그림 7·5에 나타낸 것처럼 Re_D가 5보다 작은 경우, 경계층 분리는 일어나지 않는다. 레이놀즈 수가 증가함에 따라 그림 7·6과 같이 뒤정체점(rear stagnation point) 부근에서 재회전하는 난류쌍을 만들면서 경계층이 분리된다. 레이놀즈 수가 더 크게 증가하면 그림 7·7에 나타낸 것처럼 실린더의 뒤쪽에 큰 후방난류를 야기하며 분리점을 상류로 이동시킨다.

실험에 의하면, 그림 7·8에 나타낸 것처럼 원형 실린더를 가로지르는 층류에 있어서 분리점은 $\theta = 80°$에서 발생되고, 반면 난류에 있어서 분리점은 $\theta = 140°$에서 발생된다. 표면에서 난류 경계층의 속도구배는 층류에서보다 가파르며, 이로 인해 높은 운동량 전달과 경계층 분리의 지연이 일어난다.

이러한 흐름특성은 실린더에 가해지는 공기역학적인 힘에 대해서 뚜렷한 영향을 미친다. 벼랑물체(bluff bodies) 주위의 흐름에 대한 무차원 항력계수(drag coefficient) C_D는 다음과 같이 정의된다.

$$C_D = \frac{F_D}{\rho U_\infty^2 A/2} \qquad (7 \cdot 32)$$

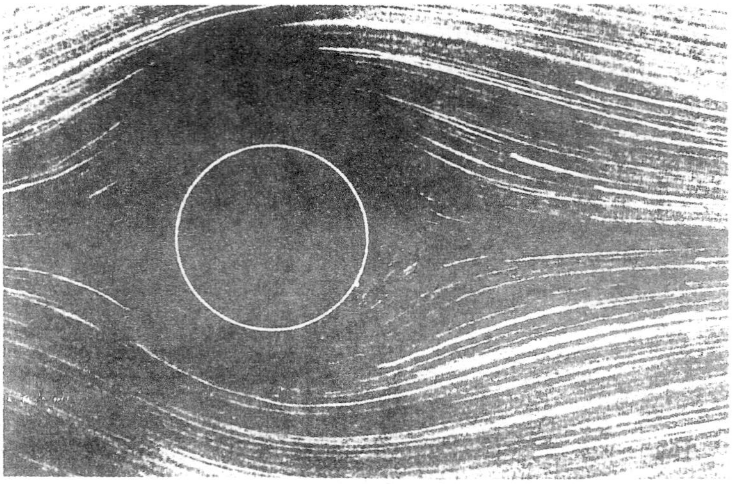

그림 7·5 Re_D=1.54에서 교차흐름에서의 원형의 실린더. 후방에서 경계층 분리가 일어나지 않는다. 유선은 물 속의 알루미늄 분말에 의해 가시화된다.(Courtesy of Sadatoshi Taneda, Kurume Institute of Technology, Japan)

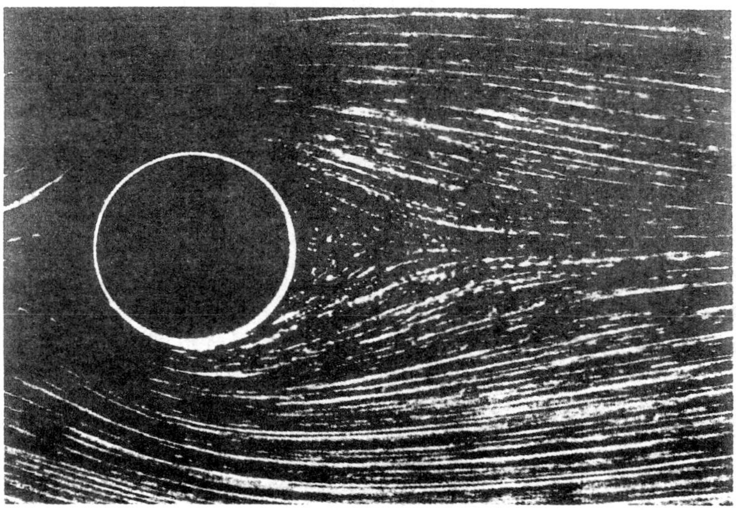

그림 7·6 Re_D=9.6인 교차흐름에서의 원형 실린더. 후방에서 재회전하는 난류를 형성하면서 경계층 분리가 발생한다. 유선은 물 속의 알루미늄 분말에 의해 가시화된다. (Courtesy of Sadatoshi Taneda, Kurume Institute of Technology, Japan)

여기서 F_D는 총항력, ρ는 유체의 밀도, A는 물체의 투영면적(projected frontal area)이다. 실린더의 경우, 투영면적은 실린더의 지름과 길이의 곱이다. 실린더에 가해지는 총항력은 마찰저항(friction drag)과 압력(pressure), 또는 형태(form), 항력(drag)의 합이다. 마찰저항은 실린더 표면의 전단력에 기인하지만 압력저항은 실린더의 전방과 후방간의 순압력차에 기인한다. 실린더 후면의 후방 난류에서의 압력은 실린더 앞에서의 압력보다 낮으므로 순압력차가 생긴다. 마찰저항은 레이놀즈 수가 한 자릿수일 때 지배적인 항력기구인 반면, 레이놀즈 수가 1000보다 큰 경우에는 압력저항이 지배적이다. 이들 두 레이놀즈 수 사이에서는 마찰과 압력저항이 같은 크기의 차수이다.

교차흐름 중의 실린더에 대한 광범위한 실험적 연구는 항력계수를 레이놀즈 수

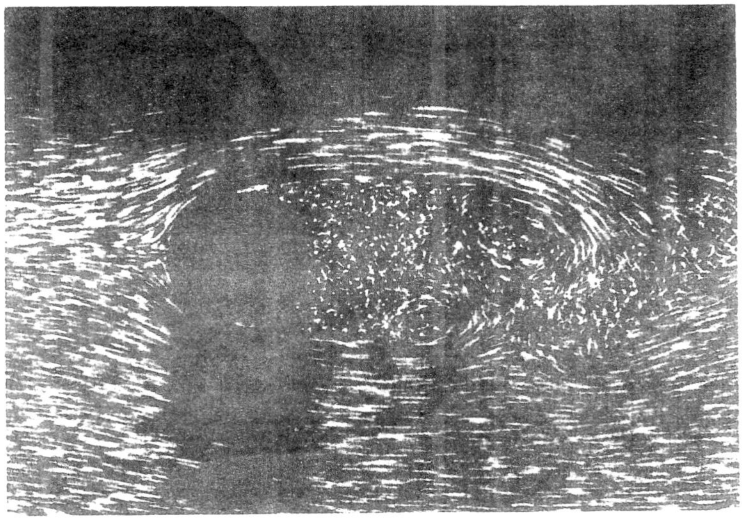

그림 7·7 $Re_D=2000$인 직교흐름에서의 원형 실린더 전방 층류 경계층이 분리되어 난류로 바뀐다. 유선은 물 속의 알루미늄 분말에 의해 가시화된다.(Courtesy of Marc Gallon, DNERA, France.

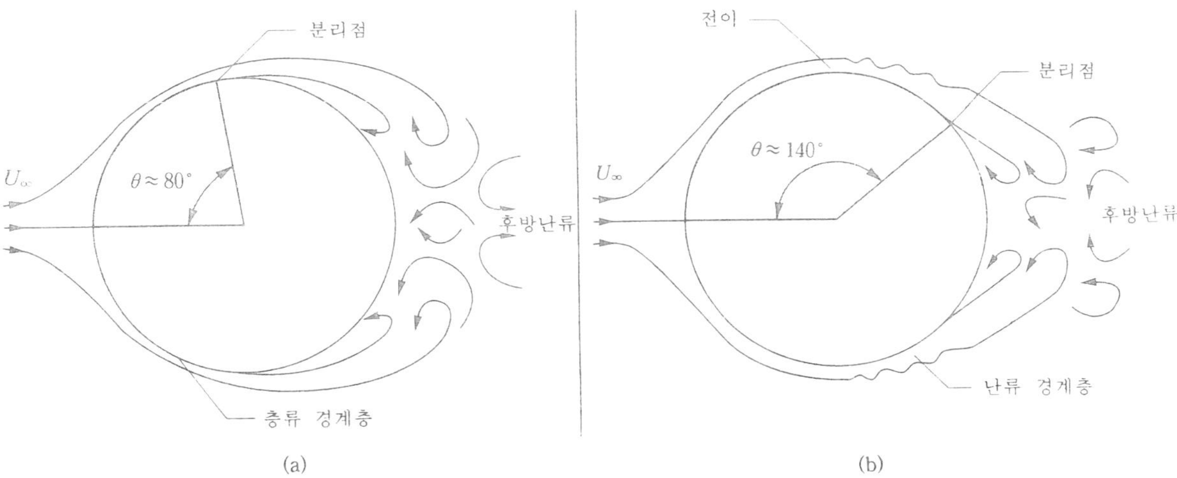

그림 7·8 교차흐름 중의 실린더에 대하여 분리점의 위치는 흐름의 조건에 따름. (a) 층류 $Re_D < 2 \cdot 10^5$, (b) 난류 $Re_D \geq 2 \cdot 10^5$

에 대한 함수로 나타내었다. 그림 7·9에 나타낸 것처럼 항력계수 C_D는 레이놀즈 수 Re_D에 따라 감소한다. 난류 경계층 분리의 지연은 $Re_D=3\times10^5$ 근처에서 C_D가 급격하게 떨어지기 때문이다. 레이놀즈 수에 따라 감소하는 것은 항력이 아니라 항력계수이다. 식 (7·32)는 항력을 레이놀즈 수를 유도하는 속도와 항력계수의 함수로써 나타낸다. 또한, 그림 7·9는 매끈한 실린더에만 적합하다는 것도 명심해야 한다. 실린더 표면의 거칠기는 난류 경계층으로의 전이가 발생하는 곳에서 레이놀즈 수를 감소시킨다.

교차흐름 중의 실린더에 대한 대류 열전달은 분명히 흐름특성에 의해 영향받는

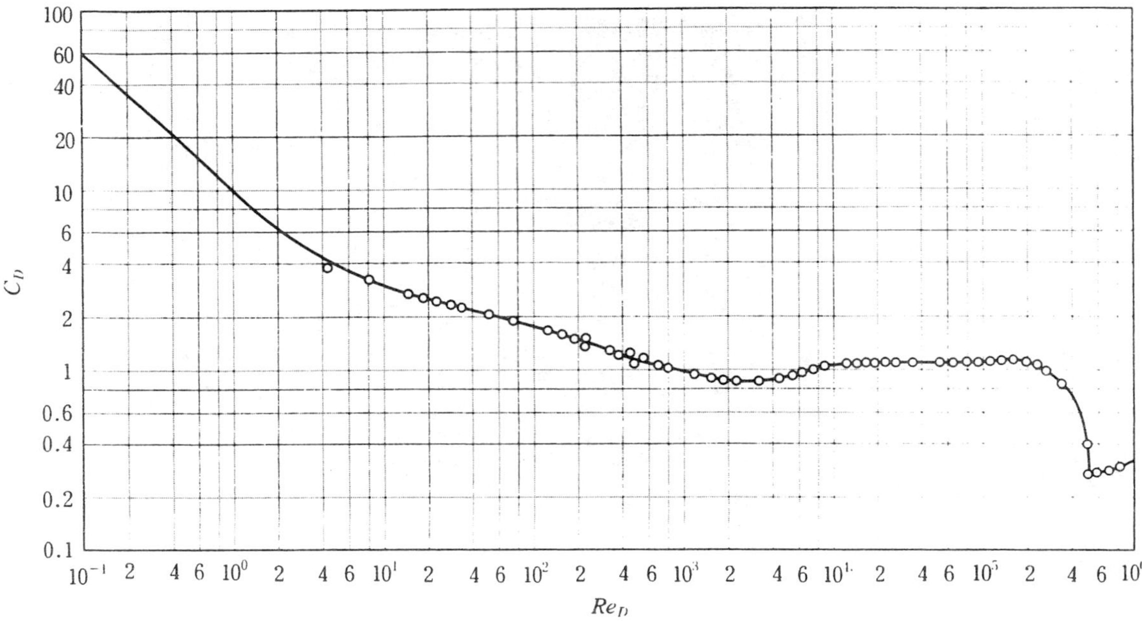

그림 7·9 교차흐름 중의 원형 실린더에 대한 항력계수는 레이놀즈 수의 함수이다.(Drawn from H. Schlichting, Boundary Layer Theory, 7th ed., New Yok: McGraw-Hill, 1979, with permission of the McGraw-Hill Companies.)

다. 세부적인 실험을 통해 누셀트 수가 앞정체점으로부터 뒤정체점까지 변하는 것을 그림 7·10에서 나타낸다. 곡선에서 대략 $\theta = 80°$와 $\theta = 100°$ 사이의 첫 최소점은 층류 경계층 분리점과 일치한다. 이 때 대류 열전달은 유체에서의 난류 소용돌이 운동으로 인해 급격히 증가한다. 높은 레이놀즈 수에서 두 번째 최소점이 약 $\theta = 140°$에서 관찰되고, 그 지점에서 난류 경계층 분리가 일어난다. 이 때 대류 열전달은 $\theta = 180°$에서 뒤정체점을 향하여 증가하고, 거기에서 난류 소용돌이 운동이 활발하다.

실제적인 견지에서 요구되는 것은 실린더 전체표면에 대한 평균 누셀트 수이다. 그림 7·10에 나타낸 바와 같이 국부 누셀트 수의 복잡성은 해석적인 예측을 불가능하게 하고, 따라서 찾고자 하는 평균 누셀트 수를 얻기 위해서는 실험적 방법에 의존해야만 한다. 원형 실린더 위를 흐르는 가스와 액체의 교차흐름에 대한 실험으로부터 Knudsen과 Katz[7]은 평균 누셀트 수를 다음의 상관관계로 나타내었다.

$$\overline{Nu_D} = C Re_D^n Pr^{1/3} \quad (Pr > 0.6) \tag{7·33}$$

여기서 평균 누셀트 수 $\overline{Nu_D}$는 실린더의 지름으로부터, 다음과 같이 주어진다.

그림 7 · 10 교차흐름 중의 실린더에 대한 국부 누셀트 수는 앞정체점으로부터의 각도에 대한 함수이다.(Adapted from Figure 8 of W. H. Giedt, "Investigation of Variation of Point Unit Heat Transfer Coefficient Around a Cylinder Normal to an Air Stream, Trans. ASME 71, with permission of ASME.)

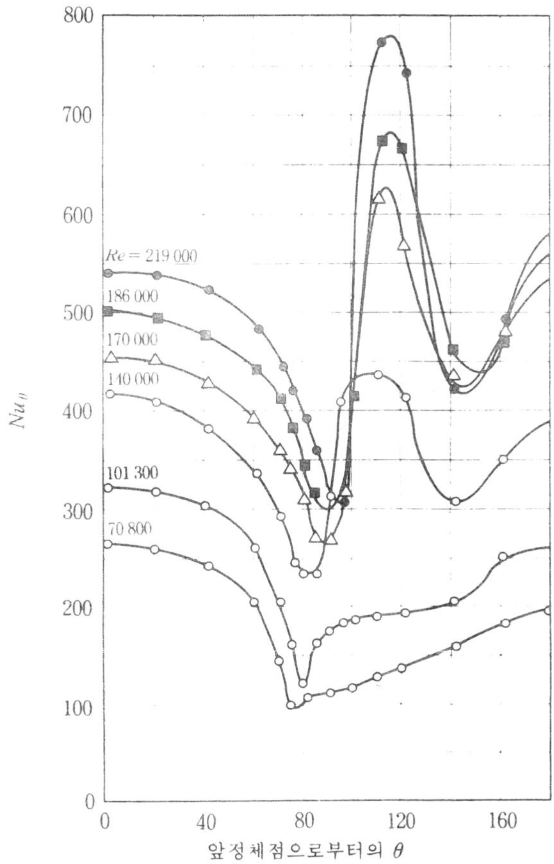

$$\overline{Nu}_D = \frac{\bar{h}D}{k} \qquad (7 \cdot 34)$$

표 7 · 1에 나타낸 변수 C와 n은 실험자료로부터 얻어진 상수이다. 식 (7 · 33)에서 프란틀 수가 제한적임을 주의하라. 더 높은 레이놀즈 수의 범위를 포함하는 또 다른 관계는 Churchill과 Bernstein[8]에 의해 다음과 같이 제안되었다.

$$Nu_D = 0.3 + \frac{0.62 Re_D^{1/2} Pr^{1/3}}{[1+(0.4/Pr)^{2/3}]^{1/4}}\left[1+\left(\frac{Re_D}{282\,000}\right)^{5/8}\right]^{4/5} \qquad (7 \cdot 35)$$

$$(Re_D Pr > 0.2)$$

식 (7 · 33)과 식 (7 · 35)에서 사용되는 모든 유체의 물성은 경막온도에 기초한 것이다.

그림 7 · 11은 교차흐름 중의 가열된 실린더를 둘러싼 공기의 온도분포를 나타낸다. 어두운 줄무늬는 레이저 간섭계로 측정된 등온선이다. 실린더의 뒷면 부

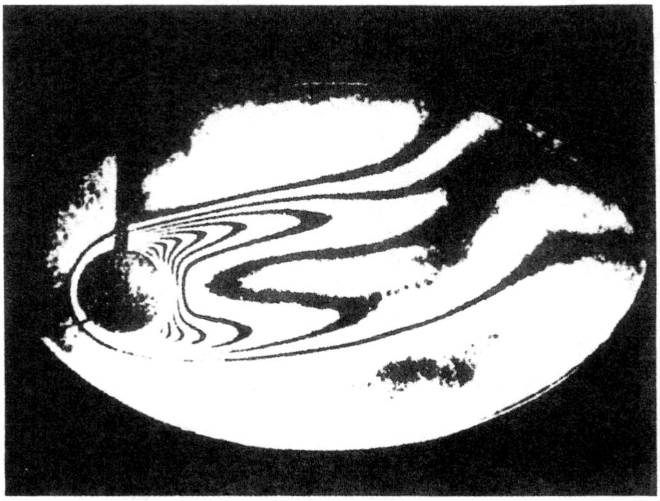

그림 7·11 Re_D=160인 교차흐름 중의 가열된 원형 실린더 주위의 등온선(From Flow Visualization III, pp.353~357, W. J. Yang, ed., Hemisphere Publishing Corp., Washington, D. C. Reproduced with permission. All rights reserved.)

표 7·1 교차흐름 중의 원형 실린더에 대한 평균 누셀트 수를 구하기 위한 식 (7·33)에서의 상수

Re_D	C	n
0.4~4	0.989	0.330
4~40	0.911	0.385
40~4000	0.683	0.466
4000~40 000	0.193	0.618
40 000~400 000	0.0266	0.805

근에서 찌그러진 등온선에 의해 지적되는 것처럼 경계층 분리는 뚜렷이 나타내며, 실린더로부터 후방난류가 분명하게 보여진다.

예제 7.4 150℃, 대기압의 질소가 지름 5 cm의 긴 원형 실린더를 가로질러 20 m/s의 속도로 흐른다. 실린더의 표면온도는 500℃이다. 단위길이당 (a) 실린더에 가해지는 항력, (b) 실린더로부터의 대류 열전달을 구하라.

풀이 경막온도는

$$T_f = \frac{T_\infty + T_w}{2} = \frac{(150+500)\,℃}{2} = 325\,℃ = 598\ \text{K}$$

따라서, 질소의 물성은

$$\rho = 0.5635\ \text{kg/m}^3,\quad \nu = 51.51\times10^{-6}\ \text{m}^2/\text{s},\quad k = 0.0445\ \text{W/m}\cdot\text{K},\quad Pr = 0.701$$

(a) 실린더에 가해진 항력을 구하기 위해 레이놀즈 수 Re_D를 구해야 한다.

$$Re_D = \frac{U_\infty D}{\nu} = \frac{(20\ \text{m/s})(0.05\ \text{m})}{51.51\times10^{-6}\ \text{m}^2/\text{s}} = 1.94\times10^4$$

그림 7·9로부터 항력계수 C_D는

$$C_D \approx 1.1$$

실린더에 대한 투영면적은 그것의 길이와 지름의 곱이다. 단위길이(m)당 기준 하여 계산하기 때문에 면적 A는

$$\frac{A}{L} = D = 5\ \text{cm} = 0.05\ \text{m}$$

식 (7·32)로부터 실린더의 단위길이(m)당 항력은

$$\frac{F_D}{L} = \frac{C_D \rho U_\infty^2 D}{2} = \frac{(1.1)(0.5635\ \text{kg/m}^3)\ (20\ \text{m/s})^2\ (0.05\ \text{m})}{2} = 6.20\ \text{N/m}$$

(b) 대류 열전달을 구하기 위해, 먼저 식 (7·33)으로부터 누셀트 수를 계산한다. 표 7·1로부터 레이놀즈 수가 1.94×10^4일 때, 상수 C와 n이 각각 0.193과 0.618임을 알 수 있다. 따라서 평균 누셀트 수는

$$\overline{Nu}_D = CRe_D^n Pr^{1/3} = (0.193)(1.94 \times 10^4)^{0.618}(0.701)^{1/3} = 76.6$$

그러므로 평균 열전달 계수는

$$\bar{h} = \frac{\overline{Nu}_D k}{D} = \frac{(76.6)(0.0445\ \text{W/m} \cdot \text{K})}{0.05\ \text{m}} = 68.2\ \text{W/m}^2 \cdot \text{K}$$

단위길이당 실린더로부터의 대류 열전달은

$$\frac{\dot{Q}}{L} = \bar{h}\pi D(T_w - T_\infty) = (68.2\ \text{W/m}^2 \cdot \text{K})\pi(0.05\ \text{m})[(500 - 150)\ \text{K}] = 3750\ \text{W/m}$$

비원형 실린더

교차흐름 중의 비원형 실린더(noncircular cylinder)는 핀 휜 히트싱크(pin fin heat sink), 금속사출 성형품의 냉각, 고층건물과 건축물로부터의 열손실 등과 같은 다양한 응용에서 중요하다. 그림 7·12는 고층건물의 모델을 둘러싸는 공기흐름 형태를 보여 준다. 건물의 자유흐름 모델링은 풍부하(wind load)를 막기 위한 구조적 설계에서뿐만 아니라, 냉난방, 통풍의 견지에서 매우 중요하다. 비원형의 단면을 갖는 실린더에 대한 평균 열전달 계수를 구하기 위한 접근은 원형 실린더에서와 같다. 식 (7·33)에서 사용된 상수 C, n은 흐름과 대면하는 판에 대해서 뿐만 아니라 장방형이나 육각형의 실린더에 대해서도 실험적으로 결정된다. 표 7·2에서는 이들 비원형 단면에 대한 특성길이 D와 상응하는 상수 C, n을 나타낸다.

7.4 구

교차흐름 중의 구형의 물체는 포화 액체와 용융금속 액적의 열적거동, 비행기나 수중 기관의 끝머리 부분, 축열기라고 불리는 충전층 축열기구 등을 포함한

그림 7 · 12 고층건물 주위의 공기흐름은 통풍과 열전달 특성에 영향을 미침. 고층건물 모형 주위의 공기의 교차흐름: 폭=10 cm, U_∞=0.5 m/s. Re=3400.(Courtesy of Shuzou Murakami, University of Tokyo, Japan.)

표 7 · 2 교차흐름 중의 비원형 실린더에 대한 평균 누셀트 수를 구하기 위한 식 (7 · 33)에서의 상수

단 면	Re_D	C	n
정사각형 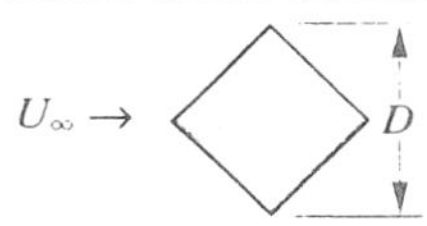	$5\times10^3-10^5$	0.246	0.588
정사각형 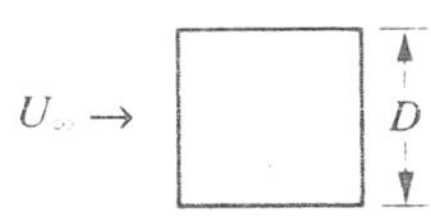	$5\times10^3-10^5$	0.102	0.675
육각형 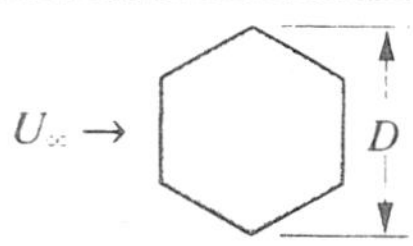	$5\times10^3-1.95\times10^4$ $1.95\times10^4-10^5$	0.160 0.0385	0.638 0.782
육각형 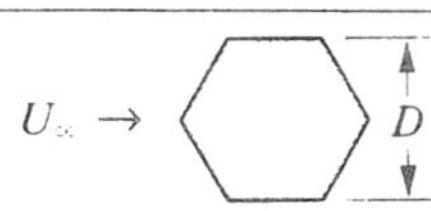	$5\times10^3-10^5$	0.153	0.638
판 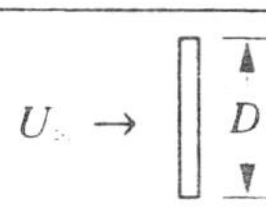	$4\times10^3-1.5\times10^4$	0.228	0.731

많은 응용에서 나타난다. 교차흐름 중의 실린더에서와 유사한 경계층 특성을 보인다. 그림 7 · 13은 물의 교차흐름 중에 있는 구를 나타내며, 유선은 작은 공기방울을 이용하여 가시화된다. 실린더와 마찬가지로 구는 경계층 분리를 하고 이어서 난류와류 운동을 한다.

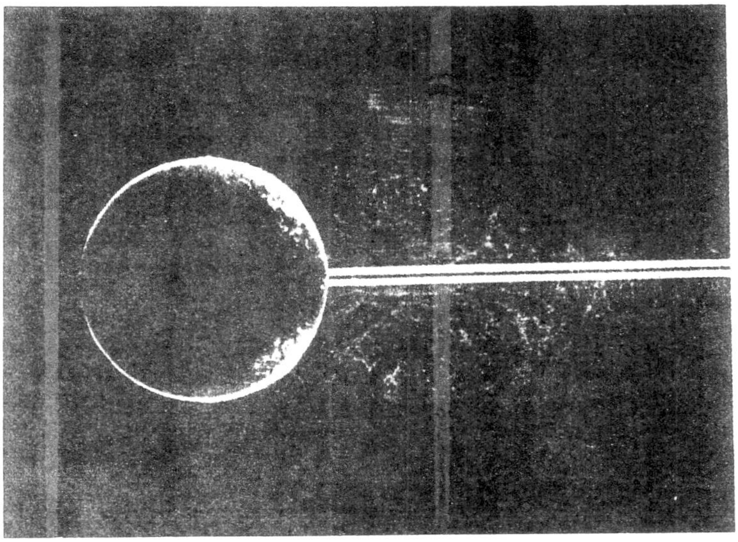

그림 7·13 $Re_D=15\,000$인 교차흐름의 구. 유선은 수중의 공기방울에 의해 가시화된다.(Courtesy of Marc Gallon, ONERA, France.)

교차흐름 중의 구에 가해지는 항력은 식 (7·32)를 사용하여 결정된다. 항력인자 C_D는 식 (7·31)로 정의된 레이놀즈 수 Re_D(D는 구의 지름)의 함수이다. 미동흐름(creeping flow)으로 불리는 매우 느린 운동에 대해서 항력계수는 스토크의 법칙(Stokes' law)으로 주어진다.

$$C_D = \frac{24}{Re_D} \quad (Re_D < 1) \tag{7·36}$$

레이놀즈 수가 1보다 큰 경우, 항력계수는 실험적으로 결정되며, 그림 7·14로 주어진다. 실린더에서와 마찬가지로 구에서의 항력계수는 레이놀즈 수에 따라 감소한다. 실린더에서와 같이 구에 대한 항력인자도 $Re_D=3\times10^5$ 부근에서 급격히 떨어지는 것을 유의해야 한다. 그림 7·14는 단지 매끈한 구에만 적용된다. 구 표면의 거칠기는 전이점을 낮은 레이놀즈 수로 변동시킨다. 골프공이 움푹 들어가게 되는 것은 이러한 경계층 전이변화 때문이다. 움푹 들어간 곳은 낮은 레이놀즈 수에서 경계층을 전이시켜서 공의 항력을 낮추고 더 멀리 비행하게 한다.

교차흐름 중의 구에 대한 평균 누셀트 수를 위해 많은 유용한 실험적인 상관관계가 있지만, 광범위한 레이놀즈 수와 프란틀 수를 포함하는 가장 포괄적인 상관관계는 Whitaker[12]에 의해 주어졌다.

$$\overline{Nu}_D = 2 + (0.4Re_D^{1/2} + 0.06Re_D^{2/3})Pr^{2/5}\left(\frac{\mu}{\mu_w}\right)^{1/4} \tag{7·37}$$

$$(0.7 < Pr < 380), \quad (3.5 < Re_D < 7.6\times10^4)$$

μ_w는 구의 벽온도에 기초한 동력학 점도(dynamic viscosity)이다. 식 (7·37)

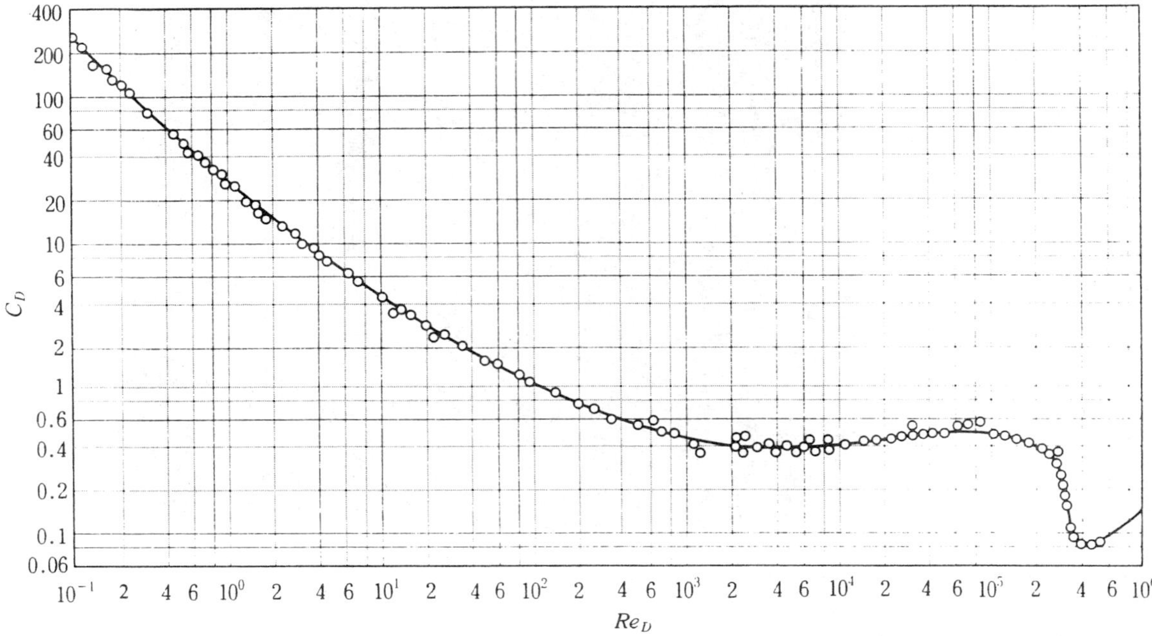

그림 7 · 14 교차흐름 중의 구에 대한 항력계수는 레이놀즈 수의 함수(Drawn from H. Schlichting, Boundary Layer Theory, 7th ed., New Yok: McGraw-Hill, 1979, with permission of the McGraw-Hill Companies.)

의 모든 물성은 경막온도가 아닌, 자유흐름 온도인 T_∞에 기초한다.

예제 7.5 지름 4 cm의 구가 27℃, 대기압에서 속도 3.6 m/s인 공기의 교차흐름에 있다. 구 표면의 온도가 177℃일 때, 구로부터의 대류 열전달은?

풀이 이 문제를 풀기 위하여 식 (7 · 37)을 이용해야 되기 때문에, 27℃(300 K) 자유흐름 온도에서 다음의 공기물성이 필요하다.

$$\rho = 1.1614 \text{ kg/m}^3, \quad \mu = 184.6 \times 10^{-7} \text{ kg/m} \cdot \text{s}, \quad \nu = 15.89 \times 10^{-6} \text{ m}^2/\text{s},$$

$$k = 0.0263 \text{ W/m} \cdot \text{K}, \quad Pr = 0.707$$

또한, 표면온도 177℃(450 K)에서 공기의 점도가 필요하다.

$$\mu_W = 250.7 \times 10^{-7} \text{ kg/m} \cdot \text{s}$$

자유흐름 속도는

$$U_\infty = 3.6 \text{ m/s}$$

따라서, 레이놀즈 수는

$$Re_D = \frac{U_\infty D}{\nu} = \frac{(3.6 \text{ m/s})(0.04 \text{ m})}{15.89 \times 10^{-6} \text{ m}^2/\text{s}} = 9062$$

평균 누셀트 수는 식 (7 · 37)을 이용하면

$$\overline{Nu}_D = 2 + (0.4Re_D^{1/2} + 0.06Re_D^{2/3})Pr^{0.4}\left(\frac{\mu}{\mu_w}\right)^{1/4}$$

$$= 2 + [0.4(9062)^{1/2} + 0.06(9062)^{2/3}](0.707)^{0.4}\left(\frac{184.6}{250.7}\right)^{1/4} = 53.7$$

따라서, 평균 열전달 계수는

$$\bar{h} = \frac{\overline{Nu}_D k}{D} = \frac{(53.7)(0.0263\ \text{W/m}\cdot\text{K})}{0.04\ \text{m}} = 35.3\ \text{W/m}^2\cdot\text{K}$$

구로부터의 대류 열전달은

$$\dot{Q} = \bar{h}A(T_w - T_\infty) = \bar{h}4\pi R^2(T_w - T_\infty)$$

$$= (35.3\ \text{W/m}^2\cdot\text{K})4\pi(0.02\ \text{m})^2[(177-27)\ \text{K}] = 26.6\ \text{W}$$

7.5 튜브군

7.3절에서 설명한 것은 단일 실린더에서의 유체의 교차흐름이었다. 교차흐름 열교환기, 대류식 실내히터(convective space heater), 전기공급 히터(electric immersion heater) 등의 많은 응용에서, 실린더(튜브)는 군(banks) 또는 다발(bundle)로 불리는 2차원으로 배열된다. 그림 7·15에 나타낸 것과 같이 일반적으로 가스상의 유체는 튜브군 위를 흐르고, 보통 액체상의 유체는 튜브를 관통하여 흐른다. 유체는 튜브를 통과하거나 그 위를 지나 흐를 때 열에너지를 교환하

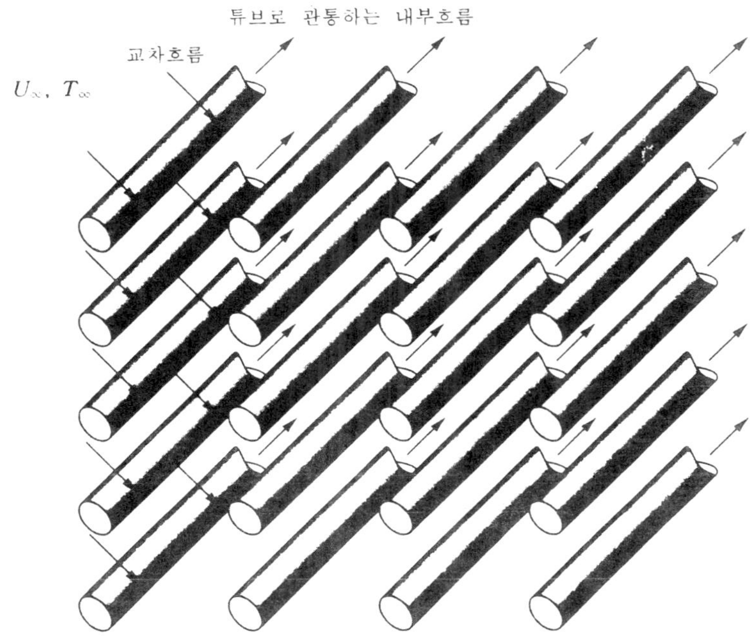

그림 7·15 튜브군은 2차원의 튜브배열이다(하나의 유체는 튜브 위를 지나 흐르고, 다른 유체는 튜브를 통과하여 흐른다).

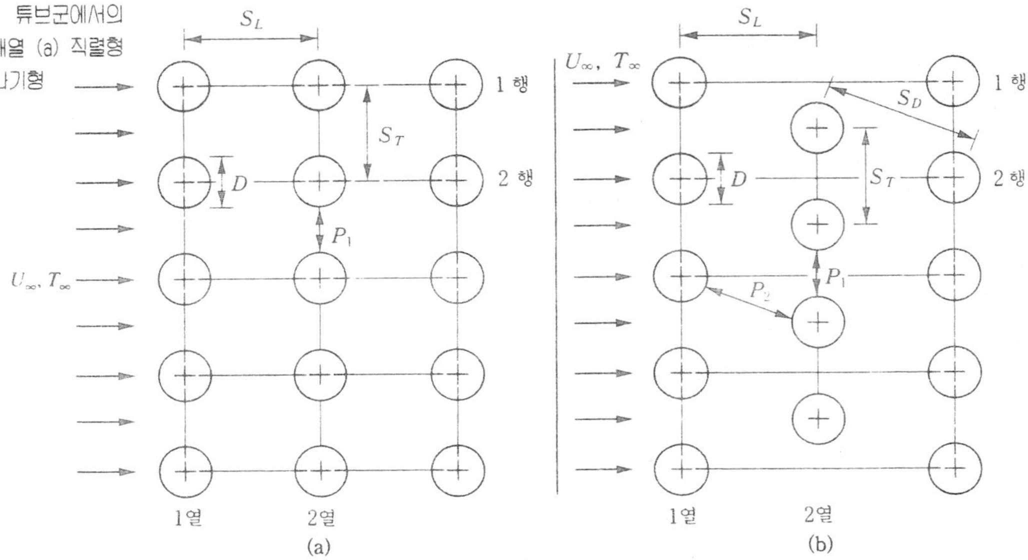

그림 7·16 튜브군에서의 튜브의 배열 (a) 직렬형 (b) 어긋나기형

고, 입구로부터 출구까지 양쪽 유체의 온도를 변화시킨다. 유체는 서로 직접 접촉하지 않고, 튜브벽과 내부, 외부 경계층을 통해 열에너지를 교환한다. 그림 7·15에 나타낸 형태는 교차흐름 열교환기라고 일컬어지며 10장에서 논의된다.

튜브군(tube bank)에서 튜브의 배열은 직렬형 또는 어긋나기형으로서 분류된다. 그림 7·16처럼 직렬형 튜브군(in−line tube bank)에서 모든 줄은 일직선으로 맞춰지는 반면, 어긋나기형 튜브군(staggered tube bank)에서는 줄이 튜브 사이의 공간을 반정도로 빗겨 배열된다. 흐름방향에 평행한 또는 수직인 튜브군은 각각 세로피치(longitudinal pitch) S_L, 가로피치(transverse pitch) S_T로 정의된다. 첫줄의 튜브에 대한 흐름특성, 결과적으로 대류 열전달은 단일 실린더에서와 유사하다. 그러나 두 번째 줄에 대한 열특성은 상류조건에 따라 변한다. 실린더 첫줄의 튜브에 의해 떨어진 후방난류는 두 번째 줄(tube)에 대해 높은 수준의 자유흐름 난류를 만들고, 이로부터 열전달 계수를 증가시킨다. 이러한 효과는 군의 대략 다섯째 튜브 이후에서 적당하지만, 그 이전의 튜브에 대해서는 열전달 계수가약간 다르다.

16줄 또는 그 이상으로 된 튜브군에 대해서 평균 누셀트 수의 실험적인 상관관계는 Zhukauskas[13]에 의해 주어진다.

$$Nu_D = FCRe_{D,\max}^{m} Pr^{n}\left(\frac{Pr}{Pr_w}\right)^{1/4} \qquad (7\cdot 38)$$

$$(0.7 < Pr < 500), \quad (1000 < Re_{D,\max} < 2\times 10^6)$$

표 7·3 튜브군을 지나는 강제흐름에 대한 평균 누셀트 수를 구하기 위한 식 (7·38)에서의 계수

$Re_{D,\max}$	C	m	n
직렬형			
10^0-10^2	0.9	0.4	0.36
10^2-10^3	0.52	0.5	0.36
$10^3-2\times10^5$	0.27	0.63	0.36
$2\times10^5-2\times10^6$	0.033	0.8	0.4
어긋나기형			
$10^0-5\times10^2$	1.04	0.4	0.36
$5\times10^2-10^3$	0.71	0.5	0.36
$10^3-2\times10^5$	$0.35\ (a/b)^{1/5}$	0.6	0.36
$2\times10^5-2\times10^6$	$0.031\ (a/b)^{1/5}$	0.8	0.36

주 : $a=S_T/D$, $b=S_L/D$

표 7·4 식 (7·38)에서 16줄보다 적은 튜브군에 대한 보정인자 F

줄	1	2	3	4	5	7	10	13	16
직렬형	0.70	0.80	0.86	0.90	0.93	0.96	0.98	0.99	1.00
어긋나기형	0.64	0.76	0.84	0.89	0.93	0.96	0.98	0.99	1.00

식 (7·38)에서 Pr_w를 제외한 모든 물성은 유입, 유출되는 유체의 평균온도에서 평가된다. 프란틀 수 Pr_w는 관표면 온도에서 평가된다. 계수 C, m, n은 표 7·3에 주어진다. 표 7·4에 주어진 변수 F는 16줄보다 적은 튜브군에 대한 한 보정인자이다.

레이놀즈 수 $Re_{D,\max}$는 튜브군 내에서 발생하는 최대속도에 기초한 것이다. 직렬형 튜브군에 있어서 최대속도 $U_{\max}$는 그림 7·16(a)에 P_1으로 표시된 횡단면에서 일어난다. 질량보존의 법칙으로부터 평면 P_1을 지나는 최대속도는

$$U_{\max}=\frac{S_T}{S_T-D}U_\infty \tag{7·39}$$

어긋나기형 튜브군에 있어서 최대속도는 군 내의 튜브의 간격에 의존하면서, 그림 7·16(b)에 나타낸 횡단면 P_1 또는 P_2에서 생긴다. 튜브가 다음과 같이 간격을 두고 있다면,

$$S_D<\frac{S_T+D}{2} \tag{7·40}$$

$U_{\max}$은 P_2에서 일어나고, 최대속도는

$$U_{\max} = \frac{S_T}{2(S_D - D)} U_\infty \tag{7·41}$$

피타고라스(Pythagorean theorem)의 정리에 의하면 S_D는

$$S_D = \sqrt{S_L^2 + \left(\frac{S_T}{2}\right)^2} \tag{7·42}$$

최대속도가 어긋나기형 튜브의 P_1에서 발생한다면, $U_{\max}$은 식 (7·39)를 사용하여 계산된다.

동일한 $Re_{D,\max}$에 대해서 일반적으로 표 7·3의 실험계수를 보면, 어긋나기형 튜브에서의 대류 열전달이 교차형 튜브에서 보다 높다. 이러한 원인은 어긋나기형 튜브가 우회흐름 정도에 대해 전도성이 더 크며, 이것은 튜브의 많은 부분이 난류로 씻겨지기 때문이다. 어긋나기형 튜브는, 특히 낮은 레이놀즈 수에 있어서 직렬형 튜브에 비해 탁월하다.

평균 열전달 계수가 한번 정해지면, 대류 열전달 계수를 찾기 위하여 뉴턴의 냉각법칙을 사용한다. 그러나 유체가 튜브군을 지날 때, 그 온도는 접근하는 흐름의 자유흐름 온도인 T_∞로부터 현저히 변화한다. 결과적으로 유체온도를 일정하게 가정하며 계산된 열전달은 오차를 크게 할 수 있다. 올바른 접근은 로그평균 온도차(log mean temperature difference) ΔT_m을 이용하는 것이다.

$$\Delta T_m = \frac{(T_w - T_i) - (T_w - T_o)}{\ln[(T_w - T_i)/(T_w - T_o)]} \tag{7·43}$$

T_w, T_i, T_o는 각각 튜브표면, 유체의 입구, 출구의 온도이다. 보통, 튜브 표면과 유체의 입구온도는 알려져 있다. 유체의 출구온도는 다음의 관계를 이용하여 계산된다.

$$\frac{T_w - T_o}{T_w - T_i} = \exp\left(\frac{-\pi D N \bar{h}}{\rho U_\infty N_T S_T c_p}\right) \tag{7·44}$$

N은 튜브군에서 튜브의 총수이고, N_T는 특정하게 주어진 열의 튜브의 수이다.

유체가 튜브군을 지나 흐를 때, 튜브군 입구에서부터 출구를 지나면서 압력강하가 전개된다. 이러한 압력강하는 튜브군을 통하여 유체를 이동시키기 위하여 펌프나 팬(fan)에 의한 펌프동력(pumping power)이 요구될 때 알려져야만 한다. 압력강하는 다음의 관계를 사용하여 계산될 수 있다.

$$\Delta p = N_L \Phi \frac{\rho U_{\max}^2}{2} f \tag{7·45}$$

여기서 마찰인자 f는 직렬형, 어긋나기형 배열에 대하여 각각 그림 7·17과

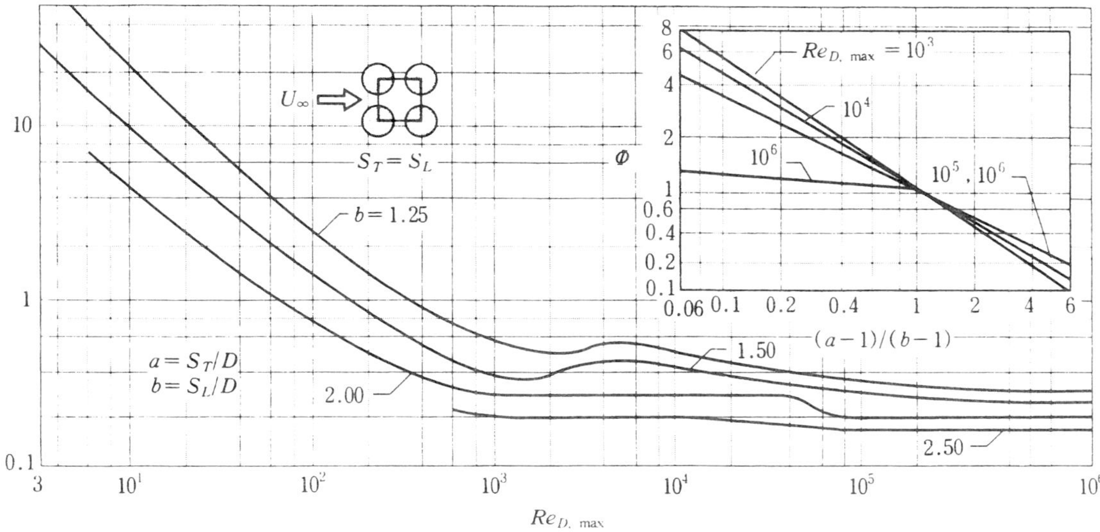

그림 7 · 17 직렬형 튜브군에 대한 마찰인자는 레이놀즈 수의 함수.(Drawn from A. Zhukanskas, Convective Heat Transfer in Cross Flow, in S. Kakac, R. K. Shaw, and W. Ang, eds., Handbook of Single-Phase Convective Heat Transfer, New York: John Wiley by permission of John Wiley & Sons, Inc.)

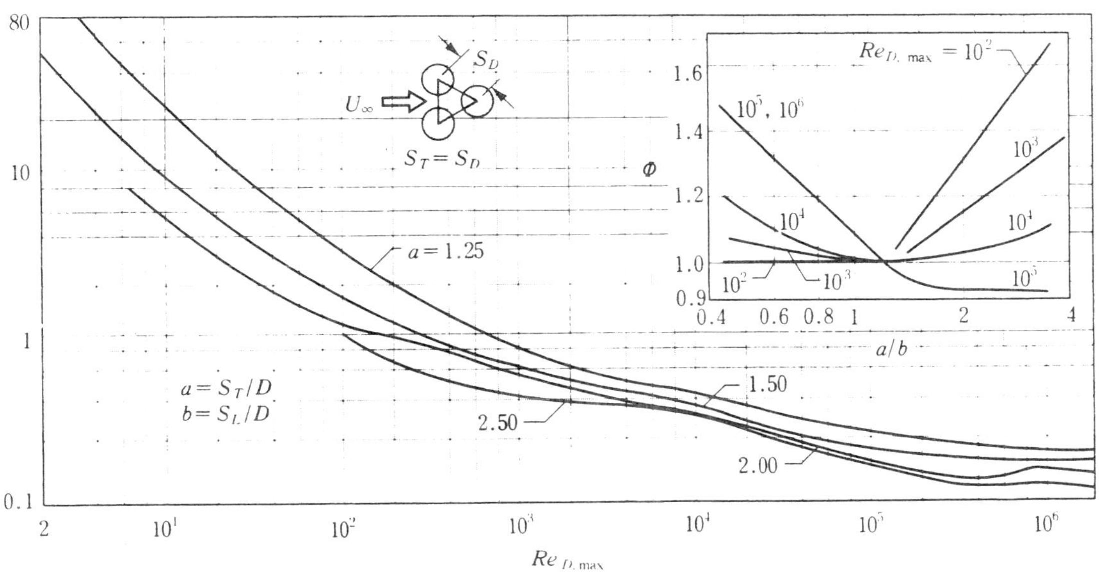

그림 7 · 18 어긋나기형 튜브군에 대한 마찰인자는 레이놀즈 수의 함수(Drawn from A. Zhukanskas, Convective Heat Transfer in Cross Flow, in S. Kakac, R. K. Shaw, and W. Ang, eds., Handbook of Single-Phase Convective Heat Transfer, New York : John Wiley by permission of John Wiley & Sons, Inc.)

그림 7·18을 사용하여 결정되며, N_L은 튜브군에서의 열의 개수이다, 그림 7·17은 $S_T = S_L$인 장방형의 직렬형 튜브배열에 적합하다. 도표에 나타낸 상관인자 Φ는 $S_T \neq S_L$일 때 적용된다. 그림 7·18은 $S_T = S_D$인 어긋나기형 튜브배열에 적합하다. 상관인자 Φ는 $S_T \neq S_D$인 경우에 적용된다.

예제 7.6　대기압의 공기가 그림 7·18에 나타낸 것처럼 각각 7개의 튜브로 배열된 5개의 열로 구성된 어긋나기형 튜브를 지나 흐른다. 공기의 상류속도 U_∞와 온도 T_∞는 각각 5 m/s와 40℃이다. 튜브의 표면온도가 90℃로 유지될 때 (a) 튜브군에 대한 평균 열전달 계수, (b) 튜브의 단위길이(m)당 튜브군으로부터의 대류 열전달, (c) 튜브군 전역에 걸친 압력강하를 구하라. 단, 온도에 대한 물성을 정확히 알 수 없으므로 튜브군을 지나는 공기온도의 변화가 공기물성을 현저히 변화시키지 않는다고 가정하라.

풀이　(a) 식 (7·38)에 사용되는 공기물성은 입구와 출구온도의 평균에 기초한다. 온도변화에 대해 공기 물성값이 크게 영향받지 않는다고 가정하였기 때문에, 공기물성을 40℃(313 K)의 입구온도에 기초한다.

$$\rho = 1.1181\ \mathrm{kg/m^3},\quad c_p = 1007.5\ \mathrm{J/kg\cdot K},\quad \nu = 17.20\times10^{-6}\ \mathrm{m^2/s}$$

$$k = 0.0273\ \mathrm{W/m\cdot K},\quad Pr = 0.705$$

표면온도 90℃(363 K)에서 프란틀 수는

$$Pr_w = 0.697$$

먼저, 튜브군에서 공기의 최대속도를 결정해야만 한다. 튜브간격 변수 S_D는 식 (7·42)에

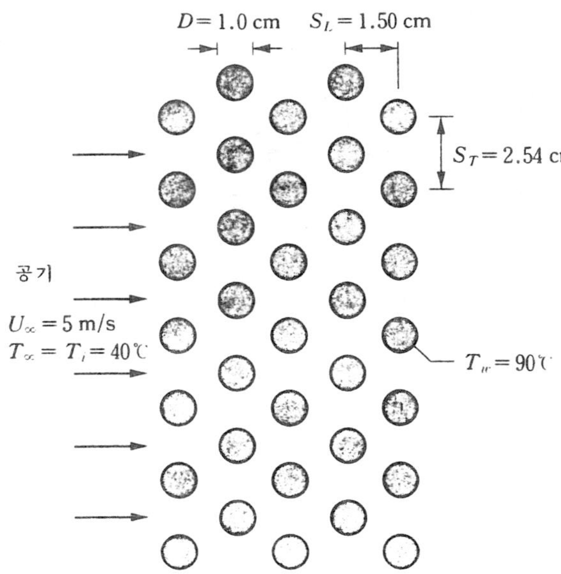

그림 7·19 어긋나기형 튜브군

의해 주어진다.

$$S_D=\sqrt{S_L^2+\left(\frac{S_T}{2}\right)^2}=\left[1.50^2+\left(\frac{2.54}{2}\right)^2\right]^{1/2}=1.965\ \text{cm}$$

식 (7·40)으로 주어진 테스트를 적용하면

$$S_D < \frac{S_T+D}{2}$$

S_D가 $(S_T+D)/2$ 보다 적음을 알 수 있고, 최대속도는 식 (7·39)로 주어진다.

$$U_{\max}=\frac{S_T}{S_T-D}U_\infty=\frac{(2.54\ \text{cm})(5\ \text{m/s})}{2.54\ \text{cm}-1.0\ \text{cm}}=8.25\ \text{m/s}$$

최대속도에 따른 레이놀즈 수는

$$Re_{D,\max}=\frac{U_{\max}D}{\nu}=\frac{(8.25\ \text{m/s})(0.01\ \text{m})}{17.20\times10^{-6}\ \text{m}^2/\text{s}}=4797$$

변수 a, b와 a/b는

$$a=\frac{S_T}{D}=\frac{2.54\ \text{cm}}{1.0\ \text{cm}}=2.54$$

$$b=\frac{S_L}{D}=\frac{1.50\ \text{cm}}{1.0\ \text{cm}}=1.50$$

$$\frac{a}{b}=\frac{2.54\ \text{cm}}{1.50\ \text{cm}}=1.69$$

표 7·3으로부터 실험계수는

$$C=0.35\left(\frac{a}{b}\right)^{1/5}=0.35\left(\frac{2.54}{1.5}\right)^{1/5}=0.39,\quad m=0.6,\quad n=0.36$$

그리고 표 7·4로부터 보정인자는

$$F=0.93$$

평균 누셀트 수는 식 (7·38)로 주어진다.

$$\overline{Nu}_D=FCRe_{D,\max}^{m}Pr^{n}\left(\frac{Pr}{Pr_w}\right)^{1/4}$$

$$=(0.93)(0.39)(4797)^{0.6}(0.705)^{0.36}\left(\frac{0.705}{0.697}\right)^{1/4}=51.9$$

따라서, 튜브군에 대한 평균 열전달 계수는

$$\bar{h}=\frac{\overline{Nu}_Dk}{D}=\frac{(51.9)(0.0273\ \text{W/m}\cdot\text{K})}{0.01\ \text{m}}=142\ \text{W/m}^2\cdot\text{K}$$

(b) 튜브군으로의 열전달을 구하기 위해서, 우선 식 (7·44)를 사용하여 출구의 공기온도를 구하고, 식 (7·43)을 이용하여 로그평균 온도차를 구한다. 튜브군에 대하여

$N=35$ (튜브의 총수)

$N_T=7$ (한 열당 튜브의 수)

$N_L=5$ (열의 수)

식 (7·44)를 도입하면

$$T_w - T_o = (T_w - T_i)\exp\left(\frac{-\pi D N \bar{h}}{\rho U_\infty N_T S_T c_p}\right)$$

$$= (90-40)\exp\left(\frac{-\pi(0.01)(35)(142)}{(1.1181)(5)(7)(0.0273)(1007.5)}\right) = 43.2℃$$

그러므로 출구의 공기온도는

$$T_o = T_w - 43.2℃ = (90-43.2)℃ = 46.8℃$$

이 값은 입구온도인 40℃에 충분히 가까워, 공기물성을 입구온도에 기초하는 것을 타당하게 한다. 식 (7·43)으로 정의된 로그평균 온도차는

$$\Delta T_m = \frac{(T_w - T_i) - (T_w - T_o)}{\ln[(T_w - T_i)/(T_w - T_o)]}$$

$$= \frac{(50-43.2)℃}{\ln[(50℃)/(43.2℃)]} = 46.5℃ = 46.5\ \mathrm{K}$$

튜브의 단위길이(m)당 대류 열전달은

$$\frac{\dot{Q}}{L} = N\bar{h}\pi D \Delta T_m$$

$$= (35)(142\ \mathrm{W/m^2\cdot K})\pi(0.01\ \mathrm{m})(46.5\ \mathrm{K}) = 7260\ \mathrm{W/m}$$

(c) 튜브군 전역에 걸친 압력강하를 구하기 위하여 식 (7·45)를 적용하기 전에 마찰인자 f와 보정인자 Φ가 결정된다. 그림 7·18로부터 이러한 변수를 다음과 같이 예상할 수 있다.

$$f \approx 0.38, \quad \Phi \approx 1.10$$

따라서, 튜브군 전체에 걸친 압력강하는 식 (7·45)에 의해 다음과 같이 주어진다.

$$\Delta P = N_L \Phi \frac{\rho U_{\max}^2}{2} f$$

$$= \frac{(5)(1.10)(1.1181\ \mathrm{kg/m^3})(8.25\ \mathrm{m/s})^2(0.38)}{2} = 79.5\ \mathrm{N/m^2} = 79.5\ \mathrm{Pa}$$

7.6 요　　약

이 장에서는 다양한 자유흐름에 있어서 열전달 계수를 계산하는 방법을 설명하였다. 대부분의 방법은 무차원 열변수, 특정한 기하학적 구조와 흐름형태에 적용하기 위해 실험적으로 유도된 상수로 된 실험적인 상관관계에 기초한다. 이러한 상관관계는 정밀하게 제어된 조건에서 행한 실험으로부터 얻어졌다. 실제로는 실험조건이 상관관계를 유도하는 전형적인 조건과 같이 분명하지는 않다. 그러므로 상관관계는 대부분의 경우에 있어서 추측만 가능하리라 보여진다. 게다가 무차원 변수들의 기초가 되는 유체의 물성은 그들 자신들이 실험적으로 결정되고, 따라서 본질적인 불명확성을 갖는다. 그러므로 어떤 의미에서 대류 열전달은 정확한 과학이 아니며, 따라서 열시스템을 설계하거나 분석할 때 정확한 해답을

바랄 수 없다.

대류문제를 해결하는 절차

이 장 전체의 예제를 통해 문제를 해결하는 표준형태를 살펴보았다. 대류문제는 타당한 결과를 보장하기 위해서 문제해결의 엄격한 절차를 따른다. 다음 절차는 외부강제 대류문제뿐만 아니라, 다음의 두 장에 나오는 내부대류, 자연대류 문제에 대해서도 열전달 계수를 구하기 위해 지켜져야 한다.

① 즉시 기하학적 구조에 맞는 누셀트 수에 대한 관계식 또는 관계되는 항을 확인한다. 이 장에서는 튜브, 실린더, 구 및 튜브군을 통한 외부강제 흐름을 취급했다. 다른 흐름형태와 기하학적 구조는 8장, 9장에서 다룬다.
② 유체의 물성을 경막온도나 다른 기준온도(reference temperature)에 따라 결정한다.
③ 유체의 물성과 자유흐름 속도로부터 주어진 기하학적 구조의 특성길이에 기초하여 레이놀즈 수를 계산한다. 이 때 계산된 레이놀즈 수와 프란틀 수에 타당한 국부 또는 평균 누셀트 수에 대한 단일 관계식을 선택한다.
④ 가능하다면, 계산된 레이놀즈 수에 대한 상관상수를 검토한다.
⑤ 누셀트 수와 그에 대한 열전달 계수를 계산한다.
⑥ 뉴턴의 냉각법칙 또는 관계식을 사용하여 대류 열전달을 결정한다.

이 장과 다음 장에서 주어지는 대류 방정식과 상관관계는 일정한 유체의 물성에 기초한 것임이 강조된다. 경계층에서 온도구배가 존재하고 유체의 물성은 온도의 함수이므로 경계층을 거쳐 변한다. 이러한 온도차를 고려하기 위하여 두 가지 방법이 사용된다. 하나의 방법은 유체의 물성을 자유흐름 온도 T_∞에 따르면서, 식 (3 · 37)의 $(\mu/\mu_w)^n$ 또는 식 (7 · 38)의 $(Pr/Pr_w)^n$과 같은 형태의 보정인자를 적용하는 것으로, 여기에서 첨자 w는 표면에서 검토된 성질을 가리킨다. 두 번째 방법에서는 유체의 물성을 표면과 자유흐름의 산술평균인 경막온도 T_f에 기초한다. 두 방법 모두 표면의 온도를 알아야 한다. 그러나 많은 대류문제에서 열전달 또는 열플럭스는 알려져 있지만, 표면온도는 알려져 있지 않으므로, 적어도 초기에는 표면이나 경막온도에 기준하여 유체물성을 구하지 못한다. 이 경우에 유체의 물성은 자유흐름 온도에 기초하고, 표면온도가 계산되는 문제의 뒷부분에서 유체의 물성은 적절한 기준온도에 기초하여 계산되어야 하며 전체적인 계산이 반복된다. 이 때 첫번째와 두 번째의 표면온도가 비교된다. 만약 뚜렷한 차이가 없다면 계산이 끝나지만, 뚜렷한 차이가 있으면 수렴될 때까지 부가적으로 물성보정이 수행되어야 한다. 일반적으로 한두 번의 반복계산으로부터 적당한 해답이 나온다. 이러한 수동적인 반복계산 과정은 기준온도와 유체물성을 열전달 계수와 동시에 푸는 것으로부터 생략할 수 있다. 이것은 컴퓨터 프로그램, 컴퓨터에 근거한 스프레드시트(spreadsheet) 또는 방정식 해법기(equation solver)에서 유체의 특성을 부록 E, F에 주어진 온도의 함수로서 다항식 곡선 맞추기(polynomial curve fit)를 이용하면 가능하다. 이러한 방법은 예제 7.9에서 설명된다.

참고로 이 장에 제시된 누셀트 수에 대한 주요한 관계식을 표 7·5에 요약해

표 7·5 외부강제 대류에서 누셀트 수 관계식들의 요약

기하학적 구조	관 계	식	조 건
판	$Nu_x = 0.332 Re_x^{1/2} Pr^{1/3}$	(7·9)	층류, 등온 $0.6 < Pr < 60$
판	$\overline{Nu}_x = 0.664 Re_x^{1/2} Pr^{1/3}$	(7·12)	층류, 등온 $0.6 < Pr < 60$
판	$Nu_x = 0.565 Re_x^{1/2} Pr^{1/2}$	(7·13)	층류, 등온 $Pr \ll 1$
판	$Nu_x = 0.0296 Re_x^{4/5} Pr^{1/3}$	(7·16)	난류, 등온 $0.6 < Pr < 60$
판	$\overline{Nu}_L = 0.0370 Re_L^{4/5} Pr^{1/3}$	(7·17)	난류, 등온 $0.6 < Pr < 60$, $Re_L < 10^8$
판	$\overline{Nu}_L = (0.0370\, Re_L^{4/5} - 871) Pr^{1/3}$	(7·19)	혼합, 등온 $0.6 < Pr < 60$, $5 \times 10^5 < Re_L < 10^8$
판	$Nu_x = 0.453 Re_x^{1/2} Pr^{1/3}$	(7·24)	층류, 균일한 q $Pr > 0.6$
판	$Nu_x = 0.030 Re_x^{4/5} Pr^{3/5}$	(7·25)	난류, 균일한 q $0.6 < Pr < 60$
판	$\overline{Nu}_L = 0.680 Re_L^{1/2} Pr^{1/3}$	(7·29)	층류, 균일한 q $Pr > 0.6$
판	$\overline{Nu}_L = 0.036 Re_L^{4/5} Pr^{1/3}$	(7·30)	난류, 균일한 q $0.6 < Pr < 60$
실린더	$\overline{Nu}_D = C Re_D^n Pr^{1/3}$ (표 7·1)	(7·33)	$0.4 < Re_D < 4 \times 10^5$, $Pr > 0.6$
실린더	$\overline{Nu}_D = 0.3 + \dfrac{0.62 Re_D^{1/2} Pr^{1/3}}{[1 + (0.4/Pr)^{2/3}]^{1/4}} \times [1 + (Re_D/282\,000)^{5/8}]^{4/5}$	(7·35)	$Re_D Pr > 0.2$
구	$\overline{Nu}_D = 2 + (0.4 Re_D^{1/2} + 0.06 Re_D^{2/3}) Pr^{0.4} (\mu/\mu_w)^{1/4}$	(7·37)	$0.7 < Pr < 380$, $3.5 < Re_D < 7.6 \times 10^4$
튜브군	$\overline{Nu}_D = FC Re_{D,\max}^m Pr^n (Pr/Pr_w)^{1/4}$	(7·38)	$0.7 < Pr < 500$, $100 < Re_{D,\max} < 2 \times 10^6$

놓았다. 이 책의 범위를 벗어나는 문제, 또는 그것의 기하학적 구조와 조건이 표 7·5에 주어진 것에 따르지 않는 경우에 대해서는 이 장의 뒷부분에서 언급된 것을 참고하라.

7.7 응 용

고상의 전자부품의 온도를 적당히 유지시키기 위한 일반적인 방법은 강제공냉(forced air cooling)이다. 치밀하게 밀집된 회로기판을 지나는 공기흐름은 판을 지나는 공기흐름으로 근사시킬 수 있다. 예제 7.7에서 회로기판의 선단으로부터의 위치에 대한 함수로써 고상기구의 표면온도를 결정한다.

예제 7.7 55℃의 대기압 공기가 그림 7·20에 나타낸 것처럼 고상부품으로 밀집된 배열을 포함하고 있는 회로기판 위를 흐른다. 각 부품은 표면이 2.44 cm×2.44 cm로 측정되고, 300 mW를 발산한다. 자유흐름 공기속도가 7 m/s일 때, 회로기판의 선단으로부터 첫번째와 다섯 번째 부품의 표면온도를 계산하라. 모든 가정을 기술하라.

그림 7·20 회로기판

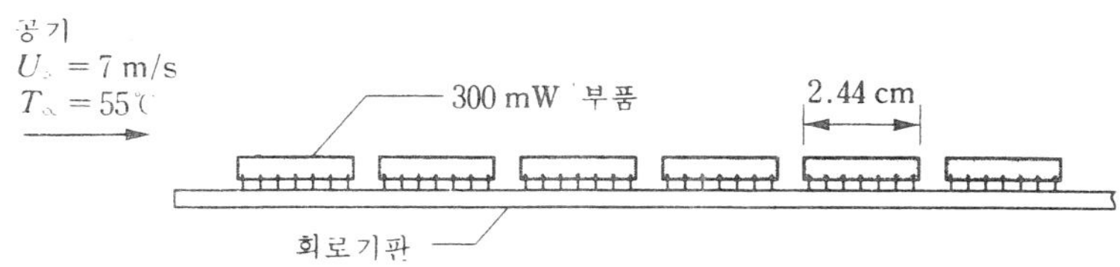

풀이 앞에서 하나의 중요한 가정, 즉 밀집된 회로기판은 부품이 빽빽하게 있기 때문에 판으로 취급될 수 있다는 것을 언급했다. 각 부품은 300 mW를 발산하며, 따라서 대류의 해석에서 일정한 열플럭스 표면을 가정한다. 또한, 300 mW 모두가 각 부품의 정상표면에서 손실된다고 가정한다. 바닥 또는 측면으로부터의 대류는 무시되고, 모든 표면으로부터의 복사는 무시된다고 가정한다.

부품의 표면온도를 모르기 때문에, 공기물성을 자유흐름 온도인 55℃(328 K)에 기초한다.

$$\nu = 18.71\times10^{-6}\ \mathrm{m^2/s},\quad k = 0.0284\ \mathrm{W/m\cdot K},\quad Pr = 0.703$$

각 성분은 0.3 W를 발산하며, 따라서 각 성분에 대한 표면 열플럭스는

$$q_w = \frac{0.3\ \mathrm{W}}{0.0244\ \mathrm{m^2}} = 504\ \mathrm{W/m^2}$$

첫번째 부품

특성길이를 첫번째 부품의 전체길이로 선택한다. 이러한 선택은 이 장에서 살펴보았던 것처럼 국부 열전달 계수가 판의 선단으로부터의 거리에 따라 감소하기 때문에, 국부 열전달 계수에 대해 신중한 값이 될 것이다. 그러므로 $x = 2.44$ cm, 그리고 레이놀즈 수는

$$Re_x = \frac{U_\infty x}{\nu} = \frac{(7\ \mathrm{m/s})(0.0244\ \mathrm{m})}{18.71\times10^{-6}\ \mathrm{m^2/s}} = 9129$$

이것은 흐름이 층류임을 나타낸다. 균일한 열플럭스 표면의 가정에 따라, 국부 누셀트 수를 구하기 위하여 식 (7·24)를 이용한다.

$$Nu_x = 0.453 Re_x^{1/2} Pr^{1/3} = (0.453)(9129)^{1/2}(0.703)^{1/3} = 38.5$$

그러므로 국부 열전달 계수는

$$h_x = \frac{Nu_x k}{x} = \frac{(38.5)(0.0284\ \text{W/m}\cdot\text{K})}{0.0244\ \text{m}} = 44.8\ \text{W/m}^2\cdot\text{K}$$

부품의 표면온도는 식 (7·26)으로부터 계산된다.

$$T_w(x) = T_\infty + \frac{q_w}{h_x} = 55℃ + \frac{504\ \text{W/m}^2}{44.8\ \text{W/m}^2\cdot\text{K}} = 66.3℃$$

지시된 표면온도에 대한 경막온도를 이용하여 공기물성을 다시 보정할 수 있지만, 표면온도와 자유흐름의 온도차가 너무 작기 때문에 보정이 필요 없다.

다섯 번째 부품

다섯 번째 부품에 대해서 같은 방법으로 계산이 진행되지만, 회로기판의 선단으로부터 다섯 번째 기구를 다루기 때문에, 특성길이는 단일부품 길이의 다섯 배이다. 따라서,

$$x = 5(0.0244\ \text{m}) = 0.122\ \text{m}$$

부품 사이의 공간은 무시되었음을 주의하고, 레이놀즈 수는

$$Re_x = \frac{(7\ \text{m/s})(0.122\ \text{m})}{18.71\times10^{-6}\ \text{m}^2/\text{s}} = 4.56\times10^4$$

따라서, 흐름은 여전히 층류이고, 국부 누셀트 수는

$$Nu_x = 0.453(4.56\times10^4)^{1/2}(0.703)^{1/3} = 86.1$$

국부 열전달 계수는

$$h_x = \frac{(86.1)(0.0284\ \text{W/m}\cdot\text{K})}{0.122\ \text{m}} = 20.0\ \text{W/m}^2\cdot\text{K}$$

그러므로 다섯 번째 부품의 표면온도는

$$T_w = 55℃ + \frac{504\ \text{W/m}^2}{20.0\ \text{W/m}^2\cdot\text{K}} = 80.2℃$$

위의 다섯 번째 부품에 대해서는 표면 자유흐름 온도차가 크지만, 25℃ 차이에도 불구하고 최종결과에 뚜렷한 차이가 없으므로, 공기물성을 보정하지 않는다. 중요한 점은 다섯 번째 부품의 표면온도가 첫번째 부품에서 보다 14℃ 높다는 것이다. 만약 회로기판이 흐름방향으로 많은 부품을 수용할 만큼 길다고 하면, 예를 들면 20개 정도의 회로기판상의 불리한 위치 때문에 끝부분의 부품이 과열되지 않게 주의해야 한다. 좋은 열설계(thermal design)의 실제는 가장 높은 에너지 발산부품을 회로기판의 선단부근에 놓고, 가장 낮은 에너지 발산부품을 후단부근에 두도록 한다. 만약 이러한 열적으로 전략적인 부품배열이 전기적인 설계제한으로부터 배제된다면, 공기흐름에 대해 회로기판을 다르게 위치시킨다거나 공기흐름 속도를 증가시키거나, 회로기판의 선단에 난류를 도입하는 등의 전략이 검토될 수 있다.

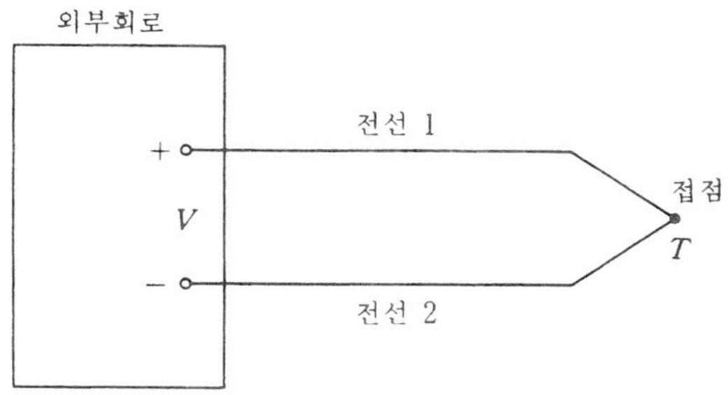

그림 7·21 열전쌍의 개략도

열전쌍(thermocouple)은 전기적인 열감지기로서 가장 널리 이용되고 있다. 열전쌍은 그림 7·21에서 나타낸 것처럼 한 접점에서 연결된 두 개의 다른 금속선으로 구성된다. 제벡효과(Seebeck effect)에 의하면(13장 참고), 측정온도와 기준접점 온도(reference junction temperature)와의 차이에 비례하여 전위가 발생된다. 열전쌍 측정접점을 만드는 일반적인 방법은 선의 끝을 용접하거나 납땜하여 작은 금속구슬로 만드는 것이다. 만약 측정되는 온도가 급격하게 변하고 구슬이 크면 열전쌍은 온도변화에 적절히 따르지 못한다. 예제 7.8에서, 공기의 교차흐름에 놓여 있는 열전쌍 구슬에 대한 열전달 계수를 계산하고, 열전쌍의 시상수를 결정한다.

예제 7.8 구리－콘스탄탄(copper－constantan)의 끝을 납땜하여 만든 열전쌍이 국부공기 속도가 20 m/s인 큰 도관의 공기온도를 측정하기 위해 사용되고 있다. 상류조건에 의해 공기온도가 5 Hz의 특성 주파수로 변하며, 온도변이를 정확히 감지하기 위하여 열전쌍이 필요하다. 평균 공기온도는 140℃이다. 열전쌍 구슬이 지름 0.90 mm의 작은 땜납이라면 이 열전쌍 접점은 위의 응용에 적당한가? 모든 가정을 서술하라.

풀이 이 문제를 위해 몇 가지 가정을 한다. 우선, 땜납구슬을 구형으로 가정하고, 따라서 교차흐름 중의 구에 대한 실험적인 상관관계를 적용한다. 둘째, 땜납구슬로부터 삐져 나온 선에 의한 혼란한 흐름효과를 무시하고 땜납구슬을 독립된 구로 가정한다. 또한, 구슬로부터 도관벽으로의 복사와 선에 의한 전도효과를 무시한다.

이 열전쌍 접점이 적당한가를 확신하기 위해서는 구슬의 시상수를 결정해야만 한다. 열전쌍 구슬이 금속이고 매우 작기 때문에 그것이 총 열용량 시스템으로 취급될 수 있는지는 의문이다. 열전달 계수를 알 때까지는 바이오트 수를 계산할 수 없기 때문에 이러한 추측의 타당성을 증명할 수 없다. 식 (7·37)은 교차흐름 중의 구에 대한 평균 누셀트 수의 상관관계이다. 140℃의 자유흐름 온도에 따른 공기물성은

$$\nu = 27.96\times10^{-6}\ \mathrm{m^2/s},\quad k=0.0347\ \mathrm{W/m\cdot K},\quad Pr=0.689$$

자유흐름과 구슬표면 온도가 비슷해, 식 (7·37)에서 동점도비를 거의 1 이하로 가정한다. 레이놀즈 수는

$$Re_D = \frac{U_\infty D}{\nu} = \frac{(20\ \text{m/s})(9.0\times10^{-4}\ \text{m})}{27.96\times10^{-6}\ \text{m}^2/\text{s}} = 644$$

평균 누셀트 수는

$$\overline{Nu}_D = 2 + (0.4Re_D^{1/2} + 0.06Re_D)^{2/3}Pr^{2/5}$$

$$= 2 + [0.04(644)^{1/2} + 0.06(644)^{2/3}](0.689)^{2/5} = 6.73$$

평균 열전달 계수는

$$\bar{h} = \frac{(6.73)(0.0347\ \text{W/m}\cdot\text{K})}{9.0\times10^{-4}} = 259\ \text{W/m}^2\cdot\text{K}$$

5.2절로부터 구에 대한 특성길이 s는

$$s = \frac{V}{A} = \frac{R}{3} = \frac{4.5\times10^{-4}\ \text{m}}{3} = 1.5\times10^{-4}\ \text{m}$$

부록 C로부터 300 K에서 땜납의 물성은

$$\rho = 8332\ \text{kg/m}^3,\quad c_p = 188\ \text{J/kg}\cdot\text{K},\quad k = 51\ \text{W/m}\cdot\text{K}$$

여기서 총 열용량 시스템의 가정을 검토하자. 가정이 타당하기 위하여 0.1보다 적어야 하는 바이오트 수는

$$Bi = \frac{\bar{h}s}{k} = \frac{(259\ \text{W/m}^2\cdot\text{K})(1.5\times10^{-4}\ \text{m})}{51\ \text{W/m}\cdot\text{K}} = 7.62\times10^{-4} < 0.1$$

시상수는 식 (5·4)에 주어진 것처럼

$$t_c = \frac{\rho c_p s}{\bar{h}} = \frac{(8332\ \text{kg/m}^3)(188\ \text{J/kg}\cdot\text{K})(1.5\times10^{-4}\ \text{m})}{259\ \text{W/m}^2\cdot\text{K}} = 0.907\ \text{s}$$

공기온도 변화가 5 Hz의 주파수라는 것은 온도순환 주기가 0.2 s임을 의미한다. 분명히, 공기온도 변화가 너무 급격해 이 열전쌍으로 감지하기 힘들며, 따라서 보다 작은 구슬이 필요하다. 온도순환 주기에 맞는 시상수를 나타내는 구슬크기는 과제로서 남긴다(연습문제 7.34).

산업용 공기히터(process air heater)는 건조(drying), 경화(curing), 열처리(heat treating), 탈습(dehumidification) 등의 산업적인 가열응용에 사용된다. 공기도관 히터(air duct heater)라고 부르는 프로세스 히터(process heater)의 일반적인 형태는 가열시킬 물질을 공기도관 상부에 위치시킨다. 예제 7.9에서는 전기가열 성분이 한 줄로 구성된 공기도관 히터를 해석한다. 이 예제의 주된 목적은 부록 F에서 컴퓨터에 근거한 스프레드시트를 사용해 다항식 곡선 맞추기를 이용하는 것을 설명한다(2차원 정상과 비정상 상태 전도문제를 해결하기 위한 스프레드시트의 사용은 4장, 5장에서 다루었다).

예제 7.9 1열의 전기가열 성분으로 구성된 공기도관 히터(air duct heater)가 건조공정을 위한 고온을 공급하기 위하여 이용되고 있다. 그림 7·22에 나타낸 공기도관 히

그림 7·22 공기도관 히터

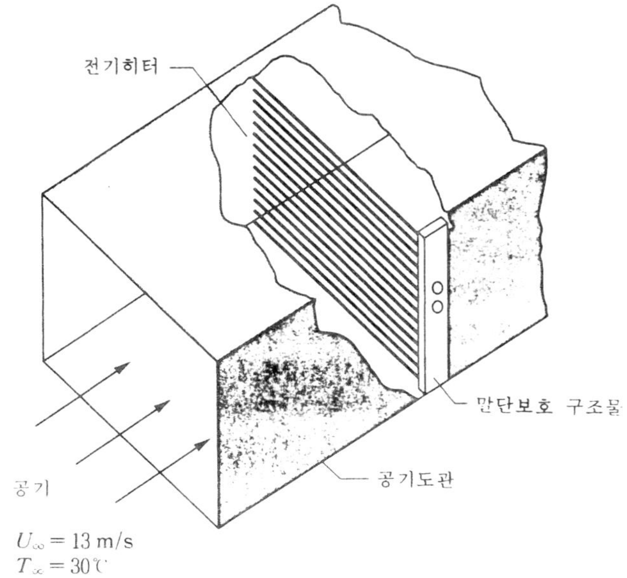

터의 배열은 길이 50 cm, 지름 1.207 cm 실린더의 가열성분 15개로 된다. 도관에서 평균 공기속도는 13 m/s이고, 히터로부터 상류공기 온도는 30℃이다. 가열성분의 외장은 용융점이 약 1370℃인 Incoloy 합금으로 제작된다. 각각의 가열성분이 2 kW를 발산한다면 가열성분의 표면온도는? 가열성분의 외장이 견딜 것인가? 모든 가정을 서술하라.

풀이 공기도관 히터는 1열로 된 튜브군으로 취급될 수 있지만, 간결하게 하기 위하여 각 가열성분이 교차흐름 중의 독립된 실린더로서 거동한다고 가정한다. 이전의 두 응용 예와는 달리 이 문제는 자유흐름과 표면온도 사이에 큰 차이가 있다. 공기물성이 경막온도에 기초하지만 초기에 표면온도를 모르기 때문에 스프레드시트 문제를 풀어 표면온도와 공기물성을 동시에 푸는 것에 의해 물성을 보정하는 수동적인 반복계산을 피한다.

스프레드시트는 다음 방정식을 갖는다.

식 (7·33) $\overline{Nu}_D = C Re_D^n Pr_r^{1/3}$

열전달 계수 $\bar{h} = \dfrac{\overline{Nu}_D k}{D}$

레이놀즈 수 $Re_D = \dfrac{U_\infty D \rho}{\mu}$

뉴턴의 냉각법칙 $\dot{Q} = \bar{h}\pi DL(T_w - T_\infty)$

경막온도 $T_f = \dfrac{T_w + T_\infty}{2}$

또한, 부록 F에 주어진 공기의 밀도, 비열, 동점도의 다항식 곡선 맞추기가 필요하다. 표 7·6은 예제에 대한 스프레드시트 구성을 나타낸다. 1, 4행과 7행은 여러 가지 변수에 대한 부호를 포함한다. 표 7·1로부터 보정상수 C, n에 대한 값을 추측한 것에 주의하라. 이러한 값은 레이놀즈 수에 기초한 것이므로, 만약 계산된 레이놀즈 수가 추측된 값과 일치하지 않는다면, 스프레드시트에서 그것을 바꾸고 문제를 푼다. 셀 A5에 미지의 표면온도 T_w에 대한 뉴턴의 냉각법칙을 입력한다. 셀 A5와 B5를 완성시킨 후에 스프레드시트가 두 셀을 각각 가리키면서 'circular' 메시지를 나타낸다. 셀 F5로부터 셀 C5는 밀도, 비열, 동점도, 열전도도에 대한 다항식 곡선 맞추기를 포함하고, 셀 G5는 프란틀 수를 포함한다. 셀 A8은 레이놀즈 수에 대한 공식을 포함하고, 셀 B8은 식 (7·33)을, 셀 C8은 누셀트 수에 관계된 열전달 계수의 관계식을 포함한다.

모든 미지값은 스프레드시트의 재계산을 불러내는 것에 의해 동시에 풀린다. 많은 반복계산을 행한 후에 표 7·7에 주어진 해답을 얻는다. 자유흐름과 표면의 온도차가 크고, 정확한 히터 표면온도를 얻기 위해 수동적인 반복계산을 필요로 한다. 표면온도는 1397 K(1124℃)로 Incoloy의 융점보다 246℃ 낮고, 따라서 외장은 열적으로 안정하다. 열전달 기구에 있어서 복사는 그것의 높은 온도로 인해 중요한 열전달 유형이다. 복사가 무시되었기 때문에, 실제 표면온도는 계산된 값보다 훨씬 낮다.

표 7·6 스프레드시트 구성

	A	B	C	D	E	F	G
1	U_∞ (m/s)	T_∞ (K)	$\dot{Q}$ (W)	L (m)	D (m)	C	n
2	13	303	2000	0.50	0.01207	0.683	0.466
3							
4	T_w (K)	T_f (K)	ρ (kg/m^3)	c_p (J/kg·K)	μ (kg/m·s)	k (W/m·K)	Pr
5	+C2/(C8*@PI*D2*E2)+B2	+(A5+B2)/2	$\rho(T_f)$	$c_p(T_f)$	$\mu(T_f)$	$k(T_f)$	+E5*D5/F5
6							
7	Re_D	Nu_D	h (W/m^2·K)				
8	+A2*E2*C5/E5	+F2*A8^G2*G5^(1/3)	+B8*F5/E2				

표 7·7 스프레드시트 풀이

	A	B	C	D	E	F	G
1	U_∞ (m/s)	T_∞ (K)	$\dot{Q}$ (W)	L (m)	D (m)	C	n
2	13	303	2000	0.50	0.01207	0.683	0.466
3							
4	T_w (K)	T_f (K)	ρ (kg/m^3)	c_p(J/kg·K)	μ(kg/m·s)	k(W/m·K)	Pr
5	1397	850	0.4100	1133	382.8E−7	0.0594	0.730
6							
7	Re_D	Nu_D	h(W/m^2·K)				
8	1681	19.6	94.4				

◇◇◇◇◇◇◇◇◇◇ 참 고 문 헌 ◇◇◇◇◇◇◇◇◇◇

1. Churchill, S. W., and H. Ozoe. 1973. "Correlation for Laminar Forced Convection with Uniform Heating in Flow over a Plate and in Developing and Fully Developed Flow in a Tube." *J. Heat Transfer* 95: pp. 78~84.
2. Schilichting, H. 1979. *Boundary Layer Theory*, 7th ed., New York: McGraw-Hill Book Company.
3. Kays, W. M., and M. E. Crawford. 1980. *Convective Heat and Mass Transfer*, 2d ed. New York: McGraw-Hill Book Company.
4. Thomas, L. C. 1977. "Note on the Heat Transfer Equation for Forced-Convection Flow over a Flat Plate with an Unheated Starting Length." *Mechanical Engineering News(ASEE)* 9, no. 1: p. 19.
5. Van Dyke, M. 1982. *An Album of Fluid Motion*, Stanford, Calif.: The Parabolic Press.
6. Giedt, W. H. 1949. "Investigation of Variation of Point Unit-Heat Transfer Coefficient around a Cylinder Normal to an Air Stream." *Trans. ASME* 71: pp. 375~381.
7. Knudsen, J. D., and D. L. Katz. 1958. *Fluid Dynamics and Heat Transfer*. New York: McGraw-Hill Book Company.
8. Churchill, S. W., and M. Bernstein. 1977. "A Correlating Equation for Forced Convection from Gases and Liquids to a Circular Cylinder in Crossflow." *J. Heat Transfer* 99: pp. 300~306.
9. Sallam, T. M., and A. Mitsunaga. 1985. "Visualization and Computational Studies on the Formation and Stability of Karman Vortex Street." In W. J. Yang, Ed. *Flow Visualization* III. Washington, D. C.: Hemisphere Publishing Corp., pp. 353~357.
10. Nakayama, Y. 1988. *Visualized Flow*. Oxford: Pergamon Press.
11. Jacob, M. 1949. *Heat Transfer*, vol. 1. New York: John Wiley & Sons.
12. Whitaker, S. 1972. "Forced Convection Heat-Transfer Correlations for Flow in Pipes, Past Flat Plates, Single Cylinders, Single Spheres, and Flow in Packed Beds and Tube Bundles." *AIChE J.* 18: pp. 361~371.
13. Zhukauskas, A. 1987. *Convective Heat Transfer in Cross Flow*. In S. Kakac, R. K. Shah, and W. Ang, eds. *Handbook of Single-Phase Convective Heat Transfer*. New York: John Wiley & Sons, pp. 6.1~6.45.
14. Gatlin, J. W. 1996. "Wind and its Effect on HVAC Design." *Heating/Piping/Air Conditioning*(May): pp. 91~92.

◇◇◇◇◇◇◇◇◇◇ 연 습 문 제 ◇◇◇◇◇◇◇◇◇◇

◈ 판

7.1 1 atm, 27℃의 공기가 14 m/s의 속도로 판을 따라 흐르고 있다. 선단으로부터 난류이 시작되는 전이점까지의 거리를 구하고, 판의 온도가 77℃라면 이 지점에서의 국부 열전달계수를 구하라.

7.2 10℃의 대기질소가 140℃의 일정한 온도로 유지되는 판을 따라 흐르고 있다. 질소흐름의 속도가 17 m/s라면 판의 선단으로부터의 거리가 (a) 20 cm, (b) 40 cm, (c) 60 m에서의 국부 열전달 계수를 구하라.

7.3 20 cm×20 cm의 판 위를 30℃ 물이 35 cm/s의 속도로 흐르고 있다. 판의 온도가 95℃로 일정하게 유지될 때, 판으로부터의 총 대류 열전달은 얼마인가?

7.4 60℃ 대기의 공기가 10℃로 유지되는 0.5 m×0.5 m의 판을 따라 흐르고 있다. 공기로부터 판으로의 총 대류 열전달이 215 W이면 공기의 속도는 얼마가 되어야 하는가?

7.5 1 atm, 0℃의 아르곤이 40 m/s의 속도로 판을 따라 흐른다. 판은 흐름방향으로 1.2 m이고 폭이 3.6 m일 때, 판의 온도가 300℃로 유지될 때의 판으로부터의 총 대류 열전달을 구하라.

7.6E 60°F의 물이 흐름방향으로 1.2 ft 길이의 판을 따라 4.7 ft/s의 속도로 흐른다. 판의 온도가 180°F로 유지된다면, 총 대류 열전달이 40 000 Btu/h가 되기 위해서 판의 폭은 얼마가 되어야 하는가?

7.7 식 (7 · 11)을 유도하라.

7.8 5℃의 수은이 90℃로 유지되는 판을 따라 15 cm/s로 흐른다. 판이 22 cm×22 cm이면, 판으로부터의 총 대류 열전달을 구하라.

7.9E 판이 300°F, 130 ft/s의 산소흐름에 놓여 있다. 판은 450°F의 온도를 유지하며 흐름방향으로 6 ft, 교차방향으로는 3.5 ft이며, 선단에는 트립 와이어(trip wire)가 있다. 판으로부터의 총 대류 열전달을 구하라.

7.10 문제 7.9E를 트립 와이어가 없다는 가정하에 풀어라.

7.11 길이 1.15 m인 판의 앞부분 40 cm는 가열되지 않고, 나머지 부분은 가열되어 135℃의 균일한 표면온도로 된다. 450℃ 대기압의 공기가 14 m/s의 속도로 판을 따라 흐르고 있다. 판이 정사각형인 경우, 판으로부터의 총 대류 열전달을 구하라.

7.12 금속판 안에 들어 있는 열전달 저항선은 표면에서 1.2 W/cm^{2}의 균일한 열플럭스를 낸다. 대기압, 175℃의 헬륨이 4.7 m/s의 속도로 판을 따라 흐른다. 판이 40 cm×40 cm이면, 표면의 평균온도는 얼마인가? 초기에는 헬륨의 물성을 자유흐름 온도에 기초하고 확실해지면 물성보정을 하라.

7.13 대기압의 공기가 3.4 m/s의 속도로 12 cm×12 cm의 판을 따라 흐른다. 판의 온도가 100℃로 일정할 때, 판으로부터 공기로 18 W가 대류되기 위해서 자유흐름 온도는 얼마여야 하는가?

7.14 부록 F의 공기 물성값에 대한 다항식 곡선 맞추기를 이용하여 대기압 공기의 층류, 난류 및 혼합류에 놓인 등온판에 대한 각각의 국부 및 평균 열전달 계수를 구하기 위한 컴퓨터 프로그램을 작성하라. 자유흐름, 속도, 판길이 및 표면온도가 입력되는 컴퓨터 프로그램을 작성하라.

7.15 부록 E의 물의 물성값에 대한 다항식 곡선 맞추기를 이용하여 물의 난류에 놓인 등온판에 대한 국부 또는 평균 열전달 계수를 구하기 위한 컴퓨터에 근거한 스프레드시트를 작성하라. 자유흐름, 속도, 판길이 및 표면온도가 입력되는 스프레드시트를 작성하라.

◈ 실 린 더

7.16 지름 4 cm, 길이 3 m인 원형 실린더가 20℃, 6 m/s의 대기압 공기의 교차흐름에 놓여 있다. 실린더의 표면온도가 85℃일 때 실린더에 영향을 미치는 항력과 실린더로부터의 대류 열전달을 구하라.

7.17E 110°F의 물이 8 ft/s의 속도로 지름 1.75 in의 긴 원형 실린더를 통해 흐르고 있다. 실린더의 표면온도가 200°F일 때, 단위길이(ft)당 실린더로부터의 대류 열전달은 얼마인가?

7.18 27℃ 대기압 공기가 지름 12 cm의 원형 실린더를 따라 8 m/s의 속도로 흐른다. 실린더의 표면온도는 277℃로 일정하다. 대류 열전달이 7 kW가 되려면 실린더의 길이는 얼마인가?

7.19 6 gage의 구리선이 20℃, 15 m/s의 대기압 수소의 흐름에 놓여 있다. 구리선으로부터의 대류 열전달이 300 W/m이면 구리선의 온도는 얼마인가?

7.20 그림 7·23과 같이 45℃의 대기압 공기가 판 위에 충격을 가하고 있다. 판의 온도가 230℃를 유지되면, 판으로부터의 대류 열전달을 구하라.

7.21E 지름 2 in, 길이 7 ft인 피복되지 않은 철관이 5°F, 8 ft/s인 대기압 공기의 교차흐름에 놓여 있다. 관을 통해 흐르는 물의 외면온도는 45°F를 유지한다. 관으로부터의 대류 열손실을 구하라.

7.22 1 atm, 30℃의 공기가 7.5 m/s의 속도로 3 in, schedule 40 PVC관을 따라 흐르고 있다. 관내부를 흐르는 온수가 관의 내부표면 온도를 90℃로 유지시킨다. 관의 외부표면 온도는 얼마인가?

7.23 길고 피복이 없는 28 gage의 알루미늄 선에 12 A의 전류가 흐른다. 16 m/s의 속도로 흐르는 25℃의 대기압 공기의 교차흐름에 알루미늄 선이 놓여 있다. 이 때의 선의 온도를 구하라.

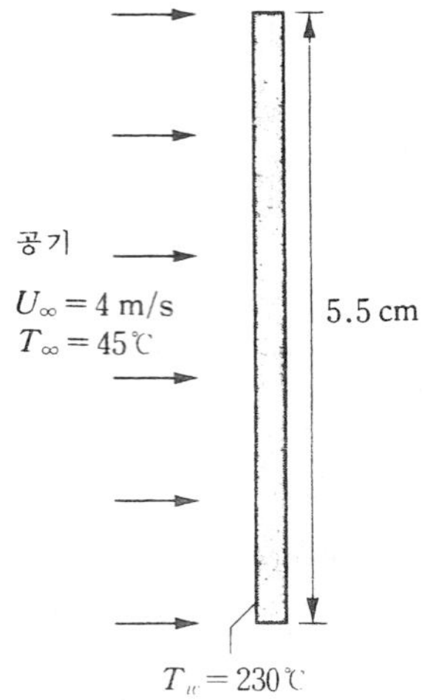

그림 7 · 23

7.24 85℃의 포화수증기가 10 m/s의 속도로 지름 1.4 cm의 구리관을 따라 흐른다. 관으로부터 250 W/m가 수증기로 대류된다고 할 때 관의 표면온도는 얼마인가?

7.25 24 gage 콘스탄탄선이 8.5 A의 전류를 흘리면서, 40℃ 대기압 질소의 교차흐름에 놓여 있다. 선의 온도가 225℃가 되려면 속도는 얼마이어야 하는가?

7.26E 65°F의 물이 5.8 ft/s의 속도로 피복이 안 된 6 in, schedule 40 강관을 따라 흐른다. 관내부를 흐르는 따뜻한 원유는 관의 외부표면 온도를 110°F로 유지시킨다. 관의 단위길이(ft)당 대류 열손실을 구하라.

7.27 −20℃, 대기압의 공기가 3 m/s의 속도로 그림 **7 · 24**와 같이 육각형의 실린더를 따라 흐른다. 실린더의 표면온도가 65℃로 유지될 때 실린더의 단위길이(m)당 대류 열손실은 얼마인가? 또한, 이것을 동일한 지름을 지닌 원형 실린더로부터의 열전달과 비교해 보라.

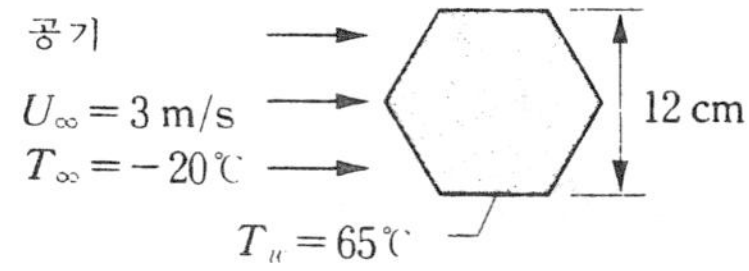

그림 7 · 24

7.28 부록 F에서 공기 물성값에 대한 다항식 곡선 맞추기를 이용하여 대기압 공기의 교차흐름에 놓여진 원형 실린더에 대한 단위길이당 대류 열전달과 항력을 계산하라. 실린더의 지름, 실린더의 표면온도, 공기의 속도와 온도가 입력되는 컴퓨터에 근거한 스프레드시트를 작성하라.

◈ 구

7.29 지름 3.4 cm의 구가 27℃, 5 m/s의 대기공기의 교차흐름에 놓여 있다. 구의 표면온도가 97℃로 일정할 때 구에 대한 항력과 구로부터의 대류 열전달은 얼마인가?

7.30E 85°F의 가솔린이 2 ft/s의 속도로 지름 1.25 in의 구를 지나 흐른다. 표면온도가 100°F일 때 구로부터의 대류 열손실을 계산하라.

7.31 5℃의 대기압 이산화탄소가 표면온도 110℃로 일정해야만 하는 지름 3.7 mm의 구를 지나 흐른다. 구로부터의 열손실이 2.5 W일 때 구의 온도를 위와 같이 유지하기 위한 속도는 얼마인가?

7.32 지름 3.5 cm의 구가 유속이 2 m/s이고 15℃인 물의 교차흐름을 대하고 있다. 구에 미치는 항력을 구하라. 또, 구의 표면온도가 85℃로 유지될 때의 대류 열손실을 구하라.

7.33 부록 F에서 공기 물성값에 대한 다항식 곡선 맞추기를 이용하여 대기압 공기의 교차흐름에 놓인 구에 대한 평균 열전달 계수를 구하는 컴퓨터 프로그램을 작성하라. 또, 구의 지름, 구의 표면온도, 공기의 속도, 공기의 온도가 입력되는 프로그램을 작성하라.

7.34 예제 7.8의 온도순환 주기와 동일한 시상수를 갖는 열전쌍 구슬지름을 구하라.

◈ 관 군

7.35 그림 7·25의 튜브군은 120℃의 튜브벽 온도를 유지하는 포화수증기를 운반한다. 35℃, 대기압 공기가 6 m/s로 튜브에 접근한다. 튜브의 길이가 0.80 m일 경우 튜브군으로

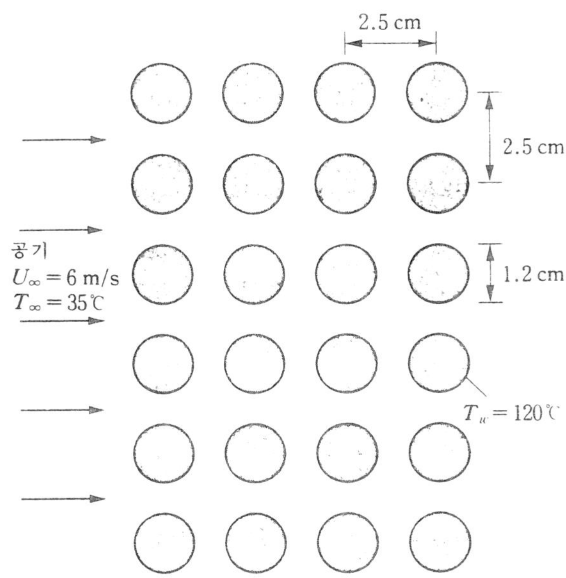

그림 7 · 25

부터의 총 대류 열전달과 튜브군을 통한 압력강하를 구하라.

7.36 각각의 행마다 10개의 튜브로 배열된 6개의 행으로 이루어진 어긋나기형 튜브군이 튜브의 온도를 80℃로 유지하는 따뜻한 기름을 나르고 있다. 10℃의 대기압 질소가 9 m/s의 속도로 튜브군에 접근하고 있다. 관의 지름은 1.85 cm이고, 세로와 가로의 관 피치는 각각 4 cm와 3.2 cm이다. 튜브군으로부터의 총 대류 열전달과 튜브군을 통한 압력강하를 구하라. 튜브의 길이는 50 cm이다.

7.37 공기를 물로 대체할 경우, 문제 7.35를 풀어라.

7.38E 80°F의 물이 각 행당 12개의 튜브로 배열된 18행으로 구성된 어긋나기형 튜브군을 지나 흐른다. 튜브의 지름은 0.75 in이고, 세로와 가로의 관 피치는 각각 1.50 in와 1.25 in이다. 튜브의 길이는 18 in이며 175°F를 유지한다. 접근속도가 7 ft/s일 때 튜브군으로부터의 총 대류 열전달과 튜브군을 통한 압력강하를 구하라.

7.39 대기압 공기의 교차흐름에 놓인 튜브군에 대한 대류 열전달을 구하는 컴퓨터 프로그램을 작성하라. 그 프로그램은 직렬형과 어긋나기형 튜브배열 모두에 적용되어야 한다. 행과 열의 수, 관지름, 피치, 표면온도, 공기속도 및 공기온도가 입력되는 프로그램을 작성하라. 공기 물성값에 대해서는 부록 F에서 다항식 곡선 맞추기를 이용하라.

◈ 응 용

7.40 그림 7·26에 나타낸 것처럼 공기온도가 22℃인 공장에서 컨베이어 벨트가 경화 건조기 벨트로부터 나오는 따뜻한 플라스틱 장치를 1.6 m/s의 속도로 운반한다. 플라스틱 장치의 상부표면은 평평하며 9 cm×9 cm로 측정된다. 플라스틱 장치가 수집용기로 떨어지는 직전상부 표면온도는 75℃이다. 이 위치에서 윗면으로부터의 대류 열전달을 계산하라.

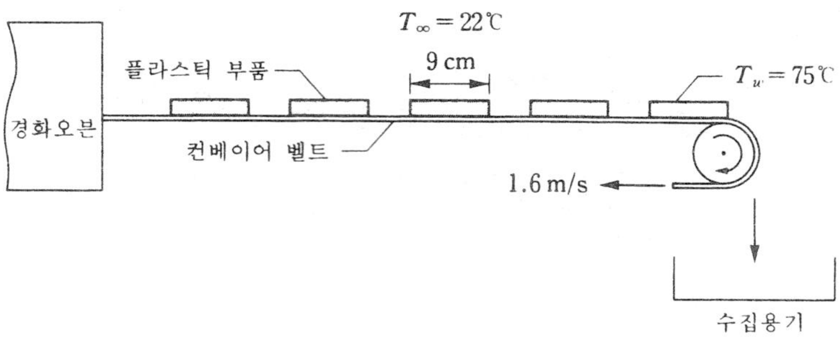

그림 7·26

7.41 그림 7·27에 나타낸 것처럼 전원이 히트싱크로서 작용하는 두꺼운 금속 바닥면에 설치되어 있다. 전원은 바닥면을 통하여 3 m/s로 흐르는 25℃의 대기공기로 45 W를 균일하게 발산한다. 바닥면의 폭이 18 cm일 때 바닥면의 평균온도는 얼마인가?

7.42 문제 7.41에서 바닥면의 선단에 난류 발생기를 놓고 풀어라.

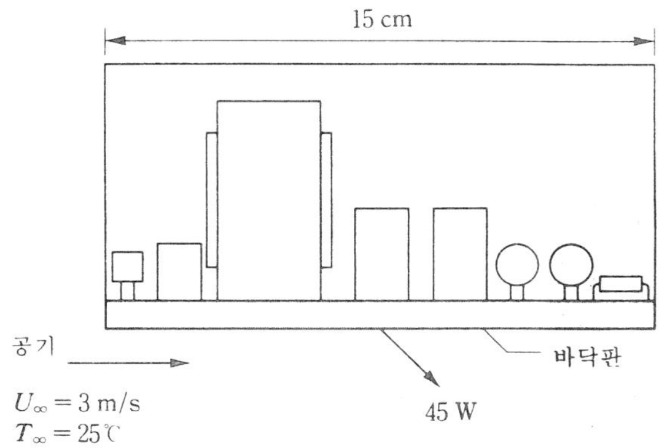

그림 7·27

7.43E 단열되지 않은 관이 공기온도 80°F, 길이 40 ft인 작업실을 통해 증기를 운반한다. 작업실에서의 일정한 통풍은 증기관을 지나는 7 ft/s의 일정한 공기흐름을 발생시킨다. 2 in, schedule 40 관을 사용하는 경우, 관외부의 온도가 120°F이라면 관으로부터의 총 대류 열전달은 얼마인가?

7.44 실외응용에서 60 W의 전구는 30℃, 5 m/s의 일정한 공기흐름에 놓여 있다. 전구를 지름이 7 cm인 구로서 모델링하여 전구의 표면온도를 추정하라.

7.45 그림 7·28에서 나타낸 것처럼 원형의 금속판 배기굴뚝이 연소공정에서 생성되는 고온의 폐가스를 배출한다. 굴뚝벽의 평균온도는 110℃이다. 8 m/s의 일정한 교차바람(cross wind)에 대해서 외부의 공기온도가 15℃일 경우 배기굴뚝으로부터의 대류 열전달을 계산하라.

7.46 5 cm×5 cm의 단면적을 가진 긴 고체강 압출품이 16 m/s의 속도로 이것을 가로지르는 10℃의 대기질소에 의해서 강제냉각된다. 표면온도가 550℃일 때, 압출품으로부터 단위길이(m)당 대류 열전달을 구하라. 흐름은 압출품의 평평한 면 중의 하나에 수직이라고 가정한다.

7.47 항공기 조립건물에서 AISI 4130 강부분을 용접하는 작업 중에 강용융 액적이 방출되어 25 m 아래의 바닥에 있는 사람에게 잠재적인 안전위해 원인이 된다. 지름 0.8 mm의 구형액적이 방출되어 바닥으로 자유낙하 한다고 가정하자. 액적이 방출될 때의 온도는 1430℃이고 건물 안의 온도는 27℃이다. 액적의 무게를 항력에 대해 관계시켜 최종속도를 구하라. 액적이 나오자마자 최종속도가 된다고 가정하여, 낙하시에 액적에 대한 열전달 계수를 구하라. 액적을 집중 열용량 시스템으로 모델링하며, 복사를 무시하고 액적이 바닥에 떨어지는 순간액적의 온도를 구하라. 이 액적은 안전위해 요소가 되는가?

7.48 그림 7·29에 나타낸 것처럼 열선 유속계(hot wire anemometer)는 두 개의 지지대 사이에 떠 있는 아주 가는 선으로 구성된 유속측정 기구이다. 유속은 선을 지나 흐르는 공기의 냉각효과를 상쇄하기 위하여 선에 일정한 전류흐름을 유지하는 것에 의해 감지된다.

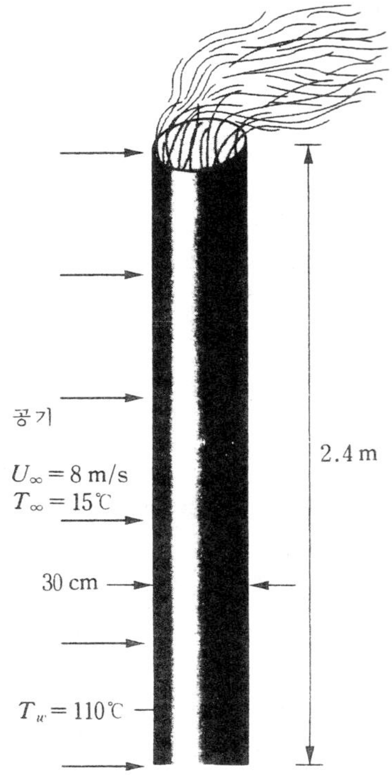

그림 7·28

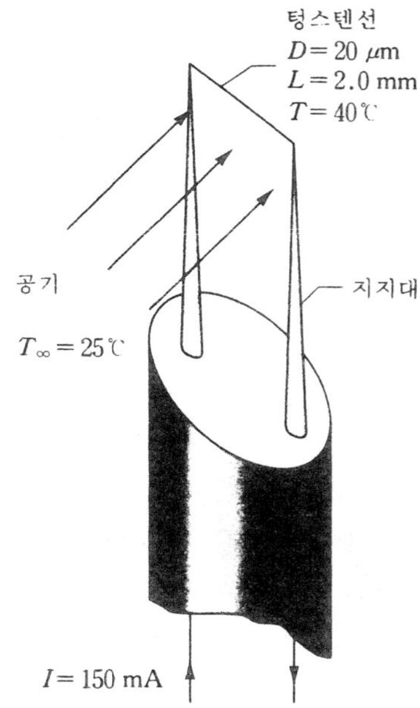

그림 7·29

열선 유속계는 길이 2.0 mm, 지름 20 μm의 텅스텐선을 사용한다고 가정하자. 자유흐름 공기의 온도가 25℃이고, 150 mA의 전류가 선에 흐르는 경우, 공기의 속도는 얼마인가? 온도의 함수로써 선의 저항을 측정하여 구해진 선의 온도는 40℃로 가정하자.

7.49 대규모 산업의 전원에 사용되는 관형으로 선을 감은 전력 저항기가 25℃, 6 m/s인 대기공기의 교차흐름에 의해 냉각된다. 전력 저항기의 길이와 지름이 각각 22 cm와 3.2 cm이다. 만약 175 W가 저항기에 공급되면 그 표면온도는 얼마인가?

7.50 실린더의 축방향으로의 회전에 대해서 평균 누셀트 수는 다음 관계식을 이용해서 계산된다.

$$\overline{Nu}_D = 0.133\, Re_D^{2/3} Pr^{1/3}$$

이 관계식에서 레이놀즈 수는 다음과 같이 정의된다.

$$Re_D = \frac{\Omega D^2}{\nu}$$

여기서 Ω은 rad/s로 축의 각속도이다. 12 000 rpm으로 회전하는 지름 4.5 cm의 축이 그것에 연결된 대용량의 발전기로부터 대류에 의해 가열된다고 가정하자. 축의 평균 표면온도가 45℃이고 길이가 0.8 m인 경우, 주위공기의 온도가 27℃이면 축으로부터의 대류 열전달을 구하라.

7.51 배의 표면을 파괴하기 위해 구형의 수뢰가 해수면의 약 3 m 아래에 위치하여 해저에 계류되어 있다. 수뢰는 지름이 1.2 m이며, 그 전자장치는 4.5 kW를 발생시켜서 그 표면으로부터 주변의 해수로 대류된다. 만약 이 부근에서 1.5 m/s의 일정한 해수흐름이 있을 때, 수뢰의 표면온도는 얼마인가? 여기서 해수의 온도는 15℃이다.

7.52E 지름이 48 in의 관이 북극지방으로부터 서쪽의 산업 중심지까지 원유를 수송한다. 평균 공기온도가 −15°F인 특정지역에서 노면 위에 있는 관은 20 mi/h의 교차바람에 놓여 있다. 관의 평균 표면온도가 23°F일 경우, 관의 단위길이(mi)당 대류 열손실은 얼마인가?

7.53E 보통의 성인들은 활발히 일하는 동안에 약 65 Btu/h · ft^2 정도의 열에너지를 손실한다. 성인을 길이와 지름이 각각 5.9 ft와 1.4 in의 실린더로 대략 간주할 경우 10°F, 5 mi/h의 공기의 교차바람에 놓여진 신체의 표면온도는 얼마인가를 계산하라. 또한, 바람의 속도가 15, 25 mi/h일 경우도 계산을 반복하라. 또, 바람을 맞으면 냉기를 느끼는 현상을 이용하여 예상되는 표면온도의 차이점을 설명하라.

7.54 그림 7 · 30에 나타낸 것처럼 전기샤시(electronic chassis)는 두 개의 접합부분으로 구성된다. 두 개의 부분은 공냉 히트싱크의 역할을 하는 바닥판을 공유하고 있다. 먼저 공기흐름과 접하는 부분은 거의 무시할 정도의 열에너지를 방출하는 수동적인 전기성분을 지니고 있다. 다른 부분은 총 85 W의 방출을 제공하는 성분을 포함한다. 공기의 속도와 온도는 각각 4 m/s와 35℃이다. 두 부분이 같은 크기이고 바닥판이 36 cm×36 cm이면, 바닥판의 평균 표면온도는 얼마인가? 모든 가정을 서술하라.

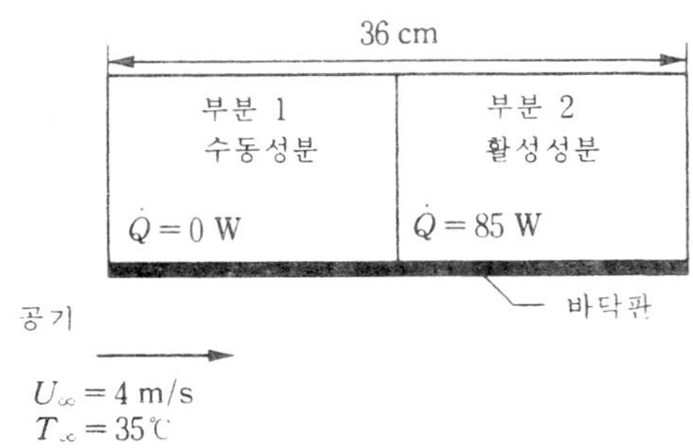

그림 7 · 30

7.55E 음식물을 수송하는 냉동트럭의 외부공기 온도가 95°F인 여름철 오후시간 대에 60 mi/h로 이동한다. 냉동 화물칸은 가로 25 ft, 세로 8 ft, 높이 8 ft로서 1 in의 폴리우레탄폼(poly urethane foam)으로 단열된 얇은 스테인리스강으로 만들어졌다. 외부대류 가열을 상쇄하고 화물칸의 내부표면 온도를 40°F로 유지하기 위해 필요한 냉동톤은? 25 ft 길이가 흐름방향에 평행이다. 냉동칸의 여섯 면 모두에 작용되는 대류가열이 동일하다고 가정하고, 복사를 무시한다(1냉동톤은 12 000 Btu/h와 같다).

8. 내부강제 대류

8.1 서 론

앞장에서 외부강제 대류를 살펴보았고, 자유흐름과 관련된 다양한 상황에 대해 열전달 계수를 구하는 몇 가지 방법을 제안했다. 이 장에서는 유체의 온도와 그 표면의 온도가 다른 관(pipe), 튜브(tube), 도관(duct)을 통하여 유체가 강제로 흐를 때 발생하는 대류를 고려한다. 외부강제 대류에서처럼 내부강제 대류에서 열전달은 표면과 유체간에 일어나지만, 이 경우 표면은 관이나 도관의 내부표면이다. 외부강제 대류와 달리 내부강제 대류는 내부도관 표면으로 표현된 고체경계에 의해 완전히 가두어진 유체의 흐름과 관련된다. 전체적인 유체의 제한은 내부흐름의 독특한 속도와 열경계층 거동의 근원이 된다.

내부강제 대류는 많은 열전달 시스템과 공정에서 응용된다. 10장에서 상세히 설명된 열교환기는 내부강제 대류의 응용에서 주요부분을 차지한다. 내부강제 대류는 증기, 오일, 냉매, 화학약품과 같은 뜨겁거나 찬 유체를 운반하는 관에서 발생한다. 가열과 공기조화에 사용되는 공기도관은 내부강제 대류와 관련된 전형적인 시스템이다. 내부강제 대류의 자동차 응용은 배기 시스템, 연료라인, 냉각 시스템을 포함한다. 내부강제 대류는 우리의 순환계에서 혈액으로부터 주위의 세포로 열에너지를 전달하는 데 큰 역할을 한다.

그러면, 관과 도관흐름에 대한 유속과 레이놀즈 수의 기본적인 관계를 나타내는 것으로 이 장을 시작한다(tube와 pipe라는 용어는 일반적으로 원형도관을 나타내며, duct는 다양한 형태의 도관을 나타내는 광범위한 용어이지만, 보통 비원형 단면으로 된 도관을 의미한다). 다음에 다루어지는 속도와 열경계층은 마찰계수와 그것의 압력저하와의 관계에 대한 논의로부터 나온다. 유체의 총 열에너지 수지에 대한 관계가 주어지고, 이로부터 열전달 계수에 대한 해석적, 실험적인 관계가 제시된다.

8.2 유속과 레이놀즈 수

그림 8·1에 나타낸 관을 흐르는 유체를 생각해보자. 질량유속 $\dot{m}$을 주어진 질량의 유체가 관의 단면을 지나는 속도로 정의하며, 다음과 같이 주어진다.

$$\dot{m} = \rho u_m A \qquad (8 \cdot 1)$$

여기서 ρ는 유체밀도, u_m은 평균유체 속도, A는 관이나 도관의 단면적이다. 질량유속에 대한 단위는 SI 단위로 kg/s이고, 영국식 단위로는 lb_m/s이다. 관에서의 유속은 다음 장에서 보는 바와 같이 주어진 단면에서 일정치 않기 때문에 질량유속은 평균유체 속도에 기초한다. 질량유속에 관계된 양은 부피유속 $\dot{V}$이다. 부피유속은 주어진 유체의 부피가 관단면을 지나는 속도이고, 다음 식으로 주어진다.

$$\dot{V} = u_m A \qquad (8 \cdot 2)$$

부피유속은 가열(heating), 환기(ventilating) 및 공기조화(air conditioning, HVAC) 응용에서 보통 사용되는 변수이다. 부피유속의 단위는 SI 단위로는 m^3/s, 영국식 단위로는 ft^3/s이다. HVAC 산업에서 부피유속은 종종 ft^3/min으로 표현되고, 생략하여 CFM으로 된다. 액체의 유속은 종종 gal/min의 단위로 나타내고, 생략하여 gpm이 된다. 식 (8·1)과 식 (8·2)를 합하면 질량유속을 부피유속으로 나타낼 수 있다.

$$\dot{m} = \rho \dot{V} \qquad (8 \cdot 3)$$

6장으로부터 생각해 보면, 자유흐름 특성은 층류, 전이 또는 난류로 나눌 수 있다. 이들 세 개의 흐름조건은 관내부를 흐르는 유체에서 얻어지며, 그림 8·2에 나타낸 것처럼 간단한 실험으로부터 알 수 있다. 천천히 흐르는 물의 중앙으로 조심스럽게 공급되는 중간에 떠 있는 염료는 관의 중앙을 따라 얇은 선으로서 남게 되며, 이것은 곧 층류를 가리킨다. 조금 빠른 유속에서, 염료 필라멘트는

그림 8·1 질량유속은 단위시간당 주어진 질량의 유체가 관의 단면을 통과하는 속도

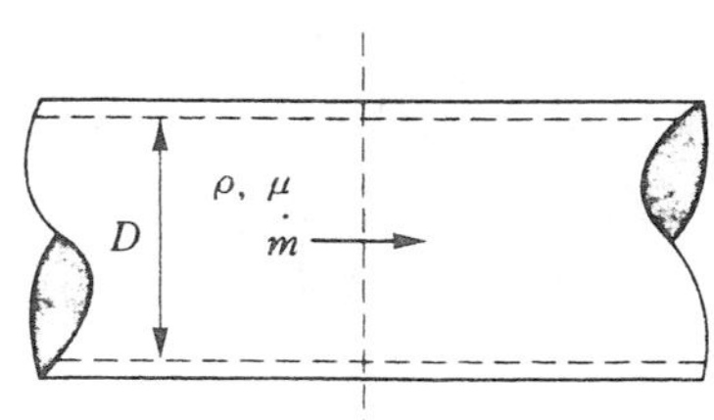

그림 8 · 2 관을 흐르는 유체의 층류, 전이흐름, 난류특성이 유체에 주입된 염료로부터 설명된다.

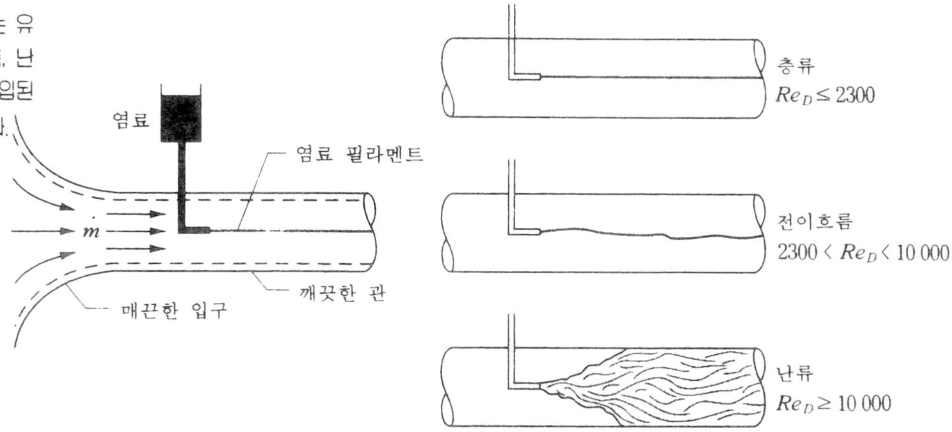

관중앙으로부터 빗겨가기 시작하고, 간헐적으로 파열하는 불규칙한 운동을 보이게 되며, 이것은 전이조건을 나타내게 된다. 보다 높은 유속에서 염료 필라멘트는 즉시 깨지고 관전체를 통해 무질서한 형태로 퍼지게 되면, 완전한 난류를 가리킨다. 레이놀즈 수는 흐름을 층류, 전이, 난류로 구분하는 무차원 변수이다. 원형관에 대하여 레이놀즈 수는 다음과 같이 정의된다.

$$Re_D = \frac{u_m D}{\nu} \tag{8 · 4}$$

여기서 D는 관의 안지름이다. Reynolds[1]에 의한 초기의 실험연구로부터 층류조건은 이러한 무차원 양이 어떤 값 이하일 때 존재한다는 것을 알 수 있다. 레이놀즈 이후의 많은 실험으로부터 레이놀즈 수가 약 2300 이하일 때, 관에서 층류가 관찰됨을 확인했다. 실험으로부터 레이놀즈 수가 2300인 점이 난류의 개시에 대한 경계가 됨을 알았다. 완전한 난류는 보통 $Re_D > 10\,000$일 때 관찰되고, 그 부근에서는 꽤 큰 전이영역을 가리킨다. 요약하면

	내부흐름
층류	$Re_D \le 2300$
전이흐름	$2300 < Re_D < 10\,000$
난류	$Re_D \ge 10\,000$

이전에 자유흐름에 있어서의 대류 열전달은 층류인지 또는 난류인지에 크게 영향받는 함수임을 알았다. 이와 유사하게 내부흐름에 있어서의 대류 열전달은 흐름조건에 강하게 의존한다.

식 (8 · 1)과 식 (8 · 2)는 식 (8 · 4)에 결합되어 관에 대한 레이놀즈 수를 질량유속 $\dot{m}$ 또는 부피유속 $\dot{V}$의 단위로 나타낸다. 결과식은 다음과 같다.

$$Re_D = \frac{4\dot{m}}{\pi D \mu} \quad (8 \cdot 5)$$

$$Re_D = \frac{4\dot{V}}{\pi D \nu} \quad (8 \cdot 6)$$

식 (8 · 5)과 (8 · 6)은 단지 원형관에 적합하고, 질량유속 또는 부피유속은 주어지지만 평균속도가 주어지지 않는 경우에 레이놀즈 수를 구하는 데 유용하다.

예제 8.1 20℃의 물이 1 in, schedule 40 강관을 5 gpm의 부피유속으로 흐른다. (a) 질량유속, (b) 평균속도, (c) 레이놀즈 수를 구하라.

풀이 계산을 시작하기 전에 20℃(293 K)의 주어진 온도에서 물의 물성이 필요하다. 부록 E로부터

$$\rho = 998.2\ \text{kg/m}^3, \quad \mu = 100\,15 \times 10^{-7}\ \text{kg/m} \cdot \text{s}, \quad \nu = 100.3 \times 10^{-8}\ \text{m}^2/\text{s}$$

부록 H에서 1 in schedule 40 강관의 안지름 및 단면적은

$$D = 26.6\ \text{mm}, \quad A = 5.574 \times 10^{-4}\ \text{m}^2$$

(a) 부피유속의 단위로 나타나는 질량유속은 식 (8 · 3)에 의해 주어진다. 단, 주어진 gpm 단위는 m^3/s로 먼저 바꾸어야만 한다.

$$5\ \text{gal/min} \times \frac{1\ \text{m}^3}{264.17\ \text{gal}} \times \frac{1\ \text{min}}{60\ \text{s}} = 3.155 \times 10^{-4}\ \text{m}^3/\text{s}$$

질량유속은

$$\dot{m} = \rho \dot{V} = (998.2\ \text{kg/m}^3)(3.155 \times 10^{-4}\ \text{m}^3/\text{s}) = 0.3149\ \text{kg/s}$$

(b) 평균속도는 식 (8 · 2)로부터 계산된다.

$$u_m = \frac{\dot{V}}{A} = \frac{3.155 \times 10^{-4}\ \text{m}^3/\text{s}}{5.574 \times 10^{-4}\ \text{m}^2} = 0.5660\ \text{m/s}$$

(c) 이제, 질량유속, 부피유속, 평균속도를 알고, 식 (8 · 4), 식 (8 · 5), 식 (8 · 6)으로부터 레이놀즈 수를 계산할 수 있다. 위의 세 식을 모두 사용하여 같은 결과가 나타남을 알 수 있다. 식 (8 · 4)으로부터

$$Re_D = \frac{u_m D}{\nu} = \frac{(0.5660\ \text{m/s})(0.0266\ \text{m})}{100.3 \times 10^{-8}\ \text{m}^2/\text{s}} = 1.505 \times 10^4$$

식 (8 · 5)로부터

$$Re_D = \frac{4\dot{m}}{\pi D \mu} = \frac{4(0.3149\ \text{kg/s})}{\pi(0.0266\ \text{m})(100\,15 \times 10^{-7}\ \text{kg/m} \cdot \text{s})} = 1.505 \times 10^4$$

식 (8 · 6)으로부터

$$Re_D = \frac{4\dot{V}}{\pi D \nu} = \frac{4(3.155 \times 10^{-4}\ \text{m}^3/\text{s})}{\pi(0.0266\ \text{m})(100.3 \times 10^{-8}\ \text{m}^2/\text{s})} = 1.505 \times 10^4$$

레이놀즈 수가 10 000 이상이기 때문에 흐름은 난류이다.

비원형 도관 : 유체역학 지름

많은 응용에서 도관은 원형단면을 갖지 않는다. 장방형의 가열 및 냉방도관이 실례이다. 만약 고려하는 도관이 비원형 단면을 가진다면, 식 (8·4)로 주어지는 레이놀즈 수의 정의에 사용된 특성길이 D는 비원형 단면에 대한 상당지름으로 다시 정의되어야 한다. 이러한 상당지름은 유체역학 지름 D_H로 부르며, 레이놀즈 수에서 특성길이로서 사용되며, 다음과 같이 정의된다.

$$D_H = \frac{4A}{P} \tag{8·7}$$

여기서 A는 단면적이고, P는 젖음둘레이다. 젖음둘레는 유체와 접하고 있는 도관둘레이다. 젖음둘레를 계산하는 데 있어서 도관의 단면에 상관없이 유체에 의해 젖게 되는 전체의 둘레를 포함해야 한다. 비원형의 예는 그림 8·3에 나타낸다. 원형도관의 유체역학 지름은 식 (8·7)로 주어진 정의와 일치하고, 원의 표준지름 D로 단순화된다. 따라서,

$$D_H = \frac{4A}{P} = \frac{4(\pi D^2/4)}{\pi D} = D \tag{8·8}$$

그림 8·3 다양한 단면에서의 유체역학 지름 $D_H = 4A/P$

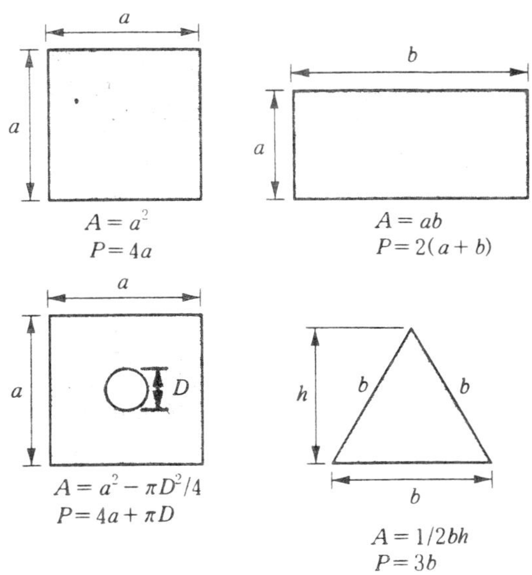

예제 8.2 공기가 그림 8·4에 나타낸 것처럼 도관의 환상공간을 평균속도 6 m/s로 흐르고 있다. 공기의 온도가 30℃일 때, 레이놀즈 수는?

그림 8·4 도관단면

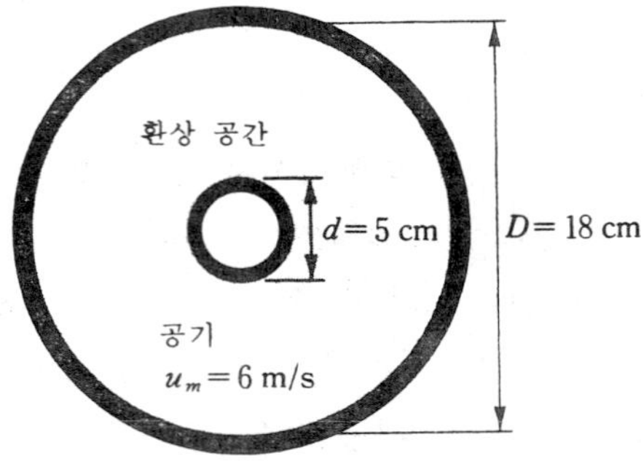

풀이 30℃(303 K)에서 공기의 동점도는

$$\nu = 16.19 \times 10^{-6}\ \text{m}^2/\text{s}$$

환상공간의 단면적은

$$A = \frac{\pi}{4}(D^2 - d^2) = \frac{\pi}{4}(0.18^2 - 0.05^2)\ \text{m}^2 = 0.0235\ \text{m}^2$$

D는 바깥쪽 관의 안지름이고, d는 안쪽 관의 바깥지름이다. 젖음둘레는

$$P = \pi(D+d) = \pi(0.18 + 0.05)\ \text{m} = 0.7226\ \text{m}$$

따라서, 유체역학 지름은

$$D_H = \frac{4A}{P} = \frac{4(0.0235\ \text{m}^2)}{0.7226\ \text{m}} = 0.1301\ \text{m}$$

레이놀즈 수는 유체역학 지름을 근거로 하여

$$Re_{D_H} = \frac{u_m D_H}{\nu} = \frac{(6\ \text{m/s})(0.1301\ \text{m})}{16.19 \times 10^{-6}\ \text{m}^2/\text{s}} = 4.82 \times 10^4$$

흐름은 난류이다.

8.3 속도와 열경계층

속도 경계층

앞장에서 관에서의 유체속도는 주어진 축방향으로 일정하지 않기 때문에 질량유속과 부피유속을 기초로 평균속도 u_m을 판단하는 것을 언급하였다. 그림 8·5에 나타낸 것처럼 안쪽 반지름 R의 원형도관에서의 유체의 흐름을 고려하자. 만일 유속이 충분히 느리고 관입구가 둥글다면, 입구에서 흐름은 층류이고, 균일한 속도 u를 가진다. 관표면과 접하는 유체는 관벽에 부착되어, 관의 입구인 $x=0$에서 시작되는 경계층 발달을 일으킨다. 경계층의 모양은 속도 프로파일(velocity profile)이라고 불리며, 관입구 근처에서 거의 평평하고, 관표면 근처에서 단지 점도의 효과만을 나타낸다. x가 증가함에 따라 경계층 두께 δ는 증가하며, 속도 프로파일 중심의 평평한 부분을 감소시키게 되어, 무점성의 중심부분을

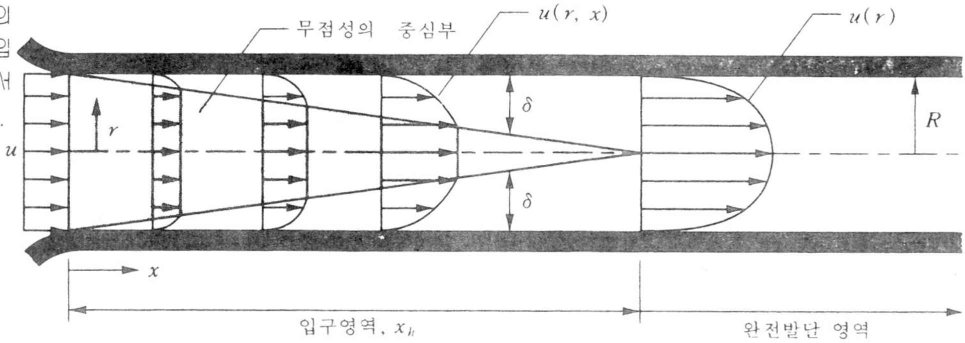

그림 8·5 관에서의 층류 경계층은 입구영역 이전에서 완전히 발달된다.

축소시킨다. 그림 8·5에 $u(r, x)$로 나타낸 속도는 r와 x의 함수이다. 경계층 발달은 경계층이 관중심에서 수렴되는 점에서 끝난다. 이점 하류에서 흐름은 x에 따라 속도 프로파일이 변하지 않는 완전발달 흐름이다. 그러므로 그림 8·5에 $u(r)$로 나타낸 속도는 이점 이하에서 r의 함수이다. 관에서 속도 경계층이 발달하는 축방향 길이는 유체역학 입구길이(hydrodynamic entrance length)라고 부른다. 층류의 유체역학 입구길이 x_h는 레이놀즈 수의 함수이며, Kays와 Crawford[2]에 따르면, 다음과 같이 나타난다.

$$\left(\frac{x_h}{D}\right)_{lam} \approx 0.05 Re_D \qquad (8 \cdot 9)$$

많은 실험적인 연구로부터 관에서의 속도 경계층 발달이 설명되었다. 그림 8·6은 물을 운반하는 지름 27 mm 관의 입구근처에서 수소 기포법(hydrogen bubble method)에 의해 만들어진, 층류속도 프로파일을 보인다.

완전발달 층류에 대한 속도 프로파일은 그림 8·7에 나타낸 미소유체 성분을 해석하는 것으로부터 구할 수 있다. 유체성분의 끝에 작용하는 압력은 성분의 주위에 작용하는 점성 전단력에 의해 상쇄된다. 관 단면에서 압력이 일정하다고 가정하면, 미소유체 성분에 대한 힘의 균형은 다음과 같이 쓰여진다.

$$\sum F_x = 0 = (p + dp)\pi r^2 - p\pi r^2 - \tau 2\pi r\, dx \qquad (8 \cdot 10)$$

관흐름에 대한 전단응력은 다음으로 정의된다.

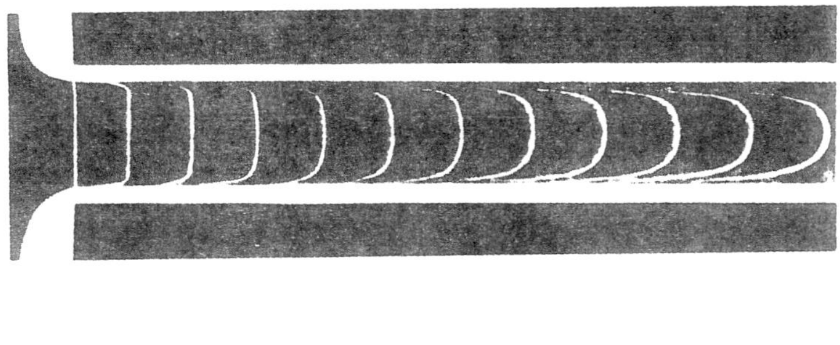

그림 8·6 수소 기포법은 원형 실린더의 입구에서 속도 프로파일을 드러낸다. 유체는 물: u_o=6 cm/s, D=27 mm, Re_D =1600

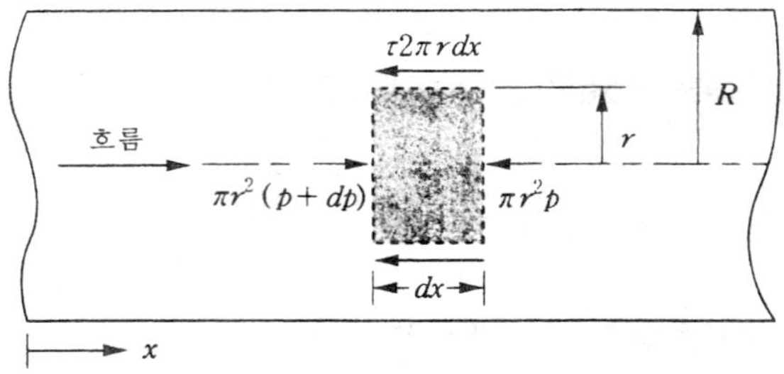

그림 8·7 미소유체 성분에 대한 힘의 균형은 완전발달 층류에 대한 포물선의 속도 프로파일을 만든다.

$$\tau = \mu \frac{du}{dr} \tag{8·11}$$

식 (8·11)을 식 (8·10)에 대입하면

$$du = \frac{1}{2\mu} \frac{dp}{dx} r\,dr \tag{8·12}$$

적분하면

$$u(r) = \int \frac{1}{2\mu} \frac{dp}{dx} r\,dr = \frac{1}{2\mu} \frac{dp}{dx} \frac{r^2}{2} + C \tag{8·13}$$

dp/dx는 압력구배(pressure gradient)이고, C는 적분상수로서 관벽에서 속도가 0인 경계조건으로부터 결정된다. 따라서

$$u = 0 \quad (r = R)$$

그리고 적분상수 C는

$$C = -\frac{1}{4\mu} \frac{dp}{dx} R^2$$

따라서, 식 (8·13)으로 주어지는 속도 프로파일은

$$u(r) = -\frac{1}{4\mu} \frac{dp}{dx} R^2 \left[1 - \left(\frac{r}{R}\right)^2\right] \tag{8·14}$$

그러므로 완전발달 층류에 대한 속도 프로파일은 포물선형이다. 압력구배가 주어진다면, 식 (8·14)는 관의 어떤 반지름 위치에서 유체의 속도를 결정하기 위해 쓸 수 있다. 속도 프로파일에 대한 더욱 유용한 관계는 평균속도 u_m을 적분하여 속도 프로파일과 관련시키는 것으로 얻을 수 있다.

$$u_m = \frac{\int \rho u(r) dA}{\rho A} = \frac{2}{R^2} \int_0^R u(r) dr \tag{8·15}$$

식 (8·14)를 식 (8·15)에 대입하여 적분하면

$$u_m = -\frac{R^2}{8\mu}\frac{dp}{dx} \tag{8·16}$$

최종적으로 식 (8 · 14)와 식 (8 · 16)을 합하면 다음과 같이 된다.

$$\frac{u(r)}{u_m} = 2\left[1-\left(\frac{r}{R}\right)^2\right] \tag{8·17}$$

식 (8 · 17)은 국부속도 $u(r)$를 평균속도 u_m과 관련시키는 데 유용하고, 식 (8 · 16)은 평균속도를 압력구배 dp/dx와 관련시키는 데 유용하다. 그러므로 질량유속을 안다면 평균속도, 국부속도, 압력구배를 구할 수 있다.

예제 8.3 30℃ 물이 지름 1.85 cm의 긴 관을 따라 질량유속 0.02 kg/s로 흐른다. (a) 평균속도, (b) 최대속도, (c) 관에서 150 m 떨어진 두 부분 사이의 압력차를 구하라.

풀이 30℃(303 K)에서 물의 성질은

$$\rho = 995.6\ \text{kg/m}^3, \quad \mu = 797.7\times10^{-6}\ \text{kg/m}\cdot\text{s}$$

관의 단면적은

$$A = \frac{\pi D^2}{4} = \frac{\pi\ (0.0185\ \text{m})^2}{4} = 2.6880\times10^{-4}\ \text{m}^2$$

레이놀즈 수는

$$Re_D = \frac{4\dot{m}}{\pi D\mu} = \frac{4(0.02\ \text{kg/s})}{\pi(0.0185\ \text{m})(797.7\times10^{-6}\ \text{kg/m}\cdot\text{s})} = 1726$$

따라서, 흐름은 층류이다.

(a) 평균속도는 다음과 같이 주어진다.

$$u_m = \frac{\dot{m}}{\rho A} = \frac{(0.02\ \text{kg/s})}{(995.6\ \text{kg/m}^3)(2.6880\times10^{-4}\ \text{m}^2)} = 0.075\ \text{m/s} = 7.5\ \text{cm/s}$$

(b) 최대속도가 관중심에서 발생한다는 것은 그림 8 · 5로부터 분명하다. 따라서, 식 (8 · 17)에서 $r=0$ 으로 놓으면, 최대속도는 평균속도의 두 배가 된다.

$$u_{r=0} = u_{\max} = 2u_m = 2(0.075\ \text{m/s}) = 0.150\ \text{m/s} = 15.0\ \text{cm/s}$$

(c) 압력구배 dp/dx는 식 (8 · 16)을 이용하면

$$\frac{dp}{dx} = \frac{-8u_m\mu}{R^2} = \frac{-8(0.075\ \text{m/s})(797.7\times10^{-6}\ \text{kg/m}\cdot\text{s})}{(0.0185/2)^2\ \text{m}^2} = -5.59\ \text{kg/m}^2\cdot\text{s}^2$$

음의 부호가 의미하는 것은, 유체가 압력구배를 감소시키며 흐르는, 즉 유체가 압력이 높은 쪽에서 낮은 쪽으로 흐른다는 것이며, 이것은 마치 열이 고온부에서 저온부로 흐르는 것과 같다. 압력구배는 관 내의 압력함수의 구배로 생각되며, 압력이 흐름방향에 따라 감소해야만 하기 때문에, dp/dx는 음이다. 압력차는 dp/dx에 관 내의 두 부분을 나누는 거리 150 m를 곱하여 구한다. 따라서

$$dp = \frac{dp}{dx}dx = (5.59\ \text{kg/m}^2\cdot\text{s}^2)(150\ \text{m}) = 839\ \text{kg/m}\cdot\text{s}^2 = 839\ \text{Pa}$$

여기서 흐름방향을 알고, 단지 절대 압력차에만 관심이 있기 때문에 음의 부호는 제거되었다.

난류에서의 경계층은 속도가 관입구에서 균일하고 하류에서 완전발달 흐름으로 전개된다는 점에서 층류 경계층과 유사한 양상으로 발달한다. 그러나 층류와는 달리, 난류의 유체역학 입구길이는 필연적으로 레이놀즈 수에 따른다. 실험에 의하면 난류에서 유체역학 입구길이는 일반적으로 다음과 같은 범위 내에 존재한다.

$$10 < \left(\frac{x_h}{D}\right)_{turb} < 60 \qquad (8 \cdot 18)$$

그림 8·8에 나타낸 것처럼 완전발달 난류에 대한 속도 프로파일은 포물선이 아니다. 난류에서 유체입자의 불규칙한 운동은 관을 통해 운동량 전달을 크게 하며, 결과적으로 더욱 균일하고 평평한 속도 프로파일의 모양은 해석적으로 구할 수 없고, 실험적으로 결정되어야 한다. 자유흐름에서처럼 관의 난류에서 유체의 불규칙한 운동은 전단응력과 대류 열전달을 강화시킨다.

그림 8·8 관에서 난류 경계층은 입구영역 내에서 완전히 발달된다.

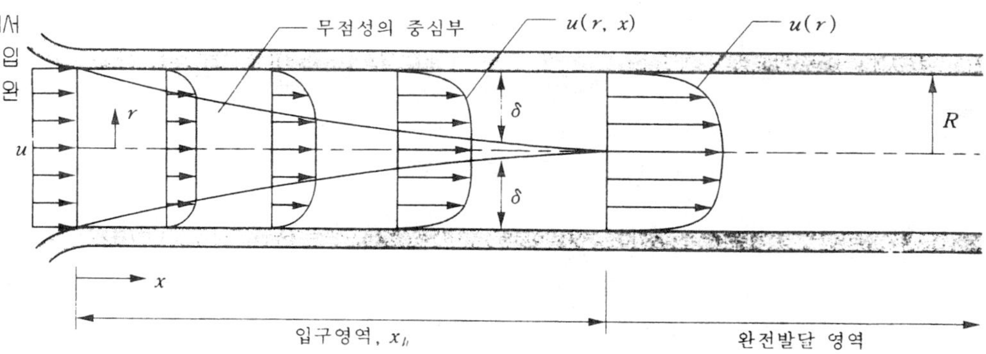

열경계층

관에서의 열경계층은 유체와 관벽 사이에서 생기는 온도차로 인하여 발달된다. 그림 8·9에 나타낸 뜨거운 관 내를 흐르는 차가운 유체를 고려하자. 관입구에서 유체의 온도는 균일하지만, 유체가 관 아래로 흐름에 따라 온도는 증가하고, 관벽을 시점으로 온도 프로파일(temperature profile)을 만든다. 그림 8·9에서 $T(r, x)$로 명시된 입구부의 온도 프로파일은 r와 x의 함수이다. 열경계층 두께 δ_t는 열경계층이 관중심에 수렴될 때까지 x에 따라 증가한다. 이 점 아래에서의 흐름은 열적으로 완전히 발달된 것이 되며, 이것은 더 이상 x에 따라 온

그림 8·9 완전발달 온도 프로파일의 모양 (a) 등온표면 (b) 균일한 열플럭스 표면

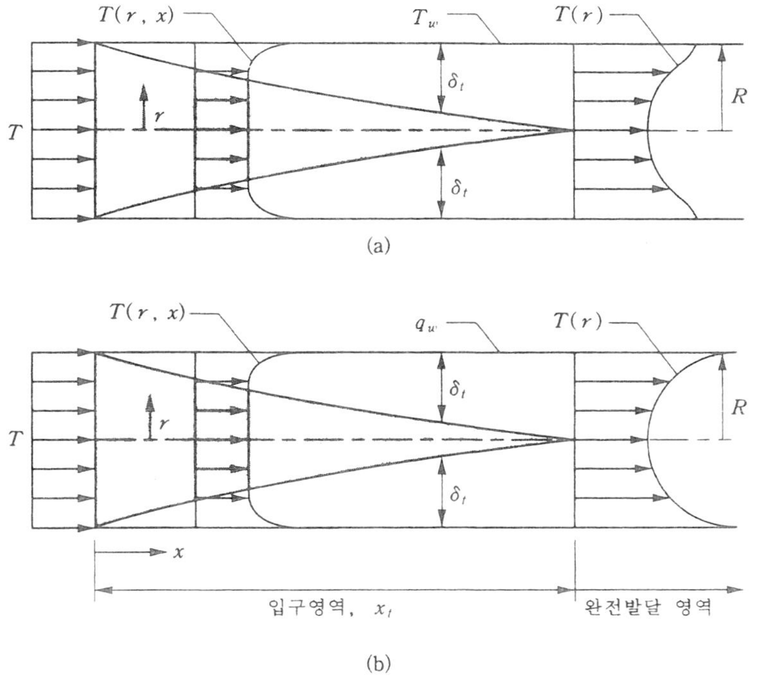

도 프로파일이 변하지 않음을 뜻한다. 그러므로 그림 8·9에 $T(r)$로 표시된 유체의 온도는 이 점 이상에서만 r의 함수이다. 또한, 열전달 계수 h는 열적으로 완전히 발달된 영역에서 일정하다. 그림 8·9에 나타낸 것처럼 관벽은 등온(균일한 표면온도 T_w를 갖는)이거나, 균일한 표면 열플럭스 q_w를 갖게 된다. 완전발달된 온도 프로파일의 모양은 이들 두 벽조건에 대해 다르지만, 유체의 온도는 두 경우 모두 x에 따라 증가한다.

층류에서 열입구 길이(thermal entrance length) x_t는 레이놀즈 수와 프란틀 수의 함수이며, 다음과 같이 평가된다.

$$\left(\frac{x_t}{D}\right)_{lam} \approx 0.05 Re_D Pr \tag{8·19}$$

프란틀 수의 크기는 속도와 열경계층의 상대 성장비를 가리킴을 상기하자. 식 (8·9)와 식 (8·19)의 비교로부터 $Pr > 1$인 경우 열경계층보다 속도 경계층이 훨씬 급격히 성장하고, $Pr < 1$인 경우 그 반대가 됨을 알 수 있다. 따라서, 액체금속($Pr \ll 1$)에서는 열경계층이 속도 경계층보다 급격히 성장하고, 반면 중질유($Pr \gg 1$)에서는 반대로 된다. 가스($Pr \approx 1$)에서는 속도와 열경계층이 같은 속도로 발달된다. 난류에서 열입구 길이는 절대적으로 레이놀즈 수 또는 프란틀 수에 의존한다. 난류 열경계층은 다음과 같은 경우에 완전히 발달될 것이다.

$$\left(\frac{x_t}{D}\right)_{turb} > 10 \qquad (8 \cdot 20)$$

발달하는 중이거나 완전히 발달된 층류 또는 난류가 대류 열전달에 미치는 영향은 8.6절과 8.7절에서 논의된다.

8.4 마찰인자와 압력강하

내부흐름을 취급할 때 가장 큰 관심 중 하나는 관이나 도관에서의 압력강하이다. 관이나 도관을 통하여 유체를 일정한 유속으로 흘려 주기 위해 펌프나 팬에 요구되는 힘 P는 압력강하 ΔP에 관계된다.

$$P = \Delta p \dot{V} \qquad (8 \cdot 21)$$

여기서 P는 SI 단위에서 W로, 영국식 단위에서는 Btu/h로 주어진다. 압력강하를 구하기 위하여 다시 마찰인자(Darcy friction factor)로 불리는 무차원 변수 f를 정의한다.

$$f = \frac{\Delta P}{(L/D)\rho u_m^2/2} \qquad (8 \cdot 22)$$

여기서 L은 압력강하 ΔP가 측정되는 관이나 도관의 길이며, D는 원형관의 지름 또는 비원형 도관의 유체역학 지름이다(마찰인자 f는 6장에서 정의된 마찰계수 C_f와 혼동해서는 안 된다). 식 (8 · 22)는 모든 내부흐름, 층류, 전이, 난류에 적용된다. 원형관에서 완전발달 층류에 대한 마찰인자가 다음 식으로 주어진다는 것이 해석적으로 입증되었다.

$$f = \frac{64}{Re_D} \qquad (8 \cdot 23)$$

난류에서는 복잡한 특성으로 인해 실험적인 방법으로 마찰인자를 구해야 한다. 실험자료의 그래프상 표현은 무디(Moody)[4]에 의해 주어졌다. 그림 8 · 10은 원형도관의 완전발달 흐름에 대한 무디선도이다. 마찰인자 f는 관의 상대거칠기(relative roughness)인 D/ε의 몇 가지 값에 대하여 Re_D의 함수로써 주어진다. 거칠기 ε은 관내부 표면의 작은 돌출부와 융기의 평균높이의 수치이다. 거칠기는 관이나 도관의 형태, 제조방법의 함수이다. 또한, 관의 거칠기는 침적물의 형성이나 부식에 기인해 시간이 갈수록 증가한다. 몇 가지 다른 종류의 새로운 관과 도관에 대한 전형적인 거칠기값은 표 8 · 1에 나타낸다. 무디선도에서 대부분의 전이흐름 영역과 난류영역 전체를 나타내는 수학적인 공식은 Swamee

와 Jain[6]에 의해 다음과 같이 주어졌다.

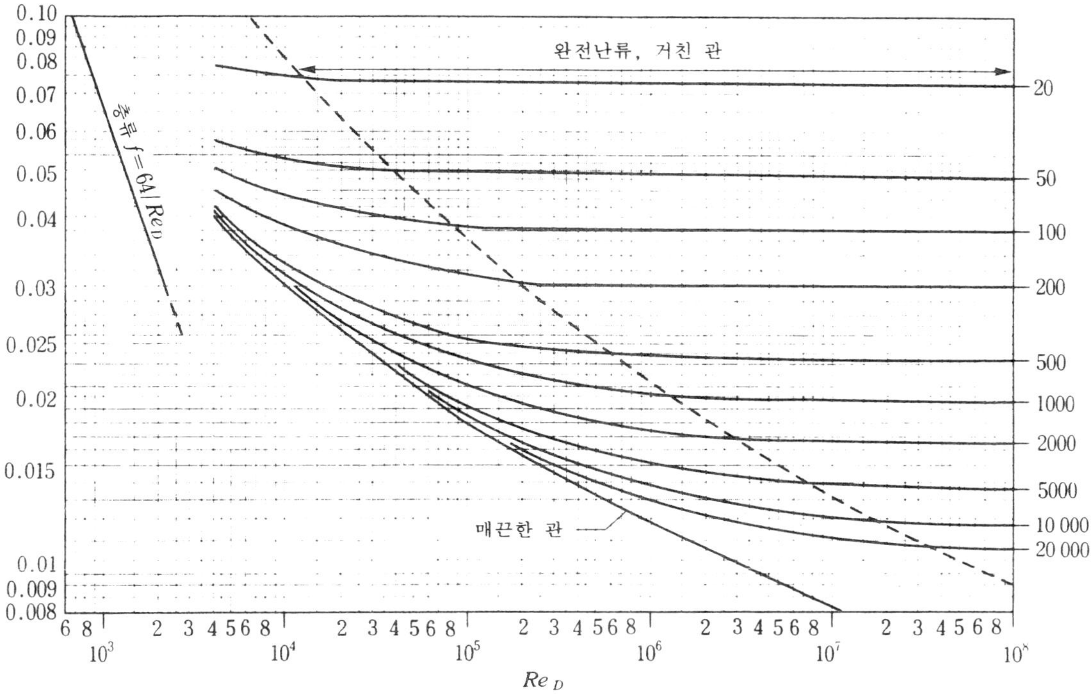

그림 8·10 관이나 도관에서 마찰인자를 구하기 위해 사용되는 무디선도[5]

표 8·1 새 관과 도관에 대한 거칠기는 재질과 제조법에 따름([4]와 [8]로부터의 값).

관/도관재료	거칠기(mm)
glass, plastic	0.0(부드러움)
drawn tubing(copper, brass, etc.)	0.0015
commercial steel and wrought iron	0.045
cast iron, asphalt coated	0.12
galvanized iron	0.15
cast iron, uncoated	0.26
concrete	0.3~3.0
riveted steel	0.9~9.0
fiberglass duct, rigid	0.9
fiberglass duct liner, spray coated	3.0
flexible duct, fabric and wire, fully extended	1.0~4.6
flexible duct, metallic, fully extended	1.2~2.1

$$f = \frac{0.25}{\left[\log\left(\frac{1}{3.7(D/\varepsilon)} + \frac{5.74}{Re_D^{0.9}}\right)\right]^2} \tag{8 · 24}$$

$$(5000 < Re_D < 10^8), \quad (100 < \frac{D}{\varepsilon} < 10^6)$$

무디선도의 주요한 특색은 Mott[7]에 의해 논의된다.

8.5 열에너지 수지

내부흐름에서 열전달 계수를 구하는 방법을 살펴보기 전에 관이나 도관을 흐르는 유체와 관련되는 열에너지에 대한 어떤 일반적인 관계를 제안할 필요가 있다. 그림 8 · 11에 나타낸 내부흐름에 대한 미분의 대상부피(control volume)를 고려한다. 정상상태 흐름(steady flow system)에 대한 열역학 제 1 법칙은 에너지 유입과 에너지 유출이 동일하다는 것이다. 열에너지는 대상부피의 왼쪽 면을 지나는 흐름에 의해 전달되고, 뜨거운 관으로부터의 열에너지는 대상부피 둘레를 따라 대류에 의해 전달된다. 이 두 에너지 유입의 합은 대상부피의 오른쪽 면을 지나는 흐름에 의해 전달되고, 결과적으로 왼쪽 면보다 오른쪽 면에서 유체의 온도가 높게 된다. 열에너지 수지는 다음과 같이 관으로부터 유체로의 대류 열전달에 대한 표현이 된다.

$$d\dot{Q} = \dot{m} c_p \, dT_b \tag{8 · 25}$$

여기서 T_b는 유체의 벌크온도(bulk temperature)이다. 평균속도처럼 벌크온도는 관이나 도관을 흐르는 유체의 평균특성을 맞추기 위해 사용되는 기준변수이다. 벌크온도는 관의 주어진 부분에서 평균유체의 온도이다. 비압축성 유체에 대한 벌크온도의 수학적인 정의는

$$T_b = \frac{2}{u_m R^2} \int_0^R u(r) T(r) r \, dr \tag{8 · 26}$$

벌크온도를 직접 계산하기 위해서는, 속도 프로파일 $u(r)$와 온도 프로파일 $T(r)$를 알아야만 한다. 그러나 벌크온도는 대부분 식 (8 · 25)를 입구로부터 출구까지의 길이 L에 대해 적분하여 구하고, 결과적으로 다음의 관계로 된다.

$$\dot{Q} = \dot{m} c_p (T_{b,o} - T_{b,i}) \tag{8 · 27}$$

여기서 $T_{b,o}$와 $T_{b,i}$는 각각 출구, 입구에서의 벌크온도를 나타내며, $\dot{Q}$는 유체와 관 사이의 총 대류 열전달이다. 식 (8 · 27)에서 관이 유체보다 뜨겁다고 가

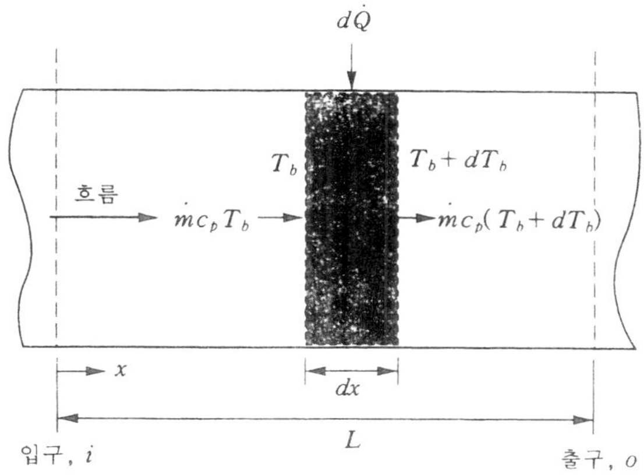

그림 8·11 미분의 대상부피에 대한 에너지 수지는 관 또는 도관에 대한 총 에너지 수지를 이끈다(식 (8·27)).

정하고, 결과적으로 유체의 온도는 입구로부터 출구까지 증가하게 된다. 만약 관이 유체보다 차갑다면, 결과적으로 유체의 온도는 감소하게 되고, 식 (8·27)에서 양의 열전달을 유지하기 위해서 관행적으로 벌크온도를 바꾼다.

벌크온도 T_b는 내부강제 대류에서 기준온도(reference temperature)이기 때문에 뉴턴의 냉각법칙은 다음과 같이 표현된다.

$$q_w = h(T_w - T_b) \tag{8·28}$$

여기서 q_w는 관의 내부표면에서의 열플럭스이다. 유체역학과 열조건에 따라 변수 q_w, h, T_w는 x에 따라 변하는 국부적인 값이 된다. 벌크온도 T_b는 항상 유체가 관을 통해 흐르면서 가열되든지 냉각되든 지에 따라 증가하거나 감소한다.

식 (8·25)와 식 (8·26)은 다음의 관계식으로 결합된다.

$$\frac{dT_b}{dx} = \frac{q_w P}{\dot{m}c_p} = \frac{P}{\dot{m}c_p} h(T_w - T_b) \tag{8·29}$$

여기서 P는 관내부의 표면둘레이다. 원형관에 대해 $P=\pi D$, 반면 비원형 도관에 있어서 P는 젖음둘레이다. x에 대한 T_b의 변이는 흐름이 완전히 발달된 것인지 아닌지, 그리고 관표면이 등온인지 균일 열플럭스인지에 따른다. 내부강제대류와 관련되는 실제의 열전달 시스템에서 이러한 두 표면조건은 다음에 설명된다.

등온표면

표면온도가 T_w로 일정한 관에서 x에 따른 벌크온도의 변화는

$$\ln\left(\frac{T_w - T_{b,o}}{T_w - T_{b,i}}\right) = -\frac{Px\bar{h}}{\dot{m}c_p} \tag{8·30}$$

여기서 $\bar{h}$는 관입구로부터 임의의 위치 x까지의 평균 열전달 계수이다. 식 (8·30)의 양쪽에 지수를 취하고, 관전체 길이 L을 고려하면

$$\frac{T_w - T_{b,o}}{T_w - T_{b,i}} = \exp\left(\frac{-PL\bar{h}}{\dot{m}c_p}\right) \tag{8·31}$$

따라서, 온도차 $(T_w - T_b)$는 그림 8·12(a)에 나타낸 것처럼 관입구로부터의 거리의 지수승만큼 감소한다. 대류 열전달은 뉴턴의 냉각법칙으로 표현되며, 다음과 같다.

$$\dot{Q} = \bar{h}A\Delta T_m \tag{8·32}$$

여기서 A는 관내부 표면적(원형관에서 $A = PL = \pi DL$)이고, ΔT_m은 로그 평균 온도차이다.

$$\Delta T_m = \frac{(T_w - T_{b,o}) - (T_w - T_{b,i})}{\ln[(T_w - T_{b,o})/(T_w - T_{b,i})]} \tag{8·33}$$

식 (8·27), 식 (8·31), 식 (8·32)는 등온관이나 도관에 대한 주된 실행관계(working relations)의 식이다. 대부분의 응용에서 유속과 관표면 및 벌크입구 온도가 주어진다. 일단, 평균 열전달 계수 $\bar{h}$가 계산되면, 미지의 벌크출구 온도는 식 (8·31)을 이용하여 구할 수 있다. 이 때 대류 열전달 $\dot{Q}$는 식 (8·27) 또는 식 (8·32)를 이용하여 구할 수 있다. 어떤 응용에서는, 열전달은 알려져 있지만 표면온도는 알려져 있지 않은 경우 벌크출구 온도는 식 (8·27)을 이용하여 구하

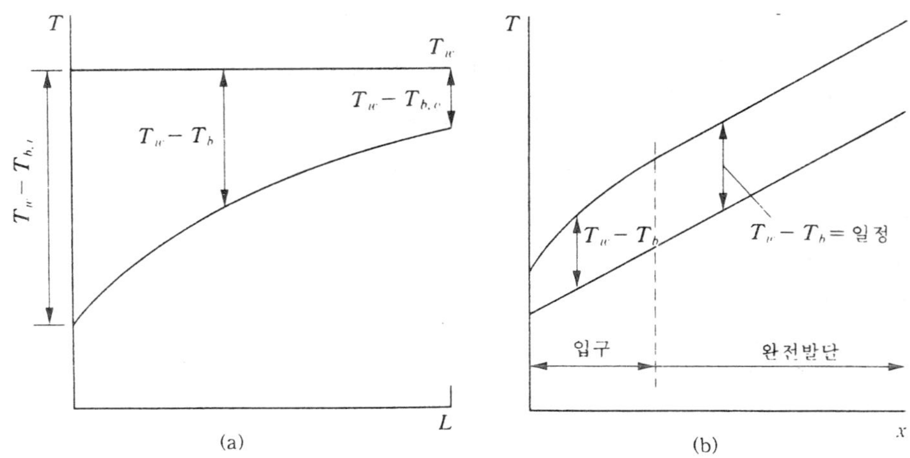

그림 8·12 표면과 유체의 온도차는 연속적으로 변한다. (a) 등온표면(입구를 지나서 일정하게 유지) (b) 균일 열플럭스 표면

고, 표면온도는 식 (8 · 31) 또는 식 (8 · 32)를 이용하여 구한다.

특별하지만 종종 발생되는 등온표면의 경우는, 도관표면 자체보다는 도관외부의 유체의 온도가 일정할 때 일어난다. 이러한 경우에는 표면온도 T_w가 자유흐름 유체의 온도 T_∞로 대체되고, 평균 열전달 계수 $\overline{h}$는 평균 총 열전달 계수 $\overline{U}$로 대체된다.

따라서, 식 (8 · 31)과 식 (8 · 32)는

$$\frac{T_\infty - T_{b,o}}{T_\infty - T_{b,i}} = \exp\left(\frac{-\overline{U}A}{\dot{m}c_p}\right) \tag{8 · 34}$$

그리고

$$\dot{Q} = \overline{U}A\Delta T_m \tag{8 · 35}$$

여기서 평균 U값은 2.3절에서 논의된 것처럼 내부 또는 외부 표면적 A에 기초한다. 이 경우, 로그평균 온도차는 식 (8 · 33)으로 주어지며, T_w는 T_∞로 대체된다.

균일 열플럭스 표면

표면이 균일한 열플럭스에 있는 관에 대하여, x에 따른 벌크온도의 변화는 관입구로부터 임의의 x까지 식 (8 · 29)를 적분하여 구할 수 있다. 결과는

$$T_b(x) = T_{b,i} + \frac{q_w P x}{\dot{m}c_p} \tag{8 · 36}$$

그림 8 · 12(b)에 나타낸 것처럼 벌크온도는 x에 따라 직선적으로 변한다. 온도차 $(T_w - T_b)$도 또한 열경계층이 발달하는 입구에서만 x에 따라 변한다. 완전발달 영역에서 열전달 계수는 x에 무관하고, 따라서 온도차 $T_w - T_b$도 또한 x에 독립적이다. 그러므로 완전발달 영역에서 $T_w - T_b$는 일정하다. 식 (8 · 36)을 관길이 L을 이용해 다시 쓰면, 벌크출구 온도가 된다.

$$T_{b,o} = T_{b,i} + \frac{q_w P L}{\dot{m}c_p} \tag{8 · 37}$$

예제 8.4 안지름 8 cm, 길이 75 m의 깨끗한 수평강관이 질량유속 80 kg/s의 물을 운반한다. 입구와 출구의 벌크온도는 각각 20℃와 50℃이다. 관표면이 80℃의 균일한 온도로 유지되고 있다면, (a) 필요한 펌프동력, (b) 대류 열전달, (c) 평균 열전달 계수를 구하라.

풀이 문제해결을 위한 첫번째 단계는 필요한 물성을 결정하는 것이다. 보통 내부흐름에서 유체의 물성에 대한 기초로 사용되는 **표준기준 온도**(standard reference temperature)는 평균 벌크온도(average bulk temperature)로써 다음과 같이 정의된다.

$$\overline{T}_b = \frac{T_{b,i} + T_{b,o}}{2}$$

이 문제에서 벌크온도는

$$\overline{T}_b = \frac{(20+50)℃}{2} = 35℃$$

35℃(308 K)에서 물의 물성은

$$\rho = 994.0\ \mathrm{kg/m^3}, \quad c_p = 4183\ \mathrm{J/kg \cdot K}, \quad \mu = 719.6 \times 10^{-6}\ \mathrm{kg/m \cdot s},$$

$$\nu = 72.39 \times 10^{-8}\ \mathrm{m^2/s}$$

또 다른 정보는

$$\dot{m} = 80\ \mathrm{kg/s}, \quad T_w = 80℃, \quad L = 75\ \mathrm{m}, \quad D = 0.08\ \mathrm{m}$$

(a) 표 8·1로부터 깨끗한 강관에 대한 거칠기는

$$\varepsilon = 0.045\ \mathrm{mm} = 4.5 \times 10^{-5}\ \mathrm{m}$$

따라서, 상대 거칠기는

$$\frac{D}{\varepsilon} = \frac{0.08\ \mathrm{m}}{4.5 \times 10^{-5}\ \mathrm{m}} = 1778$$

레이놀즈 수는 식 (8·5)를 사용하여 계산된다.

$$Re_D = \frac{4\dot{m}}{\pi D \mu} = \frac{4(80\ \mathrm{kg/s})}{\pi(0.08\ \mathrm{m})(719.6 \times 10^{-6}\ \mathrm{kg/m \cdot s})} = 1.77 \times 10^6$$

레이놀즈 수가 10 000 이상이기 때문에, 흐름은 완전한 난류이다. 레이놀즈 수와 상대 거칠기를 알고 있으므로, 마찰인자 f는 식 (8·24)를 이용하여 구할 수 있다.

$$f = \frac{0.25}{\left[\log\left(\frac{1}{3.7(D/\varepsilon)} + \frac{5.74}{(Re_D^{0.9})}\right)\right]^2}$$

$$= \frac{0.25}{\left[\log\left(\frac{1}{3.7(1778)} + \frac{5.74}{(1.77 \times 10^6)^{0.9}}\right)\right]^2} = 0.0175$$

평균속도 u_m은

$$u_m = \frac{\dot{m}}{\rho A} = \frac{80\ \mathrm{kg/s}}{(994.0\ \mathrm{kg/m^3})\pi(0.08\ \mathrm{m})^2}/4 = 16.0\ \mathrm{m/s}$$

관에서의 압력강하는 식 (8·22)를 이용하여 계산된다.

$$\Delta P = f\left(\frac{L}{D}\right)\frac{\rho u_m^2}{2}$$

$$= \frac{(0.0175)(75\ \mathrm{m}/0.08\ \mathrm{m})(994.0\ \mathrm{kg/m^3})(16.0\ \mathrm{m/s})^2}{2}$$

$$= 2.09 \times 10^6\ \mathrm{N/m^2} = 2.09\ \mathrm{MPa}$$

펌프동력을 구하기 위해 먼저 부피유속을 알아야 한다.

$$\dot{V}=\frac{\dot{m}}{\rho}=\frac{80\ \text{kg/s}}{994.0\ \text{kg/m}^3}=0.0805\ \text{m}^3/\text{s}$$

펌프동력은 식 (8 · 21)로 주어진다.

$$P=\Delta P\dot{V}=(2090\ \text{kPa})(0.0805\ \text{m}^3/\text{s})=168\ \text{kW}$$

(b) 양쪽 벌크온도가 알려지면, 대류 열전달은 식 (8 · 27)을 이용하여 구한다.

$$\dot{Q}=\dot{m}c_p(T_{b,o}-T_{b,i})$$

$$=(80\ \text{kg/s})(4183\ \text{J/kg}\cdot\text{K})[(50-20)\ \text{K}]=1.00\times10^7\ \text{W}=10\ \text{MW}$$

(c) 평균대류 열전달 계수는 식 (8 · 31) 또는 식 (8 · 32)를 사용하여 구할 수 있다. 두 방법 모두 같은 결과가 얻어짐을 보이자. 식 (8 · 31)에서 $\bar{h}$를 풀면,

$$\bar{h}=\frac{-\dot{m}c_p}{PL}\ln\left(\frac{T_w-T_{b,o}}{T_w-T_{b,i}}\right)$$

$$=\frac{-(80\ \text{kg/s})(4183\ \text{J/kg}\cdot\text{K})}{\pi(0.08\ \text{m})(75\ \text{m})}\ln\left(\frac{80-50}{80-20}\right)=1.23\times10^4\ \text{W/m}^2\cdot\text{K}$$

식 (8 · 32)를 사용하기 위하여 로그평균 온도차를 구해야만 한다.

$$\Delta T_m=\frac{(T_w-T_{b,o})-(T_w-T_{b,i})}{\ln[(T_w-T_{b,o})/(T_w-T_{b,i})]}$$

$$=\frac{(80-50)℃-(80-20)℃}{\ln[(80-50)℃/(80-20)℃]}=43.3℃=43.3\ \text{K}$$

따라서, 평균 열전달 계수는

$$\bar{h}=\frac{\dot{Q}}{A\Delta T_m}=\frac{\dot{Q}}{\pi DL\Delta T_m}$$

$$=\frac{1.00\times10^7\ \text{W}}{\pi(0.08\ \text{m})(75\ \text{m})(43.3\ \text{K})}=1.23\times10^4\ \text{W/m}^2\cdot\text{K}$$

앞에서 구한 값과 같다.

예제 8.5 0.4 m×0.4 m의 정방형 20 m 길이의 도관이 850 W/m^{2}의 균일한 열플럭스에 있다. 10℃ 대기압의 공기가 0.75 kg/s의 질량유속으로 도관으로 들어간다. 도관출구의 온도가 80℃일 때, (a) 도관출구에서 공기온도, (b) 도관출구에서 국부 열전달 계수를 구하라.

풀이 출구의 공기온도를 알 수 없기 때문에, 공기의 비열을 10℃(283 K)의 벌크입구 온도에 기초하면

$$c_p=1007\ \text{J/kg}\cdot\text{K}$$

다른 주어진 정보는

$$\dot{m}=0.75\ \text{kg/s},\quad q_w=850\ \text{W/m}^2,\quad T_{b,i}=10℃,\quad T_{w,o}=80℃,\quad L=20\ \text{m}$$

(a) 도관출구에서 공기의 온도는 식 (8 · 37)을 이용하면

$$T_{b,o} = T_{b,i} + \frac{q_w PL}{\dot{m}c_p}$$

$$= 10℃ + \frac{(850\ \mathrm{W/m^2})(4)(0.4\ \mathrm{m})(20\ \mathrm{m})}{(0.75\ \mathrm{kg/s})(1007\ \mathrm{J/kg \cdot K})} = 46.0℃$$

이제 벌크출구 온도를 알고, 27.5℃의 평균온도에 기초하여 비열을 고칠 수 있지만, 이 온도범위에서 비열은 감지할 수 있을만큼 변하지는 않는다.

(b) 도관출구에서 국부 열전달 계수는 식 (8 · 28)을 사용하여 구한다.

$$h = \frac{q_w}{T_w - T_{b,o}} = \frac{850\ \mathrm{W/m^2}}{(80-46)\ \mathrm{K}} = 25.0\ \mathrm{W/m^2 \cdot K}$$

내부강제 대류문제를 완전히 풀기 위해서는 열전달 계수가 확실해야 한다. 7장에서 외부강제 대류에 대해 누셀트 수 관계식을 제시했다. 다음 두 단원에서는 내부강제 대류에 관해 누셀트 수 관계식을 제시하며, 열에너지 수지식과 결합시키면 완전한 해답이 나온다.

8.6 층류에서의 열전달 계수

완전발달 층류

관 내의 완전발달 층류층에서의 열전달 계수는 적절한 경계조건을 가정하여 구할 수 있다.

$$u\frac{\partial T}{\partial x} + v\frac{\partial T}{\partial r} = \frac{\alpha}{r}\frac{\partial}{\partial r}\left(r\frac{\partial T}{\partial r}\right) \qquad (8 \cdot 38)$$

식 (8 · 38)은 원형관에서 뿐만 아니라, 몇 개의 비원형 도관에서도 등온표면과 균일 열플럭스 표면의 두 조건에 대하여 풀이된다. 주어진 단면의 도관에서 완전발달 속도와 열경계층에 대한 누셀트 수는 일정하고 도관에서의 축방향 위치, 레이놀즈 수, 프란틀 수와는 무관한 것으로 밝혀졌다. 그러므로 완전발달 층류에 대하여

$$Nu_{D_H} = \frac{hD_H}{k} = \text{상수} \qquad (8 \cdot 39)$$

여기서 열전도도 k는 평균 벌크온도에서 검토되었다. Shah와 London[9]은 다양한 도관단면에 대해 누셀트 수를 제공하였으며, 그 중 몇 가지는 표 8 · 2에 요약되어 있다. 또한, 표 8 · 2에는 다시 마찰인자(darcy friction factor)가 주어진다. (fRe_D)의 수치는 원형관에서 식 (8 · 23)과 일치함을 주의하라. 균일한 열

플럭스의 경우, 주어진 단면에서 도관둘레의 주위를 일정한 표면온도로 추정하지만, x방향으로 표면온도가 변하는 것으로 본다. 단면을 알고 있는 도관에서 완전발달 층류에 대한 열전달 계수를 구하기 위해 필요한 것은 유체의 열전도도와 도관의 유체역학 지름이라는 사실은 더욱 확실하다.

표 8·2 완전발달 층류에서 누셀트 수와 마찰인자는 도관단면에만 의존한다([9]로부터의 값).

		Nu_{D_H}		
도관단면	a/b	균일한 T_w	균일한 q_w	fRe_{D_H}
	–	3.657	4.364	64.0
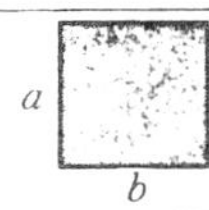	1	2.976	3.608	56.9
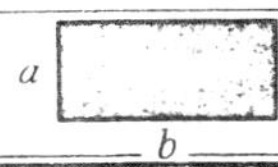	1/2	3.391	4.123	62.2
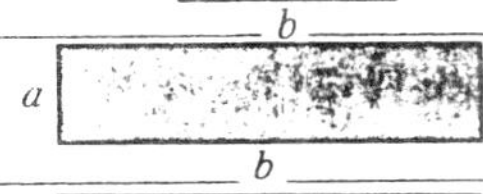	1/4	4.439	5.331	72.9
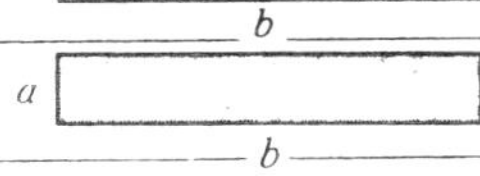	1/8	5.597	6.490	82.3
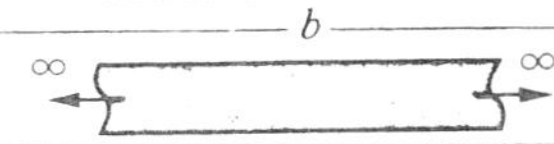	0	7.541	8.235	96.0
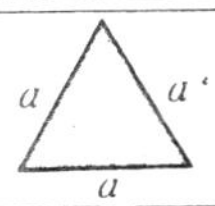	–	2.470	3.111	53.3
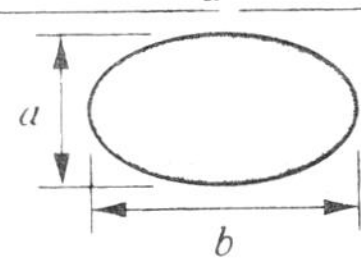	1/2	3.742	4.558	67.3
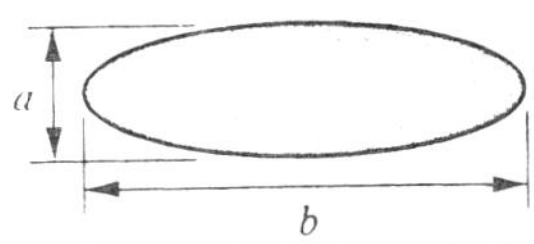	1/4	3.792	4.880	73.0

예제 8.6 65℃의 SAE10W−30 엔진오일이 3/8 in 강관을 통해 평균 5 m/s의 속도로 흐른다. 완전발달 흐름이며, 등온관 표면으로 가정하여 (a) 열전달 계수, (b) 마찰인자를 구하라.

풀이 부록 E로부터 65℃(338 K)에서 SAE10W−30 엔진오일에 대한 물성은

$$\nu = 26.66\times10^{-6}\ \mathrm{m^2/s}, \quad k = 0.1351\ \mathrm{W/m\cdot K}$$

부록 H로부터 안지름 3/8 in 강관(벽두께 0.889 mm)은

$D = 7.747\ \text{mm} = 0.007\,747\ \text{m}$

(a) 먼저, 흐름이 층류인지 알아보기 위해 레이놀즈 수를 계산한다

$$Re_D = \frac{u_m D}{\nu} = \frac{(5\ \text{m/s})(0.007\,747\ \text{m})}{26.66 \times 10^{-6}\ \text{m}^2/\text{s}} = 1453$$

흐름은 층류이고 완전히 발달된다. 따라서, 표 8·2로부터

$$Nu_D = 3.657$$

따라서, 열전달 계수는

$$h = \frac{Nu_D k}{D} = \frac{(3.657)(0.1351\ \text{W/m}\cdot\text{K})}{0.007\,747\ \text{m}} = 63.8\ \text{W/m}^2\cdot\text{K}$$

(b) 마찰인자는 식 (8·23)으로부터 계산된다.

$$f = \frac{64}{Re_D} = \frac{64}{1453} = 0.0440$$

발달 중인 층류

다양한 도관단면과 열조건(thermal condition)에서 층류의 속도와 열경계층이 발달하는 경우에 대해 에너지 방정식이 풀이되었다. 해석적인 해는 [9]에 주어진다. 계산을 효율적이고 간단히 하기 위해 Sieder와 Tate[10]에 의해 광범위하게 사용된 실험적인 보정에 따른다.

$$\overline{Nu}_D = 1.86\left(\frac{Re_D Pr}{L/D}\right)^{1/3}\left(\frac{\mu}{\mu_w}\right)^{0.14} \tag{8·40}$$

$$\left(\left[\left(\frac{Re_D Pr}{L/D}\right)^{1/3}\left(\frac{\mu}{\mu_w}\right)^{0.14}\right] > 2\right)$$

$$(0.48 < Pr < 16\,700),\quad \left(0.0044 < \frac{\mu}{\mu_w} < 9.75\right)$$

Sieder와 Tate 관계식은 등온표면을 갖는 원형관에 적용된다. 위의 유사관계에서 모든 유체의 물성은 평균 벌크온도에서 평가되며, μ_w는 표면온도에서 평가된다.

예제 8.7 물이 지름 1.8 cm의 관을 통하여 질량유속 0.025 kg/s의 속도로 흐른다. 관의 표면온도가 65℃로 일정하고, 입구에서 물의 평균 벌크온도가 10℃이다. 만약, 입구로부터 10 cm 거리에서 물의 평균 벌크온도가 40℃이면, 관의 처음 10 cm에 대한 대류 열전달을 구하라.

풀이 평균 벌크온도는

$$\overline{T}_b = \frac{T_{b,i} + T_{b,o}}{2} = \frac{(10+40)℃}{2} = 25℃ = 298\ \text{K}$$

평균 벌크온도에서 물의 물성은

$$\mu = 890.5\times10^{-6}\ \text{kg/m}\cdot\text{s},\quad k = 0.6071\ \text{W/m}\cdot\text{K},\quad Pr = 6.14$$

벽온도에서 점도는

$$\mu_w = 433.4\times10^{-6}\ \text{kg/m}\cdot\text{s}$$

다른 입력자료는

$$\dot{m} = 0.025\ \text{kg/s},\quad D = 0.018\ \text{m},\quad L = 0.10\ \text{m}$$

우선 레이놀즈 수를 구한다.

$$Re_D = \frac{4\dot{m}}{\pi D\mu} = \frac{4(0.025\ \text{kg/s})}{\pi(0.018\ \text{m})(890.5\times10^{-6}\text{mkg/m}\cdot\text{s})} = 1989$$

$Re_D < 2300$ 이기 때문에 흐름은 층류이지만, 흐름이 완전히 발달된 것인지 아닌지 확실히 해야 한다. 식 (8 · 9), 식 (8 · 19)로부터 유체역학 입구길이(thermal entrance length)는

$$x_h \approx 0.05Re_D D = 0.05(1989)(0.018\ \text{m}) = 1.79\ \text{m}$$

그리고

$$x_t \approx 0.05Re_D Pr D = 0.05(1989)(6.14)(0.018\ \text{m}) = 11.0\ \text{m}$$

완전발달 흐름에 도달하기 위해 필요한 관길이는 문제의 관길이 10 cm보다 크다. 따라서, 흐름이 유체역학적으로, 열적으로 발달하고 있는 것으로 결론지었다. Sieder와 Tate의 상관관계의 적용성을 검토하면

$$\left(\frac{Re_D Pr}{L/D}\right)^{1/3}\left(\frac{\mu}{\mu_w}\right)^{0.14} = \left(\frac{(1989)(6.14)}{(0.10)/(0.018)}\right)^{1/3}\left(\frac{890.5}{433.4}\right)^{0.14} = 14.4 > 2$$

그리고

$$\frac{\mu}{\mu_w} = \frac{890.5\times10^{-6}}{433.3\times10^{-6}} = 2.05$$

따라서, 상관관계는 적용될 수 있다. 평균 누셀트 수는 식 (8 · 40)으로 주어진다.

$$\overline{Nu}_D = 1.86\left(\frac{Re_D Pr}{L/D}\right)^{1/3}\left(\frac{\mu}{\mu_w}\right)^{0.14} = 1.86(14.4) = 26.8$$

그러므로 평균 열전달 계수는

$$\bar{h} = \frac{\overline{Nu}_D k}{D} = \frac{(26.8)(0.6071\ \text{W/m}\cdot\text{K})}{0.018\ \text{m}} = 904\ \text{W/m}^2\cdot\text{K}$$

로그평균 온도차는 식 (8 · 33)으로 주어진다.

$$\Delta T_m = \frac{(T_w - T_{b,o}) - (T_w - T_{b,i})}{\ln[(T_w - T_{b,o})/(T_w - T_{b,i})]}$$

$$= \frac{(65-40)-(65-10)}{\ln[(65-40)/(65-10)]} = 38.0\ ^\circ\text{C} = 38.0\ \text{K}$$

식 (8 · 32) 뉴턴의 냉각법칙으로부터

$$\dot{Q} = \bar{h}A\Delta T_m = \bar{h}\,\pi DL\Delta T_m$$

$$= (904\ \text{W/m}^2\cdot\text{K})\pi(0.018\ \text{m})(0.10\ \text{m})(38.0\ \text{K}) = 194\ \text{W}$$

8.7 난류에서의 열전달 계수

7장의 외부강제 대류에서 배운 것처럼 난류에서의 열전달 계수는 실험적인 방법으로 매우 쉽게 구한다. 난류와 관련된 내부강제 대류는 상대적으로 복잡하다. 따라서, 열전달 계수에 대해서는 실험적인 상관관계에 의존한다. 난류에 있어서 유체역학 입구길이가 상대적으로 짧기 때문에 식 (8 · 18), 식 (8 · 20)에 나타낸 것처럼 도관전체에 걸쳐 완전발달 흐름이 존재하는 것으로 가정한다. 따라서, 도관전체에 대한 평균 누셀트 수는 완전발달 영역에서의 누셀트 수와 거의 동등하다. 매끈한 관 내 완전발달 난류에 대하여 가장 광범위하게 쓰이는 상관관계는 Dittus－Boelter[11] 관계식이다.

$$Nu_D = 0.023 Re_D^{4/5} Pr^n \tag{8 · 41}$$

$n = 0.4$: 유체가열 ($T_w > T_b$)

$n = 0.3$: 유체냉각 ($T_w < T_b$)

$(0.7 < Pr < 160)$, $(Re_D > 10\,000)$

여기서 유체특성은 평균 벌크온도에서 평가된다. Dittus－Boelter 관계식은 도관표면과 유체의 평균 벌크온도가 크게 차이나지 않을 때에만 사용된다. 만약 표면과 평균 벌크온도의 차이가 크면, Sieder와 Tate[10]에 의한 다음의 관계식이 성립된다.

$$Nu_D = 0.027 Re_D^{4/5} Pr^{1/3} \left(\frac{\mu}{\mu_w} \right)^{0.14} \tag{8 · 42}$$

$(0.7 < Pr < 16\,700)$, $(Re_D > 10\,000)$

식 (8 · 42)에서 μ_w를 제외한 모든 유체물성은 평균 벌크온도에서 평가된다.

식 (8 · 41)과 식 (8 · 42)로 주어진 상관관계는 등온표면과 균일한 열플럭스 모두에서 열전달 계수를 구하기 위하여 사용된다. 이러한 상관관계는 완전발달 난류 관계식의 주축이 되지만, 어떤 응용에서는 25%의 큰 오차가 나올 수 있다. Gnielinski[12]에 의해 주어진 보다 정확한 상관관계는 매끈한 도관에서뿐만 아니라 거친 도관에서도 사용될 수 있다.

$$Nu_D = \frac{(f/8)(Re_D - 1000)Pr}{1 + 12.7(f/8)^{1/2}(Pr^{2/3} - 1)} \left[1 + \left(\frac{D}{L} \right)^{2/3} \right] \tag{8 · 43}$$

$(0.6 < Pr < 2000)$, $(Re_D > 2300)$

여기서 f는 마찰인자로써 무디선도(Moody diagram) 또는 식 (8·24)로부터 결정된다. 유체와 표면간에 온도차가 크다면, 식 (8·43)에서 누셀트 수는 다음의 보정인자 중 하나로 곱해져야 한다.

$$\text{기체} \quad \left(\frac{\overline{T}_b}{T_w}\right)^{0.45}$$

$$\text{액체} \quad \left(\frac{Pr}{Pr_w}\right)^{0.11}$$

식 (8·43)은 등온표면과 균일한 열플럭스의 두 경우 모두에 적용된다. 짧은 관의 경우, 식 (8·43)은 입구와 완전발달 영역에서 평균 열전달 계수를 구하기 위하여 사용될 수 있다. 완전발달 흐름에서 식 (8·43)을 사용하기 위하여 (D/L)을 0으로 설정한다. 난류에서의 전술한 관계식은 관(pipe), 튜브(tube)에서뿐만 아니라 비원형 도관에도 적용됨을 알아야 한다. 이것은 누셀트 수가 도관단면 모양의 함수인 완전발달 층류와는 대조된다.

지금까지에서 주어진 상관관계는 액체금속에 적용되지 않는다. 액체금속에 대한 프란틀 수는 높은 열전도도로 인해 매우 작게 됨을 기억하라. 액체금속에 대해서는 Sleicher와 Rouse[13]가 제안했다.

등온표면의 경우

$$Nu_D = 4.8 + 0.0156 Re_D^{0.85} Pr^{0.93} \quad (Pr \ll 1) \tag{8·44}$$

그리고 균일한 열플럭스인 경우

$$Nu_D = 6.3 + 0.0167 Re_D^{0.85} Pr^{0.93} \quad (Pr \ll 1) \tag{8·45}$$

예제 8.8 물이 지름 12 cm, 길이 110 m의 플라스틱 하수관(drainage pipe)을 통해 120 gpm으로 흐르고 있다. 관입구에서 물의 온도는 25℃이고 관이 묻힌 땅은 내부표면 온도가 15℃로 유지된다. (a) 열전달 계수, (b) 관출구에서의 물의 온도, (c) 총 대류 열전달을 구하라.

풀이 출구온도를 모르기 때문에, 물의 물성을 입구온도 25℃에 기초한다.

$$\rho = 997.0\ \text{kg/m}^3, \quad c_p = 4183\ \text{J/kg·K}, \quad \mu = 890.5 \times 10^{-6}\ \text{kg/m·s},$$

$$\nu = 89.32 \times 10^{-8}\ \text{m}^2/\text{s}, \quad k = 0.6071\ \text{W/m·K}, \quad Pr = 6.14$$

다른 주어진 정보는

$$\dot{V} = 120\ \text{gpm}, \quad D = 0.12\ \text{m}, \quad L = 110\ \text{m}, \quad T_{b,i} = 25℃, \quad T_w = 15℃$$

(a) 적당한 관계식을 찾기 위하여 레이놀즈 수를 계산해야 한다. 부피유속은 SI 단위로는

$$120\ \text{gpm} = 7.57 \times 10^{-3}\ \text{m}^3/\text{s}$$

그리고 질량유속은

$$\dot{m} = \rho \dot{V} = (997.0\ \text{kg/m}^3)(7.57\times10^{-3}\ \text{m}^3/\text{s}) = 7.55\ \text{kg/s}$$

따라서, 레이놀즈 수는 식 (8 · 6)을 사용하면

$$Re_D = \frac{4\dot{V}}{\pi D\nu} = \frac{4(7.57\times10^{-3}\ \text{m}^3/\text{s})}{\pi(0.12\ \text{m})(89.32\times10^{-8}\ \text{m}^2/\text{s})} = 8.99\times10^4$$

흐름은 난류이고 관이 충분히 길기 때문에, 관전체에 걸쳐 완전발달 흐름이 존재한다고 가정한다. 비교하기 위하여 Dittus-Boelter 관계식, 식 (8 · 41)과 Gnielinski 상관관계, 식 (8 · 43)을 이용하여 누셀트 수를 계산하자. 식 (8 · 43)을 사용하기 위해서는 마찰인자를 구해야만 한다. 표 8 · 1로부터 플라스틱 관에 대한 거칠기는 0이며, 즉 관이 평평하다. 그러므로 상대 거칠기는

$$\frac{D}{\varepsilon} = \infty$$

식 (8 · 24)를 이용하여 마찰인자를 구하면,

$$f = \frac{0.25}{\left[\log\left(\frac{5.74}{Re_D^{0.9}}\right)\right]^2} = \frac{0.25}{\left[\log\left(\frac{5.74}{(8.99\times10^4)^{0.9}}\right)\right]^2} = 0.0183$$

식 (8 · 41)로부터 누셀트 수는

$$Nu_D = 0.023 Re_D^{4/5} Pr^{0.3} = 0.023(8.99\times10^4)^{4/5}(6.14)^{0.3} = 364$$

식 (8 · 43)으로부터 누셀트 수는

$$Nu_D = \frac{(f/8)(Re_D - 1000)Pr}{1 + 12.7(f/8)^{1/2}(Pr^{2/3} - 1)}$$

$$= \frac{(0.0183/8)(8.99\times10^4 - 1000)(6.14)}{1 + 12.7(0.0183/8)^{1/2}(6.14^{2/3} - 1)} = 514$$

결과는 29% 차이가 있다. Gnielinski 상관관계가 더욱 정확한 것으로 생각되기 때문에, 열전달 계수를 두 번째 누셀트 수에 기초한다. 따라서

$$h = \frac{Nu_D k}{D} = \frac{(514)(0.6071\ \text{W/m}\cdot\text{K})}{0.12\ \text{m}} = 2600\ \text{W/m}^2\cdot\text{K}$$

(b) 식 (8 · 31)을 다시 쓰면, 출구온도는

$$T_{b,o} = T_w - (T_w - T_{b,i})\exp\left(\frac{-PLh}{\dot{m}c_p}\right)$$

$$= 15 - (15 - 25)\exp\left[\frac{-\pi(0.12)(110)(2600)}{(7.55)(4183)}\right] = 15.3℃$$

그러므로 출구에서 물의 온도는 거의 관의 온도에 도달된다.

(c) 총 대류 열전달은 식 (8 · 27)이나 식 (8 · 32)를 이용하여 구한다. 출구의 평균 벌크온도를 모르기 때문에, 식 (8 · 27)을 사용하지만, 이 문제에서는 유체가 관을 통해 흐를 때 냉각되기 때문에 평균 벌크온도를 바꾸어 놓아야 한다.

$$\dot{Q} = \dot{m}c_p(T_{b,i} - T_{b,o})$$

$$= (7.55\ \text{kg/s})(4183\ \text{J/kg}\cdot\text{K})[(25 - 15.3)\ \text{K}] = 3.06\times10^5\ \text{W} = 306\ \text{kW}$$

마지막으로 평균 벌크온도에 기초한 물성을 보정해야 할만큼 물의 온도가 입구로부터 출구까지 크게 변하지 않는다.

8.8 요 약

이 장에서 내부강제 대류에서의 열전달 계수와 관계된 열 매개변수(thermal parameter)를 구하는 방법을 제안했다. 정확한 해석적 방법으로부터 유도된 완전발달 층류에서 누셀트 수는 도관지름과 유체의 열전도도가 정확히 알려진다면 정확한 열전달 계수를 얻게 된다. 그러나 실험적인 상관관계는 대류계산의 정확성을 제한하는 본질적인 불확실성을 갖고 있어서 정확한 해답을 기대할 수 없다.

내부강제 대류에서 문제해결 절차는 7장의 외부강제 대류에 대하여 요약된 일반적인 순서를 따른다. 단지 두 해결절차에서 다른 점은 내부흐름의 경우에 흐름이 완전히 발달되는지 아닌지를 결정해야 된다는 것이다. 이러한 단계는 자유흐름 문제에서 완전발달 경계층은 의미가 없기 때문에 수행되지 않는다.

내부강제 대류문제에서는 종종 출구의 평균 벌크온도가 주어지지 않는다. 만약 입구로부터 출구까지 유체의 온도가 단지 미미하게 변하여 열조건(thermal condition)이 적당하다면, 유체의 물성은 물성보정 없이 입구의 평균 벌크온도가 계산되고, 전체 해결절차가 반복되어야 한다. 보통 한두 번의 계산으로부터 수용할 만한 해답이 나온다. 이러한 수동적인 반복계산은 부록 E, F에서 주어진 유체물성에 대한 다항식 곡선 맞추기(polynomial curve fit)를 사용하여 평균 벌크온도 및 유체물성을 열전달 계수와 동시에 푸는 것에 의해 피한다. 이러한 방법은 예제 7.9에서 설명되었고, 내부흐름 문제에 대하여 다음 장에서 다시 설명된다.

참고로 이 장에서 제시된 누셀트 수에 관한 주요 관계식을 표 8·3에 요약해 놓았다.

8.9 응 용

열교환기는 고체벽에 의해 서로 분리된 통로를 흐르는 두 유체간에 열에너지를 전달하는 기구이다. 가스터빈 발생기(gas turbine regenerator)와 자동차 라디에이터(radiator)와 같은 열교환기에서는 적어도 한 유체가 저속도의 기체이다. 낮은 기체속도와 상대적으로 낮은 기체의 열전도도(액체와 비교하여)로 인해 조밀한 공간에서 높은 열전달 속도가 요구되는 경우에는 부피에 비해 큰 표면적을 갖는 열교환기가 요구된다. 콤팩트형 열교환기는 작은 부피 내에 많은 통로가 채워져 있어서 이러한 요구를 만족시킨다. 그림 8·13에 나타낸 보통의 콤팩트형 열

표 8·3 내부강제 대류에서 누셀트 수 관계식의 요약

관 계	식	조 건
$Nu_D=$ 상수(표 8·2)	(8·39)	층류, 완전발달
$Nu_D=1.86\left(\frac{Re_D Pr}{L/D}\right)^{1/3}\left(\frac{\mu}{\mu_w}\right)^{0.14}$	(8·40)	층류, 입구 $\left[\left(\frac{Re_D Pr}{L/D}\right)^{1/3}\left(\frac{\mu}{\mu_w}\right)^{0.14}\right]>2$ $0.48<Pr<16\,700$ $0.0044<\frac{\mu}{\mu_w}<9.75$
$Nu_D=0.023Re_D^{4/5}Pr^n$ $n=0.4$: 유체가열 $n=0.3$: 유체냉각	(8·41)	난류, 완전발달 $0.7<Pr<160$, $Re_D>10\,000$
$Nu_D=0.027Re_D^{4/5}Pr^{1/3}\left(\frac{\mu}{\mu_w}\right)^{0.14}$	(8·42)	난류, 완전발달 $0.7<Pr<16\,700$, $Re_D>10\,000$
$Nu_D=\frac{(f/8)(Re_D-1000)Pr}{1+12.7(f/8)^{1/2}(Pr^{2/3}-1)}\left[1+\left(\frac{D}{L}\right)^{2/3}\right]$	(8·43)	난류, 입구 혹은 완전발달 $0.6<Pr<2000$, $Re_D>2300$
$Nu_D=4.8+0.0156Re_D^{0.85}Pr^{0.93}$	(8·44)	난류, 완전발달, 등온 $(Pr\ll 1)$
$Nu_D=6.3+0.0167Re_D^{0.85}Pr^{0.93}$	(8·45)	난류, 완전발달, 균일한 q $(Pr\ll 1)$

교환기는 얇은 금속판으로 분리된 장방형 도관의 엇갈리도록 쌓아 올린 스택(stack)을 갖는다. 예제 8.9에서 이런 콤팩트형 열교환기의 공기측 열전달 계수를 계산한다.

예제 8.9 그림 8·13에 나타낸 콤팩트형 열교환기는 그림 8·14에 나타낸 단면을 가진 장방형 도관의 서로 엇갈리는 배열로 구성된다. 열교환기의 공기측은 총 40개의 도관을 갖는다. 10℃의 공기는 질량유속 0.06 kg/s로 열교환기로 들어간다. 다른 스택에서 흐르는 액체는 공기측 도관표면을 50℃로 유지시킨다. 도관의 길이가 25 cm인 경우, (a) 열전달 계수, (b) 공기출구 온도, (c) 총 대류 열전달을 구하라.

풀이 입구온도 10℃(283 K)에서 공기의 물성은

$$\rho=1.2407\ \mathrm{kg/m^3},\quad c_p=1006.7\ \mathrm{J/kg\cdot K},\quad \mu=176.1\times 10^{-7}\ \mathrm{kg/m\cdot s},$$

그림 8·13 콤팩트형 열교환기

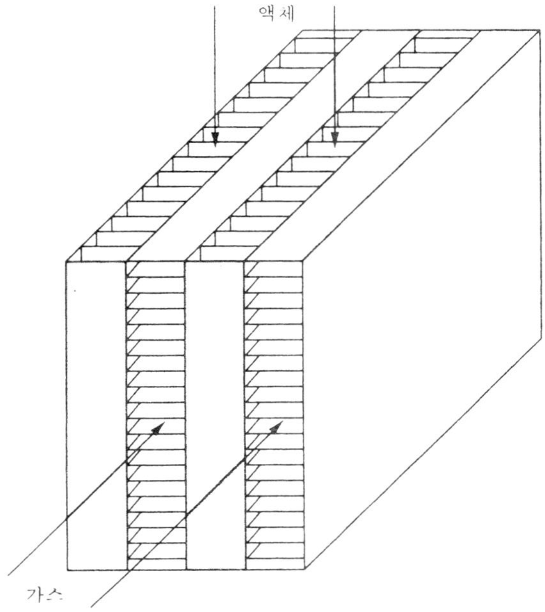

그림 8·14 도관단면

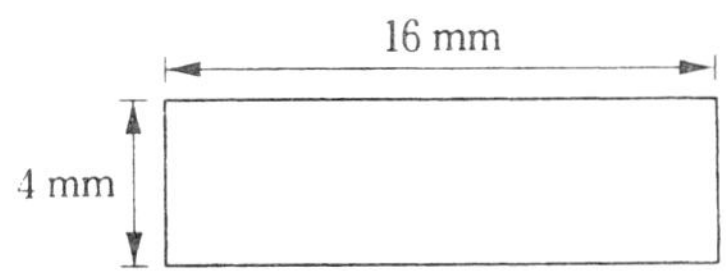

$$\nu = 14.38 \times 10^{-6}\ \mathrm{m^2/s}, \quad k = 0.0249\ \mathrm{W/m \cdot K}, \quad Pr = 0.711$$

그리고 문제에 주어진 다른 자료는

$$T_{b,i} = 10℃, \quad T_w = 50℃, \quad \dot{m}_{total} = 0.06\ \mathrm{kg/s}, \quad L = 0.25\ \mathrm{m}$$

(a) 도관은 비원형 단면을 갖고 있으므로 레이놀즈 수를 구하기 위해서는 유체역학 지름을 알아야만 한다. 그림 8·14로부터, 도관의 단면적과 젖음둘레는

$$A = (0.004\ \mathrm{m})(0.016\ \mathrm{m}) = 6.40 \times 10^{-5}\ \mathrm{m^2}$$

$$P = 2(0.004 + 0.016)\ \mathrm{m} = 0.040\ \mathrm{m}$$

따라서, 유체역학 지름은

$$D_H = \frac{4A}{P} = \frac{4(6.40 \times 10^{-5}\ \mathrm{m^2})}{0.040\ \mathrm{m}} = 0.0064\ \mathrm{m}$$

흐름이 40개의 모든 도관에서 균일하게 분포된다고 가정하면, 하나의 도관에서 질량유속은

$$\dot{m} = \frac{0.06\ \mathrm{kg/s}}{40} = 0.0015\ \mathrm{kg/s}$$

평균속도는

$$u_m = \frac{\dot{m}}{\rho A} = \frac{0.0015\ \mathrm{kg/s}}{(1.2407\ \mathrm{kg/m^3})(6.40 \times 10^{-5}\ \mathrm{m^2})} = 18.9\ \mathrm{m/s}$$

따라서, 레이놀즈 수는

$$Re_{D_H}=\frac{u_m D_H}{\nu}=\frac{(18.9\ \text{m/s})(0.0064\ \text{m})}{14.38\times10^{-6}\ \text{m}^2/\text{s}}=8412$$

콤팩트형 열교환기를 제작하는 데 사용되는 재료는 일반적으로 매끈한 표면을 갖고 있으며, 따라서 거칠기 ε을 0으로 가정한다. 무한대의 상대 거칠기에 대한 마찰인자는

$$f=\frac{0.25}{\left[\log\left(\frac{5.74}{Re_{D_H}^{0.9}}\right)\right]^2}=\frac{0.25}{\left[\log\left(\frac{5.74}{(8412)^{0.9}}\right)\right]^2}=0.0325$$

식 (8 · 43)으로부터 누셀트 수는

$$Nu_{D_H}=\frac{(f/8)(Re_{D_H}-1000)Pr}{1+12.7(f/8)^{1/2}(Pr^{2/3}-1)}\left[1+\left(\frac{D}{L}\right)^{2/3}\right]$$

$$=\frac{(0.0325/8)(8412-1000)(0.711)}{1+12.7(0.0325/8)^{1/2}(0.711^{2/3}-1)}\left[1+\left(\frac{0.0064}{0.25}\right)^{2/3}\right]=27.9$$

식에서 (D/L)항은 도관이 상대적으로 짧기 때문에 남겨두었음을 주의하라. 열전달 계수는

$$h=\frac{Nu_{D_H}k}{D_H}=\frac{(27.9)(0.0249\ \text{W/m}\cdot\text{K})}{0.0064\ \text{m}}=109\ \text{W/m}^2\cdot\text{K}$$

(b) 출구공기 온도는 식 (8 · 31)로부터 구할 수 있다.

$$T_{b,o}=T_w-(T_w-T_{b,i})\exp\left(\frac{-PLh}{\dot{m}c_p}\right)$$

$$=50-(50-10)\exp\left(\frac{-(0.040)(0.25)(110)}{(0.0015)(1006.7)}\right)=30.7℃$$

이제 출구의 평균 벌크온도를 구하고, 평균 벌크온도를 계산하고, 공기물성을 보정하여 다시 한 번 해답을 살펴본다. 평균 벌크온도는

$$\overline{T}_b=\frac{T_{b,i}+T_{b,o}}{2}=\frac{(10+30.7)℃}{2}=20.3℃=293\ \text{K}$$

공기물성은

$$\rho=1.1941\ \text{kg/m}^3,\quad c_p=1006.9\ \text{J/kg}\cdot\text{K},\quad \mu=181.1\times10^{-7}\ \text{kg/m}\cdot\text{s},$$

$$\nu=15.27\times10^{-6}\ \text{m}^2/\text{s},\quad k=0.0257\ \text{W/m}\cdot\text{K},\quad Pr=0.709$$

이것으로부터

$$u_m=19.63\ \text{m/s},\quad Re_{D_H}=8227,\quad f=0.0327,\quad Nu_{D_H}=27.3$$

따라서, 보정된 열전달 계수와 출구 공기온도는

$$h=110\ \text{W/m}^2\cdot\text{K},\quad T_{b,o}=30.6℃$$

물성보정이 결과를 현저히 바꾸지 않음을 알 수 있다.

(c) 총 대류 열전달은 모든 도관에 대한 열전달이며, 따라서 식 (8 · 27)에서 총 질량유속은

$$\dot{Q}_{total}=\dot{m}_{total}c_p(T_{b,o}-T_{b,i})$$

$$=(0.06\ \text{kg/s})(1006.9\ \text{J/kg}\cdot\text{K})[(30.6-10)\ \text{K}]=1245\ \text{W}$$

주거용 건물의 공기조화의 혁신적인 방법은 히트싱크로서 대지를 이용하는 것이다. 대부분의 지역에서 깊은 대지의 온도는 여름대기 공기온도보다 상당히 낮다. 그림 8·15에 나타낸 방법은 땅속 깊숙이 묻힌 긴 도관을 통해 공기를 흘려주는 것과 관계된다. 건물의 따뜻한 공기는 도관을 통해 주위의 토양에 열에너지를 전달하면서 흐른다. 건물 안으로 들어가는 공기의 온도는 건물의 평균공기 온도보다 낮고, 따라서 공기조화 효과를 나타낸다. 예제 8.10에서 이러한 공조방식에 필요한 도관의 길이가 계산된다.

그림 8·15 대지공조 방식

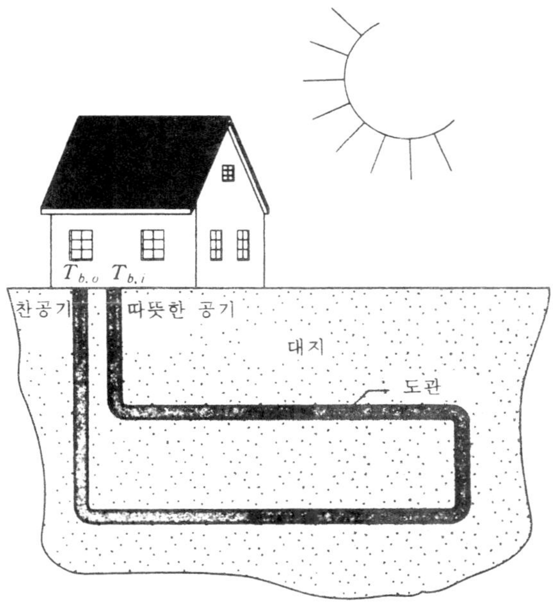

예제 8.10

그림 8·15에서 나타낸 공조방식은 토양이 관표면 온도를 60°F로 유지시키는 깊이로 묻힌 16 in 지름의 아연 도금관을 사용한다. 공기는 1200 CFM의 질량유속으로 관을 통해 흐른다. 실내공기는 72°F로 일정하게 유지된다. 만약 63°F의 차가운 공기가 바람직하다면, 요구되는 관의 길이는? 관의 거칠기는 0.1 in로 가정한다. 동일한 열전달을 달성하면서 어떻게 관의 길이를 줄일 수 있는가?

풀이

문제가 영국식 단위로 주어졌기 때문에, SI 단위보다 영국식 단위로 문제를 해결하며, 주어진 자료는

$$\dot{V} = 1200\ \text{ft}^3/\text{min}, \quad T_w = 60°\text{F}, \quad T_{b,i} = 72°\text{F}, \quad T_{b,o} = 63°\text{F}$$

$$D = 16\ \text{in}, \quad \varepsilon = 0.10\ \text{in}$$

평균 벌크온도는

$$\overline{T}_b = \frac{T_{b,i} + T_{b,o}}{2} = \frac{(72+63)°\text{F}}{2} = 67.5°\text{F} = 293\ \text{K}$$

공기물성은 부록 F에서 SI 단위로 주어지고, 따라서 그것을 부록 B의 환산인자를 사용하여 영국식 단위로 바꾸면

$$\rho = 0.0745\ \text{lb}_m/\text{ft}^3, \quad c_p = 0.2404\ \text{Btu/lb}_m \cdot {}^\circ\text{R}, \quad \mu = 0.0438\ \text{lb}_m/\text{ft}\cdot\text{h}$$

$$\nu = 0.5917\ \text{ft}^2/\text{h}, \quad k = 0.0148\ \text{Btu/h}\cdot\text{ft}\cdot{}^\circ\text{R}, \quad Pr = 0.709$$

질량유속은

$$\dot{m} = \rho\dot{V} = (0.0745\ \text{lb}_m/\text{ft}^3)(7.2\times10^4\ \text{ft}^3/\text{h}) = 5364\ \text{lb}_m/\text{h}$$

레이놀즈 수는

$$Re_D = \frac{4\dot{V}}{\pi D_\nu} = \frac{4(7.2\times10^4\ \text{ft}^3/\text{h})}{\pi(1.333\ \text{ft})(0.5917\ \text{ft}^2/\text{h})} = 1.16\times10^5$$

상대 거칠기는

$$\frac{D}{\varepsilon} = \frac{16\ \text{in}}{0.10\ \text{in}} = 160$$

따라서, 마찰인자는

$$f = \frac{0.25}{\left[\log\left(\frac{1}{3.7(D/\varepsilon)} + \frac{5.74}{Re_D^{0.9}}\right)\right]^2}$$

$$= \frac{0.25}{\left[\log\left(\frac{1}{3.7(160)} + \frac{5.74}{(1.16\times10^5)^{0.9}}\right)\right]^2} = 0.0335$$

도관전체에서 완전발달 흐름으로 가정하면, 식 (8·43)으로부터 누셀트 수는

$$Nu_D = \frac{(f/8)(Re_D - 1000)Pr}{1 + 12.7(f/8)^{1/2}(Pr^{2/3} - 1)}$$

$$= \frac{(0.0335/8)(1.16\times10^5 - 1000)(0.709)}{1 + 12.7\ (0.0335/8)^{1/2}(0.709^{2/3} - 1)} = 411$$

그러므로 누셀트 수는

$$h = \frac{Nu_D k}{D} = \frac{(411)(0.0148\ \text{Btu/h}\cdot\text{ft}\cdot{}^\circ\text{R})}{1.333\ \text{ft}} = 4.56\ \text{Btu/h}\cdot\text{ft}^2\cdot{}^\circ\text{R}$$

이 결과를 식 (8·31)에 대입하여 관의 길이를 푼다.

$$L = \left(\frac{-\dot{m}c_p}{Ph}\right)\ln\left(\frac{T_w - T_{b,o}}{T_w - T_{b,i}}\right)$$

$$= \frac{(-5364\ \text{lb}_m/\text{h})(0.2404\ \text{Btu/lb}_m\cdot{}^\circ\text{R})}{\pi(1.333\ \text{ft})(4.56\ \text{Btu/h}\cdot\text{ft}^2\cdot{}^\circ\text{R})}\ \ln\left(\frac{(60-63)^\circ\text{F}}{(60-72)^\circ\text{F}}\right) = 93.6\ \text{ft}$$

열전달은 식 (8·27)로부터

$$\dot{Q} = \dot{m}c_p(T_{b,i} - T_{b,o})$$

$$= (5364\ \text{lb}_m/\text{h})(0.2404\ \text{Btu/lb}_m\cdot{}^\circ\text{R})[(72-63)^\circ\text{R}] = 1.16\times10^4\ \text{Btu/h}$$

냉동과 공기조화 방식의 냉각성능은 냉동톤(ton of refrigeration)으로 나타낸다. 1냉동톤은 12 000 Btu/h의 열전달 속도로 정의된다. 따라서, 위의 냉방 시스템은 약 1톤의 냉동성능을 가진다. 전형적인 2000ft^2 면적의 집에 대한 냉동부하는 약 3톤이며, 따라서 위의 시스

템은 작은 집에만 적당하다. 식 (8 · 31)으로부터 추측해 보면 관길이는 관 표면적을 증가시키는 것에 의해 감소시킬 수 있다. 이것은 관의 지름을 크게 하거나 관에 확장된 표면(휜)을 설치하여 달성할 수 있다.

보일러는 열전달 시스템 중 가장 오래된 제품 중의 하나이다. 온수 보일러(hot water boiler)는 식품생산, 석유화학 공정, 플라스틱 성형, 합판, 종이생산 및 쾌적난방을 포함한 다양한 산업적인 응용에 제공된다. 예제 8.11에서 전형적인 제조공정에 사용되는 보일러로부터 포화액(saturated liquid water)을 운반하는 관에서의 열전달을 구한다.

예제 8.11 4 in, schedule 40 강관이 보일러로부터의 포화액을 플라스틱 적층에 사용되는 플래튼(platen)으로 이송한다. 물은 120℃로 보일러를 나와 관을 통해 질량유속 0.075 kg/s로 흐른다. 적층 시스템은 구형장치의 개장을 하고, 보일러는 플래튼으로부터 40 m 이상 떨어져 위치한다. 공장의 공기온도가 30℃이면, 다음을 가정하여 물이 플래튼으로 들어가는 온도를 구하라. (a) 관이 드러나 있는 경우, (b) 관이 3 cm 광섬유 단열재로 덮여 있는 경우를 구하라.

풀이 부록 H로부터 관의 안지름과 바깥지름은

$$D_i = 0.1023\ \text{m}, \quad D_o = 0.1143\ \text{m}$$

알려진 온도와 질량유속은

$$T_{b,i} = 120℃\,(393\ \text{K}), \quad T_\infty = 30℃\,(303\ \text{K}), \quad \dot{m} = 0.075\ \text{kg/s}$$

관길이, 거칠기 및 열전도도는

$$L = 40\ \text{m}, \quad \varepsilon = 4.5\times10^{-5}\ \text{m}, \quad k_P = 64\ \text{W/m}\cdot\text{K}$$

복사를 무시하면, 자연대류는 단지 관으로부터 주위공기로의 열전달 형태가 된다. 관 외부표면(단열되든 아니든지)의 열전달 계수를 평가하면

$$h_o = 12\ \text{W/m}^2\cdot\text{K}$$

(a) 출구온도가 알려져 있지 않으므로, 물의 물성을 평균 벌크온도에 기초할 수가 없다. 스프레드시트상에서 이 문제를 푸는 것에 의해 한 단계로 미지의 출구의 평균 벌크온도, 열전달, 물성을 구한다. 스프레드시트는 다음의 식을 따른다.

$$Nu_D = \frac{(f/8)(Re_D - 1000)Pr}{1 + 12.7(f/8)^{1/2}(Pr^{2/3} - 1)} \tag{8 · 43}$$

열전달 계수 $h_i = \dfrac{Nu_D k}{D_i}$

레이놀즈 수 $Re_D = \dfrac{4\dot{m}}{\pi D_i \mu}$

$$f=\frac{0.25}{\left[\log\left(\frac{1}{3.7(D_i/\varepsilon)}+\frac{5.74}{Re_D^{0.9}}\right)\right]^2} \quad (8\cdot24)$$

$$\frac{T_\infty-T_{b,o}}{T_\infty-T_{b,i}}=\exp\left(\frac{-U_iA_i}{\dot{m}c_p}\right) \quad (8\cdot34)$$

$$\dot{Q}=U_iA_i\Delta T_m \quad (8\cdot35)$$

$$\Delta T_m=\frac{(T_\infty-T_{b,o})-(T_\infty-T_{b,i})}{\ln[(T_\infty-T_{b,o})/(T_\infty-T_{b,i})]} \quad (8\cdot33)$$

$$U_i=\frac{1}{\frac{1}{h_i}+\frac{A_i\ln(D_o/D_i)}{2\pi k_pL}+\frac{A_i}{A_oh_o}} \quad (2\cdot31)$$

평균 벌크온도 $\overline{T}_b=\frac{T_{b,i}+T_{b,o}}{2}$

또한, 부록 E에서 주어진 물에 대한 열용량, 동점도, 열전도도의 다항식 곡선 맞추기가 필요하다. 식 (8·43)을 사용하면서 흐름이 층류가 아님을 가정하고, 따라서 레이놀즈 수가 2300보다 적은 경우 누셀트 수에 대한 다른 방정식을 사용해야만 한다.

표 8·4와 표 8·5는 스프레드시트 설정과 해를 나타낸다. 1, 4, 7, 10 및 13행은 부호 를 포함하며, 변수를 나타낸다. 2, 5행은 입력자료, 8행은 중간단계의 계산된 변수, 11행은 평균 벌크온도 $\overline{T}_b$를 사용한 물성곡선을 포함한다. 셀 A14는 출구의 평균 벌크온도 $T_{b,o}$로 쓰여진 식 (8·34)를 포함한다. 이 셀은, 평균 벌크온도를 정의한 셀 C8에 관계되고, 스프레드시트에서 'circular' 메시지를 준다. 셀 B14, C14, D14는 각각 누셀트 수, 열전달 계수, 열전달을 포함한다. 셀 D8에서 로그평균 온도차의 음의 부호로부터 나오게 되는 열전달의 음의 부호는 열전달 방향이 관으로부터 주위공기로 됨을 나타낸다. 해답으로부터 물은 보일러에서 플래튼까지 23.3℃로 식게 되고, 이것은 거의 7.5 kW의 열이 관으로부터 손실됨을 알 수 있다.

표 8·4 스프레드시트의 설정

셀	형 식
D5	+D2/C5
A8	4*A2/(@PI*D2*A11)
B8	0.25/(@LOG(1/(3.7*D5)+5.74/(A8^0.9)))^2
C8	(B2+A14)/2
D8	(B2−A14)/(@LN((C2−A14)/(C2−B2)))
E8	1/(1/C14+(D2*@LN(E2/D2))/(2*A5)+(D2/(E2*B5)))
A14	+C2−(C2−B2)*@EXP(−E8*@PI*D2*F2/(A2*D11))
B14	((B8/8)*(A8−1000)*C11)/(1+12.7*(B8/8)^0.5*(C11^(2/3)−1))
C14	+B14*B11/D2
D14	+E8*@PI*D2*F2*D8

표 8·5 스프레드시트의 해(나관의 경우)

	A	B	C	D	E	F
1	$\dot{m}$(kg/s)	$T_{b,i}$(K)	T_∞(K)	D_i(m)	D_o(m)	L(m)
2	0.075	393	303	0.1023	0.1143	40
3						
4	k_p(W/m·K)	h_o(W/m^2·K)	ε(m)	D/ε		
5	64	12	4.5e−05	2273		
6						
7	Re_D	f	$\overline{T}_b$(K)	ΔT_m(K)	U_i(W/m^2·K)	
8	3652	0.042	381.3	−77.8	11.96	
9						
10	$\mu(\overline{T}_b)$	$k(\overline{T}_b)$	$Pr(\overline{T}_b)$	$c_p(\overline{T}_b)$		
11	2556×10^{-7}	0.683	1.60	4268		
12						
13	$T_{b,o}$(K)	Nu_D	h_i(W/m^2·K)	$\dot{Q}$(W)		
14	369.7	16.71	111.6	−7469		

(b) 벌크 온도차가 크기 때문에 관을 단열시킴으로써, 큰 열손실을 감소시킬 수 있다. 단열에 의해 제공된 추가적인 열저항을 포함시키기 위하여 식 (2·31)을 수정하면

$$U_i=\frac{1}{\dfrac{1}{h_i}+\dfrac{A_i\ln(D_o/D_i)}{2\pi k_p L}+\dfrac{A_i\ln(D_{ins}/D_o)}{2\pi k_{ins}L}+\dfrac{A_i}{A_{ins}h_o}}$$

여기서 단열재의 바깥지름은

$$D_{ins}=D_o+2(0.03\text{ m})=0.1623\text{ m}$$

부록 D로부터 광섬유 단열재의 열전도도는

$$K_{ins}=0.042\text{ W/m}\cdot\text{K}$$

관을 단열시키면, 출구의 평균 벌크온도와 열손실은 각각 386.2 K와 2.1 kW이며, 단열시키지 않은 관에 비하여 상당히 개선된다.

◇◇◇◇◇◇◇◇◇◇ 참 고 문 헌 ◇◇◇◇◇◇◇◇◇◇

1. Reynolds, O. 1883. "An Experimental Investigation of the Circumstances which Determine Whether the Motion of Water Shall be Sinuous, and the Law of Resistance in Parallel Channels." *Phil. Trans. Roy. Soc.* 174: pp. 935~982.
2. Kays, W. M., and M. E. Crawford. 1980. *Convective Heat and Mass Transfer*, 2d ed. New York: McGraw−Hill Book Company.

3. Nakayama, Y., ed. 1988. *Visualized Flow: Fluid Motion in Basic and Engineering Situations Revealed by Flow Visualization*. Oxford: Pergamon Press.

4. Moody, L. F. 1944. "Friction Factors for Pipe Flow." *Trans.* ASME 66: pp. 671~684.

5. Pao, R. H. F. 1961. *Fluid Mechanics*. New York: John Wiley & Sons, Inc.

6. Swamee, P. K., and A. K. Jain. 1976. "Explicit Equations for Pipe-flow Problems." *J. Hydraulics Div.* 102(HY5): pp. 657~664. New York: American Society of Civil Engineers.

7. Mott, R. L. 1994. *Applied Fluid Mechanics*, 4th ed. Columbus, Ohio: Macmillan Publishing Company.

8. 1997 *ASHRAE Handbook Fundamentals, SI Edition*. 1997. Atlanta, Ga.: American Society of Heating, Refrigerating and Air-Conditioning Engineers.

9. Shah, R. K., and A. L. London. 1978. *Laminar Flow Forced Convection in Ducts*. New York: Academic Press.

10. Sieder, E. N., and G. E. Tate. 1936. "Heat Transfer and Pressure Drop of Liquids in Tubes." *Ind. Eng. Chem.* 29: pp. 1429~1435.

11. Dittus, F. W., and L. M. K. Boelter. 1930. "Heat Transfer in Automobile Radiators of the Tubular Type." *Univ. Calif. Pub. Eng.* 2, no. 13: pp. 443~461.

12. Gnielinski, V. 1976. "New Equations for Heat and Mass Transfer in Turbulent Pipe Channel Flow." *Int. Chem. Eng.* 16: pp. 359~368.

13. Sleicher, C. A., and M. W. Rouse. 1975. "A Convenient Correlation for Heat Transfer to Constant and Variable Property Fluids in Turbulent Pipe Flow." *Int. J. Heat Mass Transfer* 18: pp. 677~683.

연 습 문 제

유속과 레이놀즈 수

8.1 40℃의 물이 지름 7 cm의 관을 통하여 0.03 m^3/s로 흐르고 있다. (a) 평균속도, (b) 질량유속, (c) 레이놀즈 수를 각각 구하라.

8.2 6 in, schedule 40 강관이 20℃ 물을 240 gpm으로 수송하고 있다. (a) 평균속도, (b) 질량유속, (c) 레이놀즈 수를 각각 구하라.

8.3E 그림 8·16과 같은 단면을 가진 도관을 통해 60°F의 대기공기가 흐르고 있다. 부피유속이 1200 CFM이면, 레이놀즈 수는 얼마인가?

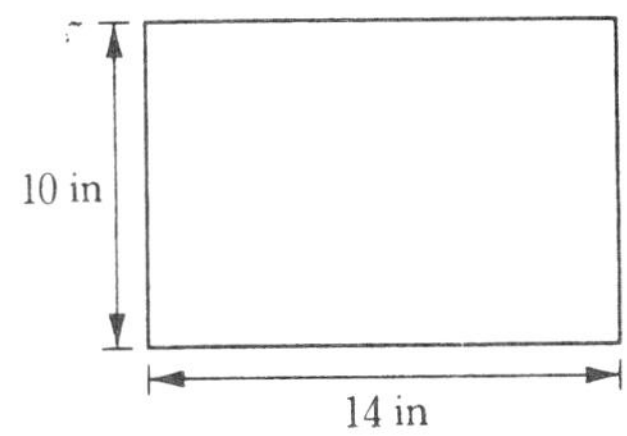

그림 8 · 16

8.4 지름 1/4 in, K형 구리관에서 물, 가솔린, 에틸렌글리콜, 글리세린의 네 가지 액체흐름을 생각해 보자. 온도가 30℃이고 평균속도가 40 cm/s이면, 레이놀즈 수를 각각 비교해 보아라.

8.5 지름 2 in, schedule 40 강관을 통해 5 gpm으로 흐르는 물에 대해 온도의 함수로써 레이놀즈 수의 도표를 작성하라. 도표는 적어도 6개의 데이터 포인트를 이용해서 10℃에서 90℃의 온도범위를 포함해야 한다.

8.6 1 atm, 30℃의 공기가 그림 8 · 17에 나타낸 것처럼 총 부피유속 0.01 m^3/s로, 히트싱크 통로(heat sink channel)를 통해 흐른다. 평균속도와 레이놀즈 수를 구하라.

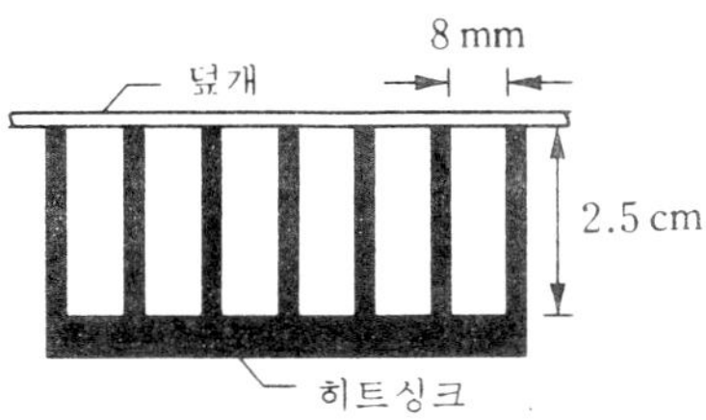

그림 8 · 17

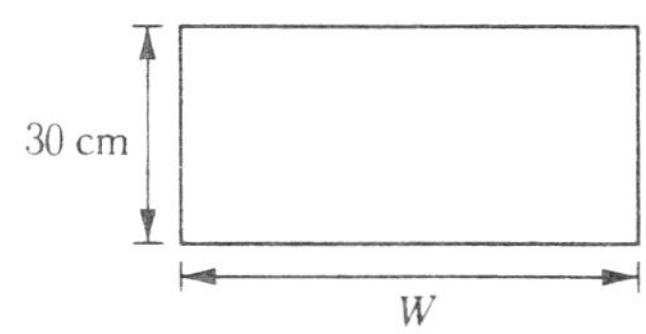

그림 8 · 18

8.7 관 내 60℃의 물흐름을 생각해 보자. 평균속도가 30 cm/s이면, 흐름이 층류가 되는 최대 관지름은 얼마인가?

8.8 그림 8 · 18과 같은 단면을 가진 도관이 20℃의 대기공기를 질량유속 0.75 kg/s로 수송한다. 레이놀즈 수가 10^5일 때의 W를 구하라.

8.9 포화액(saturated liquid water)가 0.05 kg/s의 질량유속 지름 4 cm의 관을 흐르고 있다. 레이놀즈 수가 10^4일 때의 물의 온도를 구하라.

◈ 속도와 열경계층

8.10 지름 12.5 cm의 관을 통하여 40℃의 물이 0.12 kg/s로 흐르고 있다. 유체역학 지름, 열입구 길이를 구하라.

8.11 3/8 in, K형 구리관으로 20℃의 글리세린이 1.2 kg/s로 흐르고 있다. 이 흐름이 층류임을 보여라. 완전발달 흐름이라는 가정하에 관의 중심으로부터 반지름 0.5, 1.0, 2.0, 3.0, 4.0 mm의 거리에서의 속도를 각각 구하라. 관을 9 m 지날 때 압력강하는 얼마인가?

8.12E 1 atm, 70°F의 공기가 지름 12 in의 도관을 통해 15 CFM의 유속으로 흐르고 있다. 이 흐름은 층류인가? 완전발달 흐름이라고 가정하여 속도 프로파일을 그려라.

8.13 실온에서 지름 1 cm관을 12 cm/s로 흐르는 물, 수은, 50% 에틸렌글리콜 수용액, 글리세린의 열입구 길이를 비교하라.

8.14 반지름의 일부로 보면, 완전발달 흐름에 있어서 속도가 최대속도의 절반이 되는 점은 관의 내부표면으로부터 어떤 반지름 거리인가?

8.15 지름 10 cm인 도관 내에서 90℃ 대기산소의 완전발달 층류에 대한 속도 프로파일이 함수 $u(r)=0.8[1-(r/R)^2]$ m/s로 주어질 경우 질량유속을 구하라.

◈ 마찰인자와 압력강하

8.16 60℃의 물이 0.03 kg/s로 지름 3.7 cm의 수평관을 통하여 흐르고 있다. 완전발달 흐름일 경우 관에서 1500 m 떨어진 두 부분 사이의 압력강하를 구하라.

8.17 6 in, schedule 40 강관이 10℃의 물을 35 kg/s의 유속으로 수송한다. 관이 3 km 길이의 수평관이라면 이 흐름을 유지하기 위해 필요한 펌프의 동력을 구하라.

8.18E 지름 8 in의 콘크리트 수평관($\varepsilon=0.06$ in)을 통해 1.2마일 떨어진 두 지점 사이를 55 °F의 물이 400 gpm으로 흐르고 있다. 이 흐름을 유지하는 데 필요한 펌프의 동력을 구하라.

8.19 20℃의 물이 2 in, schedule 40 강관을 통해 0.09 kg/s로 흐르고 있다. 단위길이(km)당 관에 작용하는 전단력을 구하라.

8.20 수은이 매끈하고 지름 9 mm의 긴 관을 통해 평균속도 2 m/s로 흐른다. 수은의 온도가 10℃일 경우, 관내부에서 1.6 m 떨어진 두 지점 사이의 압력강하를 구하라.

8.21 단면이 35 cm×50 cm인 길이 100 m의 매끈한 도관을 통해 25℃의 대기공기가 1.5 m^3/s로 흐르고 있다. 송풍기의 효율이 60%일 경우 이 흐름을 유지하는 데 필요한 전력을 구하라.

◈ 열에너지 수지

8.22 물이 0.85 kg/s로 관을 통해 흐르고 있다. 입구와 출구의 평균 벌크온도가 각각 20℃, 38℃일 경우, 열전달은 얼마인가?

8.23 지름 60 cm 도관의 한 축 지점에서의 층류속도와 온도식은 다음과 같다.

$$u(r)=1.2\left[1-\left(\frac{r}{R}\right)^2\right]\ \text{m/s}$$

$$T(r)=240+40\left(\frac{r}{R}\right)^2-12\left(\frac{r}{R}\right)^4\ ℃$$

평균속도와 평균 벌크속도를 구하라

8.24 단면이 30 cm×24 cm이고, 길이가 16 m인 도관을 통하여 대기공기가 0.25 m^3/s로 흐른다. 입구와 출구의 공기온도가 각각 27℃, 32℃이다. 도관의 표면이 40℃일 경우, 평균 열전달 계수는 얼마인가?

8.25E 길이 120 ft, 10 in, schedule 80 강관을 통해 물이 150 gpm으로 흐르고 있다. 입구와 출구의 물의 온도는 각각 75°F, 65°F이다. 관의 표면은 일정온도를 유지하며, 평균 열전달 계수는 180 Btu/h · ft^2 · °R이다. 관의 표면온도를 구하라.

8.26 물을 수송하는 지름 1.8 cm의 관은 표면에서 8 kW/m^2의 균일한 열플럭스를 가지고 있다. 입구의 물온도가 5℃이고 질량유속이 0.15 kg/s일 경우 관입구로부터 25 m 떨어진 지점에서의 물의 온도는 얼마인가?

8.27E 표면에서 450 Btu/h · ft^2의 균일한 열플럭스를 가진 길이 75 ft, 지름 12 in 도관을 통하여 흐르는 대기공기를 20°F 상승시키기 위해 필요한 질량유속을 구하라.

◈ 열전달 계수

8.28 1 atm, 10℃의 이산화탄소가 지름 7 cm의 관을 통해 0.0016 kg/s로 흐른다. 관의 표면이 균일한 온도이고 완전발달 흐름인 경우 열전달 계수를 구하라.

8.29 지름 30 cm의 매끈한 도관이 120℃의 대기공기를 0.4 m^3/s로 수송하고 있다. 완전발달 흐름이라는 가정하에 식 (8 · 41)과 식 (8 · 43)을 이용해서 구한 열전달 계수를 비교하라. 식 (8 · 41)에서 $n=0.4$이다.

8.30 지름 25 cm의 매끈한 도관을 통하여 대기질소가 평균속도 6 m/s로 흐르고 있다. 입구에서의 질소온도는 15℃이며 도관의 표면온도는 45℃를 유지한다. 도관의 길이가 60 m일 경우 출구에서의 질소온도와 열전달을 구하라.

8.31 40℃의 물이 평균속도 2.5 m/s로 2 in, schedule 40 강관으로 유입된다. 관의 표면은 15℃로 유지되고, 출구에서 요구되는 물의 온도가 19℃일 경우 필요한 관의 길이는 얼마인가?

8.32 SAE20W−20 엔진오일이 1/8 in 강관(두께 0.813 mm)을 통해 평균속도 40 cm/s로 흐르고 있다. 입구에서 기름의 온도가 30℃이고, 관의 표면은 85℃를 유지한다. 길이 0.6 m인 관에 대해 열전달을 구하라.

8.33E 그림 8 · 19와 같이 히트싱크 통로를 통해 1 atm, 85°F의 공기가 3 ft/s로 흐른다. 히

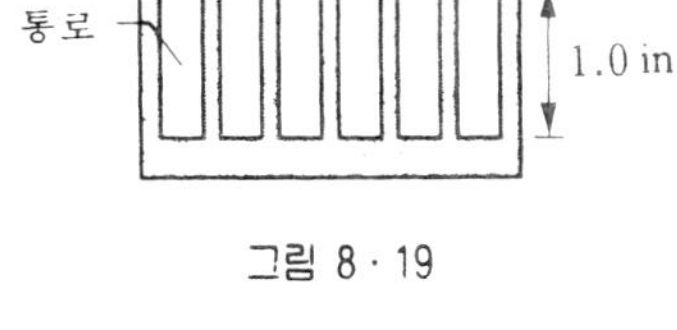

그림 8 · 19

트싱크의 길이는 8 in이다. 통로표면이 105°F를 유지할 경우, 출구에서의 공기온도와 각 통로의 열전달을 계산하라.

8.34 지름 14 mm 관을 통해 수은이 25 cm/s의 평균속도로 흐른다. 입구에서의 수은의 온도는 150℃이고, 관의 표면은 80℃로 유지된다. 관의 길이가 65 m일 경우, 총 열전달을 구하라.

8.35 길이가 18 m이고 지름이 16 cm인 도관을 통해 대기공기가 흐르고 있다. 도관의 입구와 출구에서의 공기의 온도는 각각 20℃, 45℃이다. 도관표면이 55℃일 경우 질량유속은 얼마인가?

◈ 응 용

8.36E 전형적인 거주건물에는 3/4 in, K형 구리관이 부엌의 물을 수송하는 데 사용된다. 관이 지하 호수조의 벽으로 들어가는 지점에서 물의 온도는 55°F이고 유속은 4 gpm이다. 관 주변공기의 평균온도가 69°F일 경우, 관의 시점으로부터 50 ft 떨어진 곳에 위치한 냉수설비에서 물의 온도는 얼마인가? 물이 얻은 열은 얼마인가? 관의 외부표면에 대한 열전달 계수는 2 Btu/h · ft^2 · °R이며 관의 거칠기는 6×10^{-5} in이다.

8.37 그림 8 · 20과 같이 송풍기가 커다란 전기장치의 선반을 통해 25℃의 공기를 끌어들인다. 부피유속은 575 CFM이고 선반에서의 총 동력손실은 4.8 kW이다. 선반을 나갈 때의 공기온도를 구하라. 최고동력 분산기를 지닌 모듈은 선반의 어느 위치에 두어야 하는가? 또한, 그 이유를 설명하라.

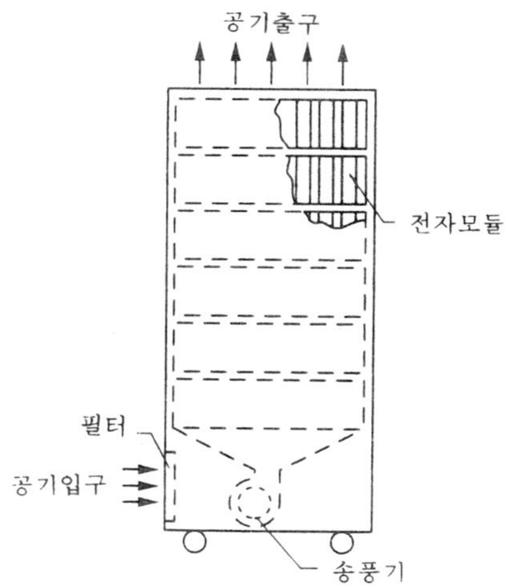

그림 8 · 20

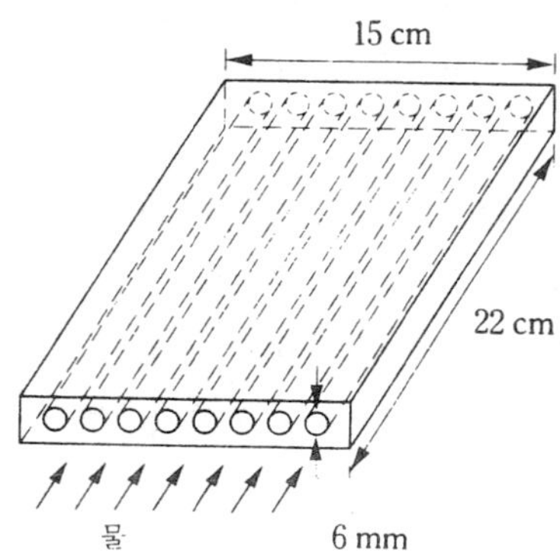

그림 8 · 21

8.38 전형적인 자동 배출관은 6 m/s의 평균속도로 배기가스를 수송한다. 가스가 450℃로 분기관을 나오고 소음기는 2.6 m 거리에 놓여져 있을 경우, 가스가 소음기를 들어갈 때의

온도를 계산하라. 주변의 평균온도는 40℃이며 배출관의 외부표면에 대한 열전달 계수는 12 W/m^2 · K로 가정한다. 배출관은 얇은 벽으로 둘러싸여 있으며 지름은 10 cm이다. ε = 0.02 mm로 가정하라.

8.39E 단면이 24 in×16 in, 길이 90 ft인 금속판 공기냉각 도관이 주변온도가 74°F인 공장에 찬 공기를 공급한다. 부피유속이 4500 CFM이고 65°F의 공기가 도관에 들어갈 경우 도관을 나올 때의 공기온도를 구하라. 여기서 도관의 외부표면에 대한 h = 1.8 Btu/h · ft^2 · °R이다.

8.40E 길이 12 ft, 지름 4 in의 코일형 구조의 도관이 의복 건조기로부터 외부로 배출가스를 수송한다. 공기는 105°F, 60 CFM으로 도관으로 유입된다. 도관표면이 80°F로 일정하게 유지된다는 가정을 하고 도관의 출구에서의 공기온도와 주변의 열손실을 구하라. ε = 0.1 in이다

8.41 냉판은 전기제품을 냉각시키는 데 주로 사용되는 기구이다. 그림 8 · 21에 나타낸 바와 같이 냉판은 두꺼운 알루미늄판에 구멍을 뚫어 만든 지름 6 mm 통로의 배열로 구성되어 있다. 25℃의 물이 0.05 kg/s로 각 통로로 들어간다. 또한, 냉판을 설치한 전기제품은 총 1.2 kW의 열을 낭비한다. 냉판이 등온일 경우 그 온도를 구하라.

8.42 그림 8 · 22에 나타낸 것과 같은 단면을 갖고, 길이가 1.6 km인 터널이 산을 통과하는 자동차 교통을 수용한다. 일정한 바람이 12 m/s의 속도로 터널을 통해 분다. 터널 밖의 주변온도가 22℃이고 터널내부의 표면이 흙에 의해 13℃를 유지하는 경우, 공기가 터널을 빠져나갈 때의 온도는 얼마인가?

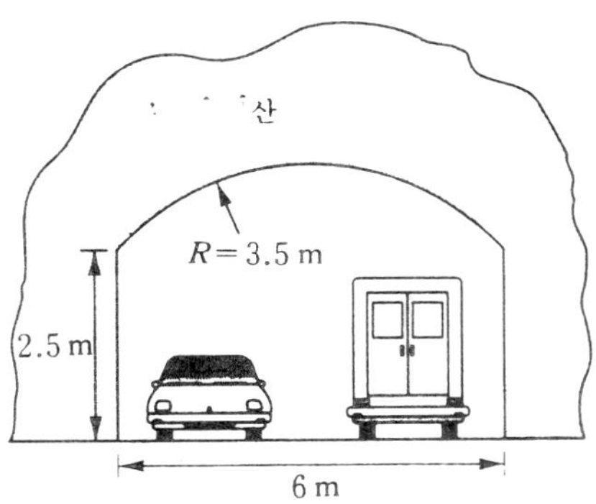

그림 8 · 22

8.43E 전형적인 주거용 배관 시스템에서 온수기는 물을 135°F로 가열한다. 식기 세척기가 작동시 온수의 유속은 대략 5 gpm이다. 길이 30 ft, 3/4 in, K형 구리관이 온수기와 식기 세척기 사이에 사용되는 경우, 주변의 온도가 67°F이고 관 외부 표면의 열전달 계수가 2 Btu/h · ft^2 · °R일 때 식기 세척기로 유입되는 물의 온도를 구하라.

8.44 혈액정제 시스템은 3 mm의 관을 통해 환자로부터 0.09 kg/min의 질량유속으로 혈액을

제거한다. 환자의 혈액은 37℃로 존재하고, 필터와 열교환기로 들어가기 직전에 33℃까지 냉각되었다가, 필터와 열교환기에서 37℃까지 상승한다. 혈액의 물성값을 물과 같다고 하고, 완전발달 흐름이라는 가정하에 혈액으로부터의 열전달 및 열전달 계수를 구하라.

8.45 안지름 1.20 m의 강관이 북극지방으로부터 원유를 수송한다. 관의 대부분은 지상에 있으며, 지상의 평균주위 온도는 −20℃이고 4 m/s의 일정한 바람이 관을 지나 흐른다. 80 km의 간격으로 관을 따라 설치한 펌프장이 흐름을 유지시키고, 기름을 가열하여 점도와 마찰에 의한 압력강하를 감소시킨다. 원유가 40℃의 온도로 펌프장을 떠나고 평균속도가 12 m/s일 경우, 펌프장간의 열손실을 구하라. 또, 펌프장으로 들어가기 직전의 원유의 온도를 구하라. 관은 피복하지 않고, 바깥지름은 1.23 m이다. 원유의 물성값은 다음과 같다.

$$\rho = 950\ \mathrm{kg/m^3}, \quad c_p = 1800\ \mathrm{J/kg\cdot K}$$

$$\mu = 5.0\ \mathrm{kg/m\cdot s}, \quad k = 0.15\ \mathrm{W/m\cdot K}$$

8.46 태양열 집열기(solar collector)는 흑색의 장방형판을 가로지르는 3/8 in, K형 구리관으로 구성되어 있다. 집열기에 입사하는 태양복사는 동관의 내부표면에 800 W/m^{2}의 일정한 열플럭스를 발생시킨다. 23℃의 물이 0.08 kg/s의 질량유속으로 관을 흐르고 있다. 물의 출구온도를 45℃에 다다르게 하려면 관의 길이는 얼마가 되어야 하는가? 또, 이 때의 압력강하는 얼마인가?

8.47 50% 에틸렌글리콜 냉매 수용액이 엔진블록의 지름 2 cm인 통로를 통하여 흐른다. 블록으로 들어가는 냉매의 온도는 40℃이고, 질량유속은 0.12 kg/s이다. 엔진블록의 온도가 110℃이고, 냉매의 통로길이가 80 cm일 때, 출구냉매 온도와 열전달을 구하라.

8.48 조그마한 팬(fan)이 인접한 인쇄회로 기판에 의해 형성된 통로를 통하여 공기를 1.2 m/s로 흘린다. 그림 8·23에 나타낸 것처럼 부품의 높이차에 기인한 유효통로 폭은 3.0 cm이다. 각 회로기판은 표면을 통해 균일하게 35 W의 전력을 발산하고, 길이는 20 cm이

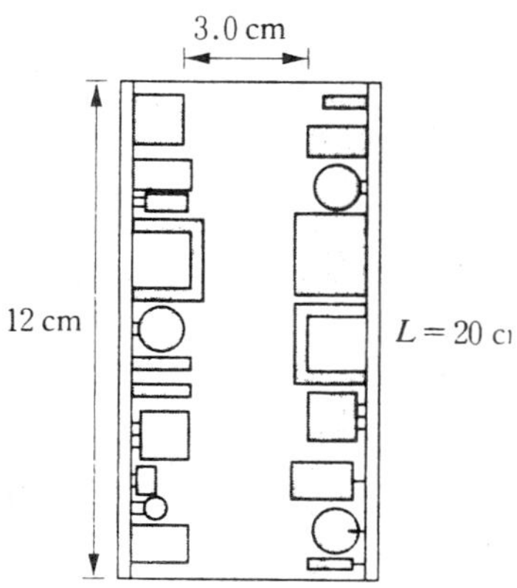

그림 8·23

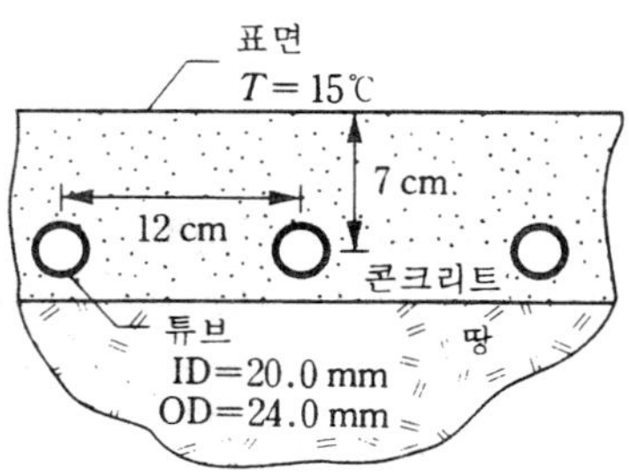

그림 8·24

다. 통로로 유입되는 공기의 온도가 25℃일 때, (a) 출구의 공기온도, (b) 평균 열전달 계수, (c) 부품의 대략적인 표면온도를 구하라. 마찰계수는 0.08로 가정하라.

8.49 콘크리트 도로 위의 눈을 녹이는 시스템은 그림 8·24와 같이 콘크리트판 내부에 묻힌 일련의 플라스틱관으로 구성된다. 실내에 놓여 있는 단순한 열교환기는 22℃에서 관으로 들어가는 50% 에틸렌글리콜 수용액을 냉각시킨다. 도로 위에 눈이 쌓이는 것을 효과적으로 방지하기 위해서는 그 표면이 15℃를 유지해야만 한다. 관은 길이가 20 m이며 출구에서의 바람직한 액의 온도는 20℃이다. 바람직한 가열을 위하여 관당 요구되는 질량유속을 구하기 위해 스프레드시트 또는 방정식 해법기를 사용하거나 컴퓨터 프로그램을 작성하라.

8.50E 1/4 in, K형 구리관이 지붕에 위치한 증발 냉각기(evaporative cooler)로 물을 운반한다. 관의 길이 50 ft 부분이 공기온도가 125°F인 뜨거운 지붕층을 통과한다. 평균속도가 1.5 ft/s이고 지붕층으로 들어가는 물의 온도가 75°F일 경우, 물이 냉각기로 들어갈 때 얻은 대류열과 물의 온도는 얼마인가? 관의 외부표면에 대한 열전달 계수는 4 Btu/h · ft^2 · °R로 가정한다.

8.51 미세관 히트싱크는 집적회로처럼 분리된 전기장치를 냉각시키는 도구이다. 미세관 히트싱크에서 상당히 큰 열전달 계수값을 얻을 수 있다. 완전발달 층류에서 누셀트 수는 일정하며 열전달 계수는 다음과 같이 주어진다.

$$h = \frac{Nu_{D_H} k}{D_H} = C\frac{k}{D_H}$$

이것은 히트싱크 통로의 크기를 줄임으로써 임의대로 크게 할 수가 있다. 그림 8·25에 나타낸 것과 같은 응용은 75 W를 발산하는 장치에 직접 결합된 장방형의 미세관 히트싱크로 구성되어 있다. 10℃의 물이 0.005 kg/s의 질량유속으로 각 미세관으로 들어간다. 완전발달 흐름이라고 가정하고, 장치로부터의 열플럭스가 각 미세관 주위에서 균일하게 분포된다고 가정하면, 출구에서의 물의 온도와 히트싱크 표면의 최대온도를 구하라. 또한, 압력강하와 펌프동력을 구하라.

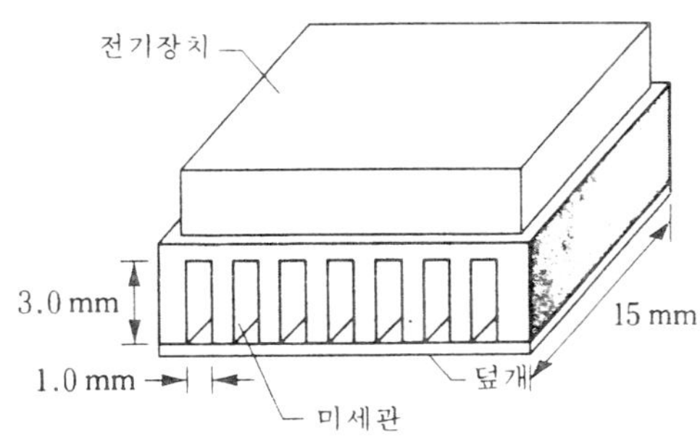

그림 8·25

8.52 연료펌프로부터 액체 가솔린을 운반하는 연료선의 길이 40 cm 부분이 트럭의 엔진블록을 따라 위치한다. 연료선은 1/4 in 강관(벽두께가 0.889 mm)이며, 가솔린의 평균속도는 20 cm/s이다. 관 시발점에서의 가솔린 온도는 30℃이다. 뜨거운 엔진블록이 연료선에 1 W/cm^2의 균일한 열플럭스를 가한다면, 출구의 가솔린 온도를 구하라.

8.53 핵무기 안의 지름 4 cm 관이 액체수은을 2 m/s의 평균속도로 수송하고 있다. 관의 표면은 8 MW/m^2의 일정한 열플럭스에 놓여 있고, 수은은 25℃에서 관으로 들어간다. 관의 길이가 1 m인 경우, 수은의 출구온도와 열전달을 구하라.

9. 자 연 대 류

9.1 서 론

7장과 8장에서 관과 도관을 통한, 그리고 다양한 모양의 물체에 대한 유체의 강제흐름에 의한 대류 열전달을 설명하였다. 강제대류에서 유체운동은 펌프, 팬, 대기의 바람 또는 유체 속을 움직이는 고체물질에 의해 발생한다. 이 장에서 유체를 구동하는 외부의 힘은 없지만, 대류는 여전히 발생하는 상황을 고찰한다. 이러한 상황에서의 대류를 자연대류 또는 자유대류라 말한다. 강제대류에서처럼 자연대류는 표면과 유체 사이의 온도차가 있을 때 발생한다. 그러나 자연대류에서의 유체이동은 밀도구배에 의한 것으로서 중력과 같은 몸체힘(body force)이 작용할 때 부력을 발생시켜 자유대류 흐름을 유도한다. 대부분의 경우, 밀도구배는 유체에서의 온도구배에 의한 것이다. 자유대류 유속은 일반적으로 강제대류 유속보다 작기 때문에 자연대류에 대한 열전달 계수는 강제대류의 그것보다 더 작다.

자연대류는 열전달의 다양한 응용에 있어서 중요한 역할을 한다. 예를 들면 자연대류는 바닥판과 방바닥 밑 난방 시스템에서 중요한 열전달 방식이다. 팬이나 송풍기가 없는 전기장치는 자연대류에 의해 냉각된다. 빌딩은 바람이 존재할 때 자연대류 또는 강제 및 자연대류의 혼합에 의하여 열에너지를 잃거나 얻는다. 자연대류는 종종 음식의 가열과 냉각에 관련된 주요한 열전달 방식이다. 우리의 신체는 자연대류에 의하여 주위의 대기와 열에너지를 교환한다. 가정용 냉장고의 응축코일은 자연대류에 의하여 에너지를 대기로 전달한다. 대기에서 태양복사에 의해 생기는 온도구배로 인하여 유도되는 자연대류는 기후에 영향을 미치는 대기흐름을 일으킨다.

자연대류의 기초적인 물리적 개념을 소개함으로써 이 장을 시작한다. 장의 나머지는 자연대류에 대한 열전달 계수를 계산하는 방법을 표면형태에 따라 설명하였다. 중력은 자연대류와 관련된 중요한 몸체힘으로서 중력벡터에 대한 표면배향

(surface orientation)은 열전달에 강하게 영향을 미친다. 수직 및 수평판에 대하여 자연대류를 고찰하고, 실린더와 구에 대한 자연대류를 그 다음으로 고찰한다. 또, 통로와 밀폐공간 내의 자연대류는 뒤에 이어질 것이다. 자연대류와 강제대류가 혼합된 경우에 대하여 간단히 다룸으로써 이 장을 마칠 것이다.

9.2 물리적 개념

따뜻한 공기가 상승한다는 것은 잘 알고 있다. 이것은 아직도 밝혀지고 있지만, 자연대류 과정의 기본적인 물리적 메커니즘을 구체화한다. 자연대류의 주요한 특징은 그림 9·1과 같이 유체로 가득 찬 밀폐용기를 고찰함으로써 설명될 수 있다. 한 수직벽은 가열하고 그리고 다른 한 벽은 냉각한다. 위쪽 면과 아래쪽 면은 열전달이 발생하지 않도록 하기 위하여 단열한다. 가열되는 벽에 근접해 있는 유체는 가열되고 유체의 밀도가 감소한다. 밀도의 감소는 자유대류 흐름이 용기의 위쪽 면으로 대류를 일으키는 부력을 유도한다. 유체가 위쪽 면을 가로질러 반대쪽 면으로 흘러 냉각되는 벽을 만날 때, 유체는 냉각되고 유체의 밀도는 다시 증가한다. 냉각벽 근처의 유체밀도가 주위의 유체밀도보다 높기 때문에 하향의 대류를 유도한다.

유체가 용기의 바닥면을 따라 흘러 가열벽을 만날 때, 유체는 다시 가열되고 상향의 대류를 유도하고 순환이 반복된다. 그림 9·1에 표현된 상황에서 가열된 유체는 상승되고 냉각된 유체는 하강한다는 것을 알게 된다. 즉, 주위유체의

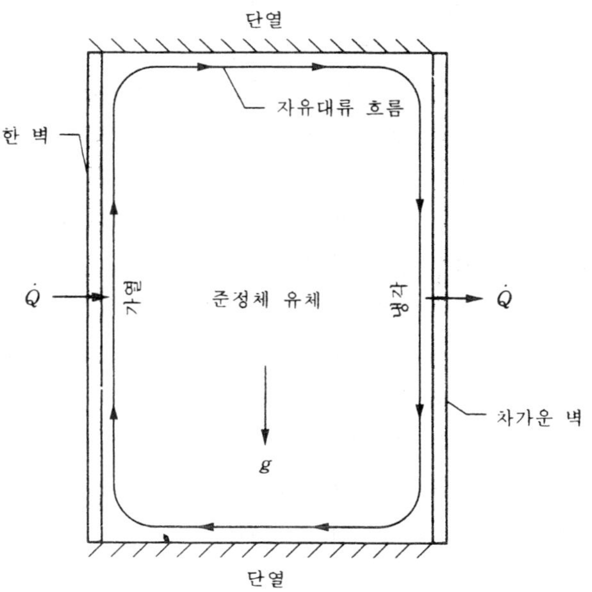

그림 9·1 따뜻하고 차가운 수직판이 있는 밀폐용기 안에 형성된 자유대류 흐름

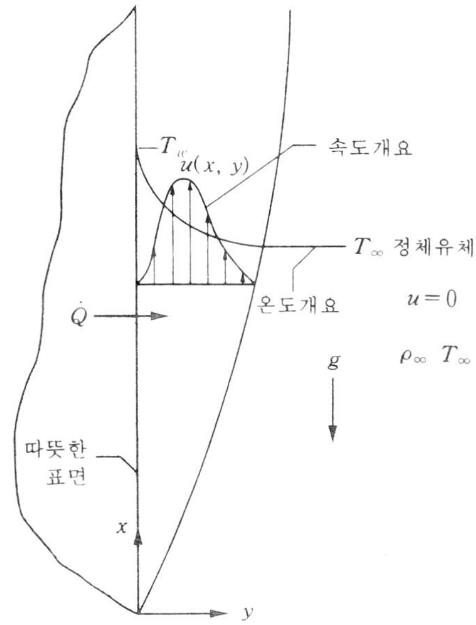

그림 9·2 차가운 정체유체에 존재하는 따뜻한 수직판에 발달되는 속도 및 열경계층

온도보다 높은 유체는 상승하는 반면, 주위유체의 온도보다 낮은 유체는 하강한다. 이 특유의 운동은 밀도구배에 의해 일어나고 모든 방향의 표면에 대하여 발생한다.

가장 많이 연구된 자연대류 문제는 그림 9·2에서 나타낸 것처럼 매우 넓은 정체유체에 노출된 따뜻한 수직표면이다. 가열수직 표면에 접촉하게 되는 정체된 차가운 유체는 표면에서 열평형을 이룬다. 표면근처의 유체밀도는 멀리 떨어진 유체밀도보다 낮다. 그래서 표면을 따라 상승하는 대류를 유도하는 부력이 생성된다. 자연대류 흐름은 표면의 선단(leading edge)에서 시작하고 x방향으로 성장하는 속도 경계층을 생성한다. 경계층이 강제흐름에 의해 생성될 때 표면에서의 속도는 0이다. 속도가 경계층의 끝으로 갈수록 계속적으로 자유흐름 속도가 증가하는 강제흐름과는 달리, 자연대류에 의해 유도되는 속도는 경계층 내에서 최대값에 이르고 다음에 표면에서 먼 유체가 정체된 곳에서 0으로 감소한다. 그러므로 자연대류에 대한 속도구배와 강제대류에 대한 속도구배와는 서로 다르다. 표면은 따뜻하고 유체는 차가운 경우, 유체의 온도는 표면에서 먼 정체유체의 온도까지 점차적으로 감소하다. 따라서, 자연대류에 대한 온도구배는 강제대류에 대한 온도구배와 비슷하게 나타난다.

6장에서 층류 경계층에 대한 모멘텀 방정식 (6·7)과 에너지 방정식 (6·15)를 소개하였다. 이들 방정식의 해는 판에서 강제대류에 대한 누셀트 수의 관계를 이끌어 내었다. 자연대류에 대한 에너지 방정식은 식 (6·15)와 동일하다. 그러나 모멘텀 방정식은 경계층에서 부력의 영향을 포함하는 항이 추가된다. 자연대류에

대한 모멘텀 방정식은

$$u\frac{\partial u}{\partial x}+v\frac{\partial u}{\partial y}=g\beta(T-T_{\infty})+\nu\frac{\partial^2 u}{\partial y^2} \tag{9 · 1}$$

이고, $g\beta(T-T_{\infty})$항은 부력이다. 매개변수 g는 중력가속도 $9.81\,m/s^2$, T는 경계층에서 유체의 온도, T_{∞}는 경계층 바깥쪽의 정체유체의 온도, β는 다음과 같이 정의된 부피 열팽창 계수이다.

$$\beta=-\frac{1}{\rho}\left(\frac{\partial\rho}{\partial T}\right)_p \tag{9 · 2}$$

부피 열팽창 계수는 일정압력에서 온도변화에 따른 밀도변화의 정도를 알려 주는 유체의 열역학적 성질이다. β에 대한 단위는 SI 단위에서는 K^{-1}이고, 영국식 단위에서는 $°R^{-1}$이다. 액체에 대한 β값은 부록 E에 실려 있다.

이상기체인 경우는

$$\beta=\frac{1}{T} \tag{9 · 3}$$

이다. T는 기체의 절대온도이다.

그라스호프 수와 레일리 수

식 (9 · 1)에 주어진 모멘텀 방정식에서 다음처럼 정의된 그라스호프 수라 불리는 무차원 매개변수를 얻을 수 있다.

$$Gr_x=\frac{g\beta(T_w-T_{\infty})x^3}{\nu^2} \tag{9 · 4}$$

매개변수 x는 표면의 기하학적 구조와 배향에 의해 정의되는 특성길이이다. 그라스호프 수는 자연대류에 관한 것이고, 레이놀즈 수는 강제대류에 관한 것이다. 강제대류에서, 레이놀즈 수는 경계층에서 관성력 대 점성력의 비율인 반면, 자연대류에서 그라스호프 수는 경계층에서 부력 대 점성력의 비율이다.

레이놀즈 수와 유사하게 그라스호프 수는 경계층이 층류인지 난류인지를 결정하기 위해 사용될 수 있다. 강제대류와 마찬가지로 자연대류 흐름에서 작은 불안정 요소는 유속이 불규칙적으로 요동하게 만들고, 결국 난류가 되게 한다. 그림 9 · 3은 따뜻한 수직판에서 층류 경계층이 난류 경계층으로 바뀌는 것을 나타낸 것이다.

경계층 조건은 레일리 수라 불리는 무차원 매개변수를 찾음으로써 결정된다. 레일리 수는 그라스호프 수와 프란틀 수의 곱으로써 정의된다.

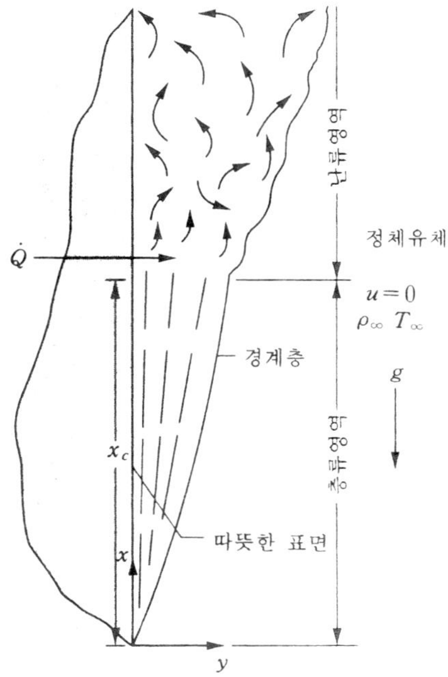

그림 9·3 자연대류 경계층에서 층류가 난류로 발전된다.

$$Ra_x = Gr_x Pr \qquad (9 \cdot 5)$$

수직판에 대하여 임계 레일리 수 Ra_c는 대략 10^9이다. 그러므로 경계층은 $Ra < 10^9$이면 층류 $Ra \geq 10^9$이면 난류로 간주한다. 강제대류에서와 마찬가지로 자연대류에서도 난류는 열전달을 증대시킨다.

9.3 판

이 절에서 판에 대한 자연대류를 고찰한다. 판은 강제 및 자연대류 응용에서 만나는 공통적인 형태이다. 판의 기하학적 구조에 대한 자연대류의 예는 인쇄회로 기판에서의 열전달, 빌딩 내·외부표면에서의 열손실과 획득, 그리고 난로, 오븐, 태양 집열기에서의 열전달이다.

수 직 판

우리가 고찰할 첫번째 경우는 확장된 정체유체에 노출된 수직판에 대한 자연대류이다. Churchill과 Chu[1]에 의해 주어진 층류에 관한 평균 누셀트 수에 대한 실험적 상관관계는

$$\overline{Nu}_L = 0.68 + \frac{0.670 Ra_L^{1/4}}{[1+(0.492/Pr)^{9/16}]^{4/9}} \quad (Ra_L < 10^9) \quad (9 \cdot 6)$$

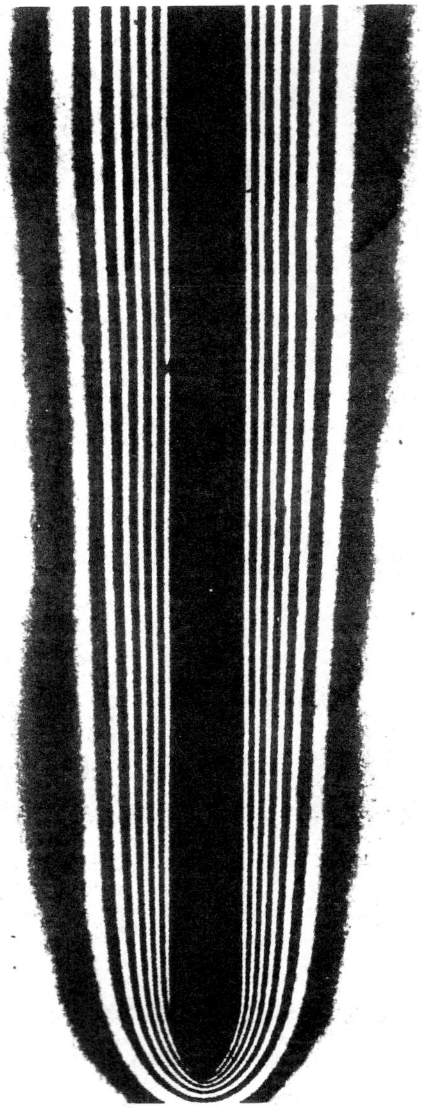

그림 9·4 공기중에 수직으로 놓여 있는 가열된 판에서의 자연대류. 열경계층 내의 밀도차를 이용하여 등온선을 볼 수 있게 하였다(From [20], by permission of E. R. G. Eckert, University of Minnesota).

이다. 특성길이 L은 판의 높이이다. 더 큰 범위의 레일리 수에 적용할 수 있는 난류에 권할 만한 비슷한 상관식이 있는데 이 식은 정확도가 조금 떨어지지만 층류에도 사용할 수 있으며 다음과 같다.

$$\overline{Nu}_L = \left\{0.825 + \frac{0.387 Ra_L^{1/6}}{[1+(0.492/Pr)^{9/16}]^{8/27}}\right\}^2 \quad (10^{-1} < Ra_L < 10^{12}) \qquad (9 \cdot 7)$$

이다. 식 (9·6)과 식 (9·7)에 대한 유체특성은 경막온도 $T_f = (T_w + T_\infty)/2$ 에서의 값이다. 앞의 상관관계는 등온판에 대해서 얻어진 것이지만 균일한 열플럭스를 가지는 판에 대해서도 사용될 수 있다. 균일한 열플럭스인 경우 선단에서의 거리 x에 따라 표면온도가 변한다. 첫 근사법으로서 식 (9·6)과 식 (9·7)은 그라스호프 수 Gr_L, 그리고 경막온도 T_f가 판의 중간점에서의 표면온도 $T_{w,L/2}$에서의 값으로 정의된다면 균일 열플럭스에 사용될 수 있다. 뉴턴의 냉각법칙 $q=\bar{h}(T_{w,L/2}-T_\infty)$와 식 (9·6)이나 식 (9·7)을 사용함으로써 온도 $T_{w,L/2}$에 대한 반복계산 해를 얻을 수 있다.

많은 실험이 수직판에서의 자연대류에 대하여 이루어졌다. 그림 9·4의 사진은 대기에 떠 있는 가열 수직판 근처의 등온선을 나타낸다. 등온선은 열경계층 내에 밀도차를 구할 수 있는 간섭측정 방법에 의해 가시화되었다.

예제 9.1 한 면이 단열되고 150℃의 균일온도인 판이 25℃ 정체대기에서 수직으로 떠 있다. 판의 높이와 폭이 각각 40 cm와 1 m라면 판에서의 대류 열전달을 구하라.

풀이 경막온도는

$$T_f=\frac{T_w+T_\infty}{2}=\frac{(25+150)℃}{2}=87.5℃=361\text{ K}$$

이다. 따라서, 대기특성은

$$\beta=\frac{1}{T_f}=2.77\times10^{-3}\text{ K}^{-1},\quad \nu=22.13\times10^{-6}\text{ m}^2/\text{s}$$

$$k=0.0308\text{ W/m}\cdot\text{K},\quad Pr=0.698$$

이다. 판의 높이와 폭은

$$L=0.4\text{ m},\quad W=1\text{ m}$$

이다. 높이 L에 기초한 그라스호프 수는 다음과 같다.

$$Gr_L=\frac{g\beta(T_w-T_\infty)L^3}{\nu^2}$$

$$=\frac{(9.81\text{ m/s}^2)(2.77\times10^{-3}\text{ K}^{-1})[(150-25)\text{ K}](0.4\text{ m})^3}{22.13\times10^{-6}\text{ m}^2/\text{s})^2}=4.439\times10^8$$

레일리 수 Ra_L은

$$Ra_L=Gr_LPr=(4.439\times10^8)(0.698)=3.098\times10^8$$

이다. $Ra_L<10^9$이기 때문에 흐름은 층류이고, 평균 누셀트 수를 구하기 위해 식 (9·6)을 사용한다.

$$\overline{Nu}_L=0.68+\frac{0.670Ra_L^{1/4}}{[1+(0.492/\text{Pr})^{9/16}]^{4/9}}$$

$$=0.68+\frac{0.670(3.098\times10^8)^{1/4}}{[1+(0.492/0.698)^{9/16}]^{4/9}}=68.8$$

평균 열전달 계수는

$$\bar{h} = \frac{\overline{Nu_L}k}{L} = \frac{(68.8)(0.0308\ \mathrm{W/m\cdot K})}{0.4\ \mathrm{m}} = 5.30\ \mathrm{W/m^2\cdot K}$$

이다. 뉴턴의 냉각법칙을 사용한 판에서의 대류 열전달은 다음과 같다.

$$\dot{Q} = \bar{h}A(T_w - T_\infty)$$
$$= (5.30\ \mathrm{W/m^2\cdot K})(0.4\ \mathrm{m})(1\ \mathrm{m})[(150-25)\ \mathrm{K}] = 265\ \mathrm{W}$$

만일 판의 한쪽 면이 단열되지 않았다면, 대기에 노출되어 있는 표면적이 2배이므로 대류에 의한 열전달은 2배로 계산되었을 것이다.

수 평 판

중력벡터를 따라 배열하고 있는 수직판에서 대류는 순수하게 위쪽 방향 (가열된 판)이거나 또는 아래쪽 방향(냉각된 판)으로 일어난다. 수평판에서 유도된 대류는 여전히 가열된 판에서는 위쪽 방향으로, 냉각된 판에서는 아래쪽 방향으로 일어난다. 그러나 판 자체가 그 흐름을 방해할 수도 있는데, 그것은 판의 가열 또는 냉각되는 면이 위쪽인지 아니면 아래쪽으로 향하고 있는지에 따라 다르다. 그림 9·5에 나타낸 바와 같이 네 가지 가능성이 존재한다. 그림 9·5 (a)는 가열된 판이 위쪽으로 향하는 것을 나타낸다. 그 표면으로부터 데워진 유체가 위로 올라가면서 주위로부터 차가운 유체와 교체된다. 유체가 그 표면을 떠나 위로 올라가는데, 이것은 상승온난 기류라고 불리는 것으로, 주위의 냉각유체를 지나 수직 물기둥의 형태로 위로 상승한다. 비슷한 상황이 그림 9·5(b)와 같이 냉각된 판이 아래쪽으로 향할 때도 일어난다. 냉각유체는 그 표면으로부터 아래쪽으로 내려가면서 주위영역으로부터 따뜻한 유체와 교체된다. 그림 9·5(a)와 그림 9·5(b)에

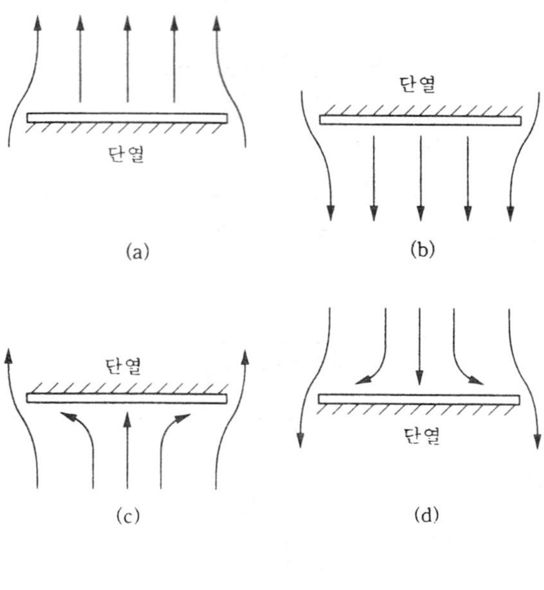

그림 9·5 수평판의 자연대류는 (a) 가열된 판이 위쪽으로 향하거나, (b) 냉각된 판이 아래쪽으로 향하거나, (c) 가열된 판이 아래쪽으로 향하거나, 또는 (d) 냉각된 판이 위쪽을 향하는 경우 등으로 분류된다.

나타낸 경우, 그 판은 유도된 흐름에 간섭받지 않는다. 반대로, 그림 9 · 5(c)와 같이 가열된 판이 아래쪽으로 향하고 있을 때, 그 유체의 자연적인 위쪽으로의 이동은 그 판에 의하여 차단된다. 결과적으로 그 유체는 상승하기 전에 반드시 그 판을 따라 흐른다. 또한, 그림 9 · 5(d)와 같이 냉각된 판이 위쪽으로 향하고 있을 때 아래로 흐르는 자연흐름을 방해하게 된다.

수평판은 수직방향으로 된 차원을 가지지 않기 때문에, 그라스호프 수에서 사용될 새로운 특성길이를 반드시 사용해야 한다. 수평판에서 특성길이 L은 다음과 같이 정의된다.

$$L=\frac{A}{P} \tag{9 · 8}$$

여기서 A는 표면적이고 P는 둘레이다. 이 정의를 적용하기 위하여 그 판이 사각형이나 원 같은 규칙적인 기하학적 구조를 가지고 있을 필요는 없다.

참고문헌 [2], [3]과 [4]에서 기술된 실험적인 작업에 기초를 두고 다음과 같은 관계식이 만들어지고, 이 식은 위쪽으로 향하는 가열된 판과 아래쪽으로 향하는 냉각된 판에 대하여 평균 누셀트 수를 구하는 데 사용된다.

$$\overline{Nu}_L=0.96Ra_L^{1/6} \quad (1 < Ra_L < 200) \tag{9 · 9}$$

$$\overline{Nu}_L=0.59Ra_L^{1/4} \quad (200 < Ra_L < 10^4) \tag{9 · 10}$$

$$\overline{Nu}_L=0.54Ra_L^{1/4} \quad (10^4 < Ra_L < 10^7) \tag{9 · 11}$$

$$\overline{Nu}_L=0.15Ra_L^{1/3} \quad (10^7 < Ra_L < 10^{11}) \tag{9 · 12}$$

아래쪽으로 향하는 가열된 판과 위쪽으로 향하는 냉각된 판에 대하여 다음 관계식이 사용된다.

$$\overline{Nu}_L=0.27Ra_L^{1/4} \quad (10^5 < Ra_L < 10^{10}) \tag{9 · 13}$$

식 (9 · 9)에서 식 (9 · 13)까지는 등온의 균일한 열플럭스 표면에 대하여 사용될 수 있고, 유체의 성질은 경막온도에 기초를 둔다.

만일 판의 양쪽 면에서 자연대류가 일어나고 두께에 따른 온도차를 무시할 수 있다면, 총 대류 열전달은 각 면에 대하여 각각의 열전달 계수를 모두 더함으로써 구할 수 있고, 뉴턴의 냉각법칙을 다음과 같이 쓸 수 있다.

$$\dot{Q}=(h_u+h_l)A(T_w-T_\infty) \tag{9 · 14}$$

여기서 적절한 관계식으로부터 얻어진 h_u와 h_l은 각각 위쪽 표면과 아래쪽 표면에 대한 열전달 계수이고, A는 한쪽 면의 표면적이다.

예제 9.2 표면의 온도가 200℃인 수평판이 20℃ 대기중에 노출되어 있다. 그림 9·6과 같이 그 판은 바닥면이 단열되어 있다. 그 판으로부터 일어나는 대류 열전달을 구하라.

그림 9·6 수평판

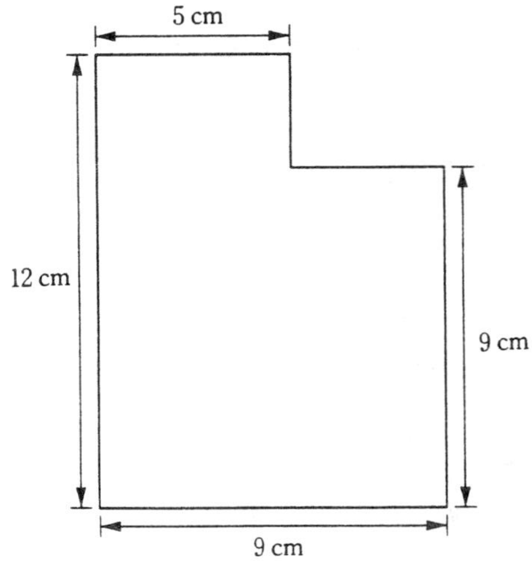

풀이 보통, 경막온도를 구함으로써 시작한다. 즉

$$T_f = \frac{T_w + T_\infty}{2} = \frac{(200+20)℃}{2} = 110℃ = 383\ \mathrm{K}$$

383K에서 대기의 성질은

$$\beta = \frac{1}{T_f} = 2.61 \times 10^{-3}\ \mathrm{K}^{-1}, \quad \nu = 24.54 \times 10^{-6}\ \mathrm{m^2/s}$$

$$k = 0.0325\ \mathrm{W/m \cdot K}, \quad Pr = 0.693$$

특성길이를 구하기 위하여 표면적과 둘레를 계산한다.

$$A = [9^2 + 3(5)]\ \mathrm{cm}^2 = 96\ \mathrm{cm}^2 = 0.0096\ \mathrm{m}^2$$

$$P = [12 + 2(9) + 4 + 3 + 5]\ \mathrm{cm} = 42\ \mathrm{cm} = 0.42\ \mathrm{m}$$

그러므로 특성길이 L은

$$L = \frac{A}{P} = \frac{0.0096\ \mathrm{m}^2}{0.42\ \mathrm{m}} = 0.0229\ \mathrm{m}$$

그라스호프 수는

$$Gr_L = \frac{g\beta(T_w - T_\infty)L^3}{\nu^2}$$

$$= \frac{(9.81\ \mathrm{m/s^2})(2.61 \times 10^{-3}\ \mathrm{K}^{-1})[(200-20)\ \mathrm{K}](0.0229\ \mathrm{m})^3}{(24.54 \times 10^{-6}\ \mathrm{m^2/s})^2} = 9.191 \times 10^{1}$$

따라서, 레일리 수는

$$Ra_L = Gr_L Pr = (9.191 \times 10^4)(0.693) = 6.369 \times 10^4$$

레일리 수는 식 (9·11)에 적용하는 범위로 구분되므로, 따라서 평균 누셀트 수는

$$\overline{Nu}_L = 0.54Ra_L^{1/4} = (0.54)(6.369\times10^4)^{1/4} = 8.58$$

그러므로 평균 열전달 계수는

$$\bar{h} = \frac{\overline{Nu}_L k}{L} = \frac{(8.58)(0.0325 \text{ W/m}\cdot\text{K})}{0.0229 \text{ m}} = 12.2 \text{ W/m}^2\cdot\text{K}$$

뉴턴의 냉각법칙에 의해 주어진 열전달은

$$\dot{Q} = \bar{h}A(T_w - T_\infty)$$

$$= (12.2 \text{ W/m}^2\cdot\text{K})(0.0096 \text{ m}^2)[(200-20)\text{ K}] = 21.1 \text{ W}$$

9.4 실 린 더

실린더로부터의 자연대류는 증기관으로부터의 열손실, 전선으로부터의 열전달, 핵연료봉의 냉각, 그리고 핀 휜(pin fin) 히트싱크로부터의 열전달 등을 포함하는 주위환경의 변화에 따라 일어난다. 이 절에서는 수평과 수직 실린더에 대한 자연대류를 고려한다.

수평 실린더

자연대류에서 수평 실린더의 경계층은 강제대류에서와 비슷하게 발달한다. 그림 9·7에 나타낸 바와 같이 경계층은 정체점 $\theta = 0°$에서 시작되어 뒤정체점 $\theta = 180°$로 θ방향으로 자란다. 경계층의 분리점 위치는 실린더의 지름에서 계산된 레일리 수 Ra_D의 함수이다. 경계층 분리는 가열된 실린더와 냉각된 실린더에 대하여 각각 오르내리는 물기둥 모양으로 일어난다. 만일 레일리 수가 충분히 크다면, 경계층은 난류에 대한 전이를 겪는다. 경계층 특성의 함수로 된 누셀트 수는 실린더 표면에 따른 위치에 따라 달라진다.

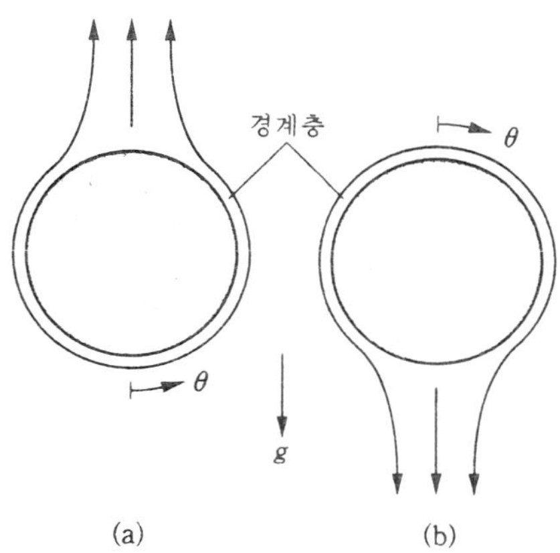

그림 9·7 수평의 (a) 가열된 실린더와 (b) 냉각된 실린더에서 발달된 경계층

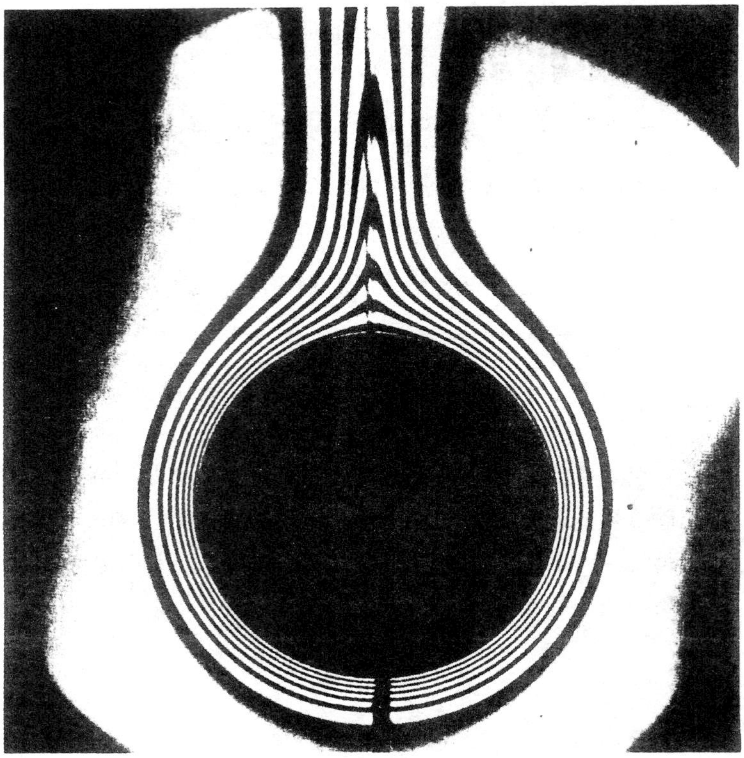

그림 9·8 가열된 수평 실린더로부터의 대기중에서의 자연대류 Gr_D=30000. 등온선은 간섭계에 의하여 나타난 것이고, 열경계층에서의 밀도차를 측정한 것이다 (From [20], by permission of U. Grigull, Technical University of Munich.)

수평 실린더의 특성길이는 지름 D이다. 따라서, 그라스호프 수 Gr_D는 다음 식으로 주어진다.

$$Gr_D = \frac{g\beta(T_w - T_\infty)D^3}{\nu^2} \qquad (9 \cdot 15)$$

수평 실린더에 대한 대류 열전달을 계산하기 위해서는 전체표면에 대한 평균 누셀트 수가 필요하다. Churchill과 Chu[5]에 의하여 주어진 다음의 실험 관계식은 긴 수평 실린더에 적용된다.

$$\overline{Nu}_D = \left\{0.60 + \frac{0.387Ra_D^{1/6}}{[1+(0.559/Pr)^{9/16}]^{8/27}}\right\}^2 \quad (10^{-5} < Ra_D < 10^{13}) \quad (9 \cdot 16)$$

$$\overline{Nu}_D = 0.36 + \frac{0.518Ra_D^{1/4}}{[1+(0.559/Pr)^{9/16}]^{4/16}} \quad (10^{-6} < Ra_D < 10^{9}) \quad (9 \cdot 17)$$

식 (9·17)은 Ra_D가 낮은 범위에 권할 수 있는 식이다. 식 (9·16)과 식 (9·17)의 유체의 물성은 경막온도에서 값을 구한다.

수평 실린더로부터 자연대류는 광범위하게 연구되어 왔다. 그림 9·8에 있는 사진은 대기중에서 가열된 수평 실린더 근처의 등온선을 나타낸다. 등온선은 열경계층 내에 밀도차를 감지해서 만든 간섭측정 방법에 의해 나타낼 수 있다.

수직 실린더

수직 실린더는 경계층의 두께가 실린더의 지름보다 훨씬 작은 경우에는 수직판과 같이 처리될 수 있다. 이 경우에, 실린더의 곡률이 너무 작아서 경계층 발달이 편평한 표면에서와 같다. 이 조건은 대략 다음과 같다.

$$\frac{D}{L} > \frac{35}{Gr_L^{1/4}} \qquad (9 \cdot 18)$$

여기서 D/L은 길이에 대한 실린더의 지름의 비율이다. 따라서, 만일 식 (9·18)이 만족한다면 식 (9·6)과 식 (9·7)은 '두꺼운' 수직 실린더에 사용될 수도 있다. 식 (9·18)이 만족할 수 없는 '가느다란' 실린더에 대해서는 편평한 수직판의 평균 누셀트 수에 대한 실린더의 평균 누셀트 수의 비율인 $\overline{Nu}_{L,cyl}/\overline{Nu}_{L,fp}$는 그림 9·9를 사용하여 구할 수 있고, 여기서 $\overline{Nu}_{L,fp}$는 식 (9·6)이나 식 (9·7) 모두를 사용하여 계산할 수 있다. 그림 9·9는 오직 $Pr \approx 0.7$에 대하여 적용되는 것에 유의한다.

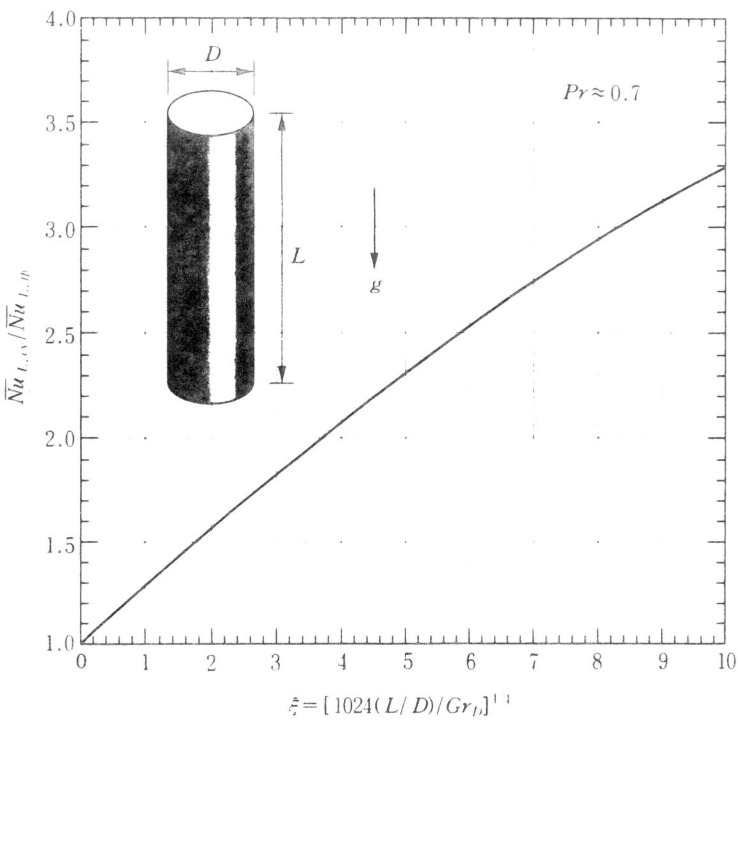

그림 9·9 가느다란 수직 실린더의 평균 누셀트 수(from [6])

예제 9.3 증기를 운반하는 2 in, schedule 40의 수평강관이 방안을 가로지르고 있는데, 관의 바깥쪽 표면의 온도가 140℃이고 $\varepsilon=0.8$의 복사능을 가지고 있다. 만일 주위 대기와 벽의 온도가 25℃라면, 단위길이(m)당 관으로부터의 대류와 복사를 포함하는 총 열손실을 구하라.

풀이 경막온도는

$$T_f=\frac{T_w+T_\infty}{2}=\frac{(140+25)℃}{2}=82.5℃=356\ \text{K}$$

그리고 대기의 성질은

$$\beta=\frac{1}{T_f}=2.81\times10^{-3}\ \text{K}^{-1},\quad \nu=21.58\times10^{-6}\ \text{m}^2/\text{s}$$

$$k=0.0305\ \text{W/m}\cdot\text{K},\quad Pr=0.700$$

관의 바깥지름과 복사능은

$$D=0.0603\ \text{m},\quad \varepsilon=0.8$$

식 (9 · 15)에 의해 주어진 그라스호프 수는

$$Gr_D=\frac{g\beta(T_w-T_\infty)D^3}{\nu^2}$$

$$=\frac{(9.81\ \text{m/s}^2)(2.81\times10^{-3}\ \text{K}^{-1})[(140-25)\ \text{K}](0.0603\ \text{m})^3}{(21.58\times10^{-6}\ \text{m}^2/\text{s})^2}=1.493\times10^6$$

그러므로 레일리 수는

$$Ra_D=Gr_DPr=(1.493\times10^6)(0.700)=1.045\times10^6$$

그리고 평균 누셀트 수는

$$\overline{Nu}_D=\left\{0.60+\frac{0.387Ra_D^{1/6}}{[1+(0.559/Pr)^{9/16}]^{8/27}}\right\}^2$$

$$=\left\{0.60+\frac{0.387(1.045\times10^6)^{1/6}}{[1+(0.559/0.700)^{9/16}]^{8/27}}\right\}^2=14.7$$

평균 열전달 계수는

$$\bar{h}=\frac{\overline{Nu}_Dk}{D}=\frac{(14.7)(0.0305\ \text{W/m}\cdot\text{K})}{0.0603\ \text{m}}=7.43\ \text{W/m}^2\cdot\text{K}$$

관으로부터 총 열전달은 대류부분과 복사부분의 총합이다. 단위길이당 대류 열전달은

$$\frac{\dot{Q}_{conv}}{L}=\bar{h}\pi D(T_w-T_\infty)$$

$$=(7.43\ \text{W/m}^2\cdot\text{K})\pi(0.0603\ \text{m})[(140-25)\ \text{K}]=162\ \text{W/m}$$

그리고 단위길이당 복사 열전달은 1.4절로부터

$$\frac{\dot{Q}_{rad}}{L}=\sigma\varepsilon\pi D(T_w^4-T_\infty^4)$$

$$=(5.669\times10^{-8}\ \text{W/m}^2\cdot\text{K}^4)(0.8)\pi(0.0603\ \text{m})[(413^4-298^4)\ \text{K}^4]$$

$$=182\ \text{W/m}$$

그러므로 단위길이(m)당 관으로부터의 총 열전달은

$$\frac{\dot{Q}}{L} = \frac{\dot{Q}_{conv}}{L} + \frac{\dot{Q}_{rad}}{L} = (162 + 182)\ \mathrm{W/m} = 344\ \mathrm{W/m}$$

복사부분이 열전달 조성에서 더 크다는 점이 흥미롭다. 일반적으로 자연대류가 약한 열전달 기구이기 때문에, 보통 복사를 포함하여 계산되는데, 그 이유는 이 예제에서와 같이 복사가 종종 자연대류에 맞먹기 때문이다.

9.5 구

구에 대한 자연대류 상관관계는 Churchill[7]에 의해 다음과 같이 제안되었다.

$$\overline{Nu}_D = 2 + \frac{0.589 Ra_D^{1/4}}{[1 + (0.469/Pr)^{9/16}]^{4/9}} \quad (Pr > 0.7),\quad (Ra_D < 10^{11}) \qquad (9 \cdot 19)$$

여기서 특성길이 D는 구의 지름이다. 식 (9 · 19)의 유체특성은 경막온도에서의 값이다.

9.6 내부흐름의 배열

지금까지는 흐르지 않고 무한히 넓은 정체유체의 표면에 한정하여 자연대류를 다루었다. 자연대류와 연관되는 많은 실제 경우에 유체는 부분적 또는 완전히 고체표면에 의해 막혀 있다. 우리에게 친숙한 예로는 히트싱크(heat sink)의 인접한 휜(fin), 두 개의 평행하게 인접한 회로기판 및 이중창을 들 수 있다. 이 장에서는 자연대류가 일어나는 두 가지 배열의 내부흐름인 수직통로와 직육면체형 밀폐공간에 대해 알아본다.

수직통로

우리가 자주 접하게 되는 내부흐름의 형태는 그림 9 · 10과 같이 두 개의 동일한 평행판에 의해 만들어지는 수직통로이다. 통로의 높이는 L이고 판 사이의 간격은 S이다. 양쪽 끝은 주위를 싸고 있는 온도 T_∞의 정체유체로 열려 있다. 유체는 판 근처에서 온도에 의한 밀도차가 생기고 이러한 부력으로 인하여 통로로 끌려들어오게 된다. 유체가 통로입구로 들어오기 시작하면서 각 표면에서 경계층이 발달된다. S/L의 비율이 크면 9.2절에서 설명한 것과 같이 마치 무한히 넓은 유체에 접한 것처럼 두 개의 경계층이 독립적으로 발달될 것이다. 이런 경우는 고립판 제한(isolated plate limit)으로 간주된다. 그러나 S/L의 비율이 작으면 관이나 도관 내에서와 같이 경계층이 접하는 부분이 생기며, 이것은 완전발

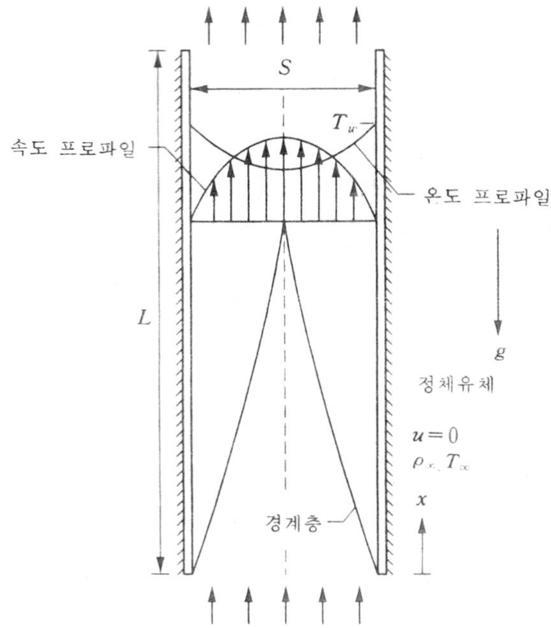

그림 9·10 양쪽 끝이 차가운 정체유체로 열려 있는 따뜻한 수직통로 내에 발달된 속도 및 열 경계층

달 흐름의 시작을 나타낸다. S/L 비율이 더 작아지면 작아질수록 주어진 유체는 보다 쉽게 완전발달 흐름이 된다.

모든 크기의 S/L 비율에서 적용할 수 있는 누셀트 수 상관관계는 Bar-Cohen과 Rohsenow[8]에 의해 주어졌다. 등온표면에 대한 관계식은 다음과 같다.

$$\overline{Nu}_S=\left[\frac{C_1}{(Ra_S\,S/L)^2}+\frac{C2}{(Ra_S\,S/L)^{1/2}}\right]^{-1/2} \tag{9·20}$$

평균 누셀트 수와 레일리 수는 다음과 같이 정의된다.

$$\overline{Nu}_S=\frac{\dot{Q}/A}{T_w-T_\infty}\,\frac{S}{k} \tag{9·21}$$

$$Ra_S=\frac{g\beta(T_w-T_\infty)S^3}{\alpha} \tag{9·22}$$

여기서 $\alpha=k/\rho c$는 유체의 열확산도이다. 등온표면에서의 유체특성은 온도 $(T_w+T_\infty)/2$에서의 값이다. 균일 열플럭스 표면에 대한 위의 관계식은 다음과 같다.

$$Nu_{S,\,L/2}=\left[\frac{C_1}{Ra_S^*S/L}+\frac{C_2}{(Ra_S^*S/L)^{2/5}}\right]^{-1/2} \tag{9·23}$$

여기서 국소 누셀트 수와 수정 레일리 수는 다음과 같이 정의된다.

$$Nu_{S,L/2} = \left(\frac{q_w}{T_{w,L/2} - T_\infty} \right) \frac{S}{k} \tag{9 · 24}$$

$$Ra_S^* = \frac{g\beta q_w S^4}{k\alpha\nu} \tag{9 · 25}$$

위의 누셀트 수 관계식의 표면온도는 판의 중간온도, 즉 평균 표면온도인 $T_{S,L/2}$이고 T_∞는 통로 바깥쪽의 온도이다. 균일 열플럭스 표면에 대한 유체특성은 온도 $(T_{S,L/2} + T_\infty)/2$에서의 값이다. 상수 C_1과 C_2는 네 가지 다른 표면 열조건의 조합에 대해 표 9 · 1에 나타내었다.

히트싱크의 휜과 같이 연속적으로 배열된 수직통로에서의 자연대류를 고려해 보면 흥미 있는 문제가 발생한다. 이미 3.7절에서 히트싱크를 잘 설계하려면 열전달 계수와 요구되는 휜의 수와 크기에 미치는 영향을 잘 알고 있어야 한다는 것을 언급하였다. 수직방향의 종축 휜으로 구성된 히트싱크는 자연대류를 위한 휜 길이와 수가 최적화될 수 있는데, 이는 휜의 간격과 수와는 주어진 한도 내에서 서로 상반된 관계에 있기 때문이다. 즉, 많은 개수의 휜은 넓은 열전달 표면을 제공하지만 휜의 수가 많아질 수록 휜간격 S는 좁아질 수밖에 없다. 그렇게 되면 히트싱크 통로 내에서의 경계층의 통합이 촉진된다. 촘촘히 배열된 휜은 통로 내에서의 유체흐름을 방해하여 유속이 감소하고 결과적으로 휜표면의 자연대류가 감소하게 된다. 예를 들어 1기압 공기중에서 전기장치의 냉각에 사용되는 전형적인 히트싱크의 경우는 휜 사이의 통로에서 흐름이 원활하게 하기 위해서 간격이 반드시 1 cm나 그 이상은 되어야 한다.

히트싱크는 주어진 열전달 속도에서 유체와 전기장치 표면의 온도차를 줄임으로서 장치를 냉각하는 것이 목적이다. 최적 간격 S_{opt}는 주어진 부피 및 열전달

표 9 · 1 식 (9 · 20)과 식 (9 · 23)에 사용되는 상수와 수직통로에서의 자연대류 최적조건

표 면	C_1	C_2	S_{opt}	$Nu_{S,opt}$
등온판 $T_{w,1} = T_{w,2}$	576	2.873	$2.714\,(Ra_S/S^3L)^{-1/4}$	1.31
균일 열플럭스 판 $q_{w,1} = q_{w,2}$	12	1.88	$1.472\,(Ra_S^*/S^4L)^{-1/5}$	0.62
등온/단열판 $T_{w,}$, $q_{w,2} = 0$	144	2.873	$2.154\,(Ra_S/S^3L)^{-1/4}$	1.04
균일 열플럭스/단열판 $q_{w,1}$, $q_{w,2} = 0$	6	1.88	$1.169\,(Ra_S^*/S^4L)^{-1/5}$	0.49

* $x = L/2$에서의 온도에 기초한다.

율에서 $(T_w - T_\infty)$를 최소화하는 간격이다. 표 9·1에 네 가지 표면 열조건에 대한 최적간격, 누셀트 수가 나타내었다[8]. 표 9·1의 S_{opt}와 $Nu_{S,opt}$는 판의 두께가 무시할 수 있을 정도로 얇을 경우의 값이다.

예제 9.4 두 개의 등온판이 20℃ 공기중에 폭 8 cm 통로를 형성하면서 수직으로 놓여 있다. 통로의 높이와 깊이는 각각 40 cm, 1 m이다. 등온판의 온도가 175℃일 때 통로 안에서의 대류 열전달을 구하라.

풀이 공기의 특성은 다음 온도에서의 값을 사용한다. 따라서, 다음 특성값을 얻을 수 있다.

$$\overline{T} = \frac{(T_w + T_\infty)}{2} = \frac{(175+20)℃}{2} = 97.5℃ = 371\ \text{K}$$

판에 의해 생긴 통로의 치수는 다음과 같다.

$$\beta = \frac{1}{T} = 2.70 \times 10^{-3}\ \text{K}^{-1}, \quad k = 0.0316\ \text{W/m} \cdot \text{K}$$

$$\nu = 23.23 \times 10^{-6}\ \text{m}^2/\text{s}, \quad \alpha = 33.4 \times 10^{-6}\ \text{m}^2/\text{s}$$

식 (9·22)에 의한 레일리 수는 다음과 같다.

$$S = 0.08\ \text{m}, \quad L = 0.4\ \text{m}, \quad W = 1\ \text{m}$$

따라서, 식 (9·20)에 의해서 평균 누셀트 수는

$$Ra_S = \frac{g\beta(T_w - T_\infty)S^3}{\alpha 2.70}$$

$$= \frac{(9.81\ \text{m/s}^2)(2.0 \times 10^{-3}\ \text{K}^{-1})[(175-20)\ \text{K}](0.08\ \text{m})^3}{(33.4 \times 10^{-6}\ \text{m}^2/\text{s})(23.23 \times 10^{-6}\ \text{m}^2/\text{s})} = 2.709 \times 10^6$$

식 (9·21)에 의한 열전달 속도는 다음과 같다.

$$\overline{Nu}_S = \left[\frac{C_1}{Ra_S S/L)^2} + \frac{C_2}{(Ra_S S/L)^{1/2}}\right]^{-1/2}$$

$$= \left[\frac{576}{[(2.709 \times 10^6)(0.08)/0.4]^2} + \frac{2.873}{[(2.709 \times 10^6)(0.08)/0.4]^{1/2}}\right]^{-1/2} = 16.0$$

열전달은 식 (9·21)을 이용한다.

$$\dot{Q} = \frac{\overline{Nu}_s kA}{S}(T_w - T_\infty)$$

열전달은 통로 양쪽의 각각의 판에서 일어나므로 표면적 $A = 2LW$이다. 그러므로 열전달은 다음과 같이 된다.

$$\dot{Q} = \frac{(16.0)(0.0316\ \text{W/m} \cdot \text{K})2(0.4\ \text{m})(1\ \text{m})[(175-20)\ \text{K}]}{0.08\ \text{m}} = 784\ \text{W}$$

판 사이의 간격 S를 특성길이라 하면 식 (9·21)은 뉴턴의 냉각법칙과 같아짐을 알 수 있다. 따라서, 평균 누셀트 수로부터 열전달 계수를 구할 수 있으며, 유사한 방법으로 뉴턴의 냉각법칙에도 적용할 수 있다.

직육면체형 밀폐공간

수직통로와는 달리 직육면체형 밀폐공간은 유체가 완전히 막혀 있다. 밀폐공간 안에서의 자연대류는 배향과 가로 세로비(aspect ratio)에 따라 달라진다. 이 절에서는 전형적인 세 가지 경우에 대해 알아본다. 첫번째 경우는 그림 9·11에 나타낸 것과 같이 밀폐공간의 수직표면은 가열 및 냉각되는 반면, 수평표면은 단열되어 있다. 그림 9·1에 나타낸 것과 유사한 이러한 형태에서의 닫힌 대류에 대한 연구는 이미 확립되었다. 대류가 약한 $Ra_L < 1000$인 경우는 유체를 통해 일어나는 두 판 사이의 열전달이 주로 전도에 의해 일어난다. 푸리에 법칙으로 표현되는 전도를 생각해 보자. 이러한 경우에는 다음과 같이 쓸 수 있다.

$$\dot{Q} = kA\frac{T_1 - T_2}{L} \tag{9·26}$$

뉴턴의 냉각법칙은 다음과 같다.

$$\dot{Q} = hA(T_1 - T_2) = \frac{Nu_L k}{L}A(T_1 - T_2) \tag{9·27}$$

식 (9·27)로부터 $Nu_L = 1$ 이면 뉴턴의 냉각법칙이 푸리에 법칙과 같아진다는 것을 알 수 있다. 따라서, 대류형태에서 전도가 1차적인 열전달 형태라면 $Nu_L = 1$ 이고, 이 경우 열전달 문제는 푸리에 법칙으로 간단해진다.

레일리 수가 증가함에 따라 밀폐공간 내의 대류가 강해지기 시작하고, 그에 따

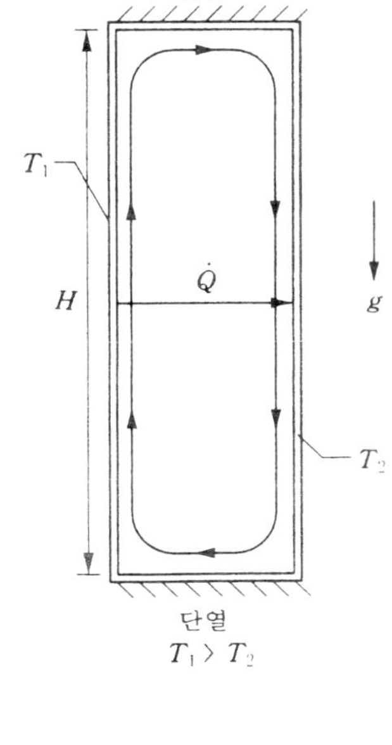

그림 9·11 수직표면의 온도가 서로 다르게 유지되는 직육면체형 밀폐공간에서의 자연대류

라 열전달이 증가하게 된다. $Ra_L > 10^{10}$인 경우는 흐름이 완전히 난류이다. 만일 W/L의 비율이 크면 깊이 W는 밀폐공간에서의 자연대류에 크게 영향을 미치지는 않는다.

가로 세로비가 $1 < H/L < 40$ 범위인 밀폐공간에 대한 상관 관계식은 Catton[9], MacGregor와 Emery[10]가 제안한 다음 상관관계가 권장된다.

$$\overline{Nu}_L = 0.18\left(\frac{Pr Ra_L}{0.2+Pr}\right)^{0.29} \tag{9·28}$$

$$\left(1 < \frac{H}{L} < 2\right), \quad (10^{-3} < Pr < 10^5), \quad \left(\frac{Pr Ra_L}{0.2+Pr} > 10^3\right)$$

$$\overline{Nu}_L = 0.22\left(\frac{Pr Ra_L}{0.2+Pr}\right)^{0.28}\left(\frac{L}{H}\right)^{0.25} \tag{9·29}$$

$$\left(2 < \frac{H}{L} < 10\right), \quad (Pr < 10^5), \quad (Ra_L > 10^{10})$$

$$\overline{Nu}_L = 0.42 Ra_L^{0.25} Pr^{0.012}\left(\frac{L}{H}\right)^{0.3} \tag{9·30}$$

$$\left(10 < \frac{H}{L} < 40\right), \quad (1 < Pr < 2\times10^4), \quad (10^4 < Ra_L > 10^7)$$

$$\overline{Nu}_L = 0.046 Ra_L^{1/3} \tag{9·31}$$

$$\left(1 < \frac{H}{L} < 40\right), \quad (1 < Pr < 20), \quad (10^6 < Ra_L > 10^9)$$

매우 큰 가로 세로비의 밀폐공간에 대해서는 Batchelor[11]가 제안한 다음 식이 적용된다.

$$\overline{Nu}_L = 1 + \frac{Ra_L}{720}\left(\frac{L}{H}\right) \quad \frac{H}{L} > 40 \tag{9·32}$$

길이가 매우 길고 간격이 좁아서 $L/H \rightarrow 0$인 경우는 누셀트 수 $\overline{Nu}_L$이 1에 접근하게 되고, 따라서 열전달은 주로 전도에 의해 일어난다. 앞서 언급한 식의 유체특성은 가열 및 냉각되는 표면의 평균온도인 $(T_1 + T_2)/2$에서의 값이다.

예제 9.5 공기를 포함하고 있는 높이 80 cm, 폭 5 cm의 직육면체형 밀폐공간이 있다. 수직표면의 온도가 120℃와 10℃이고 밀폐공간의 깊이는 1 m일 때 열전달을 계산하라.

풀이 두 수직표면의 평균온도는 다음과 같다.

$$\overline{T} = \frac{(T_1 + T_2)}{2} = \frac{(120+10)℃}{2} = 65℃ = 338\ \mathrm{K}$$

이 온도에서의 유체특성은 다음과 같다.

$$\beta = \frac{1}{T} = 2.96 \times 10^{-3}\,\mathrm{K}^{-1}, \quad \nu = 19.71 \times 10^{-6}\,\mathrm{m^2/s}$$

$$k = 0.0291\,\mathrm{W/m \cdot K}, \quad Pr = 0.702$$

밀폐공간의 폭, 높이 및 깊이는 다음과 같다.

$$L = 0.05\,\mathrm{m}, \quad H = 0.8\,\mathrm{m}, \quad W = 1\,\mathrm{m}$$

밀폐공간의 폭 L을 기초로 한 그라스호프 수는 다음과 같다.

$$\begin{aligned} Gr_L &= \frac{g\beta(T_1 - T_2L^3}{\nu^2} \\ &= \frac{(9.81\,\mathrm{m/s^2})(2.96 \times 10^{-3}\,\mathrm{K^{-1}})[(120-10)\,\mathrm{K}](0.05\,\mathrm{m})^3}{(19.71 \times 10^{-6}\,\mathrm{m^2/s})^2} \\ &= 1.028 \times 10^6 \end{aligned}$$

따라서, 레일리 수는 다음과 같이 된다.

$$Ra_L = Gr_L Pr = (1.028 \times 10^6)(0.702) = 7.215 \times 10^5$$

가로 세로비가 $H/L=16$이므로 식 (9 · 30)을 사용하면 다음을 얻을 수 있다.

$$\begin{aligned} \overline{Nu}_L &= 0.42 Ra_L^{0.25} Pr^{0.012}\left(\frac{L}{H}\right)^{0.3} \\ &= (0.42)(7.215 \times 10^5)^{0.25}(0.702)^{0.012}\left(\frac{0.05\,\mathrm{m}}{0.8\,\mathrm{m}}\right)^{0.3} = 5.31 \end{aligned}$$

평균 열전달 계수는 다음과 같이 구할 수 있다.

$$\bar{h} = \frac{\overline{Nu}_L k}{L} = \frac{(5.31)(0.0291\,\mathrm{W/m \cdot K})}{0.05} = 3.09\,\mathrm{W/m^2 \cdot K}$$

따라서, 열전달은 다음과 같이 된다.

$$\begin{aligned} \dot{Q} &= \bar{h}A(T_1 - T_2) \\ &= (3.09\,\mathrm{W/m^2 \cdot K})(0.8\,\mathrm{m})(1\,\mathrm{m})[(120-10)\,\mathrm{K}] = 272\,\mathrm{W} \end{aligned}$$

수직통로의 경우 열전달 표면적으로 양쪽 판의 면적의 합을 사용하였지만, 밀폐공간의 경우는 한쪽 면적만을 열전달 면적으로 계산하는 것에 주의해야 한다. 밀폐공간의 경우 두 판 사이에서 열전달이 일어나기 때문에 면적이 한번만 계산되지만, 수직통로의 경우는 두 판과 유체 사이에서 열전달이 일어나므로 양쪽 판의 면적이 모두 포함되는 것이다.

직육면체형 밀폐공간에서의 두 번째 자연대류는 그림 9 · 12처럼 윗면보다 아랫면의 온도가 높고 수직표면은 단열된 경우이다. 이 책의 목적에 맞게 가로 세로비 H/L이 큰 경우로 제한하여 살펴보자. 만일 레일리 수가 임계값인 $Ra_{L,c} = 1708$보다 작으면 부력은 점성력을 극복하지 못하게 되고 열전달은 순전히 전도에 의해서만 일어난다. 레일리 수가 $1708 < Ra_L < 5 \times 10^4$ 범위인 경우는 유체 내에 서로 반대로 도는 여러 개의 단위회전 흐름이 생기게 된다. 레일리 수가 더 증가

그림 9·12 바닥의 온도가 윗면의 온도보다 높게 유지되는 직육면체형 밀폐공간에 생기는 자연대류

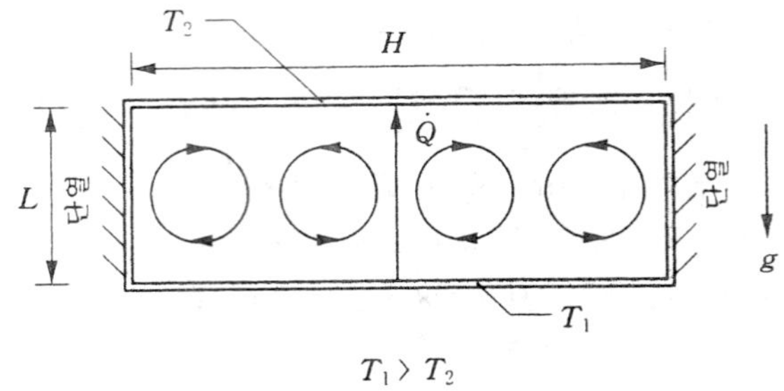

하게 되면 2차원 단위회전 흐름이 깨지고 위에서 볼 때 육각형 구조를 가지는 3차원 흐름으로 바뀐다. 더 큰 레일리 수에서는 3차원 흐름도 깨지고 난류가 된다.

그림 9·12와 같은 형태에서의 누셀트 수 상관관계는 Globe와 Dropkin[12]에 의해 다음과 같이 제안되었다.

$$\overline{Nu}_L = 0.069 Ra_L^{1/3} Pr^{0.074} \quad 3\times10^5 < Ra_L < 7\times10^9 \qquad (9\cdot33)$$

식 (9·33)의 유체특성은 온도 $(T_1 + T_2)/2$ 에서의 값이다.

마지막으로 직육면체형 밀폐공간에서의 자연대류 세 번째 경우는 그림 9·13에 나타낸 것처럼 그림 9·12에서의 윗면과 바닥의 온도가 바뀌어 윗면에서 가열되고 아랫면에서 냉각되는 경우이다. 이러한 상황은 이미 앞에서 다룬 바닥 쪽에서 가열되는 수평판의 경우와 유사하다. 완전히 밀폐되어 있기 때문에 유체는 올라갈 수 없게 된다. 결과적으로 밀폐공간 내에서는 대류가 없으며, 열전달은 전도에 의해서만 일어나게 된다. 따라서, $\overline{Nu}_L = 1$ 이다.

그림 9·13 윗면의 온도가 바닥보다 높게 유지되는 직육면체형 밀폐공간에서는 순전히 전도에 의한 열전달이 일어난다.

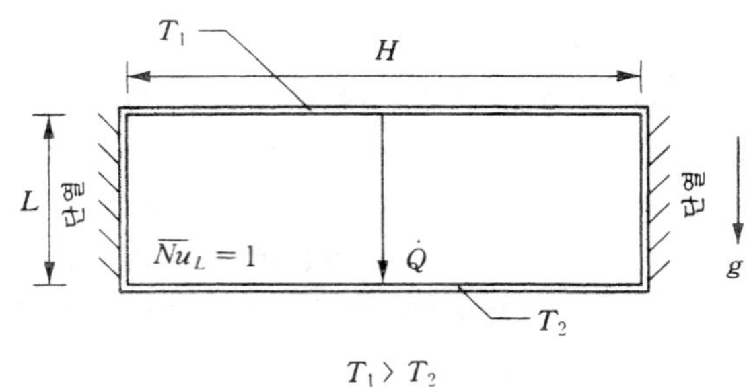

9.7 자연대류와 강제대류의 복합

지금까지는 강제대류나 자연대류 중 한 가지만 고려한 경우에 대하여 다루었다. 즉, 자연대류를 설명할 때는 강제대류를 무시하였고, 강제대류를 설명할 때는 자연대류를 무시하였다. 대류 열전달이 일어나는 많은 실제 경우에는 두 가지 영향 모두 열전달에 상당한 기여를 하기 때문에 어느 것도 무시할 수가 없다. 만

일 강제적인 자유흐름이 부력에 의한 자연대류 흐름을 압도하는 경우는 자연대류는 무시될 수 있고, 또 자연대류에 의한 흐름이 강제적인 자유흐름보다 훨씬 강하면 강제대류는 무시될 수 있다. 이러한 기준에 의거하여 Gr_L/Re_L^2 비율은 강제 및 자연대류의 상대적 크기를 확인하는 데 사용된다.

자연대류 무시 $$\frac{Gr_L}{Re_L^2} \ll 1$$

강제/자연대류 비교 $$\frac{Gr_L}{Re_L^2} \approx 1$$

강제대류 무시 $$\frac{Gr_L}{Re_L^2} \gg 1$$

만일 강제대류와 자연대류 모두 상당한 크기라면, 부력에 의해 생긴 흐름에 관련된 강제흐름의 방향은 전체대류 열전달에 큰 영향을 준다. 특정한 세 가지 경우가 연구되어 왔다. 첫번째 경우는 지원흐름(assisting flow)이라 말하는 것으로 강제흐름과 자연흐름이 같은 방향인 경우이며, 두 번째 경우는 반대흐름(oppoing flow)이라 말하는 것으로 강제흐름과 자연흐름의 방향이 반대인 경우이고, 세 번째 경우는 가로흐름(transverse flow)으로 강제흐름과 자연흐름이 수직을 이루는 경우이다. 지원흐름과 가로흐름인 경우 부력은 강제흐름을 증대시키게 되고 대류 열전달을 증대시킨다. 그러나 반대흐름인 경우는 자유흐름을 늦추는 영향을 주어 결과적으로 대류 열전달을 감소시키게 된다.

강제대류와 자연대류가 복합된 경우의 누셀트 수 상관관계는 Churchill[13]과 그 밖의 사람들에 의해 다음과 같이 제안되었다.

$$\overline{Nu}^n = |\overline{Nu}_F^n \pm \overline{Nu}_N^n| \tag{9 · 34}$$

여기서 $\overline{Nu}_F$와 $\overline{Nu}_N$은 각각 강제 및 자연대류의 누셀트 수로서 이미 앞에서 특정 기하학적 구조에 대해 주어진 식으로 구할 수 있다. 지원흐름과 가로흐름일 때는 (+)를 사용하고 반대흐름에서는 (−)를 사용한다. 반대흐름일 경우 음수의 누셀트 수가 나올 가능성을 막기 위해 우변항의 절대값을 취하게 된다. 상수 n은 기하학적 구조와 상대적인 흐름방향의 함수이다. 표 9 · 2에 몇 가지 일반적 형태에 따른 (+) 또는 (−) 기호와 상수 n이 주어져 있다.

예제 9.6 지름 4 cm의 긴 실린더가 수평으로 놓여 있고 20℃ 공기가 0.6 m/s의 가로흐름을 형성하고 있다. 만일 실린더 표면이 250℃로 유지된다면 실린더로부터의 대류 열전달 속도는 얼마나 되는가?

표 9·2 강제 및 자연대류의 복합흐름에서 식 (9·34)에 사용되는 상수와 (+), (−) 기호

	구　조	(+/−)	n
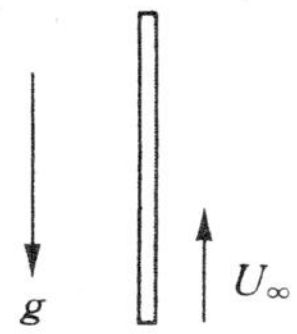	수직판, 지원흐름	+	3
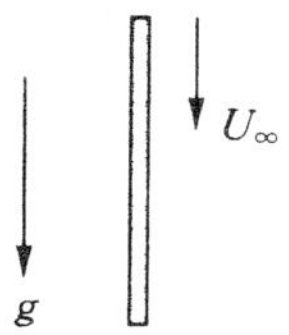	수직판, 반대흐름	−	3
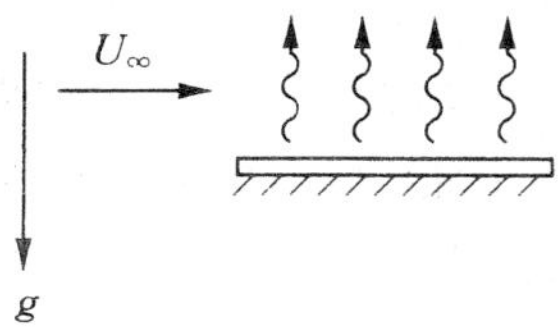	수평판, 가로지원 흐름	+	7/2
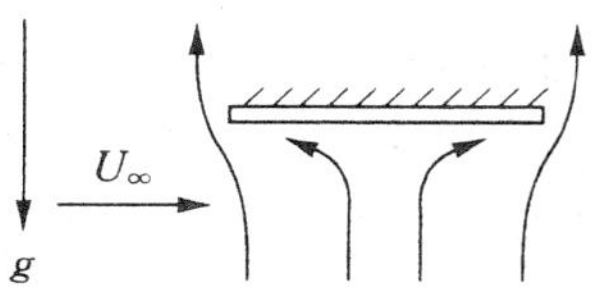	수평판, 가로반대 흐름	−	7/2
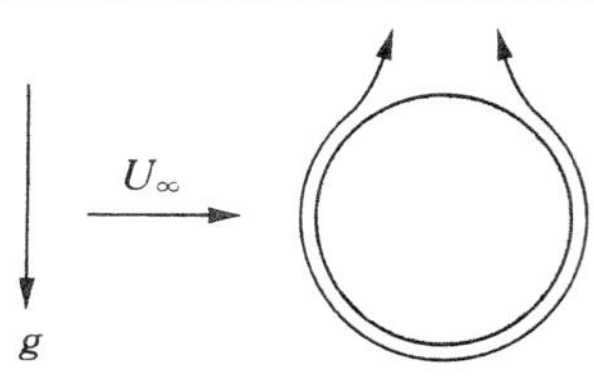	수평 실린더 또는 구, 가로흐름	+	4
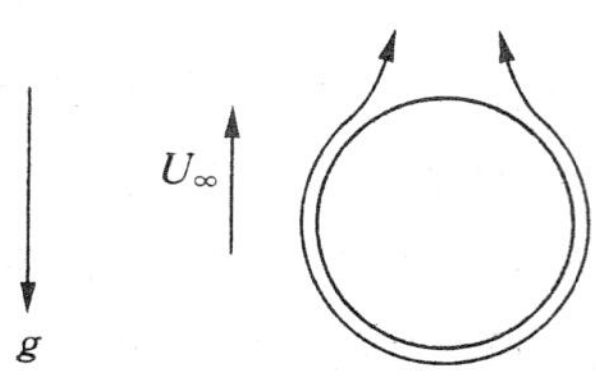	수평 실린더 또는 구, 지원흐름	+	3
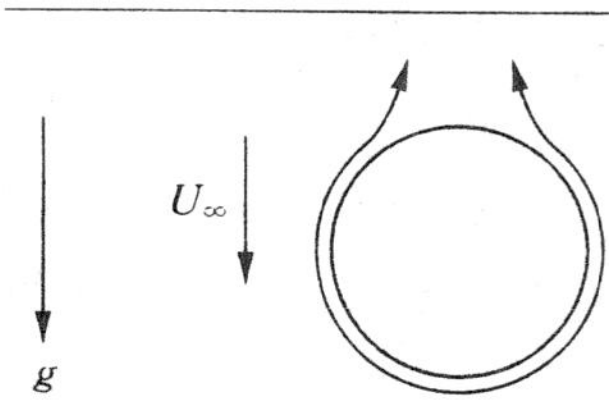	수평 실린더 또는 구, 반대흐름	−	3

풀이 위의 유속은 대부분의 강제흐름보다 비교적 느린 편이다. 따라서, 강제대류와 자연대류의 크기가 비슷할 것으로 예상할 수 있다. 정말로 그러한 경우인지를 확인하기 위하여 Gr_D/Re_D^2 비율을 계산해 보자. 경막에서의 온도는 다음과 같다.

$$T_f = \frac{T_w + T_\infty}{2} = \frac{(250+20)℃}{2} = 135℃ = 408\text{ K}$$

이 온도에서 공기의 특성은 다음과 같다.

$$\beta = \frac{1}{T_f} = 2.45\times10^{-3}\text{ K}^{-1}, \quad \nu = 27.37\times10^{-6}\text{ m}^2/\text{s}$$

$$k = 0.0344\text{ W/m}\cdot\text{K}, \quad Pr = 0.689$$

레이놀즈 수는 다음과 같이 된다.

$$Re_D = \frac{U_\infty D}{\nu} = \frac{(0.6\text{ m/s})(0.04\text{ m})}{27.37\times10^{-6}\text{ m}^2/\text{s}} = 877$$

그라스호프 수는 다음과 같이 된다.

$$Gr_D = \frac{g\beta(T_w - T_\infty)D^3}{\nu^2}$$

$$= \frac{(9.81\text{ m/s}^2)(2.45\times10^{-3}\text{ K}^{-1})[(250-20)\text{ K}](0.04\text{ m})^3}{(27.37\times10^{-6}\text{ m}^2/\text{s})^2} = 4.723\times10^5$$

따라서, 비율은 다음과 같다.

$$\frac{Gr_D}{Re_D^2} = 0.61$$

위의 비율은 강제 및 자연대류가 모두 상당한 양이라는 것을 의미한다. 실린더에서 가로흐름 강제대류에 대한 평균 누셀트 수는 다음 식 (7·33)으로 구할 수 있다.

$$\overline{Nu}_{D,F} = CRe_D^n Pr^{1/3}$$

표 7·1에서 적당한 상수를 대입하면 다음과 같이 된다.

$$\overline{Nu}_{D,F} = (0.683)(877)^{0.466}(0.689)^{1/3} = 14.2$$

레일리 수는 다음과 같다.

$$Ra_D = Gr_D Pr = (4.723\times10^5)(0.689) = 3.254\times10^5$$

식 (9·16)을 이용한 자연대류에 대한 평균 누셀트 수는 다음과 같다.

$$\overline{Nu}_{D,N} = \left\{0.60 + \frac{0.387Ra_D^{1/6}}{[1+(0.559/Pr)^{9/16}]^{8/27}}\right\}^2$$

$$= \left\{0.60 + \frac{0.387(3.254\times10^5)^{1/6}}{[1+(0.559/0.689)^{9/16}]^{8/27}}\right\}^2 = 10.6$$

강제흐름이 부력에 의해 생긴 흐름과 가로방향이므로 지원흐름에 해당한다. 식 (9·34)와 표 9·2를 이용하면 다음을 얻을 수 있다.

$$\overline{Nu}_D^4 = |\overline{Nu}_{D,F}^4 + \overline{Nu}_{D,N}^4| = 14.2^4 + 10.6^4 = 5.328\times10^4$$

그래서

$$\overline{Nu}_D = (5.328\times10^4)^{1/4} = 15.2$$

따라서, 평균 열전달 계수는 다음과 같다.

$$\bar{h}=\frac{\overline{Nu}_D k}{D}=\frac{(15.2)(0.0344\ \mathrm{W/m\cdot K})}{0.04\ \mathrm{m}}=13.1\ \mathrm{W/m^2\cdot K}$$

따라서, 단위길이당 열전달은 다음과 같이 된다.

$$\frac{\dot{Q}}{L}=\bar{h}\pi D(T_w-T_\infty)$$
$$=(13.1\ \mathrm{W/m^2\cdot K})\pi(0.04\ \mathrm{m})[(250-20)\ \mathrm{K}]=379\ \mathrm{W/m}$$

9.8 요 약

이 장에서는 열전달을 응용할 때 접하게 되는 가장 기본적인 형태에 대한 자연대류 열전달 계수를 구하는 방법에 대해 설명하였다. 기울어진 판이나, 기울어진 평행통로, 기울어진 직육면체형 밀폐공간 등에 대해서는 다루지 않았다. 가장 일반적인 기울어진 표면에서의 자연대류 응용은 태양열 판을 들 수 있다. 기울어진 표면에 대한 관계식은 참고문헌 [15]에서 [19]를 보면 된다.

자연대류는 아마도 복사 다음으로 고루 영향을 미치는 열전달 기구일 것이다. 따라서, 자연대류의 중요성을 절대 간과해서는 안 된다. 이미 살펴보았듯이 자연대류에 의한 열전달 계수는 일반적으로 강제대류에 의한 그것보다 작다. 관이나 도관흐름과 같은 경우 내부에서는 강제대류가, 관의 외부에서는 자연대류가 존재하는데, 이와 같은 직렬회로에서는 자연대류에 대한 열전달 계수가 가장 큰 대류 열저항을 나타내게 된다. 예를 들면 4 in 강관내부에 따뜻한 공기가 10 m/s의 유속을 가지고 흐를 경우 안쪽 표면과 바깥쪽 표면의 열전달 계수는 각각 37 $\mathrm{W/m^2\cdot K}$, 4.5 $\mathrm{W/m^2\cdot K}$이 된다. 관내부의 더운 공기로부터 바깥쪽의 정체공기로의 총 열전달 저항은 다음과 같이 쓸 수 있다(2장 참고).

$$R_{th}=\frac{1}{h_iA_i}+\frac{\ln(r_o/r_i)}{2\pi kL}+\frac{1}{h_oA_o} \tag{9·35}$$
$$=\frac{1}{2\pi L}\left(\frac{1}{h_ir_i}+\frac{\ln(r_o/r_i)}{k}+\frac{1}{h_or_o}\right)$$

여기서 첨자 i와 o는 각각 관의 내부와 외부표면을 의미하고, k는 강관벽의 열전도도이다. 식 (9·35)에 각 수치를 대입하면 다음을 얻는다.

$$R_{th}=\frac{1}{2\pi L}(0.53+0.0017+3.89)\ \mathrm{K/W}$$

바깥쪽 경계층의 열전달 저항은 3.89 K/W이며, 이것은 안쪽 저항 0.53 K/W보다 7배 이상 높은 값이다. 내부로 흐르는 유체가 액체이면 대류 열전달 저항의 차이는 더욱 커지게 된다. 따라서, 이러한 형태의 경우 자연대류가 전체 열전달 저항을 좌우함을 알 수 있다.

이 장에서 설명한 관계식은 조절된 조건하에서 실시된 실험실 실험에 기초하였다는 것을 말하지 않을 수 없다. 자연대류가 일어나는 실제 열전달 응용시에는 주변조건을 관계식이 유도된 상황으로 조절할 수 없는 일이다. 더욱이 실험자료는 부득이 부정확성을 가지게 마련이다. 이 두 가지 요인으로 인해 실제 열전달 시스템에 대한 정확한 결과를 주는 연관식을 예상할 수는 없다.

강제대류가 없는 경우 자연대류와 복사는 어떤 물체가 그 주변과 열에너지를 교환할 수 있는 유일한 열전달 형태이다. 기체 중에서 자연대류가 일어날 경우는 복사가 중요한 의미를 갖는다. 이 경우 전체 열전달 속도는 대류와 복사 각각의 기여분의 합이 된다. 표면온도가 올라가면 온도의 4제곱에 의존하는 현상을 보이는 복사가 대류의 영향을 압도하게 된다. 자연대류가 액체 중에서 일어나면 표면온도가 높을 경우에만 복사가 계속 중요성을 가진다. 대류와 복사가 복합된 현상에 대해서는 11장에서 더 다루게 된다.

9.9 응 용

1970년대 석유수출 제한으로 인하여 에너지 비용이 급격히 상승하기 전까지는 주택건축시 단열이 널리 사용되지는 않았다. 구형주택의 전형적인 건물벽은 샛기둥을 사이에 두고 바깥쪽은 외장재로 안쪽은 석고보드 또는 욋가지와 회반죽으로 되어 있다. 인접한 한 쌍의 샛기둥, 윗판과 아랫판, 바깥벽과 안벽은 수직 직육면체형 밀폐공간을 형성하게 된다. 난방을 하는 계절에는 안쪽 석고보드가 따뜻한 표면이 되고 외장재 쪽이 차가운 표면이 된다. 단열이 되어 있지 않으면 자연대류에 의해 공기가 있는 공간을 가로질러 열전달이 일어난다. 예제 9.7에서 건물벽 공간에 대한 열전달 계수를 구한다.

예제 9.7 주거용 건물벽에는 그림 9·14와 같이 1기압의 공기가 있는 수직 직육면체형 밀폐공간이 존재한다. 안쪽 석고보드와 바깥쪽 외장판의 온도는 각각 19℃, 1℃이다. 이 때 열전달 계수를 구하라.

풀이 먼저 내외면 평균온도에서의 공기특성을 구하면 다음과 같다.

$$\overline{T}=\frac{(T_1+T_{2)}}{2}=\frac{(19+1)℃}{2}=10℃=283\text{ K}$$

따라서

$$\beta=\frac{1}{T}=3.53\times10^{-3}\text{ K}^{-1},\quad \nu=14.38\times10^{-6}\text{ m}^2/\text{s}$$

$$k=0.0249\text{ W/m}\cdot\text{K},\quad Pr=0.711$$

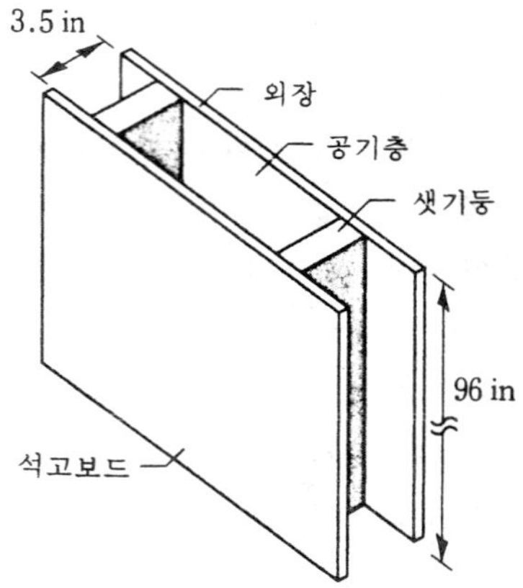

그림 9·14 단열되지 않은 주거용 건물벽

밀폐공간의 치수는 다음과 같고

$$H = 96\text{ in} = 2.438\text{ m}, \quad L = 3.5\text{ in} = 0.0889\text{ m}$$

그라스호프 수는

$$Gr_L = \frac{g\beta(T_1 - T_2)L^3}{\nu^2}$$

$$= \frac{(9.81\text{ m/s}^2)(3.53\times10^{-3}\text{ K}^{-1})[(19-1)\text{ K}](0.0889\text{ m})^3}{(14.38\times10^{-6}\text{ m}^2/\text{s})^2} = 2.118\times10^6$$

따라서, 레일리 수는 다음과 같이 된다.

$$Ra_L = Gr_L Pr = (2.118\times10^6)(0.711) = 1.506\times10^6$$

밀폐공간의 가로 세로비는

$$\frac{H}{L} = 27.4$$

이고 식 (9·30)을 사용하면 레일리 수는 다음과 같다.

$$\overline{Nu}_L = 0.42Ra_L^{0.25}Pr^{0.012}\left(\frac{L}{H}\right)^{0.3}$$

$$= (0.42)(1.506\times10^6)^{0.25}(0.711)^{0.012}\left(\frac{0.0889}{2.438}\right)^{0.3} = 5.43$$

따라서, 평균 열전달 계수는 다음과 같이 된다.

$$\bar{h} = \frac{\overline{Nu}_L k}{L} = \frac{(5.43)(0.0249\text{ W/m}\cdot\text{K})}{0.0889\text{ m}} = 1.52\text{ W/m}^2\cdot\text{K}$$

"ASHRAE Handbook of Fundamentals"에는 다양한 건물형태에서 생기는 공기가 있는 공간에 대한 열전달 계수가 나와 있다. 그 열전달 계수에는 복사의 영향도 포함되어 있다. 이 예제와 같이 일정한 온도조건을 가지는 3.5 in 간격의 수직공기 공간에 대해 ASHRAE는 복사영향을 무시한 열전달 계수를 1.84 W/m^2·K라 하였다. 이 예제의 결과와 ASHRAE의 값과는 약 18%의 차이가 발생하였으나 대류실험의 성격상 무리 없는 값으로 볼 수 있다.

건물과 관련된 자연대류의 또 다른 중요한 응용은 이중창을 들 수 있다. 전형적인 이중창은 두 장의 평행한 유리판과 그 사이의 공기층으로 이루어져 있다. 어떤 창문에는 복사 열전달을 감소시키기 위해 높은 반사율을 가지는 표면코팅을 하기도 한다. 예제 9.8에서 공기층의 두께를 최적화하여 이중창의 열전달 저항을 최대화하는 것에 대해 알아본다.

예제 9.8 식 (9·32)를 이용하여 이중창의 공기층을 통한 대류 열전달을 최소화하는 평균 누셀트 수에 대한 표현을 유도하라. 얻어진 누셀트 수가 48 in 높이의 창에 대하여 공기층의 두께의 함수로서 평균 열전달 계수를 그래프로 나타내어 최적조건을 산출한다는 것을 증명하라. 온·냉 창유리의 표면온도는 각각 10℃, −6℃로 하라.

풀이 식 (9·32)는 많은 이중창의 기본적인 배열처럼 가열, 냉각된 수직면을 지닌 좁은 수직판에 적용된다. 평균 열전달 계수의 관점으로 하면 식 (9·32)는 다음과 같다.

$$\bar{h} = \frac{k}{L}\left(1 + \frac{Ra_L}{720}\frac{L}{H}\right) = k\left(\frac{1}{L} + \frac{CL^3}{720H}\right) \qquad \text{(a)}$$

여기서

$$C = \frac{g\beta(T_1 - T_2)Pr}{\nu^2} \qquad \text{(b)}$$

최소 열전달 계수를 산출하는 공기층의 두께 L은 식 (a)를 L에 대하여 미분하고 그 값을 0으로 놓으면 얻을 수 있다.

$$\frac{d\bar{h}}{dL} = \left(-\frac{1}{L^2} + \frac{3CL^2}{720H}\right)k = 0 \qquad \text{(c)}$$

L에 대하여 풀어쓰면

$$L = \left(\frac{240H}{C}\right)^{1/4} \qquad \text{(d)}$$

매개변수 C를 통해 레일리 수 Ra_L를 재도입하면

$$\frac{L}{H} = \frac{240}{Ra_L} \qquad \text{(e)}$$

식 (9·32)로 치환하면 평균 누셀트 수가 나온다.

$$\overline{Nu_L} = \frac{4}{3} \qquad \text{(f)}$$

이 간단한 결과는 얇은 이중창을 통해 최소 열전달에 대응하는 평균 누셀트 수는 일정하다는 것을 말해 준다. 따라서, 이에 따른 열전달 계수는 다음과 같다.

$$\bar{h} = \frac{4}{3}\frac{k}{L} \qquad \text{(g)}$$

한 특별한 경우에 대해 이 결과의 타당성을 점검하기 위해 높이 $H = 48$ in인 창을 생각해 보자. 창유리는 10℃와 −6℃로 유지된다. 평균온도는

$$\bar{T} = \frac{(T_1 + T_2)}{2} = \frac{(10-6)℃}{2} = 2℃ = 275\ \text{K}$$

이 평균온도에서 공기물성은

$$\beta=\frac{1}{T}=3.64\times10^{-3}\,\mathrm{K}^{-1},\quad \nu=13.67\times10^{-6}\,\mathrm{m^2/s}$$

$$k=0.0243\,\mathrm{W/m\cdot K},\quad Pr=0.704$$

L을 포함하는 하나의 변수로서 레일리 수를 표현한다.

$$Ra_L=\frac{g\beta(T_1-T_2)PrL^3}{\nu^2}$$

$$=\frac{(9.81\ \mathrm{m/s^2})(3.64\times10^{-3}\,\mathrm{K}^{-1})[(10-(-6))\,\mathrm{K}](0.704)\mathrm{L}^3}{(13.67\times10^{-6})^2}$$

$$=2.152\times10^9L^3$$

도표를 만들기 위해 $0.2 < L < 3.6$ cm 범위동안 L의 0.2 cm 증가분을 선택한다. 선행하는 레일리 수를 식 (9 · 32)로 치환한 후에 대응하는 평균 누셀트 수와 열전달 계수에 대하여 푼다. L의 함수로서 두 개의 매개변수의 도표는 그림 9 · 15에 나타낸다. 순수한 전도를 가리키는 작은 공기층에 대하여 $Nu_L=1$ 임을 주의하라. L이 커지면 누셀트 수는 커지지만 열전달 계수는 약 $L=1.9$ cm(0.75 in)에서 최소값을 가진다. 이 최소값은 $Nu_L=Nu_L=4/3$ 일 때 정확하게 발생한다. 2장으로부터 관계식을 기억하면

$$R_{th}=\frac{1}{hA}$$

열전달 저항 R_{th}는 열전달 계수 h와 반대로 변하므로 최소 열전달 계수는 최소 열전달

그림 9 · 15 평균 누셀트 수와 열전달 계수

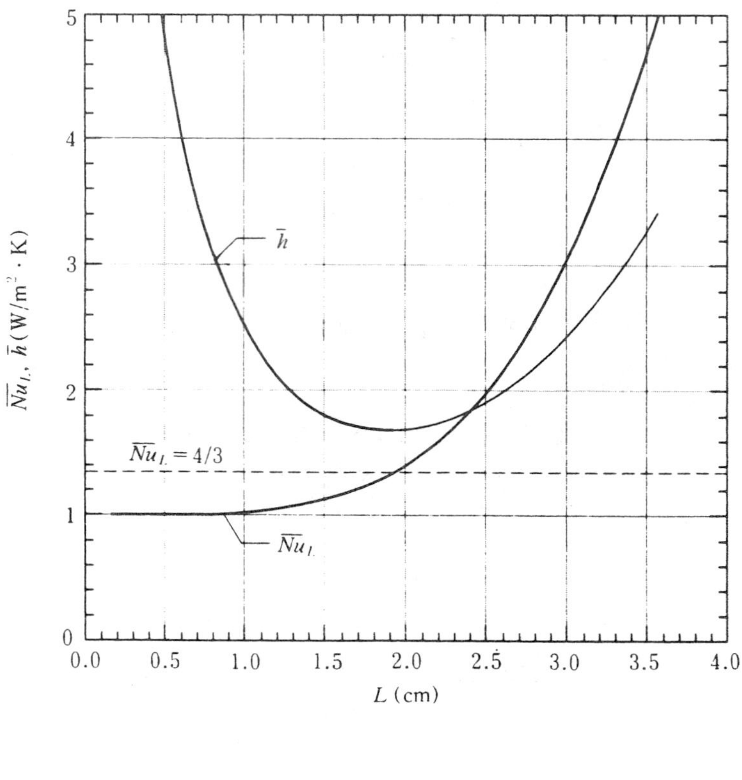

저항을 산출한다. 따라서, 주어진 온도차에 대하여 창을 통한 열전달은 최소가 된다.

3장에서 논의된 것처럼 히트싱크는 일반적으로 발전전기 제품이나 전기부품을 냉각시킬 때 사용된다. 엄격한 무게제한이나 공간제한이 부과된 것에서의 히트싱크 적용에서 히트싱크는 주어진 표면과 유체간 온도차에 대하여 히트싱크 부피당 최소 열전달이 되도록 최적화해야 한다. 9.6절에서 주어진 수직통로에서의 자연대류에 대한 관계식은 그림 9·16에서 나타내는 배향을 지닌 히트싱크를 분석할 때 사용된다. 예제 9.9에서 전원의 자연대류 냉각에 대한 히트싱크를 최적화할 것이다.

예제 9.9 그림 9·16에서 나타내는 것과 유사한 히트싱크는 30 W를 소멸(dissipation)하는 전원공급 장치를 냉각한다. 전원 적재판을 부착시키기 위해 히트싱크 바닥은 10 cm와 7.5 cm의 폭 W와 길이 L을 가진다. 전원은 공기온도가 27℃인 방안의 증폭기에 전력을 공급한다. 공간제한 때문에 휜높이를 3 cm로 제한한다. 자연대류가 유일한 열전달 방식이라 가정할 때 히트싱크에 대한 휜의 최적수를 구하고 히트싱크 바닥온도를 측정한다. 소멸되는 전력은 히트싱크 바닥을 통해 균일하게 분포되어 있다고 가정하라.

풀이 첫째, 주어진 정보는 다음과 같다.

$$L = 0.075\ \text{m},\quad W = 0.10\ \text{m},\quad b = 0.03\ \text{m}$$

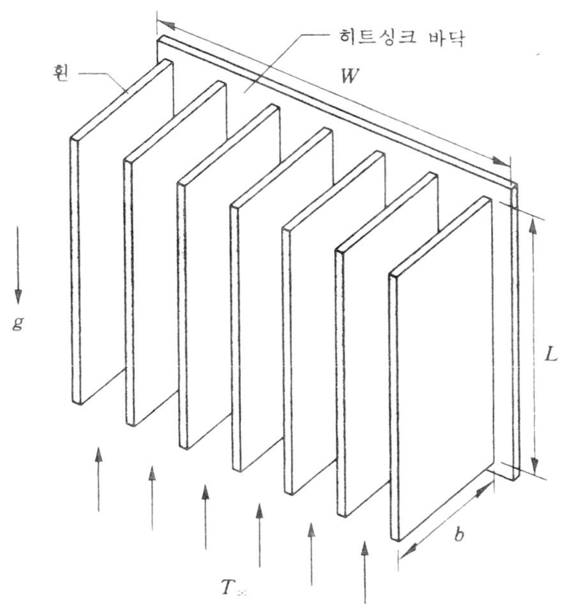

그림 9·16 개방통로를 형성하는 수직 휜의 열소멸자는 자연대류 냉각적용에 이용된다.

그리고 전력소멸과 주변공기 온도는

$$\dot{Q} = 30\ \text{W}, \quad T_\infty = 27℃ = 300\ \text{K}$$

표면온도는 모르기 때문에 경막온도에서 공기물성을 기준 잡을 수 없다. 그래서 자유흐름 값으로 놓고, 만약 정당화된다면 나중에 보정한다. 300 K의 대기중에서 다음과 같은 값을 얻을 수 있다.

$$\beta = \frac{1}{T_\infty} = 3.33 \times 10^{-3}\ \text{K}^{-1}, \quad \nu = 15.89 \times 10^{-6}\ \text{m}^2/\text{s}$$

$$k = 0.0263\ \text{W/m} \cdot \text{K}, \quad Pr = 0.707$$

이 예제의 우선적인 목표는 히트싱크에 대한 자연대류 최적화 방법을 설명하는 것이다. 결론적으로 몇 가지 가정을 세워 문제를 능률적으로 풀 수 있다. 첫째 휜은 등온이라 가정한다. 이 가정은 만약 휜효율 $\eta \approx 1$ 이라면 타당하다. 이 가정의 온당함은 문제의 끝에서 점검될 것이다. 둘째 공기흐름에 대한 히트싱크 바닥의 열전달 저항은 무시된다. 그래서 두 측면의 통로에 대하여 관계식을 적용할 수 있다. 셋째 휜간의 공간으로부터의 대류, 즉 히트싱크 바닥 자체는 무시된다. 표 9·1에서 주어진 것처럼 등온 수직판에 대한 최적 누셀트 수는

$$\overline{Nu}_{S,\,opt} = 1.31$$

따라서, $S = S_{opt}$로 놓으면 식 (9·20)과 식 (9·21)을

$$\left[\frac{C_1}{(Ra_S S_{opt}/L)^2} + \frac{C_2}{(Ra_S S_{opt}/L)^{1/2}}\right]^{-1/2} = 1.31 \tag{a}$$

$$\frac{\dot{Q}_c/A}{T_w - T_\infty} \frac{S_{opt}}{k} = 1.31 \tag{b}$$

여기서 $\dot{Q}_c$는 통로당 열전달이다. 각 통로에서 열전달은 두 표면에서 발생한다. 그래서 식 (b)에서 표면적은 $A = 2Lb$이다. 최적 휜간격 S_{opt}에 기초를 둔 레일리 수는

$$Ra_S = \frac{g\beta(T_w - T_\infty)S_{opt}^3 Pr}{\nu^2} \tag{c}$$

식 (a), (b), (c)는 문제를 풀기에 충분하다. 만약 식 (c)에서 주어진 레일리 수가 식 (a)로 치환된다면 두 개의 미지수 T_w와 S_{opt}가 들어 있는 두 개의 식이 남는다. 어째든 식 (b)에서 매개변수 $\dot{Q}_c$는 통로당 총 열전달이 아니라 통로당 열전달량이다. 통로 수를 구할 때까지 통로당 열전달은 미지수다. 따라서, 또 다른 방정식이 필요하다.

$$\dot{Q}_c = \frac{\dot{Q}}{N_c} \tag{d}$$

여기서 N_c는 히트싱크에서 통로의 수이다. 통로의 수는 휜의 수에서 1을 뺀 것과 같음을 주목하라. 식 (d)를 채용함으로써 추가적인 미지수 N_c를 가진다. 따라서, 더 이상의 미지수를 만들지 않는 또 다른 방정식이 필요하다. 그 방정식은 다음과 같다.

$$W = N_c S_{opt} \tag{e}$$

여기서 히트싱크 바닥의 폭 W는 히트싱크가 얼마나 많은 통로를 또는 휜을 가질 수 있

는가를 결정한다. 9.6절에서 설명한 대로 표 9·1에서 주어진 최적간격은 무시할만한 판두께를 반영하기 때문에 식 (e)는 판두께를 고려한다.

문제는 T_w, S_{opt}, $\dot{Q}$와 N_c에 대하여 연립적으로 식 (a)에서부터 식 (e)까지 푸는 것으로 구성된다. 명확하게 손으로 금방 풀 수 있는 문제는 아니다. 이것처럼 복잡한 방정식의 해는 컴퓨터 방정식 해법기를 이용하여 푼다. 유니버설 테크니컬 시스템사의 방정식 해법기 소프트웨어 패키지인 TK 해법기를 이용하여 다음과 같은 해답이 얻는다.

$$T_w = 82.1℃ = 355\ \text{K}, \quad \dot{Q}_c = 1.60\ \text{W}$$

$$N_c = 18.74, \quad S_{opt} = 5.34\ \text{mm}$$

이 문제의 컴퓨터 실행에 대한 상세한 것은 의도적으로 남겨둔다. 학생들이 컴퓨터에서 방정식을 세우고 여기서 주어진 결과를 얻도록 추천한다.

등온 휜 가정의 타당성을 점검해 보자. 열전달 계수는

$$\bar{h} = \frac{\overline{Nu}_{S,opt}\,k}{S_{opt}} = \frac{(1.31)(0.0263\ \text{W/m}\cdot\text{K})}{0.005\,34\ \text{m}} = 6.45\ \text{W/m}^2\cdot\text{K}$$

이 크기의 히트싱크에 대한 전형적인 휜두께는 $t=1.6$ mm이고 알루미늄 6061이 사용된다면 열전도도 k는 180 W/m · K이다. 따라서, 세로 휜에 대하여

$$m = \sqrt{\frac{2\bar{h}}{kt}} = \left[\frac{2(6.45)}{(180)(0.0016)}\right]^{1/2} = 6.693\ \text{m}^{-1}$$

따라서, 휜효율은

$$\eta = \frac{\tanh(mb)}{mb} = \frac{\tanh[(6.693)(0.03)]}{(6.693)(0.03)} = 0.987$$

휜에 대한 작은 온도구배를 나타냄으로써 휜효율은 거의 1이기 때문에 등온 휜의 가정은 적절한 것이다. 최적접근은 휜두께를 무시한다. 통로의 수, 최적간격 그리고 휜두께로 표현되는 히트싱크 바닥은

$$W = N_c S_{opt} + (N_c + 1)t$$

최적 휜간격을 고정된 것으로 취급하고 통로 수를 구한다.

$$N_c = \frac{W - t}{S_{opt} + t} = \frac{0.10\ \text{m} - 0.0016\ \text{m}}{0.005\,34\ \text{m} + 0.0016\ \text{m}} = 14.2$$

분수인 통로 수는 실제 존재하지 않으므로 14개 통로로 낮추어 잡으며, 따라서 휜간격이 약간 증가한다.

$$S = \frac{W - (N_c + 1)t}{N_c} = \frac{0.1\ \text{m} - (14+1)(0.0016\ \text{m})}{14} = 0.005\,43\ \text{m} = 5.43\ \text{mm}$$

따라서, 히트싱크 바닥은 완전하게 각 휜 사이에 5.43 mm의 공간을 지닌다.

마지막 논의로서 공기물성에 대한 수정은 계산된 표면온도를 이용함으로써 할 수 있다. 선택적으로 공기물성의 다항식 곡선 맞추기(polynomial curve fit)는 적당하게 컴퓨터 모델에서 적분될 수도 있다. 표면과 자유흐름간 온도차는 대단하지 않으므로 물성수정은 히트싱크 배열을 바꾸지 않는다.

◇◇◇◇◇◇◇◇◇◇ 참 고 문 헌 ◇◇◇◇◇◇◇◇◇◇

1. Churchill, S. W., and H. H. S. Chu. 1975. "Correlation Equations for Laminar and Turbulent Free Convection from a Vertical Plate." *Int. J. Heat Mass Transfer* 18: pp. 1323~1329.
2. McAdams, W. H. 1954. *Heat Transmission*, 3d ed. New York: McGraw−Hill book Company.
3. Goldstein, R. J., E. M. Sparrow, and D. C. Jones. 1973. "Natural Convection Mass Transfer Adjacent to Horizontal Plates." *Int. J. Heat Mass Transfer* 16: pp. 1025~1035
4. Lloyd, J. R., and W. R. Moran. 1974. "Natural Convection Adjacent to Horizontal Surfaces of Various Plan Forms." *J. Heat Transfer* 96: pp. 443~447.
5. Churchill, S. W., and H. H. S. Chu. 1975. "Correlating Equations for Laminar and Turbulent Free Convection from a Horizontal Cylinder." *Int. J. Heat Mass Transfer* 18: pp. 1049~1053.
6. Minkowycz, W. J., and E. M. Sparrow. 1974. "Local Nonsimilar Solutions for Natural Convection on a Vertical Cylinder." *J. Heat Transfer* 96: pp. 178~183.
7. Churchill, S. W. 1992. "Free Convection Around Immersed Bodies." In G. F. Hewitt, ed. *Handbook of Heat Exchanger Design*, Section 2.5.7. New York: Begell House, Inc.
8. Bar−Cohen, A., and W. M. Rohsenow. 1984. "Thermally Optimum Spacing of Vertical Natural Convection Cooled, Parallel Plates." *J. Heat Transfer* 106: pp. 116~123.
9. Catton, I. 1978. "Natural Convection in Enclosures." Toronto, Canada: *Proc. 6th Int. Heat Transfer Conf.*, vol. 6: pp. 13~31.
10. MacGregor, R. K., and A. P. Emery. 1969. "Free Convection Through Vertical Plane Layers: Moderate and High Prandtl Number Fluids." *J. Heat Transfer* 91: pp. 391~403.
11. Batchelor, G. K. 1954. "Heat Transfer by Free Convection Across a Closed Cavity Between Vertical Boundaries at Different Temperatures." *Q. Appl. Math.* 12: pp. 209~233.
12. Globe, S., and D. Dropkin. 1959. "Natural Convection Heat Transfer in Liquids Confined by Two Horizontal Plates and Heated from Below." *J. Heat Transfer* 81: pp. 24~28.

13. Churchill, S. W. 1992. "Combined Free and Forced Convection Around Immersed Bodies." In G. F. Hewitt, ed., *Handbook of Heat Exchanger Design*, Section 2.5.9. New York: Begell House, Inc.

14. 1997 *ASHRAE Handbook Fundamentals, SI Edition*. 1997. Atlanta, Ga.: American Society of Heating, Refrigerating and Air-Conditioning Engineers.

15. Rich, B. R. 1953. "An Investigation of Heat Transfer from an Inclined Flat Plate in Free Convection." *Trans. ASME* 75: pp. 489~499.

16. Fujii, T., and H. Imura. 1972. "Natural Convection Heat Transfer from a Plate with Arbitrary Inclination." *Int. J. Heat mass Transfer* 15: pp. 755~767.

17. Azevedo, L. F., and E. M. Sparrow. 1985. "Natural Convection in Open-Ended Inclined Channels." *J. Heat Transfer* 107: pp. 893~901.

18. Ayyaswamy, P. S., and I. Catton. 1973. "The Boundary Layer Regime for Natural Convection in a Differentially Heated, Tilted Rectangular Cavity." *J. Heat Transfer* 95: pp. 543~545.

19. Hollands, K. G. T., S. E. Unny, G. D. Raithby, and L. Konicek. 1976. "Free Convective Heat Transfer Across Inclined Air Layers." *J. Heat Transfer* 98: pp. 189~193.

20. Van Dyke, M. 1982. *An Album of Fluid Motion*. Stanford, Calif.: The Parabolic Press.

◇◇◇◇◇◇◇◇◇◇ 연 습 문 제 ◇◇◇◇◇◇◇◇◇◇

◈ 판

9.1 높이 1.6 m와 폭 1 m로 측정되는 수직판의 한쪽 면이 25℃ 대기에 노출되어 있다. 만약 판이 375℃로 유지된다면 대류 열전달은 얼마인가?

9.2 수직판이 15℃의 물이 들어 있는 큰 저장조에 부유하고 있다. 판의 높이와 폭은 60 cm와 75 cm이다. 만약 판이 90℃로 유지된다면 대류 열전달을 구하라.

9.3 그림 9·17에 나타낸 판이 40℃인 대기에 수평적 위치로 놓여 있다. 판의 온도가 220℃이고, 만약 (a) 판바닥이 단열이라고 할 때, 또는 (b) 판상부가 단열이라고 할 때 대류 열전달을 구하라.

9.4 하나의 면이 55 cm로 측정되는 사각형 수직판이 한쪽 면에서 10℃, 1기압의 공기에 노출되어 있다. 만약 판을 통한 대류 열전달이 476 W라고 하고 판이 등온이라고 하면 판의 온도는 얼마인가?

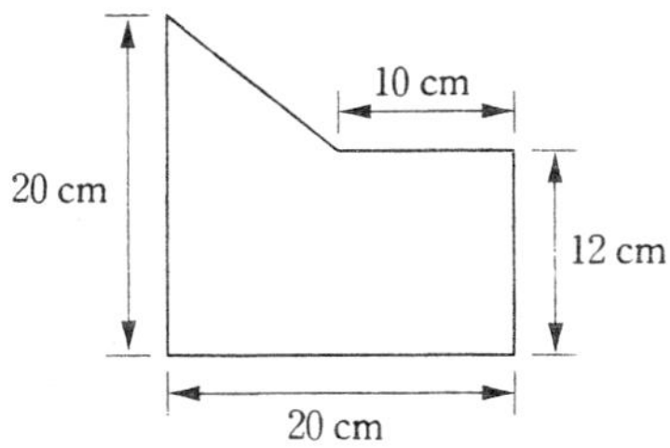

그림 9 · 17

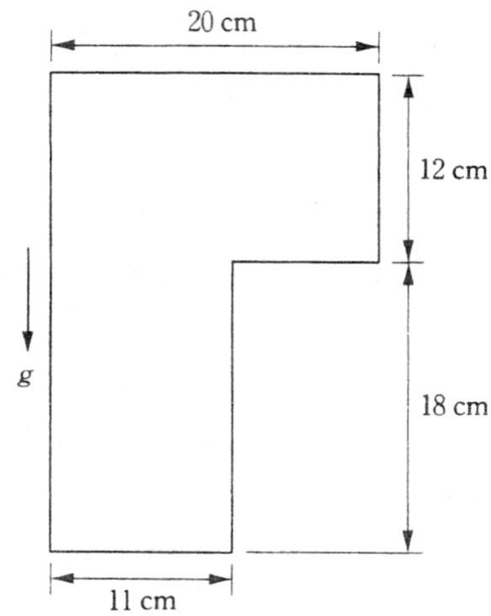

그림 9 · 18

9.5 공기를 포화된 물로 바꿔서 문제 9.4를 풀어라.

9.6E 400°F 온도를 지닌 16 in 지름의 수평판이 −50°F의 대기질소에 부유하고 있다. 만약 판의 양쪽 면으로부터 대류되는 것이 허용된다면 대류 열전달은 얼마인가?

9.7 그림 9 · 18에 나타낸 수직판이 250℃로 유지되고 0℃의 대기로 양쪽 면에 둘러싸여 있다. 판을 통한 대류 열전달을 구하라.

9.8 온도가 300℃로 유지되는 폭 1 m의 수직판을 생각하라. 만약 판의 양쪽 면이 0℃의 이산화탄소에 노출되어 있다고 한다면 판 높이가 20, 40 그리고 60 cm일 때의 대류 열전달을 구하라.

9.9 폭 50 cm의 수직판이 460℃로 유지되고 40℃ 대기에 한쪽 면이 노출되어 있다. 380 W의 대류 열전달을 가지도록 요구되는 판의 높이를 구하라.

9.10 폭 40 cm와 길이 40 cm로 수직적으로 부유되는 판이 85℃의 온도를 지닌다. 주변유체의 온도는 0℃이다. 만약 양쪽 면을 통하여 판이 에너지를 유실한다면 유체가 (a) 공기, (b) 물, (c) SAE10W−30 엔진오일, (d) 에틸렌글리콜일 때 대류 열전달을 구하라.

실 린 더

9.11 지름이 9 cm인 긴 수평 실린더가 450℃의 표면온도를 가진다. 실린더를 둘러싼 공기의 온도가 25℃일 때 실린더 길이의 단위길이(m)당 대류 열전달을 구하라.

9.12E 길고 수평인 2 in 지름 실린더의 표면이 180°F로 유지된다. 만약 실린더를 둘러싼 유체가 −60°F의 대기산소라면 대류 열전달은 얼마인가?

9.13 긴 14 gage 구리선에 20 A의 전류가 흐른다. 선은 피복되어 있지 않으며 공기온도가 30℃인 방을 수평으로 통한다. 복사를 무시할 경우 선의 온도를 구하라.

9.14 긴 18 gage 니크롬선에 2 A의 전류가 흐른다. 선은 피복되어 있지 않으며, 공기온도가

30℃인 방을 수평으로 통한다. 복사를 무시할 경우 선의 온도를 구하라.

9.15 $L/D=50$인 수직 실린더가 90℃의 표면온도를 가진다. 만약 실린더가 5℃의 질소에 둘러싸여 있고, 지름이 3 cm라면 표면의 실린더 부분으로부터의 대류 열전달은 얼마인가?

9.16 길이와 지름이 1.2 m와 8 mm인 수직 실린더가 20℃의 대기에 노출되어 있다. 만약 실린더 표면이 180℃의 온도로 유지된다면 표면의 실린더 부분으로부터의 대류 열전달을 구하라.

9.17 긴 수평 실린더 표면이 370℃로 일정하게 유지된다. 실린더를 둘러싼 것은 1기압, 45℃의 일산화탄소이다. 오직 자연대류만 가정한다면 열전달이 1820 W/m가 되기 위한 실린더의 지름은 얼마인가?

9.18E 0.003 in의 지름을 가진 긴 실린더가 90°F의 대기에서 수평적으로 부유된다. 만약 실린더 온도가 480°F라고 한다면 실린더를 통한 대류 열전달을 구하라.

◈ 구

9.19 7 cm 지름의 구가 1기압, 15℃ 공기에 둘러싸여 있다. 만약 구의 표면온도가 190℃라고 한다면 대류 열전달은 얼마인가?

9.20 41 cm 지름의 구로부터 자연대류에 의한 열손실이 1912 W이다. 만약 구를 둘러싼 유체가 30℃의 대기라면 구의 표면온도는 얼마인가?

9.21E 5 in 지름의 구가 80°F의 물에 의해 둘러싸여 있다. 만약 구의 표면온도가 165°F라면 이 때의 대류 열전달을 구하라.

9.22 구가 −100℃의 대기수소 안에 부유되어 있다. 표면온도가 350℃이고 대류 열전달이 4 kW가 되기 위한 구의 지름은 얼마인가?

9.23 만약 유체가 (a) 공기, (b) 액체냉매−12, (c) 50 % 에틸렌글리콜, (d) 글리세린이고 온도가 10℃인 유체로 둘러싸여 있는 5 cm 지름의 구로부터의 대류 열전달을 비교하라. 구의 표면온도는 75℃이다.

◈ 내부흐름 배열

9.24 30 cm 떨어진 한 쌍의 2.5 m 높이의 판에 의해 만들어진 수직통로가 10℃ 대기로 둘러싸여 있다. 판의 온도는 120℃이고 통로는 1 m 깊이이다. 통로에서의 대류 열전달을 계산하라.

9.25E 그림 9·19에 나타낸 수직통로가 50°F의 물에 담겨져 있다. 만약 통로깊이가 4 ft라면 이 때의 대류 열전달을 구하라.

9.26 폭 18 cm의 통로를 형성하는 두 판이 20℃ 대기에 수직으로 부유되어 있다. 판은 3 m 높이이고 275℃로 유지된다. 만약 통로가 5 m 깊이라고 한다면 이 때의 통로 내 대류 열전달을 구하라.

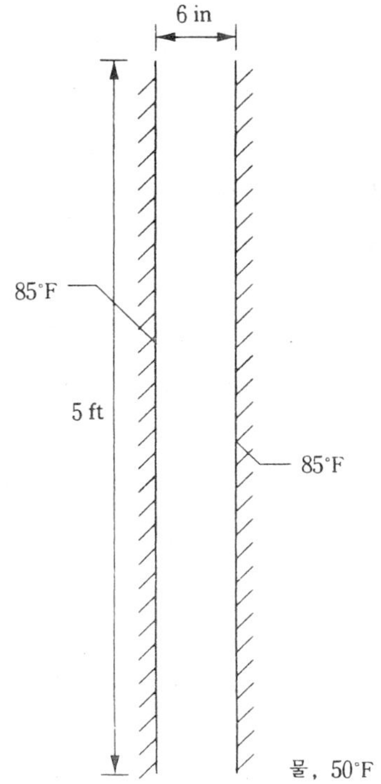

그림 9·19

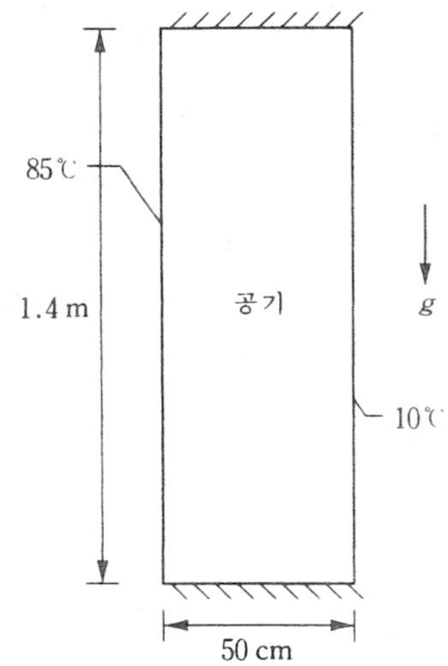

그림 9·20

9.27 수직통로가 5 cm 떨어진 두 판으로 구성된다. 한쪽 판이 220℃로 유지되고 다른 판은 절연되어 있다. 통로의 높이와 깊이는 각각 80 cm와 1.2 m이다. 만약 통로가 15℃ 대기에 놓여 있다면 이 때 통로 내에서의 대류 열전달을 구하라.

9.28 1.9 W/cm^{2}의 균일한 열플럭스가 10℃ 물에 담겨 두 수직 평행판 위에 유지된다. 만약 판간격과 높이가 각각 12 cm와 1.75 m일 때 판의 평균 표면온도는 얼마인가? 판의 바깥쪽 표면으로부터의 열전달은 무시한다.

9.29 등온판으로 구성된 수직통로에 대한 식 (9·20)으로 시작하여 다음 식을 유도하라.

$$0.583z^2 - C_2 z^{3/2} - C_1 = 0$$

여기서

$$z = \frac{g\beta(T_w - T_\infty)S_{opt}^4 Pr}{\nu^2 L}$$

표 9·1에 나타낸 것처럼 $C_1 = 576$, $C_2 = 2.873$이다. 표 9·1에서 주어진 최적간격 S_{opt}에 대한 관계를 얻는 z에 대한 방정식을 풀어라. 그리고 그 조건에 대한 최적간격을 구하라.

$T_w = 400\text{ K}$, $T_\infty = 300\text{ K}$, $\beta = 2.86\times10^{-3}\text{ K}^{-1}$, $Pr = 0.70$,

$\nu = 21 \times 10^{-6}\ m^2/s$, $L = 1\ m$

9.30 온도와 높이가 340℃, 1 m인 판으로 구성된 수직통로가 55℃ 대기에 놓여져 있을 때 판의 최적간격을 구하라. 계산된 최적간격에 대하여 깊이 1.5 m 통로에 대한 대류 열전달을 구하라.

9.31 높이 1.6 m의 두 평행판으로 형성된 수직통로가 5℃ 물로 둘러싸여 있다. 양판의 온도가 90℃일 때 판의 최적간격을 구하라.

9.32 그림 9·20에 나타낸 밀폐공간은 대기를 포함한다. 밀폐공간을 통한 대류 열전달을 구하라.

9.33 공기를 물로 바꾸어 문제 9.32를 풀어라.

9.34E 높이와 폭이 각각 2.0 in와 1.2 in인 직육면체형 밀폐공간이 대기질소를 포함하고 있다. 만약 밀폐공간의 바닥과 상부표면이 350°F와 90°F로 유지된다면 밀폐공간을 통한 대류 열전달은 얼마인가? 밀폐공간의 수직면은 절연되어 있다.

9.35 그림 9·21에 나타낸 밀폐공간이 1기압 공기를 함유하고 있다. 대류 열전달을 계산하라.

9.36 그림 9·22에 나타낸 수직밀폐 공간이 물을 함유하고 있다. 대류 열전달이 150 kW일 때 밀폐공간의 폭 L을 구하라.

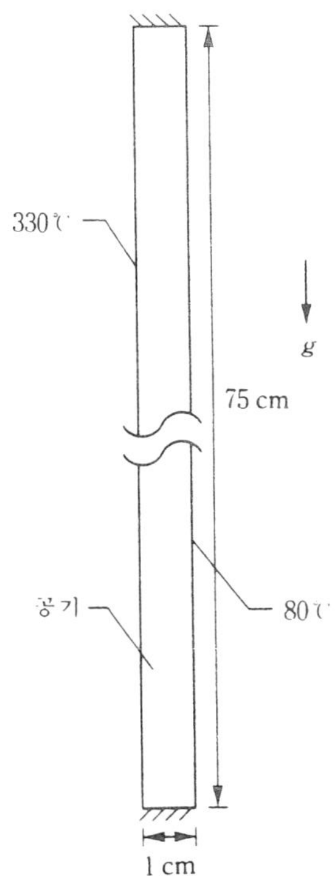

그림 9·21

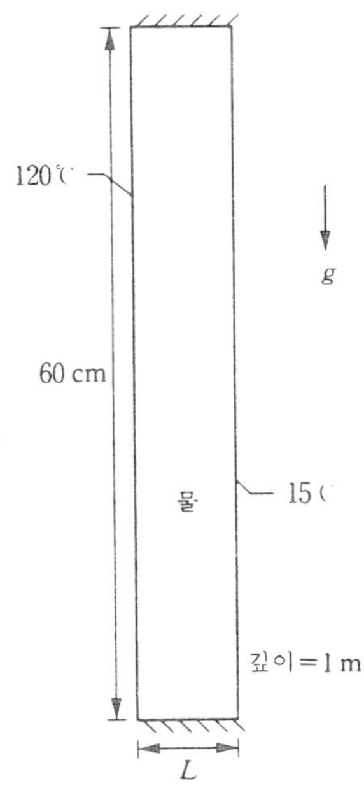

그림 9·22

9.37 그림 9·23에 나타낸 수평밀폐 공간이 SAE10W-30 엔진오일을 함유하고 있다. 밀폐 공간을 통한 대류 열전달을 구하라.

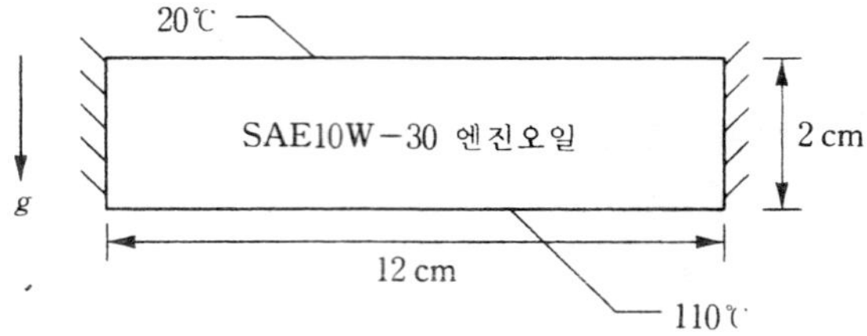

그림 9·23

◈ 자연대류와 강제대류의 복합

9.38 폭 1.8 m와 길이 1.8 m로 구성된 수직판이 340℃로 유지된다. 휜이 판의 양쪽 면을 통해 25℃ 대기를 위로 2.3 m/s 속도로 운동시킨다. 대류 열전달을 구하라.

9.39 상부표면이 절연된 사각형 수평판이 225℃로 유지된다. 1기압, 10℃ 공기가 0.45 m/s의 속도로 판의 바닥을 통하여 강제대류된다. 이 판의 한 면이 2 m로 측정될 때 대류 열전달을 구하라.

9.40 균일한 표면온도를 나타내는 20 cm 지름의 고체 구가 1.6 kW/m^3의 내부열을 발생한다. 1기압, 40℃ 공기가 29 cm/s 속도로 구를 지나 아래로 흐른다. 구의 표면온도를 구하라.

9.41 긴 수평 실린더가 0.5 m/s 속도로 −20℃ 대기질소의 아래 흐름에 노출되어 있다. 실린더가 40 cm, 560℃의 지름과 표면온도를 가진다. 대류 열전달을 구하라.

◈ 응 용

9.42E 높이와 지름이 56 in와 18 in인 비절연 주택용수 가열기의 바깥쪽 표면온도가 78°F이다. 장치바닥으로부터의 열전달을 무시하고 주변공기가 66°F일 때 용수 가열기로부터의 대류 열손실은 얼마인가? 용수 가열기는 전기장치이고, 전기 사용료는 8.5¢/kWh라면 5년 동안 열손실에 의한 비용은 얼마인가?

9.43 폭 1 m와 길이 5 m의 AISI 1010 강판이 배출 열처리 오븐 위에서 870℃의 균일한 온도를 지니고 있다. 판은 30℃ 공기에 수직적으로 부유하고 있으며 차가워진다. 판의 온도가 50℃로 낮아질 때까지 필요한 시간은 얼마인가? 복사를 무시하고 가정을 나열하라.

9.44 그림 9·24에 나타낸 것과 같이 따뜻한 오일을 함유한 구형 저장조가 바람이 없는 곳에 위치하고 평균 주변온도가 15℃이다. 저장조로 들어가고 나오는 오일의 정상흐름은 23℃의 외부표면을 유지한다. 저장조로부터의 대류 열전달을 구하라.

9.45E 폭, 길이 그리고 높이가 28 in, 32 in, 24 in로 된 독립형 나무연소 난로가 12 lb_m/h의

정상속도로 나무를 태운다. 난로 에너지의 30%가 연소가스로 옥외로 손실된다. 나무의 연소열이 8000 Btu/lb_m이라고 할 때 난로의 표면온도를 측정하라. 난로로부터 주위로의 열전달은 오직 자연대류에 의한 것이고, 여섯 개의 난로표면은 동일한 온도를 가진다. $T_\infty = 70°F$이다.

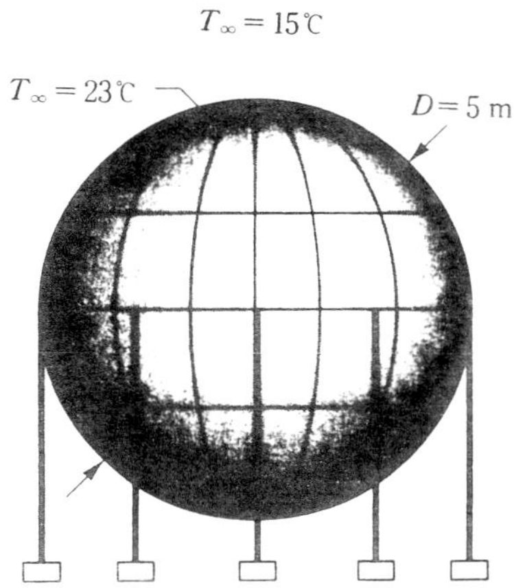

그림 9·24

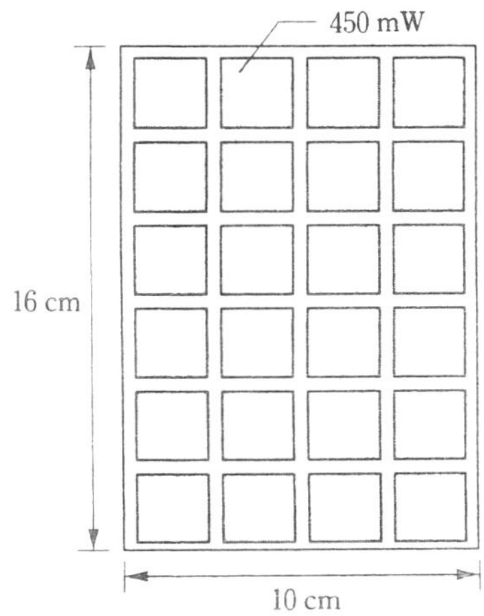

그림 9·25

9.46 그림 9·25에 나타낸 회로기판이 자연대류 냉각이 주 열전달 방식인 샤시 내에 설치되어 있다. 각 요소는 450 mW의 에너지를 소멸하고 주변공기 온도는 25℃이다. 다음과 같이 네 가지 배열에 대한 회로기판의 평균 표면온도를 예측하라.

(a) 수평, 위쪽으로 향하는 부품

(b) 수평, 아래쪽으로 향하는 부품

(c) 수직, 중력방향에 따라 나열된 긴 면

(d) 수직, 중력방향에 따라 나열된 짧은 면

모든 경우에서 회로기판의 뒷면은 단열되어 있다고 가정한다. 어느 배열이 가장 좋은가.

9.47E 감자가 온도 350°F인 일반난로에서 구워진다. 난로의 안쪽에 놓여져 있을 때 감자의 온도는 65°F이다. 감자가 3 in 지름의 구라고 할 때 열전달 계수를 구하라. 중간이 235 °F에 도달하면 감자가 완전히 익은 것으로 간주할 때 굽는 시간은 얼마가 필요한가. 복사는 무시된다.

9.48 빌딩의 수직면이 높이 10 m와 폭 12 m로 측정된다. 정상상태하에서 주변공기 온도가 12℃일 때 빌딩의 바깥쪽 표면온도는 18℃이다. 만약 2 m/s의 미풍이 수직면에 평행하게 분다면, 이 때 빌딩면으로부터의 대류 열손실은 얼마인가?

9.49 길이 35 m의 3 in, schedule 40 강관이 포화된 물을 보일러로부터 공기온도가 22℃인 방을 지나도록 운반한다. 관은 수평이고 물은 140℃인 온도로 1.5 m/s의 평균속도로 들

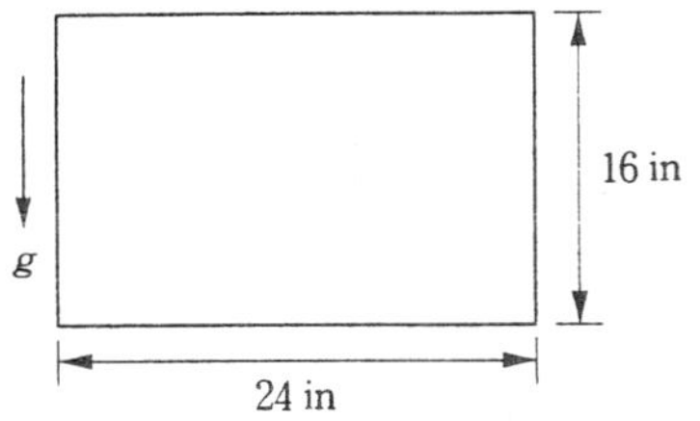

그림 9·26

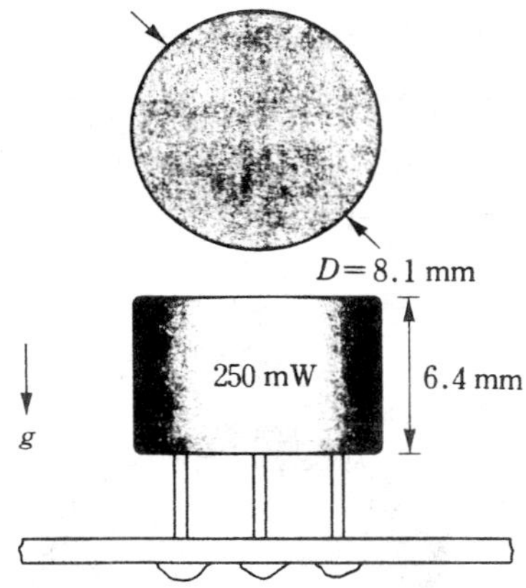

그림 9·27

어간다. 만약 (a) 관이 피복되어 있지 않고, (b) 관이 2.8 cm 두께의 압출성형된 플라스틱 단열재로 둘러싸여 있다면 물의 출구온도는 얼마인가? 모든 가정을 서술하라.

9.50 14 m의 지름을 지닌 고온공기 풍선이 해발 1500 m 고도에서 바람에 상대적인 1.2 m/s의 속도로 18℃ 공기에서 수평으로 움직이고 있다. 풍선 내 공기의 평균온도를 나타내는 직물온도는 그 고도를 유지하기 위해 50℃이어야 한다. 프로판 버너 시스템에 의해 풍선에 공급되어야 할 열에너지 속도를 계산하라.

9.51E 사각형 철판 가열도관이 공기온도가 72°F인 방으로 따뜻한 공기를 운반한다. 도관은

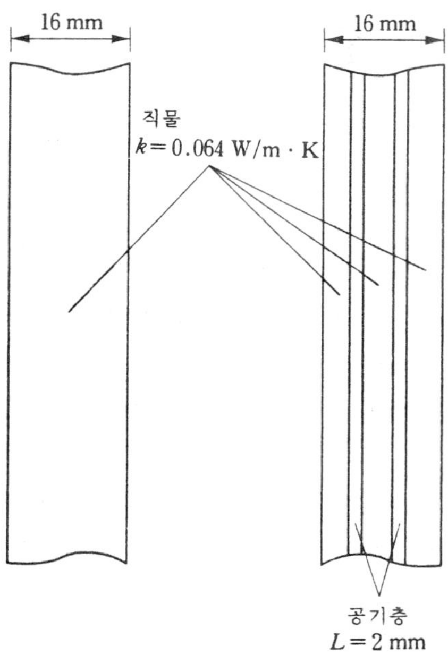

그림 9·28

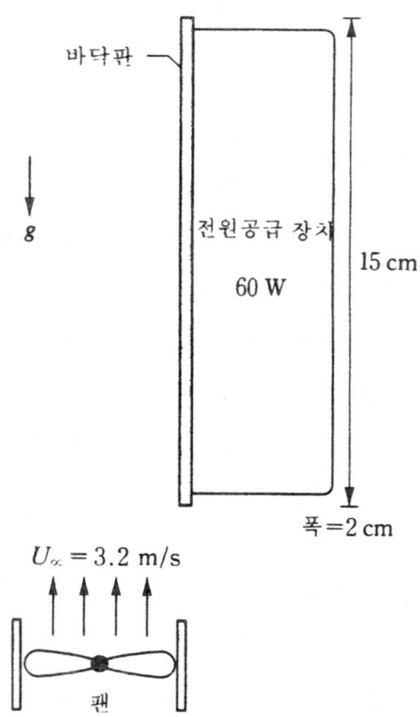

그림 9·29

그림 9 · 26에 나타낸 단면을 지닌다. 공기는 90°F와 775 CFM의 온도와 부피유속으로 들어간다. 만약 도관이 80 ft 길이일 때 배출구에서의 공기온도와 도관으로부터의 대류 열손실을 구하라. 복사에 의한 열손실은 무시한다. 모든 가정을 서술하라.

9.52 'TO−5 can' 안에 포장되어 있는 트랜지스터는 그림 9 · 27에서처럼 회로기판 위에 적재된다. 만약 트랜지스터가 250 mW의 에너지를 소멸하고, 주변공기 온도가 55℃라면 자연대류만 존재할 때 트랜지스터의 표면온도를 추정하라.

9.53 높이 1.2 m와 폭 0.76 m의 이중창이 2 cm 공기층으로 분리되는 3.2 mm 두께의 유리판으로 구성되어 있다. 안쪽과 바깥쪽 공기온도는 23℃와 −5℃이다. 바깥에는 바람이 없고 복사를 무시한다면 유리창을 통한 열전달을 구하라.

9.54 스키복이나 다른 방한복은 직물의 다중층을 가진다. 그림 9 · 28에 나타낸 것처럼 두 개의 천 배열의 R값을 추정하라. 어느 것이 더 높은 R값을 가지는가. 이유는 무엇인가?

9.55 그림 9 · 29에 나타낸 전원이 60 W를 소멸하고 3.2 m/s 속도로 기판 위로 10℃ 공기를 흐르게 해서 냉각시킨다. 소멸된 전력이 기판 위에 균일하게 분포되어 있다면 평균기판의 표면온도는 얼마인가? 팬이 고장났다면 평균기판의 표면온도는 얼마인가?

9.56 경화오븐으로부터 따뜻한 플라스틱 장치를 나르는 긴 컨베이어 벨트가 그림 9 · 30에 나타낸 것처럼 공기온도가 22℃인 공장 안에서 1.6 m/s로 움직인다. 플라스틱 장치의 상부표면은 편평하고 9 cm 폭과 9 cm 길이로 측정된다. 전기장치가 수집용기로 떨어지기 바로 전 상부표면 온도는 75℃이다. 컨베이어 벨트 위 바로 그 지점에서 상부표면으로부터의 대류 열전달은 얼마인가?

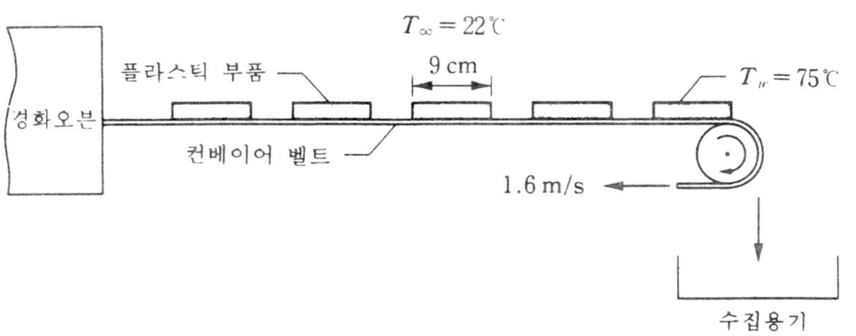

그림 9 · 30

10 열 교 환 기

10.1 서 론

열교환기는 다른 온도의 두 유체간 열전달을 유용하게 하는 장치이다. 대다수 열교환기에서 고체벽은 서로 직접적으로 접촉하지 않도록 두 유체를 분리한다. 열교환기에서 주된 열전달 방식은 대류와 전도이다. 대류는 고체벽의 각 면의 유체 경계층에서 일어나고 전도는 벽자체에서 일어난다. 두 유체를 분리하는 고체벽을 통한 전도 열전달을 최대화시키기 위해 대부분 열교환기는 알루미늄, 구리, 스테인리스강이나 니켈합금으로 만들어진다. 열교환기는, 아마도 현재 대부분 보급되는 열전달 장치는 주위의 많은 시스템에서 발견된다. 예를 들면 집을 난방시키기 위한 강제공기로는 연소연료에서 순환공기로 열을 전달시키는 열교환기를 가지고 있다. 냉장고는 장치 내 음식물로부터 열을 제거하기 위한 증발기와 주변으로 열을 방출하는 응축기인 두 개의 열교환기를 가진다. 포유 동물계는 폐, 순환 시스템, 피부로 구성되는 복잡한 열교환기를 가진다. 열교환기의 산업적 이용은 화학공정, 가열 그리고 공기상태 조절, 오일정제, 에너지 생산, 폐기물 열에너지 회수, 제조 그리고 전기장치 냉각 등을 포함한다.

열교환기의 가장 일반적인 형태를 소개함으로써 이 장을 시작한다. 각 열교환기 형태의 전형적인 응용이 제시되며, 열교환기 내 열전달은 두 개의 경계층과 고체벽을 포함하므로 2장에서 소개된 총 열전달 계수가 재도입된다. 또, 유체와의 다양한 상호작용에 의해 열전달 표면의 장기간 열화인 열교환기 오염이 총 열전달 계수에 영향을 미치는 관점에서 논의된다. 열교환기 분석의 주요한 두 방법인 로그평균 온도차 방법과 유효성-NTU 방법이 자세하게 다루는데, 로그평균 온도차 방법보다 우수한 유효성-NTU 방법이 강조된다. 열전달 증진방법이 열교환기 선택과 디자인 과정 후에 논의된다.

10.2 열교환기의 유형들

열교환기는 일반적으로 제조유형이나 흐름형태에 따라 분류된다. 이 절에서는 열전달 응용에 사용되는 열교환기의 가장 일반적인 유형을 설명하고자 한다.

이중관 열교환기

그림 10·1에 나타낸 이중관 열교환기(double pipe heat exchanger)는 하나의 관이 공통의 축을 가지는 다른 관 속에 위치함으로써 이루어진다. 한 유체는 안쪽 관을 통해 흐르고 두 번째 유체는 두 관 사이의 환상공간을 통해 흐른다. 두 유체가 같은 방향으로 흐르는 경우 흐름형태를 병류(parallel flow)라고 하고 반면에 두 유체가 서로 반대방향으로 흐르는 경우 흐름형태를 향류(counter flow)라고 한다. 다음에 논의하겠지만 향류형태가 병류형태보다 더 효과적이다. 이중관 열교환기는 가장 단순한 유형에 속하며 쉽게 제조할 수 있고, 매우 신뢰할 수 있다. 그러나 작은 표면적 대 부피율 때문에 열전달 능력이 제한된다. 이러한 제한을 완화시키기 위해 안쪽 관의 안·밖 표면에 휜(fin)을 사용할 수 있다.

이중관 열교환기는 열전달률이 낮고 열교환기 비용을 최소화하려는 응용분야에

그림 10·1 이중관 열교환기는 큰 관 안쪽에 위치한 작은 관으로 이루어져 있다. 두 유체가 (a) 같은 방향, (b) 반대방향으로 흐른다.

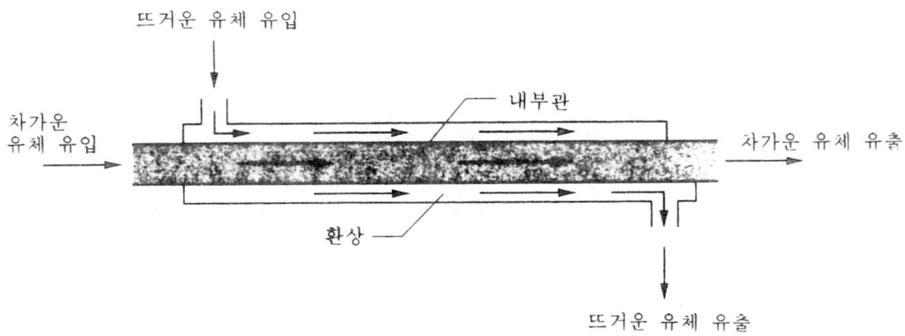

(a)

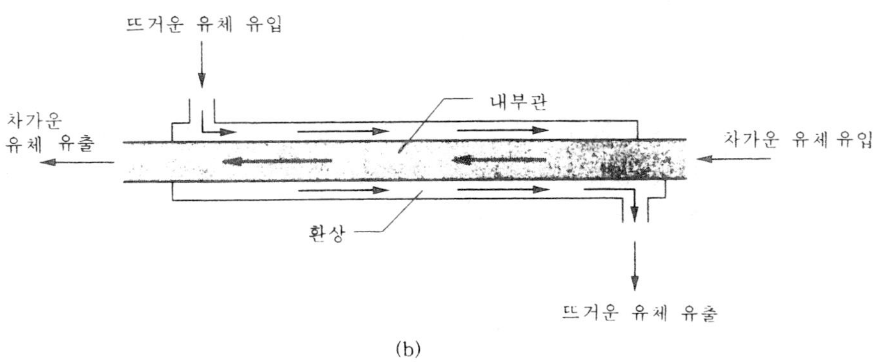

(b)

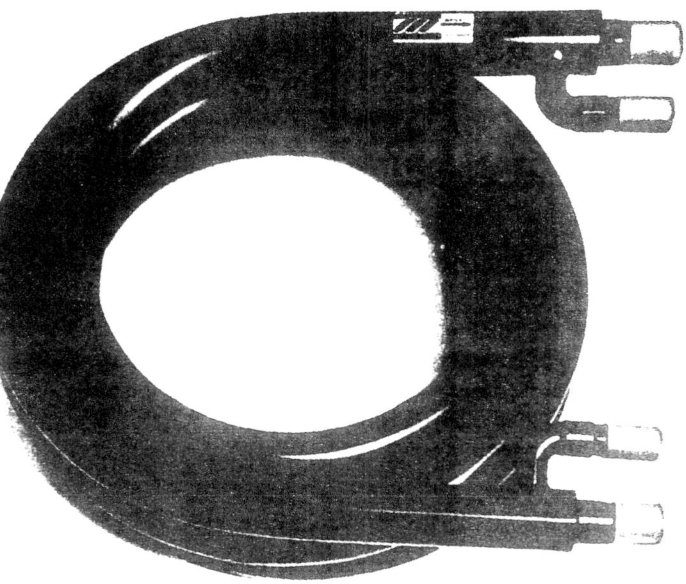

그림 10·2 차지하는 공간을 줄이기 위해 이중관 열교환기를 종종 코일모양으로 만들기도 한다.(Courtesy of Turbotec Products, Inc., Windsor, Conn.)

이용되고 있다. 그림 10·2에는 코일모양으로 된 전형적인 이중관 열교환기가 예시되어 있다.

다관형 열교환기

다관형 열교환기(shell and tube heat exchanger)는 이중관 형태의 확장이다. 큰 관 안쪽에 단일관 대신 다관형 열교환기는 실린더 모양의 원통(shell)이 관이나 튜브다발을 싸고 있다. 한 유체는 튜브 내로 흐르고 두 번째 유체는 튜브와 원통 사이로 흐른다. 그림 10·3에서 볼 수 있듯이 튜브와 원통 사이의 유체가 튜브를 가로질러 흐르도록 튜브다발을 따라 방해판(baffle)이 놓여 있다. 이러한 흐름형태에 의해 생성된 난류는 튜브와 평행하게 흐르는 경우보다 더 높은 열전달 계수를 얻는다. 만약 튜브 내 유체가 열교환기의 한쪽 끝에서 다른 쪽 끝으로 단지 한 번만 흐른다면 이는 1튜브통과(one tube pass) 열교환기라고 한다. 반면에 튜브 내 유체가 한쪽 끝에서 다른 쪽 끝으로 흐르고 입구 끝으로 되돌아간다면 이는 2튜브통과(two tube pass) 열교환기라고 한다. 4튜브통과(four tube pass) 형태가 일반적이다. 이와 비슷하게 원통면 흐름형태에 대해서도 명명할 수 있다. 만약 튜브와 원통 사이의 유체가 한쪽 끝에서 다른 쪽으로 단지 한번 흐른다면 이는 1원통통과(one shell pass) 열교환기라고 한다. 2원통통과(two shell pass) 열교환기는 유체가 원통면을 따라 두 번 통과한다. 1원통통과/2튜브통과와 2원통통과/4튜브통과 다관형 열교환기는 그림 10·4에서 볼 수 있다.

다관형 열교환기는 사용 중인 열교환기의 가장 일반적인 유형이라 할 수 있다.

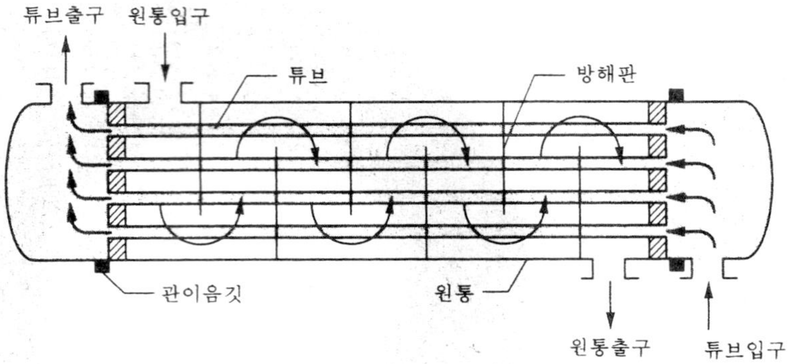

그림 10·3 다관형 열교환기는 원통내부에 방해판이 설치된 튜브다발로 이루어져 있다.

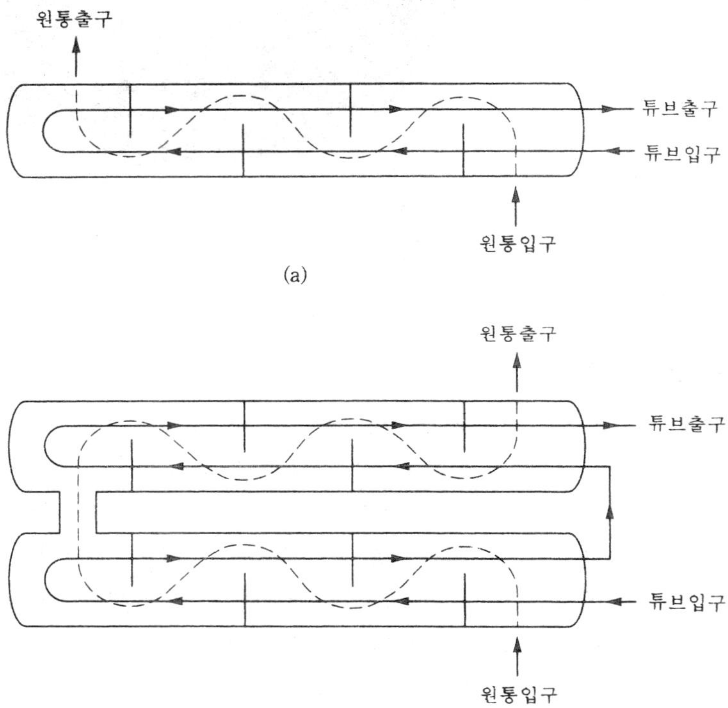

그림 10·4 일반적인 다관형 열교환기 배열에는 (a) 1원통통과/2튜브통과, (b) 2원통통과/4튜브통과 형태가 있다.

이는 이중관 열교환기보다 표면적 대 부피율에 대한 열전달률이 더 크며, 크기와 흐름형태를 매우 다양하게 제조하기가 용이하다. 높은 압력에서도 운전할 수 있으며 주기적인 유지와 청소를 위해 분해가 용이하게 구성되어 있다. 다관형 열교환기는 냉장고, 발동기, 냉·난방기, 화학공정, 제조 그리고 의료응용에 이르기까지 두루 사용되고 있다. 다관형 열교환기의 설계, 제조, 검사, 설치, 운전 그리고 유지에 대한 널리 사용되는 규격은 관형 열교환기 제작협회(Tubular Exchager Manufactures Association : TEMA)에 의해 작성되고 이에 대한 것은 참고문헌 [1]을 참고하라. 다관형 열교환기는 상업적으로 특정한 응용에 맞춰 넓은 범

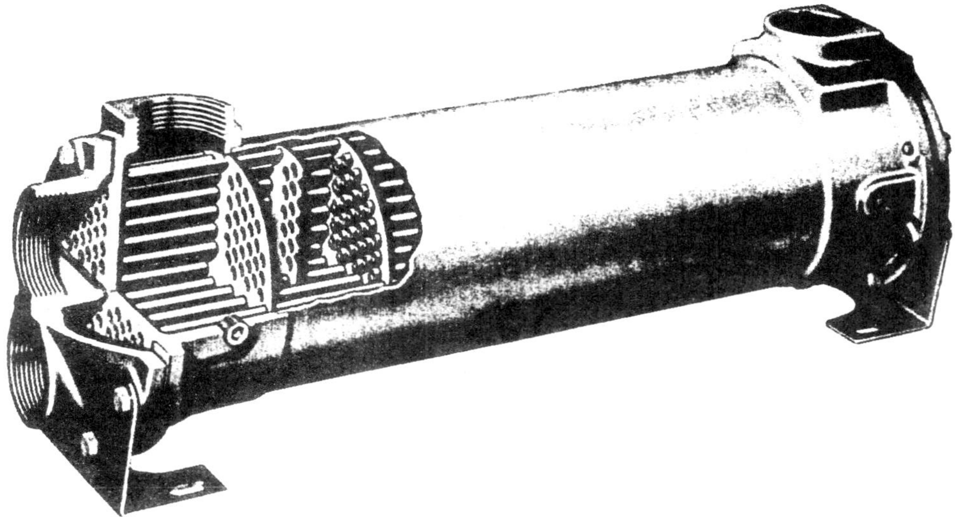

그림 10·5 다관형 열교환기는 다양한 산업적 응용에서 광범위하게 사용된다.(Courtesy of API Ketema Inc., a subsidiary of American Precision Industries, Grand Prairie, Texas.)

그림 10·6 소규모 다관형 열교환기는 낮은 유속과 연구응용에 사용된다. (Courtesy of Exergy Inc., Hanson, Mass. 02341).

위에서 이용될 수 있다. 산업에 이용되고 있는 전형적인 다관형 열교환기를 그림 10·5에 나타내고 있다. 소규모의 다관형 열교환기는 그림 10·6에 나타내고 있다. 다관형 열교환기에 대한 자세한 내용은 참고문헌 [2]를 참고하라.

교차흐름 열교환기

교차흐름 열교환기(cross flow heat exchanger)에서는 유체가 서로 수직으로 흐른다. 두 유체가 모두 액체이거나 모두 기체일 때도 있으나, 전형적으로 유체 중 한쪽은 기체이고, 다른 유체는 압축 또는 포화된 액체이다. 액체는 튜브다발을 통해 흐르고 기체는 튜브다발을 가로질러 흐른다. 그림 10·7에 나타낸 교차흐름에서 유체는 튜브에 부착된 휜에 의해 형성된 좁은 통로로 제한될 수 있다. 일단 유체가 통로에 들어오면 인접한 통로의 유체와는 섞일 수 없다. 그러므로 유체의 온도는 단지 x의 함수이다. 이러한 흐름형태를 비혼합이라 한다. 교차흐름 열교환기의 기체면에서 열전달 계수는 보통 액체면에서보다 낮다. 휜이 확장된 표면으로 작용하여 효율적인 열전달을 증가시키기 때문이다. 휜이 없는 경우에는 교차흐름에서 유체는 z방향으로 자유로이 혼합되므로 유체의 온도는 또한 z의 함수일 수 있다. 이러한 흐름형태를 혼합이라 말한다. 명백히 튜브 내로 흐르는 유체는 양쪽 다 비혼합이다. 왜냐하면 각 튜브는 분리된 경로이기 때문이다. 교차흐름 열교환기의 대부분은 열교환기 표면적을 넓히기 위해 휜을 사용한다. 조밀하게 간격을 두고 있는 많은 수의 휜은 효율적인 열전달을 증가시킨다. 그러나 동일한 유속을 유지하기 위해서는 강하된 압력을 일정수준으로 증가시켜야 하므로, 이에 따른 비용이 든다. 흐름을 막음으로 열전달을 방해할 수 있는 찌꺼기가 작은 휜에 쌓이기 쉽다. 더욱이 시간이 지남에 따라 표면에 형성되는 침전물들의 증가로 인해 서서히 휜의 통로가 막히게 된다. 그러므로 휜의 공간은 교차흐름 열교환기 설계 때나 선택할 때 반드시 주의 깊게 고려되어야 한다. 교차흐름 열교환기는 보통 튜브에 휜을 용접하거나 땜질함으로써 조립된다. 교차흐름 열교환기는 일반적으로 냉장고안 응축기, 건물의 방바닥 난방기, 전기용품의 냉각기, 자동차 엔진 냉각기 등에 사용된다. 그림 10·8은 전형적인 교차흐름 열교환기를 보여 주고

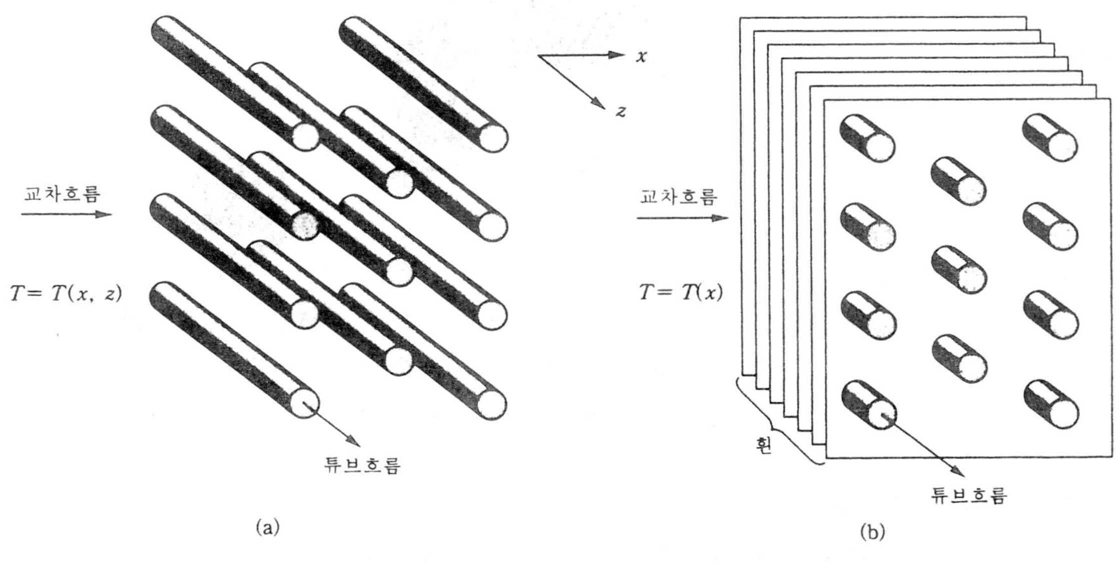

그림 10·7 교차흐름 열교환기에서 유체 중 하나가 (a) 혼합 또는 (b) 비혼합된다.

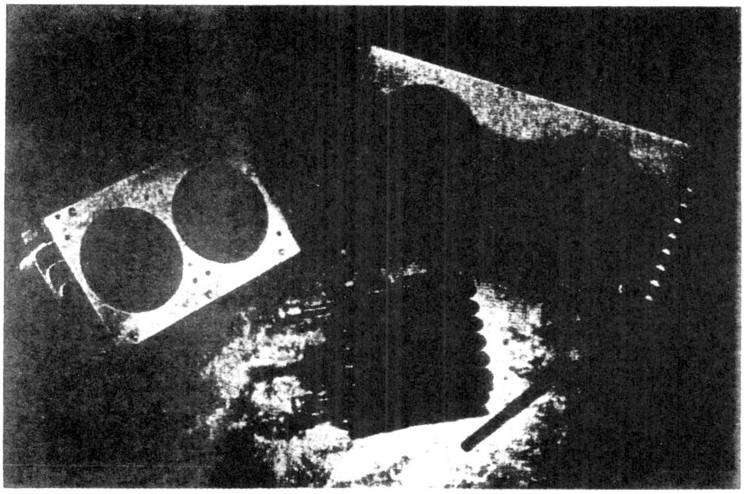

그림 10·8 액체와 공기의 교차흐름 열교환기는 주로 자동차, 항공우주, 전기제품 응용에 사용된다.(Courtesy of Lytron Inc., Woburn, Mass.)

있다.

판과 틀 열교환기

그림 10·9에 나타낸 판과 틀 열교환기(plate and frame heat exchanger)는 일련의 주름진 모양의 조절할 수 있는 틀과 밀폐판에 의해 분리되어 압축된 금속판으로 이루어져 있다. 밀폐판은 두 가지 주요기능을 제공한다. 첫째, 주변으로 유체가 새는 것을 방지하기 위해 판의 모서리를 밀폐하는 기능이다. 둘째, 두 유체가 서로 엇갈린 판통로로 흐르도록 하는 기능이다. 위의 두 번째 기능은 그림 10·10에서와 같이 판의 네 모퉁이에서 주위 배출구를 교대로 밀폐함으로써 달성할 수 있다. 향류배열에서 뜨거운 유체는 1번 배출구로 들어가 엇갈린 판통로 아래로 흘러서 3번 배출구로 나간다. 차가운 유체는 4번 배출구로 들어가 엇갈린 판통로 위로 흘러서 2번 배출구로 나간다. 두 유체의 열은 인접한 통로에서 반대방향으로 흐르기 때문에 판을 가로지르게 된다. 판과 틀 열교환기는 병류배열에서도 조작이 가능하지만 향류에서 더 효과적이다. 판에서 주름은 유체가 판전체 표면을 가로질러 넓게 퍼지도록 한다. 그리고 난류형성을 촉진시킴으로써 열전달을 향상시킨다.

판과 틀 열교환기는 높은 표면적 대 부피율을 가지는데, 이는 두 유체 사이의 온도차가 적을 때 유리하다. 그림 10·10은 판과 틀 열교환기 설계에서 모듈을 보여 준다. 특정 열전달을 필요로 할 때 틀에서 판을 첨가하거나 제거함으로써 충족시킬 수 있다. 이러한 특징으로 판과 틀 열교환기는 상대적으로 청소와 유지가 쉽다. 그러나 판과 틀 열교환기는 높은 운전압력이나 온도를 견디지 못하며 압력강하가 보통 다관형 열교환기보다 더 높다. 그러므로 점도가 낮거나 중간 정도인

그림 10·9 판과 틀 열교환기는 많은 산업적인 응용에 사용되며 틀로부터 판을 제거하거나 첨가시킴으로써 응용에 맞춰 사용할 수 있다.(Courtesy of Alfa Laval Thermal Inc., Richmond, Va.)

유체에 대해 사용된다. 대부분의 판과 틀 열교환기는 액체－액체 응용에 대해서 설계되지만 액체－공기 응용에서도 가능하다.

판과 휜 열교환기

판과 휜 열교환기(plate fin heat exchanger)의 보통 단일판으로 만들어진 주름진 휜이 두 개의 판 사이에 놓이고, 모서리는 금속벽으로 밀봉된다. 휜과 판, 모서리 벽은 보통 용접으로 연결된다. 그림 10·11에 나타낸 것처럼 겹겹이 쌓여진 둘 또는 그 이상의 단위가 열교환기를 구성한다. 어떻게 응용하느냐에 따라서 각 층은 병류, 향류 또는 교차흐름이 되도록 할 수 있다. 판과 휜 열교환기는 전형적으로 기체－기체와 액체－기체 응용에 사용된다. 단일 주름판 판과 휜 열교환기는 보통 냉각판 또는 히트싱크라 부른다. 엄밀한 의미에서는 열교환기가 아니다. 왜냐하면 단일 유체만이 흐르기 때문이다. 가열 또는 냉각되는 시스템은 직접적으로 판에 부착되어 있다. 냉각판은 전기부품을 냉각시킬 때 사용한다. 그림 10·12는 항공우주(aerospace) 응용에 대한 냉각판을 보여 준다.

판과 휜 열교환기의 휜은 다양한 형태로 만들 수 있다. 가장 일반적인 유형 세 가지가 그림 10·13에 나타나 있다. 단순형 또는 직선형은 휜이 열 교환기의 길이

그림 10·10 판과 틀 열교환기에서 뜨겁고 찬 유체는 번갈아 통로를 흐른다.(Courtesy of Tranter Inc., Augusta, Ga.)

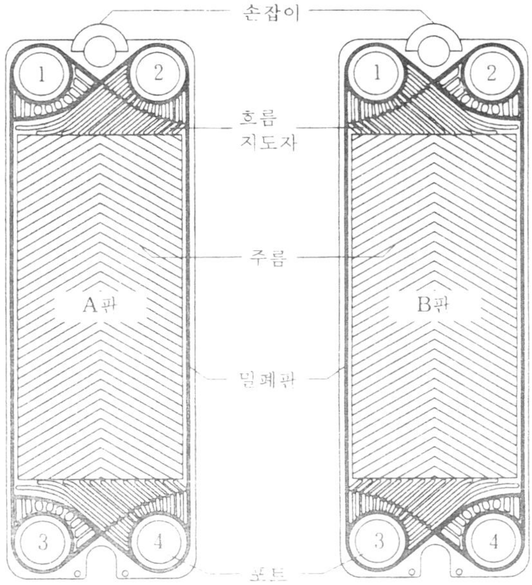

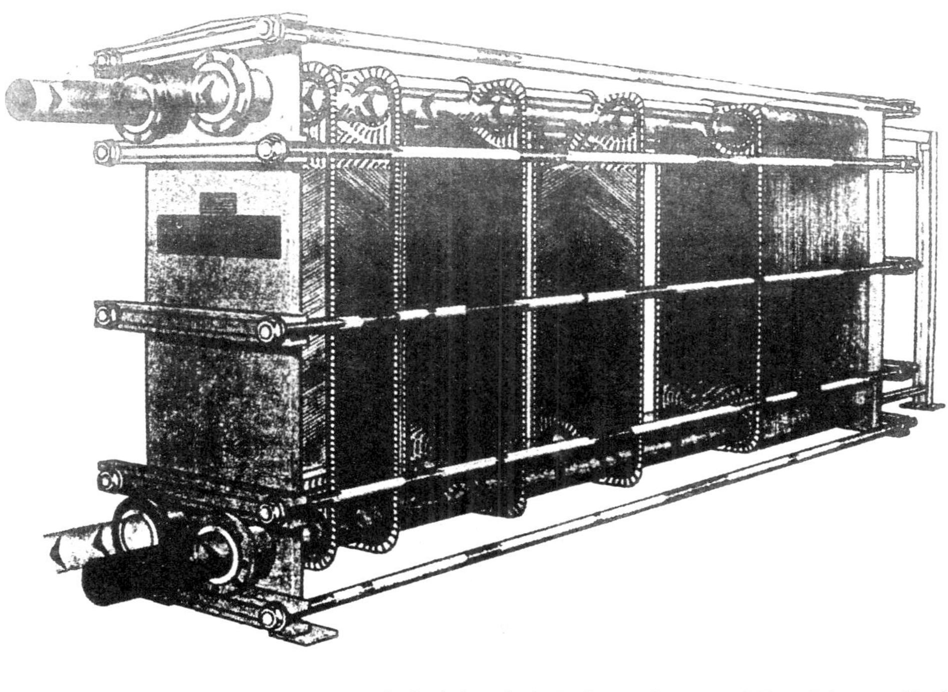

까지 곧게 뻗어 있다. 물결형은 직선형을 사인곡선 모양으로 만든 것으로, 물결형의 휜이 경계층 분리를 유도하여 난류를 촉진한다. 절개-오프셋은 직선형을 일정길이로 자르고 통로폭의 반만큼 어긋나게 위치시킨 것이다. 절개-오프셋형 휜은 경계층의 성장을 계속 방해하여 난류를 촉진하게 된다. 천공형 휜은 난류를 촉진하고 구멍을 통한 유체의 교차혼합이 가능하여 통로의 수직방향으로의 온도

그림 10·11 판과 휜 열교환기는 판 사이에 샌드위치된 휜이 중심에 있다. 병류, 향류, 교차흐름 형태가 가능하다.

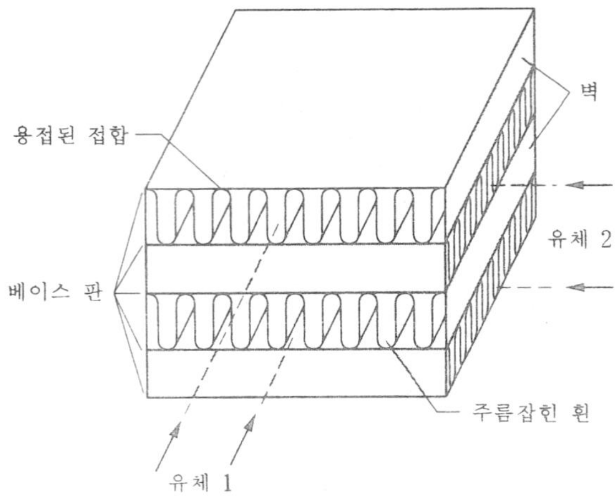

그림 10·12 냉각평판은 중심 휜이 하나로 구성된 판과 휜 열교환기이다.(Courtesy of Lockhart Inc., Paramount, Calif.)

차가 줄어든다. 사용할 열교환기의 휜형태는 필요한 열전달과 사용 가능한 펌프 동력에 의존한다. 일반적으로 단순형 휜은 낮거나 중간 정도의 열전달과 낮은 압력강하를 나타낸다. 휜의 모양 때문에 물결형, 절개-오프셋형, 천공형 휜은 난류를 증가시킨다. 그러므로 높은 열전달 속도와 큰 압력강하를 나타낸다.

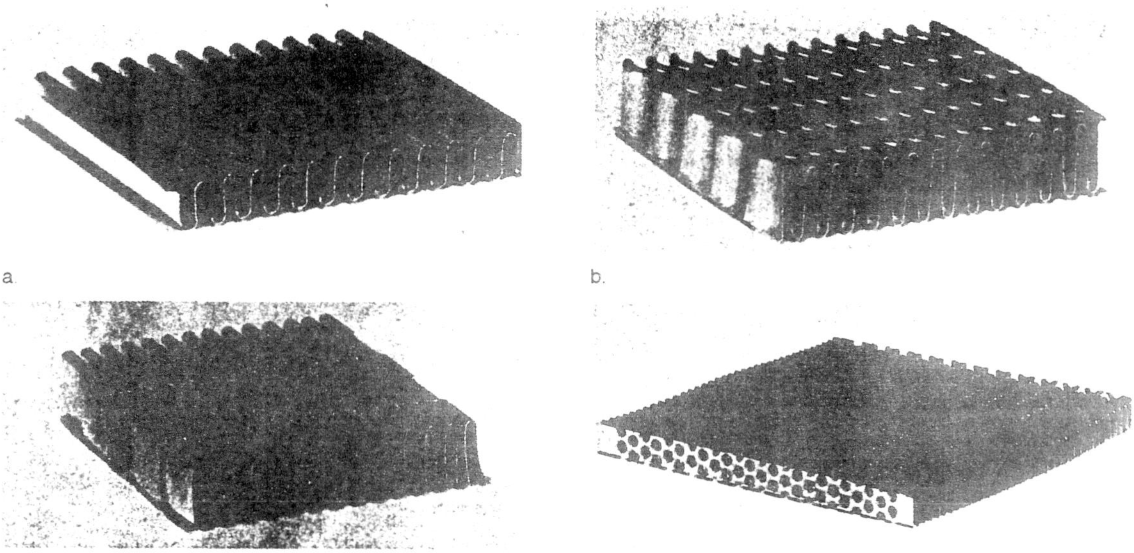

a. b. c. d.

그림 10 · 13 판과 휜 열교환기에서 보통 사용되는 휜유형. (a) 단순형 (b) 물결형 (c) 절개-오프셋형 (d) 천공형(Courtesy of Lockhart Industries Inc., Paramount. Calif.)

콤팩트형 열교환기

열전달 표면적 대 부피율이 적어도 700 m^2/m^3를 가지는 특별한 유형의 열교환기는 콤팩트형 열교환기(compact heat exchanger)에 속하며, 보통 교차흐름과 다양한 판과 휜을 가진다. 항공우주 분야와 최소한의 열교환기 크기와 무게에 대해 높은 열전달률을 필요로 하는 분야에서 사용된다. 그림 10 · 14에 전형적인 콤팩트형 열교환기를 나타내었다.

많은 책과 논문이 열교환기에 대해 기술하고 있다. 여기에 설명된 열교환기 유형에 대한 더 자세한 정보는 참고문헌 [3]에서 [7]까지를 참고하라.

10.3 총 열전달 계수

열교환기에서 열에너지는 고체 경계면에 접하고 있는 두 유체 사이로 전달된다. 적어도 연속적으로 작용하는 세 가지 열저항이 열전달을 방해하는데, 각 유체 경계층에 의해 발생되는 대류저항과 고체벽에 의해 발생하는 전도저항이 그것이다. 2.3절에서 설명한 것처럼 총 열전달 계수(overall heat transfer coefficient) U값은 여러 가지 전도와 대류저항이 관여하는 계에서 열전달을 표현하는데 유용한 인자이다. 그림 10 · 15에 나타낸 이중관 열교환기에 대한 총 열전달에 기초하고 있다. 계수에서 안쪽 관의 내부 표면적 A_i를 기준으로 한 U_i는 다음과 같다.

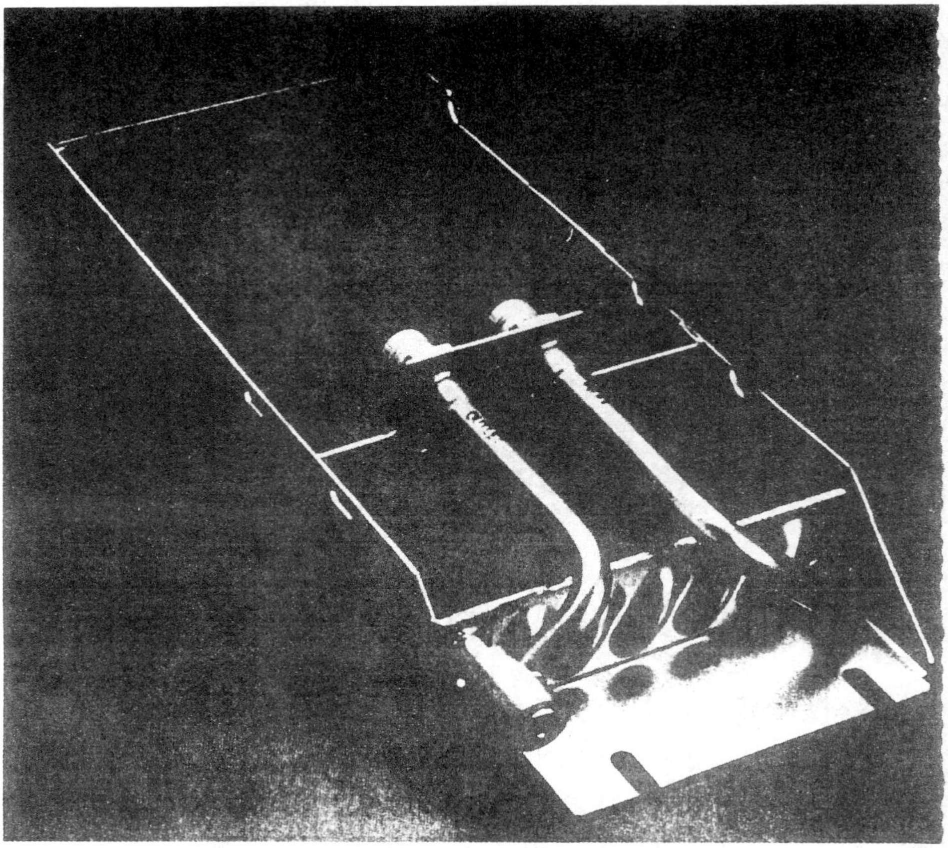

그림 10·14 콤팩트형 열교환기는 표면적 대 부피율에 대해 높은 열전달률을 가진다.(Courtesy of Lytron Inc., Woburn, Mass.)

$$U_i = \frac{1}{\frac{1}{h_i} + \frac{A_i \ln(r_o/r_i)}{2\pi kL} + \frac{A_i}{A_o}\frac{1}{h_o}} \tag{10·1}$$

안쪽 관의 외부 표면적 A_o를 기준으로 한 U_o는 다음과 같다.

$$U_o = \frac{1}{\frac{A_o}{A_i}\frac{1}{h_i} + \frac{A_i \ln(r_o/r_i)}{2\pi kL} + \frac{1}{h_o}} \tag{10·2}$$

이러한 위의 두 U값은 서로 같지 않지만 2.3절에서 나타난 것처럼 $U_iA_i = U_oA_o$이다. 바깥쪽 관의 크기는 바깥쪽 관이 열전달에 관여하지 않기 때문에 U에 대한 식에서 명확히 나타나지 않는다. 판과 틀 열교환기에서처럼 판벽에 의해 분리된 두 유체에 대한 총 열전달 계수는 다음과 같다

$$U = \frac{1}{\frac{1}{h_i} + \frac{\Delta x}{k} + \frac{1}{h_o}} \tag{10·3}$$

그림 10·15 이중관 열교환기에 대한 총 열전달 계수는 각 유체의 대류저항과 안쪽 관벽의 전도저항을 포함한다.

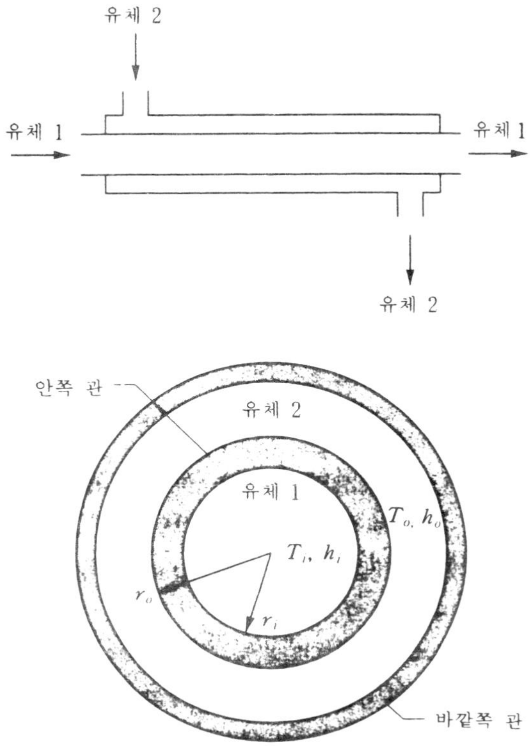

유체를 분리하는 벽은 전도성 물질이며, 보통 얇기 때문에 벽의 전도저항은 대류저항에 비교하여 종종 무시된다. 더욱이 열교환기에 대한 총 열전달 계수는 간혹 열전달 계수 하나에 의해 지배를 받는다. 예를 들면 액체-기체 열교환기에서 액체면 열전달 계수는 기체면 열전달 계수보다 더 큰 크기 정도를 갖게 된다. 식 (10·1), 식 (10·2), 식 (10·3)을 통해 열전달 계수의 하나가 다른 것보다 크다

표 10·1 전형적인 총 열전달 계수

열 교 환 율	U(W/m^2·K)
물-물	800~2000
물-오일	100~350
물-연료	200~1000
물-열교환 액체	650~1500
수증기 응축기	1000~6000
냉매 응축기	300~1000
물-기체	40~75
수증기-기체	20~300
기체-기체	10~40

면 더 작은 열전달 계수가 더 큰 열저항을 갖으며 U값에 지배적인 영향을 준다는 것을 알 수 있다. 총 열전달 계수는 열교환기 설계와 분석에서 중요한 인자이므로 각각의 열교환기 응용에서 신중하게 고려되어야 한다. 총 열전달 계수는 그 표면형태와 흐름조건에 사용 가능한 수식이나 실험적 상관관계가 있다면 안쪽과 바깥쪽 열전달 표면에 대한 열전달 계수를 계산함으로써 얻을 수 있다. 주어진 응용에 대해 열교환기 공급자는 나머지 계산이 될 수 있도록 마지막 사용자에게 총 열전달 계수나 관련값을 제공한다. 전형적인 총 열전달 계수를 표 10·1에 요약하였다.

오염저항

앞에서 다룬 총 열전달 계수는 깨끗한 열전달 표면에 적용되는 것이다. 열교환기를 일정기간 사용하게 되면 열전달면에 열저항을 야기하는 물질층이 나타나게 된다. 이를 오염저항(fouling resistance)이라 한다. 오염저항은 다양한 메커니즘으로 나타난다. 염 또는 광물의 산화물, 유체의 미립자가 표면에 쌓이게 된다. 표면물질과 유체가 화학적으로 부적합하면 표면반응은 침적층을 야기할 것이다. 부식작용은 열흐름을 방해하는 산화물층을 형성한다. 생물학적인 오염은 표면에 생물학적인 조직이 쌓여 발생한다. 동결오염은 차가워진 표면에서 액체가 결정화될 때 일어난다. 열교환기의 오염은 많은 변수, 즉 청소 이후 시간, 유체속도, 온도, 유체, 표면화학 그리고 유체의 청결함 정도 등에 의존하는 복잡한 현상이다. 오염저항은 깨끗하고 '더러운' 표면조건에 대한 U값을 측정함으로써 실험적으로 결정한다. 오염저항 R_f는 다음과 같이 정의된다.

$$R_f = \frac{1}{U_{dirty}} - \frac{1}{U_{clean}} \qquad (10 \cdot 4)$$

식 (10·4)를 재배열하고 고체벽의 양쪽 면에서 오염이 일어날 수 있다고 가정하면 오염된 열교환기에 대한 U값의 관계를 다음과 같이 얻는다.

$$U_{dirty} = \frac{1}{R_{f,i} + R_{f,o} + \dfrac{1}{U_{clean}}} \qquad (10 \cdot 5)$$

여기서 $R_{f,i}$와 $R_{f,o}$는 각각 안쪽 면과 바깥쪽 면의 오염저항이다. 그리고 U_{clean}은 식 (10·1), 식 (10·2) 또는 식 (10·3)으로부터 계산된다. TEMA에 의해 제시된 대표적인 오염 저항값은 표 10·2에 주어져 있다. 오염에 대한 심도 있는 논의는 참고문헌 [8], [9], [10]에 잘 나와 있다.

표 10·2 전형적인 오염저항([8] 참조)

유 체	R_f (K·m^2/W)	유 체	R_f (K·m^2/W)
물의 종류		액체	
해수	0.0002~0.0004	냉매	0.0002
약간 소금기 있는 물	0.0004~0.0005	유압유	0.0002
강물	0.0004~0.0005	유기 열전달 유체	0.0002~0.0004
엔진 냉각수	0.0002	암모니아	0.0002
증류수	0.0001~0.0002	에탄올과 메탄올 용액	0.0004
처리된 보일러 공급수	0.0001	에틸렌글리콜 용액	0.0004
오일과 연료		기체와 증기	
연료오일	0.0006	압축공기	0.0002
변압기 오일	0.0002	수증기(오일 불포함)	0.0001
엔진 윤활유	0.0002	수증기(오일포함)	0.0003~0.0004
휘발유	0.0004~0.0005	이산화탄소	0.0004
등유	0.0004~0.0005	천연가스(연도가스)	0.0009
		석탄가스(연도가스)	0.0018
		산가스	0.0004~0.0005
		용매증기	0.0002

예제 10.1 그림 10·16에 나타낸 긴 이중관 열교환기는 6 in, schedule 40 강관 내에 2 in, schedule 40 강관으로 구성되어 있다. 30℃의 소금물이 16 kg/s의 속도로 안쪽관을 흐르며 427℃의 압축공기가 800 kPa로 환상공간을 0.1 kg/s의 속도로 흐른다. (a) 깨끗한 열전달 표면에 대한 총 열전달 계수를 구하라. (b) 오염된 열전달 표면에 대한 총 열전달 계수를 구하라.

풀이 (a) 부록 E로부터 30℃(303 K)에서 물의 특성은 다음과 같다

$$\rho = 995.7\ \text{kg/m}^3,\quad \mu = 7970 \times 10^{-7}\ \text{kg/m}\cdot\text{s},\quad \nu = 8.004 \times 10^{-7}\ \text{m}^2/\text{s}$$

$$k = 0.617\ \text{W/m}\cdot\text{K},\quad Pr = 5.40$$

부록 F·1의 공기의 열적특성은 대기압인 경우에 해당한다. 대기압은 101.325 kPa이지만, 이 문제에서 주어진 공기의 압력은 800 kPa이다. 특성값 c_p, μ, k와 Pr은 압력에 따라 크게 달라지지 않으므로 표에 주어진 값은 800 kPa의 압력에서 사용될 수 있다. 반면에 모두 기체와 같이 공기는 압축성 물질이기 때문에 공기밀도 ρ는 압력에 따라 크게 달라진다. 따라서, 동점도는 $\nu = \mu/\rho$로 정의되므로 동점도는 매우 압력 의존성이다.

부록 F로부터 427℃(700 K)에서 공기의 성질은

$$\rho = 0.4975\ \text{kg/m}^3,\quad \mu = 338.8 \times 10^{-7}\ \text{kg/m}\cdot\text{s}$$

$$k = 0.0524\ \text{W/m}\cdot\text{K},\quad Pr = 0.695$$

이상기체 법칙과 공기에 대한 기체상수 $R = 287.0$ J/kg·K을 이용해서 800 kPa, 700 K에

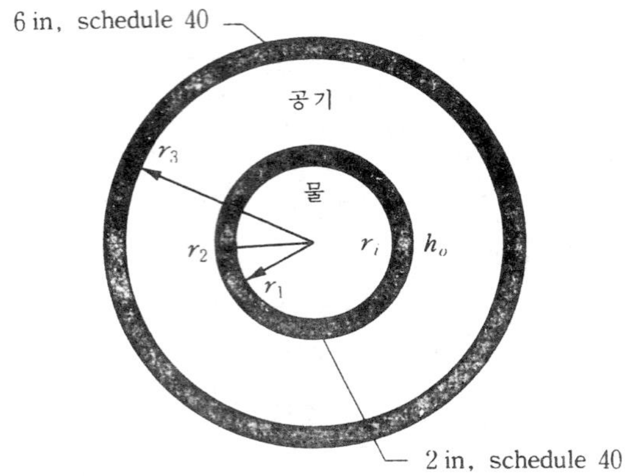

그림 10·16 이중관 열교환기의 단면

서 공기의 밀도는

$$\rho=\frac{p}{RT}=\frac{800\times10^3\ \mathrm{N/m^2}}{(287.0\ \mathrm{J/kg\cdot K})(700\ \mathrm{K})}=3.982\ \mathrm{kg/m^3}$$

이다. 따라서, 동점도는

$$\nu=\frac{\mu}{\rho}=\frac{(338.8\times10^{-7}\ \mathrm{kg/m\cdot s})}{3.982\ \mathrm{kg/m^3}}=8.508\times10^{-6}\ \mathrm{m^2/s}$$

부록 H로부터 2 in 관의 내외 반지름은

$$r_1=0.026\,25\ \mathrm{m},\quad r_2=0.030\,15\ \mathrm{m}$$

그리고 6 in 관의 안지름은

$$r_3=0.077\,05\ \mathrm{m}$$

물과 공기의 질량유속는

$$\dot{m}_{H_2O}=16\ \mathrm{kg/s},\quad \dot{m}_{air}=0.1\ \mathrm{kg/s}$$

U값을 계산하기 위해서 먼저 두 유체흐름에 대한 열전달 계수를 구해야 한다. 식 (8·5)에 의한 안쪽 관의 레이놀즈 수는

$$Re_D=\frac{4\dot{m}_{H_2O}}{\pi D\mu}=\frac{4(16\ \mathrm{kg/s})}{\pi(0.0525\ \mathrm{m})(7970\times10^{-7}\ \mathrm{kg/m\cdot s})}=4.87\times10^5$$

이며, 환상은 비원형 도관이므로 유체역학 지름을 구해야 한다.

$$D_H=\frac{4A}{P}=\frac{4\pi(r_3^2-r_2^2)}{2\pi(r_2+r_3)}=\frac{2(0.077\,05^2-0.030\,15^2)}{(0.030\,15+0.077\,05)}=0.0938\ \mathrm{m}$$

환상에서 공기의 평균속도는

$$u_m=\frac{\dot{m}_{air}}{\rho A}=\frac{0.1\ \mathrm{kg/s}}{(3.982\ \mathrm{kg/m^3})(0.0158\ \mathrm{m^2})}=1.59\ \mathrm{m/s}$$

이다. 그리고 대응되는 레이놀즈 수는

$$Re_D=\frac{u_m D_H}{\nu}=\frac{(1.59\ \mathrm{m/s})(0.0938\ \mathrm{m})}{8.508\times10^{-6}\ \mathrm{m^2/s}}=1.75\times10^4$$

이다. 두 흐름 모두 난류이며 부드러운 관에서 완전히 발달된 흐름이라고 가정하면 식 (8·41)을 사용할 수 있다. 물은 공기에 의해 가열되고 물흐름에 대한 누셀트 수는

$$Nu_D = 0.023Re_D^{4/5}Pr^{0.4} = 0.023(4.87\times10^5)^{4/5}(5.40)^{0.4} = 1602$$

이며, 아울러 2 in 관의 내면에 대한 열전달 계수는

$$h_i = \frac{Nu_D k}{D} = \frac{(1602)(0.617\ \mathrm{W/m\cdot K})}{0.0525\ \mathrm{m}} = 1.88\times10^4\ \mathrm{W/m^2\cdot K}$$

이다. 공기는 물에 의해 냉각되고, 따라서 공기흐름에 대한 누셀트 수는

$$Nu_D = 0.023Re_D^{4/5}Pr^{0.3} = 0.023(1.75\times10^4)^{4/5}(0.695)^{0.3} = 51.1$$

이다. 따라서, 환상에 대한 열전달 계수는

$$h_o = \frac{Nu_D k}{D} = \frac{(51.1)(0.0524\ \mathrm{W/m\cdot K})}{0.0938\ \mathrm{m}} = 28.6\ \mathrm{W/m^2\cdot K}$$

$A_i = 2\pi r_1 L$ 그리고 $A_o = 2\pi r_2 L$이므로 내부면적에 근거한 총 열전달 계수는

$$U_i = \frac{1}{\dfrac{1}{h_i} + \dfrac{A_i \ln(r_2/r_1)}{2\pi kL} + \dfrac{A_i}{A_o}\dfrac{1}{h_o}} = \frac{1}{\dfrac{1}{h_i} + \dfrac{r_1 \ln(r_2/r_1)}{k} + \dfrac{r_1}{r_2 h_o}}$$

이다. 강관벽에 대해서 $k = 64\ \mathrm{W/m\cdot K}$라고 하자. 그러면

$$U_i = \frac{1}{\dfrac{1}{1.88\times10^4} + \dfrac{0.026\,25 \ln(0.030\,15/0.026\,25)}{64} + \dfrac{0.026\,25}{(0.030\,15)(28.6)}}$$

$$= \frac{1}{5.32\times10^{-5} + 5.68\times10^{-5} + 0.0304} = 32.8\ \mathrm{W/m^2\cdot K}$$

이 된다. 공기흐름의 대류저항은 총 열전달 계수를 지배한다. 물흐름의 대류저항과 관벽의 전도저항이 무시된다면 U값은

$$U_i = 32.9\ \mathrm{W/m^2\cdot K}$$

이다.

(b) 표 10·2로부터 소금물과 압축공기에 대한 오염저항은

$$R_{f,i} = 0.0005\ \mathrm{K\cdot m^2/W}\ (\text{소금물, 최악의 경우})$$

$$R_{f,o} = 0.0002\ \mathrm{K\cdot m^2/W}\ (\text{압축공기})$$

식 (10·5)에 이 값을 대입하면

$$U_{dirty} = \frac{1}{R_{f,i} + R_{f,o} + \dfrac{1}{U_{clean}}} = \frac{1}{0.0005 + 0.0002 + \dfrac{1}{32.8}} = 32.1\ \mathrm{W/m^2\cdot K}$$

오염된 열교환기에 대한 총 열전달 계수는 깨끗한 열교환기에 비해 2.1% 더 낮다. U값의 이러한 감소는 열전달에서 2.1% 감소를 초래한다.

10.4 열교환기 분석 : 로그평균 온도차 방법

구체적인 적용을 위한 열교환기를 선택하고 설계하기 위해서 열교환기 분석의 기본적인 이해를 가져야 한다. 두 유체의 입구와 출구의 온도 그리고 열전달이

열교환기 분석에 주요 관심사이다. 8장에서 관이나 도관에서 유체흐름에 대한 총 에너지 수지를 토의했다. 미분유체 영역에서 에너지 수지를 세우고 관의 입구에서 출구까지 적분해서 열전달과 입구와 출구유체의 온도 사이에 관계식 (8 · 27)을 구했다. 열교환기에서 열전달은 두 유체 사이에서 일어나고 열교환기에서 주위로의 열전달은 무시한다. 더운 유체에 의해 잃은 에너지는 차가운 유체가 얻은 에너지와 같기 때문에 열전달은 더운 유체의 온도차나 차가운 유체의 온도차 중 어느 하나로 쓰여질 수 있다. 따라서, 두 유체 모두 상변화가 일어나지 않고 비열이 일정하다면 열전달은

$$\dot{Q} = \dot{m}_h c_{p,h}(T_{h,i} - T_{h,o}) = \dot{m}_c c_{p,c}(T_{c,o} - T_{c,i}) \qquad (10 \cdot 6)$$

이다. 여기서 아래첨자 h와 c는 각각 뜨겁고 차가운 유체를 나타내며, 아래첨자 i와 o는 각각 열교환기의 입구와 출구를 가리킨다.

식 (10 · 6)은 모든 형태의 열교환기에 유효하다. 따라서, 열교환기 형태, 유체 종류, 흐름조건과 관계된 어떠한 정보도 제공하지 않는다. 이런 중요한 매개변수는 총 열전달 계수 U에 반영된다. 2장에서 열전달이 다음 관계에 의해 U값과 상관 있다는 것을 보았다.

$$\dot{Q} = UA\Delta T_{overall} \qquad (10 \cdot 7)$$

열교환기에 이 식을 적용하는 데 있어서 어려움은 열교환기의 위치에 따라 총 온도차가 변한다는 것이다. 이러한 온도차를 설명하기 위해서 $\Delta T_{overall}$을 로그평균 온도차(log mean temperature difference : LMTD) ΔT_m로 대신하면 식 (10 · 7)은 다음과 같이 다시 쓰여진다.

$$\dot{Q} = UA\Delta T_m \qquad (10 \cdot 8)$$

이후로 LMTD로 명명되는 로그평균 온도차는 각 유체의 온도변화를 고려한 평균 온도차이다.

이중관 및 판과 틀 열교환기

LMTD는 이중관과 판과 틀 열교환기에 대해서 가장 쉽게 이해되며, 2개 모두 병류나 향류형태로 작동될 수 있다. LMTD 개념을 설명하기 위해서 이중관 열교환기를 고려해 보자. 병류작동 방식에서 유체는 열교환기의 같은 쪽으로 들어가서 같은 방향으로 흐른다. 그림 10 · 17에 나타낸 바와 같이 뜨겁고 차가운 유체의 온도차는 입구에서 가장 크지만 열교환기의 다른 끝 쪽으로 갈수록 빠르게 감소한다. 결과적으로 열전달은 입구근처에서 높은 반면 출구근처에서는 낮다. 유체

그림 10 · 17 병류에서 유체의 온도차는 열교환기의 출구로 갈수록 감소한다.

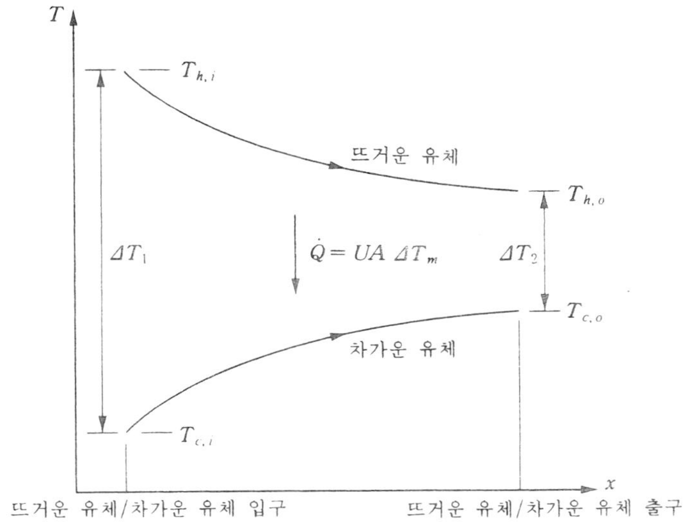

그림 10 · 18 향류에서 유체의 온도차는 전반적으로 열교환기에서 거의 일정하다.

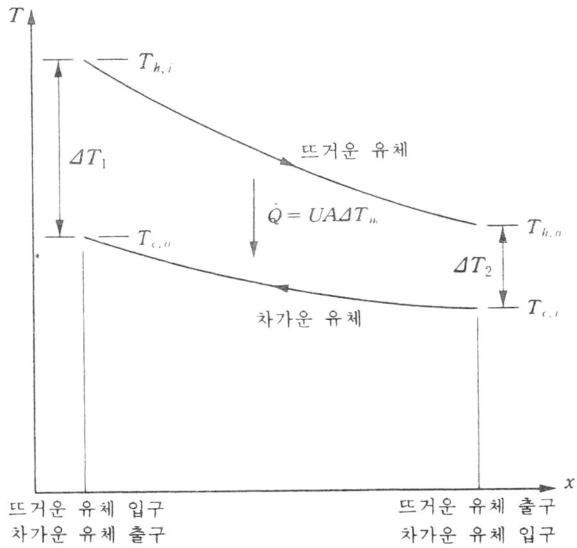

온도는 서로 점근적으로 접근하고 열교환기의 길이가 무한하다면 유체의 온도는 출구에서 같아질 것이다. 향류작동 방식에서 유체는 열교환기의 반대 끝에서 들어가며 반대방향으로 흐른다. 그림 10 · 18에 나타낸 바와 같이 온도차는 향류에서 거의 일정하다. 그것은 다른 모든 요소가 같을 때 향류는 병류에 비해 더 높은 열전달 속도를 가짐을 알 수 있다.

식 (10 · 8)의 사용에 대한 로그평균 온도차 ΔT_m은

$$\Delta T_m = \frac{\Delta T_2 - \Delta T_1}{\ln(\Delta T_2/\Delta T_1)} = \frac{\Delta T_1 - \Delta T_2}{\ln(\Delta T_1/\Delta T_2)} \tag{10·9}$$

이 된다. 여기서 병류에 대해서

$$\Delta T_1 = T_{h,i} - T_{c,i} \tag{10·10a}$$

$$\Delta T_2 = T_{h,o} - T_{c,o} \tag{10·10b}$$

그리고 향류에 대해서

$$\Delta T_1 = T_{h,i} - T_{c,o} \tag{10·11a}$$

$$\Delta T_2 = T_{h,o} - T_{c,i} \tag{10·11b}$$

식 (10·9)에 의해 주어진 LMTD 관계는 몇 가지 가정을 가지고 있다. 가장 엄격한 가정은 총 열전달 계수가 열교환기 전체에 걸쳐 일정하다는 것이다. 실제로 흐름조건과 유체의 온도가 변하기 때문에 U값은 열교환기 전체에 걸쳐 변한다. 유체의 특성, 특히 비열은 일정하다고 가정한다. 열교환기와 유체에서 축방향 전도는 무시할 수 있으며, 열교환기와 주위와의 열전달은 없다. 마지막 가정은 실제로 열교환기를 단열시키는 것에 의해 쉽게 만족될 수 있다.

특별한 열적상태

어떤 열교환기 적용에 있어 한 유체의 열용량 속도는 다른 유체의 그것보다 더 클 수 있으며, 열용량 속도 C는 질량흐름 속도와 비열의 산물로서 다음과 같이 정의된다.

$$C = \dot{m} c_p \tag{10·12}$$

한 유체의 열용량 속도가 두 번째 유체의 것보다 더 클 때, 그것은 일반적으로 첫번째 유체에 상변화가 일어나고 있다는 것을 의미한다. 예를 들어 뜨거운 유체가 차가운 유체에 비해 열용량 속도가 크다면($C_h \gg C_c$) 반드시 뜨거운 유체의 온도는 열교환기 전체에 걸쳐 일정한 반면 차가운 유체의 온도는 증가한다. 이러한 상태는 상변화 과정에서 뜨거운 유체가 응축되는 증기라는 것을 의미한다. 반대로 뜨거운 유체에 비해 차가운 유체의 열용량 속도가 크다면($C_c \gg C_c$) 반드시 차가운 유체의 온도는 열교환기 전체에 걸쳐 일정하며 뜨거운 유체의 온도는 감소한다. 이런 상태는 상변화 과정에서 차가운 유체가 증발하는 액체라는 것을 의미한다. 두 개의 이런 상변화 과정에서 상응하는 작동압력에서 유체의 포화온도는 일정한 온도값이다. 응축기와 증발기는 상변화가 일어나는 특별한 열교환기이다. 응축기나 증발기에서의 열전달은 식 (10·6)으로 계산될 수 없으며, 상변화

그림 10·19 1원통통과 및 다중흐름을 가지는 2 튜브통과형 다관형 열교환기에 대한 LMTD 보정인자 F

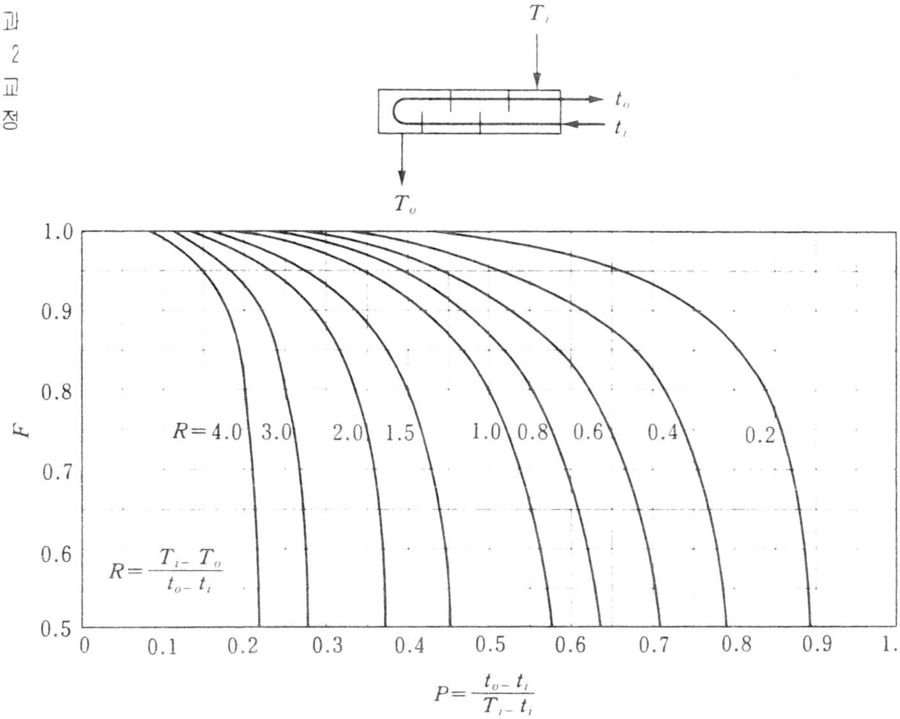

과정에서 열전달은 에너지 수지관계를 이용해서 구해진다.

$$\dot{Q}=\dot{m}_h(i_{h,i}-i_{h,o})=\dot{m}_c(i_{c,o}-i_{c,i}) \qquad (10\cdot13)$$

여기서 i는 유체의 비엔탈피이다. 식 (10·13)은 도관에서 유체흐름에 대한 에너지 수지의 일반적인 형태이다. 식 (10·6)은 식 (10·13)으로부터 유도되며, 상변화가 없고 유체의 비열이 일정한 경우에만 적용된다.

또 하나의 특별한 상태는 열용량 속도가 같은($C_H=C_c$) 향류 열교환기의 경우이다. 이런 상태에서 차가운 유체의 온도증가는 열교환기 전체에 걸쳐 뜨거운 유체의 온도증가와 같다. 따라서, 온도차는 일정하며 $\Delta T_1=\Delta T_2=\Delta T_m$이 된다. 병류에서 유체의 온도차는 항상 감소하기 때문에 이런 조건은 향류에 대해서만 가능하다.

다관형 및 교차흐름 열교환기

병류와 향류배열에서 작동하는 열교환기에 대해서 LMTD 방법은 직접적으로 적용된다. 그러나 다관형과 교차흐름 열교환기는 순수하게 병류나 향류장치로서 간주되지 않는다. 그림 10·3에 나타낸 바와 같이 다관형 열교환기에서 방해판으로 인해 통 쪽 유체는 관과 교대로 수직과 평행하게 된다. 교차흐름 열교환기에

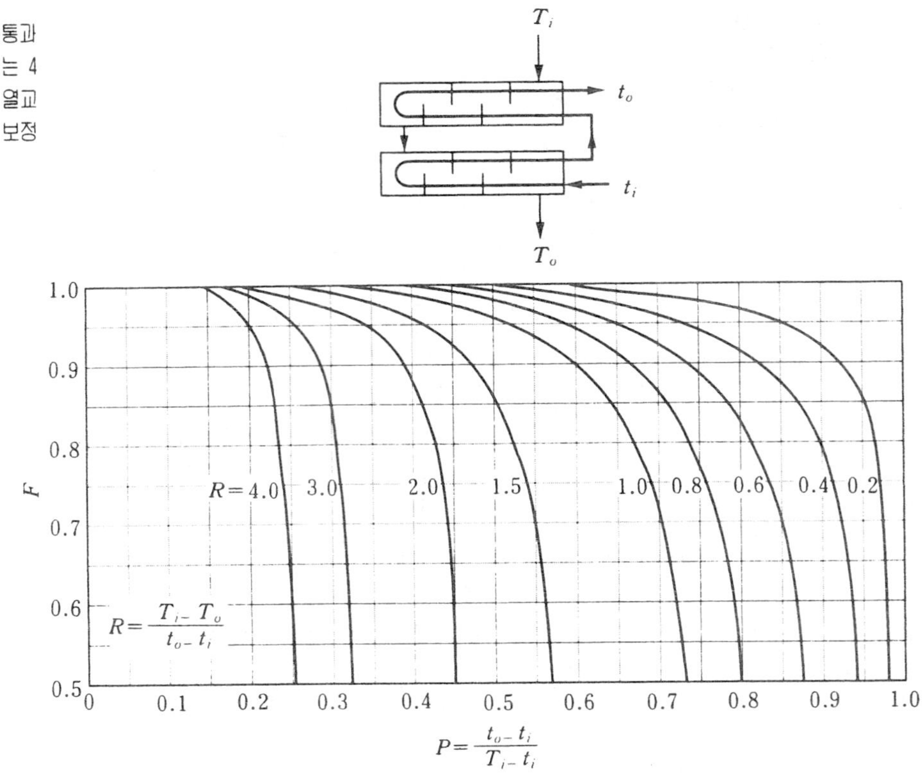

그림 10·20 2원통통과 및 다중흐름을 가지는 4 튜브통과형 다관형 열교환기에 대한 LMTD 보정 인자 F

서 흐름은 서로 수직이다. 다관형과 교차흐름 열교환기와 관계된 다른 흐름특성을 설명하기 위해서 향류배열이라 가정하는 것에 의해 얻어진 ΔT_m값에 보정인자 F가 곱해진다.

따라서, 식 (10·8)의 변형에 의해 열전달은 다음과 같다.

$$\dot{Q} = UAF\Delta T_m \qquad (10 \cdot 14)$$

이 되고, 보정인자 F에 대한 분석적인 관계는 몇 가지 다관형과 교차흐름 열교환기 배열에 대해서 유도되어 왔다. 가장 일반적인 배열에 대한 관계의 도식적인 표현은 그림 10·19, 그림 10·20, 그림 10·21과 그림 10·22에 주어졌다.

이 그림에서 변수 T와 t는 유체의 온도에 대해서 사용되었고, 무차원 비 R와 P는 온도변수 T나 t가 뜨겁고 차가운 유체로 할당되는 데 아무 문제가 없도록 정의되었다. 그림 10·19와 그림 10·20의 온도표기에서 T와 t는 항상 원통과 관 쪽의 유체의 온도를 각각 말한다. 두 유체 중 어느 한쪽의 온도변화가 무시될 수 있다면 R나 P의 비율 중 하나는 0이며, 보정인자 F는 1이라는 것에 주목하는 것이 중요하다. 위에서 언급했듯이 이러한 상태는 열교환기에서 응축이나 증발이 일어나고 있다는 것을 의미한다. 이런 경우에 다관형이나 교차흐름 열교환

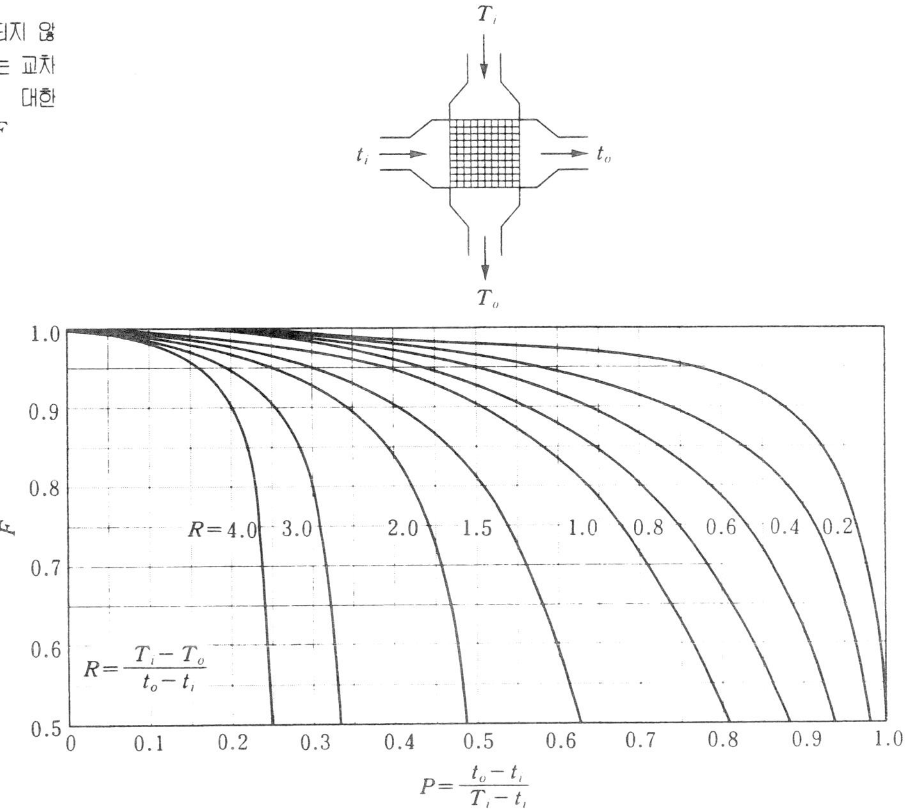

그림 10·21 혼합되지 않은 두 유체를 갖는 교차흐름 열교환기에 대한 LMTD 보정인자 F

기는 마치 그것이 향류방식으로 작동하는 것처럼 운전한다.

예제 10.2 이중관 열교환기는 SAE10W−30 엔진오일을 127℃에서 67℃로 냉각시키는 데 사용된다. 물은 30℃에서 0.15 kg/s의 질량유속으로 안쪽 관으로 들어가고 기름은 0.1 kg/s의 질량유속으로 환상을 흐른다. 총 열전달 계수는 450 W/m^2 · K이다. (a) 병류와 (b) 향류에 대해 필요한 열전달 표면적을 구하라.

풀이 오일과 물은 각각 뜨겁고 차가운 유체이며, 주어진 온도는 다음과 같다.

SAE10W−30 엔진오일 $T_{h,i}=127℃\,(400\text{ K})$, $T_{h,o}=67℃\,(340\text{ K})$

물 $T_{c,i}=30℃\,(303\text{ K})$

물의 출구온도는 주어지지 않았으나 열전달을 구할 때 식 (10 · 6)을 사용해서 계산할 수 있다. 열전달은 뜨거운 오일의 알려진 온도차에 근거해서 식 (10 · 6)을 사용해서 계산한다. 먼저 각 유체에 대한 비열 c_p를 필요로 한다. 입구와 출구의 평균온도 370 K에서 기름의 c_p와 입구온도 303 K에서 물의 c_p를 기초로 한다. 부록 E로부터

$$c_{p,h}=2091\text{ J/kg}\cdot\text{K},\quad c_{p,c}=4179\text{ J/kg}\cdot\text{K}$$

오일과 물의 질량유속은

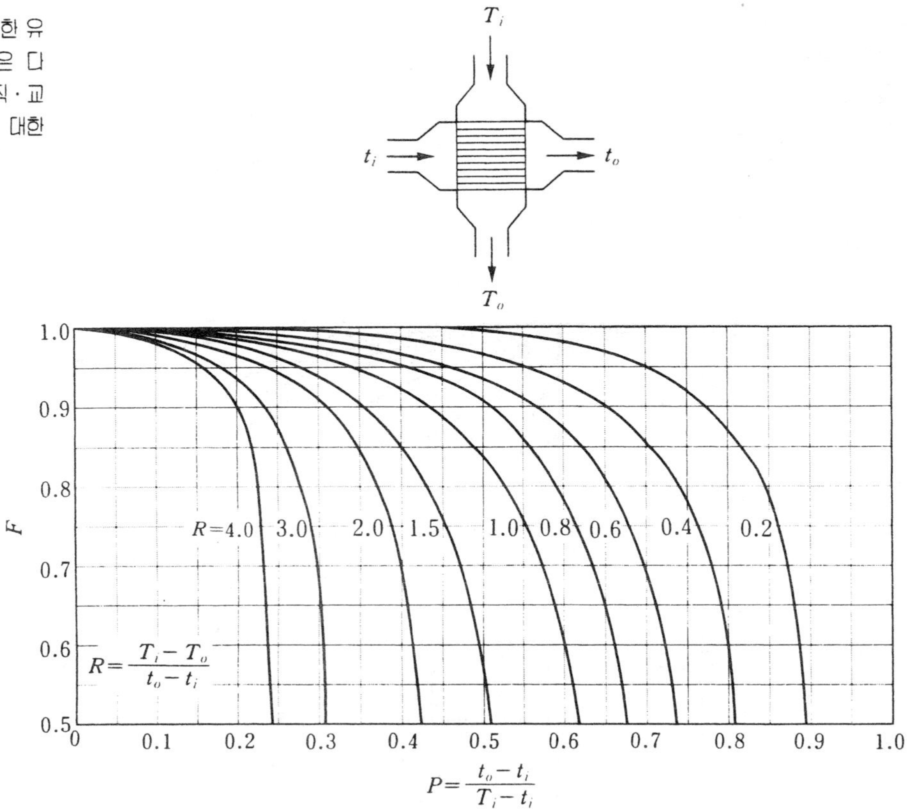

그림 10·22 혼합된 한 유체와 혼합되지 않은 다른 유체를 갖는 직·교류 열교환기에 대한 LMTD 보정인자 F

$$\dot{m}_h = 0.1\ \text{kg/s}, \quad \dot{m}_c = 0.15\ \text{kg/s}$$

이다. 따라서, 열전달은

$$\dot{Q} = \dot{m}_h c_{p,h}(T_{h,i} - T_{h,o})$$

$$= (0.1\ \text{kg/s})(2091\ \text{J/kg}\cdot\text{K})[(400-340)\ \text{K})] = 1.255\times 10^4\ \text{W}$$

이 되고, 물의 출구온도는

$$T_{c,o} = \frac{\dot{Q}}{\dot{m}c_{p,c}} + T_{c,i} = \frac{1.255\times 10^4\ \text{W}}{(0.15\ \text{kg/s})(4179\ \text{J/kg}\cdot\text{K})} + 303\ \text{K}$$

$$= 323\ \text{K} = 49.9℃$$

이 된다. $c_{p,c}$는 303 K와 313 K의 온도간격에서 변하지 때문에 입구와 출구의 평균 물의 온도에 근거한 $c_{p,c}$의 상관관계가 반드시 필요하진 않다.

(a) 병류에 대한 유체의 온도차는 식 (10·10)에 의해 정의된다.

$$\Delta T_1 = T_{h,i} - T_{c,i} = 127℃ - 30℃ = 97℃ = 97\ \text{K}$$

$$\Delta T_2 = T_{h,o} - T_{c,o} = 67℃ - 49.9℃ = 17.1℃ = 17.1\ \text{K}$$

따라서, LMTD는

$$\Delta T_m = \frac{\Delta T_2 - \Delta T_1}{\ln(\Delta T_2/\Delta T_1)} = \frac{17.1-97}{\ln(17.1/97)} = 46.0℃ = 46.0\text{ K}$$

이다. 식 (10 · 8)을 다시 표현하면 열전달 표면적은

$$A = \frac{\dot{Q}}{U\Delta T_m} = \frac{1.255\times10^4\text{ W}}{(450\text{ W/m}^2\cdot\text{K})(46.0\text{ K})} = 0.606\text{ m}^2$$

이 된다.

(b) 향류에 대해 뜨겁고 차가운 유체의 온도차는 식 (10 · 11)로 정의된다.

$$\Delta T_1 = T_{h,i} - T_{c,o} = 127℃ - 49.9℃ = 77.1℃ = 77.1\text{ K}$$

$$\Delta T_2 = T_{h,o} - T_{c,i} = 67℃ - 30℃ = 37℃ = 37\text{ K}$$

그리고 LMTD는

$$\Delta T_m = \frac{\Delta T_2 - \Delta T_1}{\ln(\Delta T_2/\Delta T_1)} = \frac{37-77.1}{\ln(37/77.1)} = 54.6℃ = 54.6\text{ K}$$

이 된다. 열전달 표면적은

$$A = \frac{\dot{Q}}{U\Delta T_m} = \frac{1.255\times10^4\text{ W}}{(450\text{ W/m}^2\cdot\text{K})(54.6\text{ K})} = 0.511\text{ m}^2$$

이 된다. 동일한 입구와 출구의 온도에서 같은 열전달을 이루기 위해서 향류에 대해 필요한 표면적이 병류에 비해 15.7% 더 낮다. 향류 열교환기는 주어진 입구와 출구의 온도에 대해서 최대 ΔT_m을 가지므로 가장 효율적인 열교환기이다. 따라서, 향류 열교환기는 주어진 장치의 열전달 변수에 대해서 최소한의 표면적을 필요로 한다. 이러한 특징은 엄격한 크기나 무게제한이 중요시 되는 곳에 적용하는 데 있어 특히 중요하다.

예제 10.3 화학공장에서 큰 다관형 열교환기는 80℃로 원통에 들어가는 물을 사용해서 원통을 1회 통과하면서 글리세린을 20℃에서 34℃로 가열하고 물은 48℃로 나간다. 열교환기 통 쪽에 대한 열전달 계수는 300 W/m² · K이다. $75\frac{3}{4}$ in 강관은 40 kg/s의 질량유속으로 열교환기를 통해서 글리세린을 운반하며 각 관은 원통을 통해 8개의 통로를 만든다. (a) 열전달, (b) 물의 질량유속, (c) 필요한 튜브의 길이를 구하라.

풀이 뜨거운 유체는 물이며 차가운 유체는 글리세린이다. 그리고 그들의 온도는

물 $T_{h,i} = 80℃(353\text{ K})$, $T_{h,o} = 48℃(321\text{ K})$

글리세린 $T_{c,i} = 20℃(293\text{ K})$, $T_{c,o} = 34℃(307\text{ K})$

물과 글리세린의 평균온도는 각각 64℃(337 K)와 27℃(300 K)이다. 이 온도에서 비열은

$$c_{p,h} = 4187\text{ J/kg}\cdot\text{K}, \quad c_{p,c} = 2385\text{ J/kg}\cdot\text{K}$$

이 된다. 부록 H로부터 튜브(두께 1.24 m)의 안지름은

$$D = 0.01656\text{ m}$$

이며, 글리세린의 전체질량 유속과 다관형 열전달 계수는

$$\dot{m}_{c,\,total} = 40\ \mathrm{kg/s}, \quad h_o = 300\ \mathrm{W/m^2 \cdot K}$$

(a) 열전달은 식 (10 · 6)을 사용해서 계산된다.

$$\dot{Q} = \dot{m}_{c,\,total} c_{p,\,c}(T_{c,\,o} - T_{c,\,i})$$
$$= (40\ \mathrm{kg/s})(2385\ \mathrm{J/kg \cdot K})(34 - 20)\ \mathrm{K} = 1.34 \times 10^6\ \mathrm{W}$$

(b) 열전달이 구해지면 물의 질량유속은 식 (10 · 6)을 사용해서 다시 한번 계산된다.

$$\dot{m}_h = \frac{\dot{Q}}{c_{p,\,h}(T_{h,\,i} - T_{h,\,o})} = \frac{1.34 \times 10^6\ \mathrm{W}}{(4187\ \mathrm{J/kg \cdot K})[(80 - 48)\ \mathrm{K}]} = 10.0\ \mathrm{kg/s}$$

(c) 관의 표면적이 $A = \pi DL$을 인식하면서 식 (10 · 14)를 사용해서 필요한 튜브길이는 구할 수 있다. 따라서

$$\dot{Q} = NU(\pi DL)F\Delta T_m$$

여기서 N은 튜브의 수이다. 글리세린 흐름에 대한 U값을 구하기 위해서 튜브의 내부면적에 대한 열전달 계수를 계산해야 된다. 글리세린 흐름이 75개 튜브에 균일하게 분배된다고 가정하며 튜브당 질량유속은

$$\dot{m}_c = \frac{40\ \mathrm{kg/s}}{75\ \mathrm{tubes}} = 0.533\ \mathrm{kg/s}$$

이 된다. 레이놀즈 수는

$$Re_D = \frac{4\dot{m}_c}{\pi D\mu} = \frac{4(0.533\ \mathrm{kg/s})}{\pi(0.016\ 56\ \mathrm{m})(85.7 \times 10^{-2}\ \mathrm{kg/m \cdot s})} = 47.8$$

이므로 흐름은 층류이다. 동력학 점도 $\mu = 85.7 \times 10^{-2}\ \mathrm{kg/m \cdot s}$는 글리세린의 점도가 온도에 대해 매우 비선형적이기 때문에 선형내삽보다는 곡선 맞추기로부터 얻어졌다. 글리세린의 흐름이 완전히 발달된 것으로 가정하면 누셀트 수는 일정하다. 글리세린의 온도는 20℃에서 34℃까지 다양하기 때문에 튜브벽의 열적상태는 등온이 아니다.
따라서, 일정한 선속조건이라고 가정하고 표 8 · 2로부터 누셀트 수 $Nu_D = 4.364$ 라는 것을 얻는다. 그래서 열전달 계수는

$$h_i = \frac{Nu_D k}{D} = \frac{(4.364)(0.279)}{0.01656\ \mathrm{m}} = 73.5\ \mathrm{W/m^2 \cdot K}$$

이 된다. 튜브벽의 열적저항과 두께를 무시하면, 총 열전달 계수에 대한 관계는

$$U = \frac{1}{\dfrac{1}{h_i} + \dfrac{1}{h_o}} = \frac{1}{\dfrac{1}{73.5} + \dfrac{1}{300}} = 59.0\ \mathrm{W/m^2 \cdot K}$$

으로 감소한다. 다관형 열교환기에 대해서 향류배열에 상응하는 온도차를 사용해야 한다.

$$\Delta T_1 = T_{h,\,i} - T_{c,\,o} = 80℃ - 34℃ = 46℃ = 46\ \mathrm{K}$$
$$\Delta T_2 = T_{h,\,o} - T_{c,\,i} = 48℃ - 20℃ = 28℃ = 28\ \mathrm{K}$$

따라서, LMTD는

$$\Delta T_m = \frac{\Delta T_2 - \Delta T_1}{\ln(\Delta T_2/\Delta T_1)} = \frac{28 - 46}{\ln(28/46)} = 36.3℃ = 36.3\ \mathrm{K}$$

그림 10 · 19에 사용되는 무차원비 R와 P는

$$R=\frac{T_i-T_o}{t_o-t_i}=\frac{80-48}{34-20}=2.29$$

$$P=\frac{t_o-t_i}{T_i-t_i}=\frac{34-20}{80-20}=0.23$$

이 된다. 그림 10 · 19로부터 보정인자는

$$F\approx 0.94$$

이고, 열전달 요구량을 위해 필요한 튜브길이는

$$L=\frac{\dot{Q}}{N\pi DUF\Delta T_m}$$

$$=\frac{1.34\times 10^6\ \mathrm{W}}{(75)\pi(0.016\,56\ \mathrm{m})(59.0\ \mathrm{W/m^2\cdot K})(0.94)(36.3\ \mathrm{K})}=171\ \mathrm{m}$$

이다. 각 관은 원통을 통해 8개의 통로를 만들기 때문에 요구되는 원통길이는 대략

$$L_{shell}=\frac{L}{8}=\frac{171\ \mathrm{m}}{8}=21.4\ \mathrm{m}$$

이다.

예제 10.4 자동차 방열기에 사용되는 교차흐름 열교환기는 1.1 kg/s의 공기흐름이 생기며 전형적인 운전조건에서 45 $\mathrm{W/m^2\cdot K}$의 총 열전달 계수를 가진다. 그림 10 · 23을 보면, 입구와 출구의 공기온도는 각각 10℃와 27℃이다. 50% 수용액의 에틸렌글리콜(ethylene glycol) 냉각제가 열교환기에서 휜이 달린 작은 튜브를 통해 흐른다. 열교환기가 6.1 $\mathrm{m^2}$의 열전달 표면적을 가지며 입구의 냉각제 온도가 95℃일 때 냉각제의 출구온도와 질량유속을 구하라.

풀이 수용액의 에틸렌글리콜 용액은 뜨거운 유체이고, 공기는 차가운 유체이다. 주어진 유체의 온도는

물/에틸렌글리콜 $T_{h,i}=95$℃ (368 K)

공기 $T_{c,i}=10$℃ (283 K), $T_{c,o}=27$℃ (300 K)

냉각제의 출구온도는 주어지지 않았다. 그래서 평균온도와 그에 상응되는 비열을 계산하기 위한 값을 추산한다. $T_{h,o}=65$℃ 라고 가정하면 평균온도는 80℃(353 K)가 되고, 다음의 비열이 구해진다.

$$c_{p,h}=3512\ \mathrm{J/kg\cdot K}$$

18.5℃(292 K)에서의 공기의 평균비열과 질량유속은 다음과 같다.

$$c_{p,c}=1007\ \mathrm{J/kg\cdot K},\quad m_c=1.1\ \mathrm{kg/s}$$

식 (10 · 6)으로부터 열전달을 계산하면 다음과 같다.

$$\dot{Q}=\dot{m}_c c_{p,c}(T_{c,o}-T_{c,i})$$

$$=(1.1\ \mathrm{kg/s})(1007\ \mathrm{J/kg\cdot K})[(27-10)\ \mathrm{K})]=1.88\times 10^4\ \mathrm{W}$$

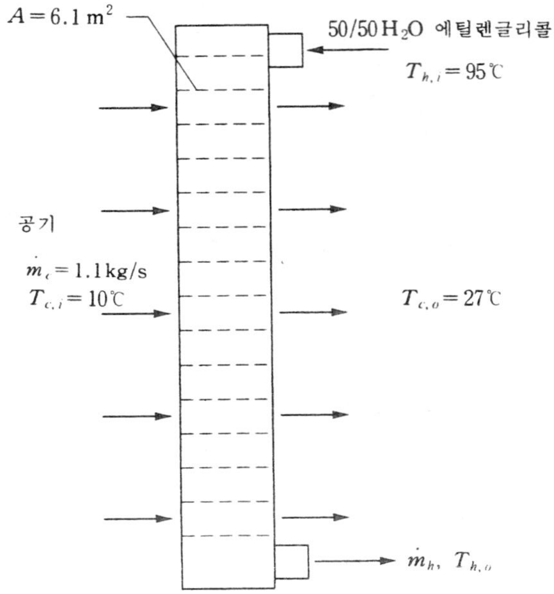

그림 10·23 교차흐름 열교환기

식 (10·14)에서 주어진 열전달은 다음과 같이 주어졌다.

$$\dot{Q}=FUA\Delta T_m$$

그러나 $T_{h,o}$를 알지 못하므로 F 또는 ΔT_m을 알지 못한다 그러므로 반복적인 접근방법을 이용해야 한다. $T_{h,o}$를 추정하여 ΔT_m 그리고 R와 P의 비를 구하여야 한다. 왜냐하면 관이 휜형태이고 공기흐름이 비혼합이기 때문에 그림 10·21을 이용하여 보정인자 F를 결정해야 한다. 식 (10·14)에 ΔT_m과 F를 치환하여 $\dot{Q}$를 풀고 이 값이 알려진 열교환량 18.8 kW가 되는지 비교한다. $T_{h,o}$값을 조절하여 수렴하는 값이 나올 때까지 반복한다. 이런 반복적인 과정을 표 10·3에 나타내었다. 4번의 반복에 의한 열전달의 수렴값은 18.8 kW이다. 그리고 냉각제의 출구온도가 82℃(355 K)란 것을 알 수 있다.
평균 냉각제의 온도는 88.5℃(362 K)이다. 따라서, 보정된 비열은 다음과 같다.

$$c_{p,h}=3545\ \text{J/kg}\cdot\text{K}$$

식 (10·6)을 이용하면, 냉각제의 질량유속은 다음과 같다.

$$\dot{m}_h=\frac{\dot{Q}}{c_{p,h}(T_{h,i}-T_{h,o})}$$

표 10·3 반복 계산표

반복	$T_{h,o}$(℃)	R	P	F	ΔT_m(℃)	$\dot{Q}$(kW)
1	65	0.57	0.35	0.98	61.3	16.5
2	85	1.70	0.12	0.99	71.4	19.4
3	80	1.13	0.18	0.98	69.0	18.5
4	82	1.31	0.15	0.98	70.0	18.8

$$= \frac{1.88 \times 10^4\ \mathrm{W}}{(3545\ \mathrm{J/kg \cdot K})[(95-82)\ \mathrm{K}]} = 0.408\ \mathrm{kg/s}$$

10.5 열교환기 분석 : 유효성-NTU 방법

유체의 입구와 출구에서의 온도를 알거나 식 (10 · 6)과 식 (10 · 13)에 의해 에너지 수지관계를 알 때 LMTD 방법을 열교환기 분석에 직접적으로 적용할 수 있다. 출구에서의 유체온도가 하나 또는 둘 다 주어지지 않을 수 있으며, 이 때는 출구온도가 계산되어야 한다. 예제 10.4에서 보듯이 이런 형태의 문제에 대해 LMTD 방법은 불편한 반복적인 계산을 필요로 한다. 유효성-NTU(전달단위수; Number of Transfer Units) 방법 이용하면 반복 계산법을 피할 수 있다. 유효성-NTU 방법은 유체간에 일어나는 실제 열전달은 가능한 최대 열전달의 분율이라는 원리에 근거를 두고 있다. 가능한 최대 열전달은 무한대의 표면적을 가진 향류 열교환기를 이용하여 이론적으로 얻을 수 있다.

열교환기 유효성 ε은 다음과 같이 정의된다.

$$\varepsilon = \frac{\dot{Q}}{\dot{Q}_{max}} \qquad (10 \cdot 15)$$

유효성 ε은 $0 \le \varepsilon \le 1$ 범위에 있다. 만일 향류 열교환기의 표면적이 무한하다고 가정하면, 가장 작은 열용량 속도 C를 가진 유체가 최대 온도차를 보인다. 예를 들어 $C_c < C_h$이면 차가운 유체는 최대의 온도변화를 보인다. 표면적이 무한하기 때문에 차가운 유체의 출구에서의 온도는 뜨거운 유체의 입구에서의 온도와 같게 된다.

따라서, 가능한 최대 열전달은 다음과 같다.

$$C_c < C_h : \quad \dot{Q}_{max} = C_c(T_{h,i} - T_{c,i}) \qquad (10 \cdot 16)$$

또한, $C_h < C_c$이면 뜨거운 유체는 큰 온도변화를 보이며, 뜨거운 유체의 출구온도는 차가운 유체의 입구온도와 같게 된다. 따라서, 가능한 최대 열전달은 다음과 같다.

$$C_h < C_c : \quad \dot{Q}_{max} = C_h(T_{h,i} - T_{c,i}) \qquad (10 \cdot 17)$$

두 이론의 경우 각각 최소의 열용량 속도가 사용된다. 결과적으로 가능한 최대 열전달은 무한한 크기의 향류 열교환기에서 최소 열용량 속도 C_c 또는 C_h, 그리고 가능한 가장 큰 온도차$(T_{h,i} - T_{c,i})$를 갖는다. 따라서, 다음과 같다.

$$\dot{Q} = C_{min}(T_{h,i} - T_{c,i}) \tag{10·18}$$

최대 열교환 가능성을 $C_{min}(T_{h,i} - T_{c,i})$보다는 $C_{max}(T_{h,i} - T_{c,i})$로써 정의하려 할지도 모른다. 이것은 최대 열용량 속도를 갖는 유체가 최대온도 변화를 갖는다는 것을 의미하는데, 이것은 물리적으로 불가능하다. 최소 열용량 속도를 갖는 유체가 최대온도 변화를 보이기 때문이다. C_{min} 유체는 낮은 질량유속 또는 낮은 비열 때문에 C_{max} 유체에 의해 좌우된다는 것이다. 가능한 최대 열전달은 $C_{max}(T_{h,i} - T_{c,i})$가 될 수 없다. 왜냐하면 이런 상황은 열역학 제1법칙에 위배되기 때문이다.

식 (10·15)와 식 (10·18)을 결합하면 열전달은 다음과 같다.

$$\dot{Q} = \varepsilon \dot{Q}_{max} = \varepsilon C_{min}(T_{h,i} - T_{c,i}) \tag{10·19}$$

만일 열교환기 유효성 ε이 결정되고 입구에서의 온도가 주어지면 열전달은 식 (10·19)를 이용하여 계산될 수 있다. 어떤 종류의 열교환기든지 효율은 C_{min}/C_{max}의 비율과 NTU라는 무차원 변수로 나타낼 수 있다.

$$NTU = \frac{UA}{C_{min}} \tag{10·20}$$

여기서 U는 총 열전달 계수, 그리고 A는 열전달 표면적이다. LMTD 방법과 비교하여 유효성-NTU 방법이용의 장점은 명확하다. 유효성-NTU 방법에 있어 열전달을 구할 때, 출구에서의 온도와 반복계산적인 접근방식이 필요하지 않다.

이 장에서 논의된 기본적인 열교환기 종류와 이에 대한 유효성에 대한 공식이 표 10·4에 요약되어 있다. 몇몇 경우에 대해서 이런 방정식의 적용에 관해 순서대로 언급하였다. 향류의 경우, 열용량 속도 $C=1$일 때 ε값은 수학적으로 정의되지 않는다. 따라서, 이런 경우 식 (c)를 사용해야 한다. 전체 NTU는 관 밖 흐름 사이의 분포가 동일하다는 가정하에서 식 (e)는 성립된다. 따라서, 식 (d)에서 NTU는 NTU/n(전달 단위수/관 밖 흐름)으로 대체되어야 한다. 만일 더운 유체인 증기가 응축된다면 이 온도는 열교환기를 통과하는 동안 일정하다. 따라서, 유체의 열용량 속도 C_h는 매우 크고, 따라서 $C = C_{min}/C_{max} = C_c/C_h = 0$이다. 이와 비슷하게 차가운 유체인 액체가 기화된다면 이 온도는 일정하다. 따라서, 유체의 열용량 속도 C_c는 매우 크며, 따라서 $C = C_{min}/C_{max} = C_h/C_c = 0$이다. 응축기와 보일러와 같은 기기에서 응축과 기화가 일어난다. 이런 상변화 과정이 일어나는 열교환기 유효성 상관관계는 식 (i)로 단순해진다. 더욱이 열교환기가 그림 10·12와 유사한 차가운 판일 경우 한가지 유체만을 포함하므로

$C_{min}=0$이다. 그러므로 $C=0$, 그리고 식 (i)에 적용한다. 차가운 판은 일반적으로 단일흐름 열교환기라고 한다. $C=0$일 경우 식 (i)는 모든 열교환기에 적용된다. 주어진 표 10·4에 대한 그래프는 그림 10·24로부터 그림 10·29까지 나타내었다. 모든 열교환기에 대해 유효성은 NTU가 증가할수록 증가한다. 만일 $C=0$이면 표 10·4의 식 (i)에 의해 모든 열교환기는 같은 효율성을 갖는다. 주어진 NTU에 대해 열교환기 유효성은 $C=1$과 $C=0$에서 각각 최소값과 최대값을 갖는다. 만일 NTU가 작으면 C값과 상관없이 같은 유효성을 가지며 식 (i)가 사용된다.

표 10·4 열교환기 유효성에 대한 관계식

$$C=\frac{C_{min}}{C_{max}}\qquad N=NTU=\frac{UA}{C_{min}}\qquad \varepsilon=\frac{\dot{Q}}{\dot{Q}_{max}}$$

이중관, 판과 틀		
병　류	$\varepsilon=\dfrac{1-\exp[-N(1+C)]}{1+C}$	(a)
향　류	$\varepsilon=\dfrac{1-\exp[-N(1-C)]}{1-C\exp[-N(1-C)]}$	(b)
향　류($C=1$)	$\varepsilon=\dfrac{N}{N+1}$	(c)
다관형		
1원통통과 2, 4, … 튜브통과	$\varepsilon_1=\dfrac{2}{(1+C)+a[1+\exp(-aN)]/[1-\exp(-aN)]}$ $a=(1+C^2)^{1/2}$	(d)
n-원통통과 $2n$, $4n$, … 튜브통과	$\varepsilon=\dfrac{[(1-\varepsilon_1C)/(1-\varepsilon_1)]^n-1}{[(1-\varepsilon_1C)/(1-\varepsilon_1)]^{n-C}}$	(e)
교차흐름		
두 유체 모두 비혼합	$\varepsilon=1-\exp\left[\dfrac{\exp(-CNb)-1}{Cb}\right]$ $b=N^{-0.22}$	(f)
C_{max} 혼합 C_{min} 비혼합	$\varepsilon=\left(\dfrac{1}{C}\right)\{1-\exp[-C(1-e^{-N})]\}$	(g)
C_{min} 혼합 C_{max} 비혼합	$\varepsilon=1-\exp\left\{\left(\dfrac{1}{C}\right)[\exp(-NC)-1]\right\}$	(h)
모든 열교환기		
($C=0$)	$\varepsilon=1-\exp(-N)$	(i)

그림 10·24 병류 열교환기의 유효성

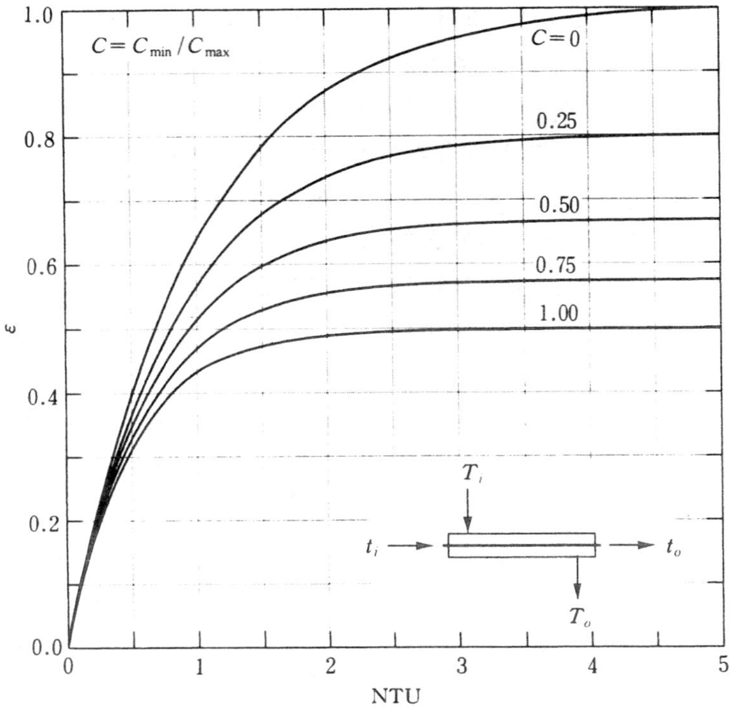

그림 10·25 향류 열교환기의 유효성

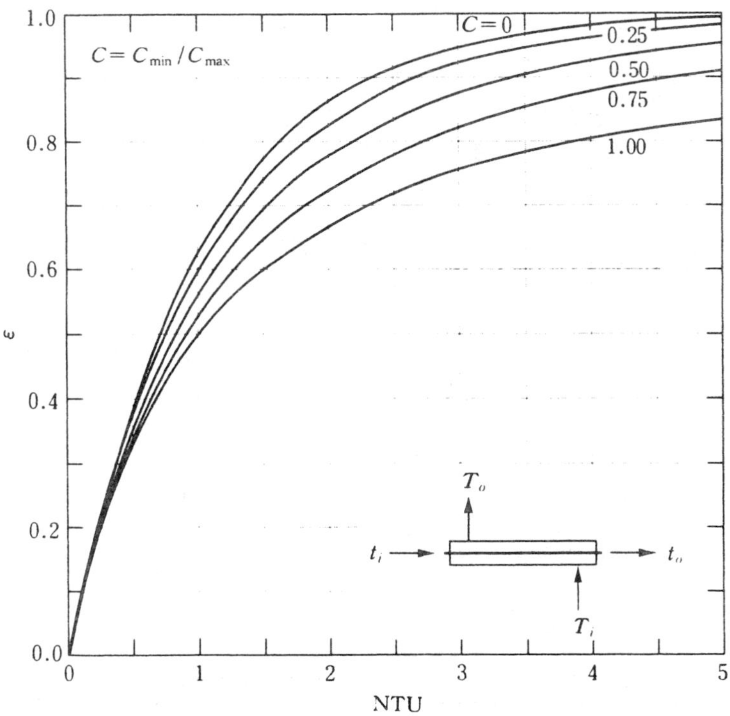

그림 10·26 한번의 관 밖 흐름과 두 번의 다중관 흐름을 갖는 다관형 열교환기의 유효성

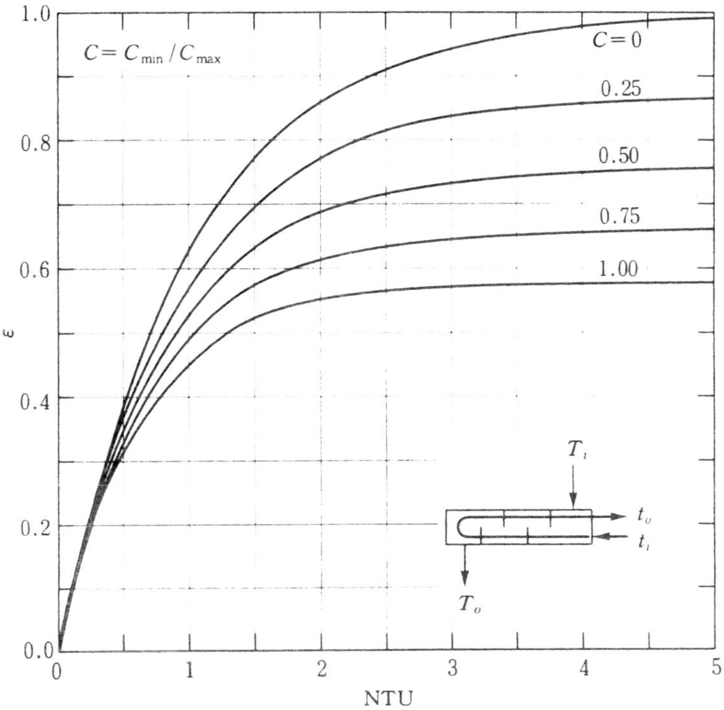

그림 10·27 두 번의 관 밖 흐름과 네 번의 다중관 흐름을 갖는 다관형 열교환기의 유효성

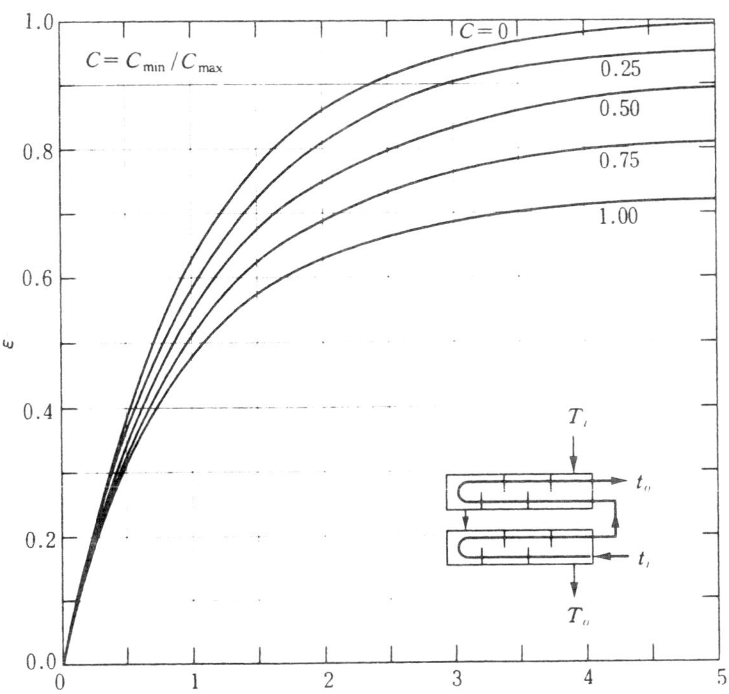

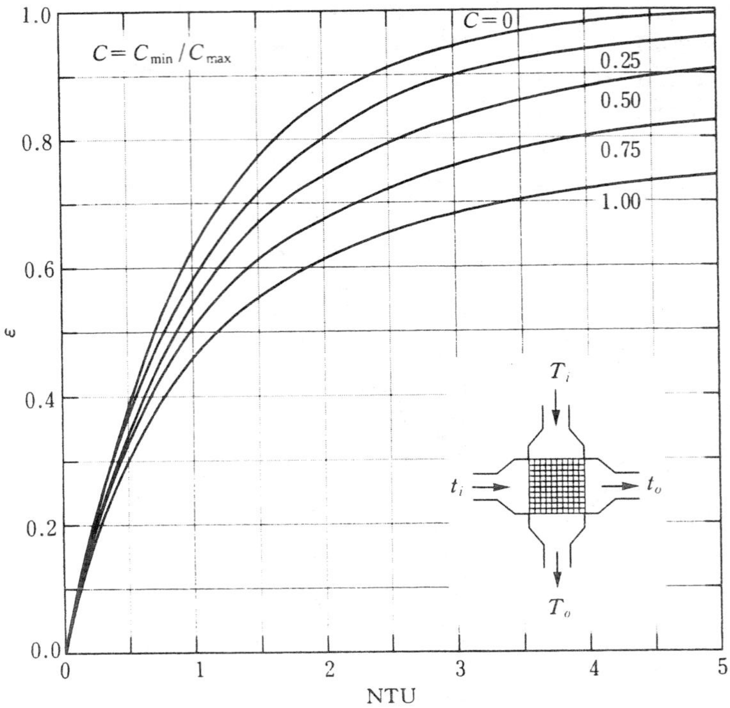

그림 10·28 혼합되지 않는 교차흐름 열교환기의 유효성

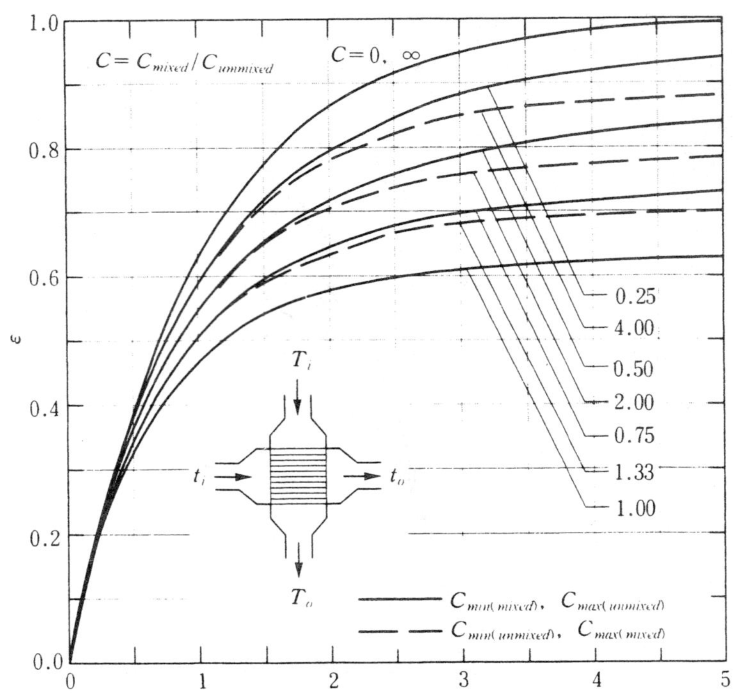

그림 10·29 하나의 유체는 혼합되고 다른 하나는 혼합되지 않는 교차흐름 열교환기의 유효성

때때로 주어진 ε과 C를 이용하면 NTU를 계산할 수 있다. NTU에 대한 관계는 표 10·5에 요약되어 있다. NTU는 표 10·4의 식 (f)로부터는 정확하게 유도될 수 없다. 따라서, 양쪽 유체가 비혼합류인 교차흐름 열교환기에 대해서는 표 10·5에 주어지지 않았다. 표 10·5에 있는 식 (d)는 단일관 박 흐름에 대한 NTU이다. 다중관 박 흐름에 관한 NTU에 대해 다관형 열교환기가 필요하고 전체 열교환기에 대한 NTU는 n(관 박 흐름 수)을 곱해야 한다.

표 10·5 열교환기의 NTU 관계식

$$C=\frac{C_{min}}{C_{max}} \quad N=NTU=\frac{UA}{C_{min}} \quad \varepsilon=\frac{\dot{Q}}{\dot{Q}_{max}}$$

이중관, 판과 틀		
병　류	$N=\dfrac{-\ln[1-\varepsilon(1+C)]}{1+C}$	(a)
향　류	$N=\dfrac{1}{C-1}\ln\left(\dfrac{1-\varepsilon}{1-\varepsilon C}\right)$	(b)
향　류($C=1$)	$N=\dfrac{\varepsilon}{1-\varepsilon}$	(c)
다관형		
1원통통과 2, 4, … 튜브통과	$N=-(1+C^2)^{-1/2}\ln\left(\dfrac{a-1}{a+1}\right)$	(d)
	$a=\dfrac{2/\varepsilon_1-(1+C)}{(1+C^2)^{1/2}}$	(e)
n−원통통과 $2n$, $4n$, … 튜브통과	식 (d)와 식 (e)를 사용하면 $\varepsilon_1=\dfrac{b-1}{b-C}$, $b=\left(\dfrac{\varepsilon C-1}{\varepsilon-1}\right)^{1/n}$	(f)
교차흐름		
C_{max} 혼합 C_{min} 비혼합	$NTU=-\ln\left[1+\left(\dfrac{1}{C}\right)\ln(1-\varepsilon C)\right]$	(g)
C_{min} 혼합 C_{max} 비혼합	$NTU=-\left(\dfrac{1}{C}\right)\ln[C\ln(1-\varepsilon)+1]$	(h)
모든 열교환기		
($C=0$)	$NTU=-\ln(1-\varepsilon)$	(i)

예제 10.5 유효성 NTU를 이용하여 예제 10.2를 풀어라.

풀이 예제 10.2에서 향류와 병류에 있어 이중관 열교환기 작동에 필요한 표면적을 LMTD 방법을 이용하여 계산하였다. 필요한 값은 예제 10.2를 참고하면 된다. 따뜻한 유체와 차가운 유체의 열용량 속도는 다음과 같다.

$$C_h = \dot{m}\,c_{p,h} = (0.1\ \mathrm{kg/s})(2091\ \mathrm{J/kg\cdot K}) = 209.1\ \mathrm{W/K}$$

$$C_c = \dot{m}\,c_{p,c} = (0.15\ \mathrm{kg/s})(4179\ \mathrm{J/kg\cdot K}) = 626.9\ \mathrm{W/K}$$

따뜻한(엔진오일)유체는 최소의 열용량 속도를 가졌다. 따라서, $C_{\min} = 209.1\ \mathrm{W/K}$ 이다. 주어진 식 (10·18)에 의해 최대 열전달 가능성은 다음과 같다.

$$Q_{\max} = C_{\min}(T_{h,i} - T_{c,i}) = (209.1\ \mathrm{W/K})[(400-303)\ \mathrm{K}] = 2.028\times 10^4\ \mathrm{W}$$

예제 10.2에서 실제 열교환은 12.55 kW로 주어졌으므로 열교환기 유효성은 다음과 같다.

$$\varepsilon = \frac{\dot{Q}}{\dot{Q}_{\max}} = \frac{1.255\times 10^4\ \mathrm{W}}{2.028\times 10^4\ \mathrm{W}} = 0.619$$

열용량 속도 비는 다음과 같다.

$$C = \frac{C_{\min}}{C_{\max}} = \frac{209.1\ \mathrm{W/K}}{626.9\ \mathrm{W/K}} = 0.334$$

이와 같이 ε과 C를 구하였고, 표 10·5에서 각각의 식 (a)와 식 (b)를 이용하여 향류와 병류의 NTU를 구할 수 있다. 병류에서

$$NTU = \frac{-\ln[1-\varepsilon(1+C)]}{1+C} = \frac{-\ln[1-0.619(1+0.334)]}{(1+0.334)} = 1.310$$

이고, 표면적은 다음과 같다.

$$A = \frac{C_{\min}NTU}{U} = \frac{(209.1\ \mathrm{W/K})(1.310)}{450\ \mathrm{W/m^2\cdot K}} = 0.609\ \mathrm{m^2}$$

향류에서

$$NTU = \frac{1}{C-1}\ln\left(\frac{1-\varepsilon}{1-\varepsilon C}\right) = \frac{1}{0.334-1}\ln\left(\frac{1-0.619}{1-(0.619)(0.334)}\right) = 1.101$$

이고, 표면적은 다음과 같다.

$$A = \frac{C_{\min}NTU}{U} = \frac{(209.1\ \mathrm{W/K})(1.101)}{450\ \mathrm{W/m^2\cdot K}} = 0.512\ \mathrm{m^2}$$

향류 열교환기는 낮은 NTU를 필요로 하는데, 그 이유는 향류배열이 가장 효율적이기 때문이다. 병류와 향류에 있어 열교환기의 표면적이 예 10.2에서 LMTD를 이용하여 0.606 $\mathrm{m^2}$와 0.511 $\mathrm{m^2}$를 얻었고, 유효성−NTU 방법에 의한 값도 같게 나왔다. 작은 차이는 반올림 오차 때문이다. 이런 종류의 열교환기 분석에서 열전달은 주어진 값으로부터 계산되기 때문에 LMTD 또는 유효성−NTU 방법으로 쉽게 분석할 수 있다. 다음 예제에서는 출구유체의 온도를 알지 못할 때 유효성−NTU 방법이 LMTD 방법보다 유리하다는 것을 보여 준다.

예제 10.6 다관형 열교환기가 Therminol 59 열교환 유체를 냉각하기 위해 사용된다. 질량 유속이 80 kg/s, 온도가 25℃인 물이 열교환기의 통 쪽으로 유입된다. 열전달 유

체는 총 질량유속이 12 kg/s로 관에 유입된다. 열교환기는 2개의 통 쪽 흐름과 8개의 관흐름을 갖고 있다. 만일 열전달 표면적과 총 열전달 계수가 21 m^2와 1300 $W/m^2 \cdot K$일 때 열전달과 출구유체의 온도를 구하라.

풀이 Therminol 59와 물은 각각 따뜻하고 차가운 유체이다.

Therminol 59 $T_{h,i} = 90℃\,(363\ K)$, $\dot{m}_h = 12\ kg/s$

물 $T_{c,i} = 25℃\,(298\ K)$, $\dot{m}_c = 80\ kg/s$

입구에서의 온도를 기준으로 한 유체의 비열은

$$c_{p,h} = 1910\ J/kg \cdot K, \quad c_{p,c} = 4181\ J/kg \cdot K$$

이고, 따뜻한 유체와 차가운 유체의 열용량 속도는 다음과 같다.

$$C_h = \dot{m}_h c_{p,h} = (12\ kg/s)(1910\ J/kg \cdot K) = 2.292 \times 10^4\ W/K$$

$$C_c = \dot{m}_c c_{p,c} = (80\ kg/s)(4181\ J/kg \cdot K) = 3.345 \times 10^5\ W/K$$

Therminol 59는 최소의 열용량을 갖고 있고, 따라서 $C_{min} = 2.292 \times 10^4\ W/K$ 이다. 열용량 속도 비는

$$C = \frac{C_{min}}{C_{max}} = \frac{2.292 \times 10^4\ W/K}{3.345 \times 10^5\ W/K} = 0.069$$

이고, NTU는 다음과 같다.

$$NTU = \frac{UA}{C_{min}} = \frac{(1300\ W/m^2 \cdot K)(21\ m^2)}{2.292 \times 10^4\ W/K} = 1.191$$

2개의 통 쪽 흐름이 있으므로 표 10·4의 식 (d)에 사용되는 단위 통 쪽 흐름당 NTU는 다음과 같다.

$$\frac{NTU}{n} = \frac{1.191}{2} = 0.596$$

식 (d)에 사용되는 매개값은 다음과 같다.

$$a = (1 + C^2)^{1/2} = (1 + 0.069^2)^{1/2} = 1.002$$

그리고 단일 통 쪽 흐름에 대한 유효성은 다음과 같다.

$$\varepsilon_1 = \frac{2}{(1+C) + a[1 + \exp(-aN)]/[1 - \exp(-aN)]}$$

$$= \frac{2}{(1+0.069) + 1.002\{1 + \exp[(-1.002)(0.596)]\}/\{1 - \exp[(-1.002)(0.596)]\}}$$

$$= 0.442$$

표 10·4의 식 (e)에 의한 두 번의 통 쪽 흐름에 대한 유효성은 다음과 같다.

$$\varepsilon = \frac{[(1 - \varepsilon_1 C)/(1 - \varepsilon_1)]^n - 1}{[(1 - \varepsilon_1 C)/(1 - \varepsilon_1)]^n - C}$$

$$= \frac{\{[1 - (0.442)(0.069)]/(1 - 0.442)\}^2 - 1}{\{[1 - (0.442)(0.069)]/(1 - 0.442)\}^2 - 0.069} = 0.684$$

열전달은 다음과 같다.

$$\dot{Q} = \varepsilon C_{\min}(T_{h,i} - T_{c,i})$$
$$= (0.684)(2.292\times10^4\ \mathrm{W/K})[(363-298)\ \mathrm{K}] = 1.02\times10^6\ \mathrm{W} = 1.02\ \mathrm{MW}$$

이제 열전달을 알았으니 식 (10 · 6)을 이용하여 출구에서의 유체의 온도를 구하면 다음과 같다.

$$T_{c,o} = \frac{\dot{Q}}{C_c} + T_{c,i} = \frac{1.02\times10^6\ \mathrm{W}}{3.345\times10^5\ \mathrm{W/K}} + 298\ \mathrm{K} = 301\ \mathrm{K} = 27.9℃$$

$$T_{h,o} = T_{h,i} - \frac{\dot{Q}}{C_h} = 363 - \frac{1.02\times10^6\ \mathrm{W}}{2.292\times10^4\ \mathrm{W/K}} = 318\ \mathrm{K} = 44.9℃$$

입구와 출구에서의 물의 온도는 거의 변하지 않았다. 그러나 Therminol 59는 90℃에서 44.9℃로 냉각되었다. 평균온도 67.5℃(341 K)를 기준으로 Therminol 59의 비열을 보정하면 열전달은 다음과 같다.

$$\dot{Q} = 1.00\ \mathrm{MW}$$

그리고 출구의 온도는 다음과 같다.

$$T_{c,o} = 27.8℃, \quad T_{h,o} = 46.2℃$$

예제 10.7 그림 10 · 30과 같은 판과 틀 열교환기는 0.5 mm 두께의 AISI 316 스테인리스 강판이 3 mm 간격으로 놓여 있다. 판의 폭과 길이는 0.42 m와 1.18 m이다. 포화된 물은 115℃로 판통로를 평균속도 0.6 m/s로 유입되고, 포화된 −10℃ 냉매 R−134a는 이웃한 판통로로 0.4 m/s로 유입된다. 향류라고 가정할 때, 물과 냉매의 출구의 온도와 한 판에서의 열전달을 구하라.

풀이 따뜻한 유체와 차가운 유체의 입구에서의 온도와 평균속도는 다음과 같다.

물	$T_{h,i} = 115℃\,(388\ \mathrm{K})$,	$u_h = 0.6\ \mathrm{m/s}$
R−134a	$T_{c,i} = -10℃\,(263\ \mathrm{K})$,	$u_c = 0.4\ \mathrm{m/s}$

출구에서의 온도를 알지 못하므로 입구에서의 유체의 온도를 기준으로 할 때 다음 값을 얻을 수 있다.

$$c_{p,h} = 4237\ \mathrm{J/kg\cdot K},\quad \rho_h = 946.8\ \mathrm{kg/m^3},\quad \nu_h = 25.46\times10^{-8}\ \mathrm{m^2/s},$$
$$k_h = 0.684\ \mathrm{W/m\cdot K},\quad Pr_h = 1.50$$
$$c_{p,c} = 1306\ \mathrm{J/kg\cdot K},\quad \rho_c = 1325.6\ \mathrm{kg/m^3},\quad \nu_c = 24.62\times10^{-8}\ \mathrm{m^2/s},$$
$$k_c = 0.098\ \mathrm{W/m\cdot K},\quad Pr_c = 4.35$$

유효성−NTU 방법을 적용하기 전에 먼저 각 판에서의 열전달 계수를 구해야 한다. 이 열전달 계수는 총 열전달 계수를 구하는 데 이용된다. 판 사이의 간격이 판의 길이에 비해 매우 작다. 따라서, 완전발달 흐름이 존재한다고 가정한다. 판 사이의 간격이 폭이 좁은 장방형 도관이면 유체역학 지름은 다음과 같다.

$$D_H = \frac{4A}{P} = \frac{4W\delta}{2(W+\delta)}$$

그림 10 · 30 판과 틀 열교환기

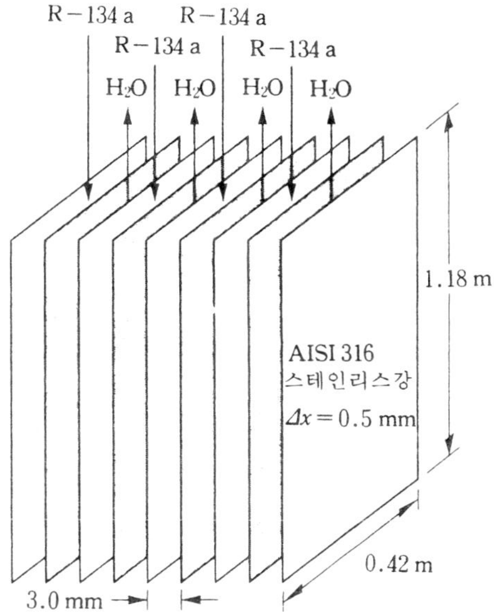

W와 δ는 폭과 중심거리이다. 중심거리 δ가 폭 W보다 많이 작기 때문에 유체역학 지름은 근사적으로 다음과 같다.

$$D_H = \frac{4W\delta}{2(W+\delta)} \approx 2\delta = 2(0.003\ \text{m}) = 0.006\ \text{m}$$

따뜻한 유체의 레이놀즈 수는

$$Re_h = \frac{u_h D_H}{\nu_h} = \frac{(0.6\ \text{m/s})(0.006\ \text{m})}{25.46\times 10^{-8}\ \text{m}^2/\text{s}} = 1.41\times 10^4$$

이고, 차가운 유체의 레이놀즈 수는 다음과 같다.

$$Re_c = \frac{u_c D_H}{\nu_c} = \frac{(0.4\ \text{m/s})(0.006\ \text{m})}{24.62\times 10^{-8}\ \text{m}^2/\text{s}} = 9748$$

식 (8 · 41)에서 더운 유체와 차가운 유체의 누셀트 수는

$$Nu_h = 0.023Re_h^{0.8}Pr_h^{0.3} = 0.023(1.41\times 10^4)^{0.8}(1.50)^{0.3} = 54.2$$

$$Nu_c = 0.023Re_c^{0.8}Pr_c^{0.4} = 0.023(9748)^{0.8}(4.35)^{0.4} = 64.3$$

이고, 유체의 냉각과 가열에 대한 프란틀 수의 지수는 0.3과 0.4이다. 판의 따뜻한 유체와 차가운 유체 쪽에 대한 열전달 계수는 다음과 같다.

$$h_h = \frac{Nu_h k_h}{D_H} = \frac{(54.2)(0.684\ \text{W/m}\cdot\text{K})}{0.006\ \text{m}} = 6179\ \text{W/m}^2\cdot\text{K}$$

$$h_c = \frac{Nu_c k_c}{D_H} = \frac{(64.3)(0.098\ \text{W/m}\cdot\text{K})}{0.006\ \text{m}} = 1050\ \text{W/m}^2\cdot\text{K}$$

식 (10 · 3)을 이용하여 총 열전달 계수 U를 구하면 다음과 같다.

$$U = \frac{1}{\dfrac{1}{h_h} + \dfrac{\Delta x}{k} + \dfrac{1}{h_c}}$$

$$= \frac{1}{\dfrac{1}{6179\ \mathrm{W/m^2 \cdot K}} + \dfrac{0.0005\ \mathrm{m}}{13.4\ \mathrm{W/m \cdot K}} + \dfrac{1}{1050\ \mathrm{W/m^2 \cdot K}}} = 868\ \mathrm{W/m^2 \cdot K}$$

판과 틀 열교환기에서는 더운 유체의 흐름으로부터 차가운 유체의 흐름으로 양쪽 방향으로 열흐름이 있다. 단일판에서의 열전달을 구하기 위해 반으로 나누어 절반에서의 총 질량유속을 이용한다. 그러므로 열용량 속도는 뜨거운 유체와 차가운 유체의 다음과 같다.

$$C_h = \frac{\dot{m}_h c_{p,h}}{2} = \frac{(\rho u A c_p)_h}{2}$$

$$= \frac{(946.8\ \mathrm{kg/m^3})(0.6\ \mathrm{m/s})(0.42\ \mathrm{m})(0.003\ \mathrm{m})(4237\ \mathrm{J/kg \cdot K})}{2} = 1516\ \mathrm{W/K}$$

$$C_c = \frac{\dot{m}_c c_{p,c}}{2} = \frac{(\rho u A c_p)_c}{2}$$

$$= \frac{(1325.6\ \mathrm{kg/m^3})(0.4\ \mathrm{m/s})(0.42\ \mathrm{m})(0.003\ \mathrm{m})(1306\ \mathrm{J/kg \cdot K})}{2} = 436.3\ \mathrm{W/K}$$

여기서, $C_{\min} = C_c = 436.3\ \mathrm{W/K}$ 이므로 열용량 속도 비는 다음과 같다.

$$C = \frac{C_{\min}}{C_{\max}} = \frac{436.3\ \mathrm{W/K}}{1516\ \mathrm{W/K}} = 0.288$$

판의 표면적 S는

$$S = LW = (1.18\ \mathrm{m})(0.42\ \mathrm{m}) = 0.496\ \mathrm{m^2}$$

이고, NTU는 다음과 같다.

$$NTU = \frac{US}{C_{\min}} = \frac{(868\ \mathrm{W/m^2 \cdot K})(0.496\ \mathrm{m^2})}{(436.3\ \mathrm{W/K})} = 0.987$$

표 10·4의 식 (b)를 이용하여 열교환기의 유효성을 구하면 다음과 같다.

$$\varepsilon = \frac{1 - \exp[-N(1-C)]}{1 - C\exp[-N(1-C)]}$$

$$= \frac{1 - \exp(-0.987(1-0.288)]}{1 - 0.288\exp[-0.987(1-0.288)]} = 0.589$$

마지막으로 단일판에 대한 열전달은

$$\dot{Q} = \varepsilon C_{\min}(T_{h,i} - T_{c,i})$$

$$= (0.589)(436.3\ \mathrm{W/K})[(388-263)\ \mathrm{K}] = 3.21 \times 10^4\ \mathrm{W}$$

이제 열전달을 알았으므로 출구유체의 온도를 구할 수 있다. 상변화가 없다고 가정하면 두 유체는 포화된 액체상태로 남아 있다. 그러면 다음과 같은 결과를 얻는다.

$$T_{c,o} = \frac{\dot{Q}}{C_c} + T_{c,i} = \frac{3.21 \times 10^4\ \mathrm{W}}{436.3\ \mathrm{W/K}} + 263\ \mathrm{K} = 337\ \mathrm{K} = 63.5℃$$

$$T_{h,o} = T_{h,i} - \frac{\dot{Q}}{C_h} = 388\ \mathrm{K} - \frac{3.21 \times 10^4\ \mathrm{W}}{1516\ \mathrm{W/K}} = 367\ \mathrm{K} = 93.7℃$$

유체의 평균온도를 기준으로 물성을 보정하면 다음과 같다.

$$\dot{Q} = 29.8\ \mathrm{kW}, \quad T_{c,o} = 58.8℃, \quad T_{h,o} = 94.8℃$$

이 예제를 끝내기 전에 몇 가지 언급할 것이 있다. 이 예제의 모든 계산은 단일판에 대한 것이다. 열교환기의 총 열전달은 단일판의 열전달에 판의 수를 곱함으로써 쉽게 얻을 수 있다. 더욱이 이 예제에서 계산된 열전달 계수는 거의 근접된 값이다. 판과 틀 열교환기는 주름, 오목한 표면 등 경계층에 영향을 주어, 결국 대류 열전달에 영향을 미치는 다양한 형태의 판을 이용한다. 표면의 불규칙성은 난류를 형성하여 대류성 열전달을 강화시킨다. 열전달 강화는 다음 절에서 다루겠다.

10.6 열전달 강화

열교환기 성능은 열전달 강화라는 열전달의 증대방법을 택해서 현저하게 향상될 수 있다. 열전달 증대는 고정된 온도차에서 열전달의 증가와 주어진 열전달 속도에 대해 운전온도를 감소시키는 효과가 있다. 이 장의 앞부분에서 볼 수 있듯이 열교환기의 열전달은 다음과 같다.

$$\dot{Q} = UA\Delta T_m \tag{10 · 21}$$

이 식으로부터 고정된 LMTD에 대해 열전달은 총 열전달 계수 U, 열교환 표면적 A, 그리고 U와 A를 동시에 증가시켜 증대될 수 있다. 대신에 주어진 열전달에 대해 LMTD는 U 또는 A 또는 양쪽을 증가시킴으로써 감소될 수 있다. 곱 UA값 증대 가능성은 실질적인 이점이 있다. 설계관점에서 볼 때 열전달의 증대는 주어진 상황에서 열교환기의 크기를 감소시키고 이에 따라 가격과 무게를 줄일 수 있다. 더욱이 주어진 열전달 속도에서 유체의 온도감소는 열역학적 효과를 증대시키고 운용비를 절감한다.

몇몇 열전달 강화 방법은 확인되었는데, 일반적으로 수동과 능동 두 가지로 분류한다. 수동기술은 열전달 표면의 변형이다. 표면코팅은 표면에서 난류를 증가시킴으로써 열의 대류를 증가시킨다. 특별한 코팅은 심지어 응축과 비등을 향상시키는 데 사용된다. 거친 표면은 표면 가까이에 있는 경계층의 섞임을 증대시키는 데 사용된다. 일체형 거칠기(integral roughness)는 기계가공과 변형에 의해 만들어진다. 그림 10·31에 나타낸 관의 안팎에는 일체형 골을 가지고 있다. 분리형 거칠기(nonintegral roughness)는 경계층을 파괴하는 선코일(wire coil)과 스프링의 삽입에 의해 만들어진다. 비틀림 테이프 삽입물과 같은 맴돌이 장치는 열전달 계수를 증가시키는 접선속도 성분을 유체에 일으킨다. 그림 10·32는 철사코일과 비틀림 테이프 삽입물의 예를 보여 준다. 3장에서 논의되었던 확장표면은 일반적으로 표면적을 증가시켜 열전달을 향상시키는 열교환기이다. 특별한 모양의 확장표면은 또한 열전달 계수를 증가시킨다. 물결형, 절개-오프셋형, 천공형 휜은 이의 좋은 예이다. 그림 10·33의 비틀림 형태의 관은 표면확장과 거친

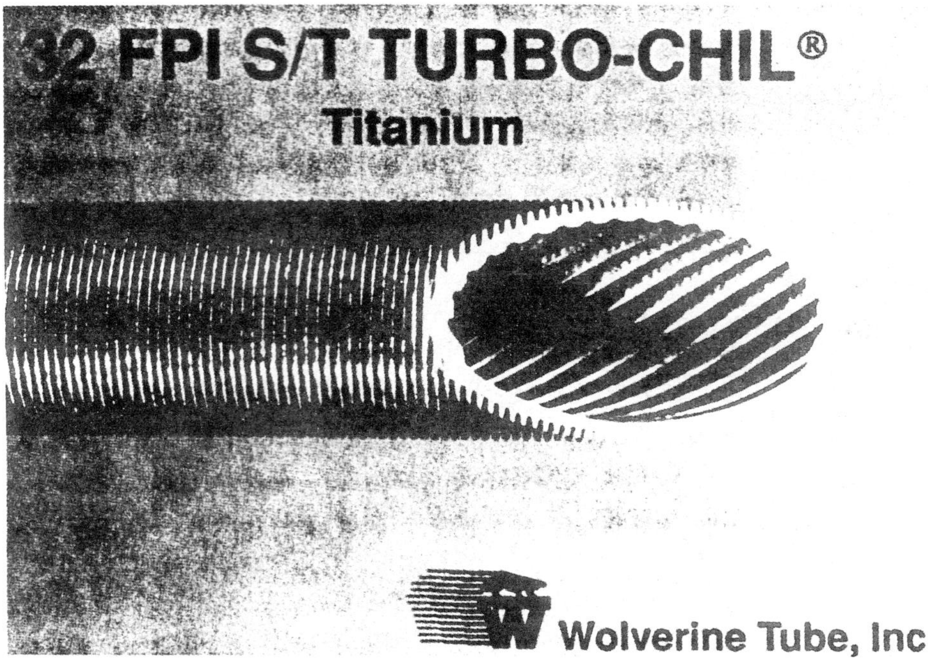

그림 10·31 열교환기 튜브의 안팎표면의 일체형 골은 난류를 촉진한다. (Courtesy of Wolverine Tube Inc., Decatur, Ala)

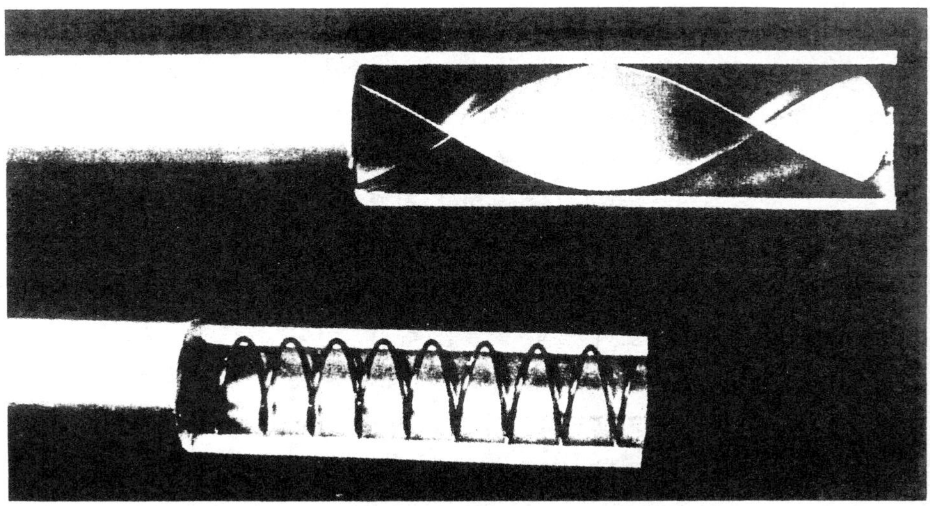

그림 10·32 비틀린 테이프와 선코일은 관내부 표면의 대류 열전달을 증대한다.

표면방법에 의한 열전달 강화를 보여 준다. 감긴 형태의 튜브는 난류의 증진이나 표면연장 없이 열전달을 강화시킨다. 유체가 원통을 흐를 때 원심력은 열전달 계수를 증가시키는 세로방향의 향류회전 와류로 구성된 2차 흐름을 야기한다.

열전달 강화의 능동적인 방법은 외부힘을 요구한다. 기계적 기술은 기계적으로 유체를 휘젓거나, 열전달 표면을 회전시킨다. 진동은 유체 또는 열교환기를 진동시키는 데 쓰인다. 실제로는 열교환기가 크기 때문에 유체진동이 선호된다. 유체

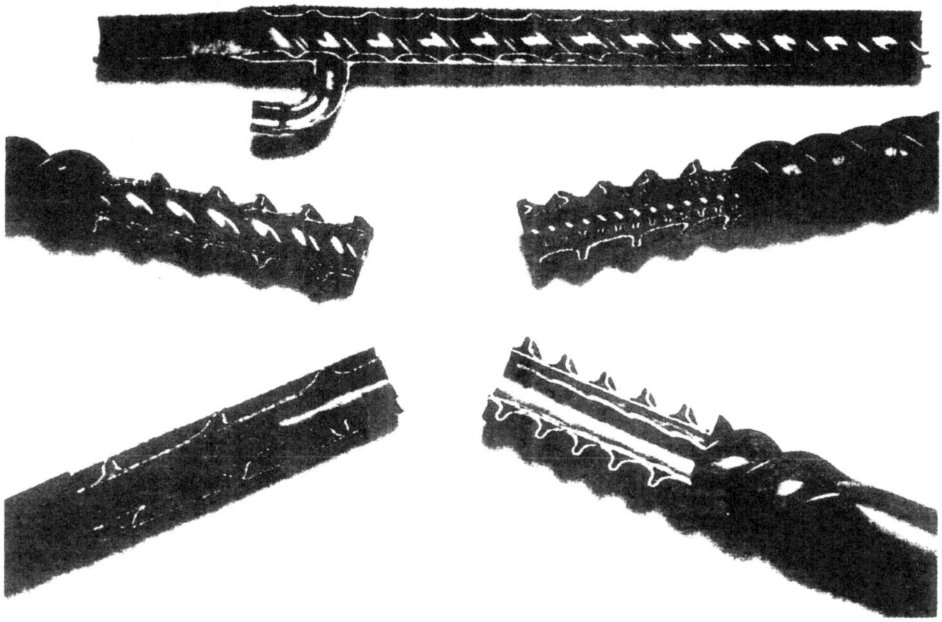

그림 10·33 비틀린 형태의 관은 표면을 확장하고 난류를 촉진함으로써 열전달을 증대한다.(Courtesy of Delta t Limited, Tulsa, Okla.)

를 포함하는 경우 정전기장은 유체를 혼합하는 데 사용되고 그 결과 열전달 계수를 증가시킬 수 있다. 노즐이나 오리피스를 통한 유체의 흐름이 표면에 직각이나 경사를 이루며 향하는 경우를 분사접촉(jet impingement)이라 하는 데, 접촉영역에 근접한 표면의 열전달 계수는 매우 높을 수 있다.

열교환기 표면에 휜을 첨가하면 대류저항은 감소된다. 응용하기에 따라 휜을 열전달 표면 양쪽에 설치할 수 있다. 오염효과(fouling effect) 연장표면에서 총 열전달 계수는 다음과 같다.

$$\frac{1}{(UA)_h} = \frac{1}{(UA)_c} = \frac{1}{(\varkappa hA)_h} + \frac{R_{f,h}}{(\varkappa A)_h} + R_w + \frac{R_{f,c}}{(\varkappa A)_c} + \frac{1}{(\varkappa hA)_c} \tag{10·22}$$

이 식에서 아래첨자 h와 c는 각각 뜨거운 쪽과 찬 쪽을 의미한다. 3.7절에서 소개한 매개변수 $\varkappa$는 표면효율, A는 총 표면적(즉, 휜면적 휜 사이의 주 표면적의 합) 그리고 R_w는 벽의 전도저항이다. 원통표면에서 $R_w = \ln(r_o/r_i)/(2\pi kL)$인 반면, 판표면에서는 $R_w = \Delta x/(kA)$이다. 만약 오염인자가 무시된다면 식 (10·22) 오른쪽 항의 2, 4번째 항을 0으로 둔다. 유체 중 하나가 전도저항을 좌우한다면 1, 5번째 항 중 하나를 0으로 둔다.

주어진 상황에서 시도되는 열전달 강화 기술의 형태는 바라는 설계목적에 달려 있다. 열교환기의 크기는 부피와 무게를 최소화해야 하는 항공 시스템에서 특히 중요하다. 원가(가격)인자는 열교환기를 장기간 계속해서 작동시키는 공정산업에서 보다 중요하다. 물론, 사용 가능한 열교환기 강화 방법은 열교환기 종류에 따라 크게 영향을 받는다. 열전달 강화는 일반적으로 높은 압력강하를 일으켜 펌핑이나 팬에 대한 동력요구가 증가한다. 좋은 열전달 강화 설계는 압력강화를 최소화하면서 열교환기 성능을 증가시키는 것이다. 강화기술의 열전달 계수는 주로 실험적 데이터에 기초를 둔 상관관계로부터 많이 결정되었다. 각각의 관계는 특별한 표면형태와 특별한 열전달 강화 방법에 적용된다. 열전달 강화와 상관관계의 종합적인 정리는 Webb[12]을 참고하라.

10.7 열교환기의 선택과 설계

열교환기의 선택은 특정목적을 위해 기존형태나 시장에 나와 있는 것을 선택하는 과정이다. 열교환기 설계는 존재하는 장치가 특정한 상황에 맞지 않을 때 새로운 열교환기를 만드는 과정을 말한다. 다양한 상황에 대해 수천 가지의 기존하는 열교환기가 선택될 수 있다. 열교환기가 기계적 시스템 자체에 꼭 필요한 상황에서 기존장치를 사용할 수 없다면 주문형 열교환기가 설계되어야 한다. 때때로 상황에 따라 특별한 온도와 특별한 압력, 독특한 모양, 크기 또는 색다른 재질을 요구하는 경우가 있다. 이러한 요구에 맞는 기존의 열교환기가 없을 수 있다. 그래서 새로운 열교환기가 설계, 제조되어야 한다. 카탈로그에서 열교환기를 선택하든, 처음부터 설계하든 상관없이 몇몇 인자가 고려되어야 한다.

열 전 달

열전달은 열교환기를 선택하거나 설계할 때 가장 중요한 인자이다. 열교환기는 한 유체에서 다른 유체로 주어진 질량유속과 온도차에 대해 특정속도로 열에너지를 전달할 수 있어야 한다.

비 용

비용은 몇몇 경우를 제외하고는 최소화해야 한다. 명백히 열교환기 비용은 설계, 제조한 새로운 열교환기보다는 기존의 열교환기가 적게 든다. 또한 열교환기 비용은 형태와 크기 사용된 재료, 요구되는 정비에 달려 있다.

열교환기 종류

사용되는 열교환기의 종류는 주로 상황에 따라 선택된다. 열교환기는 특정운전의 온도와 압력을 견딜 수 있어야 하며, 사용하는 능력과 포함된 유체와 적합해야 하고 요구하는 크기와 무게에 맞아야 한다. 예로 고압상황에서 다관형 열교환기는 판과 틀 열교환기보다 더 적합할 수 있다. 반대로 큰 표면적이 요구되지만, 무게와 크기는 고려되지 않는 산업적 상황에서는 판과 틀 열교환기가 적당할 수 있다. 크기와 무게를 최소화해야 하는 항공산업에서는 콤팩트형 열교환기가 종종 선호된다.

크기와 무게

작고 경량의 열교환기는 일반적으로 크고 무거운 열교환기보다 선호된다. 항공우주, 자동차, 의료산업에서 부각되는 상황은 열교환기가 일반적으로 작은 공간에 잘 맞아야 하고 경량이어야 한다. 항공이나 자동차 시스템에서 소재의 무게는 직접적으로 성능이나 연료소비에 영향을 준다. 의학분야에서는 종종 운반성이 매우 중요하다. 더욱이 작은 열교환기는 일반적으로 큰 열교환기에 비해 저렴하다.

펌핑전력

대부분의 상황에서 펌프와 팬은 액체와 기체가 열교환기를 통해 흐르게 하는데 이용된다. 펌프와 팬은 전기를 소비하는 모터에 의해 운전된다. 열교환기의 열전달은 한쪽 또는 양쪽유체의 유속을 증가시킴에 의해 증가될 수 있다. 유속이 증가하면 열교환기 전체의 압력강하가 증가한다. 그에 의해 증가된 유속을 유지하기 위한 펌프나 팬의 전력이 더 크게 요구된다. 결과적으로 펌프나 팬은 더 많은 전기를 요구하고 열교환기 운영비가 증가한다. 따라서, 열전달과 펌핑전력과는 이러한 상반된 관계를 가진다.

강화된 열전달 표면

10.6절에서 열교환기의 열전달 성능을 강화시키는 다양한 방법에 대해 토론했다. 선택과 설계과정의 일부로서 열교환기의 강화는 열전달 조건과 열교환기 형태, 크기 그리고 펌핑전력과의 관련성이 고려되어야 한다. 앞에서 지적한 것처럼 강화된 표면의 특성은 그 표면자체에 연결된 것일 수도 있고 강화를 위해 코일이나 비틀린 테이프와 같은 특별한 장치가 삽입될 수도 있다. 강화된 표면에 대한 중요한 고려사항 중에 하는 그에 따른 압력강하의 증가가 펌핑전력을 증가시키는 것이다. 그 결과 전력비용이 증가한다. 또한, 강화된 표면은 오염을 심하게 할 수 있고 그 결과 펌핑전력과 열교환기의 보수빈도가 증가한다.

재 료

열교환기에 사용되는 재료는 구조의 완전성 관점에서 매우 중요하다. 고압상황에서 열교환기 소재에 엄한 제약이 있을 수 있다. 또한, 고온에서 사용하려면 고온에서 강도가 크게 약해지지 않는 재료를 사용해야 한다. 더욱이 열교환기 안에서의 높은 온도구배는 열팽창 문제를 야기시킬 수 있다. 잘못된 소재의 선택은 열전달 표면의 오염에 일부 원인을 제공한다. 오염의 특별한 형태인 부식은 사용되는 유체와 열교환기의 소재가 적합하지 않다면 발생할 수 있다. 어느 정도 오염은 보통 인정되지만 정기적인 정비로 제거되어야 한다.

유지보수

어떤 열교환기를 선택, 설계할 때는 사용기간 동안 어떻게 장치를 유지시킬 것인가를 반드시 고려해야 한다. 10.3절에서 열전달 표면오염에 대해 알아보았다. 이러한 오염이 선택과 설계단계에서 고려되지 않는다면 열교환기는 부수적 보수비용이 요구된다. 열교환기 표면의 오염에 의한 퇴적물은 흐름을 제한하거나 압력강하를 증가시킨다. 따라서, 펌핑전력을 증가하게 된다. 오염물질을 제거하는 쉬운 청소법이 고려되어야 한다. 판과 틀형과 같은 몇몇 종류의 열교환기는 특히 주기적 청소에 알맞다. 다관형 열교환기의 튜브는 종종 긴 막대를 튜브 안으로 삽입하여 퇴적물의 표면을 긁어내는 로딩(rodding)이라는 과정에 의해 청소한다. 대부분의 경우에 열교환기를 보수하는 동안 작동을 멈춘다. 연속운전 상황에서 주장치가 청소되는 동안 동일한 보조 열교환기를 종종 사용한다. 부가비용은 작동을 멈추는 경우, 보조 열교환기를 구입하는 경우 등 모두 초래된다.

기타 고려사항

액체-공기 또는 공기-공기 열교환기에서 때때로 소음문제가 발생한다. 열교환기의 공기면에서 발생한 낮은 진동수의 소음은 근처에서 작업하는 사람의 신경을 거슬리게 한다. 독성유체와 관련된 상황에서 누출은 용납될 수 없다. 안전성과 신뢰성은 열교환기를 포함한 모든 기계장치의 선택과 설계에서 중요하게 고려되어야 한다.

10.4절과 10.5절에서 열교환기로 분석하는 두 가지 방법을 소개했다. 열교환기 선택과 설계과정에서 분석방법을 하나 또는 두 가지 모두를 사용할 수 있다. LMTD와 유효성-NTU 분석방법은 주어진 열교환기 형태에서 똑같은 결과를 얻는다. 그러나 주어진 상황에서 무엇을 알고 있는가에 따라 두 가지 방법 중 하

나가 적당하다. 만약 뜨거운 유체와 차가운 유체의 입구와 출구에서의 온도를 알고 있다면 LMTD 방법이 당연히 쓰일 것이다. 만약 뜨거운 유에나 차가운 유체의 입구온도만을 알고 있어도 LMTD 방법을 마찬가지로 쓸 수 있다. 그러나 반복계산이 요구된다. 따라서, 이러한 문제에 대해서는 유효성-NTU 방법이 적당하다. 열교환기의 선택과 설계문제는 열교환기의 종류와 크기, 즉 열전달 면적 A를 결정하는 문제이다. 이러한 부류의 문제에서 입구 및 출구온도와 양쪽 유체의 유속은 일반적으로 알려져 있다. 그래서 LMTD 분석방법이 당연히 적용된다. 물론 유효성-NTU 방법 또한 사용될 수 있다. 종류와 크기가 알려진 열교환기에서는 주어진 입구온도와 유속에서 열전달과 출구의 온도를 찾는 것이 목적이다. 이러한 종류의 문제에서는 유효성-NTU 방법이 더 좋다 왜냐하면 성가신 반복 계산법이 요구되지 않기 때문이다.

열교환기 선택과 설계에 관한 마지막 언급은 총 열전달 계수 U가 중요한 매개변수라는 것이다. 총 열전달 계수 U의 전도성분은 대류성분에 비해 보통 무시되기 때문에 열전달 계수가 전체 열전달에 크게 영향을 미친다. 7장과 8장에서 지적한 것과 같이 h에 대한 실험적 상관관계가 수립된 실험실 조건에 상응하는 응용에서는 안팎의 강제흐름에 대한 열전달 계수는 계산될 수 있다. 열교환기의 열전달 표면의 복합성과 다른 미묘한 형태의 차이 때문에 실질적 흐름의 특성은 관계식에 기초를 둔 특성과 일치하지 않는다. 그러므로 7장과 8장에 주어진 식으로부터 얻어진 열전달 계수는 근사값으로 생각할 수 있다. 결과적으로 구조적 설계에 사용되는 것과 비슷하게 안전성 인자는 열교환기 설계의 불확실성을 고려하여 U값에 적용시킬 수 있다. 만약 열교환기가 시중에 파는 항목 중에서 선택될 때 열교환기 공급자는 필요한 U값과 NTU를 제공할 것이다. 그 결과 알맞은 열교환기가 특별한 상황에 선택될 수 있다.

10.8 응 용

열회수는 엔진 배기가스나 소각장치로부터 나오는 연소가스와 같이 사용된 기체로부터 열에너지를 회수하고, 결국 열전달 시스템에 사용하는 공정이다. 열회수의 근본목적은 열전달 시스템을 운전에 요구되는 에너지 소비를 감소시키는 것이다. 열회수 장치의 초기투자, 감가상각, 유지보수 및 운전에 관련된 비용은 일반적으로 에너지 절약에 의해 2년에서 7년 사이에 회수할 수 있다. 열회수 장치(recuperator)라 부르는 열회수 시스템은 소각로를 위한 연소증기를 예열하는 장치로 기체-공기 열교환기를 사용한다. 그림 10 · 34에 나타낸 것처럼 소각로로부터 나온 연소기체를 다관형 열교환기의 일련의 튜브 속을 통과하게 한다. 주위공기는 열교환기 통 쪽으로 튜브를 가로질러 빠져나온다. 이 뜨거운 연소공기는 소각로로 공급된다. 왜냐하면 연소과정에 사용될 공기가 예열되어 있다면 주어진 물질의 질량당 연소에 필요한 연료가 감소한다. 예제 10.8에서 그림 10·34에 나타낸 열회수기가 지시된 연료절약을 얻기 위해 필요한 튜브의 수를 결정할 것이다.

예제 10.8 그림 10·34에 나타낸 열회수 장치는 소각로의 연소공기를 예열시키는 데 사용된다. 소각로로부터 나온 연소가스는 750℃의 열회수 장치의 튜브 안으로 질량유속이 5 kg/s로 들어간다. 그리고 20℃의 주위공기는 질량유속 2.2 kg/s로 장치의 통 쪽으로 들어간다. 열회수 장치의 열전달 표면이 깨끗할 때 열전달 계수는 32 $W/m^2 \cdot K$이다. 운용한지 몇 년 후 열교환기에 발생한 오염저항은 튜브의 안쪽 표면이 $0.0018\,K \cdot m^2/W$, 바깥쪽이 $0.0002\,K \cdot m^2/W$이다. 소각로로 들어가는 20℃ 이상에서 16℃ 올라갈 때마다 1%의 연료가 절약된다. 30%의 연료절감이 필요하다면 요구되는 총 열전달 면적은 얼마인가? 지름 1, 2, 4, 5 cm 관의 정사각형 배열의 형태로 표현하라.

그림 10·34 열회수 장치

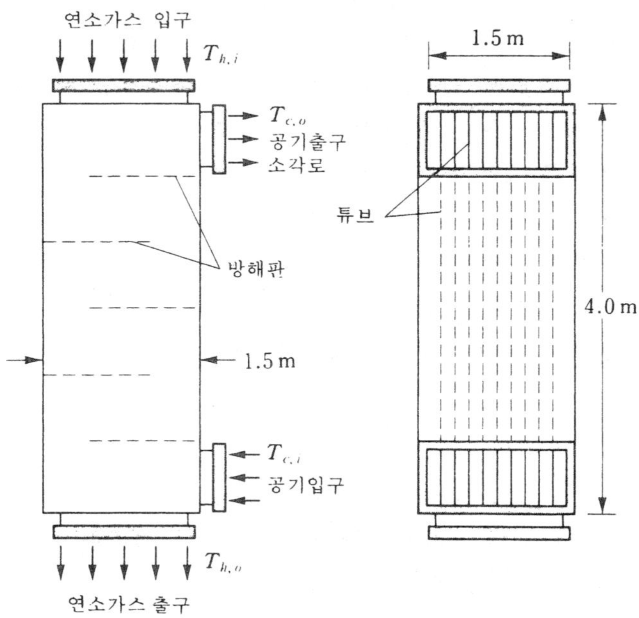

풀이 뜨거운 유체와 차가운 유체는 각각 연소기체와 연소공기이다. 입구온도와 질량유속은 다음과 같다.

연소가스 $T_{h,i} = 750℃\,(1023\,K)$, $\dot{m}_h = 2.2\,kg/s$

연소공기 $T_{c,i} = 20℃\,(293\,K)$, $\dot{m}_c = 5\,kg/s$

만약 30% 연료절감을 얻으려면 연소공기의 출구온도는 다음과 같아야 한다.

$$T_{c,o}=\frac{0.30}{0.01}(16℃)+20℃=500℃(773\text{ K})$$

태우는 물질에 의존하는 소각공정으로부터 나온 연소기체는 공기나 이산화탄소, 일산화탄소 그리고 메탄 같은 다양한 기체를 담고 있을 것이다. 연소가스가 주어진 온도에서 공기와 똑같은 열역학적 성질을 가진다고 가정하고 있다. 연소기체의 출구온도가 850 K라고 추정한다. 연소가스와 연소공기의 c_p값은 각각 입구와 출구의 평균온도인 936.5 K, 533 K에 기초를 둔다. 따라서, 다음을 얻을 수 있다.

$$c_{p,h}=1128\text{ J/kg}\cdot\text{K},\quad c_{p,c}=1037\text{ J/kg}\cdot\text{K}$$

깨끗한 표면의 총 열전달 계수와 오염저항은 다음과 같다.

$$U_{clean}=32\text{ W/m}^2\cdot\text{K},\quad R_{f,i}=0.0018\text{ K}\cdot\text{m}^2/\text{W},\quad R_{f,o}=0.0002\text{ K}\cdot\text{m}^2/\text{W}$$

한 유체, 즉 연소공기의 입구와 출구온도가 알려져 있기 때문에, 열전달을 계산할 수 있다. 식 (10 · 6)으로부터 다음을 얻을 수 있다.

$$\dot{Q}=\dot{m}_c c_{p,c}(T_{c,o}-T_{c,i})$$
$$=(2.2\text{ kg/s})(1037\text{ J/kg}\cdot\text{K})[(773-293)\text{ K}]=1.10\times10^6\text{ W}=1.10\text{ MW}$$

식 (10 · 6)을 다시 써서 연소가스의 출구온도를 얻을 수 있다.

$$T_{h,o}=T_{h,i}-\frac{\dot{Q}}{\dot{m}_h c_{p,h}}=1023\text{ K}-\frac{1.10\times10^6\text{ W}}{(5\text{ kg/s})(1128\text{ J/kg}\cdot\text{K})}=828\text{ K}=555℃$$

$T_{h,o}=850$ K 이라는 추정값에 가깝기 때문에 보정이 필요 없다. 각 유체의 입구와 출구온도를 알기에 LMTD 방법을 사용할 수 있다. 고려중인 열회수 장치는 다관형 열교환기이지만, 각 유체는 단지 하나의 통로를 만든다. 열회수 장치는 엄밀히 말하면 방해판과 여러 개의 관을 가진 이중관 열교환기이다. 열회수 장치는 향류방식이며 보정인자 F가 필요없다. 향류에서의 유체의 온도차는 다음과 같다.

$$\Delta T_1=T_{h,i}-T_{c,o}=750℃-500℃=250℃=250\text{ K}$$

$$\Delta T_2=T_{h,o}-T_{c,i}=555℃-20℃=535℃=535\text{ K}$$

그러므로 LMTD는 다음과 같다.

$$\Delta T_m=\frac{\Delta T_2-\Delta T_1}{\ln(\Delta T_2/\Delta T_1)}=\frac{535-250}{\ln(535/250)}=375\text{ K}$$

오염영향을 포함한 총 열전달 계수는

$$U=\frac{1}{R_{f,i}+R_{f,o}+\frac{1}{U_{clean}}}=\frac{1}{0.0018+0.0002+\frac{1}{32}}=30.1\text{ W/m}^2\cdot\text{K}$$

총 열전달 표면적은 다음과 같다.

$$A=\frac{\dot{Q}}{U\Delta T_m}=\frac{1.10\times10^6\text{ W}}{(30.1\text{ W/m}^2\cdot\text{K})(375\text{ K})}=97.5\text{ m}^2$$

그림 10 · 34에 나타낸 바와 같이 튜브길이는 열회수기의 총 길이 4 m로 제한되었다. 97.5 m^2의 열전달 표면적에 대해 요구되는 튜브의 개수는 총 열전달 표면적을 하나의 튜브 표면적으로 나눔으로써 계산할 수 있다. 예로서 지름 1 cm 튜브가 필요한 개수는 다음과 같다.

표 10·6 열회수 장치에 필요한 튜브수

D (cm)	필요한 튜브수	행/열
1	776	28
2	388	20
4	194	14
5	156	13

$$N=\frac{97.5\ \mathrm{m}^2}{\pi(0.01\ \mathrm{m})(4\ \mathrm{m})}=776$$

열회수기 안에 사각으로 정렬될 때 필요한 가로 세로 튜브수는 필요한 튜브수의 제곱근이다. 표 10·6에이 지름 1, 2, 4, 5 cm 튜브에 대한 결과를 정리하였다. 이 예에서 U값은 상수로 가정했다. U값은 튜브지름과 간격의 함수이고 7장과 8장에 주어진 방법을 사용하여 계산할 수도 있다. 질량유속 또한 관지름과 간격에 영향을 받는다. 왜냐하면 압력강하 또한 이 두 변수의 함수이기 때문이다.

전기적 구성요소는 열에너지를 발생하며, 이 열은 허용온도를 유지하기 위해서 반드시 제거되어야 한다. 매우 높은 충진밀도를 가진 전기장치를 냉각하기 위한 효과적인 방법은 절연유체 안에 그 구성부분을 담그는 것이다. 절연유체는 특별하게 설계된 낮은 끓는점을 가졌기 때문에 전기단락을 시키진 않는다. 비등공정 동안 전기적 성분으로부터 많은 양의 열에너지가 이동되고 절연유체에 의해 등온으로 흡수된다. 액침냉각(immersion cooling)은 주로 그림 1·5에 나타낸 바와 같이 대형 컴퓨터에 이용된다. 그림 10·35에 나타낸 것처럼 시스템에서 절연유체는 컴퓨터와 다관형 열교환기를 통해 폐쇄회로를 순환한다. 예제 10.9는 액침냉각 방법을 사용한 대형 컴퓨터를 냉각시키기 위한 다관형 열교환기의 크기를 정하는 것이다.

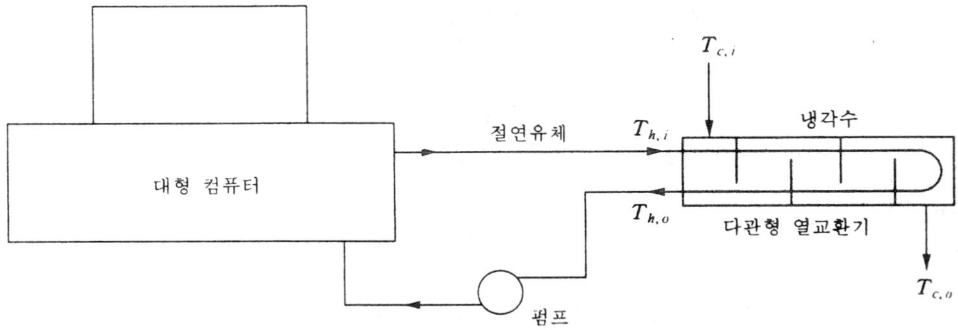

그림 10·35 대형 컴퓨터 냉각 시스템

예제 10.9 1원통통과/2튜브통과 형태의 다관형 열교환기는 대형 컴퓨터에 액침냉각 시스템의 일부로서 사용된다. 절연유체 FC−72(3M 제조)가 컴퓨터와 열교환기의 튜브를 통해 폐쇄회로를 순환하고 열교환기 통 쪽을 통해 차가운 물이 흐른다. 대형 컴퓨터는 60 kW를 소멸하고 절연유체와 물의 질량유속은 각각 5.0 그리고 2.2 kg/s이다. 열교환기의 튜브는 지름이 8 mm인 얇은 튜브이고 총 열교환기 길이는 1.2 m로 제한된다. 절연유체가 27℃로 열교환기로 들어가고 찬물이 10℃로 열교환기로 들어간다면 필요한 최소 튜브수와 유체의 출구온도를 구하라. 총 열교환기로 들어간다면 필요한 최소 튜브수와 유체의 출구온도를 구하라. 총 열전달 계수는 9600 W/m^2 · K으로 가정한다.

풀이 뜨거운 유체와 차가운 유체의 입구온도와 질량유속은 다음과 같다.

FC−72 $T_{h,i}=27℃(300\text{ K}),\quad \dot{m}_h=5.0\text{ kg/s}$

물 $T_{c,i}=10℃(283\text{ K}),\quad \dot{m}_c=2.2\text{ kg/s}$

그리고 열전달, 즉 컴퓨터에 의해 소멸된 전력은 다음과 같다.

$$\dot{Q}=6.00\times10^4\text{ W}$$

총 열전달 계수는 다음과 같다.

$$U=9600\text{ W/m}^2\cdot\text{K}$$

출구온도는 알려지지 않았다. 그러므로 입구온도의 유체비열을 기준으로 한다. 부록 E로부터 다음을 얻을 수 있다.

$$c_{p,h}=1056\text{ J/kg}\cdot\text{K},\quad c_{p,c}=4193\text{ J/kg}\cdot\text{K}$$

유체의 출구온도는 모르기 때문에 유효성−NTU 분석방법을 사용한다. 뜨거운 유체와 찬 유체의 열용량 속도는 다음과 같다.

$$C_h=\dot{m}_h c_{p,h}=(5.0\text{ kg/s})(1056\text{ J/kg}\cdot\text{K})=5280\text{ W/K}$$

$$C_c=\dot{m}_c c_{p,c}=(2.2\text{ kg/s})(4193\text{ J/kg}\cdot\text{K})=9225\text{ W/K}$$

최소 열용량 유체가 FC−72 절연유체이므로, $C_{\min}=C_h=5220$ W/K이다. 그러므로 열용량 속도 비는 다음과 같다.

$$C=\frac{C_{\min}}{C_{\max}}=\frac{5280\text{ W/K}}{9225\text{ W/K}}=0.572$$

식 (10 · 19)에서 유효성 ε을 풀면 다음을 얻을 수 있다.

$$\varepsilon=\frac{\dot{Q}}{C_{\min}T_{h,i}-T_{c,i})}=\frac{6.00\times10^4\text{ W}}{(5280\text{ W/K})[(27-10)\text{ K}]}=0.668$$

표 10 · 5의 식 (e)를 사용하면 다음과 같이 된다.

$$a=\frac{2/\varepsilon-(1+C)}{(1+C^2)^{1/2}}=\frac{2/0.668-(1+0.572)}{(1+0.572^2)^{1/2}}=1.234$$

그리고 표 10 · 5의 식 (d)를 사용하면 NTU는

$$NTU=-(1+C^2)^{-1/2}\ln\left(\frac{a-1}{a+1}\right)=-(1+0.572^2)^{-1/2}\ln\left(\frac{1.234-1}{1.234+1}\right)=1.96$$

식 (10 · 20)을 정리하면 총 표면적은 다음과 같다.

$$A = \frac{NTUC_{\min}}{U} = \frac{(1.96)(5280\ \mathrm{W/K})}{9600\ \mathrm{W/m^2 \cdot K}} = 1.08\ \mathrm{m^2}$$

총 표면적은 튜브 하나의 표면적과 튜브수의 곱과 같다. 총 표면적은 다음과 같다.

$$A = (2L\pi D)N$$

여기서 N은 튜브 수 D는 튜브지름이다. N에 대해 풀면 다음을 얻는다.

$$N = \frac{A}{2L\pi D} = \frac{1.08\ \mathrm{m^2}}{2(1.2\ \mathrm{m})\pi(0.008\ \mathrm{m})} = 17.9$$

반올림하면 $N = 18$개이다.

유체의 출구온도는 유체의 에너지 수지로부터 얻는다. FC-72 절연유체의 출구온도는 다음과 같다.

$$T_{h,o} = T_{h,i} - \frac{\dot{Q}}{C_h} = 300\ \mathrm{K} - \frac{6.00 \times 10^4\ \mathrm{W}}{5280\ \mathrm{W/K}} = 289\ \mathrm{K} = 15.5℃$$

물의 출구온도는

$$T_{c,o} = \frac{\dot{Q}}{C_c} + T_{c,i} = \frac{6.00 \times 10^4\ \mathrm{W}}{9225\ \mathrm{W/K}} + 283\ \mathrm{K} = 290\ \mathrm{K} = 16.4℃$$

유체의 입구와 출구의 온도차는 유체성질을 수정할 만큼 크지는 않다.

저체온(hypothermia), 즉 체온이 내려간 상태는 우연히 추운날씨에 노출되었을 때 발생한다. 그러나 체온저하 상태는 심장질환 수술을 받는 환자의 신진대사를 저하시키기 위해서 의도적으로 야기된다. 그 결과 순환정지에 따른 '안전시간'이 연장된다. 체온저하는 피를 차게 해서 환자에게 돌려 주는 열교환기를 통한 환자 혈액의 체외순환에 의해 성취될 수 있을 것이다. 예제 10.10은 바라는 체온저하 상태를 달성하기 위한 열교환기를 통과하는 물의 질량유속을 결정하는 것이다.

예제 10.10

스테인리스강 이중관 열교환기는 심혈관 수술 동안 혈액을 냉각시키기 위해 사용된다. 열교환기의 길이는 5.75 m이고 안쪽 관은 3/4 in로 구성되었고 두께는 1.24 mm 스테인리스강 튜브이다. 부피유속 2500 cc/min으로 안쪽 튜브로 흐르는 혈액은 37℃에서 26℃로 냉각된다. 물은 18℃로 환상영역으로 들어간다. 향류배열에서 바라는 체온저하를 성취하기 위해 요구되는 물의 질량유속을 계산하라. 총 열전달 계수가 혈액흐름에 달렸다고 가정하고, 그 값 $U_i = 525\ \mathrm{W/m_2 \cdot K}$로 일정하다. 혈액의 물성은 $\rho = 990\ \mathrm{kg/m^3}$이고 $c_p = 3800\ \mathrm{J/kg \cdot K}$이다.

풀이 혈액은 뜨거운 유체이고 물은 차가운 유체이다. 알려진 온도는 다음과 같다.

혈액 $T_{h,i} = 37.0℃(310\ \mathrm{K})$, $T_{h,o} = 26.0℃(299\ \mathrm{K})$

물 $T_{c,i} = 18℃(291\ \mathrm{K})$

입구온도에서 물의 비열은 다음과 같다.

$$c_{p,c} = 4184\ \text{J/kg}\cdot\text{K}$$

부록 H로부터 안에 있는 튜브의 안쪽 지름은 16.56 mm이다. 그래서 안쪽 지름에 기준한 열전달 표면적은 다음과 같다.

$$A_i = \pi D_i L = \pi(0.016\,56\ \text{m})(5.75\ \text{m}) = 0.30\ \text{m}^2$$

혈액의 질량유속은 부피유속과 밀도의 곱이다.

$$\dot{m}_h = (2500\ \text{cm}^3/\text{min})(1\times10^{-6}\ \text{m}^3/\text{cm}^3)(1\ \text{min}/60\ \text{s})(990\ \text{kg/m}^3) = 0.041\ \text{kg/s}$$

입구와 출구 그리고 혈액의 질량유속을 알고 있기 때문에 열전달을 구할 수 있다.

$$\dot{Q} = \dot{m}_h c_{p,h}(T_{h,i} - T_{h,o})$$
$$= (0.041\ \text{kg/s})(3800\ \text{J/kg}\cdot\text{K})[(37.0-26.0)\ \text{K}] = 1714\ \text{W}$$

물의 출구온도를 알면 식 (10 · 6)을 이용해 물의 질량유속을 쉽게 찾을 수 있다. 그러므로 직접적으로 LMTD 방법을 사용할 수 없다. 또한, 물의 질량유속을 모르기 때문에 ε-NTU 방법도 직접 사용할 수 없다. 왜냐하면 유효성에 요구되는 열용량 속도를 찾기 위해 양쪽의 질량유속을 모두 알아야 하기 때문이다. 그러므로 반복접근을 해야 한다. 물의 질량유속 $\dot{m}_c = 0.05\ \text{kg/s}$로 예측하여 계산을 시작한다.

$$C_h = \dot{m}_h c_{p,h} = (0.041\ \text{kg/s})(3800\ \text{J/kg}\cdot\text{K}) = 209.2\ \text{W/K}$$

$$C_c = \dot{m} c_{p,c} = (0.05\ \text{kg/s})(4184\ \text{J/kg}\cdot\text{K}) = 155.8\ \text{W/K}$$

그래서

$$C_{\min} = 155.8\ \text{W/K}$$

이고

$$C = \frac{C_{\min}}{C_{\max}} = \frac{155.8\ \text{W/K}}{209.2\ \text{W/K}} = 0.745$$

이다. NTU는 다음과 같다.

$$NTU = \frac{UA}{C_{\min}} = \frac{(525\ \text{W/m}^2\cdot\text{K})(0.30\ \text{m}^2)}{155.8\ \text{W/K}} = 1.011$$

그래서 유효성은 다음과 같다.

$$\varepsilon = \frac{1-\exp[-NTU(1-C)]}{1-C\exp[-NTU(1-C)]} = \frac{1-\exp[-1.011(1-0.745)]}{1-0.745\exp[-1.011(1-0.745)]} = 0.536$$

그러므로 물의 질량유속 $\dot{m}$의 처음 예측에 의한 열전달은 다음과 같다.

$$\dot{Q} = \varepsilon C_{\min}(T_{h,i} - T_{c,i})$$
$$= (0.536)(155.8\ \text{W/K})[(37.0-18.0)\ \text{K}] = 1587\ \text{W}$$

이 값은 실질적인 열전달 1714 W보다 적다. 그러므로 질량유속을 증가시키면 다시 계산한다. 질량유속을 $\dot{m}_c = 0.10\ \text{kg/s}$로 다시 예측하면 다음과 같이 된다.

$$C_{\min} = 155.8\ \text{W/K},\quad C=0.372,\quad NTU=1.011,\quad \varepsilon=0.585,\quad \dot{Q}=1732\ \text{W}$$

몇 번의 반복 후 수렴하였다. 얻은 질량유속은 다음과 같다.

$$\dot{m}_c = 0.09 \text{ kg/s}$$

반복계산은 표 10·7에 요약하였다. 출구온도는 다음과 같다.

$$T_{c,o} = \frac{\dot{Q}}{\dot{m}_c c_{p,c}} + T_{c,i} = \frac{1714 \text{ W}}{(0.09 \text{ kg/s})(4184 \text{ J/kg} \cdot \text{K})} + 291 \text{ K}$$

$$= 295.6 \text{ K} = 22.4℃$$

$\dot{m}_c$의 반복보다는 $T_{c,o}$를 반복계산하는 LMTD 방법을 사용할 수도 있다.

표 10·7 반복 계산표

$\dot{m}_c$ (kg/s)	C_c (W/K)	C_{min} (W/K)	C	NTU	ε	$\dot{Q}$ (W)
0.05	209.2	155.8	0.745	1.011	0.536	1587
0.10	418.4	155.8	0.372	1.011	0.585	1732
0.08	334.7	155.8	0.466	1.011	0.573	1696
0.09	376.6	155.8	0.414	1.011	0.580	1717

참 고 문 헌

1. Tubular Exchanger Manufacturers Association(TEMA). 1988. *Standard of Tubular Exchanger Manufacturers' Association*, 7th ed., New York.
2. Yokel, S. 1990. *A Working Guide to Shell–and–Tube Heat Exchangers*. New York: McGraw–Hill Book Company.
3. Hewitt, G. F., G. L. Shires, and T. R. Bott. 1994. *Process Heat Transfer*. Boca Raton, La.: CRC Press, Inc.
4. Saunders, E. A. D. 1988. *Heat Exchangers Selection, Design and Construction*. New York: John Wiley & Sons, Inc.
5. Shah, R. K., A. D. Kraus, and D. Metzger, eds. 1990. *Compact Heat Exchangers: A Festschrift for A. L. London*. New York: Hemisphere publishing Corp.
6. Kays, W. M., and A. L. London. 1984. *Compact Heat Exchangers*, 3d ed. New York: McGraw–Hill Book Company.
7. Walker, G. 1982. *Industrial Heat Exchangers: A Basic Guide*. New York: Hemi-sphere Publishing Corp.
8. Chenoweth, J. M. 1990. "Final Report of the HTRI/TEMA Joint Committee to Review the Fouling Section of the TEMA Standards." *Heat Transfer Engineering* 11, no. 1: pp. 73~107.

9. Somerscales, E. F. C., and J. G. Knudsen, eds. 1981. *Fouling of Heat Transfer Equipment*. New York: Hemisphere Publishing Corp.
10. Garrett−Price, B. A., et al. 1985. *Fouling of Heat Exchangers Characteristics, Costs, Prevention, Control, and Removal*. Park Ridge, N. J.: Noyes Publications.
11. Bowman, R. A., A. C. Mueller, and W. M. Nagle. 1940. "Mean Temperature Difference in Design." *Trans. ASME* 62: pp. 283~294.
12. Webb, R. L. 1994. *Principles of Enhanced Heat Transfer*. New York: John Wiley & Sons, Inc.

◇◇◇◇◇◇◇◇◇◇ 연 습 문 제 ◇◇◇◇◇◇◇◇◇◇

◈ 열교환기의 종류

10.1 가장 일반적인 열교환기의 종류를 열거하라.

10.2 병류, 향류, 교차흐름의 용어를 정의하라.

10.3 다관형 열교환기에서는 병류, 향류, 교차흐름 중 어떤 흐름배열을 이루는가?

10.4 다관형 열교환기에서 방해판의 역할은 무엇인가?

10.5 다관형 열교환기에서 다중관을 사용하는 이점은 무엇인가?

10.6 교차흐름 열교환기와 관련하여 혼합류와 비혼합류의 용어를 정의하라.

10.7 판과 틀 열교환기의 주름판의 역할은 무엇인가?

10.8 다관형 열교환기에 대한 판과 틀 열교환기의 장점을 2가지 이상 써라.

10.9 판과 휜 열교환기에서 휜의 가장 일반적인 구조적 형태는 무엇인가? 열교환 성능과 압력강하에 관한 차이점에 대해 논하라.

10.10 무엇이 콤팩트형 열교환기를 '조밀(compact)'하게 만드는가?

◈ 총 열전달 계수

10.11 이중관 열교환기에서 지름이 1 in, schedule 40인 강관이 지름이 3 in, schedule 40인 강관에 의해서 둘러싸여 있다. 지름이 1 in인 관에서는 4 m/s의 평균속도로 물이 흐르고 환상공간에서는 평균속도 2.3 m/s로 에틸렌글리콜이 흐르고 있다. 열교환기의 오염을 무시한다면 지름이 1 in인 관의 내부와 외부 표면적에서의 총 열전달 계수를 구하라. 강관의 $k=43\ \mathrm{W/m\cdot K}$이고 유체의 성질은 20℃의 값을 사용하라.

10.12 문제 10.11에서 관벽의 열전달 저항을 무시하고 계산하라. 관벽이 U값에 중요한 영향을 미치는가?

10.13 지름이 1.2 cm이고 얇은 벽으로 된 단일 구리튜브로 이루어진 단순 교차흐름 열교환

기에서 그 구리튜브는 3 m/s의 평균속도로 50% 에틸렌글리콜 수용액을 실어나르고 있고, 25℃에서 대기중의 공기가 8 m/s의 속도로 튜브를 가로질러 흐르고 있다. 에틸렌글리콜 수용액의 전체평균 온도를 60℃라고 하면 열교환기의 오염을 무시하고 총 열전달 계수를 구하라.

10.14 교차흐름 열교환기에서 뜨거운 물이 얇은 벽으로 된 구리튜브를 따라 흐르고 있다. 대기중의 공기는 튜브를 가로질러 흐르고 있고, 외부표면의 열전달 계수는 70 $W/m^2 \cdot K$이다. 총 열전달 계수의 대략적인 값을 구하라.

10.15E 가로 세로 각각 30 in 판으로 이루어진 판과 틀 열교환기는 뜨거운 글리세린을 냉각하기 위해 냉각수를 사용한다. 물의 평균속도는 4 ft/s이고 글리세린의 평균속도는 1.3 ft/s이다. 그리고 판 사이의 거리는 0.20 in이다. 주름판은 AISI302 스테인리스강으로 이루어져 있고 두께는 0.030 in이다. 물의 전체적인 평균온도는 45°F이고 글리세린은 180°F이다. 열교환기 오염을 무시하고 총 열전달 계수를 구하라.

10.16 다관형 열교환기에서 튜브내부에 유기 열전달 유체가 흐르고 있고, 튜브외부에는 해수가 흐르고 있다. 열교환기 구입 후 처음에 총 열전달 계수는 650 $W/m^2 \cdot K$이었고 로그평균 온도차는 23℃였다. 사용한지 몇 년 후 열교환기 표면이 오염이 되었는데, 그 후 같은 열전달을 보이려면 로그평균 온도차는 얼마나 되어야 하는가?

10.17 이중관 열교환기에서 안쪽 튜브의 지름은 3.5 cm이고 바깥쪽 튜브는 지름이 6 cm인 얇은 벽으로 된 구리튜브로 되어 있다. 안쪽 튜브에는 염수가 흐르고 있고 환상공간에는 연료오일이 흐르고 있다. 열전달 표면이 오염이 되지 않은 상태에서 이 열교환기의 총 열전달 계수는 65 $W/m^2 \cdot K$이다. 만약 그 표면이 오염이 되었다고 한다면 열전달이 몇 % 감소하겠는가?

10.18 교차흐름 열교환기에서 지름이 1/2 in이고 벽의 두께가 1.24 mm인 스테인리스강 튜브군 내에 등유가 3 m/s로 흐르고 있다. 튜브는 3 cm의 간격을 이루면서 가로 세로 각각 10개씩 배열되어 있다. 대기중의 공기가 5 m/s의 속도로 열교환기에 접근한다. 온도 300 K에서의 성질을 사용하여 총 열전달 계수를 구하라. 튜브벽의 열전달 저항은 무시하라.

◈ 로그평균 온도차 방법

10.19 이중관 열교환기에서 뜨거운 유체의 입구와 출구의 온도는 각각 140℃와 85℃이다. 반면에 차가운 유체의 입구와 출구의 온도는 각각 20℃와 75℃이다. 병류와 향류배열에 있어서 각각 로그평균 온도차를 구하라.

10.20 $UA = 100$ W/K이고 유체의 온도 $T_{h,i} = 190$℃, $T_{h,o} = 100$℃, $T_{c,i} = 40$℃ 그리고 $T_{c,o} = 95$℃이다. LMTD 방법으로 다음 열교환기의 열전달을 구하라.

(a) 이중관 : 병류

(b) 이중관 : 향류

(c) 다관형 : 1원통통과/2튜브통과

(d) 다관형 : 2원통통과/4튜브통과

(e) 교차흐름 : 양쪽 유체 모두 비혼합류

(f) 교차흐름 : 한쪽 유체는 혼합류, 다른 한쪽은 비혼합류

10.21E 이중관 열교환기의 안쪽 관은 지름이 4 in, schedule 40인 강관이다. 글리세린이 95°F로 그 관에 들어가서 70°F로 나온다. 환상공간에서는 물이 50°F로 들어가서 65°F로 나온다. 총 열전달 계수는 1100 Btu/h · ft^2 · °R이다. LMTD 방법을 사용하여 병류와 향류 배열 각각의 경우에 대하여 단위길이(m)당 열전달을 구하라.

10.22 향류 이중관 열교환기에 있어서 안쪽 관에는 1.1 kg/s의 질량유속으로 물이 흐르고 있다. 환상공간에는 SAE20W-20 엔진오일이 0.7 kg/s로 흐른다. 물과 오일의 입구온도는 각각 15℃와 80℃이다. 총 열전달 계수가 200 W/m^2 · K라고 한다면 49 kW의 열전달에 대하여 요구되는 열전달 표면적을 LMTD 방법을 사용하여 구하라.

10.23 1원통통과/2튜브통과 다관형 열교환기에서 튜브 내에는 에틸렌글리콜이 흐르고 있고 원통에는 물이 흐르고 있다. 에틸렌글리콜의 입구와 출구의 온도는 각각 110℃와 45℃이다. 반면에 물의 입구와 출구의 온도는 각각 25℃와 60℃이다. LMTD 방법을 사용하여 175 kW의 열전달과 14 m^2의 표면적에 대하여 총 열전달 계수를 구하라.

10.24 교차흐름 열교환기에서 가솔린이 튜브 내로 흐르고 있다. 가솔린의 입구와 출구의 온도는 각각 140℃와 55℃이다. 공기가 30℃로 열교환기로 들어가서 70℃로 나온다. 튜브에는 방해판이 설치되어 있어서 공기는 교차혼합되지 않는다. 총 열전달 계수가 32 W/m^2 · K일 때 열전달 표면의 단위면적당 열전달을 LMTD 방법을 사용하여 구하라.

10.25E 판과 틀 열교환기에서 뜨거운 물과 차가운 물이 교대로 판형 통로 속을 흐르고 있다. 뜨거운 물의 입구와 출구에서의 온도는 각각 180°F와 95°F이다. 차가운 물의 입구와 출구의 온도는 각각 45°F와 80°F이다. 총 열전달 계수는 280 Btu/h · ft^2 · °R이고 열전달 표면적은 300 ft^2이다. LMTD 방법을 사용하여 병류와 향류배열에서의 열전달을 구하라.

10.26 2원통통과/8튜브통과 다관형 열교환기에서 튜브 속에 벤젠이 흐르고 있고 통 쪽에는 Therminol 66이 흐르고 있다. 벤젠은 80℃로 열교환기에 들어가서 35℃로 나온다. 반면에 Therminol 66은 20℃로 들어가서 50℃로 나온다. 총 열전달 계수가 120 W/m^2 · K이고 열전달 표면적이 62 m^2이라고 할 때 LMTD 방법을 사용하여 열전달을 구하라.

◈ 유효성-NTU 방법

10.27 표 10 · 4의 식 (c)를 유도하라.

10.28 표 10 · 4의 식 (b)를 사용하여 표 10 · 5의 식 (b)를 유도하라.

10.29 표 10 · 5의 식 (c)를 유도하라.

10.30 병류형태로 흐르는 이중관 열교환기에서 안쪽 관에는 글리세린이 흐르고 환상공간에는 물이 흐르고 있다. 글리세린이 90℃에서 4 kg/s로 열교환기 내로 들어오는 반면, 물은 18 ℃에서 1.5 kg/s로 들어온다. 안쪽 관의 바깥쪽 지름은 8 cm이고 총 열전달 계수는 안쪽 관의 바깥쪽 표면적을 기준으로 하여 340 W/m^2 · K이며 열교환기의 길이는 50 m이다. ε−NTU 방법을 사용하여 열전달과 글리세린과 물의 출구온도를 각각 구하라.

10.31 문제 10.30을 향류배열일 경우에 대하여 구하라.

10.32 판과 틀 열교환기에서 18 kg/s로 물이 흐르고 10 kg/s로 에틸렌글리콜이 흐르고 있다. 물과 에틸렌글리콜의 입구온도는 각각 15℃와 120℃이다. 총 열전달 표면적은 60 m^{2}이고 총 열전달 계수는 225 W/m^2 · K이다. 열교환기가 향류배열로 흐르고 있다면 ε−NTU 방법을 사용하여 물과 에틸렌글리콜의 출구온도와 열전달을 구하라.

10.33 1원통통과/2튜브통과 다관형 열교환기의 튜브로 30℃, 4.5 kg/s의 질량유속으로 들어간다. 통 쪽으로는 220℃, 2 kg/s의 질량유속으로 Dowtherm A가 들어간다. 총 열전달 표면적은 18 m^{2}이고 총 열전달 계수는 190 W/m^2 · K이다. ε−NTU 방법을 사용하여 열전달과 Dowtherm A의 출구온도를 구하라.

10.34 교차흐름 열교환기의 관내에 50% 에틸렌글리콜 수용액이 1.2 kg/s로 흐르고 있다. 1 atm에서 이산화탄소가 0.18 kg/s로 방해판이 설치된 튜브를 가로질러 흐르고 있다. 총 열전달 표면적은 3 m^{2}이고 총 열전달 계수는 29 W/m^2 · K이다. 그리고 에틸렌글리콜 수용액과 이산화탄소의 입구온도는 각각 110℃와 15℃이다. ε−NTU 방법을 사용하여 열전달과 출구유체의 온도를 구하라.

10.35 과열 수증기가 2.3 kg/s의 질량유속으로 교차흐름 열교환기의 튜브를 가로질러 흐르고 있다. 반면에 액체상태의 물이 총 질량유속 8 kg/s로 튜브 내에 흐르고 있다. 과열 수증기와 액상의 물의 입구온도는 각각 225℃와 50℃이다. 그리고 열전달은 650 kW이고 총 열전달 계수는 2200 W/m^2 · K이다. ε−NTU 방법을 사용하여 과열 수증기가 혼합될 때 열전달 표면적을 구하라. 그리고 유체의 출구온도를 구하라.

10.36E 메탄이 0.1 lb$_m$/s로 교차흐름 열교환기의 튜브를 가로질러 흐르고 있다. 그 튜브 내로는 물이 3.51 lb$_m$/s의 질량유속으로 흐르고 있다. 튜브는 방해판이 설치되어 직교혼합되지 않는다. 열전달이 30 000 Btu/h이고 총 열전달 계수는 18 Btu/h · ft^2 · °R이다. 만약 메탄과 물의 입구온도가 각각 300°F와 90°F라고 할 때 열전달 표면적을 구하라.

10.37 이중관 열교환기에서 안쪽 관은 지름이 2 in, schedule 40인 강관이고 지름이 6 in, schedule 40인 강관에 의해서 둘러싸여 있다. 안쪽 관에는 물이 10℃와 4 kg/s로 들어가고 환상공간에는 Therminol59가 150℃와 28 kg/s로 들어간다. 안쪽 관에서의 내부표면과 외부표면 오염저항의 합이 0.0012 K · m^2/W라고 한다면 열교환기가 향류배열로 흐를 때 70 kW의 열전달에 도달하려면 열교환기의 길이는 얼마나 되어야 하는가?

10.38 이중관 열교환기에서 시간에 따른 열용량이 같다고 할 때 향류형태에 대하여 병류형

태의 유효성비가 NTU값이 클 때 다음과 같이 주어짐을 보여라.

$$\frac{2NTU}{NTU+1}$$

10.39 ε−NTU 방법을 사용하여 열교환기를 분석하는 데 사용되는 컴퓨터 프로그램을 작성하라. 이중관, 판과 틀, 다관형 그리고 교차흐름 열교환기를 다룰 수 있는 프로그램을 설계하라. 프로그램은 입력인자로써 다음과 같은 내용을 포함해야 한다.

- 열교환기의 형태
- 병류 또는 향류
- 양 유체의 입구온도
- 양 유체의 질량유속과 비열
- 총 열전달 계수
- 열전달 표면적

프로그램은 출력인자로써 다음과 같은 내용을 포함해야 한다.

- 양 유체의 출구온도
- 열전달

열교환기를 설계하는 데 보다 적합한 프로그램을 만들고자 한다. 사용자가 열전달을 입력하고, 그 값에 필요한 열전달 표면적을 알아내도록 하라.

◈ 열전달 강화

10.40 그림 10 · 36에 나타낸 바와 같이 열교환기에서 구리관의 표면을 확장하기 위해 길이방향으로 골을 가공하였다. 주어진 유체와 흐름조건 그리고 전체적인 온도차에 대하여 골이 가공되지 않은 원상태의 표면과 비교해 볼 때 열전달은 몇 % 증가했는지 예상해 보라.

10.41 지름이 4in, schedule 40인 강관이 이중관 열교환기에 안쪽 관으로 사용된다. 안쪽 관에는 물이 평균속도 7 m/s로 흐르고 있다. 열전달을 향상하기 위하여 평균지름이 0.5 mm인 금속입자로 관의 내부표면에 입히기로 했다. 식 (8 · 24)와 식 (8 · 43)을 사용하여

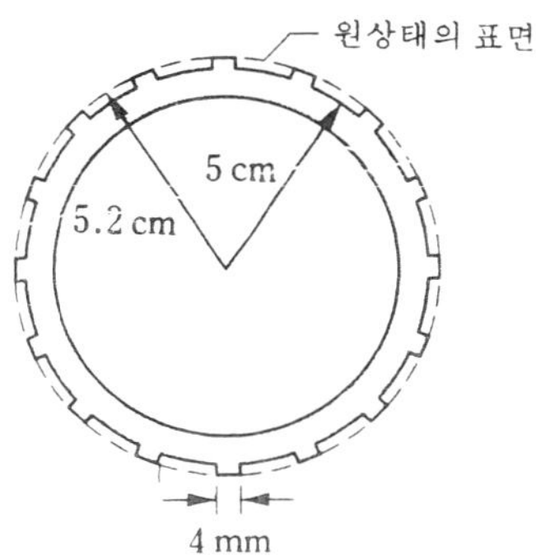

그림 10 · 36

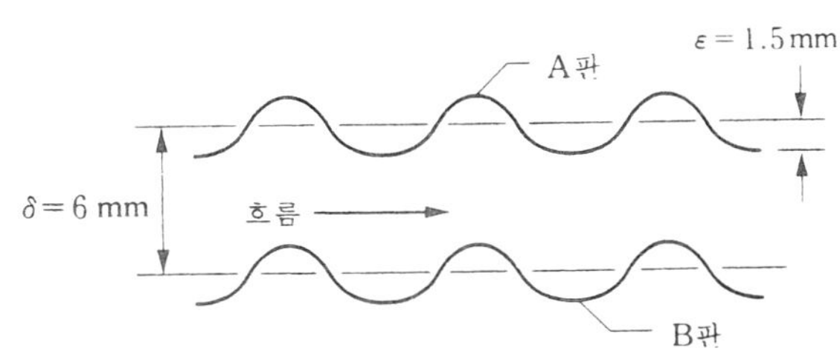

그림 10 · 37

강화된 표면의 누셀트 수가 몇 % 증가했는지 예상하라. 또한, 관의 단위길이(m)당 강화된 표면에 대하여 몇 %의 압력강하 증가가 있었는지 구하라. 완전발달 흐름이라고 가정하고 20℃에서의 열특성을 기준으로 하라.

10.42 판과 틀 열교환기에서 판형에 골(주름)은 난류형성을 증가시킨다. 그림 10·37에 나타낸 판과 틀 열교환기의 통로에 평균온도 77℃와 평균속도 3 m/s로 에틸렌글리콜이 흐르고 있다. 식 (8·24)와 식 (8·43)을 사용하여 거칠기 $\varepsilon = 1.5$ mm이 정도를 나타내는 주름판과 평탄한 판에 대하여 누셀트 수를 구하라. 완전발달 흐름으로 가정하자.

10.43 열교환기에서 구리관의 내부표면을 확장하기 위하여 그림 10·38에 나타낸 바와 같이 길이방향으로 골이 가공되었다. 주어진 유체와 흐름조건 그리고 전체적인 온도차에 대하여 골이 가공되지 않은 초기형태에 비하여 향상된 표면의 열전달은 몇 %나 증가했는가?

10.44 평균온도가 60℃인 물이 평균속도 8.7 m/s로 지름이 5 cm인 튜브 내에 흐르고 있다. 식 (8·24)와 식 (8·43)을 사용하여 완전발달 흐름이라고 가정하고 표면 거칠기(ε)가 0, 0.001, 0.005, 0.01, 0.05, 0.1, 1.0 mm로 주어질 때 표면 거칠기의 함수로써 누셀트 수에 대한 그래프를 그려라. 이 그래프로부터 얻을 수 있는 결론은 무엇인가?

10.45 그림 10·39에 나타낸 도관을 생각해 보자. 안쪽 관은 지름이 4 in, schedule 40인 강관으로 되어 있고 8개의 길이방향 휜이 일정한 간격을 두고 놓여 있다. 안쪽 관에는 30℃의 물이 15 kg/s로 흐르고 있다. 그리고 안쪽 관을 둘러싸고 있는 페놀수지관은 90℃의 공기가 0.8 kg/s로 통과하고 있다. 강관과 핀의 열전도도가 43 W/m·K라고 한다면 도관의 단위길이(m)당 총 열전달 계수와 열전달을 구하라. 그 표면은 평탄하고 오염이 되지 않았으며 완전발달 흐름이라고 가정한다.

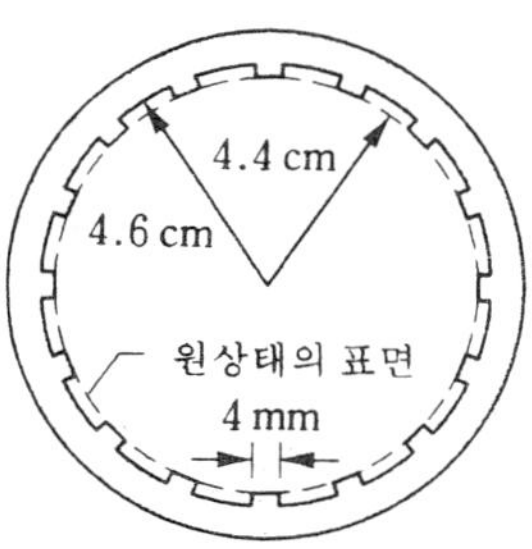

그림 10·38

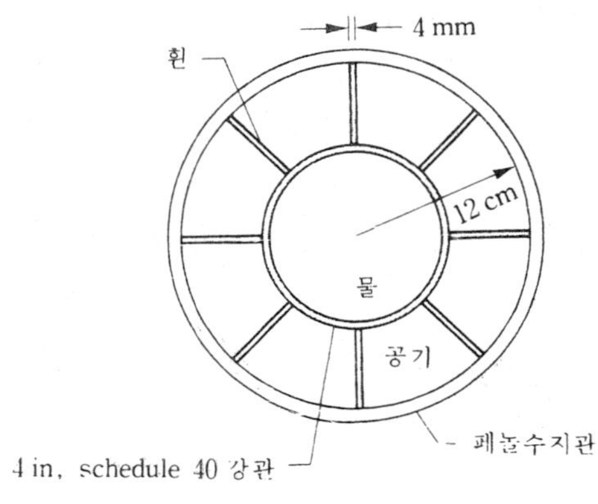

그림 10·39

10.46 문제 10.45에서 내부와 외부의 열전달 표면의 오염 저항값이 각각 0.0015 K·m^2/W와 0.0002 K·m^2/W라고 한다면 그에 따른 값을 다시 구하라.

◈ 열교환기 선택 및 설계

10.47 열교환기의 선택과 설계시 고려해야 할 사항은 무엇인가?

10.48 어떤 환경조건에서 기존의 열교환기에서 고르기보다는 처음부터 설계되어야 하는가?

10.49 글리세린을 냉각하기 위해서 높은 압력의 물을 사용하는 화학제조 공정에서는 열교환기가 필요하다. 열교환기의 무게와 공간은 중요하지 않지만 비용은 최소화해야 한다. 어떤 형태의 열교환기가 이런 경우에 적당한가? 이런 열교환기는 카탈로그로부터 선택될 수 있는가? 혹은 새로운 설계를 해야 하는가?

10.50 전투기에 내장된 전자장치를 냉각하는 데 열교환기가 필요하다. 강제공기가 그 전자장치로부터 순환제트 연료로 열을 전달하는 데 사용된다고 한다면, 이러한 경우에 어떠한 형태의 열교환기가 적당한가? 이런 종류의 열교환기는 목록에서 어떤 형태와 유사한가?

10.51 플라스틱 공정제조 장치에 낮은 압력과 낮은 점도를 지닌 액체의 온도를 높이는 데 열교환기가 필요하다. 열교환기의 공간은 제한되어 있고 열교환기 표면은 일반적인 기준으로 청소되어야 한다. 어떤 형태의 열교환기가 이런 경우에 사용되는가? 이런 열교환기는 기존장치에서 선택되는가? 또는 새로운 설계를 필요로 하는가?

10.52 연료처리 공정장치에서 열교환기가 가솔린을 냉각하는 데 필요하다. 10℃의 차가운 물이 8 kg/s로 사용되고 가솔린의 온도는 75℃를 35℃로 낮춰야 한다. 가솔린은 12 kg/s로 흐른다. 총 열전달 계수를 900 $W/m^2 \cdot K$라고 가정한다면 1원통통과/2튜브통과 다관형 열교환기와 향류배열로 흐르는 판과 틀 열교환기에 있어서 요구되는 열전달 표면적을 구하라. 이러한 경우에 위에서 언급한 2개의 열교환기 중 어느 것이 더 나은가?

10.53 화학처리 공정장치에 에틸렌글리콜을 냉각하기 위해 열교환기를 설치해야 한다. 18℃의 물이 90 kg/s로 사용되고 에틸렌글리콜의 온도를 80℃에서 45℃로 떨어뜨려야 한다. 다양한 크기의 1원통통과/2튜브통과 다관형 열교환기는 지름이 1.8 cm인 300개의 튜브로 이루어져 있다. 그러한 열교환기는 산업용 열교환기 공급업체로부터 들여올 수 있지만 공간적 제약 때문에 열교환기의 길이는 20 m로 제한된다. 만약 에틸렌글리콜의 질량유속이 125 kg/s이고 총 열전달 계수가 600 $W/m^2 \cdot K$라고 가정한다면 이러한 경우에 제안된 열교환기가 적합한지 결정하라.

10.54 포화된 액체 냉각제 134a가 판과 틀 열교환기에서 10℃의 차가운 물을 사용하여 60℃에서 30℃로 냉각된다. 그러한 R-134a와 물이 각각 200 kg/s와 240 kg/s로 흐른다. 판이 가로 세로 각각 2 m이고 총 열전달 계수는 300 $W/m^2 \cdot K$이다. 그와 같은 조건에서 향류배열에 대하여 몇 개의 판을 필요로 하는가? 병류에서는 어떠한가?

10.55 의학연구 응용에서 그림 10·6에 나타낸 것과 유사한 소규모의 다관형 열교환기가 15℃의 비이온수를 사용하여 혈액을 36.5℃에서 28.0℃로 냉각시킨다. 혈액과 물이 각각 0.02 kg/s와 0.1 kg/s로 흐른다. 그 열교환기는 지름이 2.8 mm인 24개의 얇은 벽으로 된

스테인리스강 튜브로 되어 있다. 혈액은 튜브를 두 번 지나고 물은 통 쪽을 한번 지난다. 총 열전달 계수를 800 $W/m^2 \cdot K$라고 한다면 열교환기의 길이는 얼마나 요구되는가? 혈액은 물과 같은 열적성질을 가지고 있다고 가정하자.

10.56 열전달 유체 Therminol 66이 15℃의 냉각수를 이용하여 120℃에서 40℃로 냉각되어야 한다. Therminol 66과 물은 각각 45 kg/s와 30 kg/s로 흐른다. 이러한 경우에, 1원통통과/2튜브통과 다관형 열교환기를 설계하라. 총 열전달 계수는 600 $W/m^2 \cdot K$라고 하자. 설계시 열교환기의 길이와 튜브의 지름 그리고 튜브의 수를 명시하라.

10.57 문제 10.56에서 주어진 문제에 대하여 2원통통과/8튜브통과 다관형 열교환기를 설계하라. 총 열전달 계수를 600 $W/m^2 \cdot K$라고 하고 설계시 열교환기의 길이와 튜브의 지름 그리고 튜브의 수를 명시하라.

10.58 문제 10.56에서 주어진 문제에 대하여 향류배열의 판과 틀 열교환기를 설계하라. 총 열전달 계수를 600 $W/m^2 \cdot K$라고 하고 설계시 판의 크기와 수를 명시하라.

◈ 응 용

10.59 50% 에틸렌글리콜 수용액으로 이루어진 냉각수가 0.65 kg/s로 자동차의 라디에이터에 들어간다. 라디에이터의 총 열전달 표면적은 1.8 m^2이고 전면면적은 그림 10·40에 나타낸 것처럼 세로 0.25 m 가로 0.3 m이다. 자동차가 60 mi/h로 달릴 때 냉각수의 입구 온도는 110℃이다. 이러한 조건에서 냉각수와 공기의 출구온도와 열전달을 구하라. 총

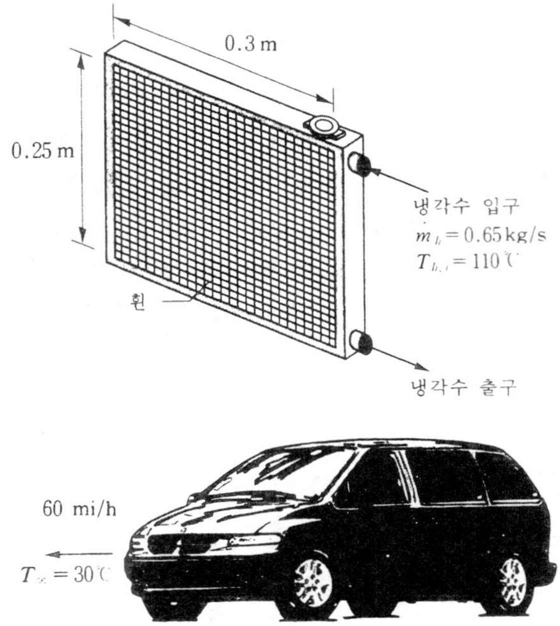

그림 10·40

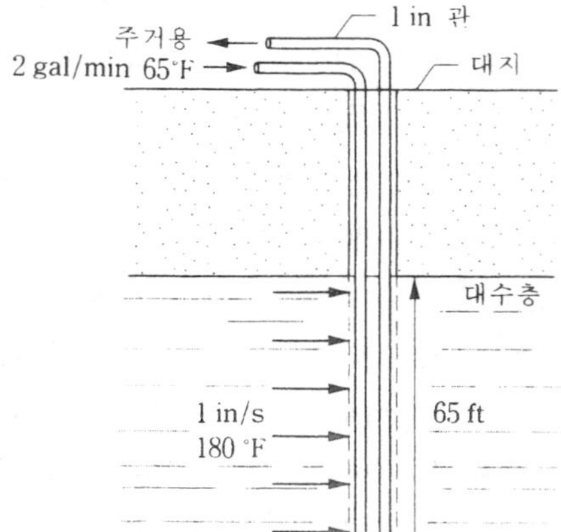

그림 10·41

열전달 계수는 $44\,W/m^2 \cdot K$이고 라디에이터를 지나는 공기의 속도는 차의 속도와 같다고 가정하자.

10.60 금형주조 설비에서 인접한 기계공장의 주요난방 시설을 확장하기 위해 화로의 연도가스로부터 소모되는 열을 회수한다. 큰 송풍기를 사용하여 70℃의 연도가스가 27 kg/s로 방해판이 설치된 얇은 벽으로 된 80개의 스테인리스강 튜브를 가로질러 통과한다. 튜브의 길이와 지름은 각각 3.8 m와 7 cm이다. 20℃에서 기계공장으로부터 되돌아오는 공기는 총 질량유속 1.3 kg/s로 관에 들어간다. 튜브를 나가는 뜨거운 공기는 기계공장으로 직접 도관을 통해 들어간다. 총 열전달 계수를 $29\,W/m^2 \cdot K$라고 가정하면 기계공장으로 들어가는 열의 유입량은 얼마인가? 공기의 성질과 연도가스의 성질은 유사하다고 가정하자.

10.61E 그림 10·41에 나타낸 바와 같이 열교환기는 가정용 온수를 공급하기 위해 지열 에너지를 이용한다. 열교환기는 지름이 1 in인 스테인리스강 튜브로 되어 있으며, 벽의 두께는 2.11 mm이고 다공 우물형 틀이 그 강관을 둘러싸고 있다. 그리고 지온수가 관을 가로질러 흐르고 있다. 어느 특정한 순간에 65°F의 가정용수가 2 gal/min로 관에 들어가고 180°F에서 지온수가 1 in/s의 속도로 관을 가로질러 흐른다. 바깥쪽 튜브표면에는 광물질이 퇴적되어 있는데, 그로 인한 오염계수는 $0.0011\,°R \cdot ft^2 \cdot h/Btu$이다. 함수층의 길이가 65 ft라고 한다면 주거지역에 들어갈 때 가정용수의 온도는 얼마나 되겠는가? 단, 총 열전달 계수 U값을 구할 때 바깥쪽 튜브표면의 총 열전달 계수를 단일 실린더에서의 교차흐름으로 생각한다.

10.62 실험벤치에서 실험하는 동안 전자장치의 온도를 조절하기 위해 사용되는 이동냉각 장치에 기액 교차흐름 열교환기를 사용한다. 그림 10·42에 나타낸 것처럼 장치내부의 펌프는 폐루프 속에서 물을 순환시키고 전자장치에는 냉각판이 부착되어 있다. 팬이 0.4 kg/s로 열교환기를 거쳐 22℃의 장치내부의 공기를 불어낸다. 열교환기의 열전달 표면적은 $3.9\,m^2$이며, 냉각판에 들어가는 물의 온도는 전자장치가 실험 중 잘 작동하도록 30℃ 또는 그 이하를 일정하게 유지해야 한다. 만약 전자장치가 1200 W를 냉각판에 전달한다면 필요한 물의 최소질량 유속은 얼마인가? 단, 총 열전달 계수가 $42\,W/m^2 \cdot K$라고 가정

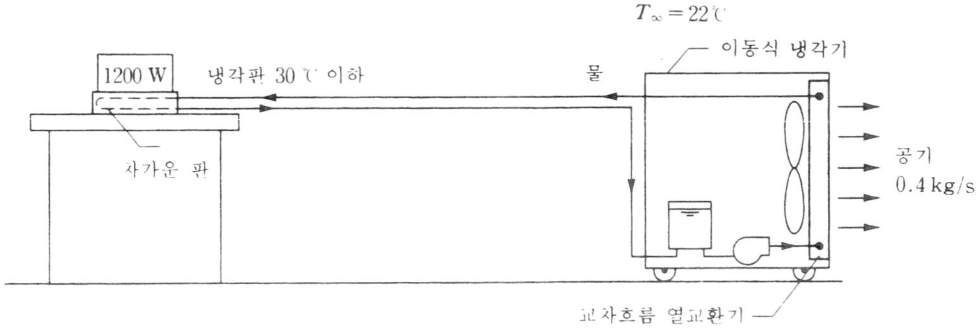

그림 10·42

하자.

10.63 다관형 열교환기가 해양 디젤엔진의 윤활유를 냉각하는 데 이용된다. 18℃의 해수를 사용하여 오일의 온도를 115℃에서 70℃로 떨어뜨려야 한다. 열전달은 350 kW이고 총 열전달 계수는 225 $W/m^2 \cdot K$이다. 만약 출구의 해수온도가 58℃라면 1원통통과/4튜브통과 다관형 열교환기에서 필요로 하는 튜브의 표면적을 구하라.

10.64 그림 10·43에 나타낸 대형트럭 세차장치에서 보여 주듯이 에너지를 절약하기 위해 바닥에 놓인 하수구 안으로 흐르는 더럽고 따뜻한 물이 세탁용 물을 예비 가열하기 위해 다관형 열교환기를 거쳐 재순환된다. 열교환기를 통과하는 깨끗한 물과 더러운 물은 각각 35 kg/s와 30 kg/s로 흐른다. 총 열전달 계수는 1970 $W/m^2 \cdot K$이고 깨끗한 물과 더러운 물의 입구온도는 각각 20℃와 65℃이다. 만약 1원통통과/2튜브통과 다관형 열교환기가 사용된다면 깨끗한 물이 전기 보일러에 들어갈 때, 그것의 온도가 10 ℃ 증가하려면 열전달 표면적은 얼마나 되어야 하는가? 만약 전기가격이 8.5 ¢/kW·h라면 한 시간당 얼마나 절약되는가?

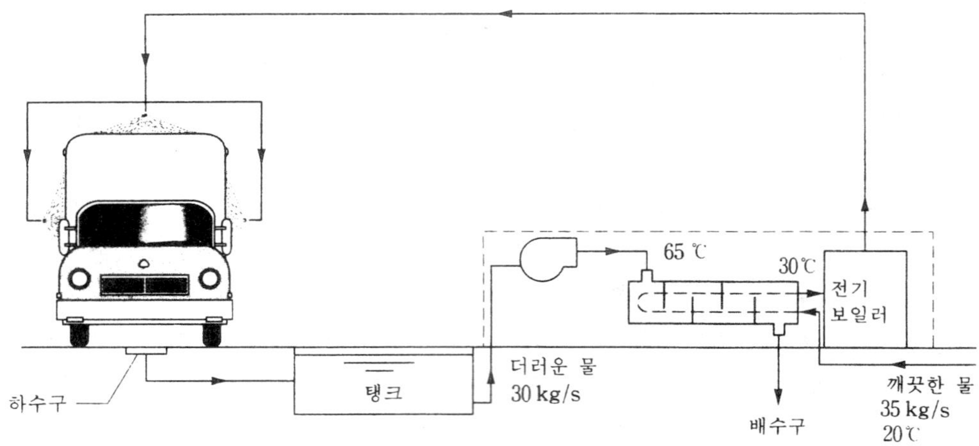

그림 10·43

10.65 높은 고도를 나는 군용 전투기에 대하여 그림 10·44에 나타낸 바와 같이 향류 열교환기가 티타늄으로 표면을 입힌 비행기의 안쪽 표면에 냉각판이 부착되어 만들어진다. Dowtherm A의 열전달 유체가 열교환기와 전자모듈 장치를 통하여 폐쇄고리를 순환하며 2번째 냉각판 위에 전자모듈 장치가 위치한다. 열전달 유체의 질량유속과 입구온도는 각각 0.6 kg/s와 45℃이다. 만약 열교환기의 후미 끝부분에서 비행기의 표면과 가까운 공기의 온도가 16 km의 고도로 날고 있을 때 3℃만큼 증가한다면 전자모듈 장치로부터 2.8 kW를 소비하는 데 필요한 열전달 표면적을 구하라. 총 열전달 계수는 21 $W/m^2 \cdot K$라고 하자.

10.66 거주용 공기조절 장치의 응축기가 48℃에서 포화상태의 R−12 증기를 0.07 kg/s로 응

축해야 한다. 18℃에서 공기가 2.1 m/s로 응축기에 들어간다. 만약 응축기의 전면면적이 0.42 m^2이고 총 열전달 계수가 35 W/m^2 · K라면 필요한 열전달 표면적은 얼마인가? 응축기는 두 유체가 비혼합되는 교차흐름 열교환기이다. R−12의 증발엔탈피 $i_{fg}=1.23\times10^5$ J/kg이다.

10.67E 향류배열로 흐르는 판과 틀 열교환기가 우유를 저온살균하는 데 사용된다. 140°F의 물이 250 lb_m/s로 열교환기를 들어간다. 우유는 210 lb_m/s로 장치에 들어가고 72°F에서 120°F로 가열된다. 총 열전달 계수를 190 Btu/h · ft^2 · °R이라고 한다면 각 판이 세로 1.5 ft, 가로 3.0 ft일 때 몇 개나 필요한가?

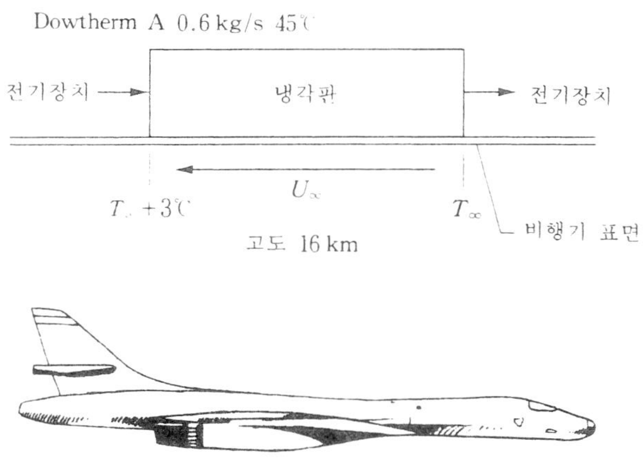

그림 10 · 44

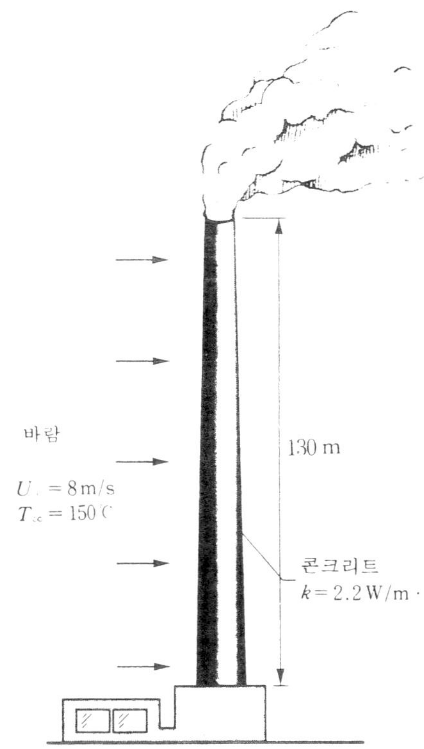

그림 10 · 45

10.68 그림 10 · 45에 나타낸 바와 같이 높은 굴뚝으로부터 구리제련 장치에서 나오는 폐가스가 배출된다. 폐가스는 1.5 m/s와 400℃로 굴뚝의 밑면에 들어간다. 8 m/s의 일정한 속도로 바람이 굴뚝을 가로질러 통과한다. 굴뚝의 밑면과 꼭대기의 안지름은 각각 8.6 m와 7.0 m이고 두께는 60 cm로 일정하다. 폐가스가 굴뚝으로부터 배출될 때 폐가스의 온도를 구하라. 모든 가정을 기술하라.

10.69 그림 10 · 46에 나타낸 것처럼 랭킨 사이클에 기준한 발전설비에서 210 kg/s의 포화상태의 수증기가 80℃의 온도로 터빈을 떠난다. 수증기는 다관형 열교환기의 원통 쪽에서

포화상태의 액체로 응축된다. 다관형 열교환기는 얇은 벽의 지름이 4 cm인 140개의 튜브로 되어 있다. 가까운 호수로부터 유입된 물이 12℃와 800 kg/s의 총 질량유속으로 열교환기의 튜브 내로 들어간다. 튜브의 바깥쪽 표면의 열전달 계수가 5600 W/m^2 · K라고 한다면 (a) 열전달, (b) 호수물의 출구온도, (c) 각 튜브에 요구되는 길이를 구하라. 80℃에서 수증기의 응축 엔탈피 $i_{fg} = 2.31 \times 10^5$ J/kg이다.

10.70 의학연구 실험실에서 동물로부터 뽑아낸 혈액은 30℃에서 26℃로 냉각되어야 한다. 전문가들은 그림 10 · 47에 나타낸 바와 같이 지름이 4.76 mm인 2개의 구멍이 나 있고 길이가 10 cm인 알루미늄으로 만들어진 단순향류 열교환기를 사용할 것을 제안하고 있다. 15℃의 수돗물이 한 구멍을 통과한다. 혈액의 평균속도가 다른 구멍에서 1.0 cm/s로 일정하게 유지될 때 물의 경우에는 속도가 얼마나 되어야 하는가? 혈액은 물과 같은 열적성질을 가지고 있다고 가정하자. 다른 모든 가정을 기술하라.

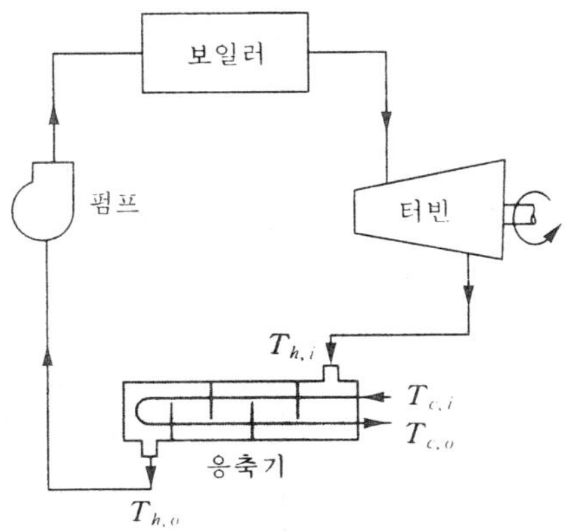

그림 10 · 46

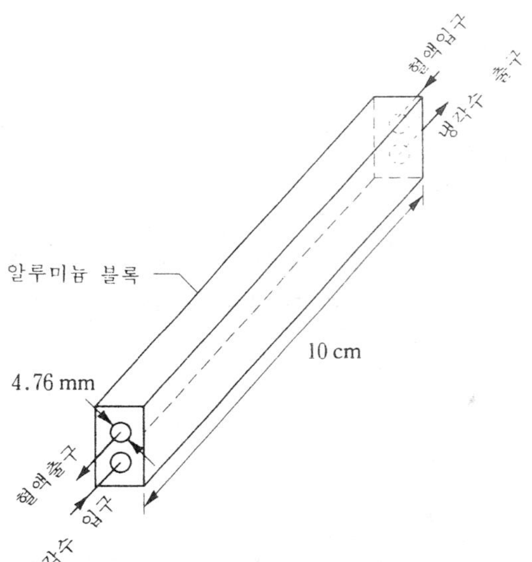

그림 10 · 47

10.71 냉각판이 두 개의 알루미늄 판 사이에서 그림 10 · 13(a)에 나타낸 것과 유사한 곧은 휜을 땜질하여 만들어진다. 냉각판의 폭과 흐름길이는 각각 12 cm와 28 cm이다. 높이가 1.5 cm이고 두께가 0.3 mm인 균일한 간격으로 48개의 휜이 놓여져 있으며 1100 알루미늄으로 만들어진다. 25℃에서 공기가 0.015 kg/s로 냉각판에 들어간다. 이 냉각판의 한쪽에는 전원공급 장치가 부착되고, 다른 한쪽은 단열되었다. 전원공급 장치 쪽은 등온상태이고, 60℃ 이하에서 유지되어야 한다면 전원공급 장치로부터 소멸될 수 있는 최대전력은 얼마인가?

11 복 사

11.1 서 론

지금까지 세 가지의 열전달 형태 중 두 가지 열전달 형태인 전도와 대류에 대하여 설명하였다. 열전달의 세 번째 열전달 형태인 복사를 이 장에서 취급한다. 1.4절에서 복사에 대해 간단히 설명하였다. 원자 또는 분자운동에 의하여 고체와 유체를 통한 열에너지를 전달하는 전도와 대류현상과는 달리 복사는 전자기파에 의한 열에너지의 전달현상이며 열매체가 필요 없다. 복사 열에너지는 전자기파를 방해하는 물질이 없으므로 진공에서도 쉽게 전달된다. 열복사란 전자기파 에너지 전달의 하나의 형태이므로 진공 내에서 속도는 빛과 동일하다. 태양에서 발산하는 열복사는 가시광선과 같은 속도인 약 3×10^8 m/s로 전달된다.

대류와 같이 복사도 고체표면에서 열전달과 근본적으로 관련된다. 표면온도가 절대온도로써 영도 이상인 어떠한 물질도 열에너지를 복사한다. 복사에는 전해지는 열매체가 필요 없으므로 복사는 가장 멀리 퍼져 나가는 열전달 형태이다. 그러나 모든 열전달에서 복사가 대류보다 우세하다는 의미는 아니다. 대류와 표면에서 복사의 상대적인 크기는 표면과 유체의 온도차, 유체의 성질, 유체속도 그리고 표면복사의 특성과 같은 몇 가지의 변수에 따라 달라진다. 복사현상이 상대적으로 복잡하기 때문에 열전달 계통의 해석과 설계에서 그것을 무시할 때도 있다. 열전달 문제에 복사를 고려하지 않는다면, 특히 자연대류에 복사를 고려하지 않는다면 심각한 오차를 일으킬 수 있다. 따라서, 특별한 조건이 정당할 때에만 복사 에너지를 무시할 수 있다.

복사는 다양한 열전달 계통에서 중요한 역할을 한다. 연소로, 오븐, 내부연소의 엔진 등의 연소과정에서는 복사 열전달이 큰 영향을 미친다. 복사는 보일러, 핵반응기 등과 같이 에너지를 생성하는 장치에서 더욱 중요하다. 또한, 공기의 낮은 밀도 때문에 대류의 영향이 약한 고공의 비행물체 중의 전자장치를 냉각하는 데 복사현상이 매우 중요한 역할을 한다. 그림 1·6과 같은 우주선에 탑재된 전자장치에서 발생한 열에너지를 외부공간에 버리기 위하여서는 복사에 의존한다.

이 장의 시작에는 복사의 중요한 물리적인 메커니즘을 취급한다. 흑체복사라고 불리는 이상표면에서 나오는 복사현상을 다룬다. 복사에 크게 영향을 미치는 표면의 성질도 취급된다. 표면간의 복사 열전달에서 각 표면의 상대적인 방향이 열전달에 강하게 영향을 미친다. 이와 같은 상대적인 방향을 나타내는 기하학적 변수를 시계인자(view factor)라고 한다. 복사와 대류가 복합되어 일어나는 현상은 환경복사(environmental radiation)를 다룬 후에 취급한다. 이 장의 마지막에서 온도측정에서 발생할 수 있는 복사 열전달의 오차에 관하여 간단히 언급한다.

11.2 물리적 개념

복사는 두 가지의 물리적 모델 중의 어느 하나로 설명될 수 있다. 19세기의 후반에 스코틀랜드의 물리학자인 맥스웰(James Maxwell)이 복사에 관한 전자기파 이론의 기초를 세웠다. 그는 가속화된 전하를 띤 입자가 전자기파라고 불리는 움직이는 전기장과 자기장을 만든다고 주장하였다. 맥스웰의 이론이 헤르츠(Heinrich Hertz)에 의하여 실험적으로 입증되었다. 공기를 통하여 음파와 같이 움직이는 전자기파는 한 위치에서 다른 위치로 전달된다. 그러나 음파와는 다르게 전자기파는 빛의 속도로 이동한다. 전자기파의 주기와 파장은 다음의 관계식과 같이 그들의 속도에 관련된다.

$$c=\lambda\nu \tag{11·1}$$

여기서 c : 매체에서 광속도(m/s), λ=파장(m), ν=주기(Hz 또는 사이클/초). 진공에서 $c=2.998\times10^{8}$ m/s이다. 공기와 같은 기체 속에서 광속도는 실제적으로 진공에서와 같다. 그러나 투명한 액체나 고체 속에는 더 느리다. 예를 들면 물 속에서 광속도는 약 2.25×10^{8} m/s이다. 전자기파인 복사속도와 파장은 매체의 함수이지만, 주기는 복사원 만의 함수라는 것이 밝혀졌다.

복사에 관한 제2의 물리적 모델은 1900년에 플랑크(Max Planck)에 의해서 밝혀졌다. 복사의 양자론이라 불리는 플랑크 이론은 전자기의 복사를 양자 또는 광양자라 불리는 에너지의 불연속 다발(packet)로 취급하였다. 이 모델에서 광양자의 에너지는 다음의 식으로 계산된다.

$$E=h\nu \tag{11·2}$$

여기서 E : 에너지(J), $h=6.626\times10^{-34}$ J·s는 플랑크 상수, ν : 주파수(Hz)이다. 식 (11·1)과 식 (11·2)에서 $E=hc/\lambda$를 얻는다. h와 c는 상수이므

로 복사에 의한 에너지는 파장에 반비례함을 알 수 있다. 따라서, X선과 감마선과 같이 아주 짧은 파장의 복사는 높은 에너지를 가지며 장시간 여기에 노출되면 생체계통에 심각한 손상을 초래한다.

열복사는 전자기 복사의 한 형태에 불과하다. 모든 전자기 복사는 동일한 일반적인 특성을 나타내지만 파장이 다른 복사는 물질에 작용하는 것이 다르다. 예를 들면 보통의 창문유리에는 대부분의 태양복사가 투과되지만 보통의 물체표면에서 방출되는 긴 파장의 복사는 거의 투과되지 못한다. X선은 근육과 지방층을 쉽게 투과하지만 뼈에는 흡수된다. 이론적으로 전자기 복사는 무한히 넓은 영역의 파장을 복사하지만, 실제 관심 있는 영역은 우주선 파장의 10^{-10} μm에서 10^{10} μm 이상인 전자파의 파장 사이이다. 파장의 단위는 보통 μm이고 1 μm = 10^{-6} m이다. 그림 11·1에 나타낸 전자기의 스펙트럼은 다양한 형태의 전자기 복사의 대략적인 범위를 나타낸다. 파장이 0.1 μm에서 100 μm 사이가 열복사의 영역이다. 열복사는 물질의 표면에서 원자 또는 분자의 진동에 관련된다. 진동의 크기가 그 물질의 표면온도로 나타난다. 그림 11·2와 같이 열복사는 표면온도가 절대영도 이상에서는 어떠한 물체에서도 방출된다. 만약 표면온도가 절대영도이라면 어떠한 원자 또는 분자의 진동도 없으며 그 물체는 전혀 복사하지 않는다.

그림 11·1과 같이 전자기 복사의 여러 가지 형태는 각각 다른 방법으로 생성된다. 컨덕터(conductor)에 흐르는 전류는 변조함으로써 전파가 발생하고 컨덕터의 전류를 변조하거나 결정체를 전기적으로 여기(excitation)함으로써 라디오파가 발생한다. 초단파는 klystron과 magnetron이라 불리는 특수한 전자장치에 의하여 발생되며 레이더, 공정가열, 음식의 조리 등에 응용된다. 열복사 중에서 적지만 대단히 중요한 부분인 가시광선은 인간의 눈으로 볼 수 있는 전자기 복사이다. 가시광선의 범위는 0.4 μm(자주색)에서 0.76 μm(붉은색)의 영역이다. 인간의 눈은 0.56 μm(황색－녹색)의 파장에 가장 예민하다. 태양으로부터 자외선의 복사가 가장 강하므로 햇살에 타거나 그을리는 주된 원인이 된다. 다행히 대기중 오존층이 대부분의 UV 복사를 흡수한다. 대부분의 X선은 금속 목표물에 충돌하

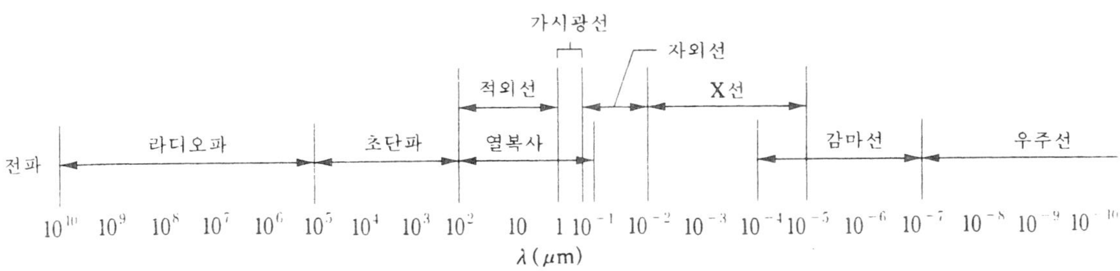

그림 11·1 전자기파의 스펙트럼

그림 11·2 절대영도 이상의 모든 물체는 복사한다.

는 고에너지의 전자를 감속하여 얻는다. X선은 의학의 진단도구로 이용되며 물질의 결합구조를 찾아내는 탐색방법으로 이용된다. 감마선은 핵반응에서 방출되며 인간의 조직을 심각하게 파괴한다. 납으로 차폐함으로써 감마선을 흡수할 수 있는데, 보통 보호막으로 이용된다. 우주선은 태양, 별, 그 밖의 다른 우주물질로부터 방출되는 전하를 띤 입자이다. 지구의 자장에 의하여 대부분의 우주선은 굴절하나 지구의 자장으로 침투하여 반 알렌(Van Allen) 복사대를 형성하게 된다.

열복사는 열전달에 관계되는 유일한 형태의 복사이다. 복사체로부터 방출되는 열복사량은 표면온도에 크게 의존한다. 온도에 직선적으로 변하는 전도와 대류와는 달리 복사는 온도의 4제곱에 비례한다. 따라서, 복사는 표면온도가 높은 경우에는 대류를 압도할 때가 있다. 복사는 표면의 성질에도 크게 영향이 있으며, 특수한 표면조건을 만들거나 피복함으로써 어느 정도는 조절할 수 있다. 표면간의 복사는 표면이 상대적으로 대면하는 방향의 함수이다. 다음 절에서 복사에 관계되는 다른 개념을 설명한다.

11.3 흑체복사

절대영도 이상의 물체는 그 물체의 표면에서 복사열을 방출한다. 그림 11·1의 전자파 스펙트럼에서와 같이 방출하는 복사 에너지는 어느 범위의 파장을 갖는다. 주어진 파장에 단위 표면적당 방출하는 복사를 단색광 복사력(spectral emissive power) E_λ라 부른다. 복사는 모든 방향, 즉 반구의 윗부분으로 균일하게 방출되므로 E_λ를 반구의 단색광 복사력(spectral hemispherical emissive power)라고 부를 때도 있다. E_λ의 단위는 $W/m^2 \cdot \mu m$이다. 전체 복사력 E는 단위 표면적당 모든 파장의 복사 에너지의 합이며 E_λ를 모든 파장에 대하여 적분하여 구한다.

$$E = \int_0^\infty E_\lambda d\lambda \tag{11·3}$$

어떤 물체의 전체 복사력은 물질자체와 표면의 물리적 성질, 표면온도에 관계된다. 서로 다른 물체는 표면온도가 동일하다고 하여도 복사력이 서로 다르다. 모든 실제표면과 비교될 수 있는 기준되는 표면을 설정하기 위하여 흑체라고 불리는 이상적인 표면을 정의한다. 흑체는 다음의 성질을 갖는다.

① 주어진 표면온도와 파장에서 흑체보다 더 많은 복사 에너지를 방출하는 물체는 없다. 즉, 흑체는 완전한 복사체이다.

② 흑체는 방향과 파장에 관계없이 입사되는 모든 복사 에너지를 흡수한다. 즉, 흑체는 완전한 흡수체이다.

③ 흑체는 모든 방향으로 복사 에너지를 방출한다. 즉, 흑체는 난반사하는 복사체이다.

천연 또는 인공으로 만든 어떠한 실제표면도 흑체와 같이 거동하지 못한다. 그림 11·3과 같이 작은 구멍이 있는 등온의 큰 동공(cavity)은 흑체에 가까운 거동을 한다. 구멍으로 들어간 복사 에너지는 동공의 내면에 부딪치고 구멍을 빠져나오기 전에 여러 번 반사한다. 동공 내 복사 에너지는 동공의 내면에 거의 전부 흡수될 때까지 반사한다. 더욱이 구멍에서 마지막으로 반사하여 나오는 복사 에너지는 입사할 때와 다른 방향으로 반사하여 나오므로 그것은 난반사된다. 따라

그림 11·3 흑체의 동공모델

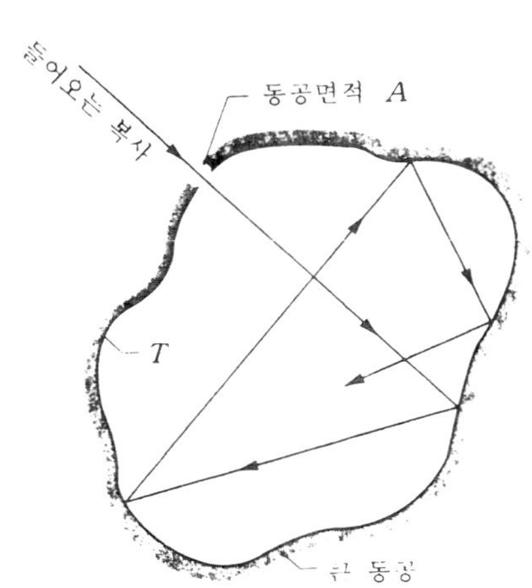

서, 동공은 실제로 완전한 흡수체이고 완전한 복사체라고 할 수 있으며, 구멍은 표면적 A와 온도 T에 있는 흑체와 유사하다. 구멍은 동공표면의 복사성질에 관계없이 흑체와 같은 거동을 한다는 사실을 알아야 한다.

흑체의 특성을 이해하고 기억하려면 단어 중에 '검다'라는 말에 관심을 가져야 한다. 검은 것은 모든 입사복사를 흡수하고 반사를 하지 않기 때문에 흑체가 '검다'라고 일컬어진다. 만약 눈이 모든 파장의 열복사를 볼 수 있다면 흑체는 우리에게 검게 보일 것이다. 가시광선 중에서 통상의 검은 표면이 흑체라고 해서는 안 된다. 전자기 스펙트럼의 가시부분은 파장이 아주 좁은 영역(0.4 μm에서 0.76 μm)이다. 그래서 어떤 표면이 스펙트럼의 가시부분에서 검기 때문에 전체의 열복사 스펙트럼에 대하여 검다고 말할 수 없다. 흰색의 페인트와 눈과 같은 물질은 색깔은 흰색이지만 장파장(적외선) 열복사에서는 흑체와 유사한 거동을 한다.

1901년 플랑크는 흑체의 단색광 복사력 $E_{\lambda,b}$에 관한 관계식을 제안하였다. 플랑크의 분배(Planck's distribution)라고 불리는 이 관계식은

$$E_{\lambda,b}(\lambda, T)=\frac{C_1}{\lambda^5[\exp(C_2/\lambda T)-1]} \tag{11 · 4}$$

여기서 λ : 파장(μm), T : 온도(K), $C_1=3.742\times10^8$ W · μm^4/m^2, C_2

그림 11 · 4 플랑크 흑체분배

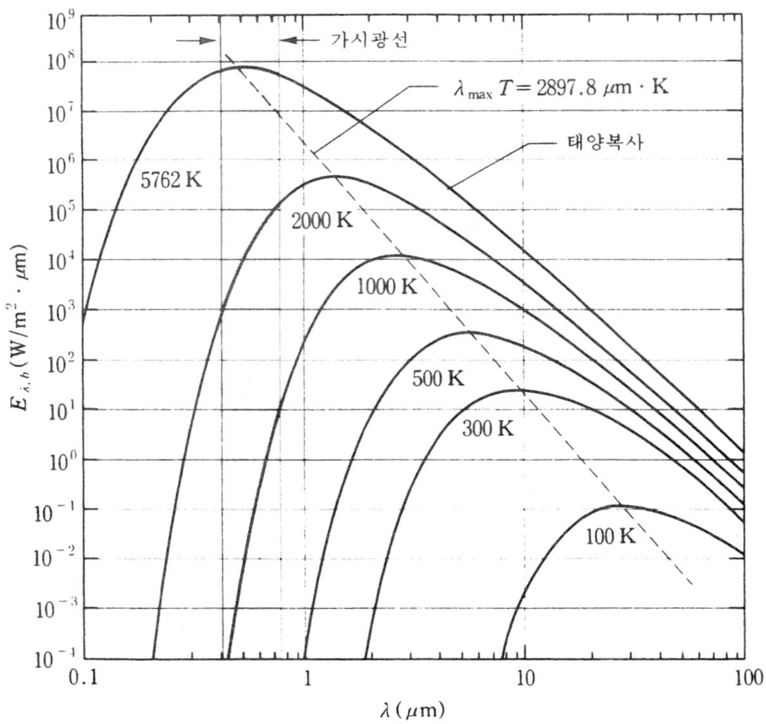

$=1.439\times10^4\ \mu m\cdot K$ 이다. 흑체의 단색광 복사력 $E_{\lambda,b}$의 단위는 $W/m^2\cdot\mu m$ 이고 그림 11·4와 같이 온도와 파장의 함수로 표시된다. 플랑크의 분배에 대한 몇 가지 특징을 언급할 필요가 있다. 플랑크의 분배에 의하면 흑체복사는 파장에 따라 연속적으로 방출함을 나타낸다. 주어진 온도에서 복사력은 최대값으로 될 때까지 증가하고 파장이 더 커지면 감소한다. 주어진 파장에서 온도가 높아지면 복사력은 증가한다. 온도가 증가함에 따라 곡선의 정점이 파장이 짧은 왼쪽으로 이동한다. 이것은 대부분의 복사가 높은 온도와 짧은 파장으로 방출됨을 말한다. 태양은 5762 K의 흑체라고 볼 수 있으며, 이 온도에서 최대 복사력은 가시광선의 영역에 있는 파장에서 일어난다. 그러므로 태양에서 방출된 대부분의 복사는 우리의 눈으로 감지될 수 있다. 약 800 K 이하 온도에서 발산되는 복사는 적외선 영역에 있고 눈으로 감지할 수 없다. 대신 빛이 아닌 열로써 감지할 수 있다.

그림 11·4의 점선은 각 온도에 대한 곡선의 정점을 통과한다. 주어진 온도에서 최대값이 생기는 파장은 빈(Wien)의 변위법칙으로 계산된다.

$$(\lambda T)_{\max\ power}=2897.8\ \mu m\cdot K \qquad (11\cdot5)$$

플랑크 분배곡선의 최대점을 구하면 빈의 변위법칙이 유도된다. 식 (11·4)를 일정한 T에서 λ에 대하여 미분하고 그 결과를 0으로 놓으면 식 (11·5)가 얻어진다. 태양복사 곡선의 최대값은 $\lambda=(2897.8\ \mu m\cdot K)/(5762\ K)=0.50\ \mu m$, 즉 가시광선 범위의 중간부분에서 얻어진다. 반면 실온에 있는 어떤 표면으로부터 방출되는 복사의 최대값은 적외선 범위인 $\lambda=(2897.8\ \mu m\cdot K)/(293\ K)=9.89\ \mu m$에서 얻어진다. 전등의 3000 K인 텅스텐 필라멘트는 흰빛을 내며, 복사가 적외선 범위에 있음을 나타내는 $\lambda=(2897.8\ \mu m\cdot K)/(3000\ K)=0.97\ \mu m$에서 흑체의 최대 복사력을 나타낸다.

플랑크의 분배에 의하면 단색광 흑체 복사력은 파장의 함수이다. 식 (11·4)를 식 (11·3)에 대입하고 적분하면 흑체의 전체 복사력 E_b를 얻을 수 있다. 적분하면

$$E_b(T)=\sigma T^4 \qquad (11\cdot6)$$

여기서 스테판-볼츠만 상수는 $\sigma=5.669\times10^{-8}\ W/m^2\cdot K$ 이다. 식 (11·6)을 스테판–볼츠만의 법칙이라 부른다. 흑체의 전체 복사력 E_b의 단위는 W/m^2이고, 모든 파장으로 방출되는 열에너지를 의미하므로 그림 11·5의 주어진 온도에서 플랑크 분배곡선의 아래 부분의 총면적과 같다. 스테판–볼츠만의 법칙으로부터 표면의 온도만 알려지면 흑체로부터 방출되는 전체복사 에너지를 계산할 수 있다. 식 (11·6)에 반드시 절대온도의 단위가 사용되어야 한다.

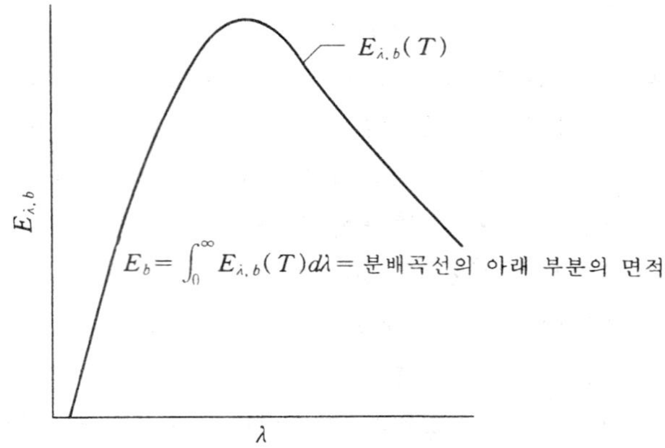

그림 11·5 주어진 온도에서 흑체의 복사력은 플랑크 분배곡선의 아래 부분의 면적과 같다.

영국식 단위가 사용된다면 스테판-볼츠만 상수인 $\sigma = 0.1714 \times 10^{-8}$ Btu/h · ft^2 · °R^{4}이고 온도는 °R의 단위를 써야 한다.

예제 11.1 지름 5.0 cm의 긴 실린더의 표면온도는 900 K이다. 실린더가 흑체와 같이 복사한다면 흑체의 전체 복사력과 실린더의 단위길이당 방출되는 복사를 계산하라.

풀이 흑체의 전체 복사력은 스테판-볼츠만의 법칙에서 계산된다.

$$E_b = \sigma T^4$$
$$= (5.669 \times 10^{-8}\ \text{W/m}^2 \cdot \text{K}^4)(900\ \text{K})^4 = 3.72 \times 10^4\ \text{W/m}^2 = 37.2\ \text{kW/m}^2$$

흑체 복사력 E_b가 복사 열플럭스 $q = \dot{Q}/A$이고, 여기서 $A = \pi DL$이므로 실린더의 단위길이당 복사 열전달은 다음과 같이 계산할 수 있다.

$$\frac{\dot{Q}}{L} = \pi D E_b = \pi D \sigma T^4$$
$$= \pi(0.05\ \text{m})(5.669 \times 10^{-8}\ \text{W/m}^2 \cdot \text{K}^4)(900\ \text{K})^4 = 5842\ \text{W/m}$$

흑체에서 어떤 범위의 파장으로 복사하는 경우에 관심이 있을 수 있다. 모든 파장에 관한 플랑크 분배보다는 관심 있는 파장범위에서 적분하여야 한다. 파장 0에서 λ까지의 흑체 복사력은

$$E_{0-\lambda,b}(T) = \int_0^\lambda E_{\lambda,b}(T)\,d\lambda \qquad (11 \cdot 7)$$

이 적분은 수치적분으로 구하며 실제 사용하기 편리하도록 다음과 같은 무차원의 흑체복사 함수 f_λ로 주어진다.

$$f_\lambda(T) = \frac{\int_0^\lambda E_{\lambda,b}(T)d\lambda}{E_b(T)} = \frac{\int_0^\lambda E_{\lambda,b}(T)d\lambda}{\sigma T^4} \qquad (11 \cdot 8)$$

함수 f_λ는 온도 T에 있는 흑체에서 방출하는 복사 중에서 파장이 0에서 λ까지의 복사 에너지의 분율이다. 표 11·1에 f_λ 값이 λT의 함수로써 주어졌다. 표

표 11·1 흑체복사 함수

λT (μm·K)	f_λ	λT (μm·K)	f_λ
200	0.000 000	6200	0.754 140
400	0.000 000	6400	0.769 234
600	0.000 000	6600	0.783 199
800	0.000 016	6800	0.796 129
1000	0.000 321	7000	0.808 109
1200	0.002 134	7200	0.819 217
1400	0.007 790	7400	0.829 527
1600	0.019 718	7600	0.839 102
1800	0.039 341	7800	0.848 005
2000	0.066 728	8000	0.856 288
2200	0.100 888	8500	0.874 608
2400	0.140 256	9000	0.890 029
2600	0.183 120	9500	0.903 085
2800	0.227 897	10 000	0.914 199
3000	0.273 232	10 500	0.923 710
3200	0.318 102	11 000	0.931 890
3400	0.361 735	11 500	0.939 959
3600	0.403 607	12 000	0.945 098
3800	0.443 382	13 000	0.955 139
4000	0.480 877	14 000	0.962 898
4200	0.516 014	15 000	0.969 981
4400	0.548 796	16 000	0.973 814
4600	0.579 280	18 000	0.980 860
4800	0.607 559	20 000	0.985 602
5000	0.633 747	25 000	0.992 215
5200	0.658 970	30 000	0.995 340
5400	0.680 360	40 000	0.997 967
5600	0.701 046	50 000	0.998 953
5800	0.720 158	75 000	0.999 713
6000	0.737 818	100 000	0.999 905

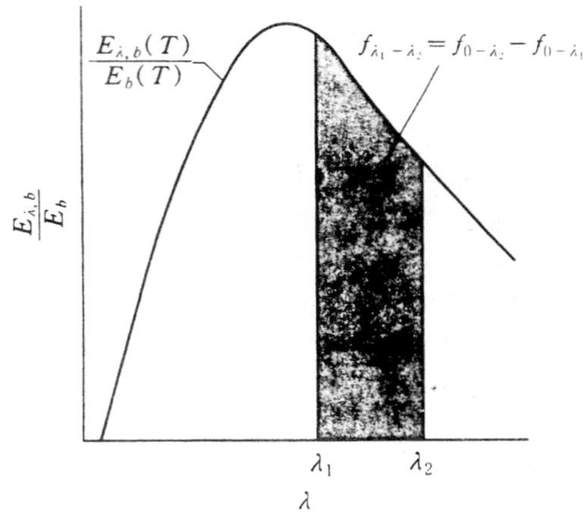

그림 11·6 흑체복사 함수의 도식적 표현

로 나타낸 복사함수를 사용하면 어떤 흑체복사 함수에서 다른 것을 뺌으로써 어느 파장범위에 대해서도 흑체 복사력을 계산할 수 있다. 파장 λ_1과 λ_2 범위에서 방출되는 흑체복사를 계산하려면 먼저 표 11·1에서 f_{λ_1}과 f_{λ_2}를 알고 이것을 빼면 된다.

$$f_{\lambda_1-\lambda_2}(T) = f_{\lambda_2}(T) - f_{\lambda_1}(T) \tag{11·9}$$

이와 같이 빼는 과정을 그림 11·6에 개략적으로 표시하였다. 그 다음 $f_{\lambda_1-\lambda_2}(T)$에 $E_b(T)$를 곱하면 λ_1에서 λ_2 범위의 파장에서 방출된 흑체복사를 얻을 수 있다.

예제 11.2 백열등의 필라멘트로부터 가시광선과 적외선 파장의 복사 에너지를 발산한다. 할로겐등은 필라멘트의 증발을 막기 위하여 할로겐 기체가 충전된 일종의 백열등이다. 할로겐등은 표준 백열등보다 더 높은 온도에 사용된다. 표준 백열등과 할로겐등의 필라멘트 온도를 각각 2500 K와 4000 K라 하고 흑체와 같이 복사한다고 하면 이들 등의 가시광선 범위에서 방출하는 복사분율을 계산하라.

풀이 가시광선의 파장범위는 0.4 μm 에서 0.76 μm 이다. 표 11·1에서 흑체복사 함수를 사용하고 필요하다면 직선으로 내삽하면

표준등 $\lambda_1 T = (0.4\ \mu m)(2500\ K) = 1000\ \mu m \cdot K$, $f_{\lambda_1} = 0.000\,321$

$\lambda_2 T = (0.76\ \mu m)(2500\ K) = 1900\ \mu m \cdot K$, $f_{\lambda_2} = 0.053\,035$

할로겐등 $\lambda_1 T = (0.4\ \mu m)(4000\ K) = 1600\ \mu m \cdot K$, $f_{\lambda_1} = 0.019\,718$

$\lambda_2 T = (0.76\ \mu m)(4000\ K) = 3040\ \mu m \cdot K$, $f_{\lambda_2} = 0.282\,206$

표준등에 대하여

$$f_{\lambda_1-\lambda_2} = f_{\lambda_2} - f_{\lambda_1}$$

$$= 0.053\,035 - 0.000\,321 = 0.052\,714 (5.27\%)$$

할로겐등에 대하여

$$f_{\lambda_1 - \lambda_2} = f_{\lambda_2} - f_{\lambda_1}$$

$$= 0.282\,206 - 0.019\,718 = 0.262\,488 (26.2\%)$$

표준등은 가시광선 범위의 에너지를 5%만 방출하고 나머지는 적외선으로 방출한다. 따라서, 표준등은 전기 에너지를 가시광선으로 전환하기 어렵다. 할로겐등은 가시광선 범위의 에너지를 26% 방출하여 표준등보다 더 효과적이다. 이것은 필라멘트가 더 뜨거워서 파장이 짧은 쪽으로 흑체분배 곡선의 정점이 이동하였기 때문이다.

11.4 복사의 성질

복사 열전달이란 원래 표면현상이다. 공학에서 사용하는 대부분의 물질은 표면의 수 μm 내에서 복사 에너지를 방출하고 흡수한다. 복사 에너지가 통과하지 못하는, 즉 복사 에너지를 투과시키지 못하는 물질을 불투명체라 부르고 소수의 예외를 제외하면 고체는 대부분 복사에 불투명하다. 입사되는 복사의 일부를 통과하는 물질을 반투명체라 부른다. 불투명체에 복사 에너지가 들어갈 때에는 표면에만 크게 작용하고 반투명체인 경우에는 물체 내의 부피에 작용된다. 어떤 물질에 복사 에너지가 흡수될 때에 입사복사의 파장에 따라 달라진다. 예를 들면 보통의 유리는 가시적인 복사에 대하여 완전히 투명하지만 적외선 범위의 파장에 대해서는 거의 불투명하다. 물질에 입사되었으나 투과하지 않은 분율을 그 물질에서 흡수되고 그 표면에서 반사된다. 물질에 흡수된 복사분율은 물질의 표면에서 방출하거나 그 물질로 전도된다. 이 절에서는 방출, 흡수, 반사, 투과과정을 특징짓는 물질의 복사성질을 취급한다.

복 사 능

앞절에서 이상적인 방출물체와 흡수물체로써 흑체를 정의하였고 어떠한 물체도 흑체보다 주어진 온도에서 복사를 더 방출하거나 흡수할 수 없다고 언급하였다. 흑체는 실제표면에 비교되는 기준이 된다. 실제표면을 흑체에 비교할 수 있는 복사성질을 복사능이라 부른다. 복사능이란 동일온도에서 실제표면과 흑체에서 방출된 복사의 비를 말한다. ε으로 표시되는 복사능은 무차원이고 0에서 1까지 변한다. 만약 $\varepsilon = 1$ 이라면 그 표면은 흑체이다. 어떠한 실제표면도 정확히 흑체와 같이 거동할 수 없으나 흑체에 가까이 접근할 수 있다. 예를 들면 아주 검은 페인트나 락카칠을 한 표면의 $\varepsilon \approx 0.95$ 이다.

복사능은 표면온도, 파장 및 복사의 방향에 따라 달라진다. 파장의 함수로 표시되는 복사능을 단색광 복사능이라 하고 ε_λ로 표시하고 방향의 함수로 표시되는 복사능을 방향복사(directional emissivity)라 하고 ε_θ로 표시한다. 여기서 θ는 복사와 표면의 법선으로 이루는 각도를 나타낸다. 이와 같은 복잡한 함수관계를 간략하게 나타내기 위하여 반구의 전체 복사능(total hemispherical emissivity)을 사용하여 모든 파장과 방향에 대하여 평균 복사능을 표시한다. 복사성질이 방향에 무관하다면 '표면이 난반사이다'라고 하고 파장에 무관하다면 '표면은 회색체이다'라고 말한다. 회색체의 난반사 표면의 복사능은 반구의 전체 복사능이다. 복사능이란 동일온도에서 실제표면과 흑체로부터 방출되는 복사의 비이므로 반구의 전체 복사능은

$$\varepsilon(T)=\frac{E(T)}{E_b(T)}=\frac{E(T)}{\sigma T^4} \qquad (11 \cdot 10)$$

여기서 $E(T)$는 실제표면의 전체 복사력을 말한다. 이제부터는 다른 언급이 없는 한 반구의 전체 복사능을 단순히 복사능이라 한다. 식 (11 · 10)은 정리하면 실제표면의 복사력은

$$E(T)=\varepsilon(T)\sigma T^4 \qquad (11 \cdot 11)$$

여기서 E는 SI 단위와 영국식 단위로 W/m^2와 $Btu/h \cdot ft^2$로 표시된다. 연마된 표면의 복사능은 0.1보다 작고 페인트, 물, 건축자재 등의 복사능은 0.95보다 크다. 그림 11 · 7은 여러 가지 물질의 복사능을 나타내고 있다.

복사능은 표면조건에 크게 영향받는 함수이다. 연마된 표면의 복사능은 거친

그림 11 · 7 여러 가지 물질의 복사능 범위

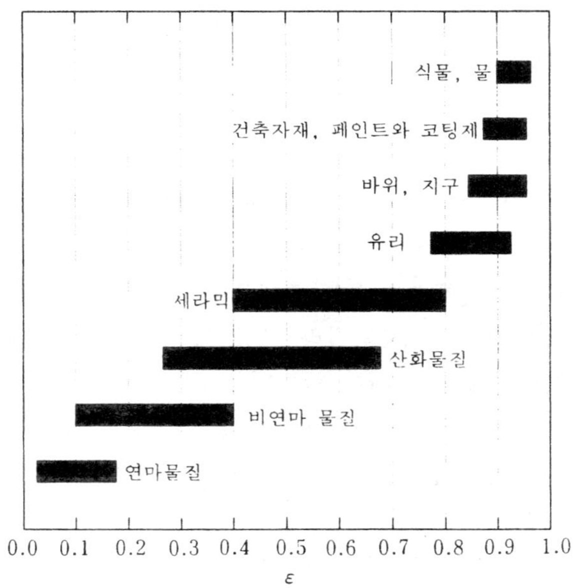

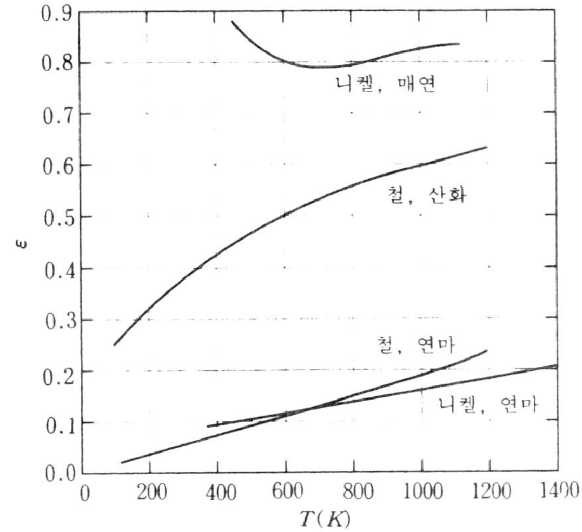

그림 11 · 8 복사능은 표면 조건과 온도의 함수

표면이나 산화 또는 오염된 표면의 복사능보다 작다. 철과 니켈의 복사능을 온도의 함수로 그림 11 · 8에 나타내었다. 연마된 표면은 산화되거나 그을려진 표면보다 복사능이 작다. 매끈하거나 연마된 표면에 페인트나 락카 칠을 하면 복사능을 크게 하는 효과가 있다. 특히, 우주선의 열전달 설계에서 전자장치와 광학장치의 온도를 적당히 유지하기 위하여 복사능과 다른 복사성질을 조절하는 수단으로 표면을 피복한다.

그림 11 · 9는 다양한 표면에 대한 단색광 복사능을 표시한다. 단색광 복사능 ε_λ는 파장에 따라 심하게 변하며 복잡한 함수이다. 주어진 온도에서 회색체는 실제물체와 같은 복사 에너지를 방출한다. 이 사실은 식 (11 · 11)을 사용할 때 주어진 온도에서 실제물체와 같은 복사 에너지를 나타내는 평균복사 에너지를 얻을 수 있음을 의미한다. 평균 복사능은 다음의 관계식으로 표시된다.

$$\varepsilon(T) = \frac{\int_0^\infty \varepsilon_\lambda(T) E_{\lambda,b}(T)\,d\lambda}{\sigma T^4} \qquad (11 \cdot 12)$$

ε_λ의 함수는 너무 복잡하여 해석적으로 적분할 수 없고 수치해법으로 적분할 수 있을 것이다. 그러나 더 간단한 방법은 전자기 스펙트럼을 다수의 불연속적인 파장의 띠(wave band)으로 나누고 여기서 각 띠의 ε_λ는 계단함수(step function)로 표시한다. 즉, ε_λ 함수는 일정하다. 그림 11 · 9에 표시된 알루미늄 산화물이 피복된 표면의 단색광 복사능을 예로 들면 그림 11 · 9에서와 같이 계단함수로 근사되며 스펙트럼을 일정한 복사능을 갖는 3개의 파장의 띠로 나눌 수 있다. 3개의 구분은 다음과 같다.

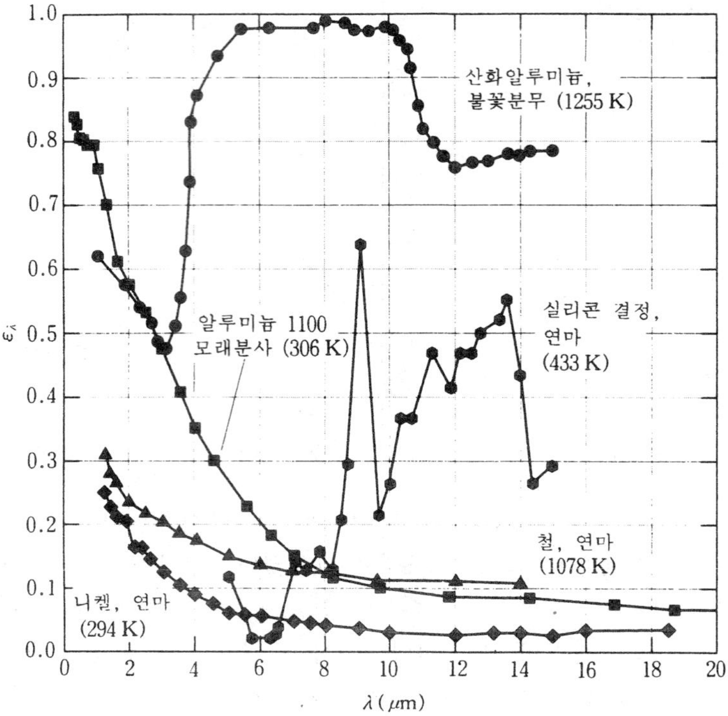

그림 11·9 단색광 복사능은 파장의 복잡한 함수

파장범위(μm)	복사능
$0 \le \lambda \le \lambda_1$	$\varepsilon_\lambda = \varepsilon_1$
$\lambda_1 \le \lambda \le \lambda_2$	$\varepsilon_\lambda = \varepsilon_2$
$\lambda_2 \le \lambda \le \infty$	$\varepsilon_\lambda = \varepsilon_3$

식 (11·12)에서 전체적분을 3개의 분할적분으로 나눔으로써, 즉 각각을 하나의 계단함수로 취급하면 평균 복사능을 계산할 수 있다. 각 계단함수의 복사능이 일정하므로 적분이 가능하다. 식 (11·12)을 다음과 같이 쓰면

$$\varepsilon(T) = \frac{\varepsilon_1 \int_0^{\lambda_1} E_{\lambda,b}(T)d\lambda}{\sigma T^4} + \frac{\varepsilon_2 \int_{\lambda_1}^{\lambda_2} E_{\lambda,b}(T)d\lambda}{\sigma T^4} + \frac{\varepsilon_3 \int_{\lambda_2}^{\infty} E_{\lambda,b}(T)d\lambda}{\sigma T^4} \quad (11 \cdot 13)$$

식 (11·13)의 각 항을 식 (11·8)인 흑체의 복사함수 f_λ와 동일하다. 따라서

$$\varepsilon(T) = \varepsilon_1 f_{0-\lambda_1}(T) + \varepsilon_2 f_{\lambda_1-\lambda_2}(T) + \varepsilon_3 f_{\lambda_2-\infty}(T) \quad (11 \cdot 14)$$

식 (11·14)는 3개의 값을 가지는 계단함수에 적용되지만, 표면의 단색광 복사능을 근사적으로 나타내는 데 필요한 어떤 수 만큼의 값을 가지는 계단함수에도 적용될 수 있다.

예제 11.3 그림 11·10에 표시한 산화알루미늄, 즉 피복된 표면의 단색광 복사능을 알고 있다. 평균 복사능과 1255 K에서 복사력을 계산하라.

그림 11·10 그림 11·9의 산화알루미늄 표면의 단색광 복사능의 계단함수로써 근사

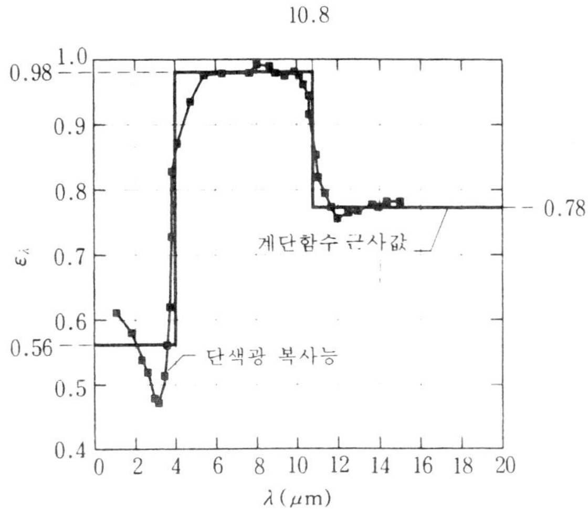

풀이 표면의 평균 복사능을 구하기 위하여 그림 11·10의 계단함수로 단색광 복사능을 근사적으로 나타낸다.

파장범위	복사능
$0 \le \lambda \le 4$	$\varepsilon_1 = 0.56$
$4 \le \lambda \le 10.8$	$\varepsilon_2 = 0.98$
$10.8 \le \lambda \le \infty$	$\varepsilon_3 = 0.78$

$\lambda_1 = 4\ \mu$m 와 $\lambda_2 = 10.8\ \mu$m 에서 계단변화에 상응하는 흑체복사를 표 11·1에서 구하면

$$\lambda_1 T = (4\ \mu\text{m})(1255\ \text{K}) = 5020\ \mu\text{m}\cdot\text{K}, \quad f_{\lambda_1} = 0.636\,269$$

$$\lambda_2 T = (10.8\ \mu\text{m})(1255\ \text{K}) = 13554\ \mu\text{m}\cdot\text{K}, \quad f_{\lambda_2} = 0.959\,437$$

그리고

$$f_{0-\lambda_1} = f_{\lambda_1} - f_0 = 0.636\,269 - 0 = 0.636\,269$$

$$f_{\lambda_1-\lambda_2} = f_{\lambda_2} - f_{\lambda_1} - 0.959\,437 - 0.636\,269 = 0.323\,168$$

$$f_{\lambda_1-\infty} = f_\infty - f_{\lambda_2} = 1 - 0.959\,437 = 0.040\,563$$

이 값을 식 (11·14)에 대입하면

$$\varepsilon(T) = \varepsilon_1 f_{0-\lambda_1} + \varepsilon_2 f_{\lambda_1-\lambda_2} + \varepsilon_3 f_{\lambda_2-\infty}$$

$$= (0.56)(0.636\,269) + (0.98)(0.323\,168) + (0.78)(0.040\,563) = 0.705$$

따라서, 이 표면은 0.705의 일정한 복사능을 표시하는 회색체가 1255 K에서 방출하는 동일한 복사량을 방출한다. 식 (11·11)을 사용하여 이 표면의 복사력을 계산하면

$$\varepsilon(T) = \varepsilon(T)\sigma T^1$$

$$= (0.705)(5.669 \times 10^{-8}\ \mathrm{W/m^2 \cdot K})(1255\ \mathrm{K})^4$$
$$= 9.91 \times 10^4\ \mathrm{W/m^2} = 99.1\ \mathrm{kW/m^2}$$

흡수능, 반사능, 투과능

절대영도 이상의 온도에 있는 모든 물체는 복사 에너지를 방출하므로 모든 물체에서 방출되는 복사 에너지가 항상 다른 물체에 부딪친다. 표면에 입사되는 복사 열플럭스를 조사량(irradiation)이라고 말하며 G로 표시한다. 조사량의 SI 단위와 영국식 단위는 각각 $\mathrm{W/m^2}$와 $\mathrm{Btu/h \cdot ft^2}$이다. 복사가 어느 표면을 부딪치면 그림 11·11과 같이 일부는 흡수되고 일부는 반사하고, 또 일부는 투과한다. 입사된 복사 중에서 흡수되고 반사되고 또 투과된 분율을 흡수능 α, 반사능 ρ, 투과능 τ라 부른다. 이와 같은 조사량 G의 분율로 정의되는 복사물성은

$$\alpha = \frac{\text{흡수 복사량}}{\text{입사 복사량}} = \frac{G_{abs}}{G} \tag{11·15}$$

$$\rho = \frac{\text{반사 복사량}}{\text{입사 복사량}} = \frac{G_{ref}}{G} \tag{11·16}$$

$$\tau = \frac{\text{투과 복사량}}{\text{입사 복사량}} = \frac{G_{tr}}{G} \tag{11·17}$$

여기서 G_{abs}, G_{ref}와 G_{tr}는 각각 조사량 G의 흡수, 반사, 투과된 분율을 말한다. 흡수능, 반사능, 투과능은 0에서 1 사이의 값인 무차원수이다. 에너지 보존의 법칙이라 불리는 열역학 제 1 법칙에 따르면 표면에 입사된 복사는 흡수, 반사, 투과된 복사의 합과 같다.

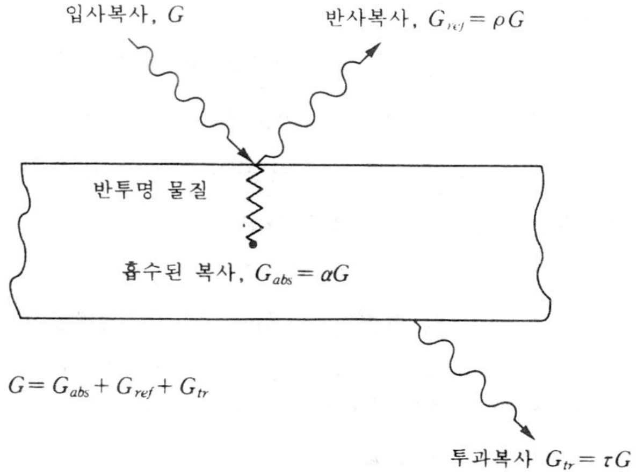

그림 11·11 표면에 입사된 복사는 흡수, 반사, 투과될 수 있다.

그림 11 · 12 표면에서 반사된 복사는 (a) 거울과 같이 거동한다. (b) 모든 방향으로 균일하게 퍼져간다. (c) 반사경 반사와 난반사의 양거동을 나타낸다.

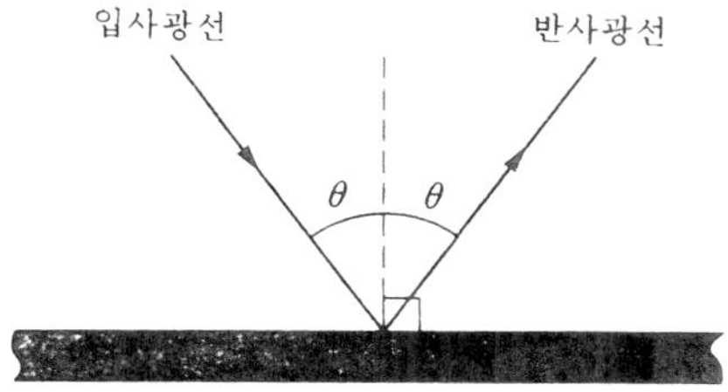

(a) 반사경

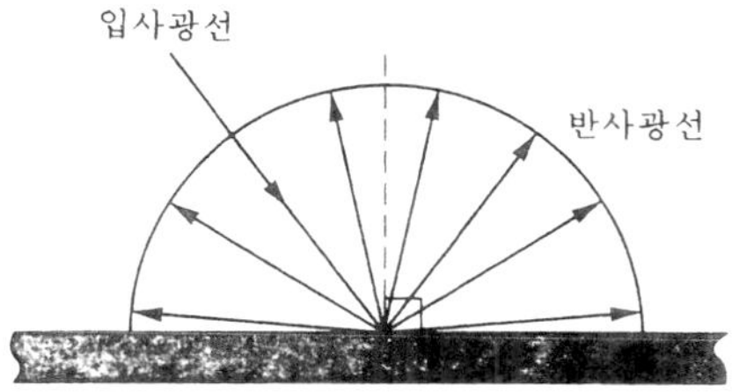

(b) 난반사

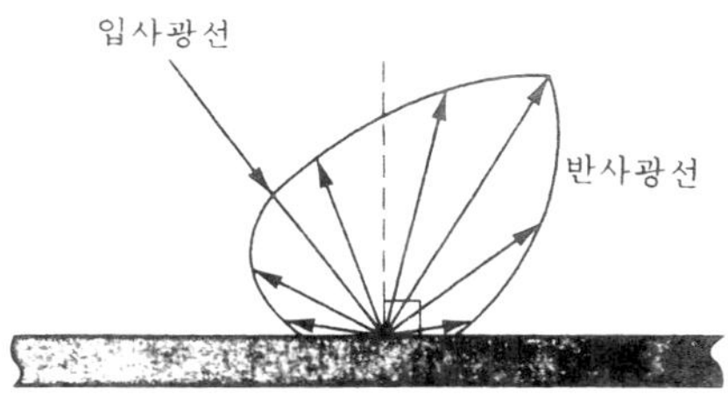

(c) 실 제

$$G = G_{abs} + G_{ref} + G_{tr} \tag{11 · 18}$$

식 (11 · 18)을 G로 나누면

$$\alpha + \rho + \tau = 1 \tag{11 · 19}$$

어느 하나의 복사물성이 다른 두 물성으로부터 계산될 수 있으므로 식 (11 · 19)은 매우 중요한 관계식이다. 물질이 불투명하다면 $\tau = 0$ 이고 식 (11 · 19)은

$$\alpha + \rho = 1 \tag{11 · 20}$$

불투명체의 α 또는 ρ가 알려지면 다른 물성은 쉽게 알려진다.

식 (11 · 15), 식 (11 · 16)과 식 (11 · 17)의 복사물성은 반구의 전체물성(total hemispherical properties)이며, 즉 모든 파장과 방향에 대하여 평균한 것이다. 복사능과 같이 흡수능, 반사능, 투과능도 방향과 파장에 따라 특성이 달라진다. 흡수능, 투과능과 달리 반사능은 입사각과 반사각에 따라 달라진다. 그림 11 · 12에서 반사되는 복사특성을 표시하였다. 표면이 가시광선에 거울과 같이 거동하면 입사각은 반사각과 같고 그 표면을 반사경(specular)이라고 부른다. 입사복사가 모든 방향으로 균일하게 반사한다면 그 표면이 난반사한다고 말한다. 매끄럽게 연마된 표면에서 반사경 반사를 가정할 수 있으며, 반면 조잡한 표면에서는 난반사한다고 가정한다. 실제표면에서는 두 경우의 중간의 반사거동을 나타낸다. 실제표면으로부터 반사되는 복사를 모델링하기가 극히 어려우므로 완전한 반사경 또는 완전한 난반사의 거동을 한다고 가정하는 것이 대부분이다. 실제 열전달에서 사용되는 대부분의 표면은 아주 매끈하거나 연마되지 않기 때문에 이 책에 예시되는 모든 물체와 대부분의 실제응용에서는 완전한 난반사를 가정한다.

몇 종류의 대표적 물질에 대한 그림 11·8과 같이 복사는 표면온도의 함수임을 명심하여야 한다. 복사능과 다르게 흡수능은 복사원의 온도에 따라 다르다. 예를 들면 땅, 식물, 가옥과 도로 같은 300 K 주위물체로부터 방출되는 복사에 대하여 가옥에 칠한 흰색 페인트의 흡수능은 대략 0.95이다. 그러나 태양 복사원의 온도는 5762 K이고 동일한 흰색 페인트에 대한 흡수능은 약 0.2이다.

키르히호프의 법칙

표면의 복사능과 흡수능이 동일한 경우를 생각하자. 그림 11·13과 같이 등온의 큰 동공 속에 있는 작은 물체를 생각하자. 흑체에 관하여 앞절에서 설명한 바와 같이 등온의 큰 동공은 표면의 성질에는 무관하게 흑체라고 볼 수 있다. 물체는 충분히 작아서 동공이 흑체로 거동하는 데 아무 지장이 없다고 가정한다. 정상상태에서는 물체와 동공간에는 열적평형이 성립되고 그들의 온도는 동일하다. 단위면적당 물체로 흡수된 복사는

$$G_{abs} = \alpha G = \alpha \sigma T^4 \tag{11·21}$$

단위면적당 물체로부터 방출한 복사는

$$E = \varepsilon \sigma T^4 \tag{11·22}$$

물체와 동공간에는 열적평형 상태이므로 물체에 흡수된 에너지는 방출된 에너지와 같다. 즉

$$A\varepsilon(T)\sigma T^4 = A\alpha(T)\sigma T^4 \tag{11·23}$$

식 (11·23)을 $A\sigma T^4$으로 나누면

$$\varepsilon(T) = \alpha(T) \tag{11·24}$$

식 (11·24)를 키르히호프의 법칙이라 한다. 이 법칙은 온도 T에 반구의 전체 복사능(total hemispherical emissivity)은 동일온도에 있는 표면으로부터 도달된 복사의 반구의 총 흡수능(total hemispherical absorptivity)과 동일하다는 말로 표현된

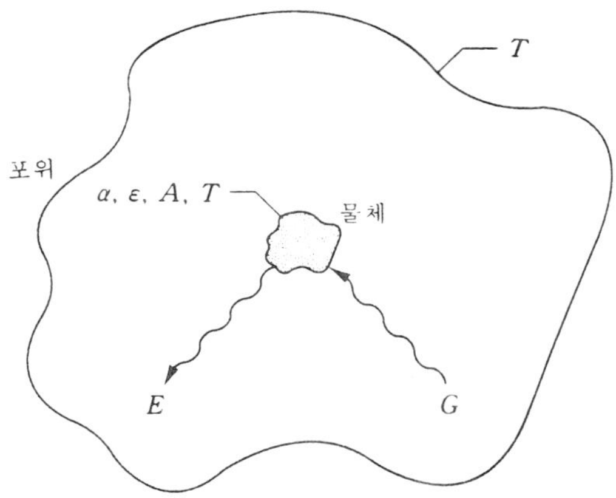

그림 11·13 동공과 열적 평형에 있는 작은 물체는 키르히호프의 법칙을 유도할 때 사용될 수 있다.

다. 식 (11·24)의 키르히호프의 법칙은 표면의 온도가 복사원의 온도와 동일할 때에는 정확히 성립된다. 표면과 복사원의 온도차가 수백 도 정도 차이가 있어도 그 법칙을 적용한 결과는 좋다. 특수한 경우에 키르히호프의 법칙을 적용할 수 있다고 가정하면 식 (11·20)에서 $\varepsilon=\alpha$의 관계를 이용하여 불투명체에 대한 3개의 복사물성으로부터 다른 두 개의 물성을 계산할 수 있다.

이 절의 요점을 종합한다면 열전달에 관계되는 대부분의 물질은 열복사에 불투명하다. 주어진 온도에서 복사성질은 방향과 파장에 따라 변하지만 반구의 전체 복사량(total hemispherical values)을 사용한다면 열전달 면적이 단순해진다. 키르히호프의 법칙을 이용함으로써 복사문제를 더욱 단순화할 수 있다. 부록 G에는 여러 가지 물질의 복사물성을 수록하였다.

11.5 시계인자

대부분의 열전달에서 복사 열전달은 두 표면 또는 더 많은 표면간에 일어난다. 복사는 표면의 성질과 온도뿐만 아니라 두 표면의 **기하학적 배향**(orientation)의 함수이다. 우리들은 일상생활에서 이와 같은 표면배향의 원리를 무의식적으로 응용하고 있다. 예를 들면 뜨거운 석탄 또는 가스버너로 가열되는 그릴 위에 고기를 구울 때에는 그것이 넓은 면이 복사열원에 직각으로 보이도록 고기를 놓게 된다. 만약 피부를 그을리게 하려면 서 있는 것보다는 누워서 태양 복사열을 최대로 받도록 한다. 열전달 계통의 열전달 성능에 표면배향(surface orientation)이 큰 영향을 미친다. 태양열 집열기는 그 면이 태양을 따라가도록 설계되어 하루종일 태양복사를 최대한 받을 수 있다. 지구궤도를 돌고 있는 우주선의 라디에이터는 전자장치에서 발생하는 필요 없는 열을 버리기 위하여 태양의 반대방향으로 향하고 있다.

두 표면의 상대적인 배향을 나타내는 매개변수를 시계인자(view factor)라고

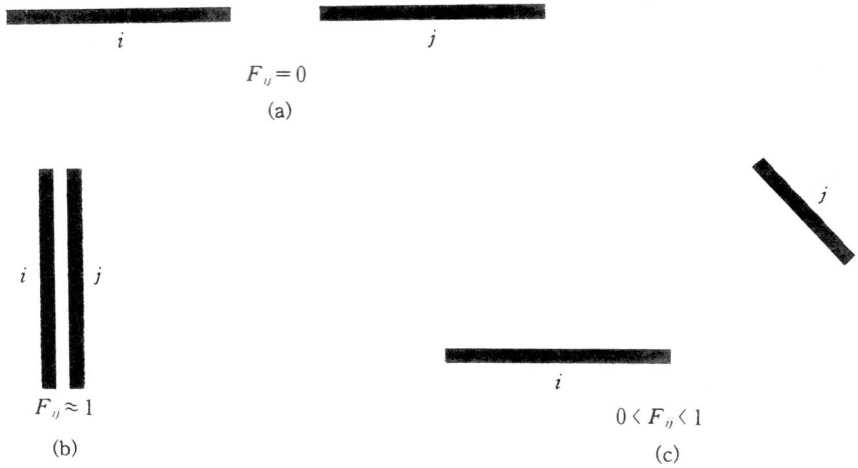

그림 11·14 시계인자는 두 표면의 상대방위의 함수이다. (a) 표면이 서로 볼 수 없으므로 $F_{ij}=0$. (b) 표면이 가까우므로 $F_{ij}=1$. (c) 표면은 서로 일부분만 본다.

한다. 시계인자 F_{ij}는 표면 j에 의하여 직접적으로 차단되는 표면 i의 복사분율로 정의된다. 시계인자를 다른 말로 형상인자(shape factor)라고도 한다. 아래 첨자 i와 j는 복사열을 교환하는 두 표면을 의미한다. 예를 들면 F_{12}는 표면 2에서 직접적으로 차단되는 표면 1의 복사분율을 의미한다. '직접적으로'라고 하는 표현을 의도적으로 쓴 것은 다른 표면에 반사된 다음에 표면 j에서 차단되는 것은 F_{ij}에 고려하지 않는다는 의미이다. 시계인자는 무차원수이며 0에서 1까지 변한다. 강력한 전자기장이 아니라면 복사는 직선으로 전달되므로 시계인자는 그림 11·14(a)와 같이 서로 '볼 수 없는' 두 표면이 아주 근접해 있다면 각 표면은 실질적으로 서로만을 볼 수밖에 없으므로 시계인자는 거의 1이다. 그림 11·14(c)와 같은 표면의 시계인자는 거의 1이다. 그림 11·15(a)와 같은 안으로 오목한 표면은 자기표면을 볼 수 있다. 그림 11·15(b)의 작은 구와 같이 밖으로 볼록한 표면은 자기의 표면을 볼 수 없지만, 더 큰 구속에 있으므로 작은 구는 큰 구만을 볼 수밖에 없어서 $F_{12}=1$ 이다. 작은 구, 큰 구는 물론이고 자기자신의 표면도 볼

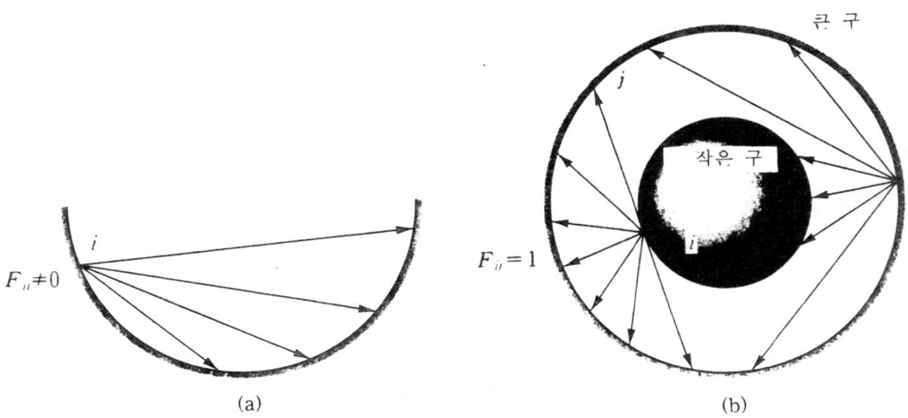

그림 11·15 (a) 안으로 오목한 표면은 자신의 면을 본다. (b) 표면으로 둘러싸인 물체는 그 표면만을 본다.

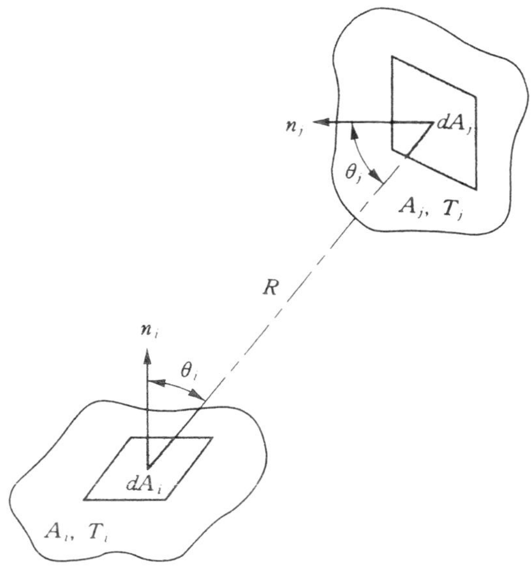

그림 11 · 16 시계인자를 유도하기 위한 기하학적 모델

수 있다.

그림 11 · 16과 같이 임의적으로 배치된 표면에 대하여 시계인자에 관한 수학적

표 11 · 2 복사의 시계인자

기하학적 특성	관 계
동일한 폭이고 무한길이인 수직으로 마주 보는 평행평면 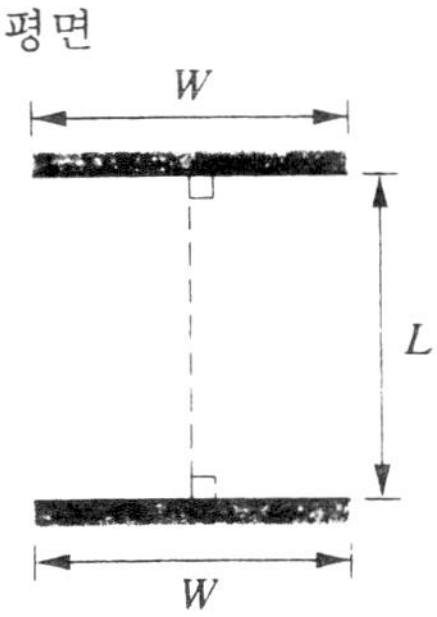	$F_{ij}=\sqrt{1+H^2}-H$ $H=\frac{L}{W}$
폭이 같지 않는 무한길이의 평행평면, 판 중간이 수직으로 배열 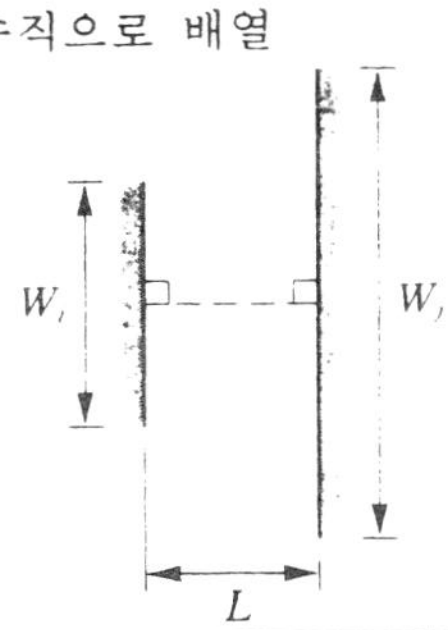	$F_{ij}=\frac{1}{2B}[\sqrt{(B+C)^2+4}-\sqrt{(C-B)^2+4}]$ $B=\frac{W_i}{L}$, $C=\frac{W_j}{L}$

표 11·2 (계　속)

기하학적 특성	관　계
공통 모서리의 무한길이의 직각평면 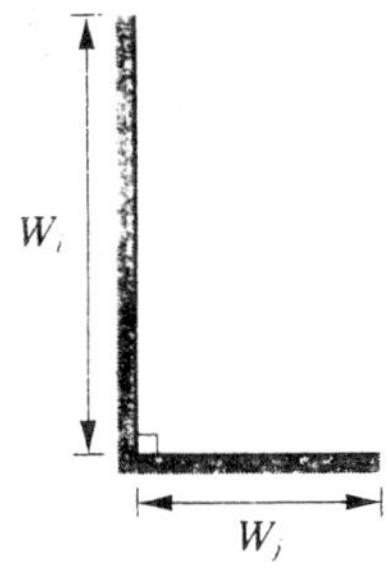	$F_{ij}=\frac{1}{2}(1+H-\sqrt{1+H^2})$ $H=\frac{W_j}{W_i}$
공통 모서리이고 동일한 폭의 무한길이의 평면 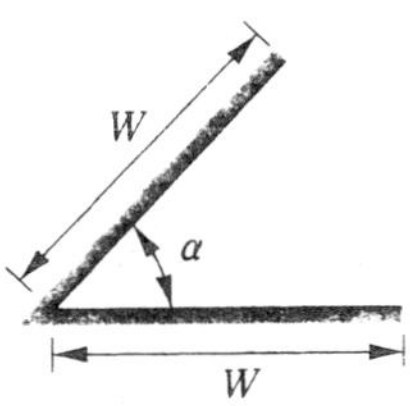	$F_{ij}=1-\sin(\alpha/2)$ $\alpha\leq\pi$
동일한 반지름의 동축평행인 원반 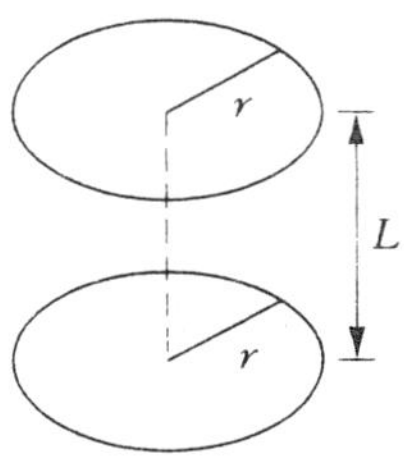	$F_{ij}=\frac{1}{2}(X-\sqrt{X^2-4})$ $R=\frac{r}{L}$,　$X=\frac{2R^2+1}{R^2}$
반지름이 같지 않는 동축평행인 원반 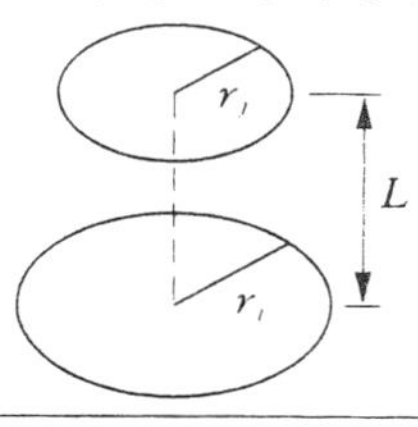	$F_{ij}=\frac{1}{2}(X-\sqrt{X^2-4(R_j/R_i)^2})$ $R_i=\frac{r_i}{L}$,　$R_j=\frac{r_j}{L}$,　$X=1+\frac{1+R_j^2}{R_i^2}$
무한길이의 동축 실린더 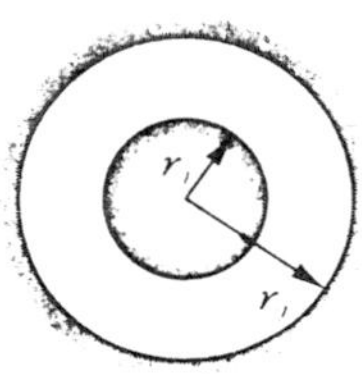	$F_{ij}=1$ $F_{jj}=1-\frac{r_i}{r_j}$ $F_{ji}=\frac{r_i}{r_j}$

표 11·2 (계 속)

기하학적 특성	관 계
반지름이 동일한 무한길이의 평행 실린더 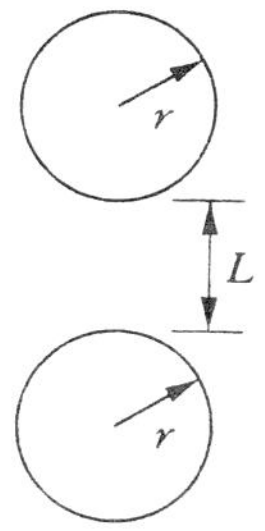	$F_{ij}=\frac{1}{\pi}(\sqrt{X^2-1}+\sin^{-1}\frac{1}{X}-X)$ $X=1+\frac{L}{2r}$
무한길이의 실린더와 무한길이의 평면이 한 중간에 평행으로 배열 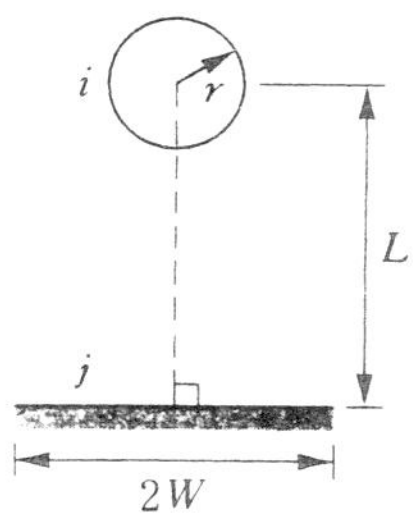	$F_{ij}=\frac{1}{\pi}\tan^{-1}B$ $B=\frac{W}{L}, \quad r\leq L$
세 면으로 이루어진 동공 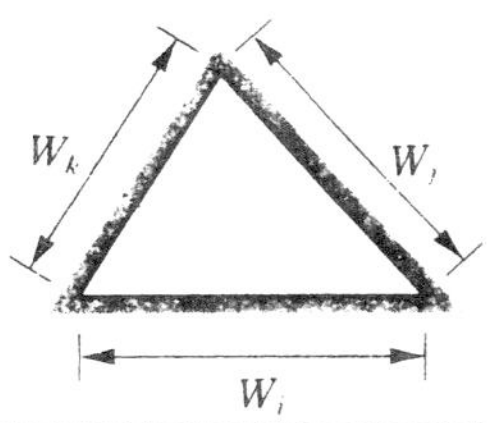	$F_{ij}=\frac{W_i+W_j-W_k}{2W_i}$

인 모델을 유도할 수 있다. 법선 n_i와 n_j에 이루는 각도가 θ_i와 θ_j가 되는 두 평면에 미소면적 dA_i와 dA_j를 생각하고 두 면의 직선거리는 R라 한다. 표면이 난반사한다고 가정하면

$$F_{ij}=\frac{1}{A_i}\int\int\frac{\cos\theta_i\cos\theta_j}{\pi R^2}dA_i\,dA_j \qquad (11\cdot 25)$$

그리고

$$F_{ji}=\frac{1}{A_j}\int\int\frac{\cos\theta_i\cos\theta_j}{\pi R^2}dA_i\,dA_j \qquad (11\cdot 26)$$

식 (11·25)와 식 (11·26)의 차이는 이중적분의 밖에 있는 면적항이다.

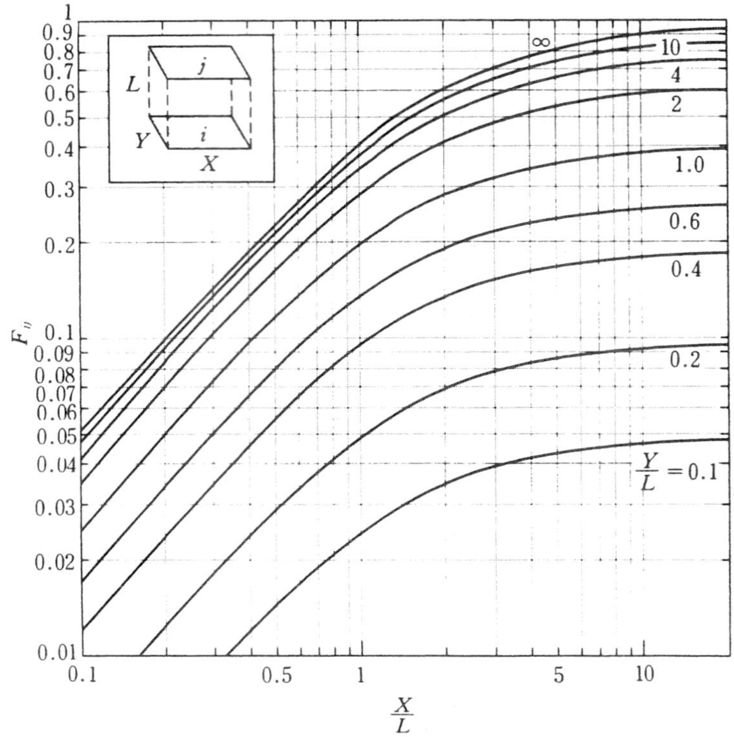

그림 11·17 같은 크기의 직사각형 평면이 바로 수직으로 마주보고 있는 경우의 시계인자

여러 가지 표면배향에 대한 시계인자는 참고문헌 [3]과 [4]에 수록되어 있다. 표 11·2에서 흔히 만나게 되는 기하학적 구조에 대한 시계인자를 나타내었다.

표 11·2에 주어진 시계인자는 '무한히 긴' 표면에 대한 값이다. 이 의미는 시계인자가 유도될 때 2차원, 즉 끝의 효과(end effect)이 무시된다고 가정됨을 뜻한다. 실제로 시계인자를 사용할 때에는 길이가 지름이나 폭의 10배 이상일 때 무한히 긴 것이라고 간주하는 것이 보통이다. 그림 11·17과 그림 11·18에는 3차원 형상에 대한 시계인자를 그래프로 표시하였다. 어느 정도 길고 복잡한 기하학적 구조에 대한 해석적인 관계식은 참고문헌 [3]과 [4]에 있다.

무한히 긴 평면의 시계인자 : 교차하는 실방법

실제로 기하학적 구조의 대부분은 무한히 긴 표면이라 해도 관계없는 형태이며, 예를 들면 관, 도관, 통로 등이다. 이 형태는 표면 끝에서 복사는 무시되기 때문에 2차원으로 표시된다. 이와 같이 무한히 긴 표면에 대한 시계인자는 교차하는 실방법(crossed string method)이라 하는 단순한 방법으로 계산할 수 있다. 이 방법을 그림 11·19에 나타내었다. 첫째 두 표면끝의 점 A, B, C, D를 정하고 점선으로 표시된 것과 같이 점 사이를 실로 연결한다. L_1과 L_2 길이는

그림 11·18 면을 수직으로 접하고 있는 직사각형의 시계인자

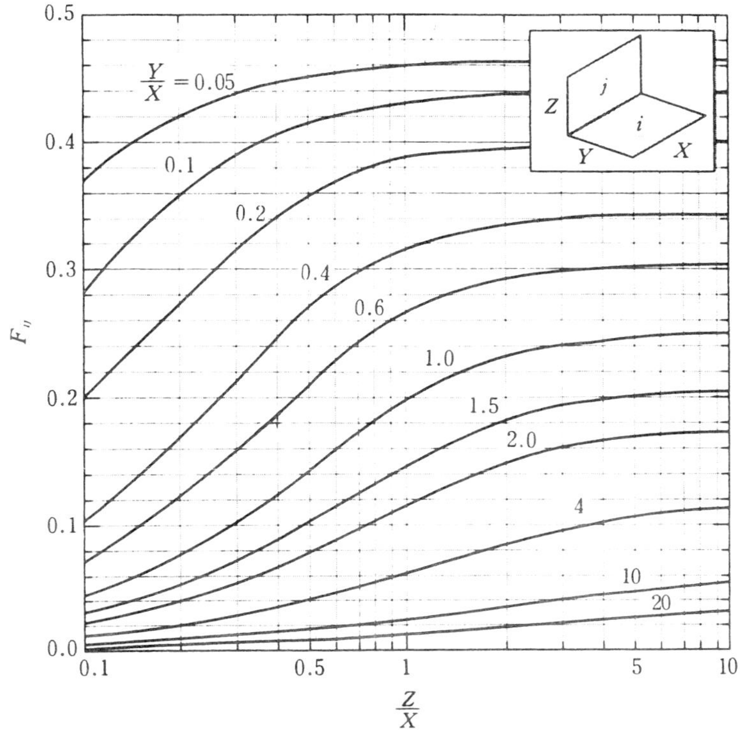

그림 11·19 무한히 길고 평행한 평면의 시계인자를 구하는 데 교차하는 실방법이 이용된다.

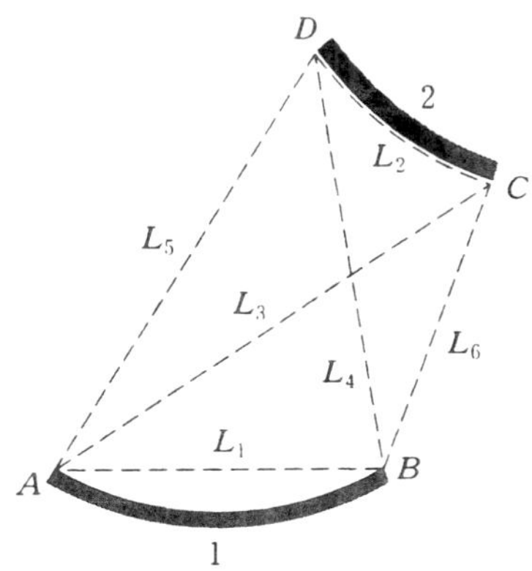

표면 1과 2를 가로지르는 실의 길이이고, L_3와 L_4는 교차하는 실의 길이이며 L_5와 L_6는 교차하지 않는 실의 길이이다. Hottel[5]에 의하면 시계인자 F_{12}를 다음과 같이 실의 길이로써 계산하였다.

$$F_{12} = \frac{(L_3 + L_4) - (L_5 + L_6)}{2L_1} \tag{11·27}$$

일반적으로 Hottel의 교차하는 실방법은 다음과 같다.

$$F_{ij} = \frac{\sum(\text{교차하는 실}) - \sum(\text{교차하지 않는 실})}{2 \times (\text{실표면 } i)} \qquad (11 \cdot 28)$$

교차하는 실방법은 표면이 평탄하거나 안으로 오목하거나 볼록한 면 또는 불규칙적인 형상의 면에 사용된다. 표면이 각을 만든 경우에는 교차하지 않는 실의 한쪽 길이는 0으로 한다. 또한, 다른 표면에 의하여 부분적으로 방해받는 표면에도 방해하는 표면의 주위를 실을 굽혀서 측정하면 교차하는 실방법을 적용할 수 있다.

예제 11.4 그림 11·20의 기하학적 구조에 대하여 (a) 표 11·2의 방법과 (b) 교차하는 실방법으로 시계인자 F_{12}를 구하라.

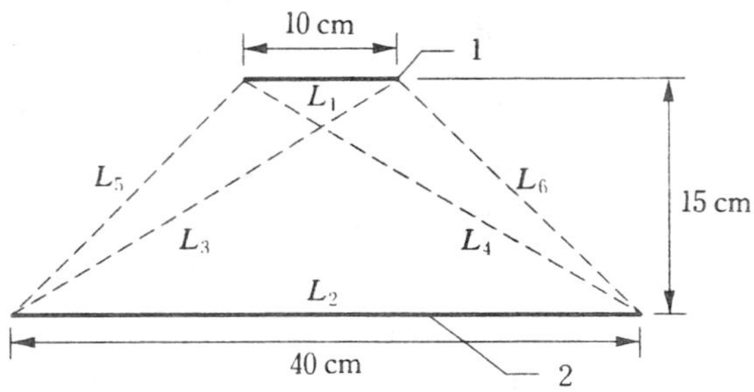

그림 11·20 교차하는 실 방법

풀이 (a) 표 11·2에서 B와 C의 비는

$$B = \frac{W_1}{L} = \frac{10}{15} = 0.667, \quad C = \frac{W_2}{L} = \frac{40}{15} = 2.667$$

따라서, 시계인자는

$$F_{12} = \frac{1}{2B}[\sqrt{(B+C)^2+4} - \sqrt{(C-B)^2+4}]$$

$$= \frac{1}{2(0.667)}[\sqrt{(0.667+2.667)^2+4} - \sqrt{(2.667-0.667)^2+4}] = 0.794$$

(b) 실의 길이는

$$L_1 = 10\text{ cm}, \quad L_2 = 40\text{ cm}$$

$$L_3 = L_4 = (15^2 + 25^2)^{1/2} = 29.15\text{ cm}$$

$$L_5 = L_6 = (15^2 + 15^2)^{1/2} = 21.21\text{ cm}$$

시계인자는

$$F_{12} = \frac{(L_3 + L_4) - (L_5 + L_6)}{2L_1} = \frac{2(29.15 - 21.21)}{2(10)} = 0.794$$

두 방법으로 동일한 시계인자를 얻었다.

시계인자에 관한 관계식

두 표면간 시계인자를 쉽게 계산하기 위하여 많은 관계식이 제안되었다. 첫째로 식 (11·25)와 식 (11·26)에서 얻은 시계인자가 동일하다고 하여 구하는 관계식이다. 이중적분은 각 방정식에서 다같이 동일하므로 다음의 관계를 얻을 수 있다.

$$A_i F_{ij} = A_j F_{ji} \qquad (11 \cdot 29)$$

식 (11·29)를 상호적인 관계(reciprocity relation)이라고 부르고, 하나의 시계인자를 알 때 다른 시계인자를 계산할 수 있다. 상호적인 관계에서 A_i와 A_j가 같지 않으면 시계인자 F_{ij}와 F_{ji}도 같지 않다는 것을 알 수 있다.

시계인자에 관한 다른 중요한 관계는 그림 11·21과 같은 밀폐공간(enclosure)에 관한 것이다. 복사가 매우 중요한 열전달 계통에서는 밀폐공간을 형성하는 표면이 많다. 밀폐공간은 긴 도관이거나, 통로, 사각형의 상자 또는 다른 형태일 수 있다. 밀폐공간의 특이한 형상에는 관계없이 각각의 표면은 각각의 다른 표면에 서로 복사 에너지를 교환한다. 밀폐공간이 주위에 열려 있다고 하여도 열린 면의 성질을 갖는 가상적인 면으로 취급한다. 열역학적 제 1 법칙에 의하면 밀폐공간의 표면 i를 떠나는 전체복사가 밀폐공간의 모든 다른 표면에 의하여 차단되어야 한다. 따라서, 밀폐공간의 한 표면으로부터 밀폐공간의 다른 모든 표면(자기 자신의 표면을 포함하여)으로 복사할 때 시계인자의 합은 1과 같다. 이것을 밀폐공간에 대한 합의 규칙(summation rule)이라 하며 다음과 같이 나타낸다.

$$\sum_{j=1}^{N} F_{ij} = 1 \qquad (11 \cdot 30)$$

여기서 N은 밀폐공간 쪽에 표면의 수를 말한다. 그림 11·21과 같은 밀폐공간의 표면 1에 대한 합의 규칙은

$$\sum_{j=1}^{5} F_{1j} = F_{11} + F_{12} + F_{13} + F_{14} + F_{15} = 1 \qquad (11 \cdot 31)$$

표면 1은 자기 자신을 볼 수 없으므로 $F_{11} = 0$ 이다. 합의 규칙을 표면 4에 적용하면 자신이 자신의 면을 볼 수 있으므로 $F_{44} \neq 0$ 이다. 또, 합의 규칙을 표면 2에 적용하면 표면 2는 표면 3을 볼 수 없으므로 $F_{23} = 0$ 이다. 동일하게 표면 3은 표면 2를 볼 수 없으므로 $F_{32} = 0$ 이다.

식 (11·30)의 합의 규칙은 1에서 N까지 모든 표면에 적용할 수 있고, 각 식마다 N개의 미지수를 포함한다. 따라서, N^2 시계인자가 필요하다. 그러나 상호

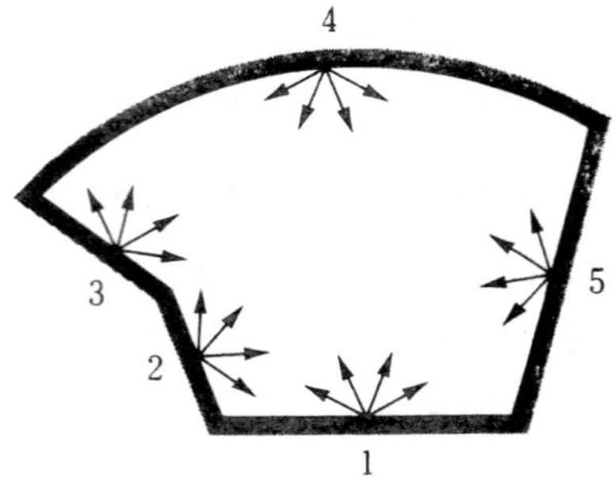

그림 11·21 밀폐공간의 어떤 표면을 떠나는 복사는 다른 모든 표면에 차단된다. 합의 법칙은 밀폐공간의 어떤 표면에서 다른 표면으로의 시계인자의 합은 1이라는 것을 말한다.

적인 관계식을 사용하면 그 숫자를 $N(N-1)/2$로 줄일 수 있다. 예를 들면 4개의 표면인 밀폐공간에 대하여 $N(N-1)/2=4(4-1)/2=6$의 시계인자가 직접 필요하다. 나머지 10개는 상호적인 관계식과 합의 규칙으로 계산이 될 수 있다. 그림 10·21에 있는 밀폐공간에 대하여 직접적으로 필요한 시계인자는 $N(N-1)/2=5(5-1)/2=10$ 개이다. 나머지 $(5^2-10)=15$ 개의 시계인자는 상호적인 관계식과 합의 규칙으로부터 알 수 있다.

어떤 시계인자는 표 또는 도표에 주어져 있지 않으며 식 (11·25)에서 직접 계산하는 것은 수학적인 과제가 된다. 이러한 경우, 시각인자를 알고 있는 작은 표면으로 표면을 분할하고 중복의 규칙(superposition rule)을 적용하는 것이 좋다. 그림 11·22에 나타낸 중복의 규칙이란 표면 i에서 표면 j까지의 시계인자는 표면 i에서 여러 부분의 표면 j까지의 시계인자의 합과 같다는 의미이다. 중복의 규칙은 다음과 같이 표현된다.

$$F_{i(j)}=\sum_{k=1}^{n}F_{ik} \qquad (11\cdot32)$$

여기서 아래첨자 j는 복합표면(composite surface), 즉 작게 분할된 표면을 의미하고 n은 분할된 수이다. 표면 1로부터 그림 11·22의 복합표면 (2+3)까지의 시계인자는 구할 수 없다. 그래서 중복의 규칙을 이용하여 두 개의 부분인 표면 2와 표면 3의 복합표면으로 분할하고 이 표면에 이 규칙을 적용하면

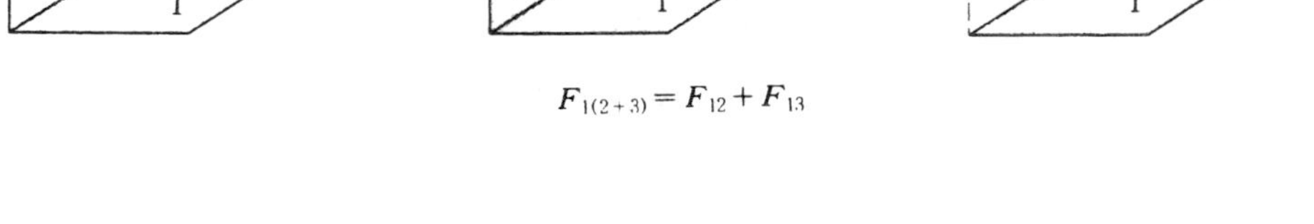

그림 11·22 중복의 규칙이란 어떤 표면으로부터 분할된 표면으로의 시계인자는 그 표면에서 분할된 각각의 표면으로의 시계인자를 모두 합한 것과 같다는 것을 말한다.

그림 11·23 두 표면이 서로 대칭인 경우 두 표면에서 제3의 표면으로의 시계인자는 동일하다.

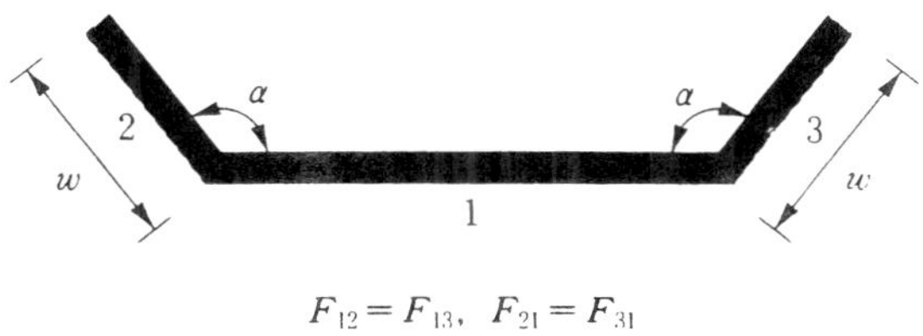

$$F_{1(2+3)}=F_{12}+F_{13} \qquad (11\cdot33)$$

여기서 아래첨자 (2+3)을 표면 2와 표면 3의 복합표면을 의미한다. 그러나 중복의 규칙은 거꾸로 적용할 수 없다는 것을 알아야 한다. 즉, $F_{(2+3)1} \neq F_{21}+F_{31}$ 이다.

마지막으로 시계인자에 관하여 고려하여야 할 사항은 대칭성을 갖는 표면을 취급하는 것이다. 그림 11·23과 같은 형상의 표면 1에 대하여 표면 2와 3은 대칭이다. 표면 2와 3은 표면 1로부터의 복사를 똑 같이 차단한다는 것을 직감적으로 알 수 있다. 표면 1은 표면 2와 3에서 나오는 복사의 동일량을 차단한다. 따라서, 대칭의 규칙(symmetry rule)은

$$F_{12}=F_{13}, \quad F_{21}=F_{31} \qquad (11\cdot34)$$

이다.

예제 11.5 그림 11·24와 같은 반원의 긴 도관에 대한 시계인자 F_{12}, F_{21}, F_{22}를 구하라.

그림 11·24 반원의 도관

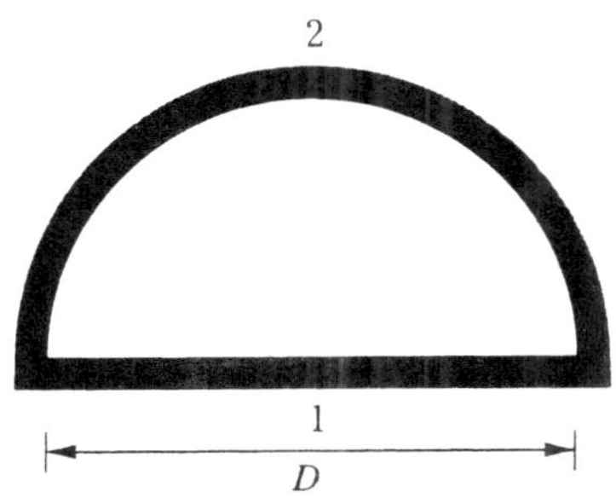

풀이 도관이 아주 길기 때문에 끝의 효과는 무시한다. 시계인자 F_{12}는 바로 알 수 있듯이 표면 1을 떠나는 모든 복사는 표면 2에서 모두 차단되므로 $F_{12}=1$ 이다.

시계인자 F_{21}은 상호적인 관계식(reciprocity relation)을 사용하면

$$A_1F_{12}=A_2F_{21}$$

F_{21}을 풀면

$$F_{21}=\frac{A_1}{A_2}F_{12}=\frac{DL}{\pi DL/2}F_{12}=\frac{2}{\pi}F_{12}=\frac{2}{\pi}=0.637$$

여기서 L은 도관의 길이이다. 시계인자 F_{22}는 합의 규칙(summation rule)에서 계산된다.

$$\sum_{j=1}^{2}F_{2j}=F_{21}+F_{22}=1$$

F_{22}을 풀면

$$F_{22}=1-F_{21}=1-\frac{2}{\pi}=0.363$$

이와 같은 현상의 시계인자를 구하는 경우에도 표 또는 교차하는 실방법과 같은 특별한 공식을 쓰지 않아도 된다. 또, 시계인자 F_{21}과 F_{22}를 구하는 데는 도관의 지름이 필요 없다는 사실이 흥미롭다.

예제 11.6 그림 11·25와 같은 표면의 시계인자 F_{13}을 구하라.

그림 11·25 표면

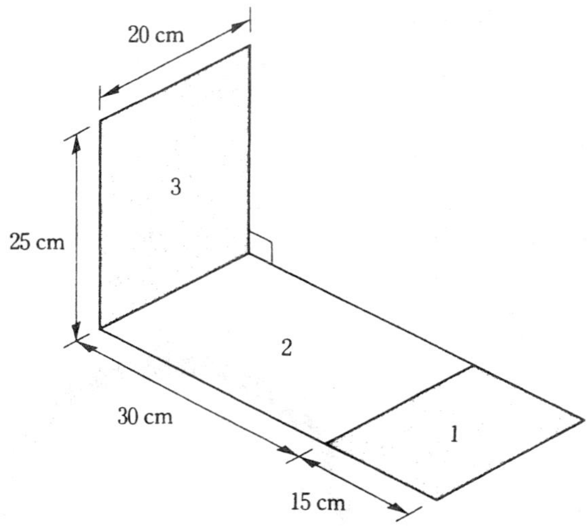

풀이 기하학적 구조는 표 11·2의 어떠한 형상과도 일치하지 않으며 형상이 3차원이므로 교차하는 실방법을 적용할 수 없다. 표면은 그림 11·18의 형상과 비슷하지만 표면 1이 표면 3과 모서리를 공유하지 않기 때문에 그림 11·18을 직접적으로 적용할 수 없다. 그러나 F_{13}을 구하기 위하여 상호적인 관계식과 중복의 규칙을 적용할 수 있다. 먼저 시계인자 F_{32}를 구한다. 표면 3과 2는 그림 11·18에서 i와 j에 해당된다.

$$\frac{Z}{X}=\frac{30}{20}=1.50,\quad \frac{Y}{X}=\frac{25}{20}=1.25$$

시계인자 F_{32}는

$$F_{32} \approx 0.19$$

다음 표면 3으로부터 복합표면 (1+2)로의 시계인자 $F_{3(1+2)}$를 구한다. 이번에는 표면 3이 그림 11·18의 표면 i에 해당하고 표면 (1+2)가 j에 해당된다. 비를 구하면

$$\frac{Z}{X} = \frac{45}{20} = 2.25, \quad \frac{Y}{X} = \frac{25}{20} = 1.25$$

시계인자 $F_{3(1+2)}$는

$$F_{3(1+2)} \approx 0.21$$

F_{31}을 계산하기 위하여 중복의 규칙을 사용하면

$$F_{3(1+2)} = F_{31} + F_{32}$$

상호적인 법칙에서

$$A_1 F_{13} = A_3 F_{31}$$

F_{13}을 풀면

$$F_{13} = \frac{A_3}{A_1}(F_{3(1+2)} - F_{32}) = \left(\frac{25}{15}\right)(0.21 - 0.19) = 0.033$$

따라서, 표면 1을 떠나는 복사의 3.3%가 표면 3에 의하여 차단된다. 반면 F_{23}는

$$F_{23} = \frac{A_3}{A_2} F_{32} = \left(\frac{25}{30}\right)(0.19) = 0.158$$

표면 2와 3이 공통의 모서리로 접하고 있으므로 이 값은 타당하다.

11.6 표면간의 복사

앞절에서는 복사 열전달 문제의 핵심인 표면 사이의 복사에 관한 기초적인 사항을 취급하였다. 표면 사이의 공간이 진공일 수도 있고, 액체 또는 기체로 채워질 수도 있다. 복사는 진공에서 간섭을 받지 않으나 유체, 특히 액체에서는 감쇄된다. 간섭하는 매체가 깨끗한 기체, 즉 먼지, 그을음, 수증기, 또는 다른 입자를 포함하지 않은 기체라면 감쇄현상은 보통 무시되고 표면 대 표면의 복사에 관한 문제는 쉽게 결정된다. 표면 사이에 그러한 중간매체(participating media)가 있으면 복사문제는 한결 복잡해진다. 여기서는 중간매체의 영향은 고려하지 않는다.

흑 체

흑체가 열복사의 완전한 복사체이고 흡수체라는 것은 복사 에너지가 흑체에 입사되었을 때 모두 흡수되고 반사는 전혀 일어나지 않는다는 것을 의미한다. 흑체에서 전혀 반사되지 않는다는 사실로부터 물체를 간단히 해석할 수 있다. 그림 11

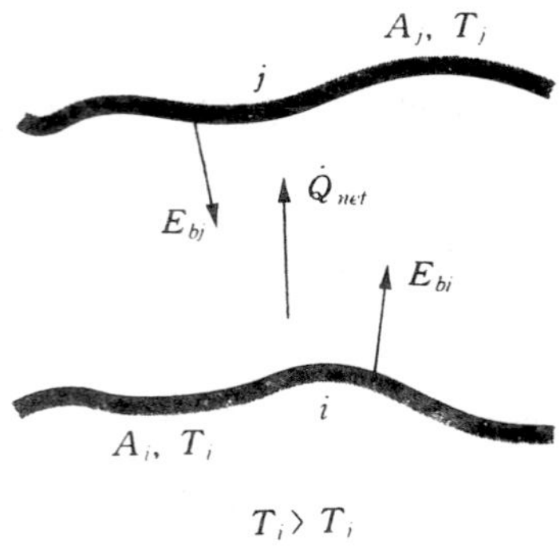

그림 11·26 복사가 흑체의 두 표면에서 방산되지만 고온표면에서 저온물질 순복사 열전달이 일어난다.

·26의 흑체의 두 표면을 생각하자. 표면적과 온도를 각각 A_i, A_j와 T_i, T_j라 한다. T_i와 T_j는 절대영도 이상이므로 두 표면 모두 복사한다. 그러나 $T_i > T_j$이므로 순복사 열전달이 표면 i에서 j로 이동한다. 흑체의 전체 복사력력은 식 (11·16)으로 계산되므로 순복사 열전달은 다음과 같이 표현된다.

$$\dot{Q}_{net} = \dot{Q}_{ij} = A_i E_{bi} F_{ij} - A_j E_{bj} F_{ji} \qquad (11 \cdot 35)$$

상호적인 관계식 $A_i F_{ij} = A_j F_{ji}$을 사용하면 순복사 열전달은

$$\dot{Q}_{ij} = A_i F_{ij} \sigma (T_i^4 - T_j^4) \qquad (11 \cdot 36)$$

식 (11·36)으로 흑체의 두 표면간의 순복사 열전달을 계산한다. 특정온도에 있는 N개의 표면으로 형성된 밀폐공간에 이것을 확대하면 표면 i로부터 다른 표면 쪽으로 순복사 열전달은 밀폐공간 속의 표면 i로부터 다른 표면 각각으로 복사하는 열전달의 합과 같다. 순복사 열전달의 부호가 열전달 방향을 나타낸다는 것을 아는 것이 중요하다. 식 (11·36)의 양의 $\dot{Q}_{ij}$값은 표면 i에서 j쪽으로 열이 흐른다는 것을 나타내는 것이며, 반면 음의 값이면 그 반대이다. 비슷하게 식 (11·37)의 양의 $\dot{Q}_{ij}$값은 표면 i에서 다른 표면 쪽으로 순열전달이 일어나고, 반면 $\dot{Q}_{ij}$가 음의 값이면 그 반대이다. 밀폐공간 속의 각 표면이 특정온도에 있기 때문에 한 표면으로부터 자체표면으로의 시각인자가 0이 아니라도 순열전달은 일어나지 않는다.

$$\dot{Q}_i = \sum_{j=1}^{N} \dot{Q}_{ij} = \sum_{j=1}^{N} A_i F_{ij} \sigma (T_i^4 - T_j^4) \qquad (11 \cdot 37)$$

예제 11.7 그림 11·27의 긴 통로를 흑체라고 가정한다. 표면 1의 온도는 1200 K이고 표면 2와 3의 온도는 500 K이다. 통로는 300 K의 주위(흑체라고 가정)에 개방되어 있다. 주위로 달아나는 복사 열손실을 구하라.

그림 11·27 통로

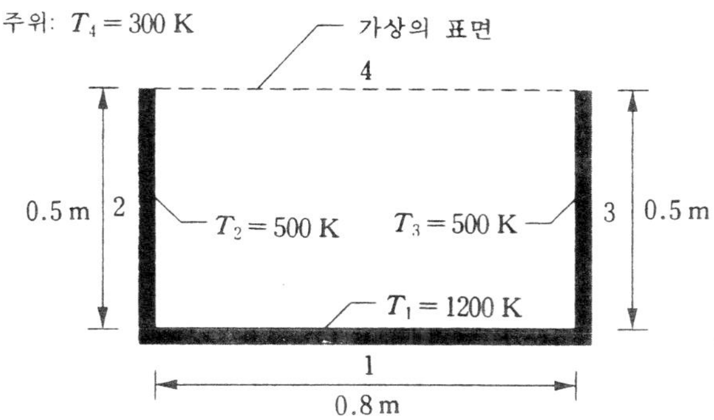

풀이 통로를 4면으로 된 밀폐공간으로 취급한다. 표면 1은 바닥, 표면 2와 3은 통로의 측면이고 표면 4는 주위(외부)를 뜻하며 300 K에 있는 가상의 표면이다. 열전달을 계산하기 위하여 식 (11·37)을 사용하기 전에 시계인자를 먼저 알아야 한다. 표면 1, 2와 3으로부터 표면 4방향으로 복사량을 계산하여야 하므로 F_{14}, F_{24}, F_{34}가 필요하다. 시계인자 F_{14}는 교차하는 실방법을 사용하여 구할 수 있다. 식 (11·28)을 사용하면

$$F_{14} = \frac{2(0.5^2 + 0.8^2)^{1/2} - 2(0.5)}{2(0.8)} = 0.554$$

다른 방법으로 표 11·2에서 이 형상에 관한 관계식을 사용하여 F_{14}를 계산할 수도 있다. 대칭의 규칙에 의하면

$$F_{12} = F_{13} = F_{42} = F_{43}, \quad F_{24} = F_{34}$$

합의 규칙에서

$$F_{12} + F_{13} + F_{14} = 2F_{12} + F_{14} = 1$$

따라서

$$F_{12} = F_{13} = \frac{1 - F_{14}}{2} = \frac{1 - 0.554}{2} = 0.223$$

상호적인 관계식을 쓰면

$$F_{24} = F_{34} = \frac{A_4}{A_2} F_{42} = \left(\frac{0.8}{0.5}\right)(0.223) = 0.357$$

w_1과 w_2를 표면 1과 2의 폭이라 하고 $F_{24} = F_{34}$이므로 단위길이당 통로로부터 달아나는 복사 열손실은

$$\frac{\dot{Q}}{L} = \sigma[F_{14} w_1(T_1^4 - T_4^4) + 2F_{24} w_2(T_2^4 - T_4^4)]$$

$$= (5.669 \times 10^{-8})[(0.554)(0.8)(1200^4 - 300^4) + 2(0.357)(0.5)(500^4 - 300^4)]$$

$$= 5.30 \times 10^4 \text{ W/m} = 53.0 \text{ kW/m}$$

난반사, 회색체

흑체의 반사능은 0이다. 그러므로 흑체간의 복사는 반사가 없기 때문에 계산하

기 쉽다. 실제로 흑체로 거동하는 표면은 거의 없으며, 실제표면을 흑체로 가상하면 심각한 오차를 초래한다. 밀폐공간 속에서 복사 열교환은 여러 번 반사하면서 일어난다. 해석을 간단히 하기 위하여 다음과 같이 가정한다. 첫째, 두 표면간의 복사를 불투명체간의 복사라고 생각한다. 표면은 난반사한다. 즉, 표면은 모든 방향으로 균일하게 방출하고 반사한다. 표면은 회색체이다. 즉, 복사물성이 파장에 무관하다. 마지막으로 모든 표면은 등온이다.

이 장의 앞에서 표면의 단위면적당 입사되는 복사를 조사량 G로 정의하였다. 표면을 떠나는 복사 에너지는 두 부분으로 나눌 수 있다. 다른 표면으로부터 도달하는 입사량 G의 반사하는 부분과 자체의 온도 때문에 그 표면으로부터 방출하는 복사부분으로 나눌 수 있다. 이것을 그림 11·28에 나타내었다. 단위면적당 표면을 떠나는 전체복사를 방출 복사량(radiosity) J라 한다. 표면 i의 방출 복사량은

$$J_i = \varepsilon_i E_{bi} + \rho_i G_i \tag{11·38}$$

여기서 $E_{bi} = \sigma T_i^4$는 흑체의 복사력이고 G_i는 조사량, ε_i는 복사능, ρ_i는 반사능이다. 조사량과 같이 방출 복사량은 열플럭스의 단위이다. 키르히호프의 법칙을 사용하면 $\varepsilon_i = \alpha_i$이고 식 (11·20)을 식 (11·38)에 대입하면

$$J_i = \varepsilon_i E_{bi} + (1 - \varepsilon_i) G_i \tag{11·39}$$

흑체인 경우, $\varepsilon_i = 1$ 이고 식 (11·39)의 방출 복사량은 다음과 같이 흑체의 복사력과 같아진다.

$$J_i = E_{bi} = \sigma T_i^4 \tag{11·40}$$

전기적인 유사성

조사량 G를 표면으로 입사하는 전체복사라고 하고 단위면적당 방출 복사량 J를 표면을 떠나는 전체복사라고 정의하면 그 표면에서 순복사 열전달을 정의할 수 있다.

$$\dot{Q}_i = A_i (J_i - G_i) \tag{11·41}$$

열전달 방향은 G_i와 J_i의 크기에 따른다. 만약 $J_i > G_i$이면 표면으로부터 복사 열전달이 있고 Q_i는 양수이다. 만약 $J_i < G_i$이면 표면 쪽으로 순복사 열전달이 있고 Q_i는 음수이다. 식 (11·39)를 G_i에 대하여 풀어서 식 (11·41)에 대입하면

$$\dot{Q}_i = A_i \left(J_i - \frac{J_i - \varepsilon_i E_{bi}}{1 - \varepsilon_i} \right) = \frac{A_i \varepsilon_i}{1 - \varepsilon_i} (E_{bi} - J_i) \tag{11·42}$$

그림 11 · 28 방출 복사량은 반사된 복사와 방출된 복사의 합이다.

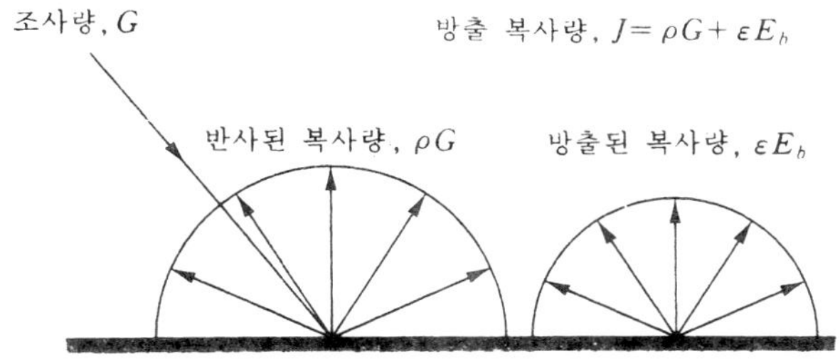

2장에서 1차원 정상상태의 열전도를 전기적인 유사성으로 모델링하였다. 식 (11 · 42)를 다음과 같이 정리하면 비슷한 방법을 시도할 수 있다.

$$\dot{Q}_i = \frac{E_{bi} - J_i}{R_i} \tag{11 · 43}$$

여기서

$$R_i = \frac{1 - \varepsilon_i}{A_i \varepsilon_i} \tag{11 · 44}$$

식 (11 · 43)은 옴의 법칙과 유사하다. 여기서 $\dot{Q}_i$는 전류에, $(E_{bi} - J_i)$는 전위차에, 그리고 R_i는 저항에 대응된다. R_i는 복사의 표면저항을 나타내며, 그림 11 · 29에서 전기 저항체로 표시된다. 표면저항 R_i는 표면 A_i와 복사능 ε_i만의 함수이다. 표면저항은 면적의 역수단위로 표시되며 복사능이 증가하면 감소한다. 흑체의 ε_i는 1이므로 흑체의 표면저항은 0이다. 따라서, $E_{bi} = J_i$ 이다.

응용분야에서 흔히 만나게 되는 특수한 표면을 재복사 표면(reradiating surface)이라고 부른다. 재복사 표면은 이것이 받은 열에너지만큼을 복사한다. 실제 이와 같은 형태의 표면은 그림 11 · 30과 같이 뒷면은 열에 잘 단열되어 있고 복사 표면이 대류현상에 아무 영향이 없다. 재복사하므로 열전달은 전혀 없다. 따라서, $G_i = J_i = E_{bi} = \sigma T_i^4$이다. 재복사 표면의 온도는 방출 복사량이 알려지면 쉽게 결정될 수 있으며 복사능에 무관하다. 재복사 표면을 해석하는 데 복사능이 필요한 인자가 아니므로 표면저항이 무시된다.

전기회로와의 유사성을 확장하여 복사열을 교환하는 두 표면에 적용하자. 불투명하고 난반사하는 회색체의 두 표면 i와 j가 서로 복사하는 경우를 생각한다. 각

그림 11 · 29 복사표면 저항은

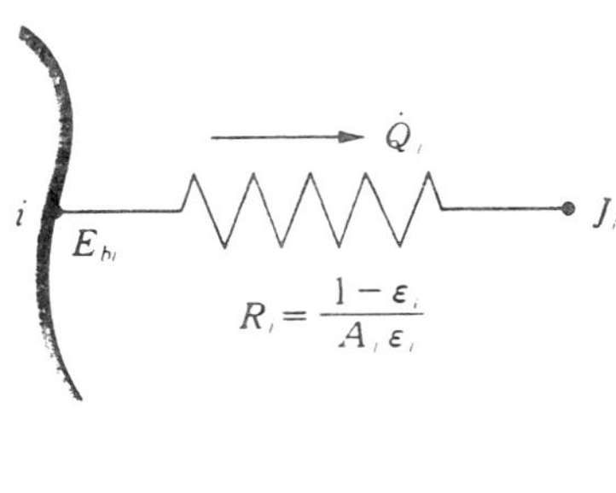

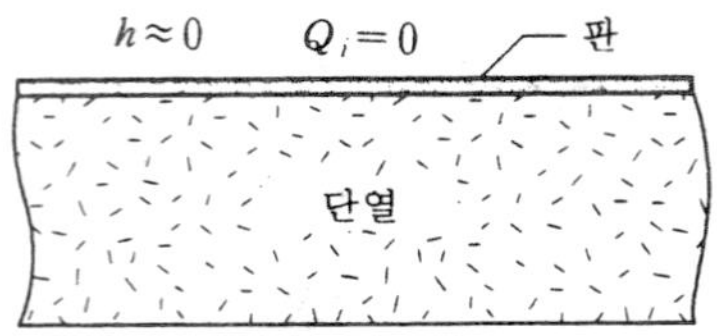

그림 11 · 30 뒷면이 완전 단열된 평판과 유사한 전기저항과 유사하다. 재복사 표면에서는 순복사 열전달이 0이다.

표면은 일정온도에 있다. 표면 i에서부터 j로 순복사 열전달은 표면 i를 떠나서 표면 j에서 차단되는 복사량에서 표면 j를 떠나서 표면 i에 차단되는 복사를 뺀 것이 된다.

$$\dot{Q}_{ij} = A_i J_i F_{ij} - A_j J_j F_{ji} \tag{11 · 45}$$

상호적인 관계식을 사용하면 식 (11 · 45)는

$$\dot{Q}_{ij} = \frac{J_i - J_j}{R_{ij}} \tag{11 · 46}$$

여기서

$$R_{ij} = \frac{1}{A_i F_{ij}} \tag{11 · 47}$$

식 (11 · 46)은 옴의 법칙에 유사하다. 여기서 $\dot{Q}_{ij}$는 전류에, $(J_i - J_j)$는 전위차에, 그리고 R_{ij}는 저항에 상응한다. 저항 R_{ij}는 복사에 관한 공간저항(space resistance)이며 표면적 A_i와 시계인자 F_{ij}의 함수이다. 공간저항은 면적의 역수단위이고 시계인자가 클수록 작아진다. 또, $F_{ij}=1$일 때 최소가 된다.

표면 i와 j사이의 복사 열전달은 그림 11 · 31과 같이 직렬의 3개 저항체의 회로를 흐르는 전류와 유사하다. 두 개의 저항은 표면에서 복사저항을 표시하여 제3의 저항은 두 표면 사이의 복사저항을 표시한다. 표면저항은 복사능에 관계되지만 공간저항은 시계인자에 관계된다. 표면저항은 흑체에 대하여 0이고 심하게 반사하는 표면인 경우에는 큰 값을 나타낸다. 공간저항은 $F_{ij}=1$일 때 최소값이고 $F_{ij}=0$일 때 무한대의 값이다. 이 경우에는 표면은 서로 볼 수가 없고 복사열은 직접 교환되지 못한다. 2장에서 복합된 벽의 1차원 전도는 총 온도차와 전

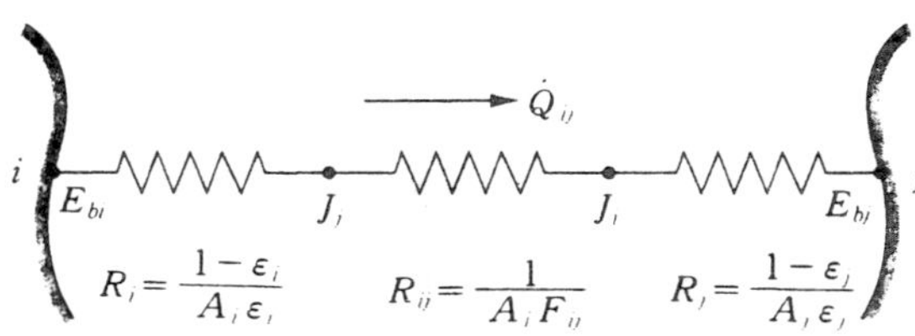

그림 11 · 31 두 표면간의 복사는 두 표면저항과 하나의 공간저항을 통하여 전달된다.

표 11·3 난반사, 회색체의 복사 관계식

<table>
<tr><td>큰 밀폐공간 내에 포위된 작은 물체
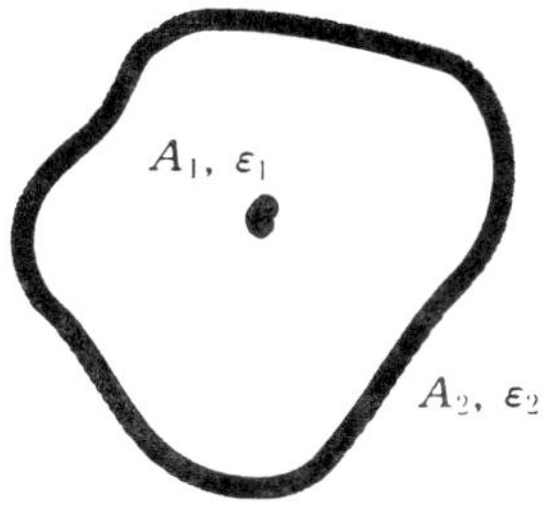
</td><td>$\frac{A_1}{A_2} \approx 0, \quad F_{12}=1$
$\dot{Q}_{12}=A_1\sigma\varepsilon_1(T_1^4-T_2^4)$</td></tr>
<tr><td>무한히 큰 평행의 판
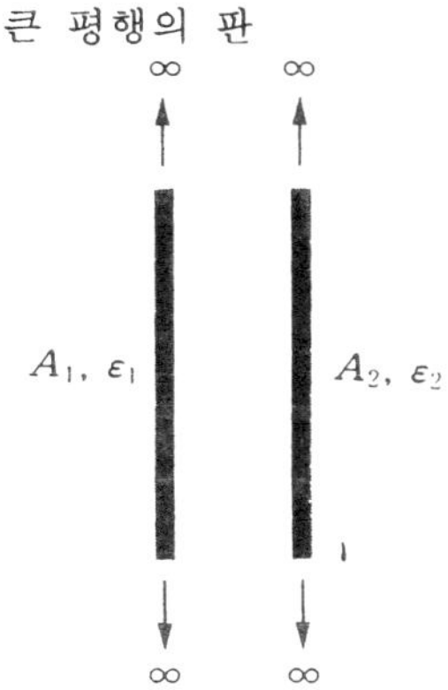
</td><td>$A_1=A_2=A, \quad F_{12}=1$
$\dot{Q}_{12}=\dfrac{A\sigma(T_1^4-T_2^4)}{\dfrac{1}{\varepsilon_1}+\dfrac{1}{\varepsilon_2}-1}$</td></tr>
<tr><td>무한히 긴 동심의 실린더
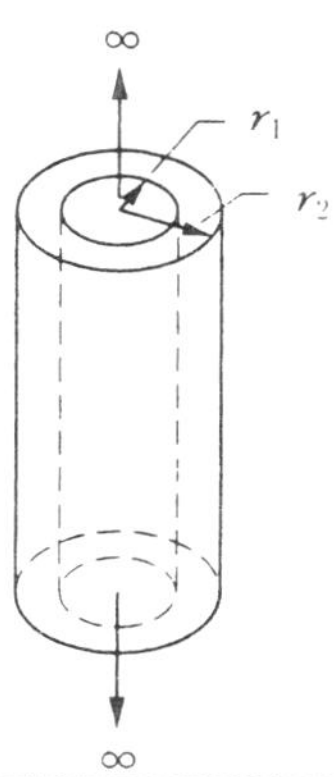
</td><td>$\frac{A_1}{A_2}=\frac{r_1}{r_2}, \quad F_{12}=1$
$\dot{Q}_{12}=\dfrac{A_1\sigma(T_1^4-T_2^4)}{\dfrac{1}{\varepsilon_1}+\dfrac{1-\varepsilon_2}{\varepsilon_2}\left(\dfrac{r_1}{r_2}\right)}$</td></tr>
<tr><td>동심의 구
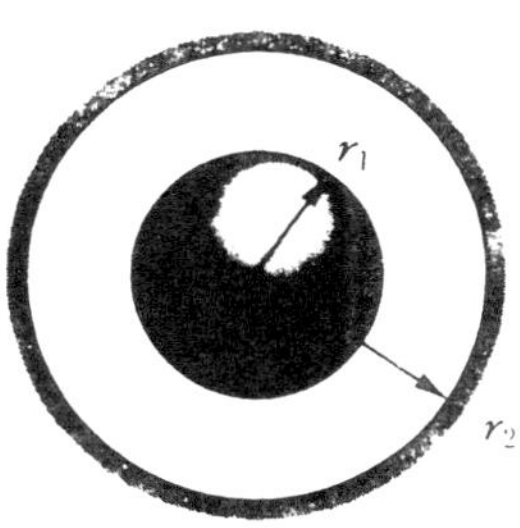
</td><td>$\frac{A_1}{A_2}=\left(\frac{r_1}{r_2}\right)^2, \quad F_{12}=1$
$\dot{Q}_{12}=\dfrac{A_1\sigma(T_1^4-T_2^4)}{\dfrac{1}{\varepsilon_1}+\dfrac{1-\varepsilon_2}{\varepsilon_2}\left(\dfrac{r_1}{r_2}\right)^2}$</td></tr>
</table>

표 11·3 (계 속)

<table>
<tr><td>정사면체의 밀폐공간
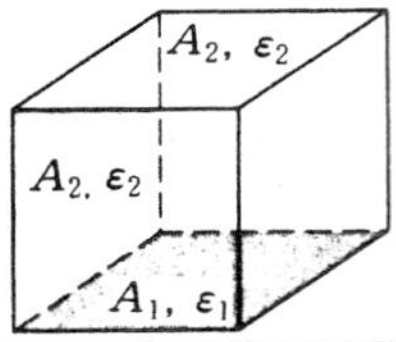
</td><td>$A_1 = A_2 = A, \quad F_{12} = 1/5$
$\dot{Q}_{12} = \dfrac{A\sigma(T_1^4 - T_2^4)}{\dfrac{1}{\varepsilon_1} + \dfrac{1}{\varepsilon_2} + 3}$</td></tr>
</table>

체 열저항으로 나타낼 수 있었다. 유사한 방법으로 두 표면간의 복사도 전체 복사력의 차이와 전체 복사저항으로 표현할 수 있다.

$$\dot{Q}_{ij} = \frac{E_{bi} - E_{bj}}{R_i + R_{ij} + R_j} \tag{11·48}$$

이 식에 각 표면의 흑체 복사력과 복사저항의 식을 대입하면

$$\dot{Q}_{12} = \frac{\sigma(T_1^4 - T_2^4)}{\dfrac{1-\varepsilon_i}{A_1\varepsilon_1} + \dfrac{1}{A_1F_{12}} + \dfrac{1-\varepsilon_2}{A_2\varepsilon_2}} \tag{11·49}$$

여기서 $i=1$, $j=2$이다. 식 (11·49)는 난반사하고 회색체인 두 표면이 서로 복사 에너지를 교환만 하는 일반화된 식이다. 다시 말하면 식 (11·49)는 밀폐공간을 형성하고 있는 두 표면간의 복사 열전달을 구하는 데 이용된다.

식 (11·49)의 특수한 형태가 몇 가지 기하학적 구조에 대하여 표 11·3에 표시되었다. 1.4절에서와 같이 작은 물체로부터 주위로 방출되는 복사는 주위의 표면성질에 무관하므로 주위를 흑체라고 가정할 수도 있고 다른 형태의 표면이라고도 할 수 있다. 무한크기의 평행한 두 판 사이의 복사일 경우에는 두 평행표면이 인접해 있어서 서로만을 볼 수 있고, 그 외 다른 것은 볼 수 없는 경우에 그 관계식을 사용한다. 무한히 긴 동심 실린더와 구의 경우에 사용되는 관계식은 분모의 면적비를 제외하면 전자와 동일하다. 정육면체의 밀폐공간은 같은 크기의 6개의 정사각형 표면으로 구성되며 한 표면으로부터 다른 표면으로의 시계인자는 1/5이다.

예제 11.8 동심의 긴 실린더 2개의 지름은 4 cm와 12 cm이다. 작은 실린더의 바깥 표면온도는 800 K이고 큰 실린더의 내 표면온도는 300 K이다. 작은 실린더와 큰 실린더의 복사능이 각각 0.7과 0.4라고 하며 단위길이당 실린더간의 복사 열전달을 구하라.

풀이 알고 있는 사항은

$$T_1 = 800\text{ K}, \quad \varepsilon_1 = 0.7, \quad r_1 = 0.02\text{ m}$$

$$T_2 = 300\text{ K}, \quad \varepsilon_2 = 0.4, \quad r_2 = 0.06\text{ m}$$

작은 실린더의 표면적은 $A_1 = 2\pi r_1 L$이므로 단위길이당 열전달은

$$\frac{\dot{Q}_{12}}{L} = \frac{2\pi r_1 \sigma(T_1^4 - T_2^4)}{\dfrac{1}{\varepsilon_1} + \dfrac{1-\varepsilon_2}{\varepsilon_2}\left(\dfrac{r_1}{r_2}\right)} = \frac{2\pi(0.02)(5.669\times10^{-8})(800^4 - 300^4)}{\dfrac{1}{0.7} + \dfrac{1-0.4}{0.4}\left(\dfrac{0.02}{0.06}\right)}$$

$$= 1483\text{ W/m}$$

네트워크 방법

그림 11·32와 같은 저항회로를 생각하면 전기적인 유사성을 많은 표면의 밀폐공간으로 연장하여 적용할 수 있다. 그림에서 표면 i로부터 표면저항을 통하여 전류가 흐르고 다시 분기하여 N개의 공간저항을 통하여 흐른다. 여기서 N은 밀폐공간 속의 표면의 개수이다. 이것을 열전달에 관한 말로 설명하면 어떤 표면으로부터 표면저항을 통하여 흐르는 순복사 열전달은 각각의 공간저항을 통하여 각각의 표면으로 흐르는 복사 열전달의 합과 같다는 것이다. 이 표현을 수식으로 나타내면

$$\dot{Q}_i = \frac{E_{bi} - J_i}{R_i} = \sum_{j=1}^{N} \frac{J_i - J_j}{R_{ij}} \tag{11·50}$$

식 (11·50)은 N개의 선형대수 방정식이며 표면 N의 밀폐공간에 대하여 미지

그림 11·32 어떤 밀폐공간에서 표면을 떠나는 복사는 표면저항과 밀폐공간의 각각의 표면의 공간저항을 통하여 전달된다.

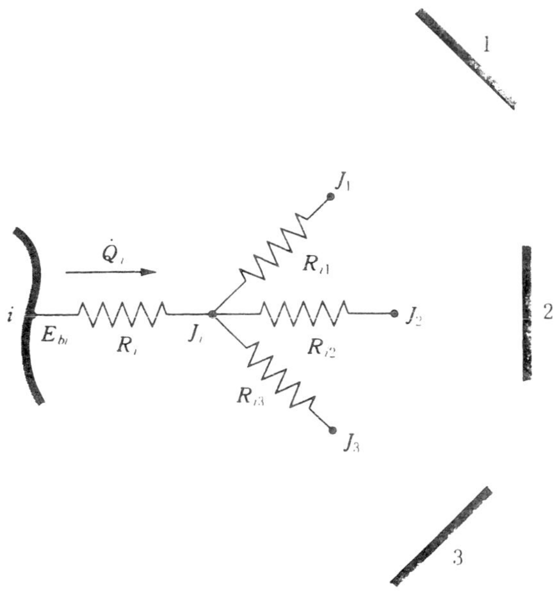

의 방출 복사량(radiosity) N개를 포함한다. 이와 같은 방정식을 전기적인 유사성으로 해결하는 방법을 네트워크 방법(network method)이라 한다. Oppenheim[6]에 의하여 소개된 네트워크 방법은 다음의 절차와 같다.

① 각 밀폐공간 표면에 대한 표면저항을 그린다.

② 각 표면저항의 끝을 공간저항에 연결한다.

③ 각 마디(node)에서 전류(순복사 열전달)의 대수합을 0이라 놓는다.

④ 각 표면의 복사량에 대하여 일련의 방정식을 푼다.

⑤ 식 (11 · 50)을 사용하여 밀폐공간의 각 표면의 열전달 속도 또는 온도를 구한다.

그림 11 · 33과 같은 3개의 표면으로 된 밀폐공간을 생각하자. 앞에서 설명한 절차에 따라서 대응되는 전기회로를 먼저 그린다. 그리고 각 마디를 들어가는 열 흐름의 대수합을 0이라 한다.

마디 1 $$\frac{E_{b1}-J_1}{R_1}+\frac{J_2-J_1}{R_{12}}+\frac{J_3-J_1}{R_{13}}=0 \qquad (11 \cdot 51a)$$

마디 2 $$\frac{J_1-J_2}{R_{12}}+\frac{E_{b2}-J_2}{R_2}+\frac{J_3-J_2}{R_{23}}=0 \qquad (11 \cdot 51b)$$

마디 3 $$\frac{J_1-J_3}{R_{13}}+\frac{J_2-J_3}{R_{23}}+\frac{E_{b3}-J_3}{R_3}=0 \qquad (11 \cdot 51c)$$

이들 방정식에서 복사량 J_1, J_2, J_3를 푼다. 그 다음 식 (11 · 50)을 사용하여 미지수인 열전달 속도나 표면온도를 구한다. 네트워크 방법을 사용할 때 표면이

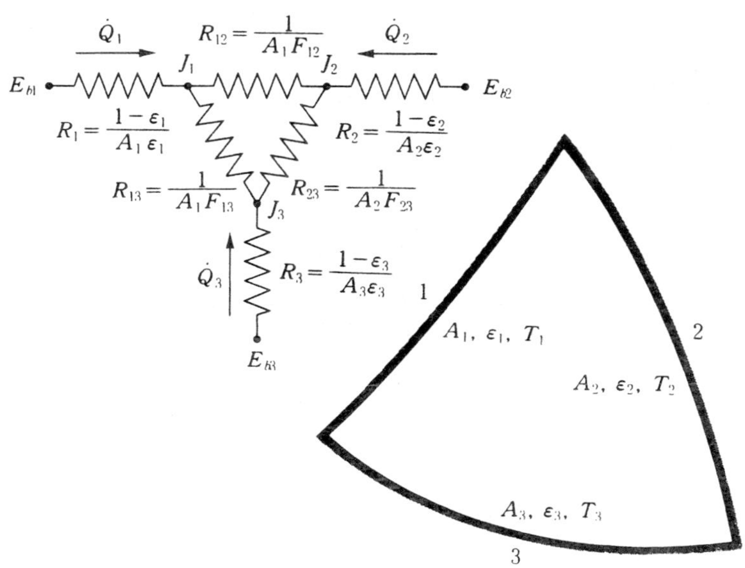

그림 11 · 33 3개의 표면의 밀폐공간에 대한 등가의 전기회로

특별한 성질이 있다면 해석하기가 쉽다. 만약 표면이 흑체이거나 재복사한다면 $J_i = E_{bi} = \sigma T_i^4$ 이다. 따라서, 표면저항은 0이다. 재복사 표면에서는 $\dot{Q}_i = 0$ 이다. 만약 표면의 온도 대신 순복사 열전달 $\dot{Q}_i$가 알려진다면 $(E_{bi} - J_i)/R_i$ 항을 알려진 $\dot{Q}_i$로 대치한다. 밀폐공간의 복사문제를 해석할 때 방정식을 풀기 위하여 반드시 표면온도나 열전달이 알려져야 한다.

네트워크 개략도로써 문제를 시각적으로 표현할 수 있다는 점에서 네트워크 방법은 매우 흥미 있는 방법이다. 이 방법은 많은 표면으로 형성된 밀폐공간에 사용될 수 있으나 표면의 수가 4개 이상이 되면 네트워크 개략도는 혼란스럽고 읽기가 어렵다. 네트워크 방법을 해결하는 다른 방법은 매트릭스 방법(matrix method)이다. 이 방법은 식 (11 · 50)을 매트릭스 형태로 바꾼다. 방정식을 매트릭스 형태로 전환하면 매트릭스 변환이나 반복계산으로 풀 수 있다. 이 책에서는 네트워크방법으로 해결될 수 있는 비교적 간단한 밀폐공간의 문제에 국한한다.

예제 11.9 그림 11 · 34와 같은 실린더형 밀폐공간의 길이와 반지름은 각각 2 m와 1 m이다. 꼭대기 표면의 온도는 1000 K이고 복사능은 0.8이다. 옆의 굽은 표면의 온도는 400 K이고 복사능은 0.3이다. 바닥표면은 흑체라 할 수 있고 온도는 700 K이다. 각 표면의 순복사를 구하라.

그림 11 · 34 실린더형 밀폐공간

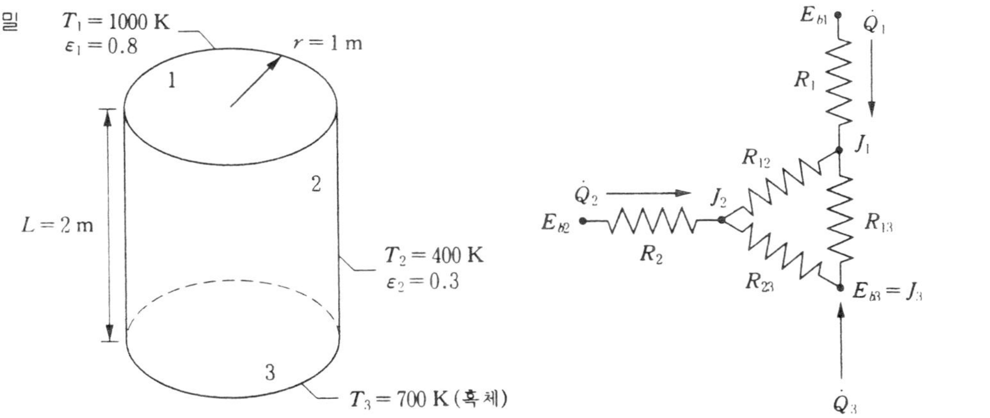

풀이 등가의 전기회로를 그림 11 · 34와 같이 그릴 수 있다. 바닥표면이 흑체이므로 복사력이 방출 복사량과 같다. 따라서, 표면 3의 표면마디(surface node)과 공간마디(space node)는 일치한다. 표면저항과 공간저항을 계산하기 전에 시계인자를 먼저 계산하여야 한다. 시계인자 F_{13}은 크기가 같은 동축의 평행한 원반이며 표 11 · 3에서 구한다.

$$R = \frac{r}{L} = \frac{1}{2}, \quad X = \frac{2R^2 + 1}{R^2} = 6$$

따라서, 시계인자 F_{13}은

$$F_{13}=\frac{1}{2}[X-\sqrt{X^2-4}]=0.5[6-(36-4)^{1/2}]=0.172$$

합의 규칙에 의하면

$$F_{12}+F_{13}=1$$

따라서

$$F_{12}=1-F_{13}=1-0.172=0.828$$

두 개의 표면저항은

$$R_1=\frac{1-\varepsilon_1}{A_1\varepsilon_1}=\frac{(1-0.8)}{\pi(1\ \text{m})^2(0.8)}=0.0796\ \text{m}^{-2}$$

$$R_2=\frac{1-\varepsilon_2}{A_2\varepsilon_2}=\frac{(1-0.3)}{2\pi(1\ \text{m})(2\ \text{m})(0.3)}=0.186\ \text{m}^{-2}$$

3개의 공간저항은

$$R_{12}=\frac{1}{A_1F_{12}}=\frac{1}{\pi(1\ \text{m})^2(0.828)}=0.384\ \text{m}^{-2}$$

$$R_{13}=\frac{1}{A_1F_{13}}=\frac{1}{\pi(1\ \text{m})^2(0.172)}=1.85\ \text{m}^{-2}$$

$R_{23}=0.384\ \text{m}^{-2}$ (대칭에 의하여)

표면의 흑체 복사력은

$$E_{b1}=\sigma T_1^4=(5.669\times10^{-8}\ \text{W/m}^2\cdot\text{K}^4)(1000\ \text{K})^4=56\,690\ \text{W/m}^2$$

$$E_{b2}=\sigma T_2^4=(5.669\times10^{-8}\ \text{W/m}^2\cdot\text{K}^4)(400\ \text{K})^4=1451\ \text{W/m}^2$$

$$E_{b3}=\sigma T_3^4=(5.669\times10^{-8}\ \text{W/m}^2\cdot\text{K}^4)(700\ \text{K})^4=13\,611\ \text{W/m}^2$$

흑체 복사력과 복사저항은 식 (11 · 51a)와 식 (11 · 51b)에 대입하면

$$\frac{56\,690-J_1}{0.0796}+\frac{J_2-J_1}{0.384}+\frac{13\,611-J_1}{1.85}=0$$

$$\frac{J_1-J_2}{0.384}+\frac{1451-J_2}{0.186}+\frac{13\,611-J_2}{0.384}=0$$

두 식에서 미지의 J_1과 J_2를 풀면

$$J_1=48\,463\ \text{W/m}^2,\quad J_2=16\,009\ \text{W/m}^2$$

방출 복사량을 알았으므로 식 (11 · 50)을 사용하여 각 표면에서 순복사 열전달을 계산할 수 있다.

$$\dot{Q}_1=\frac{E_{b1}-J_1}{R_1}=\frac{(56\,690-48\,463)\ \text{W/m}^2}{0.0796\ \text{m}^{-2}}=103\,354\ \text{W}$$

$$\dot{Q}_2=\frac{E_{b2}-J_2}{R_2}=\frac{(1451-16\,009)\ \text{W/m}^2}{0.186\ \text{m}^{-2}}=-78\,269\ \text{W}$$

표면 3에서 순복사 열전달은 저항 R_{13}과 R_{23}을 통하여 흐르는 열흐름의 합과 같다. 따라서

$$\dot{Q}_3 = \frac{E_{b3} - J_1}{R_{13}} + \frac{E_{b3} - J_2}{R_{23}}$$

$$= \frac{(13\,611 - 48\,463)\ \mathrm{W/m^2}}{1.85\ \mathrm{m^{-2}}} + \frac{(13\,611 - 16\,009)\ \mathrm{W/m^2}}{0.384\ \mathrm{m^{-2}}} = -25\,084\ \mathrm{W}$$

$\dot{Q}_2$와 $\dot{Q}_3$의 음의 부호는 이 표면에 순복사 열전달의 방향이 그 표면으로부터가 아니라 그 표면 쪽으로 흐른다는 의미이다. 결과를 검토하기 위하여 열역학 제 1 법칙에 의해 밀폐공간에 대한 순열전달의 합이 0임을 증명하면

$$\dot{Q}_1 + \dot{Q}_2 + \dot{Q}_3 = 103\,354 - 78\,269 - 25\,084 = 1 \approx 0$$

합이 완전히 0이 아닌 것은 반올림의 오차 때문이다. 순복사 열전달 속도를 유지하려면 밀폐공간의 표면온도가 일정하게 유지되어야 하며, 따라서 꼭대기 표면을 103 354 W로 가열되어야 하고 측면과 바닥면을 각각 78 269 W와 25 084 W로 냉각되어야 한다.

예제 11.10 예제 11.9에서 흑체를 재복사 표면으로 생각하면 결과는 어떠한가?

풀이 재복사 표면은 뒷면이 단열되어 있고 복사면은 대류를 무시할 수 있는 표면을 말하며, 이와 같은 조건에서

$$\dot{Q}_3 = 0\ , \quad E_{b3} = J_3$$

표면 3에서 순복사 열전달은 0이므로 표면 1에서 잃어버린 열에너지는 표면 2에서 얻은 열에너지와 동일하다.

$$\dot{Q}_1 + \dot{Q}_2 = 0$$

따라서, 문제는 일련의 평행한 네트워크와 같은 간단한 문제로 된다. 그림 11·34에서 저항 R_{13}과 R_{23}은 R_{12}에 평행하게 연결되고 R_{12}는 R_1과 R_2와 직렬로 연결된다. 따라서, 전체복사 저항은

$$R_{tot} = R_1 + \frac{1}{\dfrac{1}{R_{12}} + \dfrac{1}{R_{13} + R_{23}}} + R_2 = 0.0796 + \frac{1}{\dfrac{1}{0.384} + \dfrac{1}{1.85 + 0.384}} + 0.186$$

$$= 0.593\ \mathrm{m^{-2}}$$

전체등가 전위차는 $(E_{b1} - E_{b2})$이므로 표면 1에서 순복사 열전달 면적은

$$\dot{Q}_1 = \frac{E_{b1} - E_{b2}}{R_{tot}} = \frac{(56\,690 - 1451)\ \mathrm{W/m^2}}{0.593\ \mathrm{m^{-2}}} = 93\,152\ \mathrm{W}$$

그리고 표면 2에서 전체 열전달은

$$\dot{Q}_2 = -\dot{Q}_1 = -93\,152\ \mathrm{W}$$

복사의 차폐

어떤 경우의 열전달에서는 두 표면간의 복사를 감쇄하여야 할 때가 있다. 복사차폐(radiation shield)란 복사 열전달을 감소하기 위하여 두 표면 사이에 삽입한 저복사능(고반사능)의 물질이다. 복사차폐는 두 표면간에 복사저항을 추가로 넣음으로써 열전달을 감소시킨다. 대부분의 복사 차폐물은 연마가 잘된 금속표면이나 포일(foil)이지만 기체 또는 진공으로 분리된 반사포일 또는 플라스틱의 다중 박막으로 되어 있는 경우도 있다. 복사차폐는 100 K 이하에서 열전달이 일어나는 인공위성이나 초저온 분야에서 사용된다. 또한, 복사차폐는 다음 절에서 설명되는 기체온도 측정과 관련된 복사오차를 감소하기 위하여 사용된다.

복사차폐가 되지 않은 표 11·3의 평행한 평면간의 순복사 열전달은

$$\dot{Q}_{12(no\ shield)} = \frac{A\sigma(T_1^4 - T_2^4)}{\dfrac{1}{\varepsilon_1} + \dfrac{1}{\varepsilon_2} - 1} \qquad (11 \cdot 52)$$

만약 두 평면 사이에 그림 11·35와 같이 큰 평행의 판을 둔다면 추가로 두 개의 표면저항과 하나의 공간저항이 들어온 것이 된다. 처음 두 판에 관련된 일련 의 저항에 이들의 추가저항이 연결된다. 복사차폐가 등온이고 차폐물의 양면의 복사능이 ε_s라 가정하면 판 1에서 판 2 방향으로의 순복사 열전달은 다음과 같다.

$$\dot{Q}_{12(1\ shield)} = \frac{E_{b1} - E_{b2}}{\dfrac{1-\varepsilon_1}{A_1\varepsilon_1} + \dfrac{1}{A_1F_{1s}} + \dfrac{1-\varepsilon_s}{A_s\varepsilon_s} + \dfrac{1-\varepsilon_s}{A_s\varepsilon_s} + \dfrac{1}{A_2F_{2s}} + \dfrac{1-\varepsilon_2}{A_2\varepsilon_2}} \qquad (11 \cdot 53)$$

식 (11·53)은 $A_1 = A_2 = A_s = A$ 이고 $F_{1s} = F_{2s} = 1$ 이므로 다음과 같이 간단히 된다.

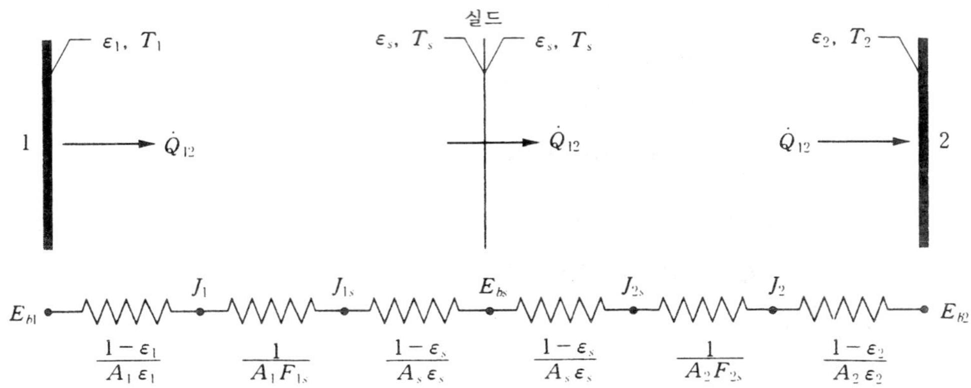

그림 11·35 복사차폐는 두 표면간에 저항이 추가된다.

$$\dot{Q}_{12(1\ shield)} = \frac{A\sigma(T_1^4 - T_2^4)}{\left(\frac{1}{\varepsilon_1} + \frac{1}{\varepsilon_2} - 1\right) + \left(\frac{2}{\varepsilon_s} - 1\right)} \qquad (11 \cdot 54)$$

식 (11 · 54)는 두 판 사이에 하나의 차폐물이 있을 때 순복사 열전달을 계산하는 식이다. 동일한 복사 차폐물이 여러 개 있으면 식 (11 · 54)의 분모에 $(2/\varepsilon_s - 1)$ 항을 더 추가하면 확장하여 사용할 수 있다. N개의 차폐에 대한 순복사 열전달의 식은

$$\dot{Q}_{12(N\ shield)} = \frac{A\sigma(T_1^4 - T_2^4)}{\left(\frac{1}{\varepsilon_1} + \frac{1}{\varepsilon_2} - 1\right) + N\left(\frac{2}{\varepsilon_s} - 1\right)} \qquad (11 \cdot 55)$$

예제 11.11 온도가 1500 K와 400 K에 있는 평행한 두 판의 복사능은 모두 0.22이다. 복사 열전달 플럭스는 적어도 10분의 1로 줄이기 위하여 복사차폐를 판 사이에 넣었다. 차폐의 복사능이 0.05라고 하면 몇 개의 차폐물이 필요한가? 차폐가 될 때와 안 될 때의 복사 열플럭스를 계산하라.

풀이 복사 열플럭스가 10분의 1로 감소시키는 데 필요한 차폐의 수를 계산하는 것이 목적이므로 다음 관계식의 N을 알면 된다.

$$q_{12(N\ shield)} = 0.10 q_{12(no\ shield)}$$

식 (11 · 52)와 식 (11 · 55)를 위의 식에 대입하고 $\varepsilon_1 = \varepsilon_2 = \varepsilon$ 이므로

$$N = \frac{9(2/\varepsilon - 1)}{2/\varepsilon_s - 1} = \frac{9(2/0.22 - 1)}{2/0.055 - 1} = 1.87$$

문제에서 적어도 10분의 1로 감소한다고 하였으므로 답은 2개의 차폐가 요구된다. 차폐의 수를 구하기 위하여 $q_{12(no\ shield)}$ 또는 $q_{12(N\ shield)}$의 값을 직접 구할 필요가 없다는 것을 알아야 한다. 차폐되지 않을 때의 복사 열플럭스는

$$q_{12(no\ shields)} = \frac{\sigma(T_1^4 - T_2^4)}{2/\varepsilon_1 - 1}$$

$$= \frac{(5.669 \times 10^{-8}\ \mathrm{W/m^2 \cdot K^4})[(1500\ \mathrm{K})^4 - (400\ \mathrm{K})^4]}{2/0.22 - 1}$$

$$= 3.529 \times 10^4\ \mathrm{W/m^2}$$

2개의 차폐가 있을 때 복사 열플럭스는

$$q_{12(2\ shield)} = \frac{\sigma(T_1^4 - T_2^4)}{2/\varepsilon - 1 + 2(2/\varepsilon_s - 1)}$$

$$= \frac{(5.669 \times 10^{-8}\ \mathrm{W/m^2 \cdot K^4})[(1500\ \mathrm{K})^4 - (400\ \mathrm{K})^4]}{2/0.22 - 1 + 2(2/0.05 - 1)} = 3317\ \mathrm{W/m^2}$$

실제 열플럭스의 감소율은

$$\frac{q_{12(2\ shields)}}{q_{12(no\ shield)}} = \frac{3317}{3.529 \times 10^4} = 0.094$$

11.7 온도측정에 대한 복사의 영향

온도는 가장 기초적인 열전달 물성으로써 그것의 측정이 대단히 중요하다. 유리 온도계 또는 열전쌍과 같은 온도 측정기를 사용하여 기체온도를 측정할 때 계기의 센서가 기체와 열적으로 평형이 되어 기체의 실제온도를 측정할 수 있어야 한다. 그러나 센서와 주위(surrounding) 사이에서 복사 열전달이 있는 경우에는 온도계 센서를 감싸는 표면의 온도는 기체의 온도와 다를 수가 있다. 그러므로 센서는 기체와의 사이에 대류에 의한 에너지 수지와 센서와 주위표면간의 복사 에너지 수지에 따라 온도를 표시하게 된다. 그림 11·36과 같은 경우를 생각하자. 온도계의 센서가 차가운 도관 속으로 흐르는 뜨거운 기체 속에 꽂혀 있다. 정상상태에서 대류에 의한 센서가 얻은 열은 센서에서 복사 열손실과 동일하다. 따라서

$$h(T_\infty - T_{th}) = \varepsilon\sigma(T_{th}^4 - T_w^4) \qquad (11 \cdot 56)$$

여기서 h : 온도계 센서의 열전달 계수(W/m^2·K)

T_∞ : 실제의 기체온도(K)

T_{th} : 센서에 나타난 온도(K)

ε : 센서의 복사능

T_w : 주위의 표면온도

식 (11·56)을 실제기체 온도인 T_∞에 대하여 풀면

$$T_\infty = T_{th} + \frac{\varepsilon\sigma(T_{th}^4 - T_w^4)}{h} \qquad (11 \cdot 57)$$

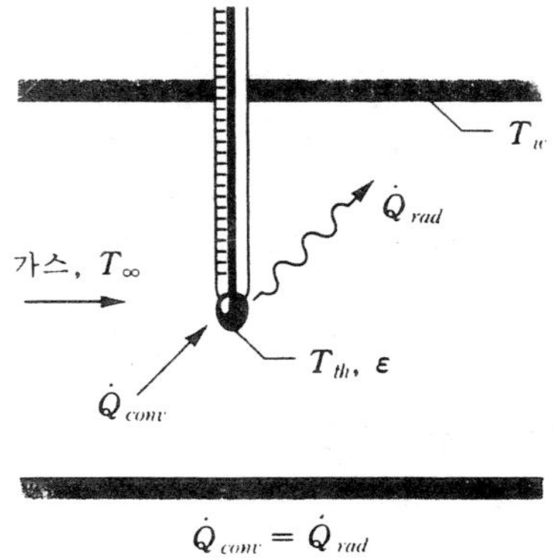

그림 11·36 기체흐름 속에 있는 온도계는 온도계 센서와 기체와 도관 표면간의 에너지 수지에 의한 온도를 측정한다.

분명히 온도계로써 측정된 온도는 실제기체 온도보다 더 낮은 온도를 측정하게 된다. 왜냐하면 센서가 차가운 외부표면에 복사열 에너지를 잃기 때문이다. 온도계와 실제기체의 온도차는 복사 보정항이라 불리는 식 (11·57)의 우변 둘째항으로 표시된다. 복사의 영향으로 생기는 측정오차를 열전달 계수 h 또는 센서의 복사능 ε을 크게 함으로써 줄일 수 있다. 열전달 계수는 계전체의 열적 매개변수에 의하여 결정되기 때문에 조절하기 어렵지만, 저복사능 물질로 만들어진 센서를 사용하던가 저복사능(고반사능)의 물질로 피복된 센서를 사용하면 ε을 줄일 수 있다. 센서를 저복사능의 복사차폐 속에 두면 역시 복사오차를 줄일 수 있다. 그러나 차폐물은 센서주위를 감싸지만 기체흐름을 심각하게 방해하지 않아야 한다. 방밖의 공기온도를 측정할 때는 직사광선을 피해야 한다. 태양의 복사에 관련된 복사오차가 매우 크기 때문이다. 기체온도가 외부보다 낮은 경우에도 복사의 영향을 고려해야 한다. 센서에 대한 에너지 수지로부터

$$T_\infty = T_{th} - \frac{\varepsilon\sigma(T_w^4 - T_{th}^4)}{h} \qquad (11 \cdot 58)$$

이 경우 온도계는 실제기체 온도보다 더 높은 온도를 측정한다. 센서가 뜨거운 주위에서 복사열을 받기 때문이다.

예제 11.12 뜨거운 이산화탄소가 지나가는 도관 속에 삽입한 열전쌍의 온도는 600 K이다. 도관벽의 온도는 350 K이다. 열전쌍은 산화되어 있고 복사능은 0.9이다. 열전쌍의 센서에 대한 열전달 계수가 140 W/m^2·K이라면 CO_2의 온도는 몇 도인가? 복사능이 0.1인 복사차폐를 센서와 도관벽 사이에 설치할 때 CO_2의 실제온도는 몇 도인가?

풀이 다음의 값을 알고 있다.

$$T_{th} = 600\text{ K}, \quad T_w = 350\text{ K}, \quad \varepsilon = 0.9, \quad h = 140\text{ W/m}^2\cdot\text{K}$$

식 (11·57)에 이 값을 대입하면

$$T_\infty = T_{th} + \frac{\varepsilon\sigma(T_{th}^4 - T_w^4)}{h}$$

$$= 600\text{ K} + \frac{(0.9)(5.669\times10^{-8}\text{ W/m}^2\cdot\text{K}^4)[(600\text{ K})^4 - (350\text{ K})^4]}{140\text{ W/m}^2\cdot\text{K}}$$

$$= (600 + 42)\text{ K} = 642\text{ K}$$

온도의 보정은 42 K(42℃)이다. 열전쌍의 센서가 실제기체 온도보다 42 K 낮게 측정하였음을 뜻한다.

만약 복사차폐가 센서와 도관벽 사이에 설치된다면 온도의 보정은 더 작아질 것이다. 도관은 흑체라고 가정하고 식 (11·54)를 쓰면 센서에 관한 에너지 수지는

$$h(T_\infty - T_{th}) = \frac{\sigma(T_{th}^4 - T_w^4)}{\dfrac{1}{\varepsilon_{th}} + \dfrac{2}{\varepsilon_s} - 1}$$

T_∞에 대하여 풀면

$$T_\infty = T_{th} + \frac{\sigma(T_{th}^4 - T_w^4)}{h\left(\dfrac{1}{\varepsilon_{th}} + \dfrac{2}{\varepsilon_s} - 1\right)}$$

$$= 600\text{ K} + \frac{(5.669 \times 10^{-8}\text{ W/m}^2\cdot\text{K}^4)[(600\text{ K})^4 - (350\text{ K})^4]}{(140\text{ W/m}^2\cdot\text{K})\left(\dfrac{1}{0.9} + \dfrac{2}{0.1} - 1\right)}$$

$$= (600 + 2.3)\text{ K} = 602\text{ K}$$

복사차폐가 된다면 복사보정 온도는 2 K(2℃)로 감소한다. 차갑거나 뜨거운 주위로 둘러 싸여 있는 기체온도를 측정할 때는 복사차폐를 해야 한다.

11.8 복사와 대류의 복합 열전달

1.5절에서 복합된 열전달 방식을 소개하였다. 대부분의 열전달의 경우, 적어도 둘 또는 세 가지의 열전달 메커니즘으로 열전달이 일어난다. 복사와 대류는 표면 현상이기 때문에 이 절에서 대류와 복사의 복합 열전달을 취급한다. 복사란 어디든지 일어나는 열전달 메커니즘이므로 모든 표면이 동일한 온도가 아니거나 절대온도로 0도가 아니면 어느 정도 항상 일어난다. 동일온도이거나 절대영도는 극히 드문 경우이므로 복사는 모든 열전달 과정에서 고려해야 한다. 이것은 모든 열전달 계산에 복사가 반드시 포함되어야 한다는 의미는 아니다. 대류가 열전달 메커니즘을 지배하고 복사는 무시되는 경우가 많다. 그러나 복사를 무시하려면 어떻게 결정할 것인가? 가장 좋은 방법은 대류와 복사 열전달의 양쪽을 모두 계산하여 전체 열전달에 대한 복사의 비율을 비교하는 것이다. 만약 복사의 비율이 전체의 5% 또는 10%보다 적다면 정확도에 크게 영향 없이 무시할 수 있다. 복사를 무시할 수 있는 규칙이 있는 것이 아니며 적절한 판단에 따른다.

대류 열전달의 식은 온도에 선형으로 표시된다. 대류에 대한 주요 관계식, 뉴턴의 냉각법칙, 그라스호프 수, 자연대류에 사용된 매개변수는 온도에 선형함수이다. 복사나 대류가 다 같이 일어날 때에 복사에 관해서는 온도의 4제곱에 관계되기 때문에 온도에 비선형적인 식으로 표현된다. 예제 1.8에서 알 수 있듯이 복사가 일어날 때 표면온도를 구해야 할 경우에는 수치해법의 방법을 써야 한다.

9장에서 강제대류보다 자연대류에서는 열전달이 약하다는 사실을 알았다. 복사는 강제대류가 일어나는 경우에는 종종 무시될 수 있다. 이것은 자연대류가 일어나는 경우에 복사가 더욱 중요하게 됨을 강조하는 것이다. 예를 들면 바닥판

히터(baseboard heater)로 방을 데울 경우, 자연대류와 복사가 일어난다. 팬이 없는 경우, 전자장치로부터 자연대류와 복사에 의하여 열을 방출한다. 우리의 신체 내에서 발생한 열에너지는 자연대류와 복사에 의하여 외부환경으로 제거된다. 이와 같은 예에서 복사를 무시하는 것은 복사와 대류가 상대적이므로 전체 열전달 또는 표면온도를 예측할 때 심각한 오차를 유발할 수 있다.

예제 11.13 길고 피복이 안 된 20 gage 니크롬선이 대기압에 있는 300 K의 공기를 담고 있는 280 K의 밀폐공간에 수평으로 놓여 있다. 니크롬선의 온도는 1500 K을 넘지 못한다. 니크롬선으로 통할 수 있는 최대 전기량을 다음의 경우에 따라 계산하라. (a) 공기가 정체되어 있을 때 (b) 공기가 20 m/s의 유속으로 니크롬선을 가로질러 흐를 때, 또한 두 경우에 대하여 니크롬선에서부터 복사와 대류 열손실을 구하라. 단, 니크롬선의 복사능 ε은 0.3이다.

풀이 먼저 주어진 값을 정리한다. 니크롬선의 물성은

$$R = 2.162\ \Omega/\text{m}, \quad D = 8.118\times10^{-4}\ \text{m}, \quad \varepsilon = 0.3$$

니크롬선, 공기와 밀폐공간의 온도는

$$T_w = 1500\ \text{K}, \quad T_\infty = 300\ \text{K}, \quad T_s = 280\ \text{K}$$

경막온도 $T_f = (T_\infty + T_w)/2 = 900\ \text{K}$에서 공기의 물성은

$$\nu = 102.9\times10^{-6}\ \text{m}^2/\text{s}, \quad k = 0.062\ \text{W/m}\cdot\text{K}, \quad Pr = 0.720,$$

$$\beta = \frac{1}{T_f} = 0.001\,11\ \text{K}^{-1}$$

(a) 자연대류의 열전달 계수를 계산하기 위하여 먼저 그라스호프 수를 계산한다.

$$Gr_D = \frac{g\beta(T_w - T_\infty)D^3}{\nu^2}$$

$$= \frac{(9.81\ \text{m/s}^2)(0.001\,11\ \text{K}^{-1})[(1500-300)\ \text{K}](8.118\times10^{-4}\ \text{m})^3}{(102.9\times10^{-6}\ \text{m}^2/\text{s})^2} = 0.660$$

레일리 수는

$$Ra_D = Gr_D Pr = (0.660)(0.720) = 0.475$$

교차흐름에서 실린더에 대한 누셀트 수는 식 (9 · 17)을 사용한다.

$$\overline{Nu}_D = 0.36 + \frac{0.518 Ra_D^{1/4}}{[1+(0.559/Pr)^{9/16}]^{4/9}} = 0.36 + \frac{0.518(0.475)^{1/4}}{[1+(0.559/0.720)^{9/16}]^{4/9}}$$

$$= 0.686$$

따라서, 열전달 계수는

$$h = \frac{k\overline{Nu}_D}{D} = \frac{(0.062\ \text{W/m}\cdot\text{K})(0.686)}{8.118\times10^{-4}\ \text{m}} = 52.4\ \text{W/m}^2\cdot\text{K}$$

니크롬선에서 발생한 모든 전기 에너지는 열에너지로 전환되어 대류와 복사에 의하여 주위로 손실된다. 니크롬선의 단위길이당 열전달은

$$\frac{\dot{Q}}{L}=I^2R=\left(\frac{\dot{Q}}{L}\right)_{conv}+\left(\frac{\dot{Q}}{L}\right)_{rad}=h\pi D(T_w-T_\infty)+\varepsilon\sigma\pi D(T_w^4-T_s^4)$$

전류 I에 대하여 풀면

$$I=\sqrt{\frac{\pi D}{R}[h(T_w-T_\infty)+\varepsilon\sigma(T_w^4-T_s^2)]}$$

$$=\left\{\frac{\pi(8.118\times10^{-4})}{2.162}[52.4(1500-300)+(0.3)(5.669\times10^{-8})(1500^4-280^4)]\right\}^{1/2}$$

$$=13.2\text{ A}$$

대류에 의한 열손실은

$$\left(\frac{\dot{Q}}{L}\right)_{conv}=h\pi D(T_w-T_\infty)$$

$$=(52.4\text{ W/m}^2\cdot\text{K})\pi(8.118\times10^{-4}\text{ m})[(1500-300)\text{ K}]=160\text{ W/m}$$

복사에 의한 열손실은

$$\left(\frac{\dot{Q}}{L}\right)_{rad}=\varepsilon\sigma\pi D(T_w^4-T_s^4)$$

$$=(0.3)(5.669\times10^{-8}\text{ W/m}^2\cdot\text{K}^4)\pi(8.118\times10^{-4}\text{ m})[(1500\text{ K})^4-(280\text{ K})^4]$$

$$=219\text{ W/m}$$

단위길이당 전체 열손실은

$$\frac{\dot{Q}}{L}=(160+219)\text{ W/m}=379\text{ W/m}$$

전체 열손실의 58%가 복사로 소실된다.

(b) 강제대류에 대하여도 비슷한 절차로 계산되나 누셀트 수에 관한 다른 관계식을 사용한다. 레이놀즈 수는

$$Re_D=\frac{U_\infty D}{\nu}=\frac{(20\text{ m/s})(8.118\times10^{-4}\text{ m})}{102.9\times10^{-6}\text{ m}^2\text{/s}}=158$$

식 (7·33)을 사용하면

$$\overline{Nu}_D=CRe_D^mPr^{1/3}=(0.683)(158)^{0.466}(0.720)^{1/3}=6.48$$

표 7·1에는 상수 C와 m의 값이 수록되어 있다. 열전달 계수는

$$h=\frac{k\overline{Nu}}{D}=\frac{(0.062\text{ W/m}\cdot\text{K})(6.48)}{8.118\times10^{-4}\text{ m}}=495\text{ W/m}^2\cdot\text{K}$$

식 (a)에 새로운 h의 값을 대입하면

$$I=\left\{\frac{\pi(8.118\times10^{-4})}{2.162}[495(1500-300)+(0.3)(5.669\times10^{-8})(1500^4-280^4)]\right\}^{1/2}$$

$$=28.3\text{ A}$$

따라서, 공기가 정체되어 있을 때보다 20 m/s로 흐를 때가 니크롬선에는 2배 이상의 전류를 흘릴 수 있다. 강제대류에서 복사열 손실은 불변이지만 대류 열손실은

$$\left(\frac{\dot{Q}}{L}\right)_{conv}=h\pi D(T_w-T_\infty)$$

$$= (495\ \mathrm{W/m^2 \cdot K})\pi(8.118 \times 10^{-4}\ \mathrm{m})[(1500-300)\ \mathrm{K}] = 1515\ \mathrm{W/m}$$

단위길이당 전체 열손실은

$$\frac{\dot{Q}}{L} = (1515+219)\ \mathrm{W/m} = 1734\ \mathrm{W/m}$$

전체 열손실의 13%만이 복사에 인한 것이다. 강제대류가 일어날 때 니크롬선으로부터 복사를 무시하는 것은 작은 오차를 유발하나 자연대류만이 일어날 때에는 전체 열손실의 반 이상을 복사에 기인하므로 심각한 오차를 일으킨다.

11.9 환경의 복사

자연환경에 관련된 복사문제를 검토함으로써 이 장을 마감할까 한다. 지상의 모든 생물에게 생명의 빛과 열을 주는 에너지의 근원이 태양이다. 천문학의 용어로 태양은 평균크기의 황색별이고 거의 구형이며 평균 반지름이 6.96×10^8 m이다. 태양과 지구 사이의 평균거리를 1천문 단위(Astronomical Unit : AU)라고 하며 대략 1.496×10^{11} m이다. 우주의 모든 별과 같이 태양은 가벼운 핵이 무거운 핵으로의 결합과정인 핵융합에 의하여 전자기파 에너지를 생산한다. 태양으로부터 생성된 전자기파 에너지를 태양복사라고 말한다. 태양표면에서 복사 열플럭스는 약 4×10^{26} W/m^{2}이다. 태양복사 열플럭스는 태양으로부터의 거리의 제곱에 반비례하므로 태양으로부터 1 AU에서는 태양복사 열플럭스는 상당히 감소하게 된다. 고공의 비행물체, 풍선, 우주선에서 측정하면 태양열 상수 G_s라고 불리는 1 AU에서 태양열 상수 G_s는

$$G_s = 1353\ \mathrm{W/m^2} \tag{11 · 59}$$

그림 11·37 대기는 지구에 입사되는 태양복사를 감쇄한다.

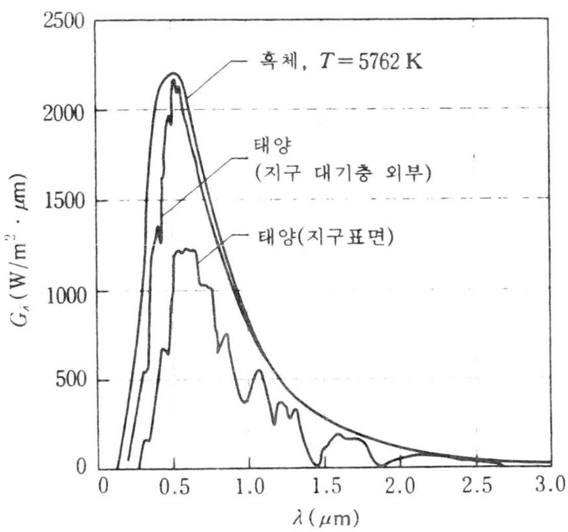

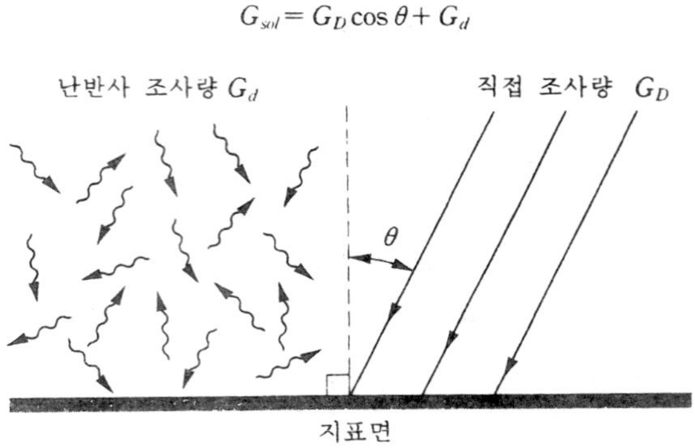

그림 11·38 태양복사는 직접조사와 난반사 조사로 이루어진다.

태양열 상수란 지구가 태양에서 평균거리로 떨어져 있을 때 태양광선에 직각인 표면 위에 입사되는 태양의 조사량을 말한다. 지구의 궤도가 타원형이므로 태양의 조사량은 지구가 태양에서 가장 멀리 떨어지는 6월 21일에 약 1310 W/m^{2}이고 지구가 태양에서 가장 가까운 12월 21일에는 1400 W/m^{2}이다. 지구궤도의 인공위성을 설계할 경우에 태양열 상수 G_s는 전기발전을 위한 태양 집열체(solar array)의 표면적을 결정하고 전파 및 광학장치와 위성구조에 태양열의 충격을 계산하는데 이용된다.

지구표면에 도달한 태양복사는 대기에 의하여 흡수되고 반사되어 감쇄된다. 태양복사는 대기중을 통과할 때 G_s에서 맑은 날에는 약 900 W/m^{2}로 떨어지고 흐린 날에는 500 W/m^{2}로 더욱 감소한다. 더욱이 태양복사의 스펙트럼이나 방향특성이 흡수와 반사의 결과처럼 변한다. 그림 11·37에는 지구표면에서 태양복사의 스펙트럼 분포를 대기층 외부에서의 그것과 비교하였다. 감쇄의 주원인은 먼지와 기타 오염물은 물론이고 대기의 오존(O_3), 수증기(H_2O), 산소(O_2), 질소(N_2), 이산화탄소(CO_2)이다. 산소와 질소분자는 단파장의 태양복사를 강하게 반사하는데, 이 때문에 하늘이 푸르게 보인다.

지구표면에 도달하는 태양복사는 직접적인 복사와 난반사되어 들어오는 복사가 있다. 직접적인 태양복사는 감쇄되지 않고 지구표면에 도달하는 복사분율이다. 반면 난반사의 태양복사는 대기중에 흡수되고 사방으로 균일하게 반사된 나머지이다. 태양의 전체 조사량 G_{sol}을 땅의 수평면 위에 입사한 태양의 직접조사와 난반사 조사의 합으로 정의하면

$$G_{sol} = G_D \cos\theta + G_d \qquad (11 \cdot 60)$$

여기서 G_D는 직접조사(direct irradiation), G_d는 난반사 조사(diffuse irradiation)이며 θ는 그림 11·38과 같이 표면의 법선에 대한 직접조사의 입사각이다. 태양의 직접조사는 $\theta = 90°$에서 0이고 $\theta = 0°$에서 최대이며, 위도, 연월일, 낮

시간, 구름 정도에 따라 달라진다. 완전히 흐린 날에는 태양의 난반사 조사를 전체 조사량으로 간주한다.

대기중의 기체, 먼지, 그리고 대기중에 떠 있는 입자에 흡수된 복사 에너지는 주위의 대기와 대지에 방출한다. 대기에 의하여 방출되는 복사 에너지는 유효대기 온도(effective sky temperature) T_{sky}라고 하는 낮은 온도의 흑체로부터 발산하는 복사라고 가정할 수 있다. 따라서, 지구표면에 입사되는 대기에 의한 복사는

$$G_{sky} = \sigma T_{sky}^4 \qquad (11 \cdot 61)$$

유효대기 온도는 대기조건에 따라 변하며, 춥고 맑은 하늘인 경우 −40℃에서 덥고 흐릴 때는 약 10℃까지 변한다. 태양조사와 대기조사에 노출된 표면 쪽으로 순복사 열전달은

$$\dot{Q}_{net} = A(G - J) \qquad (11 \cdot 62)$$

여기서 전체 조사량 G는

$$G = G_{sol} + G_{sky} \qquad (11 \cdot 63)$$

그리고 식 (11 · 38)의 방출 복사량 J는

$$J = \varepsilon E_b + \rho G = \varepsilon E_b + (1 - \alpha) G \qquad (11 \cdot 64)$$

식 (11 · 64)에서 $\rho = 1 - \varepsilon$이라는 키르히호프의 법칙을 사용하지 않고 $\rho = 1 - \alpha$라고 하였다. 식 (11 · 63)과 식 (11 · 64)를 식 (11 · 62)에 대입하고 $E_b = \sigma T_w^4$, $G_{sky} = \sigma T_{sky}^4$로 하면

$$\dot{Q}_{net} = A(\alpha G_{sol} + \alpha \sigma T_{sky}^4 - \varepsilon \sigma T_w^4) \qquad (11 \cdot 65)$$

유효대기 온도 T_{sky}와 자연환경에 있는 대부분의 물체의 표면온도 T_w는 거의 동일하므로 키르히호프의 법칙을 적용하면 대기 조사량의 항 중에 흡수능과 표면복사능 ε은 동일하다. 그러나 태양 조사량의 근원온도인 5762 K는 지구온도보다 훨씬 높기 때문에 태양 조사량의 항 중 흡수능은 복사능 ε과 같지 않다. 식 (11 · 65)를 열플럭스로 표현하면

$$q_{net} = \alpha_s G_{sol} + \varepsilon \sigma (T_{sky}^4 - T_w^4) \qquad (11 \cdot 66)$$

여기서 α_s는 태양복사에 대한 표면의 흡수능이다.

태양복사의 스펙트럼 특성은 실온에 있는 표면으로부터 방출되는 적외선 복사

표 11·4 여러 가지 표면에 관한 저온 복사능과 태양 흡수능과의 비교

표 면	ε	α_s	α_s/ε
금 속			
연마된 알루미늄	0.095	0.20	2.11
고도로 연마된 구리	0.02	0.18	9.00
연마된 니켈	0.08	0.15	1.88
연마된 은	0.02	0.13	6.50
비금속			
아스팔트	0.93	0.93	1.00
붉은 벽돌	0.93	0.75	0.81
콘크리트	0.94	0.73	0.74
페인트			
흑	0.97	0.97	1.00
백	0.94	0.20	0.21
눈	0.82	0.28	0.34

의 특성과 크게 다르다. 이 때문에 입사하는 태양복사와 적외선 복사에 대한 표면복사 성질은 서로 다르다. 예를 들면 흰색 페인트의 복사능은 적외선 복사에 대하여 0.92에서 0.96까지 변한다. 그러나 태양 흡수능은 0.1에서 0.3까지 변한다. 흰눈의 복사능은 적외선에 대하여 0.82이나 태양 복사능은 약 0.2에서 0.35 사이이다. 반면 검은 페인트의 적외선 복사의 복사능과 태양 흡수능은 각각 0.94와 0.96 정도이다. 따라서, 태양복사에 노출된 모든 표면에 대하여 키르히호프의 법칙을 적용할 수 없다는 것이 분명해진다. 표 11·4에 일반적인 표면의 적외선 복사에 대한 복사능과 태양 흡수능을 종합하였다. 복사를 흡수 또는 반사하도록 설계된 표면의 중요한 복사매개 변수는 α_s/ε의 비이다. α_s/ε의 작은 값(α_s가 작고 ε은 크다)이 물체가 복사를 거부할 때 바람직하나 물체가 태양복사를 흡수할 때는 큰 α_s/ε의 값(α_s는 크고 ε은 작다)이 요구된다. α_s/ε의 비는 태양열의 집열기와 우주선의 설계에서 중요한 인자가 된다.

적외선과 태양복사의 스펙트럼 특성의 차를 가장 잘 나타내는 것이 온실효과(greenhouse effect)이다. 이 장의 시작부분에서 설명한 바와 같이 태양으로부터 방출된 에너지의 대부분이 가시광선의 짧은 파장에 집중되어 있다. 보통의 유리는 가시광선 근처의 복사를 약 90% 통과시키나 적외선은 통과시키지 못한다. 주위환경의 표면에서 방출되는 모든 복사는 실질적으로 적외선이다. 온실의 유리는 태양복사의 대부분을 통과시키지만 식물, 땅, 다른 내부표면에서 방출되는 적외선은 통과시키지 못한다. 따라서, 온실에 들어오는 복사는 달아나는 복사보다 더 많고 결과적으로 온실 내의 물체온도가 증가하게 된다. 복사열의 불균형으로 초래되는 과잉 열에너지는 전도와 대류에 의하여 외부로 방출된다. 온실효과를 태

양광선에 바로 노출되는 자동차에서 경험할 수 있다. 창문으로 들어온 복사는 자동차 내부로 흡수되어 의자, 바닥, 계기판 등에서 적외선 형태로 방출된다. 의자 특히 검은 의자의 온도는 증가하여 결국 불쾌감을 느끼게 한다. 또한, 지구에서도 온실효과를 경험할 수 있다. 대기는 쉽게 대부분의 태양복사를 통과시키나 지구표면에서 방출되는 적외선 복사는 흡수한다. 수증기, 이산화탄소, 오염물질과 같은 장파장을 흡수하는 물질의 농도가 증가하면 지구의 온실효과를 증대하는 결과를 초래한다.

예제 11.14 그림 11·39와 같이 얇은 구리판의 한 면이 태양에 직각으로 향하고 있고 다른 면은 반대공간(deep space)을 향하고 있다. 태양을 향한 표면은 잘 연마되었고 다른 면은 검게 산화되었다. 만약 구리판이 태양에 1 AU 떨어져 있다면 구리판의 정상온도는 몇 도인가?

그림 11·39 태양복사에 노출된 구리판

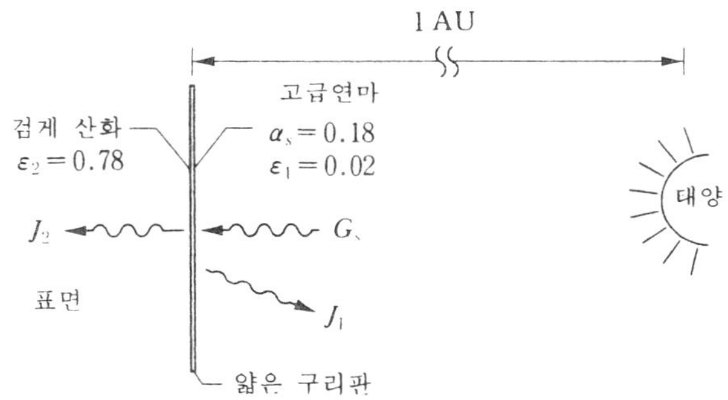

풀이 정상상태에서 구리판에 입사하는 복사는 떠나는 복사와 같으며 순복사는 0이다. 따라서

$$\dot{Q}_{net} = A(G - J) = 0$$

구리판이 태양으로부터 1 AU의 위치에 있으므로 조사량 G는 태양열 상수 G_s와 같다. 방출 복사량 J는 구리 양면에서 방출하는 복사와 태양을 향한 면에서 반사한 복사의 합이다.

$$J = J_1 + J_2 = \varepsilon_1 E_b + (1 - \alpha_s) G_s + \varepsilon_2 E_b$$

구리판에서 전도는 구리판이 아주 얇고, 또 전도가 아주 잘 되므로 일정온도라고 생각한다. 식 (b)를 식 (a)에 대입하고 $E_b = \sigma T_w^4$ (T_w는 구리판 온도)이므로

$$\sigma(\varepsilon_1 + \varepsilon_2) T_w^4 - \alpha_s G_s = 0$$

T_w에 대하여 풀면

$$T_w = \left[\frac{\alpha_s G_s}{\sigma(\varepsilon_1 + \varepsilon_2)} \right]^{1/4} = \left[\frac{(0.18)(1353\ \text{W/m}^2)}{(5.669 \times 10^{-8}\ \text{W/m}^2 \cdot \text{K}^4)(0.02 + 0.78)} \right]^{1/4}$$

$$= 271\ \text{K} = -2℃$$

11.10 응 용

복사 열전달이 우주선의 열조절에 매우 중요하다. 지구궤도의 인공위성은 태양과 지구에서 방출되는 복사와 지구에서 반사된 복사를 받는다. 또한, 자체에서 소모된 열에너지를 받게 된다. 모든 열에너지의 유입량은 우주선의 구조, 전자, 광학장치의 정상온도를 유지하도록 우주선에서 효과적으로 방출되어야 한다. 그렇지 못하면 열에 의한 구조의 변형, 중요한 전자장치의 전기결함, 광학기구의 저성능 또는 불능 등의 결과를 초래한다. 예제 11.15에서는 특정한 온도범위에서 운전되어야 하는 지구궤도 인공위성의 복사물성을 결정한다.

예제 11.15 어느 연구용 인공위성이 항상 태양복사를 직접적으로 받도록 지구의 극지방의 궤도를 그림 11·40과 같이 돌고 있다. 위성의 위치(attitude)를 조절하기 위하여 위성의 궤도평면에 맞도록 위성의 축을 약간 돌렸다. 인공위성은 구형이고 반지름이 1 m이며, 그 속의 전자장치는 1250 W의 전력을 소모한다. 위성에는 265 K에서 305 K 사이에 유지되어야 하는 열에 민감한 광학장치가 있다. 만약 인공위성 외부표면의 복사능이 0.75이고 위성을 등온이라고 하면 위성의 외부표면에 대한 태양복사의 흡수능을 추정하라.

그림 11·40 지구궤도 인공위성

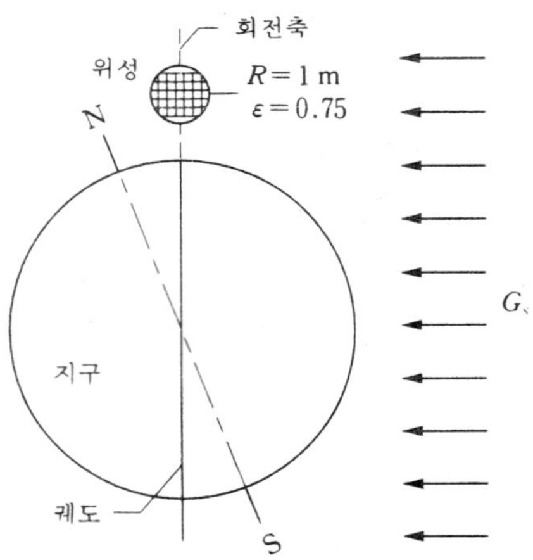

풀이 위성을 등온이라 하는 가정은 약간 무리가 있으나, 만약 위성이 그림 10·40과 같이 축을 약간 돌렸다면 태양에 의한 가열과 복사냉각이 일정하게 되어 위성의 온도구배가 적어진다. 직접적인 태양복사가 기본적인 복사열원이 되므로 지구와의 복사열 교환은 무시한다. 이 문제는 우주선에 관한 열에너지 수지식을 세워 푼다. 인공위성에 들어가는 열에너지는

$$\dot{Q}_{in} = \alpha_s G_s A_p + \dot{Q}_e$$

여기서 α_s는 태양복사의 흡수능, $G_s = 1353$ W/m^{2}은 태양열 상수, $A_p = \pi R^2$은 태양복

사 에너지를 받는 구의 투영 표면적이고, $\dot{Q}_e$는 소요된 전기 에너지이다. 모든 열에너지는 복사 에너지의 형태로 인공위성에서 외부공간으로 떠난다. 따라서, 위성을 떠나는 열에너지는

$$\dot{Q}_{out}=\varepsilon A E_b=\varepsilon A \sigma T^4$$

여기서 ε은 복사능이고, $A=4\pi R^2$은 전체 표면적, T는 우주선의 온도이다. 정상상태에서 위성으로 들어가는 에너지는 떠나는 에너지와 같다. 따라서

$$\alpha_s G_s A_p+\dot{Q}_e=\varepsilon \sigma A T^4$$

태양 흡수능 α_s에 대하여 풀면

$$\alpha_s=\frac{4\pi R^2 \varepsilon \sigma T^4-\dot{Q}_e}{\pi R^2 G_s}$$

위성은 265 K에서 305 K 사이의 온도로 유지되어야 하므로 최소의 태양 흡수능은

$$\alpha_s=\frac{4\pi(1\ \text{m})^2(0.75)(5.669\times10^{-8}\ \text{W/m}^2\cdot\text{K}^4)(265\ \text{K})^4-1250\ \text{W}}{\pi(1\ \text{m})^2(1353\ \text{W/m}^2)}=0.33$$

최대의 태양 흡수능은

$$\alpha_s=\frac{4\pi(1\ \text{m})^2(0.75)(5.669\times10^{-8}\ \text{W/m}^2\cdot\text{K}^4)(305\ \text{K})^4-1250\ \text{W}}{\pi(1\ \text{m})^2(1353\ \text{W/m}^2)}=0.79$$

우주선 표면의 복사물성을 요구하는 값으로 조절하기 위하여 특수한 표면피복을 할 때도 있다.

3장에서 언급한 바와 같이 전원공급 장치, 변압기, 전력용 진공관, 트랜지스터와 같은 고체장치의 전자, 전기장치를 냉각하는 데는 보통 히트싱크(heat sink)가 사용된다. 특수장치에 관련된 열플럭스가 충분히 낮다면 팬(fan)으로 공기를 강제적으로 흘릴 필요가 없다. 이러한 경우에는 히트싱크에서 장치를 표면에서 냉각하기 위하여 자연대류와 복사방법을 쓴다. 예제 11.16에서 종단 휜(longitudinal fin)의 히트싱크에 대한 대류와 복사 열전달이 동시에 일어나는 열전달 문제를 다룬다.

예제 11.16 그림 11·41과 같이 전원공급 장치에 종단 휜이 달린 히트싱크를 사용한다. 히트싱크의 통로는 수직으로 되어 있어서 자연대류가 위로 흘러가도록 설치되었다. 히트싱크는 62℃의 등온이라고 하고 주위공기의 온도가 27℃라고 하면 히트싱크에 대한 복사와 대류의 전체 열손실을 구하라. 주위표면을 흑체라고 하고 공기와 열적평형이라고 한다.

풀이 히트싱크의 통로를 독립된 평행의 판으로 형성된 수직통로하고 가정하면 식 (9·20)으로 자연대류에 대한 누셀트 수를 구할 수 있다. 공기의 물성값은 경막온도 $T_f=(T_w+T_\infty)/2$

그림 11·41 히트싱크

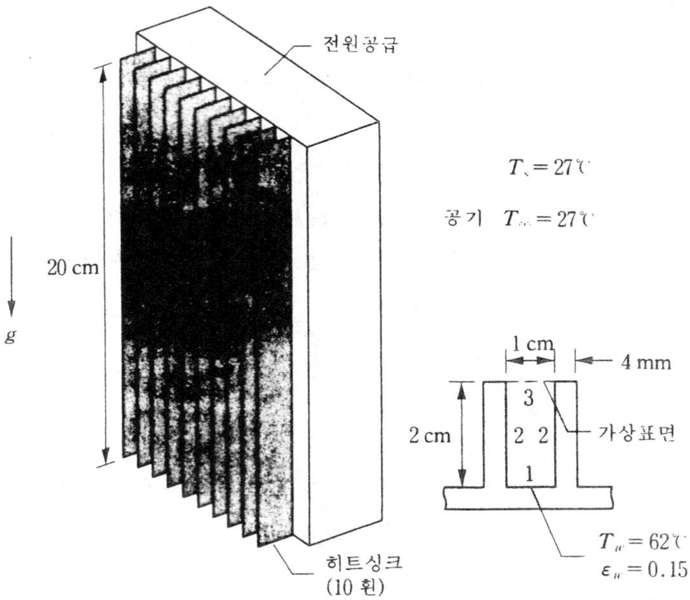

$=(27+62)$℃$/2=44.5$℃$=318$ K에서

$$\nu=17.7\times10^{-6}\ \mathrm{m^2/s},\quad k=0.0276\ \mathrm{W/m\cdot K},\quad \alpha=25.2\times10^{-6}\ \mathrm{m^2/s}$$

$$Pr=0.705,\quad \beta=\frac{1}{T_f}=0.003\,14$$

휜간격 $S=1$ cm라고 할 때 식 (9·22)에서 레일리 수는

$$Ra_s=\frac{g\beta(T_w-T_\infty)S^3}{\alpha\nu}$$

$$=\frac{(9.81\ \mathrm{m/s^2})(0.003\,14\ \mathrm{K^{-1}})[(62-27)\ \mathrm{K}](0.01\ \mathrm{m})^3}{(25.2\times10^{-6}\ \mathrm{m^2/s})(17.7\times10^{-6}\ \mathrm{m^2/s})}=2417$$

통로길이는 $L=0.20$ m이고 등온표면에 대하여 표 9·1에서 상수를 구하면 $C_1=576$ $C_2=2.873$이다. 평균 누셀트 수는

$$\overline{Nu}_s=\left[\frac{C_1}{(Ra_s\,S/L)^2}+\frac{C_2}{(Ra_s\,S/L)^{1/2}}\right]^{-1/2}$$

$$=\left\{\frac{576}{[(2417)(0.01)/0.20]^2}+\frac{2.873}{[(2417)(0.01)/0.20]^{1/2}}\right\}^{-1/2}=1.82$$

열전달은 식 (9·21)을 사용하여 계산한다. 여기서 표면적 A는 휜 사이의 면적을 모두 포함한다.

$$A=(2W+S)L=[2(0.02\ \mathrm{m})+0.01\ \mathrm{m}](0.20\ \mathrm{m})=0.01\ \mathrm{m^2}$$

단일통로의 대류 열손실은

$$\dot{Q}_c=\overline{Nu}_s A\frac{k}{S}(T_w-T_\infty)$$

$$=\frac{(1.82)(0.01\ \mathrm{m^2})(0.0276\ \mathrm{W/m\cdot K})[(62-27)\ \mathrm{K}]}{0.01\ \mathrm{m}}=1.76\ \mathrm{W}$$

히트싱크에서 달아나는 복사 열손실을 계산하기 위하여 먼저 휜표면으로부터 가상표면(외부)으로의 시계인자를 계산하여야 한다. 휜길이 L이 높이 W의 10배이므로 히트싱크의 표면은 무한히 길다고 가정한다. 표 11·2를 사용하고 $H=W/S=2$이므로 표면 1(휜 사이 표면)으로부터 표면 3으로의 시계인자는

$$F_{13}=\sqrt{1+H^2}-H=(1+2^2)^{1/2}-2=0.236$$

표 11·2와 $H=S/W=0.5$로부터 휜표면 2에서 표면 3으로의 시계인자를 구하면

$$F_{23}=0.5(1+H-\sqrt{1+H^2})=0.5[1+0.5-(1+0.5)^2)^{1/2}]=0.191$$

대칭이므로 각 휜표면으로부터 표면 3으로의 시계인자는 모두 같고 다음과 같이 표시된다.

$$F_{(2+2)3}=2(0.191)=0.382$$

흑체의 복사능은 1이고 표면 1에서 표면 3으로 복사는

$$\dot{Q}_{13}=\frac{A_1\sigma(T_w^4-T_s^4)}{\dfrac{1-\varepsilon_w}{\varepsilon_w}+\dfrac{1}{F_{13}}}=\frac{(0.20)(0.01)(5.669\times10^{-8})(335^4-300^4)}{\dfrac{1-0.15}{0.15}+\dfrac{1}{0.236}}=0.052\text{ W}$$

휜표면으로부터 표면 3으로 복사는

$$\dot{Q}_{23}=\frac{A_2\sigma(T_w^4-T_s^4)}{\dfrac{1-\varepsilon_w}{\varepsilon_w}+\dfrac{1}{F_{(2+2)3}}}=\frac{(0.20)(0.04)(5.669\times10^{-8})(335^4-300^4)}{\dfrac{1-0.15}{0.15}+\dfrac{1}{0.382}}=0.264\text{ W}$$

따라서, 단일통로에서 전체복사 열손실은

$$\dot{Q}_r=(0.052+0.264)\text{ W}=0.316\text{ W}$$

히트싱크로부터 전체 열손실은 대류와 복사 열손실의 합이다. 휜이 10개이고 통로 9가 있으나 끝에 있는 휜의 바깥쪽 표면으로부터의 열전달이 안쪽에 있는 휜과 동일하다고 가정하면

$$\dot{Q}=\dot{Q}_c+\dot{Q}_r=10(1.76+0.316)\text{ W}=20.8\text{ W}$$

복사에 의한 열손실이 히트싱크로부터 전체 열손실의 15.2%이다. 이 예제에서 복사 열전달을 무시하였다면 히트싱크를 크게 설계했을 것이다. 최종적으로 히트싱크 표면의 온도가 일정하다는 가정은 휜효율을 검토함으로써 검증된다. 만약 효율이 1에 가깝다면 히트싱크 표면은 거의 등온이다. 히트싱크가 알루미늄 6061로 제작되었다면 효율은 0.98이고 가정이 정당하다고 볼 수 있다.

참 고 문 헌

1. Serway, R. A. 1992. *Physics for Scientists and Engineers with Modern Physics*, 3d ed. Philadelphia: Saunders College Publishing.
2. Planck, M. 1959. *The Theory of Heat Radiation*. New York: Dover.
3. Siegel, R., and J. R. Howell. 1992. *Thermal Radiation Heat Transfer*, 3d ed.

Washington: Hemisphere Publishing Corporation.
4. Howell, J. R. 1982. *A Catalog of Radiation Configuration Factors*. New York: McGraw-Hill Book Company.
5. Hottel, H. C. 1954. *Radiant Heat Transmission*. In W. H. McAdams, *Heat Transmission*. New York: McGraw-Hill Book Company.
6. Oppenheim, A. K. 1956. "Radiation Analysis by the Network Method." *Transactions of the ASME* 78: pp. 725~735.
7. Duffie, J. A., and W. A. Beckman. 1974. *Solar Energy Thermal Processes*. New York: John Wiley & Sons.
8. Anderson, E. E. 1982. *Solar Energy Fundamentals for Designers and Engineers*. Reading, Mass.: Addison-Wesley Publishing Company.
9. Kreith, F. 1962. *Radiation Heat Transfer for Spacecraft and Solar Power Plant Design*. Scranton, Pa.: International Textbook Company.

연 습 문 제

물리적 개념

11.1 전기의 표준 주파수가 60 Hz이다. 이 형태의 전자기파인 복사의 파장은 얼마인가?

11.2 전자기파 스펙트럼의 가시부분인 푸른색의 파장범위는 대략 0.45~0.49 μm이다. 이 파장범위에서 주파수는 몇 Hz가 되는가?

11.3 전자기파의 주파수가 10^{10} Hz이다. 이것은 어떤 파장의 복사인가?

11.4 어떤 형태의 전자기파 복사가 10^3 kHz의 주파수를 나타내는가?

11.5 어떤 형태의 전자기파 복사가 0.01 μm의 파장을 나타내는가? 이 파장을 나타내는 광자의 에너지는 얼마인가?

11.6 주파수가 10^{22} Hz인 감마선으로 방출된 광자와 주파수가 10^{18} Hz인 X선으로 방출된 광자의 에너지 비는 얼마인가?

11.7 광자의 에너지가 $E=3\times10^{-20}$ J이면 그것은 어떤 형태의 복사인가?

흑체복사

11.8 파장이 $\lambda=0.1$, 0.5와 2 μm에서 태양복사의 단색광 흑체 복사력을 구하라.

11.9 오렌지-적색광($\lambda=0.63$ μm)을 발하는 300 K 복사원의 단색광 흑체 복사력을 구하라.

11.10 1000 K의 복사원의 단색광 복사력이 500 W/m$^2\cdot$μm일 때 파장은?

11.11 300, 1000, 3000과 6000 K 복사원의 흑체의 전체 복사력을 구하라.

11.12 태양의 흑체의 전체 복사력을 계산하라.

11.13 식 (11 · 5)인 빈의 변위법칙을 유도하라.

11.14 온도가 몇 도에서 2 μm 파장의 흑체 복사력이 최대가 되는가?

11.15 2.2 mm 지름의 긴 금속선의 표면온도가 450℃이다. 금속선의 단위길이(m)당 발산하는 복사를 계산하라.

11.16 표면온도가 150℃이고 지름이 20 cm인 구를 흑체라고 가정한다. 10분 동안 구로부터 발산하는 전체 복사량은?

11.17 2 m×2 m 크기의 정사각형 표면에서 30초 동안 1 MJ을 복사한다. 그 표면을 흑체라고 가정하면 표면온도는 몇 도인가?

11.18 백열등 필라멘트의 온도는 3000 K이다. 필라멘트를 흑체로 가정할 때 가시광선 영역에서 발산하는 복사분율을 구하라.

11.19 태양을 흑체라고 취급할 때 가시광선 범위에서 방출하는 복사분율을 구하라.

11.20 태양을 흑체로 취급할 때 0.01 μm에서 0.76 μm의 자외선 범위에서 방출하는 복사분율을 구하라.

11.21 태양을 흑체라고 취급할 때 자외선 범위(1 μm에서 100 μm)에서 방출하는 복사분율을 구하라.

◈ 복사성질

11.22 부록 G의 복사능을 사용하여 다음의 온도에 있는 표면의 복사력을 구하라.

(a) 밝은 알루미늄 포일 $T=295\text{ K}$

(b) 연마된 금 $T=400\text{ K}$

(c) 니켈 산화물 $T=1200\text{ K}$

(d) 내화점토 벽돌 $T=1260\text{ K}$

(e) 거친 콘크리트 $T=310\text{ K}$

11.23 반사능이 0.8이라면 불투명체 표면의 흡수능은 얼마이냐?

11.24 1500 K에서 표면의 단색광 복사능은 다음과 같다.

$$\varepsilon=\begin{cases}\varepsilon_1=0.25 & 0\leq\lambda<1\ \mu\text{m}\\ \varepsilon_2=0.80 & 1\leq\lambda<4\ \mu\text{m}\\ \varepsilon_3=0.50 & 4\leq\lambda<\infty\ \mu\text{m}\end{cases}$$

그 표면의 평균 복사능과 전체 복사력을 구하라.

11.25 2400 K에 있는 표면의 단색광 복사능은 그림 11 · 42와 같이 계단함수로 근사된다. 표면의 평균 복사능과 전체 복사력을 구하라.

11.26E 750°R에 있는 표면의 단색광 복사능은 그림 11 · 43과 같이 계단함수로 근사된다. 표면의 평균 복사능과 $\text{Btu/h}\cdot\text{ft}^2$의 단위로 표시되는 전체 복사력을 구하라.

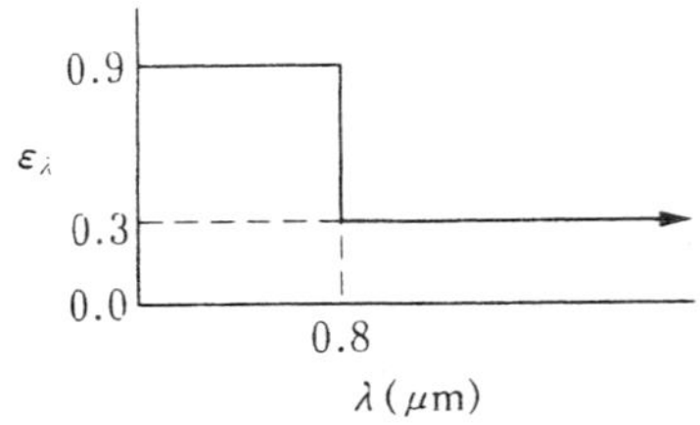

그림 11·42

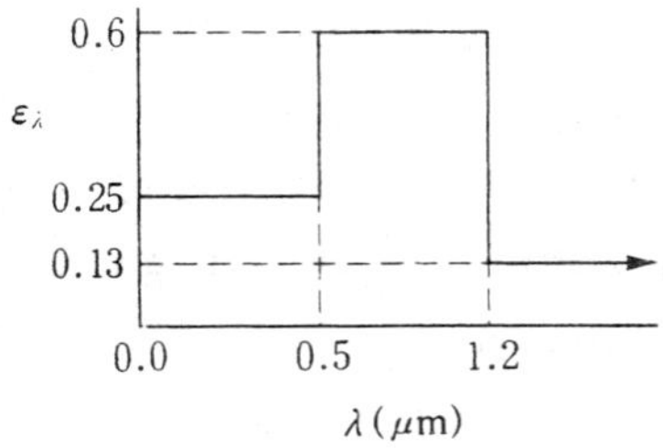

그림 11·43

11.27 3200 K에 있는 불투명체 표면의 평균 복사능과 반사능을 구하라. 표면의 단색광 복사능은 그림 11·44와 같은 계단함수로 가정한다.

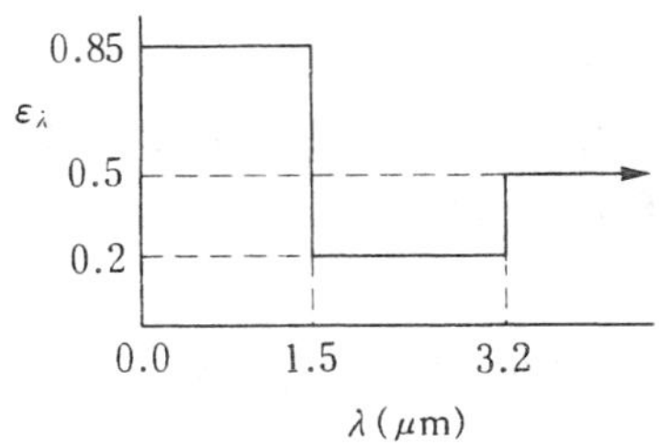

그림 11·44

11.28 피복이 안 된 24 gage 텅스텐선의 표면온도가 2500 K일 때 14 W/cm의 복사열을 방출한다. 이 온도에서 텅스텐선 표면의 복사능은 얼마인가?

◈ 시계인자

11.29 표 11·2와 교차하는 실방법을 사용하여 그림 11·45와 같은 길고 평형인 표면의 시계인자 F_{12}를 구하라.

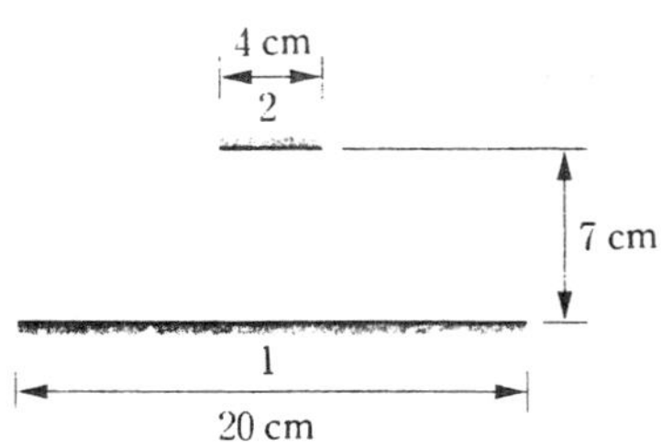

그림 11·45

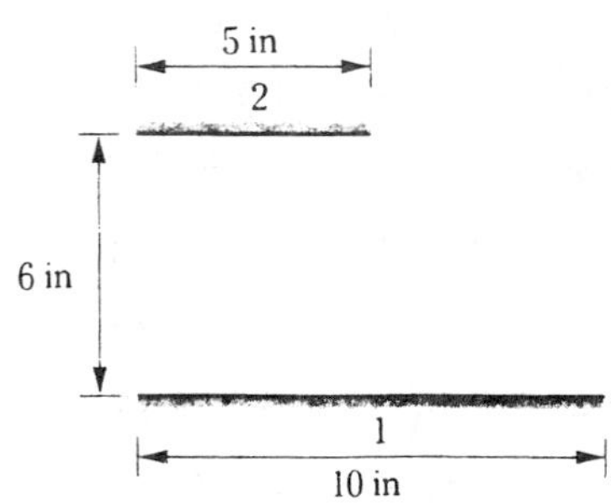

그림 11·46

11.30E 그림 11·46과 같은 길고 평행한 표면의 시계인자 F_{12}를 구하라.

11.31 육면체의 밀폐공간에서 밀폐고간의 모서리의 두 평면과 서로 마주 보는 두 평면의 시

계인자를 구하라.

11.32 그림 11·47과 같이 긴 실린더가 사각형의 긴 표면에 평행으로 배열되어 있다. 시계인자 F_{12}와 F_{21}을 구하라.

11.33 그림 11·48과 같이 긴 표면에 대한 시계인자 F_{12}와 F_{21}은 얼마인가?

11.34 반지름이 1 m와 3 m인 두 개의 평형원판이 동축으로 4 m 떨어져 놓여 있다. 시계인자를 구하라.

11.35 중심과 중심의 거리가 1.2 cm 떨어져 있는 두 개의 길고 평행한 8 gage 선의 시계인자를 구하라.

11.36 그림 11·49와 같은 긴 밀폐공간의 측면 1과 2는 동일한 폭이고 측면 3은 중심이 O인 원의 호이다. 시계인자 F_{33}을 구하라.

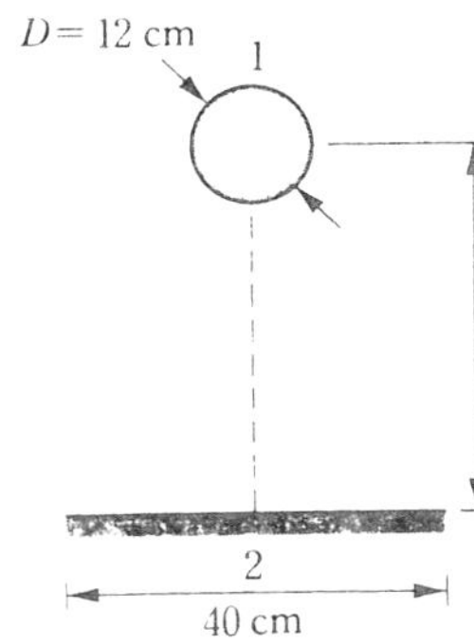

그림 11·47

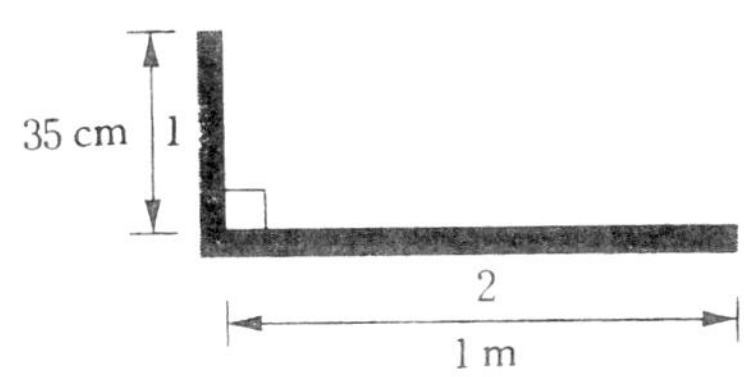

그림 11·48

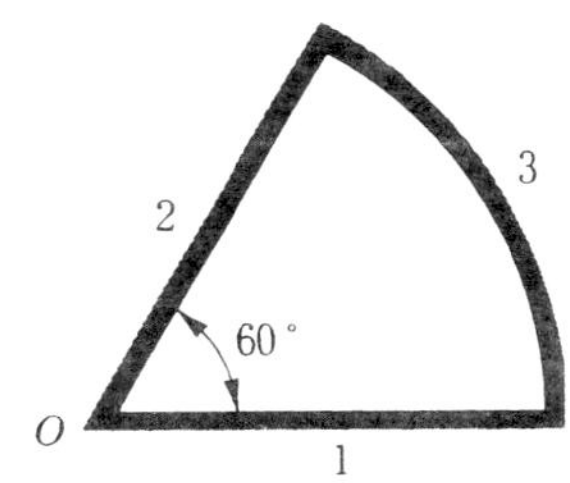

그림 11·49

11.37 그림 11·50과 같은 직사격형 표면의 시계인자 F_{12}를 구하라.

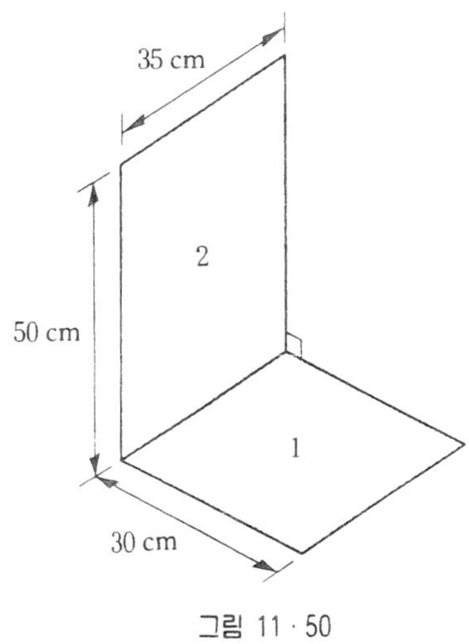

그림 11·50

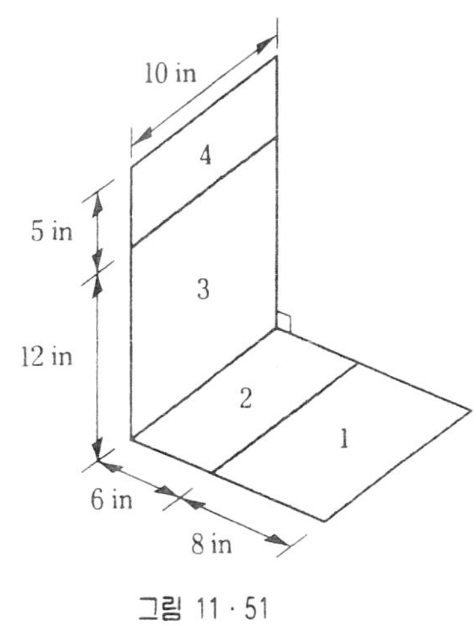

그림 11·51

11.38E 그림 11·51의 직사각형 표면에서 시계인자 F_{13}, F_{24}, F_{14}를 구하라.

11.39 그림 11·52의 실린더에서 시계인자 F_{13}, F_{33}을 구하라.

11.40 그림 11·53의 정육면체에 대하여 시계인자 F_{12}를 구하라.

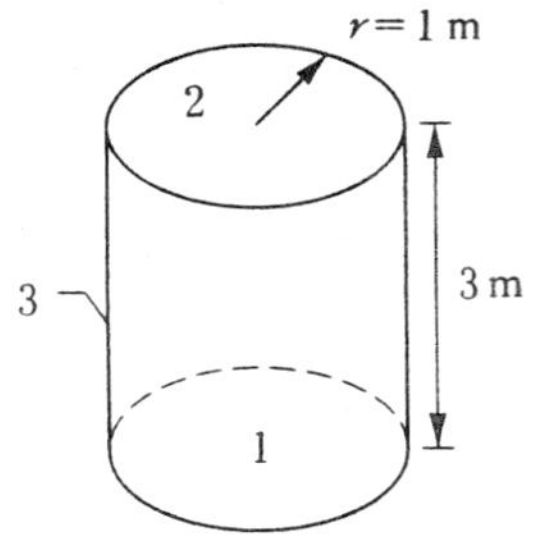

그림 11·52

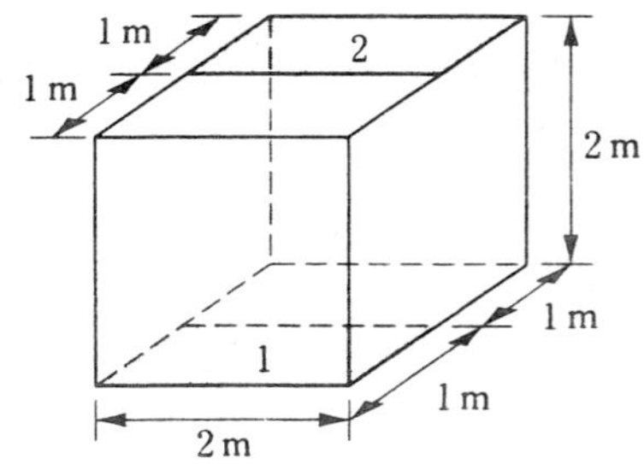

그림 11·53

◈ 표면간의 복사

11.41 복사능이 0.8, 온도가 1500 K이고 1 cm^{2}의 표면적의 작은 물체가 400 K의 표면의 둘러싸여 있다. 순복사 열전달을 구하라.

11.42 온도가 600 K와 300 K의 두 개의 큰 평행의 판이 마주보고 있다. 이 판을 흑체로 가정하고 복사 열플럭스를 구하라.

11.43 문제 11.42에서 600 K와 300 K의 두 판의 복사능이 각각 0.2와 0.7일 때 이 문제를 다시 풀어라.

11.44 반지름이 2 cm, 10 cm 두 개의 길고 동축의 실린더는 각각 1200 K, 600 K의 온도에 있다. 내부와 외부 실린더의 복사능이 각각 0.95와 0.3일 때 단위길이당 순복사 열전달을 구하라.

11.45 그림 11·54와 같이 길고 동일측면의 도관 모양인 노(furnance)가 있다. 두 측면온도는 1300 K, 500 K이고 복사능은 0.7, 0.4이다. 셋째 표면의 온도는 650 K이고 흑체라고

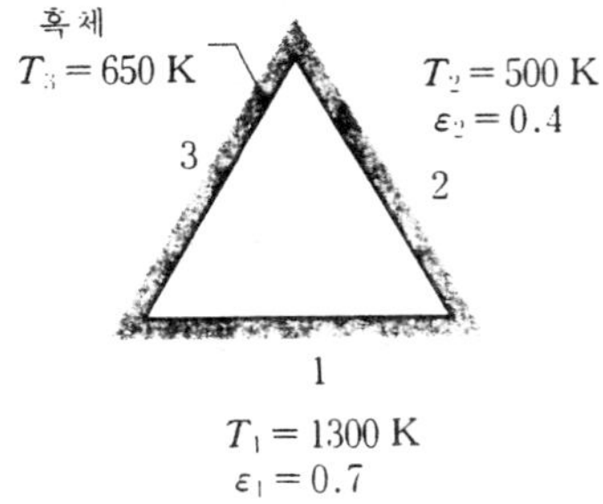

그림 11·54

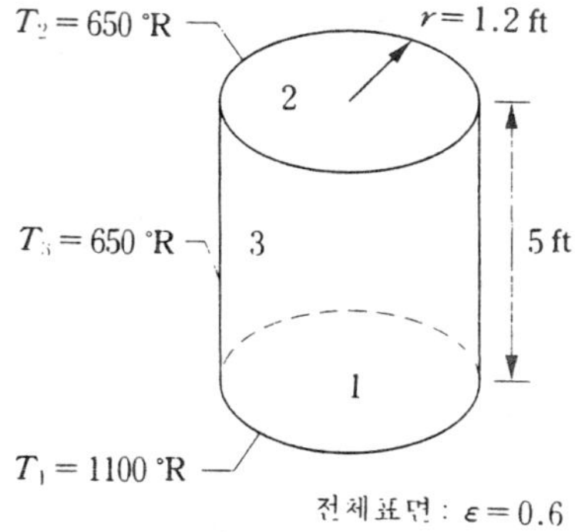

그림 11·55

생각한다. 노의 각 표면의 단위면적당 순복사 열전달을 구하라.

11.46 문제 11.45에서 흑체표면을 단열된 표면이라 하였을 때 이 문제를 다시 풀어라.

11.47E 그림 11·55의 실린더형 밀폐공간의 높이는 5 ft, 반지름 1.2 ft이다. 바닥면의 온도가 1100 °R이고 측면과 꼭대기 표면의 온도는 650 °R이다. 모든 표면의 복사능이 0.6이라고 할 때 각 표면의 순복사 열전달을 계산하라.

11.48 10 cm 간격으로 떨어져 있는 두 개의 동축평행 원판의 반지름은 25 cm이고 각각의 온도는 1800 K, 600 K이며 복사능은 0.2, 0.8이다. 원판의 주위환경의 온도는 300 K이고 흑체라고 볼 수 있다. 양쪽 원판의 뒷면이 단열되어 있다면 각 원판의 순복사 열전달을 구하라.

11.49 280 K의 진공인 흑체환경 속에 두 개의 긴 28 gage 텅스텐선이 서로 평행으로 놓여 있다. 선의 중심과 중심의 간격은 1.0 mm이다. 한 선에는 30 A의 전류가 흐르고 다른 선에는 18 A가 흐른다. 두 선의 복사능이 모두 0.08이라 하면 각 선의 온도를 구하라.

11.50 온도가 300 K, 복사능이 0.95인 큰 진공밀폐 공간 속에 그림 11·56과 같은 긴 표면이 놓여 있다. 수직표면의 복사능은 0.2이고 온도는 350 K이다. 바닥표면의 복사능은 0.6이고 10 kW/m^{2}로 가열된다. 바닥표면의 온도를 구하라.

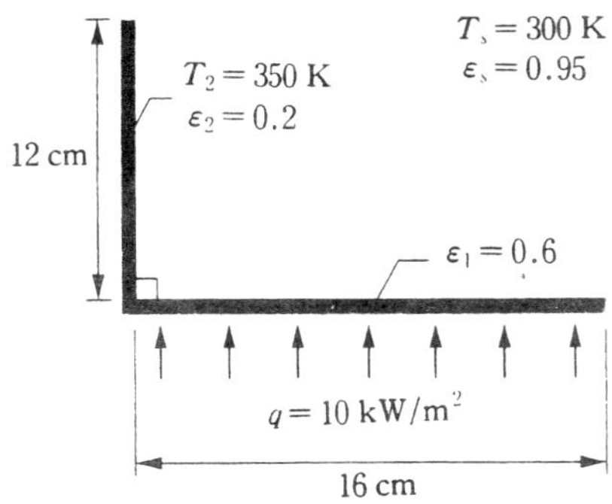

그림 11·56

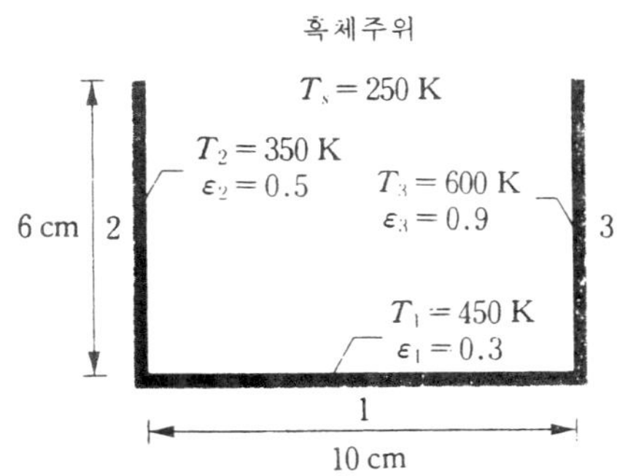

그림 11·57

11.51 한 면의 길이가 1 m인 정육면체 밀폐공간의 바닥면과 꼭대기면은 흑체이고 온도가 각각 800 K, 450 K이다. 밀폐공간의 측면이 단열되었다면 바닥표면과 꼭대기 표면 간의 순복사 열전달을 구하라.

11.52 그림 11·57과 같은 긴 통로가 250 K의 흑체인 주위환경에 노출되어 있다. 통로의 단위길이당 순복사 열손실을 구하라.

11.53 문제 11.52에서 표면 2가 재복사 표면이라고 할 때 이 문제를 다시 풀어라.

11.54 두 개의 큰 평행평면의 온도와 복사능은 각각 1000 K, 500 K와 0.4, 0.85이다. 차폐가 없는 경우, 한 개의 차폐가 있는 경우, 2개의 차폐가 있는 경우에 대하여 두 평면간의 순복사 열전달을 구하라. 차폐의 복사능 $\varepsilon = 0.05$이다.

11.55E 3 ft 떨어진 두 개의 동축평행 원판의 온도는 각각 1100 °R, 550 °R이다. 두 원판의 반지름과 복사능은 1.2 ft와 0.8이다. 차폐가 없는 경우와 이들 원판과 제 3 의 원판(동일한 반지름이고 $\varepsilon = 0.1$)이 두 원판 사이의 중간위치에 동축으로 평행하게 놓여 있는 경우에 대하여 순복사 열전달을 구하라.

11.56 온도가 각각 1800 K, 400 K의 두 개의 크고 평행한 판의 복사능은 0.3이다. 만약 차폐의 복사능이 0.08이라면 차폐가 전혀 없을 때 열플럭스의 1%미만으로 복사 열플럭스를 감소하기 위하여 몇 개의 복사차폐가 필요한가?

11.57 모든 표면의 복사능이 동일한 경우 차폐가 없는 경우의 순복사에 비교하여 N개의 차폐가 있는 두 개의 평행한 판 사이의 순복사량에 대한 관계식을 유도하라.

◈ 온도측정에 관한 복사의 영향

11.58 온도가 175℃로 측정된 공기흐름 속에 열전쌍이 들어 있다. 열전쌍 센서의 열전달 계수는 80 W/m^2 · K이고 복사능은 0.25이다. 공기가 30℃의 밀폐공간으로 둘러싸여 있다면 공기의 실제온도는 몇 도인가?

11.59E 허술하게 단열된 금속건물 속에 놓여 있는 유리 온도계는 공기온도가 71°F라고 가리키고 있다. 온도계 센서의 열전달 계수는 6 Btu/h · ft^2 · °R이고 복사능은 0.85이다. 만약 건물벽의 온도가 40°F라고 하면 실제공기의 온도는 몇 도인가?

11.60 표면온도가 50℃인 도관에 차가운 공기가 흐른다. 도관 속에 삽입된 열전쌍은 27℃를 가리키고 있다. 열전쌍 센서의 열전달 계수는 60 W/m^2 · K이고 복사능은 0.9라 한다면 실제공기의 온도는 얼마인가?

◈ 복사와 대류의 복합 열전달

11.61 놋쇠로 된 지름 12 cm의 긴 실린더의 표면온도는 325℃이다. 이 실린더가 25℃에 있는 큰 흑체 밀폐공간 속에 놓여 있다. 40℃의 질소가 1 m/s 유속으로 실린더를 교차흐름으로 흐르고 있다면 실린더의 단위길이당 실린더로부터 잃은 열손실은 얼마인가?

11.62E 복사능이 0.95이고 지름이 1.75 in인 구가 40°F에 있는 큰 표면으로 둘러싸여 있다. 구의 표면온도가 500°F라면 구로부터 열전달을 구하라. 구는 90°F의 정체공기로 둘러싸여 있다고 한다.

11.63 1 m×1 m 크기이고 두께가 15 cm인 주철판이 20℃ 공기가 있는 큰 공간 속에 놓여 있다. 그 판의 한쪽 면에 부착된 10 kW의 전기히터가 균일하게 판을 가열하고 있으며 뒤쪽 면은 단열되어 있다. 만약 공기가 판에 평행하게 3 m/s의 유속으로 흐른다면 판의 양면의 정상온도를 구하라. 주철판의 복사능은 $\varepsilon = 0.5$이다.

11.64 2500 W의 전기 가열기가 20 cm×30 cm 크기의 얇고 수평인 금속판의 바닥을 덮고 있다. 가열되는 판은 30℃의 정체공기가 들어 있는 큰 공간 속에 놓여 있으며, 가열기의 바

닥표면은 단열되어 있다. 판이 (a) 연마된 알루미늄, (b) 산화된 놋쇠, (c) 많이 산화된 주철인 경우에 대하여 판의 정상온도를 구하라.

11.65 지름과 복사능이 각각 12 cm와 0.9인 구가 5℃에 있는 큰 흑체 밀폐공간 속에 놓여 있다. 구의 주위에는 정체된 40℃의 일산화탄소가 있다. 열에너지가 구의 내부에서 0.8 MW/ m^3의 속도로 균일하게 발생한다면 구의 표면온도는 얼마인가?

◈ 환경의 복사

11.66 해가 바로 머리 위에 있을 때 콘크리트 인도의 표면온도는 35℃이다. 태양의 직접조사와 난반사 조사는 각각 700 W/m^2, 200 W/m^2이다. 만약 유효대기 온도가 5℃라면 인도 쪽으로의 순복사량을 계산하라.

11.67E 태양광선이 수평면에 수직인 선과 60°일 때 붉은 벽돌인 수직벽의 표면온도는 88°F이다. 유효대기 온도는 45°F이고 태양의 직접조사와 난반사 조사는 각각 110 Btu/h · ft^2와 150 Btu/h · ft^2이다. 벽 쪽으로 순복사량은 얼마인가?

11.68 전체태양의 조사량 G_{sol} = 900W/m^2이고 유효대기 온도가 −3℃일 때 아스팔트 도로 위에 순복사량은 450 W/m^2이다. 도로의 온도는 몇 도인가?

11.69 청명한 날의 밤에 공기온도가 3℃로 유지된다. 해가 뜨기 바로 전에 땅 위의 얕은 물웅덩이가 얼었다. 이 사실을 어떻게 설명하나? 열전달 계수가 8 W/m^2 · K라고 하면 밤동안 유효대기 온도를 구하라.

11.70 전체태양 조사량 850 W/m^2이 낮시간 동안 수평한 지붕 위에 입사된다. 이 때 공기의 온도는 31℃이고 열전달 계수가 28 W/m^2 · K가 되도록 바람이 불고 있다. 지붕표면의 흡수능과 복사능은 각각 0.7과 0.25이고 유효대기 온도는 5℃이다. 지붕밑을 잘 단열시켜 두었다면 지붕의 표면온도는 몇 도인가?

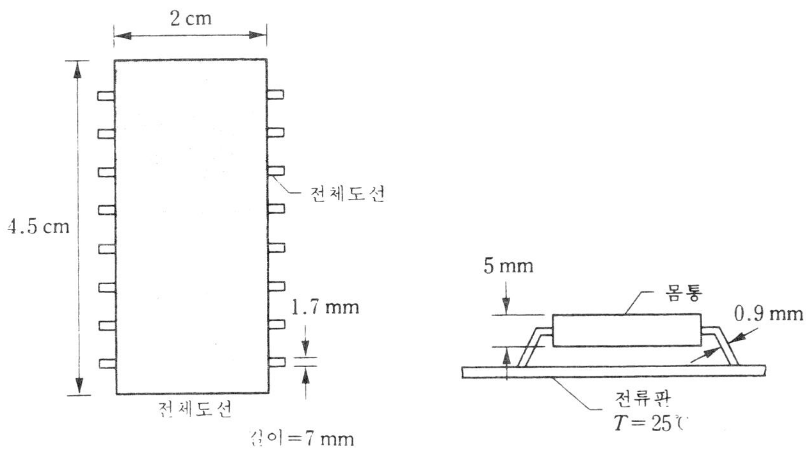

그림 11 · 58

◈ 응 용

11.71 그림 11·58과 같은 전자장치가 정체된 공기와 주위표면 온도가 25℃인 외부환경으로 4 W의 열을 방출한다. 수평인 회로기판의 온도는 25℃이다. 몸통(case)은 등온상태라 가정하면 몸통의 온도를 구하라. 몸통에서 대류와 복사는 고려하지만 도선에서는 무시할 수 있다고 가정하라.

11.72 975 W/m^{2}의 태양복사에 노출된 아스팔트 도로의 표면온도를 추산하라. 단, 주위의 공기온도는 43℃이고 $T_{sky}=5$℃, $h=20$ W/m^2·K라고 한다. 이 도로 위에서 맨발은 어떻게 될까?

11.73 자동차의 배기관이 그림 11·59와 같이 자동차 바닥에 나란하게 지나간다. 배기관의 평균온도는 190℃이다. 배기관의 바로 윗부분 바닥(폭 30 cm)의 온도를 추정하라. 바닥의 위쪽은 잘 단열되어 있고 배기관의 복사능은 0.7이다. 또, 주위온도는 15℃에 있는 흑체라고 가정한다.

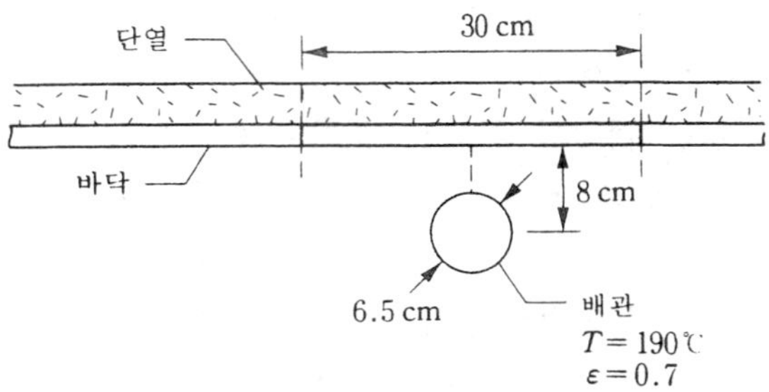

그림 11·59

11.74 두 개의 동일한 2.5 cm 두께의 비프스테이크를 건물 밖의 그릴 위에서 요리한다. 비프스테이크를 5℃의 냉장고에서 갖고 와서 즉시 그릴 위에 얹는다. 그릴의 바닥은 항상 32 kW/m^{2}의 복사열이 입사된다. 스테이크의 양면을 요리한 후 중간의 온도가 160℃가 되면 설익은 것이고, 210℃가 되면 잘 익은 것이라고 생각하자. 만약 엘라인양이 잘 익은 고기를 좋아하고 제리군은 설익은 것을 좋아한다면 엘라인의 고기는 제리의 것보다 얼마나 오랫동안 요리하여야 하는가? 스테이크는 반무한대 고체(semi-infinite solid)라고 가정하고 고기의 $\varepsilon=0.9$라고 한다. 모든 가정을 언급하라.

11.75E 공기와 주위표면의 온도가 75°F인 큰방을 가로질러 보일러에서부터 300°F의 수증기가 4 in, schedule 40의 강관을 통하여 흐른다. 강관은 3 in 두께의 무기질 섬유로 단열되었다. 단열재의 복사능이 0.85일 때 강관 단위길이(m)당 전체 열손실을 계산하라. 단, 주위공기는 정체되어 있다고 가정한다.

11.76E 옥외의 공기온도가 95°F인 여름날에 그림 11·60과 같은 전형적인 주택의 벽에 230

Btu/ft^2 · h의 태양 복사열을 받고 있다. 유효대기 온도는 50°F이다. 삼나무 벽면의 태양 흡수능은 0.8이라고 하면 벽면의 단위면적(ft^2)당 집으로 들어오는 열전달을 구하라. 이 집의 전체면적이 2200 ft^{2}라고 하면 얼마의 냉동톤(ton of refrigeration)으로 들어오는 열을 제거할 수 있는가? 단, 1냉동톤=12 000 Btu/h이다.

11.77 금성의 지질학적인 데이터를 수집하는 탐사선에는 광전자용 태양열판이 있다. 이것은 전지충전을 위하여 태양 에너지를 전기 에너지로 전환하는 장치이다. 태양으로부터 거리 L에 있을 때의 태양열 상수는

$$G_s = \left(\frac{r}{L}\right)^2 \sigma T_{sun}^4$$

여기서 $r = 6.96 \times 10^8$ m는 태양의 반지름, $L = 1.52$ AU는 금성궤도의 평균 반지름이고, $T_{sun} = 5762$ K는 태양인 흑체온도이다. 열판의 크기가 0.8 m×0.5 m라면 전지를 충

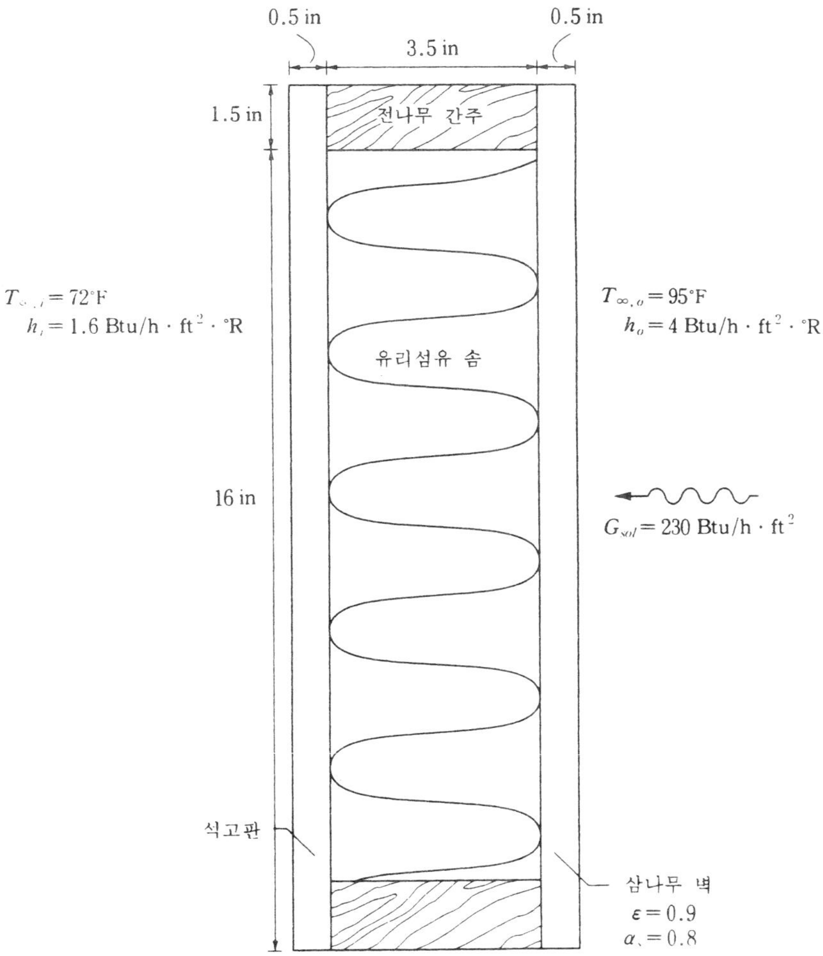

그림 11 · 60

전하는 데 어느 정도의 에너지를 얻을 수 있겠는가? 열판의 태양 흡수능은 0.9이고 전환 효율은 12%라고 한다.

11.78 그림 11·61과 같은 옥외의 온도계를 생각하자. 온도계의 센서는 700 W/m^{2}의 태양조사에 노출되어 있다. 센서의 복사능과 태양 흡수능을 각각 0.5와 0.75이다. 옥외의 대기 온도는 37℃일 때 온도계가 가리키는 온도는 몇 도인가? 유효대기 온도는 12℃이고 센서에 관한 열전달 계수는 23 W/m^2·K라고 가정한다.

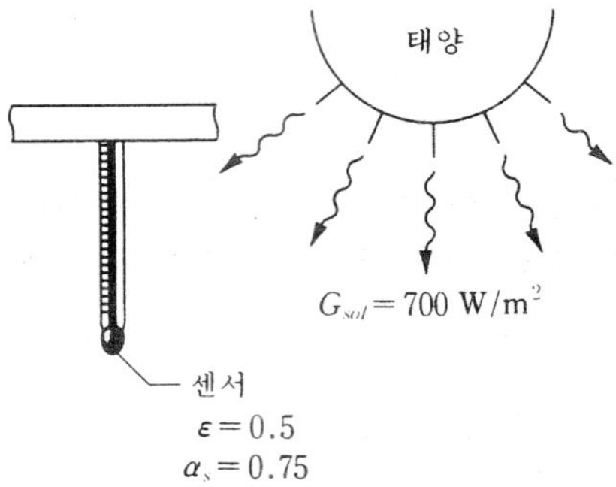

그림 11·61

11.79 그림 11·62에서와 같이 가정에 온수를 공급하기 위해 태양 집열기를 설치하였다. 저장조 속에 있는 열교환기와 지붕 위의 집열기를 연결하는 폐쇄회로 속으로 50%의 에틸렌 글리콜 수용액이 순환된다. 차가운 주방용수가 저장조로 들어가서 열교환되고 보조히터를 통하여 가열 압축된 후 집안의 모든 곳으로 공급된다. 집열기는 검은 피복($\varepsilon = 0.1$, $\alpha_s = 0.96$)이 된 알루미늄의 흡수판이다. 흡수판의 뒷면에는 유체를 수송하는 강관이 배열되어 있다. 어느 날에 태양조사는 850 W/m^{2}이고, 공기온도는 15℃, 유효대기 온도는 0℃이다. 집열기의 크기는 2 m×3 m이고 집열기로 들어가는 유체의 온도는 30℃이다. 집열기의 출구에서 유체의 온도가 70℃가 되려면 유체의 유속은 얼마가 되어야 하나? 흡수판의 표면온도와 열전달 계수는 각각 75℃와 9 W/m^{2}이다. 모든 가정을 열거하라.

11.80 우주선 속에 12 cm×18 cm 크기의 두 개의 동일한 회로기판이 서로 나란하게 놓여 있다. 그림 11·63에서와 같이 회로기판은 평균하여 3 cm 간격으로 떨어져 있다. 한 회로기판은 8 W, 다른 것은 12.5 W의 에너지를 방사한다. 두 기판의 복사능은 0.7이고 우주선의 표면은 260 K의 흑체라고 생각한다. 각 기판에서는 균일하게 열을 방출하며 기판의 뒷면은 단열되었다고 하면 회로기판의 온도를 계산하라.

11.81 큰 밀폐공간 쪽으로 복사에 의하여 냉각되는 덩어리에 관한 미분 방정식은

$$\frac{d\theta}{d\tau} + \theta^4 - H = 0$$

여기서 무차원 온도 θ, 무차원 시간 τ, 매개변수 H는 다음과 같다.

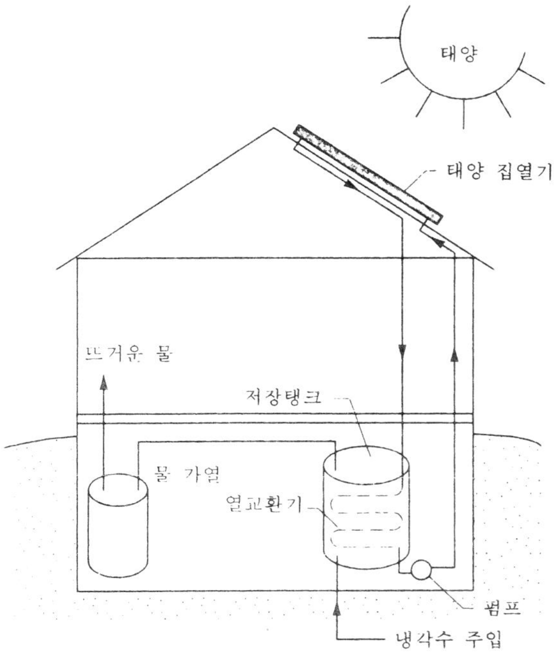

그림 11·62

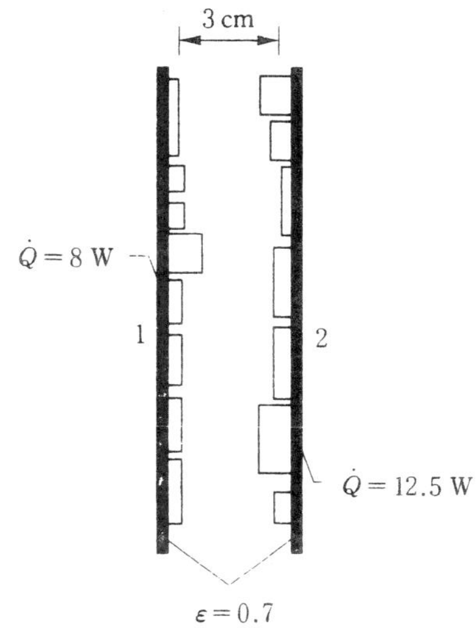

그림 11·63

$$\theta=\frac{T}{T_i}, \quad \tau=NT_i^3t, \quad H=\left(\frac{T_s}{T_i}\right)^4$$

여기서 T는 시간 t(s)에서 덩어리의 온도(K), T_i는 초기온도(K), T_s는 둘러싸고 있는 밀폐공간 온도(K)이다.

$N=(\varepsilon\sigma A/\rho c_p V)$이고, 여기서 A는 표면적(m^2), ρ는 밀도 (kg/m^3), c_p는 비열(J/kg·K), 그리고 V는 부피(m^3)이다. 이 미분 방정식을 적분하면

$$\tau=\ln\left[\frac{(\theta+H^{1/4})(1-H^{1/4})}{(\theta-H^{1/4})(1+H^{1/4})}\right]$$

이 식을 납총알(lead shot)을 제조하는 공정에 적용한다. 용융된 납의 2 mm 지름의 구를 700 K에서 납의 용융온도인 600 K로 냉각하는 데 걸리는 시간을 계산하라. $T_s=300$ K, $\varepsilon=0.1$이고 c_p와 ρ는 650 K의 납의 물성을 사용한다.

11.82 건망증이 있는 사람이 22℃의 방안에서 직립한 냉장고의 문을 활짝 열어 두었다. 냉장고 문의 크기는 0.8 m×1.6 m이고 냉장고 내부의 온도는 −5℃으로 유지된다. 만약 냉장고 내부의 복사능이 0.96이라면 냉장고에 받는 복사열을 처리하기 위한 냉장고의 추가냉동 부하를 계산하라.

11.83 문제 11.82와 동일한 건망증이 있는 사람이 22℃의 방에서 오븐의 문을 활짝 열어 두었다. 오븐의 문의 크기는 0.75 m×0.6 m이고 오븐내부 표면의 복사능은 0.9이다. 175℃

에 요리하는 동안 오븐에서 나오는 복사 열손실에 해당하는 오븐의 추가가열 부하를 추산하라.

11.84E 어느 청명한 여름날에 옥외대기 온도와 유효대기 온도는 각각 102°F와 50°F이다. 그림 11·64와 같이 남향과 북향의 지붕에는 각각 275 Btu/h · ft^{2}과 150 Btu/h · ft^{2}의 태양조사를 받고 있다. 지붕은 얇은 판자 위에 아스팔트 판자지붕으로 덮어두었고, 다락의 공기는 잘 배기된다. 아스팔트 판자인 양쪽 지붕의 표면온도를 구하라.

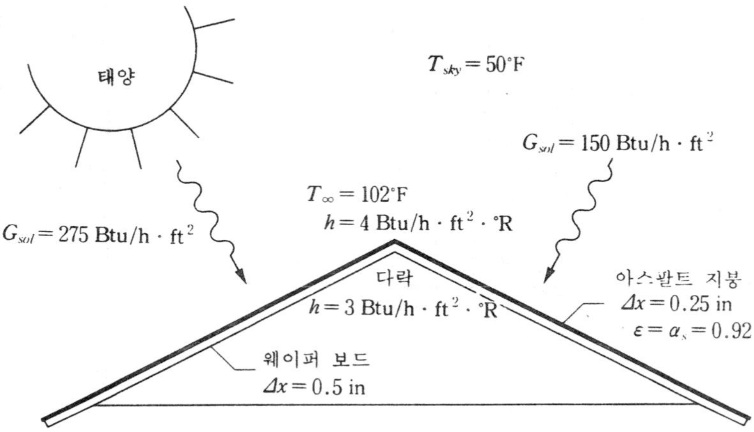

그림 11 · 64

11.85E 복사 열손실을 고려하여 문제 9.42를 풀어라. 물가열기 표면의 복사능은 0.94이고, 물가열기는 66°F에 있는 큰 방에 놓여 있다.

12 비등과 응축

12.1 서 론

비등(boiling)과 응축(condensation)은 유체의 상변화를 동반하는 특별한 대류 공정이다. 앞부분에서 다루었던 표준대류 공정에서처럼 비등과 응축도 고·액계면에서 발생한다. 하지만, 현열(sensible heat)에 의존하는 표준대류 공정과는 달리 상변화 과정에서의 열전달에 대한 기력(driving force)은 경계층에서의 온도차라기 보다는 유체가 가지는 잠열(latent heat)이다. 흔히 증발열 혹은 증발 엔탈피로 대변되는 잠열은 주어진 온도와 압력하에서 단위질량의 액체를 증발시키는 데 필요한 열에너지의 양이다. 비슷하게 잠열은 또한 단위질량의 증기를 응축시키는데 필요한 열에너지의 양이 된다. 표 1·1에서 알 수 있듯이 비등과 응축에 대한 열전달 계수는 표준적인 강제대류 혹은 자연대류에서의 값에 비해 대단히 크다. 더구나, 비등과 응축에서의 열전달 기구는 기본적으로 상변화이기 때문에, 큰 온도차 없이도 높은 열전달 속도를 얻을 수 있다.

액이 막 끓어오르려고 하거나, 증기가 막 응축되려고 하는 상태를 열역학적으로 포화상태라고 정의한다. 어떤 특정한 압력하에서 고체의 표면온도가 이 포화온도보다 높을 때 비등이 일어나며, 그 결과로 고체표면에서 유체로의 열전달이 일어난다. 이와는 반대로 어떤 특정한 압력하에서 고체의 표면온도가 포화온도보다 낮을 때 응축이 일어나며, 그 결과로 고체표면에 응축수가 맺히고 증기로부터 고체표면으로의 열전달이 일어난다. 상변화 과정에서 특히 중요한 두 가지 요소는 액상과 기상간의 밀도차와 기·액계면에서의 표면장력이다. 액상과 기상간의 농도차는 대류를 일으키는 부력의 원인이고, 이와는 달리 표면장력은 기포의 생성과 발달에 영향을 준다.

비등과 응축은 다양한 열전달 시스템에서 일어난다. 예를 들면 보일러에서 액상의 물을 증발시켜 건물 난방용으로 쓰기도 하고, 터빈을 가동시키기도 하며,

혹은 물질을 가공하는 데 필요한 수증기를 생산하기도 한다. 냉동장치에서는 냉매를 응축시키거나 증발시킬 때, 응축기와 증발기라는 특별한 열교환기를 사용한다. 또한, 증기 발전소에서도 응축기와 증발기를 사용하고 있다. 어떤 열전달 시스템에서는 열에너지를 저장하는 방편으로 물질의 잠열을 이용하기도 한다. 슈퍼컴퓨터와 같은 고밀도 전자장치에서는 침수냉각(immersion cooling) 방법을 사용하고 있는데, 여기서는 절연성 유체가 비등한다.

잘 알려진 비등의 한 형태인 풀비등(pool boiling)에 대해 알아보는 것으로 이 장을 시작한다. 강제대류와 비등이 병합된 형태인 강제대류 비등에 대해서 공부하고 다음에는 응축에 대해 논의한다. 마지막으로 비등과 응축 두 가지를 다 운전에 이용하고 있으며, 저항이 거의 없는 열전달 장치인 열관(heat pipe)에 대해 소개하는 것으로 이 장을 마무리할 것이다.

12.2 풀 비 등

비등이란 고체표면 근방에서 액체가 기체로 바뀌는 공정이다. 또 다른 상변화 과정인 증발 또한 액체가 기체로 바뀌는 공정이지만 기·액계면에서 일어난다는 점이 고·액계면에서 일어나는 비등과는 다르다. 비등은 주어진 압력하에서 고체표면의 온도 T_w가 액체의 포화온도 T_{sat}보다 높을 때 일어나고, 결과적으로 고체표면으로부터 유체로의 열전달을 일으킨다. 비등 중에 고체표면에서의 열전달 플럭스 q_w는 뉴턴의 냉각법칙으로 다음 식과 같이 표현할 수 있다.

$$q_w = h(T_w - T_{sat}) = h\Delta T_e \qquad (12 \cdot 1)$$

여기서 $\Delta T_e = (T_w - T_{sat})$로써 잉여온도(excess temperature)라고 한다. 열전달은 이 잉여온도, 표면의 형태와 조건 그리고 유체의 열적 물성값의 함수이다. 기포의 생성과 발달은 고체표면 근처에 있는 유체의 거동에 강한 영향을 미

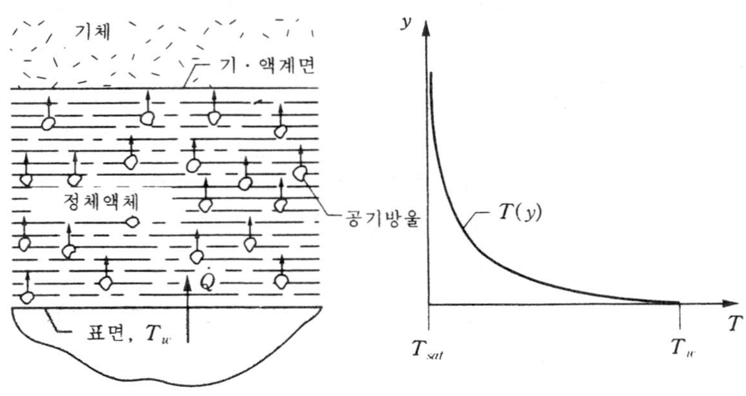

그림 12·1 정체유체 안에서 풀비등이 일어난다.

치며 결국은 열전달 계수에 영향을 준다.

풀비등은 가끔 포화 풀비등이라고도 하는데, 그림 12·1에 나타낸 바와 같이 정체된 액체 안에서 일어나는 비등이라고 정의된다. 만약, 액체가 고체표면에 대해 멀어지는 방향으로 이동하는 비등이 일어난다면, 그것을 강제대류 비등이라고 한다. 풀비등은 해석적으로 모식화하기 어려운 복잡한 현상이다. 풀비등 공정은 그림 12·2에 나타낸 실험적 비등곡선으로 설명하는 것이 최선이다. 이러한 종류의 비등곡선은 Nukiyama[1]가 가열선을 이용한 실험결과를 분석하여 처음으로 제안했다. Nukiyama의 실험과 잇따른 조사결과, 고체표면 근방에서의 유체의 상태는 잉여온도 ΔT_e가 증가함에 따라 극적으로 변화함을 보여 주었다. 어떤 특정한 ΔT_e 범위 내에서 풀비등 공정은 비등영역으로 대변되는 독특한 특성을 갖는다. 이러한 영역은 고체표면 근방의 증기기포의 전체적인 행동으로 구분되며 비등곡선으로 구분하여 그릴 수 있다. 그림 12·2에 대기압하에서 물에 대한 비등곡선을 보였지만, 다른 유체에 대한 비등곡선도 비슷하게 나타난다. 이제 비등영역에 대해 그 특성을 간단하게 설명하고 각각의 영역에 대응하는 열전달 상관관계에 대해 설명한다.

그림 12·2 1기압하에서 물에 대한 비등곡선은 다음과 같이 4가지의 주 영역으로 구성되어 있다. 자연대류, 핵비등, 전이비등, 막비등

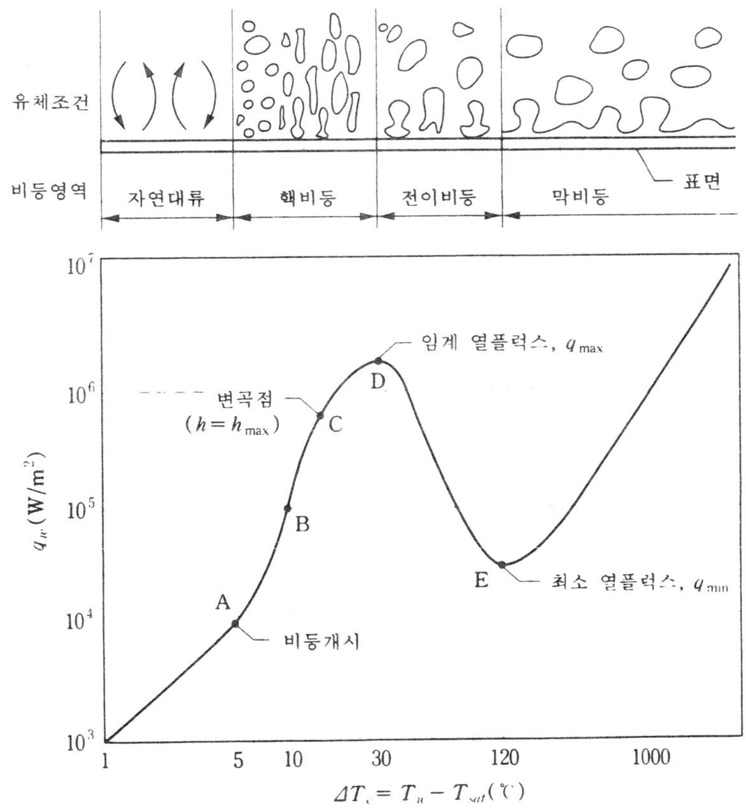

자연대류 비등

만약, $\Delta T_e < 5℃$ 라면 자연대류가 일어난다. 이 비등영역에서는 액상에서 일어나는 자연대류에 의해 열전달이 일어난다. 고체표면 근방에 있는 액체는 과열되어 자연대류의 흐름을 타고 풀의 자유표면을 향해 올라간다. 따라서, 열전달은 9장에 제시된 상관관계를 사용하여 결정될 수 있다.

핵 비 등

비등곡선에서 점 A는 핵비등(nucleate boiling) 개시점이다. 핵비등은 $5℃ \le \Delta T_e < 30℃$ 인 범위에서 일어난다. 핵비등 영역은 확실히 구분되는 두 개의 영역으로 구성되어 있다. 점 A부터 점 B까지는 고체표면상에 존재하는 핵점이라고 불리는 선택적인 지점에서 고립된 증기기포가 생성되는 영역이다. 핵점은 흔히 고체표면상의 작게 갈라진 금이나 오목한 곳이 되며, 이곳에서 기포의 생성을 촉진시킨다. 고립된 증기기포가 있다고 할지라도, 열전달은 주로 고체표면 근방에 있는 액체의 운동 에 의해 지배된다. ΔT_e가 증가함에 따라 기포의 수가 증가하고, 기포가 합체되어 증기 층이나 덩어리가 될 때까지 증기기포의 수가 증가하며, 이렇게 합체된 기포는 고체표면 근방에 있는 액체의 활동을 저하시키는 경향이 있다. 비등곡선 상에서 점 C는 변곡점으로써 여기에서 열전달 계수 h가 최대값에 이른다. ΔT_e가 점 C 이상으로 증가하면, 열플럭스 q_w가 임계 열플럭스로 불리는 최대값에 도달할 때까지 증가함에도 불구하고 열전달 계수값은 감소한다. 이것은 ΔT_e의 증가가 h의 감소보다 크기 때문에 발생한다. ΔT_e가 점 C 이상으로 증가함에 따라서 열플럭스가 임계 열플럭스(점 D)로 불리는 최대값에 도달할 때까지 추가로 생성된 증기는 고체표면에서 점차로 단열효과를 일으킨다.

핵비등에 대한 가장 잘 알려진 열전달 상관 관계식은 Rohsenhow[2]가 개발한 다음 식이다.

$$q_w = \mu_f i_{fg} \sqrt{\frac{g(\rho_f - \rho_g)}{\sigma}} \left(\frac{c_{p,f} \Delta T_e}{C_{sf} i_{fg} Pr_f{}^n} \right)^3 \qquad (12 \cdot 2)$$

여기서 q_w : 고체표면에서의 열플럭스(W/m^2)

μ_f : 포화액의 점도(Kg/m · s)

i_{fg} : 증발잠열(J/kg)

ρ_f : 포화액의 밀도(kg/m^3)

ρ_g : 포화증기의 밀도(kg/m^3)

σ : 기 · 액계면에서의 표면장력(N/m)

$c_{p,f}$: 포화액의 비열(J/kg · K)

ΔT_e : 잉여온도(K)

C_{sf} : 실험상수(무차원)

n : 실험상수(무차원)

Pr_f : 포화액의 프란틀 수

g : 중력가속도(9.81 m/s^2)

식 (12 · 2)는 단지 깨끗한 표면에 대해서만 적용한다. 식 (12 · 2)에 대한 유체의 특성값은 포화온도 T_{sat}에서의 값이다. 만약 핵비등에 대한 열전달 계수 h를 원하는 값으로 구하고자 하면, 식 (12 · 2)로부터 예측된 열플럭스 q_w와 기지의 ΔT_e를 식 (12 · 1)에 치환함으로써 얻을 수 있을 것이다. 실험상수 C_{sf}와 n값은 고체표면의 형태와 조건 그리고 유체의 종류에 따라 달라진다. 여러 가지의 유체와 고체표면에 대한 C_{sf}와 n값은 표 12 · 1에 주어져 있다. 표 12 · 2에는 액

표 12 · 1 여러 가지 고체표면-액체조합에 따른 C_{sf}와 n값

유 체	표 면	C_{sf}	n
물	녹쇠	0.0060	1.0
	구리, 광택처리	0.0130	1.0
	구리, 랩핑(lapping)처리	0.0147	1.0
	구리, 줄무늬 처리	0.0068	1.0
	니켈	0.0060	1.0
	백금	0.0130	1.0
	스테인리스강, 화학적 침식처리	0.0130	1.0
	스테인리스강, 갈아서 광택처리	0.0060	1.0
	스테인리스강, 기계적으로 광택처리	0.0130	1.0
	스테인리스강, 곰보식(pitted) 테플론 처리	0.0058	1.0
벤젠	크롬	0.1010	1.7
사염화탄소	구리, 광택처리	0.0070	1.7
에틸 알코올	크롬	0.0027	1.7
이소프로필 알코올	구리	0.0025	1.7
n−부틸 알코올	구리	0.0030	1.7
n−펜탄	구리, 광택처리	0.0154	1.7
	구리, 랩핑(lapping)처리	0.0049	1.7
	구리, 사포(emery)로 연마처리	0.0074	1.7
	크롬	0.0150	1.7
	니켈, 광택처리	0.0127	1.7

표 12·2 비등과 응축에 따른 여러 가지 유체에 대한 열적 물성값

유 체	T_{sat} (K)	P_{sat} (kPa)	ρ_f (kg/m³)	ρ_g (kg/m³)	i_{fg} (kJ/kg)	$\sigma\times 10^3$ (N/m)
물	273	0.6108	999.8	0.004 85	2501	75.5
	323	12.335	988.0	0.083 00	2383	67.8
	373	101.325	958.1	0.597 44	2257	58.9
	423	475.97	916.8	2.5471	2114	48.7
	473	1555.1	864.7	7.8653	1939	37.8
	523	3977.6	799.2	19.992	1714	26.1
	573	8591.7	712.2	46.253	1403	14.3
	623	16 537	574.5	113.35	893.2	3.64
벤젠	283	6.34	898.0	0.2009	435.1	30.2
	313	24.7	867.2	0.7251	420.5	26.1
	353	101.5	823.5	2.719	397.8	21.2
에틸 알코올	273	1.633	824.7	0.0318	1048	24.4
	323	29.49	782.5	0.4627	1001	20.1
	373	229.6	733.7	3.154	927	15.5
	423	977.6	664.9	13.33	804	10.1
n－펜탄	253	9.043	664.3		397.5	20.5
	273	24.46	645.5		384.7	18.2
	293	56.55	626.2		370.2	16.0
	313	115.6	606.2	3.361	355.1	13.8
	323	159.1	595.7	4.545		

체와 증기의 밀도, 증발 엔탈피, 그리고 표 12·1에 실은 유체에 대한 표면장력 등을 모아서 실었다.

핵비등 영역에서는 비교적 작은 잉여온도에 비해 열플럭스와 열전달 계수값이 크기 때문에 열전달 장치를 이 영역에서 조작하는 것이 바람직하다. 어떤 경우에는 비등곡선상에서 임계 열플럭스를 나타내는 점 D 근방에서 조작하고자 할 수도 있다. 특별히 이 임계 열플럭스 조건에 대해서는 다음과 같은 상관 관계식을 적용할 수 있다.

$$q_{w,\,\max}=0.149 i_{fg}\,\rho_g\left[\frac{\sigma g(\rho_f-\rho_g)}{\rho_g^{\,2}}\right]^{1/4} \qquad (12\cdot3)$$

전이비등

전이비등은 $30℃ \le \Delta T_e < 120℃$ 인 범위에서 일어난다. 전이비등은 가끔 '불안

정한 막비등'이라고도 하는데, 고체표면에서 급격하게 증기가 발생하는 것이 특징이다. 어떤 주어진 특정위치에서는 비등상황이 핵비등과 막비등 사이를 오갈 수도 있지만, 어떤 특정한 시간상으로는 고체표면의 대부분이 증기로 덮여 있게 된다. 증기의 열전도도가 액체에 비해 대단히 작기 때문에 증기가 고체표면을 덮어서 단열효과를 내게 된다. 따라서, ΔT_e가 비등곡선상 점 D에서 점 E으로 증가하는 동안 열플럭스는 감소한다. 전이비등 영역의 불안정한 특성 때문에, 일반적으로 이 영역에서 열전달 장치를 가동시키는 것은 바람직하지 않다. 그러나 비등곡선상 점 E는 라이덴프로스트점(Leidenfrost point)으로 알려져 있으며, 전이영역의 상한점이고 막비등 조건의 시작점이기 때문에 특별한 의미를 갖는다. 점 E에서 열플럭스는 최소값을 갖는다. Zuber[3]가 제안한 다음 상관식은 큰 수평표면에 대한 최소 열플럭스값을 찾는 데 사용할 수 있다.

$$q_{w,\ \min}=0.09\rho_g\, i_{fg}\left[\frac{g\sigma(\rho_f-\rho_g)}{\rho_f+\rho_g)^2}\right]^{1/4} \qquad (12\cdot4)$$

식 (12 · 4)에 주어진 최소 열플럭스가 잉여온도 ΔT_e의 함수가 아니라는 점은 흥미로운 일이다.

막 비 등

막비등은 $\Delta T_e \geq 120$℃ 인 범위에 존재한다. 막비등 영역에서는 증기 블랭킷(vapor blanket)이라고 불리는 안정된 증기층이 고체표면을 완전히 덮고 있다. ΔT_e값이 실제로 비등곡선상에서 점 E를 넘어서면 증기막층을 통한 열복사가 고체표면으로부터의 열전달을 지배한다. 잉여온도가 점 E를 넘어서 증가하면, 고체표면의 금속이 고온에 견디는 한 지속적으로 열플럭스가 증가한다. 실린더나 구의 표면에서 막비등에 대한 대류 열전달 계수를 찾는 데 사용할 수 있는 상관 관계식은 다음과 같다.

$$\overline{Nu}_D=\frac{\overline{h}_{conv}D}{k_g}=C\left[\frac{g(\rho_f-\rho_g)i_{fg}'D^3}{\nu_g k_g \Delta T_e}\right]^{1/4} \qquad (12\cdot5)$$

여기서 $\overline{h}_{conv}$: 대류 열전달만의 평균 열전달 계수($W/m^2 \cdot K$)

D : 실린더나 구의 지름(m)

k_g : 포화증기의 열전도도($W/m \cdot K$)

ν_g : 포화증기의 동점도(m^2/s)

C : 실험상수-수평 실린더에 대해 0.62, 구에 대해 0.67

매개변수 i_{fg}'는 포화온도 이상으로 증기막의 온도를 유지하는 데 필요한 현열을 고려하여 보정한 증발 엔탈피이다. 이렇게 보정한 증발 엔탈피는 대략 다음 식으로 쓸 수 있다.

$$i_{fg}' = i_{fg} + 0.80 c_{p,g} \Delta T_e \tag{12·6}$$

식 (12·5)와 식 (12·6)을 사용하는 데 있어서, 증기의 물성값은 막온도 $T_f = (T_w + T_{sat})/2$에서의 값이며, 액체의 밀도는 포화온도 T_{sat}에서의 값이다.

식 (12·5)에 주어진 상관 관계식은 복사를 포함하지 않고 있다. 11장에서 배운 대로 표면의 온도가 높을 때는 강한 열복사가 일어난다. 고체표면의 온도가 600 K를 넘게 되면, 증기막을 통한 복사 열전달이 중요해지기 시작한다. Bromley[4]가 제안한 다음 식을 사용하여 대류와 복사를 결합할 수 있을 것이다.

$$\overline{h}^{4/3} = \overline{h}_{conv}^{4/3} + \overline{h}_{rad}\overline{h}^{1/3} \tag{12·7}$$

여기서 $\overline{h}$: 대류와 복사를 결합한 열전달 계수(W/m^2 · K)

$\overline{h}_{rad}$: 복사 열전달 계수(W/m^2 · K)

복사 열전달 계수 $\overline{h}_{rad}$는 다음과 같이 정의한다.

$$\overline{h}_{rad} = \frac{\varepsilon\sigma(T_w^4 - T_{sat}^4)}{T_w - T_{sat}} \tag{12·8}$$

식 (12·7)에서 $\overline{h}$를 직접 구할 수 없으므로 수치해법을 사용하지 않으면 안 된다. 만약 $\overline{h}_{rad} \ll \overline{h}_{conv}$라면, 식 (12·7)은 다음과 같이 간단하게 표현할 수 있다.

$$\overline{h} = \overline{h}_{conv} + \frac{3}{4}\overline{h}_{rad} \tag{12·9}$$

그림 12·3은 메탄올에 대하여 수평관상에 기포의 생성과 핵비등, 전이비등, 막비등으로의 발달상황을 보여 주고 있다.

예제 12.1 1기압하에서 물을 담은 구리팬(copper pan)을 난로 위에 올려놓았다. 그림 12·4에 나타낸 바와 같이 팬의 지름은 20 cm이고, 밑바닥 표면은 광택을 냈다. 만약 난로에 의해 팬의 바닥온도가 115℃로 유지된다고 할 때 (a) 물을 끓이는 데 필요한 일, (b) 열전달 계수, (c) 시간당 증발량, (d) 팬 안의 모든 물을 증발시키는 데 필요한 시간을 계산하라.

풀이 1기압하에서 물의 포화온도는 100℃이다. 따라서, 잉여온도는

$$\Delta T_e = T_w - T_{sat} = (115 - 100)℃ = 15℃ = 15\text{ K}$$

물에 대한 비등곡선인 그림 12·2로부터 잉여온도 15℃는 핵비등에 해당함을 알 수 있다. 따라서, 열플럭스를 구하는 데 식 (12·2)를 사용한다. $T_{sat} = 100$℃(373K)에서 물의 물

그림 12·3 수평관상에서 메탄올의 비등. (a) 핵비등, (b) 전이비등, (c) 안정된 막비등(Courtesy of J. W. Westwater, University of Illinois at Urbana-Champaign.)

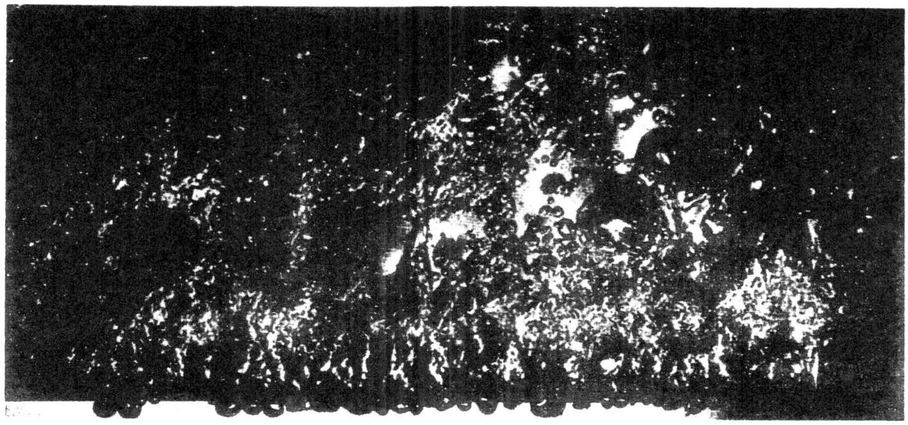

(a)

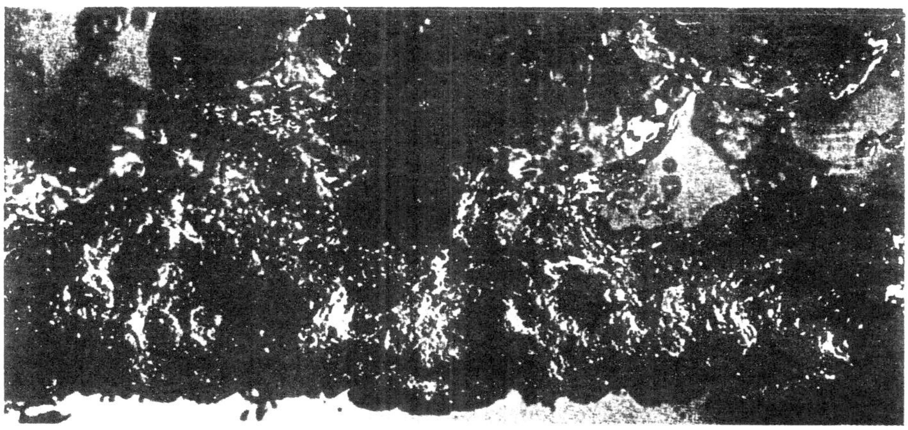

(b)

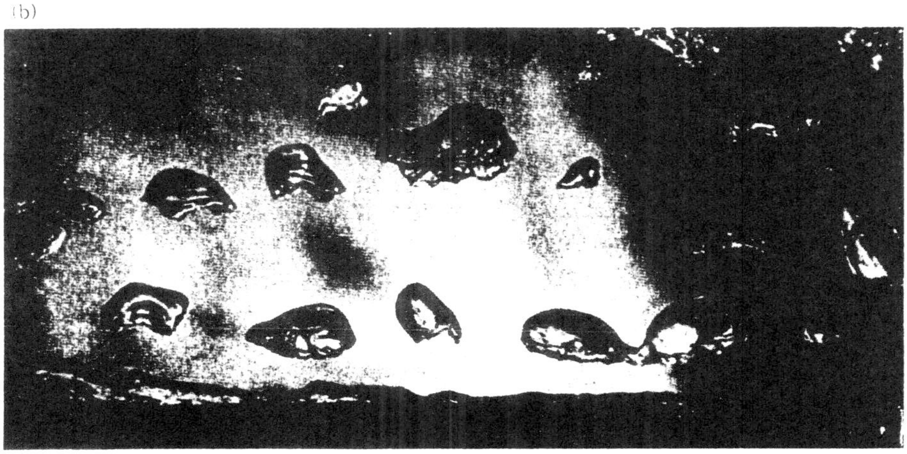

(c)

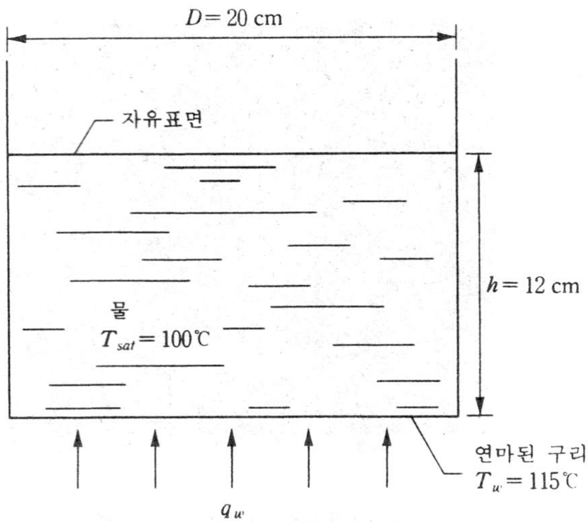

그림 12·4 물이 채워진 구리팬

성값은 다음과 같다.

$$\rho_f=958.1\ \text{kg/m}^3,\quad \rho_g=0.597\,44\ \text{kg/m}^3,\quad c_{p,f}=4216\ \text{J/kg}\cdot\text{K},$$

$$\mu_f=2790\times10^{-7}\ \text{kg/m}\cdot\text{s},\quad Pr_f=1.73,\quad i_{fg}=2.257\times10^6\ \text{J/kg}$$

$$\sigma=58.9\times10^{-3}\ \text{N/m}$$

그리고 표 12·1로부터 물에 대한 실험상수는

$$C_{sf}=0.0130,\quad n=1.0$$

(a) 핵비등에 대한 열플럭스는 식 (12·2)로부터

$$q_w=\mu_f\, i_{fg}\sqrt{\frac{g(\rho_f-\rho_g)}{\sigma}}\left(\frac{c_{p,f}\Delta T_e}{C_{sf}\, i_{fg}\mathrm{Pr}_f^n}\right)^3$$

$$=(2790\times10^{-7})(2.257\times10^6)\left[\frac{9.81(958.1-0.597\,44)}{58.9\times10^{-3}}\right]^{1/2}$$

$$\times\left[\frac{(4216)(15)}{(0.0130)(2.257\times10^6)(1.73)}\right]^3$$

$$=4.86\times10^5\ \text{W/m}^2$$

비등을 일으키는 데 필요한 일은 열전달과 같으며, 이는 열플럭스에 팬의 바닥면적을 곱함으로써 구할 수 있다.

$$\dot{Q}_w=q_wA=\frac{q_w\pi D^2}{4}$$

$$=\frac{(4.86\times10^5\ \text{W/m}^2)\pi(0.20\ \text{m})^2}{4}=1.53\times10^4\ \text{W}=15.3\ \text{kW}$$

(b) 비등에 대한 열전달 계수는 식 (12·1)을 이용하여 구한다. 알고 있는 값인 q_w와 ΔT_e를 대입하면

$$h=\frac{q_w}{\Delta T_e}=\frac{4.86\times10^5\ \text{W/m}^2}{15\ \text{K}}=32\,400\ \text{W/m}^2\cdot\text{K}$$

(c) 시간당 증발량은 비등공정에서 증기로 변하는 모든 액체가 팬의 자유표면을 통해 빠져나간다는 것을 생각하면 쉽게 구할 수 있다. 증발량은 질량유속이며, 그 상관관계로부터 계산할 수 있다.

$$\dot{m}_{evap} = \frac{\dot{Q}_w}{i_{fg}} = \frac{(1.53 \times 10^4\ \mathrm{W})}{(2.257 \times 10^6\ \mathrm{J/kg})} = 6.78 \times 10^{-3}\ \mathrm{kg/s} = 24.4\ \mathrm{kg/h}$$

(d) 시간당 증발량은 단위시간당 팬으로부터 빠져나가는 질량이기 때문에, 원래의 액량을 증발속도로 나눔으로써 모든 물을 증발시키는 데 필요한 시간을 구할 수 있다. 비등 전에 물의 깊이가 12 cm인 것을 생각하면,

$$t = \frac{m}{\dot{m}_{evap}} = \frac{\rho_f(\pi D^2/4)h}{\dot{m}_{evap}}$$

$$= \frac{(958.1\ \mathrm{kg/m^3})[\pi(0.20\ \mathrm{m})^2/4](0.12\ \mathrm{m})}{6.78 \times 10^{-3}\ \mathrm{kg/s}} = 533\ \mathrm{s} = 8.88\ \mathrm{min}$$

예제 12.2 지름이 1.2 cm이고, 복사능 $\varepsilon = 0.95$인 길다란 실린더형 막대가 1기압하에서 물통을 수평으로 가로질러 놓여 있다. 만약, 이 막대의 표면온도가 400℃라면, 이 실린더형 막대의 단위길이당 열전달은 얼마이겠는가?

풀이 잉여온도는

$$\Delta T_e = (400 - 100)\ ℃ = 300℃ = 300\ \mathrm{K}$$

이 잉여온도는 막비등에 대응하며, 이 때에는 대류와 복사가 역할을 한다. 경막온도 $T_f = (T_w + T_{sat})/2 = 523\ \mathrm{K}$ 에서 수증기의 물성값은

$$\rho_g = 20.25\ \mathrm{kg/m^3}, \quad c_{p,g} = 3939\ \mathrm{J/kg \cdot K}, \quad \nu_g = 0.885 \times 10^{-6}\ \mathrm{m^2/s},$$

$$k_g = 0.0497\ \mathrm{W/m \cdot K}, \quad i_{fg} = 2.257 \times 10^6\ \mathrm{J/kg}$$

그리고 $T_{sat} = 373\ \mathrm{K}$ 에서 물의 밀도는

$$\rho_f = 958.1\ \mathrm{kg/m^3}$$

이다. 보정된 증발 엔탈피는

$$i_{fg}' = i_{fg} + 0.80\, c_{p,g}\Delta T_e$$

$$= 2.257 \times 10^6\ \mathrm{J/kg} + 0.80(3939\ \mathrm{J/kg \cdot K})(300\ \mathrm{K}) = 3.20 \times 10^6\ \mathrm{J/kg}$$

식 (12·5)로부터 평균 누셀트 수는

$$\overline{Nu}_D = C\left[\frac{g(\rho_f - \rho_g)i_{fg}' D^3}{\nu_g k_g \Delta T_e}\right]^{1/4}$$

$$= 0.62\left(\frac{9.81(958.1 - 20.25)(3.20 \times 10^6)(0.012)^3}{(0.885 \times 10^{-6})(0.0497)(300)}\right)^{1/4} = 154$$

따라서, 대류에 의한 평균 열전달 계수는

$$\bar{h}_{conv} = \frac{k_g \overline{Nu}}{D} = \frac{(0.0497\ \mathrm{W/m \cdot K})(154)}{0.012\ \mathrm{m}} = 638\ \mathrm{W/m^2 \cdot K}$$

식 (12·8)로부터 복사 열전달 계수는

$$\bar{h}_{rad} = \frac{\varepsilon\sigma(T_w^4 - T_{sat}^4)}{T_w - T_{sat}}$$

$$= \frac{0.95(5.669\times10^{-8}\ \text{W/m}^2\cdot\text{K}^4)[(673\ \text{K})^4 - (373\ \text{K})^4]}{300\ \text{K}} = 33.4\ \text{W/m}^2\cdot\text{K}$$

복사 열전달 계수 $\bar{h}_{rad}$는 대류 열전달 계수 $\bar{h}_{conv}$에 비해 훨씬 작은 값이다. 이제 식 (12·9)를 이용하여 복사와 대류가 결합된 열전달 계수를 찾아낼 수 있다.

$$\bar{h} = \bar{h}_{conv} + \frac{3}{4}\bar{h}_{rad}$$

$$= 638\ \text{W/m}^2\cdot\text{K} + 0.75(33.4\ \text{W/m}^2\cdot\text{K}) = 663\ \text{W/m}^2\cdot\text{K}$$

마지막으로 막대의 단위길이당 열전달은

$$\frac{\dot{Q}}{L} = \pi D\bar{h}(T_w - T_{sat})$$

$$= \pi(0.012\ \text{m})(663\ \text{W/m}^2\cdot\text{K})(300\ \text{K}) = 7498\ \text{W/m}$$

12.3 강제대류 비등

풀비등에서 유체의 유동에 대한 기초적인 메커니즘은 부력이며, 이것이 가열면으로부터 증기기포를 위로 떠오르게 한다. 연이나, 강제대류 비등에서는 부력효과와 더불어 유체 덩어리가 고체표면을 이동함으로써 유체의 유동이 일어난다. 부력에 의한 기포의 이동과 유체 덩어리의 이동에 의한 동반효과는 강제대류 비등을 모델링하기에는 어려운 복잡한 공정으로 만든다. 7장과 8장에서 강제대류는 표면의 기하학적 구조와 유동조건에 의해 크게 좌우되는 함수라고 배웠다. 단일상 유동에서와 마찬가지로 강제대류 비등은 목적물의 외부에서 혹은 관이나 도관의 내부표면에서 일어날 수도 있다. 비등이 일어나는 내부흐름은 흔히 이상흐름(two-phase flow)이라고도 한다.

그림 12·5에서처럼 가열되고 있는 수직관 속을 유체가 위로 흐르는 경우를 생각해 보자. 유체는 포화온도 이하에서 관으로 들어가기 때문에 당장에 비등이 일어나지는 않는다. 강제대류 영역에서의 열전달은 8장에서 기술한 적당한 관계식을 이용함으로써 결정할 수 있다. 관을 따라 조금 더 위로 올라가면 유체의 온도가 포화온도를 초과하기 시작하고, 그 곳에서 핵비등을 일으킨다. 관표면으로부터 방출되는 기포는 액체의 주류 속으로 들어가서 열전달 계수 h값을 상승시킨다. 기포영역에서 x량(액체에 대한 증기의 질량비)은 1% 미만이다. 핵비등이 진행되는 동안, 기포는 합체가 되어 슬러그(slug)를 형성하고 관부피의 상당량을 차지한다. 질량유속을 일정하게 유지하기 위해서는 이 기포막대 영역에서 액체의

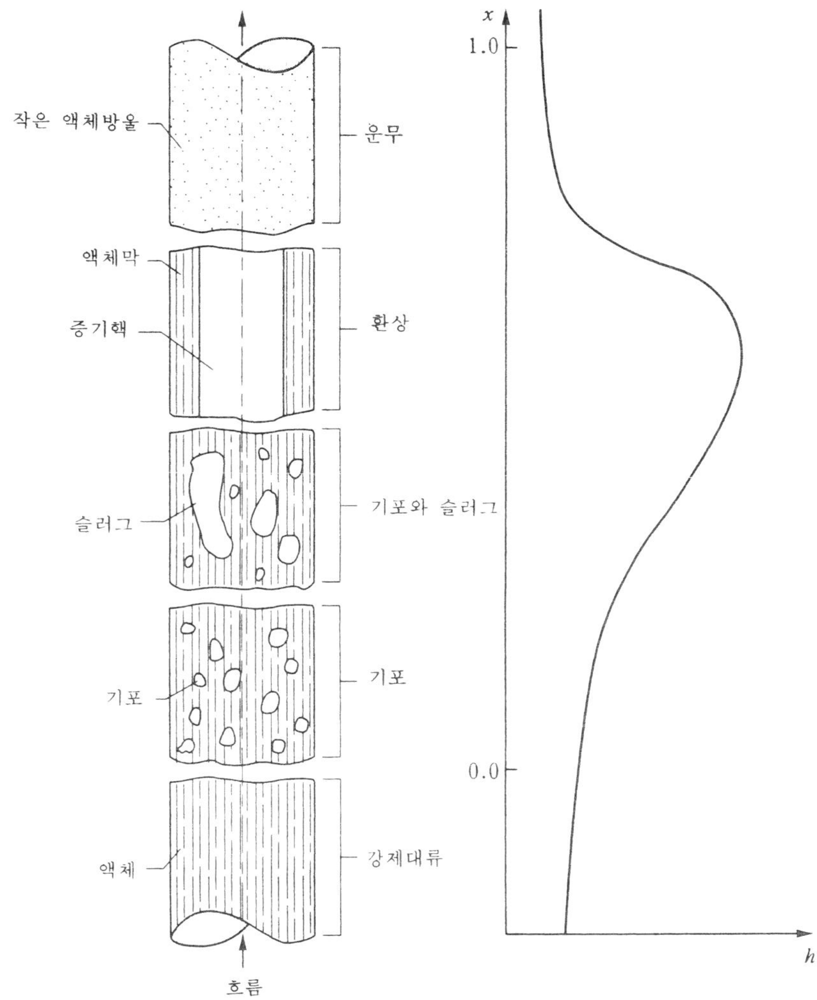

그림 12·5 수직튜브 내부에서의 강제대류 열전달에 대한 흐름영역과 그에 따른 열전달 계수의 변화

유속이 증가하게 되고, 따라서 h값도 증가한다. 이 기포막대 영역을 지나면 환상(annular)영역이 나타나는데, 여기서는 액체가 증기막대 주변에 환상고리를 형성한다. 증기가 중심축을 따라서 고속으로 흐르는 동안 액막은 관벽을 따라서 이동한다. 관상부로 더 올라가면, 액막은 '건조점'을 형성하는데, 여기서는 증기가 직접 관표면과 접촉한다. 이러한 건조점에서는 액체가 고체표면과 접촉하지 않기 때문에 열전달 계수가 감소하여 전체 관표면이 건조할 때까지 계속해서 감소한다. 환상영역의 끝부분에서 유체의 x량은 전형적으로 약 25% 정도이다. 환상영역을 지나면 전부 포화증기로 구성되는 운무영역(mist regime)이 나타난다. 이 영역에서 열전달 계수는 거의 일정한 값을 갖는다. 운무영역을 지나면 포화증기는 강제대류에 의해 과열상태가 된다.

강제대류 비등에 대한 많은 상관 관계식이 개발되어 왔다. 이러한 상관 관계식

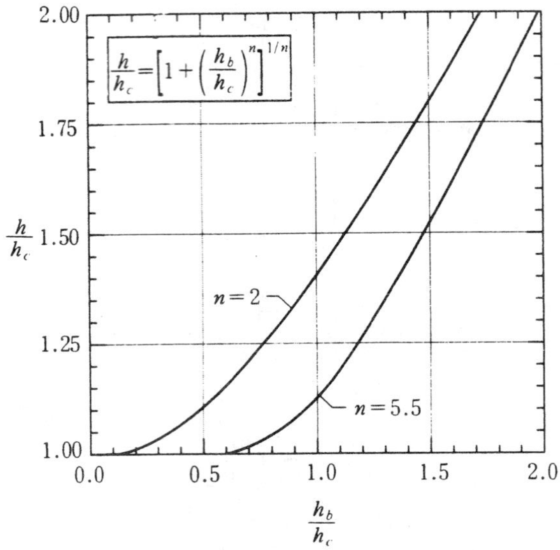

그림 12·6 튜브 내부에서의 강제대류 비등(n=2)과 실린더를 가로로 횡단하는 흐름(n=5.5)에 대한 식 (12·10)의 그래프

과 이용에 대한 상세한 취급법을 알기 위해서는 참고문헌 [5]에서 [9]까지를 참조하는 것이 좋을 것이다. 이러한 상관 관계식에 대한 논의는 이 책의 범주를 벗어나기 때문에, 강제대류 핵비등에 대한 간단한 상관 관계식만은 다루겠다. Kutateladze[10]는 다음과 같은 관계식을 제안했다.

$$\frac{h}{h_c}=\left[1+\left(\frac{h_b}{h_c}\right)^n\right]^{1/n} \qquad (12 \cdot 10)$$

여기서 h_c와 h_b는 각각 강제대류와 핵비등에 대한 열전달 계수를 나타내며, 관내부 흐름에 대해서는 $n=2$ 이고, 원형 실린더를 가로지르는 교차흐름(crow flow)의 실린더에 대해서는 $n=5.5$ 이다. h_b는 식 (12·1)과 식 (12·2)를 연계하여 이용하면 구할 수 있고, h_c는 8장에 있는 식을 적절히 사용하면 얻을 수 있다. 식 (12·10)의 그래프와 그림 12·6으로부터 조합된 열전달 계수 h가 h_b값의 변화에 상관없이 h_c보다 크거나 같다는 것을 알 수 있다. 또한, 열전달 계수의 비 h_b/h_c값은 $n=2$ 일 때는 약 1 이상, $n=5.5$일 때는 약 1.25 이상으로 증가하며, h/h_c는 h_b/h_c에 대해 구배가 약 1 정도의 선형함수가 되는 것을 알 수 있다. 따라서, h가 h_b에 근접함에 따라 h_b/h_c값은 증가하는데, 이는 핵비등에 비교할 때 강제대류의 영향은 거의 무시할 만큼 작아진다는 것을 의미한다. 결국, 비등이 없다면, 식 (12·10)은 $h=h_c$가 된다.

예제 12.3 1기압하에서 포화상태인 물이 9 m/s의 교차흐름으로 지름 4 cm인 스테인리스 강관을 지나고 있다. 관의 표면은 기계적으로 광택을 냈고, 표면온도는 127℃로 유지되고 있다. 실린더의 단위길이당 열전달을 구하라.

풀이 잉여온도 $\Delta T_e = (127 - 100)\,℃ = 27\,℃$ 는 핵비등에 대응한다. 그리고 물이 실린더를 횡단하여 흐르고 있으므로 강제대류 핵비등이다. 강제대류에 대한 열전달 계수를 찾기 위하여 경막온도 $T_f = (T_w + T_{sat})/2 = 387\text{ K}$ 에서의 물의 물성값을 정리한다.

$$\nu = 25.67\times 10^{-8}\text{ m}^2/\text{s}, \quad k = 0.684\text{ W/m}\cdot\text{K}, \quad Pr_f = 1.51$$

핵비등에 대한 열전달 계수를 찾기 위하여 포화온도 $T_{sat} = 373\text{ K}$ 에서의 물의 물성값은

$$\rho_f = 958.1\text{ kg/m}^3, \quad \rho_g = 0.597\,44\text{ kg/m}^3, \quad c_{p,f} = 4216\text{ J/kg}\cdot\text{K},$$

$$\mu_f = 2790\times 10^{-7}\text{ kg/m}\cdot\text{s}, \quad Pr_f = 1.73, \quad i_{fg} = 2.257\times 10^6\text{ J/kg},$$

$$\sigma = 58.9\times 10^{-3}\text{ N/m}$$

레이놀즈 수는

$$Re_D = \frac{U_\infty D}{\nu} = \frac{(9\text{ m/s})(0.04\text{ m})}{25.67\times 10^{-8}\text{ m}^2/\text{s}} = 1.402\times 10^6$$

평균 열전달 계수를 구하기 위해서 식 (7 · 35)를 이용한다.

$$\overline{Nu}_D = 0.3 + \frac{0.62 Re_D^{1/2}\,\text{Pr}^{1/3}}{[1+(0.4/\text{Pr})^{2/3}]^{1/4}}\left[1+\left(\frac{Re_D}{282\,000}\right)^{5/8}\right]^{4/5}$$

$$= 0.3 + \frac{0.62(1.402\times 10^6)^{1/2}(1.51)^{1/3}}{[1+(0.4/1.51)^{2/3}]^{1/4}}\left[1+\left(\frac{1.402\times 10^6}{282\,000}\right)^{5/8}\right]^{4/5} = 2213$$

따라서, 열전달 계수 h_c 는

$$h_c = \frac{\overline{Nu}_D k}{D} = \frac{(2213)(0.684\text{ W/m}\cdot\text{K})}{0.04\text{ m}} = 3.784\times 10^4\text{ W/m}^2\cdot\text{K}$$

식 (12 · 2)로부터 핵비등에 대한 열플럭스는

$$q_w = \mu_f i_{fg}\sqrt{\frac{g(\rho_f - \rho_g)}{\sigma}}\left(\frac{c_{p,f}\Delta T_e}{C_{sf}\, i_{fg}\text{Pr}_f^n}\right)^3$$

$$= (2790\times 10^{-7})(2.257\times 10^6)\left[\frac{9.81(958.1 - 0.597\,44)}{58.9\times 10^{-3}}\right]^{1/2}$$

$$\times\left[\frac{(4216)(27)}{(0.0130)(2.257\times 10^6)(1.73)}\right]^3$$

$$= 2.836\times 10^6\text{ W/m}^2$$

따라서, 열전달 계수 h_b 는

$$h_b = \frac{q_w}{\Delta T_e} = \frac{2.836\times 10^6\text{ W/m}^2}{27\text{ K}} = 1.050\times 10^5\text{ W/m}^2\cdot\text{K}$$

식 (12 · 10)과 $n = 5.5$ 를 대입하여 실린더를 가로지르는 교차흐름에 대해 열전달 계수를 구한다.

$$h = h_c\left[1+\left(\frac{h_b}{h_c}\right)^n\right]^{1/n}$$

$$= (3.784\times10^4\ \mathrm{W/m^2\cdot K})\left[1+\left(\frac{1.050\times10^5}{3.784\times10^4}\right)^{5.5}\right]^{1/5.5}$$

$$= 1.051\times10^5\ \mathrm{W/m^2\cdot K}$$

이 조합된 열전달 계수 h는 $h_b/h_c = 2.78$이기 때문에 h_b와 거의 같은 값이며, h/h_c는 그림 12·6에 나타낸 선형영역에 놓인다. 단위길이당 열전달은

$$\frac{\dot{Q}}{L} = \pi Dh(T_w - T_{sat})$$

$$= \pi(0.04\ \mathrm{m})(1.051\times10^5\ \mathrm{W/m^2\cdot K})[(127-100)\ \mathrm{K}]$$

$$= 3.566\times10^5\ \mathrm{W/m} = 356.6\ \mathrm{kW/m}$$

12.4 응 축

응축(condensation)은 증기의 온도가 포화온도 이하로 떨어질 때 일어난다. 비등에서처럼 여러 가지 형태의 응축이 있다. 온도하강이 일어나는 방법에 따라 각각의 응축형태를 분류한다. 실제적으로 가장 중요한 점은 일반적으로 표면응축으로 대변되는 응축공정에서 따뜻한 증기가 차가운 고체표면에 어떤 형태로 직접접촉하는 가이다. 표면응축에서 차가운 표면은 증기로부터 잠열을 뽑아내고 기·액간의 상변화를 일으켜서 표면상에 응축수(condensate)를 만든다. 차가운 음료수를 담고 있는 유리잔이나 캔표면에, 집에서 유리창에 혹은 집밖의 잔디에 응축된 물이 형성되는 것을 흔히 볼 수 있고 의심할 여지없이 증명할 수 있다. 표면에 응축수가 형성되는 방법은 막상(膜狀; filmwise)과 적상(滴狀; dropwise)으로 분류한다. 두 방법 모두 응축수가 표면에 작은 물방울(droplet) 형태로 형성되는 경

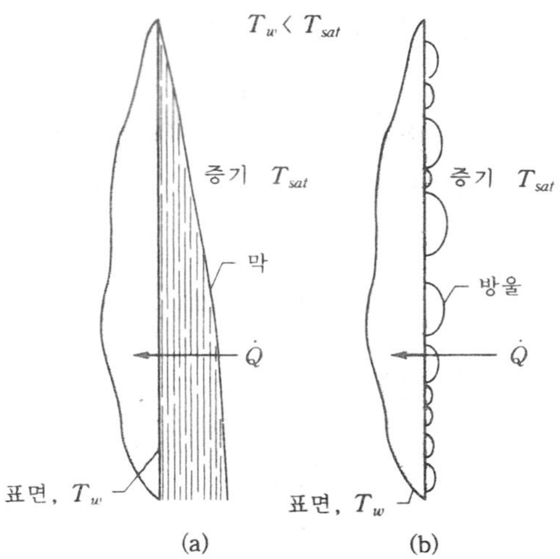

그림 12·7 (a) 막상응축, (b) 적상응축

향이 있지만, 막상응축에서는 작은 물방울이 빠르게 퍼져서 표면전체를 덮는 막층을 형성한다. 또한, 적상응축에서는 작은 물방울이 퍼지지 않고 표면에 작은 물방울 형태로 남아 있다. 막상과 적상응축에 대한 것은 그림 12·7에 나타내었다.

막상응축이건 적상응축이건 간에 응축수는 단열재 역할을 하여 증기와 표면간의 열전달을 방해한다. 적상응축에서는 응축수로 덮이지 않은 표면적이 존재하기 때문에 적상응축에서의 열전달 계수가 막상응축에서의 열전달 계수보다 더 큰 값을 나타낸다. 실제로 적상응축이 일어나기 위해서는 특별한 표면처리나 혹은 표면이 젖는 것을 방지하는 피복제가 필요하다. 적상응축 조건에 맞도록 테플론, 실리콘, 왁스, 그 밖에도 여러 가지 물질이 사용되어 왔다. 그러한 표면 처리제는 일반적으로 비싸고, 또한 부식이나 침식 혹은 기타의 문제로 인해 장치의 수명이 다할 때까지 유지되는 처리제가 없다. 결론적으로 적상응축은 결국 막상응축으로 변하게 되는 것이다. 수직 구리판에 물이 막상과 적상으로 응축되는 상황을 그림 12·8에 나타내었다. 특별히 제작한 막을 왼쪽 면에 부착하여 적상응축이 일어나도록 했으며, 오른쪽 면은 완전히 깨끗하게 하여 막상응축이 일어나도록 했다. 옆에 부착한 지름 1 mm인 열전쌍(thermocouple)이 그림에 나타나 있다. 막상응축에서의 열전달 계수가 적상응축에서의 열전달 계수보다 작기 때문에, 응축기나 여타의 열전달 장치를 설계함에 있어서, 일반적으로 막상응축으로 가정함으로써 신중한 결과를 얻고자 한다. 다음에 논의할 사항은 막상응축으로 한정한다.

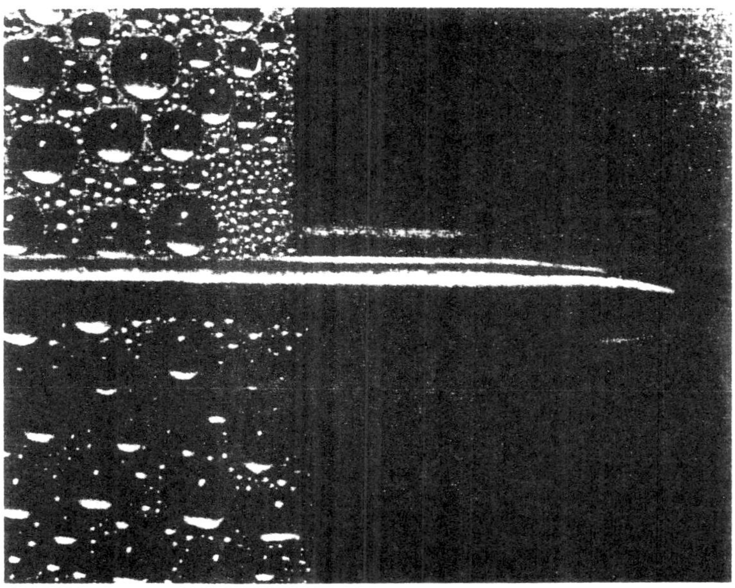

그림 12·8 수직 구리판상의 물의 응축, (a) 적상응축, (b) 막상응축(Courtesy of J. W. Westwater, University of Illinois at Urbana-Champaign.)

수직표면상의 막상응축

증기가 포화온도 이하로 유지되는 표면으로 다가갈 때, 표면에 응축수가 형성된다. 수직표면에 대해 표면 상단부에서 시작된 응축수 막은 그림 12·9에서와 같이 중력의 영향으로 아래쪽으로 하강한다. 응축수는 연속적으로 전체표면에서 형성되기 때문에 응축수막의 두께 δ는 아래쪽으로 내려올수록 커지고, x축을 따라 유속도 증가한다. 표면근처에는 속도 경계층이 형성되는데, 속도는 벽면에서 0(零)이고 막의 바깥 끝점 근방에서 최대속도를 가지며, 그리고 나서 자유흐름이 되는 증기상으로 갈수록 감소한다. 표면근방에서 열경계층도 형성되는데, 온도는 벽면온도인 T_w로부터 T_{sat}로, 혹은 증기가 과열상태라면 자유흐름에서 증기상의 온도인 T_∞로 증가한다.

수직표면상에 응축되는 응축수로 인해 형성되는 속도 경계층의 발달은 외부대류에서와 비슷하다. 외부대류에서는 경계층이 선단(leading edge)에서 시작하여 뒤쪽 방향으로 커진다. 수직표면상 응축에서는 상단부에서 시작하여 하단부로 갈수록 두께가 커진다. 더욱이 막상응축에서의 흐름조건은 대류에서의 조건과 비슷하다.

그림 12·9 막상응축에서 속도 경계층과 열경계층의 발달

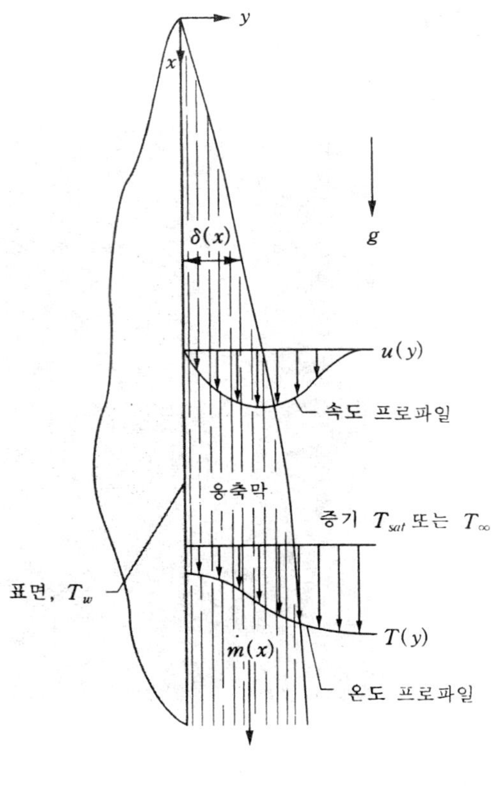

표면 상단부 근방에서 액막은 층류이거나 본래 파동이 없는 흐름이다. 조금 밑으로 내려오면 막내부에서 불안정성이 시작되어 층류조건이 깨지며 작은 파동이나 작은 파문이 일어난다. 막내부에서 이 영역이 전이영역이다. 응축수의 흐르는 길이가 충분히 길면, 이 파동성 흐름은 완전히 성숙된 난류로 변한다. 이러한 막의 발달과정을 그림 12 · 10에 나타내었다. 단일상 흐름에서와 같이 레이놀즈 수는 막상응축에서도 흐름조건을 정의하는 데 이용된다. 레이놀즈 수는 다음 식과 같이 정의한다.

$$Re_\delta = \frac{4\dot{m}}{\mu_f W} = \frac{4\rho_f u_m \delta}{\mu_f} \tag{12 · 11}$$

여기서 $\dot{m} = \rho_f u_m \delta W$로써 막의 질량유속이고, u_m은 막의 평균유속이며, W는 표면의 폭, 그리고 δ는 특성길이로써 막의 두께이다. 막상응축에서 레이놀즈 수는 다음과 같이 종합할 수 있다.

	막상응축
층류	$Re_\delta \le 30$
전이	$30 < Re_\delta < 1800$
난류	$Re_\delta \ge 1800$

이러한 범위는 개략값으로 간주해야만 한다.

층류조건에 대해서 평균 누셀트 수는 다음과 같이 주어진다.

$$\overline{Nu}_L = \frac{\bar{h}_L L}{k_f} = 0.943\left[\frac{\rho_f g(\rho_f - \rho_g) i_{fg}' L^3}{\mu_f k_f (T_{sat} - T_w)}\right]^{1/4} \tag{12 · 12}$$

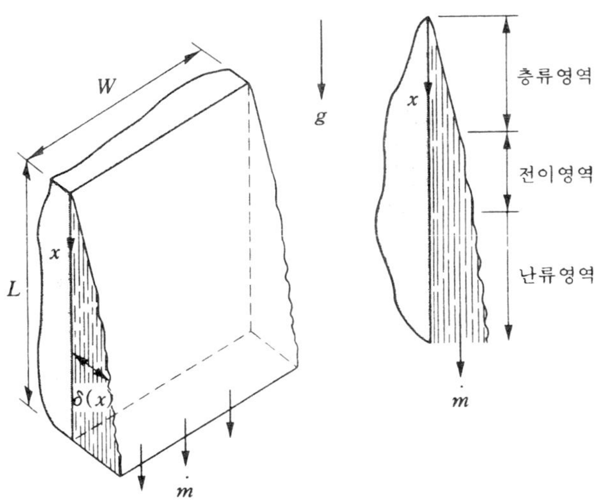

그림 12 · 10 수직표면상의 막상응축에서 층류조건으로부터 난류조건으로의 발달

여기서 보정된 증발 엔탈피 i_{fg}'는 다음 식으로 주어진다.

$$i_{fg}' = i_{fg} + 0.68 c_{p,f}(T_{sat} - T_w) \tag{12 · 13}$$

전이영역에 대해서 Kutateladze[10]은 다음과 같은 상관 관계식을 추천한다.

$$\frac{\overline{h}_L(\nu_f^2/g)^{1/3}}{k_f} = \frac{Re_\delta}{1.08 Re_\delta^{1.22} - 5.2} \tag{12 · 14}$$

난류영역에 대해서 Labunstov[11]는 다음과 같은 관계식을 추천한다.

$$\frac{\overline{h}_L(\nu_f^2/g)^{1/3}}{k_f} = \frac{Re_\delta}{8750 + 58 Pr^{-0.5}(Re_\delta^{0.75} - 253)} \tag{12 · 15}$$

만약 실린더의 반지름이 막의 두께에 비해 훨씬 크다면, 식 (12 · 12)와 식 (12 · 14) 그리고 식 (12 · 15)는 수직 실린더의 내외부에서의 막상응축에 대해서도 사용할 수 있을 것이다. 전술한 관계식에서 액의 물성값은 경막온도 $T_f = (T_w - T_{sat})/2$)에서의 값이지만, i_{fg}와 ρ_g값은 포화온도 T_{sat}에서의 값이다.

식 (12 · 12)와 식 (12 · 14) 그리고 식 (12 · 15)로부터 일단 평균 열전달 계수를 구하면 표면으로의 열전달은 다음 관계식으로 계산할 수 있다.

$$\dot{Q} = \overline{h}_L A(T_{sat} - T_w) \tag{12 · 16}$$

응축량은 응축수 막의 질량유속 $\dot{m}$과 같으므로 다음 식으로 구할 수 있다.

$$\dot{m} = \frac{\dot{Q}}{i_{fg}'} = \frac{\overline{h}_L A(T_{sat} - T_w)}{i_{fg}'} \tag{12 · 17}$$

구와 수평 실린더상의 막상응축

구와 수평 실린더상의 층류 막상응축에 대한 평균 열전달 계수는 다음 상관 관계식을 사용하여 찾는다.

$$\overline{h}_D = C\left[\frac{g\rho_f(\rho_f - \rho_g)k_f^3 i_{fg}'}{\mu_f(T_{sat} - T_w)D}\right]^{1/4} \tag{12 · 18}$$

여기서 D는 실린더나 구의 지름이다. 실린더에 대해서는 $C = 0.729$이고, 구에 대해서는 $C = 0.826$이다. 보정된 증발 엔탈피 i_{fg}'는 식 (12 · 13)에 주어져 있다. 식 (12 · 18)에서 액의 물성값은 경막온도 T_f에서의 값이지만, i_{fg}와 ρ_g값은 포화온도 T_{sat}에서의 값이다. 식 (12 · 18)은 고립된 한 개의 실린더와 구에 대해 적용할 수 있는 식이다. 응축기와 같은 열전달 장치의 안에는 튜평 실린

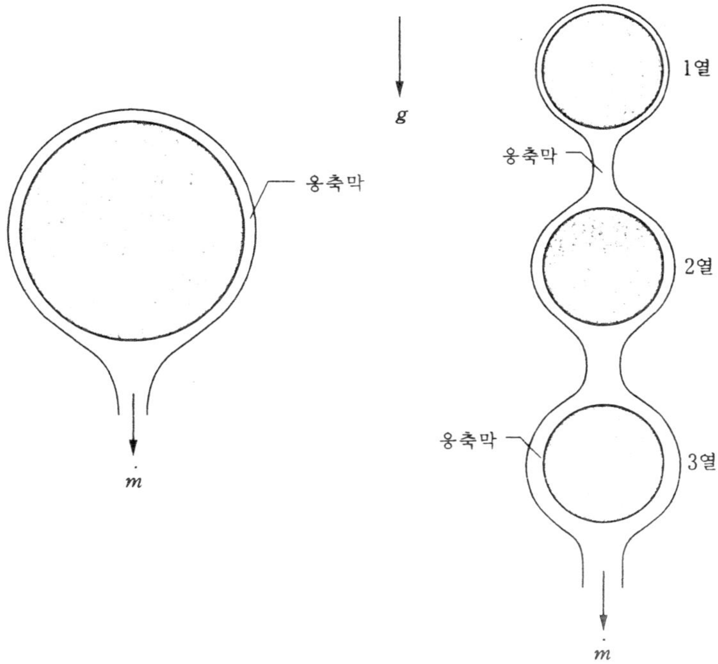

그림 12·11 층류로 흐르는 막상응축 (a) 고립된 한 개의 실린더나 구, (b) 수평튜브 다발

더가 튜브군(tube bank)의 형태로 배열되어 있다. 그림 12·11에 나타낸 것처럼 응축막의 두께는 연속된 관의 열에 따라 증가하기 때문에 식 (12·18)은 최상부의 첫열에만 적용할 수 있을 것이며, 다음 열부터는 열전달 계수를 과다하게 예측하게 될 것이다. 고립된 한 개의 실린더나 구에 대해서 응축막은 그 두께가 상부로부터 하부로 내려갈수록 두꺼워지게 되지만, 응축수는 튜브군 안에 있는 모든 튜브표면에 형성되기 때문에 응축수가 하나의 튜브에서 바로 밑에 있는 튜브로 떨어지면 연속된 다음 열의 막두께가 증가한다. 튜브군의 열수가 15개 미만이라면, 평균 열전달 계수는 다음 관계식으로부터 구한다.

$$\overline{h}_{D,N} = F h_D \qquad (12 \cdot 19)$$

여기서 $\overline{h}_D$는 식 (12·18)을 사용해서 찾아낸 고립된 한 개의 실린더에 대한 평균 열전달 계수이고, F는 연속된 열에서 감소한 $\overline{h}_D$에 대한 보정인자이다. 보정인자 F의 값은 표 12·3에 튜브군의 배열방식인 선형배열(in-line; 사각배열)과 之자형 배열(staggered; 삼각배열)로 구분하여 요약되어 있다. 식 (12·19)에는 응축수가 연속되는 수막(sheet)의 형태로 떨어져 내린다는 가정이 저변에 깔려 있다. 한편, 실린더로부터 떨어지는 응축수가 방울의 형태로 떨어져 내릴 수도 있어서, 이것이 다음 튜브표면의 흐름에 난류를 유발시켜 열전달이 촉진될 수도 있다. 이 경우에도 식 (12 · 19)를 사용할 수는 있지만, 열전달 계수 값을 약 15% 정도 낮게 예측하게 된다. 만약 튜브군의 열수가 15개 이상이라면, 열전달 계수는 다음 식을 사용해서 구한다.

$$\bar{h}_{D,N} = N^{-1/4}\bar{h}_D \qquad (12 \cdot 20)$$

여기서 N은 튜브군 열의 수이다.

표 12 · 3 튜브군상의 응축에 대한 식 (12 · 19)에 사용된 보정인자 F

	2	3	5	7	10	14
사각배열(in-line)	0.91	0.85	0.74	0.66	0.57	0.50
삼각배열(staggered)	0.99	0.95	0.90	0.82	0.74	0.66

수평튜브 내의 막상응축

수평관 또는 튜브의 내부표면에서 일어나는 응축은 중요한 공정 중 하나이다. 냉장고나 공기조절 시스템에서는 응축기의 내부표면에서 응축이 일어난다. 내부응축은 증기의 유속에 의해 크게 좌우되는 복잡한 현상이다. 증기의 유속이 느린 수평관에 있어서는 내부표면에 형성되는 응축수는 그림 12 · 12에 나타낸 것처럼 관의 하부로 흘러내려 간다. 하부에 모여진 응축수는 중력에 의해 관 밖으로 빠져나간다. Chato[12]가 추천한 다음의 상관 관계식으로부터 수평관 내부에서의 막상응축에 대한 열전달 계수를 구할 수 있다.

$$\bar{h}_D = 0.555\left[\frac{g\rho_f(\rho_f-\rho_g)k_f^3 i_{fg}'}{\mu_f(T_{sat}-T_w)}\right]^{1/4} \qquad (12 \cdot 21)$$

여기서 보정된 증발 엔탈피 i_{fg}'는 다음 식과 같다.

$$i_{fg}' = i_{fg} + 0.375c_{p,f}(T_{sat}-T_w) \qquad (12 \cdot 22)$$

식 (12 · 21)에서 액체의 물성값은 T_f에서의 값이지만, i_{fg}와 ρ_g값은 포화온도 T_{sat}에서의 값이다.

증기의 유속이 커지면 응축수에 작용하는 중력의 효과가 사라지고, 따라서 응축수가 관의 하부로 몰리지 않는다. 차라리 응축수와 증기간의 전단응력으로 인해 응축수의 두께가 일정해진다. 이러한 상황을 환상 막상응축(annular film condensation)이라고 한다. 이러한 환상 막상응축에 대한 실험적 상관 관계식은 Akers and Rosson[13], Soliman et al.[14], Traviss et al.[15] 등에 의해 개발된 바 있다.

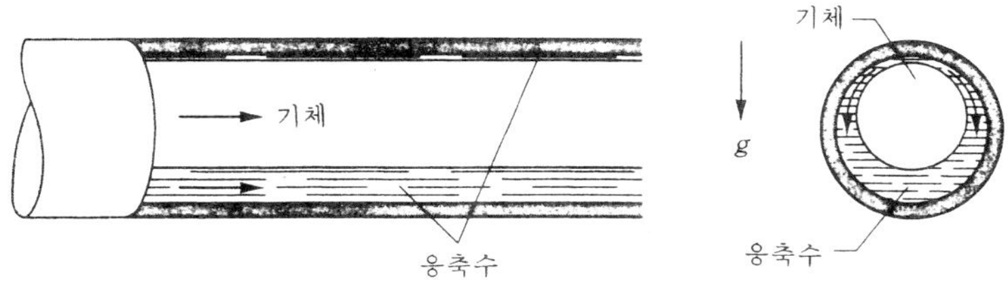

그림 12·12 증기의 유속이 느린 경우에 수평관 내부에서의 막상응축

예제 12.4 폭과 높이가 각각 0.5 m, 1 m인 수직판이 1기압하에서 포화 수증기에 노출되어 있다. 판의 표면온도가 40℃로 유지된다고 할 때, 표면으로의 열전달과 표면에 응축되는 증기의 응축유속을 찾아라.

풀이 1기압하에서 물의 포화온도는 100℃이다. 경막온도 $T_f = (T_w + T_{sat})/2 = 343\ \mathrm{K}$ 에서의 액의 물성값은

$$\rho_f = 977.7\ \mathrm{kg/m^3}, \quad c_{p,f} = 4190\ \mathrm{J/kg\cdot K}, \quad \mu_f = 4005\times10^{-7}\ \mathrm{kg/m\cdot s}$$

$$\nu_f = 40.96\times10^{-8}\ \mathrm{m^2/s}, \quad k_f = 0.662\ \mathrm{W/m\cdot K}$$

포화온도 T_{sat}에서의 물성값은

$$\rho_g = 0.597\,44\ \mathrm{kg/m^3}, \quad i_{fg} = 2.257\times10^6\ \mathrm{J/kg}$$

보정된 증발 엔탈피는

$$i_{fg}' = i_{fg} + 0.68\,c_{p,f}(T_{sat} - T_w)$$

$$= 2.257\times10^6\ \mathrm{J/kg} + 0.68(4190\ \mathrm{J/kg\cdot K})[(100-40)\ \mathrm{K}] = 2.428\times10^6\ \mathrm{J/kg}$$

앞으로 흐름이 층류인지 전이영역 흐름인지 난류인지를 구분하지 않을 것이다. 따라서, 층류로 가정하고 필요하다면 보정하면서 진행할 것이다. 알고 있는 값을 식 (12·12)에 대입하고 평균 누셀트 수를 구하면,

$$\overline{Nu}_L = 0.943\left[\frac{\rho_f g(\rho_f - \rho_g) i_{fg}' L^3}{\mu_f k_f (T_{sat} - T_w)}\right]^{1/1}$$

$$= 0.943\left[\frac{(977.7)(9.81)(977.7-0.59744)(2.428\times10^6)(1^3)}{(4005\times10^{-7})(0.662)(100-40)}\right]^{1/1} = 5799$$

따라서, 평균 열전달 계수는

$$\overline{h}_L = \frac{\overline{Nu}_L k_f}{L} = \frac{(5799)(0.662\ \mathrm{W/m\cdot K})}{1\ \mathrm{m}} = 3839\ \mathrm{W/m^2\cdot K}$$

식 (12·16)으로부터 열전달은

$$\dot{Q} = \overline{h}_L A (T_{sat} - T_w)$$

$$= (3839\ \mathrm{W/m^2\cdot K})(0.5\ \mathrm{m})(1\ \mathrm{m})[(100-40)\ \mathrm{K}] = 1.152\times10^5\ \mathrm{W}$$

그리고 응축유속은 식 (12·17)으로부터

$$\dot{m} = \frac{\dot{Q}}{i_{fg}'} = \frac{(1.152\times10^5\ \mathrm{W})}{(2.428\times10^6\ J/kg)} = 0.0474\ kg/s$$

이제, 레이놀즈 수를 계산하여 가정이 맞는지 확인한다. 식 (12·11)로부터

$$Re_\delta = \frac{4\dot{m}}{\mu_f W} = \frac{4(0.0474\ \mathrm{kg/s})}{(4005\times10^{-7}\ \mathrm{kg/m\cdot s})(0.5\ \mathrm{m})} = 948$$

이 레이놀즈 수는 전이영역의 중간 정도에 놓인다. 따라서, 식 (12 · 12)에서 층류에 기초한 열전달 계수의 계산은 상당히 다른 값일 수가 있다. 이 문제를 보정하기 위해 식 (12 · 11)과 식 (12 · 17)을 조합하고 레이놀즈 수를 함수로 하여 $\bar{h}_L$을 표현하는 새로운 식을 만들면

$$\bar{h}_L = \frac{\dot{m}\, i_{fg}'}{A(T_{sat} - T_w)} = \frac{Re_\delta \mu_f W i_{fg}'}{4A(T_{sat} - T_w)}$$

이 결과를 전이영역 흐름에 대한 관계식인 식 (12 · 14)에 대입하면, 다음과 같은 식을 얻는다.

$$\frac{Re_\delta \mu_f W i_{fg}'}{4A(T_{sat} - T_w)} = \frac{Re_\delta k_f}{(1.08\, Re_\delta^{1.22} - 5.2)(\nu_f^2/g)^{1/3}}$$

Re_δ에 대해 수치해법으로 이 문제를 풀면 $Re_\delta = 1218$ 을 얻는다. 이렇게 보정된 Re_δ를 식 (12 · 14)에 대입하면

$$\bar{h}_L = \frac{Re_\delta k_f}{(1.08\, Re_\delta^{1.22} - 5.2)(\nu_f^2/k_f)^{1/3}}$$

$$= \frac{(1218)(0.662\ \mathrm{W/m\cdot K})}{[(1.08)(1218)^{1.22} - 5.2][(40.96\times10^{-8}\ \mathrm{m^2/s})^2/0.662\ \mathrm{W/m\cdot K}]^{1/3}}$$

$$= 4988\ \mathrm{W/m^2\cdot K}$$

이 값은 층류에 기초를 두고 계산한 결과와는 판이하게 다르다. 보정된 열전달은

$$\dot{Q} = \bar{h}_L A(T_{sat} - T_w)$$

$$= (4988\ \mathrm{W/m^2\cdot K})(0.5\ \mathrm{m})(1\ \mathrm{m})[(100-40)\ \mathrm{K}] = 1.496\times10^5\ \mathrm{W}$$

그리고 응축유속은

$$\dot{m} = \frac{\dot{Q}}{i_{fg}'} = \frac{(1.496\times10^5\ \mathrm{W})}{(2.428\times10^6\ \mathrm{J/kg})} = 0.062\ \mathrm{kg/s}$$

이다.

12.5 열 관

열관의 특징과 조작원리

열관(heat pipe)은 조작상 비등과 응축을 함께 사용하는 저항이 거의 없는 열전달 장치이다. 기본적인 열관은 그림 12 · 13과 같이 세 가지의 기본적인 요소로 구성된다. 용기(container), 심지 구조물(wick structure) 그리고 가동유체(working fluid)가 그것이다. 여기서 말하는 용기란 밀봉용기인데, 전형적으로 금속, 유리, 세라믹 제품 등으로 만들어진다. 용기의 단면은 원형, 사각형, 정사각형 혹은 특

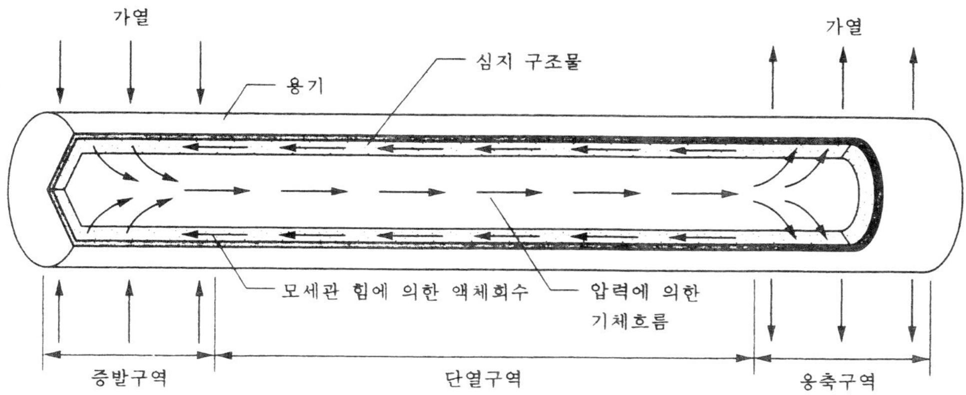

그림 12 · 13 기본적인 열관은 용기, 심지 구조물 그리고 가동유체로 구성되어 있다.

별한 용도에 맞춘 형태 등으로 다양하다. 심지 구조물은 일반적으로 용기내부를 덮으며 열관의 전체길이 끝까지 확장되어 있다. 전형적인 심지 구조물은 철망, 체, 소결시킨 금속분말, 혹은 용기벽에 새겨진 축방향 홈자국까지를 포함한다. 이러한 심지 구조물을 그림 12 · 14에 나타내었다. 가동유체는 열관을 조작하는 온도의 범위에 따라 달라진다. 저온에서 조작되는 열관을 극저온(cryogenic) 열관이라고 하는데, 질소, 헬륨, 메탄 혹은 여타의 저비점 유체를 채용하고 있다. 약간 저온이거나 상온에서 조작되는 열관은 전형적으로 물, 암모니아 혹은 냉동제 등을 사용한다. 그러나 고온에서 조작되는 열관은 칼륨과 나트륨 등과 같은 액체금속을 이용한다.

그림 12 · 13에서 볼 수 있듯이 열관은 세 가지의 주요구역으로 구성되어 있다. 증발구역(evaporation section), 단열구역(adiabatic section) 그리고 응축구역(condensation section)이 그것이다. 열관은 닫힌 이상(two-phase) 사이클로 조작하는데, 가동유체의 증발열을 이용하여 열교환을 일으킨다. 증발구역에서 열을 가하면, 증발기 내에 들어 있든 가동유체의 일부가 증발한다. 따뜻해진 증기는 증발기와 응축기 사이에 압력차를 발생시키고, 이로 인해 증기는 증발기로부터 응축기로 들어가게 된다. 응축기에서 열을 빼앗으면, 응축기 내부에 있는 증기의 일부가 응축을 일으킨다. 응축공정에서 생성된 액체는 심지(wick) 안으로 들어가게 되며, 중력의 도움을 받은 모세관의 힘으로 액체는 다시 증발기로 돌아가게

그림 12 · 14 전형적인 열관의 심지 구조물

된다. 여기에서 다시 증발하게 되고 이로써 사이클이 완성된다. 이 때 일정한 열이 증발기에 가해지자마자 증발이 일어날수 있도록 열관내부의 포화압을 낮추어야 한다고 하는 것은 매우 중요한 사실이다. 예를 들면 가동유체로써 물을 담고 있는 열관내부의 포화압이 대략 상온 정도의 포화온도를 가질 수도 있다. 증발구역과 응축구역의 길이는 본래의 열관 특성상 엄밀하게 규정된 바는 없고 차라리 증발구역과 응축구역이 부착된 곳에서 열발생이나 열흡수가 일어난다는 물리적인 차원이다. 실제로 열관의 한쪽 끝 혹은 양쪽 끝은 흔히 확장표면 같은 것을 이용하고 있다.

이 장의 앞부분에서 상변화 과정은 대단히 높은 열전달 속도를 낸다는 것을 배웠다. 열관은 장치의 조작상 상변화 과정을 채택하고 있기 때문에, 온도차는 작지만 대단히 많은 양의 열에너지가 이동된다. 그림 12·13에 나타낸 것과 유사한 열관의 모세관에서의 열전달을 같은 크기와 모양을 갖는 고체 전도체와 비교해서 생각해 보라. 비교하기 위해서, 지름 1.27 cm인 고체 원형막대를 통해 50 W의 열에너지를 50 cm 떨어진 곳으로 이동시키고자 한다고 가정해 보라. 그림 12·15에 나타낸 바와 같이 알루미늄 막대라면 약 460℃의 온도차가 필요하고, 구리막대라고 해도 205℃의 온도차가 필요하다. 망상심지를 갖는 같은 크기의 구리－물계인 열관은 증발기 표면과 응축기 표면 사이의 온도차가 단지 6℃면 된다. 열관의 유효 열전도도의 크기가 고체 전도체에 비해 차수를 달리하여 크기 때문에 흔히 열관을 슈퍼 열전도체라고 부르기도 한다. 고체 전도체를 열관으로 교환

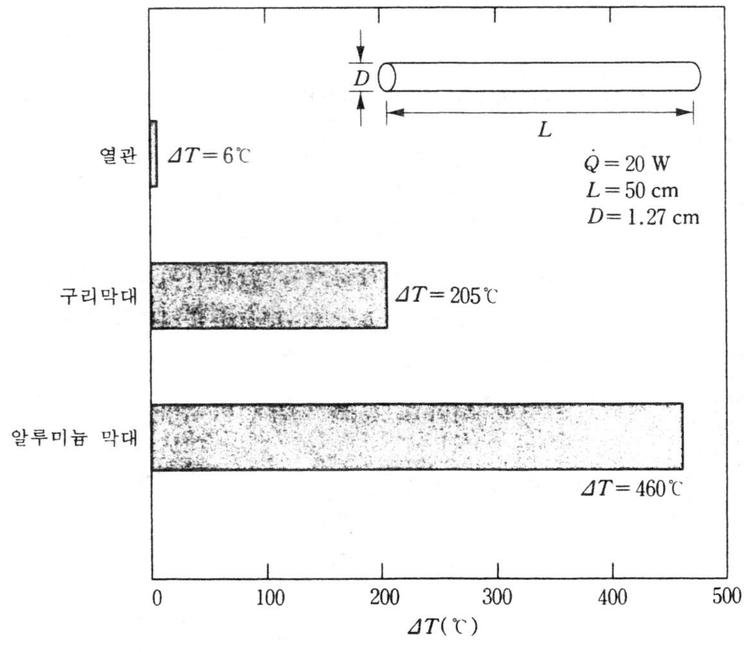

그림 12·15 열관은 주어진 열전달량에 대해서 같은 크기를 갖는 고체 전도체보다 훨씬 작은 온도차를 낸다.

하면, 어떤 종류의 열전달 장치에 대해서는 치명적인 인자가 될 수도 있는 무게가 줄어든다. 더구나, 열관의 열응답 시간이 고체 전도체보다 놀라울 정도로 짧기 때문에, 빠르게 가열하거나 냉각시킬 필요가 있는 응용분야에는 열관이 월등하다.

열관의 응용

열관은 여러 분야에서 응용되고 있다. 가동중인 전자장치에서 발생하는 열을 계 밖으로 방출시키는 데 열관을 사용함으로써 효과적으로 전자장치나 전기장치의 열을 조정할 수 있다. 열관은 여러 가지 크기와 모양으로 제작되기 때문에, 커다란 전자제품으로부터 집적회로에 이르기까지 전자장치를 냉각시키는 데 사용할 수도 있다. 열관이 사용되는 몇 가지의 예로써, 통신장치에 들어가는 파동관이나 동력공급 장치, 컴퓨터에 들어가는 마이크로프로세서 등을 들 수 있다. 산업공정에서 나오는 폐가스로부터 열에너지를 뽑아내는 열회수계에 열관을 사용할 수도 있다. 우주선에서는 전자장치나 광학장치의 온도를 조절하는 데는 전적으로 열관에 크게 의존하고 있다. 열관은 외과 수술용 저온탐침(cryoprobe)의 설계에 채용되고 있는데, 이 장치는 여러 가지 종류의 종양의 조직을 얼리는 데 쓰는 장치이다. 또한, 열관은 동상방지를 위해 앞팔의 열을 손가락 부분으로 보내는 특별한 장갑의 보조장치로도 쓰이고 있다. 알래스카를 관통하는 송유관에도 열관이 쓰이고 있는데, 관이 움직이지 못하도록 지지하는 구조물이 설치된 영구 동토층을 안정시키는 방법으로써 열관을 사용하고 있다. 그림 12·16과 비슷한 장치로 고속도로의 결빙을 막는 데 열관이 사용되고 있다. 겨울 동안에 깊은 지하온도는 대기온도보다 높다. 열관을 땅속 깊이 묻어서 열을 지상으로 올라오도록 해서 눈

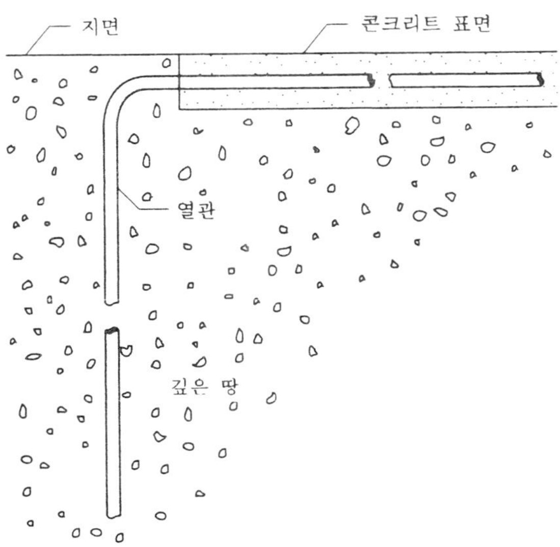

그림 12·16 열관을 응용하여 고속도로의 결빙을 막는다.

그림 12·17 전자장치에 이용된 열관은 흔히 확장표면과 연계되어 있다.(Courtesy of Therma-core, Inc., Lancaster, Pa.)

과 얼음이 지상에 쌓이는 양을 줄이는 방법이다. 그 외에도 열관은 열교환기의 성능증진, 터빈엔진의 냉각, 초음속 비행기 선단(leading edge)에서 발생하는 열방출, 태양열의 집열, 주사식 금형의 냉각, 요리설비 등 다양하게 이용되고 있다. 열관의 사용 가능성은 거의 끝이 없다. 그림 12·17에 확장표면과 연계된 전형적인 열관제품을 보였다.

열관의 조작한계

열관은 대단한 장치이지만, 응용상 한계가 있다. 열관의 열전달 용량을 제한하거나 조절하는 데는 다섯 가지의 실질적인 한계가 있다. 이 한계는 점성, 음속, 동반, 비등, 모세관에 대한 한계를 말한다. 점성에 대한 한계는 대단히 낮은 조작온도 하에서 증발기와 응축기 사이의 증기압 차가 증기 내에서 점성력에 의해 발생하는 압력차보다 작을 때 일어난다. 이런 일이 일어나면, 증기가 완전히 정체되거나 낮은 유속으로 흐름으로써 열전달이 한계에 이른다. 점성한계는 저온열관에서 가장 흔하게 관찰되는 한계이다. 음속한계는 증기가 증발구역의 출구에서 음속에 도달할 때 관찰된다. 이런 일이 발생하면, 응축기의 온도가 하강하여 추가적인 증기흐름을 유도하지 못하게 되고, 그 결과로 열전달 속도가 일정해지며 증발기와 응축기 사이의 온도차가 너무 커져버린다. 열관에서 증기와 액체의 흐름은 서로 반대방향이다. 만약 증기의 유속이 대단히 커지면, 기·액계면에서의 전단응력이 심지에 들어 있는 액체를 증기 쪽으로 끌어 당겨버리게 되고, 그 결과 응축기에는 액체가 너무 많고 증발기는 말라 버린다. 고속의 증기가 심지로부터 많은 양의 액체를 끌어 당겨 동반하기 때문에, 이 현상을 동반한계라고 부른다. 비등한계는 심지에서 증기기포가 생성되어 액체의 흐름을 방해하기 때문에 발생한다. 열관 내에서 축방향 열플럭스 문제로 제한된 다른 한계와는 달리 비등한계는 증발기 내부에서 반지름 방향 열플럭스 문제로 제한된다.

모세관 한계는 열관의 다른 모든 한계를 지배한다. 즉, 모세관 한계는 다섯 가지의 모든 조작한계 중에서 가장 작은 열전달 용량을 내기 때문이다. 모세관 한계는 심지의 모세관 펌핑용량에 의해 정해지며 열관의 방향과 심지형태에 따라 크게 영향을 받는다. 중력에 의한 압력, 액체의 압력, 그리고 증기압의 총합이 심지의 모세관 압력을 초과하면, 모세관 한계가 일어난다. 심지의 물성 중 가장 중요한 두 가지는 유효세공 반지름 r_p와 침투능 K이다. 유효세공 반지름은 심지 내에서 모세관의 펌핑압력을 결정하며, 침투능은 액체가 심지를 통과하는 동안 액체의 마찰손실을 결정한다. 그림 12·14에 나타낸 심지의 구조에 따른 전형적인 유효세공 반지름과 침투능에 대한 데이터를 종합하여 표 12·4에 실었다.

모세관 한계는 열관의 성능을 좌우하는 인자이기 때문에, 이 한계에 대응하는 최대 열전달 용량을 예측하는 것이 바람직하다. 열관 내에서 다양한 압력차에 대한 간단한 분석을 통해 모세관 한계를 다음 식과 같이 나타낼 수 있다.

$$\dot{Q}_{max} = \frac{\rho_f \sigma i_{fg}}{\mu_f} \frac{A_w K}{L_{eff}} \left(\frac{2}{r_p} - \frac{\rho_f g L_{eff} \sin \Psi}{\sigma} \right) \qquad (12 \cdot 23)$$

여기서 A_w : 심지의 단면적(m^2)

K : 심지의 침투능(m^2)

L_{eff} : 열관의 유효길이(m)

r_p : 유효세공 반지름(m)

Ψ : 경사각(degree)

식 (12·23)의 우변의 첫번째 항을 장점수(figure of merit) 혹은 액체이동 인자(liquid transport factor)라고 부른다.

$$M = \frac{\rho_f \sigma i_{fg}}{\mu_f} \qquad (12 \cdot 24)$$

표 12·4 일반적으로 사용되는 심지 구조물의 전형적인 특성값

	$r_p \times 10^4$ (m)	$K \times 10^{10}$ (m^2)
체(screen) 포장		
30 mesh	4.3	25
100 mesh	1.2	1.8
200 mesh	0.63	0.55
금속 소결물	0.1~1	0.1~10
축방향 홈자국	2.5~15	35~1250

그림 12 · 18 열관의 조작 방향(경사각)

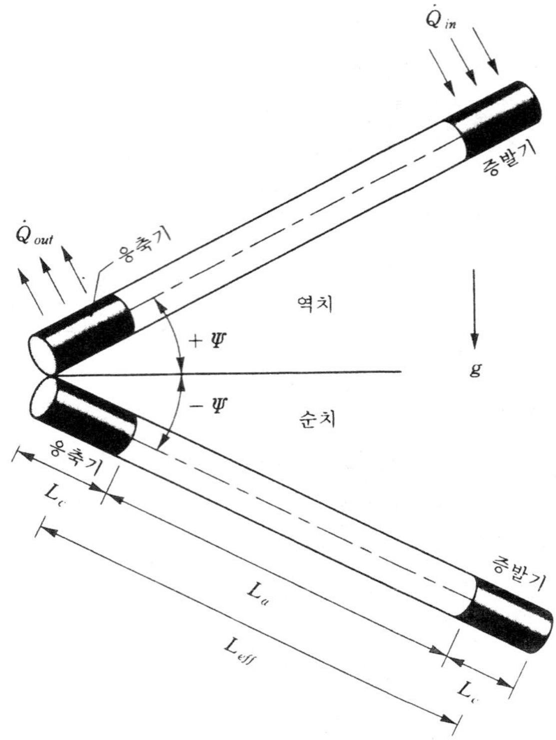

장점수(figure of merit) M은 가동유체가 갖는 유효도의 척도로써 $\mu_f \to 0$이 되는 어는점과 $i_{fg}=0$이 되는 열역학적 임계점으로 한정된다. 큰 장점수는 큰 열전달 용량을 달성하는 데 바람직하다. 열관의 유효길이 L_{eff}는 그림 12 · 18에 나타낸 것처럼 증발기 중심점으로부터 응축기 중심점까지의 길이로 정의된다. 응축기가 증발기보다 높은 위치에 있도록 열관이 놓여 있다면, 이 경우를 순치(favorable tilt)라고 하며, 증발기로 액을 나르는 모세관 힘이 중력의 도움을 받기 때문에 모세관 한계가 높아지고, 따라서 열전달도 커진다. 반대로, 증발기가 응축기보다 높은 위치에 있게 되는 경우를 역치(adverse tilt)라 하며, 모세관력이 중력의 방해를 받기 때문에 모세관 한계가 낮아지고, 따라서 열전달도 낮아진다. 열관을 순치하는가 역치하는가에 따른 영향은 식 (12 · 23) 괄호 안의 항의 크기에 따라 좌우된다. 이 항은 경사각 Ψ가 (−)의 값으로부터 (+)의 값으로 증가함에 따라 감소하며, 따라서 모세관 한계도 감소한다. 열관이 수평으로 놓이면, $\Psi=0$이 되고 괄호 안의 두 번째 항이 0이 된다.

열관의 열전달 저항

증발기와 응축기 사이의 온도차는 주변온도에 따른 열관의 조작온도에 영향을 미치기 때문에 열관의 조작상 제일 중요하다. 전자장치 사이에 연결된 열관을 예로 들면 공냉식 히트싱크(heat sink)가 주변의 공기온도에 따른 장치의 조작온도를 결정하는 데 도움을 준다. 2장에서 소개한 전기회로와의 유사성을 이용하여 그림 12·19와 같은 회로를 구성함으로써 열관의 총 열전달 저항을 표현할 수 있을 것이다. 총 열전달 저항은 7가지의 저항을 포함하고 있다. 다섯 가지는 열관 자체에 관계된 것이고 나머지 두 가지는 열관과 히트소스(heat source) 그리고 열관과 히트싱크 사이의 접촉저항이다. 다섯 가지 중 네 가지는 용기의 벽과 심지 사이의 반지름 방향저항이다. 단열구역에서의 축방향 저항 R_a는 이 구역에서 증기압 손실이 아주 작기 때문에 일반적으로 무시할 만큼 작다. 그림 12·19에 나타내지 않았지만 용기벽과 심지 사이의 축방향 저항 또한 존재하기는 한다. 하지만, 총 저항에 기여하는 바가 거의 없기 때문에 무시한다. 따라서, 총 열전달 저항은 다음과 같이 쓸 수 있다.

$$R_{th,\,total}=R_{ext,\,e}+R_{p,\,e}+R_{w,\,e}+R_{w,\,c}+R_{p,\,c}+R_{ext,\,c} \qquad (12\cdot 25)$$

여기서 $R_{ext,\,e}$: 증발기와 히트소스 사이의 외부 열저항(K/W)

$R_{p,\,e}$: 증발기 관벽에서의 열저항(K/W)

$R_{w,\,e}$: 증발기에서 심지의 열저항(K/W)

$R_{w,\,c}$: 응축기에서 심지의 열저항(K/W)

$R_{p,\,c}$: 응축기 관벽에서의 열저항(K/W)

$R_{ext,\,c}$: 응축기와 히트싱크 사이의 외부 열저항(K/W)

열저항 $R_{ext,\,e}$와 $R_{ext,\,c}$는 접촉저항이거나 대류저항을 나타내며, 앞장에서 논의된 방법을 사용하여 구할 수 있다. 열관의 저항은 관계식을 이용하여 구한다.

$$R_{p,\,e}=\frac{\ln(r_3/r_2)}{2\pi L_e k_p} \qquad (12\cdot 26)$$

$$R_{w,\,e}=\frac{\ln(r_2/r_1)}{2\pi L_e k_{eff}} \qquad (12\cdot 27)$$

$$R_{w,\,c}=\frac{\ln(r_2/r_1)}{2\pi L_c k_{eff}} \qquad (12\cdot 28)$$

$$R_{p,\,c}=\frac{\ln(r_3/r_2)}{2\pi L_c k_p} \qquad (12\cdot 29)$$

여기서 k_p는 관벽의 열전도도이고, k_{eff}는 액체에 젖어 있는 심지에서 액체와 심지의 열전도도를 조합한 유효 열전도도이다. 일단 열전달과 총 열저항을 알게 되면, 열관을 통한 총 온도차는 2장에서 주어진 식 (2·10)인 다음 식을 이용

그림 12·19 열관의 열전달 저항모델

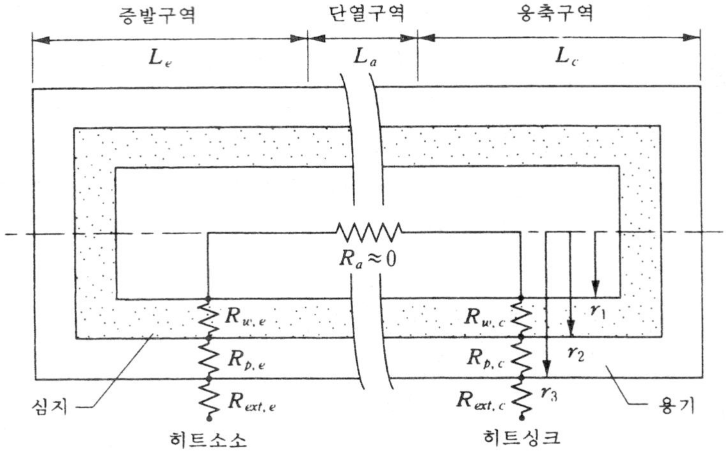

해서 구할 수 있다.

$$\Delta T_{overall} = \dot{Q} R_{th,\ total} \tag{12·30}$$

열전달은 모세관 한계에 의해 결정되는 최대값일 수도 있고, 모세관 한계보다 낮은 경우, 시스템 밖의 변수에 의해 결정되는 다른 값에 의해 결정되는 값일 수도 있다.

열관은 단지 몇 개의 장치로 구성되는 저항이 거의 없는 장치이기 때문에 대단히 믿을만한 장치이다. 신빙성의 핵심은 열관의 생산공정에 달려 있다. 열관제작과정은 복잡한 공정으로 잘 하지 않으면 시간이 지남에 따라 성능이 저하되는 제품을 만들게 된다. 열관 제작상 특히 중요한 점은 용기와 심지의 표면을 얼마큼 깨끗하게 하는가 하는 점이다. 만약 이 표면이 깨끗하지 않으면 가동수명 내에 응축이 되지 않는 기체가 발생하고, 이로 인해 열이동량이 떨어지게 된다. 열관에 대한 분석과 설계, 그리고 열관의 제작과 응용에 대한 보다 더 많은 정보를 원하는 학생들은 참고문헌 [16], [17], [18]을 참조하라.

예제 12.5 길이와 바깥지름이 각각 25 cm, 6.4 mm이고, 100 mesh 랩 스크린 심지를 갖는 실린더형 구리-물계 열관이 있다. 용기벽과 심지의 두께는 각각 0.8 mm, 1.0 mm이고, 증발구역과 응축구역의 길이는 각각 3 cm, 4 cm이다. 열관은 포화온도가 80℃인 상태로 가동되고 있으며 역치각이 10°이다. 이 때 (a) 모세관 한계, (b) 열관의 총 열저항, (c) 열관을 통한 총 온도차를 계산하라. 심지-액체 조합 유효 열전도도는 $k_{eff} = 1\ \mathrm{W/m \cdot K}$로 계산하라. 접촉 열저항은 고려하지 말라.

풀이 먼저, 필요한 차원과 물성값을 열거한다. 식 (12·19)를 위주로 하면

$L_e = 0.03\ \mathrm{m}, \quad L_c = 0.04\ \mathrm{m}$

$$r_1 = 0.0014\ \text{m}, \quad r_2 = 0.0024\ \text{m}, \quad r_3 = 0.0032\ \text{m}, \quad \Psi = +10°$$

표 12·4로부터 유효세공 반지름과 침투능은

$$r_p = 1.2 \times 10^{-4}\ \text{m}, \quad K = 1.8 \times 10^{-10}\ \text{m}^2$$

포화온도가 80℃(353 K)일 때의 물의 물성은

$$\rho_f = 971.6\ \text{kg/m}^3, \quad \mu_f = 3510 \times 10^{-7}\ \text{kg/m}\cdot\text{s}$$

$$i_{fg} = 2.309 \times 10^6\ \text{J/kg}, \quad \sigma = 62.7 \times 10^{-3}\ \text{N/m}$$

심지의 단면적은

$$A_w = \pi(r_2^2 - r_1^2) = \pi[(0.0024\ \text{m})^2 - (0.0014\ \text{m})^2] = 1.194 \times 10^{-5}\ \text{m}^2$$

그리고 열관의 유효길이는

$$L_{eff} = L - \left(\frac{L_e + L_c}{2}\right) = 0.25\ \text{m} - \left(\frac{0.03\ \text{m} + 0.04\ \text{m}}{2}\right) = 0.215\ \text{m}$$

(a) 모세관 한계는 식 (12·23)에 나타낸 바와 같이

$$\dot{Q}_{\max} = \frac{\rho_f \sigma i_{fg}}{\mu_f} \frac{A_w K}{L_{eff}} \left(\frac{2}{r_p} - \frac{\rho_f g L_{eff} \sin\Psi}{\sigma}\right)$$

$$= \frac{(971.6)(62.7 \times 10^{-3})(2.309 \times 10^6)}{3510 \times 10^{-7}} \frac{(1.477 \times 10^{-6})(1.8 \times 10^{-10})}{0.215}$$

$$\times \left[\frac{2}{1.2 \times 10^{-4}} - \frac{(971.6)(9.81)(0.215)(\sin 10°)}{62.7 \times 10^{-3}}\right] = 5.45\ \text{W}$$

(b) 열관의 총 열저항은 식 (12·26)으로부터 식 (12·29)까지의 모든 저항을 합한 값이다. $k_{eff} = 1\ \text{W/m}\cdot\text{K}$ 이고, $k_p = 401\ \text{W/m}\cdot\text{K}$ 이므로

$$R_{p,e} = \frac{\ln(r_3/r_2)}{2\pi L_e k_p} = \frac{\ln(0.32/0.24)}{[2\pi(0.03)(401)]} = 0.003\,81\ \text{K/W}$$

$$R_{w,e} = \frac{\ln(r_2/r_1)}{2\pi L_e k_{eff}} = \frac{\ln(0.24/0.14)}{[2\pi(0.03)(1)]} = 2.859\ \text{K/W}$$

$$R_{w,c} = \frac{\ln(r_2/r_1)}{2\pi L_c k_{eff}} = \frac{\ln(0.24/0.14)}{[2\pi(0.04)(1)]} = 2.145\ \text{K/W}$$

$$R_{p,c} = \frac{\ln(r_3/r_2)}{2\pi L_c k_p} = \frac{\ln(0.32/0.24)}{[2\pi(0.04)(401)]} = 0.002\,85\ \text{K/W}$$

식 (12·25)에 따라 모든 저항을 합하면

$$R_{th,total} = R_{p,e} + R_{w,e} + R_{w,c} + R_{p,c}$$

$$= (0.003\,81 + 2.859 + 2.145 + 0.002\,85)\ \text{K/W} = 5.011\ \text{K/W}$$

(c) 열관을 통한 총 온도차는 식 (12·30)으로부터

$$\Delta T_{overall} = \dot{Q} R_{th,total} = (5.45\ \text{W})(5.011\ \text{K/W}) = 27.3\ \text{K} = 27.3℃$$

이 결과를 같은 크기를 갖는 고체 구리막대를 통한 온도차와 비교해 보자. 푸리에 법칙을 사용하면,

$$\Delta T_{overall} = \frac{\dot{Q} L_{eff}}{k_p A} = \frac{(5.45\ \mathrm{W})(0.215\ \mathrm{m})}{(401\ \mathrm{W/m \cdot K})\pi(0.0032\ \mathrm{m})^2]} = 90.9\ \mathrm{K}$$

모세관 한계는 경사각에 따라 민감하게 달라진다는 점을 지적해 두는 것이 좋겠다. 경사각이 0°, −10°, −45°, −90°인 경우에 최대 열전달은 각각 8.26, 11.1, 19.7, 24.5이다. 열관의 가장 바람직한 경사각은 응축기를 위로하여 수직(90°)인 경우이다.

12.6 응 용

통상적인 전기 보일러의 형태는 그림 1·3에 나타낸 것과 비슷하게, 물을 닫힌 통 속에 넣고 전기적 가열요소를 물 속에 설치하여 수증기를 생산하는 데 사용한다. 여러 개의 요소를 갖는 전형적인 침적 가열기를 그림 12·20에 나타내었다. 침적 가열기는 형태와 크기가 다양하다. 전기 보일러를 설계하는 데 있어서 중요한 과정 중에 하나는 이 전기 가열요소의 크기를 결정하는 일이다. 예제 12.6에서 특정한 수증기 생산량에 알맞은 가열기 길이를 결정하고자 한다.

예제 12.6

공업적 가열공정에서 전기 보일러로 140℃의 수증기를 75 kg/h씩 생산하여 공급하고자 한다. 지름이 0.475 in인 스테인리스강으로 만들어진 침적 가열기를 특정 공급자로부터 공급받으려고 한다. 만약 이 침적기의 용량이 약 50 W/in²라면, 앞에서 언급한 양의 수증기를 생산하여 공급하는 데 필요한 침적 가열기의 총 길이를 찾아라. 또한, 가열요소의 표면온도를 찾아라. 보일러로 유입되는 물의 온도는 20℃이고, 보일러 내부의 최대크기는 24.5 in이다.

풀이

증발속도, 포화온도, 가열요소의 지름은

$$\dot{m} = 75\ \mathrm{kg/h} = 0.0208\ \mathrm{kg/s}, \quad T_{sat} = 140℃\,(413\ \mathrm{K}), \quad D = 0.475\ \mathrm{in} = 0.012\,07\ \mathrm{m}$$

413 K에서 포화물의 물성값은

$$\rho_f = 925.1\ \mathrm{kg/m^3}, \quad \rho_g = 1.9656\ \mathrm{kg/m^3}, \quad c_{p,f} = 4285\ \mathrm{J/kg \cdot K}$$

$$\mu_f = 1950 \times 10^{-7}\ \mathrm{kg/m \cdot s}, \quad Pr_f = 1.22, \quad i_{fg} = 2.14 \times 10^6\ \mathrm{J/kg \cdot K}$$

$$\sigma = 50.7 \times 10^{-3}\ \mathrm{N/m}$$

75 kg/h의 수증기를 생산하는 데 필요한 열전달은 공급수의 온도를 20℃에서 140℃로 올리는 데 필요한 현열과 포화온도에서 액상인 물을 수증기로 만드는 데 필요한 잠열이다. 따라서,

$$\begin{aligned}\dot{Q} &= \dot{m}[c_{p,f}(T_{sat} - T_i) + i_{fg}]\\ &= (0.0208\ \mathrm{kg/s})\{(4285\ \mathrm{J/kg \cdot K})[(140-20)\ \mathrm{K}] + 2.14 \times 10^6\ \mathrm{J/kg \cdot K}\}\\ &= 5.521 \times 10^4\ \mathrm{W}\end{aligned}$$

침적 가열기에 가해지는 전기량은 열전달과 같은 값이라는 점을 알아야 할 것이다. 침적

그림 12·20 전기 보일러에서 수증기를 생산하는데 쓰이는 침적 가열기 (Courtesy of Chromalox (R), Wiegand Industrial Division of Emerson Electric Co., Pittsburgh, Pa.)

가열기는 가열요소의 외피 표면적에서 생성되는 열플럭스에 의해 평가된다. 계산하는 가열기의 평가값은

$$q_w = 50\ \text{W/in}^2 = 7.750 \times 10^4\ \text{W/m}^2$$

필요한 가열기의 표면적은 열전달을 열플럭스로 나누면 얻어진다.

$$A = \frac{\dot{Q}}{q_w} = \frac{(5.521 \times 10^4\ \text{W})}{(7.750 \times 10^4\ \text{W/m}^2)} = 0.712\ \text{m}^2$$

그리고 필요한 가열요소의 총 길이는

$$L=\frac{A}{\pi D}=\frac{0.712\ \mathrm{m}^2}{\pi(0.012\ 07\ \mathrm{m})}=18.8\ \mathrm{m}$$

그림 12·20에 나타낸 침적 가열기에서처럼 되돌림 벤드(returning bend－U자)형 다중가열 요소가 흔히 사용된다. 침적 가열기의 길이는 보일러 내부의 크기에 따라 한정된다. 허용길이인 24.5 in(0.622 m)를 사용하면 총 30개의 가열요소가 필요하다. 침적 가열기의 수는 가열기 하나당 가열요소가 몇 개인가에 달려 있다. 예를 들면 그림 12·20에서처럼 가열기당 3개의 가열요소가 달려 있다면, 주어진 양만큼의 수증기를 생산하려면, 5개의 침적 가열기가 필요하게 된다.

이 문제에서 가열기의 열플럭스는 7.75 kW/m^{2}이기 때문에, 그림 12·2에서 임계 열플럭스 $q_{\max}$에 비해 훨씬 낮은 값이다. 그러므로 이 전기 보일러 내부에서는 풀비등이 일어난다고 결론지을 수 있다. 따라서, 가열요소의 표면온도는 식 (12·2)에서 잉여온도 ΔT_e에 대해 풀면 구할 수 있을 것이다. 기계적으로 광택을 낸 스테인리스강 표면에 대해 $C_{sf}=0.0130$이므로

$$\Delta T_e=\left[\frac{q_w\sigma^{1/2}}{[g(\rho_f-\rho_g)]^{1/2}\mu_f i_{fg}}\right]^{1/3}\frac{C_{sf}i_{fg}Pr_f^{\,n}}{c_{p,f}}$$

$$=\left\{\frac{7.750\times10^4(50.7\times10^{-3})^{1/2}}{[9.81(925.1-1.9656)]^{1/2}(1950\times10^{-7})(2.14\times10^6)}\right\}^{1/3}$$

$$\times\left[\frac{(0.0130)(2.14\times10^6)(1.22)^1}{4285}\right]$$

$$=6.0℃$$

이 온도는 비등곡선상 비등이 시작되는 점 A를 막 넘어선 점이다. 따라서, 가열요소의 표면온도는

$$T_w=T_{sat}+\Delta T_e=140℃+6.0℃=146.0℃$$

열관의 모든 응용면에서 전자장치가 내는 열을 조절하는 것이 가장 일반적인 응용일 것이다. 최신 컴퓨터에서 마이크로프로세서의 기록속도를 올리려면 열발산이 동반된다. 이것은 전기적인 동력, 크기 그리고 무게가 제한된 휴대용 컴퓨터의 열적인 설계에 있어서 특별한 도전이 된다. 노트북 컴퓨터에 내장된 마이크로프로세서를 냉각시키는 방법으로 열관을 사용하는 데 이것을 그림 12 ·21에 나타내었다. 마이크로프로세서 상자에 직접 부착된 판에 실린더형 열관의 증발기가 꼭 끼워져 있고, 열관의 응축기에는 휜(fin) 역할을 하는 큰 판이 달려 있어서 주변공기의 자연대류나 혹은 주변 구조물로의 전도에 의해 열을 방출한다. 예제 12.7에서는 노트북 컴퓨터에 내장된 마이크로프로세서를 냉각시키는 열관의 적절한 크기를 결정할 것이다.

예제 12.7 노트북 컴퓨터에 내장된 133 MHz 마이크로프로세서가 내놓는 최대열량은 11.2 W이다. 마이크로프로세서의 허용 가능한 최고온도는 110℃이고, 컴퓨터가 작동하는 최고대기 온도는 35℃이다. 그림 12·21에 나타낸 개략도에서처럼 응용하는 구리-물계 열관에 대한 값을 결정하라. 열관의 총길이와 지름은 각각 22 cm와 3.05 mm이다. 용기벽과 구리를 소결시켜 만든 심지의 두께는 각각 0.345 mm, 0.50 mm이다. 컴퓨터가 어떤 방향으로 놓이든 간에 마이크로프로세서가 내놓은 열을 이 열관이 방출시킬 수 있을까? $R_{ext,e}+R_{ext,c}=5$ K/W로 가정하고 총 열저항을 계산하라. 마이크로프로세서 상자의 온도를 계산하라. 물의 포화온도는 50℃라고 가정하라.

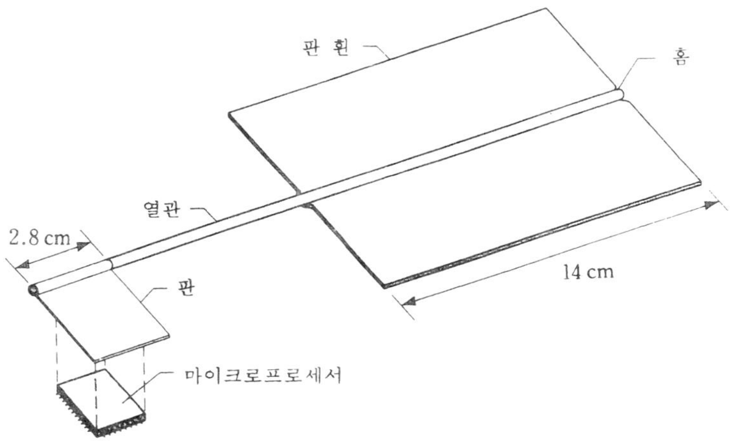

그림 12·21 노트북 컴퓨터에 내장된 마이크로프로세서를 냉각시키는 열관의 개략도

풀이 그림 12·21과 문제에서 주어진 정보에 따르면

$$r_1=0.000\,68\text{ m},\quad r_2=0.001\,18\text{ m},\quad r_3=0.001\,525\text{ m},$$

$$L_e=0.028\text{ m},\quad L_c=0.14\text{ m}$$

유효세공 반지름과 침투능은 다음과 같이 가정한다.

$$r_p=0.3\times10^{-4}\text{ m},\quad K=0.8\times10^{-10}\text{ m}^2$$

50℃(323 K)에서 포화된 물의 물성은

$$\rho_f=988\text{ kg/m}^3,\quad \mu_f=5440\times10^{-7}\text{ kg/m}\cdot\text{s}$$

$$i_{fg}=2.383\times10^6\text{ J/kg},\quad \sigma=67.8\times10^{-3}\text{ N/m}$$

심지의 단면적은

$$A_w=\pi(r_2^2-r_1^2)=\pi[(0.001\,18\text{ m})^2-(0.000\,68\text{ m})^2]=2.922\times10^{-6}\text{ m}^2$$

그리고, 열관의 유효길이는

$$L_{eff}=L-\left(\frac{L_e+L_c}{2}\right)=0.22\text{ m}-\frac{(0.028\text{ m}+0.14\text{m})}{2}=0.136\text{ m}$$

열관이 마이크로프로세서를 냉각시키는 데 충분한 열전달 용량을 갖는지를 확인하기 위해서 모세관 한계를 계산해 보고자 한다. 만약 모세관 한계가 마이크로프로세서가 내놓는 열량을 초과하면, 열관이 충분한 용량을 갖는다고 볼 수 있다. 노트북 컴퓨터는 방향이 어떻든 작동해야 하므로, 가장 큰 역치각인 $\Psi = +90°$를 사용한다. 그러면

$$\dot{Q}_{\max} = \frac{\rho_f \sigma i_{fg}}{\mu_f}\frac{A_w K}{L_{eff}}\left(\frac{2}{r_p} - \frac{\rho_f g L_{eff} \sin\Psi}{\sigma}\right)$$

$$= \frac{(988)(67.8\times10^{-3})(2.383\times10^{6})}{5440\times10^{-7}} \; \frac{(2.992\times10^{-6})(0.8\times10^{-10})}{0.136}$$

$$\times\left[\frac{2}{0.3\times10^{-4}} - \frac{(988)(9.81)(0.136)(\sin 90°)}{67.8\times10^{-3}}\right] = 23.8 \text{ W}$$

모세관 한계값이 실제 방열량보다 크므로, 이 열관은 필요한 열전달 용량을 충분히 갖는다고 볼 수 있다. 심지-액체의 조합유효 열전도도는 $k_{eff} = 5$ W/m·K이고 $k_p = 401$ W/m·K이므로, 이 열관의 열저항은 다음과 같이 계산할 수 있다.

$$R_{p,e} = \frac{\ln(r_3/r_2)}{2\pi L_e k_p} = \frac{\ln(1.525/1.18)}{[2\pi(0.028)(401)]} = 0.00364 \text{ K/W}$$

$$R_{w,e} = \frac{\ln(r_2/r_1)}{2\pi L_e k_{eff}} = \frac{\ln(1.18/0.68)}{[2\pi(0.028)(5)]} = 0.627 \text{ K/W}$$

$$R_{w,c} = \frac{\ln(r_2/r_1)}{2\pi L_c k_{eff}} = \frac{\ln(1.18/0.68)}{[2\pi(0.14)(5)]} = 0.125 \text{ K/W}$$

$$R_{p,c} = \frac{\ln(r_3/r_2)}{2\pi L_c k_p} = \frac{\ln(1.525/1.18)}{[2\pi(0.14)(401)]} = 7.27\times10^{-4} \text{ K/W}$$

모든 저항을 합하면 총저항은

$$R_{th,total} = R_{p,e} + R_{w,e} + R_{w,c} + R_{p,c} + R_{ext,e} + R_{ext,c}$$

$$= (0.00364 + 0.627 + 0.125 + 7.27\times10^{-4} + 5) \text{ K/W} = 5.76 \text{ K/W}$$

마이크로프로세서 상자와 주변간의 총 온도차는

$$\Delta T_{overall} = \dot{Q} R_{th,total} = (11.2 \text{ W})(5.76 \text{ K/W}) = 64.5 \text{ K} = 64.5℃$$

따라서, 마이크로프로세서 상자의 온도는

$$T_{case} = T_\infty + \Delta T_{overall} = 35℃ + 64.5℃ = 99.5℃$$

이 결과는 마이크로프로세서의 허용 가능한 최고온도 110℃보다 낮다.

◇◇◇◇◇◇◇◇◇◇ 참 고 문 헌 ◇◇◇◇◇◇◇◇◇◇

1. Nukiyama, S. 1934. "The Maximum and Minimum Values of Heat Transmitted from Metal to Boiling Water Under Atmospheric Pressure." *J. Japan Soc. Mech. Eng.* 37: pp. 367~374. English translation in 1966. *Intl. J. Heat Mass Transfer* 9: pp. 1419~1433.
2. Rohsenow, W. M. 1952. "A Method of Correlating Heat Transfer Data for Surface

Boiling Liquids." *Trans. ASME* 74: pp. 969~976.

3. Zuber, N. 1958. "On the Stability of Boiling Heat Transfer." *Trans. ASME* 80: pp. 711~720.
4. Bromley, L. A. 1950. "Heat Transfer in Stable Film Boiling." *Chem Eng Prog* 46: pp. 221~227.
5. Rohsenow, W. M. 1973. "Boiling." In W. M. Rohsenow and J. P. Hartnett, eds. *Handbook of Heat Transfer*, Cahp. 13. New York: McGraw-Hill Book Company.
6. Tong, L. S. 1965. *Boiling Heat Transfer and Two-Phase Flow*. New York: John Wiley & Sons
7. Collier, J. G. 1972. *Convective Boiling and Condensation*. New York: McGraw-Hill Book Company.
8. Griffith, P. 1973. "Two-Phase Flow." In W. M. Rohsenow and J. P. Hartnett, eds. *Handbook of Heat Transfer*, Chap. 14. New York: McGraw-Hill Book Company.
9. Ginoux, J. N. 1978. *Two-Phase Flow and Heat Transfer*. New York: McGraw-Hill/ Hemisphere.
10. Kutateladze, S. S. 1963. *Fundamentals of Heat Transfer*. New York: Academic Press.
11. Labunstov, D. A. 1957. "Heat Transfer in Film Condensation of Pure Steam on Vertical Surfaces and Horizontal Tubes." *Teploenergetika* 4: pp. 72~89.
12. Chato, J. C. 1962. "Laminar Condensation Inside Horizontal and Inclined Tubes." *JASHRAE* 4: pp. 52~60.
13. Akers, W. W., and H. F. Rosson. 1960. "Condensation Inside Horizontal Tubes." *Chem Engg Prog Symp*, Series 3, 56: p. 145.
14. Soliman, M., J. R. Scuster, and P. J. Berenson. 1968. "A General Heat Transfer Correlation for Annular Flow Condensation." *Trans ASME* 90: pp. 267~276.
15. Traviss, D. P., W. M. Rohsenow, and A. B. Baron. 1973. "Forced Convection Condensation Inside Tubes: A Heat Transfer Equation for Condenser Design." *Trans ASHRAE* 79, no. 1: p. 57.
16. Peterson, G. P. 1994. *An Introduction to Heat Pipes Modeling, Testing, and Applications*. New York: John Wiley & Sons.
17. Dunn, P. D., and D. A. Reay. 1982. *Heat Pipes*, 3d ed. New York: Pergamon Press.
18. Chi, S. W. 1976. *Heat Pipe Theory and Practice*: A Sourcebook. New York:

McGraw-Hill Book Company.

◇◇◇◇◇◇◇◇◇◇ 연 습 문 제 ◇◇◇◇◇◇◇◇◇◇

풀 비 등

12.1 1기압하 물 속에 폭과 길이가 각각 1 m인 놋쇠판을 넣고 판의 표면온도를 110℃로 유지시키고 있다. 판 양면으로부터의 열전달을 계산하라.

12.2 지름 2.8 cm인 니켈 실린더를 1기압하 물 속에 담갔다. 만약 니켈 실린더의 표면온도가 120 ℃로 유지된다면, 이 실린더 단위길이당의 열전달은 얼마인가?

12.3 그림 12·22에서와 같이 1기압하에서 스테인리스강으로 제작된 지름 25 cm인 실린더형 주전자에 물의 높이가 16 cm가 되도록 물을 넣어 두었다. 주전자 하부에서 버너로 가열하여 주전자 하부온도가 106℃로 유지된다면, 다음을 계산하라. (a) 물을 끓이는 데 소요되는 일률(열량), (b) 열전달 계수, (c) 증발속도, (d) 주전자 내부의 모든 물을 증발시키는 데 걸리는 시간. 주전자의 표면은 기계적으로 광택을 냈다고 가정하라.

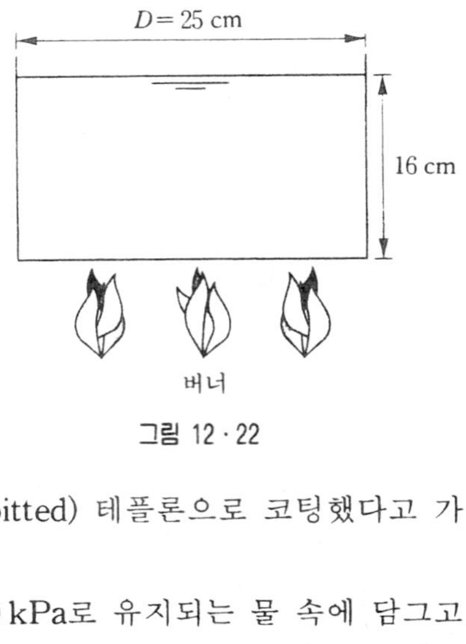

그림 12·22

12.4 주전자의 표면을 곰보식(pitted) 테플론으로 코팅했다고 가정하고 문제 12.3을 다시 풀어라.

12.5 광택을 낸 구리막대를 300 kPa로 유지되는 물 속에 담그고 전기로 가열한다. 구리막대의 지름은 2 cm이고 140℃로 유지된다면, 125 kg/h의 포화 수증기를 생산하는 데는 막대의 길이가 얼마만큼 되어야 하는가? 300 kPa에서 물의 포화온도는 134℃이다.

12.6E 1기압하에서 벤젠과 접촉하고 있는 크롬판이 212°F로 유지된다. 이 판의 표면에서의 열플럭스를 계산하라.

12.7 백금선을 1기압하 물 속에 담그고 표면온도가 112℃로 유지되도록 했을 때, 백금선 표면에서의 열플럭스를 계산하라.

12.8 1기압하에서 지름 6 cm인 긴 실린더를 물 속에 수평으로 담그고 표면온도가 300℃로

유지되도록 했다. 이 때 (a) 평균대류 열전달 계수, (b) 단위길이당의 대류 열전달, (c) 단위길이당 증발속도를 계산하라.

12.9 지름 20 cm인 구를 1기압하 물 속에 넣고 전기로 가열했다. 구의 복사능(ε)이 0.8이라고 할 때, 구로부터 방출되는 대류와 복사 열손실을 계산하여, 구의 표면온도를 580℃로 유지시키는 데 필요한 동력을 구하라.

12.10 벗겨진 28 gage 구리선을 1기압하의 물 속에 넣었다. 구리선의 표면온도가 106℃가 되도록 하는 데 필요한 전기량을 계산하라. 표면은 회전식 원반 연마기로 랩핑(lapping) 처리했다고 가정하라.

12.11 벤젠, 에틸알코올, n-펜탄의 임계 열플럭스를 계산하라. 이 임계 열플럭스를 물에서의 값과 비교하면 어떻게 다른가?

12.12 1기압하 물 속에 20 gage 니크롬선을 수평으로 담그고 표면온도를 300℃로 만드는 데 필요한 전기량을 계산하라. 니크롬선의 복사능은 $\varepsilon=0.96$이라고 가정하라.

◈ 강제대류 비등

12.13 1기압하에서 포화된 물이 지름 12 cm인 니켈도금된 실린더를 횡단하여 흐르고 있다. 표면온도는 115℃로 유지되고 있다. 물의 유속이 9 m/s일 때, 실린더 단위길이당 열전달을 계산하라.

12.14 지름 2.5 cm인 놋쇠튜브 속으로 1기압하에서 포화된 물이 12 m/s로 흐르고 있다. 튜브의 온도가 125℃로 유지된다고 할 때, 튜브의 단위길이당 열전달을 계산하라.

12.15 2 in, schedule 40인 강관 속으로 1기압하에서 포화된 물이 15 kg/s의 유속으로 흐르고 있다. 관벽의 온도가 105℃로 유지될 때, 강관의 단위길이당 열전달을 계산하라.

12.16 1기압하에서 포화된 물이 지름 1.5 cm인 갈아서 광택을 낸 강 실린더(steel cylinder)를 횡단하여 흐르고 있다. 강 실린더의 표면온도가 110℃로 유지되고 있고, 실린더의 단위길이당 열이 175 kW/m로 흐를 때, 요구되는 물의 유속을 계산하라.

12.17 9.15 kPa에서 포화된 액체벤젠이 크롬도금된 지름 4 mm의 실린더를 횡단하여 3 m/s로 흐른다. 실린더 표면의 온도가 40℃로 유지된다면, 실린더의 단위길이당 열전달을 계산하라.

12.18 1기압하에서 포화된 물이 30 gage 백금선을 횡단하여 5 m/s로 흐른다. 백금선의 온도를 108℃로 만드는 데 필요한 전기량을 계산하라. 30 gage 백금선의 전기저항은 1960 Ω/km이다.

◈ 응 축

12.19 그림 12·23과 같은 얇은 벽 수직튜브의 외면이 1기압하에서 포화된 증기에 노출되어

있다. 튜브내부를 흐르는 냉각제에 의해 튜브외부의 온도가 44℃로 유지될 때, 냉각제로의 열전달과 응축유속을 계산하라.

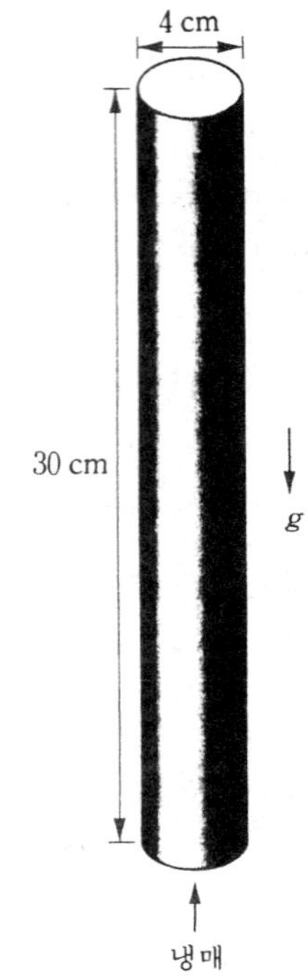

그림 12·23

12.20 30 cm×30 cm인 수직판의 한쪽 면이 1기압하에서 포화된 수증기에 노출되어 있다. 판의 온도가 25℃로 유지될 때, 판으로의 열전달과 응축유속을 계산하라.

12.21 길이가 5 m이고 지름이 40 cm인 수직 실린더의 외면이 60℃에서 포화된 수증기에 노출되어 있다. 외면의 온도가 15℃로 일정하게 유지될 때, 실린더로의 열전달과 응축유속을 계산하라.

12.22 수평으로 놓인 1 in, K형 구리튜브 속으로 냉각제가 흐르고 있으며, 이 튜브를 횡단하여 1기압하에서 포화 수증기가 흐른다. 냉각제가 튜브외부 온도를 60℃로 유지시키고 있다면, 냉각제로의 열전달과 응축유속을 계산하라.

12.23 95℃의 포화 수증기로 둘러싸인 지름이 1.25 m인 구의 외부표면이 10℃로 유지되고 있다. 2시간 동안에 구면에서 생성되는 응축유속을 계산하라. 그 동안 생성된 모든 응축수가 구면에 남아 있다고 가정할 때, 그 두께는 얼마나 되겠는가?

12.24 표면온도가 40℃로 유지되는 지름 6 in인 수평강관의 주변을 1기압하에서 포화 수증기가 둘러싸고 있다. 1시간 동안에 1200 kg의 응축수를 생산하는 데 필요한 관의 길이는 얼마인가?

12.25E 1기압하에서 포화 수증기가 3/4 in, K형 구리튜브 바깥쪽 면에 응축되며, 이 때 열전달 계수는 1200 Btu/h · ft^2 · °R이다. 물의 평균 벌크온도가 80°F라고 할 때, 튜브의 단위길이(ft)당 응축유속을 계산하라.

12.26 1 in 스테인리스강 튜브(두께는 1.65 mm) 속으로 100℃의 포화 수증기가 낮은 속도로 흐른다. 만약 튜브벽이 60℃로 유지된다면, 튜브의 단위길이당 응축유속은 얼마인가?

12.27 1/2 in 스테인리스강 튜브를 10개의 열로 선형배열한 튜브군이 있다. 튜브는 1기압하에서 포화 수증기에 노출되어 있다. 튜브의 길이는 80 cm이고, 표면온도는 40℃이다. 튜브군 안에 모두 60개의 튜브가 들어 있다면 총 열전달과 응축유속은 얼마인가?

12.28 문제 12.27을 삼각배열일 경우에 대해 풀어라.

12.29 1/4 in, K형 구리튜브를 20개의 열로 삼각배열한 응축기가 있다. 튜브는 120℃에서 포화 수증기에 노출되어 있다. 튜브의 표면온도가 55℃라 할 때, 1분 동안에 튜브의 길이 1 m당 18 kg의 응축수를 생산하려면, 하나의 열당 몇 개의 튜브가 들어가야만 할까?

◈ 열 관

12.30 예제 12.5에서 모세관 한계가 0일 때에 대응하는 경사각 Ψ를 구하라. 이것은 무엇을 의미하는가?

12.31 안지름과 바깥지름이 각각 9.0 mm, 1.3 cm이고 유효길이가 30 cm인 구리－물계의 실린더형 열관이 있다. 심지로는 두께가 1.8 mm인 200 mesh 구리체(copper screen)를 사용했다. 열관을 수평으로 하고, 포화온도 65℃에서 작동시킨다고 할 때, 장점수와 모세관 한계를 구하라.

12.32 그림 12 · 24와 같이 유효길이가 80 cm이고, 폭과 높이가 각각 6 cm, 2 cm인 열관이 있다. 응축기와 증발기의 길이는 각각 10 cm이다. 심지는 두께가 3 mm인 200 mesh 구리망을 사용했다. 열관 내에서 물의 포화온도는 40℃이고, 역치각은 5°이다. 열관의 총 저항을 구하라. 또한, 심지－액체의 조합유효 열전도도가 $k_{eff}=3\ \mathrm{W/m \cdot K}$일 때, 이 저항에 대응하는 열관에서의 온도차를 구하라.

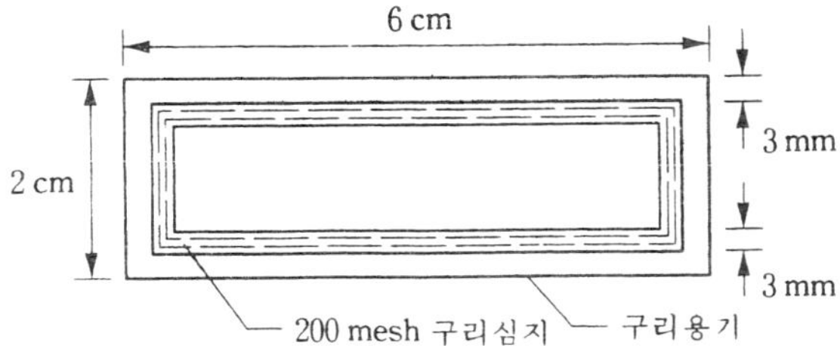

그림 12 · 24

12.33 두께가 2.11 mm인 1 in, AISI 스테인리스강 튜브로 만들어진 열관이 있다. 유효세공

반지름과 침투능이 각각 0.6×10^{-4} m, 2×10^{-10} m^2인 소결심지를 사용했다. 가동유체는 포화온도가 −20℃인 암모니아이다. 열관의 유효길이는 90 cm이고, 증발기와 응축기의 길이는 각각 6 cm, 9 cm이며, 심지의 두께는 2.0 mm이다. 역치각 5°로 놓였을 때, (a) 모세관 한계, (b) 총 열저항, (c) 열관을 통해 대응하는 온도차를 구하라. $k_{eff}=1.5$ W/m·K로 가정하고, 다음에 주어진 −20℃에서 포화된 액체 암모니아의 물성을 이용하라.

$\rho_f=665\ \mathrm{kg/m^3}$, $\mu_f=22\times10^{-5}\ \mathrm{kg/m\cdot s}$, $i_{fg}=1.3\times10^{6}\ \mathrm{J/kg}$,

$\sigma=31.2\times10^{-3}\ \mathrm{N/m}$

12.34 유효길이가 12 cm이고 100 mesh 구리망 심지를 갖는 구리−물계 초소형 열관이 있다. 용기의 두께는 2.0 mm이고, 심지의 두께는 0.4 mm이다. 열관내부에 있는 물의 포화온도가 40℃라고 가정하고, 모세관 한계를 경사각 $\Psi=-90°$로부터 한계값에 이를 때까지 경사각의 함수로 나타내고, 모세관 한계가 0이 되는 최대 경사각을 구하라.

◈ 응 용

12.35 열을 취급하는 공정에서 지름이 5 cm인 긴 실린더형 AISI 1010 원형막대를 900℃의 노 속에 넣고 균일하게 가열한다. 노로부터 원형막대를 꺼내자마자 1기압하에서 물 속에 넣어 담금질한다. 5장에서 설명된 적당한 방법을 사용하여 막비등이 일어나는 시간간격을 추산하라.

12.36 대단위 증기 발전소에서 다관형(shell and tube) 열교환기를 사용한다고 생각해보자. 20℃의 냉각수는 22 500개의 지름 3 cm 얇은 튜브 속으로 들어가며, 응축기에서 two−pass를 이룬다. 실린더를 통해서는 1기압하에서 포화 수증기가 한번 통과한다(1−2형). 수평으로 놓여진 관은 150×150으로 이루어진 정사각형 배열을 이룬다. 물의 질량유속은 1 kg/s이다. 응축기에서 4000 MW의 열전달이 요구된다면, 필요한 튜브의 길이와 냉각수의 배출온도를 구하라.

12.37 전자동력 모듈을 식히기 위해 그림 12·25에 그려진 것과 같이 총 길이가 25 cm인 구리−물계 열관을 사용한다. 증발구역은 동력모듈이 설치된 금속 덩어리 속에 느슨하게 부착되어 있고, 응축구역은 두께가 1 mm인 열두 개의 원판형 구리 휜으로 된 히트싱크에 땜질이 되어 있다. 30℃의 공기가 이 히트싱크를 횡단하여 흐르며, 이 때의 열전달 계수는 60 W/m^2·K이다. 동력모듈과 금속 덩어리 사이에 있는 열수지층에서의 열적인 접촉저항은 1.8 K/W이다. 구리열관의 지름과 두께는 각각 8 mm, 1.2 mm이다. 만약, 동력모듈이 30 W의 열을 방출하고, 열관이 45℃의 포화온도하에서 조작된다면, 동력모듈의 베이스에서의 조작온도를 계산하라. 금속 설치대는 등온이라고 가정하라.

12.38 그림 12·26에 나타낸 것과 같은 압연공정에서 지름 2.5 cm인 알루미늄 막대가 마지막 롤러를 통과하여 450℃의 균일한 온도로 빠져 나온다. 이 금속 원형막대가 롤러를 빠

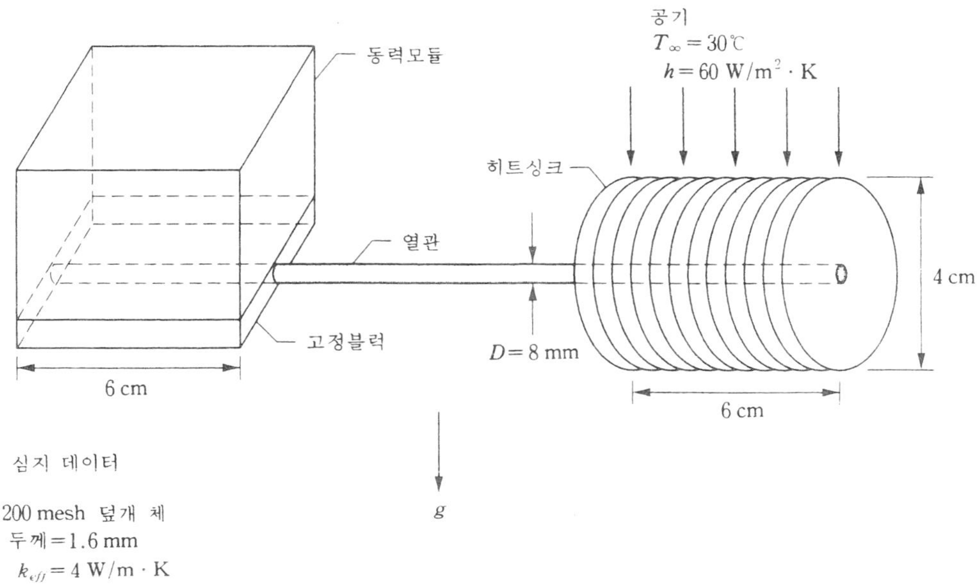

그림 12 · 25

져 나오는 동안, 물이 원형막대를 횡단하여 느린 속도로 흐르며 롤러 근방 담금질 지역에서 막비등을 일으킨다. 원형막대의 움직임을 무시하고 원형막대의 복사능이 0.3이라 할 때, 막비등 영역에서 원형막대의 단위길이당 열전달을 구하라.

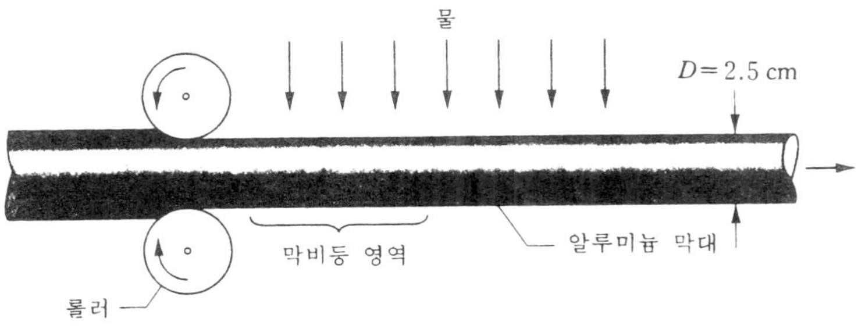

그림 12 · 26

12.39 그림 12 · 27과 같이 슈퍼컴퓨터에 사용되는 인쇄회로 기판을 FC−72 절연유체에 담갔다. 회로기판에는 동일한 집적회로(IC)가 5 cm×5 cm×7 mm로 조밀하게 각인되어 있다. 각각의 집적회로는 80 W의 열을 주변액체로 방출하여 액체가 56℃에서 끓어오르게 한다. 집적회로와 회로기판이 직접 맞닿는 면을 제외한 모든 표면에서 비등이 일어난다고 가정하면, 집적회로 상자의 온도는 얼마일까? FC−72 유체의 물성값은 부록 E로부터 구할 수 있으며, 다음과 같다.

$$\rho_g = 12.75\ kg/m^3, \quad i_{fg} = 8.79 \times 10^4\ J/kg, \quad \sigma = 11.0 \times 10^{-3}\ N/m,$$

$C_{sf} = 0.0050$, $n = 1.7$

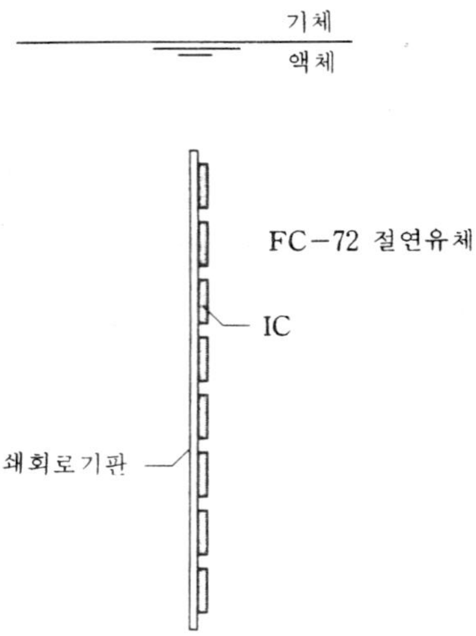

그림 12 · 27

12.40 초기온도가 20℃인 통 감자를 광택을 낸 구리냄비 안에 끓는 물 속에 넣어 요리한다. 버너를 사용하여 냄비표면의 온도를 110℃로 유지시킨다. 감자를 지름 8 cm의 구로 가정하고, 샌디에고(해수면 지역)와 덴버(해발 5280 ft)에서 감자를 삶을 때, 감자중심의 온도가 70℃에 이를 때까지 걸리는 시간을 계산하라.

12.41 3/8 in, K형 구리튜브로 만들어진 열펌프의 응축기 내부로 냉매 R-12가 40℃에서 포화되어 흐른다. 길이가 38 m인 튜브벽의 온도가 30℃라 할 때, 응축기에서의 열전달을 구하라. 만약 압축기에 가해지는 전기량이 1.8 kW라면, 이 열펌프의 COP는 얼마인가? 튜브는 수평으로 놓여 있고, 증기의 유속은 낮다고 가정하라. 40℃에서 R-12의 증발잠열은 $i_{fg} = 128.61$ kJ/kg이다.

12.42 구리판의 열전달 효율을 높이기 위해 그림 12 · 28과 같이 판내부에 4개의 열관을 심어 두었다. 판의 길이는 20 cm이고, 벽두께가 0.5 mm인 열관의 길이는 판의 길이와 같다. 판과 열관의 열저항을 더하여 판-열관 조합의 총 열전달 저항을 구하라.

다음 관계식을 이용하여 판-열관 조합유효 열전도도를 계산하라.

$$R_{th,\,total} = \frac{L}{k_{eff} A}$$

여기서 k_{eff}와 A는 각각 판-열관 조합유효 열전도도와 단면적이다.

12.43E 그림 12 · 29와 같이 건물 안에서 배기되는 공기로부터 열에너지를 회수하는 데 열관형 열교환기를 사용하는 환기 시스템이 있다. 72°F의 배기공기가 2 ft×4 ft인 환기구 속으로 빨려 들어간다. 이 때 부피유속은 4000 CFM(ft^3/min)이다. 따뜻해진 배기공기는 건물

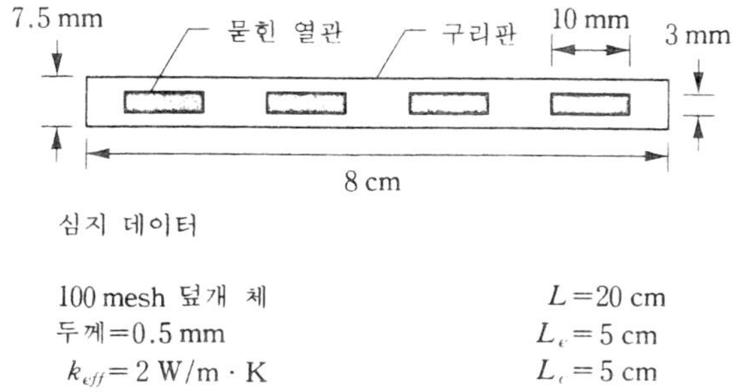

그림 12 · 28

을 나가기 전에 5×20개가 선형배열로 이루어진 알루미늄-암모니아계 열관다발을 횡단하여흐른다. 열관은 배기공기로부터 열을 받아 새로 건물로 들어가는 공기를 덮힌다. 새 공기도 같은 크기의 환기구를 통해 같은 유속으로 건물로 들어간다. 열관의 바깥지름은 0.75 in이고, 양쪽 통로에 걸쳐 있다. 알루미늄 용기와 심지의 두께는 각각 0.125 in, 0.20 in이며, 심지-액체 조합유효 열전도도는 0.45 Btu/h · ft · °R이다. 만약 들어가는 차가운 공기가 40°F라면, 건물에 공급되는 따뜻해진 공기의 온도는 몇 °F일까? 열관간의 간격은 가로와 세로 모두 2.35 in이다.

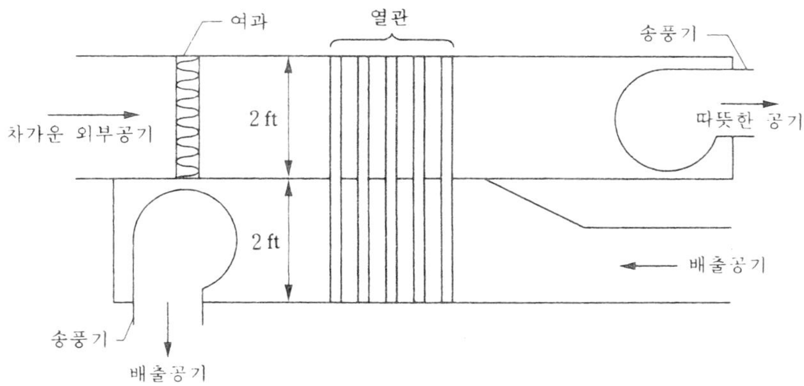

그림 12 · 29

13 열전달 현상의 측정

13.1 서　론

이 책에서 많은 열전달 특성값과 매개변수를 접했고, 그 중 대부분은 부록에 실려 있다. 열유체 과학분야에서 사용하는 모든 열적 특성값은 시료물질에 대한 한 가지 이상의 기본적인 차원을 측정하여 실험적으로 얻는다. 열전달 현상의 측정작업은 물성값과 다른 열적인 양(quantities)의 신뢰도에 달려 있기 때문에, 열전달 현상의 측정은 가장 중요하다. 열전달 현상을 측정하는 기본적인 이유는 다음의 4가지이다. 성능평가(performance evaluation), 공정제어(process control), 계산(accounting) 그리고 연구와 개발(research and development)이다. 성능평가는 열전달 시스템이 제대로 작동하는가를 확인하기 위해 측정하는 것을 말한다. 예를 들면 열교환기를 통과하여 흐르는 유체의 출구온도를 주기적으로 측정하여 오염 정도를 알아보고 열교환기의 용량을 결정할 수도 있는 것이다. 공정제어는 특정한 조작조건 내에 공정이 유지되도록 하는 데 사용하는 측정값의 피드백 조작을 말한다. 집안의 온도를 연속적으로 측정하여, 열전쌍이 집안에 있는 가열장치와 냉각장치를 켜고 끄도록 신호를 보냄으로써 쾌적한 생활환경을 유지하도록 하는 것 등이다. 계산이란 어떤 특정한 양의 사용과 흐름에 대한 기록을 남기는 것을 말한다. 예를 들면 수증기관으로부터의 열손실을 감시하는 데 열플럭스 계기를 사용할 수도 있는 것이다. 열전달에 대한 계산은 가끔 유체흐름에 대한 계산과 조합되기도 한다. 최종적으로 열전달 현상의 측정은 여러 가지 열적현상에 대한 연구와 새로운 제품과 공정개발의 하나의 집적된 부분인 것이다.

일반적인 측정 시스템은 세 가지의 주요부분, 또는 단계로 구성되어 있다. 감지변환(sensor transducer), 중간매개(intermediate), 말단(terminal)의 3단계를 말한다. 감지변환 단계에서는, 감지기가 물리적인 양을 검출하고 그 기계적 또는 전기적 효과를 보다 실용적인 형태로 변환시키는 단계이다. 변환기는 하나의 물

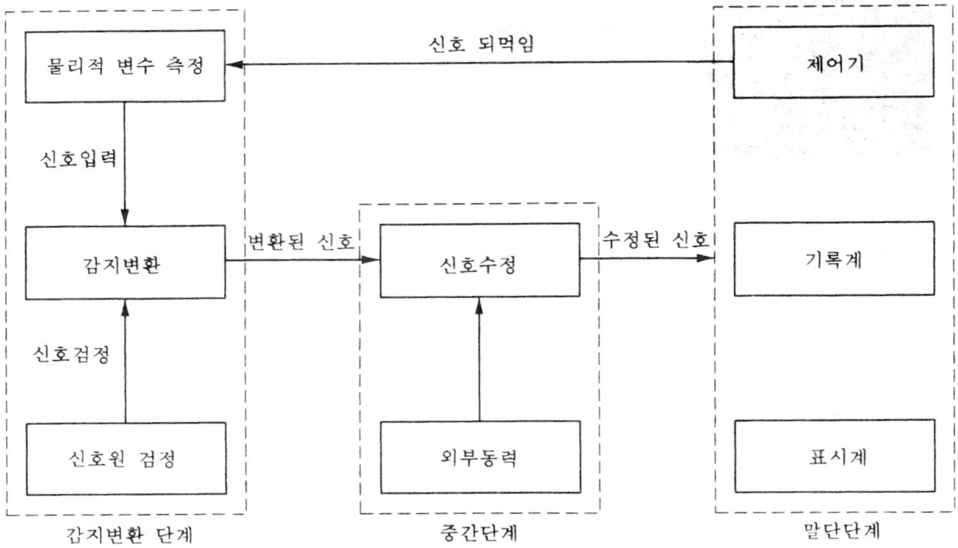

그림 13·1 일반적인 측정 시스템의 개략도

리적인 신호를 다른 신호로 바꾸는 장치이다. 변환기 대부분의 출력신호는 전기적 신호이다. 중간매개 단계는 변환된 신호를 어떤 방법을 써서 증폭하거나 보정하여 특별한 출력신호로 바꾸는 단계이다. 말단단계는 이렇게 보정된 신호를 표시하거나 기록하거나 또는 조절하는 단계이다. 그림 13·1에 일반적인 측정 시스템의 개략도를 보였다. 열전달을 공부하는 한 열전달이 일어나는 곳에서의 감지변환 단계가 주초점이 된다. 중간매개 단계나 말단단계는 열함수와 감지기의 응용을 설명하는 데 필요할 때만 포함시킬 것이다.

이 장의 목표는 열전달 측정장치와 그 응용의 일부에 대한 기초적인 형태를 설명하는 것이다. 가장 중요한 열적변수인 온도는 여러 가지 방법으로 측정할 수 있을 것이다. 열전도도는 가장 중요한 이동 물성값이며, 그 크기는 물질의 모든 상(phase)에서 정상상태와 비정상 상태의 전도에 엄청난 영향력을 갖는다. 열플럭스를 측정함으로써 어떤 특정한 표면에서 일어나는 열전달이나 푸리에 법칙에 의해 열전도도와 연관되는 열전달을 얻을 수 있다. 단위질량의 어떤 물질을 1도 변환시키는 데 필요한 열에너지의 양을 나타내는 열용량은 열량법(calorimetric method)으로 측정된다. 주어진 특정온도하에서 흑체표면에서 방사되는 열에너지에 대한 어떤 한 표면에서 방사되는 열에너지의 비율인 복사능(emissivity)은 방사능 측정방법(radiometric method)이나 열량법으로 측정할 수 있다.

13.2 온 도

온도측정은 모든 열적측정 중에서 가장 근본적이고 가장 중요하다. 인간의 온도에 대한 생리적 감각으로는 어떤 것이 얼마큼 '차다'거나 '뜨겁다'고 할 수는 있어도 수치에 기준을 두는 정량적인 정의는 내리지 못한다. 과학적인 정의로써의 온도란, 어떤 물질의 원자나 분자가 가지는 운동 에너지의 척도이다. 절대영도에서는 분자나 원자가 가지는 모든 병진, 회전, 진동운동이 멈춘다. 온도 혹은 온도차가 열전달의 척도가 된다는 것이 가장 일반적으로 사용하는 공학적 정의이다. 열역학 제2법칙에 따르면, 열은 온도가 높은 곳에서 낮은 곳으로 흐른다. 온도와 열에 대한 개념은 옛날 그리스 사람들도 연구했지만, 1592년에 갈릴레오가 처음으로 온도계를 발명했다고 믿어지고 있다.

온도에 대한 척도는 과학자나 공학자들이 공통으로 온도측정을 할 수 있도록 하는 기초를 마련하였다. 국제적인 온도표준은 고정적이고, 재현이 가능한 물질의 열역학적 상태에 기초하는 것을 채용하고 있다. 섭씨(Celsius)온도 눈금은 1기압하에서 물의 빙점과 비점을 각각 0℃와 100℃로 정의하고 있다. 화씨(Fahrenheit)온도 눈금에서는 이 점이 각각 32°F와 212°F라고 정의하고 있다. 켈빈온도와 랭킨온도는 절대온도로써, 가능한 최저온도가 각각 0 K와 0 °R이다. 이 4가지의 온도눈금을 비교한 것이 그림 13 · 2이다.

모든 온도측정 장치는 온도감지 요소를 가지고 있다. 어떤 특정 응용분야에서 온도 감지기를 선택할 때, 고려해어야만 하는 몇 가지의 특성이 있다. 감지기는 언제나 온도에 대해 명백한 응답을 내야만 한다. 즉, 감지기는 온도의 함수로써

그림 13 · 2 섭씨 · 화씨 · 켈빈 · 랭킨온도 눈금의 비교

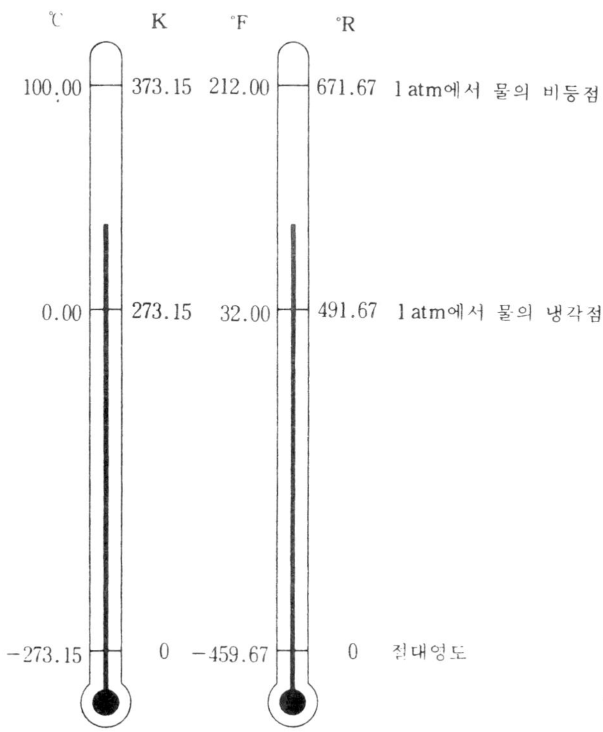

증가 혹은 감소하는 출력을 연속적으로 제시해야만 한다는 것이다. 감지기의 조작범위 내에서는 모든 온도에 대해 감지기는 높은 감도(high sensitivity)를 가져야만 한다. 감지기는 안정성(stability)을 보이지 않으면 안 되는데, 이것은 장치의 수명이 다할 때까지 감지기의 물리적 특성이 변하지 않아야 한다는 것을 의미한다. 온도측정 장치의 가격은 수 센트로부터 수천 달러까지 다양하다. 감지기의 온도감지 범위는 반드시 응용분야에서 예상되는 온도범위와 일치해야만 한다. 많은 응용분야에서 감지기의 크기(size)는 결정적인 경우가 많다. 온도 감지기의 응답시간은 응용분야에서 요구하는 측정을 수행하는 데 충분할 정도로 빠르지 않으면 안 된다. 마지막으로 감지기는 쓸만한 출력을 내야만 한다. 즉, 출력은 효과적으로 읽을 수 있고, 해석할 수 있고, 기록이 되어야 한다는 것이다.

온도측정 장치에는 서로 다른 몇 가지 형태가 있다. 가장 흔히 사용되는 장치는 유리관 속에 액체를 넣어 사용하는 유리관(liquid in glass) 온도계, 바이메탈(bimetal) 온도계, 열전쌍(thermocouple), RTD, 서미스터(thermistor), 복사 온도계(radiation thermometer) 등이다.

유리관 온도계

유리관(liquid in glass) 온도계는 열응답이 있는 액을 눈금이 새겨진 밀봉 유리

그림 13·3 유리관 온도계

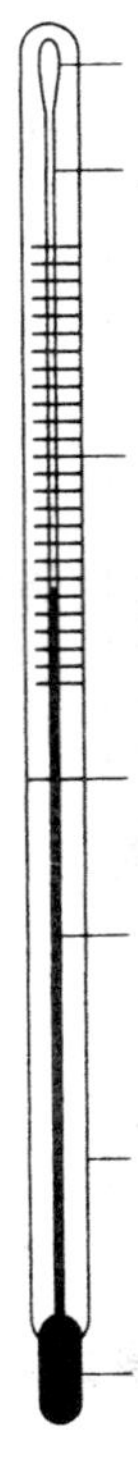

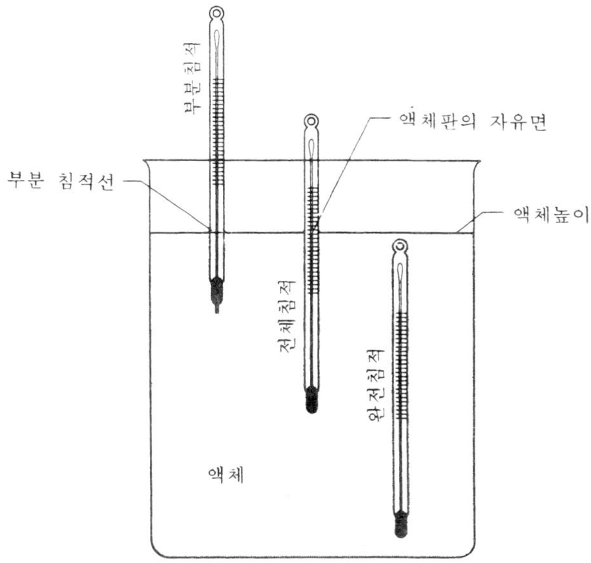

그림 13·4 유리관 온도계는 부분침적, 전체침적, 혹은 완전 침적형일 수 있다.

관 속에 넣어 만든다. 그림 13·3은 유리관 온도계의 주요장치에 대한 것이다. 벌브(bulb)는 액체 저장고다. 저장고에 들어 있는 액체의 부피는 온도가 오르고 내림에 따라 각각 확장되기도 하고 축소되기도 한다. 액체가 확장되고 축소됨에 따라 온도계 축의 중심부에 있는 가느다란 모세관 속에서 오르내린다. 액층의 자유표면은 눈금에 맞추어 눈에 보이게 감지되는데, 이것은 구의 온도를 나타내도록 미리 보정되어 있다. 온도가 오르면 액체와 함께 유리관도 확장되기 때문에, 이러한 미소확장도 고려하여 보정해야 한다는 점을 지적하지 않을 수 없다. 과열로 인해 액체가 크게 확장되어 온도계가 깨지는 것을 방지하기 위해 온도계의 상단부에 안전구라고 하는 확장실(expansion chamber)이 위치한다. 유리관 축에 그려진 침적선(immersion line)은 부분침적 온도계에 대해 적당한 침적깊이를 나타내는 표식이다. 침적선이 없는 온도계는 전체 침적형이거나 완전 침적형일 수도 있다. 이 세 가지 침적형에 대해 그림 13·4에 나타내었다.

그림 13·5와 같이 액 속에 잠겨 있는 유리관 온도계를 생각해 보자. 온도계와 주변간에 온도차가 존재한다. 따라서, 온도계 축은 온도계로부터 주변으로의 열전달을 일으키는 전도체 역할을 함으로써, 온도계가 감지한 온도를 낮추게 된다. 이 효과를 침적오차(immersion error) 또는 축오차(stem error)라고 한다. 상대적인 침적오차의 크기는 다음과 같은 개략식으로 표시할 수 있다.

$$\frac{\Delta T_m}{T-T_\infty} \approx e^{-L/D_m} \tag{13·1}$$

여기서 ΔT_m : 절대측정 오차(℃)

그림 13·5 침적오차는 온도계 축으로부터 주변으로의 열전달 때문에 발생한다.

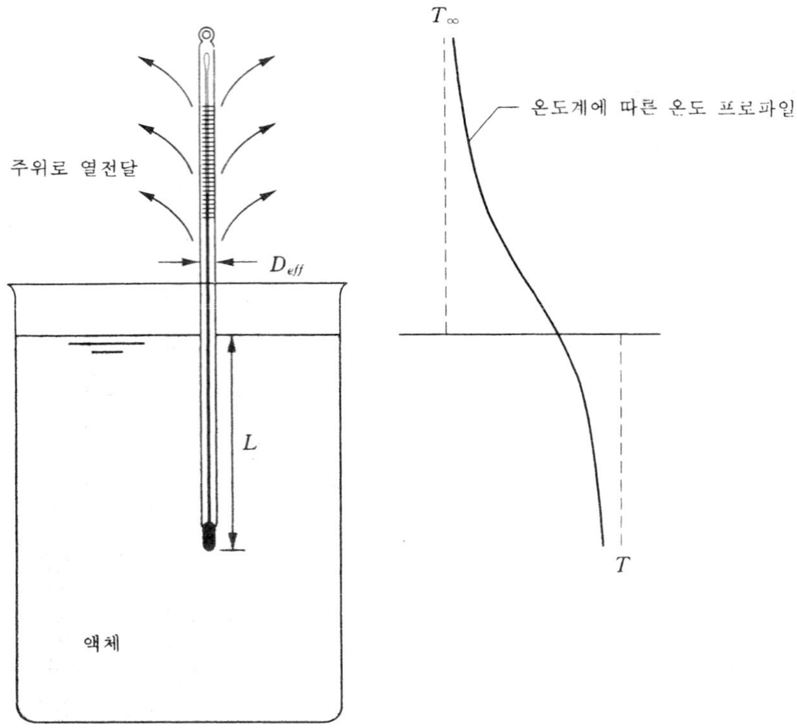

T : 매질의 온도(℃)

T_∞ : 주변온도(℃)

L : 침적깊이(m)

D_{eff} : 온도계의 유효지름(m)

정확한 온도측정을 위하여 침적깊이는 대략 온도계 지름의 10배가 되지만, 공업적으로 이용하는 온도계의 경우 전형적으로 5배를 사용한다. 10배로 계산할 경우와 5배로 계산할 경우의 상대침적 오차는 각각 ±0.01%, ±1%이다.

예제 13.1 유효지름이 5 mm인 유리관 온도계에 대해 최대측정 오차가 1% 이하가 되는 최소침적 깊이를 추산하라.

풀이 식 (3·1)을 이용하여 침적깊이 L은

$$L = -D_{eff}\ln\left(\frac{\Delta T_m}{T - T_\infty}\right)$$

$$= -(5\text{ mm})[\ln(0.01)] = 23.0\text{ mm}$$

유리관 온도계에는 여러 가지 종류의 액체를 사용할 수도 있지만, 수은과 알코

올이 가장 흔하다. 수은은 빙점(−39℃)과 비점(357℃) 사이의 온도범위가 크기 때문에 바람직하다. 그 외에도 수은의 장점은 열팽창 계수가 거의 선형이라는 것과 유리에 묻지 않는다는 장점도 포함된다. 수은의 약점은 값이 비싸다는 점, 열팽창 계수가 낮다는 점, 그리고 판독성(readability)이 나쁘다는 점 등이다. 알코올은 수은보다 열팽창 계수가 크지만, 비교적 비점이 낮기 때문에 저온측정에 한한다는 약점이 있다.

유리관 온도계는 사용이 편하고 값이 싸며, 외부동력이 필요하지 않고, 물리적인 손상을 쉽게 알아볼 수 있기 때문에 다른 온도측정 장치에 비해 장점이 많다. 약점은 쉽게 깨질 수 있다는 점, 측정온도 범위에 한계가 있다는 점, 원격으로 혹은 자동으로 판독하기가 어렵다는 점 등이다. 유리관 온도계의 정확도는 온도계의 형태와 범위에 따라 0.02°로부터 1.0°까지이다. 유리관 온도계는 가정용으로, 의학용으로, 공업용으로, 연구용으로까지 대단히 널리 이용되고 있다.

바이메탈 온도계

어떤 물질의 온도가 ΔT만큼 변했을 때, 길이 L의 변화량은 다음 식과 같다.

$$\Delta L = \alpha L \Delta T \qquad (13 \cdot 2)$$

여기서 ΔL : 길이변화(m)

α : 열팽창 계수($℃^{-1}$)

L : 온도변화가 있기 전의 원래의 길이(m)

ΔT : 온도변화(℃)

열팽창 계수 α는 대부분의 물질이 (+)의 값을 갖는다. 온도가 증가하면 길이가 증가하며, 온도가 감소하면 길이도 감소한다. 바이메탈 온도계의 원리는 그림 13·6과 같은 상황으로 생각할 수 있다. 서로 상이한 두 개의 금속띠에 같은 온도차를 주었을 때, 그것의 길이는 각각 ΔL_1, ΔL_2만큼씩 증가한다. 두 개의

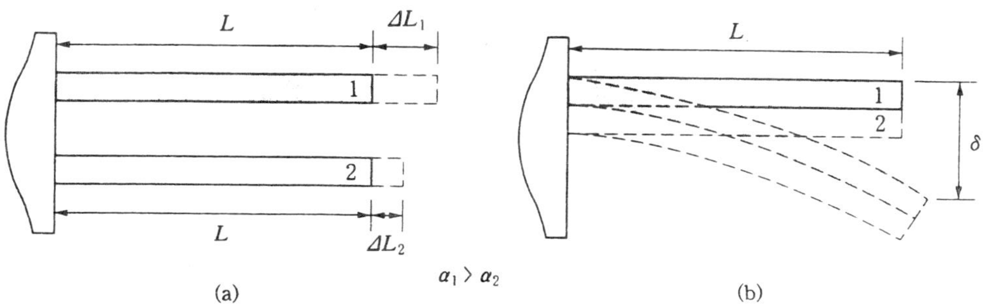

그림 13·6 두 가지의 상이한 금속띠에 온도차를 주었을 때, (a) 서로 떼어 놓았을 경우 독립적인 팽창, (b) 서로 접착시켰을 경우 편차가 발생한다.

금속띠는 서로 떨어져 있기 때문에 서로간에 독립적으로 자유롭게 팽창한다. 그러나 만약 서로 다른 두 개의 금속띠를 접착시켜 놓고 가열한다면, 앞에서와 같이 팽창하겠지만, 윗판이 밑판보다 길게 팽창하기 때문에, 이 바이메탈 띠(bimetal strip)는 열팽창 계수가 낮은 아래쪽으로 굽혀진다. 이 결과를 바이메탈 띠의 편차(deflection) δ라 한다. 편차의 크기는 온도차와 바이메탈 띠의 길이에 정비례하고, 띠의 두께에 반비례한다. 바이메탈 온도계는 나선형 판(flat spiral), 단일나선(single helix) 또는 다중나선(multiple helix)의 형태로 접착된 두 개의 상이한 금속으로 구성되어 있다. 일반적인 가정용 바이메탈 온도계는 전형적으로 나선형 판의 구조를 가진 것을 사용하지만, 대부분의 공업용 바이메탈 온도계는 나선구조로 설계한 것이다. 작은 온도차에 대해 큰 굽힘을 얻기 위해서는 저팽창 금속과 고팽창 금속으로 바이메탈 띠를 만든다.

전형적인 바이메탈 온도계의 그림 13·7에 나타내었다. 공업용으로 사용하는 대부분의 바이메탈 온도계는 나선형 바이메탈 요소를 금속축에 맞추어 끼워 넣어서 사용하고 있다. 이 금속축을 매질 속에 넣어서 온도를 측정한다. 축의 길이는 5 cm로부터 180 cm에 이르기까지 다양하다. 바이메탈 온도계의 표시면도 지름이 2.5 cm로부터 13 cm까지 다양하다. 바이메탈 온도계의 재료로 스테인리스강을

그림 13·7 바이메탈 온도계(Courtesy of H-B Instrument Company, Collegeville, Pa.)

선호한다. 극단적인 조작조건하에서 간헐적으로 이 장치를 사용할 경우, 일반적으로 활용 가능한 범위는 −185℃로부터 540℃이다. 연속적으로 사용할 경우, 실용적인 온도범위는 −70℃로부터 430℃까지이다. 그렇지만, 저온응용에 맞도록 특별히 제작한 바이메탈 온도계의 경우, 연속적으로 사용해도 650℃ 이상에서 사용할 수 있다. 공업용 바이메탈의 정확도는 전체눈금(full scale)의 0.5%~1.0%이다. 주어진 응용범위에 대한 정확도는 축길이(stem length)의 함수이다. 액체의 경우 축을 약 5 cm 정도로 매질 속에 넣어야 하며, 기체의 경우 약 10 cm 정도를 매질 속에 넣어야 한다. 바이메탈 온도계는 사용이 간편하고, 값이 싸며, 외부동력이 필요 없고 단단하기 때문에, 다른 온도측정 장치에 비해 여러 가지 장점이 있다. 단점으로는 측정온도 범위에 한계가 있다는 점, 원격으로 혹은 자동으로 판독하기가 어렵다는 점 그리고 응답이 느리다는 점 등이다. 바이메탈 온도계는 제조공정, 가열과 공기조절, 의학분야, 요리공정 등 다양하게 이용되고 있다.

열 전 쌍

열전쌍(thermocouples)은 모든 온도측정 장치에 가장 널리 사용된다. 그림 13·8에 나타낸 것과 같이 상이한 금속 두 가닥의 양끝을 서로 결합시키고, 양끝의 온도를 다르게 했을 때, 이 회로에는 끊임없이 전류가 흐른다. 1821년에 토마스 제벡(Thomas Seebeck)이 처음 발견한 이 현상을 제벡효과(Seebeck effect)라 한다. 온도를 측정해야 할 매질과 접촉하고 있는 접점을 측정접점(measurement junction)이라고 한다. 또 다른 접점은 기준접점 혹은 냉접점으로 불리는 표준접점으로써 알고 있는 표준온도에 항상 고정되어 있다. 금속선에 발생되어 흐르는 전류는 두 접점간 온도차와 금속선의 조성의 함수이다. 온도차 ΔT가 증가함에 따라 전류 I도 증가한다.

그림 13·8에 나타낸 바와 같은 단순한 회로가 온도계로 작동하기는 하지만, 전류는 금속선과 접점의 저항에 의존하기 때문에 결과를 잘 알아 볼 수 있는 측정장치로 사용하기에는 적절치 못하다. 보다 적절한 열전쌍 회로를 그림 13·19에 나타내었다. 검류계를 전압계로 대치하고, 물의 빙점을 표준온도로 해서 기준접점을 잡았다. 측정접점과 기준접점 사이에 온도차가 증가함에 따라 제벡전압

그림 13·8 접점간에 온도차가 존재하면 상이한 두 금속선 사이에서 계속해서 전류가 발생한다.

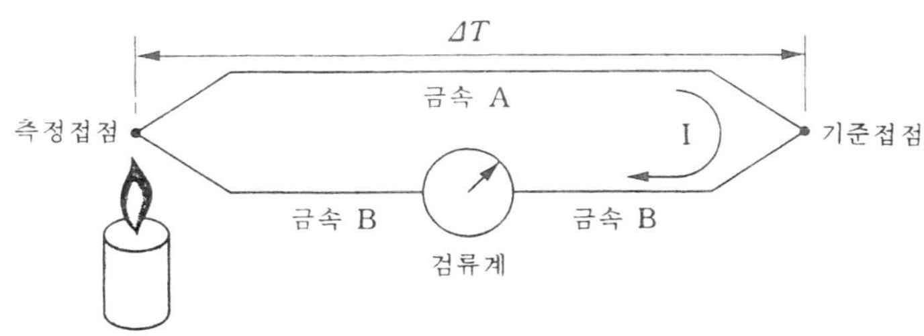

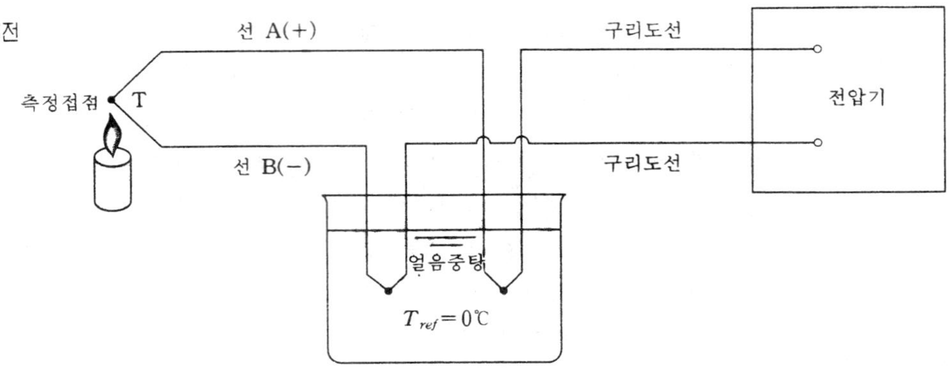

그림 13·9 기본적인 열전쌍 회로

도 증가한다. 온도변화에 따른 전압변화는 대단히 작아서 전형적으로 40 μV/℃ 정도이다. 제벡전압 E는 측정접점과 기준접점 사이의 온도차에 정비례하며, 관계식은 다음과 같다.

$$E(T)=s(T)(T-T_{ref}) \tag{13·3}$$

여기서 $s(T)$는 제벡계수(V/℃)이고, T와 T_{ref}는 각각 측정접점과 기준접점의 온도이다. 제벡계수는 금속선의 조성과 온도의 함수이다. 제벡계수가 온도에 의존한다는 것은 열전쌍이 비선형 장치라는 것을 의미한다. 기준온도 $T_{ref}=$ 0℃로 하면, 식 (13·3)은 다음 식과 같이 된다.

$$E(T)=s(T)T \tag{13·4}$$

구하고자 하는 값이 전압이 아닌 온도이기 때문에 식 (13·4)은 실제사용에는 적합하지 않다. 제벡전압을 함수로 하여 온도를 구하는 관계식이 바람직하다. 미국 국립표준기술연구소(National Institute of Standards and Technology : NIST) [1]에서는 중요한 열전쌍에 대한 제벡전압과 온도를 실은 표를 만들었다. 덧붙여 표로 정리된 데이터를 다항식 곡선 맞추기(polynomial curve fit)로부터 다음 식과 같이 표현된다.

$$T=\sum_{i=0}^{n} a_i E^i \tag{13·5}$$

여기서 a_i는 표 13·1에 주어진 것과 같이 문자로 표시된 형태의 표준 열전쌍에 대한 다항식 계수이다. 이 식에서 T와 E의 단위는 각각 ℃와 V이다. 식 (13·5)는 전압을 온도로 곧바로 전환시키는 데이터 수집 시스템(data acquisition system)의 한 부분으로써 컴퓨터 프로그램에 사용할 수도 있다. 표 13·1에 주어진 계수는 주어진 온도범위 밖에서 사용할 경우, 오차가 큰 결과를 낸다. 열전쌍 표와 이에 대응하는 곡선 맞추기는 기준접점의 온도를 0℃로 한 것이다. 따라서,

표 13·1 식 (13·5)를 사용할 때 열전쌍의 다항식 계수

	E형	J형	K형
온도범위	−100~1000℃	0~760℃	0~1370℃
a_0	0.104 967 248	−0.048 868 252	0.226 584 602
a_1	17 189.452 82	19 873.145 03	24 152.109 00
a_2	−282 639.0850	−218 614.5353	67 233.4248
a_3	12 695 339.5	11 569 199.78	2 210 340.682
a_4	−448 703 084.6	−264 917 531.4	−860 963 914.9
a_5	$1.108\,66\times10^{10}$	2 018 441 314	$4.835\,06\times10^{10}$
a_6	$-1.768\,07\times10^{11}$		$-1.184\,52\times10^{12}$
a_7	$1.718\,42\times10^{12}$		$1.386\,90\times10^{13}$
a_8	$-9.192\,78\times10^{12}$		$-6.337\,08\times10^{13}$
a_9	$2.061\,32\times10^{13}$		
	R형	**S형**	**T형**
온도범위	0~1000℃	0~1750℃	−160~400℃
a_0	0.263 632 917	0.927 763 167	0.100 860 910
a_1	179 075.491	169 526.5150	25 727.943 69
a_2	−48 840 341.37	−31 568 363.94	−767 345.8295
a_3	$1.900\,002\times10^{10}$	8 990 730 663	78 025 595.81
a_4	$-4.827\,04\times10^{12}$	$-1.635\,65\times10^{12}$	−9 247 486 589
a_5	$7.620\,91\times10^{14}$	$1.880\,27\times10^{14}$	$6.976\,88\times10^{11}$
a_6	$-7.200\,26\times10^{16}$	$-1.372\,41\times10^{16}$	$-2.661\,92\times10^{13}$
a_7	$3.714\,96\times10^{18}$	6.1750×10^{17}	$3.940\,78\times10^{14}$
a_8	$-8.031\,04\times10^{19}$	$-1.561\,05\times10^{19}$	
a_9		$1.695\,35\times10^{20}$	

$T_{ref}=0$℃ 이면, $E=0$ 이다. 상용 열전쌍 장치에서는 기준온도를 전기적으로 유지하며, 전압을 온도눈금으로 전환한 것이다.

처음에 열전쌍의 형태는 두 가닥의 상이한 금속선의 성분조성에 따라 분류하고, 문자로 표시하여 구분했다. 표 13·2에 가장 흔히 사용되는 열전쌍에 대해서 문자로 표시한 열전쌍형, 그 조성, 조작온도 범위, 오차의 한계 등을 종합해서 실었다. E형 열전쌍은 표준 열전쌍형 중에서 가장 높은 전압이 출력된다. J형은 응축으로 인해 강선이 부식될 수도 있기 때문에 0℃ 이하에서는 일반적으로 사용되지 않는다. K형은 일반적으로 산화환경에서 사용된다. R형과 S형은 산화환경에 대해 저항성이 대단히 좋다. T형 열전쌍은 일반적으로 저온작업에 사용되며, 습기에 대한 저항성이 높다.

표 13·2 일반적인 열전쌍형

형	(+)선	(−)선	온도범위	오차한계*
E	$Ni_{99}Cr_{10}$	$Ni_{45}Cr_{10}$	−200~0℃	±1.7℃ 또는 ±1%
chromel−constantan			0~900℃	±1.7℃ 또는 ±0.5%
J	Fe	$Ni_{45}Cu_{55}$	0~750℃	±2.2℃ 또는 ±0.75%
iron−constantan				
K	$Ni_{90}Cr_{10}$	$Ni_{95}Al_{2}$	−200~0℃	±2.2℃ 또는 ±2%
chromel−alumel			0~1250℃	±2.2℃ 또는 ±0.75%
R	$Pt_{87}Rh_{13}$	Pt	0~1450℃	±1.5℃ 또는 ±0.25%
platinum−rhodium				
S	$Pt_{90}Rh_{10}$	Pt	0~1450℃	±1.5℃ 또는 ±0.25%
platinum−rhodium				
T	Cu	$Ni_{45}Cu_{55}$	−200~0℃	±1℃ 또는 ±1.5%
copper−constantan			0~350℃	±1℃ 또는 ±0.75%

* 어느 것이든 가장 크다

표준 열전쌍을 만드는 금속선은 이용할 수 있는 치수의 범위가 넓고 구조도 다양하게 할 수 있다. 그림 13·10에 기본적인 열전쌍 구조를 나타내었다. 서로 상이한 열전쌍 금속선은 개별적으로 절연재 피복이 되어 있고, 두 피복선을 함께 묶어 다시 한번 피복함으로써, 기계적 혹은 열적인 충격을 방지할 수 있도록 했다. 피복선의 끝부분을 벗겨내서 그림 13·11에 나타낸 방법들 중 한가지 방법으로 접점을 만들었다. 열전쌍의 접점은 열전쌍의 수명이 다할 때까지 조작온도 범위 내에서 믿을만한 전기적 연속성을 보이지 않으면 안 된다. 사용해야 할 접점의 형태는 응용분야에 달려 있다. 많은 경우에 나선을 꼬거나 납땜, 용접, 놋쇠땜 등이 적절하다. 부식성 유체나 강한 기계적 충격으로부터 접점을 보호할 필요가 있는 경우도 있다. 빠른 열적응답을 얻기 위한 보호장치에 접점을 접지시키거나 혹은 접점을 전기적으로 고립시키기도 한다. 연결선은 보호하는 데 반해 접점은 노출시키기도 한다. 정확한 지점을 측정하기 위해 특별히 사용되는 아주 가느다란 나선 열전쌍을 그림 13·12에 나타내었다.

온도를 측정해야 할 매질 속에 혹은 매질 위에 설치할 때, 의도한 지점의 온도측정이 이루어질 수 있도록, 열전쌍 접점의 위치를 잘 지정하지 않으면 안 된다.

그림 13·10 열전쌍의 선과 측정접점

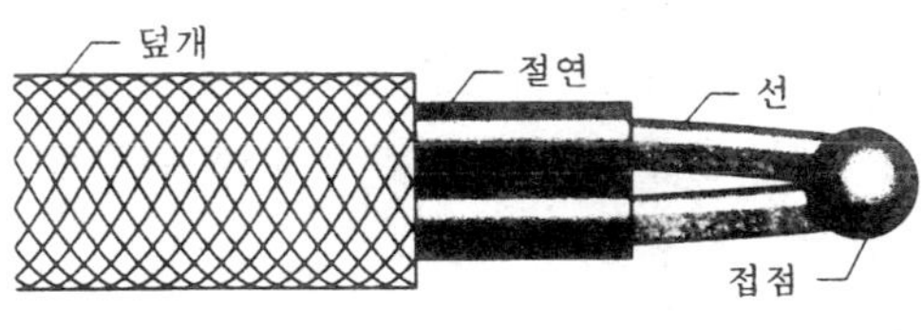

그림 13·11 열전쌍의 측정접점을 만드는 방법들

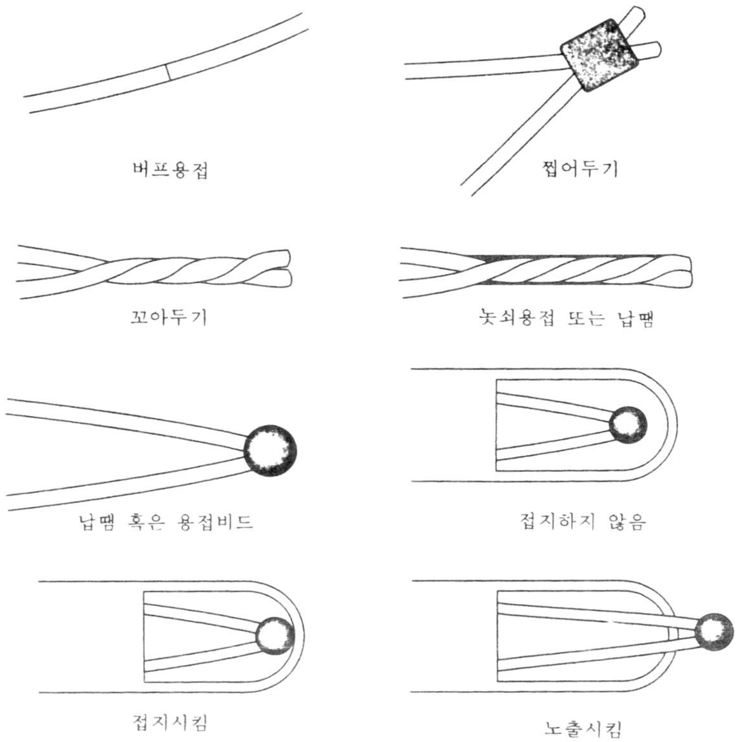

그림 13·12 피복되지 않은 가는 치수의 열전쌍. (©Copyright 1995 Omega Engineering, Inc. All Rights Reserved. Reproduced with the permission of Omega Engineering, Inc., Stamford, CT 06907. "Thru the eye of the needle" design is a registered trademark of Omega Engineering, Inc.)

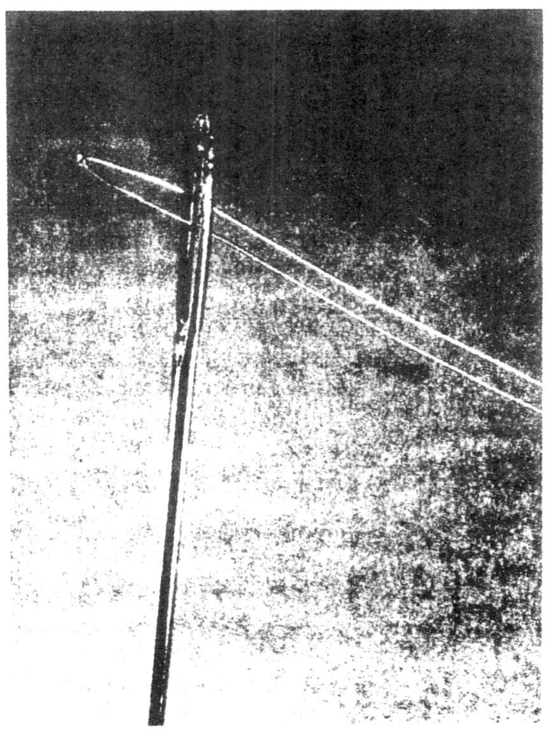

그림 13·13 의도하지 않은 측정접점이 생기는 열전쌍 설치

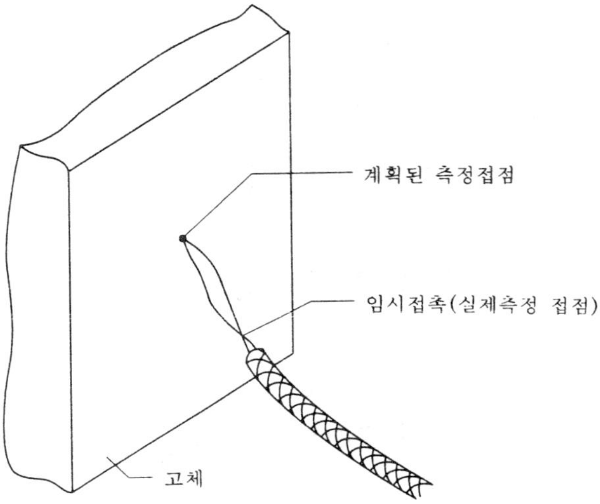

만약 접점이 아닌 나선(裸線)부분이 우연히 서로 접촉하게 되면, 그림 13·13에 나타낸 것처럼 접점 뒤쪽의 온도를 측정하게 되는 것이다. 우연히 접촉한 지점이 실제측정 접점이 되므로 측정된 온도는 의도한 지점의 온도와 일치하지 않을 것이다.

일반적으로 열전쌍은 믿을만하고 손쉬운 온도 감지기이기는 하지만, 열전달에 관련된 여러 가지 오차를 내는 원인이 되기도 하는데, 그 중 약간은 설치방법 때문이기도 하다. 11장에서 논의했듯이 열복사가 온도측정에 영향을 준다. 열전쌍은 앞에서 설명한 침적오차와 비슷하게 복사오차와 전도오차를 가지며, 금속선을 따라 전도가 일어난다. Hennecke and Sparrow[3]는 그림 13·14에 나타낸 것과 같이 넓은 표면에 부착된 열전쌍의 전도오차에 대해 관계식을 유도했다. 이런 식으로 표면에 부착된 열전쌍은 표면의 국부온도를 변화시키는 경향이 있으며, 주변의 영향을 받지 않은 표면과는 다른 온도를 나타내게 된다. 그 오차는 다음 관계식으로 주어진다.

$$\frac{T_w - T_i}{T_w - T_\infty} = \frac{X - Bi}{X + 1.27 + 1.08Bi - 0.5Bi^2} \qquad (13 \cdot 6)$$

여기서 $$X = \frac{\sqrt{\phi_w / R}}{\pi r k} \tanh\left(\frac{L}{\sqrt{\phi_w R}}\right) \qquad (13 \cdot 7)$$

T_w : 표면의 실제온도(℃)

T_t : 열전쌍에 나타난 온도(℃)

T_∞ : 유체온도(℃)

L : 열전쌍 금속선의 길이(m)

r_i : 내부절연 반지름(m)

r_o : 외부절연 반지름(m)

$r=\sqrt{2}\,r_o$: 금속선의 유효 반지름(m)

h : 금속선에 대한 열전달 계수($W/m^2 \cdot K$)

h_w : 넓은 표면에서의 열전달 계수($W/m^2 \cdot K$)

k_i : 금속선 절연제의 열전도도($W/m \cdot K$)

k : 넓은 표면의 열전도도($W/m \cdot K$)

$Bi=h_w r/k$: 바이오트 수(식 (13·6)은 $Bi<1.0$일 때 성립함)

$\phi_w=(kA)_{wire}$: 금속선에 대한 상당 열전도도와 면적의 곱($W \cdot m/K$)

$R=1/2\pi r_o h+\ln(r_o/r_i)/2\pi k_i$: 전체 반지름 방향 열저항($K \cdot m/W$)

금속선의 유효 반지름 r는 두 개의 금속선으로 이루어진 열전쌍 탐침의 상당 반지름을 나타낸다. 매개변수 ϕ_w는 금속선의 상당 열전도도와 금속선과 절연제의 단면적을 고려한 것이다. 온도구배를 줄이기 위해 열전쌍 금속선을 고체표면을 따라가며 놓이게 해서 전도오차를 줄일 수도 있을 것이다.

설치방법 때문에 생기는 또 다른 오차는 열전쌍을 표면에 잘못 부착했을 때 발생한다. 만약 열전쌍의 측정접점이 표면에 열적으로 근접하여 접촉되지 않는다면, 큰 열접촉 저항이 있게 되고, 따라서 접점과 표면간에 상당한 온도차가 발생한다. 열전쌍은 표면과 주변온도 사이의 어떤 값을 읽게 되는 것이다. 어떤 열전쌍은 맞춤 탭, 깔게, 혹은 부착을 쉽게 하는 기계적인 접착제나 열적으로 전도성을 갖는 접착제인 박막과 함께 공급하기도 한다.

열전쌍 혹은 어떤 종류의 온도 감지기가 매질과 접촉했을 때, 측정접점과 측정해야 할 매질간에 열적인 평형이 이루어질 때까지는 약간의 시간이 걸린다. 열전쌍의 응답은 측정접점의 시간상수의 함수이다. 열전쌍 접점은 크기가 작기 때문

그림 13·14 표면온도 측정시 전도오차를 찾기 위한 열전쌍의 배치도

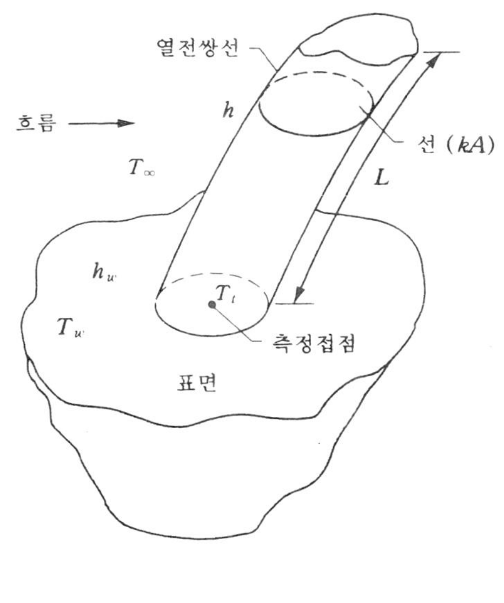

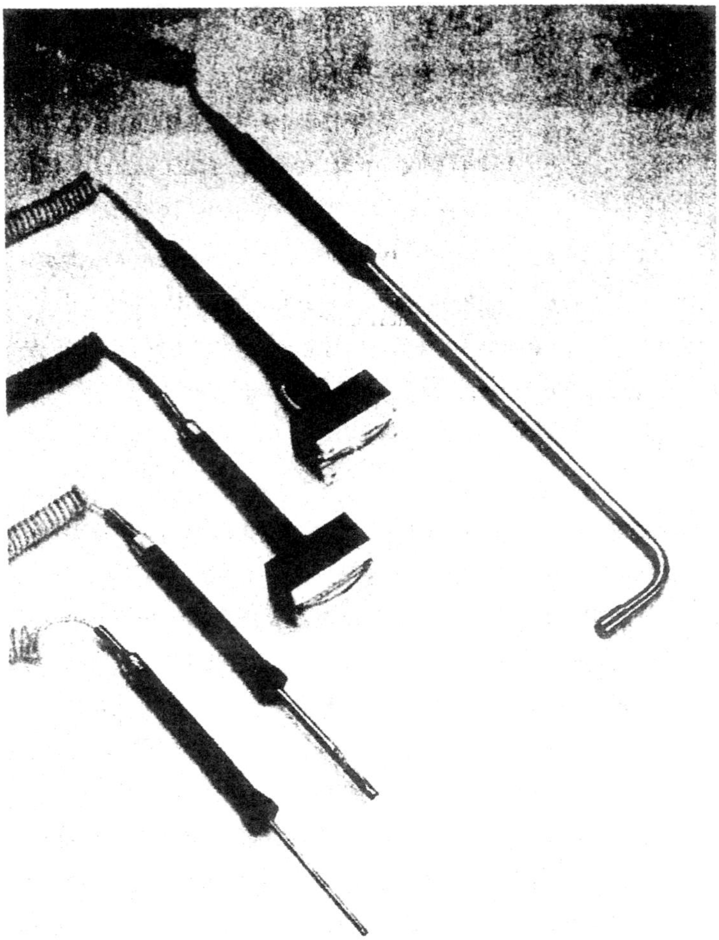

그림 13·15 열전쌍의 표면형과 삽입형 탐침(© Copyright 1995 Omega Engineering, Inc. All Rights Reserved. Reproduced with the permission of Omega Engineering, Inc., Stamford, CT 06907).

에 대부분의 경우 총 열용량 시스템(lumped heat capacity system)으로 간주할 수 있다. 유체 속에 침적시킨 열전쌍에 대해 측정접점의 온도응답은 다음 식을 사용하여 구할 수 있다.

$$\frac{T_t - T_\infty}{T_i - T_\infty} = e^{-t/t_c} \tag{13·8}$$

여기서 t_c는 다음 식과 같다.

$$t_c = \frac{\rho c_p V}{hA} \tag{13·9}$$

여기서 T_t : 주어진 시간 t에서 측정접점의 온도(℃)

T_∞ : 유체의 온도(℃)

T_i : 측정접점의 초기온도(℃)

t : 시간(s)
h : 금속선에 대한 열전달 계수($W/m^2 \cdot K$)
A : 측정접점의 표면적(m^2)
ρ : 측정접점의 밀도(kg/m^3)
c_p : 측정접점의 비열($J/kg \cdot K$)
V : 측정접점의 부피(m^3)

총 열용량 시스템에서 주변유체의 온도의 1% 내로 들기 위해서는 대략 시간상수 5정도가 필요하다. 그림 13·12에 나타낸 것과 같은 작은 접점은 시간상수가 작고, 따라서 응답이 빠르다.

열전쌍은 상상할 수 있는 거의 대부분의 온도측정 분야에 사용할 수 있다. 열전쌍 온도계는 사용이 간편하고 단단하며, 비싸지 않고 조작온도 범위가 넓다. 그림 13·15에 여러 가지 표면형 열전쌍 탐침과 삽입형 열전쌍 탐침에 대해 나타내었다.

예제 13.2 기준접점의 온도를 0℃로 유지하는 J형(iron constantan) 열전쌍이 발생하는 제벡 전압이 13.555 mV였다. 측정점에서의 온도는 얼마인가?

풀이 제벡전압은

$$E = 13.555\ \text{mV} = 13.555 \times 10^{-3}\ \text{V}$$

이 값을 식 (13·5)에 대입하면

$$\begin{aligned} T &= -0.048\,868\,252 + 19\,873.145\,03(13.555 \times 10^{-3}) - 218\,614.5353 \\ &\quad \times (13.555 \times 10^{-3})^2 + 11\,569\,199.78(13.555 \times 10^{-3})^3 - 264\,917\,531.4 \\ &\quad \times (13.555 \times 10^{-3})^4 + 2\,018\,441\,314(13.555 \times 10^{-3})^5 \\ &= 249.96℃ \end{aligned}$$

J형 열전쌍에 대한 NIST표에서는 제벡전압 13.555 mV에 대해 250℃로 실려 있다. 따라서, 다항식을 이용해서 구한 값도 단지 0.04℃의 편차만을 내고 있음을 알 수 있다.

예제 13.3 길이가 50 cm인 24 gage 구리-콘스탄탄 열전쌍이 45℃ 공기흐름에 노출된 두꺼운 AISI 스테인리스강 판에 부착되어 있다. 이 판과 열전쌍의 열전달 계수는 각각 30 $W/m^2 \cdot K$, 175 $W/m^2 \cdot K$이고, 열전쌍 금속선의 유효 열전도도는 80 $W/m \cdot K$이다. 열전쌍 금속선은 두께가 0.1 mm인 테플론 절연제로 피복되어 있다. 만약 열전쌍이 200℃를 나타내고 있다면, 표면의 실제온도는 몇 ℃인가? 스테인리스강판 대신 자기(porcelain)판이라고 생각하고 다시 계산해 보라.

풀이 문제에서 제시된 것과 부록으로부터

$$L = 0.5\,\text{m}, \quad r_i = 2.553\times10^{-4}\,\text{m}, \quad r_o = 3.553\times10^{-4}\,\text{m},$$

$$k = 13.4\,\text{W/m}\cdot\text{K}, \quad k_{wire} = 80\,\text{W/m}\cdot\text{K}, \quad k_i = 0.242\,\text{W/m}\cdot\text{K},$$

$$h_w = 30\,\text{W/m}^2\cdot\text{K}, \quad h = 175\,\text{W/m}^2\cdot\text{K}, \quad T_\infty = 45℃, \quad T_t = 200℃$$

유효 금속선 반지름은

$$r = \sqrt{2}\,r_o = \sqrt{2}(3.553\times10^{-4}\,\text{m}) = 5.025\times10^{-4}\,\text{m}$$

따라서, 유효 단면적은

$$A = \pi r^2 = \pi(5.025\times10^{-4}\,\text{m})^2 = 7.932\times10^{-7}\,\text{m}^2$$

그러므로 상당 열전도도-면적의 곱은

$$\phi_w = (kA)_{wire} = (80\,\text{W/m}\cdot\text{K})(7.932\times10^{-7}\,\text{m}^2) = 6.345\times10^{-5}\,\text{W}\cdot\text{m/K}$$

반지름 방향 총 열저항은

$$R = \frac{1}{2\pi r_o h} + \frac{\ln(r_o/r_i)}{2\pi k_i}$$

$$= \frac{1}{2\pi(3.553\times10^{-4})(175)} + \frac{\ln(3.553/2.553)}{2\pi(0.242)} = 2.777\,\text{K}\cdot\text{m/W}$$

매개변수 X는

$$X = \frac{\sqrt{\phi_w/R}}{\pi r k}\tanh\left(\frac{L}{\sqrt{\phi_w R}}\right)$$

$$= \frac{[(6.345\times10^{-5})/2.777]^{1/2}}{\pi(5.025\times10^{-4})(13.4)}\times\tanh\left\{\frac{0.5}{[(6.345\times10^{-5})(2.777)]^{1/2}}\right\} = 0.226$$

바이오트 수는

$$Bi = \frac{h_w r}{k} = \frac{(30\,\text{W/m}^2\cdot\text{K})(5.025\times10^{-4}\,\text{m})}{(13.4\,\text{W/m}\cdot\text{K})} = 0.001\,13$$

온도오차는

$$\frac{T_w - T_t}{T_w - T_\infty} = \frac{X - Bi}{X + 1.27 + 1.08Bi - 0.5Bi^2}$$

$$= \frac{0.226 - 0.001\,13}{0.226 + 1.27 + 1.08(0.001\,13) - 0.5(0.001\,13)^2} = 0.150$$

최종적으로 실제표면 온도 T_w에 대하여 식 (13·6)을 풀면

$$T_w = \frac{T_t - 0.150\,T_\infty}{1 - 0.150} = 227℃$$

따라서, 열전쌍의 존재로 인해 표면에서 온도가 국부적으로 27℃ 저하된다.
만약, 강판 대신 자기판($k = 2.2\,\text{W/m}\cdot\text{K}$)으로 바꾼다면, 판의 실제표면 온도는

$$T_w = 365℃$$

온도차는 165℃가 된다. 자기판에서 보다 큰 측정오차를 내는 것은 자기가 스테인리스강 보다 열전도도가 낮아서 열전쌍이 부착지점 근처의 자기판에서 더 큰 온도구배를 내기 때문이다.

저항 온도계

저항 온도계(resistance thermometer)는 전기적 저항의 변화를 이용하여 온도를 감지하는 장치이다. 저항 온도계는 두 가지(RTD형과 서미스터형)가 있다. RTD(Resistance Temperature Detector)의 기본적인 부속은 지름이 작은 백금선, 구리선 혹은 니켈-철 합금선으로 구성하는 감지요소이다. 고순도 백금은 온도변화에 따른 저항이 아주 선형적인 관계를 가지고 있으며, 반복성이 좋고, RTD에 사용하는 금속 중에서 가장 넓은 온도범위를 가지기 때문에 가장 일반적으로 널리 이용된다. 이런 이유로 인해 백금요소를 채용하는 RTD를 때때로 PRT (Platinum Resistance Thermometer)라고 부르기도 한다. RTD의 온도가 변하면, 감지요소의 온도도 변한다. RTD에 연결된 전자장치가 감지요소로 일정한 전류를 흘려보내면, RTD에 전압이 발생한다. 온도가 변하면 저항도 변하므로, 대응하는 전압변화를 측정한다.

특정한 온도변화에 대한 저항의 변화량을 저항의 온도계수 α로 정의하며, 백금요소에 대한 것은 다음 식과 같이 쓸 수 있다.

$$\alpha = \frac{R_{100} - R_0}{R_0(100℃)} \tag{13 · 10}$$

여기서 α : 저항의 온도계수(℃$^{-1}$)

R_0 : 0℃에서의 저항(Ω)

R_{100} : 100℃에서의 저항(Ω)

식 (13 · 10)에 주어진 α의 정의는 온도에 따른 저항의 변화가 거의 선형이라고 간주되는 좁은 온도범위에 적용된다. 선형에서 약간 벗어난 경우에는 Callendar－Van Dusen식을 이용한다. 저항의 온도계수 $\alpha = 0.003\,850$℃$^{-1}$이라면 이 식은

$$R_T = R_0[1 + AT + BT^2 + CT^3(T - 100)] \tag{13 · 11}$$

여기서 R_T : 온도 T에서의 저항(Ω)

R_0 : 0℃에서의 저항(Ω, 백금요소의 경우 $R_0 = 100$ Ω)

T : 온도(℃)

A : $3.908\,02 \times 10^{-3}$(℃$^{-1}$)

B : -5.802×10^{-7}(℃$^{-2}$)

C : $-4.273\,50 \times 10^{-12}$(℃$^{-4}$)일 때 $T < 0$℃, 0일 때 $T \geq 0$℃

식 (13 · 11)의 적용온도 범위는 －260℃로부터 630℃까지이다. 백금요소에 대해 $\alpha = 0.003\,850$℃$^{-1}$은 인정되는 몇 개의 표준값 중에 하나이다. 다른 α값에 대

해서는 실험상수 A, B, C값이 약간씩 다르다.

RTD는 다양한 구조로 제작할 수 있다. 그림 13·16(a)에 나타낸 바와 같이 일반적인 구조는 세라믹 제품인 축주위를 백금 감지선으로 감아 놓은 wire-wound 설계이다. 백금선을 감아 놓은 부분은 일반적으로 전기적 절연과 기계적인 충격방지를 위해 얇은 절연재 층으로 덮여 있다. 일반적으로 스테인리스 강관이나 보호덮개 속에 조립품 전체를 넣어 둔다. 또 다른 wire-wound 구조로는 그림 13·16(b)에서처럼 coil-in-hole 설계가 있다. 작은 백금선 코일을 세라믹 제품 축 안에 끼워 넣는 방법이다. 구멍 속에 있는 코일은 세라믹 분말과 접합제로 지지되어 있는데, 이로서 코일이 수축과 팽창이 자유롭게 되고, 백금코일의 저항에 가해지는 변형효과를 감소시킬 수 있다. 보다 최근에 개발된 RTD 구조로는 그림 13·16(c)에서처럼 세라믹 제품기판에 백금을 부착시켜 만든 박막으로 구

그림 13·16 일반적인 RTD의 구조, (a) wire-wound형, (b) coil-in-hole형, (c) 박막형

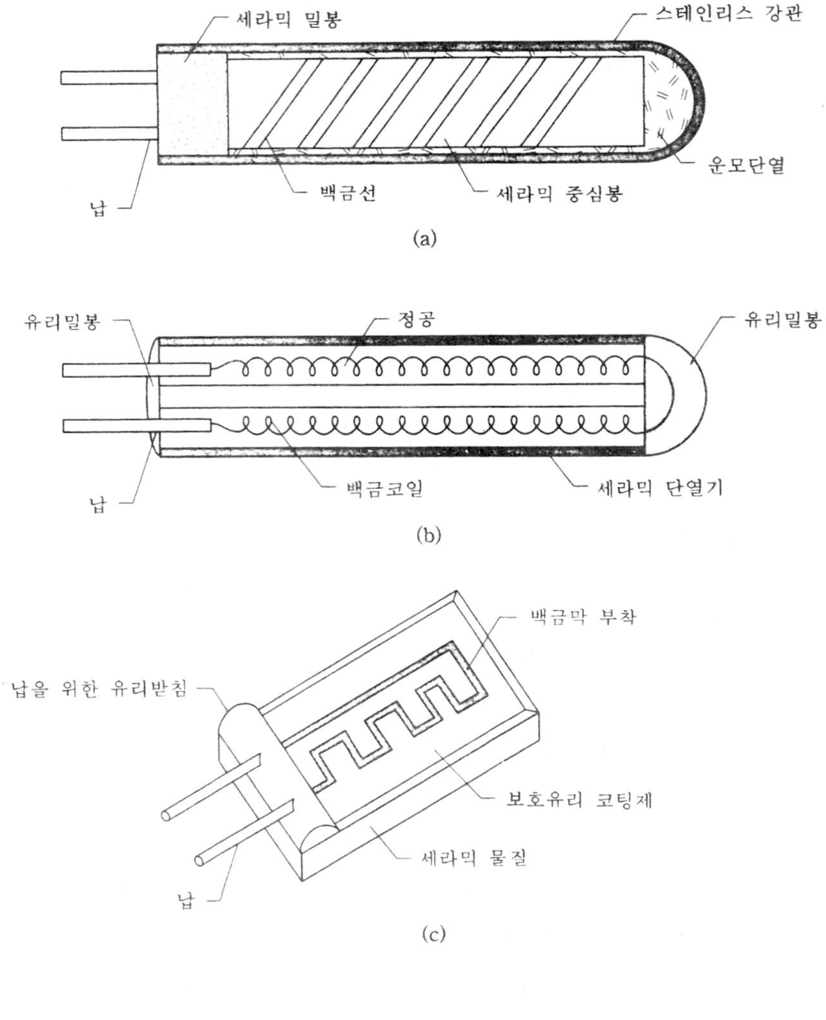

성된다. 박막과 예민한 연결선을 적절히 보호하기만 한다면, 박막 RTD의 수명은 극히 오래간다.

전형적인 온도범위인 −184℃~538℃ 범위 내에서 백금 RTD는 안정된 출력을 보이며, ±0.1℃ 정도의 정확도를 갖는다. 기본적인 열전쌍과는 달리 RTD는 감지요소가 온도를 측정해야 할 환경에 직접 노출되지 않도록 밀봉되어 있다. 따라서, 안정성을 해치는 일차적인 원인은 제작 중에 장치 속에 들어가서 밀봉되는 오염물질이나 온도가 오르고 내림을 반복함에 따라 유도되는 감지요소의 변형이다. RTD의 응답시간은 전형적으로 질량이 크기 때문에 열전쌍에 비해 느리다. 열전쌍과 마찬가지로 RTD도 복사오차와 전도오차를 일으키기 쉽다. 열전쌍과는 달리 RTD는 자체가열 오차(self-heating error)를 일으키기 쉽다. RTD가 작동하도록 하는데는 전기가 필요하기 때문에, 감지요소에서 I^2R에 해당하는 열이 발생한다. 일반적으로 RTD는 열전쌍에 비해 덜 단단하고 더 비싸다. 열전쌍에 비해 RTD의 일차적인 장점은 오랜 시간 동안 안정성을 가지며, 좁은 온도범위에서는 높은 정확도를 갖는다는 점이다. 상업적으로 이용 가능한 몇 가지 RTD를 그림 13·17에 나타내었다.

서미스터(thermistor)는 금속의 저항변화라기보다는 반도체의 저항변화를 이용하여 온도를 감지한다. 서미스터는 니켈, 망간, 구리, 티타늄, 기타의 금속을 고온하에서 소결한 금속 산화물로 제작한다. RTD와는 달리 온도가 증가하면 서미스터의 전기적 저항은 감소한다. 즉, 저항의 온도계수가 (−)라는 것이다. 서미스터를 열전쌍이나 RTD에 비교한다면, 그림 13·18에 나타낸 것처럼 대단히 비선형적이고 민감한 장치인 것이다. 서미스터의 저항은 다음 식과 같이 표현할 수 있다.

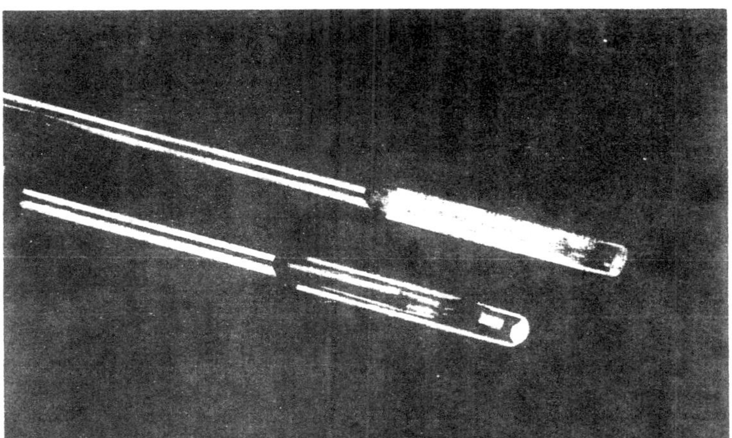

그림 13·17 보호기 단면을 보여 주는 RTD 탐침. wire wound형(위), 박막형(아래)(Courtesy of Burns Engineering Inc., Minnetonka, Minn.)

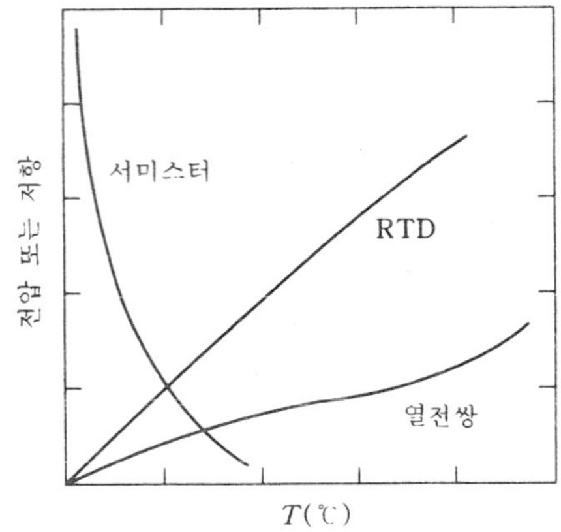

그림 13·18 열전쌍, RTD, 서미스터에 대한 전기적 출력의 비교

$$R_T = Ae^{B/T} \tag{13·12}$$

여기서 A와 B는 상수이고, T는 절대온도이다. 서미스터는 0℃~100℃ 범위에서 연간오차가 ±0.005℃ 정도 밖에 되지 않을 정도로 놀랄만큼 안정성이 좋은 온도계이다. 응답을 빠르게 하기 위해서 서미스터를 아주 작게 만들 수도 있다. 온도범위는 일반적이고 상한은 약 300℃에 이른다. 서미스터는 열전쌍이나 RTD에 비해 깨지기 쉽기 때문에 손상되지 않도록 아주 조심스럽게 설치해야 한다.

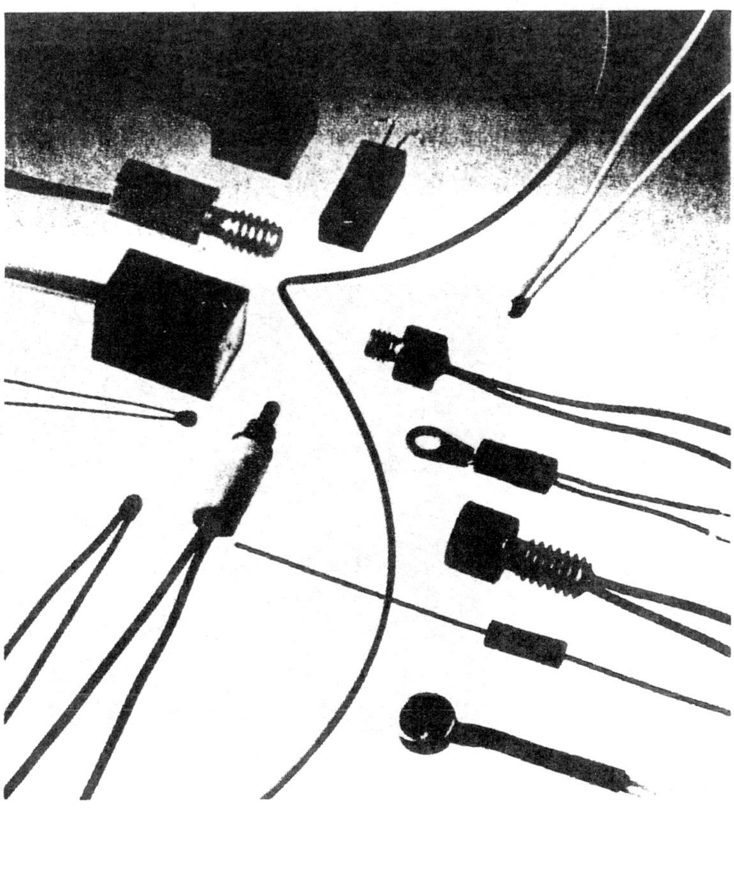

그림 13·19 서미스터는 다양한 구조로 제작할 수 있다.(Courtesy of Quality Thermistor Inc., Boise, Idaho.)

서미스터의 일차적인 약점은 생산자가 RTD에 대한 정도로 표준화된 성능곡선을 가지지 못했다는 점이다. 그렇기 때문에 서미스터는 정확하게 일치하지 않을 수도 있으며, 따라서 주어진 응용분야에서 상호교환이 되지 않을 수도 있다. 몇 가지 전형적인 서미스터를 그림 13 · 19에 나타내었다.

복사온도 측정법

복사온도 측정법(radiation thermometry method)이란 일반적으로 물체에서 방출해 나오는 열복사를 감지하여 온도를 측정하는 것을 말한다. 11장에서 설명한 것처럼 모든 물체는 복사 에너지를 방출하며, 방출된 복사량은 온도에 따라 증가한다. 다른 온도 감지기와는 달리 복사 온도계는 측정하려고 하는 물체에 직접 접촉하지 않는다. 비접촉성 장치이기 때문에 복사 온도계는 멀리 떨어져 있거나 움직이는 물체, 그리고 감압 혹은 가압용기 안에 있는 물체의 온도를 측정하는데 특히 적당하다. 더구나 복사 온도계는 접촉성 온도계라면 파괴될 수도 있는 대단히 높은 온도를 측정할 수 있다. 복사온도 측정법은 열처리, 주물, 압출, 고온압연(열연), 열성형, 용접, 가류, 건조, 식품처리 공정 등과 같은 공정제어 응용분야에 특히 유용하다.

불을 발견한 이래로 인간은 빛나는 물체에서 방출되는 빛의 강도와 색깔은 온도에 따라 달라진다는 것을 알고 있었다. 예를 들면 전기저항 히터의 온도가 700 ℃에서 1200℃로 올라감에 따라 색깔이 어두운 적색으로부터 강한 백색으로 변한다. 식 (11 · 5)로 주어진 빈(Wien)의 변위법칙에 따르면, 흑체의 온도가 상승하면 복사광은 장파장으로부터 단파장으로 색깔이 변화한다. 이러한 색깔변화 현상은 광학 고온계(optical pyrometer)라고 불리는 특별한 형태의 복사 온도계에 대한 기초원리이다. 광학 온도계는, 필라멘트 소멸 광학 고온계(filament disappearing optical pyrometer)라고 부르기도 하는데, 광원으로부터 나오는 빛의 복사강도와 보정 필라멘트에서 나오는 빛의 강도를 비교하여 온도를 측정한다. 실제로는 광원과 필라멘트의 빛을 적색 여과기(filter)를 통해 감지한다. 광원과 필라멘트의 강도가 같을 때, 필라멘트의 영상이 광원의 영상과 겹치면서 사라진다. 적색 여과기는 접안렌즈로 들어가는 입사 복사광이 본질적으로 짧은 파장의 광이라는 것을 확실히 하게 되고, 따라서, 파장에 의존하는 물성값으로 인해 발생하는 불확실성을 줄인다. 필라멘트에 흐르는 전류를 알면 온도를 보정할 수 있다. 기본적인 광학고온계의 개략도를 그림 13 · 20에 나타내었다. 광원의 온도가 약 750℃ 이상인 광원에 대해 응용하는 것이 광학 고온계의 한계이다. 광학 고온계의 전형적인 정확도는 775℃에서 ±1℃, 1225℃에서 ±5℃ 정도의 범위이며, 좋은 설비라면 5000℃에서 ±25℃까지 정확할 수도 있다. 광학 고온계는 흑체조건하에서 사용해

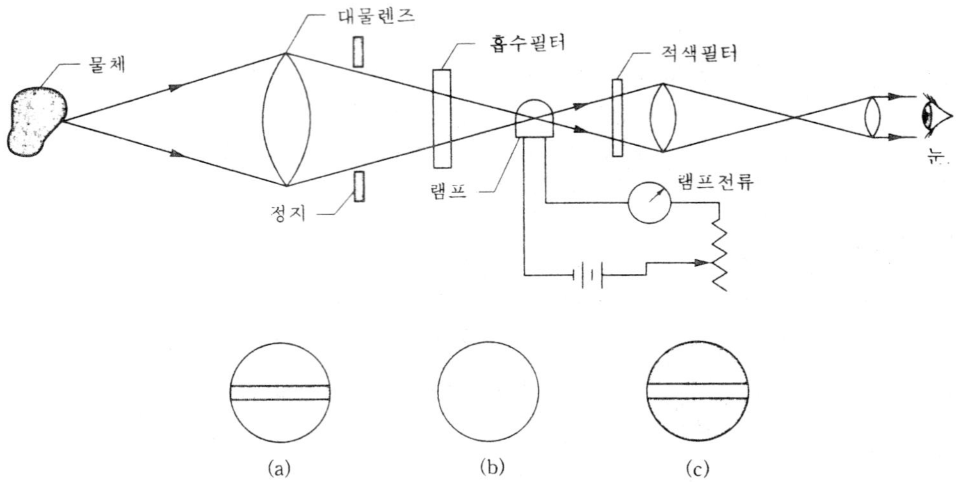

그림 13·20 필라멘트 소멸광학 고온계의 개략도 (a) 필라멘트가 너무 차가움, (b) 필라멘트가 사라짐(필라멘트와 광원의 온도가 같음), (c) 필라멘트가 너무 뜨거움.

야 하며, 아니면 광원의 복사율을 고려하여 얻어진 값을 보정해야만 한다. 먼지 유리창, 불꽃, 기타 등등 히트소스의 시야를 방해하는 것에서의 흡수는 오차를 야기시킬 수 있다.

적외선 온도계(infrared thermometer) 혹은 복사계(radiometer)라고 불리는 대부분의 복사 온도계는 흔히 분광대 온도계(spectral-band thermometer)로 알려져 있다. 이런 종류의 장치는 대략 0.5~25 μm 정도의 파장대를 갖는 히트소스에서 복사되는 복사력(emissive power)을 감지함으로써 온도를 측정한다. 복사력 E는 다음 식으로 주어진다.

$$E=\varepsilon\sigma T^4 \tag{13·13}$$

여기서 ε은 복사능이고, σ는 스테판-볼츠만 상수이며, T는 절대온도이다. 일단 복사력이 결정되면, 히트소스의 온도는 다음과 같이 계산할 수 있다.

$$T=\left(\frac{E}{\varepsilon\sigma}\right)^{1/4} \tag{13·14}$$

겉보기 흑체온도 T_a는 식 (13·14)에서 $\varepsilon=1$로 놓으면 얻어진다.

$$T_a=\left(\frac{E}{\sigma}\right)^{1/4} \tag{13·15}$$

겉보기 온도를 측정값으로 놓으면, 흑체가 아님으로서 발생하는 오차는

$$\frac{T-T_a}{T}=1-\frac{T_a}{T}=1-\varepsilon^{1/4} \tag{13·16}$$

식 (13 · 16)으로부터 복사능 오차는 ε의 값이 작을 때 가장 크다는 것을 알 수 있다. 명백히 광원물질의 복사능은 복사력을 온도눈금으로 정확하게 변환시키기 위해서는 꼭 알아야만 하는 값이다. 물질의 복사능을 찾는 데는 두 가지 방법이 있다. 첫번째 방법은 부록 G에 주어진 것과 같이 인쇄물에 수록된 값을 참조하는 것이다. 두 번째 방법은 열전쌍이나 RTD를 이용해서 적당한 온도하에 있는 실제 표면의 온도를 측정하여, 그 결과를 복사 온도계에 나타나는 흑체의 온도와 비교하는 방법이다. 그리고 나서 식 (13 · 16)을 사용하여 복사능을 계산할 수도 있는 것이다. 복사능 문제에 대한 또 다른 접근방법은 측정부위에 복사능 값(높은 값)을 알고 있는 표지(label)나 도료를 측정부위에 붙이거나 발라서 복사능을 바꾸는 방법이다. 많은 복사 온도계가 온도를 직접 얻을 수 있도록 복사능 값을 지정하는 전자장치를 채택하고 있다.

기본적인 분광대 온도계의 개략도를 그림 13 · 21에 나타내었다. 이 장치의 핵심은 검출기(detector)이다. 검출기는 일반적으로 복사 열플럭스에 노출되는 금속띠로 구성되어 있다. 이 금속띠는 입사되는 거의 모든 복사 에너지를 흡수할 수 있도록 검은 색이며, 열응답 시간을 최소화하기 위해 얇다. 열전쌍열(thermopile)은 차곡차곡 열지어 배치된 열전쌍 배열로써 검출기와 주변간의 온도차를 측정한다. 이 온도차는 전자적으로 처리되어 히트소스의 온도를 표시한다. 이 장치는 온도를 알고 있는 표준흑체로부터 방출된 열복사의 함수로써 출력을 측정하여 보정한다. 손으로 들고 다닐 수도 있는 작은 적외선 사진기를 그림 13 · 22에 나타내었다.

복사온도 측정법은 한 점이나 넓은 면적의 온도를 얻고자 할 때 채택될 수 있다. 열기록계(thermography)나 열영상(thermal imaging)은 한 표면의 온도나 온도차를 측정하여 나타낸다. 표면의 온도분포에 대한 프로파일을 그린 적외선 사진이 열영상 제품이다. 회로기판상에 각인된 전자장치의 열적영상을 이 책의 앞면 표지에 보였다. 열영상은 건물에서 열손실이 가장 많은 부분, 전기 시스템에서 연결이 잘못된 부분, 축과 베어링에서 과다한 마찰이 있는 부분, 물건의 흠집

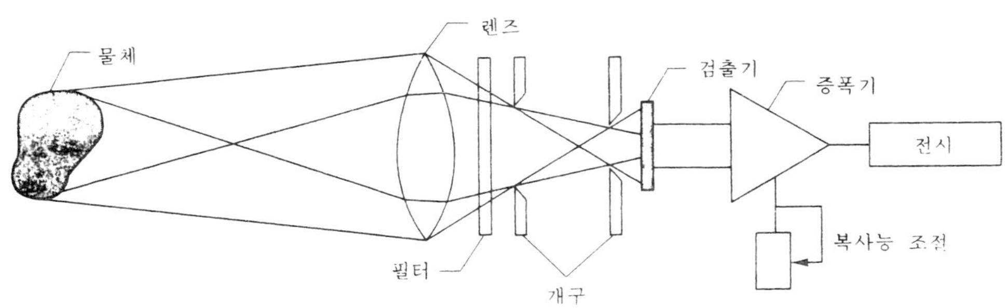

그림 13 · 21 분광대 온도계의 개략도

그림 13·22 휴대용 적외선 사진기(Courtesy of FLIR Systems Inc., Portland, Ore.)

등을 찾아내는 데 있어서 가치 있는 도구이다. 열영상은 도시밀집 지역, 정글, 화산, 호수, 구름 등과 같은 것을 찾아내는 등 지구와 대기권을 원격감지하는 데 널리 이용되고 있다.

다른 온도 측정법

지금까지 논의한 온도 측정법은 실제로 가장 흔히 사용된다. 어쨌든 또 다른 온도 측정방법이 존재하고 이에 대해 언급할만한 가치가 있다. 충전식 온도계는 측정과 제어의 목적으로 온도에 대한 원격신호를 제공한다. 그림 13·23에 나타낸 것처럼 충전식 온도계의 기본적인 장치는 벌브(bulb), 모세관, 버든(bourdon)관 그리고 지시계(indicator) 등이다. 벌브에는 온도에 따라 부피와 압력이 변하는 유체가 들어 있다. 부피나 압력의 변화는 모세관을 통해 버든관으로 전이되고, 버든관은 이 신호를 온도눈금으로 바꾸는 장치로 전달함으로써 그 변화에 응답하는 것이다. 충전식 온도계의 장점은 단순함과 단단함, 그리고 값이 싸다는 점이다. 충전식 온도계는 일반적으로 보조동력을 필요로 하지 않으며, 시동을 걸거나 밸브를 움직이는 데 충분한 동력을 제공할 수 있도록 설계할 수도 있다. 그러나 충전식 온도계는 측정온도 범위가 한정되어 있으며, 원하는 측정을 하기에는 구가 너무 클 수도 있고, 유체의 형태에 따라 효능이 크게 달라지며, 벌브와 지시계 사이의 거리가 한정될 수도 있다.

상변화 온도 지시계는 용융을 이용하여 온도를 감지하는 장치이다. 결정상태의 고체에 열을 가하면, 고체가 갑자기 액체로 바뀌는 온도에 도달한다. 융점은 외

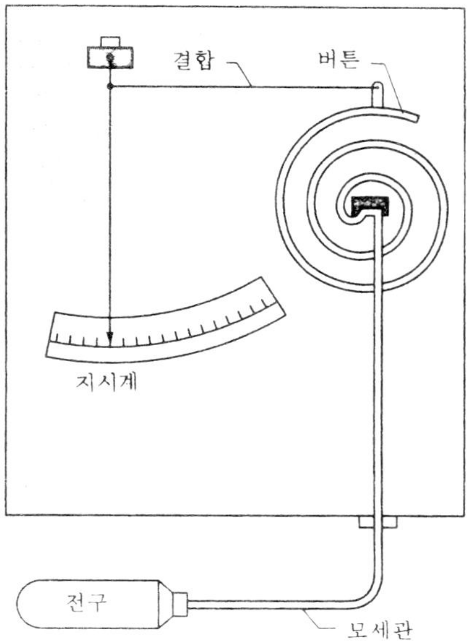

그림 13·23 기본적인 충전식 온도계

부인자에 영향을 받지 않는 정확하고 재현되는 값이다. 상변화 온도 지시계는 흔히 막대, 도료, 입자(pellet) 혹은 표지(label)의 형태로 사용된다. 막대형은 분필이나 크레용처럼 표면에 칠해서 사용한다. 표면의 온도가 칠해진 물질의 융점에 도달하면 갑자기 녹아 내리며, 그것으로 그 지점의 온도가 어떤 온도에 도달했는지를 알 수 있다. 비슷한 방법으로 표면에 칠해진 온도지시 도료도 어떤 온도에 도달하면, 갑자기 액체로 변한다. 입자형의 경우, 용융되는 양상이 처음 나타날 때, 지정된 어떤 온도에 도달했음을 의미한다. 막대, 도료, 입자형은 전형적으로 온도를 미리 보정해 두었으며, 측정온도 범위는 38~1371℃이다. 표지형은 뒷면에 자체접착이 되는 장치로서 투명창 아래쪽에 봉합되어 있는 한 개 이상의 온도감지점(dot)으로 구성되어 있다. 각각의 점 근방에 기록된 특정한 온도에 도달하면 점은 백색에서 흑색으로 변한다. 색깔의 변화는 비가역적이기 때문에 한번 기록되면 영구적으로 기록이 남는다. 상변화 온도 지시계의 전형적인 응용분야로는 중장비, 가정용 전기기구, 전자장치, 냉온방 시스템, 식품, 약품 등의 온도를 알아보는 데 사용된다. 그림 13·24는 표지형이 어떻게 전자장치 상자의 온도를 측정하는 데 이용되는가를 보여 준다.

액상결정(liquid crystal)은 유체의 특성은 액체의 물성을 나타내고, 광학적 특성은 결정의 물성을 보이는 장쇄(long chain)형 유기분자다. 단일결정 화합물을 가열할 때 고체결정은 녹기 시작해서 화합물은 메소상(mesophase) 혹은 액상 결정상이라고 하는 중간상으로 들어간다. 중간상에 있는 동안 화합물은 백색광을 분산시켜 구성하고 있는 색깔을 나타내게 되는데, 이것은 프리즘이 스펙트럼을 내는 것과 같은 것이다. 화합물이 내는 색깔은 적색으로부터 시작해서 차례로 황

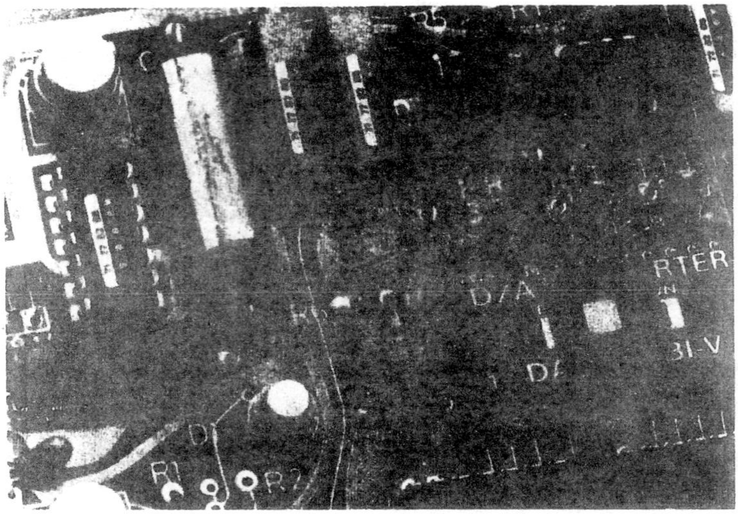

그림 13·24 표지형 상변화 온도 지시계는 전자부품 상자의 온도를 측정하는 데 사용될 수도 있다.

색, 녹색, 청색, 보라색을 내고, 마지막으로 진짜 액체가 되어 투명해진다. 나타내는 색깔의 강도는 가해지는 백색광의 양에 따라 달라진다. 액상결정은 중간상이 어떤 특정한 온도하에서 이루어지도록 화합물을 구성한다. 액상결정을 잘 조합하면, 적색으로부터 보라색까지의 변화가 좁게는 1℃ 내에서 일어나게 만들 수도 있고 넓게는 50℃까지 퍼지게 만들 수도 있다. 액상결정이 색깔변화 현상을 나타내는 총 온도범위는 대략 −20℃~250℃ 정도이고, 약 ±0.5℃ 내에서 보정할 수도 있다. 액상결정은 흔히 그 색깔을, 그 의미를 전달할 수 있는 숫자, 언어, 상징 혹은 도안 등으로 나타낸다. 예를 들면 28℃에서 '너무 뜨겁습니다', '의사를 부르시오' 등이다. 액상결정은 일반적으로 종이형태로 만드는 데 내구성이 있고 믿을 만하며 응답이 빠르다. 액상결정 온도계의 장점은 넓은 표면의 온도변화를 측정할 수 있다는 점이다. 일반적으로 비가역적인 상변화 온도 지시계와는 달리 이 장치는 중간상을 통해 가열되거나 냉각되는 동안 반복해서 온도눈금을 나타낼 수 있기 때문에, 액상결정 온도계는 가역적이다. 그림 13·25에 의학용으로 통상 사용하는 액상결정 온도계를 나타내었다. 더 이상의 온도 측정법에 대한 논의는 참고문헌 [7]을 참조하라.

13.3 열전도도

온도 다음으로 아마도 열전도도가 가장 중요한 열전달에 관한 물성일 것이다. 열전도도는 그 크기가 열에너지를 전도하는 능력을 나타내는 전달 물성값이다. 대류와 복사에 대한 물성값을 제외하고, 열전도도는 전체적으로 정상조건하에서 에너지의 이동량을 결정하며, 영향을 미치는 기타의 다른 일반적인 물성값으로는

그림 13 · 25 액상결정 온도계는 가끔 의학분야에 사용된다.(Courtesy of Thermographic Measurements Inc., Anaheim Hills, Calif.)

밀도와 비열이 있다. 수천 가지 물질에 대한 열전도도 값은 여러 가지 편람에 수록되어 있지만, 새로운 물질이 개발되면 열전달 물성값을 결정해야 하기 때문에, 이 열전달 물성값을 측정하는 기본적인 방법과 친숙해지는 것이 중요하다.

1장을 돌이켜 생각해 보면, 열전도도는 푸리에 법칙으로 정의된 식에서 비례상수다.

$$\dot{Q} = -kA\frac{\Delta T}{\Delta x} \quad (13 \cdot 17)$$

열전도도의 측정은 푸리에 법칙에 기초한다. 만약 판에서 열전달 $\dot{Q}$, 전도면적 A, 온도차 $\Delta T = T_2 - T_1$, 두께 Δx를 알고 있다면, 열전도도 k는 푸리에 법칙을 사용해서 구할 수 있을 것이다. 따라서

$$k = \frac{\dot{Q}\Delta x}{A(T_1 - T_2)} \quad (13 \cdot 18)$$

만약 열전도도를 측정해야 할 물질의 모양이 그림 13 · 26(b)와 같이 실린더형이라면, 푸리에 법칙을 원통형 좌표로 전환한 식 (2 · 18)을 재정리하면

$$k = \frac{\dot{Q}\ln(r_o/r_i)}{2\pi L(T_1 - T_2)} \quad (13 \cdot 19)$$

식 (13 · 18)과 식 (13 · 19)을 사용하여 열전도도를 결정하는 데는 몇 가지 실험상의 문제점이 나타난다. 분명히 시편의 실질적인 크기를 정확히 알아야 할 것이다. 푸리에 법칙을 적용하려면 열전달이 1차원적이어야만 한다. 이것은 장치가

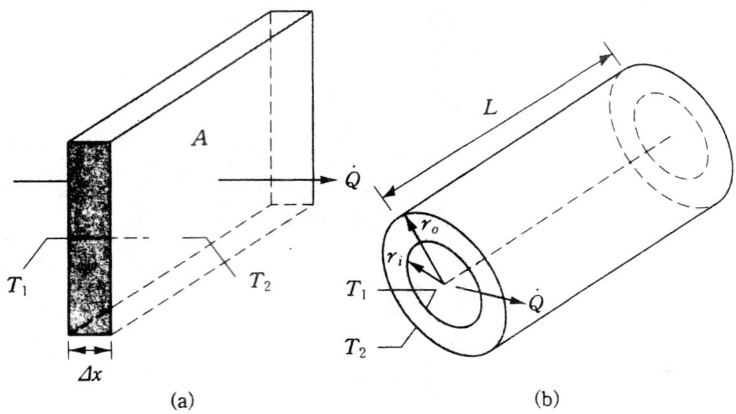

그림 13·26 열전도도 측정은 푸리에 법칙에 근거를 두고 있다. (a) 평판, (b) 중공 원형 실린더.

주의 깊게 설계되어야 한다는 것뿐만 아니라, 측정 중 장치의 어떤 장치의 '온도가 항상 실제와 같은 상태'가 계속되어야 한다는 것이다. 더구나, 푸리에 법칙을 사용할 때는 열전달이 정상상태일 필요가 있다. 실제로는 어느 정도 열적인 흔들림이 일어나서, 일반적으로 묵인할 수도 있는 것이기는 하지만, 정상조건과는 약간의 차이가 생긴다. 열전달 $\dot{Q}$는 일반적으로 시편의 표면이나 시편 속에 심어둔 가열기에 의해 전기적으로 생성시킨다. $\dot{Q}$의 측정은 전기 에너지가 열전달에 상당하기 때문에 본질적으로 간단하다. 그러나 측정된 에너지 모두, 그리고 그 에너지만이 시편을 통해 온도차를 나타낸다고 보증하기는 어려울 수도 있다. 온도 T_1과 T_2는 보통 열전쌍, RTD 및 서미스터를 이용하여 구한다. 온도탐침은 적절하게 위치해야만 하고, 시편과 열적으로 밀착되어 접촉하지 않으면 안된다.

사용하는 열전도도 측정장치의 형태와 시편의 크기는 시편의 열전도도의 크기에 의해 크게 좌우된다. 그림 13·26(a)에 나타낸 측정장치를 생각해 보자, 만약 열전도도가 낮다면 시편은 보통 원형이거나 사각인 판이고, 이 경우 Δx가 작다. 이것과는 대조적으로, 만약 시편의 열전도도가 높다면, 시편은 보통 긴 원형의 실린더이거나 막대이고, 이 경우 Δx가 크다. 열흐름 방향으로 시편의 크기가 이렇게 다른 1차적인 이유는 정확한 측정을 위해서 어느 정도 높은 온도구배가 필요하기 때문이다. 플라스틱이나 탄성 중합체(합성고무 등)와 같은 단열성 물질에 대해서는 두께가 얇아도 적절한 온도구배를 얻을 수 있지만, 알루미늄, 구리합금 등과 같은 전도성 물질에 대해서는 두께가 얇으면, 단지 작은 온도구배를 얻을 수 있을 뿐이다. 그림 13·26(b)의 경우도 비슷하다고 할 수 있을 것이다.

열전도도를 측정하는 데는 대단히 많은 방법이 사용되어 왔다. 가장 통상적인 방법들 중 몇 가지를 들면 축방향 열흐름 방법, 반지름 방향 열흐름 방법, 보호열판(guarded hot plate)을 이용하는 방법 등이 있다. 축방향 열흐름 방법은 시편을

그림 13·27 열전도도도를 측정하는 기본적인 축방향 열흐름 방법

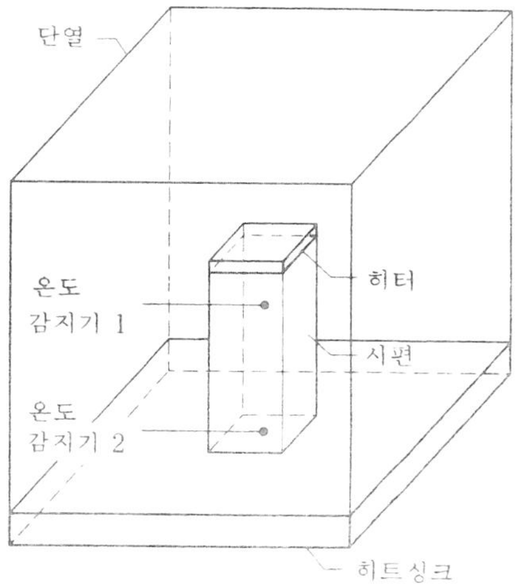

히트소스와 히트싱크 사이에 끼워 넣는 방법이다. 시편을 단열재로 싸서 반지름 방향 열손실을 줄인다. 시편의 축방향으로 특정위치에 설치한 두 개의 감지기로 온도차를 측정한다. 열전도도는 식 (13·18)을 이용해서 얻는다. 축방향 열흐름 방법은 오랫동안 쓰여진 방법으로, 일관성이 있는 정확한 결과를 내며, 100 K 이하의 온도에서 열전도도를 측정하고자 할 때 선택하는 방법이다. 저온하에서는 축방향 열손실이 미미해지기 때문에, 이 방법은 저온범위에서 많이 쓰인다. 축방향 열흐름 방법을 쓸 수 있는 총 온도범위는 대략 −180℃~1600℃이다. 주로 축방향 열흐름 방법을 사용하여 열전도도를 구하는 물질, 즉 금속, 금속합금 등으로 측정하는 열전도도 범위는 10~500 W/m·K이다. 가장 간단한 축방향 열흐름 방법을 그림 13·27에 나타내었다.

그림 13·28에 나타낸 것과 같이 기본적인 반지름 방향 열흐름 방법은 중심 가열기(core heater), 간접 가열기(muffle heater), 시편 등 세 가지 기초장치로 구성되어 있다. 시편은 중심에 가열기를 끼워 넣을 수 있도록 구멍이 뚫려 있는 실린더형이다. 간접 가열기의 목적은 온도 의존성 열전도도 데이터를 얻을 수 있도록 시편의 온도를 변화시키고자 하는 것이다. 가열기와 시편과 주변 단열재 사이의 환상공간은 보통 MgO나 Al_2O_3 분말, 그리고 헬륨이나 아르곤 가스 등으로 채운다. 시편 중앙부에 두 개 이상의 온도 감지기를 절단면상에서 반지름이 서로 다른 위치에 설치한다. 만약 시편의 반지름에 대한 길이의 비가 충분히 커서 중앙부에서 반지름 방향 열흐름만이 일어난다고 확신할 수 있다면, 반지름 방향 열흐름 방법으로 정확한 데이터를 얻는다. 열전도도는 식 (13·19)로 계산한다. 잘 설계한 반지름 방향 열흐름 장치로 온도범위 20℃~2900℃, 열전도도 범위 약 0.01~200 W/m·K에서 정확한 결과를 얻는다.

열전도도 측정에 흔히 쓰이는 방법은 보호열판을 이용하는 방법이다. 단순한

그림 13 · 28 열전도도를 측정하는 기본적인 반지름 방향 열흐름 방법

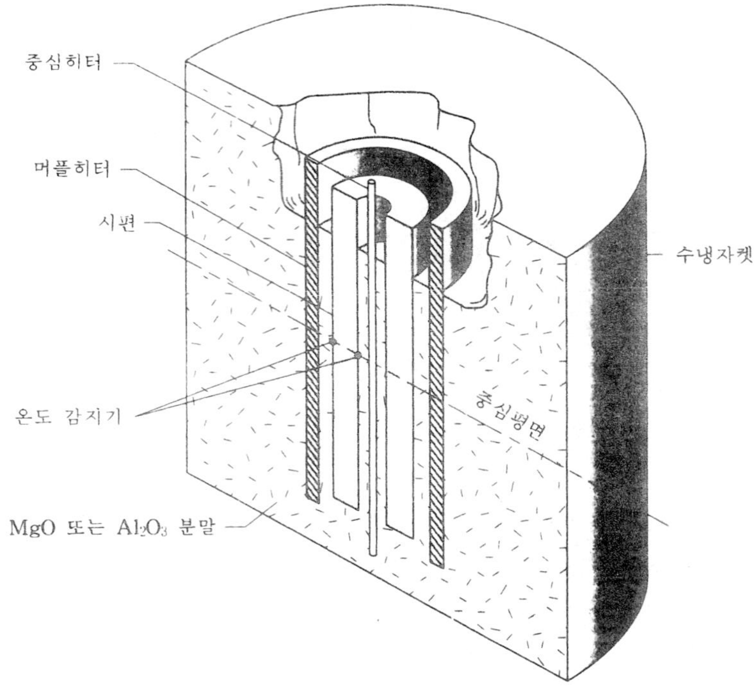

축방향 열흐름 방법에 수반되는 주요난제 중의 하나는 가열기에 의해 생성되는 열이 모두 시편으로 흐른다는 것을 확실히하는 것이다. 그림 13 · 29(a)에 나타낸 것처럼 가열기 뒤쪽 단열재를 통해 어느 정도의 열이 흘러 나간다. 이론적으로 만약 $\Delta x_2 \rightarrow \infty$ 이거나, $k_2 = 0$ 이면, 이 열손실은 막을 수는 있다. 실제로는 이 두 가지 조건 중 어느 것도 가능하지 않으므로, 완전히 없앨 수는 없지만, 열전도도가 대단히 낮은 단열재를 두껍게 해서 줄일 수는 있다. 만약 이 열손실을 없애고자 한다면, 그림 13 · 29(b)에 나타낸 것과 같이 보호 가열기(guard heater)라고 불리는 두 번째 가열기가 필요하다. 단열재 반대편에 위치하는 보호 가열기에 가해지는 에너지로, 단열재 내에서 온도구배가 0이 되도록 조정할 수 있다. 단열층에서 온도구배가 0이기 때문에 단열재 내에서는 열전달이 없으며, 주가열기에서 나오는 모든 열은 시편 속으로 흐른다. 단열재 양편에 온도를 같게 함으로써 온도구배가 0이 되는 조건을 달성한다.

보호가열을 이용하는 장치의 구조에는 원래 두 가지 형이 있다. 단일시편(one specimen) 장치와 이중시편(two specimen) 장치가 그것이다. 단일시편 장치는 그림 13 · 29(b)처럼 주가열기와 보호 가열기로 구성되지만, 양 끝점 혹은 반지름 방향 열손실을 방지하기 위하여 주가열기 주변에 보호고리(guard ring)를 추가한다. 이러한 형태의 보호열판 장치를 흔히 이중 보호열판 장치라고 하며, 그림 13 · 30(a)에 나타내었다. 그림 13 · 30(b)에 나타낸 이중시편 장치는 주가열기 양편

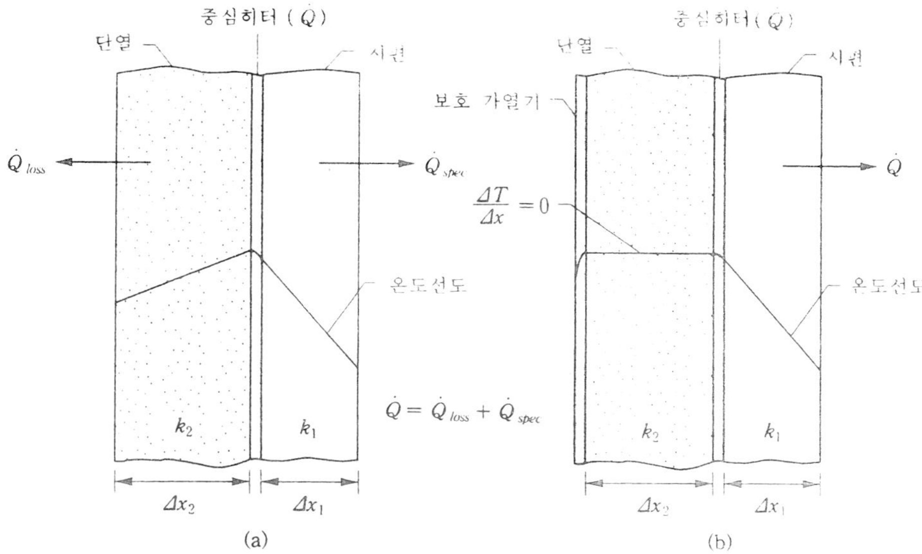

그림 13 · 29 (a) 기본적인 축방향 열흐름 방법에서는 열손실이 발생한다. (b) 보호 가열기를 사용하면 열손실을 막을 수 있다.

에 똑같은 두 개의 시편을 설치하여 1차 보호 가열기의 필요성을 없앴다. 보호고리는 필요하지만, 반지름 방향 열손실은 막을 수 있다. 이중시편 장치는 실험실에서 가장 흔히 사용된다. 어떤 보호열판 장치는 열유속계(heat flow meter)를 사용하여 시편을 통과하는 열전달을 직접 측정하기도 한다. 그림 13 · 31에 감시 열유속계 방법으로 열전도도를 측정하는 상업화된 장치를 보였다. 보호열판 방법을 수치화해서 표준으로 널리 알려진 ASTM C 177[17]에 나타낸 것처럼 보호열

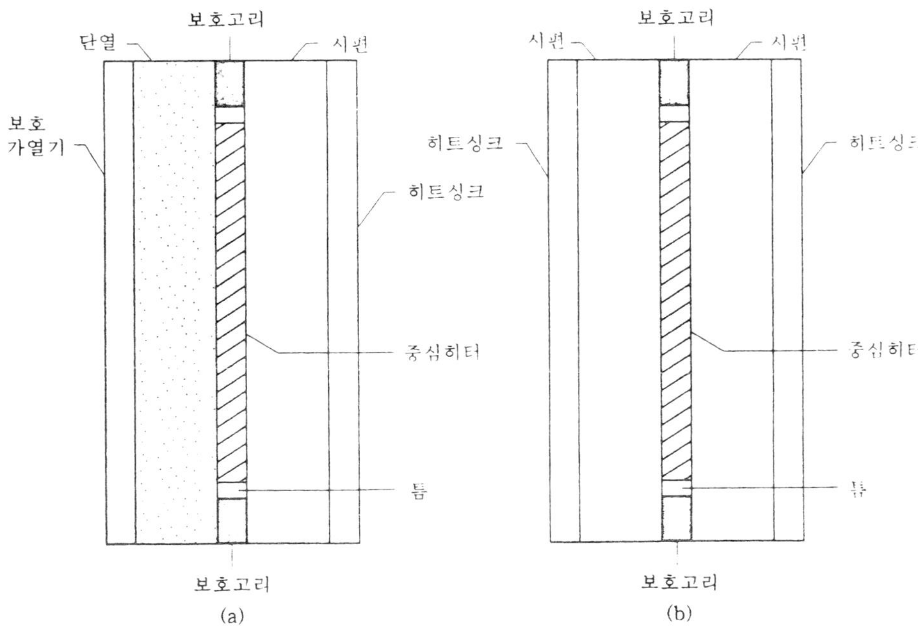

그림 13 · 30 보호열판 방법 (a) 단일시편 장치, (b) 이중시편 장치

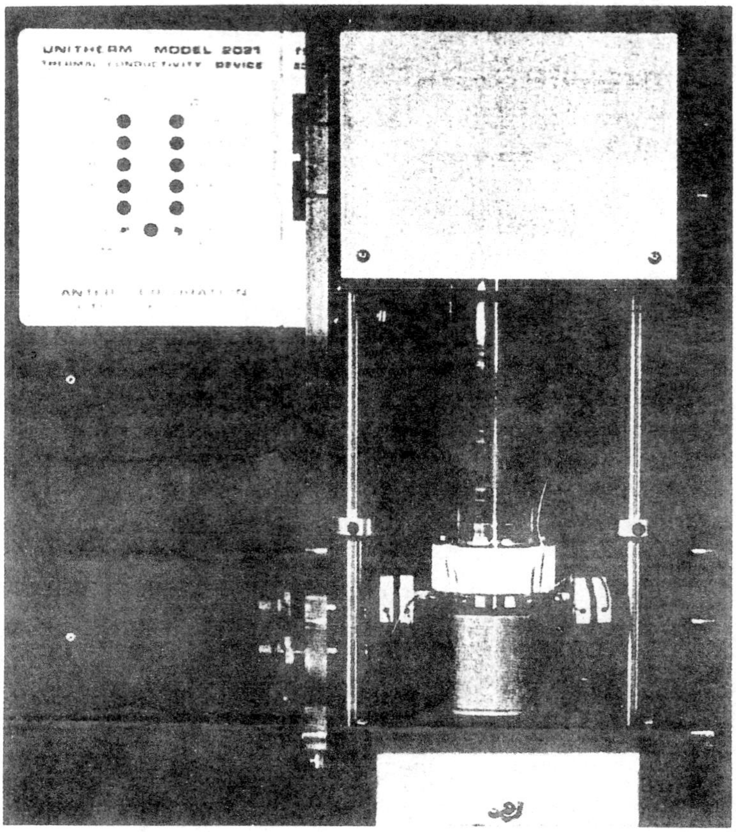

그림 13·31 보호열판 방법에 기초한 열전도도 측정 시스템(Courtesy of Anter Corp., Pittsburgh, Pa.)

판 방법은 널리 사용되고 있다. 보호열판 방법은 일반적으로 열전도도가 1 W/m·K 이하인 물질로 제한되며, 활용온도 범위는 −190℃에서 1800℃이다.

원칙적으로 액체나 기체의 열전도도를 측정하는 기본적인 방법은 고체에 대한 것과 비슷하지만, 시료의 유체로써의 특성 때문에, 특별한 용기를 사용해야 하고, 대류나 전도효과로 인한 오차도 고려하지 않으면 안 된다. 열전도도를 측정하는 다른 방법으로는 직접전기 가열법(direct electrical heating method), 열선법(hot wire method), 패널 시험법(panel test method) 등이 있다. 이러한 방법과 이 장에서 논의한 방법에 대한 자세한 정보는 참고문헌 [12]에서 [15]를 참조하라.

예제 13.4 이중시편 보호열판 장치를 이용하여 새로운 합성고무의 열전도도를 측정하고자 한다. 주가열기에는 1.35 A, 40 V의 전기가 흐른다. 시편은 두께와 지름이 각각 5 mm, 12 cm인 원판형이다. 만약 각각의 시편을 통한 온도차가 60℃라면, 열전도도는 얼마인가?

풀이 이중시편 장치에서는 총 열전달의 절반씩 각각의 시편으로 전기 에너지가 흐른다. 따라서

$$\dot{Q}=\frac{IE}{2}=\frac{(1.35\ \text{A})(40\ \text{V})}{2}=27.0\ \text{W}$$

시편의 면적은

$$A=\frac{\pi D^2}{4}=\frac{\pi(0.12\ \text{m})^2}{4}=0.0113\ \text{m}^2$$

그리고 두께는

$$\Delta x=5\ \text{mm}=0.005\ \text{m}$$

식 (13 · 18)을 사용하여 열전도도를 구하면

$$k=\frac{\dot{Q}\Delta x}{A\Delta T}=\frac{(27.0\ \text{W})(0.005\ \text{m})}{(0.0113\ \text{m}^2)(60\ \text{K})}=0.20\ \text{W/m}\cdot\text{K}$$

이 값은 부록 D에 실린 고무와 합성고무에 대해 알려진 값과 같은 값이다.

13.4 열플럭스

플럭스에 대한 개념은 1장에서 다루었다. 열플럭스(heat flux)는 단위면적당 열전달로 정의된다. 많은 열전달 시스템을 감시하는 데 온도 측정법이 사용되고 있기는 하지만, 어떤 때는 한 표면이 잃거나 얻는 열량을 직접 측정하는 것이 바람직한 경우도 있다. 예를 들면 벽, 지붕, 창문 등과 같이 건물을 구성하는 것을 통한 열전달은 그 표면에서의 열플럭스를 측정하여 곧바로 결정할 수도 있다. 또한, 화덕, 보일러, 열교환기, 배관 등에서의 열손실도 직접 측정한다. 열플럭스 혹은 열흐름 계기를 때때로 열량계(calorimeter)라고 부르는 데, 열함량이나 비열을 측정하는 장치와 혼동해서는 안 된다. 여기서 생각하는 열플럭스 탐침은 슬러그(slug), 원형박막(circular foil), 층상(layered) 등 세 가지 형태가 있다.

그림 13 · 32에 나타낸 슬러그형 탐침은 높은 열전도도를 갖는 물질의 슬러그(덩어리)를 단열재로 감싼 것이다. 이 슬러그가 들어오는 열플럭스 q를 흡수할 때, 열플럭스의 크기에 따라서 온도가 상승한다. 이 슬러그를 총 열용량 시스템으로 가정하면, 열에너지 수지식은

$$q=\frac{1}{A}\left(mc_p\frac{dT}{dt}+\dot{Q}_{loss}\right) \tag{13 · 20}$$

여기서 q : 열플럭스(W/m^2)

m : 슬러그의 질량(kg)

c_p : 슬러그의 열용량(J/kg · K)

A : 슬러그의 표면적(m^2)

$\dot{Q}_{loss}$: 외부로의 열손실(W)

T : 시간 t에서 슬러그의 온도(℃)

t : 시간(s)

슬러그를 싸고 있는 단열재는 주변벽으로의 전도에 의한 열손실을 줄이며, 따라서 첫번째 가정으로 $\dot{Q}_{loss}$항을 무시할 수 있다. 만약 q가 시간에 따라 변하지 않고 슬러그의 노출면 온도가 일정하다면, 슬러그의 온도는 시간에 따라 선형적으로 증가한다. 식 (13 · 20)을 온도 T에 대해 정리하면,

$$T = T_i + \frac{qA}{mc_p} t \tag{13 · 21}$$

여기서 T_i는 슬러그의 초기온도이다. 슬러그형 탐침은 슬러그와 주변벽간에 열적평형 상태가 아닐 경우에만 적용할 수 있다. 슬러그형 탐침은 적어도 두 가지 약점을 지닌다. 첫째, 만약 열플럭스가 매우 크다면 슬러그는 등온상태가 아닐 수도 있으며, 따라서 측정된 온도로부터 열플럭스를 계산할 때 보다 복잡한 해석이 필요하게 된다. 둘째, 탐침의 온도가 주변벽과는 다르기 때문에 탐침자체가 표면에서 정상적인 온도구배를 교란시키게 되는데, 열플럭스가 대류이든가 복사이든가 혹은 두 가지 모두이든가에 관계없이 열플럭스를 변화시키는 것이다.

그림 13 · 33에 나타낸 것과 같은 원형박막 탐침은 Robert Gardon[18]이 발명했으며, 흔히 가든계기로 알려져 있다. 가든계기는 구리로 된 히트싱크 위에 얇은 콘스탄탄 원판으로 구성되어 있다. 흡수된 열로 인해 원판의 중심과 원판이 붙어 있는 모서리 사이에 포물선 형태로 온도구배가 나타난다. 아주 가느다란 구리선이 원판의 중심점에 붙어 있고, 또 다른 구리선이 구리 히트싱크에 붙어 있어서, 자연스럽게 구리－콘스탄탄 열전쌍을 형성하고, 이것이 원판의 반지름 방향 온도차를 측정한다. 구리 연결선에 걸리는 전압신호로 온도차를 구한다. 열플럭스는 온도차에 비례하고 다음 관계식으로 구한다.

$$q = \frac{4k\delta}{R^2}(T_0 - T_w) \tag{13 · 22}$$

그림 13 · 32 슬러그형 열플럭스 계기

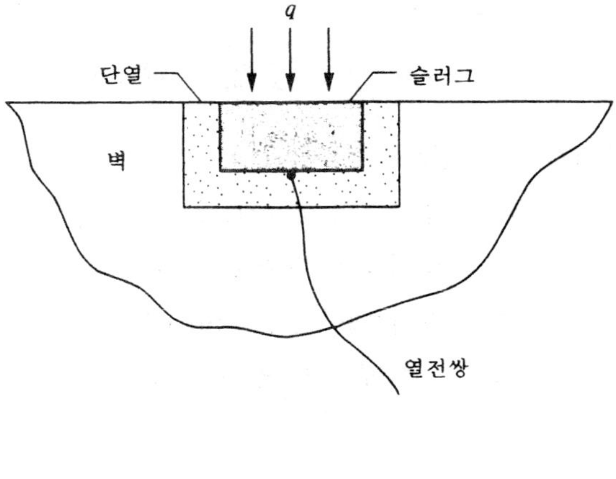

그림 13 · 33 가든계기

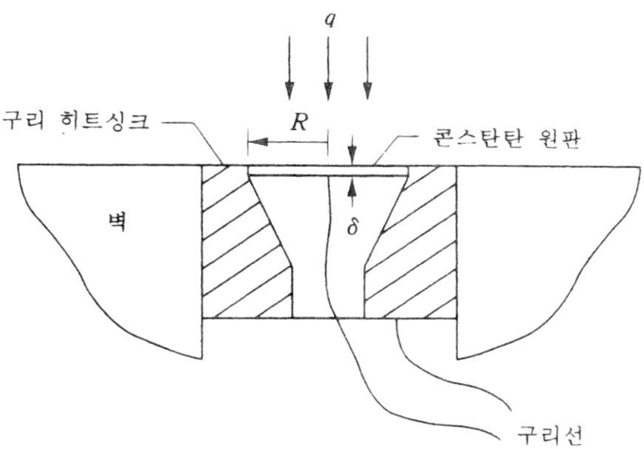

여기서 T_0 : 원판 중심점에서의 온도(℃)

T_w : 히트싱크의 온도(℃)

k : 원판의 열전도도(W/m · K)

δ : 원판의 두께(m)

R : 원판의 반지름(m)

전형적인 원판의 지름과 두께의 범위는 각각 1~5 mm, 0.01~0.2 mm이다. 이 계기로 측정 가능한 열플럭스는 300 W/cm^2까지이다. 가든계기는 슬러그형 탐침과는 달리 정상 열흐름 장치이다. 이 계기의 주요오차 발생원은 원판 뒷면으로부터 구리 히트싱크로의 복사 열손실이지만, 이 오차는 적절한 보정을 해서 수정할 수 있다.

층상계기는 그림 13 · 34에 나타낸 것처럼 양면에 한 개 이상의 온도탐침을 부착한 절연성 물질층으로 구성된다. 층 양면에서 측정한 온도차는 푸리에 법칙에 따라 열플럭스에 비례한다. Hager[19]가 개발한 원래의 구조에는 열전쌍을 양면에 하나씩 부착한 것을 사용했다. 이어서 Ortolano와 Hines[21]는 감도를 높이기 위해 열전쌍열을 사용했다. 열전쌍 열은 여러 개의 열전쌍 접점을 열지어 배치한

그림 13 · 34 층상 열플럭스 계기

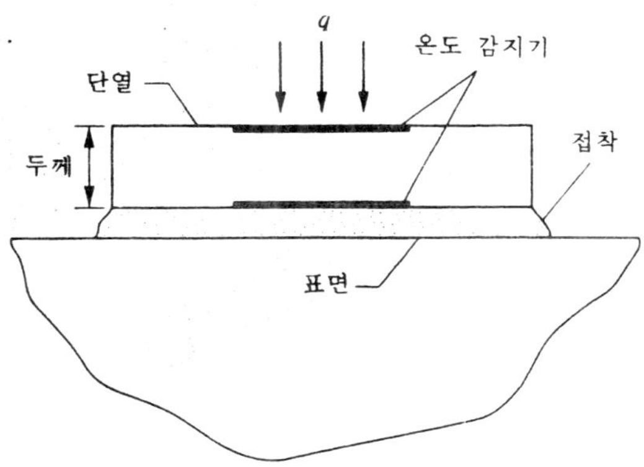

그림 13 · 35 열전쌍 열을 이용하는 층상 열플럭스 계기

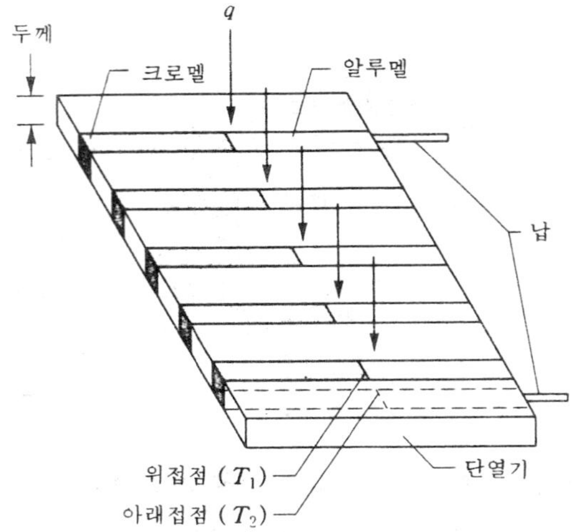

것이다. 열전쌍 열은 층상계기의 설계에 널리 이용되고 있다. 그림 13 · 35에 나타낸 전형적인 열전쌍 열의 구조는 크로멜–알루멜(K형) 열전쌍 접점을 캡톤이나 마일라(강화 폴리에스테르 필름)와 같은 절연물질 판막의 상부로부터 하부까지 차곡차곡 배치한 것이다. 상부접점은 고온 T_1이고, 하부접점은 저온 T_2이다. 열전쌍 열을 이용하는 열플럭스 계기에 사용되는 접점은 몇 개로부터 수백 개에 이르지만, 통상 40개를 사용한다. 열전쌍 열형 계기의 출력전압 E는 다음 식으로 주어진다.

그림 13 · 36 미소 박막형 열플럭스 계기(Courtesy of RdF Corp., Hudson, N.H.)

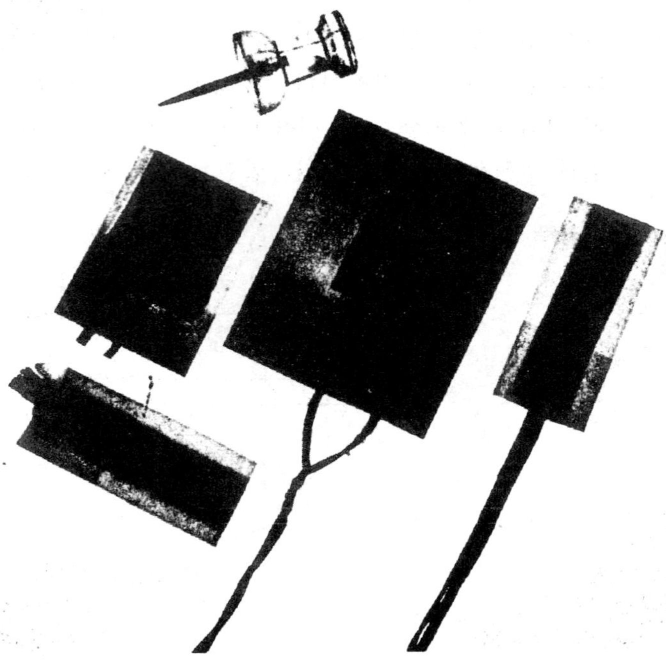

$$E = Ns(T)(T_1 - T_2) \tag{13 · 23}$$

여기서 N은 열전쌍 짝(pair)의 수이고, $s(T)$는 제벡상수이다. 계기의 최대 두께는 0.22 mm로써, 유연성이 높아 만곡을 이루는 표면에도 설치할 수 있다. 이 장치에 대해 최대 추천 열플럭스는 대략 18 W/cm^2 정도이고, 시간상수 범위는 약 0.02~0.4 s이다. 절연체 층 혹은 접점 보호막이 견딜 수 있는 한계로 인해 이 계기의 최대조작 온도는 약 260℃ 정도이다. 열전쌍 열을 이용하는 열플럭스 계기 중 몇 가지를 그림 13 · 36에 나타내었다. 열플럭스 계기에 대해 이 장에서 논의한 것과 기타의 다른 방법에 대해서는 Diller[20]를 참조하라.

예제 13.5 지름과 두께가 각각 4 mm, 0.05 mm인 콘스탄탄 원판형 가든계기가 있다. 구리 히트싱크의 온도는 30℃로 유지된다. 만약 원판의 중심온도가 155℃라면, 열플럭스는 얼마인가?

풀이 주어진 크기와 온도에 대한 값은

$$R = \frac{D}{2} = 0.002 \text{ m}, \quad \delta = 5 \times 10^{-5} \text{ m}, \quad T_w = 30℃, \quad T_0 = 155℃$$

300 K에서 콘스탄탄의 열전도도는

$$k = 22.7 \text{ W/m} \cdot \text{K}$$

이 값을 식 (13 · 22)에 대입하면

$$q = \frac{4k\delta}{R^2}(T_0 - T_w)$$

$$= \frac{(4)(22.7 \text{ W/m} \cdot \text{K})(5 \times 10^{-5} \text{ m})}{(0.002 \text{ m})^2}[(155 - 30) \text{ K}] = 1.42 \times 10^5 \text{ W/m}^2$$

$$= 14.2 \text{ W/cm}^2$$

13.5 비 열

열역학적 정의로부터 비열(specific heat)은 단위질량의 물질을 단위온도만큼 올리는데 필요한 에너지이다. 열역학에서 사용하는 비열에는 두 가지가 있다. 하나는 정압비열(c_p)이고, 하나는 정용비열(c_v)이다. 이 물성값에 대한 열역학적 정의식은

$$c_p = \left(\frac{\partial i}{\partial T}\right)_p, \quad c_v = \left(\frac{\partial u}{\partial T}\right)_v \tag{13 · 24}$$

여기서 i는 비엔탈피(J/kg)이고, u는 비내부 에너지(J/kg)이고, T는 온도이다. 아래첨자 p와 v는 각각 정압, 정용상태를 나타낸다. 따라서, c_p는 정압하

에서 단위질량의 물질을 단위온도만큼 변화시키는 데 필요한 엔탈피의 변화이고, c_v는 정용하에서 단위질량의 물질을 단위온도 변화시키는 데 필요한 내부 에너지의 변화이다. 기체에 대해서는 항상 c_p가 c_v보다 크지만, 액체나 고체와 같이 비압축성으로 가정되는 경우에는 $c_p = c_v$라고 할 수 있다. 정압비열 c_p는 열확산 계수 α를 다음 식과 같이 정의하는 세 가지 물성값 중 하나로 쓰이는 등, 비정상 상태 열전달에서 널리 쓰인다.

$$\alpha = \frac{k}{\rho c_p} \tag{13 · 25}$$

일단 k, ρ, c_p를 측정하면 식 (13 · 25)를 이용하여 α를 계산할 수 있다. 다른 특별한 방법(참고문헌 [12]와 [13]을 참조하라)을 사용하여 α를 측정할 수도 있으며, 이어서 ρ는 이전에 결정되었다고 가정하고, c_p를 측정한 후에 k를 계산하거나, k를 측정한 후에 c_p를 계산하는 데 이용할 수도 있다. 열전도도의 경우에서와 같이 많은 물질에 대한 c_p값이 여러 가지 편람에 수록되어 있지만, 새로운 물질을 개발했을 때, 이 열전달 물성을 측정하는 기본적인 방법에 친숙해진다는 것이 중요하다.

비열과 기타 열량에 관계되는 물리량의 측정법은 실험방법상 열량 측정법(calorimetry)이라고 불리는 부류에 속한다. 비열측정에 대해서는 원래 여섯 가지의 서로 다른 열량측정 방법이 있다. 단열(adiabatic), 액적(drop), 부양(levitation), 변조(modulation), 맥동(pulse), 미분주사(differential scanning) 열량 측정법 등이 그것이다. 이 방법 중 어느 것을 사용할 것인가 하는 것은 시험대상 물질의 형태와 온도범위, 그리고 기타 다른 인자들의 영향을 받는다. 이 여섯 가지의 방법 중 단열열량 측정법은 고전적인 방법으로 생각된다. 단열 열량계는 용도가 넓고 정확하며, 측정온도 범위가 대략 −269℃에서 1025℃인 고체와 액체의 비열측정에 사용할 수 있다. 지금부터 단열방법에 대해 설명하겠다.

열역학에서 단열(adiabatic)이라는 말은 경계를 통한 열전달이 없는 계를 의미한다. 따라서, 단열 열량계는 시편을 단열적으로 가열하는 장치이다. 대부분의 단열 열량계는 시편을 전기로 가열한다. 정확한 단열조건은 있을 수가 없기 때문에 시편으로부터 주변으로 아주 작기는 하지만 열손실이 있다. 더구나, 작기는 하지만, 시편에 전달되어야 할 전기 에너지의 일부가 가열기 자체, 시편용기, 지지 구조물, 온도 감지기 등 열량계 장치의 온도를 올리는 데 소모된다. 일반적인 폐쇄계에 대한 열역학 제 1 법칙은

$$\dot{Q} - \dot{W} = \frac{dE}{dt} \tag{13 · 26}$$

여기서 $\dot{Q}$는 계 내로 전달되는 순복사 열전달이고, $\dot{W}$는 계가 한 순일량이며, dE/dt는 시간에 따른 계 에너지의 변화율이다. 식 (13·24)에 나타난 c_p의 정의에 따라 미분항 dE/dt는 다음과 같이 표현할 수 있다.

$$\frac{dE}{dt}=m\frac{di}{dT}\frac{dT}{dt}=mc_p\frac{dT}{dt} \tag{13·27}$$

여기서 m은 계의 질량이다. 단열 열량계에 대해 $\dot{Q}$는 시편으로부터 계 밖로 나가는 약간의 열손실을 나타내고, $\dot{W}$는 전기 가열기에 의해 시편에 가해지는 전기 에너지를 나타낸다. dE/dt항은 시편과 앞에서 언급한 열량계 장치의 시간에 따른 에너지 변화율이다. 따라서, 단열 열량계에 대해 식 (13·27)은 다음과 같이 된다.

$$\frac{dE}{dt}=\left[mc_p+\sum_{i=1}^{n}(mc_p)_i\right]\frac{dT}{dt} \tag{13·28}$$

여기서 m : 시편의 질량(kg)

c_p : 시편의 비열(J/kg·K)

$\sum_{i=1}^{n}(mc_p)_i=A$: 열량계 상수(J/K), n은 열량계 장치의 개수

dT/dt : 시편과 열량계 장치의 시간에 따른 온도변화(K/s)

열량계 상수 A는 열량계 장치의 비열과 질량을 곱한 것의 합이다. 식 (13·26)과 식 (13·28)을 조합하여 시편의 비열 c_p에 대해 풀면

$$c_p=\frac{\dot{W}-\dot{Q}}{m\,dT/dt}-\frac{A}{m} \tag{13·29}$$

여기서 식 (13·26)의 순복사 열전달을 입량으로 표시하고 순일량을 출량으로 표시했기 때문에 $\dot{W}$와 $\dot{Q}$의 부호가 바뀐다. 식 (13·29) 혹은 이와 비슷한 식은 단열 열량계로 c_p값을 구하는 데 이용한다. 총 열용량 시스템으로 가정할 수 있는 작은 시편은 전기적으로 천천히 가열한다. 항상 시편내부에서 평형조건이 지속되어야만 하므로, 일반적으로 가열속도는 0.1℃/s 이하이다. 시편의 온도는 열전쌍과 같은 작은 온도탐침으로 측정한다. 온도는 연속적으로 기록해서 어떤 특정온도에서의 미분값 dT/dt를 결정할 수 있도록 해야만 한다. 전기 에너지 $\dot{E}$는 가열기의 전압과 전류를 동시에 측정해서 구한다. 열손실 $\dot{Q}$는 흔히 무시할 만큼 작지만, 가열기를 끈 후에 기록지의 가열구간을 따라가면서 열량계 장치의 온도변화를 조심스럽게 추적하면 찾을 수도 있다. 열량계 상수 A는 열량계 장치의 질량과 비열을 알면 결정된다.

그림 13 · 37 단열 열량계

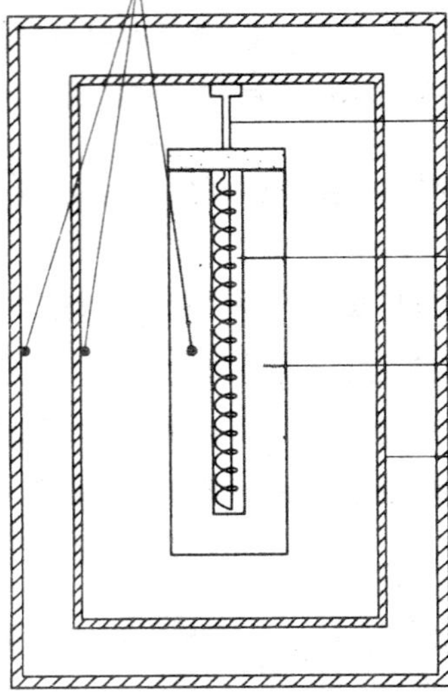

단열 열량계의 개략도를 그림 13 · 37에 나타내었다. 시편은 가해지는 에너지의 대부분이 시편을 통과하도록 전기 가열기를 둘러싸고 있다. 일반적으로 단열조건은 계를 두껍게 단열하거나 계의 경계에서 온도차를 없앰으로써 유지될 수 있다. 단열 열량계에서는 실험 중 온도차가 거의 0이 될 정도로, 시편의 온도에 아주 가깝게 따라가도록 조정되는 칸막이를 사용하고 있다. 단열의 정도를 보다 높이기 위해서 실험 중 시편과 칸막이를 칸막이의 온도에 아주 가깝게 따라가도록 조정되는 노로 둘러싸기도 한다. 이러한 이중구조로 된 단열 열량계의 경우, 낮거나 보통의 온도에 대해 0.1%~0.3%의 정밀도를 갖는다. 고온의 경우, 바람직한 정밀도를 가지려면, 칸막이를 추가해야 할 필요가 있다. 많은 단열 열량계는 대류에 의한 열손실을 없애기 위해 감압하에서 가동한다.

예제 13.6 단열 열량계를 사용하여 새로운 강합금의 비열을 측정하고자 한다. 시편강의 무게는 60 g이다. 실험 중 시편의 온도가 60℃가 되는 순간에 가열속도는 0.05 K/s 이고, 가열기의 전압과 전류는 각각 12 V, 200 mA이었다. 만약, 열량계 상수가 21 J/K라면 시편으로부터의 열손실은 무시하고 강의 비열은 얼마인가?

풀이 주어진 데이터를 정리하면

$$m = 0.06\ \text{kg}, \quad dT/dt = 0.05\ \text{K/s}, \quad A = 21\ \text{J/K}, \quad \dot{Q} = 0,$$
$$E = 12\ \text{V}, \quad I = 0.2\ \text{A}$$

가열기의 에너지는

$$\dot{W} = IE = (0.2\ \text{A})(12\ \text{V}) = 2.4\ \text{W}$$

모든 값을 식 (13 · 29)에 대입하면,

$$c_p = \frac{\dot{W} - \dot{Q}}{m dT/dt} - \frac{A}{m} = \frac{2.4\ \mathrm{W} - 0\ \mathrm{W}}{(0.06\ \mathrm{kg})(0.05\ \mathrm{K/s})} - \frac{21\ \mathrm{J/K}}{0.06\ \mathrm{kg}} = 450\ \mathrm{J/kg \cdot K}$$

이 비열값은 부록 C에 수록된 강합금에 대해 알려진 값과 비교할 때, 모순이 되지 않는 값이다.

13.6 복 사 능

'복사능(emissivity)이란 같은 온도하에서 흑체에서 방출되는 복사 에너지에 대한 실제표면에서 방출되는 복사 에너지의 비로 정의되는 복사물성이다' 라고 한 11장을 돌이켜 생각해 보라. 흑체는 완전한 방출제이고, 복사열의 완전한 흡수제이다. 식 (11 · 10)을 반복해서 정리하면, 총 반구상에서의 복사능 ε은 다음과 같이 쓸 수 있다.

$$\varepsilon(T) = \frac{E(T)}{E_b(T)} = \frac{E(T)}{\sigma T^4} \tag{13 · 30}$$

여기서 T : 표면의 절대온도(K)

$E_b(T)$: 온도 T에서 흑체의 방출 에너지($\mathrm{W/m^2}$)

$E(T)$: 온도 T에서 실제표면의 방출 에너지($\mathrm{W/m^2}$)

σ : $5.669 \times 10^{-8}\ \mathrm{W/m^2 \cdot K^4}$(스테판－볼츠만 상수)

복사능은 일반적으로 방사능 측정방법(radiometric method)이나 열량측정 방법(calorimetric method)으로 측정한다. 방사능 측정법은 방사계(radiometer)를 사용하는 반면, 열량 측정법은 열량계를 사용한다. 방사능 측정법으로 복사능을 찾는 방법은 다음과 같다. 먼저 열전쌍이나 다른 온도계를 사용해서 표면의 온도를 측정한다. 다음에 $\varepsilon = 1$로 가정하고, 방사계를 사용해서 겉보기 표면온도 T_a를 측정한다. 식 (13 · 16)을 ε에 대해 정리하고 복사능을 계산하면

$$\varepsilon = \left(\frac{T_a}{T}\right)^4 \tag{13 · 31}$$

이렇게 계산한 복사능을 방사계에 맞추고, 온도 T_a를 다시 반복 측정한다. 열전쌍으로 측정한 온도와 방사계로 측정한 온도가 일치할 때, ε값은 믿을 만한 값으로 볼 수 있다. 열량 측정법에서는 시편으로 출입하는 모든 열전달이 복사만이 일어나도록 조성된 환경하에 시편을 위치한다. 복사 열전달은 일반적으로 가열기에 가해진 전기 에너지를 측정하거나, 시편과 주변간의 온도차를 측정하여 구한다. 같은 조건하에서 흑체의 열전달에 대한 측정된 열전달의 비가 그 물질의 복사능이다.

여러 가지 편람에 많은 물질에 대한 복사능 값이 실려 있다. 정확한 복사능 데이터는 복사 열전달에 관한 작업상 대단히 중요하다. 더구나 어떤 불투명체에 대한 복사능 값이 얻어지면, 다음 관계식으로 반사율도 손쉽게 얻어진다.

$$\rho = 1 - \varepsilon \tag{13 · 32}$$

복사능 측정에 관한 추가정보는 참고문헌 [10]에서 [12]를 참조하라.

13.7 응 용

응답시간은 많은 온도측정 분야에서 중요한 문제이다. 만약 어떤 매질의 온도가 빠르게 변한다면, 정확하게 온도를 추적하기 위해서 온도 탐지기가 빠르게 응답하지 않으면 안 된다. 열전쌍의 응답시간은 매질, 측정접점의 크기, 합금의 형태, 온도수준 등의 함수이다. 예제 13.7에서 열전쌍 제조업자의 주장을 증명하기 위해 열전쌍의 응답시간을 계산한다.

예제 13.7 어떤 열전쌍 제조업자가 자신들이 제작한 '지름이 0.005 in인 J형 열전쌍으로 온도가 100°F ~ 800°F(38℃ ~ 427℃)인 범위에서 정지된 공기의 온도를 측정할 때, 전형적인 응답시간은 1.0초'라고 주장한다. 열전쌍 선(wire)지름의 2.5배의 크기로 원형 접점비드를 만들어서 노출된 상태로 측정한다고 할 때, 자신들의 연구실에서 측정한 값에 기초하는 이 주장은 옳은가 판별하라.

풀이 열전쌍의 응답시간은 열전쌍 측정접점의 시간상수로 설명할 수 있으며, 식 (13 · 9)로 정의한다.

$$t_c = \frac{\rho c_p V}{hA}$$

공기의 자연대류에 대한 J형(iron−constantan) 열전쌍에 대해 제조업자가 주장하는 응답시간 1초를 적용한다. 따라서, 시간상수 t_c를 찾기 위해서는 먼저 구면상의 자연대류에 상응하는 열전달 계수 h를 구해야만 한다. 공기의 물성값을 결정하기 위해 두 극단온도의 평균온도를 택해 측정접점의 표면온도로 가정한다.

$$T_w = \frac{(38 + 427)℃}{2} = 233℃ = 506\ \text{K}$$

자유흐름 공기의 온도로써 하한온도를 택하면

$$T_\infty = 38℃ = 311\ \text{K}$$

그리고 경막온도는

$$T_f = \frac{(506 + 311)\ \text{K}}{2} = 409\ \text{K}$$

경막온도에서 공기의 물성값은

$$\nu = 27.49 \times 10^{-6}\ \text{m}^2/\text{s}, \quad k = 0.0344\ \text{W/m} \cdot \text{K},$$

$$Pr = 0.689, \quad \beta = \frac{1}{T_f} = 0.002\,44\ \mathrm{K}^{-1}$$

접점의 지름은 열전쌍 선지름의 2.5배이므로

$$D = 2.5d = 2.5(0.005\ \mathrm{in} \times 0.0254\ \mathrm{m/in}) = 3.175 \times 10^{-4}\ \mathrm{m}$$

그라스호프 수는

$$Gr_D = \frac{g\beta(T_w - T_\infty)D^3}{\nu^2}$$

$$= \frac{(9.81)(0.002\,44)(506-311)(3.175\times10^{-4})^3}{(27.49\times10^{-6})^2} = 0.198$$

따라서, 레일리 수는

$$Ra_D = Gr_D Pr = (0.198)(0.689) = 0.136$$

식 (9 · 19)에 주어진 평균 누셀트 수는

$$\overline{Nu}_D = 2 + \frac{0.589 Ra_D^{1/4}}{[1+(0.469/Pr)^{9/16}]^{4/9}}$$

$$= 2 + \frac{(0.589)(0.136)^{1/4}}{[1+(0.469/0.689)^{9/16}]^{4/9}} = 2.27$$

따라서, 열전달 계수 h는

$$h = \frac{\overline{Nu}_D k}{D} = \frac{(2.27)(0.0344\ \mathrm{W/m\cdot K})}{(3.175\times10^{-4}\ \mathrm{m})} = 246\ \mathrm{W/m^2\cdot K}$$

측정점은 서로 다른 두 개의 금속(iron constantan)이 50 : 50의 비율로 섞여 있다고 가정할 수 있을 것이다. 비드의 밀도와 비열의 평균값을 계산하면

$$\rho = 8395\ \mathrm{kg/m^3}, \quad c_p = 429\ \mathrm{J/kg\cdot K}$$

구형비드의 표면적과 부피는

$$A = 4\pi R^2 = 4\pi(1.588\times10^{-4}\ \mathrm{m})^2 = 3.169\times10^{-7}\ \mathrm{m^2}$$

$$V = (4/3)\pi R^3 = (4/3)\pi(1.588\times10^{-4}\ \mathrm{m})^3 = 1.677\times10^{-11}\ \mathrm{m^3}$$

마지막으로 시간상수 t_c는

$$t_c = \frac{\rho c_p V}{hA} = \frac{(8395)(429)(1.677\times10^{-11})}{(246)(3.169\times10^{-7})} = 0.775\ \mathrm{s}$$

열전달 계수 계산에 포함되는 어느 정도의 불확실성을 감안하더라도 제조업자가 주장하는 측정값과 여기에서 계산한 값은 서로 잘 일치하고 있다. 더구나, 1.0초라는 값은 소비자들이 이용하는 데 있어서 실제응답 시간이 적어도 광고하는 만큼은 빠르다는 것은 확실히 보장할 수 있다. ∎

고체연료 로켓 추진부의 덮개는 흔히 탄소섬유 복합물로 만든다. 섬유를 접착시키는 수지(resin)는 온도가 실온에 비해 수백 도 이상 상승하면, 구조적으로 성능이 떨어지기 시작한다. 로켓이 분사하면 그림 13 · 38에 나타낸 것처럼 로켓 후

미부 쪽으로 나가는 뜨거운 배기가스 구름이 복사열을 낸다. 흔히 후미부에 단열재를 써서 아랫부분에 있는 덮개가 견딜 수 있는 온도로 유지되도록 하기도 한다. 예제 13.8에서는 로켓의 후미부에 가해지는 복사 열플럭스를 측정하기 위해 슬러그형 열량계를 어떻게 사용할 것인가에 대해 알아보려고 한다. 그리고 나서 측정된 열플럭스를 사용하여 로켓덮개를 보호하는 데 필요한 단열재의 두께를 추산하려고 한다.

예제 13.8 고체연료 로켓 후미부에 입사되는 복사 열플럭스를 슬러그형 열량계를 이용해서 측정하고자 한다. 슬러그는 순수한 구리로 제작했으며, 지름과 두께가 각각 1 cm, 5 mm이다. 분사 직전에 슬러그의 온도는 20℃로 균일했다. 슬러그가 일정한 열플럭스에 75초 동안 노출되어 온도가 52℃로 상승했다면, 로켓이 분사되는 전시간 동안 열플럭스의 크기는 얼마나 될까? 이 열플럭스 값을 이용하여 로켓덮개의 온도가 95℃ 미만이 되도록 하는 데 필요한 입상 코르크 단열재의 최소두께를 찾아라.

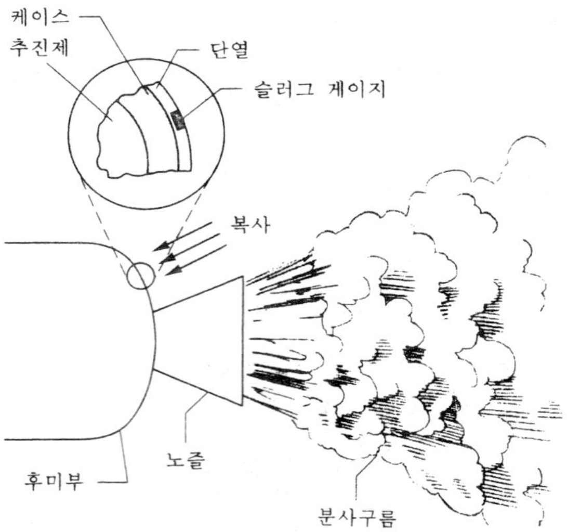

그림 13·38 고체연료 로켓의 후미부에 대한 복사가열

풀이 300 K에서 구리 슬러그의 열적 물성값은

$$\rho = 8933 \text{ kg/m}^3, \quad c_p = 385 \text{ J/kg} \cdot \text{K}$$

그리고 슬러그의 표면적과 질량은

$$A = \pi R^2 = \pi(0.005 \text{ m})^2 = 7.854 \times 10^{-5} \text{ m}^2$$

$$m = \rho V = \rho A\delta = (8933 \text{ kg/m}^3)(7.854 \times 10^{-5} \text{ m}^2)(0.005 \text{ m}) = 0.003\,51 \text{ kg}$$

식 (13·21)로부터 열플럭스 q에 대해 풀면

$$q = \frac{mc_p}{At}(T - T_i)$$

$$= \frac{(0.003\,51\text{kg})(385\ \text{J/kg}\cdot\text{K})}{(7.854\times 10^{-5}\ \text{m}^2)(75\ \text{s})}[(52-20)\ \text{K}] = 7341\ \text{W/m}^2$$

코르크 단열재, 복합물 덮개, 고체연료 등을 입상 코르크의 열적 물성값을 갖는 반무한대 고체로 취급하여 복합물 덮개를 보호하는 데 필요한 단열두께를 추산할 수 있다(연습문제 5.48을 보라). 로켓분사 중에도 덮개의 온도는 95℃를 넘지 않아야 하므로, 식 (5·10)을 사용하면

$$\frac{T-T_i}{qx/k} = \frac{2\sqrt{\alpha t/\pi}}{x}\exp\left(\frac{-x^2}{4\alpha t}\right) - \left[1-erf\left(\frac{x}{2\sqrt{\alpha t}}\right)\right]$$

여기서 $q = 7341\ \text{W/m}^2$, $T = 95℃$, $T_i = 20℃$, $t = 75\ \text{s}$

$k = 0.046\ \text{W/m}\cdot\text{K}$, $\alpha = 2.09\times 10^{-7}\ \text{m}^2/\text{s}$ (입상 코르크)

$T = 95℃$, $t = 75\ \text{s}$에서의 깊이 x에 대해 이 식을 풀고자 한다. 이 깊이는 단열재 뒷면에서의 온도가($t = 75\ \text{s}$에서 덮개외부의 온도) 95℃로 되는 단열재의 두께가 된다. 불행히도 식 (5·10)으로는 x를 양함수 형태로 나타낼 수가 없기 때문에 수치해법을 사용해야만 한다. 반복법을 사용하여 단열재의 두께를 구하면

$x = 0.007\,49\ \text{m} = 7.49\ \text{mm}$

◇◇◇◇◇◇◇◇◇◇ 참 고 문 헌 ◇◇◇◇◇◇◇◇◇◇

1. National Institute of Standards and Technology. 1993. *Temperature— Electromotive Force Reference Functions and Tables for the Letter—Designated Thermocouple Types Based on the ITS90*. NIST Monograph 175. Washington, D.C.
2. Omega Engineering. 1995. *The Temperature Handbook*, vol. 29, Stamford, Conn.: Omega Engineering, Inc.
3. Hennecke, D. K., and E. M. Sparrow. 1970. "Local Heat Sink on a Convectively Cooled Surface, Application to Temperature Measurement Error." *Int. J. Heat Mass Transfer* 13: pp. 287~303.
4. Nicholas, J. V., and D. R. White. 1994. *Traceable Temperatures an Introduction to Temperature Measurement and Calibration*. New York: John Wiley & Sons.
5. Magison, E. C. 1990. *Temperature Measurement in Industry*. Research Triangle Park, N.C.: Instrument Society of America.
6. American Society for Testing and Materials. 1993. *Manual on the Use of Thermo-couples in Temperature Measurement*, 4th ed., Philadelphia, Pa.
7. McGee, T. D. 1988. *Principles and Methods of Temperature Measurement*. New York: John Wiley & Sons.

8. Guyer, E. C., ed. 1989. *Handbook of Applied Thermal Design*. New York: McGraw−Hill Book Company.

9. Benedict, R. P. 1984. *Fundamentals of Temperature, Pressure, and Flow Measurements*, 3d ed. New York: John Wiley & Sons.

10. Holman, J. P. 1994. *Experimental Methods for Engineers*, 6th ed. New York: McGraw−Hill Book Company.

11. Dereniak, E. L. 1996. *Infrared Detectors and Systems*. New York: John Wiley & Sons.

12. Maglic, K. D., A. Cezairliyan, and V. E. Peletsky, eds. 1984. *Compendium of Thermophysical Property Measurement Methods*. vol. 1, *Survey of Measurement Techniques*. New York: Plenum Press.

13. Maglic, K. D., A. Cezairliyan, and V. E. Peletsky, eds. 1984. *Compendium of Thermophysical Property Measurement Methods*. vol. 2, *Recommended Measurement Techniques and Practices*. New York: Plenum Press.

14. Tye, R. P. 1969. *Thermal Conductivity*, vol. 1. New York: Academic Press.

15. Tye, R. P. 1969. *Thermal Conductivity*, vol. 2. New York: Academic Press.

16. Eckert, E. R. G., and R. J. Goldstein, eds. 1976. *Measurements in Heat Transfer*. Washington, D.C.: Hemisphere Publishing Corp.

17. American Society for Testing and Materials. 1971. "Standard Method of Test for Thermal Conductivity of Materials by Means of the Guarded Hot Plate Method." Standard C 177. *In Annual Book of ASTM Standards*, Part 14. Philadelphia, Pa.

18. Gardon, R. 1953. "An Instrument for the Direct Measurement of Intense Thermal Radiation." *Rev. Sci. Instr*. 24: pp. 366~370.

19. Hager, N. E., Jr. 1965. "Thin Foil Heat Meter." *Rev. Sci. Instr*. 36: pp. 1564~1570.

20. Diller, T. E. 1993. "Advances in Heat Flux Measurements." *In Advances in Heat Transfer*, vol. 23: pp. 279~368. Edited by J. P. Hartnett and T. F. Irvine. Boston: Academic Press.

21. Ortolano, D. J., and F. F. Hines. 1983. "A Simplified Approach to Heat Flow Measurement." *Advances in Instrumentation*, vol. 38, Part 2. Proceedings of the ISA International Conference and Exhibit, Research Triangle Park, N.C.: Instrument Society of America.

◇◇◇◇◇◇◇◇◇◇ 연 습 문 제 ◇◇◇◇◇◇◇◇◇◇

◈ 온 도

13.1 온도를 정의하라.

13.2 섭씨온도와 화씨온도가 같은 온도를 찾아라.

13.3 가장 흔하게 사용되는 온도측정 장치를 들고, 그것이 어떻게 작동되는가 설명하라.

13.4 유효지름이 5 mm인 유리관 온도계에 대해 상대침적 오차가 0.5%가 되는 데 필요한 최소침적 깊이를 추산하라.

13.5 유리관 온도계를 부분 침적시켜서 뜨거운 요리용 기름의 온도를 측정하고자 한다. 절대측정 오차는 3×10^{-7}℃이고, 침적깊이는 8 cm, 온도계의 유효지름은 4 mm이다. 주변공기의 온도가 30℃라면 기름의 개략적인 온도는 어떻게 표현할 수 있는가?

13.6 기준온도를 0℃로 유지하고, J형 열전쌍으로 온도를 측정하고자 한다. 제벡전압이 5.0 mV라면 측정접점의 온도는 몇 ℃인가?

13.7 기준온도를 0℃로 유지하고, K형 열전쌍으로 온도를 측정하고자 한다. 이 때 나타난 제벡전압이 10.0, 20.0, 30.0, 40.0, 50.0 mV라고 할 때, 온도를 제벡전압의 함수로 그래프를 그려라. 이 함수는 선형인가?

13.8 기준온도를 0℃로 유지하고, T형 열전쌍으로 측정한 온도가 85℃였다. 이 온도에 대응하는 제벡전압을 계산하라.

13.9 기준온도를 0℃로 유지하고, R형 열전쌍으로 측정한 온도가 975℃였다. 이 온도에 대응하는 제벡전압을 계산하라.

13.10 기준온도를 0℃로 하고, 제벡전압 항으로 E, J, K, R, S, T형 열전쌍에 대해 온도를 계산하는 컴퓨터 프로그램을 작성하라.

13.11 철-콘스탄탄 열전쌍의 구형접점의 조성이 각각 50 : 50으로 혼합되었다고 하자. 열전달 계수가 400 W/m^2 · K이고, 비드의 지름이 각각 0.5, 1.0, 1.5, 2.0 mm일 때 시간상수를 구하라.

13.12 지름 1 mm인 J형 열전쌍 접점 구형비드의 조성이 Sn 60%, Pb 40%이다. 이 접점이 150℃인 대기중에 노출되었다. 공기의 유속이 2, 10, 50 m/s일 때, 각각의 시간상수를 계산하라.

13.13 18 gage 구리-콘스탄탄 선길이가 4 mm 이상이 되도록 잘 꼬아서 만든 T형 열전쌍이 있다. 만약, 이 접점을 25 m/s로 흐르는 -75℃ 대기압하의 질소에 노출시켰다면, 이 접점의 시간상수는 얼마인가?

13.14 T형 열전쌍으로 14 m/s로 흐르는 90℃ 대기의 온도를 측정한다. 이 열전쌍의 접점 구형비드의 조성이 Sn 60%, Pb 40%이고 직접 공기흐름에 노출되어 있다. 시간상수가 2.0

초가 되는 비드의 지름을 구하라.

13.15 J형 열전쌍을 9 m/s로 흐르는 550℃ 대기중에 노출시켰을 때와 감춰 두었을 때의 시간상수를 서로 비교하라. 노출된 접점은 지름이 2 mm로 철-콘스탄탄이 각각 50 : 50으로 혼합된 구형이다. 감춰진 접점은 길이가 2 cm이고 안지름과 바깥지름이 각각 4.5 mm, 6 mm인 AISI 316 스테인리스 강관 안쪽에 부착되어 있다.

13.16 길이가 긴 18 gage J형 열전쌍이 125℃ 공기흐름에 노출된 두꺼운 7075 알루미늄판에 부착되어 있다. 열전쌍 선을 두께가 0.12 mm인 테플론층으로 싸서 절연시켰다. 판과 열전쌍에 대한 열전달 계수는 각각 25 W/m^2·K, 180 W/m^2·K이다. 만약 열전쌍이 나타내는 온도가 380℃라면, 판의 실제온도는 몇 ℃인가? 열전쌍선의 상당 열전도도는 60 W/m·K로 가정하라.

13.17 알루미늄 판 대신 내열 유리판으로 바꾸어서 문제 3.16을 다시 풀어라.

13.18 저항의 온도계수 $\alpha = 0.003850$℃$^{-1}$인 백금 RTD의 저항이 125 Ω이다. 온도는 몇 ℃인가?

13.19 저항의 온도계수 $\alpha = 0.003850$℃$^{-1}$인 백금 RTD의 저항이 60 Ω이다. 온도는 몇 ℃인가?

13.20 백금 RTD($\alpha = 0.003\,850$℃$^{-1}$)의 저항 10, 25, 50, 110, 150, 200, 250, 300 Ω에 상응하는 온도를 구하라. 온도의 변화를 저항의 함수로 하여 그래프를 그려라. 이 함수는 선형인가?

13.21E 서미스터의 저항이 10 kΩ일 때, 표시되는 온도는 얼마인가? $A = 0.06$ Ω, $B = 8000$ °R로 가정하라.

13.22 어떤 서미스터의 저항이 6 kΩ이다. $A = 0.06$ Ω, $B = 4400$ K라면 온도는 몇 ℃인가?

13.23 강관표면에 부착된 열전쌍에 표시된 온도가 500℃였고, 흑체로 가정하고 복사 온도계로 측정한 겉보기 온도는 445℃였다. 이 강관표면의 복사능은 얼마인가?

13.24 온도오차를 복사능의 함수로써 그래프에 그려라. 이 그래프로부터 쉽게 얻을 수 있는 결론은 무엇인가?

13.25 복사능이 0.3이라고 알려진 강관표면에 대해 흑체로 가정하고 복사 온도계로 측정한 겉보기 온도가 800℃였다. 이 강관표면의 진짜 복사능은 얼마인가?

열전도도

13.26 열전도도 측정법 세 가지를 들고 그것에 대해 간단히 약술하라.

13.27 보호 가열기의 목적은 무엇인가?

13.28 길이가 5 cm이고 단면이 2 cm×2 cm인 알 수 없는 금속시편의 열전도도를 측정하기

위해 간단한 축방향 열흐름 방법을 사용했다. 전기 가열기를 사용하여 시편 한쪽 끝부분으로 25 W의 열을 가하고, 다른 한편 끝은 히트싱크를 이용하여 일정한 온도로 유지했다. 두 벌의 열전쌍을 이용하여 시편 양면의 온도차를 구했더니 60℃였다. 열전도도는 얼마인가?

13.29 새로운 물질로 만든 유리원판을 축방향 열흐름 열전도도도 측정장치에 넣었다. 이 원판의 지름과 두께는 각각 6 cm, 5 mm이다. 전기 가열기를 사용하여 유리원판 한쪽 면의 온도를 95℃로 유지하고, 반대면은 물로 냉각시키는 히트싱크를 이용해서 30℃로 유지했다. 전기 가열기는 50 W의 열을 내고, 그 중 20%는 시편 뒷면의 단열재를 통해 사라진다. 이 유리의 열전도도는 얼마인가?

13.30E 새로운 플라스틱 물질의 열전도도를 측정하기 위해 단일시편 보호열판 장치를 이용한다. 플라스틱 시편의 두께는 0.125 in이다. 시편 내에서 전기 가열기에 의해 생성되는 열량은 550 Btu/h · ft^2이고, 시편을 통한 온도차는 35°F다. 이 플라스틱의 열전도도는 얼마인가?

13.31 새로운 단열재의 열전도도를 측정하기 위해 이중시편 보호열판 장치를 이용한다. 주가열기가 내는 전류는 24 V에서 175 mA다. 시편은 두께가 1.2 cm인 정사각형으로 길이는 10 cm×10 cm이다. 이 단열재 시편의 양면의 온도차가 60℃라면 이 단열재의 열전도도는 얼마인가?

13.32 새로운 플라스틱 물질의 열전도도를 측정하기 위해 이중시편 보호열판 장치를 이용한다. 시편의 두께와 지름은 각각 4 mm, 6 cm이다. 주가열기가 내는 전류는 50 V에서 200 mA다. 시편 양면의 온도차가 30℃라면 이 새로운 플라스틱 물질의 열전도도는 얼마인가?

13.33 건축자재로 사용하기 위해 새로 만든 단열재 판의 열전도도를 측정하기 위해 이중시편 보호열판 장치를 이용한다. 단열재 시편의 지름과 두께는 각각 20 cm, 1 cm이고, 시편의 양면의 온도차는 15℃다. 만약 주가열기에서 가해지는 전류가 125 mA이고 전압이 35 V라면 이 단열재 판의 열전도도는 얼마인가?

◈ 열플럭스

13.34 이 장에서 논의한 열플럭스 측정법을 열거하고 각각의 방법이 어떻게 작동하는가를 설명하라.

13.35 원판형 금속 슬러그로 만들어진 슬러그형 열량계를 생각해보자. 식 (13 · 21)에 나타나는 모든 길이변수가 슬러그의 두께만으로 표현되도록 식을 바꾸어 보라.

13.36 지름과 두께가 각각 6 cm, 4 mm인 구리원판으로 구성된 슬러그형 열량계로 정상적으로 균일하게 흐르는 열플럭스를 측정한다. 슬러그의 초기농도는 15℃다. 만약 노출 2분 후에 슬러그의 온도가 56℃라면 열플럭스는 얼마인가?

13.37 슬러그형 열량계를 정상적으로 흐르는 6600 W/m^{2}의 균일한 복사 열플럭스에 80초 동안 노출시켰다. 슬러그는 구리로 제작했으나 노출부위는 산화시켜서 검게 만들었다. 슬러그의 두께가 1 cm라면 주어진 노출시간 동안에 온도는 얼마나 상승할까?

13.38 반지름과 두께가 각각 3 mm, 0.75 mm인 콘스탄탄 원판으로 구성된 가든계기가 있다. 원판 중심점과 구리 히트싱크 사이의 온도차가 160℃일 때, 열플럭스는 얼마인가?

13.39 반지름과 두께가 각각 2.5 mm, 0.2 mm인 콘스탄탄 원판으로 구성된 가든계기가 있다. 원판 중심점의 온도는 400℃이다. 만약 구리 히트싱크의 온도가 35℃로 유지된다면 열플럭스는 얼마인가?

13.40 반지름과 두께가 각각 5 mm, 0.075 mm인 콘스탄탄 원판으로 구성된 가든계기가 제벡전압 12 mV를 나타낸다. 구리 히트싱크의 온도가 0℃로 유지된다면 열플럭스는 얼마인가? 원판 중심점의 온도는 몇 ℃인가?

13.41 두께가 0.15 mm인 캡톤원판으로 만든 층상 열플럭스 계기가 있다. 들어오는 열플럭스로 인해 원판 앞면과 뒷면 사이에 20℃의 온도차가 발생한다. 열플럭스의 크기는 얼마인가?

13.42 두께가 0.2 mm인 마일라층으로 만든 층상 열플럭스 계기가 있다. 마일라층을 통한 온도차를 40개의 크로멜−알루멜(K형) 열전쌍으로 구성된 열전쌍 열로 측정한 결과, 10 ℃의 온도차가 얻어졌다. 제벡계수가 41 μV/℃라면 열플럭스의 크기는 얼마인가? 계기의 출력전압은 얼마인가?

13.43 두께가 0.18 mm인 캡톤층으로 만든 층상 열플럭스 계기에 12 000 W/m^{2}의 열플럭스가 가해진다. 온도차를 측정하기 위해 120개의 K형 열전쌍으로 구성된 열전쌍 열을 사용한다. 제벡계수가 41 μV/℃라고 가정하고, 계기의 출력전압과 캡톤층을 통한 온도차를 계산하라.

◈ 비 열

13.44 단열 열량계가 어떻게 작동하는지 설명하라.

13.45 새로 개발된 고강도 강합금의 비열을 측정하기 위해 단열 열량계를 사용한다. 강시편 75 g을 전기로 가열하는 데 5 W의 전기가 소모된다. 가열속도는 0.06 K/s이고, 열량계 상수는 15 J/K이다. 시편으로부터의 열손실이 무시할 만큼 작다고 가정한다면, 이 강의 비열은 얼마인가?

13.46 새로운 형태의 플라스틱의 비열을 측정하기 위해 단열 열량계를 사용한다. 플라스틱 시편 25 g 속에 가열기를 심어서 125 mA, 10 V의 전류를 흘려 보낸다. 이 때의 가열속도는 0.02 K/s이다. 시편으로부터의 열손실이 무시할 만큼 작고 열량계 상수가 22 J/K라면, 이 플라스틱의 비열은 얼마인가?

13.47 새로 개발된 복합물의 비열을 측정하기 위해 단열 열량계를 사용한다. 복합물 시편의

질량은 100 g이고, 300 mA, 24 V의 전기를 소모하는 가열기를 사용하여 가열속도 0.06 K/s로 가열한다. 열량계 상수는 20 J/K이다. 시편으로부터의 열손실을 0으로 가정한다면, 이 복합물의 비열은 얼마인가? 만약, 실제가열에 사용하는 전기 에너지 중 10%의 열손실이 있다면, 측정한 비열값에 대해서는 몇 %의 오차가 발생하는가?

◈ 복 사 능

13.48 복사능을 측정하는 두 가지 방법을 열거하고, 그것이 어떻게 작동하는지 설명하라.

13.49 어떤 금속표면을 전기 가열기로 가열하여 열전쌍을 이용해 온도를 측정했더니 표면온도가 정상적으로 450℃였다. $\varepsilon=1$ 로 가정하고 방사계로 측정한 표면온도는 375℃였다. 이 표면의 복사능은 얼마인가?

13.50E 어떤 강관표면에 열전쌍을 설치하고 측정한 온도가 900°F로 나타난 반면, $\varepsilon=1$로 맞추고 방사계로 측정한 표면온도는 825°F였다. 이 표면의 복사능은 얼마인가?

◈ 응 용

13.51 내연기관의 복사능 시험의 한 부분으로써, 기능사가 후미부에 있는 관을 통해 나가는 배기가스의 온도를 측정한다. 후미부의 관을 통해 나가는 배기가스의 평균유속과 벌크온도는 각각 12 m/s, 230℃이다. 만약 지름이 0.5 mm이고 구형접점을 갖는 J형 열전쌍을 이용해서 온도를 측정한다면, 배기가스 안에서 일어나는 온도교란에 비해 열전쌍의 응답시간은 얼마나 되는가? 접점은 철－콘스탄탄이 50 : 50으로 섞인 혼합물이고, 배기가스는 대기의 물성을 갖는다고 가정하라.

13.52 길이가 긴 열전쌍을 이용하여 동력공급 장치에 부착된 두꺼운 AZ31B 마그네슘 기판의 표면온도를 측정한다. 열전쌍 선은 24 gage선이고, 두께가 0.08 mm인 캡톤으로 절연시켰다. 25℃의 공기가 6 m/s의 속도로 기판을 가로질러 흐르며, 이 때 열전쌍 선에 대한 열전달 계수는 190 $W/m^2 \cdot K$이다. 공기의 흐름방향으로 기판의 길이는 24 cm이다. 만약 열전쌍이 표면온도를 96℃로 표시하고 있다면, 실제의 표면온도는 얼마인가? 열전쌍 선의 상당 열전도도는 80 W/m · K로 가정하라.

13.53 층상 열플럭스 계기를 보일러 외면과 두꺼운 단열재 사이에 설치하여 보일러의 열손실을 알아본다. 그림 13 · 39를 보라. 열플럭스계는 두께가 3 mm인 세라믹 제품($k=4$ W/m · K)이다. 이 계기는 제벡계수가 42 μV/K인 50개의 크로멜－알루멜 열전쌍으로 구성된 열전쌍 열을 사용한다. 만약 계기의 출력이 3.7 mV라면 보일러 표면 1 m^2당 열손실은 얼마인가?

13.54 가열요소로 32 gage 니크롬선을 쓰는 단열 열량계를 이용하여 알루미늄 합금의 비열을 측정한다. 열량계는 75 g의 시편에 맞도록 설계되어 있으며, 시편에서의 열손실을 무

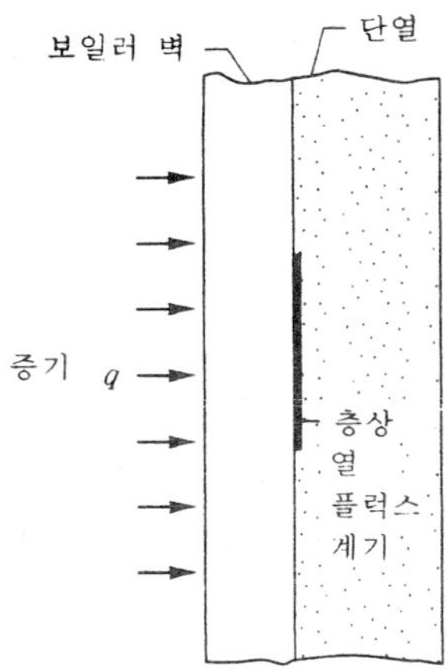

그림 13 · 39

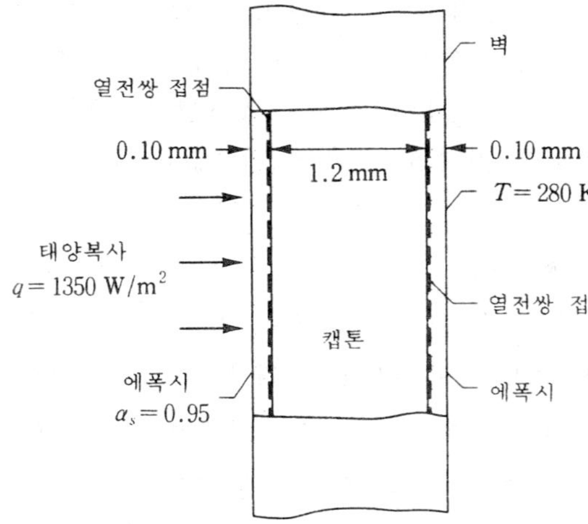

그림 13 · 40

시할 수 있도록 충분한 단열재를 사용하고 있다. 열량계 상수는 25 J/K이다. 만약 12 V 짜리 동력공급 장치로 니크롬선 가열요소에 전기를 가하고 가열속도는 0.08℃/s 정도가 바람직하다면, 알루미늄 합금의 비열이 920 J/kg · K라고 가정할 때, 니크롬선 가열요소의 길이는 얼마가 되어야 하는가. 가열요소에 흐르는 전류는 얼마나 되는가.

13.55 태양복사에 대해 알아보기 위해 지구를 돌고 있는 우주선의 표면에 층상 열플럭스 계기를 설치했다. 그림 13 · 40에서처럼 이 계기는 두께가 1.2 mm인 캡톤으로 만들었다. 캡톤표면에 부착된 열전쌍 접점은 물리적인 손상을 피하기 위해 0.10 mm 두께로 에폭시 수지를 덮었다. 계기의 뒷면은 열전기 장치를 써서 280 K의 온도를 일정하게 유지한다. 우주선은 괘도순항 중 약 절반의 시간 동안은 계기가 1350 W/m^{2}의 태양열 열플럭스에 직접 노출되도록 방향을 조정하고 나머지 시간 동안은 지구 그림자 속으로 숨는다. 열플럭스 계기에 대해 1차원 차분모델을 사용하여 우주선이 지구 그림자로부터 막 빠져 나온 직후부터 계기가 정상적인 온도차를 얻을 때까지 필요한 시간을 구하라. 모든 층들의 초기 온도는 280 K로 가정하라. 캡톤층을 통한 정상적인 온도차는 얼마인가? 만약 100개의 크로멜-알루멜 열전쌍으로 만든 열전쌍 열을 사용했다면, 계기의 출력전압은 얼마인가? 에폭시의 열적 물성값은 캡톤의 물성값과 같다고 가정하라. 크로멜-알루멜 열전쌍의 제벡계수는 41 μV/℃이다.

13.56 새로 개발한 열가소성 플라스틱의 열전달 물성을 측정하고자 한다. 마이크로미터와 질량천칭을 사용하여 정육면체 모양의 시편을 측정한 결과 한 변의 길이가 40.00 mm였고 질량은 80.00 g이었다. 이중시편 보호열판 장치를 사용해서 이 새로운 플라스틱의 열전도도를 측정한다. 주가열기에 흐르는 전류는 360 mA이고, 전압은 24 V이다. 플라스틱 시편은 원판형으로 지름과 두께는 각각 7.5 cm, 4.0 mm이다. 각각의 시편을 통해 측정된

온도차는 30℃였다. 같은 정육면체 시편을 사용하여 밀도를 측정하고 나서, 시편을 단열 열량계 속에 넣고 0.066 K/s의 정상가열 속도로 가열하는 데 7.75 W가 소모되었다. 열량계 상수는 15 J/K이며, 시편으로부터의 열손실은 무시할 만큼 작았다. 이 새로운 플라스틱의 열확산도는 얼마인가?

13.57 안지름과 바깥지름이 각각 8.0 mm, 9.0 mm인 중공 AISI 316 스테인리스 강관으로 만들어진 충전식 온도계의 벌브에 R-134a 냉동액이 채워져 있다. 300℃ 대기가 7 m/s의 속도로 이 온도계를 가로로 스치며 흐른다. 모세관의 효과를 무시하고, 이 온도계의 시간상수를 추산하라.

13.58 그림 13·41에서처럼 세라믹 보호관 속에 들어 있는 K형 열전쌍을 사용하여 소각로의 연소온도를 알아보고자 한다. 세라믹관의 밀도와 비열은 각각 2600 kg/m^3, 800 J/kg·K이다. 2100℃의 대기가 6 m/s의 유속으로 관을 가로로 스치며 흐른다고 가정하고, 열전쌍 탐침의 시간상수를 구하라. 모든 가정사항을 명시하라.

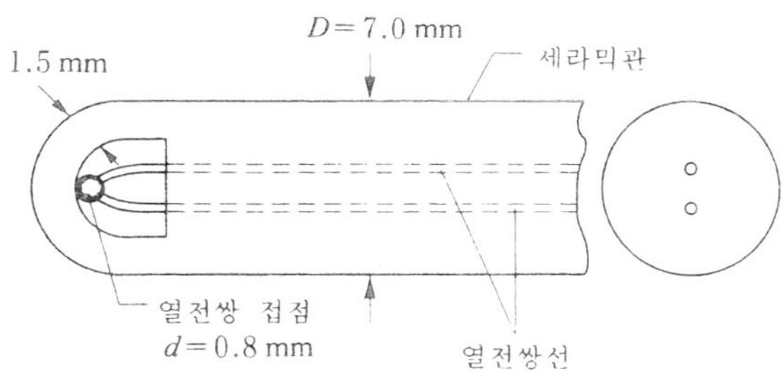

그림 13·41

13.59 달리기 운동기구 위에서 심하게 달리기를 하고 있는 어른의 신진대사에 의한 열생성을 측정하고자 층상 열플럭스 계기를 사람의 가슴부위에 직접 부착한다. 이 계기는 20개의 크로멜-알루멜 열전쌍을 갖는 두께 0.8 mm의 캡톤층으로 이루어져 있다. 실험 중 계기의 출력량은 2.0 mV이다. 만약 열전쌍의 제벡계수가 40 μV/K라면 신진대사에 의한 열생성은 몇 W/m^{2}인가? 만약 피부와 접하고 있는 접점의 온도가 33.5℃라면, 계기의 외부면에 부착된 열전쌍 접점의 온도는 얼마인가?

추 가

제조와 물질가공에서의 열전달

삶에 대한 우리의 기준은 우리에게 제공되는 상품과 서비스의 질과 양에 달려 있다. 사실상 우리 사회에서 이용하는 모든 상품은 제조되거나 한 물질에서 다른 물질로 변환되는 가공과정에서 만들어진다. 제조활동의 효율과 생산성은 삶의 질과 경제적 경쟁력에 깊은 영향을 미친다. 낮은 가격, 높은 질의 상품과 물질에 대한 요구가 커지면서 제조와 가공과정에서의 물리적 특성을 잘 이해하게 되었다.

약간의 예외도 있지만 제조와 물질가공 과정은 어떤 범위의 열전달을 포함한다. 예를 들어 열전달 과정은 철과 알루미늄의 주물, 철과 다른 금속의 열롤링, 열처리, 주물, 금속기계, 레이저 절단과 구멍내기, 용접과 땜질, 직물과 종이 생산물의 건조, 점성과 진보된 합성물의 경화 그리고 열가소성 수지의 주입 등에서 끊임없이 발생한다. 이러한 공정이나 다른 공정에서 발생하는 열전달은 가공되는 물질의 물리적 특성과 차원에 영향을 받는다. 예를 들어 철판의 용접은 판의 뒤틀림이나 용접부위에 원치 않는 기계적 특성으로 인해 국부 열처리를 야기시킬 수 있다. 적절치 못한 철주물의 냉각은 균일하지 않은 구조 심지어 공백을 가진 부분을 만들게 된다. 최근 들어 여러 노력으로 인해 제조방법과 물질가공 과정의 열전달 특성이 이해되게 되었다. 이러한 공정의 열전달 모델링은 일반적으로 히트소스의 움직임, 용해와 응결 그리고 복잡한 주변환경과 같은 시스템 때문에 복잡하다. 예를 들어 용접은 금속표면을 통과하는 히트소스의 움직임을 동반하고 주물은 액상에서 금속의 응결을 그리고 금속기계 가공은 작업의 표면에서 복잡한 경계상태를 포함하게 된다. 이처럼 복잡한 열전달 문제의 분석적 해답이 거의 없다. 그래서 다양한 수치해법을 채택하고 있다.

다음의 관계서적 목록은 제조와 물질의 가공과정의 열전달에 관련된 것이다. 이 목록이 다는 아니다. 이것은 단지 열전달에 대한 연구의 시작점이다.

◈ Book

1. Shah, R. K., ed. 1992. *Thermomechanical Aspects of Manufacturing and Materials Processing*. New York: Hemisphere Publishing Corporation.
2. Poulikakos, D., ed. 1996. *Advances in Heat Transfer*. vol. 29, *Transport Phenomena in Materials Processing*. San Diego: Academic Press.
3. Radaj, D. 1992. *Heat Effects of Welding*. New York: Springer-Verlag.
4. Cheng, K. C., ed. 1991. *Freezing and Melting Heat Transfer in Engineering: Selected Topics on Ice-water Systems and Welding and Casting Processes*. New York: Hemisphere Publishing Corporation.
5. Roberts, W. L. 1983. *Hot Rolling of Steel*. New York: M. Dekker.
6. Chryssolouris, G. 1991. *Laser Machining: Theory and Practice*. New York: Springer-Verlag.
7. Barber, H. 1983. *Electroheat*. London: Granada Publishing.
8. Institute of Metals. 1993. *Mathematical Modelling of Weld Phenomena*. London.
9. Pietrzyk, M., and J. G. Lenard. 1991. T*hermal-Mechanical Modelling of the Flat Rolling Process*. Berlin: Springer-Verlag.

◈ Conference proceedings

10. Bergman, T. L. 1997. *Symposium on Manufacturing and Materials Processing*. Proceedings of the 32nd National Heat Transfer Conferance, HTD-347. New York: American Society of Mechanical Engineers.
11. American Society of Mechanical Engineers. 1996. *Transport Phenomena in Materials Processing and Manufacturing*, HTD-336/FED-240. New York: American Society of Mechanical Engineers.
12. Prasad, V., ed. 1994. *Thermal Processing of Materials: Thermomechanics Controls and Composites*, HTD-289. New York: American Society of Mechanical Engineers.
13. Alam, M. K., ed. 1994. *Transport Phenomena in Materials Processing and Manufacturing*, HTD-280. New York: American Society of Mechanical Engineers.
14. Chen, M. M., ed. 1994. *Heat Transfer in Materials Processing*, FED-201/HTD-297. New York: American Society of Mechanical Engineers.
15. Zumbrunnen, D. A., ed. 1993. *Heat and Mass Transfer in Materials Processing*, HTD-261. New York: American Society of Mechanical Engineers.
16. Khanpara, J. C., ed. 1992. *Heat Transfer in Materials Processing*, HTD-224.

New York: American Society of Mechanical Engineers.

17. Advani, S. G., ed. 1991. *Heat and Mass Transfer in Solidification Processing*, HTD−175. New York: American Society of Mechanical Engineers.

18. Shah, R. K., ed. 1989. *Heat Transfer in Manufacturing and Materials Processing*, HTD−113. New York: The American Society of Mechanical Engineers.

19. Jacobs, H. R., ed. 1988. *ASME Proceedings of the* 1988 *National Heat Transfer Conference*, HTD−96, vol. 3. New York: American Society of Mechanical Engineers.

20. Yue, S., ed. 1990. *International Symposium of Mathematical Modelling of Hot Rolling of Steel*. Montreal: Canadian Institute of Mining and Metallurgy.

◈ Journal articles

21. Kovacevic, R., R. Mohan, and H. E. Beardsley. 1996. "Monitoring of Thermal Energy Distribution in Abrasive Waterjet Cutting Using Infrared Thermography." *J Manufacturing Science and Engineering* 118, no. 4: pp. 555~563.

22. Jen, T. C., and A. S. Lavine. 1996. "A Variable Heat Flux Model of Heat Transfer in Grinding with Boiling." *J Heat Transfer* 118, no. 2: pp. 463~470.

23. Choudhury, S. R., and Y. Jaluria. 1994. "Forced Convective Heat Transfer From a Continuously Moving Heated Cylindrical Rod in Materials Processing." *J Heat Transfer* 116, no. 1 : pp. 724~734.

24. Kang, B. H., J. Yoo, and Y. Jaluria. 1994. "Experimental Study of the Convective Cooling of Heated Continuously Moving Material." *J Heat Transfer* 116, no. 1 : pp. 199~208.

25. Ohadi, M. M., and K. L. Cheng. 1993. "Modeling of Temperature Distributions in the Workpiece During Abrasive Waterjet Cutting." *J Heat Transfer* 115, no. 2 : pp. 446~452.

26. Zhang, H., M. Karim, and Sumil Kumar. 1993. "Thermal Analysis of the Hot Dip−Coating Process." *J Heat Transfer* 115, no. 2 : pp. 453~460.

부록 A 수학식과 표

기하학 공식

면 적

직사각형 $A = ab$

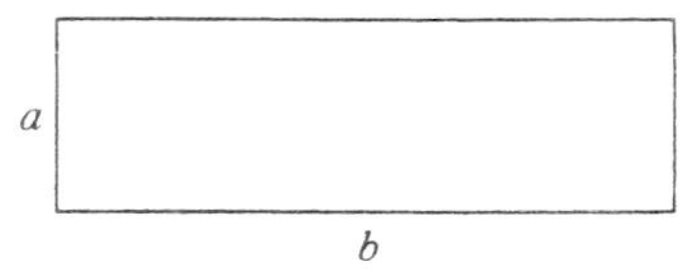

평행사변형 $A = bh$

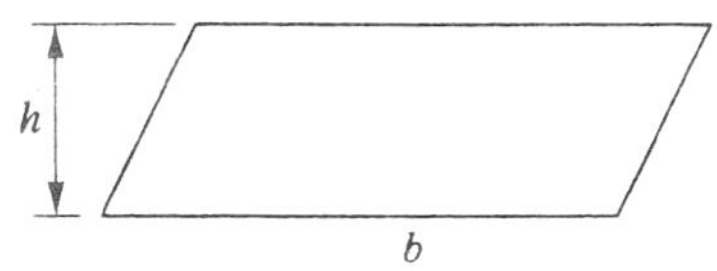

사다리꼴 $A = 1/2h(a+b)$

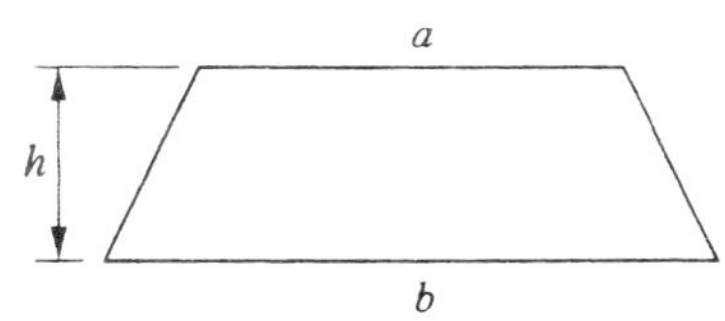

삼각형 $A = 1/2bh$

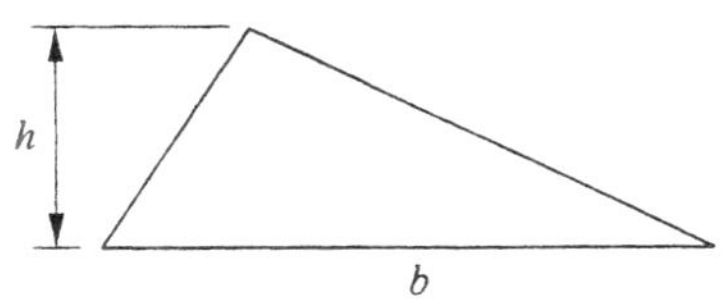

원 $A = \pi R^2 = 1/4\pi D^2$

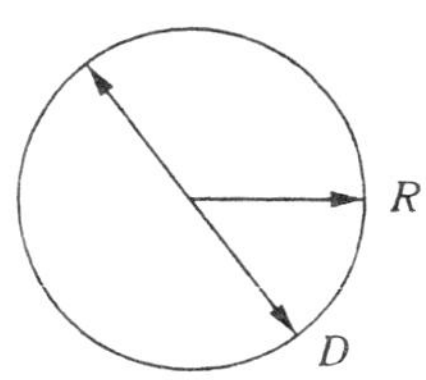

타원 $A = \pi ab$

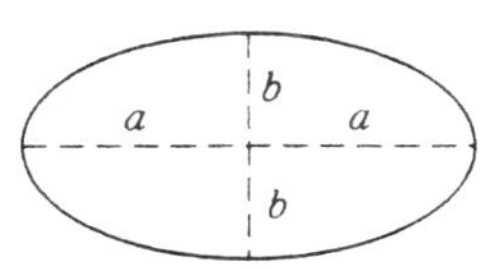

입 체

표면적 A, 부피 V

평행육면체 $A=2(ab+ac+bc)$

$V=abc$

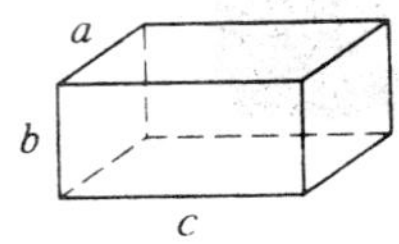

실린더 $A=2\pi RL=\pi DL$ (양면제외)

$A=2\pi R(L+R)$ (합계)

$V=\pi R^2L$

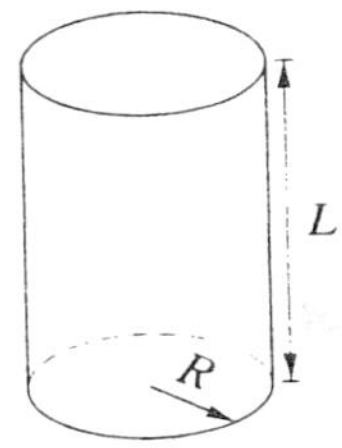

구 $A=4\pi R^2=\pi D^2$

$V=\dfrac{4\pi R^3}{3}$

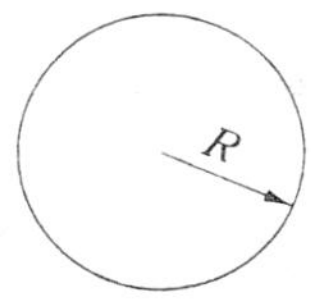

원뿔 $A=\pi R(R^2+h^2)^{1/2}$ (밑면제외)

$A=\pi R[R+(R^2+h^2)^{1/2}]$ (합계)

$V=\dfrac{\pi R^2h}{3}$

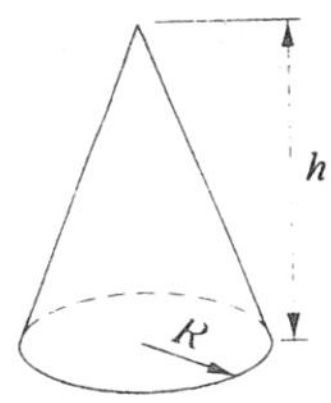

원환체 $A=4\pi^2Rr$

$V=2\pi^2Rr^2$

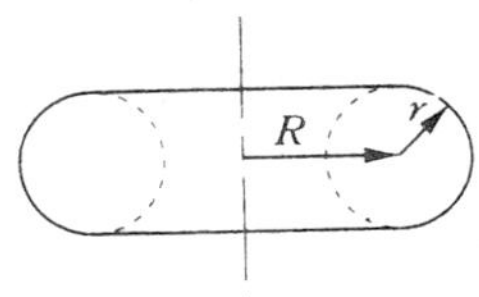

쌍곡선 함수

$$\sinh(z)=\frac{e^z-e^{-z}}{2},\quad \cosh(z)=\frac{e^z+e^{-z}}{2},\quad \tanh(z)=\frac{\sinh(z)}{\cosh(z)}$$

역쌍곡선 함수

$\cosh^{-1}(z)=\ln(z\pm\sqrt{z^2-1}),\quad z\geq 1$ (기호 (+)는 이론값)

$\sinh^{-1}(z)=\ln(z+\sqrt{z^2+1})$

$\tanh^{-1}(z)=1/2\ln\left(\dfrac{1+z}{1-z}\right),\quad z^2<1$

그리스 문자

alpha	A	α	nu	N	ν
beta	B	β	xi	Ξ	ξ
gamma	Γ	γ	omicron	O	o
delta	Δ	δ	pi	Π	π
epsilon	E	ε	rho	P	ρ
zeta	Z	ζ	sigma	Σ	σ
eta	H	η	tau	T	τ
theta	Θ	θ	upsilon	Y	υ
iota	I	ι	phi	Φ	ϕ
kappa	K	κ	chi	X	χ
lambda	Λ	λ	psi	Ψ	ψ
mu	M	μ	omega	Ω	ω

오차함수

z	erf(z)	z	erf(z)	z	erf(z)
0.00	0.000 000	0.60	0.603 856	1.40	0.952 285
0.02	0.022 565	0.62	0.619 411	1.44	0.958 297
0.04	0.045 111	0.64	0.634 586	1.48	0.963 654
0.06	0.067 622	0.66	0.649 377	1.52	0.968 414
0.08	0.090 078	0.68	0.663 782	1.56	0.972 628
0.10	0.112 463	0.70	0.677 801	1.60	0.976 348
0.12	0.134 758	0.72	0.691 433	1.64	0.979 622
0.14	0.156 947	0.74	0.704 678	1.68	0.982 493
0.16	0.179 012	0.76	0.717 537	1.72	0.985 003
0.18	0.200 936	0.78	0.730 010	1.76	0.987 190
0.20	0.222 702	0.80	0.742 101	1.80	0.989 090
0.22	0.244 296	0.82	0.753 811	1.84	0.990 736
0.24	0.265 700	0.84	0.765 142	1.88	0.992 156
0.26	0.286 900	0.86	0.776 100	1.92	0.993 378
0.28	0.307 880	0.88	0.786 687	1.96	0.994 426
0.30	0.328 627	0.90	0.796 908	2.00	0.995 322
0.32	0.349 126	0.92	0.806 767	2.20	0.998 137
0.34	0.369 365	0.94	0.816 271	2.40	0.999 311
0.36	0.389 330	0.96	0.825 423	2.60	0.999 764
0.38	0.409 009	0.98	0.834 231	2.80	0.999 925
0.40	0.428 392	1.00	0.842 701	3.00	0.999 978
0.42	0.447 468	1.04	0.858 650	3.20	0.999 994
0.44	0.466 225	1.08	0.873 326	3.40	0.999 998
0.46	0.484 656	1.12	0.886 788	3.60	1.000 000
0.48	0.502750	1.16	0.899 096	3.80	1.000 000
0.50	0.520500	1.20	0.910 314	4.00	1.000 000
0.52	0.537899	1.24	0.920 505		
0.54	0.554939	1.28	0.929 734		
0.56	0.571616	1.32	0.938 065		
0.58	0.587923	1.36	0.945 561		

오차함수의 근사값은 ±0.98% 정확도로 다음 식에 의해 구한 것이다.

$$\text{erf}\,(z) \approx 1 - 1.5577\,\exp[-0.7182(z+0.7856)^2]$$

부록 B 물리적 상수, 단위, 환산인자

물리적 상수

이상기체 상수	$R = 8.314$ kJ/kmol · K
	$= 1.9858$ Btu/lbmol · °R
	$= 1545.35$ ft · lb_f/lbmol
아보가드로 수	$N = 6.022 \times 10^{23}$ molecules/mol
진공에서 빛의 속도	$c = 2.998 \times 10^{8}$ m/s
플랑크 상수	$h = 6.626 \times 10^{-34}$ J · s
스테판－볼츠만 상수	$\sigma = 5.669 \times 10^{-8}$ W/m^2 · K^4
	$= 0.1714 \times 10^{-8}$ Btu/h · ft^2 · °R^4
표준 중력가속도	$g = 9.80665$ m/s^2
	$= 32.174$ ft/s^2
대기압	$P_{atm} = 0.101325$ MPa
	$= 1.01325$ bar
	$= 14.696$ lb_f/in^2
	$= 2116$ lb_f/ft^2
	$= 760$ mmHg (0℃에서)
4℃, 1 atm에서 물의 밀도	$\rho = 1000$ kg/m^3
	$= 62.43$ lb_m/ft^3
절대영도	$T = 0$ K $= 0$°R
	$= -273.15$℃ $= -459.67$°F

1 atm에서 물의 어는점 $T = 0℃ = 273.15\ K = 32°F = 491.67°R$

1 atm에서 물의 끓는점 $T = 100℃ = 373.15\ K = 212°F = 671.67°R$

단 위

기본차원과 단위

차 원	SI 단위		영국식 단위	
	명 칭	기 호	명 칭	기 호
길이	meter	m	foot	ft
질량	kilogram	kg	pound mass*	lb_m
시간	second	s	second	s
온도	Kelvin	K	Rankine	°R
전류	ampere	A	ampere	A
물질의 양	mole	mol	Mole	mol
광도	candela	cd	candela	cd

* 영국식 단위에서 슬러그가 공식질량 단위이다. 그러나 열흐름 과학에서는 원래 pound 질량이 사용되었다.

SI 단위의 배수

인 자	접 두 어	기 호
10^{12}	tera	T
10^{9}	giga	G
10^{6}	mega	M
10^{3}	kilo	k
10^{2}	hecto	h
10	deca	da
10^{-1}	deci	d
10^{-2}	centi	c
10^{-3}	milli	m
10^{-6}	micro	μ
10^{-9}	pico	p
10^{-12}	nano	n

환산인자

가속도 $1\ m/s^2$ $= 3.2808\ ft/s^2$

면적 $1\ m^2$ $= 10.7636\ ft^2$

		$= 1550\ in^2$
밀도	$1\ kg/m^3$	$= 0.0624\ lb_m/ft^3$
		$= 3.6127 \times 10^{-5}\ lb_m/in^3$
		$= 0.001940\ slug/ft^3$
에너지, 일, 열	1055.06 J	= 1 Btu
	1.35582 J	$= 1\ ft \cdot lb_f$
	10^{-7} J	= 1 erg
	4.1868 J	= 1 cal
	252 cal	= 1 Btu
	1 kWh	= 3412 Btu
힘	4.4482 N	$= 1\ lb_f$
	10^{-5} N	= 1 dyne
열플럭스	$1\ W/m^2$	$= 0.3171\ Btu/h \cdot ft^2$
내부 열발생	$1\ W/m^3$	$= 0.9665\ Btu/h \cdot ft^3$
열전달, 동력	1 W	= 3.4121 Btu/h
	745.7 W	= 1 hp
	1.3558 W	$= 1\ lb_f \cdot ft/s$
열전달 계수	$1\ W/m^2 \cdot K$	$= 0.1761\ Btu/h \cdot ft^2 \cdot {}^\circ R$
잠열, 비에너지	1 kJ/kg	$= 0.4299\ Btu/lb_m$
길이	1 m	= 3.2808 ft
	2.54 cm	= 1 in
	5280 ft	= 1 mi
	1 km	= 0.6214 mi
		= 0.5400 nauticalmi
질량	1 kg	$= 2.2046\ lb_m$
		= 0.0685 slug
질량유속	1 kg/s	$= 2.2046\ lb_m/s$
		$= 7937\ lb_m/h$
압력	$1\ kN/m^2$	= 1 kPa
		$= 20.8855\ lb_f/ft^2$

		$= 0.2953$ in Hg
		$= 4.0146$ in H_2O
	101.325 kPa	$= 1$ atm
		$= 14.6959\ lb_f/in^2$
		$= 760$ mmHg (0℃에서)
비열	1 kJ/kg · K	$= 0.2388\ Btu/lb_m \cdot {}^\circ R$
온도	T(K)	$= T(℃) + 273.15$
		$= T(°R)/1.8$
		$= [T(°F) + 459.67]/1.8$
	T(°F)	$= 1.8T(℃) + 32$
온도차	ΔT(K)	$= \Delta T(℃)$
		$= \Delta T(°F)/1.8$
		$= \Delta T(°R)/1.8$
열전도도	1 W/m · K	$= 0.5778$ Btu/h · ft · °R
열확산도	$1\ m^2/s$	$= 10.7639\ ft^2/s$
		$= 38.750\ ft^2/h$
속도	1 m/s	$= 3.2808$ ft/s
		$= 11\,811$ ft/h
		$= 2.2369$ mi/h
		$= 3.6000$ km/h
	1 km/h	$= 0.5400$ knot
점도, 동역학	1 kg/m · s	$= 10$ poise
		$= 0.6720\ lb_m/ft \cdot s$
		$= 2419\ lb_m/ft \cdot h$
점도, 운동학	$1\ m^2/s$	$= 10\,000$ stoke
		$= 10.7639\ ft^2/s$
		$= 38\,750\ ft^2/h$
부피	$1\ m^3$	$= 1000$ L
		$= 35.3134\ ft^3$
		$= 61\,022\ in^3$
		$= 264.17$ gal

부 록 C 금속고체의 열특성

열특성 판독

여기에 나오는 열특성과 뒤에 나오는 부록은 다음과 같이 판독된다. 예를 들어 순수 알루미늄의 열확산도는 $\alpha \times 10^5 = 9.71$로 읽지만, $\alpha = 9.71 \times 10^{-5}$ m^2/s가 된다.

표 C·1 300 K에서 금속고체의 열특성*

금 속	$T_{mp}^{\dagger}$ (K)	ρ (kg/m^3)	c_p ($J/kg \cdot K$)	k ($W/m \cdot K$)	$\alpha \times 10^5$ (m^2/s)
aluminum					
pure	933	2702	903	237	9.71
duralumin	775	2770	875	174	7.18
alloy 195, cast	883	2790	883	168	6.82
1100	925	2713	921	222	8.88
2024	775	2770	875	177	7.30
3003	922	2740	921	192	7.61
5052	894	2685	921	138	5.58
6061	889	2713	963	180	6.89
6063	907	2713	963	218	8.34
7075	830	2796	963	121	4.49
beryllium	1550	1850	1825	200	5.92
bismuth	545	9780	122	7.86	0.659
cadmium	594	8650	231	96.8	4.84
copper					
pure	1356	8933	385	401	11.7
OFHC	1356	8941	385	391	11.4
ETP	1347	8913	385	388	11.3
red brass	1280	8714	385	61	1.82
yellow brass	1190	8470	377	116	3.63

표 C·1 (계 속)

금 속	$T^{\dagger}_{mp}$ (K)	ρ (kg/m^3)	c_p (J/kg · K)	k (W/m · K)	$\alpha \times 10^5$ (m^2/s)
bronze, commercial	1297	8830	377	52	1.56
Constantan, 40% Ni	1533	8920	410	22.7	0.621
wire, drawn		8900	385	287	8.38
germanium	1210	5360	322	59.9	3.47
gold	1336	19 300	129	317	12.7
indium	430	731	234	82	47.9
iron					
pure	1810	7870	447	80.3	2.28
armco	1810	7870	447	72.7	2.07
cast iron, 4% C	1450	7272	420	51	1.67
AISI 1010 steel		7830	434	64	1.88
AISI 1042 steel		7840	460	52	1.44
AISI 4130 steel		7840	460	43	1.19
AISI 302 stainless		8055	480	15.1	0.391
AISI 304 stainless	1670	7900	477	14.9	0.395
AISI 316 stainless		8238	468	13.4	0.348
AISI 410 stainless		7770	460	25	0.699
invar, 36% Ni		8137	460	13.9	0.371
kovar, 29% Ni		8360	460	14.0	0.364
lead	600	11 340	129	35.3	2.41
magnesium					
pure	929	1740	1024	156	8.76
AZ31B	871	1772	1026	76	4.18
molybdenum	2890	10 240	251	138	5.37
mickel					
pure	1728	8900	444	90.7	2.30
hastelloy B		9240	381	12.2	0.347
inconel X-750	1665	8510	439	11.7	0.313
nichrome, 20% Cr	1672	8400	420	12	0.340
Monel 400	1600	8830	419	21.5	0.581
palladium	1827	12 020	244	71.8	2.45
platinum	2045	21 450	133	71.6	2.51
rhenium	3453	21 100	136	47.9	1.67
silicon	1683	2330	712	148	8.92
silver	1235	10 500	235	429	17.4
solder 60% Sn-40% Pb	456	8332	188	51	3.26
tantalum	3269	16 600	140	57.5	2.47
tin	505	7310	227	66.6	4.03
titanium					
pure	1953	4500	522	21.9	0.932

표 C·1 (계 속)

금 속	$T^{\dagger}_{mp}$ (K)	ρ (kg/m^3)	c_p ($J/kg \cdot K$)	k ($W/m \cdot K$)	$\alpha \times 10^5$ (m^2/s)
6% Al−4% V		4420	610	5.8	0.215
5% Al−2.5% Sn		4484	523	7.8	0.333
tungsten	3683	19 300	132	174	6.83
vanadium	2163	6100	489	30.7	1.03
zinc	693	7140	389	116	4.18
zirconium					
pure	2125	6570	278	22.7	1.24
zircaloy 4		6560	285	14.2	0.760

† : [1]~[6], [10] 그리고 다른 자료 참조.

$T^{\dagger}_{mp}$: 용해점

표 C·2 온도에 따른 금속고체의 열확산도 k (W/m · K)

금 속	T(K)										
	100	200	300	400	500	600	800	1000	1200	1500	2000
aluminum											
pure	302	237	237	240	236	231	218				
duralumin		138	174	187	188						
alloy 195, cast			168	174	180	185					
2024	65	163	177	186	186	186					
beryllium	990	301	200	161	144	126	106	91	79		
bismuth	16.5	9.69	7.86	7.04							
cadmium	203	99.3	96.8	94.7							
copper											
pure	482	413	401	393	386	379	366	352	339		
OFHC		406	391	378	375						
ETP			388	374	365	357	342	331	321		
yellow brass		95	116	136	147	148					
bronze											
commerical		42	52	52	56	59					
constantan, 40% Ni		19.0	22.7								
germanium	232	96.8	59.9	43.2	35.3	27.3	19.8	17.4			
gold	327	323	317	311	304	298	284	270	255		
iron											
pure	134	94.0	80.3	69.5	62.1	54.7	43.3	32.8	28.3	32.1	
armco	95.6	81.0	72.7	65.7	59.0	53.1	42.2	32.3	28.7	31.4	
cast iron, 4% C			51	44	39	36	27	23			
AISI 1010 steel			64	59	54	49	39	31			

표 C·2 (계 속)

금 속	T(K)										
	100	200	300	400	500	600	800	1000	1200	1500	2000
AISI 1042 steel			52	50	48	45	37	29	26	30	
AISI 4130 steel			43	42	41	40	37	31	27	31	
AISI 302 stainless			15.1	17.3	19.0	20.0	22.8	25.4			
AISI 304 stainless		12.6	14.9	16.6	18.0	19.8	22.6	25.4			
AISI 316 stainless			13.4	15.2	17.0	18.3	21.3	24.2			
AISI 410 stainless		25	25	26	27	27	29				
invar, 36% Ni		11.6	13.9	15.9	17.5	19.0	22.1				
lead	39.7	36.7	35.3	34.0	33.0	31.4					
magnesium	169	159	156	153	151	149	146				
molybdenum	179	143	138	134	130	126	118	112	105	98	90
nickel											
pure	164	107	90.7	80.2	72.0	65.6	67.6	71.8	76.2	82.3	
hastelloy B			12.2					22.4	25.9		
inconel X−750	8.7	10.3	11.7	13.5	15.1	17.0	20.5	24.0	27.6	33.0	
nichrome, 20% Cr			12	14	16	17	21				
monel 400		19.6	21.5	26.5	27.7	29.6	33.7	37.8			
palladium	76.5	71.6	71.8	73.6	77.0	79.7	86.9	94.2	102	110	
platinum	77.5	72.6	71.6	71.8	72.0	73.2	75.6	78.7	82.6	89.5	99.4
rhenium	58.9	51.0	47.9	46.1	45.0	44.2	44.1	44.6	45.7	47.8	51.9
silicon	884	264	148	98.9	80	61.9	42.2	31.2	25.7	22.7	
silver	444	430	429	425	419	412	396	379	361		
tantalum	59.2	57.5	57.5	57.8	58.2	58.6	59.4	60.2	61.0	62.2	64.1
tin	85.2	73.3	66.6	62.2							
titanium	30.5	24.5	21.9	20.4	20.0	19.4	19.7	20.7	22.0	25.0	
tungsten	208	186	174	159	146	137	125	118	113	107	100
vanadium	35.8	31.3	30.7	31.3	32.3	33.3	35.7	38.2	40.8	44.6	50.9
zinc	117	118	116	111	107	103					
zirconium											
pure	33.2	25.2	22.7	21.6	21.1	20.7	21.6	23.7	26.0	28.8	33.0
zircaloy 4		13.3	14.2	15.2	16.2	17.2	19.2	21.2	23.2		

* [1]~[6]과 다른 자료 참조.

표 C·3 온도에 따른 금속고체의 비열, c_p(J/kg·K)

금 속	T(K)										
	100	200	300	400	500	600	800	1000	1200	1500	2000
aluminum											
pure	482	798	903	949	996	1033	1146				
2024	473	787	875	925	984	1042					

표 C·3 (계 속)

금 속	T(K)										
	100	200	300	400	500	600	800	1000	1200	1500	2000
beryllium	203	1114	1825	2191	2000	2604	2823	3018	3227	3519	
bismuth	112	120	122	127							
cadmium	198	222	231	242							
copper											
pure	252	356	385	397	412	417	433	451	480		
bronze											
commerical		785	420	460	545						
germanium	190	290	322	337	343	348	357	375	395		
gold	109	124	129	131	133	135	140	145	155		
iron											
pure	216	384	447	490	530	574	680	975	609	654	
armco	215	384	447	490	530	574	680	975	609	654	
AISI 1010 steel			434	487	520	559	685	1168			
AISI 1042 steel			460	500	530	570	700	1430			
AISI 4130 steel			460	500	530	570	690	840			
AISI 302 stainless			480	512	531	559	585	606			
AISI 304 stainless			477	515	539	557	582	611	640	682	
AISI 306 stainless			468	504	528	550	576	602			
lead	118	125	129	132	136	142					
magnesium	649	934	1024	1074	1170	1170	1267				
molybdenum	141	224	251	261	268	275	285	295	308	330	380
nickel											
pure	232	383	444	485	500	512	530	562	594	616	
inconel X−750		372	439	473	490	510	546	626			
nichrome, 20% Cr			460	480	500	525	545				
palladium	168	227	244	251	256	261	271	281	291	307	
platinum	100	125	133	136	139	141	146	152	157	165	179
rhenium	97	127	136	139	142	145	151	156	162	171	186
silicon	259	556	712	790	829	867	913	946	967	992	
silver	187	225	235	239	244	250	262	277	292		
tantalum	110	133	140	144	145	146	149	152	155	160	172
tin	188	215	227	243							
titanium	300	465	522	551	572	591	633	675	620	686	
tungsten	87	122	132	137	140	142	145	148	152	157	167
vanadium	258	430	489	515	528	540	563	597	645	714	867
zinc	297	367	389	402	419	436					
zirconium											
pure	205	264	278	300	312	322	342	362	344	344	344
zircaloy 4			285	300	314	327	348	369			

* [1]~[6]과 다른 자료 참조.

부록 D 비금속의 열특성

표 D·1 300 K에서 건축자재의 열특성*

물 질	ρ (kg/m^3)	c_p (J/kg·K)	k (W/m·K)	$\alpha\times10^7$ (m^2/s)
building boards				
acoustic tile	290	590	0.058	3.39
asbestos－cement board	1900	1000	0.58	3.05
fiberboard, sheathing	290	1300	0.06	1.59
gypsum or plaster board	800	1090	0.16	1.83
hardboard, medium density	800	1300	0.105	1.01
hardboard, high density	880	1340	0.82	6.95
paperboard, laminated	480	1380	0.072	1.09
particleboard				
low density	590	1300	0.102	1.33
high density	1000	1300	0.170	1.31
plywood	540	1210	0.12	1.84
waferboard	590		0.091	
masonry materials				
masonry units	1920	835	0.72	4.49
brick, common	2083		1.3	
brick, face	1920	790	0.9	5.93
brick, fired clay				
clay tile, hollow		880	0.54	
1 cell deep, 76 mm thick			0.56	
2 cells deep, 152 mm thick			0.69	
3 dells deep, 305 mm thick				
concrete blocks				
limestone aggregate, 200 mm thick, 2 cores	2210		0.55	
low mass aggregate, 150 mm thick, 2 or 3 cores	1375		0.49	
sand and gravel aggregate, 200 mm thick, 2 or 3 cores	2100	920	1.1	5.69

표 D·1 (계 속)

물 질		ρ (kg/m^3)	c_p $(J/kg \cdot K)$	k $(W/m \cdot K)$	$\alpha \times 10^7$ (m^2/s)
concretes					
aggregate, low density		960		0.33	
		640		0.18	
cement, mortar and stucco		1920		1.40	
		1600		0.97	
		1280		0.65	
foam and cellular		960		0.30	
		320		0.12	
limestone		2240		1.60	
		1920		1.14	
		1600		0.79	
sand and gravel or stone aggregate		2400		2.2	
		2240	900	1.9	9.42
		2080		1.5	
plastering materials					
cement plaster, sand aggregate		1860	840	0.72	4.61
gypsum plaster, perlite aggregate		720	1340	0.22	2.28
gypsum plaster, sand aggregate		1680	840	0.81	5.74
roofing materials					
asbestos−cement shingles		1900	1000	0.27	1.42
asphalt shingles		1100	1260	0.13	0.94
slate			1260	1.48	
woods					
soft woods	balsa	140		0.055	
	cedar	425		0.114	
	cypress	508		0.131	
	fir	559		0.141	
	pine	615		0.153	
	redwood	420		0.113	
	spruce	350		0.11	
hard woods	ash	642		0.159	
	aspen	410		0.13	
	beech	590		0.17	
	birch	704		0.172	
	elm	540		0.15	
	maple	671		0.164	
	oak	704		0.17	

* [7], [10], [11] 참조.

표 D·2 300K에서 단열재의 열특성*

물 질	ρ (kg/m^3)	c_p (J/kg·K)	k (W/m·K)	$\alpha\times10^7$ (m^2/s)
blankets and batts				
aluminosilicate fiber	64		0.035	
felt, seirigid organic bonded	48	0.037		
fiberglass	16		0.046	
textile fiber, organic bonded	24	0.040		
boards and slabs				
calcium silicate	200		0.055	
cellular glass	136	750	0.051	5.00
cellular polyurethane	24	1590	0.025	6.55
cement fiber slab	415		0.074	
expanded perlite, organic bonded	16	1260	0.052	25.8
expanded polystyrene, extruded	43	1220	0.029	5.53
expanded polystyrene, molded beads		24	0.035	
expanded rubber, rigid	72	1680	0.032	2.65
fiberglass, organic bonded	100	960	0.036	3.75
magnesia	184		0.050	
mineral fiber, resin binder	240	710	0.042	2.46
mineral fiberboard, core or roof insulation	265	0.049		
phenolic, rigid	48		0.017	
wool felt	320		0.045	
loose fill				
cellulose	44	1380	0.039	6.42
fibergalss	21	710	0.040	26.8
perlite, expanded	64	1090	0.048	6.88
vermiculite, expanded	120	1340	0.068	4.23
spray applied				
cellulosic fiber	76		0.046	
fiberglass	64		0.039	
polyurethane foam	32		0.025	
ureaformaldehyde foam	19		0.036	

* 대표적인 값. 특정 데이터에 대하여 공급회사에 문의하라. [7] 참조.

표 D·3 300 K에서 플라스틱, 고무 그리고 탄성체의 열특성*

물 질	ρ (kg/m^3)	c_p (J/kg·K)	k (W/m·K)	$\alpha \times 10^7$ (m^2/s)
plastics				
acetal(delrin)	1410	1470	0.277	1.34
acrylic(plexiglass)	1180	1466	0.208	1.20
cellulose acetate	1280	1508	0.251	1.30
epoxy resin	1207	1173	0.20	1.41
polytetrafluoroethylene(teflon)	2200	1047	0.242	1.05
nylon				
general purpose	1110	1680	0.17	0.912
6/6	1140	1680	0.25	1.31
6/12	1070	1680	0.22	1.22
phenolic				
general, woodflour and flock	1400	1570	0.03	0.136
high shock, chopped fabric	1395	1360	0.02	0.105
high shock, glass fiber	1825	1260	0.03	0.130
polybutylene	913		0.22	
polycarbonate(lexan)	1205	1260	0.199	1.31
polyester(fiberglass)				
unreinforced	1310	1900	0.16	0.643
glass reinforced	1510	1260	0.20	1.05
polyimide				
kapton	1420	1090	0.12	0.775
polystyrene				
general purpose	1040	1360	0.13	0.919
glass reinforced	1290	1070	0.202	1.46
polyethylene				
low density	918	2260	0.329	1.59
medium density	930	2260	0.329	1.57
high density	958	2110	0.329	1.63
polypropylene	905	1880	0.185	1.09
polyvinychloride(PVC)	1380	1170	0.15	0.929
rubbers and elastomers				
natural isoprene	980		0.141	
CR(chloroprene)	1240		0.19	
EPDM(ethylene propylene)	860		0.26	
NBR(nitrile)	980		0.248	
SBR(styrene butadiene)	940		0.248	
polyurethane	1140		0.16	
silicone	1350			

* 대표적인 값. 특정 데이터에 대하여 공급회사에 문의하라. [9], [10]과 다른 자료 참조.

표 D·4 300 K에서 세라믹과 유리의 열특성*

물 질	ρ (kg/m^3)	c_p (J/kg·K)	k (W/m·K)	$\alpha\times10^7$ (m^2/s)
ceramics				
alumina(Al_2O_3)				
single crystal(sapphire)	3970	765	46	15.2
polycrystalline	3970	765	36	11.9
beryllia(BeO)				
single crystal	3000	1030	272	88.0
boron carbide	2500		28.3	
boron nitride	1910	720	22.7	16.5
chromium alumina	210	670	50	355
magnesia(MgO)				
single crystal	3600	960	55.1	15.9
porcelain	2300	750	2.2	1.28
porceram 9606	2610	976	3.37	1.32
silica(SiO_2)				
parallel to crystal axis	2650	745	10.4	5.27
normal to crystal axis	2650	745	6.21	3.15
silicon carbide	3160	675	490	230
thoria(ThO_2)	9110	235	13	6.07
titanium carbide	6370		17.1	
tungsten carbide	13 200		27.7	
zirconia(ZrO_2)	5600		0.92	
uranium oxide(UO_2)	10 890	240	7.9	3.02
glasses				
crown	2500		1.22	
lead	3400		0.61	
pyrex	2170	716	1.06	
0.682				
soda			0.72	
soda lime	2500	750	1.4	
0.747				
window	2800		0.700	

* 대표적인 값. 특정 데이터에 대하여 공급회사에 문의하라. [1], [7], [10]과 [19] 참조.

표 D·5 300 K에서 복합재료의 열특성*

물 질	ρ (kg/m^3)	c_p (J/kg·K)	k (W/m·K)	$\alpha\times10^7$ (m^2/s)
thermoplastic matrix				
rynite 545, 45% glass-fiber reinforced, polyester(Dupont)	1690		0.31	

표 D·4 (계 속)

물 질	ρ (kg/m^3)	c_p (J/kg·K)	k (W/m·K)	$\alpha\times10^7$ (m^2/s)
thermocomp WC−1006, 30% carbon fiber, polyester(LNP Corp.)			0.64	
valox 420−SEO, 30% glass fiber, polyester(general electric)	1530	1260	0.06	0.31
RC−1006, 30% carbon fiber, polyamide, (LNP Corp.)	1280		1.02	
GC−1006, 30% carbon fiber, polysulfone, (LNP Corp.)	1370		0.78	
GF−1006, 30% glass fiber, polysulfone, (LNP Corp.)	1450		0.29	
thermoset matrix				
kinel 5504, glass reinforced(Rhone−Poulenc)			0.49	
SP211, Vespel resin, graphite/teflon filled (Dupont)			0.75	
phenolic resin, flock reinforced	1400	1550	0.35	1.61
epon 934, e glass−filled epoxy(shell chemical)	1720	1260	0.40	1.85
(fiberite)			0.33	
epoxy resin, Kevlar 49 continuous fiber				
perpendicular to fibers	1250		0.17	
parallel to fibers	1250		1.75	
epoxy resin, continuous carbon fiber(hercules)				
perpendicular to fibers	1460	1190	1.0	5.76
parallel to fibers	1460	1190	15	86.3
HMS graphite−epoxy(hercules)				
perpendicular to fibers	1580	880	2	14.4
parallel to fibers	1580	880	55	396
carbon and ceramic matrix				
three−directional orthogonal carbon−carbon				
Z direction	1900		246	
XY direction	1900		149	
three−directional ceramic−ceramic				
silica−silica			0.66	
alumina−alumina			1.62	
alumina−silica			0.68	
boron nitride−boron nitride			9.0	
whisker−reinforced ceramic				
Alumina, 20% vol SiC whiskers			32	

* 몇몇 값은 추정값. 현재의 데이터에 대하여 공급회사에 문의하라. [12] 참조.

표 D·6 300 K에서 여러 기타 고체의 열특성*

물 질	ρ (kg/m^3)	c_p (J/kg·K)	k (W/m·K)	$\alpha\times10^7$ (m^2/s)
asphalt	2110	920	0.740	3.81
aerogel	29.9		0.059	
asbestos				
felt			0.091	
gasket, sheet			0.319	
magnesia 85%	216		0.067	
bakelite	1270	1590	0.233	1.15
carbon				
amorphous	1950		1.6	
diamond	3500	509	2300	12 910
cardboard			0.07	
chalk	2290	900	0.83	4.03
charcoal, wook	240	840	0.05	2.48
coal	1400	1000	0.17	1.21
cork				
board	128		0.039	
granulated	117	1880	0.046	2.09
cotton fiber	80	1340	0.042	3.92
earth				
soil, dry		754	0.130	
soil, wet, loosely packed	1730		1.067	
soil, wet, tightly packed	1860		1.44	
clay	2080	921	1.73	9.03
sand	1520	921	0.317	2.26
felt	330		0.05	
foods				
apple	840	3777	0.42	1.32
banana	980	3350	0.481	1.47
beef	1061	2902	0.48	1.56
carrot	321	3878	0.67	5.38
cherry	1050	3780	0.52	1.31
egg		3530	0.96	
halibut	1070	3550	0.570	1.50
ham	1030	3100	0.447	1.40
peach	960	3900	0.52	1.39
potato	1055	3626	0.51	1.33
graphite, powder	700		1.186	
ice				
0℃	917	2093	2.21	11.5
100℃	928	1460	3.489	25.8
leather	998		0.159	

표 D·6 (계 속)

금 속	ρ (kg/m^3)	c_p (J/kg·K)	k (W/m·K)	$\alpha\times10^7$ (m^2/s)
mica	2900	838	0.523	2.15
mylar			0.197	
paper	930	1300	0.13	1.08
paraffin	900	2900	0.24	0.920
rock				
ranite	2630	775	2.79	13.7
limestone	2320	810	2.15	11.4
marble	2680	830	2.80	12.6
sandstone	2150	745	2.90	18.1
sawdust	190		0.05	
snow				
freshly fallen	100		0.598	
0℃	500		2.2	
tar				
pitch	1100	2500	0.88	3.20
bituminous	1200		0.71	
thermal grease, DOW 340	2436		0.21	
tissue, human				
skin			0.37	
fat layer			0.2	
muscle			0.41	
vaseline			0.174	

* [1], [7], [9], [10], [18], [19]와 다른 자료 참조.

부록 E 액체의 열특성

유체특성의 다항식 곡선 맞추기

부록 E와 F에서 액체와 기체의 열특성에 대해 다항식의 곡선 맞추기는 표에 나타낸 값의 ±2% 내의 정확도를 가진다. 모든 곡선 맞추기에서 온도 T는 절대 온도 K를 사용해야 한다.

각 유체의 곡선 맞추기는 대응표 다음으로 즉시 추정된다.

예제 표 E·1은 $T = 293\,K$에서 포화액체인 물의 열전도도 k는 $k \times 10^3 = 602\,W/m \cdot K$로 나타나 있다. 곡선 맞추기에서 다음을 얻을 수 있다.

$$k \times 10^3 = 62.282 - 1.768\,41(293) + 0.034\,99(293)^2 - (1.157\,06 \times 10^{-4})(293)^3 + (1.535\,99 \times 10^{-7})(293)^4 - (7.747\,70 \times 10^{-11})(293)^5 = 602.28\ W/m \cdot K$$

$$\text{퍼센트 차} = \frac{602 - 602 - 28}{602} \times 100\% = -0.047\%$$

동점도 ν, 열확산도 α, 프란틀 수 Pr는 다음의 정의를 이용하여 기본성질의 곡선 맞추기로부터 계산할 수 있다.

$$\nu = \frac{\mu}{\rho}, \quad \alpha = \frac{k}{\rho c_p}, \quad Pr = \frac{\nu}{\alpha}$$

표 E·1 포화액(H_2O)의 열특성*

T (K)	ρ (kg/m^3)	c_p (J/kg·K)	$\mu \times 10^7$ (kg/m·s)	$\nu \times 10^8$ (m^2/s)	$k \times 10^3$ (W/m·K)	$\alpha \times 10^8$ (m^2/s)	Pr	$\beta \times 10^6$ (K^{-1})
273	999.8	4217	17 525	175.3	569	13.50	12.99	−68.05
283	999.7	4193	12 992	129.9	586	13.98	9.30	199.6
293	998.3	4182	10 015	100.3	602	14.42	6.96	241.5

표 E·1 (계 속)

T (K)	ρ (kg/m^3)	c_p (J/kg·K)	$\mu\times10^7$ (kg/m·s)	$\nu\times10^8$ (m^2/s)	$k\times10^3$ (W/m·K)	$\alpha\times10^8$ (m^2/s)	Pr	$\beta\times10^6$ (K^{-1})
303	995.7	4179	7970	80.04	617	14.83	5.40	292.6
313	992.3	4179	6513	65.64	630	15.19	4.32	350.7
323	988.0	4181	5440	55.06	643	15.57	3.54	413.9
333	983.2	4185	4630	47.09	653	15.87	2.97	480.3
343	977.7	4190	4005	40.96	662	16.16	2.54	548.6
353	971.6	4197	3510	36.13	669	16.41	2.20	617.3
363	965.2	4205	3113	32.25	675	16.63	1.94	685.2
373	958.1	4216	2790	29.12	680	16.83	1.73	751.8
383	950.7	4229	2522	26.53	683	16.99	1.56	816.1
393	942.9	4245	2300	24.39	685	17.11	1.43	877.9
403	934.6	4263	2110	22.58	687	17.24	1.31	937.1
413	925.8	4285	1950	21.06	687	17.32	1.22	993.7
423	916.8	4310	1810	19.74	686	17.36	1.14	1048
433	907.3	4339	1690	18.63	684	17.37	1.07	1101
443	897.3	4371	1585	17.66	681	17.36	1.02	1153
453	886.9	4408	1493	16.83	676	17.29	0.974	1206
463	876.0	4449	1412	16.12	671	17.22	0.936	1261
473	864.7	4497	1338	15.47	664	17.08	0.906	1320
493	840.3	4614	1215	14.46	648	16.71	0.865	1463
513	813.6	4770	1114	13.69	629	16.21	0.845	1659
533	783.9	4985	1030	13.14	604	15.46	0.850	1944
553	750.5	5300	961	12.81	573	14.41	0.889	2369
573	712.2	5770	901	12.65	540	13.14	0.963	3006
593	666.9	6590	830	12.45	503	11.45	1.09	3968
613	610.1	8270	748	12.26	460	9.117	1.34	5460
633	528.3	14 990	644	12.19	401	5.064	2.41	8108

* [8] 참조.

$$\rho = 2446 - 20.6741\,T + 0.115\,76\,T^2 - (3.128\,95\times10^{-4})T^3 + (4.050\,50\times10^{-7})T^4 - (2.054\,60\times10^{-10})T^5$$

$$c_p = \exp\left[\frac{8.290\,41 - 0.0125\,57\,T}{1-(1.523\,73\times10^{-3})T}\right]$$

$$\mu\times10^7 = \exp\left[\frac{1.126\,46 - 0.039\,638\,T}{1-(7.297\,69\times10^{-3})T}\right]$$

$$k\times10^3 = 62.282 - 1.768\,41\,T + 0.034\,99\,T^2 - (1.157\,06\times10^{-4})T^3 + (1.535\,99\times10^{-7})T^4 - (7.747\,70\times10^{-11})T^5$$

$$\beta\times10^6 = \left(\frac{1}{\rho}\right)[20.6741 - 0.231\,52\,T + (9.386\,85\times10^{-4})T^4 - (1.620\,20\times10^{-6})T^3 + (1.027\,30\times10^{-9})T^4]\ \mu\times10^2$$

표 E·2 여러 포화액의 열특성*

T (K)	ρ (kg/m^3)	c_p ($J/kg \cdot K$)	$\mu \times 10^2$ ($kg/m \cdot s$)	$\nu \times 10^6$ (m^2/s)	$k \times 10^3$ ($W/m \cdot K$)	$\alpha \times 10^7$ (m^2/s)	Pr	$\beta \times 10^3$ (K^{-1})
SAE5W−30 엔진오일*								
250	897.8	1667	366	4106	138.9	0.934	44 000	0.720
260	885.4	1703	140	1582	138.7	0.920	17 200	0.725
270	879.0	1740	61.6	701	138.5	0.906	7740	0.730
280	872.5	1776	30.4	348	138.2	0.892	3900	0.736
290	866.1	1813	16.5	190	138.0	0.879	2160	0.741
300	859.7	1849	9.63	112	137.8	0.867	1290	0.747
310	853.3	1886	6.03	70.7	137.6	0.855	827	0.752
320	846.9	1922	3.99	47.1	137.3	0.844	558	0.758
330	840.4	1959	2.76	32.9	137.1	0.833	395	0.764
340	834.0	1995	1.99	23.9	136.9	0.823	290	0.770
350	827.6	2032	1.49	18.0	136.6	0.812	222	0.776
360	821.2	2068	1.14	13.9	136.4	0.803	173	0.782
380	808.3	2141	0.725	8.97	135.9	0.785	114	0.794
400	795.5	2214	0.496	6.23	135.5	0.757	82.3	0.807
420	782.7	2287	0.358	4.58	135.0	0.754	60.7	0.820
440	769.8	2360	0.271	3.52	134.6	0.741	47.5	0.834

* [15], [16] 참조.

$$\rho = 1052.3 - 0.6420\,T$$

$$c_p = 753.7 + 3.650\,T$$

$$\log(\mu \times 10^2) = 58.2987 - 0.538\,17\,T + (1.928\,27 \times 10^{-3})T^2 - (3.164\,48 \times 10^{-6})T^3 + (1.979\,22 \times 10^{-9})T^4$$

$$k \times 10^3 = 0.1447 - (2.3073 \times 10^{-5})T$$

$$\beta \times 10^3 = \frac{0.6420}{\rho}$$

표 E·2 (계 속)

T (K)	ρ (kg/m^3)	c_p ($J/kg \cdot K$)	$\mu \times 10^2$ ($kg/m \cdot s$)	$\nu \times 10^6$ (m^2/s)	$k \times 10^3$ ($W/m \cdot K$)	$\alpha \times 10^7$ (m^2/s)	Pr	$\beta \times 10^3$ (K^{-1})
SAE10W−30 engine oil*								
250	903.7	1655	517	5724	137.1	0.922	62 000	0.710
260	897.3	1692	185	2064	136.8	0.908	22 700	0.715
270	890.9	1728	77.2	866	136.6	0.893	9700	0.721
280	884.4	1764	36.4	412	136.4	0.880	4680	0.726
290	878.0	1800	19.1	217	136.2	0.867	2500	0.731
300	871.6	1837	10.8	124	135.9	0.855	1450	0.737

표 E·2 (계 속)

T (K)	ρ (kg/m³)	c_p (J/kg·K)	$\mu\times10^2$ (kg/m·s)	$\nu\times10^6$ (m²/s)	$k\times10^3$ (W/m·K)	$\alpha\times10^7$ (m²/s)	Pr	$\beta\times10^3$ (K⁻¹)
310	865.2	1873	6.64	76.7	135.7	0.843	910	0.742
320	858.8	1909	4.31	50.2	135.5	0.832	603	0.748
330	852.3	1946	2.94	34.5	135.3	0.821	420	0.753
340	845.9	1982	2.09	24.7	135.0	0.811	305	0.759
350	839.5	2018	1.54	18.4	134.8	0.801	230	0.765
360	833.1	2054	1.17	14.1	134.6	0.792	178	0.771
380	820.2	2127	0.735	8.96	134.1	0.774	116	0.783
400	807.4	2199	0.497	6.15	133.7	0.758	81.1	0.795
420	794.6	2272	0.357	4.49	133.2	0.743	60.4	0.808
440	781.7	2344	0.268	3.43	132.7	0.718	47.8	0.821

* [15], [16] 참조

$$\rho = 1064.2 - 0.6420T$$

$$c_p = 748.6 + 3.630T$$

$$\log(\mu\times10^2) = 63.8534 - 0.59352T + (2.13831\times10^{-3})T^2 - (3.52257\times10^{-6})T^3 + (2.20961\times10^{-9})T^4$$

$$k\times10^3 = 0.1427 - (2.2763\times10^{-5})T$$

$$\beta\times10^3 = \frac{0.6420}{\rho}$$

표 E·2 (계 속)

T (K)	ρ (kg/m³)	c_p (J/kg·K)	$\mu\times10^2$ (kg/m·s)	$\nu\times10^6$ (m²/s)	$k\times10^3$ (W/m·K)	$\alpha\times10^7$ (m²/s)	Pr	$\beta\times10^3$ (K⁻¹)
SAE20W−20 engine oil*								
250	918.2	1643	972	10 590	135.0	0.895	118 000	0.724
260	911.5	1679	284	3112	134.8	0.881	35 300	0.730
270	904.9	1715	101	1116	134.6	0.867	12 900	0.735
280	898.2	1751	42.2	470	134.4	0.855	5500	0.740
290	891.6	1787	20.2	226	134.1	0.842	2680	0.746
300	884.9	1823	10.7	121	133.9	0.830	1460	0.751
310	878.3	1859	6.17	70.2	133.7	0.819	857	0.757
320	871.6	1895	3.84	44.0	133.5	0.808	545	0.763
330	865.0	1931	2.53	29.3	133.3	0.798	367	0.769
340	858.3	1967	1.76	20.5	133.0	0.788	260	0.775
350	851.7	2003	1.27	14.9	132.8	0.778	192	0.781
360	845.0	2039	0.955	11.3	132.6	0.770	147	0.787
380	831.7	2111	0.583	7.01	132.1	0.752	93.2	0.800

표 E·2 (계 속)

T (K)	ρ (kg/m^3)	c_p (J/kg·K)	$\mu\times10^2$ (kg/m·s)	$\nu\times10^6$ (m^2/s)	$k\times10^3$ (W/m·K)	$\alpha\times10^7$ (m^2/s)	Pr	$\beta\times10^3$ (K^{-1})
400	818.4	2183	0.390	4.76	131.7	0.737	64.6	0.813
420	805.1	2255	0.278	3.45	131.2	0.723	47.7	0.826
440	791.8	2327	0.208	2.63	130.8	0.710	37.0	0.840

* [15], [16] 참조

$$\rho = 1084.4 - 0.6650\,T$$

$$c_p = 743.1 + 3.600\,T$$

$$\log(\mu\times10^2) = 83.2643 - 0.794\,12\,T + (2.916\,65\times10^{-3})T^2 - (4.870\,78\times10^{-6})T^3 + (3.087\,43\times10^{-9})T^4$$

$$k\times10^3 = 0.1406 - (2.2426\times10^{-5})\,T$$

$$\beta = \frac{0.6650}{\rho}$$

표 E·2 (계 속)

T (K)	ρ (kg/m^3)	c_p (J/kg·K)	$\mu\times10^2$ (kg/m·s)	$\nu\times10^6$ (m^2/s)	$k\times10^3$ (W/m·K)	$\alpha\times10^7$ (m^2/s)	Pr	$\beta\times10^3$ (K^{-1})
ethylene glycol[$C_2H_4(OH)_2$]*								
273	1129	2280	5.90	52.3	304.3	1.18	443	0.556
280	1125	2315	4.09	36.4	298.9	1.15	317	0.577
290	1118	2365	2.51	22.5	291.3	1.10	205	0.605
300	1111	2414	1.64	14.8	283.7	1.06	140	0.631
310	1104	2464	1.07	9.69	276.1	1.02	95.0	0.655
320	1096	2514	0.781	7.13	268.5	0.974	73.2	0.677
330	1089	2563	0.576	5.29	261.0	0.935	56.6	0.696
340	1082	2613	0.428	3.96	253.4	0.896	44.2	0.712
350	1074	2662	0.336	3.13	245.9	0.860	36.4	0.727
360	1066	2712	0.268	2.51	238.4	0.825	30.4	0.739
370	1060	2762	0.218	2.06	230.9	0.789	26.1	0.747
380	1051	2811	0.182	1.73	223.4	0.756	22.9	0.754
390	1038	2861	0.152	1.46	215.9	0.727	20.1	0.762
400	1036	2911	0.129	1.25	208.4	0.691	18.1	0.758
410	1027	2960	0.112	1.09	200.9	0.661	16.5	0.757
420	1019	3010	0.097	0.952	193.5	0.631	15.1	0.752

* Union Carbide Corporation으로부터

$$\rho = 1082.22 - 1.3403\,T - (5.637\,85\times10^{-3})T^2 + (4.971\,35\times10^{-6})T^3$$

$$c_p = 889.59 + 5.278\,17\,T - (9.165\,33\times10^{-4})T^2 + (8.808\,59\times10^{-7})T^3$$

$$\log(\mu \times 10^2) = 21.5824 - 0.149\,00\,T + (3.406\,15 \times 10^{-4})\,T^2 - (2.713\,36 \times 10^{-7})\,T^3$$

$$k \times 10^3 = 526.92 - 0.883\,47\,T + (3.151\,90 \times 10^{-4})\,T^2 - (2.428\,73 \times 10^{-7})\,T^3$$

$$\beta \times 10^3 = \left(\frac{1}{\rho}\right)[-1.340\,31 + 0.011\,28\,T - (1.491\,41 \times 10^{-5})\,T^2]$$

표 E·2 (계 속)

T (K)	ρ (kg/m³)	c_p (J/kg·K)	$\mu \times 10^2$ (kg/m·s)	$\nu \times 10^6$ (m²/s)	$k \times 10^3$ (W/m·K)	$\alpha \times 10^7$ (m²/s)	Pr	$\beta \times 10^3$ (K⁻¹)
ethylene glycol, 50% 수용액 부피로*								
243	1089.0	3088	4.398	40.39	333	0.990	408	0.173
253	1086.9	3126	2.207	20.31	344	1.013	200	0.219
263	1084.2	3165	1.274	11.75	354	1.032	114	0.266
273	1081.1	3203	0.809	7.483	364	1.051	71.2	0.312
283	1077.5	3242	0.550	5.104	373	1.068	47.8	0.359
293	1073.4	3281	0.394	3.671	380	1.079	34.0	0.406
303	1068.8	3319	0.294	2.751	387	1.091	25.2	0.453
313	1063.7	3358	0.226	2.125	394	0.103	19.3	0.501
323	1058.1	3396	0.178	1.682	399	1.110	15.2	0.550
333	1052.0	3435	0.143	1.359	404	1.118	12.2	0.599
343	1045.5	3474	0.117	1.119	408	1.123	9.96	0.649
353	1038.5	3512	0.098	0.944	411	1.127	8.38	0.700
363	1031.0	3551	0.082	0.795	414	1.131	7.03	0.751
373	1023.0	3590	0.070	0.684	416	1.133	6.04	0.804
383	1014.5	3628	0.060	0.591	417	1.133	5.22	0.858

* [7] 참조.

$$\rho = 984.39 + 1.064\,85\,T - (2.671\,92 \times 10^{-3})\,T^2 + (2.534\,77 \times 10^{-7})\,T^3$$

$$c_p = 2177.05 + 3.605\,00\,T + (7.771\,04 \times 10^{-4})\,T^2 - (7.750\,96 \times 10^{-7})\,T^3$$

$$\log(\mu \times 10^2) = 65.677 - 0.730\,37\,T + (3.091\,75 \times 10^{-3})\,T^2 - (5.933\,26 \times 10^{-6})\,T^3 + (4.305\,91 \times 10^{-9})\,T^4$$

$$k \times 10^3 = -239.67 + 3.701\,72\,T - (6.142\,52 \times 10^{-3})\,T^2 + (2.492\,88 \times 10^{-6})\,T^3$$

$$\beta \times 10^3 = \left(\frac{1}{\rho}\right)[-1.064\,85 + (5.343\,84 \times 10^{-3})\,T - (7.604\,31 \times 10^{-7})\,T^2]$$

표 E·2 (계 속)

T (K)	ρ (kg/m³)	c_p (J/kg·K)	$\mu \times 10^2$ (kg/m·s)	$\nu \times 10^6$ (m²/s)	$k \times 10^3$ (W/m·K)	$\alpha \times 10^7$ (m²/s)	Pr	$\beta \times 10^3$ (K⁻¹)
gasoline*								
293	751	2060	529	70.4	116.4	7.52	9.36	0.782

표 E·2 (계 속)

T (K)	ρ (kg/m^3)	c_p ($J/kg \cdot K$)	$\mu \times 10^2$ ($kg/m \cdot s$)	$\nu \times 10^6$ (m^2/s)	$k \times 10^3$ ($W/m \cdot K$)	$\alpha \times 10^7$ (m^2/s)	Pr	$\beta \times 10^3$ (K^{-1})
gasoline*								
313	735	2150	411	55.9	112.5	7.12	7.85	1.03
333	717	2240	328	45.7	108.5	6.76	6.77	1.23
353	699	2350	269	38.5	104.5	6.36	6.05	1.39
373	681	2460	225	33.0	100.5	6.00	5.51	1.52
393	660	2570	191	28.9	97.1	5.72	5.06	1.63
413	639	2680	165	25.8	93.6	5.47	4.72	1.72
433	617	2800	146	23.7	89.5	5.18	4.57	1.79
453	594	2920	126	21.2	84.8	4.89	4.34	1.85
473	570	3040	111	19.5	80.0	4.62	4.22	1.90

* [8] 참조.

$$\rho = 898.4 - 0.245\,36\,T - (7.657\,34 \times 10^{-4})T^2 - (3.885\,00 \times 10^{-7})T^3$$

$$c_p = 2302 - 7.784\,56\,T + 0.030\,22\,T^2 - (2.209\,60 \times 10^{-5})T^3$$

$$\mu \times 10^6 = 7733 - 50.393\,T + 0.113\,39\,T^2 - (8.653\,85 \times 10^{-5})T^3$$

$$k \times 10^3 = 288.74 - 1.153\,24\,T + (2.622\,73 \times 10^{-3})T^2 - (2.362\,57 \times 10^{-6})T^3$$

$$\beta \times 10^3 = \left(\frac{1}{\rho}\right)[0.245\,36 + (1.531\,47 \times 10^{-3})T + (1.165\,50 \times 10^{-6})T^2]$$

표 E·2 (계 속)

T (K)	ρ (kg/m^3)	c_p ($J/kg \cdot K$)	$\mu \times 10^2$ ($kg/m \cdot s$)	$\nu \times 10^6$ (m^2/s)	$k \times 10^3$ ($W/m \cdot K$)	$\alpha \times 10^7$ (m^2/s)	Pr	$\beta \times 10^3$ (K^{-1})
glycerin[$C_3H_5(OH)_3$]*								
293	1260	2350	148	1175	278	0.939	12 510	0.329
313	1250	2450	33.0	264	281	0.918	2880	0.427
333	1238	2560	10.2	82.3	284	0.896	920	0.528
353	1224	2670	3.5	28.6	287	0.878	325	0.632
373	1208	2790	1.3	10.8	289	0.858	125	0.739
393	1188	2900	0.52	4.38	291	0.845	51.8	0.852
413	1167	3010	0.18	1.54	294	0.837	18.4	0.970
423	1155	3065	0.14	1.21	296	0.836	14.5	1.032

* [8] 참조.

$$\rho = 1124.6 + 1.337\,54\,T - (2.991\,36 \times 10^{-3})T^2$$

$$c_p = 896.95 + 4.525\,84\,T + (1.432\,24 \times 10^{-3})T^2$$

$$\log(\mu \times 10^2) = 32.1741 - 0.204\,48\,T + (4.601\,37 \times 10^{-4})T^2 - (3.818\,26 \times 10^{-7})T^3$$

$$k \times 10^3 = 229.67 + 0.188\,20T - (7.719\,75 \times 10^{-5})T^2$$

$$\beta \times 10^3 = \left(\frac{1}{\rho}\right)[-1.337\,54 + (5.982\,72 \times 10^{-3})T]$$

표 E·3 포화 냉매액의 열특성*

T (K)	ρ (kg/m^3)	c_p (J/kg·K)	$\mu \times 10^6$ (kg/m·s)	$\nu \times 10^8$ (m^2/s)	$k \times 10^3$ (W/m·K)	$\alpha \times 10^8$ (m^2/s)	Pr	$\beta \times 10^3$ (K^{-1})
refrigerant−12(CCl_2F_2)*								
223	1544.3	863	453.8	29.39	95.9	7.20	4.08	1.64
233	1516.1	873	404.2	26.66	92.1	6.96	3.83	1.77
243	1487.2	884	360.2	24.22	88.3	6.72	3.61	1.91
253	1457.6	896	321.5	22.06	84.5	6.47	3.41	2.05
263	1427.1	911	287.5	20.15	80.8	6.21	3.24	2.20
273	1395.6	928	257.8	18.47	77.1	5.95	3.10	2.36
283	1362.8	948	231.8	17.01	73.5	5.69	2.99	2.53
293	1328.6	971	209.0	15.73	69.8	5.41	2.91	2.71
303	1292.5	998	189.1	14.63	66.3	5.14	2.85	2.91
313	1254.2	1030	171.6	13.68	62.7	4.85	2.82	3.12
323	1213.0	1071	156.3	12.89	59.2	4.56	2.83	3.35
333	1168.2	1123	142.7	12.22	55.7	4.25	2.88	3.61

* [7] 참조.

$$\rho = 1728.1 + 0.867\,60T - (7.628\,87 \times 10^{-3})T^2$$

$$c_p = 1727.2 - 7.919\,30T + 0.018\,25T^2$$

$$\mu \times 10^6 = 2389.4 - 12.671\,81T + 0.017\,82T^2$$

$$k \times 10^3 = 190.29 - 0.461\,93T + (1.735\,76 \times 10^{-4})T^2$$

$$\beta \times 10^3 = \left(\frac{1}{\rho}\right)[-0.867\,60 + (1.525\,77 \times 10^{-2})T]$$

표 E·3 (계 속)

T (K)	ρ (kg/m^3)	c_p (J/kg·K)	$\mu \times 10^6$ (kg/m·s)	$\nu \times 10^8$ (m^2/s)	$k \times 10^3$ (W/m·K)	$\alpha \times 10^8$ (m^2/s)	Pr	$\beta \times 10^3$ (K^{-1})
refrigerant−134a(CH_2FCF_3)*								
223	1443.1	1229	594.3	41.18	116.5	6.57	6.27	2.08
233	1414.8	1243	502.2	35.50	111.9	6.36	5.58	2.07
243	1385.9	1260	430.4	31.06	107.3	6.15	5.05	2.11
253	1356.2	1282	373.1	27.51	102.6	5.90	4.66	2.19
263	1325.6	1306	326.3	24.62	98.0	5.66	4.35	2.31
273	1293.7	1335	287.4	22.22	93.4	5.41	4.11	2.48
283	1260.2	1367	254.3	20.18	88.8	5.15	3.92	2.71

표 E·3 (계 속)

T (K)	ρ (kg/m^3)	c_p ($J/kg\cdot K$)	$\mu\times10^6$ ($kg/m\cdot s$)	$\nu\times10^8$ (m^2/s)	$k\times10^3$ ($W/m\cdot K$)	$\alpha\times10^8$ (m^2/s)	Pr	$\beta\times10^3$ (K^{-1})
293	1224.9	1404	225.8	18.43	84.2	4.90	3.76	2.99
303	1187.2	1447	200.7	16.91	79.6	4.63	3.65	3.34
313	1146.5	1500	178.2	15.54	75.0	4.36	3.56	3.77
323	1102.0	1569	157.7	14.31	70.4	4.07	3.52	4.29
333	1052.4	1663	138.6	13.17	65.8	3.76	3.50	4.93
343	995.6	1806	120.3	12.08	61.2	3.40	3.55	5.73

* [7] 참조.

$$\rho = 3287.84 - 17.852\,45T + 0.062\,308T^2 - (8.668\,41\times10^{-5})T^3$$

$$c_p = -6077.85 + 84.028\,33T - 0.326\,60T^2 + (4.329\,84\times10^{-4})T^3$$

$$\mu\times10^6 = 9274.56 - 81.601\,22T + 0.249\,32T^2 - (2.601\,98\times10^{-4})T^3$$

$$k\times10^3 = 223.81 - 0.505\,36T + (1.411\,71\times10^{-4})T^2 - (1.456\,88\times10^{-7})T^3$$

$$\beta\times10^3 = \left(\frac{1}{\rho}\right)[17.852\,45 - 0.124\,62T + (2.600\,52\times10^{-4})T^2]$$

표 E·4 공업적 열전달 유체(포화된 액체)의 열특성*

T (K)	ρ (kg/m^3)	c_p ($J/kg\cdot K$)	$\mu\times10^2$ ($kg/m\cdot s$)	$\nu\times10^6$ (m^2/s)	$k\times10^3$ ($W/m\cdot K$)	$\alpha\times10^7$ (m^2/s)	Pr	$\beta\times10^3$ (K^{-1})
Therminol 59*								
222	1026	1450	315	3070	125.7	0.845	36 300	0.666
233	1018	1490	45.4	446	125.1	0.825	5410	0.676
255	1002	1560	4.49	44.8	123.8	0.792	566	0.698
277	986	1630	1.25	12.7	122.4	0.762	167	0.719
300	970	1700	0.556	5.73	120.9	0.733	78.2	0.742
322	953	1770	0.315	3.31	119.2	0.707	46.8	0.766
344	937	1850	0.205	2.19	117.4	0.677	32.3	0.790
366	921	1920	0.145	1.57	115.4	0.653	24.0	0.815
389	904	1990	0.108	1.19	113.4	0.630	18.9	0.843
411	888	2070	0.0838	0.944	111.2	0.605	15.6	0.869
433	871	2140	0.0671	0.770	108.8	0.584	13.2	0.898
455	853	2210	0.0551	0.646	106.3	0.564	11.5	0.929
477	836	2290	0.0461	0.551	103.7	0.542	10.2	0.960
500	818	2360	0.0392	0.479	101.0	0.523	9.16	0.995
522	800	2440	0.0338	0.423	98.1	0.503	8.41	1.03
544	781	2520	0.0295	0.378	95.1	0.483	7.83	1.07
562	765	2580	0.0266	0.348	92.6	0.469	7.42	1.10
577	751	2640	0.0245	0.326	90.3	0.455	7.17	1.13

* Therminol 59는 Monsanto Company의 등록상표이다.

$$\rho = 1165.09 - 0.579\,39\,T - (2.342\,64 \times 10^{-4})$$

$$c_p = 784.12 + 2.900\,52\,T + (5.301\,78 \times 10^{-4})$$

$$\log(\mu \times 10^2) = 249.725 - 3.602\,13\,T + 0.021\,60\,T^2 - (6.871\,46 \times 10^{-5})T^3 + (1.219\,42 \times 10^{-7})T^4 - (1.142\,94 \times 10^{-10})T^5 + (4.418\,09 \times 10^{-14})T^6$$

$$k \times 10^3 = 130.35 + (9.107\,12 \times 10^{-3})T - (1.358\,80 \times 10^{-4})T^2$$

$$\beta \times 10^3 = \left(\frac{1}{\rho}\right)[0.579\,39 + (4.685\,28 \times 10^{-4})]$$

표 E·4 (계 속)

T (K)	ρ (kg/m^3)	c_p (J/kg·K)	$\mu \times 10^2$ (kg/m·s)	$\nu \times 10^6$ (m^2/s)	$k \times 10^3$ (W/m·K)	$\alpha \times 10^7$ (m^2/s)	Pr	$\beta \times 10^3$ (K^{-1})
Therminol 66*								
266	1026	1470	416	4050	118.5	0.786	51 500	0.594
277	1019	1510	69.4	681	118.1	0.768	8870	0.605
300	1003	1580	7.10	70.8	117.3	0.740	957	0.630
322	989	1660	1.86	18.8	116.3	0.708	266	0.653
344	974	1740	0.777	7.98	115.2	0.680	117	0.677
366	960	1810	0.419	4.36	113.9	0.656	66.5	0.702
389	944	1890	0.263	2.79	112.4	0.630	44.3	0.729
411	929	1970	0.181	1.95	110.8	0.605	32.2	0.756
433	914	2050	0.134	1.47	109.1	0.582	25.3	0.784
455	898	2130	0.130	1.15	107.2	0.560	20.5	0.813
477	882	2210	0.0825	0.935	105.1	0.539	17.3	0.844
500	866	2290	0.0679	0.784	102.9	0.519	15.1	0.877
522	849	2380	0.0572	0.674	100.6	0.498	13.5	0.911
544	832	2460	0.0491	0.590	98.0	0.479	12.3	0.946
562	814	2540	0.0429	0.527	95.4	0.461	11.4	0.981
589	796	2630	0.0379	0.476	92.6	0.442	10.8	1.03
611	777	2720	0.0340	0.438	89.6	0.424	10.3	1.07
622	767	2760	0.0323	0.421	88.0	0.416	10.1	1.09
644	747	2850	0.0294	0.394	84.8	0.398	9.90	1.14

* Therminol 66은 Monsanto Company의 등록상표이다.

$$\rho = 1164.28 - 0.439\,676\,T - (3.193\,00 \times 10^{-4})T^2$$

$$c_p = 646.67 + 2.868\,96\,T + (8.570\,54 \times 10^{-4})T^2$$

$$\log(\mu \times 10^2) = 308.86 - 3.848\,08\,T + 0.019\,98\,T^2 - (5.521\,77 \times 10^{-5})T^3 + (8.532\,09 \times 10^{-8})T^4$$

$$k \times 10^3 = 115.77 + 0.051\,39\,T - (1.544\,76 \times 10^{-4})T^2$$

$$\beta \times 10^3 = \left(\frac{1}{\rho}\right)[0.439\,76 + (6.386\,00 \times 10^{-4})T]$$

표 E·4 (계 속)

T (K)	ρ (kg/m^3)	c_p (J/kg·K)	$\mu\times10^2$ (kg/m·s)	$\nu\times10^6$ (m^2/s)	$k\times10^3$ (W/m·K)	$\alpha\times10^7$ (m^2/s)	Pr	$\beta\times10^3$ (K^{-1})
Dowtherm A*								
293	1060	1574	0.428	4.04	140.0	0.839	48.2	0.655
313	1044	1632	0.256	2.45	137.7	0.808	30.3	0.694
333	1028	1688	0.172	1.67	135.3	0.780	21.4	0.733
353	1012	1744	0.125	1.24	133.0	0.754	16.4	0.774
373	994.9	1800	0.0966	0.971	130.6	0.729	13.3	0.817
393	978.1	1855	0.0773	0.790	128.3	0.707	11.2	0.862
413	960.9	1909	0.0636	0.662	125.9	0.686	9.65	0.908
433	943.4	1964	0.0534	0.566	123.6	0.667	8.49	0.956
453	925.5	2020	0.0455	0.492	121.2	0.648	7.59	1.007
473	907.1	2076	0.0393	0.433	118.9	0.631	6.86	1.060
493	888.3	2132	0.0342	0.385	116.6	0.616	6.25	1.116
513	869.0	2190	0.0300	0.345	114.2	0.600	5.75	1.174
533	849.0	2249	0.0265	0.312	111.9	0.586	5.32	1.237
553	828.3	2309	0.0236	0.285	109.5	0.573	4.97	1.304
573	806.9	2371	0.0210	0.260	107.2	0.560	4.64	1.375
593	784.4	2434	0.0189	0.241	104.8	0.549	4.39	1.452
613	760.9	2487	0.0170	0.223	102.5	0.542	4.11	1.536
633	735.9	2531	0.0153	0.208	100.1	0.537	3.87	1.628
653	709.2	2582	0.0139	0.196	97.8	0.534	3.67	1.731
673	681.9	2652	0.0127	0.186	95.6	0.529	3.52	1.844

* Dowtherm은 Dow Chemical Company의 등록상표이다.

$$\rho = 1196.98 - 0.260\,90\,T - (7.404\,45\times10^{-4})\,T^2$$

$$c_p = 773.20 + 2.694\,82\,T + (1.425\,44\times10^{-4})\,T^2$$

$$\log(\mu\times10^2) = 11.382\,30 - 0.086\,82\,T + (2.308\,85\times10^{-4})\,T^2 - (2.824\,10\times10^{-7})\,T^3 + (1.299\,78\times10^{-10})\,T^4$$

$$k\times10^3 = 174.61 - 0.118\,39\,T + (1.267\,37\times10^{-6})\,T^2$$

$$\beta\times10^3 = \left(\frac{1}{\rho}\right)[0.260\,90 + (1.480\,89\times10^{-3})\,T]$$

표 E·4 (계 속)

T (K)	ρ (kg/m^3)	c_p (J/kg·K)	$\mu\times10^2$ (kg/m·s)	$\nu\times10^6$ (m^2/s)	$k\times10^3$ (W/m·K)	$\alpha\times10^7$ (m^2/s)	Pr	$\beta\times10^3$ (K^{-1})
Syltherm 800*								
233	990.6	1506	5.11	51.6	146.3	0.981	526	0.793
253	971.7	1540	2.59	26.7	142.5	0.952	280	0.827

표 E·4 (계 속)

T (K)	ρ (kg/m^3)	c_p ($J/kg \cdot K$)	$\mu \times 10^2$ ($kg/m \cdot s$)	$\nu \times 10^6$ (m^2/s)	$k \times 10^3$ ($W/m \cdot K$)	$\alpha \times 10^7$ (m^2/s)	Pr	$\beta \times 10^3$ (K^{-1})
273	953.2	1574	1.53	16.1	138.8	0.925	174	0.861
293	935.0	1608	1.00	10.7	135.0	0.898	119	0.898
313	917.1	1643	0.700	7.63	131.2	0.871	87.6	0.935
333	899.3	1677	0.512	5.69	127.5	0.845	67.3	0.973
353	881.7	1711	0.386	4.38	123.7	0.820	53.4	1.013
373	864.1	1745	0.299	3.46	120.0	0.796	43.5	1.055
393	846.4	1779	0.236	2.79	116.2	0.772	36.1	1.098
413	828.5	1813	0.189	2.28	112.4	0.748	30.5	1.143
433	810.5	1847	0.154	1.90	108.7	0.726	26.2	1.191
453	792.1	1882	0.126	1.59	104.9	0.704	22.6	1.241
473	773.3	1916	0.105	1.36	101.2	0.683	19.9	1.295
523	724.2	2001	0.069	0.953	91.8	0.633	15.1	1.445
573	671.0	2086	0.047	0.700	82.4	0.589	11.9	1.627
623	612.3	2172	0.033	0.539	72.9	0.548	9.84	1.856
673	547.0	2257	0.025	0.457	63.5	0.514	8.89	2.160

* Syltherm 800은 Dow Corning Corporation의 등록상표이다.

$$\rho = 1143.89 - 0.575\,26\,T - (4.503\,74 \times 10^{-4})\,T^2$$

$$c_p = 1107.79 + 1.709\,18\,T - (2.295\,85 \times 10^{-6})\,T^2$$

$$\log(\mu \times 10^2) = 8.824\,59 - 0.065\,48\,T + (1.791\,80 \times 10^{-4})\,T^2 - (2.326\,11 \times 10^{-7})\,T^3 + (1.140\,55 \times 10^{-10})\,T^4$$

$$k \times 10^3 = 189.98 - 0.187\,43\,T - (7.200\,79 \times 10^{-7})\,T^2$$

$$\beta \times 10^3 = \left(\frac{1}{\rho}\right)[0.575\,26 + (9.007\,48 \times 10^{-4})\,T]$$

표 E·4 (계 속)

T (K)	ρ (kg/m^3)	c_p ($J/kg \cdot K$)	$\mu \times 10^2$ ($kg/m \cdot s$)	$\nu \times 10^6$ (m^2/s)	$k \times 10^3$ ($W/m \cdot K$)	$\alpha \times 10^7$ (m^2/s)	Pr	$\beta \times 10^3$ (K^{-1})
FC−72*								
210	1905	916	0.439	2.30	67	0.384	60.1	1.38
220	1879	931	0.312	1.66	66	0.377	44.2	1.40
230	1853	947	0.234	1.27	65	0.370	34.3	1.41
240	1827	962	0.183	1.00	64	0.364	27.6	1.43
250	1800	978	0.146	0.814	63	0.358	22.9	1.45
260	1774	994	0.120	0.676	61	0.346	19.4	1.47
270	1748	1009	0.0999	0.571	60	0.340	16.7	1.49
280	1722	1025	0.0844	0.490	59	0.334	14.6	1.51

표 E·4 (계 속)

T (K)	ρ (kg/m^3)	c_p ($J/kg \cdot K$)	$\mu \times 10^2$ ($kg/m \cdot s$)	$\nu \times 10^6$ (m^2/s)	$k \times 10^3$ ($W/m \cdot K$)	$\alpha \times 10^7$ (m^2/s)	Pr	$\beta \times 10^3$ (K^{-1})
290	1696	1040	0.0723	0.426	58	0.329	12.9	1.54
300	1670	1056	0.0626	0.375	57	0.323	11.6	1.56
310	1644	1071	0.0549	0.334	56	0.318	10.5	1.58
320	1618	1087	0.0485	0.300	55	0.313	9.62	1.60
330	1592	1102	0.0434	0.272	54	0.308	8.89	1.63

* FC−72는 3M의 등록상표이다.

$$\rho = 2463.7 - 2.690\,81\,T + (1.498\,50 \times 10^{-4})T^2$$

$$c_p = 584.75 + 1.589\,46\,T - (6.493\,51 \times 10^{-5})T^2$$

$$\log(\mu \times 10^2) = 4.010\,18 - 0.029\,04\,T + (3.875\,96 \times 10^{-5})T^2$$

$$k \times 10^3 = 97.495 - 0.164\,94\,T + (9.990\,01 \times 10^{-5})T^2$$

$$\beta \times 10^3 = \left(\frac{1}{\rho}\right)[2.690\,81 - (2.997\,00 \times 10^{-4})T]$$

표 E·4 (계 속)

T (K)	ρ (kg/m^3)	c_p ($J/kg \cdot K$)	$\mu \times 10^2$ ($kg/m \cdot s$)	$\nu \times 10^6$ (m^2/s)	$k \times 10^3$ ($W/m \cdot K$)	$\alpha \times 10^7$ (m^2/s)	Pr	$\beta \times 10^3$ (K^{-1})
HFE−7100*								
210	1719	1007	0.332	1.97	86	0.508	38.9	1.49
220	1694	1027	0.246	1.48	84	0.493	30.1	1.51
230	1668	1047	0.190	1.16	82	0.479	24.3	1.53
240	1642	1067	0.151	0.936	80	0.465	20.1	1.56
250	1617	1087	0.123	0.773	78	0.451	17.1	1.58
260	1591	1107	0.103	0.657	76	0.438	15.0	1.61
270	1566	1127	0.0863	0.559	74	0.425	13.1	1.63
280	1540	1147	0.0737	0.484	72	0.412	11.7	1.66
290	1514	1167	0.0637	0.425	70	0.400	10.6	1.69
300	1489	1187	0.0558	0.378	68	0.388	9.74	1.72
310	1463	1207	0.0490	0.337	67	0.382	8.83	1.75
320	1438	1227	0.0435	0.304	65	0.370	8.21	1.78
330	1412	1247	0.0390	0.277	63	0.359	7.72	1.81

* HFE−7100은 3M의 등록상표이다.

$$\rho = 2256.6 - 2.559\,34\,T$$

$$c_p = 587.0 + 2.0\,T$$

$$\log(\mu \times 10^2) = 3.376\,46 - 0.025\,37\,T + (3.303\,40 \times 10^{-5})T^2$$

$$k\times 10^3 = 138.51 - 0.286\,16T + 1.748\,25T^2$$

$$\beta\times 10^3 = \frac{2.559\,34}{\rho}$$

표 E·5 액체금속의 열특성

T (K)	ρ (kg/m^3)	c_p (J/kg·K)	$\mu\times 10^3$ (kg/m·s)	$\nu\times 10^7$ (m^2/s)	k (W/m·K)	$\alpha\times 10^6$ (m^2/s)	Pr	$\beta\times 10^3$ (K^{-1})
mercury(Hg)* (T_{mp} = 234 K)								
273	13 595	140.4	1.687	1.241	8.178	4.285	0.0290	0.1808
283	13 570	140.0	1.622	1.195	8.313	4.376	0.0273	0.1808
293	13 546	139.6	1.556	1.149	8.447	4.467	0.0257	0.1807
303	13 521	139.2	1.507	1.115	8.580	4.559	0.0245	0.1806
313	13 497	138.9	1.457	1.079	8.712	4.647	0.0232	0.1806
323	13 473	138.5	1.415	1.050	8.842	4.738	0.0222	0.1806
333	13 448	138.2	1.372	1.020	8.971	4.827	0.0211	0.1806
343	13 424	137.9	1.337	0.996	9.098	4.915	0.0203	0.1806
353	13 400	137.6	1.301	0.971	9.225	5.003	0.0194	0.1806
363	13 376	137.4	1.271	0.950	9.350	5.087	0.0187	0.1806
373	13 351	137.1	1.241	0.930	9.475	5.176	0.0180	0.1807
413	13 255	136.3	1.144	0.863	9.958	5.512	0.0157	0.1810
453	13 160	135.7	1.070	0.813	10.42	5.835	0.0139	0.1815
493	13 064	135.3	1.013	0.775	10.86	6.144	0.0126	0.1823
533	12 969	135.2	0.965	0.744	11.28	6.433	0.0116	0.1833
573	12 874	135.3	0.926	0.719	11.69	6.711	0.0107	0.1845

* [8] 참조.

$$\rho = 14\,293 - 2.682\,26T + (5.395\,70\times 10^{-4})T^2 - (3.166\,74\times 10^{-7})T^3$$

$$c_p = 159.54 - 0.101\,08T + (1.231\,63\times 10^{-4})T^2 - (3.601\,16\times 10^{-8})T^3$$

$$\mu\times 10^3 = 5.478\,54 - 0.023\,72T + (4.352\,99\times 10^{-5})T^2 - (2.794\,75\times 10^{-8})T^3$$

$$k = 3.900\,03 + 0.017\,99T - (8.207\,01\times 10^{-6})T^2 + (1.527\,34\times 10^{-9})T^3$$

$$\beta\times 10^3 = \left(\frac{1}{\rho}\right)[2.682\,26 - (1.079\,14\times 10^{-3})T + (9.500\,22\times 10^{-7})T^2]$$

표 E·5 (계 속)

T (K)	ρ (kg/m^3)	c_p (J/kg·K)	$\mu\times 10^3$ (kg/m·s)	$\nu\times 10^7$ (m^2/s)	k (W/m·K)	$\alpha\times 10^6$ (m^2/s)	Pr	$\beta\times 10^3$ (K^{-1})
lead(Pb) (T_{mp} = 600 K)								
644	10 541	159	2.396	2.273	16.1	9.61	0.024	0.115
728	10 445	155	2.054	1.967	15.6	9.64	0.020	0.116
811	10 349	155	1.741	1.682	15.4	9.60	0.018	0.117

표 E·5 (계 속)

T (K)	ρ (kg/m^3)	c_p (J/kg·K)	$\mu\times10^3$ (kg/m·s)	$\nu\times10^7$ (m^2/s)	k (W/m·K)	$\alpha\times10^6$ (m^2/s)	Pr	$\beta\times10^3$ (K^{-1})
894	10 237	155	1.518	1.483	15.1	9.52	0.016	0.118
978	10 141	155	1.369	1.350	14.9	9.48	0.014	0.119
potassium(K) (T_{mp} = 337 K)								
422	807	795	0.372	4.610	45.0	70.1	0.0066	0.295
533	780	795	0.238	3.051	42.7	68.9	0.0044	0.305
700	742	754	0.179	2.412	39.4	70.4	0.0034	0.321
866	702	754	0.149	2.123	35.6	67.3	0.0032	0.339
978	674	754	0.134	1.988	33.0	64.9	0.0031	0.353
sodium(Na) (T_{mp} = 371 K)								
366	929	1381	0.699	7.52	86.2	67.2	0.0112	0.264
478	902	1340	0.432	4.79	80.3	66.4	0.0072	0.272
644	860	1298	0.283	3.29	72.3	64.8	0.0051	0.285
811	820	1256	0.208	2.54	65.4	63.5	0.0040	0.299
978	779	1256	0.179	2.30	59.7	61.0	0.0038	0.315
sodium(Na) 56%, potassium(K) 44% (T_{mp} = 262 K)								
366	888	1130	0.580	6.53	25.6	25.5	0.026	0.272
478	862	1340	0.363	4.21	26.5	22.9	0.018	0.280
644	822	1298	0.235	2.86	27.5	25.8	0.011	0.294
811	782	1256	0.177	2.26	28.4	28.9	0.0078	0.309
978	740	1256	0.161	2.18	28.9	31.1	0.0070	0.327

* [14] 참조.

표 E·6 300 K에서 선택된 액체의 열특성

액 체	ρ (kg/m^3)	c_p (J/kg·K)	$\mu\times10^5$ (kg/m·s)	$\nu\times10^8$ (m^2/s)	$k\times10^3$ (W/m·K)	$\alpha\times10^8$ (m^2/s)	Pr
acetone	782	2180	33.1	42.3	169	9.91	4.27
ammonia	600	4825	13.1	21.8	465	16.1	1.36
benzene	881	1730	58.0	65.8	144	9.45	6.97
bromine	3119	448	98.8	31.7	122	8.73	3.63
butyl alcohol	804	2410	248	308	154	7.95	38.8
calcium chloride	1180	3110	200	169	574	15.6	10.8
carbon tetrachloride	1581	864	88.0	55.7	103	7.54	7.38
ethyl alcohol	802	2457	105	131	168	8.53	15.4
ethyl ether	715	2260	23.0	32.2	140	8.66	3.71
formic acid	1219	2200	157	129	180	6.71	19.2
kerosene	816	2028	135	165	115	6.94	23.8
methyl alcohol	785	2480	53.0	67.5	200	10.3	6.57

표 E·6 300 K에서 선택된 액체의 열특성

액 체	ρ (kg/m^3)	c_p (J/kg·K)	$\mu\times10^5$ (kg/m·s)	$\nu\times10^8$ (m^2/s)	$k\times10^3$ (W/m·K)	$\alpha\times10^8$ (m^2/s)	Pr
nitric acid	1512	1700	91.0	60.2	280	10.9	5.53
octane	703	2100	56.2	79.9	150	10.2	7.87
n−pentane	626	2330	22.6	36.1	110	7.54	4.79
toluene	860	1700	54.1	62.9	133	9.10	6.92
turpentine	863	1700	54.6	63.3	130	8.86	7.14

* [2], [7], [8] 참조.

부록 F 기체의 열특성

유체에서 다항식 곡선 맞추기

부록 E와 F에서 액체와 기체의 열특성에 대한 다항식의 곡선 맞추기는 표에 나타낸 값의 ±2% 내의 정확도를 가진다. 모든 곡선 맞추기에서 온도 T는 절대온도 K를 사용해야 한다.

각 유체의 곡선 맞추기는 대응표 다음으로 즉시 추정된다.

예제 표 F·1은 $T = 300\,\text{K}$에서 포화액체인 물의 열전도도 k가 $k \times 10^3 = 26.3\,\text{W/m}\cdot\text{K}$로 나타나 있다. 곡선 맞추기에서 다음을 얻을 수 있다.

$$k \times 10^3 = 0.81363 + 0.08083(300) + (6.13727 \times 10^{-5}(300)^2 - (2.10686 \times 10^{-7})(300)^3 + (2.06091 \times 10^{-10})(300)^4 - (8.42775 \times 10^{-14})(300)^5 + (1.27292 \times 10^{-17})(300)^6 = 26.37\ \text{W/m}\cdot\text{K}$$

$$\text{퍼센트 차} = \frac{26.3 - 26.37}{26.3} \times 100\% = -0.27\%$$

동점도 ν, 열확산도 α, 프란틀 수 Pr는 다음의 정의를 이용하여 기본성질의 곡선 맞추기로부터 계산할 수 있다.

$$\nu = \frac{\mu}{\rho}, \quad \alpha = \frac{k}{\rho c_p}, \quad Pr = \frac{\nu}{\alpha}$$

표 F·1 대기압에서 기체의 열특성

T (K)	ρ (kg/m^3)	c_p (J/kg·K)	$\mu \times 10^7$ (kg/m·s)	$\nu \times 10^6$ (m^2/s)	$k \times 10^3$ (W/m·K)	$\alpha \times 10^6$ (m^2/s)	Pr
공기							
100	3.5562	1032	71.1	2.00	9.34	2.54	0.786

표 F·1 (계 속)

T (K)	ρ (kg/m^3)	c_p (J/kg·K)	$\mu\times10^7$ (kg/m·s)	$\nu\times10^6$ (m^2/s)	$k\times10^3$ (W/m·K)	$\alpha\times10^6$ (m^2/s)	Pr
150	2.3364	1012	103.4	4.426	13.8	5.84	0.758
200	1.7458	1007	132.5	7.590	18.1	10.3	0.737
250	1.3947	1006	159.6	11.44	22.3	15.9	0.720
300	1.1614	1007	184.6	15.89	26.3	22.5	0.707
350	0.9950	1009	208.2	20.92	30.0	29.9	0.700
400	0.8711	1014	230.1	26.41	33.8	38.3	0.690
450	0.7740	1021	250.7	32.39	37.3	47.2	0.686
500	0.6964	1030	270.1	38.79	40.7	56.7	0.684
550	0.6329	1040	288.4	45.57	43.9	66.7	0.683
600	0.5804	1051	305.8	52.69	46.9	76.9	0.685
650	0.5356	1063	322.5	60.21	49.7	87.3	0.690
700	0.4975	1075	338.8	68.10	52.4	98.0	0.695
750	0.4643	1087	354.6	76.37	54.9	109	0.702
800	0.4354	1099	369.8	84.93	57.3	120	0.709
850	0.4097	1110	384.3	93.80	59.6	131	0.716
900	0.3868	1121	398.1	102.9	62.0	143	0.720
950	0.3666	1131	411.3	112.2	64.3	155	0.723
1000	0.3482	1141	424.4	121.9	66.7	168	0.726
1100	0.3166	1159	449.0	141.8	71.5	195	0.728
1200	0.2902	1175	473.0	162.9	76.3	224	0.728
1300	0.2679	1190	496.0	185.1	82	238	0.720
1400	0.2488	1207	527	212	91	303	0.699
1500	0.2322	1230	557	240	100	350	0.685
1600	0.2177	1248	584	268	106	390	0.688
1700	0.2049	1267	611	298	113	435	0.685
1800	0.1935	1286	637	329	120	482	0.683
1900	0.1833	1307	663	362	128	534	0.677
2000	0.1741	1337	689	396	137	589	0.672
2100	0.1658	1372	715	431	147	646	0.667
2200	0.1582	1417	740	468	160	714	0.655
2300	0.1513	1478	766	506	175	783	0.647
2400	0.1448	1558	792	547	196	869	0.630
2500	0.1389	1665	818	589	222	960	0.613

* [8] 참조.

$$\log\rho = 2.551\,82 - 1.003\,31\log T$$

$$c_p = 1083.21 - 0.714\,65\,T + (2.088\,32\times10^{-3})T^2 - (2.310\,29\times10^{-6})T^3 + (1.352\,72\times10^{-9})T^4 - (4.127\,26\times10^{-13})T^5 + (5.275\,47\times10^{-17})T^6$$

$$\mu\times10^7 = 4.122\,35 + 0.721\,11\,T - (4.281\,73\times10^{-4})T^2 + (5.864\,08\times10^{-8})T^3 + (1.257\,26\times10^{-10})T^4 - (6.687\,60\times10^{-14})T^5 + (1.051\,34\times10^{-17})T^6$$

$$k \times 10^3 = 0.813\,63 + 0.080\,83\,T + (6.137\,27 \times 10^{-5})\,T^2 - (2.106\,86 \times 10^{-7})\,T^3$$
$$+ (2.060\,91 \times 10^{-10})\,T^4 - (8.427\,75 \times 10^{-14})\,T^5 + (1.272\,92 \times 10^{-17})\,T^6$$

표 F·1 (계 속)

T (K)	ρ (kg/m^3)	c_p (J/kg·K)	$\mu \times 10^7$ (kg/m·s)	$\nu \times 10^6$ (m^2/s)	$k \times 10^3$ (W/m·K)	$\alpha \times 10^6$ (m^2/s)	Pr
ammonia(NH_3)*							
300	0.6894	2158	106	15.4	24.7	16.6	0.926
320	0.6448	2170	112	17.4	27.2	19.4	0.894
340	0.6059	2192	118	19.5	29.3	22.1	0.883
360	0.5716	2221	124	21.7	31.6	24.9	0.872
380	0.5410	2254	131	24.2	34.0	27.9	0.868
400	0.5136	2287	138	26.9	37.0	31.5	0.853
420	0.4888	2322	145	29.7	40.4	35.6	0.833
440	0.4664	2357	152	32.6	43.5	39.6	0.824
460	0.4460	2393	159	35.7	46.3	43.4	0.822
480	0.4273	2430	166	38.8	49.2	47.4	0.820
500	0.4101	2467	173	42.2	52.5	51.9	0.813
520	0.3942	2504	180	45.7	55.6	56.3	0.811
540	0.3795	2540	186	49.0	58.6	60.8	0.806
560	0.3708	2577	193	52.0	61.6	64.5	0.807
580	0.3533	2613	199	56.3	64.3	69.7	0.809

* [8] 참조.

$$\log \rho = 2.331\,38 - 1.006\,95 \log T$$
$$c_p = 2666.4 - 5.176\,38\,T + 0.014\,55\,T^2 - (9.989\,84 \times 10^{-6})\,T^3$$
$$\mu \times 10^7 = 96.51 - 0.316\,68\,T + (1.494\,45 \times 10^{-3})\,T^2 - (1.110\,27 \times 10^{-6})\,T^3$$
$$k \times 10^3 = 44.80 - 0.286\,39\,T + (9.274\,01 \times 10^{-4})\,T^2 - (6.474\,76 \times 10^{-7})\,T^3$$

표 F·1 (계 속)

T (K)	ρ (kg/m^3)	c_p (J/kg·K)	$\mu \times 10^7$ (kg/m·s)	$\nu \times 10^6$ (m^2/s)	$k \times 10^3$ (W/m·K)	$\alpha \times 10^6$ (m^2/s)	Pr
argon(Ar)*							
100	0.4916	550	83.0	16.9	6.60	24.4	0.693
150	0.3225	528	123.1	38.2	9.60	56.4	0.677
200	0.2409	524	159.9	66.4	12.6	99.8	0.665
250	0.1924	522	195.1	101	15.2	151	0.669
300	0.1602	522	227.1	142	17.7	212	0.670
350	0.1373	521	259.2	189	20.0	280	0.675
400	0.1201	521	289.1	241	22.2	355	0.679

표 F·1 (계 속)

T (K)	ρ (kg/m^3)	c_p ($J/kg \cdot K$)	$\mu \times 10^7$ ($kg/m \cdot s$)	$\nu \times 10^6$ (m^2/s)	$k \times 10^3$ ($W/m \cdot K$)	$\alpha \times 10^6$ (m^2/s)	Pr
450	0.1068	521	316.2	296	24.4	439	0.674
500	0.0961	521	341.6	356	26.6	531	0.670
550	0.0873	521	365.5	419	28.7	631	0.664
600	0.0801	521	389.1	486	30.7	736	0.660
700	0.0686	521	433.1	631	34.1	954	0.661
800	0.0600	520	474.4	791	37.4	1199	0.660
900	0.0534	520	513.8	962	40.6	1462	0.658
1000	0.0480	520	551.4	1149	43.6	1747	0.658
1200	0.0400	520	622.7	1557	48.9	2351	0.662

* [8] 참조.

$$\log \rho = 1.700\,29 - 1.006\,80 \log T$$

$$\log c_p = 4.391\,49 - 1.897\,17 \log T + 0.714\,55(\log T)^2 - 0.089\,48(\log T)^3$$

$$\mu \times 10^7 = -4.281\,01 + 0.928\,98\,T - (5.762\,58 \times 10^{-4})\,T^2 + (2.032\,86 \times 10^{-7})\,T^3$$

$$k \times 10^3 = 0.303\,74 + 0.067\,05\,T - (3.385\,61 \times 10^{-5})\,T^2 + (1.010\,05 \times 10^{-8})\,T^3$$

표 F·1 (계 속)

T (K)	ρ (kg/m^3)	c_p ($J/kg \cdot K$)	$\mu \times 10^7$ ($kg/m \cdot s$)	$\nu \times 10^6$ (m^2/s)	$k \times 10^3$ ($W/m \cdot K$)	$\alpha \times 10^6$ (m^2/s)	Pr
carbon dioxide(CO_2)*							
280	1.9022	830	140	7.36	15.20	9.63	0.765
300	1.7730	851	149	8.40	16.55	11.0	0.766
320	1.6609	872	158	9.39	18.05	12.5	0.754
340	1.5618	891	167	10.6	19.70	14.2	0.746
360	1.4743	908	176	11.7	21.2	15.8	0.741
380	1.3961	926	185	13.0	22.75	17.6	0.737
400	1.3257	942	194	14.3	24.3	19.5	0.737
450	1.1776	981	215	17.8	28.3	24.5	0.728
500	1.0594	1020	235	21.8	32.5	30.1	0.725
550	0.9625	1050	254	26.1	36.6	36.2	0.721
600	0.8826	1080	270	30.6	40.7	42.7	0.717
650	0.8143	1100	288	35.4	44.5	49.7	0.712
700	0.7564	1130	305	40.3	48.1	56.3	0.717
750	0.7057	1150	321	45.5	51.7	63.7	0.714
800	0.6614	1170	337	51.0	55.1	71.2	0.716

* [8] 참조.

$$\log \rho = 2.738\,78 - 1.005\,35 \log T$$

$$c_p = 438.38 + 1.782\,38T - (1.518\,21 \times 10^{-3})T^2 + (5.420\,04 \times 10^{-7})T^3$$

$$\mu \times 10^7 = -11.888\,65 + 0.611\,933T - (2.686\,68 \times 10^{-4})T^2 + (6.443\,12 \times 10^{-8})T^3$$

$$k \times 10^3 = -0.147\,61 + 0.031\,34T + (1.024\,56 \times 10^{-4})T^2 - (6.927\,54 \times 10^{-8})T^3$$

표 F·1 (계 속)

T (K)	ρ (kg/m³)	c_p (J/kg · K)	$\mu \times 10^7$ (kg/m · s)	$\nu \times 10^6$ (m²/s)	$k \times 10^3$ (W/m · K)	$\alpha \times 10^6$ (m²/s)	Pr
carbon monoxide(CO)*							
200	1.6888	1045	127	7.52	17.0	9.63	0.781
220	1.5341	1044	137	8.93	19.0	11.9	0.753
240	1.4055	1043	147	10.5	20.6	14.1	0.744
260	1.2967	1043	157	12.1	22.1	16.3	0.741
280	1.2038	1042	166	13.8	23.6	18.8	0.733
300	1.1233	1043	175	15.6	25.0	21.3	0.730
320	1.0529	1043	184	17.5	26.3	23.9	0.730
340	0.9909	1044	193	19.5	27.8	26.9	0.725
360	0.9357	1045	202	21.6	29.1	29.8	0.725
380	0.8864	1047	210	23.7	30.5	32.9	0.729
400	0.8421	1049	218	25.9	31.8	36.0	0.719
450	0.7483	1055	237	31.7	35.0	44.3	0.714
500	0.673 52	1065	254	37.7	38.1	53.1	0.710
550	0.612 26	1076	271	44.3	41.1	62.4	0.710
600	0.561 26	1088	286	51.0	44.0	72.1	0.707
650	0.518 06	1101	301	58.1	47.0	82.4	0.705
700	0.481 02	1114	315	65.5	50.0	93.3	0.702
750	0.448 99	1127	329	73.3	52.8	104	0.702
800	0.420 95	1140	343	81.5	55.5	116	0.705

* [8] 참조.

$$\log \rho = 2.531\,95 - 1.001\,68 \log T$$

$$c_p = 1098.51 - 0.436\,38T + (9.563\,28 \times 10^{-4})T^2 - (4.317\,02 \times 10^{-7})T^3$$

$$\mu \times 10^7 = 12.438\,20 + 0.664\,17T - (4.366\,92 \times 10^{-4})T^2 + (1.552\,69 \times 10^{-7})T^3$$

$$k \times 10^3 = -1.111\,33 + 0.104\,19T - (6.563\,03 \times 10^{-5})T^2 + (2.981\,95 \times 10^{-8})T^3$$

표 F·1 (계 속)

T (K)	ρ (kg/m³)	c_p (J/kg · K)	$\mu \times 10^7$ (kg/m · s)	$\nu \times 10^6$ (m²/s)	$k \times 10^3$ (W/m · K)	$\alpha \times 10^6$ (m²/s)	Pr
helium(He)*							
100	0.4807	5193	97.7	22.4	72.0	31.7	0.705
150	0.3206	5193	127.4	39.7	94.5	56.8	0.700

표 F·1 (계 속)

T (K)	ρ (kg/m^3)	c_p ($J/kg \cdot K$)	$\mu \times 10^7$ ($kg/m \cdot s$)	$\nu \times 10^6$ (m^2/s)	$k \times 10^3$ ($W/m \cdot K$)	$\alpha \times 10^6$ (m^2/s)	Pr
200	0.2404	5193	153.5	63.9	115	92.1	0.693
250	0.1927	5193	175.8	91.2	134	134	0.681
300	0.1604	5193	197.7	123	151	181	0.680
350	0.1375	5193	219.3	159	166	233	0.686
400	0.1174	5193	239.9	204	184	302	0.677
450	0.1069	5193	259.7	243	201	362	0.671
500	0.094 36	5193	278.8	295	218	445	0.664
550	0.087 50	5193	297.3	340	235	517	0.657
600	0.078 89	5193	315.3	400	250	610	0.655
650	0.074 04	5193	332.9	450	264	687	0.655
700	0.067 79	5193	350.0	516	278	790	0.654
750	0.064 17	5193	366.8	572	291	873	0.654
800	0.060 21	5193	383.2	636	304	972	0.654
850	0.056 67	5193	399.4	705	317	1077	0.654
900	0.053 52	5193	415.3	776	330	1187	0.654
950	0.050 70	5193	430.9	850	342	1299	0.654
1000	0.048 16	5193	446.3	927	354	1416	0.655
1100	0.043 78	5193	476.3	1088	379	1667	0.653
1200	0.040 13	5193	505.5	1260	405	1943	0.648
1300	0.037 07	5193	534.0	1441	430	2234	0.645
1400	0.034 41	5193	561.9	1633	455	2546	0.641
1500	0.032 12	5193	589.1	1834	479	2872	0.639
1600	0.030 11	5193	615.8	2045	502	3211	0.637
1700	0.028 36	5193	642.0	2264	523	3551	0.637
1800	0.026 82	5193	667.7	2490	543	3899	0.639
1900	0.025 36	5193	692.9	2733	562	4268	0.640
2000	0.024 12	5193	717.7	2976	579	4623	0.644

* [8] 참조.

$$\log \rho = 1.674\,99 - 0.997\,71 \log T$$

$$\mu \times 10^7 = 53.934 + 0.516\,28T - (1.533\,95 \times 10^{-4})T^2 + (3.092\,42 \times 10^{-8})T^3$$

$$k \times 10^3 = 37.147 + 0.403\,79T - (1.005\,16 \times 10^{-4})T^2 + (1.761\,37 \times 10^{-8})T^3$$

표 F·1 (계 속)

T (K)	ρ (kg/m^3)	c_p ($J/kg \cdot K$)	$\mu \times 10^7$ ($kg/m \cdot s$)	$\nu \times 10^6$ (m^2/s)	$k \times 10^3$ ($W/m \cdot K$)	$\alpha \times 10^6$ (m^2/s)	Pr
hydrogen(H_2)							
100	0.242 55	112 30	42.1	17.4	67.0	24.6	0.706
150	0.161 56	126 00	56.0	34.7	101	49.6	0.699

표 F·1 (계 속)

T (K)	ρ (kg/m^3)	c_p ($J/kg \cdot K$)	$\mu \times 10^7$ ($kg/m \cdot s$)	$\nu \times 10^6$ (m^2/s)	$k \times 10^3$ ($W/m \cdot K$)	$\alpha \times 10^6$ (m^2/s)	Pr
200	0.121 15	13 540	68.1	56.2	131	79.9	0.704
250	0.096 81	14 070	78.9	81.5	157	115	0.707
300	0.080 78	14 310	89.6	111	183	158	0.701
350	0.069 24	14 430	98.8	143	204	204	0.700
400	0.060 59	14 480	108.0	178	226	258	0.692
450	0.053 86	14 500	117.2	218	247	316	0.688
500	0.048 48	14 520	126.4	261	266	378	0.690
550	0.044 07	14 530	134.3	305	285	445	0.685
600	0.040 40	14 540	142.2	352	305	519	0.678
650	0.037 29	14 580	150.2	403	323	594	0.678
700	0.034 63	14 610	158.1	457	342	676	0.675
750	0.032 32	14 650	166.0	514	360	760	0.676
800	0.030 30	14 700	173.1	571	378	849	0.673
850	0.026 29	14 760	180.1	685	395	1018	0.673
900	0.026 94	14 830	187.2	695	412	1031	0.674
950	0.025 52	14 900	194.2	761	430	1131	0.673
1000	0.024 24	14 990	201.3	830	448	1233	0.674
1100	0.022 04	15 170	213.0	966	488	1460	0.662
1200	0.020 20	15 370	226.2	1120	528	1700	0.658
1300	0.018 65	15 590	238.5	1279	568	1955	0.655
1400	0.017 32	15 810	250.7	1447	610	2230	0.650
1500	0.016 16	16 020	262.2	1622	655	2530	0.641
1600	0.0152	16 280	273.7	1801	697	2815	0.639
1700	0.0143	16 580	284.9	1992	742	3130	0.637
1800	0.0135	16 960	296.1	2193	786	3435	0.639
1900	0.0128	17 490	307.2	2400	835	3730	0.643
2000	0.0121	18 250	318.2	2630	878	3975	0.661

* [8] 참조.

$$\log \rho = 1.384\,15 - 1.000\,25 \log T$$

$$c_p = 7359 + 52.768\,T - 0.147\,76\,T^2 + (2.015\,58 \times 10^{-4})\,T^3 - (1.416\,16 \times 10^{-7})\,T^4 + (4.949\,95 \times 10^{-11})\,T^5 - (6.785\,04 \times 10^{-15})\,T^6$$

$$\mu \times 10^7 = 21.297 + 0.245\,80\,T - (8.319\,87 \times 10^{-5})\,T^2 + (1.740\,24 \times 10^{-8})\,T^3$$

$$k \times 10^3 = 27.535 + 0.542\,03\,T - (1.731\,10 \times 10^{-4})\,T^2 + (5.851\,59 \times 10^{-8})\,T^3$$

표 F·1 (계 속)

T (K)	ρ (kg/m³)	c_p (J/kg·K)	$\mu \times 10^7$ (kg/m·s)	$\nu \times 10^6$ (m²/s)	$k \times 10^3$ (W/m·K)	$\alpha \times 10^6$ (m²/s)	Pr
methane(CH_4)*							
150	1.3051	2113	59.2	4.54	16.3	5.91	0.767
200	0.9709	2104	77.5	7.98	21.7	10.6	0.751
250	0.7743	2144	95.2	12.3	27.5	16.6	0.742
300	0.6443	2240	111.4	17.3	34.2	23.7	0.730
350	0.5519	2380	126.5	22.9	41.5	31.6	0.726
400	0.4826	2535	140.8	29.2	49.4	42.3	0.723
450	0.4288	2704	154.5	36.0	57.9	50.0	0.722
500	0.3860	2884	167.0	43.3	66.8	60.0	0.721

* [8] 참조.

$$\log \rho = 2.313\,65 - 1.010\,76 \log T$$

$$c_p = 2632 - 6.299\,39\,T + 0.021\,28\,T^2 - (1.535\,35 \times 10^{-5})\,T^3$$

$$\mu \times 10^7 = -4.269\,05 + 0.464\,82\,T - (2.959\,31 \times 10^{-4})\,T^2 + (1.030\,30 \times 10^{-7})\,T^3$$

$$k \times 10^3 = 5.340\,48 + 0.047\,99\,T + (1.772\,29 \times 10^{-4})\,T^2 - (5.454\,55 \times 10^{-8})\,T^3$$

표 F·1 (계 속)

T (K)	ρ (kg/m³)	c_p (J/kg·K)	$\mu \times 10^7$ (kg/m·s)	$\nu \times 10^6$ (m²/s)	$k \times 10^3$ (W/m·K)	$\alpha \times 10^6$ (m²/s)	Pr
nitrogen(N_2)*							
100	3.4388	1070	68.8	2.00	9.58	2.60	0.768
150	2.2594	1050	100.6	4.45	13.9	5.86	0.759
200	1.6883	1043	129.2	7.65	18.3	10.4	0.736
250	1.3488	1042	154.9	11.48	22.2	15.8	0.727
300	1.1233	1041	178.2	15.86	25.9	22.1	0.716
350	0.9625	1042	200.0	20.78	29.3	29.2	0.711
400	0.8425	1045	220.4	26.16	32.7	37.1	0.704
450	0.7485	1050	239.6	32.01	35.8	45.6	0.703
500	0.6739	1056	257.7	38.24	38.9	54.7	0.700
550	0.6124	1065	274.7	44.86	41.7	63.9	0.702
600	0.5615	1075	290.8	51.79	44.6	73.9	0.701
700	0.4812	1098	321.0	66.71	49.9	94.4	0.706
800	0.4211	1122	349.1	82.90	54.8	116	0.715
900	0.3743	1146	375.3	100.3	59.7	139	0.720
1000	0.3368	1167	399.9	118.7	64.7	165	0.721
1100	0.3062	1187	423.2	138.2	70.0	193	0.718
1200	0.2807	1204	445.3	158.6	75.8	224	0.707
1300	0.2591	1219	466.2	179.9	81.0	256	0.701

* [8] 참조.

$$\log\rho = 2.541\,17 - 1.004\,72\log T$$

$$c_p = 1093.84 - 0.371\,67\,T + (7.415\,63\times10^{-4})T^2 - (2.949\,06\times10^{-7})T^3$$

$$\mu\times10^7 = 8.823\,53 + 0.668\,75\,T - (3.997\,09\times10^{-4})T^2 + (1.207\,54\times10^{-7})T^3$$

$$k\times10^3 = -0.021\,04 + 0.102\,18\,T - (6.021\,43\times10^{-5})T^2 + (2.285\,82\times10^{-8})T^3$$

표 F·1 (계 속)

T (K)	ρ (kg/m^3)	c_p (J/kg·K)	$\mu\times10^7$ (kg/m·s)	$\nu\times10^6$ (m^2/s)	$k\times10^3$ (W/m·K)	$\alpha\times10^6$ (m^2/s)	Pr
oxygen(O_2)*							
100	3.945	962	76.4	1.94	9.25	2.44	0.795
150	2.585	921	114.8	4.44	13.8	5.80	0.766
200	1.930	915	147.5	7.64	18.3	10.4	0.737
250	1.542	915	178.6	11.58	22.6	16.0	0.723
300	1.284	920	207.2	16.14	26.8	22.7	0.711
350	1.100	929	233.5	21.23	29.6	29.0	0.733
400	0.9620	942	258.2	26.84	33.0	36.4	0.737
450	0.8554	956	281.4	32.90	36.3	44.4	0.741
500	0.7698	972	303.3	39.40	41.2	55.1	0.716
550	0.6998	988	324.0	46.30	44.1	63.8	0.726
600	0.6414	1003	343.7	53.59	47.3	73.5	0.729
700	0.5498	1031	380.8	69.26	52.8	93.1	0.744
800	0.4810	1054	415.2	86.32	58.9	116	0.743
900	0.4275	1074	447.2	104.6	64.9	141	0.740
1000	0.3848	1090	477.0	124.0	71.0	169	0.732
1100	0.3498	1103	505.5	144.5	75.8	196	0.736
1200	0.3206	1115	532.5	166.1	81.9	229	0.725
1300	0.2960	1125	558.4	188.6	87.1	262	0.721

* [8] 참조.

$$\log\rho = 2.601\,48 - 1.005\,70\log T$$

$$c_p = 1068.85 - 1.591\,51\,T + (5.387\,58\times10^{-3})T^2 - (7.085\,15\times10^{-6})T^3$$

$$\mu\times10^7 = 4.705\,98 + 0.795\,10\,T - (4.611\,61\times10^{-4})T^2 + (1.371\,02\times10^{-7})T^3$$

$$k\times10^3 = 0.196\,74 + 0.096\,93\,T - (3.857\,19\times10^{-5})T^2 + (1.195\,73\times10^{-8})T^3$$

표 F·2 대기압에서 과열 수증기의 열특성*

T (K)	ρ (kg/m^3)	c_p (J/kg·K)	$\mu\times10^7$ (kg/m·s)	$\nu\times10^6$ (m^2/s)	$k\times10^3$ (W/m·K)	$\alpha\times10^6$ (m^2/s)	Pr
373	0.5976	2038	121	20.25	24.5	20.1	1.08
380	0.5858	2027	124	21.17	25.0	21.1	1.00
400	0.5514	1999	132	23.94	26.6	24.1	0.993
450	0.4878	1974	153	31.37	31.0	32.2	0.974
500	0.4380	1981	173	39.50	35.8	41.3	0.956
550	0.3976	2000	193	48.54	40.9	51.4	0.944
600	0.3642	2025	214	58.76	46.3	62.8	0.936
650	0.3360	2054	234	69.64	52.1	75.5	0.922
700	0.3119	2084	254	81.44	58.1	89.4	0.911
750	0.2911	2117	275	94.47	64.4	105	0.900
800	0.2728	2151	295	108.1	70.8	121	0.893
850	0.2567	2185	311	121.2	77.4	138	0.878
900	0.2424	2218	336	138.6	84.1	156	0.889
950	0.2296	2253	356	155.1	91.0	176	0.881

* [8], [20] 참조.

$$\rho = 1.604\,78 - (4.159\,76\times10^{-3})T + (4.556\,90\times10^{-6})T^2 - (1.794\,53\times10^{-9})T^3$$

$$c_p = 4691.7 - 16.2790\,T + 0.034\,85\,T^2 - (3.161\,83\times10^{-5})T^3 + (1.066\,47\times10^{-8})T^4$$

$$\mu\times10^7 = -50.120 + 0.506\,68\,T - (1.590\,76\times10^{-4})T^2 + (7.935\,64\times10^{-8})T^3$$

$$k\times10^3 = 9.999\,47 - (6.985\,70\times10^{-3})T + (1.392\,11\times10^{-4})T^2 - (4.435\,12\times10^{-8})T^3$$

표 F·3 포화 수증기의 열특성*

T (K)	ρ (kg/m^3)	c_p (J/kg·K)	$\mu\times10^7$ (kg/m·s)	$\nu\times10^6$ (m^2/s)	$k\times10^3$ (W/m·K)	$\alpha\times10^6$ (m^2/s)	Pr
273	0.004 85	1864	80.4	1658	17.6	1947	0.852
283	0.009 40	1868	84.5	899	18.2	1037	0.867
293	0.017 29	1874	88.5	512	18.8	580	0.882
303	0.030 37	1883	92.6	305	19.4	339	0.899
313	0.05 1 16	1894	96.6	189	20.1	207	0.910
323	0.083 00	1907	100	120	20.9	132	0.912
333	0.130 20	1924	105	80.6	21.6	86.2	0.935
343	0.198 10	1944	109	55.0	22.3	57.9	0.950
353	0.293 22	1969	113	38.5	23.1	40.0	0.963
363	0.423 30	1999	117	27.6	23.9	28.2	0.979
373	0.597 44	2034	121	20.3	24.8	20.4	0.992
383	0.826 04	2075	124	15.0	25.8	15.1	0.997
393	1.1211	2124	128	11.4	26.7	11.2	1.02
403	1.4959	2180	132	8.82	27.8	8.52	1.04

표 F·3 (계 속)

T (K)	ρ (kg/m³)	c_p (J/kg·K)	$\mu \times 10^7$ (kg/m·s)	$\nu \times 10^6$ (m²/s)	$k \times 10^3$ (W/m·K)	$\alpha \times 10^6$ (m²/s)	Pr
413	1.9656	2245	135	6.87	28.8	6.53	1.05
423	2.5471	2320	139	5.46	30.0	5.08	1.07
433	3.2589	2406	142	4.36	31.3	3.99	1.09
443	4.1222	2504	146	3.54	32.6	3.16	1.12
453	5.1597	2615	149	2.89	34.1	2.53	1.14
463	6.3167	2741	153	2.42	35.7	2.06	1.17
473	7.8653	2883	156	1.98	37.5	1.65	1.20
493	11.625	3223	163	1.40	41.5	1.11	1.27
513	16.767	3656	171	1.02	46.5	0.759	1.34
533	23.742	4221	178	0.750	52.8	0.527	1.42
553	32.258	4996	187	0.580	60.9	0.378	1.53
573	46.253	6140	198	0.428	71.9	0.253	1.69
593	64.767	8050	214	0.330	87.8	0.168	1.96
613	92.764	11 920	238	0.257	113	0.102	2.51
633	143.47	26 790	282	0.197	150	0.039	5.04

* [8] 참조.

$$\log \rho = -33.820\,56 + 0.279\,17T - (9.999\,09 \times 10^{-4})T^2 + (1.941\,68 \times 10^{-6})T^3 - (1.969\,66 \times 10^{-9})T^4 + (8.232\,22 \times 10^{-13})T^5$$

$$\log c_p = 59.307\,04 - 0.850\,90T + (5.311\,25 \times 10^{-3})T^2 - (1.744\,24 \times 10^{-5})T^3 + (3.177\,64 \times 10^{-8})T^4 - (3.043\,67 \times 10^{-11})T^5 + (1.198\,65 \times 10^{-14})T^6$$

$$\mu \times 10^7 = -2415.7 + 30.870\,97T - 0.153\,57T^2 + (3.821\,90 \times 10^{-4})T^3 - (4.697\,89 \times 10^{-7})T^4 + (2.280\,50 \times 10^{-10})T^5$$

$$k \times 10^3 = 2724.6 - 41.817\,72T^2 + 0.265\,27T^2 - (8.863\,14 \times 10^{-4})T^3 + (1.648\,31 \times 10^{-6})T^4 - (1.619\,13 \times 10^{-9})T^5 + (6.578\,53 \times 10^{-13})T^6$$

표 F·4 포화냉매 증기의 열특성*

T (K)	ρ (kg/m³)	c_p (J/kg·K)	$\mu \times 10^6$ (kg/m·s)	$\nu \times 10^8$ (m²/s)	$k \times 10^3$ (W/m·K)	$\alpha \times 10^8$ (m²/s)	Pr
refrigerant−12(CCl_2F_2)							
223	2.6067	537	9.39	360	6.02	430	0.837
233	4.1184	554	9.95	242	6.52	286	0.846
243	6.2387	572	10.48	168.0	7.03	197	0.853
253	9.1199	590	10.99	120.5	7.53	140	0.861
263	12.935	611	11.48	88.75	8.04	102	0.870
273	17.880	633	11.99	67.06	8.57	75.7	0.886

표 F·4 (계 속)

T (K)	ρ (kg/m^3)	c_p $(J/kg\cdot K)$	$\mu\times10^6$ $(kg/m\cdot s)$	$\nu\times10^8$ (m^2/s)	$k\times10^3$ $(W/m\cdot K)$	$\alpha\times10^8$ (m^2/s)	Pr
283	24.190	658	12.52	51.76	9.13	57.4	0.902
293	32.144	687	13.08	40.69	9.72	44.0	0.925
303	42.088	721	13.70	32.55	10.34	34.1	0.955
313	54.437	762	14.38	26.42	11.01	26.5	0.997
323	69.832	812	15.15	21.70	11.73	20.7	1.05
333	89.047	880	16.01	17.98	12.52	16.0	1.12

* [7] 참조.

$$\rho = 992.07 - 15.844\,75T + 0.096\,23T^2 - (2.661\,44\times10^{-4})T^3 + (2.870\,72\times10^{-7})T^4$$

$$c_p = -3057.96 + 40.795\,43T - 0.158\,65T^2 + (2.151\,00\times10^{-4})T^3$$

$$\mu\times10^6 = -44.055 + 0.543\,51T - (1.914\,16\times10^{-3})T^2 + (2.473\,45\times10^{-6})T^3$$

$$k\times10^3 = -21.428 + 0.254\,41T - (8.546\,18\times10^{-4})T^2 + (1.191\,40\times10^{-6})T^3$$

표 F·4 (계 속)

T (K)	ρ (kg/m^3)	c_p $(J/kg\cdot K)$	$\mu\times10^6$ $(kg/m\cdot s)$	$\nu\times10^8$ (m^2/s)	$k\times10^3$ $(W/m\cdot K)$	$\alpha\times10^8$ (m^2/s)	Pr
refrigerant − 134a(CH_2FCF_3)							
223	1.6513	712	8.79	523	7.12	606	0.863
233	2.7705	740	9.20	332	8.19	400	0.830
243	4.4256	771	9.62	217	9.16	269	0.807
253	6.7824	805	10.05	148	10.07	184	0.804
263	10.037	842	10.49	104.5	10.93	129	0.810
273	14.420	883	10.94	75.87	11.79	92.6	0.819
283	20.210	930	11.42	56.51	12.66	67.4	0.838
293	27.755	982	11.92	42.95	13.57	49.8	0.862
303	37.495	1044	12.48	33.28	14.56	37.2	0.895
313	50.025	1120	13.10	26.19	15.64	27.9	0.939
323	66.181	1218	13.83	20.90	16.84	20.9	1.00
333	87.260	1354	14.71	16.86	18.19	15.4	1.10
343	115.34	1567	15.85	13.74	19.72	10.9	1.26

* [7] 참조.

$$\rho = \left(\frac{-3.873\,25 + 0.020\,213T}{1 - 2.084\,94\times10^{-3}T}\right)^2$$

$$c_p = 44\,886.3 - 676.907T + 3.859\,02T^2 - (9.730\,43\times10^{-3})T^3 + (9.211\,74\times10^{-6})T^4$$

$$\mu\times10^6 = 134.455 - 2.039\,95T + 0.012\,04T^2 - (3.098\,66\times10^{-5})T^3 + (2.998\,59\times10^{-8})T^4$$

$$k\times10^3 = -97.451\,82 + 1.049\,46T - (3.605\,80\times10^{-3})T^2 + (4.495\,92\times10^{-6})T^3$$

표 F·5 대기압에서 과열 수증기의 열특성*

z (m)	T (K)	P (kPa)	ρ (kg/m^3)	$\mu \times 10^5$ (kg/m·s)	$k \times 10^3$ (W/m·K)
0	288.2	101.33	1.225	1.789	25.3
200	286.9	98.95	1.202	1.783	25.2
400	285.6	96.61	1.179	1.777	25.2
600	284.3	94.32	1.156	1.771	25.1
800	283.0	92.08	1.134	1.764	25.0
1000	281.7	89.88	1.112	1.758	24.9
1200	280.4	87.72	1.090	1.752	24.8
1400	279.1	85.60	1.069	1.745	24.7
1600	277.8	83.53	1.048	1.739	24.5
1800	276.5	81.49	1.027	1.732	24.4
2000	275.2	79.50	1.007	1.726	24.3
2200	273.9	77.55	0.987	1.720	24.2
2400	272.6	75.63	0.967	1.713	24.1
2600	271.3	73.76	0.947	1.707	24.0
2800	270.0	71.92	0.928	1.700	23.9
3000	268.7	70.12	0.909	1.694	23.8
3200	267.4	68.36	0.891	1.687	23.7
3400	266.1	66.63	0.872	1.681	23.6
3600	264.8	64.94	0.854	1.674	23.5
3800	263.5	63.28	0.837	1.668	23.4
4000	262.2	61.66	0.819	1.661	23.3
4200	260.9	60.07	0.802	1.655	23.2
4400	259.6	58.52	0.785	1.648	23.1
4600	258.3	57.00	0.769	1.642	23.0
4800	257.0	55.51	0.752	1.635	22.9
5000	255.7	54.05	0.736	1.628	22.8
6000	249.2	47.22	0.660	1.595	22.2
7000	242.7	41.11	0.590	1561	21.7
8000	236.3	35.65	0.526	1.527	21.2
9000	229.8	30.80	0.467	1.493	20.6
10 000	223.3	26.50	0.414	1.458	20.1
12 000	216.7	19.40	0.312	1.422	19.5
14 000	216.7	14.17	0.228	1.422	19.5
16 000	216.7	10.53	0.166	1.422	19.5
18 000	216.7	7.57	0.122	1.422	19.5

* [17] 참조.

해면($z=0$)에서의 조건은

$$P = 101.325\ \text{kPa}, \quad T = 288.2\ \text{K}(15℃), \quad \rho = 1.225\ \text{kg/m}^3$$

을 취한 것이다.

부록 G 복사특성

표 G·1 금속의 복사능*

금 속	표면온도† (K)	ε
aluminum		
highly polished	480~870	0.038~0.06
bright foil	295	0.04
polished	373	0.095
heavily oxidized	310~810	0.28~0.31
antimony, polished	310~530	0.28~0.31
bismuth, bright	350	0.34
brass		
highly polished	530~640	0.028~0.031
polished	370	0.09
dull	320~620	0.22
oxidized	480~810	0.60
cadmium	298	0.02
chromium, polished	310~1370	0.08~0.40
copper		
highly polished	310	0.02
polished	310~530	0.04~0.05
scraped, shiny	310	0.07
slightly polished	310	0.15
black oxidized	310	0.78
gold		
highly polished	370~870	0.018~0.035
polished	400	0.018
iron		
highly polished, electrolytic	310~530	0.05~0.07
polished	700~760	0.14~0.38
freshly rubbed with emery	310	0.24

표 G·1 (계 속)

금 속	표면온도† (K)	ε
wrought iron, polished	310~530	0.28
cast iron, freshly turned	310	0.44
pickled, then rusted red	293	0.61
cast iron, oxidized at 1100°F	480~870	0.64~0.78
cast iron, rough, strongly oxidized	310~530	0.95
lead		
polished	310~530	0.06~0.08
rough unoxidized	310	0.43
oxidized at 1100°F	310	0.63
magnesium, polished	310~530	0.07~0.13
mercury, unoxidized	280~370	0.09~0.12
molybdenum		
polished	310~530	0.05~0.08
polished	810~1640	0.10~0.18
polished	3030	0.29
monel		
olished	310	0.17
oxidized at 1100°F	810	0.45
nickel		
electrolytic	310~530	0.04~0.06
pure, polished	500~650	0.07~0.087
electroplated on iron, not polished	293	0.11
oxidized at 1100°F	470~870	0.37~0.48
nickel oxide	920~1530	0.59~0.86
platinum		
electrolytic	530~810	0.06~0.10
polished	500~900	0.054~0.104
silver, polished	310~810	0.01~0.03
stainless steel		
AISI 304 foil	300	0.05
AISI 310, smooth	1090	0.39
AISI 316, polished	480~1310	0.24~0.31
steel		
polished	90~273	0.07~0.08
polished	273~420	0.08~0.14
mild steel, polished	530~920	0.27~0.31
sheet with skin due to rolling	295	0.66
rough oxide layer	295	0.81
tantalum		
as supplied	1640~3030	0.2~0.3
foil	300	0.05

표 G·1 (계 속)

금 속	표면온도† (K)	ε
tin		
polished	310	0.05
bright tinned iron	298	0.043~0.064
polished	300	0.03
clean	310~810	0.03~0.08
filament	300	0.032
filament	3590	0.39
zinc		
polished	310~810	0.02~0.05
galvanized, fairly bright	310	0.23
gray oxidized	295	0.23~0.28

* [13] 참조.

† 선형 보간법(linear interpolation)은 주어진 온도와 흡수능 범위에서 이용될 수 있다.

표 G·2 비금속의 복사능*

물 질	표면온도† (K)	ε
asbestos		
cloth	365	0.90
paper	310	0.93
board	310	0.96
asphalt pavement	310	0.93
brick		
white refractory	1370	0.29
fireclay	1260	0.75
rough red	310	0.93
carbon, lampsoot	310	0.95
ceramic, glazed earthenware	295	0.90
clay, fired	340	0.91
concrete, rough	310	0.94
corundum, emery rough	370	0.86
cotton cloth	293	0.77
granite	295	0.45
ice		
smooth	273	0.966
rough crystals	273	0.985
magnesium oxide, refractory	420~760	0.69~0.55
marble, white	310	0.95
mica	310	0.75

표 G·2 (계 속)

물 질	표면온도† (K)	ε
paint		
oil, all colors	373	0.92~0.96
red, lead	370	0.93
lacquer, flat black	310~370	0.96~0.98
paper		
roofing	310	0.91
white	310	0.95
plaster	310	0.91
porcelain, glazed	295	0.92
rubber	293	0.92
sand	293	0.76
sandstone	310~530	0.83~0.90
silicon carbide	420~920	0.83~0.96
silk cloth	293	0.78
slate	310	0.67~0.80
snow	270	0.82
soil		
black loam	293	0.66
plowed field	293	0.38
soot, candle	370~530	0.95
water, deep	273~373	0.96
wood		
sawdust	310	0.75
oak, planed	295	0.90
beech	340	0.94

* [13] 참조.

† 선형 보간법(linear interpolation)은 주어진 온도와 흡수능 범위에서 이용될 수 있다.

표 G·3 태양복사의 흡수도*

물 질†	α_s
금속	
aluminum	
highly polished	0.10
polished	0.20
chromium, electroplated	0.40
copper	
highly polished	0.18
clean	0.25
tarnished	0.64

표 G·3 (계 속)

물 질[†]	α_s
oxidized	0.70
gold, bright foil	0.29
iron	
ground with fine grit	0.36
blued	0.55
sandblasted	0.75
galvanized	0.38
magnesium, polished	0.19
nickel	
highly polished	0.15
polished	0.36
electrolytic	0.40
platinum, bright	0.31
silver	
highly polished	0.07
polished	0.13
commercial sheet	0.30
stainless steel, AISI 301, polished	0.37
tungsten, highly polished	0.37
비금속	
aluminum oxide	0.06~0.23
asphalt pavement	0.93
brick, red	0.75
clay	0.39
concrete roofing tile	
uncolored	0.73
brown	0.91
black	0.91
felt, black	0.82
graphite	0.88
grass	0.75~0.80
gravel	0.29
leaves, green	0.71~0.79
magnesium oxide	0.15
marble, white	0.46
paint	
aluminum	0.55
oil, zinc white	0.30
oil, light green	0.50
oil, light gray	0.75
oil, black on galvanized iron	0.90

표 G·3 (계 속)

물 질[†]	α_s
paper, white	0.28
slate, blue gray	0.88
snow, clean	0.2~0.35
soil, plowed field	0.75
soot, coal	0.95
titanium dioxide	0.12
zinc oxide	0.15
zinc sulfide	0.21
코팅	
black coatings	
anodize black	0.88
carbon black paint	0.96
ebanol C black	0.97
martin black velvet paint	0.91
3M black velvet paint	0.97
tedlar black plastic	0.94
velestat black plastic	0.96
white coatings	
barium sulfate with polyvinyl alcohol	0.06
catalac white paint	0.23
dow corning white paint DC−007	0.19
magnesium oxide white paint	0.09
potassium fluorotitanate white paint	0.15
tedlar white plastic	0.39
titanium oxide white paint	0.20
zinc oxide with sodium silicate	0.15
conversion coatings	
black chrome	0.96
black copper	0.98
black irridite	0.62
black nickel	0.91
vapor−deposited coatings on glass surfaces	
aluminum	0.08
chromium	0.56
gold	0.19
nickel	0.38
silver	0.04
titanium	0.52
tungsten	0.60
plastic films with metal backing	
mylar film, 3−mil aluminum backing	0.17

표 G·3 (계 속)

물 질[†]	α_s
tedlar film, 1−mil gold backing	0.26
teflon film, 2−mil aluminum backing	0.08
teflon film, 1−mi gold backing	0.22
teflon film, 2−mil silver backing	0.08

* [13] 참조

† 300 K에서 수신표면

부록 H 관지름

표 H·1 강관

	schedule 40				schedule 80			
관크기 (in)	안지름 (mm)	바깥지름 (mm)	벽두께 (mm)	흐름영역 (m^2)	안지름 (mm)	바깥지름 (mm)	벽두께 (mm)	흐름영역 (m^2)
1/8	6.8	10.3	1.73	3.660×10^{-5}	5.5	10.3	2.41	2.350×10^{-5}
1/4	9.2	13.7	2.24	6.717×10^{-5}	7.7	13.7	3.02	4.617×10^{-5}
3/8	12.5	17.1	2.31	1.236×10^{-4}	10.7	17.1	3.20	9.067×10^{-5}
1/2	15.8	21.3	2.77	1.960×10^{-4}	13.9	21.3	3.73	1.510×10^{-4}
3/4	20.9	26.7	2.87	3.437×10^{-4}	18.8	26.7	3.91	2.787×10^{-4}
1	26.6	33.4	3.38	5.574×10^{-4}	24.3	33.4	4.55	4.636×10^{-4}
1 1/4	35.1	42.2	3.56	9.653×10^{-4}	32.5	42.2	4.85	8.278×10^{-4}
1 1/2	40.9	48.3	3.68	1.314×10^{-3}	38.1	48.3	5.08	1.140×10^{-3}
2	52.5	60.3	3.91	2.168×10^{-3}	49.3	60.3	5.54	1.905×10^{-3}
2 1/2	62.7	73.0	5.16	3.090×10^{-3}	59.0	73.0	7.01	2.735×10^{-3}
3	77.9	88.9	5.49	4.768×10^{-3}	73.7	88.9	7.62	4.264×10^{-3}
3 1/2	90.1	101.6	5.74	6.381×10^{-3}	85.4	101.6	8.08	5.736×10^{-3}
4	102.3	114.3	6.02	8.213×10^{-3}	97.2	114.3	8.56	7.419×10^{-3}
5	128.2	141.3	6.55	1.291×10^{-2}	122.3	141.3	9.53	1.173×10^{-2}
6	154.1	168.3	7.11	1.864×10^{-2}	146.3	168.3	10.97	1.682×10^{-2}
8	202.7	219.1	8.18	3.226×10^{-2}	193.7	219.1	12.70	2.949×10^{-2}
10	254.5	273.1	9.27	5.090×10^{-2}	242.9	273.1	15.06	4.632×10^{-2}
12	303.2	323.9	10.31	7.219×10^{-2}	289.0	323.9	17.45	6.555×10^{-2}
14	333.4	355.6	11.10	8.729×10^{-2}	317.5	355.6	19.05	7.916×10^{-2}
16	381.0	406.4	12.70	0.1140	363.6	406.4	21.39	0.1038
18	428.7	457.2	14.27	0.1443	409.6	457.2	23.80	0.1317
20	477.9	508.0	15.06	0.1794	455.6	508.0	26.19	0.1630
24	574.7	609.6	17.45	0.2594	547.7	609.6	30.94	0.2344

표 H·2 강배관

바깥지름 (in)	바깥지름 (mm)	벽두께 (mm)	안지름 (mm)	흐름영역 (m^2)
1/8	3.18	0.813	1.549	1.885×10^{-6}
		0.889	1.397	1.533×10^{-6}
3/16	4.76	0.813	3.137	7.728×10^{-6}
		0.889	2.985	6.996×10^{-6}
1/4	6.35	0.889	4.572	1.642×10^{-5}
		1.24	3.861	1.171×10^{-5}
5/16	7.94	0.889	6.160	2.980×10^{-5}
		1.24	5.448	2.331×10^{-5}
3/8	9.53	0.889	7.747	4.714×10^{-5}
		1.24	7.036	3.888×10^{-5}
1/2	12.70	1.24	10.21	8.189×10^{-5}
		1.65	9.40	6.937×10^{-5}
5/8	15.88	1.24	13.39	1.407×10^{-4}
		1.65	12.57	1.242×10^{-4}
3/4	19.05	1.24	16.56	2.154×10^{-4}
		1.65	15.75	1.948×10^{-4}
1	25.40	1.65	22.10	3.835×10^{-4}
		2.11	21.18	3.524×10^{-4}
1 1/4	31.75	1.65	28.45	6.356×10^{-4}
		2.11	27.53	5.954×10^{-4}
1 1/2	38.10	1.65	34.80	9.510×10^{-4}
		2.11	33.88	9.017×10^{-4}
1 3/4	44.45	1.65	41.15	1.330×10^{-3}
		2.11	40.23	1.271×10^{-3}
2	50.80	1.65	47.50	1.772×10^{-3}
		2.11	46.58	1.704×10^{-3}

표 H·3 K형 구리배관

크기 (in)	안지름 (mm)	바깥지름 (mm)	벽두께 (mm)	흐름영역 (m^2)
1/8	4.572	6.35	0.889	1.642×10^{-5}
1/4	7.036	9.53	1.245	3.888×10^{-5}
3/8	10.21	12.70	1.245	8.189×10^{-5}
1/2	13.39	15.88	1.245	1.407×10^{-4}
5/8	16.56	19.05	1.245	2.154×10^{-4}
3/4	18.92	22.23	1.651	2.812×10^{-4}
1	25.27	28.58	1.651	5.017×10^{-4}
1 1/4	31.62	34.93	1.651	7.854×10^{-4}

표 H·3 (계 속)

크기 (in)	안지름 (mm)	바깥지름 (mm)	벽두께 (mm)	흐름영역 (m^2)
1 1/2	37.62	41.28	1.829	1.111×10^{-4}
2	49.76	5398	2.108	1.945×10^{-3}
2 1/2	61.85	66.68	2.413	3.004×10^{-3}
3	73.84	79.38	2.769	4.282×10^{-3}
3 1/2	85.98	92.08	3.048	5.806×10^{-3}
4	97.97	104.8	3.404	7.538×10^{-3}
5	122.0	130.2	4.064	1.170×10^{-2}
6	145.8	155.6	4.877	1.670×10^{-2}
8	192.6	206.4	6.883	2.914×10^{-2}
10	240.0	257.2	8.585	4.524×10^{-2}
12	287.4	308.0	10.287	6.487×10^{-2}

표 H·4 PVC(polyvinyl chloride)관

	schedule 40				schedule 80			
관크기 (in)	안지름 (mm)	바깥지름 (mm)	벽두께 (mm)	흐름영역 (m^2)	안지름 (mm)	바깥지름 (mm)	벽두께 (mm)	흐름영역 (m^2)
1/4	9.27	13.72	2.23	6.749×10^{-5}	7.67	13.72	3.02	4.620×10^{-5}
1/2	15.80	21.34	2.77	1.961×10^{-4}	13.87	21.34	3.73	1.511×10^{-4}
3/4	20.93	26.67	2.87	3.441×10^{-4}	18.85	26.67	3.91	2.791×10^{-4}
1	26.65	33.40	3.38	5.578×10^{-4}	24.31	33.40	4.55	4.642×10^{-4}
1 1/4	35.05	42.16	3.56	9.649×10^{-4}	32.46	42.16	4.85	8.275×10^{-4}
1 1/2	40.89	48.26	3.68	1.313×10^{-3}	38.10	48.26	5.08	1.140×10^{-3}
2	52.50	60.33	3.91	2.165×10^{-3}	49.25	60.33	5.54	1.905×10^{-3}
3	77.93	88.90	5.49	4.770×10^{-3}	73.66	88.90	7.62	4.261×10^{-3}
4	102.3	114.3	6.02	8.219×10^{-3}	97.18	114.3	8.56	7.417×10^{-3}

부록 I· 선 특성

표 I·1 선의 전기저항

gage AWG	지름 (mm)	전기저항(Ω/km, 20℃에서) 구리 $\rho=1.7241$ (μΩ·cm)	니크롬 $\rho=112$ (μΩ·cm)	알루미늄 $\rho=2.828$ (μΩ·cm)	콘스탄탄 $\rho=44.1$ (μΩ·cm)	텅스텐 $\rho=5.51$ (μΩ·cm)
0000	11.68	0.1608				
000	10.40	0.2028				
00	9.266	0.2557				
0	8.252	0.3224				
2	6.544	0.5127				
4	5.189	0.8152				
6	4.115	1.296				
8	3.264	2.061				
10	2.588	3.277	212.8	5.38	83.8	10.5
12	2.053	5.211	337.5	8.55	133	16.7
14	1.628	8.285	540.5	13.6	212	26.5
16	1.291	13.17	851.1	21.6	337	42.1
18	1.024	20.95	1384	34.4	536	66.9
20	0.8118	33.31	2162	54.6	852	106
22	0.6438	52.96	3460	86.9	1350	169
24	0.5106	84.21	5481	138	2150	269
26	0.4049	133.9	8758	220	3420	428
28	0.3211	212.9	13 943	349	4320	540
30	0.2546	338.6	22 140	555	5450	680
32	0.2019	538.3	34 604	883	8660	1080
34	0.1601	856.0	55 760	1400	1380	1720
36	0.1270	1361	88 560	2230	2190	2740
38	0.1007	2164	138 383	3550	3480	4350
40	0.0799	3441	230 387	5640	8800	1100

어느 크기의 도선에 대한 전기저항은 다음 식을 써서 계산할 수 있다.

$$R = \frac{\rho L}{A}$$

여기서 R : 저항(Ω)

ρ : 비저항(Ω · cm)

L : 선길이(cm)

A : 선단면적(cm^2)

◇◇◇◇◇◇◇◇◇◇ 참 고 문 헌 ◇◇◇◇◇◇◇◇◇◇

1. Touloukian, Y. S., and C. Y. Ho, eds. 1972. *Thermophysical Properties of Matter*. vol. 1, *Thermal Conductivity of Metallic Solids*. vol. 2, *Thermal Conductivity of Nonmetallic Solids*. vol. 4, *Specific Heat of Metallic Solids*. vol. 5, *Specific Heat of Nonmetallic Solids*. New York: Plenum Press.
2. Lide, D. R., ed. 1997. *CRC Handbook of Chemistry and Physics*. Boca Raton, La.: CRC Press.
3. Boyer, H. E., and T. L. Gall, eds. 1985. *Metals Handbook Desk Edition*. Metals Park, Ohio: American Society for Metals.
4. Taylor, L, ed. 1961. *Metals Handbook* 8th ed. *Properties and Selection of Metals*, vol. 1. Metals Park, Ohio: American Society for Metals.
5. Desai, P. D., T. K. Chu, R. H. Bogaard, M. W. Ackerman, and C. Y. Ho. 1976. *Thermophysical Properties of Carbon Steels*. Part I: *Thermophysical Properties of Low Chromium Steels*. Part II: *Thermophysical Properties of Nickel Steels*. Part III: *Thermophysical Properties of Stainless Steels*. Part IV: CINDAS Special Report. West Lafayette, Ind.: Purdue University.
6. Hultgren, R., P. D. Desai, D. T. Hawkins, M. Gleiser, and K. K. Kelley. 1973. *Selected Values of the Thermodynamic Properties of Binary Alloys*. Metals Park, Ohio: American Society for Metals
7. *1997 ASHRAE Handbook Fundamentals SI Edition*. 1997. Atlanta, Ga.: American Society of Heating, Refrigerating and Air-Conditioning Engineers.
8. Vargaftik, N. B. 1975. *Tables of the Thermophysical Properties of Liquids and Gases*, 2d ed. New York: John Wiley & Sons.
9. Kaminski, D. A., ed. 1974. *Heat Transfer Data Book*. New York: General Electric

Company.

10. Lewis, C. F., ed. 1990. *Materials Engineering*. Cleveland, Ohio: Penton Publishing.

11. U. S. Forest Service. 1955. *Wood Handbook*, Agriculture Handbook No. 72. Washington, D. C.: U. S. Department of Agriculture.

12. Dostal, C. A., ed. 1987. *Composites. Engineered Materials Handbook*, vol. 1. Metals Park, Ohio: American Society for Metals.

13. Siegel, R., and J. R. Howell. 1992. *Thermal Radiation Heat Transfer*, 3d ed. Washington, D. C.: Hemisphere Publishing Corporation.

14. Lyon, R. N., ed. 1952. *Liquid Metals Handbook*, 2d ed. Washington, D. C.: Atomic Energy Commission and Department of the Navy.

15. Tseregounis, S. I. 1996. *Private Communication*. Warren, Mich.: General Motors Research and Development Center.

16. Stachowiak, G. W., and A. W. Batchelor. 1993. *Engineering Tribology*. Amsterdam: Elsevier Publishing.

17. National Oceanic and Atmospheric Administration and National Aeronautics and Space Administration. 1976. *U. S. Standard Atmosphere 1976*.

18. Eckert, E. R. G., and R. M. Darke. 1972. *Analysis of Heat and Mass Transfer*. New York: McGraw-Hill Book Company.

19. Kothandaraman, C. P., and S. Subramanyan. 1975. *Heat and Mass Transfer Data Book*. New York: John Wiley & Sons.

20. Keenan, J. H., F. G. Keyes, P. G. Hill, and J. G. Moore. 1978. *Steam Tables SI Units*. New York: John Wiley & Sons.

부록 명명법

기호	정의	단위	
		SI	영국식
A	열량측정 상수	J/K	Btu/°R
A	단면적, 표면적	m^2	ft^2
a	길이	m	ft
Bi	바이오트 수		
b	휜높이, 길이	m	ft
C	열용량 속도	W/K	Btu/h · °R
C_D	항력계수		
C_f	마찰계수		
C_{sf}	실험상수		
c	빛의 속도	m/s	ft/s
c_p	정압하에서의 비열	J/kg · K	Btu/lb_m · °R
c_v	일정부피에서의 비열	J/kg · K	Btu/lb_m · °R
D	지름	m	ft
D_H	유체역학 지름	m	ft
d	지름	m	ft
E	복사력	W/m^2	$Btu/h \cdot ft^2$
E	에너지	J	Btu
E	표면 에너지 펄스	J/m^2	Btu/ft^2
E	전위	V	V
F	힘	N	lb_f
F	열교환기 보정인자		
F	관찰인자		
Fo	푸리에 수		
f	마찰인자, 흑체복사 함수		

기 호	정 의	단 위	
		SI	영국식
G	조사	W/m^2	$Btu/h \cdot ft^2$
Gr	그라스호프 수		
g	중력가속도	m/s^2	ft/s^2
h	열전달 계수	$W/m^2 \cdot K$	$Btu/h \cdot ft^2 \cdot {}^\circ R$
h	플랑크 상수	$J \cdot s$	$Btu \cdot h$
h_c	열접촉 계수	$W/m^2 \cdot K$	$Btu/h \cdot ft^2 \cdot {}^\circ R$
I	전류	A	A
i	고유 엔탈피	J/kg	Btu/lb_m
i_{fg}	기화 엔탈피	J/kg	Btu/lb_m
J	방사능	W/m^2	$Btu/h \cdot ft^2$
j_H	콜번인자		
K	열관 심지 투과율	m^2	ft^2
k	열전도도	$W/m \cdot K$	$Btu/h \cdot ft \cdot {}^\circ R$
L	길이	m	ft
M	장점수		
m	휜 매개변수	m^{-1}	ft^{-1}
m	질량	kg	lb_m
$\dot{m}$	질량유속	kg/s	lb_m/s
N	휜 유효도, 휜과 관의 수		
N_L, N_T	튜브뱅크에서 세로와 가로 방향의 튜브 수		
Nu	누셀트 수		
NTU	전달단위의 수		
P	둘레	m	ft
P	전력	W	Btu/h
Pe	페클렛 수		
Pr	프란틀 수		
p	압력	N/m^2	lb_f/ft^2
Q	열	J	Btu
$\dot{Q}$	열전달	W	Btu/h
$\dot{Q}_s$	점열원	W	Btu/h
q	열플럭스	W/m^2	$Btu/h \cdot ft^2$
$\dot{q}$	내부발열	W/m^3	$Btu/h \cdot ft^3$
R	전기저항	Ω	Ω
R	단열 R값	$K \cdot m^2/W$	${}^\circ R \cdot ft^2 \cdot h/Btu$
R	반지름	m	ft
Ra	레일리 수		

기 호	정 의	단 위	
		SI	영국식
Re	레이놀즈 수		
R_f	오염저항	$K \cdot m^2/W$	$°R \cdot ft^2 \cdot h/Btu$
R_{th}	내열성	K/W	$°R \cdot h/Btu$
r	반지름 좌표	m	ft
S_c	태양열 상수	W/m^2	$Btu/h \cdot ft^2$
S_D, S_L, S_T	튜브뱅크의 선형, 가로, 세로 피치		
S	전도형상 인자	m	ft
S	판공간	m	ft
St	스탠튼 수		
s	특성길이	m	ft
s	제벡계수	V/K	V/°R
T	온도	K	R
t	두께	m	ft
t	시간	s	s
t_c	시간상수	s	s
U	총 열전달 계수	$W/m^2 \cdot K$	$Btu/h \cdot ft^2 \cdot °R$
U	속도	m/s	ft/s
u	특성내부 에너지	J/kg	Btu/lb_m
u	속도	m/s	ft/s
V	부피	m^3	ft^3
$\dot{V}$	부피유속	m^3/s	ft^3/s
V	전압	V	V
v	속도	m/s	ft/s
$\dot{W}$	현재 일속도	W	Btu/h
x	직각좌표	m	ft
x_c	난류전이 임계위치	m	ft
y	직각좌표	m	ft
z	직각좌표	m	ft

그리스 문자

기 호	정 의	SI	영국식
α	흡광도		
α	열팽창 계수	K^{-1}	$°R^{-1}$
α	저항온도 계수	K^{-1}	$°R^{-1}$
α	열확산도	m^2/s	ft^2/h
β	부피 열팽창 계수	K^{-1}	$°R^{-1}$
Δ	차이		

기 호	정 의	단 위	
		SI	영국식
δ	속도 경계층 두께	m	ft
δ_t	열경계층 두께	m	ft
ε	복사능		
ε	열교환기 유효도		
η	휜효율, 가변 상사성		
θ	각	rad	rad
θ	온도차	K	°R
χ	히트싱크 표면효율		
λ	파장	m	ft
μ	동력학 점도	kg/m · s	lb_m/ft · h
ν	주파수	s^{-1}	s^{-1}
ν	동점도	m^2/s	ft^2/h
ρ	밀도	kg/m^3	lb_m/ft^3
ρ	반사율		
σ	스테판-볼츠만 상수	$W/m^2 \cdot K^4$	$Btu/h \cdot ft^2 \cdot °R^4$
σ	표면장력	N/m	lb_f/ft
τ	전단응력	N/m^2	lb_f/ft^2
τ	투과율		
Ψ	열관 경사각	rad	rad

아래첨자

abs	흡수
b	흑체, 끓음, 벌크
c	냉(冷), 대류, 접촉, 임계
cond	전도
conv	대류
D	지름, 직접, 항력
d	확산
e	잉여
eff	유효
F	강제대류
f	막, 휜, 포화액체
g	포화증기
h	열, 유체 동력학
i	초기, 입구, 내부, 마디번지, 복사면
j	마디번지, 복사면
L	길이

기 호	정 의	단 위	
		SI	영국식
lam	층류		
m	평균값		
max	최대		
min	최소		
N	자연대류		
net	순 양		
o	출구, 외부, 면		
overall	전체 또는 총 차이		
opt	최적		
rad	복사		
ref	기준, 반사		
s	차폐, 태양, 주위		
sat	포화		
sky	기후조건		
sol	태양		
t	열, 열전쌍, 총		
th	열, 열전쌍		
tr	투과		
turb	난류		
w	벽 또는 면		
x	하류위치, 국부값		
δ	경계층 두께		
λ	분광		
∞	자유흐름		
0	중앙, 휜기준, 원점		

윗첨자

p	유한 차분식에서 시간단계
*	변형된 양
′	보정된 양

윗줄

—	평균 양

연습문제 해답

1장

1.2 4.48℃
1.4 7.27 cm
1.6 505 Btu/h · ft^2
1.8 54.7°F
1.10 40℃
1.12 1.51 MW/m^2, 6.51 MW/m^2
1.14 278 kW/m^2
1.16 11.7 W
1.18 150 W
1.20 68°F
1.22 294 K
1.24 11.72 kW
1.26 136.9 Btu/h · ft · °R
1.28 428 Btu/h · ft^2
1.30 1.025 cal/s · cm · K
1.32 7434 W
1.34 21.3 kW
1.36 29.2℃
1.38 88.6°F
1.40 q_{conv} = 252 W/m^2, q_{rad} = 137 W/m^2
1.42 T_{bot} = 213℃, T_{top} = 147℃

2장

2.2 4.81 °R · h/Btu
2.4 0.288 K/W, 641 W
2.6 0.707 °R · h/Btu, 63.7 Btu/h
2.8 143 W/m
2.10 $R_{thp} = 8.82 \times 10^{-4}$ °R · h/Btu
R_{thi} = 0.829 °R · h/Btu
2.12 4.52 W/m^2 · K, 113 W
2.14 12.5 W/m^2 · K
2.16 144°F
2.18 48.5 W/m^2
2.20 75.0°F
2.22 (a) 1.93 K · m^2/W, (b) 3.04 K · m^2/W
(c) 1.12 K · m^2/W, (d) 0.657 K · m^2/W
(e) 7.82 K · m^2/W, (f) 0.762 K · m^2/W
2.24 (a) 0.0258 °R · ft^2 · h/Btu
(b) 3.58 °R · ft^2/Btu
(c) 0.277 °R · ft^2 · h/Btu
(d) 0.93 °R · ft^2 · h/Btu
(e) 0.949 °R · ft^2 · h/Btu
2.28 0.023 W/m · K, 11.5 W/m
2.30 214°F
2.32 148℃
2.34 19.2 A
2.36 65.4℃
2.38 18.7℃, 266 W
2.40 11.9℃
2.42 U = 1.197 Btu/h · ft^2 · °R
R = 0.835 °R · ft^2 · h/Btu
$\dot{Q}$ = 575 Btu/h
2.44 112℃

2.46 53.7 W/m

2.48 $r_c = 0.0867$ in; 추가절연이 바람직하다.

2.50 $R = 5.24$ °R · ft^2 · h/Btu;
$U = 0.191$ Btu/h · ft^2 · °R;
$q = 10.5$ Btu/h · ft^2

2.52 50.9℃

3장

3.4 1.61 cm

3.6 12.3 cm

3.8 0.764 in

3.10 179 W

3.12 31.4 W, 85.8℃

3.14 (a) 33.3 W, (b) 32.3 W, (c) 29.5 W
(d) 18.7 W

3.16 108°F

3.18 $N = 0.692$; 아니오, 이 휜은 추가되어서는 안 된다.

3.20 $N = 26.1$; 예, 이 히트싱크는 이용할 수 있다.

3.22 1.52 cm

3.24 177 W/m · K

3.26 51.9℃

3.28 180

3.30 104℃

3.34 히트싱크가 없을 때 : 101℃,
히트싱크 : 45℃

3.36 2.96×10^5 Btu/h

3.38 100℃

3.40 피부와 머리 : 1.65 Btu/h · in^2,
머리카락이 없을 때 : 1.42 Btu/h · in^2

4장

4.2 1253 W

4.4 106 W

4.6 296℃

4.8 68.7℃

4.10 178.1°F

4.12 54.6℃

4.14 177.6℃

4.16 7: 131.1℃, 8: 188.7℃, 12: 144.8℃,
15: 183.6℃

4.18 805.8℃

4.24 23.3 W

4.26 46.3℃, 42.1℃

4.30 131°F

5장

5.2 −4.6℃

5.4 4.6

5.6 1.02 s, 6.83 s

5.8 178°F

5.10 68.6 s

5.12 6.64×10^{-5} m^2/s

5.14 142℃

5.16 $x = 2.5$ cm: 243℃, 뒷면: 39.8℃

5.18 37 s, 410 Btu/ft^2

5.20 77.4°F

5.22 654 s, 395 kJ

5.24 369℃

5.26 30 s

5.28 59 s

5.30 411℃

5.40 16.4 s, 102 s

5.42 −14.7℃

5.44 312℃

5.46 1.18 s

5.48 0.302 in

5.50 17.8 h

6장

6.1 물

300 K: $\mu = 8584 \times 10^{-7}$ kg/m · s
$\nu = 86.12 \times 10^{-8}$ m^2/s

350 K: $\mu = 3659 \times 10^{-7}$ kg/m · s

$\nu = 37.58 \times 10^{-8}\ m^2/s$

SAE10W−30 oil:

300 K: $\mu = 10.8 \times 10^{-2}\ kg/m \cdot s$

$\nu = 124 \times 10^{-6}\ m^2/s$

350 K: $\mu = 1.54 \times 10^{-2}\ kg/m \cdot s$

$\nu = 18.4 \times 10^{-6}\ m^2/s$

6.4 1.86 Pa

6.6 0.0545 Pa

6.10 1.218×10^6

6.12 29.3 m/s

6.14 (a) 4.925×10^5, (b) 1.14 mm, (c) 31 m/s

6.16 40.5 cm

6.18 (a) 50.9 cm, (b) 16.7 cm, (c) 5.75 cm

6.20 $14.7\ W/m^2 \cdot K$

6.22

	Re	*Nu*
수소	2.031×10^4	529
물	4.936×10^6	159
에틸렌글리콜	4.312×10^5	389

6.26 $\tau = 6.87 \times 10^{-6}$ Pa, $C_f = 2.85 \times 10^{-6}$

6.28 $25.72\ kW/m^2$

6.30 1.07 Pa

6.32 5.42 m/s

6.34 48.16 kW

6.36 90.2 kW

6.38 1320 W

6.40 (a) 1.482×10^4, (b) 4.93 mm, (c) $30.2\ W/m^2 \cdot K$, (d) 85.2℃

7장

7.2 (a) $17.6\ W/m^2 \cdot K$, (b) $12.4\ W/m^2 \cdot K$ (c) $10.2\ W/m^2 \cdot K$

7.4 9.76 m/s

7.6 0.438 ft

7.8 15.6 kW

7.10 3.43×10^4 Btu/h

7.12 658℃

7.16 2.56 N, 1036 W

7.18 2.39 m

7.20 914 W/m

7.22 54.9℃

7.24 139℃

7.26 7.23×10^4 Btu/h · ft

7.30 102 Btu/h

7.32 0.951 N, 2772 W

7.34 0.557 m

7.36 19.3 kW, 529 Pa

7.38 2.92×10^7 Btu/h, 7.65 psi

7.40 7.02 W

7.42 113℃

7.44 147℃

7.46 6038 W/m

7.48 26.7 m/s

7.50 411 W

7.52 4.99×10^{10} Btu/h · mi

7.54 161℃

8장

8.2 (a) 0.812 m/s, (b) 15.1 kg/s, (c) 1.247×10^5

8.4 물: 3516, 가솔린: 4453, 에틸렌글리콜: 212, 글리세린: 3.91

8.6 8.33 m/s, 6239

8.8 52.3 cm

8.10 $x_h = 11.7$ m, $x_t = 50.7$ m

8.14 0.293

8.16 461 Pa

8.18 1885 ft · lb_f/s

8.20 79.3 kPa

8.22 63.9 kW

8.24 $8.15\ W/m^2 \cdot K$

8.26 23.0℃

8.28 $0.805\ W/m^2 \cdot K$

8.30 42.4℃, 9385 W

8.32 48.1 W

8.34 −4330 W

8.36 55.2℃, 318 Btu/h

8.38 374℃

8.40 87.5℃, −1073 Btu/h

8.42 15.2℃

8.44 −25.1 W, 761 W/m^2 · K

8.46 287 m, 389 kPa

8.48 (a) 39.1℃, (b) 18.6 W/m^2 · K
(c) 95.2℃

8.50 683 Btu/h, 79.9°F

8.52 136℃

9장

9.2 45.12 kW

9.4 286℃

9.6 1601 Btu/h

9.8 20 cm: 921 W, 40 cm: 2090 W,
60 cm: 3054 W

9.10 (a) 136 W, (b) 34.42 kW, (c) 2967 W,
(d) 10.12 kW

9.12 195 Btu/h · ft

9.14 96.9℃

9.16 53.1 W

9.18 10.9 Btu/h · ft

9.20 624℃

9.22 27.0 cm

9.24 2069 W

9.26 31.94 kW

9.28 58.2℃

9.30 1.13 cm

9.32 1223 W/m

9.34 161 Btu/h · ft

9.36 7.09 cm

9.38 15.36 kW

9.40 39.5℃

9.42 140.8 Btu/h, $154

9.44 838 W

9.46 (a) 97.4℃, (b) 153℃, (c) 129℃,
(d) 119℃

9.48 3555 W

9.50 48.79 kW

9.52 114℃

9.54 고체구조 : 0.25 K · m^2/W,
층구조 : 0.34 K · m^2/W

9.56 7.02 W

10장

10.12 U_i = 3319 W/m^2 · K,
U_o = 2644 W/m^2 · K

10.14 69.4 W/m^2 · K

10.16 32.0℃

10.18 U_i = 149 W/m^2 · K,
U_o = 119 W/m^2 · K

10.20 (a) 4263 W, (b) 7616 W, (c) 6322 W,
(d) 7312 W, (e) 6931 W, (f) 6550 W

10.22 6.06 m^2

10.24 1217 W/m^2

10.26 139 kW

10.30 188.4 kW, $T_{h,o}$ = 72.6℃,
$T_{c,o}$ = 48.0℃

10.32 106 MW, $T_{h,o}$ = 82.0℃,
$T_{c,o}$ = 29.1℃

10.34 6269 W, $T_{h,o}$ = 109℃, $T_{c,o}$ = 55.5℃

10.36 13.2 ft^2

10.40 15.7%

10.42 smooth: 163, corrugated: 344

10.46 142 W/m^2 · K, 2732 W/m

10.54 counterflow: 263, parallel flow: 300

10.60 49.85 kW

10.62 0.111 kg/s

10.64 18.1 m^2, savings: $124.36 /h

10.66 9.56 m^2

10.68 361℃

10.70 79.2 cm/s

11장

11.2 6.662 × 10^{14} Hz 에서 6.118 × 10^{14} Hz

11.4 $\lambda = 2.998 \times 10^8\ \mu m$ (라디오)
11.6 10 000
11.8 0.1 μm: 533 W/m^2, 0.5 μm: 1.035×10^8 W/m^2, 2 μm: 3.385×10^6 W/m^2
11.10 1.10 μm, 11.7 μm
11.12 6.249×10^7 W/m^2
11.14 1449 K
11.16 137 kJ
11.18 0.115
11.20 0.545
11.22 (a) 17.2 W/m^2, (b) 26.1 W/m^2 (c) 83.46 kW/m^2, (d) 107.2 kW/m^2 (e) 492 W/m^2
11.24 0.714, 204.9 kW/m^2
11.26 0.130, 70.5 $Btu/h \cdot ft^2$
11.28 0.394
11.30 0.283
11.32 $F_{12} = 0.148$, $F_{21} = 0.157$
11.34 $F_{12} = 0.039$, $F_{21} = 0.351$
11.36 0.0451
11.38 $F_{13} = 0.0875$, $F_{24} = 0.010$, $F_{14} = 0.010$
11.40 0.070
11.42 6888 W/m^2
11.44 9115 W/m
11.46 $\dot{Q}_1 = 181.4\ kW/m^2$, $\dot{Q}_2 = -\dot{Q}_1$
11.48 $\dot{Q}_1 = 23.16\ kW$, $\dot{Q}_2 = -5556\ W$
11.50 648 K
11.52 283 W/m
11.54 차폐가 없을 때 : 19.86 kW/m^2, 차폐가 1개일 때 : 1275 W/m^2, 차폐가 2개일 때 : 659 W/m^2
11.56 24
11.58 181℃
11.60 24.6℃
11.62 136.3 Btu/h
11.64 (a) 1220℃, (b) 725℃, (c) 626℃
11.66 495 W/m^2
11.68 62.3℃
11.70 47.6℃
11.72 68.3℃
11.74 4.68 min
11.76 4.39 $Btu/h \cdot ft^2$
11.78 53.9℃
11.80 $T_1 = 417$ K, $T_2 = 429$ K
11.82 168 W
11.84 북: 117°F, 남: 136°F

12장

12.2 128.9 kW/m
12.4 (a) 17.20 kW, (b) 58.41 $kW/m^2 \cdot K$ (c) 7.622×10^{-3} kg/s, (d) 987 s
12.6 1.44 $Btu/h \cdot ft^2$
12.8 (a) 302 $W/m^2 \cdot K$, (b) 11.38 kW/m (c) 4.187×10^{-3} kg/s
12.10 10.1 A
12.12 25.6 A
12.14 1.803 MW/m
12.16 97.2 m/s
12.18 20.6 A
12.20 35.23 kW, 0.0143 kg/s
12.22 29.62 kW/m, 0.0125 kg/s
12.24 5.51 m
12.26 0.003 07 kg/s
12.28 751.7 kW, 0.310 kg/s
12.30 30.7°
12.32 0.515 K/W, 73.5℃
12.34 57.2°
12.36 54.9 m, 62.5℃
12.38 18.20 kW/m
12.40 샌디에고: 32.1 min, 덴버: 40.1 min
12.42 1005 $W/m \cdot K$

13장

13.2 −40

13.4 2.65 cm
13.6 95.1℃
13.8 3.59 mV
13.12 2 m/s: 1.29 s, 10 m/s: 0.676 s, 50 m/s: 0.312 s
13.14 2.26 mm
13.16 386℃
13.18 64.6℃
13.22 382 K
13.28 52.1 W/m · K
13.30 0.164 Btu/h · ft · °R
13.32 0.236 W/m · K
13.36 4700 W/m^2
13.38 1.211 MW/m^2
13.40 250℃
13.42 9850 W/m^2, 16.4 mV
13.46 1620 J/kg · K
13.50 0.797
13.52 98.2℃
13.54 55.3 m, 0.627 A
13.56 1.629×10^{-7} m^2/s
13.58 16.2 s

찾 아 보 기

≪ㅈ≫

열전달과 응용

1999년 8월 10일 초판발행
2011년 2월 20일 4쇄발행

• 역 자 김우식 · 박동화 · 박정극 배효광 · 양재호 · 이은규 임교빈
• 발행인 최 국 주
• 발행처 동 명 사

경기도 파주시 교하읍 문발리 535-10 파주출판단지 30블록 4롯트
전 화 : 031) 955-7200(代), 955-7201~4, 7203 (편집부)
팩시밀리 : 031) 955-7205
출판등록 : 1950년 11월 1일(제1-76호)
E-mail : dms723@chol.com
홈페이지 : www.dmsbook.com

정가 36,000원

ISBN 978-89-411-0249-6 93570